U0265384

中国高等植物

·修订版·

HIGHER PLANTS OF CHINA
· Revised Edition ·

主 编
EDITORS–IN–CHIEF

傅立国　陈潭清　郎楷永　洪　涛　林　祁　李　勇
FU LIKUO, CHEN TANQING, LANG KAIYUNG, HONG TAO, LIN QI AND LI YONG

第十三卷

VOLUME
13

编 辑
EDITORS

傅立国　洪　涛
FU LIKUO AND HONG TAO

青岛出版社
QINGDAO PUBLISHING HOUSE

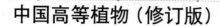

中国高等植物（修订版）

主编单位	中国科学院植物研究所				
	深圳仙湖植物园				
主　编	傅立国	陈潭清	郎楷永	洪　涛	林　祁	李　勇
副主编	傅德志	李沛琼	覃海宁	张宪春	张明理	贾　渝
	杨亲二	李　楠				
编　委	(按姓氏笔画排列)	王文采	王印政	包伯坚	石　铸
	朱格麟	吉占和	向巧萍	邢公侠	林　祁	林尤兴
	陈心启	陈艺林	陈书坤	陈守良	陈伟球	陈潭清
	应俊生	李沛琼	李秉滔	李　楠	李　勇	李锡文
	吴珍兰	吴德邻	吴鹏程	何廷农	谷粹芝	张永田
	张宏达	张宪春	张明理	陆玲娣	杨汉碧	杨亲二
	郎楷永	胡启明	罗献瑞	洪　涛	洪德元	高继民
	梁松筠	贾　渝	黄普华	覃海宁	傅立国	傅德志
	鲁德全	潘开玉	黎兴江			
责任编辑	高继民	张　潇				

中国高等植物（修订版）第十三卷

编　辑	傅立国	洪　涛			
编著者	陈心启	郎楷永	吉占和	梁松筠	吴德邻	赵毓棠
	丁志遵	许介眉	罗毅波	孙　坤	李　楠	傅晓平
	林　祁	李　勇	曾宪锋	王忠涛	高宝莼	
责任编辑	高继民	张　潇				

HIGHER PLANTS OF CHINA   REVISED EDITION

Principal Responsible Institutions

    Institute of Botany, Chinese Academy of Sciences

    Shenzhen Fairy Lake Botanical Garden

Editors-in-Chief   Fu Likuo, Chen Tanqing, Lang Kaiyung, Hong Tao, Lin Qi and Li Yong

Vice Editors-in-Chief   Fu Dezhi, Li Peichun, Qin Haining, Zhang Xianchun, Zhang Mingli, Jia Yu, Yang Qiner and Li Nan

Editorial Board **(alphabetically arranged)**   Bao Bojian, Chang Hungta, Chang Yongtian, Chen Shouling, Chen Shukun, Chen Singchi, Chen Tanqing, Chen Weichiu, Chen Yiling, Chu Gelin, Fu Dezhi, Fu Likuo, Gao Jimin, He Tingnung, Hong Deyuang, Hong Tao, Hu Chiming, Huang Puhwa, Jia Yu, Ku Tsuechih, Lang Kaiyung, Lee Shinchiang, Li Hsiwen, Li Nan, Li Peichun, Li Pingtao, Li Yong, Liang Songjun, Lin Qi, Lin Youxing, Lo Hsienshui, Lu Dequan, Lu Lingti, Pan Kaiyu, Qin Haining, Shih Chu, Shing Kunghsia, Tsi Zhanhuo, Wang Wentsai, Wang Yingzheng, Wu Pancheng, Wu Telin, Wu Zhenlan, Xiang Qiaoping, Yang Hanpi, Yang Qiner, Ying Tsunshen, Zhang Mingli and Zhang Xianchun

Responsible Editors   Gao Jimin and Zhang Xiao

HIGHER PLANTS OF CHINA   REVISED EDITION   Volume 13

Editors   Fu Likuo, Hong Tao

Authors   Chen Singchi, Fu Xiaoping, Kao Baochun, Lang Kaiyung, Li Nan, Li Yong, Liang Songjun, Lin Qi, Luo Yibo, Sun Kun, Ting Chinchi, Tsi Zhanhuo, Wang Zhongtao, Wu Telin, Xu Jiemei, Zhao Yutang and Zeng Xianfeng

Responsible Editors   Gao Jimin and Zhang Xiao

第 十三 卷　被子植物门
Volume 13　ANGIOSPERMAE

科　次

244. 黑三棱科 SPARGANIACEAE
（孙 坤）

多年生水生或沼生草本，稀湿生。块茎膨大，肥厚或较小；根状茎粗壮或细弱。茎直立或倾斜，挺水或浮水，粗壮或细弱。叶线形，2列，互生，扁平或中下部下面隆起呈龙骨状或三棱形，挺水或浮水。花序由多个雄和雌头状花序组成大型圆锥花序、总状花序或穗状花序；总状花序者，下部1-2雌头状花序具花序梗，梗下部多少贴生于花序轴；雄头状花序1至多数，生于花序轴或侧枝上部，雌头状花序位于下部。雄花花被片膜质，雄蕊通常3或更多，基部有时联合，花药基着，纵裂；雌花具小苞片，膜质，鳞片状，短于花被片，花被片4-6，生于子房基部或子房柄上，宿存，顶端齿裂至深裂，花粉粒椭圆形，单沟；雌花序乳白色，佛焰苞数枚，长约8厘米，宽约3厘米，膜质，线形、楔形或近倒三角形，先端全缘、不整齐、缺刻、浅裂或深裂，柱头单一或分叉，花柱较长至无，子房无柄或有柄，1（2）室，胚珠1，悬垂。果具棱或无棱，外果皮较厚，海绵质，内果皮坚纸质。种子具薄膜质种皮。

1属。

黑三棱属 **Sparganium** Linn.

属的特征同科。

约19种，分布于北半球温带至寒带，1或2种分布于东南亚、澳大利亚及新西兰等地。我国11种。

1. 植株直立；茎叶挺出水面，叶下面呈三棱形、龙骨状凸起或呈半月形隆起。
  2. 花序圆锥状开展，侧枝正常发育，具雄、雌头状花序；子房下部收缩，无柄。
    3. 圆锥花序具3-7侧枝；雌头状花序径1.5-2厘米；柱头分叉或否，长3-4毫米，子房顶端骤缩；果具棱 ……………………………………………………………………………… 1. 黑三棱 **S. stoloniferum**
    3. 圆锥花序下部通常有1侧枝；雌头状花序径约7毫米；柱头不分叉，约1.5毫米；果无棱 …………………………………………………………………………………… 2. 狭叶黑三棱 **S. stenophyllum**
  2. 花序总状或穗状，侧枝退化，仅留1个雌头状花序或全部退化仅留其痕迹；子房具柄。
    4. 花序轴弯曲，雌头状花序生于凹处；子房下部渐收缩，具短柄 …………… 3. 曲轴黑三棱 **S. fallax**
    4. 花序轴劲直，雌头状花序生于主轴两侧；子房基部骤缩，明显具柄。
      5. 花序轴细，长10-20厘米；雄头状花序4-8，远离雌头状花序；雌头状花序之间互不靠近 …………………………………………………………………………………………… 4. 小黑三棱 **S. simplex**
      5. 花序轴粗，长6-15厘米；雄头状花序1-2（3），紧靠近雌头状花序；雌头状花序之间互相靠近或连接 ………………………………………………………………………… 5. 短序黑三棱 **S. glomeratum**
1. 植株浮水或基部斜卧水中；叶扁平或背面下部呈半月状隆起，无龙骨状凸起，非三棱形。
  6. 花柱明显；果椭圆形或宽披针形；叶横切面扁平。
    7. 雄头状花序2-3（4）；植株浮水，从不直立；叶鞘多少膨大，比叶宽 …… 6. 线叶黑三棱 **S. angustifolium**
    7. 雄头状花序1（稀2）个；植株斜卧水中，稀直立；叶鞘不膨大，稍比叶宽 …… 7. 矮黑三棱 **S. minimum**
  6. 花柱极短或几无；果宽倒卵圆形；叶横切面近半月形 …………… 6(附). 无柱黑三棱 **S. hyperboreum**

1. 黑三棱   图 1 彩片 1

Sparganium stoloniferum （Graebn.） Buch.-Ham. ex Juz. in Kom. Fl. URSS 1: 219. f. 11. 2. 1934.

Sparganium ramosum Huds. subsp. *stoloniferum* Graebn. in Engl. Pflanzenr. IV. 10: 14. f. 3c. 1900.

多年生水生或沼生草本。块茎膨大；根状茎粗壮。茎直立，高0.7-1.2米或更高，挺水。叶长（20-）40-90厘米，宽0.7-1.6厘米，具中脉，上部扁平，下部下面呈龙骨状凸起或三棱形，基部鞘状。圆锥花序开展，长20-60厘米，具3-7侧枝，每侧枝上着生

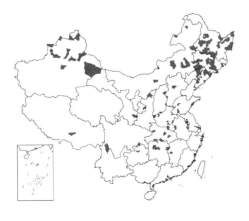

7-11雄头状花序和1-2雌头状花序，后者径1.5-2厘米，花序轴顶端通常具3-5雄头状花序或更多，无雌头状花序；雄头状花序呈球形，径约1厘米。雄花花被片匙形，膜质，先端浅裂，早落，花药近倒圆锥形，较花丝短1/3；雌花花被长5-7毫米，生于子房基部，宿存，子房顶端骤缩，无柄，花柱长约1.5毫米，柱头分叉或否，长3-4毫米，向上渐尖。果长6-9毫米，倒圆锥形，上部通常膨大呈冠状，具棱，成熟时褐色。花果期5-10月。

产黑龙江、吉林、辽宁、内蒙古、河北、山东、江苏、江西、湖北、湖南、贵州、云南西北部、四川东南部、西藏、新疆、甘肃、陕西、山西及河南，生于海拔1500米以下湖泊、河沟、沼泽或水塘边浅水处，在西藏生于3600米高山水域中。阿富汗、朝鲜、日本、中亚地区、俄罗斯西伯利亚及远东地区有分布。块茎是常用中药（即三棱），有破瘀、行气、消积、止痛、通经、下乳等功效。

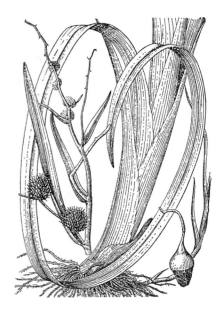

图 1 黑三棱 （引自《图鉴》）

2. 狭叶黑三棱　　　　　　　　　　图 2

Sparganium stenophyllum Maxim. ex Meinsh. in Bull. Soc. Natur. Nosc. n. s. 3: 171. 1889.

多年生沼生或水生草本。块茎较小，长条形；根状茎较短，横走。茎细弱，高20-36厘米，直立。叶长25-35厘米，宽2-3毫米，先端钝圆，中下部背面呈龙骨状凸起或三棱形，基部鞘状。圆锥状花序长7-15厘米，花序轴上部着生5-7雄头状花序，中部具2-3雌头状花序，后者径约0.7毫米，下部通常有1侧枝，长约5-8厘米，着生2-3雄头状花序和1-2雌头状花序，花序轴和侧枝劲直。雄花花被片匙形，长约2毫米，先端浅裂，花药长圆形，较花丝短1/2；雌花花被片匙形，长约2毫米，浅裂，子房纺锤形，长约1.5毫米，通常无柄，花柱短粗，柱头长约1.5毫米，果倒卵圆形，长约4毫米，上部窄，无棱，成熟时褐色。花果期6-9月。

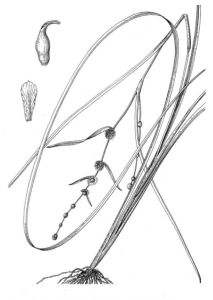

图 2 狭叶黑三棱 （冀朝祯绘）

产黑龙江东北部、吉林西部、辽宁西北部及河北中部，生于河沟、湖边浅水处、沼泽或积水湿地。日本、朝鲜及俄罗斯远东地区有分布。

3. 曲轴黑三棱　　　　　　　　　　图 3 彩片 2

Sparganium fallax Graebn. in Allg. Bot. Zeitschr. 4: 32. 1898.

多年生水生或沼生草本。块茎短粗；根状茎细长，横走。茎直立，高

40-55厘米，较粗壮，挺水。叶长45-65厘米，先端渐尖，中下部背面呈龙

骨状凸起或稍钝圆,基部鞘状,海绵质。总状花序长15-17厘米,花序轴中下部弯曲;雄头状花序4-7,排列稀疏,远离雌头状花序;雌状花序3-4生于凹处,下部1(2)雌头状花序具花序梗,生于叶状苞片腋内,花序梗下部通常贴生于主轴。雄花花被片线形,长2-2.5毫米,先端具齿或不整齐,花药长1.5-1.8毫米,花丝长3-3.5毫米;雌花花被片宽匙形,长约3毫米,先端具齿或浅裂,子房椭圆形,先端渐尖,基部收缩,花柱较短,柱头长1.5-2毫米。果宽纺锤形,长5-6毫米,具短柄,成熟时褐色。花果期6-10月。

产湖北西南部、浙江、福建、台湾、贵州东北部及云南西北部,生于湖泊、沼泽、河沟或水塘边浅水处。日本、缅甸及印度有分布。

图 3 曲轴黑三棱
（引自《中国水生高等植物图说》）

4. 小黑三棱　　　　　　　　　　　　图 4

Sparganium simplex Huds. Fl. Angl. ed. 2, 401. 1778.

多年生沼生或水生草本。块茎较小,近圆形;根状茎细长,横走。茎直立,高达70厘米,叶直立,挺水或浮水,长40-80厘米,先端渐尖,中下部背面呈龙骨状凸起,基部多少鞘状。总状花序长10-20厘米;雄头状花序4-8,排列稀疏;雌头状花序3-4,互不相接,下部1-2雌头状花序具花序梗,生于叶状苞片腋内,有时花序梗下部多少贴生于主轴。雄花花被片线形或匙形,长2-2.5毫米,先端浅裂,花药长圆形,长1.5-1.8毫米,花丝长约4毫米;雌花花被片匙形,膜质,长约3.5毫米,先端浅裂,子房纺锤形,花柱长约1毫米,柱头长1.5-1.8毫米,果成熟时深褐色,中部稍窄,基部具短柄,果柄基部有宿存花被片。花果期6-10月。染色体2n=30。

产黑龙江东部、吉林东部、辽宁、内蒙古、河北、陕西、甘肃、新疆、河南及云南西北部,生于湖边、河沟、沼泽或积水湿地。日本及俄罗斯有分布。块茎加工后可入药,药效与黑三棱相同。

图 4 小黑三棱
（引自《中国水生高等植物图说》）

5. 短序黑三棱　密序黑三棱　　　　　图 5

Sparganium glomeratum Laest. ex Beurl. in Oefvers. Kongl. Vet.-Akad. Foerh. 9: 192. 1853.

多年生水生或沼生草本。块茎肥厚,有时短粗,近圆形;根状茎粗壮,横走。植株高达50厘米,挺水。叶通常长30-56厘米,先端渐尖,中下部背面具龙骨状凸起或呈三棱形,基部鞘状,边缘膜质。总状花序长6-15厘米;雄头状花序1-2（3）,与雌头状花序相连接;雌头状花序3-4,生于花序轴的两侧,相互靠近,下部1雌头状花序具花序梗,生于叶状苞片腋内,花序梗下部贴生于主轴。雄花花

被片长约1.5毫米,膜质,先端尖,具齿裂,花药长圆形,长约1毫米,花丝长3-3.5毫米;雌花花被片长2-2.5毫米,膜质,先端齿裂或不整齐,生于子房柄基部或稍上,子房纺锤形,具柄,长约1毫米,花柱短粗,柱头长约0.5毫米,单侧。果宽纺锤形,长约3毫米,成熟时黄褐色。花果期6-9月。染色体2n=30。

产黑龙江、吉林、辽宁、内蒙古北部、云南西北部及西藏东南部,生于海拔约1200米或更高的湖边、河湾处、山间沼泽或水泡子等水域中。日本、俄罗斯、欧洲有分布。

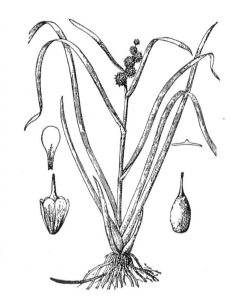

图 5　短序黑三棱
（引自《中国水生高等植物图说》）

6. 线叶黑三棱　　　　　　　　图 6

Sparganium angustifolium Michx. Fl. Bor. Amer. 2: 189. 1803.

多年生水生草本。块茎较小;根状茎细长,横走。茎细弱,长达50厘米,浮于水中。叶浮水,扁平,长25-40厘米或更长,宽约4毫米,横切面扁平。总状花序长6-16厘米,雄头状花序2-3(4),雌头状花序2-4,互相远离,下部1-2雌头状花序具细长的花序梗,生于叶状苞片腋内,花序梗下部有时与主轴贴生。雄花花被片膜质,匙形或倒三角形,花药椭圆形,长1-1.2毫米,花丝长约5毫米,弯曲;雌花花被片线形或近匙形,先端齿裂或深裂;子房纺锤形,下部收缩呈短柄,花柱长约2毫米,柱头长椭圆形,单侧。果纺锤形或椭圆形,长约4毫米,具柄,宿存花被片位于果柄下部。花果期7-9月。染色体2n=30。

产黑龙江西南部、吉林西部、内蒙古及新疆北部,生于海拔1500米以上的湖泊、沼泽或河沟等水域中。日本、欧洲及北美有分布。

[附]　**无柱黑三棱 Sparganium hyperboreum** Laest. ex Beurl. in Oefvers. Kongl. Vet.-Akad. Foerh. 9: 192. 1853. 本种与线叶黑三棱的区别:花柱极短或无;果宽倒卵圆形;叶鞘膨大,叶长30-40厘米,宽1-3毫米;横切面半圆形。产黑龙江及吉林,生于海拔约1500米或更高的湖泊、

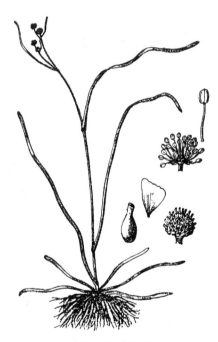

图 6　线叶黑三棱
（引自《中国水生高等植物图说》）

沼泽或水泡子等水域中,低海拔水域罕见。日本、俄罗斯、欧洲及北美洲有分布。

7. 矮黑三棱　　　　　　　　图 7

Sparganium minimum Wallr. Erster. Beitr. Fl. Hercyn. 2: 297.1840.

多年生水生或沼生矮小草本。块茎较小;根状茎细弱,横走。茎斜卧

水中,稀直立,长达20厘米,细弱。叶浮水或挺水,扁平,长20-25厘米,

宽约4毫米，先端渐尖，基部鞘状，边缘膜质。花序穗状，稀总状，长2-3.5厘米；雄头状花序通常1（2），靠近雌头状花序；雌头状花序2（3），下部1雌头状花序具花序梗或无。雄花花被片长约1.5毫米，膜质，先端不整齐或浅裂，花药长圆形，长0.8-1毫米，花丝长约2毫米；雌花花被片近匙形，膜质，长约2毫米，先端浅裂至深裂，子房披针形，长1-1.5毫米，具短柄或无，花柱短粗或多少伸长，柱头长0.8-1毫米，单侧。果宽披针形，成熟时褐色，无棱，基部具短柄，花被片宿存于果柄基部。花果期7-9月。染色体2n=30。

产黑龙江及内蒙古北部，生于海拔3441米以下高寒地带水域中。俄罗斯、欧洲及北美洲有分布。

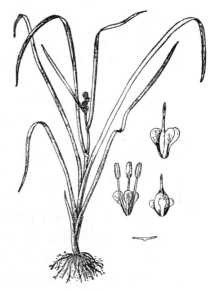

图 7 矮黑三棱
（引自《中国水生高等植物图说》）

245. 香蒲科 TYPHACEAE
（孙 坤）

多年生沼生、水生或湿生草本。根状茎横走，须根多；地上茎直立。叶2列，互生；鞘状叶很短，基生，先端尖；线形叶直立或斜上，全缘，边缘微向上隆起，中部以下上面渐凹，下面平突至龙骨状凸起，叶脉平行，中脉在下面隆起或平；叶鞘长，边缘膜质，抱茎或松散。花单性，雌雄同株；花序穗状；雄花序生于上部至顶端，花期时比雌花序粗壮，花序轴具柔毛或无毛；雌花序位于下部，与雄花序紧密相接或相互远离；苞片叶状，生于雌、雄花序基部或见于雄花序中。雄花无花被，通常由1-3枚雄蕊组成，花药长圆形或线形，2室，纵裂；雌花无花被，具小苞片或无，子房柄基部至下部有白色丝状毛；孕性雌花子房上位，1室，胚珠1，倒生；柱头单侧；不孕雌花子房柄不等长，无花柱，柱头不发育。果纺锤形或椭圆形，果皮膜质，透明，或具条形或圆形斑点。种子椭圆形，褐或黄褐色，光滑或具突起；内胚乳肉质或粉状，胚轴直，胚根肥厚。

1属。

香蒲属 Typha Linn.

属的特征同科。

约16种，分布于热带至温带。我国11种。

广泛应用于医药、纺织、造纸和食品业等，为重要的水生经济植物。

1. 雌花无小苞片；雌性穗状花序与雄性穗状花序紧密连接，或相互远离或靠近。
　2. 雌性花序与雄性花序紧密连接。
　　3. 雌花柱头匙形，白色丝状毛稍长于花柱 ……………………………… 1. 香蒲 T. orientalis

3. 雌花柱头披针形，白色丝状毛明显短于花柱 ……………………………………………… 2. **宽叶香蒲 T. latifolia**

2. 雌花序与雄花序分离或靠近，绝不连接。

  4. 植株高1.3-2.2米；雄花序轴被深褐色扁柔毛，顶端分叉或单出；雌花柱头线形 ……………………

…………………………………………………………………………………………… 3. **普香蒲 T. przewalskii**

  4. 植株高0.8-1.3米或更矮小；雄花序轴被白、灰白或黄褐色柔毛，顶端不分叉；雌花柱头匙形 ………

………………………………………………………………………………………… 4. **无苞香蒲 T. laxmannii**

1. 雌花具小苞片；雌性穗状花序与雄性穗状花序远离。

  5. 植株高1米以上，基部无鞘状叶，白色丝状毛先端不呈圆形。

    6. 小苞片匙形或近三角形；柱头披针形 …………………………………… 7. **达香蒲 T. davidiana**

    6. 小苞片不呈匙形或近三角形；柱头线形或披针形。

      7. 花药长2毫米；雄花序密被褐色扁柔毛，单出或分叉；柱头与花柱近等宽 ……… 5. **水烛 T. angustifolia**

      7. 花药长1.2-1.5毫米；雄花序轴疏被白或黄褐色柔毛，从不分叉；柱头比花柱宽 ……………

………………………………………………………………………………………… 6. **长苞香蒲 T. angustata**

  5. 植株高约0.8米，或更矮，基部具无叶片的鞘状叶，白色丝状毛先端膨大呈圆形或较尖。

    8. 白色丝状毛先端膨大呈圆形，短于柱头和小苞片；雄花序轴基部被弯曲白柔毛或无毛。

      9. 植株通常只有鞘状叶，如叶存在短于花葶，宽1-2毫米；雄花序轴无毛 ………… 8. **小香蒲 T. minima**

      9. 植株具二型叶，叶长于花葶，宽2-4毫米，雄花序轴基部被弯曲白柔毛 … 8(附). **短序香蒲 T. gracilis**

    8. 白色丝状毛先端较尖，与柱头和小苞片近等长或果期超过；雄花序轴无毛 … 8(附). **球序香蒲 T. pallida**

1. 香蒲

图 8

Typha orientalis Presl. Epim. Bot. 239. 1849.

多年生水生或沼生草本；根状茎乳白色。茎高达2米。叶线形，长40-70厘米，宽4-9毫米，无毛，上部扁平，下部上面微凹，下面渐隆起；叶鞘抱茎。雌雄花序紧密连接；雄花序长2.7-9.2厘米，花序轴被白色弯曲柔毛，基部向上具1-3叶状苞片，脱落；雌花序长4.5-15.2厘米，基部具1叶状苞片，脱落。雄花由(2)3雄蕊组成，或4雄蕊合生，花药线形，长约3毫米，花丝很短，基部合生成短柄；雌花无小苞片；孕性雌花子房纺锤形或披针形，

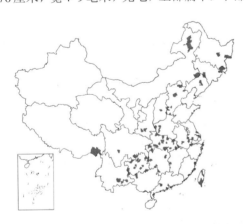

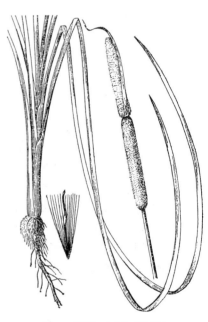

图 8 香蒲 （引自《图鉴》）

子房柄长约2.5毫米，花柱长1.2-2毫米，柱头匙形，外弯，长0.5-0.8毫米；不孕雌花子房近倒圆锥形，白色丝状毛单生，有时几枚基部合生，稍长于花柱，短于柱头。小坚果椭圆形或长椭圆形；果皮具长形褐色斑点。种子褐色，微弯。花果期5-8月。染色体2n=60。

产黑龙江、吉林、辽宁、内蒙古北部、陕西南部、山西、河北、河南西部、安徽、江苏、浙江、台湾、江西、湖北、湖南、广东、广西西北部、贵州、四川、西藏东南部及云南，生于湖泊、池塘、沟渠、沼泽或河流缓流带。

菲律宾、日本、俄罗斯及大洋洲等地有分布。花粉称蒲黄入药；叶用于编织、造纸等；幼叶基部和根状茎顶端可作蔬食；雌花序可作枕芯和坐垫的填充物。

2. 宽叶香蒲　　　　　　　　　　　　图 9 彩片 3

Typha latifolia Linn. Sp. Pl. 971. 1753.

多年生水生或沼生草本；根状茎乳黄色，顶端白色。茎高1-2.5米。叶线形，长45-95厘米，宽0.5-1.5厘米，无毛，上部扁平，下面中部以下渐隆起；叶鞘抱茎。雌雄花序紧密相接；雄花序长3.5-12厘米，比雌花序粗壮，花序轴被灰白色弯曲柔毛，叶状苞片1-3，脱落；雌花序长5-22.6厘米，花后发育。雄花常由2雄蕊组成，花药长圆形，长约3毫米，花丝短于花药，基部合生成短柄；雌花无小苞片；孕性雄花子房披针形，长约1毫米，子房

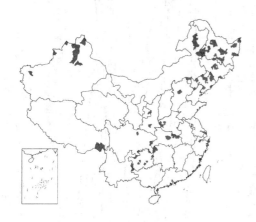

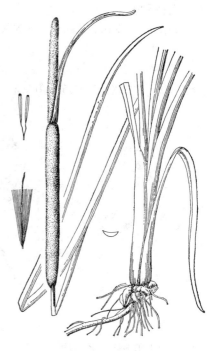

图 9 宽叶香蒲
（仿《中国水生维管束植物图谱》）

柄长约4毫米，花柱长2.5-3毫米，柱头披针形，长1-1.2毫米；不孕雌花子房倒圆锥形，子房柄较粗壮，不等长，白色丝状毛明显短于花柱。小坚果披针形，长1-1.2毫米，褐色果皮通常无斑点。种子褐色，椭圆形，长不及1毫米。花果期5-8月。染色体2n=30。

产黑龙江、吉林、辽宁、内蒙古、河北中部、河南西部、陕西、甘肃、新疆、西藏东南部、四川、贵州、湖北、湖南西北部及浙江，生于湖泊、池塘、沟渠、河流的缓流浅水带、湿地或沼泽。日本、俄罗斯、巴基斯坦、亚洲其他地区、欧洲、美洲及大洋洲均有分布。用途同香蒲。

3. 普香蒲　　　　　　　　　　　　图 10 彩片 4

Typha przewalskii Skv. in Baranov et Skv. Diagn. Pl. Nov. Mandsh. 1. 1943.

多年生水生或沼生草本；根状茎圆柱状，白或灰红色。茎高1.3-2.2米。叶线形，长0.8-1米，宽0.5-1.3厘米，上面具褐色或褐紫色斑块，或无，上部扁平，中下部背面隆起，叶鞘松散抱茎。雌、雄花序分离或多少靠近，不连接；雄花序具1-2叶状苞片，脱落，花序轴被深褐色扁柔毛，顶端分叉或单出；雌花序长8-20厘米，径2.2-2.5厘米，顶端和基部近圆，或收缩，基部具1叶状苞片，苞片上方通常具0.5-1厘米不生雌花的裸露花序轴，或否；雌花

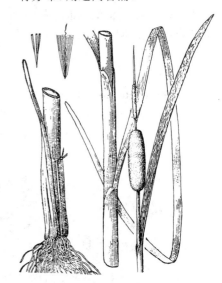

图 10 普香蒲
（引自《中国水生高等植物图谱》）

无小苞片；孕性雌花子房长约0.8毫米，子房柄长3.5-4.5毫米，花柱多少弯曲，长2-4毫米，柱头线形，长约1毫米；不孕雌花子房近倒圆锥形，白色丝状毛短于花柱，稍长于不孕雌花。小坚果纺锤形，褐色，纵裂。种子近纺锤形，深褐色。花果期6-9月。

产黑龙江、吉林及辽宁，生于河沟浅水处，稀生于沼泽或湿地。用途同香蒲。

4. 无苞香蒲

图 11 彩片 5

Typha laxmannii Lepech. in Nova Acta Acad. Petrop. 12: 84, 335. t. 4. 1801.

多年生沼生或水生草本；根状茎乳黄或浅褐色，顶端白色。茎直立，高0.8-1.3米。叶窄线形，长50-90厘米，宽2-4毫米，无毛，下面下部隆起；叶鞘抱茎较紧。雌雄花序远离；雄穗状花序长6-14厘米，长于雌花序，花序轴被白、灰白或黄褐色柔毛，基部和中部具1-2纸质叶状苞片，脱落；雌花序长4-6厘米，基部具1叶状苞片，通常宽于叶片，脱落；雄花由2-3雄蕊合生，花药长约1.5毫米，花丝很短；雌花无小苞片；孕性雌花子房披针形，长1-1.2毫米，子房柄长2.5-3毫米，花柱长0.5-1毫米，柱头匙形，长0.6-0.9毫米，褐色边缘不整齐；不孕雌花子房倒圆锥形，白色丝状毛与花柱近等长。果椭圆形，长约1.2毫米。种子褐色，长约1毫米，具小凸起。花果期6-9月。染色体2n=30。

产黑龙江、吉林、辽宁、内蒙古、河北、山西、陕西、宁夏西部、甘肃、青海、新疆、山东、江苏、河南及四川西北部，生于湖泊、池塘、河流浅水处、沼泽、湿地或水沟内。俄罗斯、巴基斯坦及亚洲北部、欧洲等地有分布。用途同香蒲。

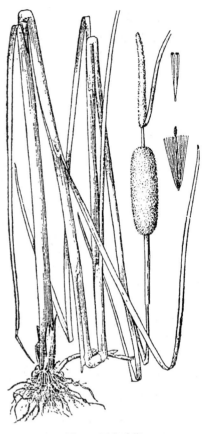

图 11 无苞香蒲
（引自《中国水生高等植物图说》）

5. 水烛

图 12 彩片 6

Typha augustifolia Linn. Sp. Pl. 971. 1753.

多年生水生或沼生草本；根状茎乳黄或灰黄色，顶端白色。茎直立，高1.5-2.5（-3）米。叶长0.5-1.2米，宽4-9毫米，上部扁平，下面中部以下微凹，向下渐隆起呈凸形；叶鞘抱茎。雌、雄花序相距2.5-6.9厘米；雄花序轴密被褐色扁柔毛，单出或分叉；叶状苞片1-3，脱落；雌花序长15-30厘米，基部具1叶状苞片，通常比叶宽，脱落；雄花由（2）3（4）枚雄蕊合生，花药长圆形，长约2毫米，花丝短，下部合生成柄，长（1.5-）2-3毫米；雌花具小苞片；孕性雌花子房纺锤形，长约1毫米，具褐色斑点，子房柄长约5毫米，花柱长1-1.5毫米，柱头窄线形或披针形，长1.3-1.8毫米；不孕雌花子房倒圆锥形；白色丝状毛生于

图 12 水烛 （引自《图鉴》）

子房柄基部，并向上延伸，与小苞片近等长，短于柱头。小坚果长椭圆形，长约1.5毫米，具褐色斑点，纵裂。种

子深褐色，长1-1.2毫米。花果期6-9月。染色体2n=30。

产黑龙江、吉林、辽宁、内蒙古、河北、山东、江苏、安徽、浙江、福建、台湾、广东西北部、海南、广西东北部、云南西北部、贵州、湖北、河南、陕西北部、甘肃、青海及新疆，生于湖泊、河流或池塘、沼泽或沟渠。

尼泊尔、印度、巴基斯坦、日本、俄罗斯、欧洲、美洲及大洋洲有分布。用途同香蒲。

6. 长苞香蒲　　　　　　　　　图13 彩片7

Typha angustata Bory et Chaubard in Exp. Sc. Moree 3: 338. 1832.

多年生水生或沼生草本；根状茎粗壮，乳黄色，先端白色。茎直立，高0.7-2.5米。叶长0.4-1.5米，宽3-8毫米，上部扁平，下面中部以下渐隆起；

叶鞘长，抱茎。雌雄花序远离；雄花序长7-30厘米，花序轴被弯曲柔毛，叶状苞片1-2，长约32厘米，宽约8毫米，脱落；雌花序位于下部，长4.7-23厘米，叶状苞片比叶宽，脱落。雄花由（2）3雄蕊组成，花药长圆形，长1.2-1.5毫米，花丝下部合生成短柄；雌花具小苞片；孕性雌花子房披针形，长约1毫米，子房柄长3-6毫米，花柱长0.5-1.5毫米，柱头宽线或披针形，比花柱宽；不孕雌花子房近倒圆锥形，白色丝状毛极多，生于子房柄基部，短于柱头。小坚果纺锤形，长约1.2毫米，纵裂；果皮具褐色斑点。种子黄褐色，长约1毫米。花果期6-8月。

产黑龙江、吉林、辽宁、内蒙古、河北、山东、江苏、安徽、江西、

图 13 长苞香蒲
（引自《图鉴》）

贵州南部、湖北西部、河南、山西、陕西北部、甘肃及新疆，生于湖泊、河流、池塘浅水处、沼泽及沟渠。印度、日本、俄罗斯及亚洲其他地区有分布。

7. 达香蒲　　　　　　　　　图14 彩片8

Typha davidiana (Kronf.) Hand.-Mazz. in Oesterr. Bot. Zeitschr. 87: 133. 1938.

Typha martini Jord. var. *davidiana* Kronf. in Verh. Zool.-Bot. Ges. Wien 34: 149. 1889.

多年生水生或沼生草本；根状茎粗壮。茎直立，高约1米。叶长60-70厘米，宽3-5毫米，下面下部凸形；叶鞘长，抱茎。雌雄花序远离；雄花序

长12-18厘米，花序轴无毛，基部具1叶状苞片，脱落；雌性花序长4.5-11厘米，径1.5-2厘米，叶状苞片比叶宽，脱落；雌花小苞片匙形或近三角形；孕性雌花子房披针形，具深褐色斑点，子房柄长3-4毫米，花柱很短，柱头线形或披针形，长1-1.2毫米；不孕雌花子房倒圆锥形，具褐色

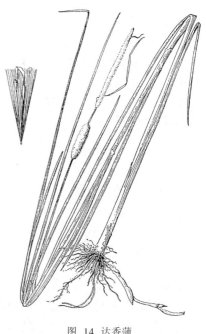

图 14 达香蒲
（引自《中国水生维管束植物图谱》）

斑点，白色丝状毛生于子房柄基部，果期通常与小苞片和柱头近等长，长于不孕雌花。果长1.3-1.5毫米，披针形，具棕褐色条纹；果柄不等长。种子纺锤形，长约1.2毫米，黄褐色，微弯。花果期5-8月。

产黑龙江东南部、吉林、辽宁、内蒙古、山东、江苏、浙江、河南东南部、青海及新疆，生于湖泊、河流近岸边、水沟或沟边湿地。亚洲北部有分布。

8. 小香蒲

图 15：1-3 彩片 9

Typha minima Funk. in Hoppe Bot. Taschenb. 118. 181. 1794.

多年生沼生或水生草本；根状茎姜黄或黄褐色，顶端乳白色。茎直立，高16-65厘米。叶通常基生，鞘状，无叶片，如叶片存在，长15-40厘米，

宽1-2毫米，短于花葶，叶鞘边缘膜质，叶耳长0.5-1厘米。雌雄花序远离，雄花序长3-8厘米，花序轴无毛，基部具1叶状苞片，长4-6厘米，宽4-6毫米，脱落；雌花序长1.6-4.5厘米，叶状苞片宽于叶片。雄花无花被，雄蕊单生，有时2-3合生，基部具短柄，花药长1.5毫米；雌花具小苞片；孕性雌花子房长0.8-1毫米，纺锤形，子房柄长约4毫米，花柱长约0.5毫米，与花柱等长，柱头线形；不孕雌花子房倒圆锥形，白色丝状毛先端膨大呈圆形，生于子房柄基部，与不孕雌花及小苞片近等长，短于柱头。小坚果椭圆形，纵裂；果皮膜质。种子黄褐色，椭圆形。花果期5-8月。

产黑龙江、吉林、辽宁西北部、内蒙古、河北、山西、河南、山东、湖北西北部、四川、陕西、甘肃及新疆，生于池塘、水沟边浅水处、干后的湿地或低洼处。巴基斯坦、俄罗斯、亚洲北部及欧洲有分布。

［附］**短序香蒲** 图15：4-5 **Typha gracilis** Jord. Catal. Gratianop. 28. 1848. 与小香蒲的区别：具二型叶，叶长于花葶，宽2-4毫米；雄花序轴无毛。产新疆、内蒙古、河北及山东，生于沟边、沼泽或低洼湿地。亚洲北部及欧洲有分布。

图 15：1-3. 小香蒲 4-5.短序香蒲
6-7. 球序香蒲 （仿《图鉴》）

［附］**球序香蒲** 图15：6-7 **Typha pallida** Pob. in Not. Syst. Herb. Inst. Bot. Acad. Sci. URSS 11: 16. 17. f. 3. 1949. 与小香蒲的区别：叶二型；子房基部的白色丝状毛先端渐尖，与柱头和小苞片近等长，或果期更长；雄花序轴无毛。产新疆、内蒙古及河北，生于河沟、塘边、沼泽或低洼湿地。中亚地区有分布。

246. 凤梨科 BROMELIACEAE
（李楠 傅晓平）

陆生或附生草本。茎短。单叶互生，常基生成莲座式排列，平行脉，全缘或有刺状锯齿，常有盾状具柄的吸水鳞片；叶上面凹陷，基部常呈鞘状，雨水沿叶面流入由叶鞘形成的贮水器中。花两性，稀单性，辐射对称或稍两侧对称；穗状、总状、头状或圆锥花序顶生；苞片常显著且色彩鲜艳。萼片3，分离或基部连合，覆瓦状排列；花瓣3，分离或连合成管状，覆瓦状排列，基部常有1对鳞片状附属物；雄蕊6，生于花冠管基部，或在花瓣分

离的种类中，2轮雄蕊分别贴生于相对的萼片和花瓣上；子房下位或上位，3室，花柱细长，柱头3，中轴胎座，胚珠多数，倒生稀弯生，厚珠心。浆果、蒴果或聚花果。蒴果的种子常有翅或多毛，胚小，胚乳丰富。染色体基数 x=25。

45属，2000种，1种产热带非洲，余产美洲。我国引入栽培2属3种。

1. 果与花序融合，成聚花果；花序和果顶冠以叶状苞片 ·· 1. 凤梨属 Ananas
1. 果单个，分离；花序和果顶无叶状苞片 ·· 2. 水塔花属 Billbergia

1. 凤梨属 **Ananas** Mill.

陆生草本。叶莲座式排列，全缘或有刺状锯齿。花茎短或略延长，有叶，直立。头状花序顶生。花无梗，紫红色，生于苞腋内；萼片短，覆瓦状排列；花瓣分离，直立，基部有舌状鳞片2枚；雄蕊6枚；子房下位，肉质，基部宽，与花序轴合生或藏于其内，花柱线状，3裂。果肉质，球果状，由肉质增厚的花序轴、苞片和不发育的子房连合形成，顶部冠以退化、旋叠状的叶。

3种，产美洲。现广泛栽培于热带各地区。我国引入栽培1种。

凤梨 露兜子　　　　　　　　　　图 16 彩片 10
Ananas comosus(Linn.) Merr. Interpret. Rumph. Herb. Amboin. 133. 1917.
Bromelia comosa Linn. in Stickm. Herb. Amboin 21. 1754.

图 16 凤梨 （仿《图鉴》）

茎短。叶多数，莲座式排列，剑形，长40-90厘米，宽4-7厘米，先端渐尖，全缘或有锐齿，上面绿色，下面粉绿色，边缘和先端常带褐红色；生于花序顶部的叶小，常红色。花序于叶丛中抽出，状如松球，长6-8厘米，结果时增大；苞片基部绿色，上部淡红色，三角状卵形。萼片宽卵形，肉质，先端带红色，长约1厘米；花瓣长椭圆形，先端尖，长约2厘米，上部紫红色，下部白色。聚花果肉质，长15厘米以上。花期夏季至冬季。

原产美洲热带地区。福建、广东、海南、广西、云南有栽培。凤梨俗称菠萝，为著名热带水果之一，其可食部分主要由肉质增大之花序轴、螺旋状排列于外周的花组成；叶的纤维坚韧，供织物、制绳、结网和造纸等。

2. 水塔花属 **Billbergia** Thunb.

草本，几无茎。叶莲座式排列，下面常有粉被，边缘有小刺。穗状花序或穗状花序式圆锥花序，直立或下垂，常长于叶；苞片明显，具颜色。花美丽，蓝色，间有红或绿黄色，两性；萼片离生，直立，先端常圆；花瓣离生，基部常有舌状分裂的小鳞片2枚；雄蕊6，花药在中部以下或近基部纵裂，花粉粒具单沟；子房下位，无毛或有粉末状覆盖物，花柱3裂，柱头螺旋状扭转，中轴胎座，胚珠多数。浆果由子房、花萼和宿存的花冠形成。种子多数，小。

约60种，产热带美洲。我国引入栽培2种。

1. 花序直立；花瓣红色；叶宽短，宽披针形 ·· **水塔花 B. pyramidalis**
1. 花序下垂；花瓣绿色，边缘蓝色；叶细窄，线形 ·· （附）. **垂花水塔花 B. nutans**

水塔花 　　　　　　　　　　图 17：1-5 彩片 11

Billbergia pyramidalis Lindl. in Bot. Reg. 13: sub. t. 1068. 1827.

草本。茎极短。叶6-15，莲座状排列，宽披针形，长30-45厘米，直立或稍外弯，先端钝而有小锐尖，基部宽，边缘至少在上半部有棕色小刺，上面绿色，下面粉绿色。穗状花序直立，稍长于叶；苞片披针形或椭圆状披针形，长5-7厘米，粉红色。萼片有粉被，暗红色，长约为花瓣1/3，裂片钝或短尖；花瓣红色，长约4厘米，开花时旋扭；雄蕊短于花瓣；子房有粉被。

原产巴西。我国温室有栽培。

[附] **垂花水塔花** 图17：6-10 彩片 12 **Billbergia nutans** Wendl. ex Regel in Gartenfl. 18: 162. t. 617. 1869. 本种与水塔花的区别：花序下垂；花瓣绿色，边缘蓝色；叶细窄，线形。原产巴西。我国温室栽培供观赏。

图 17: 1-5. 水塔花 6-10. 垂花水塔花
（马炜梁绘）

247. 旅人蕉科 STRELITZIACEAE

（李　楠　傅晓平）

多年生草本或树木状。叶、苞片大型，排成2列。花两性，两侧对称；蝎尾状聚伞花序，生于大型佛焰苞中。萼片3，离生或多少贴生花冠；花瓣3，各式连合，几不等或不等；发育雄蕊5，稀6，有时不育的第6枚雄蕊呈花瓣状；子房下位，3室，每室1至多数胚珠，中轴胎座。蒴果，室背开裂为3瓣或不裂。种子有时具假种皮，有胚乳，胚直。

4属，约80余种，分布于美洲热带、非洲南部和东部。我国引入栽培3属5种。

1. 花被片分离；每室胚珠多数；种子有假种皮。
　2. 花略两侧对称；花被片近相等，中央1枚花瓣稍窄；雄蕊6 ·················· 1. **旅人蕉属 Ravenala**
　2. 花两侧对称；花被片不相等，中央1枚花瓣特短，舟状，余2枚靠合呈箭头状，内藏5枚雄蕊 ··················
　　·················· 2. **鹤望兰属 Strelitzia**
1. 花被片部分连合成管状；每室胚珠单生基底；种子无假种皮 ·················· 3. **蝎尾蕉属 Heliconia**

1. 旅人蕉属 **Ravenala** Adans.

茎似棕榈，高5-6米（原产地高达30米）。叶2行，排列于茎顶形似大折扇；叶长圆形，似蕉叶，长达2米，叶柄长，具鞘。花序腋生，较叶柄短，由10-12个成2行排列于花序轴上的佛焰苞所组成；佛焰苞长25-35厘米，舟状；花两性，白色，在佛焰苞内排成蝎尾状聚伞花序。萼片3，分离，几相等；花瓣3，与萼片相似，近等长，仅中央1枚稍窄；发育雄蕊6，分离；子房扁，3室，每室胚珠多数，花柱线形，柱头纺锤状，具6枚短齿。蒴果木质，室背3瓣裂，种子多数。种子肾形，长10-12厘米，包藏于蓝或红色呈撕裂状假种皮内。

单种属。

旅人蕉 　　　　　　　　　　图 18　　　　　形态特征同属。

Ravenala madagascariensis Adans. Fam. Pl. 2: 67. 1763.　　　原产马达加斯加，热带及亚热带

地区有栽培,供观赏。广东、海南及台湾等地有栽培。树形别致,为有热带风光的观赏植物。

2. 鹤望兰属 Strelitzia Dryand.

多年生植物。茎干高大,木质,或无。叶2列,基生或冠于茎顶。叶长圆形,具长柄,柄有深沟。花大,两性,两侧对称;数朵排成蝎尾状聚伞花序,生于舟形佛焰苞中。萼片3,黄或白色,窄披针形;花瓣3,白或蓝色,中央1枚短小,舟状,侧生2枚靠合成箭头状(园艺上称"花舌"),其中藏有雄蕊和花柱;雄蕊5,花丝细长,花药线形;子房3室,胚珠多数,中轴胎座,花柱细长,柱头3。蒴果,三棱形,木质,室背开裂。种子长圆形,具红色条裂假种皮。

4种,原产非洲南部;热带地区引种供观赏。我国引入栽培3种。

1. 有木质树干,高达8米;花序腋生,花序梗短于叶柄,佛焰苞1-2;花较大,萼片白色,长13-17厘米。
  2. 叶基部钝;每花序有2个佛焰苞,箭头状花瓣天蓝色,基部戟形 ·········· **大鹤望兰 S. nicolai**
  2. 叶基部心形;每花序有1个佛焰苞,箭头状花瓣白色,基部圆 ·········· (附). **扇芭蕉 S. alba**
1. 多年生草本,无木质树干;花序生于与叶柄近等长或稍短花序梗上,佛焰苞1;花较小,萼片橙黄色,长7.5-10厘米 ·········· (附). **鹤望兰 S. reginae**

图 18 旅人蕉 (邓晶发绘)

大鹤望兰 图 19

Strelitzia nicolai Regel et Koern. in Gartenfl. 7: 265. t. 235. 1858.

茎干高达8米,木质。叶长圆形,长0.9-1.2米,宽45-60厘米,基部圆并偏斜;叶柄长1.8米。花序腋生,常有2枚大型佛焰苞,花序轴较叶柄为短;佛焰苞绿色但染红棕色,舟状,长25-32厘米,先端渐尖,内有4-9花。花梗长2-3厘米;萼片披针形,白色,长13-17厘米,下方的1枚背生龙骨状脊突;箭头状花瓣长10-12厘米,中部稍收窄,基部平截,天蓝色,中央花瓣极小,长圆形,长0.6-1厘米;雄蕊5,线形,长约5厘米;花柱线形,长16-20厘米,柱头3裂。

原产非洲南部。台湾、广东引种栽培供观赏。

[附] **鹤望兰** 彩片 13 **Strelitzia reginae** Ait. Hort. Kew. ed. 1. 1: 285. pl. 2. 1789. 与大鹤望兰的区别:多年生草本,无木质树干;花序生于与叶柄近等长或稍短的花序梗上,佛焰苞1;花较小,萼片橙黄色,长7.5-10厘米,箭头状花瓣基部具耳状裂片,暗蓝色。原产非洲南部。我国南方城市栽培,北方为温室栽培。

[附] **扇芭蕉 Strelitzia alba** (Linn. f.) H. C. Skeels, U. S. D. A. Bureau Pl. Ind. Bull. 248. 57. 1912. —— *Strelitzia alba* Linn. f. Suppl. Sp. Pl. 157. 1781. 本种有木质树干,高达6米;叶基部心形;花序腋生,花序梗短于叶柄,佛焰苞1;花较大,萼片白色,长13-17厘米,箭头状花瓣

图 19 大鹤望兰 (邓盈丰绘)

基部圆,白色。原产南美洲。台湾引种,供观赏。

3. 蝎尾蕉属 Heliconia Linn.

多年生草本。叶2列，叶长圆形，具长柄；叶鞘互相抱持成假茎。花两性，两侧对称；数朵在舟状苞片内排成蝎尾状聚伞花序；苞片常多数，有色，2列于花序轴上，宿存。花被片部分联合成管状，顶部具5裂片；发育雄蕊5，花药2室，线形，基着，退化雄蕊1，花瓣状；花柱线形，柱头头状或棒状，3裂，子房下位，3室，胚珠在每室的基底单生。蒴果常天蓝色，分裂成3个果瓣。种子近三棱形，无假种皮。

80种，产热带美洲。我国引入栽培1种。

蝎尾蕉　　　　　　　　　　　　　　　图 20

Heliconia metallica Planch. et Lind. ex Hook. f. in Bot. Mag. t. 5315. 1862.

株高0.3-2.6米。叶长圆形，长0.25-1.1米，宽8-27厘米，先端渐尖，基部渐窄，上面绿色，下面亮紫色；叶柄长1-40厘米。花序顶生，直立，长23-65厘米，花序轴稍呈"之"字形弯曲，微被柔毛；苞片4-7枚，绿色，长7-11厘米；每苞片有1-3花或多花，开放时突露。花被片红色，先端绿色，窄圆柱形，长5.5厘米，基部宽4-5毫米，合呈管状；退化雄蕊宽4-5毫米。果三棱形，灰蓝色，长0.8-1厘米，有1-3种子。

原产委内瑞拉。台湾引种栽培，为美丽的观赏植物。

图 20 蝎尾蕉 （仿《Curtis's Bot. Mag.》）

248. 芭蕉科 MUSACEAE
（李 楠）

多年生草本，具根茎；地上茎包藏于由叶鞘层层包叠形成的粗壮假茎中。叶螺旋状集生于茎顶，大型，有粗厚中脉和多数羽状平行侧脉。穗状花序顶生，长，直立或下垂；苞片大，佛焰苞状，常有色。花单性，通常雄花生于花序轴的上部苞片内，雌花生于花序轴下部的苞片内，不育雌、雄蕊均存在；外轮3花被片与内轮前方2片连合成管状，旋一侧开裂至基部，顶端有裂片2列，内轮后方1片分离，花瓣状，常短于花被管；可育雄蕊5，退化雄蕊1，花药线形；子房下位，3室，每室有多数胚珠，中轴胎座。肉质浆果，不裂，圆柱形，常有棱，有多数种子（栽培的食用蕉类常无种子）。

3属，约70-80种，分布于亚洲和非洲热带地区。我国3属，约12种（包括栽培种）。

1. 丛生草本，多次结果；叶鞘紧包，假茎基部不膨大或稍膨大；苞片通常非绿色；合生花被片先端具齿，离生花被片通常较窄长，全缘或先端具1尖头；种子较小，径6毫米以下。
　　2. 花序直立，下垂或半下垂，不生于假茎上密集呈球穗状；苞片常脱落，苞片绿、褐、红或暗紫色；下部苞片内的花为雌花，稀有两性花 ·················· **1. 芭蕉属 Musa**
　　2. 花序直立，生于假茎上，密集呈球穗状；苞片宿存，苞片淡黄或黄色，下部苞片内的花为两性花或雌花 ······
　　　　·················· **2. 地涌金莲属 Musella**
1. 单茎草本，一次结果；叶鞘稍疏散，假茎基部稍膨大或膨大呈坛状；花序初时呈莲座状，后伸长成柱状，下垂；苞片绿色；合生花被片3深裂成线形，离生花被片较宽，具3尖头或全缘；种子较大，径（0.5）1厘米以上 ···
　　　　·················· **3. 象腿蕉属 Ensete**

1. 芭蕉属 Musa Linn.

多年生丛生草本；具根茎，多次结果。假茎基部不膨大或稍膨大；茎在开花前短小。叶长圆形，叶柄伸长，且在下部增大成一抱茎的叶鞘。花序直立，下垂或半下垂；苞片2，扁平或具槽，芽时旋转或多少覆瓦状排列，绿、褐、红或暗紫色，常脱落；每一苞片内有花1或2列，下部苞片内的花为雌花，稀有两性花，上部苞片内的花为雄花，但有时在栽培或半栽培的类型中，各苞片的花均不孕；合生花被片管状，顶端具5齿，2侧齿先端具钩、角或其它附属物或无附属物；离生花被片与合生花被片对生；雄蕊5；子房下位，3室。浆果伸长，肉质，有多数种子，单性结果类型例外。种子近球形、双凸镜形或形状不规则。

约40种，主产亚洲东南部。我国连栽培种在内有10种。为热带、亚热带地区重要植物资源。栽培的香蕉（或大蕉）为热带、亚热带地区著名水果之一，亦可制成蕉干（或蕉粉）供食用。

1. 花序初下垂或半下垂；浆果倒向果序轴基部发育；每苞片有多花排成2列，苞片通常暗色，绿、褐或暗紫色；假茎通常高3米以上。
  2. 叶翼张开或闭合，闭合时不甚紧密，无皱褶。
    3. 栽培种；果无种子。
      4. 雄花苞片宿存 ·· 1. **香蕉 M. nana**
      4. 雄花苞片脱落 ······································· 1(附). **大蕉 M. sapientum**
    3. 野生种；果有种子。
      5. 叶鞘上部及叶下面被蜡粉。
        6. 浆果具短柄，柄长不及1厘米；雄花白色，上部带橙黄色；种子不规则多棱形 ···············
        ·· 2. **小果野蕉 M. acuminata**
        6. 浆果具长柄，柄长2厘米以上；雄花暗紫或紫红色；种子扁球形 ········· 2(附). **野蕉 M. balbisiana**
      5. 叶鞘上部及叶下面无蜡粉或微被蜡粉。
        7. 根茎伸长，长1米以上。
          8. 浆果近无柄 ··· 3. **芭蕉 M. basjoo**
          8. 浆果具长柄 ·································· 3(附). **阿芭蕉 M. itinerans**
        7. 根茎短，丛生。
          9. 浆果具短柄，柄长不及1厘米 ··············· 2. **小果野蕉 M. acuminata**
          9. 浆果具长柄，柄长 3.5-4.5厘米 ············· 4. **树头芭蕉 M. wilsonii**
  2. 叶翼紧密闭合，边缘膜质，有细而密的皱褶，近膜质 ············· 4(附). **蕉麻 M. textilis**
1. 花序直立或基部直立，浆果发育时不倒向，每苞片内有少花排成一列；苞片颜色鲜艳，水红或深红色；假茎高3米以下。
  10. 苞片深红色；花被片乳黄色，离生花被片与合生花被片近等长；花序轴无毛 ····· 4(附). **红蕉 M. coccinea**
  10. 苞片水红色；花被片金黄色，离生花被片比合生花被片短很多；花序轴有褐色微柔毛 ·················
    ·· 4(附). **阿希蕉 M. rubra**

1. 香蕉   图 21 彩片 14

Musa nana Lour. Fl. Cochinch. 644. 1790.

植株丛生，具匍匐茎，高达5米。假茎浓绿带黑斑，被白粉。叶长圆形，长（1.5-）2-2.2（-2.5）米，宽60-70（-85）厘米，基部圆，两侧对称，上面深绿色，无白粉，下面浅绿色，被白粉；叶柄粗，长30厘米以下，叶翼显著，张开，边缘褐红或鲜红色。穗状花序下垂，花序轴密被褐色柔毛，苞片外面紫红色，被白粉，内面深红色，具光泽。雄花苞片不脱落，每苞片内有花2列。花乳白色或稍带淡紫色；离生花被片近圆形，全缘；合生花被片中间2侧生小裂片长，约为中央裂片的1/2。最大的果丛有果150-200（-360）个；果稍呈弓形弯曲，长（10）12-30厘米，径3.4-3.8厘米，有

4-5棱，先端渐窄；果柄短；果皮青绿色，成熟后变黄；果肉松软，黄白色，味甜，香味浓，无种子。

为栽培种，原产我国南部，野生种群已灭绝，台湾、福建南部、广东（英德以南）、广西南部及云南南部均有栽培，广东栽培最盛。栽培品系和品种可分为高型、矮型、半高型与油蕉四个类型。

［附］**大蕉** 彩片 15 **Musa sapientum** Linn. Sp. Pl. ed. 2, 1477. 1763. 本种与香蕉的区别：雄花苞片脱落。福建、台湾、广东、广西及云南等地均有栽培。原产印度、马来亚等地。为栽培种，品系及品种繁多，变异很大。国内栽培品种有大蕉、龙牙蕉、粉蕉、遏罗蕉、西贡蕉、牛角芭蕉、酸芭蕉、大芭蕉及美蕉等。

图 21 香蕉 （引自《图鉴》）

2. 小果野蕉 图 22

Musa acuminata Colla, Men. Gen. Musa 66. 1820.

假茎高约4.8米，油绿色，带黑斑，被蜡粉。叶长圆形，长1.9-2.3米，宽50-70厘米，基部耳形，不对称，上面绿色，被蜡粉，下面黄绿色，被蜡粉或无，上面中脉绿色，下面白黄色；叶柄长约80厘米，被蜡粉，叶翼张开约6毫米。雄花合生，花被片先端3裂，中裂片两侧有小裂片，两侧裂片先端具钩；离生花被片长不及合生花被片1/2，先端微凹，凹陷处具小尖突。果序长约1.2米，果序柄长达70厘米，径约4厘米，被白色刚毛。浆果圆柱形，长约9厘米，内弯，绿或黄绿色，被白色刚毛，具5棱，顶端收缩并延长成6毫米的喙，基部弯，下部延长成不及1厘米的柄，果内具多数种子。种子褐色，不规则多棱形，长约3毫米，径5-6毫米。

产云南及广西西部，生于海拔1200米以下阴湿沟谷、沼泽、半沼泽及坡地。印度北部、缅甸、泰国、越南、马来西亚及菲律宾有分布。为世界栽培香蕉的亲本种之一。

［附］**野蕉 Musa balbisiana** Colla. Men. Gen. Musa 56. 1820. 本种与小果野蕉的区别：浆果具长柄，柄长2厘米以上；雄花暗紫红或紫红色；种子扁球形。产云南西部、广西及广东，生于沟谷坡地常绿林中。亚洲南部及东南部有分布。为世界栽培香蕉的亲本种之一。

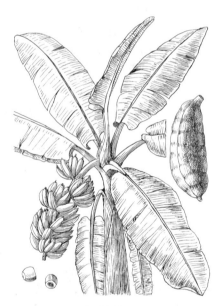

图 22 小果野蕉 （余汉平绘）

3. 芭蕉 图 23 彩片 16

Musa basjoo Sieb. et Zucc. in Verb. Batav. Gen. 12: 18. 1830.

植株高2.5-4米；根茎伸长，达1米以上。叶长圆形，长2-3米，宽25-30厘米，先端钝，基部圆或不对称，上面鲜绿色，有光泽，叶鞘上部及叶下面无蜡粉或微被蜡粉；叶柄粗壮，长达30厘米。花序顶生，下垂；苞片红褐或紫色；雄花生于花序上部，雌花生于花序下部。雌花在每苞片内约10-16，排成2列；合生花被片长4-4.5厘米，具5（3+2）齿裂，离生花被片几与合生花被片等长，先端具小尖头。浆果三棱状长圆形，长5-7厘米，具3-5棱，近无柄，肉质，内具多数种子。种子黑色，具疣突及不规则棱角，宽6-8毫米。

原产日本琉球群岛。台湾可能有

野生，秦岭淮河以南可露地栽培，多栽培于庭园及农舍附近。叶纤维为芭蕉布（称蕉葛）的原料，亦为造纸原料；假茎煎服功能解热，假茎、叶利尿（治水肿，肛胀），花干燥后煎服治脑溢血，根与生姜、甘草煎服，可治淋症及消渴症，根治感冒、胃痛及腹痛。

[附] **阿芭蕉 Musa itinerans** Cheesm. in Kew Bull. 1949: 23. 1949. 本种与芭蕉的区别：浆果具长柄。产云南西南部（瑞丽），生于海拔1000-1270米沟谷底部两侧及土层肥厚的山坡下部、富含腐植质的棕黑砂壤土上，生长势强，常自成群落。印度、缅甸北部、泰国有分布。

4. 树头芭蕉 图 24

Musa wilsonii Tutch. in Gard. Chron. ser. 3, 32: 450. f. 151. 1902.

植株高6-12米，无蜡粉；根茎短。假茎胸径15-25厘米，淡黄色，带紫褐色斑块。叶长圆形，长1.8-2.5米，宽60-80厘米，基部心形，叶脉于

基部弯成心形；叶柄细长，有张开的窄翼，长40-60厘米。花序下垂，花序轴无毛；苞片外面紫黑色，被白粉，内面浅土黄色，每苞片内有花2列。花被片淡黄色，离生花被片倒卵状长圆形，先端具小尖头，合生花被片长为离生花被片的2倍或以上，先端3齿裂，中裂片两侧具小裂片。浆果近圆柱形，长10-13厘米，径约4.4厘米，直，成熟时灰深绿色；果柄长3.5-4.5厘米，深绿色，密被白色短毛，果内几全是种子。

产贵州西南部、广西西北部及云南东南部，多生于海拔2700米以下沟谷潮湿肥土地带。越南及老挝有分布。花、假茎、根头作菜或当饭吃，假茎亦可作猪饲料，全株入药，可截疟。

[附] **蕉麻 Musa textilis** Nee in Anal. Cienc. Nat. 4: 123. 1801. 本种花序初时下垂或半下垂；苞片绿或暗紫色；叶翼近膜质，紧密闭合，有细而密的皱折，边缘膜质。广东、广西、云南及台湾等省区有栽培。原产菲律宾。假茎富含硬质纤维，拉力强，多用于制作绳缆。

[附] **红蕉** 彩片 17 **Musa coccinea** Andr. Repository t. 47. 1799. 本种花序直立，花苞殷红色，雄花的离生花被片与合生花被片近等长，花序轴无毛。产云南东南部，生于海拔600米以下沟谷及水分条件良好的山坡；广东、广西常栽培。越南有分布。可作庭园绿化材料。果、花、嫩心及根

图 23 芭蕉 （仿《Curtiss's Bot. Mag.》）

图 24 树头芭蕉 （引自《Gara. Cnonr.》）

头有毒，不能食用。

[附] **阿希蕉 Musa rubra** Wall. ex Kurz in Journ. Agric. Hort. Soc. Ind. 14: 301. 1876. 本种花序直立或上举；花苞水红色，雄花的离生花被片比合生花被片短很多，花序轴被褐色微柔毛。产云南西南部（瑞丽、沧源），生于海拔1000-1270米阴湿沟谷底部及半沼泽地。缅甸及泰国有分布。

2. 地涌金莲属 Musella （Franch.） C. Y. Wu ex H. W. Li

多年生丛生草本；具根状茎，多次结果。假茎矮小，高不及60厘米，基部不膨大；真茎在开花前短小。叶长椭圆形，长达50厘米，宽约20厘米，叶柄下部增大成抱茎叶鞘。花序直立，生于假茎，密集呈球穗状，长20-25厘米；苞片淡黄或黄色，干膜质，宿存，每苞片内有花2列，每列4-5花；下部苞片内的花为两性花或雌花，上

部苞片内的花为雄花。合生花被片先端具5齿，离生花被片先端微凹，凹陷处有短尖头；雄蕊5；子房3室，胚珠多数。浆果三棱状卵圆形，被极密硬毛。种子较大，扁球形，光滑，腹面有大而明显的种脐。

我国特有单种属。

地涌金莲　　　　　　图 25 彩片 18

Musella lasiocarpa (Franch.) C. Y. Wu ex H. W. Li in Acta Phytotax. Sin. 16(3)：56. 1978.

Musa lasiocarpa Franch. in Journ. de Bot. 3: 329. 1889.

形态特征同属。

产云南，多生于海拔1500-2500米山区坡地。假茎作猪饲料；花入药有收敛止血作用；茎汁用于解酒醉及草乌中毒。

图 25 地涌金莲 （曾孝濂绘）

3. 象腿蕉属 Ensete Bruce ex Horan.

单茎草本，一次结果。假茎通常高大，由叶鞘重叠而成，基部稍膨大或膨大呈坛状；真茎开花前短小。叶大型，长圆形，下部常渐窄成短或长的叶柄；叶柄下部通常有疏散抱茎的叶鞘。花序初时呈莲座状，后伸长成柱状，下垂；苞片绿色，通常宿存，每苞片内有花2列，下部苞片内的花为两性花或雌花，上部苞片内的花为雄花。合生花被片3深裂成线形，中裂片两侧常不具小裂片；离生花被片较宽，具3尖头或全缘，具3尖头时由两侧近圆形的裂片及中央具长尖头的窄裂片所组成；雄蕊5；子房3室，中轴胎座，胚珠多数。浆果厚革质，干瘪或有很少的果肉，内含少量种子。种子通常较大，径（0.5-）1厘米以上，球形或不规则多棱形，多光滑；种脐明显，不规则且凹入。染色体基数x＝9。

约20余种，主要分布于非洲，延伸至印度、泰国、缅甸、中国、印度尼西亚至菲律宾。我国1种。

象腿蕉　　　　　　　　图 26

Ensete glaucum (Roxb.) Cheesm. in Kew Bull. 1947: 101. 1947.

Musa glauca Roxb. Corom. Pl. t. 300. 1819.

假茎单生，高达5米，黄绿色，老时带黑紫色斑块，密被蜡粉，浆液淡桔黄色，基部膨大成坛状，不具匍匐茎。叶长圆形，长1.4-1.8米，宽50-60厘米，先端尾尖，基部楔形，无毛；叶柄短。花序初时如莲座状，后伸长成柱状，长达2.5米，下垂；苞片绿色，宿存，每个苞片内有

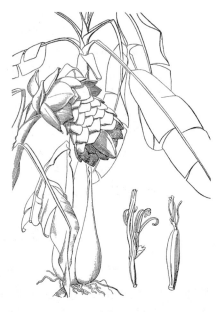

图 26 象腿蕉 （曾孝濂绘）

花2列，约有花10余朵；合生花被片3深裂，离生花被片近圆形，先端微凹，凹陷处具尖头。浆果倒卵形，长约9厘米，径约3.5厘米，苍白色，具淤血色斑纹，先端粗而圆，具宿存花被，基部渐窄，圆柱状或略扁，几无柄；果内具多数种子。种子球形，黑色，平滑，径1.2厘米。

产云南南部及西部、西藏东南部，多野生或栽培于平坝、山地，喜生于沟谷两旁缓坡地带，海拔800-1100米。尼泊尔、印度、缅甸、泰国、菲律宾、印度尼西亚有分布。假茎作猪饲料。

249. 兰花蕉科 LOWIACEAE

（李 楠 傅晓平）

多年生草本。茎极短。叶2列。花两性，两侧对称，单花或少数花排成聚伞花序，直接从根茎上生出。萼片3；花瓣3，侧生的2枚特别小，当中的1枚与萼片近相等或较大，形成唇瓣；雄蕊5；子房顶端延伸成柄状。蒴果，室背开裂为3瓣。

1属，9种，产亚洲东南部。

兰花蕉属 Orchidantha N. E. Brown

多年生草本。具根状茎。茎极短。叶基生，排成2列，披针形或长圆形，具明显的方格状网脉；叶柄长，基部具鞘。花两性，两侧对称；聚伞花序或花单生，由根状茎生出，具宿存鞘状苞片，每苞片内1-2花。花萼3，披针形，近相等；花瓣3，不相等；中央1片大型（称唇瓣），有色彩，具柄或无，平展或折叠，侧生的2片很小，先端常具芒状尖头；雄蕊5，花丝短，花药2室，平行，纵裂；子房下位，顶端延伸成柄状，似花萼管，3室，胚珠多数，倒生于中轴胎座上，花柱1，柱头3裂。蒴果室背开裂。种子具3裂假种皮。

9种，产亚洲东南部热带、亚热带地区。我国2种。

1. 萼片长圆状披针形，长约9.5厘米，宽1.5-2厘米；唇瓣线形，长9厘米，中部稍收缩；子房顶端延长部分较粗短，长约2厘米 ·· 兰花蕉 **O. chinensis**
1. 萼片线状披针形，长约4厘米，宽6-7毫米；唇瓣线状披针形，长5.5厘米，中部不收缩；子房顶端延长部分细长，长约4厘米，径约1毫米 ·· （附）. 海南兰花蕉 **O. insularis**

兰花蕉　　　　　　　　　　　　　　图 27

Orchidantha chinensis T. L. Wu in Acta Phytotax. Sin. 9（4）：340. 1964.

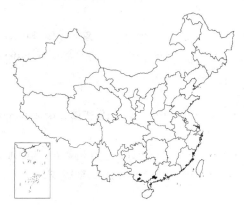

多年生草本，高约45厘米；根状茎横生。叶2列，椭圆状披针形，长22-30厘米，横脉方格状，稠密，干时清晰，先端渐尖，基部楔形，稍下延；叶柄长14-18厘米。花自根状茎生出，单生；苞片长圆形，长3.5-7厘米，位于花葶上部的较大，下部的较小。花大，紫色；萼片长圆

图 27　兰花蕉　（邓盈丰绘）

状披针形,长约9.5厘米,宽1.5-2厘米;唇瓣线形,长约9厘米,基部宽8毫米,先端渐尖,具小尖头,中部稍收缩,侧生的2片花瓣长圆形,长约2厘米,先端有5毫米长的芒;雄蕊5,花药长1厘米;子房顶端延长呈柄状的部分长2厘米,花柱和花药等长,柱头3,先端具细锯齿,背面具"V"形附属物,其中1枚较长,长约8毫米,另2枚稍短。

产广东西部及广西,生于山谷中。

[附] **海南兰花蕉 Orchidantha insularis** T. L. Wu in Acta Phytotax. Sin. 9(4):340. 1964. 本种与兰花蕉的区别:萼片线状披针形,长约4厘米,宽6-7毫米;唇瓣线状披针形,长5.5厘米,中部不收缩;子房顶端延长部分细长,长约4厘米,径约1毫米。产海南,生于林下。

250. 姜科 ZINGIBERACEAE
(吴德邻)

多年生稀一年生、陆生稀附生草本;具匍匐或块状根状茎,有时根末端呈块状。地上茎基部常具鞘。叶基生或茎生,常2列,稀螺旋状排列,叶有多数致密、平行羽状脉自中脉斜出;有叶柄或无,具闭合或不闭合叶鞘,叶鞘顶端有叶舌。花单生或组成穗状、总状或圆锥花序,生于茎上或花葶上。花两性,稀杂性,常两侧对称,具苞片。花被片6,2轮,外轮萼状,常合生成管,一侧开裂及顶端齿裂,内轮花冠状,基部合生成管状,上部具3裂片,位于后方的1枚花被裂片常较两侧的大;退化雄蕊2或4,外轮2枚为侧生退化雄蕊,呈花瓣状、齿状或不存在,内轮2枚连合成唇瓣,常显著而美丽,极稀无;发育雄蕊1,花丝具槽,花药2室,具药隔附属体或无;子房下位,3室,中轴胎座,或1室,侧膜胎座,稀基生胎座,胚珠常多数,倒生或弯生,花柱1,丝状,常经发育雄蕊花丝的槽中从药室间穿出,柱头漏斗状,具缘毛,子房顶部有2蜜腺或无蜜腺而具陷入子房的隔膜腺。蒴果室背开裂或不规则开裂,或肉质不裂呈浆果状。种子圆形或有棱角,有假种皮,胚直,胚乳丰富,白色,坚硬或粉状。

约49属,1500种,分布于全世界热带、亚热带地区,主产热带亚洲。我国18属,150余种,5变种。本科植物有很多著名药材,如砂仁、益智、草果、草豆蔻、姜、高良姜、姜黄、郁金、莪术等,可驱风、健胃、化瘀、止痛,或作调味品。还有许多纤维植物、香料和观赏植物。

1. 侧生退化雄蕊花瓣状。
  2. 子房1室,侧膜胎座;花丝长;唇瓣基部和花丝相连成管状,位于侧生退化雄蕊和花冠裂片之上 ················ 1. **舞花姜属 Globa**
  2. 子房3室,中轴胎座;花丝短;唇瓣和花丝分离。
    3. 花药基部有距。
      4. 花序球果状;苞片基部连生呈囊状,内有2-7花的蝎尾状聚伞花序 ················ 2. **姜黄属 Curcuma**
      4. 花序穗状;苞片分离,内有单花。
        5. 蒴果长,迟裂;花紫或白色,稀黄色 ················ 3. **象牙参属 Roscoea**
        5. 蒴果短,早裂;花黄色 ················ 4. **距药姜属 Cautleya**
    3. 花药基部无距。
      6. 叶基生或生于极短的茎上;花序顶生或生于花葶。
        7. 唇瓣内凹 ················ 5. **凹唇姜属 Boesenbergia**
        7. 唇瓣不内凹。
          8. 花序包于钟状总苞内 ················ 6. **土田七属 Stahlianthus**
          8. 花序不包于钟状总苞内 ················ 7. **山奈属 Kaempferia**
      6. 叶生于茎上;花序顶生。

9. 每花序有苞片1-3，苞片较大，基部和花序轴贴生成囊状，上部叶片状 ………… 8. 苞叶姜属 Pyrgophyllum
9. 每花序有苞片1-10，苞片较小，基部不和花序轴合生。
　10. 花丝长，稀极短，花药背着，药隔无附属体；蒴果球形、卵圆形或卵状长圆形 … 9. 姜花属 Hedychium
　10. 花丝极短或无，花药基着，药隔具附属体。
　　11. 花梗具关节；蒴果纺锤状圆柱形，链荚状，长12-13厘米 ………… 10. 长果姜属 Siliquamomum
　　11. 花梗无关节；蒴果卵状长圆形或近圆形，不呈链荚状，长约1厘米 …… 11. 大苞姜属 Caulokaempferia
1. 侧生退化雄蕊齿状或无，或和唇瓣合生成具3裂片的唇瓣。
　12. 侧生退化雄蕊常与唇瓣连合成具3裂片的唇瓣；花柱露出喙状药隔附属体之上甚多 …… 12. 姜属 Zingiber
　12. 侧生退化雄蕊位于唇瓣基部呈齿状或无；花柱稍露出于花药之上，药隔附属体非喙状包围花柱。
　　13. 花序顶生或侧生于具叶的茎上。
　　　14. 花序侧生，穿叶鞘长出 ………………………………………… 13. 偏穗姜属 Plagiostachys
　　　14. 花序顶生。
　　　　15. 唇瓣平展或反垂，较宽；花丝常较花冠或唇瓣短 ………………… 14. 山姜属 Alpinia
　　　　15. 唇瓣直立，窄或无；花丝突出花冠之上。
　　　　　16. 唇瓣窄匙形，直立，基部与花丝连合；叶基部心形或近箭形 … 15. 直唇姜属 Pommereschea
　　　　　16. 唇瓣退化成小尖齿状，花丝舟状，顶端喙状；叶基部圆或楔形 … 16. 喙花姜属 Rhynchanthus
　　13. 花序单独由根茎生出。
　　　17. 花序不被由不育苞片构成的总苞所围绕。
　　　　18. 小苞片管状；叶常多数 ………………………………… 17. 豆蔻属 Amomum
　　　　18. 小苞片非管状；叶1-8 …………………………………… 18. 拟豆蔻属 Elettariopsis
　　　17. 花序被由不育苞片构成的总苞所围绕。
　　　　19. 唇瓣基部与花丝连合成管，远较花冠裂片为长 ………… 19. 茴香砂仁属 Etlingera
　　　　19. 唇瓣基部与花丝离生，与花冠管裂片近等长 ………… 20. 大豆蔻属 Hornstedtia

1. 舞花姜属 Globba Linn.

　多年生草本；根茎纤细，匍匐；根稍粗。茎直立，通常高不及1米。叶披针形或长圆形；无柄或柄极短，叶舌不裂。圆锥花序或总状花序，顶生，稀生于单独由根茎发出的花葶；苞片常脱落，稀宿存，下部苞片腋间常有珠芽。花萼陀螺形或钟状，裂片或裂齿中前方的1枚常较长，稀又2裂；花冠管纤细，长于花萼，裂片3，卵形或长圆形，后方的1枚常较大，内凹，具小尖头；侧生退化雄蕊花瓣状，有时较花冠裂片大；唇瓣常位于侧生退化雄蕊和花冠裂片之上，反折，全缘，微凹或2深裂，基部与花丝连成管状；花丝很长，弯曲，花药2室，药隔无附属体或每边有1-2翼状附属体；花柱丝状，柱头陀螺形，子房1室，侧膜胎座，胚珠多数。果球形或椭圆形，果皮薄，不整齐开裂。种子小，具白色、撕裂状假种皮。

　100种以上，分布于印度、马来西亚、菲律宾至新几内亚。我国3种及1变种。

1. 花药两边无翅状附属体；苞片较小，早落，腋内无珠芽 ……………………… 1. 舞花姜 G. racemosa
1. 花药两边有2翅状附属体；苞片较大，宿存，腋内有珠芽或无珠芽。
　2. 叶两面无毛，椭圆状披针形；花序上部有分枝，有2至多花 ………… 2. 双翅舞花姜 G. schomburgkii
　2. 叶两面被毛。
　　3. 叶椭圆形或长圆形，长12-16厘米；花序长4-7厘米；苞片腋内有珠芽 …… 3. 毛舞花姜 G. barthei
　　3. 叶长圆状披针形，长1.3-11.5厘米；花序长7.5-20厘米；苞片腋内无珠芽 ………
　　…………………………………………………… 3(附). 澜沧舞花姜 G. lancangensis

1. 舞花姜　　　　　　　　　　图 28 彩片 19

Globba racemosa Smith, Exot. Bot. 2：115. t. 117. 1804.

Globba bulbosa Gagnep.；中国高等植物图鉴 5：591. 1976.

植株高达1米。茎基膨大。叶长圆形或卵状披针形，长12-20厘米，先端尾尖，基部楔形，两面脉上疏被柔毛或无毛；无柄或具短柄，叶舌及叶鞘口具缘毛。圆锥花序顶生，长15-20厘米；苞片早落。小苞片长约2毫米；花黄色，各部均具橙色腺点；花萼管漏斗形，长4-5毫米，顶端具3齿；花冠管长约1厘米，裂片反折，长约5毫米；侧生退化雄蕊披针形，与花冠裂片等

长；唇瓣倒楔形，长约7毫米，先端2裂，反折，生于花丝基部稍上；花丝长1-1.2厘米，花药长4毫米，两侧无翅状附属体。蒴果椭圆形，径约1厘米，无疣状凸起。花期6-7月。

产福建、江西、湖北西南部、湖南、广东、广西、贵州、四川、云南

图 28 舞花姜 （引自《图鉴》）

及西藏，生于海拔400-1300米林下荫湿处。印度有分布。

2. 双翅舞花姜　　　　　　　图 29 彩片 20

Globba schomburgkii Hook. f. in Bot. Mag. t. 6298. 1876.

植株高达50厘米。叶5-6，椭圆状披针形，长15-20厘米，先端尾状渐尖，基部钝，两面无毛；叶柄长约5毫米，叶舌短。圆锥花序长5-11厘米，下垂，上部分枝长1-2.5厘米，疏离，有2至多花，下部无分枝；苞片披针形，长0.6-1.2厘米，腋内有珠芽，珠芽卵圆形，有疣状，径2-4毫米。花黄色，花梗极短；花萼钟状，长4-5毫米，具3齿；花冠管长0.8-1厘米，被短柔

毛，裂片卵形，唇瓣窄楔形，黄色，先端2裂，基部有橙红色斑点；侧生退化雄蕊披针形，镰状弯曲；花丝长1厘米，弯曲，花药每边有2个翅状三角形附属体；子房有疣点。花期8-9月。

图 29 双翅舞花姜 （余汉平绘）

产云南南部，生于林中荫湿处。中南半岛有分布。

3. 毛舞花姜　　　　　　　　　　　图 30

Globba barthei Gagnep. in Bull. Soc. Bot. France ser. 4, 1：208. 1901.

植株高达60厘米；全株被毛。叶椭圆形或长圆形，长12-16厘米，宽3.5-5厘米，两面均被毛。圆锥花序长4-7厘米，上部具短分枝，花稠密；

苞片卵形或披针形，长1.7-2厘米，宽0.7-1厘米；腋内有珠芽，珠芽卵圆形或长圆形，长0.5-1.5厘米。花橙黄色；花萼、花冠均被柔毛；花萼长5毫米；

花冠管长2厘米,裂片线形,长6-7毫米;侧生退化雄蕊长圆形,与花冠裂片等长;唇瓣着生花冠裂片以上6毫米处,长圆形,长1厘米,先端宽,2裂;花丝长1.6厘米,弧曲,花药长2毫米,两侧各具2翅状附属体。花期8月。

产贵州西南部及云南南部,生于海拔240-1000米密林中。菲律宾、柬埔寨及老挝有分布。

[附] **澜沧舞花姜 Globba lancangensis** Y. Y. Qian in Acta Bot. Austro-Sinica 9: 51. 1994. 本种与毛舞花姜的区别:叶长圆状披针形,长1.3-11.5厘米,宽0.7-2.7厘米;圆锥花序长7.5-20厘米,花稀疏;苞片无珠芽;花萼和花冠具小腺点,侧生退化雄蕊长1-1.3厘米。产云南(澜沧),生于海拔900-1200米林中。

图 30 毛舞花姜 (黄少容绘)

2. 姜黄属 Curcuma Linn.

多年生草本;有肉质、芳香的根茎,有时根末端块状。茎极短或缺。叶大型,常基生。穗状花序具密集苞片,呈球果状,生于由根茎或叶鞘抽出的花葶上,花先叶或与叶同放;苞片大,宿存,内凹,基部连生呈囊状,内有2至多花排成蝎尾状聚伞花序,有粘液,上方苞片内常无花,有颜色;小苞片呈佛焰苞状。花萼短,萼管圆筒状,顶端具2-3齿,常又一侧开裂;花冠管漏斗状,裂片卵形或长圆形,近相等或后方1枚较长,且先端具小尖头;侧生退化雄蕊花瓣状,基部与宽短的花丝合生;唇瓣较大,圆形或倒卵形,全缘,先端微凹或2裂,反折,基部与侧生退化雄蕊相连;药室紧贴,基部有距,稀无距,药隔顶端无附属体;花柱丝状,柱头超出于药室之上,漏斗形或具2裂片,有缘毛;腺体2,披针形,近肉质,围绕花柱基;子房3室,中轴胎座,胚珠多数。蒴果球形,包于苞片内,3瓣裂,果皮膜质。种子小,有假种皮。

约50余种,主产东南亚,澳大利亚北部有分布。我国约4种。根茎为中药材"姜黄"或"莪术"的商品来源,块根为"郁金"的来源。

1. 叶两面无毛。
  2. 植株秋季开花,花序由顶部叶鞘内抽出;根茎内部橙黄色 ·········· 1. **姜黄 C. longa**
  2. 植株春夏季开花,常先叶而生,花序单独由根茎抽出;根茎内部淡黄或白色。
    3. 叶中部有紫斑 ·········· 2. **莪术 C. zedoaria**
    3. 叶绿色,中部无紫斑 ·········· 3(附). **温郁金 C. aromatica cv. Wenyujin**
1. 叶两面或下面被毛。
  4. 叶宽10-20厘米,下面被柔毛;根茎内部黄色 ·········· 3. **郁金 C. aromatica**
  4. 叶宽4.5-7(-9.5)厘米,两面被柔毛;根茎内部乳白色 ·········· 4. **广西莪术 C. kwangsiensis**

1. 姜黄

图 31 彩片 21

Curcuma longa Linn. Sp. Pl. 2. 1753.

Curcuma domestica Val.; 中国高等植物图鉴 5: 588. 1976.

植株高达1.5米;根茎发达,成丛,椭圆形或圆柱形,内部橙黄色,极香;根末端呈块状。叶5-7,长圆形或椭圆形,长30-45(-90)厘米,先端短渐尖,基部渐窄,绿色,两面无毛。叶柄长20-45厘米。花葶由顶部叶鞘内抽出,花序梗长12-20厘米;穗状花序圆柱形,长12-18厘米;苞片卵

形或长圆形,长3-5厘米,淡绿色,先端钝,上部无花的较窄,先端尖,开展,白色,边缘有淡红晕。秋季开花;花萼长0.8-1.2厘米,白色,具不等3钝齿,被微柔毛;花冠淡黄色,管长达3厘米,上部膨大,裂片三角形,长1-1.5厘米,后方的1片较大,具细尖头;侧生退化雄蕊比唇瓣短,与花丝及唇瓣的基部连成管状;唇瓣倒卵形,长1.2-2厘米,淡黄色,中部深黄;花药无毛,药室基部有2角状距;子房被微毛。花期8月。

　　产福建、广东、海南、广西西部、贵州西南部、云南及西藏,栽培,喜生于向阳地方。东亚及东南亚广泛栽培。根茎为中药材"姜黄"的商品来源,能行气破瘀,通经止痛,主治胸腹胀痛,肩臂痹痛,月经不调,闭经,跌打损伤。又可提取黄色食用染料;姜黄素可作分析化学试剂。

图 31 姜黄 （冯钟元 黄少容绘）

2. 莪术　　　　　　　　　　　　　　图 32 彩片 22

Curcuma zedoaria (Christm.) Rosc. Monandr. Pl. t. 109. 1828.

Amomum zedoaria Christm. in Christm. & Panzer, Linn. Pflanzensyst. 5: 12. 1779.

　　植株高约1米;根茎圆柱形,肉质,具樟脑香味,内部淡黄或白色;根细长或末端成块根。叶直立,椭圆状长圆形或长圆状披针形,长25-35(-60)厘米,中部常有紫斑,无毛;叶柄较叶片长。花葶由根茎单独抽出,常先叶而生,长10-20厘米,被疏松细长的鳞片状鞘数枚;穗状花序宽椭圆形,长10-18厘米;苞片卵形或倒卵形,稍开展,下部的绿色,先端红色,上部的较长而紫色。春夏开花;

花萼长1-1.2厘米,白色,顶端3裂;花冠管长2-2.5厘米,裂片长圆形,黄色,后方的1片长1.5-2厘米,先端具小尖头;侧生退化雄蕊小于唇瓣;唇瓣近倒卵形,长约2厘米,先端微缺;花药长约4毫米,药隔基部具叉开的距;子房无毛。花期4-6月。

　　产福建、江西南部、广东、海南、广西、贵州、云南西南部及四川中

图 32 莪术 （引自《图鉴》）

部,栽培或野生于林荫下。印度至马来西亚有分布。根茎称"莪术",供药用,主治气血凝滞,心腹胀痛,宿食不消,妇女血瘀经闭,跌打损伤。块根称"绿丝郁金",可行气解郁,破瘀,止痛。

3. 郁金　　　　　　　　　　　　　　图 33 彩片 23

Curcuma aromatica Salisb. Parad. t. 96. 1807.

　　植株高约1米;根茎肉质,椭圆形或长椭圆形,内部黄色,芳香;根

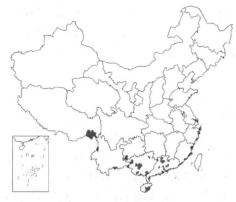

端纺锤状。叶基生，长圆形，长30-60厘米，宽10-20厘米，先端具细尾尖，基部渐窄，上面无毛，下面被柔毛；叶柄与叶片近等长。花葶单独由根茎抽出，与叶同时发出或先叶而出；穗状花序圆柱形，长约15厘米，有花的苞片淡绿色，卵形，长4-5厘米，上部无花的苞片较窄，长圆形，白色带淡红，先端常具小尖头，被毛；花萼被疏柔毛，长0.8-1.5厘米，顶端3裂；花冠管漏斗形，长2.3-2.5厘米，喉部被毛，裂片长圆形，长1.5厘米，白色带粉红，后方的1片较大，先端具小尖头，被毛；侧生退化雄蕊淡黄色，倒卵状长圆形，长约1.5厘米；唇瓣黄色，倒卵形，长2.5厘米，先端2微裂；子房被长柔毛。花期4-6月。

产广东、海南、广西、贵州西南部、云南及西藏东南部，野生于林下或栽培。东南亚各地有分布。本种以及姜黄、莪术、广西莪术的膨大块根均可作中药材"郁金"用，来自原植物郁金的称"黄丝郁金"。"郁金"可行气解郁、破瘀、止痛，主治胸闷胁痛、胃腹胀痛、黄疸、吐血、尿血、月经不调、癫痫。

[附] **温郁金** 温莪术 Curcuma aromatica cv. **Wenyujin** 本栽培品种与模式种的区别：叶中央无紫斑；花冠裂片纯白色而不染红。花期4-5月。产浙江瑞安，栽培于土层深厚、排水良好的沙壤土中。新鲜根茎切片称"片姜黄"，能行气破瘀，通经络，用于风湿痹痛，心腹积痛、胸胁疼痛，

图 33 郁金 （邓盈丰绘）

经闭腹痛，跌打损伤等。煮熟晒干的根茎称"温莪术"，能破血散气，消积、通经。煮熟晒干的块根称"温郁金"，能疏肝解郁，行气祛瘀，用于月经不调、肝炎、肝硬化、胆囊炎、心绞痛、癫痫及精神分裂症等。

4. 广西莪术 图 34 彩片 24

Curcuma kwangsiensis S. G. Lee et C. F. Liang in Acta Phytotax. Sin. 15(2)：110. f. 1. 1977.

根茎卵圆形，长4-5厘米，节上有残存叶鞘，鲜时内部白色或微带淡乳黄色；须根生根茎周围，末端常成近纺锤形块根，径1.4-1.8厘米，内部乳白色。春季抽叶；叶基生，2-5，直立，椭圆状披针形，长14-39厘米，宽4.5-7(-9.5)厘米，先端短渐尖或渐尖，基部渐窄，下延，两面被柔毛；叶舌边缘有长柔毛；叶柄长2-11厘米，被柔毛，叶鞘长11-33厘米，被柔毛。穗状花序从根茎抽出，花序梗长7-14厘米，

图 34 广西莪术 （何顺清绘）

花序长约15厘米；下部的苞片宽卵形，长约4厘米，淡绿色，上部的苞片长圆形，淡红色，花生于下部和中部的苞片腋内。花萼白色，长约1厘米，

一侧裂至中部，先端有3钝齿；花冠管长2厘米，喇叭状，喉部密生柔毛，裂片3，卵形，长约1厘米，后方1枚

较宽，先端稍兜状；侧生退化雄蕊长圆形，与花冠裂片近等长；唇瓣近圆形，淡黄色，先端3浅圆裂，中部裂片稍长，先端2浅裂；花丝扁宽，花药长约4毫米，药室紧贴，基部有距；花柱丝状，无毛，柱头头状，具缘毛，子房被长柔毛。花期5-7月。

产广东、广西及云南，栽培或野生于山坡草地或灌木丛中。根茎为中药莪术的一种，块根称桂郁金，亦称莪苓。（用途参见莪术）

3. 象牙参属 Roscoea Smith

多年生草本；根茎极短；根肉质，簇生。叶披针形、椭圆形或线形。花组成顶生穗状或头状花序，花序梗有或无，苞片分离，宿存，每苞片内有1花。花萼长管状，一侧开裂；花冠紫或微蓝色，稀白或黄色，漏斗形，管细长，裂片3，后方1枚直立，较大，兜状，两侧的较窄，平展或下弯；侧生退化雄蕊花瓣状，直立，长圆状匙形；唇瓣大，下弯，2裂或微凹；花丝短，花药室线形，药室紧贴，药隔基部延伸成距状；子房3室，中轴胎座，圆柱形或椭圆形；胚珠多数，叠生；花柱线形，柱头漏斗状，具缘毛。蒴果圆柱形或棒状，迟裂或微裂成3爿，果皮膜质。种子卵圆形，小，具假种皮。

约15种，分布于喜马拉雅山区。我国12种及1变种。

1. 先出叶，后开花。
　　2. 植株高5-10（-20）厘米；花较小；唇瓣长1.5-1.8厘米。
　　　　3. 花1-2（3）朵顶生，花冠管稍长于萼管，裂片中后方1枚长圆形 ·············· 1. **藏象牙参 R. tibetica**
　　　　3. 花常单生，花冠管远长于萼管，裂片中后方1枚圆形 ·············· 4. **高山象牙参 R. alpina**
　　2. 植株高15-30（-60）厘米；花序梗明显，常高举花序于叶丛之上；苞片卷成管状；唇瓣长2.5-3厘米，2深裂几达基部 ·············· 3. **早花象牙参 R. cautleoides**
1. 先开花，后出叶。
　　4. 叶紧密覆瓦状排列将茎全包；花4-8朵；苞片披针形；叶宽3-6厘米 ·············· 2. **大花象牙参 R. humeana**
　　4. 叶在茎顶形成莲座；花常1朵；苞片椭圆形；叶宽0.4-2厘米 ·············· 2（附）. **无柄象牙参 R. schneideriana**

1. 藏象牙参

图 35

Roscoea tibetica Bat. in Acta Hort. Peterop. 14: 183. 1895.

植株高5-15厘米；根粗厚。茎基部有3-4枚膜质鞘，密被腺点。叶常1-2，叶椭圆形，长2-6厘米，宽1-2.5厘米。花单生或2-3朵顶生，紫红或蓝紫色。萼管长3-4厘米，顶部具3齿；花冠管稍较萼长，长4-5厘米，突出部分稍扩大，后方1枚裂片长圆形，长1.5-1.7厘米，具短尖头，内凹，两侧裂片披针形，长1.5-1.8厘米；侧生退化雄蕊长圆形，长1-1.3厘米；唇瓣倒卵形，与花冠裂片近等长，2裂达3/4，裂片先端有小尖头；子房圆柱形，长1.5厘米。花期6-7月。

产云南、四川及西藏，生于山坡、草地或松林下。

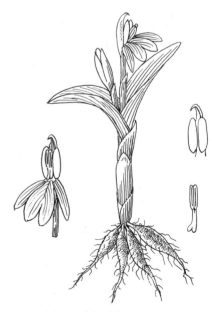

图 35 藏象牙参 （余汉平绘）

2. 大花象牙参 图 36

Roscoea humeana Balf. f. et W. W. Smith in Notes Roy. Bot. Gard. Edinb. 9: 122. 1916.

粗壮草本,高达20厘米;根纺锤形,簇生。叶于花后发出,4-6,紧密覆瓦状排列,将茎全包,宽披针形或卵状披针形,长10-30厘米,宽3-6厘米,两面无毛;无柄。穗状花序有4-8花;苞片披针形。花青紫、白、紫红、粉红或黄色;花萼窄管状,长达10厘米,顶端偏斜,薄膜质;花冠管稍长于萼管,后方1枚裂片宽卵形,长3-4厘米,基部收窄,直立,内凹,先端圆,具小尖头,两侧裂片倒披针形,长3-3.5厘米;侧生退化雄蕊倒披针形,长1.5-1.7厘米,白色染紫;唇

瓣不整齐四方形,长2-2.5厘米,边缘皱波状,2裂近基部,基部具坚硬的瓣柄;花丝长约5毫米,花药长约1.2毫米,距长5毫米,黄绿色;花柱长达10厘米,柱头陀螺形,被长柔毛,子房长约1厘米。蒴果长圆柱形,长约2.5厘米,径5毫米。花期5-6月。

产云南及四川西南部,生于海拔约3200米松林下、草地。耐寒。花大,数朵同时先叶开放,色彩多样,极美丽,为观赏植物之珍品。

[附] **无柄象牙参 Roscoea schneideriana** (Loes.) Cowley in Kew Bull. 36: 762. 1982. —— *Roscoea yunnanensis* Loes. var. *schneideriana* Loes. Notizbl. Bot. Gart. Berlin-Dahlem 8: 600. 1923. 本种与大花象牙参

图 36 大花象牙参
(仿《Curtis's Bot. Mag.》)

的区别:叶(2-)4-6,在茎顶形成一莲座状;常镰形,叶舌长约0.5毫米;叶线形或窄披针形,宽0.4-2厘米;苞片椭圆形,最下的成管状;花紫或白色,常开1朵。花期7-8月。产四川、西藏及云南,生于海拔2600-3500米林中、潮湿石质草地和岩石山脊。

3. 早花象牙参 图 37:1 彩片 25

Roscoea cautleoides Gagnep. in Bull. Soc. Bot. France 48: 75. 1901.

植株高15-30(60)厘米;根粗,棒状。茎基具2-3薄膜质鞘。叶2-4,披针形或线形,长5-15(40)厘米,宽1.5-3厘米,稍折叠,无柄;叶舌长1毫米。花后叶而出或与叶同出;穗状花序通常有2-5(-8)花,基部包于卷成管状的苞片内;花序梗长3-9厘米或更长,高举花序于叶丛之上;苞片长3.5-5厘米。花黄、蓝紫、深紫或白色;花萼管长3-4厘

米,一侧开裂至中部,顶端2裂;花冠管纤细,较萼管稍长,裂片披针形,长2.5-3厘米,后方1枚兜状,具小尖头;侧生退化雄蕊近倒卵形,长1.5-2厘米;唇瓣倒卵形,长2.5-3厘米,2深裂几达基部,稍重叠,外缘皱波状;花药线形,连距长1-1.5厘米。蒴果长圆形,长达1.8厘米。花期6-8月。

产云南西北部及四川西南部,生于海拔2100-3500米山坡草地、灌丛或松林下。

4. 高山象牙参 图 37:2 彩片 26

Roscoea alpina Royle, Ill. Pl. Himal. 361. t. 89. 1839.

植株高10-20厘米;根簇生,粗厚。茎基部常有2薄膜质鞘。叶常2-

3，开花时，常未全部张开，长圆状披针形或线状披针形，长3-12厘米，宽1.2-2厘米，先端渐尖，基部近圆，两面无毛，无柄。花单朵顶生，紫色，无梗；花萼管长4-5厘米，顶部2浅裂，膜质；花冠管远长于萼管，纤细，后方1枚裂片圆形，宽1.5厘米，具细尖头，直立，两侧裂片线状长圆形，长1.5厘米，反折；侧生退化雄蕊花瓣状，较短，直立；唇状楔状倒卵形，长约1.5厘米，先端2裂至1/3处。花期 6-8月。

产贵州西北部、四川西南部、云南及西藏，生于海拔高达3000米的松林或杂木林下。克什米尔地区至尼泊尔有分布。

图 37：1. 早花象牙参 2. 高山象牙参
（引自《图鉴》）

4. 距药姜属 Cautleya Royle

多年生丛生草本；根茎极短；根肉质。叶披针形、长圆形或线形，无柄或具柄。花黄色，单生苞片内，组成顶生穗状花序。花冠管一侧呈佛焰苞状裂开，花冠黄色，漏斗状，管短，裂片近相等，后方1枚直立，内凹；侧生退化雄蕊花瓣状，倒披针形，直立，与后方1枚花冠裂片靠合呈盔状；唇瓣宽楔形，微凹或裂成2瓣；花丝短，直立；药室窄，紧靠，药隔于基部延伸成2个弯曲、较药室长的距；子房3室，中轴胎座，具2枚指状蜜腺；花柱线形，柱头漏斗状，具缘毛，胚珠多颗。蒴果短，3瓣裂，裂瓣卷曲，露出种子团。种子有棱角或球形；假种皮有时较小。

5种，分布于喜马拉雅地区。我国3种。

1. 苞片较萼管短，绿色；叶无柄 ·· 1. 距药姜 C. gracilis
1. 苞片较萼管长，红色；叶有柄 ·· 2. 红苞距药姜 C. spicata

1. 距药姜　　　　　　　　　　　　　　　　　　　　图 38

Cautleya gracilis (Smith) Dandy in Journ. Bot. 70: 328. 1923.

Roscoea gracilis Smith in Trans. Linn. Soc. 13: 46. 1822.

植株高达80厘米；根簇生，粗长。茎基部具膜质鳞片状鞘。叶4-6，长圆状披针形或披针形，长6-18厘米，宽1.5-6厘米，先端尾尖，基部渐窄或圆，下面紫或绿色，两面无毛；无柄，叶舌膜质，圆形，长约2毫米，叶鞘具紫红色斑点或绿白色。花2-6（稀较多）疏离排成顶生穗状花序，花序轴红色，微呈'之'字形；苞片披针形，长1-2厘米，绿色。萼管紫红色，长1.5-2厘米，顶端具齿，一侧开裂；花冠黄色，花冠管

图 38 距药姜 （引自《中国植物志》）

较萼管长，裂片披针形，长1.5-2厘米；侧生退化雄蕊花瓣状，直立，与后方1枚花冠裂片靠合成盔状；唇瓣倒卵形，深裂成2瓣，与花冠裂片近等长；花药长2厘米，弯曲，药隔基部延伸成叉开的距；子房无毛。蒴果球形，径约8毫米，成熟时红色，3瓣裂至近基部，果瓣反卷。种子具棱角，

黑色。花期8-9月，果期9-11月。

产贵州西部、四川南部、云南及西藏，生于海拔950-3100米湿谷，有时附生树干。印度及尼泊尔有分布。

2. 红苞距药姜 图 39

Cautleya spicata （Smith） Bak. In Hook. f. Fl. Brit. Ind. 6: 209. 1890.

Roscoea spicata Smith in Trans. Linn. Soc. 13: 461. 1812.

植株高30-60厘米；根粗。叶4-7，长圆状披针形或线形，长12-30厘米，宽1.6-4厘米，先端尾尖，基部钝或圆，两面无毛；叶柄长1.5-2厘米，叶舌长0.5-1厘米，膜质。穗状花序顶生，长7-12厘米；苞片5-15，长圆形，长2.5-3厘米，红色。花黄色；萼管长1.5-2.5厘米，顶端具2齿，上部一侧开裂；花冠管长2-2.5厘米，裂片披针形，长2-2.5厘米；唇瓣长约2.5厘米，先端2裂；花药线形，长约1.5厘米，基部具短距。蒴果球形，径1厘米，成熟时红色。种子近球形，黑色，包于膜质假种皮中。花期7月，果期9-10月。

图 39 红苞距药姜
（引自《Not. Roy. Bot. Gard. Edinb.》）

产贵州西南部、四川、云南及西藏，生于海拔1100-2600米林下或附生树干。锡金及尼泊尔有分布。

5. 凹唇姜属 Boesenbergia O. Kuntze

多年生草本；根茎块状或延长，根常膨大。叶基生或生短茎上；叶披针形、长圆形或卵形。穗状花序常顶生，包于顶部叶鞘内或单生花葶上；苞片多数，2列。小苞片1；花萼管短，佛焰苞状；花冠管细长，裂片近相等；侧生退化雄蕊花瓣状，常较花冠裂片宽；唇瓣较花冠裂片大，倒卵形或宽长圆形，内凹呈瓢状，全缘或先端2裂，边缘皱波状，基部窄；有槽花丝直立，药室平行，缝裂或孔裂，具药隔附属体或无，基部无距；花柱漏斗状，子房3室或不完全3室，胚珠少数或多数，基生或生于中轴胎座。蒴果长圆形，3瓣裂。种子基部具撕裂状假种皮。

约50种，分布于印度、马来西亚至菲律宾。我国2种。

凹唇姜 图 40

Boesenbergia rotunda （Linn.） Mansf. in Kulturpfl. 6: 239. 1958.

Curcuma rotunda Linn. Sp. Pl. 2. 1753.

植株高50厘米；根茎卵圆形，黄色，有辛香味，根粗。无地上茎。叶3-4基生，2列，直立，卵状长圆形或椭圆状披针形，长25-50厘米，先端具小尖头，基部渐尖或近圆，除下面中脉被疏柔毛外，两面无毛；叶柄长7-16厘米，具槽，叶舌2裂，裂片宽三角形，膜质，被绵毛，叶鞘红色。穗

状花序包于顶部叶鞘内，长3-7厘米；苞片披针形，长4-5厘米，膜质。花芳香；花萼管长约1.5厘米；花冠淡粉红色，管长4.5-5.5厘米，裂片长圆形，长1.5-2厘米；侧生退化雄蕊倒卵形，长1.5厘米，粉红色；唇瓣宽长

圆形，长2.5-3.5厘米，内凹呈瓢状，白或粉红色，具紫红色彩纹，先端平，边微皱；花丝短，药隔顶端具后弯附属体，长1-3毫米，2浅裂。花期7-8月。

产广西西部及云南南部西双版纳，生于海拔约980米密林中。印度、斯里兰卡及印度尼西亚有分布。

图 40 凹唇姜 （黄少客绘）

6. 土田七属 Stahlianthus Kuntze

多年生草本；具根状茎。叶少数，叶基生或生短茎上，长圆形或披针形，具柄。花数朵至10余朵组成头状花序，包于钟状总苞内，常生于花序梗上。花萼管状，3浅裂；花冠白色，管状，具3裂片；侧生退化雄蕊花瓣状，常白色，常大于花冠裂片；唇瓣先端2裂，白色，稀紫色，中部常有黄色斑点；药室分离，花丝短，扁平，药隔附属体扁平或无，基部无距；子房3室，中轴胎座，胚珠多数。蒴果。种子近球形。

6种，分布于印度、缅甸、老挝和越南。我国1种。

土田七   图 41

Stahlianthus involucratus (King ex Bak.) Craib in Kew Bull. 1912: 401. 1912.

Kaempferia involucrata King ex Bak. in Hook. f. Fl. Brit. Ind. 6: 221. 890.

植株高达30厘米；根茎块状，径约1厘米，外面棕褐色，内面棕黄色，粉质，芳香而有辛辣味，根末端成球形块根。叶倒卵状长圆形或披针形，长10-18厘米，宽2-3.5厘米，绿色或染紫；叶柄长6-18厘米。花10-15朵聚生钟状总苞内，总苞长4-5厘米，径2-2.5厘米，顶2-3裂，总苞及花常有棕色、透明小腺点；花序梗长2.5-10厘米。小苞片线形，膜质，长约1.5厘米；花白色；花萼管长0.9-1.1厘米，顶端3浅裂；花冠管长2.5-2.7厘米，裂片长圆形，长约1.2厘米，后方1枚片较大，

图 41 土田七 （余汉平绘）

先端具小尖头；侧生退化雄蕊倒披针形，长1.6-2厘米；唇瓣倒卵状匙形，长约2厘米，上部宽1.3厘米，深裂至5毫米，白色，中央有杏黄色斑，内被长柔毛，与侧生退化雄蕊卷成筒状，露出总苞之上；花药长5毫米，花丝长2毫米，药隔附属体半圆形，长约3毫米；花柱线形，柱头具缘毛，子房卵圆形，长3.5毫米。花期5-6月。

产福建南部、广东中部、海南、广西及云南西南部，野生于林下、荒坡或栽培。印度及锡金有分布。块茎能活血散瘀、消肿止痛，主治跌打损伤、风湿骨痛。

7. 山奈属 **Kaempferia** Linn.

多年生低矮草本；具块状根茎，须根常膨大；无明显地上茎。叶2至多片基生，2列；叶柄短，叶舌不显著。花单生或2至数朵组成头状或穗状花序，有花序梗或无，有时先叶而出；苞片多数，螺旋排列。小苞片膜质，先端具2齿裂；花萼管状，上部一侧开裂，顶端具不等2-3裂齿；花冠管与花萼管等长或长很多，裂片披针形，近相等；侧生退化雄蕊花瓣状，离生或有时和唇瓣连成管状；唇瓣宽，常2裂，有色彩，平展或下垂；雄蕊着生花冠管的喉部，花丝短或近无，药隔宽，顶端延伸成全缘、2裂或鱼尾状附属体，露出花冠管喉部，基部无距；子房3室，中轴胎座，胚珠多数，花柱线形，柱头陀螺状，腺体2，圆柱状。蒴果球形或椭圆形，3瓣裂，果皮薄。种子近球形，假种皮撕裂状。

约70种，分布于亚洲热带地区及非洲。我国4种及1变种。

1. 花先叶开放，紫色；叶长椭圆形，长17-27厘米，上面中脉两侧深绿色，下面紫色；药隔附属体2裂，呈鱼尾状 ·· 1. 海南三七 **K. rotunda**
1. 花后叶开放，白色；叶近圆形，长7-13厘米，干后上面有红色小斑；药隔附属体正方形，2裂 ·· 2. 山奈 **K. galanga**

1. 海南三七
图 42

Kaempferia rotunda Linn. Sp. Pl. 3.1753.

根茎块状，根粗。先叶开花；叶长椭圆形，长17-27厘米，上面淡绿色，中脉两侧深绿色，下面紫色；叶柄短，槽状。头状花序有4-6花，自根茎发出；苞片紫褐色，长4.5-7厘米。萼管长4.5-7厘米，一侧开裂；花先叶开放，紫色，花冠管约与萼管等长，花冠裂片线形，白色，长约5厘米，花时平展；侧生退化雄蕊披针形，长约5厘米，白色，先端尖，直立，稍靠叠；唇瓣蓝紫色，近圆形，2深裂至中部以下成2裂片，裂片长约3.5厘米，宽约2厘米，先端尖，下垂；药隔附属体2裂，呈鱼尾状，直立于药室顶部，边缘具不整齐缺刻，顶端尖。花期4月。

产广东、海南、广西及云南，生于草地阳处或栽培。亚洲南部至东南

图 42 海南三七 （引自《图鉴》）

部有分布。花美丽，芳香，供观赏；亦可药用，治跌打损伤。

2. 山奈
图 43 彩片 27

Kaempferia galanga Linn. Sp. Pl. 2. 1753.

根茎块状，单生或数枚连接，淡绿或绿白色，芳香。叶常2片近地面，近圆形，长7-13厘米，无毛或下面疏被长柔毛，干后上面有红色小点；几无柄，叶鞘长2-3厘米。花4-12顶生，半包于叶鞘中；苞片披针形，长2.5厘米。花后叶开放，白色，有香味，易

凋谢；花萼与苞片近等长；花冠管长2-2.5厘米，裂片线形，长1.2厘米；侧生退化雄蕊倒卵状楔形，长1.2厘米；唇瓣白色，基部有紫斑，长2.5厘米，2深裂至中部以下；雄蕊无花丝，药隔附属体正方形，2裂。花期8-9月。

产广东及海南，广西及云南有栽培。南亚至东南亚

图 43 山奈 （引自《图鉴》）

亦有，常栽培供药用或调味。

8. 苞叶姜属 Pyrgophyllum (Gagnep.) T. L. Wu et Z. Y. Chen

多年生草本，高达40厘米；根状茎球形。茎直立，基部球形。叶3-4，长圆状披针形，长10-15厘米，先端渐尖，基部楔形或近圆，上面无毛，下面被柔毛；叶柄长3-8厘米，叶舌2裂，叶鞘被柔毛。花序顶生，苞片1-3，基部与花序轴贴生成囊状，上部叶片状；每苞片具1-3花。花黄色，易凋萎；无梗；花冠管伸出萼管之外，长为花萼2倍，具2齿且一侧开裂，侧裂片窄披针形，长约2厘米，后方的1枚较宽；侧生退化雄蕊花瓣状，近线形，和花冠裂片等长；唇瓣2深裂，裂片卵形；花丝宽短，花药着生，药隔附属体三角形，全缘，无距；子房3室，中轴胎座；上位腺体2，线形。蒴果近球形，径约1厘米。种子卵圆形。染色体基数x=21。

我国特有单种属。

苞叶姜

Pyrgophyllum yunnanensis (Gagnep.) T. L. Wu et Z. Y. Chen in Acta Phytotax. Sin. 27(2)：127.1989.

图 44

Kaempferia yunnanensis Gagnep. in Bull. Soc. Bot. France 48：87. 1901.

Monolophus yunnanensis (Gagnep.) T. L. Wu et Senjen；中国高等植物图鉴 5：586. 1976.

形态特征同属。花期9-10月。

产四川西南部及云南，生于海拔1500-2800米山地密林中。

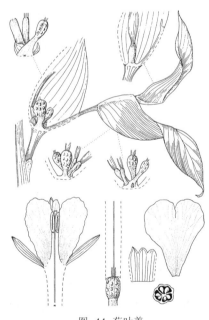

图 44 苞叶姜
（引自《Not. Roy. Bot. Gard. Edinb.》）

9. 姜花属 Hedychium Koen.

陆生或附生草本；具块状根茎。地上茎直立。叶常长圆形或披针形；叶舌显著。穗状花序顶生，密生多花；苞片覆瓦状排列或疏离，宿存，内有1至数花。小苞片管状；花萼管状，顶端具3齿或平截，常一侧开裂；花冠管细长，常突出于花萼管之上，稀与花萼近等长，裂片线形，花时反折；侧生退化雄蕊花瓣状，较花冠裂片大；唇瓣

近圆形,常2裂,具长瓣柄或无;花丝较长,稀近无,花药背着,基部叉开,药隔无附属体,基部无距;子房3室,中轴胎座。蒴果球形,室背3瓣裂。种子多数,被撕裂状假种皮。

约50种,分布于亚洲热带地区。我国15种及2变种。

1. 苞片覆瓦状排列紧密,将花序轴全部遮盖,平展而不包卷花(或仅上部的稍包卷);每苞片有2-3花;花丝长约3厘米。
  2. 花白色,花萼管无毛;侧生退化雄蕊长约5厘米;唇瓣长和宽约6厘米,白色,基部稍黄 ················ ·· 1. **姜花 H. coronarium**
  2. 花黄色,花萼管被毛;侧生退化雄蕊长约3厘米;唇瓣长约4厘米,宽约2.5厘米,黄色,有橙色斑 ········· ·· 1(附). **黄姜花 H. flavum**
1. 苞片排列稍疏离或紧密,非覆瓦状,常包卷花。
  3. 每苞片有2-3花。
    4. 花药长2-3毫米;苞片及花萼均密被棕色绢毛,苞片长1.8-2.5厘米;花冠裂片、侧生退化雄蕊、唇瓣均长2.5厘米 ····························· 2.**毛姜花 H. villosum**
    4. 花药长0.7-1.2厘米;花序各部无毛或被毛,非棕色绢毛。
      5. 花白色;花丝长3.5-4厘米,花药长1.2厘米;苞片长4.5-6厘米 ············ 3. **圆瓣姜花 H. forrestii**
      5. 花红色;花丝长约5厘米,花药长7-8毫米;唇瓣2深裂 ············ 3(附). **红姜花 H. coccineum**
  3. 每苞片有1花;花较大,淡黄色,排列稍疏,花冠管长达8厘米,花丝较唇瓣为短;叶舌有毛 ············· ··· 4. **草果药 H. spicatum**

1. 姜花 白草果

图 45 彩片 28

Hedychium coronarium Koen. in Retz. Obs. Bot. 3: 73. 1783.

茎高达2米。叶长圆状披针形或披针形,长20-40厘米,先端长渐尖,

基部尖,上面光滑,下面被柔毛;无柄,叶舌薄膜质,长2-3厘米。穗状花序顶生,椭圆形,长10-20厘米;苞片覆瓦状排列,紧密,卵圆形,长4.5-5厘米,每苞片有2-3花。花白色;花萼管长约4厘米,无毛,顶端一侧开裂;花冠管纤细,长8厘米,裂片披针形,长约5厘米,后方1枚兜状,先端具小尖头;侧生退化雄蕊长圆状披针

图 45 姜花 (邓盈丰绘)

形,长约5厘米;唇瓣倒心形,长和宽约6厘米,白色,基部稍黄,先端2裂;花丝长约3厘米,药室长1.5厘米;子房被绢毛。花期8-12月。

产台湾、福建、湖南西部、广东、海南、四川及云南,生于林中或栽培。印度、越南、马来西亚至澳大利亚有分布。花美丽、芳香,栽培供观赏;可浸提姜花浸膏,用于调合香精。根茎可解表、散风寒,治头痛、风湿痛及跌打损伤。

[附] 黄姜花 Hedychium flavum Roxb. Hort. Beng. 1. 1814. 本种与姜花的区别:花黄色;花萼管被毛,侧生退化雄蕊长约3厘米,唇瓣倒长约4厘米,宽约2.5厘米,黄色,有橙色斑点。花期8-9月。产西藏、四川、云南、贵州及广西,生于海拔900-1200米山谷密林中。印度有分布。

2. 毛姜花 图 46 彩片 29

Hedychium villosum Wall. in Roxb. Fl. Ind. 1: 12. 1820.

茎高达2米；根茎块状。叶长圆形或长圆状披针形，长15-35厘米，两面无毛或上面中脉散生柔毛；叶柄长1-2厘米，叶舌薄膜质，披针形，长3.5-5厘米。穗状花序密生多花，长15-25厘米，花序轴多少被柔毛；苞片长圆形，长1.8-2.5厘米，被棕色绢毛，每苞片常有2-3花。花萼管长2.5-3厘米，被金黄色绢毛；花冠白色，管长约3.5厘米，裂片线形，长2.5厘米，反卷；侧生退化雄蕊较花冠裂片稍宽，长2.5厘米；唇瓣长圆状倒卵形，长2.5厘米，2深裂，基部渐窄成瓣柄；花丝长4.5厘米，紫红色，花药箭头状，长2-3毫米。蒴果卵圆形，3裂，长约1厘米，被棕色绢毛。花果期3-4月。

图 46 毛姜花 （引自《图鉴》）

产海南、广西及云南，生于海拔80-3400米林下荫湿处。印度、缅甸及越南有分布。根茎可祛风止咳。

3. 圆瓣姜花 图 47 彩片 30

Hedychium forrestii Diels in Notes Roy. Bot. Gard. Edinb. 5: 304. 1912.

茎高达1.5米。叶长圆形、披针形或长圆状披针形，长35-50厘米，先端尾尖，基部渐窄，两面无毛；无柄或具短柄，叶舌长2.5-3.5厘米。穗状花序圆柱形，长20-30厘米，花序轴被柔毛；苞片长圆形，长4.5-6厘米，边内卷，被疏柔毛，每苞片有2-3花。花白色，有香味；花萼管较苞片短；花冠管长4-5.5厘米，裂片线形，长3.5-4厘米；侧生退化雄蕊长圆形，长约3.5厘米；唇瓣圆形，宽约3厘米，先端2裂，基部收缩呈瓣柄；花丝长3.5-4厘米，花药长约1.2厘米。蒴果卵状长圆形，长约2厘米。花期8-10月，果期10-12月。

产广西、贵州、四川、云南及西藏，生于海拔200-900米林内或灌丛中。越南有分布。

[附] **红姜花** 图48: 1 彩片 31 **Hedychium coccineum** Buch.-Ham. in Rees. Cyclop. 17: 5. 1811. 本种与圆瓣姜花的区别：花红色，花丝长

图 47 圆瓣姜花 （引自《中国植物志》）

约5厘米，花药长7-8毫米；唇瓣2深裂。产西藏东南部、云南南部及广西，生于林中。印度及斯里兰卡有分布。花极美丽，可栽培供观赏。

4. 草果药　疏穗姜花

图 48：2

Hedychium spicatum Ham. ex Smith in Rees, Cyclop. 17: 3. 1811.

根茎块状；茎高约1米。叶长圆形或长圆状披针形，长10-40厘米，先端窄渐尖，基部尖，无毛或下面中脉疏被长柔毛；无柄或柄极短，叶舌长1.5-2.5厘米，膜质，全缘，有毛。穗状花序多花，长达20厘米；苞片长圆形，长2.5-3厘米，内有1花。花芳香，白色，花萼管长2.5-3.5厘米，具3齿，顶端一侧开裂；花冠淡黄色，管长达8厘米，裂片线形，长2.5厘米；侧生退化雄蕊匙形，白色，稍长于花冠裂片；唇瓣倒卵形，2瓣裂，瓣片尖，具瓣柄，白或

黄色；花丝淡红色，较唇瓣短。蒴果扁球形，径1.5-2.5厘米，成熟时开裂为3瓣；每室约6种子。花期6-7月，果期10-11月。

产湖北西南部、贵州西南部、云南、四川及西藏，生于海拔1200-2900

图 48: 1. 红姜花　2. 草果药　（余汉平绘）

米密林中。尼泊尔有分布。种子药用，助消化。

10. 长果姜属 Siliquamomum Baill.

多年生草本，高达2米。叶常3枚，披针形或披针状长圆形，长20-55厘米，宽7-14厘米，先端渐尖，基部窄楔形；叶柄长4.5-7厘米，叶舌无毛，长3毫米。总状花序顶生，长13-40厘米，有9-12花，排列稀疏。花梗长2.5厘米，基部以上5毫米有关节；萼管钟状，长3.5厘米，顶端具2-3齿，一侧开裂；花冠黄白色，花冠管窄圆柱形，长2厘米，顶部钟状，裂片长2.5-3厘米，后方1枚稍大；侧生退化雄蕊倒卵形，长2.5厘米；唇瓣倒卵形，长3-3.5厘米，具斑点，顶端波状；花丝短，花药基着，药隔有附属体，无距；子房无毛，基部3室，顶部1室，中轴胎座，倒生胚珠多数，花柱无毛，柱头顶端有纤毛。蒴果纺锤状圆柱形，稍缢缩成链荚状，长12-13厘米，径1厘米，黄色。

单种属。

长果姜

图 49

Siliquamomum tonkinense Baill. in Bull. Soc. Linn. Paris 1: 1193. 1895.

形态特征同属。花期10月。

产云南东南部，生于海拔约800米山谷密林中潮湿地方。越南有分布。

图 49 长果姜　（孙英宝仿绘）

11. 大苞姜属 Caulokaempferia K. Larsen

多年生草本；具地上茎。叶茎生，无柄或具短柄，叶舌小，2裂。花序顶生；苞片1-10，2列，披针形，离生或基部与花序轴贴生呈囊状，上部叶片状，每苞片有1-4花。具小苞片或无；花梗无关节；花萼管状，常2-3齿裂；花冠管窄长，口部宽，裂片3，后方的1枚较大；侧生退化雄蕊花瓣状；唇瓣近圆形，全缘或2裂，微内凹；花丝极短或无，花药基着，药室平行，纵裂，药隔顶端附属体全缘，无距；腺体线形，离生；子房3室，中轴胎座。蒴果卵状长圆形或近圆形。

10种，分布于锡金、印度、泰国和中国。我国1种。

黄花大苞姜

图 50

Caulokaempferia coenobialis (Hance) K. Larsen in Bot. Tidsskr. 60(3)：177. 1964.

Monolophus coenobialis Hance in Journ. Bot. 8：75. 1870.

细弱、丛生草本。茎高达30厘米，径约3毫米。叶5-9，披针形，长5-14厘米，宽1-2厘米，先端长尾尖，基部楔形，质薄，无毛，最下部的一片叶较上部的显著地小；无柄或具极短的柄，叶舌圆形，膜质，长不及2毫米。花序顶生，苞片2-3，披针形，长3-5厘米，先端尾状渐尖，内有1-2花，基部不与花序轴贴生；花萼管状，长1-1.5厘米；花冠黄色，管长约3厘米，裂片披针形，长约1厘米；侧生退

化雄蕊椭圆形，长约1.2厘米；唇瓣黄色，宽卵形，长1.5-2厘米；花丝短，花药长3毫米，药隔附属体长圆形，长约4毫米。蒴果卵状长圆形，长约1

图 50 黄花大苞姜 （冯钟元 余汉平绘）

厘米，顶端有宿萼。花期4-7月，果期8月。

产广东及广西，生于山地林下荫湿处。全草可治蛇伤。

12. 姜属 Zingiber Boehm.

多年生草本；根茎块状，平生，分枝，芳香。地上茎直立。叶2列，披针形或椭圆形。穗状花序球果状，常生于由根茎发出的花序梗上，或无花序梗，花序贴近地面，稀花序顶生于具叶的茎上；花序梗被鳞片状鞘；苞片绿色或其他颜色，覆瓦状排列，宿存，每苞片常有1花（极稀多朵）；小苞片佛焰苞状。花萼管状，具3齿，顶端常一侧开裂；花冠管顶部常扩大，裂片中后方1片常较大，内凹，直立，白或淡黄色；侧生退化雄蕊常与唇瓣相连合，形成有3裂片的唇瓣，稀无侧裂片，唇瓣外翻，全缘，微凹或2短裂，皱波状；花丝短，花药2室，药隔附属体长喙状，并包花柱；子房3室，中轴胎座，胚珠多数，2列，花柱露出喙状药隔附属体之上甚多，柱头近球形。蒴果3瓣裂或不整齐开裂。种皮薄，种子黑色，被假种皮。

约80种，分布于亚洲热带、亚热带地区。我国约14种。

1. 花序梗直立，粗壮，长10-30厘米。

  2. 叶宽2-2.5厘米；唇瓣具紫色脉纹及黄色斑点；叶舌长2-4毫米；花序球形，长4-5厘米；苞片卵形，顶端具

    小尖头 ∙∙∙ **1. 姜 Z. officinale**

2. 叶宽3-8厘米；唇瓣黄或淡黄色。

    3. 叶舌长2-4毫米；花序长圆形，长15-30厘米；苞片卵形，长3-4厘米 ·········· 2. **珊瑚姜 Z. corallinum**

    3. 叶舌长1.5-2厘米；花序球形，长6-15厘米；苞片近圆形，长2-3.5厘米 ·········· 3. **红球姜 Z. zerumbet**

1. 花序梗无或短，长0-2厘米，如较长则较柔弱。

    4. 根茎淡黄色；唇瓣卵形，中部黄色，边缘白色 ···································· 4. **襄荷 Z. mioga**

    4. 根茎白色；唇瓣倒卵形，淡紫色 ·· 5. **阳荷 Z. striolatum**

1. 姜　　　　　　　　　　　　　　　　　图 51：1-6

Zingiber officinale Rosc. in Trans. Linn. Soc. 7: 346. 1807.

植株高达1米；根茎肥厚，多分枝，有芳香及辛辣味。叶披针形或线状披针形，长15-30厘米，宽2-2.5厘米，无毛；无柄，叶舌膜质，长2-4毫米。花序梗长达25厘米；穗状花序球形，长4-5厘米；苞片卵形，长约2.5厘米，淡绿色或边缘淡黄色，先端有小尖头。花萼管长约1厘米；花冠黄绿色，管长2-2.5厘米，裂片披针形，长不及2厘米；唇瓣中裂片长圆状倒卵形，短于花冠裂片，有紫色条纹及淡黄色斑点，侧裂片卵形，长约6毫米；雄蕊暗紫色，花药长约9毫米，药隔附属体钻状，长约7毫米。花期秋季。

中部、东南至西南各省区广为栽培。亚洲热带地区常见栽培。根茎药用，干姜主治心腹冷痛，吐泻，肢冷脉微，寒饮喘咳，风寒湿痹。生姜主治感冒风寒，呕吐，痰饮，喘咳，胀满；解半夏、天南星及鱼蟹、鸟兽肉毒。可作烹调配料或制酱菜、糖姜。茎、叶根茎均可提取芳香油，用于食品、饮料及化妆品香料。

2. 珊瑚姜　　　　　　　　　　　　　　图 51：7

Zingiber corallinum Hance in Journ. Bot. 18: 301. 1880.

植株高约1米。叶长圆状披针形或披针形，长20-30厘米，宽4-6厘米，上面无毛，下面及叶鞘被疏柔毛或无毛；无柄，叶舌长2-4毫米。花序梗长15-20厘米，具长4-5厘米鳞片状鞘；花序梗长15-30厘米；穗状花序长圆形，长15-30厘米；苞片卵形，长3-4厘米，先端尖，红色。花萼长1.5-1.8厘米，一侧开裂近中部；花冠管长2.5厘米，裂片具紫红色斑纹，长圆形，长1.5厘米，先端渐尖，后方1枚较宽；唇瓣黄色，中裂片倒卵形，长1.5厘米，侧裂片长8毫米，先端尖；花丝缺，

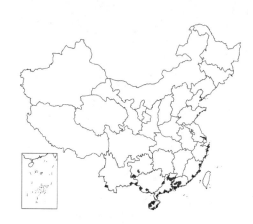

花药长1厘米，药隔附属体喙状，长约5毫米，弯曲；子房被绢毛。种子黑色，光亮，假种皮白色，撕裂状。花期5-8月，果期8-10月。

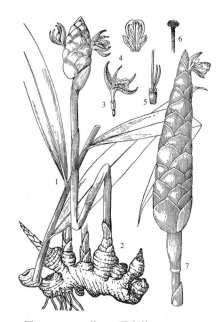

图 51: 1-6. 姜　7. 珊瑚姜　（余汉平绘）

产福建、广东、海南、广西、贵州及云南，生于密林中。根茎能消肿，解毒。

3. 红球姜　　　　　　　　　　　图 52 彩片 32

Zingiber zerumbet (Linn.) Smith, Exoct. Bot. 2: 103. t. 112. 1804.

Amomum zerumbet Linn. Sp. Pl. 1. 1753.

植株高达2米；根茎块状，内部淡黄色。叶披针形或长圆状披针形，长15-40厘米，宽3-8厘米，无毛或下面被疏长柔毛；无柄或具短柄，叶舌长1.5-2厘米。花序梗长10-30厘米，被5-7鳞片状鞘；花序长6-15厘米，径

3.5-5厘米；苞片覆瓦状排列，近圆形，长2-3.5厘米，初淡绿色，后红色，边缘膜质，被柔毛，内常有粘液。花萼长1.2-2厘米，膜质，萼管顶端一侧开裂；花冠管长2-3厘米，纤细，裂

片披针形,淡黄色,后方1枚长1.5-2.5厘米;唇瓣淡黄色,中裂片近圆形或近倒卵形,长1.5-2厘米,先端2裂,侧裂片倒卵形,长约1厘米;雄蕊长1厘米,药隔附属体喙状,长8毫米。蒴果椭圆形,长0.8-1.2厘米。种子黑色。花期7-9月,果期10月。

产福建、湖南、广东、海南、广西及云南,生于林下荫湿处。亚洲热带地区广布。根茎能驱风解毒,治肚痛、腹泻,并可提取芳香油作香精原料;嫩茎叶作蔬菜。

图 52 红球姜 (引自《图鉴》)

4. 蘘荷   图 53:1-5

Zingiber mioga (Thunb.) Rosc. in Trans. Linn. Soc. 8: 348. 1807.

Amomum mioga Thunb. Fl. Jap. 14. 1784.

植株高达1米;根茎淡黄色。叶披针状椭圆形或线状披针形,长20-37厘米,上面无毛,下面无毛或疏被长柔毛,先端尾尖;叶柄长0.5-1.7厘米或无柄,叶舌膜质,2裂,长0.3-1.2厘米。穗状花序椭圆形,长5-7厘米;花序梗长0-17厘米,被长圆形鳞片状鞘;苞片覆瓦状排列,椭圆形,红绿色,具紫脉。花萼长2.5-3厘米,萼管顶端一侧开裂;花冠管较萼长,裂片披针形,长2.7-3厘米,淡黄色;唇瓣卵形,3裂,中裂片长2.5厘米,中部黄色,边缘白色,侧裂片长1.3厘米,宽4毫米;花药、药隔附属体均长1厘米。蒴果倒卵圆形,成熟时3瓣裂,果皮内鲜红色。种子黑色,被白色假种皮。花期8-10月。

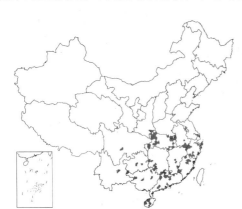

图 53: 1-5. 蘘荷 6. 阳荷
(冯钟元 邓盈丰绘)

产安徽、浙江、福建、江西、河南东南部、湖北、湖南、广东、海南、广西、贵州、四川及云南,生于山谷中荫湿处;有栽培。日本有分布。根茎能驱风止痛;嫩花序、嫩叶可作蔬菜。

5. 阳荷   图 53:6

Zingiber striolatum Diels in Engl. Bot. Jahrb. 29: 262. 1901.

植株高达1.5厘米;根茎白色,微芳香。叶披针形或椭圆状披针形,长25-35厘米,先端尾尖,基部渐窄,下面被极疏柔毛或无毛;叶柄长0.8-1.2厘米,叶舌2裂,膜质,长4-7毫米,具褐色条纹。花序梗长1.5-2厘米(或更长),被2-3鳞片;花序近卵圆形;苞片红色,宽卵形或椭圆形,长3.5-5厘米,被疏柔毛。花萼长约5厘米,膜质;花冠管白色,长4-6厘米,裂

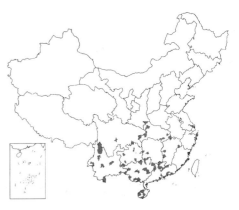

片长圆状披针形，长3-3.5厘米，白色或稍带黄色，有紫褐色条纹；唇瓣倒卵形，长3厘米，淡紫色，侧裂片长约5毫米；花丝极短，药室长1.5厘米，药隔附属体喙状，长1.5厘米。蒴果长3.5厘米，成熟时3瓣裂，果皮内面红色。种子黑色，被白色假种皮。花期7-9月，果期9-11月。

产江西、湖北、湖南、广东、海南、广西、贵州、四川及云南，生于海拔300-1900米林荫下或溪边。

13. 偏穗姜属 Plagiostachys Ridl.

多年生粗壮草本。叶披针形或线形。穗状花序或圆锥花序自茎侧穿鞘而出；苞片稠密，全缘或流苏状。花萼管状或陀螺状，一侧开裂；花冠质厚，管部约与花萼等长，裂片长圆形或卵形，后方1枚兜状；侧生退化雄蕊齿状或钻状；唇瓣平，长圆形，全缘或2裂；雄蕊花丝短厚，花药长圆形，微凹，无或稀有药隔附属体。蒴果卵圆形或椭圆形，果皮脆薄，每室有3-4有棱角的种子。

18种，产亚洲东南部。我国1种。

偏穗姜　　　　　　　　　　　　图 54 彩片 33

Plagiostachys austrosinensis T. L. Wu et Senjen in Acta Phytotax. Sin. 16(3)：37. f. 11. 1978.

植株高达1米多。根茎横生，径0.5-1厘米。叶线形，长30-50厘米，宽3-5厘米，除叶下面中脉被柔毛外，余无毛；无柄或具长1.2厘米的柄，叶舌2裂，长2-3毫米，叶鞘被柔毛。穗状花序球形，长3.5-6.5厘米，单个自茎侧(离地约14-16厘米)穿鞘而出，无花序梗；苞片多而稠密，卵形，长1.7厘米，背部及边缘被长柔毛，每苞片有2花。花萼陀螺状，长8毫米，顶端3裂，被长柔毛；花冠管较花萼短，裂片长圆形，长6毫米；花药长5毫米，无花丝；花柱长6毫米，柱头头状，具缘毛，子房被毛。花期5月。

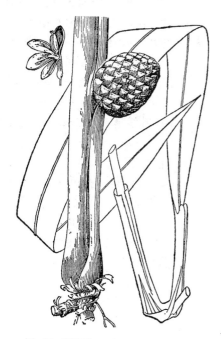

图 54 偏穗姜　(引自《植物分类学报》)

产广东、海南及广西，生于密林中或灌丛下。

14. 山姜属 Alpinia Roxb.

多年生草本；具根状茎。地上茎发达，稀无。叶多为长圆形或披针形。顶生圆锥花序、总状花序或穗状花序；花蕾常包于佛焰苞状总苞片中；具苞片及小苞片或无；小苞片扁平、管状或有时包花蕾。花萼陀螺状、管状，顶端常3浅裂，一侧开裂；花冠管与花萼等长或较长，裂片长圆形，后方1片较大，兜状，两侧的较窄；侧生退化雄蕊缺或极小，呈齿状、钻状，且常与唇瓣基部合生；唇瓣比花冠裂片大，平展或反舌，有美丽色彩，有时先端2裂；花丝扁平，常较花冠或唇瓣短，药室平行，纵裂，药隔有时具附属体；子房3室，胚珠多数。蒴果干燥或肉质，常不裂或不规则开裂，或3瓣裂。种子多数，有假种皮。

约230种，广布于亚洲热带地区。我国约48种。

1. 小苞片漏斗状、椭圆形或长圆形,包花蕾。
　　2. 小苞片漏斗状,宿存;花较小,唇瓣长0.5-1.5厘米。
　　　　3. 唇瓣长约1.5厘米;蒴果黑色,径1.2-1.5厘米 ·················· 1. 黑果山姜 **A. nigra**
　　　　3. 唇瓣长5毫米;蒴果枣红色,径0.8-1厘米 ··················· 2. 节鞭山姜 **A. conchigera**
　　2. 小苞片椭圆形或长圆形,花后脱落;花较大,唇瓣长2.5-6厘米。
　　　　4. 圆锥花序;唇瓣长4-6厘米 ······································· 3. 艳山姜 **A. zerumbet**
　　　　4. 总状花序或穗状花序。
　　　　　　5. 叶下面被毛。
　　　　　　　　6. 叶柄长4-8厘米;唇瓣白色,中央红色,长约2.5厘米 ········· 4. 长柄山姜 **A. kwangsiensis**
　　　　　　　　6. 叶柄长达2厘米;唇瓣红色,中央黄色,长3.5-4厘米 ········· 5. 云南草蔻 **A. blepharocalyx**
　　　　　　5. 叶下面无毛或被极疏粗毛。
　　　　　　　　7. 唇瓣长3-3.5厘米;花梗长4-8毫米 ········· 5(附). 光叶云南草蔻 **A. blepharocalyx** var. **glabrior**
　　　　　　　　7. 唇瓣长3.5-4.5厘米;花梗长2-4毫米 ······················ 6. 草豆蔻 **A. hainanensis**
1. 小苞片平或内凹,有时极小或无。
　　8. 小苞片无或极小,长不及1毫米;无苞片。
　　　　9. 叶舌长1-3厘米或更长,膜质。
　　　　　　10. 叶披针形,宽3-6厘米,基部近圆,叶舌2裂;蒴果干后纺锤形,有13-20条显露的维管束 ··············
　　　　　　　　·· 7. 益智 **A. oxyphylla**
　　　　　　10. 叶线形,宽1.2-2.5厘米,基部渐窄,叶舌全缘;蒴果干后球形,无显露的维管束 ··············
　　　　　　　　·· 8. 高良姜 **A. officinarum**
　　　　9. 叶舌长不及5毫米。
　　　　　　11. 叶两面被毛 ·· 9. 山姜 **A. japonica**
　　　　　　11. 叶两面无毛。
　　　　　　　　12. 叶舌长约2毫米;穗状花序长10-20厘米;唇瓣倒卵形,长0.7-1.3厘米 ··· 10. 箭秆风 **A. jianganfeng**
　　　　　　　　12. 叶舌长约4毫米;总状花序长4-8(-12)厘米;唇瓣卵形,长约7毫米 ····· 11. 小花山姜 **A. brevis**
　　8. 小苞片平或内凹,长1毫米以上;有苞片。
　　　　13. 圆锥花序。
　　　　　　14. 圆锥花序窄,分枝长3-6毫米;花较小,唇瓣长6-7毫米 ············ 12. 华山姜 **A. oblongifolia**
　　　　　　14. 圆锥花序宽,分枝长8毫米以上;唇瓣长1厘米以上。
　　　　　　　　15. 苞片及小苞片宿存;唇瓣倒卵状匙形,长约2厘米,2深裂 ··········· 13. 红豆蔻 **A. galanga**
　　　　　　　　15. 苞片及小苞片早落;唇瓣长圆状卵形,长1-1.2厘米,先端2微裂 ········· 14. 假益智 **A. maclurei**
　　　　13. 总状花序或穗状花序。
　　　　　　16. 花序球果状 ······································· 15. 球穗山姜 **A. strobiliformis**
　　　　　　16. 花序非球果状。
　　　　　　　　17. 叶2-3,叶脉处颜色较深;唇瓣卵形,长约1.2厘米 ············· 16. 花叶山姜 **A. pumila**
　　　　　　　　17. 叶4片以上,叶面颜色一致;唇瓣菱状卵形,长7毫米 ··········· 17. 密苞山姜 **A. stachyoides**

1. 黑果山姜　　　　　　　　　　　　　　　　　　图 55

Alpinia nigra (Gaertn.) Burtt in Notes Roy. Bot. Gard. Edinb. 35 (2): 213. 1977.

Zingiber nigrum Gaertn. Fruct. & Sem. 1: 35. t. 12. 1788.

植株高达3米。叶披针形或椭圆状披针形,长25-40厘米,宽6-8厘米,先端渐尖,基部楔形,无毛;无柄或近无柄,叶舌长4-6毫米,无毛。圆

锥花序顶生,长达30厘米,分枝开展,长2-8厘米,花序轴与分枝被柔毛;花在分枝上作近伞形排列;苞片卵形。花梗长3-5毫米;小苞片漏斗形,包花蕾,宿存,被柔毛;花萼筒状,长

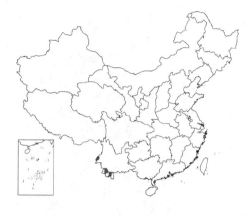

1.1-1.5厘米，被短柔毛；花冠管长1厘米，裂片长圆形，长约1.2厘米，被短柔毛；唇瓣倒卵形，长1.5厘米，先端2裂，具瓣柄；雄蕊长约1.5厘米，花丝线形，花药卷曲。蒴果球形，径1.2-1.5厘米，被疏柔毛，干后黑色，顶端有残花，不规则开裂，果柄长0.5-1厘米。种子宽5-6毫米。花果期7-8月。

产云南，生于海拔900-1100米密林中荫湿地。印度至斯里兰卡有分布。根茎药用。

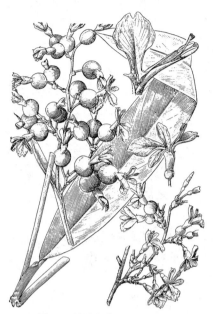

图 55 黑果山姜 （邓盈丰绘）

2. 节鞭山姜　　　　　　　　　　图 56 彩片 34

Alpinia conchigera Griff. Notul. 3：424. t. 354. 1851.

植株高达2米。叶披针形，长20-30厘米，宽7-10厘米，干后侧脉显露，致密，除边缘及下面中脉被柔毛外，余无毛；叶柄长0.5-1厘米，叶舌全缘，长约5毫米，被柔毛或无毛。圆锥花序长20-30厘米，有1-2分枝。花梗长3-5毫米；小苞片漏斗状，长3-4毫米，口部斜截，蕾时抱花，宿存；花萼杯状，长3-4毫米；花冠白或淡绿色，被毛，花冠管与花萼等长，裂片长5-7毫米；唇瓣倒卵形，长5毫米，内凹，淡黄或粉红色，具红条纹，基部具紫色痂状体遮住花冠管喉部；侧生退

化雄蕊正方形，长1.5毫米，红色；花丝细，长5毫米，淡黄或淡红色，花药长2毫米；子房无毛。蒴果球形，干后长圆形，径0.8-1厘米，枣红色，有3-5种子。花期5-7月，果期9-12月。

产云南（西双版纳、沧源），生于海拔620-1100米山坡密林下或疏阴处。

图 56 节鞭山姜 （黄少容绘）

南亚至东南亚有分布。根茎作香料，果可食并药用。

3. 艳山姜　　　　　　　　　　　图 57 彩片 35

Alpinia zerumbet (Pers.) Burtt. et Smith in Notes Roy. Bot. Gard. Edinb. 31(2)：204. 1972.

Costus zerumbet Pers. Syn. 1：3. 1805.

植株高达3米。叶披针形，长30-60厘米，宽5-10厘米，先端渐尖，有旋卷小尖头，基部渐窄，边缘具柔毛，两面无毛；叶柄长1-1.5厘米，叶舌长0.5-1厘米，被毛。圆锥花序下垂，长达30厘米，花序轴紫红色，被柔毛，分枝极短，每分枝有1-2（3）花。小花梗极短；小苞片椭圆形，长3-

3.5厘米，白色，顶端粉红色，蕾时包花，无毛；花萼近钟形，长约2厘米，白色，顶粉红色；花冠管较花萼短，裂片长圆形，长约3厘米，后方1枚较大，乳白色，先端粉红色；侧生退化雄蕊钻状，长约2毫米；唇瓣匙状宽卵形，长4-6厘米，先端皱波状，黄

色有紫红色纹彩；雄蕊长约2.5厘米；子房被金黄色粗毛。蒴果卵圆形，径约2厘米，疏被粗毛，具条纹，顶端有宿存花萼，熟时朱红色。种子有棱角。花期4-6月，果期7-10月。

产江苏西南部、浙江东南部、福建、台湾、湖南、广东、香港、海南、广西、贵州西南部及四川。热带亚洲广布。花美丽，常栽培供观赏。根茎和果健脾暖胃，治消化不良、呕吐腹泻；叶鞘作纤维原料。

图 57　艳山姜　（余汉平绘）

4.　长柄山姜　　　　　　　　　　图 58　彩片 36

Alpinia kwangsiensis T. L. Wu et Senjen in Acta Phytatox. Sin. 16(3)：35. f. 9. 1978.

植株高达3米。叶长圆状披针形，长40-60厘米，宽8-16厘米，先端具旋卷小尖头，基部渐窄或心形，稍不等侧，上面无毛，下面密被柔毛；叶舌长8毫米，先端2裂，被长硬毛，叶柄长4-8厘米。总状花序直立，长13-30厘米，密被黄色粗毛，花稠密。花梗长2毫米；小苞片长圆形，长3.5-4厘米，褐色，蕾时包花，宿存；花萼筒状，长约2厘米，径7毫米，淡紫色，被黄色长粗毛；花冠白色，花冠管

长约1.2厘米，径5毫米，裂片长圆形，长约2厘米，具缘毛；唇瓣卵形，长约2.5厘米，白色，内染红；花药、花丝均长1厘米；子房密被黄色长粗毛。蒴果球形，径约2厘米，被疏长毛。花果期4-6月。

产广东、广西、贵州西南部及云南南部，生于海拔600-700米山谷中林下荫湿处。

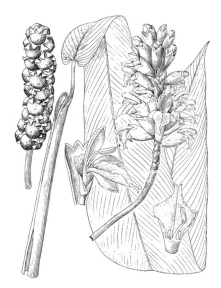

图 58　长柄山姜　（黄少容绘）

5.　云南草蔻　　　　　　　　　　图 59

Alpinia blepharocalyx K. Schum. in Engl. Pflanzenr. 20(IV. 46)：334. 1904.

植株高达3米。叶披针形或倒披针形，长45-60厘米，宽4-15厘米，先端具短尖头，基部渐窄，上面无毛，下面淡绿色，密被长柔毛；叶柄长达2厘米，叶舌长约6毫米，顶端有长柔毛。总状花序下垂，长20-30厘米，花序轴被粗硬毛。小苞片椭圆形，包花蕾；花萼椭圆形，长2-2.5厘米，顶

部及边缘具睫毛；花冠肉红色，管长约1厘米，喉部被柔毛，后方1枚裂片近圆形，宽约2厘米，两侧裂片宽披针形，长2-2.5厘米；侧生退化雄蕊钻状，长6-7毫米；唇瓣卵形，长3-3.5厘米，红色，中央黄色；花丝长约8毫米，花药长1.7厘米；子房密被柔毛。蒴果椭圆形，长约3厘米，被毛。种子球形，径1.2-1.6厘米，灰黄或暗棕色。花期4-6月，果期7-12月。

产广东、广西、贵州、云南及西藏东南部，生于海拔100-1000米疏林中。种子团药用，可健胃。

[附] **光叶云南草蔻 Alpinia blepharocalyx** var. **glabrior** (Hand.-Mazz.) T. L. Wu in Acta Phytotax. Sin.16(3): 35. 1978. —— *Languas blepharocalyx* (K. Schum.) Hand.-Mazz. var. *glabrior* Hand.-Mazz. Symb. Sin. 7: 1322. 1936. 本变种与模式变种的区别：叶下面及花冠管喉部均无毛。花期3-7月，果期4-11月。产云南、广西及广东，生于海拔380-1200米山地密林或灌丛中。越南有分布。

图 59 云南草蔻 （余汉平绘）

6. 草豆蔻　　　　　　　　　　　　图 60 彩片 37

Alpinia hainanensis K. Schum. in Engl. Pflanzenr. IV. 46 (Heft 20): 335. 1904.

Alpinia katsumadai Hayata; 中国植物志 16(2): 91. 1981.

植株高达3米。叶线状披针形，长50-65厘米，宽6-9厘米，先端渐尖，有短尖头，基部渐窄，两边不对称，边缘被毛，两面无毛或稀下面被极疏粗毛；叶柄长1.5-2厘米，叶舌长5-8毫米，被粗毛。总状花序顶生，直立，长达20厘米，花序轴淡绿色，被粗毛。花梗长2-4毫米；小苞片乳白色，宽椭圆形，包花蕾，长约3.5厘米，基部被粗毛，向上渐少至无毛；花萼钟状，长2-2.5厘米，被毛；花冠管长约

图 60 草豆蔻 （余汉平绘）

8毫米，裂片边缘稍内卷，具缘毛；无侧生退化雄蕊；唇瓣三角状卵形，长3.5-4.5厘米，先端微2裂，具自中央向边缘放射的彩色条纹；药室长1.2-1.5厘米；子房被毛。蒴果球形，径约3厘米，成熟时金黄色。花期4-6月，果期5-8月。

产福建、广东、海南、香港、广西及云南，生于山地林中。种子药用，能暖胃、健脾。

7. 益智　　　　　　　　　　　　图 61 彩片 38

Alpinia oxyphylla Miq. in Journ. Bot. Neerl. 1: 93. 1861.

植株高达3米。叶披针形，长25-35厘米，宽3-6厘米，先端尾尖，基部近圆，边缘具脱落性小刚毛；叶柄短，叶舌膜质，2裂，长1-2厘米，被淡棕色疏柔毛。总状花序花蕾时全包于帽状总苞片中，花时整个脱落，花

序轴被极短柔毛。花梗长1-2毫米，棕色；小苞片极小；花萼筒状，长1.2厘米，被柔毛；花冠管长0.8-1厘米，裂片长圆形，长约1.8厘米，白色，被疏柔毛；侧生退化雄蕊钻状，长约2毫米；唇瓣倒卵形，长约2厘米，粉白色，具红色脉纹，先端边缘皱波状；花丝长1.2厘米，花药长约7毫米。蒴果球形，干后纺锤形，长1.5-2厘米，被柔毛，有隆起维管束条线。种子不规则扁圆形，被淡黄色假种皮。花期3-5月，果期4-9月。

产广东、香港、海南及广西，生于林下荫湿处。果药用，有益脾胃，理元气，补肾。

图 61 益智 （邓盈丰绘）

8. 高良姜

图 62 彩片 39

Alpinia officinarum Hance in Journ. Linn. Soc. Bot. 13: 6. 1872.

植株高达1.1米；根茎圆柱形。叶线形，长20-30厘米，宽1.2-2.5厘米，先端尾尖，基部渐窄，两面无毛；无柄，叶舌薄膜质，披针形，长2-3(-5)厘米，全缘。总状花序顶生，直立，长6-10厘米，花序轴被柔毛。花梗长1-2毫米；小苞片极小，长不及1毫米；花萼管长0.8-1厘米，被柔毛；花冠管稍短于萼管，裂片长圆形，长约1.5厘米，后方1枚兜状；唇瓣卵形，长约2厘米，白色，有红色条纹；花丝长约1厘米，花药长6毫米；子房密被柔毛。蒴果球形，径约1厘米，成熟时红色。花期4-9月，果期5-11月。

产广东、海南及广西南部，生于荒坡灌丛或疏林中。根茎药用，温中散寒、止痛、消食。

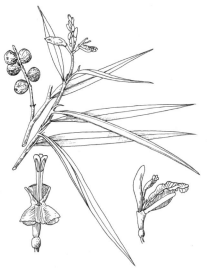

图 62 高良姜 （引自《图鉴》）

9. 山姜

图 63 彩片 40

Alpinia japonica (Thunb.) Miq. in Ann. Mus. Lug.-Bat. 3: 140. 1867.

Globba japonica Thunb. Fl. Jap. 3. 1774.

植株高达70厘米，具横生、分枝根茎。叶常2-5，披针形、倒披针形或窄长椭圆形，长25-40厘米，宽4-7厘米，两端渐尖，先端具小尖头，两面被柔毛；叶柄长0-2厘米，叶舌2裂，长约2毫米，被柔毛。总状花序顶生，长15-30厘米，花序轴被柔

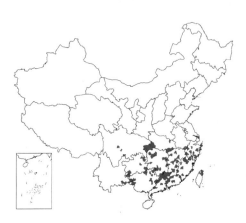

毛；总苞片披针形，长约9厘米，开花时脱落。花常2朵聚生；花梗长约2毫米；小苞片极小，早落；花萼棒状，长1-1.2厘米，被柔毛；花冠管长约1厘米，被疏柔毛，裂片长圆形，长约1厘米，被柔毛，后方1枚兜状；侧生退化雄蕊线形，长约5毫米；唇瓣卵形，宽约6毫米，白色，具红色脉纹，先端2裂，具缺刻；雄蕊长1.2-1.4厘米。蒴果球形或椭圆形，径1-1.5厘米，被柔毛，成熟时橙红色，顶端有宿存萼筒。种子多角形，长约5毫米，径约3毫米，有樟脑味。花期

4-8月，果期7-12月。

　　产安徽南部、浙江、台湾、福建、江西、湖北、湖南、广东、广西、贵州、四川及云南东南部，生于林下荫湿处。日本有分布。果药用，为芳香性健胃药，治消化不良、腹痛、慢性下痢。

10. 箭秆风　　　　　　　　　　　　图 64 彩片 41

Alpinia jianganfeng T. L. Wu in Novon 7: 441. 1997.

Alpinia stachyoides auct. non Hance: 中国植物志 16(2)：105. 1981.

植株高约1米。叶披针形或线状披针形，长20-30厘米，宽2-4(-6)厘米，先端细尾尖，基部渐窄，顶部边缘具小刺毛，余无毛；叶柄长0-4厘米，叶舌长约2毫米，2裂，具缘毛。穗状花序直立，长10-20厘米，花常成簇生，花序轴被柔毛。小苞片极小；花萼筒状，被柔毛；花冠管与萼管等长或稍长，裂片长圆形，长0.8-1厘米，被长柔毛；侧生退化雄蕊线形，长约2毫米；唇瓣倒卵形，长0.7-1.3厘米，

图 63 山姜 （引自《图鉴》）

边缘皱波状，先端2裂；雄蕊长于唇瓣，花药长4毫米；子房被柔毛。蒴果球形，径7-8毫米，被柔毛，顶端有宿存萼管；种子5-6。花期4-6月，果期6-11月。

　　产江西、湖南、广东、香港、海南、广西、贵州东南部、四川及云南，多生于林下荫湿处。民间常用于治风湿痹痛。

11. 小花山姜　　　　　　　　　　　图 65

Alpinia brevis T. L. Wu et Senjen in Acta Phytotax. Sin. 16(3)：36. pl. 10. 1978.

植株高达2米。叶线状披针形，长18-26厘米，宽3-5厘米，先端细长尾尖，基部渐窄或钝，无毛或下面被疏长毛，沿中脉毛甚密；无柄，叶舌长约4毫米，先端平截，密被长柔毛，叶鞘边缘被疏长毛。总状花序长4-8(-12)厘米，花序轴径2毫米，无毛或被柔毛。花梗长1-1.5毫米，被柔毛；无小苞片；花白色，微带粉红；花萼筒状，长0.8-1.2厘米，无毛或被柔毛；花冠管与花萼近等长，裂片长圆形，长5-6毫米；唇瓣卵形，长7毫米，具红色

图 64 箭秆风 （邓盈丰绘）

脉纹，具不整齐缺刻；侧生退化雄蕊三角形，长1毫米；花丝长4毫米，花药长2.5毫米；柱头具缘毛；子房密被长柔毛。蒴果球形，径6-8毫米，约8粒种子。种子多角形，宽4-5毫米。花期8月，果期10-12月。

　　产广东、海南、广西及云南东南部，生于海拔700-2000米山地密林中。

12. 华山姜

图 66

Alpinia oblongifolia Hayata, Ic. Pl. Formos. 5: 215. 1915.

Alpinia chinensis (Retz.) Rosc.; 中国高等植物图鉴 5: 594. 1976; 中国植物志 16(2): 77. 1981.

植株高约1米。叶披针形或卵状披针形,长20-30厘米,宽3-10厘米,先端渐尖或尾尖,基部渐窄,两面无毛;叶柄长约5毫米,叶舌膜质,长0.4-1厘米,2裂,具缘毛。窄圆锥花序长15-30厘米,分枝长0.3-1厘米,每分枝上有2-4花。小苞片长1-3毫米,脱落;花白色;花萼管状,长5毫米,顶端具3齿;花冠管稍超出花萼,裂片长圆形,长约6毫米,后方1枚较大,兜状;唇瓣卵形,长6-7毫米,先端微凹,侧生退化雄蕊2,钻状,长约1毫米;花丝长约5毫米,花药长约3毫米;子房无毛。蒴果球形,径5-8毫米。花期5-7月,果期6-12月。

产福建、台湾、江西、湖南南部、广东、香港、海南、广西、贵州东南部、四川及云南,为海拔100-2500米林荫下常见草本。越南及老挝有分布。根茎药用,治腹痛泄泻、消化不良;又可提芳香油,作调香原料。

13. 红豆蔻

图 67 彩片 42

Alpinia galanga (Linn.) Willd. Sp. Pl. 12. 1797.

Maranta galanga Linn. Sp. Pl. ed. 2. 3.1762.

植株高达2米;根茎块状。叶长圆形或披针形,长25-35厘米,宽6-10厘米,先端短尖或渐尖,基部渐窄,两面无毛或下面被长柔毛,干后边缘褐色;叶柄长约6毫米,叶舌近圆形,长约5毫米。圆锥花序密生多花,长20-30厘米,花序轴被毛,分枝多,长2-4厘米,每分枝上有3-6花;苞片与小苞片均迟落。小苞片披针形,长5-8毫米;花绿白色,有异味;花萼筒状,长0.6-1厘米,宿存;花冠管长

0.6-1厘米,裂片长圆形,长1.6-1.8厘米;侧生退化雄蕊细齿状或线形,紫色,长0.2-1厘米;唇瓣倒卵状匙形,长约2厘米,白色有红线条,2深裂;花丝长约1厘米,花药长约7毫米。蒴果长圆形,长1-1.5厘米,中部稍收缩,成熟时棕或枣红色,平滑或稍皱缩,质薄,不裂,易碎,有3-6种

图 65 小花山姜 （引自《植物分类学报》）

图 66 华山姜 （引自《图鉴》）

图 67 红豆蔻 （邓晶发绘）

子。花期5-8月，果期9-11月。

产台湾、广东、香港、海南、广西及云南，生于海拔100-1300米沟谷荫湿林下、灌丛和草丛中。亚洲热带地区广布。果药用，称红豆蔻，可散寒、消食；根茎称大高良姜，味辛，性热，能散寒、暖胃、止痛。

14. 假益智

图 68 彩片 43

Alpinia maclurei Merr. in Philipp. Journ. Sci. Bot. 21: 338. 1922.

植株高达2米。叶披针形，长30-45（-80）厘米，宽8-10（-20）厘米，先端尾尖，基部渐窄，下面被柔毛；叶柄长1-5厘米，叶舌2裂，长1-2厘米，被柔毛。圆锥花序直立，长30-40厘米，多花，被灰色柔毛，分枝长1.5-3厘米，3-5花聚生分枝顶端。花梗极短；小苞片长圆形，兜状，长约8毫米，被柔毛，早落；花萼管状，长0.6-1厘米，被柔毛；花冠管长1.2厘米，裂片长圆形，兜状，长1厘米；侧生

退化雄蕊长5毫米；唇瓣长圆状卵形，长1-1.2厘米，反折；花丝长约1.4厘米，花药长3-4毫米；子房被毛。蒴果球形，无毛，径约1厘米，果皮易碎。花期3-7月，果期4-10月。

图 68 假益智 （邓盈丰绘）

产广东、海南、广西及云南东南部，生于山地林中。越南有分布。

15. 球穗山姜

图 69

Alpinia strobiliformis T. L. Wu et Senjen in Acta Phytotax. Sin. 16(3): 33. pl. 7. 1978.

植株高达1.2米。叶线形，长25-50厘米，宽2.5-5厘米，先端具尾状细尖，基部渐窄，下面密生柔毛；叶柄长0-1厘米，叶舌2裂，裂片圆形，长1-3毫米。穗状花序顶生，紧密，呈球果状，长4.5厘米，径3厘米；苞片卵形，长1.7-2.2厘米，宽1-1.5厘米，两面均密被长柔毛，干后淡棕色，覆瓦状排列。小苞片卵形，长约1.2厘米。被金色绢毛；花白色；花萼筒状，长1厘米，顶端具缘毛；花冠管长1.1

厘米，裂片卵形，长7毫米；唇瓣长圆形，与花冠裂片近等长，先端2裂，无侧生退化雄蕊；花丝长5毫米，花药长4毫米；花柱线形。果序长5.5-6厘米，径2.5厘米；蒴果球形，径8毫米，成熟时红色，包于宿存苞片之中。花期5-6月，果期8-10月。

图 69 球穗山姜 （引自《植物分类学报》）

产广东、广西及云南，生于海拔1000-1900米林中荫湿处。

16. 花叶山姜

图 70

Alpinia pumila Hook. f. in Bot. Mag. 111: t. 6832. 1885.

无地上茎；根茎平卧。叶2-3片自根茎丛生，椭圆形、长圆形或长圆状披针形，长达15厘米，宽约7厘米，先端渐尖，基部尖，上面绿色，叶脉处颜色较深，余较浅，下面淡绿，两面无毛；叶柄长约2厘米，叶舌短，2裂，叶鞘红褐色。总状花序自叶鞘间抽出，花序梗长约3厘米；花成对生于长圆形长约2厘米的苞片内，苞片迟落。花萼管状，长1.3-1.5厘米，紫红色，被柔毛；花冠白色，管长约1厘米，裂片长圆形，稍长于花冠管；侧生退化雄蕊钻状，长3-4毫米；唇瓣卵形，长约1.2厘米，先端2短裂，反折，具粗齿，白色，有红色脉纹；花药长5-8毫米，花丝长0.5-1厘米；子房被绢毛。蒴果球形，径约1厘米，顶端有宿存花萼。花期4-6月，果期6-11月。

产江西西南部、湖南南部、广东、广西、贵州及云南东南部，生于海拔500-1100米山谷荫湿之处。

图 70 花叶山姜
（仿《Bot. Mag.》）

17. 密苞山姜

图 71

Alpinia stachyoides Hance in Journ. Linn. Soc. Bot. 13: 126. 1873.

植株高达1.5米。叶4片以上，自根茎丛生，椭圆状披针形，长20-40厘米，宽4-7厘米，先端渐尖，具细尾尖，基部渐窄，边缘及先端密被柔毛；叶柄长0.5-2厘米，叶舌2裂，长约1厘米，叶柄、叶舌及叶鞘均被柔毛。穗状花序顶生，长10-16厘米，花序梗近无，基部具线形总苞片，长8-9厘米，宽0.8-1厘米；苞片披针形或卵形，长1.5-2.5厘米，密集；每苞片有3小苞片和3花；苞片和小苞片均密被柔毛，宿存，小苞片披针形，长0.5-1厘米。花芳香；花萼筒状，长1-1.5厘米，被柔毛；花冠管长1.2厘米，裂片长圆形，长6毫米，内凹；唇瓣菱状卵形或微3裂，长7毫米，先端2裂，边缘波状，中央有条纹；花丝长5毫米，花药长4毫米；柱头杯状，具缘毛，超出药室之上。蒴果球形，径约1厘米，顶端有宿存花萼。花果期6-8月。

产江西东南部、广东、香港、海南、广西北部、贵州、四川东南部及云南东南部，生于山谷密林荫处。

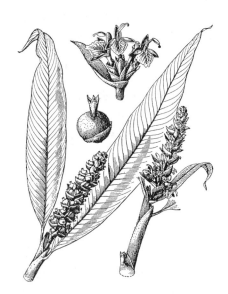

图 71 密苞山姜 （引自《植物分类学报》）

.....

15. 直唇姜属 Pommereschea Wittm.

多年生草本。茎细长。叶基部心形或箭形，具短柄。穗状花序顶生，具苞片及小苞片。花萼管状或棒状，2或3齿裂，又一侧开裂；花冠管圆柱形，较萼管长，裂片披针形，后方1枚较大；唇瓣直立，窄匙形，小，先端2齿裂或裂成2瓣，基部与花丝连合，无侧生退化雄蕊；花丝线形，突出花冠之上；花柱线形，柱头杯状，具缘毛；腺体2，线形；子房3室，胚珠多数，2列，中轴胎座。蒴果近球形，果皮薄，3瓣裂或不裂。种子近球形，基部有假种皮。

2种，产缅甸、泰国和我国。

短柄直唇姜　　　　　　　　　　　　图 72

Pommereschea spectabilis（King et Prain）K. Schum. in Engl. Pflanzenr. 20（IV. 46）：280, f. 36. 1904.

Groftia spectabilis King et Prain in Journ. Asiat. Soc. Bengal 65：297. t. 5. 1899.

茎纤细，单生，高达25厘米。叶长圆形或长圆状披针形，长7-16厘米，宽3-5厘米，先端尾尖，基部心形，裂片靠叠，两面无毛；叶柄长0.5-2厘米，叶舌2裂，长5毫米。穗状花序顶生，长5-7厘米；苞片披针形，长1.5-2厘米。小苞片线形，长5毫米；花萼棒状，长7毫米，黄色有红点；花冠管黄色，长1.2厘米，被长柔毛，裂片卵状披针形，长约8毫米；唇瓣直立，窄匙形，长8-9毫米；花丝长1.5-2.5厘米，花药长5毫米；子房被长柔毛。蒴果椭圆形，长8-9毫米，被粗毛。种子长3毫米，基部具膜质假种皮。花期6-8月。

图 72 短柄直唇姜 （刘 泗绘）

产广西西南部及云南西双版纳，生于海拔1200米山地林下荫湿处。缅甸有分布。

16. 喙花姜属 Rhynchanthus Hook. f.

多年生草本，具块状根茎。叶茎生，基部圆或楔形，无柄。穗状花序顶生，具少花；苞片有颜色。小苞片小；花萼管状，上部一侧开裂，顶端具小尖头；花冠管漏斗状，裂片3，直立，披针形，后方1枚较大；无侧生退化雄蕊；唇瓣退化成小尖齿状，位于花丝基部或无；花丝长，突出于花冠之外，呈舟状，顶端喙状，药室平行，无距，药隔无附属体；花柱线形，柱头陀螺状；腺体近纺锤状，2枚；子房3室，胚珠多数，叠生，中轴胎座。

6种，分布于亚洲热带、亚热带地区。我国1种。

喙花姜　　　　　　　　　　图 73 彩片 44

Rhynchanthus beesianus W. W. Smith in Notes Roy. Bot. Gard. Edinb. 10: 189. 1918.

植株高达1.5米，具肉质根茎，须根粗，密被柔毛。叶3-6，椭圆状长圆形，长4.5-9厘米，宽1.5-3厘米，先端尾尖，基部圆或楔形，两面无毛，干后边缘褐色；叶柄长约4毫米，内面红色，叶舌膜质，长约2毫米，鞘部具紫色斑纹。穗状花序长10-15厘米，直立，约有12花，花序梗短；苞片线状披针形，长3-7厘米，鲜时红色，干后紫红色，薄膜质。花萼管长约3厘米，红色，上部一侧开裂，顶

端具2个绿色小尖头；花冠管长2-4.5厘米，红色，上部稍扩大，裂片卵状披针形，长1.5-3厘米，直立，上部淡黄色，基部淡红色，无唇瓣及侧生退化雄蕊；花丝舟状，黄色，披针形，长4.5厘米，顶端喙状，突出花冠之外，基部宽，折叠，花药长8毫米；花柱线形，子房被柔毛，长约5毫米。花期7月。

产云南，生于海拔1500-1900米疏林及灌丛中、草地或附生树上。缅甸有分布。

图 73 喙花姜 （引自《中国植物志》）

17. 豆蔻属 Amomum Roxb.

多年生草本；根茎长，匍匐状。叶长圆状披针形、长圆形或线形；叶舌不裂或顶端开裂，具长鞘。穗状稀总状花序，由根茎抽出，生于常密被覆瓦状鳞片的花葶上；苞片覆瓦状排列，内有少花或多花。小苞片常管状；花萼管，常一侧深裂，顶端具3齿；花冠管常与萼管等长或稍短，裂片3，长圆形或线状长圆形，后方1片直立，常较两侧的为宽，先端兜状或钻状；唇瓣多形；侧生退化雄蕊钻状或线形；药室平行，基部叉开，常密生短毛，药隔附属体延长，全缘或2-3裂；蜜腺2；子房3室，胚珠多数，2列，花柱丝状，柱头漏斗状，顶端常有缘毛。蒴果不裂或不规则开裂，果皮光滑，具翅或柔刺。种子有辛香味，多角形或椭圆形，基部为假种皮所包，假种皮膜质或肉质，顶端撕裂状。

约150余种，分布于亚洲、大洋洲热带地区。我国38种。

1. 果皮无柔刺或翅。
  2. 叶椭圆形或长椭圆形，叶舌全缘，长0.8-1.2毫米；花红色，冠管长2.5厘米，唇瓣椭圆形，长约2.7厘米 ………………………………………………………………………… 1. **草果 A. tsao-ko**
  2. 叶披针形或线状披针形，叶舌2裂，长5-8毫米；花白色，冠管长1.4厘米，唇瓣近菱形，长约1厘米 ………………………………………………………………………… 2. **野草果 A. koenigii**
1. 果皮具柔刺或翅。
  3. 果皮具柔刺；叶宽3-7厘米 ……………………………………………… 3. **砂仁 A. villosum**
  3. 果皮具9-10余条翅；叶宽3.5-20厘米。
    4. 叶下面被柔毛；花白色；蒴果具9翅，成熟时紫绿色，3裂 …………… 4. **九翅豆蔻 A. maximum**
    4. 叶下面无毛；花黄色；蒴果具10余条翅，成熟时紫或红褐色，不开裂 ………… 5. **香豆蔻 A. subulatum**

1. 草果   图 74 彩片 45

Amomum tsao-ko Crevost et Lemarie, Cat. Prod. Indo-Chine 300. 1917.

茎丛生，高达3米；根茎稍似生姜。叶长椭圆形或长圆形，长40-70厘米，宽10-20厘米，先端渐尖，基部渐窄，边缘干膜质，两面无毛；无柄或具短柄，叶舌全缘，顶端钝圆，长0.8-1.2厘米。穗状花序不分枝，长13-18厘米，径约5厘米，有5-30花；花序梗长10厘米或更长，被密集鳞片；苞片披针形，长约4厘米。小苞片管状，长3厘米；花萼管与小苞片近等长；花冠红色，管长2.5厘米，裂片长圆形，长约2厘米，宽约4毫米；唇瓣椭圆形，长约2.7厘米，先端微齿裂；花药长1.3厘米，药隔附属体

3裂，长4毫米，中裂片四方形，两侧裂片稍窄。蒴果密生，成熟时红色，长圆形或长椭圆形，长2.5-4.5厘米，干后褐色，具皱缩纵线条，不裂。种子多角形，径4-6毫米，有浓香。花期4-6月，果期9-12月。

产广西、贵州西南部及云南，生于海拔1100-1800米疏林下。果入药，治痰积聚、疟疾、消食，或作调味香料；全株可提取芳香油。

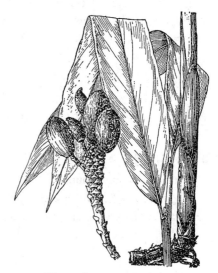

图 74 草果 （引自《图鉴》）

2. 野草果

图 75

Amomum koenigii J. F. Gmelin in Linn. Syst. Nat. ed. 13. 6. 1791.

植株高达3米。叶披针形或线状披针形，长30-46厘米，宽4-11厘米，先端尾尖，基部楔形，两面无毛；叶柄长0.5-1厘米，叶舌纸质，2浅裂，先端钝圆，长约6毫米，叶鞘有不明显条纹。穗状花序长椭圆形，长4-5厘米，花序轴被黄色柔毛；苞片长圆形，长2-2.7厘米，先端圆或微缺，被柔毛。小苞片管状，长1.1-1.3厘米，2裂，被柔毛；萼管长约1.4厘米，基部密被白色柔毛；花冠管与萼管近等长，基部密被白色长柔毛，裂片长圆状披针形，后方1枚裂片椭圆形，长1-1.3厘米；

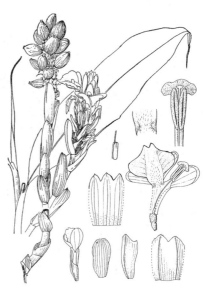

图 75 野草果 （刘 泗绘）

唇瓣近菱形，长1厘米，先端2齿裂，瓣柄被白色柔毛；花药线状长椭圆形，长6毫米，药隔附属体3浅裂，顶端近平截，长与宽约3毫米。果序长30-35厘米；蒴果卵圆形，稀长圆状椭圆形，长2-2.5厘米，无刺和翅，干后具皱缩纵条纹，暗红色，具宿存花萼。花期5-7月，果期9-11月。

产广西及云南，生于海拔240-1500米林下荫湿处。泰国及印度有分布。

3. 砂仁

图 76 彩片 46

Amomum villosum Lour. Fl. Cochinch. 4. 1790.

植株高达3米；根茎匍匐地面。茎散生。叶长披针形，长约37厘米，宽约7厘米，上部叶较小，先端尾尖，基部近圆，两面无毛；无柄或近无柄，叶舌半圆形，长3-5毫米，叶鞘有略凹陷的方格状网纹。穗状花序椭圆形，花序梗长4-8厘米；苞片披针形，长1.8毫米。小苞片管状，长1厘米；花萼管长1.7厘米，白色，基部被稀疏柔毛；花冠管长1.8厘米，裂片倒卵状长圆形，长1.6-2厘米，白色，唇瓣圆匙形，长宽1.6-2厘米，白色，先端2裂，反卷，具黄色小尖头，中脉凸起，黄色而带紫红，基部具2个紫色

痂状斑，具瓣柄；花丝长5-6毫米，花药长约6毫米，药隔附属体3裂，顶端裂片半圆形，两侧耳状；子房被白色柔毛。蒴果椭圆形，长1.5-2厘米，成熟时紫红色，干后褐色，被不裂或分裂的柔刺。种子多角形，有浓香。花期5-6月，果期8-9月。

产广东、海南及广西，生于山地荫湿处。果药用，广东阳春的品质最佳，治脾胃气滞、宿食不消、腹痛、呕吐、寒泻冷痢。

4. 九翅豆蔻　　　　　　　　　　　图 77 彩片 47

Amomum maximum Roxb. Fl. Ind. 1: 41. 1820.

植株高达3米。茎丛生。叶长椭圆形或长圆形，长30-90厘米，宽10-20厘米，先端尾尖，基部渐窄，下延，上面无毛，下面及叶柄均被白绿色柔毛；叶柄长0-8厘米，叶舌2裂，长圆形，长1.2-2厘米，疏被白色柔毛，边缘干膜质。穗状花序近球形，径约5厘米；苞片淡褐色，长2-2.5厘米，被柔毛。花萼管长约2.3厘米，管内被淡紫红色斑纹，裂齿3，披针形，长约5毫米；花冠白色，花冠管稍长于萼管，裂片长圆形，唇瓣卵圆形，长约3.5厘米，全缘，先端稍反卷，白色，中脉两侧黄色，基部两侧有红色条纹；花丝短，花药线形，长1-1.2厘米，药隔附属体半月形，淡黄色，顶端稍内卷；柱头具缘毛。蒴果卵圆形，长2.5-3厘米，成熟时紫绿色，3裂，具9翅，疏被白色柔毛，翅上毛密，具宿存花萼；果柄长0.7-1厘米。种子多数，芳香。花期5-6月，果期6-8月。

产广东、海南、广西、云南及西藏东南部，生于海拔350-800米林中荫湿处。南亚至东南亚有分布。果药用，开胃、消食、行气、止痛。

图 76 砂仁 （余汉平绘）

图 77 九翅豆蔻 （邓盈丰绘）

5. 香豆蔻　　　　　　　　　　　图 78

Amomum subulatum Roxb. Cor. Pl. t. 277. 1817.

粗壮草本，高达2米。叶长圆状披针形，长27-60厘米，宽3.5-11厘米，先端长尾尖，基部圆或楔形，两面无毛；叶柄长0-3厘米，叶舌膜质，长3-4毫米，微凹，无毛，先端圆。穗状花序近陀螺形，径约5厘米，花序梗长0.5-4.5厘米；苞片卵形，长约3厘米，淡红色，先端钻状。小苞片管状，长3厘米，裂至中部；花萼管状，无毛，3裂至中部，裂片钻状；花冠管与萼管等长，裂片黄色，近等长，后方1枚裂片顶端钻状；唇瓣长圆形，长3厘米，顶端内卷，有脉纹，中脉黄色，被白色柔毛；侧生退化雄蕊钻状，长2毫米，红色；花丝长5毫米，花药长1厘米，药隔附属体椭圆形，长4毫米。蒴果球形，径2-2.5厘米，成熟时紫或红褐色，不裂，具10余条波状窄翅，具宿存花萼；无柄或近无柄。花期5-6月，果期6-9月。

产广西、云南及西藏东南部，生于海拔300-1300米荫湿林中。孟加拉及尼泊尔有分布。果药用，治喉痛、肺结核、眼睑炎、消化不良；亦作甜品和糕点调料。

18. 拟豆蔻属 Elettariopsis Baker

多年生草本，根茎纤细、匍匐。叶鞘疏松抱持，不形成假茎或紧抱形成短的假茎。叶1-8，每隔若干距离从根茎长出，叶披针形或椭圆形；具长柄，叶舌全缘或2深裂。花序从假茎或叶基部生出，花序轴平卧或直立，不分枝或分枝；花疏生于匍匐花序轴上或紧密呈头状花序；每苞片有1-2花。小苞片非管状；花萼管状，顶端2-3裂，白色或带淡粉红色；花冠管细长，长于花萼，白色，裂片3，椭圆形；唇瓣不与花丝连成管状，上部宽，基部窄，直立，白色，中央具黄色带，带边有红色彩纹；侧生退化雄蕊无或极短；花丝宽短，药室平行，药隔附属体近方形，两侧无侧裂片；柱头倒圆锥形，具缘毛；上位腺体2，离生，纤细；子房3室，胚珠多数。蒴果球形，具不明显的棱，无毛及刺。

12种，分布于亚洲东南部。我国1种。

单叶拟豆蔻   彩片 48

Elettariopsis monophylla (Gagnep.) Loes. in Engl. Nat. Pflanzenrfam. ed. 2, 15a: 603. 1930.

Amomum monophyllum Gagnep. in Bull. Soc. Bot. France 7: 163. 1907.

图 78 香豆蔻 （刘 泗绘）

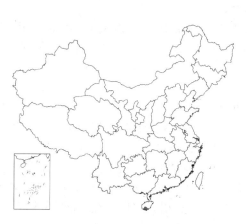

多年生草本，高不及1米；根茎纤细，被鞘状鳞片。叶单生，稀成对，基部被2枚无叶的鞘所包，叶椭圆形或卵形，长12-16厘米，质坚，无毛，先端尖，基部尖，不对称；叶柄长约14厘米，有槽，叶舌长约2毫米。头状花序有4-5花，从叶基生出，长2.5-3厘米，花序梗长1-3厘米，被覆瓦状排列鳞片；苞片披针形，长约2厘米，无毛。花无梗；小苞片卵形，长约4毫米；花萼管状，长2.5厘米，顶端具3短齿；花冠管纤细，长3厘米，裂片卵状长圆形，长1.2-1.5厘米；无侧生退化雄蕊；唇瓣白色，中脉部分增厚，黄色基部带红，圆形，径1.7厘米，全缘，内凹，瓣柄短窄；花丝宽短，背部及基部被长柔毛，药室平行，基部被柔毛，药隔附属体四方形，长4毫米，内凹，全缘；子房被疏柔毛，具不明显9棱，柱头漏斗形；上位腺体近钻状。

产海南三亚市甘什岭。老挝有分布。

19. 茴香砂仁属 Etlingera Giseke

多年生草本，具匍匐状根茎。茎粗壮。叶披针形。花序自根茎生出，头状或穗状，具少花或密生多花，基部有总苞片，花序梗短或长；苞片内有1花。小苞片管状；花萼管状，3齿裂，又一侧深裂，膜质；花冠管与萼管近等长或较长，裂片3，常较花冠管短；无侧生退化雄蕊；唇瓣远较花冠裂片长，基部与花丝连合成管，上部离生部分呈舌状，颜色艳丽，常有3裂片，中裂片全缘或2裂，基部两侧裂片常内卷呈筒状；花丝离生部分短，药隔顶端无附属体；子房3室，胚珠多数。蒴果肉质浆果状，不裂，平滑或具纵棱，或具疣突。

约70种，产亚洲热带地区。我国2种。

1. 叶长圆形，长50-70厘米，宽9-15厘米；花序穗状，花萼长6.5-7厘米，唇瓣长4.5-5.5厘米，全部鲜红色 …… ………………………………………………………………………… **红茴香砂仁 E. littoralis**
1. 叶披针形，长约45厘米，宽约7厘米；花序头状，花萼长3.5-4厘米，唇瓣长2.5-3厘米，中央紫红色，边缘黄色 ……………………………………………………… （附）. **茴香砂仁 E. yunnanense**

红茴香砂仁　红茴砂

图 79：1-5 彩片 49

Etlingera littoralis (Koenig) Giseke, Prael. Ord. Nat. Pl. 209. 1792.

Achasma megalocheilos Griff.; 中国植物志 16(2)：139. 1981.

Amomum littoralis Koenig, Retz. Obs. Bot. 3：53. 1781.

植株高达3米；根茎横生，径约1厘米。叶长圆形，长50-70厘米，宽9-15厘米，先端渐尖，具小尖头，基部渐窄或近圆，不等侧，上面绿色，下面稍淡，干后淡棕色，除边缘及下面中脉被柔毛外，余无毛；叶柄长0.5-3厘米，叶舌长圆形，长0.6-1.3厘米，先端渐尖，无毛，叶鞘有方格状网纹。花序自根茎生出，花序梗短，埋入土中，长1-3厘米，上被套褶的鳞片状鞘，头状花序径10厘米；苞片长圆形或卵形，长3-5厘米，被柔毛。小苞片管状，长4.5厘米；花红色；花萼长6.5-7厘米，管状，顶端3齿裂，又一侧裂至中部；花冠管长3-5厘米，裂片长圆形，后方1枚较宽，两侧的较窄，长2.2-2.6厘米；唇瓣倒卵状长圆形，基部和花丝基部连成短管，上部离生部分舌状，4.5-5.5厘米，先端全缘或2裂，中部稍窄，基部宽，边背卷，鲜红色；花丝长约1厘米，花药长约1厘米，顶端微凹，无药隔附属体；柱头菱形，具缘毛。蒴果球形，径约3厘米，被柔毛。花期4-5月。

产海南，生于海拔200-300米林下。马来亚有分布。

［附］**茴香砂仁** 图79：6-9 彩片 50 **Etlingera yunnanense** (T. L. Wu et Senjen) R. M. Smith in Notes Roy. Bot. Gard. Edinb. 43：251. 1986. —— *Achasma yunnanense* T. L. Wu et Senjen in Acta Phytotax.

图 79：1-5. 红茴香砂仁 6-9. 茴香砂仁
（邓盈丰绘）

Sin. 16(3)：40. f. 14. 1978.；中国植物志 16(2)：137. 1981. 本种与红茴香砂仁的区别：叶披针形，长约46厘米，宽约7厘米，两面无毛，叶柄长5毫米，叶舌卵形；花序头状；花萼长3.5-4厘米，唇瓣上部舌状部分长2.5-3厘米，中央紫红色，边缘黄色。花期6月。产云南南部（西双版纳），生于海拔640米疏林下。花序如菊花，引人注目，揉之有茴香味，称茴香砂仁。

20. 大豆蔻属 Hornstedtia Retz.

多年生草本；根茎匍匐、肉质。茎较高大、粗壮。叶披针形；无柄或具柄，叶舌显著。穗状花序卵圆形或纺锤形，自近茎的基部根茎上抽出，具花序梗，常半埋入土中；苞片紧密覆瓦状排列，宿存，外面总苞片革质，内无花，内面的苞片膜质，内有粘液，有1朵花及小苞片（稀无）。小苞片窄，扁平；花萼管状或棒状，一侧佛焰苞状开裂，侧生的2枚平展，基部与唇瓣连合；侧生退化雄蕊齿状，位于唇瓣基部或无，唇瓣窄，与花冠裂片近等长，基部和花丝离生；花丝无或有，花药基部有短距，顶端具附属体或无；花柱细长，柱头漏斗状，腺体2-8，分离或连合，子房3室，胚珠多数。蒴果圆柱形或近三棱形，果皮平滑，膜质，稀坚硬，近基部不规则开裂。种子多角形，基部围以白色假种皮。

60种，产热带亚洲。我国2种。

1. 叶下面被长柔毛；穗状花序卵状长圆形，长10-14厘米 ···················· 西藏大豆蔻 **H. tibetica**
1. 叶两面无毛；穗状花序卵圆形，长6-8厘米 ···················· （附）. 大豆蔻 **H. hainanensis**

西藏大豆蔻

图 80：1-4

Hornstedtia tibetica T. L. Wu et Senjen in Acta Phytotax. Sin. 16 (3): 39. f. 13. 1978.

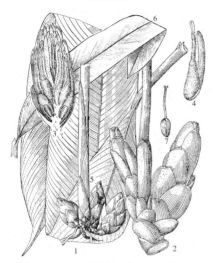

图 80: 1-4. 西藏大豆蔻 5-7. 大豆蔻
（仿《中国植物志》）

多年生草本。叶披针形，长30-70厘米，宽7-10厘米，先端尾尖，基部渐窄，不等侧，上面无毛，下面被长柔毛，边缘无毛；叶柄长1-1.5厘米，叶舌膜质，长圆形，长约1厘米，全缘，具缘毛。穗状花序卵状长圆形，长10-14厘米，无花序梗，苞片卵形或卵状长圆形，长3.5-9厘米，宽约3厘米，密被柔毛；小苞片线形，长6.5-10厘米，密被长柔毛。蒴果长圆形，长约4厘米，宽约1.2厘米，宿萼长达4.5厘米。种子多数，细小，长2.5毫米，宽1.5毫米。

产西藏（墨脱），生于海拔810-1000米山坡宽叶林下。

［附］ **大豆蔻** 图80：5-7 **Hornstedtia hainanensis** T. L. Wu et Senjen in Acta Phytotax. Sin. 16 (3): 38. f. 12. 1978. 本种与西藏大豆蔻的区别：叶两面无毛；穗状花序卵圆形，长6-8厘米。产广东、海南及广西，生于密林中。

251. 闭鞘姜科 COSTACEAE

（吴德邻）

植株地上部分无香味。叶螺旋状互生或4列，叶鞘闭合呈管状。侧生退化雄蕊无或齿状，药室顶端常有附属体；子房顶部无蜜腺，具陷入子房的隔膜腺，子房下位，中轴胎座，3室，或2室，侧膜胎座，胚珠1-2列。

4属，200种，主产热带。我国1属。

闭鞘姜属 Costus Linn.

多年生草本；根茎块状，平卧。地上茎发达，常旋扭，有时具分枝，稀无地上茎。叶螺旋状排列，长圆形或披针形；叶鞘闭合。穗状花序密生多花，球果状，顶生或稀生于自根茎抽出的花葶上；苞片覆瓦状排列，内有1-2花；花萼管状，顶端3裂；花冠管比萼管长或近等长，裂片3，近相等，无侧生退化雄蕊；唇瓣倒卵形，边缘常皱褶；

雄蕊花瓣状，长圆形，其上有细长、2室的花药；无上位腺体，有陷入子房的隔膜腺；子房3室，胚珠多数。蒴果木质，球形或卵圆形，室背开裂，顶端有宿存花萼。种子多数，黑色，具白色撕裂状假种皮。

约150种，分布于热带及亚热带地区。我国4种。

1. 花序由根茎生出；叶倒卵状长圆形，下面无毛 ·················· 1. **光叶闭鞘姜 C. tonkinensis**
1. 花序顶生；叶长圆形或披针形，下面被毛。
  2. 叶下面密被绢毛；苞片被短柔毛，先端具短硬尖头 ·················· 2. **闭鞘姜 C. speciosus**
  2. 叶下面被粗长毛；苞片被粗长毛，先端无硬尖头 ·················· 3. **莴笋花 C. lacerus**

1. 光叶闭鞘姜   图 81

Costus tonkinensis Gagnep. in Bull. Soc. Bot. France 4(ser. II): 248. 1903.

植株高达4米。老枝常分枝，幼枝旋卷。叶倒卵状长圆形，长12-20厘米，先端具短尖头，基部渐窄或近圆，两面无毛；叶鞘包茎，套接。穗状花序自根茎生出，球形或卵圆形，径约8厘米；花序梗长4-13厘米，被套接的红色鳞片状鞘；苞片覆瓦状排列，长圆形，长2.5-4.5厘米，被柔毛，顶端紫红色，具锐利硬尖头。小苞片长1-1.4厘米，具硬尖头；花黄色，花萼管状，长约3厘米，顶部稍扩大，具3齿，齿端锐尖；花冠管较萼管长，裂片线状披针形，长3.2厘米，近相等；

图 81 光叶闭鞘姜 （刘 泗绘）

唇瓣喇叭形，边缘皱波状，长5-6厘米，基部稍收缩；发育雄蕊花瓣状，淡黄色，长约3厘米，先端微缺；子房三棱形。蒴果球形，径约1厘米，顶端有宿存花萼。种子黑色。花期7-8月，果期9-11月。

产广东、广西、云南南部及西藏东南部，生于林荫下。越南有分布。根

茎利尿消肿，治肝硬化腹水、尿路感染、肌肉肿痛、阴囊肿痛、肾炎水肿、无名肿毒。

2. 闭鞘姜   图 82 彩片 51

Costus speciosus (Koen.) Smith in Trans. Linn. Soc. 1: 249. 1791.

Banksea speciosa Koen. in Retz. Obs. Bot. 3: 75. 1783.

植株高达3米；茎基部近木质，顶部常分枝，旋卷。叶长圆形或披针形，长15-20厘米，先端渐尖或尾尖，基部近圆，下面密被绢毛。穗状花序顶生，椭圆形或卵圆形，长5-15厘米；苞片卵形，

图 82 闭鞘姜 （引自《图鉴》）

革质,红色,长2厘米,被柔毛,具短硬尖头。小苞片长1.2-1.5厘米,淡红色,花萼革质,红色,萼管长1.8-2厘米,顶端3裂,幼时被柔毛;花冠管长1厘米,裂片长圆状椭圆形,长约5厘米,白色或顶部红色;唇瓣宽喇叭形,白色,长6.5-9厘米,先端具裂齿及皱波状;雄蕊花瓣状,长约4.5厘米,上面被柔毛,白色,基部橙黄色。蒴果稍木质,长1.3厘米,成熟时红色,顶端有宿存花萼。种子黑色,光亮,长3毫米。花期7-9月,果期9-

11月。

产福建、台湾、江西南部、广东、香港、海南、广西及云南,生于海拔45-1700米疏林下、山谷荫湿地、路边草丛、荒坡或沟边。热带亚洲广布。根茎药用,消炎利尿、散瘀消肿。

3. 莴笋花

图 83 彩片 52

Costus lacerus Gagnep. in Bull. Soc. Bot. France 50: 261. 1903.

植株高达2米。茎粗壮。叶椭圆形或披针状长圆形,长25-35厘米,先端具短尖头,基部渐窄,上面无毛,下面被粗长毛;近无柄,叶鞘初被粗长毛,老时渐脱落,顶具睫毛。穗状花序顶生,卵圆形,长6-11厘米;苞片长圆形,长3-5厘米,被粗长毛,先端无硬尖头,老时纤维状。花粉红色;花萼长圆形,长3厘米,顶端3裂,裂片长1.5厘米,一侧开裂至基部,被黄色粗毛;花冠管长1.5厘米,裂片长圆形,长3.5-5厘米;唇瓣喇叭形,长9厘米,边缘皱波状,淡红色;发育雄蕊花瓣状,长圆形,长5厘米。蒴果椭圆形,长约2.5厘米,被粗长毛,顶端有宿存花萼,成熟时室背开裂。种子黑色。花期7月,果期9-11月。

产广西西北部、云南及西藏东南部,生于海拔1000-2200米林中荫湿处。

图 83 莴笋花 (黄少容绘)

252. 美人蕉科 CANNACEAE
(王忠涛)

多年生、直立、粗壮草本;有块状地下茎。叶大,互生,羽状平行脉,具叶鞘。花两性,大而美丽,不对称;顶生穗状、总状或圆锥花序,有苞片。萼片3,绿色,宿存;花瓣3,萼状,常披针形,绿色或其它颜色,下部合生成管并常和退化雄蕊群连合;退化雄蕊花瓣状,基部连合,为花中最美丽最显著的部分,红或黄色,3-4枚,外轮的3枚(有时2枚或无)较大,内轮的1枚较窄,外反,称唇瓣,发育雄蕊的花丝增大呈花瓣状,多少旋卷,边缘有1枚1室的药室,基部或一半和增大的花柱连合;子房下位,3室,每室有胚珠多颗,花柱扁平或棒状。蒴果,3瓣裂,多少具3棱,有小瘤体或柔刺。种子球形。

1属。

美人蕉属 Canna Linn.

属的特征和分布同科。

约60种，主产美洲热带和亚热带地区。我国引入栽培约7种。

1. 退化雄蕊长5-10厘米，宽2-3.5厘米。
　2. 花冠裂片于花后反折，花冠管较花萼长。
　　3. 退化雄蕊黄色，花冠管长达花萼之2倍 ················· 1. **柔瓣美人蕉 C. flaccida**
　　3. 退化雄蕊鲜黄或深红色，具红色条纹或溅点 ··········· 2. **兰花美人蕉 C. orchioides**
　2. 花冠裂片花时直立或斜举，花冠管与花萼等长或较短。
　　4. 叶披针形；花排列较疏，黄色；外轮退化雄蕊宽不及2厘米 ······· 3. **粉美人蕉 C. glauca**
　　4. 叶椭圆形；花排列较密，黄、红、白，种种颜色；外轮退化雄蕊宽2-5厘米 ··· 4. **大花美人蕉 C. generalis**
1. 退化雄蕊长3.5-5.5厘米，宽不及1厘米。
　5. 茎、叶全部绿色，不被粉霜。
　　6. 花冠、退化雄蕊红色 ··············· 5. **美人蕉 C. indica**
　　6. 花冠、退化雄蕊杏黄色 ··· 5(附). **黄花美人蕉 C. indica var. flava**
　5. 茎、叶边缘或叶下面紫或古铜色。
　　7. 茎、叶不被蜡质粉霜；叶缘或叶下面紫色；子房绿色 ···········
　　　　　·· 6. **蕉芋 C. edulis**
　　7. 茎、叶被蜡质粉霜；叶两面均紫或古铜色；子房深红色 ···········
　　　　　··································· 7. **紫叶美人蕉 C. warscewiezii**

1. 柔瓣美人蕉　　　　　　　　　　　　　图 84

Canna flaccida Salisb. Ic. Stirp. var. t. 2. 1791.

植株高达2米。茎、叶绿色。叶长圆状披针形，长25-60厘米，宽10-12厘米，先端渐尖，具线形尖头。总状花序直立，花少而疏；苞片极小。花黄色，美丽，质柔软；萼片披针形，长2-2.5厘米，绿色；花冠管长达萼的2倍，花冠裂片线状披针形，长达8厘米，宽达1.5厘米，花后反折；外轮退化雄蕊3，圆形，长5-7厘米，宽3-4厘米；唇瓣圆形；发育雄蕊半倒卵形；花柱短，椭圆形。蒴果椭圆形，长约6厘米，径约4厘米。花期夏秋。

原产南美洲。我国南北均有栽培。为美丽的庭园观赏植物。

2. 兰花美人蕉　　　　　　　　　　　　　图 85

Canna orchioides Bailey, Man. Cult. Pl. 291. 1949.

植株高达1.5米。茎绿色。叶椭圆形或椭圆状披针形，长30-40厘米，宽8-16厘米，先端具短尖头，基部渐窄，下延，绿色。总状花序常不分枝。花大，径10-15厘米；花萼长圆形，长约2厘米；花冠管长约2.5厘米，花冠裂片披针形，长约6厘米，宽约2厘米，淡紫色，花后一日内反卷向下；外轮退化雄蕊3，倒卵状披针形，长达10厘米，宽达5厘米，质薄而柔，似皱纸，鲜黄或深红，具红色条纹或溅点；发育雄蕊与退化雄蕊相似，但稍小，药室着生于中部边缘；子房长圆形，径约6毫米，密被疣状突起，花柱窄带形，分离部分长4厘米。花期夏秋。

原产欧洲。我国各大城市公园常有栽培。观赏植物。

图 84 柔瓣美人蕉 （余汉平绘）

图 85 兰花美人蕉 （黄少容绘）

3. 粉美人蕉

图 86

Canna glauca Linn. Sp. Pl. 1. 1753.

植株高达2米；根茎长。茎绿色。叶披针形，长30-50厘米，宽10-15厘米，先端尖，基部渐窄，下延，绿色。总状花序疏花，单生或分叉，稍高出叶上；苞片圆形，褐色。花黄色，无斑点，萼片卵形，长1.2厘米，绿色；花冠管长1-2厘米，花冠裂片线状披针形，长2.5-5厘米，宽达1厘米，直立；外轮退化雄蕊3，倒卵状长圆形，长6-7.5厘米，宽2-3厘米，全缘；唇瓣窄；倒卵状长圆形，顶端2裂，中部卷曲，淡黄色；发育雄蕊倒卵状近镰形，顶端尖，内卷；花柱窄披针形。蒴果长圆形，长3.5厘米。花期夏秋。

原产南美洲及西印度群岛。我国南北均有栽培。观赏植物。

图 86 粉美人蕉 （余汉平绘）

4. 大花美人蕉

图 87：1-2 彩片 53

Canna generalis Bailey, in Hortus 118. 1930.

植株高1.5米。茎、叶和花序均被白粉。叶椭圆形，长达40厘米，宽达20厘米，叶缘、叶鞘紫色。总状花序顶生，长15-30厘米；花大，较密集，每一苞片内有1-2花。萼片披针形，长1.5-3厘米，花冠管长0.5-1厘米，花冠裂片披针形，长4.5-6.5厘米；外轮退化雄蕊3，倒卵状匙形，长5-10厘米，宽2-5厘米，红、桔红、淡黄、白色；唇瓣倒卵状匙形，长约4.5厘米，宽1.2-4厘米；发育雄蕊披针形，长约4厘米，宽2.5厘米；子房球形，径4-8毫米，花柱带形，分离部分长3.5厘米。花期秋季。

我国各地常见栽培。观赏植物。为园艺杂交品种。

图 87：1-2. 大花美人蕉 3-4. 蕉芋
（黄少容绘）

5. 美人蕉

图 88

Canna indica Linn. Sp. Pl. 1. 1753.

植株全绿色，高达1.5米。叶卵状长圆形，长10-30厘米，宽10厘米。总状花序疏花，略超出叶片之上；花红色，单生；苞片卵形，绿色，长约1.2厘米。萼片3，披针形，长约1厘米，绿色，有时染红；花冠管长不及1厘米，花冠裂片披针形，长3-3.5厘米，绿或红色；外轮退化雄蕊2-3，鲜红色，2枚倒披针形，长3.5-4厘米，另1枚如存在，长1.5厘米，宽1毫米；唇瓣披针形，长3厘米，弯曲；发育雄蕊长2.5厘米，药室长6毫米；花柱扁平，长3厘米，一半和发育雄蕊的花丝连合。蒴果绿色，长卵形，有软刺，长1.2-1.8厘米。花果期3-12月。

原产印度。我国南北各地常有栽培。根茎清热利湿、舒筋活络、治黄疸肝炎、风湿麻木、外伤出血、跌打、子宫下垂、心气痛等。茎叶纤维可制人造棉、织麻袋、搓绳；叶提取芳香油后的残渣可作造纸原料。

［附］**黄花美人蕉 Canna indica** var. **flava** Roxb. Fl. Ind. ed. Willd. 1: 1. 1820. 本变种与模式变种的区别：花冠、退化雄蕊杏黄色。广州有栽培。印度、日本有分布。

6. 蕉芋

图 87：3-4

Canna edulis Ker in Bot. Reg. 9: t. 755. 1823.

根茎发高，多分枝，块状。茎粗壮，高3米。叶长圆形或卵状长圆形，

图 88 美人蕉 （刘文林绘）

长30-40厘米，宽10-20厘米，上面绿色，边缘或下面紫色。总状花序单生或分叉；花单生或2朵聚生；小苞片卵形，淡紫色。萼片披针形，淡绿而染紫；花冠管杏黄色，长约1.5厘米，花冠裂片杏黄而顶端染紫，长约4厘米，直立；外轮退化雄蕊2-3，倒披针形，长约5.5厘米，宽约1厘米，红色，基部杏黄，直立，其中1枚微凹；唇瓣披针形，长约4.5厘米，卷曲，顶端2裂，上部红色，基部杏黄色，发育雄蕊披针形，杏黄而染红，药室长9毫米；子房球形，绿色，密被小疣状突起。花柱窄带形，长6厘米，杏黄色。花期9-10月。

原产西印度群岛和南美洲。我国南部及西南部有栽培。块茎可煮食或提取淀粉，适于老弱和小儿食用或制粉条、酿酒及供工业用，茎叶纤维可造纸、制绳。

7.　紫叶美人蕉　　　　　　　　　　　图 89

Canna warscewiezii A. Dietr. in Otto et Dietr. Allg. Gart. Zeitg. 19: 290. 1851.

植株高1.5米。茎、叶紫或紫褐色，粗壮，被蜡质白粉。叶密集，卵形或卵状长圆形，长达50厘米，宽达20厘米，先端渐尖，基部心形。总状花序长15厘米；苞片紫色，卵形。萼片披针形，紫色，长1.2-1.5厘米；花冠裂片披针形，长4-5厘米，深红色，外稍染蓝色，先端内凹；外轮退化雄蕊2，倒披针形，背面的1枚长约5.5厘米，宽8-9毫米，侧面的1枚长4厘米，宽4-5毫米，分离几达基部；唇瓣舌状或线状长圆形，顶端微凹或2裂，弯曲，红色；发育雄蕊披针形，淡褐色，较药室略长；子房梨形，深红色，密被小疣状突起。花柱线形，较药室长。果熟时黑色。花期秋季。

原产南美洲。广州常有栽培。观赏植物。

图 89　紫叶美人蕉　（余汉平绘）

253. 竹芋科 MARANTACEAE

（林　祁）

多年生草本。有根状茎或块茎；地上茎有或无。叶常大，羽状平行脉，常2列，叶柄顶部增厚，称叶枕，有叶鞘。花两性，不对称，常成对生于苞片中；顶生穗状、总状或圆锥花序，或花序单独由根状茎抽出。萼片3，离生；花冠管短或长，花冠裂片3，外方的1枚常大而多少呈风帽状；退化雄蕊2-4，外轮的1-2枚花瓣状，内轮的1枚为兜状而包花柱，另1枚硬革质；发育雄蕊1，花瓣状，花药1室；柱头3裂，子房下位，3-1室，每室1胚珠。蒴果或浆果状。种子1-3，坚硬，有胚乳和假种皮。

约30属，400种，主要分布于美洲热带地区。我国原产及引入栽培4属，10余种。

1. 圆锥花序或总状花序，顶生。
  2. 子房3-2室；果具干燥而肉质的瓤 ·· 1. **竹叶蕉属 Donax**
  2. 子房1室；果坚果状 ·· 2. **竹芋属 Maranta**
1. 头状或球状花序。
  3. 外轮退化雄蕊2；叶全绿色 ··· 3. **柊叶属 Phrynium**
  3. 外轮退化雄蕊1；叶上面常有美丽斑纹 ······························ 4. **肖竹芋属 Calathea**

1. 竹叶蕉属 Donax Linn.

多年生亚灌木状草本。有根状茎；地上茎常分枝。叶卵形或长圆形；无叶舌。圆锥花序，顶生而疏散，苞片长，2列；花成对生于苞片内，小苞片具腺体。花梗果时增粗；萼片披针形；花冠管短，花冠裂片线形或长椭圆形；外轮退化雄蕊花瓣状，披针形或近楔形，硬革质的退化雄蕊楔形，兜状退化雄蕊的一侧浅裂达中部。子房3-2室，每室1胚珠。果卵状或椭圆状，不裂，具干燥而肉质的瓤。种子1-3，圆或稍扁，具疣状凸起，无假种皮。

约2种，分布于亚洲东部。我国1种。

竹叶蕉

图 90：1-3

Donax canniformis (Forst.) K. Schum. in Engl. Bot. Jahrb. 15:440. 1839.

Thalia canniformis Forst., Fl. Ins. Austr. Prodr. 1. 1780.

图 90：1-3. 竹叶蕉 4. 花叶竹芋
（冯钟元 余 峰绘）

亚灌木状草本，高达3米。茎具纤细分枝。叶卵形或长圆状披针形，长10-23厘米，宽4.5-12厘米，先端渐尖，基部圆或钝，叶下面沿中脉被长柔毛；叶柄长0.8-2厘米，全部增厚成叶枕，初被长柔毛，圆柱状，叶鞘长达15厘米。圆锥花序长达20厘米；苞片9-11，披针形或倒卵形，长约3厘米，花后脱落。萼片白色，长约3毫米；花冠管长0.8-1厘米，花冠裂片线形，长1-1.4厘米；外轮退化雄蕊楔形，长1.2-

1.4厘米，硬革质的退化雄蕊长约1.5厘米，兜状退化雄蕊具椭圆形侧裂片，发育雄蕊长约8毫米，具附属体；子房被绢毛。浆果干燥，不裂，径1-1.5

厘米，内有海绵质的瓤。种子2-1，褐色，圆或扁平。

产台湾及云南西南部，生于中低山地林下潮湿处。广泛分布于亚洲热带地区。

2. 竹芋属 Maranta Linn.

草本，直立或匍匐状，具分枝。地下茎块状，地上茎有或无。叶基生或茎生，叶柄基部鞘状。总状花序或圆锥花序；苞片少数，迟落。萼片3，披针形；花冠管圆柱状，花冠裂片3；雄蕊管常短，外轮2枚退化雄蕊花瓣状，倒卵形，长于花瓣，内轮1枚雄蕊呈风帽状，具外折的附属体，另1枚硬革质的雄蕊倒卵形，发育雄蕊1，花药1室；子房1室，1胚珠。果倒卵状或长圆状，坚果状，不裂。种子1。

约23种，产热带美洲。我国引入栽培2种。

1. 茎直立，分枝；叶茎生，上面无斑块，下面绿色 ⋯⋯⋯⋯⋯⋯⋯⋯⋯⋯⋯⋯⋯ 竹芋 **M. arundinacea**

1. 茎极短或无；叶基生，上面有暗褐色斑块，下面紫色 ⋯⋯⋯⋯⋯⋯⋯⋯ （附）. 花叶竹芋 **M. bicolor**

竹芋

图 91

Maranta arundinacea Linn. Sp. Pl. 2. 1753.

根状茎肉质，纺锤状。地上茎柔弱，二歧分枝，高达1米。叶卵形或卵状披针形，长10-20厘米，宽4-10厘米，先端渐尖，基部圆，下面无毛

或薄被毛；叶枕长0.5-1厘米，被长柔毛，叶舌圆形，叶柄短或无。总状

花序顶生，长15-20厘米，疏散，有数花；苞片线状披针形，长3-4厘米。花小，白色，花梗长约1厘米；萼片披针形，长1.2-1.4厘米；花冠管长约1.3厘米，花冠裂片长0.8-1厘米；外轮2枚退化雄蕊倒卵形，长约1厘米，内轮的长仅及外轮的一半；子房无毛或稍被毛。果长圆状，长约7毫米。花期9-10月。

原产美洲热带地区。广东、香港、海南、广西及云南有栽培。栽培供观赏；根茎富含淀粉，可煮食或提取淀粉供食用或糊用，有清肺利尿之效。

[附] **花叶竹芋** 图90: 4 **Maranta bicolor** Ker in Bot. Reg. t. 786. 1824. 本种与竹芋的区别：茎极短或无；叶茎生，上面有暗褐色斑块，下面紫色。原产巴西。广东、广西等省区引种栽培供观赏。

图 91 竹芋 （黄少容绘）

3.　柊叶属 Phrynium Willd.

多年生草本。根状茎匍匐生长。叶基生，长圆形，具长柄及鞘。穗状花序集生成头状，由叶鞘内或根茎伸出；苞片内有2至多花。萼片3；花冠管较花萼略长，花冠裂片3，长圆形；退化雄蕊较花冠管长，外轮退化雄蕊2，内轮2枚退化雄蕊较小，发育雄蕊花瓣状，边缘有1个1室花药；柱头头状，花柱基部与退化雄蕊管相连，子房3室，每室1胚珠。果球状，果皮坚硬，不裂或迟裂。种子1-3，具薄膜质假种皮。

约30种，产亚洲及非洲热带地区。我国5种。

1. 苞片顶端无刺状小尖头。
    2. 花红色 ·· 1. 柊叶 **P. capitatum**
    2. 花淡黄色 ·· 2. 少花柊叶 **P. dispermum**
1. 苞片顶端具刺状小尖头；花白色 ························· 3. 尖苞柊叶 **P. placentarium**

1.　柊叶

图 92 彩片 54

Phrynium capitatum Willd. Sp. Pl. 17. 1797.

植株高达1米。根状茎块状。叶基生，长圆形或长圆状披针形，长25-50厘米，宽10-22厘米，先端短渐尖，基部尖；叶柄长达60厘米，叶枕长3-7厘米。头状花序径5厘米，无梗，自叶鞘内生出；苞片长圆状披针形，长2-3厘米，紫红色；每苞片内有花3对，无梗。萼片线形，长约1厘米，被绢毛；花冠管较萼短，花冠裂片长圆状倒卵形，深红色；外轮退化雄蕊倒卵形，内轮较短；子房被绢毛。果梨状，具3棱，长约1厘米，栗色，光亮，外果皮硬。

种子3-2。花期5-7月，果期8-12月。

产福建南部、广东、香港、海南、广西及云南，生于海拔1400米以下山谷密林荫湿地。亚洲南部有分布。根茎治肝肿大、痢疾、赤尿；叶清热

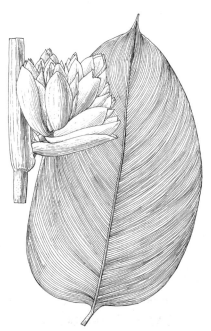

图 92 柊叶 （孙英宝绘）

利尿，治音哑、喉痛、口腔溃疡等症。

2. 少花柊叶 图 93

Phrynium dispermum Gagnep. in Lecomte, Fl. Gen. Indo-Chine 6: 134, f. 15. 1934.

植株高达1.5米。叶长圆状椭圆形，长25-50厘米，宽10-25厘米，侧脉多而密；叶柄长20-40厘米，叶枕长3-5厘米，叶鞘长5-10厘米。头状花序自叶鞘内生出，长8-12厘米，径6-7厘米；苞片椭圆形，长3.5-5厘米，绿色。萼片披针形，长1.5毫米；花冠管长1.3厘米，花冠裂片长圆形，长约1厘米，淡黄色；退化雄蕊较花冠裂片短，外轮2枚倒卵形，内轮的较窄，发育雄蕊长3毫米；子房长圆状，密被茸毛。蒴果长圆状或长倒卵状，长约1.3厘米，栗色，光亮。种子2，长圆状，长7-9毫米。花期5-8月，果期7-11月。

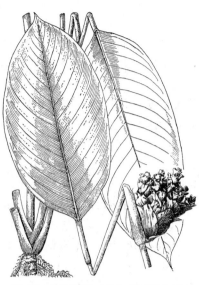

图 93 少花柊叶 （引自《海南植物志》）

产福建南部及海南，生于海拔900米以下山地密林荫湿地。越南有分布。

3. 尖苞柊叶 图 94 彩片 55

Phrynium placentarium (Lour.) Merr. in Philipp. Journ. Sci. Bot. 15: 230. 1919.

Phyllodes placentarium Lour. Fl. Cochinch. 13. 1790.

植株高约1米。叶基生，长圆状披针形或卵状披针形，长30-55厘米，宽约20厘米，先端渐尖，基部圆而中央急尖；叶柄长达30厘米，叶枕长2-3厘米。头状花序球形，径3-5厘米，无梗，自叶鞘内生出；苞片长圆形，长2-3厘米，先端具刺状小尖头，每苞片内有花1对。花白色，长约2厘米；萼片线形，长约5毫米；花冠管长约8毫米，花冠裂片椭圆形，长约5毫米；外轮退化雄蕊倒卵形，长约5毫米；子房无毛或顶端被小柔毛。果长圆状，长约1.2厘米，外果皮薄。种子1，椭圆状，长约1厘米，被红色假种皮。花期2-5月，果期8-10月。

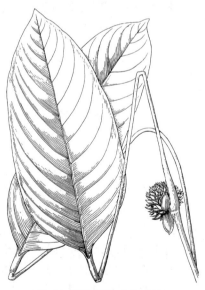

图 94 尖苞柊叶 （谢 华绘）

产广东、海南、广西、贵州西南部、云南南部及西藏东南部，生于海拔1500米以下山地沟谷密林荫湿地。亚洲南部至东南部有分布。

4. 肖竹芋属 Calathea G. F. W. Mey.

多年生草本。具根状茎；地上茎常不分枝。叶基生或茎生，叶常宽大，常有美丽色彩；叶柄短或极长，具鞘。花序头状或球状，无梗或有梗，单生或有1-2枚叶片；苞片2至数枚；花常超过3对，具膜质小苞片。萼片3，近等大，花冠管与萼片等长或较长；外轮退化雄蕊1，常较大，硬革质的1枚与其相似，花时共同形成假二唇形，兜状雄蕊较外轮的短小，发育雄蕊具1个不连到顶的花瓣状附属物；子房3室。蒴果3瓣裂，果瓣与中轴脱离。种子3，三角形，背部凸起，假种皮2裂。

约150种，主产美洲热带地区。我国南方引入栽培数种。

绒叶肖竹芋　　　　　　　　　　　　　　图 95

Calathea zebrina (Sims) Lindl. in Donn, Hort. Cantabrig. ed 10. 12. 1823.

Marantha zebrina Sims in Curtis's Bot. Mag. t. 1926. 1817.

草本，高达1米。叶6-20，长圆状披针形，长达45厘米，宽达16厘米，先端钝，基部渐尖，上面深绿，间以黄绿色条纹，似天鹅绒，下面幼时淡灰绿色，老时淡紫红色；叶柄长达45厘米。头状花序鹅卵状，单生于花葶；苞片覆瓦状排列，宽卵形，宽约5厘米，内面的紫色；小苞片线形。萼片长圆形，长达2.5厘米；花冠紫蓝或白色，花冠裂片长圆状披针形，长约1.5厘米；外轮退化雄蕊倒卵状长圆形，蓝紫色，长约2厘米，硬革质的1枚与其相似，兜状的1枚长及其半；子房无毛。花期5-8月。

原产巴西。广东、香港及台湾有栽培，供观赏。

图 95　绒叶肖竹芋　（邓盈丰绘）

254. 田葱科 PHILYDRACEAE

（王忠涛）

直立多年生草本；根状茎短，具簇生根。茎生叶互生，基生叶2列；叶线形，扁平，平行脉，基部鞘状或扁形，单面和剑状。花序为单或复穗状花序。花生于较大的苞腋内，有时部分与苞片联合，两侧对称：花被片4，花瓣状，排成2轮，黄或白色，外轮2片大，形似上、下唇，内轮2片较小；雄蕊1，生于离轴花被片基部，花丝扁平无毛，花药盾状，药隔宽，2室，花期花药从内向转为外向，常成螺旋状拳卷，纵裂，花粉粒具沟或有3个萌发孔；子房上位，3室，中轴胎座，或1室，侧膜胎座，花柱单一，柱头头状或3裂，胚珠多数，倒生。蒴果室背开裂，稀不整齐开裂。种子窄梨形或圆柱状，种皮有螺旋状条纹；胚乳丰富，富于淀粉、脂肪和晶状体；胚直立，线形。染色体基数x=8，11。

4属，5种，分布于东亚、印度、马来西亚及澳大利亚。我国1属1种。

田葱属 Philydrum Banks et Sol. ex Gaertn.

多年生草本，主轴短，具纤维状须根。叶剑形，先端渐窄，等边单面，无毛，具7-9脉，连叶鞘长30-80厘米；叶鞘长14-30厘米，宽1-1.5厘米。花序轴高达1米，细长圆柱状，密被白色绵毛，下部脱落；穗状花序单一，有时分枝；苞片卵形，长2-7厘米，先端尾状渐尖，背面有绵毛。花两性，黄色，无梗；花被薄，外轮2片大，近卵形，长0.8-1厘米，先端锐尖，边缘波状，具2条粗脉伸向基部，背面有长毛，内轮2片较小，近基部1-2毫米处与花丝基部联合，匙形，先端锐尖，无毛或背面基部有长毛，膜质，具3脉；雄蕊无毛，长6-9毫米，花药近球形，2室，药室旋卷，花丝扁平；子房长6-7毫米，密被长毛，花柱长3-4毫米，无毛，柱头头状，具长乳突。蒴果三角状长圆形，长0.8-1厘米，近轴面扁平，密被白色绵毛。种子多数，中间膨大，两头近端处缢缩，至两端又稍扩大，长0.7-0.9毫米，暗红色；种皮有螺旋状条纹。

单种属。

田葱　　　　　　　　图 96 彩片 56

Philydrum lanuginosum Banks et Sol. ex Gaertn. Fruct. 1: 62. 1788.

形态特征同属。花期6-7月，果期9-10月。

产福建、台湾、广东、海南及广西，生于海拔20-100米池塘、沼泽或水田中。日本、越南、老挝、柬埔寨、泰国、缅甸、马来西亚、澳大利亚及巴布亚新几内亚有分布。药用，有清热利湿之效。

图 96 田葱 （蔡淑琴绘）

255. 雨久花科 PONTEDERIACEAE

（曾宪锋）

多年生或一年生水生或沼生草本，直立或飘浮；具根状茎或匍匐茎，常有分枝，富海绵质和通气组织。叶通常2列，多数有叶鞘和叶柄；叶宽线形、披针形、卵形或宽心形，具平行脉，浮水、沉水或露出水面。顶生总状、穗状或聚伞圆锥花序，生于佛焰苞状叶鞘的腋部。花两性，辐射对称或两侧对称；花被片6，排成2轮，花瓣状，蓝、淡紫或白色，稀黄色，分离或下部连合成筒，脱落或宿存；雄蕊多为6，2轮，稀3或1，1枚雄蕊位于内轮的近轴面，且伴有2枚退化雄蕊，花丝细长，分离，贴生于花被筒，有时具腺毛，花药内向，底着或盾状，2室，纵裂，稀顶孔开裂；子房上位，3室，中轴胎座，或1室具3个侧膜胎座，花柱1，细长，柱头头状或3裂，胚珠少数或多数，倒生，具厚珠心，或稀仅有1下垂胚珠。蒴果，室背开裂，或小坚果。种子卵圆形，具纵肋；胚乳含丰富淀粉粒，胚为线形直胚。染色体基数x=8，14，15。

9属，约39种，广布于热带和亚热带地区。常生长在沼泽、浅湖、河流，溪沟水域中。我国2属，4种。

1. 花具梗；花被片辐射对称，近离生，后方花被片不具1异色斑点；雄蕊有1枚较另5枚为长，花丝无毛 ………
…………………………………………………………………………… 1. 雨久花属 Monochoria
1. 花无梗；花被片两侧对称，合生，后方裂片具1异色斑点；雄蕊3长3短，至少长雄蕊的花丝有毛 …………
…………………………………………………………………………… 2. 凤眼蓝属 Eichhornia

1. 雨久花属 Monochoria Presl.

多年生沼泽或水生草本。茎直立或斜上,从根状茎发出。叶基生或单生于茎枝,具长柄,形状多变,具弧状脉。花序总状或近伞形,从最上部的叶鞘内抽出,基部托以鞘状总苞片。花近无梗或具短梗;花被片6,深裂几达基部,白、淡紫或蓝色,中脉绿色,开花时展开,后螺旋状扭曲,内轮3枚较宽;雄蕊6,生于花被片基部,较花被片短,其中有1枚较大,其花丝一侧有斜伸的裂齿,花药较大,蓝色,余5枚相等,具较小的黄色花药,花药基着,顶孔开裂,后裂缝延长;子房3室,每室有多数胚珠,花柱线形,柱头近全缘或微3裂。蒴果室背开裂成3瓣。种子小,多数。

约5种,分布于非洲东北部、亚洲东南部至澳大利亚南部。我国3种。

1. 植株高大,通常高35-90厘米(稀更高);叶卵状心形、箭形或三角状卵形。
  2. 叶卵状心形或宽心形,基部裂片圆钝,长4-10厘米;花序有10余花 ·············· 1. 雨久花 M. korsakowii
  2. 叶三角状卵形或箭形,基部裂片戟形或箭形,长7-15(-25)厘米;花序有10-40花 ··········
  ··· 2. 箭叶雨久花 M. hastata
1. 植株矮小,通常高12-35厘米;叶卵形或卵状披针形,长2-7厘米,基部钝圆或浅心形;花序有3-15花 ········
  ··· 3. 鸭舌草 M. vaginalis

1. 雨久花　　　　　　　　　图 97 彩片 57

Monochoria korsakowii Regel et Maack in Mém. Acad. Pétersb. 4(4): 155. 1861.

直立水生草本,全株无毛;根状茎粗壮,具柔软须根。茎直立,高达70厘米,基部有时带紫红色。基生叶宽卵状心形,长4-10厘米,先端急尖或渐尖,基部心形,全缘,具多数弧状脉;叶柄长达30厘米,有时膨大成囊状;茎生叶叶柄渐短,基部增大成鞘,抱茎。总状花序顶生,有时再聚成圆锥花序,有10余花。花梗长0.5-1厘米;花被片椭圆形,长1-1.4厘米,蓝色;雄蕊6,其中1枚较大,花药长圆形,淡蓝色,其余各枚较小,花药黄色,花丝丝状。蒴果长卵圆形,长1-1.2厘米。种子长圆形,长约1.5毫米,有纵棱。花期7-8月,果期9-10月。

产黑龙江、吉林、辽宁、内蒙古、河北、山东、江苏、安徽、湖北西北部、河南、山西及陕西,华中、华南等地区有种植。生于池塘、湖沼靠

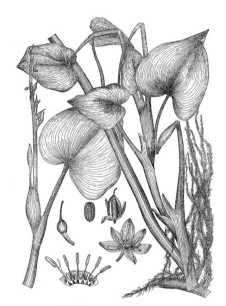

图 97 雨久花 (引自《华东水生维管束植物》)

岸的浅水处和稻田中。朝鲜、日本、俄罗斯西伯利亚地区有分布。全草可作家畜、家禽饲料;花美丽,可供观赏。

2. 箭叶雨久花　　　　　　　图 98 彩片 58

Monochoria hastata (Linn.) Solms in DC. Monogr. Phanerog. 4: 523. 1883.

Pontederia hastata Linn. Sp. Pl. 288. 1753.

多年生水生草本,全株无毛;根状茎长而粗壮,匍匐,具叶鞘残存物,纤维根甚多。茎直立或斜上,高0.5-0.9(-1.9)米,基生叶三角状卵形或三角形,长5-15(-25)厘米,先端渐尖,基部箭形或戟形,稀心形,纸

质，全缘，基部边缘两角扩展，具弧状脉；叶柄长30-50（-70）厘米，下部成开裂叶鞘，鞘顶端常有1长形舌状体；茎生叶叶柄长7-10厘米，叶鞘增宽。总状花序腋生，有10-40花。花梗长1-3厘米，位于花序上部的较长。花径0.7-1厘米；花被片卵形，长1-1.4厘米，淡蓝色，膜质，有绿色中脉及红色斑点；雄蕊6，其中大的1枚花药蓝色，长约6毫米，其余的花药黄色，长约3毫米，花丝丝状，白色；子房具白色小点，花柱顶端被毛。蒴果长圆形，长约1厘米。种子多数，细小，长圆形，棕褐色，有纵棱，棱间具横条纹。花期8月至翌年3月。

产广东、海南、广西、贵州西南部及云南南部，生于海拔150-700米水塘、沟边或稻田等湿地。亚洲热带和亚热带地区广泛分布。

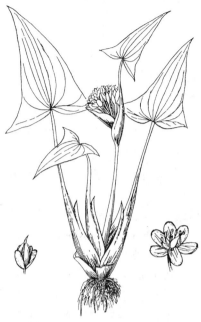

图 98 箭叶雨久花 （蔡淑琴绘）

3. 鸭舌草

图 99 彩片 59

Monochoria vaginalis (Burm. f.) Presl. Rel. Haenk. 1: 128. 1827.

Pontederia vaginalis Burm. f. Fl. Ind. 80. 1768.

水生草本，全株无毛；根状茎极短，具柔软须根。茎直立或斜上，高（6-）12-25（-50）厘米。叶基生和茎生，心状宽卵形、长卵形或披针形，长2-7厘米，先端短突尖或渐尖，基部圆或浅心形，全缘，具弧状脉；叶柄长10-20厘米，基部扩大成开裂的鞘，鞘长2-4厘米，顶端有舌状体，长0.7-1厘米。总状花序从叶柄中部抽出，叶柄扩大成鞘状；花序梗长1-1.5厘米，基部有1披针形苞片；花序花期直立，果期下弯。花通常3-5（稀10余朵），蓝色；花

被片卵状披针形或长圆形，长1-1.5厘米；花梗长不及1厘米；雄蕊6，其中1枚较大，花药长圆形，其余5枚较小，花丝丝状。蒴果卵圆形或长圆形，长约1厘米。种子多数，椭圆形，长约1毫米，灰褐色，具8-12纵条纹。花期8-9月，果期9-10月。

产黑龙江、吉林、辽宁、内蒙古、河北、山东、江苏、安徽、浙江、台湾、福建、江西、湖北、湖南、广东、海南、广西、贵州、云南、四川、甘

图 99 鸭舌草 （引自《华东水生维管束植物》）

肃南部、陕西、山西及河南，生于平原至海拔1500米的稻田、沟旁或浅水池塘等湿地。日本、马来西亚、菲律宾、印度、尼泊尔及不丹有分布。嫩茎和叶可作蔬食，也可做猪饲料。

2. 凤眼蓝属 Eichhornia Kunth

一年生或多年生浮水草本，节上生根。叶基生，莲座状或互生，宽卵状菱形或线状披针形；常具长柄，叶柄常膨大，基部具鞘。花序顶生，由2至多花组成穗状。花两侧对称或近辐射对称；花被漏斗状，中、下部连合成或长或短的花被筒，裂片6，淡紫蓝色，有的裂片常具1黄色斑点，花后凋存；雄蕊6，生于花被筒，常3长3短，长者伸出筒外，短的藏于筒内，花丝丝状或基部扩大，常有毛，花药长圆形；子房无柄，3室，胚珠多数，花柱线形，弯曲，柱头稍扩大或3-6浅裂。蒴果卵圆形、长圆形或线形，包藏于凋存的花被筒内，室背开裂；果皮膜质。种子多数，卵圆形，有棱。

约7种，分布于美洲和非洲的热带和暖温带地区。通常生长于池塘、河川或沟渠中。我国1种。

凤眼蓝 凤眼莲 水浮莲 水葫芦　　　　　　图 100 彩片 60
Eichhornia crassipes (Mart.) Solms in DC. Monogr. Phanerog. 4: 527. 1883.

Pontederia crassipes Mart. Nov. Gen. Sp. 9. t. 4. 1823.

浮水草本，高达60厘米；须根发达，长达30厘米。茎极短，具长匍匐枝。叶基生，莲座状排列，5-10片，圆形、宽卵形或宽菱形，长4.5-14.5厘米，先端钝圆或微尖，基部宽楔形或幼时浅心形，全缘，具弧形脉，上面深绿色，光亮，质厚，两边微向上卷，顶端略向下翻卷；叶柄中部膨大成囊状或纺锤形，基部有鞘状苞片，长8-11厘米。花葶从叶柄基部的鞘状苞片腋内伸出，长34-46厘米，具棱；穗状花序长17-20厘米，常具9-12花。花被片基部合生成筒，近基部有腺毛，裂片6，花瓣状，卵形、长圆形或倒卵形，紫蓝色，花冠近两侧对称，径4-6厘米，上方1裂片较大，长约3.5厘米，四周淡紫红色，中间蓝色的中央有1黄色圆斑，余5片长约3厘米，下方1裂片较窄；雄蕊6，贴生花被筒，3长3短，长的从花被筒喉部伸出，长1.6-2厘米，短的生于近喉部，长3-5毫米，花丝有腺毛，花药箭形，基着，2室，纵裂，子房上位，长梨形，长6毫米，3室，中轴胎座，胚珠多数，花柱1，长约2厘米，伸出花被筒的部分有腺毛，柱头密生腺毛。蒴果卵圆形。花期7-10月，果期8-11月。

图 100 凤眼蓝　(引自《华东水生维管束植物》)

原产巴西。现广布于长江、黄河流域及华南各地，生于海拔200-1500米水塘、沟渠或稻田中。亚洲热带地区也已广泛生长。全草为家畜、家禽饲料，嫩叶及叶柄可作蔬菜；可供药用，有清凉解毒、除湿祛风热以及外敷热疮等功效；可净化水中汞、镉、铅等有害物质。

256. 百合科 LILIACEAE

（陈心启 梁松筠 许介眉 郎楷永 吉占和 罗毅波）

多年生草本，稀亚灌木、灌木或乔木状。常具根状茎、块茎或鳞茎。叶基生或茎生，后者多互生，稀对生或轮生，常具弧形平行脉，极稀具网状脉。花两性，稀单性异株或杂性，常辐射对称，稀稍两侧对称；花被片6，稀4或多数，离生或多少合生成筒，呈花冠状；雄蕊常与花被片同数，花丝离生或贴生花被筒，花药基着或丁字着生，药室2，纵裂，稀合成一室而横缝开裂；心皮合生或多少离生；子房上位，稀半下位，3室（稀2、4、5室），中轴胎座，稀1室，具侧膜胎座，每室1至多数倒生胚珠。蒴果或浆果，稀坚果。种子具丰富胚乳，胚小。

约230属3500种，广布全世界，主产温带和亚热带地区。我国60属约560种，另有一些种从国外引入栽培。许多种类有重要经济价值，如黄精、玉竹、知母、芦荟、麦冬、天门冬、土茯苓、藜芦、贝母、重楼等是著名中药材；葱、蒜、韭、黄花菜、百合等是很好的菜蔬，各地常见栽培；玉簪、吊兰、郁金香、萱草等是人们喜爱的观赏花卉。

1. 腐生小草本，无叶绿素；子房下部或基部合生 ·················· 2. 无叶莲属 Petrosavia
1. 自养植物，具叶绿素。
  2. 植株具根状茎，无鳞茎。
    3. 叶3-15，轮生于茎顶端；花单朵顶生，外轮花被片叶状，绿色。
      4. 叶3枚轮生；花3基数，内轮花被片比外轮花被片稍窄 ·········· 52. 延龄草属 Trillium
      4. 叶4至多枚轮生；花4基数或更多，内轮花被片远比外轮花被片为窄 ········· 51. 重楼属 Paris
    3. 叶和花非上述情况。
      5. 叶顶端卷曲或具卷须。
        6. 花被片离生，长5厘米以上；蒴果 ·········· 19. 嘉兰属 Gloriosa
        6. 花被片合生成筒，长不及4厘米；浆果 ·········· 49. 黄精属 Polygonatum
      5. 叶顶端不卷曲，无卷须。
        7. 叶状枝长不及3厘米，顶端具针刺，中脉生花（国外种）·········· 54. 假叶树属 Ruscus
        7. 叶非上述情况。
          8. 叶鳞片状；叶状枝常针状、扁圆柱状或近条形，径或宽0.2-2(3)毫米，每2-10枚簇生于茎和枝条，每植株有几百枚之多 ·········· 53. 天门冬属 Asparagus
          8. 叶较大，或多枚基生，或互生、对生、轮生于茎或枝条；每植株的叶几枚至几十枚，稀近百枚。
            9. 叶两侧扁，无上下面之分；花除在花梗基部有1枚苞片外，花被近基部有杯状小苞片 ·········· 1. 岩菖蒲属 Tofieldia
            9. 叶扁平，腹背扁，有上下面之分；花被近基部无杯状小苞片。
              10. 茎多少木质化，常增粗，有近环状叶痕；叶常聚生于茎上部或顶端；多为圆锥花序，稀总状花序。
                11. 叶坚挺，顶端有黑色刺；花被片离生，长3-4厘米（国外种）·········· 33. 丝兰属 Yucca
                11. 叶顶端无黑色刺；花被片多少合生，长0.5-2.5厘米。
                  12. 叶柄长1-6厘米或不明显；子房每室1-2胚珠 ·········· 35. 龙血树属 Dracaena
                  12. 叶柄长10-30厘米或更长；子房每室多颗胚珠（国外种）·········· 34. 朱蕉属 Cordyline
              10. 茎草质，非上述情况；叶基生或生于茎；花序常不为圆锥花序（吊兰属、鹿药属和山菅属例外）。
                13. 果未成熟时不整齐开裂，露出幼嫩种子，成熟种子为小核果状。
                  14. 花被具副花冠；叶脉折扇状，有横支脉，如小方格 ·········· 57. 球子草属 Peliosanthes
                  14. 花被无副花冠；叶脉非折扇状，极稀具横支脉。
                    15. 花近直立；子房上位，花丝与花药近等长或比花药长 ·········· 55. 山麦冬属 Liriope
                    15. 花多少俯垂；子房半下位，花丝长不及花药1/2 ·········· 56. 沿阶草属 Ophiopogon
              13. 浆果或蒴果，成熟前不裂，成熟种子非小核果状。
                16. 叶多枚，基生或近基生，茎极短，茎生叶不发达。
                  17. 伞形花序。
                    18. 叶窄条形或近扁丝状，宽1-1.5毫米；花梗基部有苞片 ·········· 14. 异蕊草属 Thysanotus
                    18. 叶倒披针形，宽0.6-1.3厘米；花梗基部无苞片 ·········· 4. 胡麻花属 Heloniopsis
                  17. 总状花序、穗状花序或其他花序，非伞形花序。
                    19. 花被片近轴的3-4片长3-8毫米，其余2-3片很短或无；花梗基部无苞片 ·········· 3. 白丝草属 Chionographis
                    19. 花被片等大或内轮三片较大；花梗基部常有苞片，稀无。

20. 花梗基部无苞片，稀花序下部有1-2苞片；花药马蹄状，基着，药室合成一室，开裂后呈盾状或丫状 ………… ………………………………………………………………………………… 5. **丫蕊花属 Ypsilandra**

20. 花梗基部有苞片；花药与药室非上述情况。

  21. 叶肉质，边缘有刺状小齿 ……………………………………………………… 17. **芦荟属 Aloe**

  21. 叶硬革质或草质，边缘无刺状小齿。

    22. 花单朵，坛状，从根状茎生出，花梗或花序梗很短，花近地面 ………… 43. **蜘蛛抱蛋属 Aspidistra**

    22. 花组成花序，从叶丛生出，高出地面。

      23. 叶坚挺，厚2-5毫米。

        24. 叶直立，淡绿色，有深绿色横斑纹（国外种） ……………… 36. **虎尾兰属 Sansevieria**

        24. 叶斜展，无上述斑纹（国外种） ………………………………… 33. **丝兰属 Yucca**

      23. 叶柔软，草质，薄。

        25. 植株常具2枚椭圆形叶，稀3枚；叶柄鞘状，套迭而成假茎；花被片合生成钟状，俯垂 ………… ………………………………………………………………………… 39. **铃兰属 Convallaria**

        25. 植株具4至多枚叶；叶柄和花均非上述情况。

          26. 根状茎长，匍匐地面或浅土中，每隔一定距离生出叶簇及根束 ………… 40. **吉祥草属 Reineckia**

          26. 根状茎几无或很短（知母属有时具较长横走根状茎，其粗，非每隔一定距离生出叶簇），如较长，则近直立。

            27. 叶带状或条形，有时为窄条状倒披针形，常宽不及3厘米，至少在同一植株上大多数叶如此（西南吊兰个别植株叶宽可达5厘米），叶柄不明显。

              28. 花被片多少贴生子房，子房半下位；花序轴有毛 ………… 58. **粉条儿菜属 Aletris**

              28. 花被片（或花被筒）与子房离生，子房上位；花序轴常无毛，稀例外（独尾草属个别种有毛）。

                29. 花被近漏斗状，长5厘米以上 ………… 16. **萱草属 Hemerocallis**

                29. 花被非漏斗状，长不及3厘米。

                  30. 穗状花序，常多少肉质；花被片合生成钟状；浆果。

                    31. 花被裂片明显 ………… 41. **开口箭属 Tupistra**

                    31. 花被裂片很小，不明显 ………… 42. **万年青属 Rohdea**

                  30. 总状或圆锥花序；花被片离生或合成圆筒状；蒴果，稀浆果。

                    32. 花被片合成圆筒状，雄蕊3；根状茎横走，为密集残存叶鞘所包 ………… ………………………………………………………………… 11. **知母属 Anemarrhena**

                    32. 花被片离生；雄蕊6。

                      33. 植株聚生于根状茎；浆果；雄蕊长约为花被片1/2 ……… 38. **夏须草属 Theropogon**

                      33. 植株单生；蒴果；雄蕊与花被片近等长或为花被片长的3/5。

                        34. 花药基部箭形，有两条尾状附属物；花长1.5厘米以上 ………… ………………………………………………………………… 13. **鹭鸶草属 Diuranthera**

                        34. 花药基部非箭形，无附属物；花长0.2-1.3厘米。

                          35. 蒴果具3棱；花葶径1-4毫米，通常具圆锥花序（西南吊兰为总状花序，花药长约为花丝1倍，区别于独尾草属）；花较稀疏，几朵至十几朵，稀更多，花梗关节常位于下部至上部 ………… 12. **吊兰属 Chlorophytum**

                          35. 蒴果无3棱；花葶高大，径0.6-1厘米（阿尔泰独尾草有时较细），总状花序，花密集，常几十朵；花梗关节位于近顶端 ………… 10. **独尾草属 Eremurus**

             27. 叶椭圆形、卵形或倒披针形，宽3-5厘米或更宽，有柄。

              36. 花长4-13厘米；叶柄长于叶片；蒴果 ……… 15. **玉簪属 Hosta**

              36. 花长不及1.5厘米；叶柄短于叶片；浆果或浆果状（后期上端开裂）。

37. 穗状花序, 常多少肉质; 花被片合生。

  38. 花被裂片可见 ·· 41. 开口箭属 Tupistra

  38. 花被裂片很小, 不明显 ··· 42. 万年青属 Rohdea

37. 总状花序; 花被片离生。

  39. 花序生于叶丛中央; 花药基着, 花梗具柔毛; 浆果状, 后期顶端开裂 ·········· 44. 七筋菇属 Clintonia

  39. 花序生于叶丛侧面; 花药丁字着生, 花梗无毛; 浆果不裂 ····················· 37. 白穗花属 Speirantha

16. 叶茎生, 植株有近直立的茎, 茎具互生、对生或轮生叶, 无基生叶。

  40. 叶肉质, 多汁 ··· 17. 芦荟属 Aloe

40. 叶革质或草质。

  41. 叶带状或条形, 边缘和叶背中脉具锯齿 ·· 9. 山菅属 Dianella

  41. 叶椭圆形、卵形或披针形, 如为带状或条形, 则边缘和叶背中脉无锯齿。

    42. 花或花序腋生, 无顶生(扭柄花属个别种除外)。

      43. 茎常分枝; 花被片离生, 基部多少具囊或距 ······························· 47. 万寿竹属 Disporum

      43. 茎不分枝; 花被片常多少合生(扭柄花属为离生), 基部无囊或距。

        44. 花被片离生; 具细长走茎, 径1-1.5毫米; 雄蕊生于花被片基部; 叶基部常心形, 抱茎, 如非心形则边缘有睫毛状细齿 ·· 48. 扭柄花属 Streptopus

        44. 花被片多少合生; 具粗厚根状茎, 径0.3-2厘米; 雄蕊贴生花被筒或副花冠; 叶基部非心形, 边缘无睫毛状细齿。

        45. 花被无副花冠, 雄蕊贴生花被筒, 花被裂片常很短小, 占花被全长1/6或更短(短筒黄精例外); 根状茎深埋土中, 黄白色 ······················ 49. 黄精属 Polygonatum

        45. 花被有副花冠, 雄蕊生于副花冠; 花被裂至上部1/4或至中部; 根状茎常近地面, 上面多少绿色, 稀例外 ································ 50. 竹根七属 Disporopsis

    42. 花或花序顶生茎或枝条, 有时兼有顶生和腋生。

      46. 花被片4, 雄蕊4; 叶常2, 稀3枚, 基部心形, 有叶柄 ·············· 46. 舞鹤草属 Maianthemum

      46. 花被片6, 雄蕊6; 叶常多于3枚, 基部非心形, 如为心形则抱茎, 且无明显叶柄。

        47. 蒴果; 柱头裂片3, 扁丝状, 长4毫米以上, 外弯, 有乳头状突起, 每裂片顶端2深裂; 外轮花被片基部具囊 ·· 8. 油点草属 Tricyrtis

        47. 浆果; 柱头非上述情况; 内外轮花被片基部均无囊或均具囊(或距)。

          48. 茎常分枝; 内外轮花被片基部多少具囊或距 ······················· 47. 万寿竹属 Disporum

          48. 茎不分枝; 花被片基部无囊或距。

            49. 圆锥花序或总状花序 ······································· 45. 鹿药属 Smilacina

            49. 花单生或几朵簇生 ··································· 48. 扭柄花属 Streptopus

2. 植株具鳞茎, 鳞茎球形或卵形, 或近圆柱状。

  50. 伞形花序, 蕾期为非绿色膜质总苞所包; 植株多有葱蒜味 ·················· 32. 葱属 Allium

50. 非伞形花序, 如为伞形花序则总苞叶状, 蕾期不包花序(顶冰花属的一些种); 植株无葱蒜味。

  51. 花药肾形, 背着, 合成一室, 横缝开裂; 圆锥花序, 稀总状花序; 植株基部有撕裂成纤维状或网状残存叶鞘或鳞茎皮。

    52. 花序有毛; 花被片基部无腺体 ··· 7. 藜芦属 Veratrum

    52. 花序无毛; 花被片基部有腺体 ··· 6. 棋盘花属 Zigadenus

  51. 花药条形、长圆形或其他形状, 非肾形, 基着或丁字着生, 2室, 纵缝开裂; 花单生或成各种花序, 非圆锥花序。

    53. 叶2枚, 宽1厘米以上, 对生于茎上, 多少有网状脉; 花被片强烈反折 ··· 22. 猪牙花属 Erythronium

    53. 叶2枚以上, 稀2枚, 无网状脉(大百合属具网状脉); 花被片不反折, 或稍反折。

54. 叶心形,具网状脉 ·· 26. **大百合属 Cardiocrinum**
54. 叶非心形,无网状脉。
　　55. 花几十朵或更多,成密集总状或穗状花序;叶基生,带状或窄条形。
　　　　56. 穗状花序具极密集的花,花蕾为总苞所包;花被片下部合生成筒;鳞茎近圆柱形,有纤维状外皮 ········
　　　　　　··· 31. **穗花韭属 Milula**
　　　　56. 总状花序,无总苞;花被片离生;鳞茎卵圆形或近球形。
　　　　　　57. 鳞茎绿色;叶宽2.5-5厘米;花被片长约8毫米 ·············· 30. **虎眼万年青属 Ornithogalum**
　　　　　　57. 鳞茎黑褐色;叶宽不及1厘米;花被片长2.5-4毫米 ·············· 29. **绵枣儿属 Scilla**
　　55. 花1至十几朵,成稀疏总状花序、伞形花序或其他花序;叶常茎生,或兼具基生叶,稀只具基生叶。
　　　　58. 鳞茎具2-3枚贝壳状白粉质鳞片,或具多枚米粒状鳞片;花俯垂;花被片基部有蜜腺窝(凹穴) ·········
　　　　　　··· 24. **贝母属 Fritillaria**
　　　　58. 鳞茎常无白粉质鳞片,如有则为单个球形鳞片;花仰立或平展,花被片基部无蜜腺窝(凹穴)。
　　　　　　59. 叶全茎生,如兼具茎生叶与基生叶,则两者外形相似。
　　　　　　　　60. 花被片长1.5厘米以上,宽4毫米以上;茎平滑或近平滑,无小乳突;花药丁字着生或基着。
　　　　　　　　　　61. 花药丁字着生;叶常多于5枚,互生、对生或轮生;植株高40厘米以上;花1至多朵,常平展或
　　　　　　　　　　　　斜出,稀仰立。
　　　　　　　　　　　　62. 鳞茎近圆柱形或窄卵状圆柱形,具淡褐色膜质鳞茎皮;须根具多数珠状小鳞茎;兼有茎生叶和
　　　　　　　　　　　　　　基生叶 ··· 28. **假百合属 Notholirion**
　　　　　　　　　　　　62. 鳞茎近卵圆形,具多数稍展开鳞片;须根无小鳞茎;花期只具茎生叶。
　　　　　　　　　　　　　　63. 内外轮花被片近相似,无彩色斑块,基部无垫状隆起 ··········· 25. **百合属 Lilium**
　　　　　　　　　　　　　　63. 内轮花被片比外轮大,常有锯齿,稀无;两轮花被片均有彩色斑块,基部有垫状隆起 ·······
　　　　　　　　　　　　　　　　··· 27. **豹子花属 Nomocharis**
　　　　　　　　　　61. 花药基着;叶常2-5枚聚生茎中部、下部至近基部;植株高10-30厘米;花常单朵顶生,仰立 ···
　　　　　　　　　　　　·· 23. **郁金香属 Tulipa**
　　　　　　　　60. 花被片长0.7-1厘米,宽约1毫米;茎常多少具小乳突;花药基着 ········ 18. **山慈茹属 Iphigenia**
　　　　　　59. 叶基生,或兼有基生或茎生叶,后者茎生叶比基生叶小,向上渐为苞片。
　　　　　　　　64. 花常单朵顶生,仰立;花被片长2厘米以上(新疆郁金香与垂蕾郁金香有例外);叶有时近基生,生
　　　　　　　　　　于鳞茎上方茎上;鳞茎宽1厘米以上 ································· 23. **郁金香属 Tulipa**
　　　　　　　　64. 花常平展或斜出;花被片长不及2厘米;叶兼有基生或茎生,基生叶生于鳞茎内;鳞茎宽不及1厘米。
　　　　　　　　　　65. 花被片果期宿存并增大和增厚,常中部绿色、边缘白色,比蒴果长半倍至一倍以上 ···········
　　　　　　　　　　　　·· 20. **顶冰花属 Gagea**
　　　　　　　　　　65. 花被片果期枯萎,不增大,有时宿存,常短于蒴果,稀与蒴果等长或稍长 ·····················
　　　　　　　　　　　　·· 21. **洼瓣花属 Lloydia**

1. 岩菖蒲属 Tofieldia Huds.
(陈心启 罗毅波)

　　根状茎短或稍长。叶基生或近基生,稀生于花葶下部,2列,两侧扁,有几条纵脉,中脉不明显。花葶较长,总状花序。花较小,花梗基部具1枚苞片,近花被基部有1枚杯状小苞片;花被片6,离生或基部合生;雄蕊6,生于花被片基部,花药近背着,内向纵裂;子房由3枚心皮组成,上部3裂,胚珠多数;花柱5,离生。蒴果由于心皮或多或少离生,有时近蓇葖果状,不规则开裂,种子多数。

　　约10种,分布于北半球温带和亚热带地区。我国3种。

1. 花柱粗短,约等长于花药;蒴果球形,径2-2.5毫米,上端近不裂或3浅裂,宿存柱头膨大;花梗长0.5-2毫米
　　··· 1. **长白岩菖蒲 T. coccinea**

1. 花柱较细长，比花药长；蒴果椭圆形或近倒卵状三棱形，上端3深裂达中部，多少呈蓇葖果状，宿存柱头不膨大；花梗长（1-）1.5-12毫米。
  2. 种子一侧无白带；花梗长1.5-3（-7）毫米；蒴果常平展或多少下垂 ·············· 2. 叉柱岩菖蒲 **T. divergens**
  2. 种子一侧具纵贯白带；花梗长（3-）5-12毫米；蒴果常上举或斜立 ·················· 3. 岩菖蒲 **T. thibetica**

1. 长白岩菖蒲　　　　　　　　　　　　图 101

Tofieldia coccinea Richards. in Frankl. Narr. First Journ. App. 736. 1823.

植株较矮小。叶长2.5-7厘米，宽约2毫米。花葶高5-16厘米；总状花序长0.7-3厘米。花梗长0.5-0.8毫米；花被长2-3毫米，白色，稍带粉红色；子房卵形；花柱3，分离，粗短，长约0.4毫米，与花药近等长。蒴果球形，径2-2.5毫米，顶端几不裂或3浅裂，宿存花柱长0.5-0.8毫米，稍外弯，柱头膨大；果柄长1.5-2（-3.5)毫米。种子近线状梭形，长约1毫米，无白色纵带。花期7-8月，果期8-9月。染色体2n=30，32。

产吉林东部及安徽南部，生于海拔1800-2400米草甸、湿原或岩缝中。朝鲜、日本、俄罗斯及美国有分布。

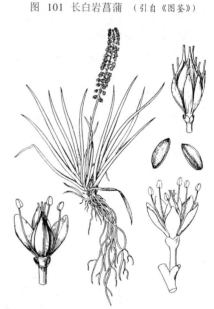

图 101 长白岩菖蒲 （引自《图鉴》）

2. 叉柱岩菖蒲　　　　　　　　　　图 102 彩片 61

Tofieldia divergens Bur. et Franch. in Journ. de Bot. 5: 157. 1891.

植株高7-35厘米。叶长3-22厘米，宽2-4毫米。花葶高8-35厘米；总状花序长2-10厘米。花梗长1.5-3(-7)毫米；花白色，有时稍下垂；花被长2-3毫米；子房长圆状窄卵形；花柱3，分离，较细，长0.5-1毫米，较花药长。蒴果常多少下垂或平展，倒卵状三棱形或近椭圆形，长约3毫米，宽约2毫米，顶端3深裂达中部或中部以下，蒴果多少呈蓇葖状，宿存花柱长1-1.5毫米，柱头不膨大。种子无白色纵带。花期6-8月，果期7-9月。

图 102 叉柱岩菖蒲 （李锡畴绘）

产四川西南部、贵州西部、云南及西藏东南部，生于海拔1000-4300米草坡、溪边或林下岩缝中或岩石上。全草有健脾理气、利尿消肿功能。

3. 岩菖蒲　　　　　　　　　　　　图 103

Tofieldia thibetica Franch. in Nouv. Arch. Mus. Paris sér. 2, 10: 95. 1888.

植株高10-30厘米。叶长5-20厘

米，宽3-7毫米。花葶高15-30厘米；总状花序长4-10厘米。花梗长（3-）5-12毫米；花白色，上举或斜立；花被长2-3毫米；子房近长圆形；花柱3，分离，较细，长0.5-1毫米，明显长于花药。蒴果倒卵状椭圆形，不下垂，长约3毫米，宽约2毫米，顶端分裂一般不到中部；宿存花柱长（0.3-）1-

图 103 岩菖蒲 （李锡畴绘）

1.5毫米。种子一侧具1条纵贯白带（种脊）。花期6-7月，果期7-9月。

产湖北西部、四川、贵州及云南东北部，生于海拔700-2300米灌丛下、草坡、沟边石壁或岩缝中。

2. 无叶莲属 Petrosavia Becc.

（陈心启 罗毅波）

腐生草本，常有覆盖鳞片的细长根状茎。茎细弱，直立，不分枝。叶鳞片状，浅色，互生。花小，顶生总状花序或近伞房状花序，稀近圆锥花序。花被片6，2轮，外轮三片较小；雄蕊6，花药背着或近基着，内向纵裂；子房上位或半下位，由3枚或多或少离生心皮组成，胚珠多数；花柱分离，柱头头状。蒴果在心皮离生部分腹缝开裂。种子多数，常具膜质、延长的外种皮。

4种，产亚洲热带至亚热带，从印度尼西亚、马来西亚至我国和日本。我国2种。

疏花无叶莲

图 104

Petrosavia sakurai（Makino）Dandy in Journ. Bot. 69: 53. 1931.

Miyoshia sakuraii Makino in Bot. Mag. Tokyo 17: 145. 1903.

植株高11-28厘米。根状茎径约2毫米。茎单生或2-3个发自根状茎。

叶鳞片状。总状花序长2-8.5厘米，有几朵至十几朵花。苞片长2-3毫米，稍短于花梗；花梗长3-5毫米，中部至近基部有1枚小苞片；花长3-3.5毫米；花被约1/3贴生子房；外轮花被裂片长约0.8毫米，内轮长约2毫米；子房半下位，3个心皮分裂至下部2/3。蒴果长、宽均约3毫米。种子椭圆状，暗褐色，

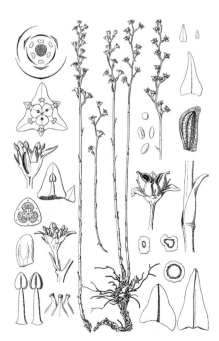

图 104 疏花无叶莲
（引自《Bot. Mag. Tokyo》）

长0.3-0.4毫米，外种皮白色，翅状，膜质，向两端延伸。花期7-8月，果期10月。

产浙江西南部、福建西北部、广西东北部及四川东南部，生于海拔1700米以下林内或竹林下。越南北部及日本南部有分布。

3. 白丝草属 Chionographis Maxim.
（陈心启 罗毅波）

多年生草本。根状茎粗短。叶基生，近莲座状，长圆形、披针形或椭圆形，有柄。花葶生于叶丛中央，常具几枚苞片状叶，上端为穗状花序，无苞片；花杂性同序，两侧对称。花被片6-3枚，不等大，近轴的3-4枚长，展开，余2-3枚短小或无；雄蕊6，较短，花药基着，常2室，两侧开裂，较少顶端合为一室；子房球形，3室，每室2胚珠，花柱3，离生，柱头位于内侧。蒴果室背开裂。种子近梭形，一边有短尾。

约3种，分布于日本、朝鲜及我国。我国1种。

白丝草 图 105

Chionographis chinensis Krause in Notizbl. Bot. Gart. Mus. 10: 807. 1929.

叶椭圆形或长圆状披针形，长1-6厘米，宽1-3.5厘米，边缘皱波状；叶柄长1-6厘米。花葶高14-40厘米；穗状花序长3-14厘米，具多花。花芬香，近轴的3-4枚花被片匙状线形或近丝状，白色或淡黄色，长3-8毫米，上部宽0.2-0.5毫米，余2-3枚很短或无；雄蕊长1-1.5毫米，其中3枚较长，花药顶端常多少合成一室。蒴果窄倒卵状，长约4毫米，宽2毫米，上半部开裂。种子多数，梭形，长1.8-2.8毫米，下端有尾，尾长约为种子1/6-1/3。花期4-5月，果期6月。

产湖南南部、福建西北部、广东、海南及广西，生于海拔650米以下山坡或路边荫蔽处或潮湿处。全草有消炎止痛功能。

图 105 白丝草 （张泰利绘）

4. 胡麻花属 Heloniopsis A. Gray
（陈心启 罗毅波）

多年生草本。根状茎粗短。叶基生，近莲座状，长圆形或倒披针形，向基部渐窄成柄。花葶生于叶簇中央，具几枚膜质苞片状叶，总状或伞形花序顶生，稀单花。常无苞片；花被片6，离生，宿存；雄蕊6，比花被片长，花药背着，近两侧开裂；子房3裂，胚珠多数，花柱生于子房顶端凹缺中央，单一，细长，柱头头状。蒴果3深裂，在裂片末端的缝线开裂。种子细小，多数，线形，两端有尾，纤维状。

约3-4种，分布于朝鲜、日本至我国。我国1种。

胡麻花 图 106 彩片 62

Heloniopsis umbellata Baker in Journ. Bot. 12: 278. 1874.

植株具十几枚至几十枚叶。叶倒披针形，连柄长1.5-11厘米，宽0.6-1.3厘米。花葶高4-20厘米，伞形花序顶生，有3-10花。花梗长0.2-1.1厘米；花被片线状倒披针形，长0.6-1.3厘米，宽2-3毫米；花柱伸出花被和雄蕊之上。花期1-5月。染色体2n=34(a)。

产台湾。

5. 丫蕊花属 Ypsilandra Franch.

(陈心启 罗毅波)

多年生草本。根状茎粗短。叶基生，莲座状，基部渐窄成柄。花葶生于叶簇侧面腋部，上面生有几枚鞘状或苞片状叶；总状花序顶生，无苞片。花下垂，后上举；花被片6，离生，宿存；雄蕊6，花药马蹄状，基着，药室合成一室，开裂后呈丫状或盾状；子房3裂，3室，胚珠多数，花柱生于子房顶端凹缺处，单一，柱头头状或又状3裂。蒴果3深裂，三棱状。种子多数，细梭状，两端有长尾，全长4-5毫米。

4种，主产我国，缅甸有分布。

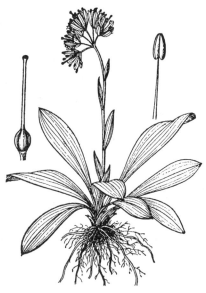

图 106 胡麻花 （张泰利绘）

1. 花期雄蕊与花柱多少伸出花被之外（比花被片长），柱头小，头状，稍
   3裂，花梗长0.4-1厘米，常比花被片稍长或近等长；3-4月开花。

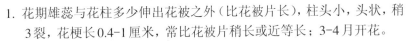

   2. 花梗和花被片长0.6-1厘米；花期雄蕊和花柱明显伸出花被之外（雄
      蕊比花被片长约1/3），子房3深裂，分裂部分达全长2/5-1/3 ………
      ……………………………………………… 1. 丫蕊花 **Y. thibetica**

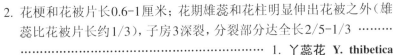

   2. 花梗和花被片长4-6毫米，花期雄蕊和花柱稍伸出花被之外（雄蕊稍
      长于花被片），子房3浅裂，分裂部分为全长1/4-1/5 ………… 1(附). 小果丫蕊花 **Y. cavaleriei**

1. 花期雄蕊与花柱不伸出花被之外（比花被片短），柱头3深裂，裂片长0.5-0.8毫米，外弯，花梗长2-3(4)毫米，
   短于花被片；6-7月开花。

   3. 花柱短，长约1毫米，在果期常宿存于蒴果顶端凹缺之中；蒴果长于宿存花被片；花被片长4-5毫米，近匙
      形或倒披针形 ………………………………………………… 2. 云南丫蕊花 **Y. yunnanensis**

   3. 花柱长，长2.5-4毫米，果期高于蒴果凹缺之上；蒴果短于宿存花被片，花被片长0.7-1.2厘米，常为条状披
      针形 …………………………………………………………… 2(附). 高山丫蕊花 **Y. alpinia**

1. 丫蕊花

图 107

Ypsilandra thibetica Franch. Pl. David. 2: 132. t. 17. 1888.

根状茎径约1厘米，长1-5厘米。叶宽(0.6-)1.5-4.8厘米，连柄长6-27厘米。花葶常比叶长，稀短于叶，长7-52厘米；总状花序具几花至20

几朵花。花梗比花被稍长；花被片白色、淡红或紫色，近匙状倒披针形，长0.6-1厘米，3-5脉；雄蕊长1-1.8厘米，约1/3伸出花被；子房上部3裂达1/3-2/5，花柱长1.6-2厘米，稍高于雄蕊，果期高出雄蕊之上，柱头小，头状，稍3裂。蒴果长为宿存花被片1/2-2/3。种子细梭状，两端有长尾，连尾长4-

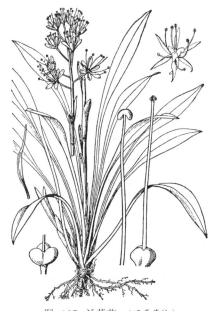

图 107 丫蕊花 （冯晋庸绘）

5毫米。花期3-4月，果期5-6月。

产云南东北部、四川、湖北西南部、湖南西南部及广西东北部，生于海拔1300-2850米林下、路旁湿地或沟边。

[附] 小果丫蕊花 **Ypsilandra cavaleriei** Lévl. et Vaniot. in Lévl.

Liliac. etc. Chine 47. 1905. 本种与丫蕊花的区别：花较小，红或白色，花梗与花被片均长4-6毫米，雄蕊与花

柱较短，稍伸出花被之外，果期伸长；子房3浅裂，约达全长1/4-1/5；蒴果长约花被片2/3；种子长约4毫米。产贵州中部及南部、湖南南部、广西东部及广东西北部，生于海拔1000-1400米山坡或溪边。

2. 云南丫蕊花 图 108

Ypsilandra yunnanensis W. W. Smith et J. F. Jeffr. in Notes Roy. Bot. Gard. Edinb. 9: 143. 1916.

植株大小变异较大。叶连柄长2-13厘米，宽1-2厘米。花葶常长于叶，长3-30(-40)厘米，总状花序较窄。花梗长2-3毫米；花被片近匙形或倒披针形，长4-5毫米；雄蕊短于花被片，果期稍露出花被外；子房上部3浅裂，花柱长约1毫米，果期不延长，柱头3裂，裂片长约0.8毫米，外弯。蒴果三棱状倒卵圆形，成熟时稍长于花被片，径达1厘米。种子长约5毫米。花期6-7月，果期8-10月。

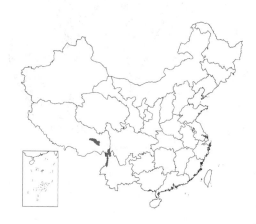
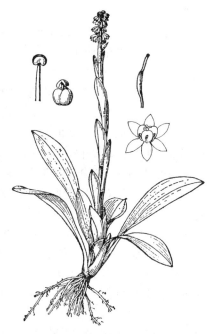

图 108 云南丫蕊花 (冯晋庸绘)

产云南西北部及西藏东部，生于海拔3300-4000米草坡、杜鹃林下或灌丛边缘。

〔附〕**高山丫蕊花 Ypsilandra alpinia** F. T. Wang et T. Tang in Bull. Fan. Mem. Inst. Biol. Bot. ser. 7: 81. 1936. 本种与云南丫蕊花的区别：叶常为线状披针形；花较大，花被片长0.7-1.2厘米，花柱长2.5-4毫米，果期突出于蒴果凹缺之上；蒴果短于宿存花被片。花期7-10月。产云南西北部及西藏东南部，生于海拔2000-3000米林缘或草地。

6. 棋盘花属 Zigadenus Michx.

(吉占和)

多年生草本。常具鳞茎，稀具横走的根状茎。叶基生或近基生。花葶直立，下部常生1-2枚较小的叶，总状花序顶生，稀为圆锥花序。花两性或杂性；花被片6，离生或基部稍连成管状，宿存，内面基部上方具2个或1个顶端深裂的肉质腺体；雄蕊6，着生花被片基部，比花被片短，花丝丝状或下部宽，花药较小，球形或肾形，药室合一，基着，横裂；子房3室，顶端3裂，每室胚珠多数，花柱3，延伸为柱头。蒴果直立，3裂，室间开裂。种子具窄翅。

约10种，主要分布于北美洲。我国1种。

棋盘花 图 109

Zigadenus sibiricus (Linn.) A. Gray in Ann. Lyc. New York 4: 112. 1857.

Melanthium sibiricum Linn. Sp. Pl. 339. 1753.

植株高达50厘米。鳞茎小葱头状，外层鳞茎皮黑褐色，有时上部稍撕裂为纤维。叶基生，线形，长12-33厘米，宽2-8毫米，在花葶下常有1-2枚短叶。总状花序或圆锥花序具疏散的花。花梗长0.7-2厘米，基部有苞片；花被片绿白色，倒卵状长圆形或长圆形，长6-9毫米，内面基部上方有1顶端2裂的肉质腺体；雄蕊稍短于花被片，花丝向下部逐渐扩大，花

药近肾形；子房圆锥形，长约4毫米，花柱3，近果期稍伸出花被外，外卷。蒴果圆锥形，长约1.5厘米。种子近长圆形，长约5毫米，有窄翅。染色体2n=32。

产黑龙江、吉林、辽宁、内蒙古北部、河北、山西、河南西部、湖北西部及四川东北部，生于林下及山坡草地。广布于亚洲北部温带地区。

图 109 棋盘花 （张泰利绘）

7. 藜芦属 Veratrum Linn.

（吉占和）

多年生草本。根状茎粗短，具稍肉质的须根。茎圆柱形。叶互生，椭圆形或线形，茎下部叶较宽，向上渐变为苞片状。圆锥花序具多花，雄性花和两性花同株，稀全为两性花；花被片6，离生，内轮较外轮窄长，宿存；雄蕊6，生于花被片基部，花丝丝状，较花被片短或稍长，花药近肾形，背着，合成1室；子房上端稍3裂，3室，每室有多数胚珠，花柱3，较短，多少外弯，宿存，柱头小，位于花柱顶端与内侧。蒴果多少具3钝棱，室间开裂，每室有多数种子。种子扁平，种皮薄，周围有膜质翅。

约40种，分布于亚洲、欧洲及北美洲。我国13种1变种。根、根状茎和地上部分均可供药用，有催吐、祛痰、杀虫之功效。

1. 茎基部的叶鞘具平行纵脉，无横脉，枯死后残留物为无网眼的纤维束。
  2. 叶下面密生短柔毛。
    3. 叶下面被银白色毛；花被片长0.8-1.2厘米，宽3-4毫米；子房密生短柔毛 ······ **2. 兴安藜芦 V. dahuricum**
    3. 叶下面被褐或淡灰色毛；花被片长1.1-1.7厘米，宽约6毫米；子房密被绵状毛
      ··· **4. 毛叶藜芦 V. grandiflorum**
  2. 叶下面近无毛或疏生短柔毛；子房疏生短柔毛或乳突状毛 ········ **3. 尖被藜芦 V. oxysepalum**
1. 茎基部的叶鞘具纵脉与横脉，枯死后残留物为多少带网眼的纤维网，至少在先端部分如此。
  4. 叶无柄或生于茎上部叶具短柄（仅见于藜芦V. nigrum）。
    5. 叶宽椭圆形或卵状椭圆形，花黑紫色 ······································ **1. 藜芦 V. nigrum**
    5. 叶带状或窄长圆形，无柄；花黄绿或绿白色。
      6. 花被片常具明显腺体；圆锥花序塔状 ················· **8. 蒙自藜芦 V. mengtzeanum**
      6. 花被片无可见的腺体；圆锥花序不为塔状。
        7. 圆锥花序扩展，侧生总状花序细长，稍曲折而下弯，其上的花梗长0.7-1.5厘米 ·········
        ·· **8(附). 大理藜芦 V. taliense**
        7. 圆锥花序通常窄，侧生总状花序紧靠花序总轴，其上的花梗长2-3毫米 ·········
        ·· **7. 狭叶藜芦 V. stenophyllum**
  4. 叶具柄。
    8. 叶下面脉上具乳突状毛 ·· **5(附). 长梗藜芦 V. oblongum**
    8. 叶两面无毛。
      9. 叶宽1-4（-8）厘米；花被片黑紫或紫堇色 ············· **5. 毛穗藜芦 V. maackii**
      9. 叶宽（2-）5-10（-13）厘米；花被片淡黄绿、绿白或褐色 ············· **6. 牯岭藜芦 V. shindleri**

1. 藜芦

Veratrum nigrum Linn. Sp. Pl. 1044. 1753.

植株高达1米，通常粗壮，基部的鞘枯死后残留物为黑色纤维网。叶

图 110

椭圆形、宽卵状椭圆形或卵状披针形，大小常有较大变化，通常长22-

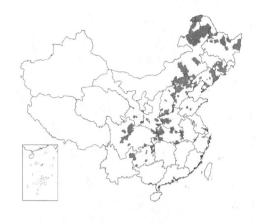

25厘米，先端锐尖，无柄或茎上部的叶具短柄，两面无毛。圆锥花序密生黑紫色花；侧生总状花序近直立伸展，通常具雄花；顶生总状花序常较长，几乎全部着生两性花；花序轴密被白色绵状毛；小苞片披针形，边缘和背面有毛；生于侧生花序上的花梗长约5毫米，约等长于小苞片，密被绵状毛。花被片开展或在两性花中稍反折，长圆形，长5-8毫米，先端圆，基部稍收窄，全缘；雄蕊长为花被片的1/2；子房无毛。蒴果直立，长1.5-2厘米，径1-1.3厘米。花果期7-9月。染色体2n=16，64。

产黑龙江、吉林、辽宁、内蒙古、山西、河北、山东、河南、安徽、湖北、四川、陕西南部、甘肃南部、宁夏南部及贵州，生于海拔1200-3300米的山坡林下或草丛中。亚洲北部及欧洲中部有分布。根状茎和根有毒，有涌吐风痰、杀虫疗疮功能。

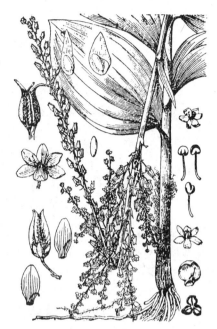

图 110 藜芦 （引自《图鉴》）

2. 兴安藜芦

图 111

Veratrum dahuricum (Turcz.) Loes. f. in Verh. Bot. Ver. Brand. 68: 134. 1926.

Veratrum album Linn. var. *dahuricum* Turcz. in Bull. Soc. Nat. Mosc. 28: 295. 1855.

植株高达1.5米，基部具淡褐色或灰色的、无网眼的纤维束。叶椭圆形或卵状椭圆形，长13-23厘米，先端渐尖，基部无柄，抱茎，下面密被银白色短柔毛。圆锥花序近纺锤形，长20-60厘米，具多数近等长的侧生总状花序，生于最下面的侧枝常再次短分枝；顶端总状花序近等长于侧生花序；花序轴密被白色短绵状毛；花密集。花被片淡黄绿色带苍白色边缘，近直立或稍开展，椭圆形或卵状椭圆

形，长0.8-1.2厘米，宽3-4毫米，先端锐尖或稍钝，基部具爪，边缘啮蚀状，背面被短毛；花梗长约2毫米；小苞片长于花梗，背面被毛；雄蕊长约为花被片的1/2；子房密被短柔毛。花期6-8月。

图 111 兴安藜芦 （马 平绘）

产黑龙江、吉林东北部、辽宁及内蒙古东北部，生于草甸及山坡湿草地。朝鲜及俄罗斯西伯利亚有分布。根状茎和根的药效同藜芦。

3. 尖被藜芦

图 112

Veratrum oxysepalum Turcz. in Bull. Soc. Nat. Mosc. 79. 1840.

植株高达1米，基部密生无网眼的纤维束。叶椭圆形或长圆形，长

（3-）14-22（-29）厘米，宽达14厘米，先端渐尖或短急尖，有时稍缢缩而扭转，基部无柄，抱茎，下面无毛或疏生短柔毛。圆锥花序密生或疏生多数花；侧生总状花序近等长，长约10厘米；顶生花序多少等长于侧生花序；花序轴密被短绵状毛。花被片背面绿色，内面白色，长圆形至倒卵状长圆形，长0.7-1.1厘米，先端钝圆或稍尖，基部收窄，边缘具细牙齿，外花被片背面基部疏生短毛；花梗通常短于小苞片；雄蕊长约为花被片的1/2-3/4；子房疏被短柔毛或乳突状毛。花期7月。染色体2n=32，64，70（-72），80。

产黑龙江、吉林东部及辽宁近中部，生于海拔2225米山坡林下或湿草甸。朝鲜、日本及俄罗斯西伯利亚东部有分布。根状茎和根的药效同藜芦。

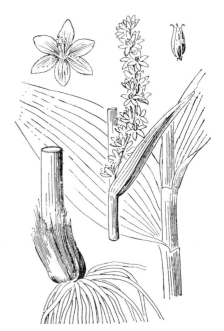

图 112 尖被藜芦 （冯金环绘）

4. 毛叶藜芦 图 113 彩片 63

Veratrum grandiflorum (Maxim. ex Baker) Loes. f. in Verh. Bot. Ver. Brand. 68: 135. 1926.

Veratrum album Linn. var. *grandiflorum* Maxim. ex Baker in Journ. Linn. Soc. Bot. 17: 471. 1879.

Veratrum puberulum Loes. f.; 中国高等植物图鉴 5: 428. 1976.

植株高达1.5米，基部具无网眼的纤维束。叶宽椭圆形或长圆状披针形，下面的叶较大，长可达26厘米，先端钝圆或渐尖，无柄，基部抱茎，下面密被褐或淡灰色短柔毛。圆锥花序塔状，侧生总状花序直立或斜升，顶生总状花序较侧生的长。花大，密集，绿白色；花被片宽长圆形或椭圆形，长1.1-1.7厘米，宽约6毫米，先端钝，基部稍具爪，边缘啮蚀状，外花被片背面尤其中下部密被短柔毛；花梗短

于小苞片，密被短柔毛或几无毛；雄蕊长约为花被片的3/5；子房密被短柔毛。蒴果直立，长1.5-2.5厘米，径1-1.5厘米。花果期7-8月。染色体2n=32。

图 113 毛叶藜芦 （张泰利绘）

产安徽、浙江西部、江西北部、湖南西北部、湖北西部、四川、云南东北部及西北部，生于海拔2600-4000米山坡林下或湿生草丛中。根状茎和根的药效同藜芦。

5. 毛穗藜芦 图 114

Veratrum maackii Regel in Tent. Fl. Ussur. 169. 1861.

植株高达1.6米。茎较纤细，基部稍粗，连叶鞘径约1厘米，被棕褐色、有网眼的纤维网。叶折扇状，长圆状披针形或窄长圆形，长约30厘米，宽

1-4（-8）厘米，两面无毛，先端渐尖，基部渐窄成柄；叶柄长达10厘米。圆锥花序通常疏生较短的侧生花序，最

下面的侧生花序偶尔再次分枝；花序轴密被绵状毛；花多数，疏生。花被片黑紫色，近倒卵状长圆形，通常长5-7毫米，先端钝，基部无爪，全缘；花梗长约为花被片的2倍，侧生花序上的花梗短于顶生花序上的花梗；苞片背面和边缘生毛；雄蕊长约为花被片的1/2；子房无毛。蒴果直立，长1-1.7厘米，径0.5-1厘米。花果期7-9月。染色体2n=16。

产黑龙江、吉林东部、辽宁、内蒙古东北部、河北东北部及山东东部，生于海拔400-1700米山地林下或草甸。朝鲜、日本及俄罗斯西伯利亚东部有分布。根状茎和根的药效同藜芦。

[附] **长梗藜芦 Veratrum oblongum** Loes. f. in Verh. Bot. Ver. Brand. 68: 142. 1926. 本种与毛穗藜芦的区别：叶下面脉上被乳突状毛；圆锥花序疏生长而扩展的侧生花序，侧生花序上的花梗与主轴上的花梗约等长。产

图 114 毛穗藜芦 （张泰利绘）

湖北西部及四川东部，生于海拔1000-2050米山坡灌丛下。

6. 牯岭藜芦　　　　　　　　　　　图 115

Veratrum schindleri Loes. f. in Verh. Bot. Ver. Brand. 68: 139. 1926.
植株高约1米，基部具棕褐色带网眼的纤维网。叶在茎下部的宽椭圆形或窄长圆形，长约30厘米，宽（2-）5-10（-13）厘米，两面无毛，先端渐尖，基部收窄成柄；叶柄通常长5-10厘米。圆锥花序长而扩展，具多数近等长的侧生总状花序；花序轴和枝轴被灰白色绵状毛。花被片伸展或反折，淡黄绿、绿白或褐色，近椭圆形或倒卵状椭圆形，长6-8毫米，先端钝，基部无爪，全缘，外花被片背面至少在

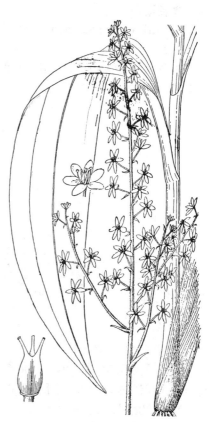

基部被毛；苞片背面被绵状毛；雄蕊长为花被片的2/3。蒴果直立，长1.5-2厘米，径约1厘米。花果期6-10月。

产江苏西南部、浙江、福建、江西、安徽南部、湖北、湖南、广东北部及广西东北部，生于海拔700-1350米山坡林下阴湿处。根状茎和根的药效同藜芦。

7. 狭叶藜芦　　　　　　　　　　　图 116

Veratrum stenophyllum Diels in Notes Roy. Bot. Gard. Edinb. 5: 303. 1912.

图 115 牯岭藜芦 （吴彰桦绘）

植株高达1米许。茎基部有膜质鞘；鞘枯死后为带网眼的纤维网或

至少在鞘端如此。叶在下面的（近基生）带状、窄长圆形、倒披针形或有时近窄镰刀状，长约30厘米或更长，宽1.5-2.5(-8.5)厘米，先端锐尖，基部成鞘，抱茎，两面无毛；无柄。圆锥花序具密集的花；侧生总状花序轴纤弱，通常着生雄花；顶生总状花序生两性花；花序轴密被淡白色绵状毛，每一侧生花序基部有1枚长于或短于侧生花序的苞片。花被片淡黄绿色，长圆形或卵状长圆形，通常长5-7毫米，先端稍尖，基部收窄成短柄状，全缘，背面基部稍有毛，无明显可见的腺体；苞片近等长或长于花梗，背面生绵状毛；子房无毛。蒴果直立，紧贴花序主轴。花果期7-10月。

产云南、贵州西北部及四川西南部，生于海拔2000-4000米山坡草地或林下阴处。根及全草有毒，有活血散瘀、止血镇痛、催吐利尿药效。

图 116　狭叶藜芦　（张泰利绘）

8. 蒙自藜芦　　　　　　　图 117

Veratrum mengtzeanum Loes. f. in Verh. Bot. Ver. Brand. 68：145. 1926.

植株高达1.3米，基部具膜质鞘，鞘枯死后常在先端略破裂为带网眼的纤维网。叶窄长圆形或带状，长22-50厘米，宽1-3厘米，先端锐尖，两面无毛；无柄。圆锥花序塔状，疏生少数侧生总状花序，侧生总状花序轴粗壮；花序轴被短绵状毛；花多数，稍疏生，淡黄绿色带白色。花被片伸展，质较厚，近倒卵状匙形或椭圆状倒卵形，长0.8-1.2厘米，先端钝圆，基部具爪，全缘，下部有两个腺体；侧生花序上的花梗比苞片长或近等长；子房无毛。蒴果直立，长1.5-2厘米，径约1厘米。花果期7-10月。

图 117　蒙自藜芦　（张泰利绘）

产贵州及云南，生于海拔1200-3300米山坡路旁或林下。根药用，除具有一般藜芦共有功效外，对于跌打损伤、治疗骨折、截瘫、癫痫也有效，有大毒，注意用量。

　　[附] **大理藜芦 Veratrum taliense** Loes. f. in Verh. Bot. Ver. Brand. 68：145. 1926. 本种与蒙自藜芦的区别：圆锥花序长而扩展，侧生总状花序较细长，有时曲折状；花质地较薄，花被片长圆形，先端稍尖，基部近无爪，无腺体。花果期10-11月。产云南西北部及东南部、四川西南部，生于海拔约2400米山坡草地。

8. 油点草属 Tricyrtis Wall.

（吉占和）

多年生草本。根状茎横走。茎直立，叶互生于整个茎上，近无柄，抱茎。花单生或簇生，常排成顶生和生于上部叶腋的二歧聚伞花序。花被片6，离生，外轮3片基部囊状或具短距；雄蕊6，花丝扁平，下部常多少靠合成筒，花药背着，2室，外向开裂；柱头3裂，向外弯垂，裂端2深裂，密被腺毛，子房3室，胚珠多数。蒴果上部室间开裂。

约15种，分布于亚洲东部，从不丹、锡金至日本。我国4种。

1. 茎下部的叶卵状椭圆形或长圆形，基部心形或圆，抱茎或半抱茎。
  2. 花白或白绿色 ·· 1. **油点草 T. macropoda**
  2. 花黄绿色或淡黄色。
    3. 花淡黄色，完全开展后花被片斜向外伸展 ············· 2. **黄花油点草 T. latifolia**
    3. 花黄绿色，完全开展后花被片近中部以上向外呈水平或约45°角伸展 ········· 3. **毛茎油点草 T. pilosa**
1. 茎下部的叶窄椭圆形或椭圆形，基部收窄而多少呈楔形，短柄状；花淡紫色。
  4. 茎下部的叶窄椭圆形；花被片内面的紫斑不明显；子房无毛 ············· 4. **台湾油点草 T. formosana**
  4. 茎下部的叶椭圆形；花被片内面的紫斑明显；子房被长柔毛 ············· 4(附). **紫花油点草 T. stolonifera**

1. 油点草   图 118

Tricyrtis macropoda Miq. in Vers. Med. Akad. Amsterdam ser. 2, 2: 86. 1868.

植株高达1米。茎上部疏被或密被短硬毛。叶卵状椭圆形、长圆形或长圆状披针形，长（6-）8-16（-19）厘米，先端急尖，两面疏被短硬毛，基部心形抱茎或圆而近无柄，边缘具硬毛。二歧聚伞花序顶生或生于上部叶腋，花序轴和花梗被淡褐色短硬毛；花疏散；花被片绿白或白色，具多数紫红色斑点，卵状椭圆形或披针形，长1.5-2厘米，开放后近中部反折；外轮3片较内轮宽，基部向下延伸呈囊状；雄蕊约等长于花被片，花丝外弯，具紫色斑点；柱头稍长出雄蕊或近等长，3裂，裂片长1-1.5厘米，裂端2深裂，小裂片密生腺毛。蒴果直立。花果期6-10月。染色体2n=26。

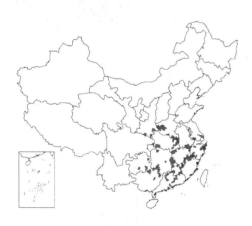

图 118 油点草 （王金凤绘）

产江苏西南部、浙江、福建西部、江西、安徽、河南、湖北、湖南、广东、广西、贵州及陕西南部，生于海拔800-2400米的山地林下、草丛中或岩石缝隙中。日本有分布。根有补虚止咳功能。

2. 黄花油点草   图 119 彩片 64

Tricyrtis latifolia Maxim. in Bull. Acad. Imp. Sci. St. Pétersb. 11: 435. 1887.

Tricyrtis bakerii Koidz.；中国高等植物图鉴 5: 429. 1976.

植株高达1米。茎通常无毛。叶卵状椭圆形，长5-14厘米，先端渐尖，基部心形，抱茎，上面疏被至密被毛，下面无毛。聚生花序顶生或生于茎上部叶腋，具多花；花序轴和花梗被细乳突毛。花浅黄色带紫红色斑点；花被片倒披针形或窄椭圆形，长1.6-2厘米，向外斜伸，外轮3片的基部膨胀呈囊状；雄蕊约等长于花被片；

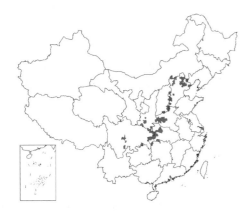

子房无毛。蒴果直立。花果期6-9月。染色体2n=26(a)。

产陕西南部、山西东部、河北、河南西部、湖北西部、湖南西北部及四川，生于林缘。日本有分布。根有安神除烦、活血消肿功能。

图 119 黄花油点草 （张泰利绘）

3. 毛茎油点草

图 120

Tricyrtis pilosa Wall. Tent. Fl. Nepal. 2: 52. 1826.

Tricyrtis maculata (D. Don) Macbride; 中国植物志 14: 32. 1980.

植株高达90厘米。茎疏被硬毛。叶卵状长圆形或长圆状披针形，长8-14厘米，先端渐尖，基部心形或圆、抱茎。聚伞花序顶生或生于茎上部叶腋，疏生少花至多花；花序轴和花梗被硬毛。花黄绿色，带紫棕色斑点；花被片卵状长圆形或披针形，长1.2-1.8厘米，呈45°角或水平状伸展，外轮3片稍宽，基部囊状；雄蕊等长于花被片；子房无毛。蒴果直立。花果期7-9月。

产河北、河南、湖北、湖南、广西东部、贵州、云南、四川、甘肃南部、陕西南部及山西东部，生于山地林缘。不丹、印度及尼泊尔有分布。

4. 台湾油点草

图 121

Tricyrtis formosana Baker in Journ. Linn. Soc. Bot. 17: 465. 1879.

植株高达65厘米。茎通常细弱，上部被柔毛，有时中下部具少数分枝。叶窄椭圆形，两面绿色，上面近无毛，下面尤其脉上疏生柔毛，边缘毛较长，生于茎下部的叶长9-13厘米，宽3-4.5厘米，先端渐尖或急尖，基部稍楔形，短柄状，上部的叶基部通常心形抱茎。聚伞花序顶生和生于茎上部叶腋，花疏散。花被片淡紫色，内面的紫色斑点很不明显，窄披针形，长2.2-2.6厘

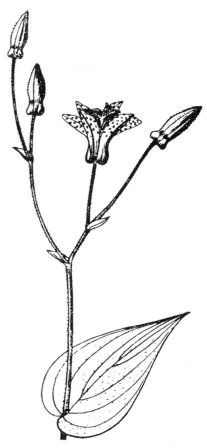

图 120 毛茎油点草 （王金凤绘）

米，近直立或稍斜伸，外面疏生柔毛，外轮3片的基部外侧膨胀呈距状；雄蕊和雌蕊通常不伸出花被外；子房无毛。蒴果点垂。花果期(7-)10-11月。

染色体2n=52(a)。

产台湾。

[附] **紫花油点草 Tricyrtis stolonifera** Matsumura in Bot. Mag. Tokyo 11: 78. 1897. 本种与台湾油点草的区别：植株具长的匍匐根状茎；叶椭圆形；花被片内面的紫色斑点明显，子房被长毛。染色体2n=24, 26。产台湾。

9. 山菅属 *Dianella* Lam.
（梁松筠）

多年生常绿草本。根状茎通常分枝。叶近基生或茎生，2列，窄长，坚挺，中脉在下面隆起。花常排成顶生的圆锥花序，有苞片；花梗上端有关节；花被片离生，有3-7脉；雄蕊6，花丝常部分增厚，花药基着，顶孔开裂；子房3室，每室有4-8胚珠，花柱细长，柱头小。浆果常蓝色，具几粒黑色种子。

约20种，分布于亚洲和大洋洲的热带地区及马达加斯加岛。我国1种。

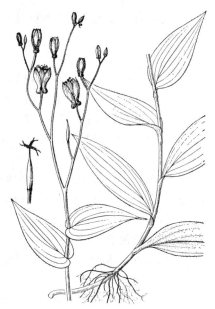

图 121 台湾油点草 （张泰利绘）

山菅 山菅兰 图 122 彩片 65

Dianella ensifolia (Linn.) DC. in Red. Lit. t. 1. 1808.

Dracaena ensifolia Linn. Mant. 63. 1767.

植株高达1-2米；根状茎圆柱状，横走。叶线状披针形，长30-80厘米，宽1-2.5厘米，基部稍收窄成鞘状，套迭或抱茎，边缘和下面中脉具锯齿。顶端圆锥花序长10-40厘米，分枝疏散；花常多朵生于侧枝上端；花梗长7-20毫米，常稍弯曲，苞片小；花被片线状披针形，长6-7毫米，绿白、淡黄或青紫色，具5脉；花丝线形，比花丝稍长或近等长，花丝上部膨大。浆果近球形，深蓝色，径约6毫米，具5-6种子。花果期3-8月。染色体2n=32(a)。

产浙江、福建、台湾、江西南部、湖南南部、广东、海南、广西、贵州东南部、四川东南部及云南，生于海拔1700米以下林下、山坡或草丛中。

图 122 山菅 （王金凤绘）

亚洲热带地区至非洲马达加斯加岛有分布。有毒植物。根状茎有拔毒消肿功能。

10. 独尾草属 *Eremurus* M. Bieb.
（梁松筠）

多年生草本。根状茎粗短；根肉质，肥大。茎不分枝，无毛或被短柔毛。叶基生，线形，基部有膜质鞘和纤维状残存物。花极多，在花葶上排成多少稠密的总状花序，花葶通常在花期比叶短，至果期渐伸长而较叶长；苞片常锥形或针状锥形，边缘有毛或无毛。花梗有关节或无；花被钟形，花被片6，离生，长椭圆形或窄长圆形，有1-5脉；雄蕊6，近等长，花丝通常基部稍扩大，花药基部2深裂，近基部背着；花柱细长，丝状，柱头极小，子房3室。蒴果近球形，平滑或有横皱纹，室背开裂。种子每室3-4，三棱形，棱锐尖或有翅，种皮平滑或有皱纹。

约20多种，分布于中亚和西亚的山地和平原沙漠地区。我国4种，3种产新疆。

1. 苞片有毛。
  2. 花被窄钟形，花被片长约1厘米；蒴果径不及1厘米，果瓣较薄软。
    3. 苞片边缘有疏柔毛；花梗有关节；花被片萎谢时先端内卷，背部3脉到中上部合成1脉；雄蕊比花被长，花丝明显露出花被之外；种子有不等宽的窄翅 ·········· 1. 阿尔泰独尾草 **E. altaicus**
    3. 苞片边缘有密柔毛；花梗无关节；花被片不内卷，背部有3脉；雄蕊较短，花药稍露出花被；种子有宽翅
    ·········· 1(附). 粗柄独尾草 **E. inderiensis**
  2. 花被宽钟形，花被片长约1.5厘米；蒴果径1.5-2厘米，果瓣厚硬 ········ 1(附). 异翅独尾草 **E. anisopterus**
1. 苞片无毛 ··················· 2. 独尾草 **D. chinensis**

1. 阿尔泰独尾草 图 123：1-4

Eremurus altaicus (Pall.) Stev. in Bull. Soc. Nat. Mosc. 4: 255. 1832.

Asphodelus altaicus Pall. in Acta Acad. Sci. Petrop. 2: 858. t. 19. 1779.

植株高达1.2米。茎无毛或有疏短毛。叶宽0.8-1.7(-4)厘米。苞片长

1.5-2厘米，先端有长芒，背面有1条褐色中脉，边缘有或多或少长柔毛；花梗长1.3-1.5厘米。有关节；花被窄钟形，淡黄或黄色，有的后期变为黄褐或褐色；花被片长约1厘米，下部有3脉，至中部合成1脉，花萎谢时花被片先端内卷，至果期又从基部向后反折；花丝比花被长，明显外露。蒴果平滑。径0.6-1厘米，通常带绿褐色。种子三棱形，两端有不等宽的窄翅。花期5-6月，果期7-8月。染色体2n=14。

新疆天山北麓普遍分布，生于海拔1300-2200米山地，以土层脊薄或砾石阳坡为多。蒙古和中亚及俄罗斯西西伯利亚有分布。

[附] 粗柄独尾草 图123：5-6 **Eremurus inderiensis** (Steven) Regel in Acta Hort. Petrop. 2: 427. 1873. —— *Asphodelus inderiensis* Steven in Bull. Soc. Nat. Mosc. 4: 257. 1832. 本种与阿尔泰独尾草的区别：苞片边缘有密柔毛；花梗无关节；花被片不反卷，背面有3脉；雄蕊较短，花药稍露出花被；种子有宽翅。产新疆，生于平原固定沙丘、沙地或干旱荒漠。伊朗、阿富汗、蒙古及中亚地区有分布。

2. 独尾草 图 124 彩片 66

Eremurus chinensis Fedtsch. in Gard. Chron. ser. 3, 41: 199. 1907.

植株高达1.2米。花极多，在花葶上形成稠密的长达30-40厘米的总状

图 123：1-4. 阿尔泰独尾草 5-6. 粗柄独尾草 7. 异翅独尾草 （引自《海南植物志》）

[附] 异翅独尾草 图123：7 **Eremurus anisopterus** (Kar. et Kir.) Regel in Acta Hort. Petrop. 2: 429. 1873. —— *Henningia anisopterus* Kar. et Kir. in Bull. Soc. Nat. Mosc. 15: 518. 1842. 本种与阿尔泰独尾草的区别：花被宽钟形，花被片长约1.5厘米；蒴果径1.5-2厘米，果瓣厚硬，种子有不等的宽翅。产新疆(沙湾)固定沙丘上。伊朗及中亚地区有分布。

花序。苞片长0.8-1(-2)厘米，短于花梗，先端有长芒，无毛，有1条暗

褐色脉；花被窄钟状；花梗长1.5-2.5厘米，有关节；花被片长1-1.3厘米，白色，长椭圆形，长1-1.6(-2)厘米，有1脉；雄蕊短，藏于花被内。蒴果径7-9毫米，常有皱纹，带绿黄色，成熟时果柄长2-2.5厘米，近平展。种子三棱形，有窄翅。花期6月，果期7月。

产甘肃南部、四川、云南西北部及西藏东部，生于海拔1000-2900米石质山坡或悬岩石缝中。

图124 独尾草 （王金凤绘）

11. 知母属 Anemarrhena Bunge
（陈心启 罗毅波）

根状茎横走，径0.5-1.5厘米，为残存叶鞘覆盖；根较粗。叶基生，禾叶状，叶长15-60厘米，宽0.2-1.1厘米。先端渐尖近丝状，基部渐宽成鞘状，具多条平行脉，中脉不明显。花葶生于叶丛中或侧生，直立；花2-3朵簇生，排成总状花序，花序长20-50厘米；苞片小，卵形或卵圆形，先端长渐尖。花粉红、淡紫或白色；花被片6，基部稍合生，条形，长0.5-1厘米，中央具3脉，宿存；雄蕊3，生于内花被片近中部，花丝短，扁平，花药近基着，内向纵裂；子房3室，每室2胚珠，花柱与子房近等长，柱头小。蒴果窄椭圆形，长0.8-1.3厘米，径5-6毫米，顶端有短喙，室背开裂，每室1-2种子。种子长0.7-1厘米，黑色，具3-4窄翅。花果期6-9月。

单种属。

知母 图125

Anemarrhena asphodeloides Bunge in Mém. Acad. Sci. Pétersb. Sav. Etrang. 2: 140. 1831.

形态特征同属。花期6-9月。

产黑龙江西南部、吉林西部、辽宁、内蒙古、河北、山东胶东半岛、河南、山西东部、陕西北部、宁夏东部及甘肃东部，生于海拔1450米以下山坡、草地或路边较干燥或向阳地方。朝鲜有分布。根状茎有清热、除烦、滋阴功能。

图125 知母 （引自《河北中药手册》）

12. 吊兰属 Chlorophytum Ker-Gawl.
（陈心启 罗毅波）

根状茎粗短或稍长；根常稍肥厚或块状。叶基生。花葶直立或弧曲；花常白色，单生或几朵簇生于一枚苞片内，总状或圆锥花序。花梗具关节；花被片6，离生，宿存，具3-7脉；雄蕊6，花药近基着，内向纵裂，基部常2裂，花丝丝状，中部常稍宽；子房顶端3浅裂，3室，每室1至几枚胚珠，花柱细长，柱头小。蒴果锐三棱形，室背开裂。种子扁平，黑色。

约100余种，主产非洲和亚洲热带地区，少数分布南美洲和澳大利亚。我国4种，另有一些种从非洲引入栽培。

1. 叶簇生，非2列；花被片长7毫米以上。

  2. 花葶常为匍枝，近花序末端常有叶簇或幼小植株；花丝长于花药，花药开裂后常多少卷曲 ┄┄┄┄┄┄

  ┄┄┄┄┄┄┄┄┄┄┄┄┄┄┄┄┄┄┄┄┄┄┄┄┄┄┄┄┄┄┄ 1. **吊兰 C. comosum**

  2. 花葶直立或稍外弯，花序无叶簇或幼小植株；花丝短于花药或近等长，花药开裂后不卷曲。

    3. 叶非禾状，宽0.7-5厘米；花一部分2-3朵簇生；根稍肥厚，非纺锤状 ┄┄┄ 2. **西南吊兰 C. nepalense**

    3. 叶禾状，宽2-5毫米；花单生；根肥厚，有的近纺锤状 ┄┄┄┄┄┄ 3. **狭叶吊兰 C. chinense**

1. 叶近2列；花被片长约2毫米 ┄┄┄┄┄┄┄┄┄┄┄┄┄┄┄┄┄┄┄ 4. **小花吊兰 C. laxum**

1. 吊兰   图 126

Chlorophytum comosum (Thunb.) Baker in Journ. Linn. Soc. Bot. 15: 329. 1877.

Anthericum comosum Thunb. Prod. Pl. Cap. 63. 1772-1775.

  根状茎短；根稍肥厚。叶剑形，绿色或有黄色条纹，长10-30厘米，宽1-2厘米，两端稍窄。花葶比叶长，有时长达50厘米，常为匍枝，近顶部具叶簇或幼小植株，花白色，常2-4朵簇生，排成疏散总状或圆锥花序。花梗长0.7-1.2厘米，关节位于中部至上部；花被片长0.7-1厘米，3脉；雄蕊稍短于花被片，花药长圆形，长1-1.5毫米，短于花丝，开裂后常卷曲。蒴果三棱状扁球形，长约5毫米，径约8毫米，每室种子3-5。花期5月，果期8月。

  原产非洲南部。各地广泛栽培，供观赏。广州民间取全草煎服，治声音嘶哑。

图 126 吊兰 （引自《图鉴》）

2. 西南吊兰   图 127 彩片 67

Chlorophytum nepalense (Lindl.) Baker in Journ. Linn. Soc. Bot. 15: 320. 1877.

Phalangium nepalensis Lindl. in Trans Hort. Soc. 6: 277. 1826.

  根状茎短，不明显；根径1-2毫米。叶长条形、条状披针形或近披针形，长8-60厘米，宽0.6-2(-5)厘米，基部有时收窄成柄状。花葶单个，比叶长；花白色，单生或2-3朵簇生，排成疏散总状花序，稀具侧枝成圆锥花序。花梗长约1厘米，关节常位于近中部或上部；花被片长1-1.3厘米；雄蕊稍短于花被片，花药长约为花丝1倍，稀近等长。蒴果三棱状，多倒卵圆形，稀近球形，长6-9毫米，每室6-9种子。花果期7-9月。染色体2n=42, 56。

图 127 西南吊兰 （王金凤绘）

产四川西南部、贵州西北部、云南及西藏南部，生于海拔1300-2750米林缘、草坡或山谷岩石上。尼泊尔、锡金及印度有分布。

3. 狭叶吊兰 图 128

Chlorophytum chinensis Bur. et Franch. in Journ. de Bot. 5: 154. 1891.

根状茎不明显；根肥厚，近纺锤状或圆柱状，径2-3毫米。叶禾状，长8-30厘米，宽2-5毫米。花葶比叶长；花单生，白色，带淡红色脉，排成总状花序或圆锥花序。花梗长0.7-1.1厘米，关节常位于下部；花被片与花梗近等长，3-5脉聚生于中央；雄蕊稍短于花被片，花药常多少粘合，长约为花丝1倍多。花期6-8月。

产四川西南部及云南西北部，生于海拔2600-3000米林缘、草坡或河边。

图 128 狭叶吊兰 （王金凤绘）

4. 小花吊兰 图 129

Chlorophytum laxum R. Br. Prodr. 277. 1810.

叶近2列着生，禾叶状，常弧曲，长10-20厘米，宽3-5毫米。花葶生于叶腋，常2-3个，直立或弯曲，纤细，有时分叉，长短变化较大。花梗长2-5毫米，关节位于下部；花单生或成对着生；绿白色，很小；花被片长约2毫米；雄蕊短于花被片，花药长圆形，长约0.3毫米，花丝比花药长2-3倍。蒴果三棱状扁球形，长约3毫米，径约5毫米，每室通常具1种子。花果期10月至翌年4月。染色体2n=14，16，32。

产广东西部及海南，生于低海拔地区山坡荫蔽处或岩缝中。广布非洲和亚洲热带、亚热带地区。全草有清热解毒、消肿止痛功能。

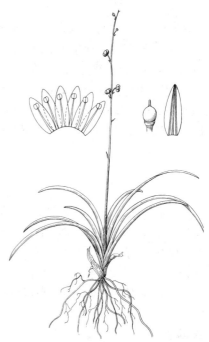

图 129 小花吊兰 （王金凤绘）

13. 鹭鸶草属 Diuranthera Hemsl.
（郎楷永）

多年生草本。根状茎较短。叶基生，草质稍带肉质。花葶生于叶丛中央，常不分枝或较少分枝，下面有1-2枚苞片状叶，向上渐小成苞片；总状花序或圆锥花序，花疏生。花白色，常2（3）朵簇生，具短梗；花梗具或不具关节；花被片6，离生，具3-5脉，相似，外轮3片稍窄于内轮3片，常外弯；雄蕊6，稍短于花被片；花丝丝状，花药近基部背面着生，较长，多少弧曲，基部有2个平行的尾状附属物；子房3室，每室有多数胚珠（通常为7-12枚）。蒴果三棱形，每室有种子2-5枚。种子黑色，扁，圆形，基部有2小耳。

我国特有属，3种。

1. 叶宽1.3-3.2厘米；内、外轮花被片均具3条脉，花药长1.3厘米，基部尾状附属物长2.5-3毫米，先端锐尖 ……
……………………………………………………………………………………………………… 鹭鸶草 **D. major**

1. 叶宽0.7-1.1厘米，稀达1.8厘米；内、外轮花被片均具5条脉，花药长8毫米，基部尾状附属物长1.2-1.5毫米，
先端钝圆，向上钩起 ……………………………………………………………………… （附）. 小鹭鸶草 **D. minor**

鹭鸶草　　　　　　　　　　　　图 130 彩片 68

Diuranthera major Hemsl. in Hook. Icon. Pl. 8: t. 2734. 1902.

根稍粗厚，多少肉质。叶条形或舌状，长17-67厘米，宽1.3-3.2厘米，

图 130 鹭鸶草 （蔡淑琴绘）

先端长渐尖，基部窄，有极细锯齿，质软。花葶直立，高30-85厘米；总状或圆锥花序疏生多花；花白色，常双生。花梗长0.6-1.2厘米，关节明显；花被片条形，均具3条脉，长2-2.3厘米，宽2-3毫米，外轮3片稍窄于内轮3片；雄蕊叉开，花丝长0.9-1.2厘米，花药长1.3厘米，多少呈丁字状，基部尾状附属物长2.5-3毫米，先端锐尖；

子房每室4-11（常为7-8）胚珠。花果期7-10月。

产湖北西南部、四川西南部、云南及贵州，生于海拔1200-1900米山坡或林下草地。根有消炎、止血功能。

[附] **小鹭鸶草 Diuranthera minor** (C. H. Wright) Hemsl. in Hook. Icon. Pl. 8: t. 2734. 1902. —— *Paradisea minor* C. H. Wright in Kew Bull. 1895: 118. 1895. 本种与鹭鸶草的区别：叶长15-35厘米，宽0.7-1.1

(-1.8)厘米；花被片均具5条脉，花药长约8毫米，基部尾状附属物长1-1.5毫米，先端钝圆，向上钩直。产四川、云南及贵州，生于海拔1300-3200米草坡、林下或路边。根有清热解毒、健胃利湿功能。

14. 异蕊草属 Thysanotus R. Br.
（陈心启 罗毅波）

根状茎短或长；根纤维状或块状。叶近基生，禾叶状。花葶常近于从叶丛中抽出；总状或圆锥花序，稀伞形花序或单花。花被片6，离生，中央具3-5脉，宿存；外3片全缘，内3片边缘常有流苏状睫毛；雄蕊6，有时内轮3枚败育，花丝丝状，花药基着，内向纵裂；子房3室，每室2胚珠，花柱细长，柱头小。蒴果室背开裂，每室1-2种子。

约20余种，主要分布于澳大利亚，少数产亚洲东南部。我国1种。

异蕊草　　　　　　　　　　　图 131

Thysanotus chinensis Benth. Fl. Hongkong. 372. 1861.

根状茎短，具纤维根。叶窄条形或近扁丝状，长15-20厘米，宽1-1.5毫米。花葶稍比叶长，伞形花序顶生，有4-10花，基部有多枚卵形、膜质小苞片。花梗长0.5-1.5厘米，外弯，下部有关节；花被片近长圆形，长约7毫米；内3片比外3片稍窄，下部边缘有时有流苏状齿；外轮雄蕊花药长约1.2毫米，内轮雄蕊花药长约2.2毫米。蒴果椭圆形，长约4毫米，径3毫米，每室2种子。种子宽约1毫米，顶端有褐色、伞状附属物。花果期

6-7月。

产福建东南部、台湾及广东。越南、泰国、马来西亚、印度尼西亚、菲律宾至澳大利亚有分布。

15. 玉簪属 Hosta Tratt.

（陈心启 罗毅波）

多年生草本。根状茎粗短，有时有走茎。叶基生，成簇，具弧形脉和纤细横脉；叶柄长。花葶生于叶丛中央，常有1-3枚苞片状叶，总状花序顶生，花常单生，稀2-3朵簇生，常平展，具绿或白色苞片。花被近漏斗状，下部窄管状，上部近钟状，钟状部分上端有6裂片；雄蕊6，离生或下部贴生花被管，稍伸出花被之外，花丝纤细，花药背部有凹穴，丁字状着生，2室；子房3室，每室多数胚珠，花柱细长，柱头小，伸出雄蕊之外。蒴果近圆柱状，常有棱，室背开裂。种子多数，黑色，有扁平的翅。

约10种，分布于亚洲温带与亚热带地区，主产日本。我国3种，另有一些从国外引入栽培。大多数供观赏。

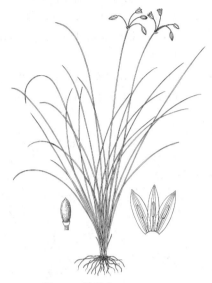

图 131 异蕊草　（王金凤绘）

1. 花长10厘米以上，白色，芳香；雄蕊下部有1.5-2厘米贴生花被管；外苞片长2.5-7厘米，内苞片很小或无；果长6厘米 ·· 1. 玉簪 **H. plantaginea**
1. 花长4-6.5厘米，紫红或紫色，无香味；雄蕊离生；苞片长0.5-2厘米；果较短。
  2. 叶心状卵形、卵形或卵圆形，长与宽相等或稍长，最长不超过宽的1倍，基部心形或近平截，稀下延略楔形，侧脉7-11对；苞片长1-2厘米，宽5毫米以上 ·· 2. 紫萼 **H. ventricosa**
  2. 叶长圆状披针形、窄椭圆形或卵状椭圆形，常长超过宽1倍，基部钝、近圆或楔形，具4-8对侧脉；苞片长0.5-1厘米，宽不及5毫米 ··· 3. 东北玉簪 **H. ensata**

1. 玉簪

图 132 彩片 69

Hosta plantaginea (Lam.) Aschers. in Bot. Zeit. 21: 53. 1863.

Hemerocallis plantaginea Lam. Encycl. 3: 103. 1789.

根状茎粗厚，径1.5-3厘米。叶卵状心形、卵形或卵圆形，长14-24厘米，宽8-16厘米，先端近渐尖，基部心形，侧脉6-10对；叶柄长20-40厘米。花葶高40-80厘米，具几花至10余花，外苞片卵形或披针形，长2.5-7厘米，宽1-1.5厘米，内苞片很小；花单生或2-3簇生，长10-13厘米，白色，芳香。花梗长约1厘米；雄蕊与花被近等长或略短，基部1.5-2厘米贴生花被管。蒴果圆柱状，有3棱，长约6厘

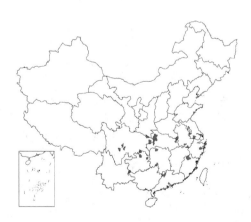

图 132 玉簪　（肖 溶绘）

米，径约1厘米。花果期8-10月。染色体2n=60(a)。

产江苏西南部、浙江东部、福建西北部、广东西北部、湖南、湖北、贵州、四川及安徽，生于海拔2200米以下林下、草坡或岩缝中。各地常见栽培。全草药用，花清咽、利尿、通经，亦可供蔬菜或作甜菜，须去雄蕊。全草有拔脓解毒、生肌功能。

2. 紫萼　　　　　　　　　　　　　图 133

Hosta vertricosa (Salisb.) Stearn in Gard. Chron. ser. 3, 90: 27 et
48. 1931.

Bryocles ventricosa Salisb. in Trans. Hort. Soc. 1: 335. 1812.

根状茎径0.3-1厘米。叶卵状心形、卵形或卵圆形，长8-19厘米，宽

4-17厘米，先端常近短尾状
或骤尖，基部心形或近平
截，稀基部下延略楔形，侧
脉7-11对；叶柄长6-30厘
米。花葶高达1米，具10-30
朵花；苞片长圆状披针形，
长1-2厘米，白色，膜质；
花单生，长4-5.8厘米，盛开
时从花被管向上骤缢缩近漏
斗状，紫红色。花梗长0.7-
1厘米；雄蕊伸出花被之外，

图 133 紫萼 （张泰利绘）

离生。蒴果圆柱状，有3棱，长2.5-4.5厘米，径6-7毫米。花期6-7月，果
期7-9月。染色体2n=60, ca, 102(a)。

产江苏西南部、浙江、福建西部、江西、安徽、湖北、湖南、广东北
部、广西东北部、云南、贵州、四川、陕西南部及河南，生于海拔500-2400
米林下、草坡或路边。各地常见栽培，供观赏。根用于咽喉肿痛、牙痛、胃
痛、血崩、带下、痈疽。

3. 东北玉簪　　　　　　　　　　　图 134

Hosta ensata F. Maekawa in Journ. Jap. Bot. 13: 900. 1937.

根状茎径约1厘米，走茎长。叶长圆状披针形、窄椭圆形或卵状椭圆

形，长10-15厘米，宽2-6(7)
厘米，先端近渐尖，基部楔
形或钝，侧脉5-8对；叶柄
长5-26厘米，上部具窄翅，
翅每侧宽2-5毫米。花葶高
33-55厘米，具几花至20余
花；苞片近宽披针形，长5-
7毫米，膜质；花单生，长
4-4.5厘米，盛开时从花被管
向上渐宽大，紫色。花梗长
0.5-1厘米；雄蕊稍伸出花
被之外，离生。花期8月。

图 134 东北玉簪 （引自《辽宁植物志》）

产吉林东部及辽宁，生于海拔约420米林缘或湿地。朝鲜及俄罗斯有
分布。

16. 萱草属 Hemerocallis Linn.
（陈心启 罗毅波）

多年生草本。根状茎很短；根常多少肉质，中下部有时纺锤状。叶基生，2列，带状。花葶生于叶丛中央，总
状或假二歧状圆锥花序顶生，稀具单花；有苞片。花梗较短；花直立或平展，近漏斗状，下部具花被管；花被裂

片6，长于花被管，内3片比外3片宽大；雄蕊6，着生花被管上端；花药背着或近基着；子房3室，每室胚珠多数，花柱细长，柱头小。蒴果钝三棱状椭圆形或倒卵形，常略具横皱纹，室背开裂。种子黑色，约10余个，有棱角。

约14种，主要分布于亚洲温带至亚热带地区，少数产欧洲。我国11种，有些种类广泛栽培，供食用和观赏。

1. 苞片披针形或很小，宽2-5（-7）毫米，至少在同一花序上大多数苞片如此；花疏散，非簇生。
　2. 花淡黄色。
　　3. 花被管长3-5厘米 ·· 1. 黄花菜 **H. citrina**
　　3. 花被管长1-2.5厘米，稀近3厘米。
　　　4. 花序分枝，具4至多花 ······································· 2. 北黄花菜 **H. lilio-asphodelus**
　　　4. 花序几不分枝，具1-2花，稀3花 ···························· 3. 小黄花菜 **H. minor**
　2. 花桔红或桔黄色。
　　5. 花桔红或桔黄色，内花被裂片下部有 ∧ 形彩斑，花被管长2-4厘米 ··············· 4. 萱草 **H. fulva**
　　5. 花桔黄色，无彩斑，花被管长1-2厘米；植株基部有粗短直生根状茎。
　　　6. 叶宽1-2.1厘米，不对折；花被管长约1厘米 ···················· 5. 西南萱草 **H. forrestii**
　　　6. 叶宽3-9毫米，常对折；花被管长1.5-2厘米 ···················· 6. 折叶萱草 **H. plicata**
1. 苞片宽卵形、卵形或卵状披针形，宽0.8-1.5厘米，至少同一花序上大多数苞片如此；花序通常缩短，花近簇生或彼此靠近。
　7. 花序强烈缩短成近头状，花近簇生；苞片宽阔，至少包住（或遮蔽）花被管全长的一半或1/3 ······
　　·· 7. 大苞萱草 **H. middendorfii**
　7. 花序稍缩短，花彼此靠近；苞片仅包住花被管基部或花被管几乎完全外露 ······ 8. 北萱草 **H. esculenta**

1. 黄花菜 金针菜　　　　　　　　　　图 135 彩片 70

Hemerocallis citrina Baroni in Nouv. Giorn. Bot. Ital. 4: 305. 1897.

植株较高大。根近肉质，中下部常纺锤状。叶7-20，长0.5-1.3米，宽0.6-2.5厘米。花葶长短不一，一般稍长于叶，基部三棱形，上部多少圆柱形，有分枝；苞片披针形，下面的长3-10厘米，自下向上渐短，宽3-6毫米。花梗长不及1厘米；花多朵，最多可达100以上。花被淡黄色，有时花蕾时顶端带黑紫色；花被管长3-5厘米，花被裂片长（6）7-12厘米，内3片宽2-3厘米。蒴果钝三棱状椭圆形，长3-5厘米。种子约20多个，黑色，有棱，从开花到种子成熟40-60天。花果期5-9月。染色体2n=22(a)。

产河北、山东、江苏、安徽、江西、湖北、湖南、贵州、四川、甘肃、陕西南部、山西西南部及河南，生于海拔2000米以下山坡、山谷、荒地或

图 135 黄花菜 （引自《中国药用植物志》）

林缘。根有利尿消肿功能。花冠未张开前采摘晒干供食用。

2. 北黄花菜　　　　　　　　　　图 136 彩片 71

Hemerocallis lilio-asphodelus Linn. Sp. Pl. 32. 1753, incl. β. flava.

根大小变异较大，一般稍肉质，多少绳索状，径2-4毫米。叶长20-

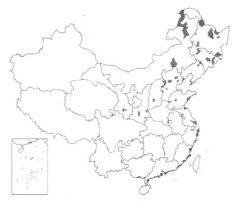

70厘米，宽0.3-1.2厘米。花葶长于或稍短于叶；花序分枝,常为假二歧总状或圆锥花序，具4至多花；苞片披针形，花序基部的长3-6厘米，上部的长0.5-3厘米，宽3-5(-7)毫米。花梗长短不一，一般长1-2厘米；花被淡黄色，花被管长1.5-2.5(-3)厘米，花被裂片长5-7厘

米，内3片宽约1.5厘米。蒴果椭圆形，长约2厘米，径约1.5厘米或更宽。花果期6-9月。染色体2n=22(a)。

产黑龙江、吉林、辽宁北部、内蒙古、河北、山东、江苏东北部、河南南部、山西、陕西南部及甘肃南部，生于海拔500-2300米草甸、湿草地、荒山坡或灌丛下。俄罗斯及欧洲有分布。根有利尿消肿功能。

图 136 北黄花菜 (冯金环绘)

3. 小黄花菜 图 137

Hemerocallis minor Mill. in Gard. Dict. ed. 8, n. 2. 1768.

根绳索状，径1.5-3(4)毫米。叶长20-60厘米，宽0.3-1.4厘米。花葶稍短于叶或近等长，顶端具1-2花，稀具3花。花梗很短，苞片近披针形，长0.8-2.5厘米，宽3-5毫米；花被淡黄色；花被管长1-2.5(-3)厘米，花被裂片长4.5-6厘米，内3片宽1.5-2.3厘米。蒴果椭圆形或长圆形，长2-2.5厘米，宽1.2-2厘米。花果期5-9月。染色体2n=22(a)。

产黑龙江、吉林、辽宁、内蒙古、河北、山东、江苏北部、河南西部、湖北西部、陕西西南部、甘肃东部及山西，生于海拔2300米以下草地、山坡或林下。朝鲜及俄罗斯有分布。

图 137 小黄花菜 (孙英宝仿绘)

4. 萱草 图 138 彩片 72

Hemerocallis fulva (Linn.) Linn. Sp. Pl. ed. 2, 462. 1762.

Hemerocallis lilio-asphodelus Linn. β. *fulvus* Linn. Sp. Pl. 324. 1753.

多年生草本。根近肉质，中下部常纺锤状。叶条形，长40-80厘米，宽1.3-3.5厘米。花葶粗壮，高0.6-1米；圆锥花序具6-12朵花或更多，苞片卵状披针形。花桔红或桔黄色，无香味；花梗短，花被长7-12厘米，下部2-3厘米合生成花被管。外轮花被裂片长圆状披针形，宽1.2-1.8厘米，具平行脉，内轮裂片长圆形，下部有∧形彩斑，宽达2.5厘米，具分枝脉，边

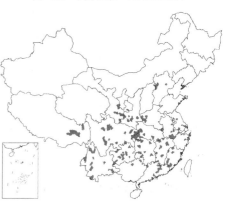

缘波状皱褶，盛开时裂片反曲；雄蕊伸出，上弯，比花被裂片短；花柱伸出，上弯，比雄蕊长。蒴果长圆形。花果期5-7月。染色体2n=22，33(a)。

在辽宁南部、河北、山东东部、江苏、浙江、福建、江西、安徽、河南西部、湖北、湖南、广东、广西北部、贵州、云南、西藏东部、四川、甘肃东南部及陕西南部有野生或栽培。欧洲南部经亚洲北部至日本有分布。根有利尿消肿功能。

5. 西南萱草 滇萱草 图 139 彩片 73

Hemerocallis forrestii Diels in Notes Roy. Bot. Gard. Edinb. 5: 208. 1912.

图 138 萱草 （王金凤绘）

根状茎较明显；根稍肉质，中下部纺锤状。叶长30-60厘米，宽1-2.1厘米。花葶与叶近等长，具假二歧状圆锥花序，花3至多朵。花梗长0.8-3厘米；苞片披针形，长0.5-2.5厘米，宽3-4毫米；花被金黄或桔黄色，花被管长约1厘米，花被裂片长5.5-6.5厘米，内3片宽约1.5厘米。蒴果椭圆形，长约2厘米，径约1.5厘米。花果期6-10月。染色体2n=22(a)。

产四川及云南西北部，生于海拔2300-3200米松林下或草坡。

6. 折叶萱草 褶叶萱草 图 140 彩片 74

Hemerocallis plicata Stapf in Bot. Mag. sub t. 8968. 1923, in clavi

图 139 西南萱草 （肖溶绘）

多年生草本。根状茎短；块根肉质，纺锤状。叶基生，窄长形，长20-40厘米，宽3-9毫米，常对摺。花葶高25-50厘米，蝎壳状聚伞花序，具花数朵；苞片小，卵状三角形。花桔黄色；花梗长1-1.5(-4)厘米；花被长5-7厘米，花被管长1.5-2厘米，裂片6，具平行脉，外轮裂片长圆状倒披针形，宽约1厘米，内轮窄长圆形，宽约1.4厘米；雄蕊伸出，上弯，比花被裂片短；花柱伸出，上弯，与花被裂片近等长。花果期5-9月。

产湖北西南部、四川、贵州中部及云南，生于1800-2900米草地、山坡或松林下。根有通筋活络、消瘀散肿、祛风湿功能。

图 140 折叶萱草 （王金凤绘）

7. 大苞萱草 图 141

Hemerocallis middendorffii Trautv. et Mey. Fl. Ochot. 94. 1856.

根多少绳索状，径1.5-3毫米。叶长50-80厘米，宽1-2厘米，柔软，上部下弯。花葶与叶近等长，不分枝，在顶端聚生2-6朵花；苞片宽卵形，宽1-2.5厘米，先端长渐尖至近尾状，长1.8-4厘米；花近簇生。花梗很短；花被金黄或桔黄色；花被管长1-1.7厘米，约1/3-2/3为苞片所包（最上部的花除外），花被裂片长6-7.5厘米，内3片宽1.5-2.5厘米。蒴果椭圆形，稍有3钝棱，长约2厘米。花果期6-10月。

图 141 大苞萱草 （冯金环绘）

产黑龙江、吉林东部及辽宁东部，生于较低海拔林下、湿地、草甸或草地。朝鲜、日本及俄罗斯有分布。

8. 北萱草 图 142

Hemerocallis esculenta Koidz. in Bot. Mag. Tokyo 39: 28. 1925.

根稍肉质，中下部常纺锤状。叶长40-80厘米，宽0.6-1.8厘米。花葶稍短于叶或近等长；总状花序短，具2-6朵花，有时花近簇生。花梗短；苞片卵状披针形，长1-2.5(-3.5)厘米，宽0.8-1.5厘米，先端长渐尖或近尾状，包被花被管基部；花被桔黄色，花被管长1-2.5厘米，花被裂片5-6.5厘米，内3片宽1-2厘米。蒴果椭圆形，长2-2.5厘米。花果期5-8月。染色体2n=22(a)。

图 142 北萱草 （王金凤绘）

产吉林、河北、山西、宁夏南部、甘肃南部、青海东北部、河南西部及山东，生于海拔500-2500米山坡、山谷或草地。日本及俄罗斯有分布。

17. 芦荟属 **Aloe** Linn.

（陈心启 罗毅波）

多年生草本。茎短或明显。叶肉质，呈莲座状簇生或有时2列着生，先端锐尖，边缘常有硬齿或刺。花葶生于叶丛中；花多朵排成总状或伞形花序。花被圆筒状，有时稍弯曲；外轮3枚花被片合生至中部；雄蕊6，着生基部，花丝较长，花药背着；花柱细长，柱头小。蒴果具多数种子。

约200种，分布于非洲，主产非洲南部干旱地区，亚洲南部也有。我国1种。

芦荟 油葱 斑纹芦荟 图 143 彩片 75

Aloe chinensis (Haw.) Baker in Bot. Mag. t. 6031. 1877.

Aloe barbadensis Mill. var. *chinensis* Haw. Suppl. Pl. Succ. 45. 1819.

Aloe vera Linn. var. *chinensis* (Haw.) Berg.; 中国高等植物图鉴 5: 439. 1976; 14: 62. 1980.

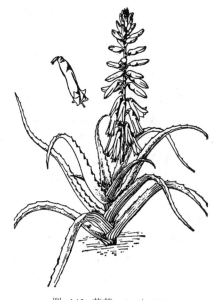

茎较短。叶近簇生或稍2列(幼小植株),肥厚多汁,线状披针形,粉绿色,长15-35厘米,基部宽4-5厘米,顶端有几个小齿,边缘疏生刺状小齿。花葶高60-90厘米,不分枝或有时稍分枝;总状花序具几十朵花;苞片近披针形,先端锐尖;花点垂,稀疏排列,淡黄色而有红斑。花被长约2.5厘米,裂片先端稍外弯;雄蕊与花被片近等长或稍长,花柱明显伸出花被外。染色体2n=14(a)。

南方各省区和温室常见栽培,也有野化。但我国有否野生尚未难肯定。民间作草药用,叶和叶汁有清热、通便、杀虫功能;花用于咳嗽、吐血、白浊;根可治小儿疳积、尿路感染。过去中药所用的芦荟,系进口药材,主要是非洲产的**Aloe vera** Linn. 和**Aloe ferox** Mill. 等几种芦荟叶液汁制成的干燥品。我国栽培的芦荟种类较多,其中最常见的是大芦荟 **Aloe arborescens** Mill. var. **natalensis** Berg. 具茎,高1-2米,苞片卵状线形,先端钝,易于辨认。

图 143 芦荟 (王金凤绘)

18. 山慈菇属 Iphigenia Kunth.
(梁松筠)

球茎小,具膜质外皮。茎直立,具少数叶。叶散生,窄长,无柄,向上渐成苞片。花小,单朵或多朵排成伞房花序。花梗通常较长;花被片离生,较窄,基部有柄,常呈星芒状展开,凋落;雄蕊6,较短,花丝常稍扁平,花药背着而呈丁字状,在侧面近外向开裂;子房3室,每室具多数胚珠,花柱短,上部3裂,裂片外卷,柱头位于内侧。蒴果室背开裂,具多数种子。种子小,近球形,具薄的棕色种皮。

约10种,分布于非洲、大洋洲至亚洲热带地区。我国1种。

山慈菇 图 144

Iphigenia indica Kunth, Enum. Pl. 4: 213. 1843.

植株高达25厘米。球茎径0.5-1.5厘米;茎常多少具小乳突,有几枚叶。叶线状长披针形,长7-15厘米,宽3-9毫米,基部鞘状,抱茎,有中脉,自下向上渐小,渐为窄长叶状苞片。花2-10,暗紫色,排成近伞房花序。花被片线状倒披针形,长0.7-1厘米,宽0.7-1毫米;雄蕊长约为花被片的1/3,花丝具乳突,花药长约1毫米;子房较大,与花丝近等长。蒴果长约7毫米。花果期6-7月。染色体2n=22,44,(26,33)。

图 144 山慈菇 (张泰利绘)

产四川西南部及云南,生于海拔1950-2100米松林下、草地或田野。缅甸、印度、斯里兰卡、印度尼西亚、菲律宾及澳大利亚有分布。球茎含秋水仙碱等多种生物碱,有毒。有拔毒消肿、软坚散结功能。宜慎用。

19. 嘉兰属 Gloriosa Linn.
(梁松筠)

根状茎粗厚,块状;茎直立或攀援,上部常分枝。叶在茎上互生、对生或轮生,先端常延长成卷须。花大,通常单生上部叶腋或叶腋附近;花梗长,常在上部弯曲,花俯垂;花被片离生,平展或向背面反折,边缘常波状;雄蕊6,花丝丝状,花药背着,丁字状,外向开裂;子房3室,每室具多数胚珠,花柱细长,常外卷,上部3裂,柱头位于裂片外侧。蒴果较大,室间开裂。种子近球形,具肉质、多少带海绵质种皮。

约4-5种,分布于非洲和亚洲热带地区。我国1种。

嘉兰 图 145 彩片 76

Gloriosa superba Linn. Sp. Pl. 305. 1753.

攀援植物;根状茎块状、肉质,常分叉,径约1厘米。茎长2-3米或更长。叶通常互生,有时兼有对生,披针形,长7-13厘米,先端尾状并延伸成长卷须(最下部的叶例外),基部有短柄。花美丽,单生上部叶腋或叶腋附近,有时在枝末端近伞房状排列。花梗长10-15厘米;花被片线状披针形,长4.5-5厘米,宽约8毫米,反折,由于花俯垂而向上举,基部收窄而多少呈柄状,边缘皱波状,上半部亮红色,下半部黄色,宿存;花丝长3-4厘米,花药线形,长约1厘米,

图 145 嘉兰 (王金凤绘)

花柱丝状,与花丝近等长,分裂部分长6-7毫米。花期7-8月。染色体2n=22,88,90。

产香港、海南南部及云南西南部,生于海拔950-1250米林下或灌丛中。

亚洲热带地区及非洲有分布。根状茎有剧毒,含秋水仙碱,治半身瘫痪、周身关节痛、高热抽搐、周身肿胀。

20. 顶冰花属 Gagea Salisb.
(梁松筠)

多年生草本。鳞茎常卵球形,较小,鳞茎皮基部内外常有几个至多数小鳞茎(珠芽);鳞茎皮抱茎。茎常不分枝。基生叶1-2,茎生叶互生。伞房、伞形或总状花序,稀单花。花被片6,常黄或绿黄色,稀白色,离生,2轮,外轮具5-9脉,内轮具3脉,果期花被片宿存,增大,增厚,中部常绿或暗紫色,边缘白色膜质;雄蕊6,花药基着;子房3室,每室多数胚珠,花柱较长,柱头头状或3裂。蒴果有3棱,室背开裂,果皮薄。种子多数,扁平,有时有棱角。

约70种,分布欧洲、地中海区域和亚洲温带地区。我国20种。多为早春短命植物,生长期短,开花早。

1. 无茎生叶;花序基部具1枚叶状总苞片,无毛。
　2. 鳞茎皮内基部具小鳞茎;子房长倒卵圆形或窄长圆形。

3. 花梗无毛,花被片长6-9毫米,子房长倒卵圆形;鳞茎皮内基部具一团小鳞茎 ······
······ 1. 小顶冰花 G. terraccianoana

3. 花梗具疏柔毛,花被片长0.9-1.2厘米,子房窄长圆形;鳞茎皮内基部具一个小鳞茎 ······
······ 2. 林生顶冰花 G. filiformis

2. 鳞茎皮内外无附属小鳞茎;子房长圆形。

4. 叶扁平,宽0.3-1厘米;蒴果长为宿存花被2/3 ······ 3. 顶冰花 G. nakaiana

4. 叶上面有凹槽,下面有龙骨状脊,宽2-3毫米;蒴果长为宿存花被1/2 ······
······ 3(附). 镰叶顶冰花 G. fedtschenkoana

1. 茎生叶2-5;无明显总苞片。

5. 柱头3深裂;花1-3,近总状,花被片线形,绿黄色,宽3-5毫米 ······ 4. 少花顶冰花 G. pauciflora

5. 柱头头状或稍3裂;花2-4,二歧伞房状,花被片线状倒披针形,白色,宽1.7-2.2毫米 ······
······ 5. 三花顶冰花 G. triflora

1. 小顶冰花

图 146

Gagea terraccianoana Pasch. in Fedde, Repert. Sp. Nov. 2: 58. 1906.

Gagea hiensis Pasch.; 中国高等植物图鉴 5: 441. 1976; 中国植物志 14: 69. 1980.

植株高达15厘米。鳞茎卵形,径4-7毫米,褐黄色,鳞茎皮内基部具一团小鳞茎。基生叶1,长12-18厘米,宽1-3毫米,扁平。总苞片窄披针形,约与花序等长,宽2-2.5毫米;花常3-5朵,伞形花序。花梗略不等长,无毛;花被片线形或线状披针形,长6-9毫米,宽1-2毫米,先端锐尖或钝圆,内面淡黄色,外面黄绿色;雄蕊长为花被片1/2,花丝基部扁平,花药长圆形;子房长倒卵圆形,花柱长为子房1.5倍。蒴果倒卵圆形,长为宿存花被1/2。花期4月,果期5月。

产黑龙江、吉林东南部、辽宁东南部、内蒙古北部、河北、山西、陕西、宁夏南部、甘肃东部及青海,生于海拔2300米以下林缘、灌丛中和山地草原。朝鲜及俄罗斯有分布。长白山民间用鳞茎柱治心脏病。

图 146 小顶冰花 (张泰利绘)

2. 林生顶冰花

图 147

Gagea filiformis (Ledeb.) Kunth, Enum. Pl. 4: 237. 1848.

Ornithogalum filiformis Ledeb. Ic. Pl. Ross. Alt. 4: 28. 1833.

植株高达10厘米。鳞茎卵圆形,径4-9毫米,亮褐棕色,鳞茎皮内基部具1个小鳞茎。基生叶1,条形,长5-13厘米,宽2-4(-8)毫米,扁平。花3-7朵,稀单花或多花,伞形或伞房花序。花梗略不等长,具疏柔毛;花被片条形、披针形或窄长圆形,长0.9-1.2厘米,宽约2毫米,内面淡黄色,外面黄绿色;雄蕊长为花被片1/2,花药卵状椭圆形;子房窄长圆形,花柱比子房稍长,柱头头状。蒴果三棱状倒卵圆形,长为宿存花被1/2-2/5。种子红褐色,卵圆形,长约1.5毫米。花期4月下旬至5月上旬,果期5月

中旬至下旬。

产甘肃南部、青海西南部及新疆北部，生于海拔1000-2300米山地林下、灌丛中、草甸和草原。俄罗斯、伊朗、阿富汗和巴基斯坦有分布。

3. 顶冰花　　　　　　　　　　　　　　　　图 148：1

Gagea nakaiana Kitagawa, Linn. Fl. Manshur. 136. 1939.

Gagea lutea (Linn.) Ker-Gawl.; 中国植物志 14：72. 1980.

植株高达20厘米。鳞茎卵球形，径0.5-1厘米；鳞茎皮褐黄色，无附属小鳞茎。基生叶1，条形，长15-22厘米，宽0.3-1厘米，扁平，无毛。总苞片披针形，与花序近等长，宽0.4-1.2厘米；花3-5朵，伞形花序。花梗不等长，无毛；花被片条形或窄披针形，长0.9-1.2厘米，宽约2毫米，黄色；雄蕊长为花被片2/3，花药长圆形，花丝基部扁平；子房长圆形，花柱长为子房1.5-2倍，柱头微3裂。蒴果卵圆形或倒卵圆形，长为宿存花被2/3。花果期3-4月。染色体2n=72。

产黑龙江、吉林东部、辽宁及山东，生于林下、灌丛中或草地。朝鲜、日本、俄罗斯及欧洲有分布。

　　[附] **镰叶顶冰花**　图148：2 **Gagea fedtschenkoana** Pasch. in Fedde, Repert. Sp. Nov. 1：190. 1906. 本种与顶冰花的区别：植株高达10厘米；基生叶长7-16厘米，宽2-3毫米，镰形，上面有凹槽，下面有龙骨状脊；蒴果三棱状倒卵形，长为宿存花被1/2。花果期4月下旬至5月。产新疆北部，生于海拔2500米以下草甸、灌丛中、林缘和草原。俄罗斯及蒙古有分布。

4. 少花顶冰花　　　　　　　　　　　　　　图 149

Gagea pauciflora Turcz. in Bull. Soc. Nat. Mosc. 11：102. 1838.

植株高达28厘米，全株多少被微柔毛，下部较密。鳞茎窄卵形，上端圆筒状，多少撕裂，抱茎。基生叶1，长10-25厘米，脉上和边缘疏生微柔毛；茎生叶1-3，下部1枚长6-7厘米，披针状线形，比基生叶稍宽，上部的苞片状，基部边缘具疏柔毛。花1-3，近总状花序。花被片条形，绿黄色，长0.9-

图 147 林生顶冰花 （谭丽霞绘）

图 148：1. 顶冰花 2. 镰叶顶冰花
（引自《中国植物志》）

2厘米，宽3-5毫米；雄蕊长为花被片1/2；子房长圆形，长2.5-3.5毫米，花柱与子房近等长或略短，柱头3深裂，裂片长1毫米以上。蒴果近倒卵圆形，长为宿存花被1/2-3/5，长0.7-1.6厘米，径0.6-1厘米。种子三角状，长宽均约1毫米。花期4-6月，果期6-7月。

产辽宁西北部、内蒙古、河北北部、河南西部、陕西南部、宁夏、甘肃、青海及西藏，生于海拔400-4100米草原山坡、田边空地或沙地。俄罗斯及蒙古有分布。

5. 三花顶冰花 三花洼瓣花　　　　图 150

Gagea triflora (Ledeb.) Roem. et Schult. Syst. Veg. 7: 551. 1928.

Ornithogalum triflorum Ledeb. in Mém. Acad. Sci. Pétersb. Sav. Etrang 5: 529. 1812.

Lloydia triflora (Ledeb.) Baker; 中国高等植物图鉴 5: 444. 1976.

植株高达30厘米，全株无毛。鳞茎球形，径约6毫米，鳞茎皮内基部有几个小鳞茎。基生叶1，条形，长10-25厘米，宽1-1.5毫米；茎生叶1-3(4)，下面的1枚窄条状披针形，长3.5-7厘米，宽4-6毫米，边缘内卷。花2-4，二歧伞房花序；小苞片窄长形。花被片长圆状倒披针形，长1-1.2厘米，宽1.7-2.2毫米，白色；雄蕊长为花被片1/2，花药长圆形；子房倒卵圆形，花柱与子房近等长，柱头头状。果三棱状倒卵圆形，长为宿存花被1/3。花期5-6月，果期7月。

产黑龙江、吉林东北部、辽宁东部、河北东北部、山西及河南西北部，生于较低海拔山坡、灌丛中或河边。朝鲜、日本及俄罗斯有分布。

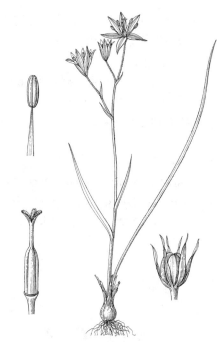

图 149 少花顶冰花　(张泰利绘)

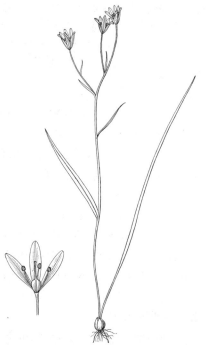

图 150 三花顶冰花　(张泰利绘)

21. 洼瓣花属 Lloydia Salisb.
(梁松筠)

多年生草本。茎常窄卵形，上端延长成圆筒状。叶1至多枚基生，韭叶状或更窄；茎生叶较短，互生，向上渐成苞片。花单朵顶生成近二歧伞房状花序，具2-4花。花被片6，离生，有3-7脉，近基部常有凹穴、毛或褶片；内外花被片常相似，内花被片稍宽；雄蕊6，生于花被片基部，花丝有时具毛，花药基着，两侧开裂；子房3室，胚珠多数，花柱与子房近等长或较长，柱头近头状或3浅裂。蒴果室背上部开裂。种子多数。

约10种，分布于地中海区域至北美洲。我国7种。

1. 基生叶1-2；花丝无毛。
　2. 植株高达20厘米；花被片长1-1.5厘米；果近倒卵圆形，微具3钝棱，长6-7毫米 … **1. 洼瓣花 L. serotina**
　2. 植株高达4厘米；花被片长5-7毫米；果近卵圆形，长3-5毫米 … **1(附). 小洼瓣花 L. serotina** var. **parva**

1. 基生叶3-10；花丝具毛（尖果洼瓣花有时无毛）。

　　3. 内花被片无毛或褶片 ·· 2. **尖果洼瓣花 L. oxycarpa**

　　3. 内花被片具毛或褶片。

　　　　4. 花黄色，有淡紫绿色脉，内花被片下部或近基部两侧有1-4个鸡冠状褶片；叶与苞片常无毛 ···············

　　　　··· 3. **西藏洼瓣花 L. tibetica**

　　　　4. 花白色，有紫红色斑，内面近基部有几行长柔毛，无褶片 ················ 4. **紫斑洼瓣花 L. ixiolirioides**

1. 洼瓣花

图 151

Lloydia serotina (Linn.) Rchb. Fl. Germ. Exs. 102. 1830.

Bulboseodium serotinum Linn. Sp. Pl. 294. 1753.

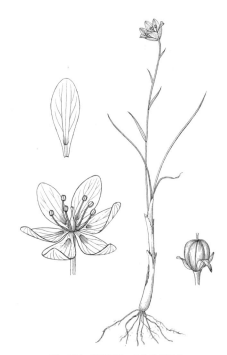

图 151 洼瓣花 （张泰利绘）

植株高达20厘米。鳞茎窄卵形，上端延伸，上部开裂。基生叶常2，稀1枚，短于或有时长于花序，宽约1毫米；茎生叶窄披针形或近线形，长1-3厘米，宽1-3毫米。花1-2，白色，有紫斑，长1-1.5厘米，宽3.5-5毫米，先端钝圆，内面近基部常有凹穴，稀无；雄蕊长为花被片1/2-3/5，花丝无毛；子房近长圆形或窄椭圆形，长3-4毫米，径1-1.5毫米，花柱与子房近等长，柱头微3裂。蒴果近倒卵圆形，

略有3钝棱，长宽均6-7毫米，花柱宿存。种子近三角形，扁平。花期6-8月，果期8-10月。染色体2n=24，36，48。

　　产黑龙江、吉林东部、辽宁西部、内蒙古西部、河北、山西、陕西南部、宁夏北部、甘肃东部、青海、新疆、西藏、云南西北部、四川及河南西部，生于海拔2400-5000米山坡、灌丛中或草地。不丹、印度、锡金、尼泊尔、朝鲜、日本、俄罗斯、欧洲及北美洲有分布。

　　[附] **小洼瓣花 Lloydia serotina** var. **parva** (Marq. et Shaw) Hara, Fl. East. Himal. 2nd. Rep. 166. 1971. —— *Lloydia serotina* (Linn.) Rchb. f. *parva* Marq. et Shaw in Journ. Linn. Soc. Bot. 48: 228. 1929. 与模式

变种的区别：植株高3-4厘米；花被片长5-7毫米；蒴果近卵圆形，长3-5毫米，种子月牙状三角形。花期6月，果期8月。产西藏南部及四川西部，生于海拔3700-5000米高山草地。不丹及尼泊尔有分布。

2. 尖果洼瓣花

图 152

Lloydia oxycarpa Franch. in Journ. de Bot. 12: 192. 1898.

植株高达20厘米，无毛。鳞茎窄卵形，上端延长、开裂。基生叶3-7，宽约1毫米。花常单朵顶生；内外花被片近窄倒卵状长圆形，长0.9-1.3厘米，宽3-4毫米，先端钝，黄或绿黄色，基部无穴或毛；雄蕊长为花被片3/5-2/3，花丝无毛或疏生短柔毛；子房窄椭圆形，长约3毫米，花柱与子房近等长，柱头稍膨大。蒴果窄倒卵状长圆形，长约1.5厘米，径约4毫米。种子近窄卵状线形，有3条纵棱，长约2.5毫米，一端有短翅。花期5-7月，果期8月。

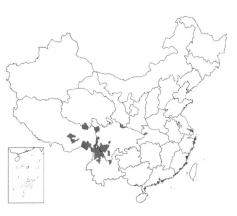

　　产甘肃南部、青海南部、西藏东部、云南、四川及湖北西部，生于海

拔3400-4800米山坡、草地或疏林下。

3. 西藏洼瓣花 狗牙贝　图 153

Lloydia tibetica Baker ex Oliv. in Hook. Icon. Pl. ser. 4, 3: t. 2216. 1892.

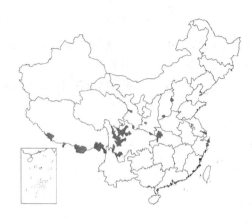

植株高达30厘米。鳞茎顶端延长、开裂。基生叶3-10，宽1.5-3毫米，叶缘常无毛；茎生叶2-3，向上渐为苞片，常无毛。花1-5；花被片长1.3-2厘米，黄色，有淡紫绿色脉；内花被片宽6-8毫米，内面下部或近基部两侧各有1-4个鸡冠状褶片，外花被片宽约为内花被片2/3；内外花被片内面下部常有长柔毛，稀无毛；雄蕊长约为花被片1/2，花丝除上部外，均密被长柔毛；子房长3-4毫米，花柱长4-6毫米，柱头近头状，稍3裂。花期5-7月。

产河北、山西南部、陕西南部、甘肃、四川、湖北西部及西藏南部，生于海拔2300-4100米山坡或草地。尼泊尔有分布。鳞茎内服有祛痰止咳，外用有消肿止血功能。

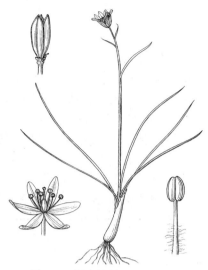

图 152 尖果洼瓣花 （张泰利绘）

4. 紫斑洼瓣花　图 154 彩片 77

Lloydia ixiolirioides Baker in Hook. Icon. Pl. ser. 4, 3: t. 2215. 1892.

植株高达30厘米。鳞茎窄卵形，上端延长、开裂。基生叶常4-8，宽1-2毫米，叶缘常疏生柔毛；茎生叶2-3，窄条形，长2-3.5厘米，宽1-1.5毫米，向上渐为苞片，在茎生叶与苞片的边缘，特别近基部，常有白色柔毛。花单朵或2；内外花被片相似，长1.5-2厘米，宽5-8毫米，白色，中部至基部有紫红色斑，内面近基部有几行长柔毛；雄蕊长为花被片1/2，花丝密生长柔毛；子房近长圆形，长约3毫米，花柱与子房近等长。蒴果近窄长圆形，长1.5-2厘米，宽约4毫米，上部开裂。种子多数，近窄卵状条形，长2.5毫米，有3纵棱，一端有短翅。花期6-7月，果期8月。

产陕西西南部、四川、云南西北部及西藏，生于海拔3000-4300米山坡和草地。

图 153 西藏洼瓣花 （张春方抄绘）

图 154 紫斑洼瓣花 （引自《Hook. Icon. Pl.》）

22. 猪牙花属 Erythronium Linn.

(梁松筠)

多年生草本。鳞茎圆筒状。叶2枚,对生,多少有网状脉;具柄。花两性,俯垂,常单朵顶生,稀2至数朵成疏散总状花序。花被片6,离生,2轮,披针形,具多脉,反折,基部合成杯状;雄蕊6,短于花被片;花丝常不等长,钻形,有时基部或中部扁平或稍宽,花药基着,2室,两侧开裂;子房3室,每室多数胚珠,花柱丝状或上端粗,柱头3裂。蒴果有3棱,种子多数。

约15种,分布于北温带地区。我国2种。

1. 花丝钻形;花被片中部有近三齿状黑色斑纹;内花被片基部的一对耳近卵状半圆形 ······ 猪牙花 **E. japonicum**
1. 花丝中部卵形,扁平,宽1.5毫米;花被片下部无三齿状黑色斑纹,内花被片基部的一对耳披针形 ················
······ (附). 新疆猪牙花 **E. sibiricum**

猪牙花

图 155:1-3

Erythronium japonicum Decne. in Rev. Hort. ser. 4, 3: 284. 1854.

植株高达30厘米,茎约1/3埋于地下。鳞茎长3-6厘米,径1厘米,近

基部一侧常有几个扁球形小鳞茎。叶2枚,对生于茎中部以下,椭圆形或宽披针形,长10-11厘米,宽2.5-6.5厘米;柄长3-4厘米。花单朵顶生,俯垂;花被片披针形,长3.5-5厘米,宽0.7-1.1厘米,紫红色,下部有近三齿状黑色斑纹,内花被片内面基部有4个胼胝体,两侧各有1个近卵状半圆形的耳;花丝钻形,不等长,花药近窄长圆形,长5-7毫米;花柱上端稍粗,柱头3裂。花期4-5月。染色体2n=24。

产吉林东部及辽宁东部,生于林下润湿地。朝鲜和日本有分布。

[附] **新疆猪牙花** 图155:4-7 **Erythronium sibiricum** (Fisch. et Mey.) Kryl. Фп. 3ап. Сцб. 642. 1929. —— *Erythronium denscanis* Linn. var. *sibiricum* Fisch. et Mey. Ind. Sem. Hort. Petrop. 7: 47. 1841. 本种与新疆猪牙花的区别:花丝中部呈卵形加宽,扁平,宽1.5毫米;花被片下部

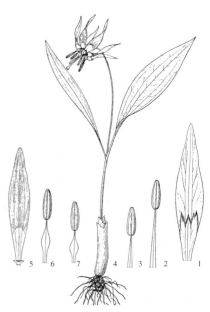

图 155: 1-3. 猪牙花 4-7. 新疆猪牙花
(张泰利绘)

无三齿状黑色斑纹;内花被片基部的一对耳披针形。产新疆北部,生于海拔1100-2500米林下、灌丛中或亚高山草地。

23. 郁金香属 Tulipa Linn.

(梁松筠)

多年生草本。鳞茎皮外层褐或暗褐色,内层淡褐或褐色,上端有时上延抱茎,内面有伏贴毛或杂毛,稀无毛。茎直立,下部常埋于地下。叶2-4 (5-6)。花较大,仰立,常单朵顶生,多少呈花葶状,无苞片,稀有苞片;花钟状或漏斗状钟形;花被片6,离生,易脱落;雄蕊6,等长或3长3短,花药基着,内向开裂,花丝中部或基部宽;子房长椭圆形,3室,胚珠多数,柱头3裂。蒴果室背开裂。种子扁平,近三角形。

约150余种,分布于亚洲、欧洲及北非温带,主产中亚和地中海区域。我国15种。本属为早春短命植物。

1. 花被片长5-7厘米,柱头鸡冠状 ·· **2. 郁金香 T. gesneriana**
1. 花被片长不及4厘米,柱头非鸡冠状。
  2. 叶两面无毛;花近基部具2-4苞片,花被片白色,有紫红色纵纹,花丝无毛。
    3. 叶宽0.5-0.9(-1.2)厘米,长10-25厘米;苞片2枚对生,稀3枚轮生 ·············· **1. 老鸦瓣 T. edulis**
    3. 叶宽(0.5-)0.9-2.2厘米,长7-15厘米;苞片3-4轮,稀2枚对生 ··· **1(附). 二叶郁金香 T. erythronioides**
  2. 叶面多少有毛;无苞片;花被片黄、白或红色,无紫红色纵纹。
    4. 花丝无毛,6雄蕊等长,花常黄色,稀红黄或红色。
      5. 叶3-4;鳞茎皮内有毛;花柱几无。
        6. 鳞茎径1-2厘米,鳞茎皮暗褐色,薄革质;花丝中部稍宽 ·············· **3. 伊犁郁金香 T. iliensis**
        6. 鳞茎径2-3.5厘米,鳞茎皮褐色,纸质;花丝基部向上渐窄 ·············· **4. 阿尔泰郁金香 T. altaica**
      5. 叶2枚对生;鳞茎皮内无毛;花柱与子房近等长 ·············· **5. 异叶郁金香 T. heterophylla**
    4. 花丝有毛,雄蕊3长3短,花白、乳白或淡黄色。
      7. 鳞茎皮内面中上部密被柔毛;果近球形 ·············· **6. 柔毛郁金香 T. buhseana**
      7. 鳞茎皮内面上部多少有伏毛;果长圆形 ·············· **6(附). 垂蕾郁金香 T. patens**

1. 老鸦瓣 图 156

Tulipa edulis (Miq.) Baker in Journ. Linn. Soc. Bot. 14: 295. 1874.

Orithyia edulis Miq. in Ann. Mus. Bot. Lugd.-Bat. 3: 158. 1867.

鳞茎皮纸质,内面密被长柔毛。茎长10-25厘米,无毛。叶2枚,长条形,长10-25厘米,宽0.5-0.9(-1.2)厘米,无毛。花单朵顶生;花近基部具2枚对生(稀3枚轮生)苞片;苞片线形,长2-3厘米;花被片窄椭圆状披针形,长2-3厘米,宽4-7毫米,白色,背面有紫红色纵纹;雄蕊3长3短,花丝无毛,中部稍宽,向两端渐窄,子房长椭圆形,花柱长约4毫米。蒴果近球形,喙长5-7毫米。花期3-4月,果期4-5月。染色体2n=48(a)。

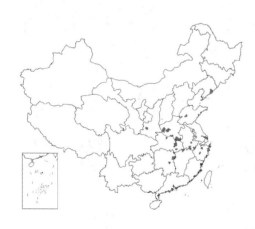

产陕西西南部、河南、山东、江苏西南部、浙江、江西北部、安徽、湖北、湖南及辽宁东部,生于山坡草地及路边。朝鲜及日本有分布。鳞茎药用,有清热解毒、散结消肿功能;又可提取淀粉。

[附] **二叶郁金香 Tulipa erythronioides** Baker in Journ. Bot. 13:

图 156 老鸦瓣 (张泰利绘)

292. 1875. 本种与老鸦瓣的区别:叶长7-15厘米,宽(0.5-)0.9-2.2厘米;苞片3-4轮生,稀2枚对生。花期4月。产安徽、浙江。

2. 郁金香 图 157 彩片 78

Tulipa gesneriana Linn. Sp. Pl. 306. 1753.

草本。鳞茎卵形,横茎长约2厘米;鳞茎皮纸质,内面顶端和基部疏生伏毛。叶3-4(5),条状披针形或卵状披针形,顶端疏生毛。花单朵顶生,大型艳丽;花被片红色或杂有白色和黄色,有时白色或黄色,长5-7厘米,宽2-4厘米,外轮披针形或椭圆形,先端尖,内轮稍短,倒卵形,先端钝,有微毛;雄蕊6,等长,花丝无毛;无花柱,柱头鸡冠状。花期4-5月。

原产欧洲。我国引种栽培。历史悠久,长久进行人工杂交,品种繁多。

鳞茎为镇静药。

3. 伊犁郁金香　　　　　　　　　　　　　　　图 158

Tulipa iliensis Regel in Gartenfl. 28: 162. t. 975. f. e–d. et 277. t. 982. f. 4–6. 1879.

鳞茎径1–2厘米，鳞茎皮暗褐色，薄革质，内面上面和基部有伏毛。茎上部常有密柔毛和疏毛，稀无毛。叶3–4，条形或条状披针形，宽0.5–1.5厘米，疏散或近轮生。花葶高10–20厘米。花黄色；花被片长2.5–3.5厘米，宽0.4–2厘米，外花被片长圆形，背面有绿紫红、紫绿或黄绿色色彩，内花被片倒卵状长圆形，黄色；雄蕊6，等长，花丝无毛，长5–8毫米，窄披针形，中部稍宽；子房长圆形，长5–8毫米，几无花柱。蒴果卵圆形或椭圆形，长1.8–2.5厘米，顶端具小尖头。种子长约3.5毫米。染色体2n=24。

产新疆，生于海拔400–1000米山前平原和坡地，常成大面积群落。俄罗斯及中亚有分布。鳞茎味甜，可食。

4. 阿尔泰郁金香　　　　　　　　　　　　　　图 159

Tulipa altaica Pall. ex Spreng. Syst. Veg. 2. 63. 1825.

鳞茎径2–3.5厘米，鳞茎皮褐色，纸质，内面有伏毛或中部无毛，上部常多少上延。茎长10–30（–35）厘米，上部有柔毛，下部埋于地下4–6厘米或更长。叶3–4，灰绿色，叶缘平展或皱波状，上部叶条形或披针状条形，宽0.6–1.5厘米，最下部叶披针形或长卵形，宽1.5–3（–5）厘米。花黄色，花被片长2–3.5厘米，宽0.5–2厘米，外花被片背面绿紫红色，内花被片有时带淡红色；雄蕊6，等长，花丝无毛，从基部向上渐窄；几无花柱。蒴果宽椭圆形。花期5月，果期6–7月。染色体2n=24。

产新疆西北部，生于海拔1300–2600米阳坡和灌丛中。俄罗斯西伯利亚及中亚地区有分布。

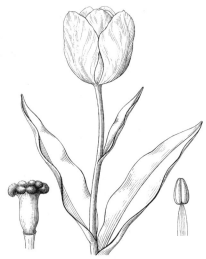

图 157　郁金香　（张泰利绘）

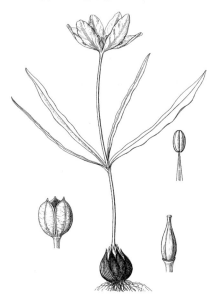

图 158　伊犁郁金香　（张泰利绘）

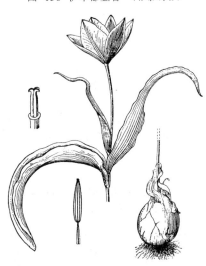

图 159　阿尔泰郁金香　（张春方绘）

5. 异叶郁金香 图 160

Tulipa heterophylla (Regel) Baker in Journ. Linn. Soc. Bot. 14: 295. 1875.

Orithyia heterophylla Regel in Bull. Soc. Nat. Mosc. 16. 440. 1868.

鳞茎皮纸质，内面无毛，上端稍上延。茎长9-15厘米。叶2枚对生，条形或条状披针形，宽0.5-1.2厘米。花黄色，花被片披针形，长2-3厘米，宽4-8毫米，先端渐尖，外花被片背面紫绿色，内花被片背面中央有紫绿色纵条纹；雄蕊6，等长，花丝无毛，比花药长5-7倍；雌蕊长于雄蕊，花柱与子房约等长。蒴果窄椭圆形，长2.5-3厘米，径6-8毫米，喙长约5毫米；果柄短。花期6月，果期7月。

产新疆，生于海拔2100-3100米砾石坡地或山地阳坡。俄罗斯及中亚有分布。

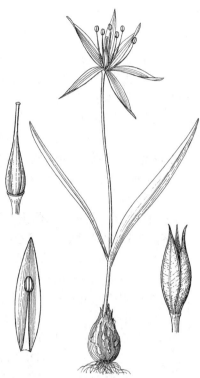

图 160 异叶郁金香 （张泰利绘）

6. 柔毛郁金香 图 161

Tulipa buhseana Boiss. in Diagn. Pl. Or. ser. 2, 4: 98. 1859.

鳞茎皮纸质，上端稍上延，内面中上部有柔毛。茎常无毛，长10-15(-40)厘米。叶2枚，条形，宽0.5-1厘米，叶缘皱波状。花单朵顶生，稀2(-4-6)；花被片长2-2.5厘米，宽0.6-1.2厘米，乳白色，干后淡黄色，基部鲜黄色，先端渐尖；外花被片背面紫绿或黄绿色，内花被片基部有毛，中央有紫绿或黄绿色纵纹；雄蕊3长3短，花丝下部宽，基部有毛，花药顶端有黄或紫黑色短尖头；花柱长约1毫米。

蒴果近球形，径约1.5厘米。花期4-5月，果期(4)5-6月。染色体2n=24。

产新疆北部，生于平原蒿属荒漠或低山草坡。伊朗及中亚有分布。

［附］**垂蕾郁金香 Tulipa patens** Agardh. ex Schult. Syst. 7: 384. 1829. 本种与柔毛郁金香的区别：鳞茎皮内面上部多少有伏毛；果长圆形。产新疆西北部，生于海拔1400-2000米阴坡或灌丛中。俄罗斯及中亚有分布。

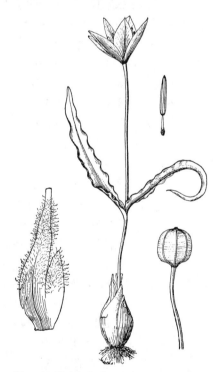

图 161 柔毛郁金香 （引自《中国植物志》）

24. 贝母属 Fritillaria Linn.
(罗毅波 陈心启)

多年生草本。鳞茎深埋土中,由鳞片和鳞茎盘组成,近卵圆形或球形,稀莲座状,外有鳞茎皮,鳞片白粉质,2(3)枚,内生有2-3对小鳞片,稀为多枚鳞片及周围许多米粒状小鳞片组成。茎直立,不分枝。茎生叶对生、轮生或散生,先端卷曲或不卷曲,基部半抱茎。花常钟形,俯垂,在果期直立,辐射对称,稀近两侧对称,单朵顶生或多朵成总状或伞形花序,具叶状苞片。花被片6,2轮,长圆形或近窄卵形,常靠合,内面近基部有一凹陷蜜腺窝;雄蕊6,花药近基着或背着,2室,内向开裂;花柱3裂或近不裂,柱头伸出雄蕊;子房3室,每室2纵列胚珠,中轴胎座。蒴果具6棱,棱上常有翅,室背开裂。种子多数,扁平,边缘有窄翅。

约130种,主要分布北半球温带地区。我国24种。

1. 鳞茎由多枚鳞片组成;雄蕊花丝无乳突;具1轮茎生叶,花被片无小疣点 …… 18. **一轮贝母 F. maximowiczii**
1. 鳞茎由2-3枚鳞片组成;雄蕊花丝有或无乳突。
  2. 花多少成两侧对称,外轮花被片最上一枚基部密腺窝向外突出成距状;植株遍布乳突状毛 ……………………
  ……………………………………………………………………………………………………… 19. **砂贝母 F. karelinii**
  2. 花辐射对称,外轮花被片基部蜜腺窝突起程度均等;植株无乳突状毛。
    3. 花柱柱头裂片长1毫米以下;花多为窄钟形;花被片在蜜腺处弯成钝角。
      4. 叶状苞片与茎生叶最上一轮叶之间有一段较长的茎,即具较长花序梗;最下叶明显比上部叶宽,呈二型叶;叶状苞片和上部叶先端明显卷曲;花粉红或淡暗蓝色,有时为白色 … 10. **裕民贝母 F. stenanthera**
      4. 叶状苞片与最上一轮叶之间距离较短;茎生叶不为二型,上部叶先端不卷曲或稍卷曲;花黄色或紫色。
        5. 花黄色具多少不一的紫斑或方格纹,或无斑纹,有时花被片外面黄和紫色面积近相等 ……………
        ……………………………………………………………………………………………… 15. **甘肃贝母 F. przewalskii**
        5. 花被片外面紫或紫红色,无黄色方格斑纹,极少具少数黄色方格斑,基部蜜腺较短,卵形或圆形,长
          1-3毫米 ……………………………………………………………………………… 16. **暗紫贝母 F. unibracteata**
    3. 花柱柱头裂片长2毫米以上;花宽钟形或钟形,稀窄钟形;花被片在蜜腺外弯成直角或钝角。
      6. 茎生叶最下一轮叶较宽,宽1厘米以上;叶多轮生,稀散生;上部叶先端多不卷曲;花较大,花被片长
        4厘米以上,少数花较小,花被片长3厘米。
        7. 鳞茎由2-3鳞片包住6-50小鳞片,小鳞片肉质,宽卵形、窄披针形、近棱角形或米粒状 ……………
        ……………………………………………………………………………………………………… 3. **安徽贝母 F. anhuiensis**
        7. 鳞茎具2-3鳞片,内无小鳞片,有时鳞茎外具米粒状小鳞片。
          8. 花被片在果期宿存直立,不干萎,包住蒴果;下部茎生叶与叶状苞片难以区分,茎上着生叶及叶状
            苞片3-4,互生 …………………………………………………………………………… 4. **梭砂贝母 F. delavayi**
          8. 花被片在花期后干萎脱落,或在果期宿存,但干萎反折,不包蒴果;下部茎生叶与叶状苞片较易区
            别,茎生叶多枚,对生或轮生,稀互生。
            9. 最下一轮叶散生,稀近对生,上部叶通常散生,有时近对生或近轮生,花淡黄色内有暗紫色斑点
            ……………………………………………………………………………………………… 5. **伊贝母 F. pallidiflora**
            9. 最下一轮叶对生或轮生,上部叶轮生或对生,兼有散生;花黄、淡黄或淡紫色,具黄褐或紫色斑
              点或方格斑纹。
              10. 蜜腺长条形,长6毫米 ………………………………………………………… 2. **天目贝母 F. monantha**
              10. 蜜腺卵形或近圆形,长2-3毫米 ……………………………………………… 1. **粗茎贝母 F. crassicaulis**
      6. 茎生叶较窄,宽1厘米以下,但栽培时可达1厘米以上;叶轮生或对生;花较小,花被片长4厘米以下,
        但栽培时可长于4厘米。
        11. 花柱具乳突;顶端花下面具4-6叶和叶状苞片 ………………………………………… 9. **平贝母 F. ussuriensis**
        11. 花柱无乳突;顶端花下面具1-3叶和叶状苞片。

12. 叶状苞片与下面叶不合生,先端弯曲不卷曲。

　13. 叶散生;花深紫或黑棕色,或黄绿色;蒴果无翅 ································ 17. **额敏贝母** F. meleagroides

　13. 最下叶对生,稀轮生,上部叶散生或兼有对生或轮生;花黄绿色具紫色斑点或方格斑;蒴果具窄翅 ········
　　　··· 12. **华西贝母** F. sichuanica

12. 叶状苞片与下面叶合生,先端卷曲或不卷曲,多花时有时不合生。

　14. 花窄钟形,花被片长3厘米以下,但栽培时长可超过3厘米;花1-6朵;叶状苞片先端卷曲;雄蕊花丝无乳突。

　　15. 蜜腺窝在花被片背面明显凸出,除最下一轮叶外,其余叶及叶状苞片先端强烈卷曲 ····················
　　　·· 7. **黄花贝母** F. verticillata

　　15. 蜜腺窝在花被片背面不明显凸出,仅叶状苞片及与叶状苞片合生的叶先端卷曲 ··························
　　　·· 8. **浙贝母** F. thunbergii

　14. 花钟形,花被片长3厘米以上,花一般为1朵,稀2-3,但栽培时花较多,可达10朵左右;叶状苞片先端卷
　　　曲或不卷曲;雄蕊花丝具或无乳突。

　　16. 花深紫色而有黄色小方格或紫色仅花被片下部具不明显黄色方格,花被片上部全为紫色。

　　　17. 花深紫色,整个花被片具黄色小方格;叶状苞片及与叶状苞片合生的叶先端卷曲 ·················
　　　　·· 6. **新疆贝母** F. walujewii

　　　17. 花紫或深紫色,仅花被片下部不明显黄色方格;叶状苞片及与叶状苞片合生的叶先端弯曲,但不卷曲
　　　　·· 13. **太白贝母** F. taipaiensis

　　16. 花黄绿色具紫色斑点或方格,或仅花被片上部两侧具紫色斑带或斑块。

　　　18. 花黄绿色,仅花被片上部两侧具紫色斑带或斑块;叶状苞片及与叶状苞片合生的叶先端不卷曲 ····
　　　　·· 13. **太白贝母** F. taipaiensis

　　　18. 花黄绿色,通常具紫色斑点或方格斑,无紫色斑带或斑块;叶状苞片及与叶状苞片合生的叶先端多卷曲,
　　　　少数不卷曲。

　　　　19. 蜜腺较长,椭圆形或卵形,长3-6毫米;雄蕊花丝多具小乳突,稀无乳突 ·························
　　　　　·· 11. **川贝母** F. cirrhosa

　　　　19. 蜜腺较短,近圆形,长3毫米以下;雄蕊花丝一般无小乳突,稀具乳突 ····························
　　　　　·· 14. **榆中贝母** F. yuzhongensis

1. 粗茎贝母

图 162:1-5

Fritillaria crassicaulis S. C. Chen in Acta Phytotax. Sin. 15(2): 36. f. 2: 1-5. 1977.

植株高达80厘米。鳞茎具2枚鳞片,径2-5厘米。茎中上部被白粉。叶轮生或对生,有时兼有散生;叶披针形或叶两侧边缘不等长而呈近镰形,长7-13厘米,宽0.6-2.6厘米,上面深色,具光泽,下面灰绿色,被白粉,先端不卷曲。花1-3,黄绿或黄色,花被片内面具紫色斑块或斑点,基部紫色;叶状苞片与下面叶合生,先端不卷曲;外花被片长圆形,长约5.5厘米,内花被片倒卵状长圆形,长约5厘米,先端均圆;蜜腺窝在背面凸出,蜜腺长条形,长约0.3厘米,离基部近0.5厘米,黄色;雄

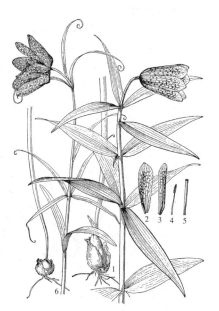

图 162: 1-5. 粗茎贝母　6. 新疆贝母
（冯晋庸绘）

蕊长2.5厘米，花丝具明显乳突，长2厘米，花药条形，有时药隔两侧具2条紫色带；雌蕊长约2.5厘米，柱头裂片长0.3厘米。蒴果具窄翅。花期5月。

产四川西南部及云南西北部，生于海拔2500-3400米落叶林内、竹林下或高山草坡。鳞茎有清肺、止咳、化痰功能。

2. 天目贝母 湖北贝母 图 163：1-2

Fritillaria monantha Migo in Journ. Shanghai Sci. Inst. sect. 3(4)：139. 1939.

Fritillaria hupehensis Hsiao et K. C. Hsia；中国植物志 14：111. 图版 27：2-3. 1980.

植株高0.6（-1）米。鳞茎由2-3枚鳞片组成，径1.2-2厘米。叶对生、轮生兼有散生，椭圆状披针形、长圆形或披针形，先端不卷曲或稍卷曲，长5-12厘米，宽1.5-3（-4.5）厘米。花1-4，淡黄或淡紫色，具黄褐或紫色方格纹或斑点；叶状苞片与下面叶合生，稀不合生，先端不卷曲或卷曲；花梗长1-3.5厘米或更长；花被片长圆状倒披针形，长3.5-5厘米，蜜腺窝在背面突起，蜜腺披针形或三角形，离基部近0.5厘米，蜜腺长0.6-1厘米；花丝无乳突或稍具乳突；花柱柱头3裂，裂片长3-8厘米。蒴果棱上具翅。花期4-6月。

产浙江西北部、安徽、江西北部、湖南西北部、湖北、四川东部、贵

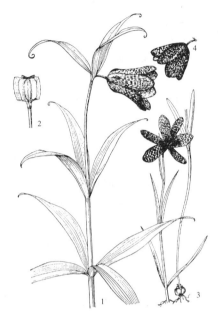

图 163：1-2. 天目贝母 3-4. 暗紫贝母
（冯晋庸绘）

州东北部及河南，生于海拔100-1600米林下、水边或潮湿地、石灰岩土壤及河滩地。鳞茎有清肺止咳化痰、散结消肿功能。

3. 安徽贝母 图 164

Fritillaria anhuiensis S. C. Chen et S. F. Yin in Acta Phytotax. Sin. 21 (1)：100. f. 1：1. 1983.

植株高达50厘米。鳞茎径1-2厘米，由2-3肾形大鳞片包着6-50枚米粒状、卵圆形、窄披针形、近棱角形的小鳞片，小鳞片大小不等。叶6-18，多对生或轮生，长10-15厘米，宽0.5-2（-3.5）厘米，先端不卷曲。花1-2（3-4），淡黄白或黄绿色，具紫色斑点或方格，在栽培植株中有时出现具纯白或紫色花植株；叶状苞片与下面叶合生或不合生，先端不卷曲；花梗长1-3厘米；花被片长圆形或窄椭圆形，长3-5厘米，蜜腺窝明显突出，蜜腺长圆形，长约0.5厘米，离花被片基部

图 164 安徽贝母 （孙英宝绘）

约1厘米；花丝无小乳突；柱头裂片长2-6毫米。蒴果棱上具宽翅，翅宽0.5-1厘米。花期3-4月。

产安徽、河南及湖北,生于海拔600-900米山坡灌丛草地或沟谷林下。鳞茎的功能同天目贝母。

4. 梭砂贝母　　　　　　　　　　图 165 彩片 79

Fritillaria delavayi Franch. in Journ. de Bot. 12: 222. 1898.

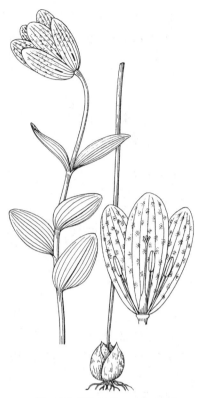

植株高达35厘米。鳞茎由2(3)枚鳞片组成,径1-2厘米,常深埋地下,地上部分表面具一层薄灰白色蜡质层。茎生叶3-5(包括叶状苞片),较紧密地生于植株中部或上部,散生或最上面2枚对生,窄卵形或卵状椭圆形,长2-7厘米,先端不卷曲。花单生,淡黄色,具红褐色斑点或小方格;花被片长3.2-4.5厘米,宽1.2-1.5厘米,内花被片比外花被片稍长而宽;花丝无乳突;花柱裂片长0.5-4毫米。蒴果棱上具窄翅,宿存花被直立不萎缩,包被蒴果至成熟时花被片才干萎。花期6-7月。

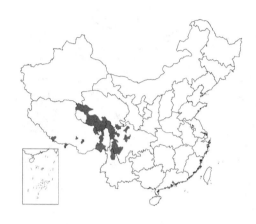

图 165 梭砂贝母　(王金凤绘)

产青海、四川、云南西北部及西藏,生于海拔3800-5600米沙石地或流沙岩石缝中。锡金及不丹有分布。鳞茎的功能同平贝母。

5. 伊贝母　　　　　　　　　　图 166 彩片 80

Fritillaria pallidiflora Schrenk in Fischer et Meyer, Enum. Pl. Nov. Schrenk Lect. 1: 5. 1841.

植株高达48厘米。鳞茎较大,径1-4厘米。叶互生,有时近对生或近轮生;茎生叶5-17,最下叶宽披针形、椭圆形或长圆形,长5-7厘米,宽2-4厘米,先端钝;叶状苞片线状披针形,长4-9厘米,不与下面叶合生。花1-5,钟形;花被片黄或淡黄色,内面具红或暗红色斑点,不成方格状,长3-5厘米,宽1.5-2厘米,内花被片稍宽于外花被片,蜜腺窝在背面明显突出,蜜腺长圆状卵形,长约4毫米,离花被片基部0.3-1厘米;花丝无乳突;长约1.3厘米,花药长圆形,背着,散粉前长约1.3厘米,散粉后0.7厘米;花柱3裂,裂片长约2毫米。蒴果棱上有宽翅。花期5月。

图 166 伊贝母　(张春方绘)

产新疆北部,生于海拔1300-2000米山地云杉林下或草坡灌丛中。中亚、天山地区及克什米尔地区有分布。鳞茎有止咳化痰、清肺散结功能。

6. 新疆贝母 图 162：6 图 167

Fritillaria walujewii Rel. in Gartenflora 28: 353. t. 993. 1879.

植株高达50厘米。鳞茎径1-2.5厘米。叶革质，对生或轮生，最下叶披针形，下部叶先端钝，稀渐尖，中部和上部叶先端渐尖或呈钩状，最上叶及叶状苞片先端卷曲，长5-12厘米，宽0.4-2厘米。花单生，稀2或3，钟形或筒状钟形；叶状苞片多与下面叶合生；花被片长圆状椭圆形，长3-5厘米，外面常白绿色或淡紫色，内面淡褐紫色，具稍白的斑点和微弱的小方格纹，蜜腺窝明显突起，蜜腺长圆形；花丝无乳突；柱头3裂，裂片长2-3毫米。蒴果长圆柱形。花期4-5月。

产青海东北部及新疆，生于海拔1600-2000米山地草原、草甸、灌木丛下或云杉林间空地。鳞茎的功能同伊贝母。

图 167 新疆贝母 （孙英宝仿绘）

7. 黄花贝母 图 168：1

Fritillaria verticillata Willd. Sp. Pl. ed. 4, 2: 91. 1799.

植株高0.5(-1)米。鳞茎径约2厘米。叶自茎1/3处左右开始着生，对生或轮生，最下叶较宽，其余叶逐渐变窄，长5-9厘米，宽0.2-1厘米，通常先端卷曲。花1-5，白或淡黄色，稀淡紫色，顶端花叶状苞片多与下面叶合生，其余花叶状苞片多不与下面叶合生，苞片先端卷曲；花被片长2-4.5厘米，宽1-2.5厘米，内面无斑纹或具紫褐色方格纹，蜜腺窝明显突起，蜜腺离基部约0.5厘米，长2-4毫米，花被片在蜜腺处弯成直角；花丝无乳突，柱头裂片长2-4毫米。蒴果上具2-4厘米宽的翅。花期4-6月。

产新疆北部，生于海拔1300-2000米山坡灌丛下或草甸中。俄罗斯阿尔泰地区及中亚有分布。鳞茎的药效同伊贝母。

图 168：1. 黄花贝母 2-3. 一轮贝母 （冯晋庸绘）

8. 浙贝母 图 169 彩片 81

Fritillaria thunbergii Miq. Ann. Mus. Bot. Lugd.-Bat. 3: 157. 1867.

植株高达80厘米。鳞茎径1.5-3厘米，鳞片2枚，栽培时可出现3枚。叶对生、轮生或散生，最下一轮叶对生或互生，披针形或线状披针形，长7-11厘米，宽1-2.5厘米，先端稍曲。花1-6，淡黄色；花被片内面有时具不明显的方格；顶端花其叶状苞片

多与下面叶合生，其余花状叶苞片多不与下面叶合生，先端卷曲；花被片长圆状倒卵形，长2-3厘米，宽1-1.8厘米，蜜腺窝不明显突起，花被片在蜜腺处弯成钝角，蜜腺卵形或椭圆形，离花被片基部约0.3厘米，蜜腺长约0.5厘米；花丝无乳突；柱头裂片长1.5-3毫米。蒴果棱上具翅。花期3-4月，果期5月。

产江苏南部、浙江、安徽、湖北、湖南、四川东部及河南东南部，生于海拔600米以下的竹林内或稍阴蔽的地方。鳞茎有清肺化痰、散结消肿功能。

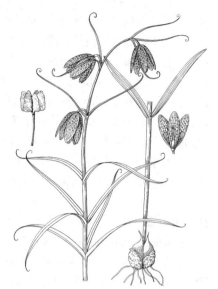

图 169 浙贝母 （王金凤绘）

9. 平贝母

图 170 彩片 82

Fritillaria ussuriensis Maxim. in Trauto, Regd, Maxim. et Winkl. Dec. Pl. Nov: 9. 1882.

植株高达1米。鳞茎具2枚鳞片，径1-1.5厘米，周围具少数小鳞片。

叶轮生或对生；茎生叶达17枚，最下叶3枚轮生，在中上部常兼有少数散生，线形或披针形，长7-14厘米，宽3-6.5毫米，先端不卷曲或稍卷曲。花1-3，紫色，具黄色小方格，下面花叶状苞片常不与下面叶合生，顶端花叶状苞片通常与下面叶合生，先端卷曲，宽0.5-1毫米；外花被片长约3.5毫米，宽约1.5厘米，比内花被片稍长且宽，

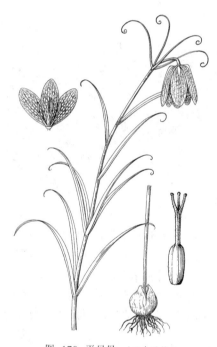

图 170 平贝母 （王金凤绘）

蜜腺窝在背面明显凸出，蜜腺离花被片基6-8毫米；花丝具小乳突；花柱有乳突，柱头裂片长约5毫米。蒴果无翅。花期5-6月。

产黑龙江、吉林及辽宁东部，喜生于富含腐殖质较湿润少土壤的林下、灌丛间、草甸或河谷。俄罗斯远东沿海地区及朝鲜半岛北部有分布。鳞茎有清肺、化痰、止咳功能。

10. 裕民贝母

图 171

Fritillaria stenanthera (Regel) Regel in Acta Horti Petrop. 8: 652. 1883.

Fritillaria yuminensis X. Z. Duan; Fl. China 24: 131. 2000.

多年生草本，高达35厘米。鳞茎径1.5厘米。茎中部叶部分具不明显乳突状毛。叶着生茎中部，轮生或对生，在中上部常散生，最下面叶对生，

稀互生，最下面叶宽披针形或卵状披针形，先端钝，长6-8厘米，宽1-2.5厘米，向上叶骤窄，披针形或线状披针形，先端弯曲；苞叶2-3，线状披针形，先端卷曲。花1-6，粉红或暗蓝色，稀白色，无方格斑及斑点；外轮花被片窄椭圆形或长圆形，长1.5-2.5厘米，内轮花被片倒卵状长圆形，长1.5-2.3厘米，蜜腺窝凸出于花被片背面，成小球状；花丝下部稍扩大，花药长圆形，长3-4毫米；花柱向上部具微毛，柱头不裂。蒴果扁球形，具窄翅，长约1.5厘米，径约2厘米，翅宽3-4毫米。花期4月。

产新疆北部，生于海拔1100-2800米山坡林缘、空阔地或砾石间。中亚及天山等地区有分布。鳞茎药效同伊贝母。

11. 川贝母　　　　　　　　图 172 彩片 83
Fritillaria cirrhosa D. Don, Prodr. Fl. Nepal. 51. 1825.

植株高达60厘米。鳞茎球形或宽卵圆形，径1-2厘米。叶常对生，少数在中、上部兼有散生或3-4枚轮生，线形或线状披针形，长4-12厘米，宽3-5（-15）毫米，先端卷曲或不卷曲。花单生，稀2-3朵，钟形或窄钟形，黄或黄绿色，具多少不一的紫色斑点及方格纹，有时紫色斑点或方格纹所占面积超过黄绿色面积，花被片呈紫色具黄绿色斑纹；叶状苞片与下部叶合生或不合生，先端卷曲或弯曲；花被片形状多种，长2.8-5.5厘米，蜜腺窝绿、黄绿或紫色，长卵形或宽椭圆形，长3-5毫米，离花被片基部4-8毫米；花丝无小乳突或稍具乳突；柱头裂片长3-5毫米。蒴果棱上具窄翅。花期5-7月。

产甘肃南部、青海南部、四川、云南及西藏，生于海拔3200-4600米高山灌丛草甸地带或冷杉林中。克什米尔地区、巴基斯坦西部、阿富汗西部、印度西部、尼泊尔、不丹、锡金及缅甸有分布。鳞茎有润肺止咳化痰功能。

图 171 裕民贝母 （谭丽霞绘）

图 172 川贝母 （王金凤绘）

12. 华西贝母　　　　　　　图 173 彩片 84
Fritillaria sichuanica S. C. Chen in Acta Bot. Yunnan. 5(4): 371. f. 1: 6-10. 1983.

Fritillaria cirrhosa D. Don var. *ecirrhosa* Franch.；中国植物志 14: 105. 1980.

植株高达50厘米。鳞茎径0.7-1.5厘米。茎生叶4-10，先端不卷曲，最下叶对生，稀互生，长3-14厘米，宽2-8毫米，余叶互生，兼有对生，稀轮生。花1-2（3），钟形，黄绿色具紫斑点和方格斑，有时紫色或方格斑较多，花被片呈紫色具黄绿色斑点和方格斑；叶状苞片通常不与下面叶合生，稀与下面叶合生呈2-3枚轮生，先端不卷曲；花被片长2.5-4厘米，外花被片长圆状椭圆形或倒卵状椭圆形，宽0.5-1.3厘米，内花被片倒卵状长圆形

或倒卵形,宽0.7-1.6厘米,蜜腺卵形或长圆形,长2-5毫米,离花被片基部2-5毫米,花被片在蜜腺处弯成直角或钝角;花丝具乳突或乳突不明显;花柱裂片长2(3-4)毫米。蒴果具翅。花期5-6月。

产青海及四川,生于海拔3000-4400米山坡草丛、灌丛内或山顶崖壁阶地。鳞茎的药效同平贝母。

13. 太白贝母

图 174 彩片 85

Fritillaria taipaiensis P. Y. Li in Acta Phytotax. Sin. 11 (3): 251. 1966.

植株高达50厘米,栽培时可更高。茎生叶5-10,栽培植株多达20,对生,中部兼有轮生或散生,线形或线状披针形,长7-13厘米,宽2-8毫米,

最下一对叶先端钝圆,余叶先端渐尖,直伸或卷曲。花1-2朵,栽培时可多达8朵,钟形,黄绿色具紫色斑点,紫色斑点密集成片状,花被片紫色,具黄褐色斑点;叶状苞片与下面叶合生或不合生,具单花时叶状苞片通常与下面叶合生,先端直或弯曲,栽培时卷曲;花被片长2.5-5厘米,外花被片窄长圆形或倒卵状长圆形,宽0.6-1.3厘米,先端钝圆或钝尖,内花被片倒卵形、匙形或倒卵长圆形,宽1.2-1.8厘米,先端圆或具钝尖,蜜腺窝稍突出,蜜腺圆形或近圆形,长2-3毫米,紫或深黄绿色,离花被片基部约5毫米,花被片在蜜腺处弯成约钝角;花丝基部无乳突,上部有不明显或明显乳突;花柱分裂长2-3毫米,栽培时长达3-5(-8)毫米。蒴果棱上具翅。花期5-6月。

产山西、陕西南部、宁夏南部、甘肃南部、四川、湖北西部及河南西部,生于海拔2000-3200米山坡草丛或灌丛内,或山沟石壁阶地草丛中。鳞茎的药效同平贝母。

14. 榆中贝母

图 175

Fritillaria yuzhong-ensis G. D. Yu et Y. S. Zhou in Acta Bot. Yunnan. 7 (2): 146. f. 1. 1985.

植株高达50厘米。鳞茎径0.7-1.3厘米。最下叶对生,线形,长3-7厘米,宽2-6毫米,先端不卷曲,余叶多互生,稀兼有对生,先端卷曲或弯曲。花单生,稀2花,钟

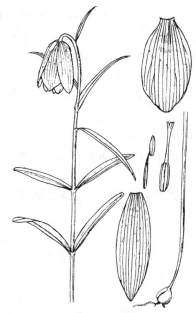

图 173 华西贝母 (王金凤绘)

图 174 太白贝母 (李 健绘)

形,黄绿色,具稀疏紫色方格斑;叶状苞片与下面叶合生,稀不合生,先端弯曲或卷曲;花被片长2-4厘米,外花被片椭圆形或倒卵状长圆形,宽0.6-1.2厘米,内花被片倒卵形或倒卵

状长圆形，宽0.8-1.8厘米，蜜腺窝明显突起，蜜腺近圆形，长2毫米，离花被片基部约5毫米，花被片在蜜腺外弯成直角；花丝无乳突或具稀疏乳突；柱头裂片长2-4毫米。蒴果具翅。花期6月。

产宁夏南部、甘肃及青海东北部，生于海拔2400-3500米山坡灌丛、箭竹林或高山草丛中。鳞茎的药效同平贝母。

15. 甘肃贝母 　　　　　　　　　　　图 176 彩片 86

Fritillaria przewalskii Maxim. ex Batal. in Acta Hort. Petrop. 8: 105. 1893.

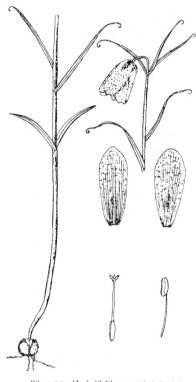

图 175 榆中贝母 （孙英宝仿绘）

植株高达50厘米。鳞茎径0.6-1.3厘米。茎生叶4-7，最下叶多对生，稀互生，上部叶互生或兼有对生，线形，长3-9厘米，宽3-6毫米，先端常不卷曲或稍卷曲。花通常1朵，稀2朵，喇叭形或陀螺状钟形，淡黄色，具深黑紫色斑点或紫色方格纹；叶状苞片不与下面叶合生，先端不卷曲或稍卷曲；花被片长2-3厘米，外花被片窄长圆形，宽0.6-1厘米，内花被片窄倒卵形，宽0.7-1.3厘米，蜜腺窝不明显突出，蜜腺长卵形，长2-4毫米，离花被片基部约3毫米，花被片蜜腺处稍弯曲；花丝具乳突；柱头裂片长1毫米或近不裂。蒴果具窄翅。花期6-7月。

产甘肃、青海及四川，生于海拔2800-4400米灌丛或草地中。鳞茎的药效同平贝母。

16. 暗紫贝母 　　　　　　　　　　　图 163：3-4 彩片 87

Fritillaria unibracteata Hsiao et K. C. Hsia in Acta Phytotax. Sin. 15 (2): 39. f. 4: 2. 1977.

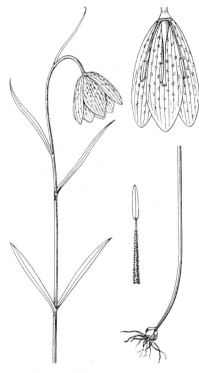

图 176 甘肃贝母 （王金凤绘）

植株高达40厘米。鳞茎具2枚鳞片，径6-8毫米。茎生叶最下面2枚对生，稀互生，上面叶互生或兼对生，线形或线状披针形，长3.6-5.5厘米，宽3-5毫米，先端不卷曲。花单生，稀2-5朵，深紫色，内面黄绿色，无紫斑或顶端具"V"形紫红色带，或具较稀的紫红色斑点和斑块，花被片内面具密集紫红色斑纹；叶状苞片不与下面叶合生，先端不卷曲；花被片长2.5-2.7厘米，外花被片近长圆形，宽6-9毫米，内花被片倒卵状长圆形，宽1-1.3厘米，蜜腺窝不明显突出，花被片有蜜腺处稍弯曲，蜜腺卵形或近圆形，长约2毫米，深绿或深黄绿色；花丝具乳突或无；柱头裂片长1-2毫米，有时几不裂。蒴果棱具窄翅。花期5-6月。

产甘肃西南部、青海东南部及四川,生于海拔3200-4500米灌丛草甸中。鳞茎有清肺、止咳、化痰功能。

17. 额敏贝母　　　　　　　　　　　　图 177

Fritillaria meleagroides Patrin ex Schult. f. Linn. Syst. Veg. ed. nov. 7: 395. 1829.

植株高达40厘米。鳞茎球形,径0.5-1.5厘米。叶3-7,散生,线形,长5-15厘米,宽1-5毫米,先端直或稍弯曲。花单生,稀2-4朵,外面深紫或黑棕色,稍带灰色,内面具稍带黄绿色条纹和方格纹;叶状苞片先端不卷曲;花被片长2-3.8厘米,外花被片椭圆状长圆形,宽5-8毫米,内花被片倒卵形,宽0.7-1.2厘米,蜜腺窝不明显,短小;花丝有乳突;柱头3裂,裂片长4-8毫米。蒴果无翅。种子多数,内具成熟的线形胚。花期4月。

产新疆北部,生于海拔900-2400米高山草甸、河岸或洼地,有时也生

图 177 额敏贝母
(引自《Studies Gen. Fritillaria》)

于盐碱地带或沼泽地浅水中。保加利亚、俄罗斯及中亚地区有分布。鳞茎的药效同伊贝母。

18. 一轮贝母　轮叶贝母　　　图 168:2-3　图 178

Fritillaria maximowiczii Freyn in Oesterr. Bot. Zeit. 53: 21. 1903.

植株高达50厘米。鳞茎具4-5或更多鳞片,周围具许多米粒状小鳞片,径1-2厘米。叶3-6排成1轮,稀2轮,着生茎1/3处以上,向上有时还具1-2枚散生叶;叶披针形或线形,长4.5-10厘米,宽0.3-1.3厘米,先端不卷曲;叶状苞片先端不卷曲。花单生,稀2朵;花被片长圆状椭圆形,外面紫红色,内面红色,稍具黄色方格纹,长3.5-4厘米;花丝无小乳突;柱头裂片长6-8毫米。蒴果具翅。花期6月。

产黑龙江、吉林西南部、辽宁西南部、内蒙古东北部及河北,生于海拔1400-1500米林下、林缘、灌丛间阴湿地或山坡草丛间。俄罗斯西西伯利亚及远东地区有分布。鳞茎的药效同川贝母。

图 178 一轮贝母
(引自《Studies Gen. Fritillaria》)

19. 砂贝母　　　　　　　　　　　　　　　　图 179

Fritillaria karelinii（Fisch.）Baker in Journ. Linn. Soc. Bot. 14: 268. 1874.

Rhinopetalum karelini Fisch. ex D. Don in Sweet, Brit. Gard. Orn. Bull. Pl. t. 53. 1841.

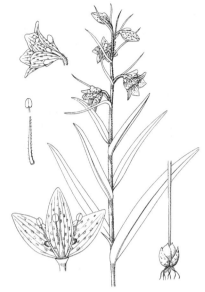

图 179 砂贝母　（王金凤绘）

鳞茎球形，径约1厘米。茎高10-20厘米。茎、花序轴、花梗、叶状苞片和上部的叶均具乳突状毛。叶散生，最下2枚较大，披针形，长4-6厘米，宽0.8-1.5厘米，向上3-7枚较小，线形。花单生或数朵形成总状花序状。花较小，多少成两侧对称，淡红紫色，具暗色斑点或小方格；花被片长1-1.5厘米，宽3-5毫米，蜜腺窝向外突起成囊状，其中最上面一枚花被片的蜜腺窝明显大于其余花被片的蜜腺

窝；花丝中部以下边缘具细缘毛；花药基着，近球形，长约1.2毫米；柱头几不裂。蒴果棱无翅，花被片宿存。花期4月。

产新疆西北部，生于海拔400-800米苇湖边缘、戈壁砂丘或平原蒿属荒漠沙滩地。中亚地区有分布。鳞茎的药效同伊贝母。

25. 百合属 **Lilium** Linn.
（梁松筠）

多年生草本。鳞茎具多数肉质鳞片，白色，稀黄色。叶散生，稀轮生，全缘或有小乳头状突起。花单生或成总状花序，稀近伞形或伞房状；苞片叶状。花艳丽，有时有香气；花被片6，2轮，离生，常多少靠合成喇叭形或钟形，稀反卷，基部有蜜腺，有时具鸡冠状或流苏状突起；雄蕊6，花丝钻形，花药椭圆形，背着；子房圆柱形，花柱细长，柱头3裂。蒴果长圆形，室背开裂。种子多数，扁平，周围有翅。

约115种，分布北半球温带和高山地区。我国55种。

1. 叶散生。
  2. 花喇叭形或钟形。
    3. 花喇叭形。
      4. 蜜腺两侧有乳头状突起；茎上部叶腋无珠芽；花丝中部以下密被柔毛。
        5. 叶披针形、窄披针形或线形 ·· 1. **野百合 L. brownii**
        5. 叶倒披针形或倒卵形 ································· 1(附). **百合 L. brownii** var. **viridulum**
      4. 蜜腺两侧无乳头状突起。
        6. 茎上部叶腋无珠芽。
          7. 叶线形，宽 2-3 毫米 ····································· 2. **岷江百合 L. regale**
          7. 叶披针形或长圆状披针形，宽0.6-1.8厘米。
            8. 花丝无毛。
              9. 茎无毛 ··· 3. **麝香百合 L. longiflorum**
              9. 茎被糙毛 ································· 3(附). **糙茎百合 L. longiflorum** var. **scabrum**
            8. 花丝被毛 ··· 4. **宜昌百合 L. leucanthum**
        6. 茎上部叶腋有珠芽 ··· 5. **淡黄花百合 L. sulphureum**

3. 花钟形。
  10. 内轮花被片蜜腺两侧有流苏状或乳头状突起。
    11. 内轮花被片蜜腺两侧有流苏状突起,花下垂或平展。
      12. 花被片披针形或卵状披针形,花黄色 ·· **6. 尖被百合 L. lophophorum**
      12. 花被片椭圆形或卵状椭圆形,花淡紫、紫红或黄色。
        13. 花淡紫或紫红色 ··· **7. 小百合 L. nanum**
        13. 花黄色 ····················· **7(附). 黄花小百合 L. nanum var. flavidum**
    11. 内轮花被片蜜腺两侧有乳头状突起;花直立。
      14. 叶基部无白绵毛;茎有乳头状突起;花柱稍短于子房,花被片长2.2-3.5厘米,蜜腺两侧乳头状突起
        非深紫红色。
        15. 花被片无斑点 ··· **8. 渥丹 L. concolor**
        15. 花被片有斑点 ················· **8(附). 有斑百合 L. concolor var. pulchellum**
      14. 叶基部具簇生白绵毛;茎无乳头状突起;花柱长为子房2倍以上,花被片长7-9厘米,近蜜腺处有深
        紫红色乳头状突起 ······································ **9. 毛百合 L. dauricum**
  10. 内轮花被片蜜腺两侧无乳头状突起,无流苏状突起。
    16. 叶长12-15厘米;花常5-6,稀单生;花被片白色,内面基部有深紫色斑块 ··· **10. 墨江百合 L. henricii**
    16. 叶长2.5-8厘米;花常单生或3-4;花被片种种颜色,无深紫色斑块。
      17. 茎无乳头状突起;花紫红色,无斑点;鳞茎窄卵形,高为宽约1倍 ········ **11. 紫花百合 L. souliei**
      17. 茎有乳头状突起;花种种颜色,有斑点(无斑滇百合例外);鳞茎近卵形或球形,高与宽近相等。
        18. 叶缘及下面中脉有乳头状突起;花白、粉红或淡黄色,内具紫色斑点。
          19. 花白或淡玫瑰色。
            20. 花白色,内具紫红色斑点 ······························· **12. 滇百合 L. bakerianum**
            20. 花白或玫瑰色,无斑点 ········· **12(附). 无斑滇百合 L. bakerianum var. yunnanense**
          19. 花淡黄、橄榄色、黄绿或淡绿色,内具斑点。
            21. 花淡黄色,内具紫色斑点 ············· **12(附). 金黄花滇百合 L. bakerianum var. aureum**
            21. 花黄绿、淡绿或橄榄色,内具红紫或鲜红色斑点 ···
                 12(附). 黄绿花滇百合 L. bakerianum var. delavayi
        18. 叶缘无乳头状突起;花白色,基部具细小紫红色斑点 ········ **13. 蒜头百合 L. sempervivoideum**
2. 花非喇叭形或钟形。
  22. 花被片蜜脉两侧无乳头状突起,有流苏状突起或无。
    23. 叶无柄;花被片蜜腺两侧无流苏状突起。
      24. 花黄或绿黄色,喉部深紫色,无斑点 ······················ **14. 紫斑百合 L. nepalense**
      24. 花白、淡红紫或粉红色,喉部非深紫色,有深紫色斑点。
        25. 花淡红紫或粉红色,有深紫色斑点;花柱长为子房3倍以上 ········ **15. 卓巴百合 L. wardii**
        25. 花白色,有紫色斑点;花柱与子房等长或稍长 ············ **16. 大理百合 L. taliense**
    23. 叶有短柄;花被片蜜腺两侧有流苏状突起。
      26. 叶近圆形;花白色,花被片边缘波状 ··············· **17. 药百合 L. speciosum var. gloriosoides**
      26. 叶两型;花黄或桔黄色,花被片全缘。
        27. 叶长圆状披针形,基部近圆,宽2-2.7厘米;蒴果长4-4.5厘米,径约3.5厘米,褐色 ·····················
        ·· **18. 湖北百合 L. henryi**
        27. 叶线状披针形,宽0.8-1厘米;蒴果长5.5-6.5厘米,径1.4-1.8厘米,褐绿色 ·····················
        ·· **18(附). 南川百合 L. rosthornii**
  22. 花被片蜜脉两侧有乳头状突起。
    28. 茎上部叶腋无珠芽。
      29. 叶披针形或长圆形。

30. 花白或粉红色,有紫色斑点,花被片无流苏状突起。
　　31. 花白色;叶腋无白毛 ·· 19. **宝兴百合 L. duchartrei**
　　31. 花粉红色;叶腋有白毛 ·················· 19(附). **匍茎百合 L. duchartrei** var. **lankongense**
30. 花红色,有紫色斑点,花被片有流苏状突起 ········· 20. **大花卷丹 L. leichtlinii** var. **maximowiezii**
29. 叶线形。
　　32. 花被片蜜腺两侧有乳头状突起,无鸡冠状突起。
　　　　33. 苞片先端不增厚。
　　　　　　34. 花鲜红色,常无斑点,稀有斑点 ··················· 21. **山丹 L. pumilum**
　　　　　　34. 花淡紫红、橙黄色,有紫色斑点。
　　　　　　　　35. 茎密被小乳头状突起;花橙黄色,有紫黑色斑点;花柱长为子房2倍以上 ··········
　　　　　　　　　　·· 22. **川百合 L. davidii**
　　　　　　　　35. 茎无小乳头状突起;花淡紫红色,有深紫色斑点;花柱长约为子房的1倍多 ·········
　　　　　　　　　　··· 22(附). **垂花百合 L. cernuum**
　　　　33. 苞片先端增厚;花被片红或淡红色,几无斑点 ········· 23. **条叶百合 L. callosum**
　　32. 花被片蜜腺两侧有乳头状突起及流苏状突起。
　　　　36. 花绿白色,密被紫褐色斑点 ····························· 24. **绿花百合 L. fargesii**
　　　　36. 花紫红色 ·· 24(附). **乳头百合 L. papilliferum**
28. 茎上部叶腋有珠芽;花橙红色,有紫黑色斑点 ·············· 25. **卷丹 L. tigrinum**
1. 叶轮生,常1轮。
　　37. 花被片张开,稍弯,橙黄色,具斑点;鳞片白色,无节 ····· 26. **青岛百合 L. tsingtauense**
　　37. 花被片反卷,淡橙红色,有斑点;鳞片白色,有节 ········ 27. **东北百合 L. distichum**

1. 野百合

图 180:7 彩片 88

Lilium brownii F. E. Brown ex Miellez in Cat. Expos. S. Hort. Lilie.
1841.

鳞茎球形,径2-4.5厘米;鳞片披针形,长1.8-4厘米,无节。茎高达
2米,有的有紫纹,有的下部有小乳头状突起。叶散生,披针形、窄披针形
或线形,长7-15厘米,宽0.6-2厘米,全缘,无毛。花单生或几朵成近伞形。花梗长3-10厘米;苞片披针形,长3-9厘米,花喇叭形,有香气,乳白色,外面稍紫色,向外张开或先端外弯,长13-18厘米;外轮花被片宽2-4.3厘米,内轮花被片宽3.4-5厘米,蜜腺两侧具小乳头状突起;雄蕊上弯,花丝长10-13厘米,中部以下密被柔毛,

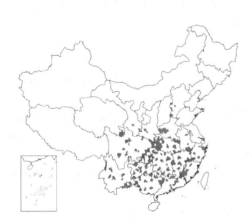

图 180: 1-6. 百合 7. 野百合
（张泰利绘）

稀疏生毛或无毛,花药长1.1-1.6厘米;子房长3.2-3.6厘米,径约4毫米,花柱长8.5-11厘米。蒴果长4.5-6厘米,径约3.5厘米,有棱。花期5-6月,果期9-10月。染色体2n=14(a),24,25。

产河北、山东东部、安徽、浙江、福建、江西、湖北、湖南、广东、广西、云南、贵州、四川、甘肃南部、陕西南部及河南,生于海拔100-2150

米山坡、灌丛中、溪边或石缝中。鳞茎富含淀粉,可食;也可药用,养阴润肺,清心安神。

　[附] **百合** 图180:1-6 彩片 89

Lilium brownii var. **viridulum** Baker in Gard. Chron. ser. 2, 24: 134. 1885. 本变种与模式变种的区别：叶倒披针形或倒卵形。染色体2n=23，24(a)。产陕西、山西、河北、安徽、浙江、江西、湖北及湖南，生于海拔300-920米山坡草丛中、疏林下、沟边、地边或村旁，也有栽培。鳞茎富含淀粉，为

名贵食品；有养阴润肺、清心安神功能。鲜花含芳香油，可作香料，亦可供观赏。

2. 岷江百合
图 181 彩片 90

Lilium regale Wils. in Horticulture 16: 110. 1912, in nota.

鳞茎宽卵圆形，高约5厘米，径3.5厘米；鳞片披针形，长4-5厘米。茎高约50厘米，有小乳头突起。叶散生，多数，线形，长6-8厘米，宽2-3毫米，具1脉，边缘和下面中脉具乳头状突起。花1至数朵，芳香，喇叭形，白色，喉部黄色；外轮花被片披针形，长9-11厘米，内轮花被片倒卵形，先端尖，蜜腺两侧无乳头状突起；花丝长6-7.5厘米，几无乳头状突起，花药长0.9-1.2厘米，宽约3毫米；子房长约2.2厘米，径约3毫米，花柱长6厘米，柱头膨大，径6毫米。花期6-7月，染色体2n=24(a)。

产四川，生于海拔800-2500米山坡岩缝中、河边。常栽培。

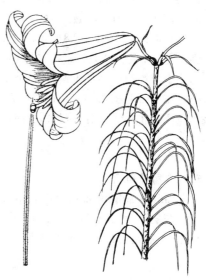

图 181 岷江百合 （引自《中国植物志》）

3. 麝香百合
图 182

Lilium longiflorum Thunb. in Trans. Linn. Soc. 2: 333. 1794.

鳞茎球形或近球形，高2.5-5厘米；鳞片白色。茎高达90厘米，绿色，基部淡红色，无毛。叶散生，披针形或长圆状披针形，长8-15厘米，宽1-1.8厘米，全缘。两面无毛。花单生或2-3。花梗长3厘米；苞片披针形或卵状披针形，长约8厘米；花喇叭形，白色，筒外略带绿色，长达19厘米；外轮花被片上端宽2.5-4厘米，内轮花被片较外轮稍宽，蜜腺两侧无乳头状突起；花丝长15厘米，无毛；子房长4厘米，柱头3裂。蒴果长圆形，长5-7厘米。花期6-7月，果期8-9月。

原产日本。我国广泛栽培。为艳丽花卉，花极香，含芳香油，可提取香料。鳞茎有养阴润肺、清心安神功能。

［附］糙茎百合 **Lilium longiflorum** var. **scabrum** Masam. in Trans. Nat. Soc. Form. 26: 218. 1936. 本变种与模式变种的区别：茎被糙毛。产台湾，生于海拔500米以下山地。

图 182 麝香百合 （孙英宝绘）

4. 宜昌百合
图 183

Lilium leucanthum (Baker) Baker in Roy. Hort. Soc. 26: 337. 1901, pro parte.

Lilium brownii F. E. Brown ex Mielloz var. *leucanthum* Baker in Gard. Chron. ser. 3, 16: 180. 1894.

鳞茎近球形，高3.5-4厘米，径约3厘米；鳞片披针形，长3.5厘米，干时褐黄或紫色。茎高达1.5米，有小乳头状突起。叶散生，披针形，长8-17厘米，宽0.6-1厘米，边缘无乳头状突起，上部叶腋无珠芽。花单生或2-4；苞片长圆状披针形，长4-6厘米。花梗长达6厘米，紫色；花喇叭形，微香，白色，内面淡黄色，背脊及近脊处淡绿黄色，长12-15厘米；外轮花被片披针形，宽1.6-2.8厘米，内轮花被片匙形，宽2.6-3.8厘米，先端钝圆，蜜腺无乳头状突起；花丝长10-12厘米，下部密被毛，花药长约1厘米；子房长2.6-4.5厘米，宽4-5毫米，淡黄色，花柱长达10厘米，基部有毛，柱头径8毫米，3裂。花期6-7月。

产湖北西部、湖南西北部及四川，生于海拔450-1500米山沟、河边草丛中。

5. 淡黄花百合 图 184

Lilium sulphureum Baker apud Hook. f. Fl. Brit. Ind. 6: 351. 1892.

鳞茎球形，高3-5厘米，径5.5厘米；鳞片卵状披针形或披针形，长2.5-5厘米。茎高达1.2米，有小乳头状突起。叶散生，披针形，长7-13厘米，宽1.3-1.8(-3.2)厘米，上部叶腋具褐色珠芽。苞片卵状披针形或椭圆形；花梗长4.5-6.5厘米；花通常2，喇叭形，芳香，白色；花被片长17-19厘米，外轮花被片长圆状倒披针形，宽1.8-2.2厘米，内轮花被片匙形，宽3.2-4厘米，蜜腺两侧无乳头状突起；花丝长13-15厘米，无毛，稀有疏毛，花药长约2厘米；子房长4-4.5厘米，宽2-5毫米，紫色，花柱长11-12厘米，柱头膨大，径约1厘米。花期6-7月。染色体2n=36(a)。

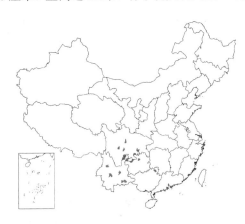

产广西东北部、贵州、四川及云南，生于海拔1890米以下山坡路边、疏林下或草坡。缅甸有分布。鳞茎药效同百合。

6. 尖被百合 图 185 彩片 91

Lilium lophophorum (Bur. et Franch.) Franch. in Journ. de Bot. 12: 221. 1898.

Fritillaria lophophorum Bur. et Franch. in Journ. de Bot. 5: 153. 1891.

鳞茎近卵形，高4-4.5厘米，径1.5-3.5厘米；鳞片披针形，长3.5-4厘米，白色，鳞茎上方的茎无根。茎高达45厘米，无毛。叶聚生或散生，披针形、长圆状披针形或长披针形，长5-12厘米，宽0.3-2厘米，边缘有乳突状突起。3-5脉。花常单生，稀2-3，下垂。花梗长9-15厘米；苞片叶状，披针形，长5-13厘米；花黄、淡黄或淡黄绿色，疏生紫红色斑点或无斑点；花被片披针形或窄卵状披针形，长4.5-5.7厘米，先端长渐尖，内轮花被片

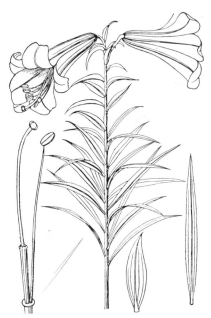

图 183 宜昌百合 （引自《中国植物志》）

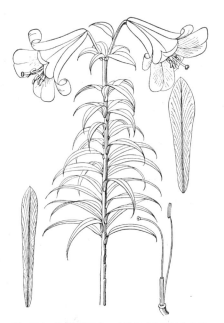

图 184 淡黄花百合 （引自《中国植物志》）

蜜腺两侧具流苏状突起；雄蕊长1.5-2厘米，花丝钻状，无毛，花药长0.7-1厘米；子房长1-1.2厘米，花柱长约1厘米，柱头头状。蒴果长圆形，长2-3厘米，成熟时带紫色。花期6-7月，果期8-9月。

产四川、云南西北部及西藏东南部，生于海拔2700-4250米高山草地、林下或山坡灌丛中。

7. 小百合　　　　　图 186 彩片 92

Lilium nanum Klotz. et Garcke, Bot. Erg. Reise Pr. Waldemar 53. 1862.

鳞茎长圆形，高2-3.5厘米，径1.5-2.3厘米；鳞片披针形，长2-2.5厘米，白色，鳞茎上方的茎无根。茎高达30厘米，无毛。叶散生，线形，6-11，长4-8.5厘米，宽2-4毫米。花单生，钟形，下垂；花被片淡黄或紫红色，内有淡紫色斑点，外轮花被片椭圆形，长2.5-2.7厘米，内轮花被片较外轮稍宽，蜜腺两侧有流苏状突起；花丝钻形，长1-1.2厘米，无毛，花药长约6毫米；子房长1厘米，宽3-6毫米，花柱长4-6厘米，柱头膨大，径3-4毫米。蒴果长圆形，长2.8-3.5厘米，成熟时黄色，棱带紫色。花期6月，果期9月。染色体2n=48。

产四川西南部、云南西北部及西藏，生于海拔3500-4500米山坡草地、灌木林下或林缘。印度、尼泊尔、锡金、不丹及缅甸有分布。

[附] **黄花小百合 Lilium nanum** var. **flavidum** (Rendle) Senly in Bot. Mag. t. 218. 1952. —— *Fritillaria flavida* Rendle in Journ. Bot. 44: 45. 1906. 本变种与模式变种的区别：花黄色。产西藏东南部及云南，生于海拔3800-4280米林缘或高山草地。不丹及缅甸有分布。

8. 渥丹　红花菜　山丹　红百合　　　图 187 彩片 93

Lilium concolor Salisb. in Hook. Parad. Lond. 1: t. 47. 1806.

鳞茎卵球形，高2-3.5厘米，径2-3.5厘米；鳞片卵形或卵状披针形，长2-2.5(-3.5)厘米，白色；鳞茎上方茎有根。茎高达50厘米，稀近基部带紫色，有小乳头状突起。叶散生，线形，长3.5-7厘米，宽3-6毫米，3-7脉，边缘有小乳头状突起，两面无毛。花1-5成近伞形或总状花序。花梗长1.2-4.5厘米；花直立；星状开展，深红色，无斑点，有光泽；花被片长圆状披针形，长2.2-4厘米，蜜腺两侧具乳头状突起；花丝长1.8-2厘米，无毛，花药长约7毫米；子房长1-1.2厘米，宽2.5-3毫米，花柱稍短于子房，柱头稍膨大。蒴果长圆形，长3-3.5厘米。花期6-7月，果期8-9月。染色体2n=24(a)。

图 185 尖被百合 （张泰利绘）

图 186 小百合 （李锡畴绘）

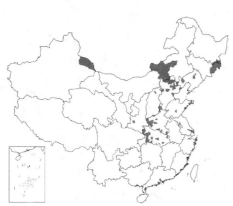

产黑龙江东南部、吉林东北部、辽宁、内蒙古、河北、山西北部、陕西南部、湖北、河南、山东及新疆东部，生于海拔350-2000米山坡草丛、路边、灌木林下。鳞茎有除烦热、润肺、止咳、安神功能。

[附] **有斑百合** 彩片 94 **Lilium concolor** var. **pulchellum** (Fisch.) Regel in Gartenfl. 25: 354. 1876. —— *Lilium pulchellum* Fisch. in Fisch, Mey. et Ave-Lallem. in Ind. Sem. Hort. Petrop. 6: 56. 1839. 本变种与模式变种的区别：花被片有斑点。花期6-7月，果期8-9月。产黑龙江、吉林、辽宁、内蒙古、山西、河北及山东，生于海拔600-2170米阳坡草地和林下湿地。朝鲜及俄罗斯有分布。

9. 毛百合　　　　　　　　　　　　图 188 彩片 95

Lilium dauricum Ker-Gawl. in Bot. Mag. sub. t. 1210. 1809.

图 187 渥丹 （张泰利绘）

鳞茎卵状球形，高约1.5厘米，径约2厘米；鳞片宽披针形，长1-1.4厘米，白色。茎高达70厘米，有棱。叶散生，茎顶有4-5叶轮生，基部簇生白绵毛，边缘有小乳头状突起，有的疏生白色绵毛。苞片叶状，长4厘米；花梗长1-8.5厘米，有白色绵毛；花1-2顶生，橙红或红色，有紫红色斑点。外轮花被片倒披针形，长7-9厘米，外面有白色绵毛，内轮花被片稍窄，蜜腺内侧有深紫色乳头状突起；花丝长5-5.5厘米，无毛，花药长约1厘米；子房长约1.8厘米，径2-3毫米；花柱长为子房2倍，柱头膨大，3裂。蒴果长圆形，长4-5.5厘米。花期6-7月，果期8-9月。染色体2n=24(a)。

产黑龙江、吉林、辽宁东部、内蒙古北部、河北西北部及河南，生于海拔450-1500米山坡灌丛下、疏林中、路边及湿润草甸。朝鲜、日本、蒙古及俄罗斯有分布。鳞茎含淀粉，可食用或药用，有养阴润肺、清心安神功能。

图 188 毛百合 （张泰利绘）

10. 墨江百合　　　　　　　　　　　图 189 彩片 96

Lilium henricii Franch. in Journ. de Bot. 12: 220. 1898.

鳞茎卵圆形或近球形，高3.5厘米，径4厘米；鳞片披针形，长2.5-4厘米。茎高0.6-1.2米，无毛。叶散生，长披针形，长12-15厘米，宽0.9-1.4厘米，具3脉，无毛。花常5-6成总状花序。花梗

图 189 墨江百合 （引自《中国植物志》）

长3.5-6厘米；花钟形，白色；内面基部有深紫红色斑块；花被片近长圆状披针形，长3.5-5厘米，蜜腺绿色，无乳突状突起；花丝长2厘米，无毛，花药长约1厘米；子房长0.9-1.3厘米，宽2-3毫米，花柱长1.5-2.2厘米，

柱头膨大，3裂。花期7月。

产四川及云南西北部，生于海拔2800米林下。

11. 紫花百合　　　　　　图 190 彩片 97

Lilium souliei (Franch.) Sealy in Kew Bull. 1950: 296. f. 3. 1950.

Fritillaria souliei Franch. in Journ. de Bot. 12: 221. 1898.

鳞茎近窄卵形，高2.5-3厘米，径1.2-1.8厘米；鳞片披针形，长1.5-3厘米，白色。茎高达30厘米，无毛。叶散生，5-8枚，长椭圆形、披针形或线形，长3-6厘米，宽0.6-1.5厘米，全缘或边缘稍有乳头状突起。花单生，钟形，下垂，紫红色，无斑点，内面基部颜色淡。外轮花被片椭圆形，长2.5-3.5厘米，宽0.9-1.2厘米，内轮花被片宽1-1.8厘米，蜜腺无乳头状突起；花丝长1.2-1.4厘米，无毛，花药长5-7毫米；子房长7-9毫米，宽2-3毫米，紫黑色，花柱长达1.2厘米，柱头稍膨大。蒴果近球形，长1.5-2厘米，宽1.5-2厘米，成熟时带紫色。花期6-7月，果期8-19月。染色体2n=24(a)。

产四川西南部、云南及西藏东南部，生于海拔1200-4000米山坡草地或林缘。

图 190 紫花百合 （曾孝濂绘）

12. 滇百合　　　　　　图 191 彩片 98

Lilium bakerianum Coll. et Hemsl. in Journ. Linn. Soc. Bot. 28: 138. t. 22. 1890.

鳞茎宽卵形或近球形，高2.5-3厘米，径约2.5厘米；鳞片卵形或卵状披针形，长2-2.2厘米，白色。茎高达90厘米，有小乳头状突起。叶散生于茎中上部，线形或线状披针形，长4-7.5厘米，宽4-7毫米，边缘及下面沿中脉有乳头状突起。花1-3，钟形，直立或倾斜，白色，内有紫红色斑点；外轮花被片披针形，长6.5-8.3厘米，宽1.4-1.8厘米，内轮花被片倒披针形或倒披针状匙形，长6.5-8厘米，宽1.1-2.3厘米，先端近圆，蜜腺两侧无乳头状突起；花丝钻状，长约3厘米，无毛，花药长1.6厘米；子房长1.7-2厘米，径2-4毫米，花柱长2.2-2.6厘米，柱头近球形，径2.5-5毫米，3裂。蒴果

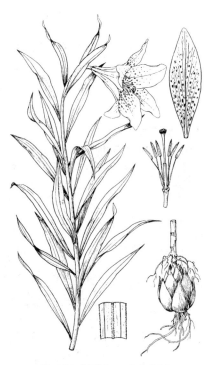

图 191 滇百合 （李锡畴绘）

长圆形，长约3.5厘米。花期7月。

产四川及云南，生于海拔2800米林缘。缅甸北部有分布。

［附］ **无斑滇百合 Lilium bakerianum** var. **yunnanense**（Franch.）Sealy ex Woodc. et Stearn, Lil. World 151. 1950. —— *Lilium yunnanense* Franch. in Journ. de Bot. 6: 314. 1892. 本变种与模式变种的区别：花白色或淡玫瑰色，无斑点；叶缘有小乳头状突起，两面有白色柔毛。产云南西北部及四川西南部，生于海拔2000-2800米松林下或草地。

［附］ **金黄花滇百合** 彩片 99 **Lilium bakerianum** var. **aureum** Grove et Cotton in Lily Year. Book 8: 127. 1939. 本变种与模式变种的区别：花淡黄色，内具紫色斑点。产云南西北部及四川西南部，生于海拔2000-2420米林下草坡或灌丛边缘。

13. 蒜头百合　　　　图 192

Lilium sempervivoideum Lévl. in Bull. Geogr. Bot. 25: 38. 1915.

鳞茎近球形，高2.5-3厘米，径2.5-3厘米；鳞片披针形，长2.5-3厘

米。茎高达30厘米，有小乳头状突起。叶16-30枚散生茎中部，线形，长2.5-5.5厘米，宽2-4毫米，1脉，全缘。花单生，钟形，白色，基部具微小紫红色斑点；外轮花被片披针形，长3.5-4厘米，内轮花被片窄椭圆状披针形，长1.2-1.5厘米，蜜腺两侧无乳头状突起；花丝长1.2-1.5厘米，无毛，花药长5.5-6.5毫米；子房紫黑色，长约8毫米，径1.5-2.5毫米，花柱长1.5厘米，柱头膨大，径3-4毫米，3裂。花期6月。

产四川南部及云南，生于海拔2400-2600米山坡草地。

14. 紫斑百合　　　　图 193

Lilium nepalense D. Don in Mem. Wern. Soc. 3: 412. 1821.

鳞茎近球形，高约2.5厘米，径约2厘米；鳞片披针形或卵状披针形，

长2-2.5厘米。茎高达1.2米，有小乳头状突起。叶散生，披针形或长圆状披针形，长5-10厘米，宽2-3厘米，边缘有小乳头状突起，具5脉，无毛。花单生或3-5成总状花序；苞片长圆状披针形，长5.5-10厘米。花梗长9-13厘米；花淡黄或绿黄色，喉部带紫色，花稍喇叭形，花

［附］ **黄绿花滇百合** 绿百合 **Lilium bakerianum** var. **delavayi**（Franch.）Wilson, Lil. East. As. 43. 1925. —— *Lilium delavayi* Franch. in Journ. de Bot. 6: 314. 1892. 本变种与模式变种的区别：花黄绿、橄榄或淡绿色，内具红紫色或鲜红色斑点。产云南、四川及贵州，生于海拔2500-3800米山坡林中或草坡。药效同野百合。

图 192 蒜头百合 （引自《中国植物志》）

图 193 紫斑百合 （曾孝濂绘）

被片反卷，长6-9厘米，宽1.6-1.8厘米，蜜腺两侧无乳头状突起；花丝长5-5.5厘米，无毛，花药长8-9毫米；子房长1.5-1.8厘米，花柱长4-5厘米，柱头膨大，径约4毫米。花期4-7月。染色体2n=24。

产云南及西藏，生于海拔2650-2900米林下。尼泊尔、不丹及印度有分布。

15. 卓巴百合 图 194

Lilium wardii Stapf ex Stearn in Journ. Roy. Hort. Soc. 57: 291. 1932.

鳞茎近球形，高2-3厘米，径2.5-4厘米；鳞片卵形，长1.5-2厘米，宽7-9毫米。茎高达1米，紫褐色，有小乳头状突起。叶散生，窄披针形，长3-5.5厘米，宽6-7毫米，上面具3条凹下脉，两面无毛，边缘有小乳头状突起。总状花序具2-10花，稀花单生；苞片叶状，卵形或披针形，长2.5-4.5厘米。花下垂；花被片反卷，花紫红或粉红色，有深紫色斑点，长圆形或披针形，长5.5-6厘米，蜜腺两侧无流苏状突起；花丝钻状，长4-4.5厘米，无毛，花药紫色；子房长约1厘米；花柱长为子房3倍以上，柱头近球形，3裂。花期7月。

图 194 卓巴百合 （引自《图鉴》）

产四川东南部及西藏东部，生于海拔约2030米山坡草地或山坡灌丛中。鳞茎有养阴润肺、清心安神功能。

16. 大理百合 图 195 彩片 100

Lilium taliense Franch. in Journ. de Bot. 6: 319. 1892.

鳞茎卵形，高3厘米，径2.5厘米；鳞片披针形，长2-2.5厘米，白色。茎高达1.5米，有时有紫色斑点，具小乳头状突起。叶散生，线形或线状披针形，长8-10厘米，宽6-8毫米，中脉明显，无毛，边缘具小乳头状突起。总状花序具2-5(-13)花；苞片叶状，长3-5厘米，宽4-8毫米，边缘有小乳头状突起。花下垂；花被片反卷，长圆形或长圆状披针形，长4.5-5厘米，内轮花被片较外轮稍宽，白色，有紫色斑点，蜜腺两边无流苏状突起；花丝钻状，长约3厘米，无毛；子

图 195 大理百合 （张泰利绘）

房圆柱形，长1.4-1.6厘米，径3-4毫米；花柱与子房等长或稍长，柱头头状，3裂。蒴果长圆形，长3.5厘米，成熟时褐色。花期7-8月，果期9月。染色体2n=24(a)。

产湖北西部、四川、贵州东北部及云南，生于海拔2600-3600米山坡草地或林中。

17. 药百合　　　　　　　　　　　　　图 196 彩片 101

Lilium speciosum Thunb. var. **gloriosoides** Baker in Gard. Chron. n. ser. 14: 198. 1880.

鳞茎近扁球形，高2厘米，径5厘米；鳞片宽披针形，长2厘米，白色。茎高达1.2米，无毛。叶散生，宽披针形，长圆状披针形或卵状披针形，长2.5-10厘米，宽2.5-4厘米，具3-5脉，无毛，边缘具小乳头状突起；柄长约5毫米。花1-5成总状或近伞形花序；苞片叶状，卵形，长3.5-4厘米，宽2-2.5厘米。花梗长达11厘米；花下垂；花被片长6-7.5厘米，反卷，边缘波状，白色，下部1/2-1/3有紫红

图 196 药百合 （张泰利绘）

色斑块和斑点，蜜腺两侧有红色流苏状突起和乳头状突起；花丝长5.5-6厘米，绿色，无毛，花药长1.5-1.8厘米；子房长约1.5厘米；花柱长为子房2倍，柱头膨大，稍3裂。蒴果近球形，径3厘米，成熟时淡褐色。花期7-8月，果期10月。染色体2n=24(a)。

产河南东南部、安徽南部、浙江、台湾北部、江西、湖北东南部及湖南东部，生于海拔650-900米阴湿林下及山坡草丛中。鳞茎入药，亦可食用。花艳丽，为著名观赏植物。

18. 湖北百合　　　　　　　　　　　图 197: 1-5 彩片 102

Lilium henryi Baker in Gard. Chron. ser. 3, 4: 660. 1888.

鳞茎近球形，高约5厘米；鳞片长圆形，尖端尖，长3.5-4.5厘米，白色。茎高达2米，具紫色条纹，无毛。叶两型：中、下部叶长圆状披针形，长7.5-15厘米，宽2-2.7厘米，有3-5脉，无毛，全缘，柄长约5毫米；上部叶卵圆形，长2-4厘米，宽1.5-2.5厘米，无柄。总状花序具2-12花；苞片卵圆形，叶状，长2.5-3.5厘米。花梗长5-9厘米，平展；花被片披针形，反卷，橙色，疏生黑色斑点，长5-7厘

图 197: 1-5. 湖北百合 6-9. 南川百合 （张泰利绘）

米，宽达2厘米，全缘，蜜腺两侧具多数流苏状突起；花丝钻状，长4-4.5厘米，无毛，花药深桔红色；子房长1.5厘米，花柱长5厘米，柱头稍膨大，微3裂。蒴果长圆形，长4-4.5厘米，成熟时褐色。染色体2n=24(a)。

产福建西北部、江西、湖北西部、四川东南部、贵州及河南南部，生于海拔700-1000米山坡。

　　[附] **南川百合** 图197: 6-9 **Lilium rosthornii** Diels in Engl. Bot. Jahrb. Syst. 29: 243. 1901. 本种与湖北百合的区别：中、下部叶线状披针

形；蒴果窄长圆形，长5.5-6.5厘米，径1.4-1.8厘米，成熟时棕绿色。产四川、贵州及湖北，生于海拔350-900米山沟、溪边或林下。

19. 宝兴百合　　　　　　　　图 198 彩片 103

Lilium duchartrei Franch. in Nouv. Arch. Mus. Paris ser. 2, 10: 90. 1887.

鳞茎卵圆形，高1.5-3厘米，径1.5-4厘米；鳞片卵形或披针形，长1-2厘米，白色。茎高达1.5米，有时稍有乳头状突起。叶散生，披针形或长圆状披针形，长4.5-5厘米，宽约1厘米，具3-5脉，边缘或下面具乳头状突起，叶腋簇生白毛。花单生或多朵成总状或近伞房花序；苞片叶状，披针形，长2.5-4厘米，宽4-6毫米。花梗长10-22厘米；花下垂，芳香，白色，有紫红色斑点；花被片反卷，长4.5-6厘米，宽1.2-1.4厘米，蜜腺两侧有乳头状突起；花丝长3.5厘米，无毛，花药长约1厘米；子房长1.2厘米，径1.5-3毫米；花柱长为子房2倍或更长，柱头膨大。蒴果椭圆形，长2.5-3厘米。种子具1-2毫米宽的翅。花期7月，果期9月。染色体2n=24(a)。

产湖北西南部、四川、云南、西藏东部及甘肃，生于海拔1500-3800米高山草地、林缘或灌丛中。鳞茎有养阴润肺、清心安神功能。

图 198 宝兴百合　（张泰利绘）

〔附〕 **匍茎百合 Lilium lankongense** Franch. in Journ. de Bot. 6: 317. 1892. 本种与宝兴百合的区别：具匍匐茎；叶腋簇生白毛；花粉红色，具深红色斑点。产西藏东南部及云南西北部，生于海拔1800-3200米高山草地。

20. 大花卷丹　　　　　　　　图 199

Lilium leichtlinii Hook. f. var. **maximowiczii**（Regel）Baker in Gard. Chron. 1422. 1871.

Lilium maximowiczii Regel in Gartenfl. 17: 322. t. 596. 1868.

鳞茎球形，高和径均4厘米，白色。茎高达2米，有紫色斑点，具小乳头状突起。叶散生，窄披针形，长3-10厘米，宽0.6-1.2厘米，边缘有小乳头状突起，上部叶腋无珠芽。花2-3至8成总状花序，稀单生；苞片叶状，披针形，长6-7.5厘米。花梗长（3.5-）10-13厘米；花下垂，花被片反卷，红色，具紫色斑点，长4.5-6.5厘米，宽0.9-1.5厘米，蜜腺两侧有乳头状及流苏状突起；花丝长3.5-4厘米，无毛，花药长1.1厘米，橙红色；子房长1.2-1.3厘米，径2-3毫米，花柱长3厘米。花期7-8月。染色体2n=2(a)。

产吉林东北部、辽宁东南部、河北、河南西北部及陕西，生于海拔1300米以下河谷沙地。

图 199 大花卷丹　（孙英宝仿绘）

21. 山丹 细叶百合 图 200 彩片 104

Lilium pumilum DC. in Redouté, Liliac. 7: t. 378. 1812.

鳞茎卵形或圆锥形，高2.5-4.5厘米，径2-3厘米；鳞片长圆形或长卵形，长1-3.5厘米，宽1-1.5厘米，白色。茎高达60厘米，有小乳头状突起，有的带紫色条纹。叶散生茎中部，线形，长3.5-9厘米，宽1.5-3毫米，中脉下面突出，边缘有乳头状突起。花单生或数朵成总状花序。花鲜红色，常无斑点，有时有少数斑点，下垂；花被片反卷，长4-4.5厘米，宽0.8-1.1厘米，蜜腺两侧有乳头状突起；花

丝长1.2-2.5厘米，无毛，花药长约1厘米，黄色；子房长0.8-1厘米；花柱长1.2-1.5厘米，柱头膨大，径5毫米，3裂。蒴果长圆形，长2厘米。花期7-8月，果期9-10月。染色体2n=24(a)。

产黑龙江、吉林、辽宁、内蒙古、河北、山东、安徽、湖北、四川、青海、甘肃、宁夏南部、陕西、山西及河南，生于海拔400-2600米山坡草地或林缘。俄罗斯、朝鲜及蒙古有分布。鳞茎含淀粉，可食用，入药有养阴

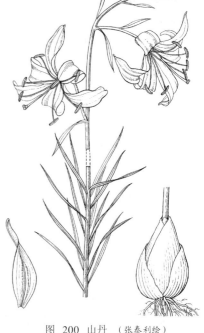

图 200 山丹 （张泰利绘）

润肺、清心安神功能。花美丽可栽培供观赏；也可提取香料。

22. 川百合 图 201 彩片 105

Lilium davidii Duchartre in Elwes, Monogr. Lil. t. 24. 1877.

鳞茎扁球形或宽卵形，高2-4厘米，径2-4.5厘米；鳞片宽卵形或卵状披针形，长2-3.5厘米，白色。茎高达1米，有的带紫色，密被小乳头状突起。叶多数，散生，在中部较密集，线形，长7-12厘米，宽2-3(-6)毫米，边缘反卷并有小乳头状突起，中脉明显，叶腋有白色绵毛。花单生或2-8成总状花序；苞片叶状，长4-7.5厘米，宽3-7毫米。花梗长4-8厘米；花下垂，橙黄色，近基部约2/3有紫黑色斑点；外轮花被片长5-6厘米，宽

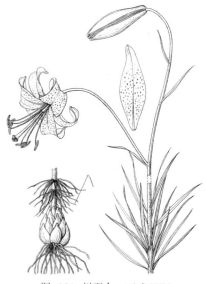

图 201 川百合 （张泰利绘）

1.2-1.4厘米，内轮花被片比外轮稍宽，蜜腺两侧有乳头状突起，外面两边疏生流苏状乳突；花丝长4-5.5厘米，无毛，花药长1.4-1.6厘米；子房长1-1.2厘米，宽2-3毫米；花柱长为子房2倍以上，柱头膨大，3浅裂。蒴果窄长圆形，长3.5厘米。花期7-8月，果期1月。染色体2n=24。

产山西南部、陕西南部、甘肃南部、四川、云南、贵州北部、湖北西部及河南西部，生于海拔850-3200米山坡草地、林下潮湿处或林缘。鳞茎

含淀粉，质优，栽培产量高，供食用。花有止咳、利尿、安神功能；民间用鳞茎作滋补镇咳药。

[附] **垂花百合** 彩片 106 **Lilium cernuum** Kom. in Acta Horti Petrop. 20: 461. 1901. 本种与川百合的区别：

茎无乳头状突起；花淡紫红色,有深紫色斑点,花柱长约为子房1倍多；花梗先端弯曲。产吉林东部及辽宁南部,生于草丛或灌木林中。朝鲜及俄罗斯

有分布。鳞茎有养阴润肺、清心安神功能。

23. 条叶百合　　图 202

Lilium callosum Sieb. et Zucc. Fl. Jap. 1: 86. t. 41. 1939.

鳞茎扁球形,高2厘米,径1.5-2.5厘米；鳞片卵形或卵状披针形,长1.5-2厘米,白色。茎高达90厘米,无毛。叶散生,线形,长6-10厘米,宽3-6毫米,具3脉,无毛,边缘有小乳头状突起。花单生,稀数朵成总状花序；苞片1-2,长1-1.2厘米,先端厚。花梗长2-5厘米,弯曲；花下垂；花被片倒披针状匙形,长3-4厘米,中部以上反卷,红或淡红色,几无斑点,蜜腺两侧疏生小乳头状突起；花丝长2-2.5厘米,无毛,花药长7毫米；子房长1-2毫米,宽1-2毫米；花柱短于子房,柱头膨大,3裂。蒴果窄长圆形,长约2.5厘米,径6-7毫米。花期7-8月,果期8-9月。染色体2n=24(a)。

产黑龙江、吉林东南部、辽宁、内蒙古、河南西部、安徽、江苏西南

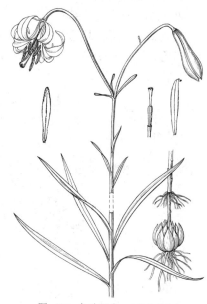

图 202 条叶百合 (张泰利绘)

部、浙江、台湾及湖北,生于海拔100-700米山坡或草丛中。朝鲜及日本有分布。

24. 绿花百合　　图 203

Lilium fargesii Franch. in Journ. de Bot. 6: 317. 1892.

鳞茎卵形,高2厘米,径1.5厘米；鳞片披针形,长1.5-2厘米,白色。茎高达70厘米,具小乳头状突起。叶散生,线形,生于茎中上部,长10-14厘米,宽2.5-5毫米,边缘反卷,无毛。花单生或数朵成总状花序；苞片叶状,长2.3-2.5厘米,先端不加厚。花梗长4-5.5厘米,先端稍弯；花下垂,绿白色,密生紫褐色斑点；花被片披针形,长3-3.5厘米,反卷,蜜腺两侧有鸡冠状突起；花丝长2-2.2厘米,无毛,花药长7-9毫米,橙黄色；子房长1-1.5厘米,宽2毫米,花柱长1.2-1.5厘米,柱头稍膨大,3裂。蒴果长圆形,长2厘米。花期7-8月,果期9-10月。

产陕西西南部、湖北西部、四川东部及云南西北部,生于海拔1400-2300米山坡林下。

[附] **乳头百合 Lilium papilliferum** Franch. in Journ. de Bot. 6:

图 203 绿花百合 (张泰利绘)

316. 1892. 本种与绿花百合的区别：花紫红色。产陕西秦岭南坡、四川西部及云南西北部,生于海拔1000-1300米山坡灌丛中。

25. 卷丹　　　　　　　　　　　图 204　彩片 107

Lilium tigrinum Ker-Gawl. in Bot. Mag. t. 1237. 1810.

Lilium lancifolium Thunb.；中国高等植物图鉴 5：452. 1976.；中国植物志 15：152. 1980.

鳞茎近宽球形，高约3.5厘米，径4-8厘米；鳞片宽卵形，长2.5-3厘米，白色。茎高达1.5米，有紫色条纹，具白色绵毛。叶散生，长圆状披针形或披针形，长6.5-9厘米，宽1-1.8厘米，两面近无毛，先端有白毛，边缘有乳头状突起，具5-7脉，上部叶腋有珠芽。花3-6或更多；苞片叶状，卵状披针形，长1.5-2厘米，先端有白绵毛。花梗长6.5-9厘米，紫色，有白色绵毛；花下垂；花被片披针形，反卷，橙红色，有紫黑色斑点，外轮花被片长6-10厘米，宽1-2厘米，内轮花被片稍宽，蜜腺两侧有乳头状及流苏状突起；花丝长5-7厘米，淡红色，无毛，花药长约2厘米；子房长1.5-2厘米，径2-3毫米，花柱长4.5-6.5厘米，柱头稍膨大，3裂。蒴果窄长卵圆形，长3-4厘米。花期7-8月，果期9-10月。染色体2n=24（a）。

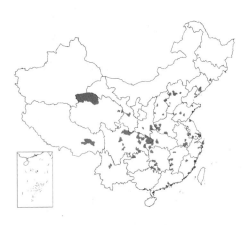

产吉林东南部、辽宁东南部、河北、山东、江苏、浙江、福建、江西

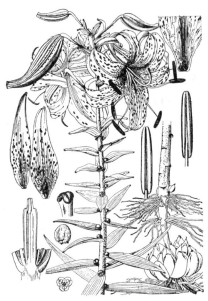

图 204　卷丹　（引自《中国植物志》）

西部、安徽南部、湖北、湖南、广西东北部、云南、四川、西藏东部、青海、甘肃、陕西南部、山西及河南，生于海拔400-2500米山坡灌木林下、草地或水边。各地有栽培。朝鲜及日本有分布。鳞茎富含淀粉，供食用。亦可药用，有润肺止咳、清心安神功能。

26. 青岛百合　　　　　　　　图 205　彩片 108

Lilium tsingtauense Gilg. in Engl. Bot. Jahrb. Syst. 34. Beibl. 75: 24. 1904.

鳞茎球形，高和径均2.5-4厘米；鳞片披针形，长1-2.5厘米，白色，无节。茎高达85厘米，无小乳头状突起。叶轮生，1-2轮，每轮具叶5-14，长圆状倒披针形、倒披针形或椭圆形，长10-15厘米，宽2-4厘米；具短柄，无毛，叶稀散生，披针形，长7-9.5厘米，宽1.6-2厘米。花单生或2-7成总状花序；苞片叶状，披针形，长4.5-5.5厘米。花梗长2-8.5厘米；花橙黄或橙红色，有紫红色斑点；花被片长椭圆形，长4.8-5.2厘米，蜜腺两侧无乳头状突起；花丝长3厘米，无毛，花

药橙黄色；子房长0.8-1.2厘米，径3-4毫米；花柱长为子房2倍，柱头膨大，3裂。花期6月，果期8月。染色体2n=24（a）。

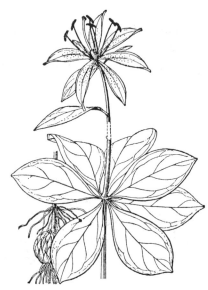

图 205　青岛百合　（张泰利绘）

产山东东部及安徽北部，生于海拔100-400米阳坡、林内或草丛中。朝鲜有分布。鳞茎有养阴润肺、清心安神功能。

27. 东北百合

图 206 彩片 109

Lilium distichum Nakai in Kamibayashi, Chosen Yuri Dazukai t. 7. 1915.

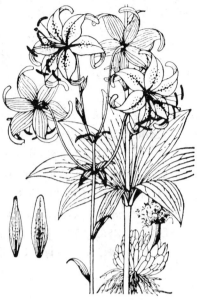

图 206 东北百合 (引自《中国植物志》)

鳞茎卵圆形,高2.5-3厘米,径3.5-4厘米;鳞片披针形,长1.5-2厘米,白色,有节。茎高达1.2米,有小乳头状突起。叶1轮,7-9(-20)生于茎中部;叶稀散生,倒卵状披针形或长圆状披针形,长8-15厘米,宽2-4厘米,无毛。花2-12,成总状花序;苞片叶状,长2-2.5厘米,宽3-6毫米。花梗长6-8厘米;花淡橙红色,具紫红色斑点;花被片反卷,长3.5-4.5厘米,宽0.6-1.3厘米,蜜腺两侧无乳头状突起;花丝长2-2.5厘米,无毛,花药线形,宽2-3毫米;花柱长为子房两倍,柱头球形,3裂。蒴果倒卵圆形,长2厘米,径1.5厘米。花期7-8月,果期9月。染色体2n=24(a)。

产黑龙江、吉林及辽宁,生于海拔200-1800米山坡林下、林缘、路边或溪边。鳞茎含淀粉,供食用或酿酒。药用有养阴润肺、清心安神功能。

26. 大百合属 Cardiocrinum (Endl.) Lindley

(梁松筠)

基生叶叶柄基部膨大形成鳞茎,在花序生长后凋萎;小鳞茎数个,卵形,具纤维质鳞茎皮,无鳞片。茎高大,无毛。叶基生或茎生,叶脉网状,具柄。花序总状,有3-16朵花。花窄喇叭形,白色,具紫纹;花被片6,离生,稍靠合;雄蕊6,花丝扁平,花药背着;子房圆柱形,花柱长约为子房1倍,柱头头状,微3裂。蒴果长圆形,顶端有小突尖,果柄粗短,具6钝棱及多数横纹。种子多数,扁平,红棕色,周围有窄翅。

3种,分布我国和日本。我国2种。

1. 花序具3-5花;苞片花期宿存 ························· 1. 荞麦叶大百合 C. cathayanum
1. 花序具10-16花;苞片花期脱落 ················· 2. 大百合 C. giganteum var. yunnanense

1. 荞麦叶大百合

图 207 彩片 110

Cardiocrinum cathayanum (Wils.) Stearn in Gard. Chron. ser. 3, 124: 4. 1948.

Lilium cathayanum Wils. Lil. East. As. 99. 1925.

小鳞茎高2.5厘米,径1.2-1.5厘米。茎高达1.5米,径1-2厘米。叶纸质,卵状心形或卵形,长10-22厘米,宽6-16厘米,基部心形,具网状脉;叶柄长6-20厘米,基部宽。总状花序有3-5花。花梗粗短,每花具1苞片,苞片长圆状披针形,长4-5.5厘米,花期宿存;花乳白或淡绿色,内具紫纹;花被片线状倒披针形,长13-15厘米;花丝长8-10厘米,花药长8-9毫米;子房长3-3.5厘米,径5-7毫米,花柱长6-6.5厘米,柱头膨大,微3裂。蒴果近球形,长4-5厘米,成熟时红棕色。花期7-8月,果期8-9月。

染色体2n=24(a)。

产江苏西南部、浙江、福建西部、江西、安徽南部、湖北、湖南、贵州及河南，生于海拔600-1050米山坡林下阴湿处。蒴果药用。鳞茎有清热止咳、解毒消肿功能。

2. 大百合   云南大百合   图 208 彩片 111

Cardiocrinum giganteum (Wall.) Makino var. **yunnanense** (Leichtlin ex Elwes) Stearn in Gard. Chron. ser. 3, 124: 4. 1948.

Lilium giganteum Wall. var. *yunnanense* Leichtlin ex Elwes in Gard. Chron. ser. 3, 60: 49. 1916.

Cardiocrinum giganteum auct. non (Wall.) Makino: 中国高等植物图鉴 5: 456. 1972; 中国植物志 14: 158. 1980.

图 207 荞麦叶大百合 (张泰利绘)

小鳞茎卵形，高3.5-4厘米，径1.2-2厘米。茎中空，高达2米，径2-3厘米，无毛。基生叶卵状心形或近宽长圆状心形，茎生叶卵状心形，下部的长15-20厘米，宽12-15厘米；叶柄长15-20厘米，叶向上部渐小。总状花序有10-16花；苞片花期脱落。花窄喇叭形，白色，内面有淡紫红色条纹；花被片条状倒披针形，长12-15厘米；雄蕊长6.5-7.5厘米，花丝扁平，花药长约8毫米；子房长2.5-3厘米，花柱长5-6厘米。蒴果近球形，长3.5-4厘米；果柄粗短。花期6-7月，果期9-10月。染色体2n=24(a)。

产陕西南部、甘肃、四川、云南、贵州、广西北部、广东北部、湖南、湖北西部及河南西部，生于海拔1200-3600米林下。鳞茎有清热止咳功能。

图 208 大百合 (李锡畴绘)

27. 豹子花属 Nomocharis Franch.

(梁松筠)

鳞茎具多枚鳞片。白色，干时褐色。茎高1(-1.5)米，无毛或有乳头状突起。叶散生或轮生。花单生或数朵成总状花序。花张开，粉红、红、白或淡黄色；花被片6，离生，外轮较窄，有细点或斑块，全缘，内轮较宽，有斑块或斑点，全缘或边缘为流苏状或具不整齐锯齿，内面基部具紫红色肉质垫状物；雄蕊6，花丝下部有时肉质筒状，上部丝状，花药椭圆形，背着；子房圆柱形，花柱向上渐粗，柱头头状，3浅裂。蒴果。

7种，主产我国，分布至缅甸北部和印度东北部。我国6种。

1. 叶散生；花丝近钻状；内外轮花被片全缘。

  2. 内轮花被片基部具细点 ·· 1. **云南豹子花 N. saluenensis**

  2. 内轮花被片基部具两个紫红色垫状物 ····················· 2. **滇蜀豹子花 N. forrestii**

1. 叶轮生或同一植株兼有轮生和散生；外轮花被片全缘，内轮花被片边缘流苏状或具不整齐锯齿。

  3. 叶在同一植株兼有轮生和散生；内轮花被片宽卵形或近圆形，长等于宽 ·············· 3. **豹子花 N. pardanthina**

3. 叶全轮生；内轮花被片卵形或宽椭圆形，长大于宽 ················· **4. 多斑豹子花 N. meleagrina**

1. 云南豹子花 碟花百合 图 209

Nomocharis saluenensis Balf. f. in Trans. Bot. Soc. Edinb. 27: 294. 1915.

Lilium saluenensis（Balf. f.）S. Y. Liang；中国植物志 14: 154. 1980.

鳞茎卵形，高2-4厘米，径2-2.5厘米，白色。茎高达90厘米，无毛。

叶散生，披针形，长3.5-7厘米，宽0.8-1.5厘米。花1-7，似碟形，粉红色，内面基部具紫色细点；外轮花被片椭圆形或窄椭圆形，长3.5-5.2厘米，宽1.6-2厘米，全缘，内轮花被片与外轮相似，长3-4.5厘米，宽1.7-2厘米，基部具细点，全缘；花丝钻形，长约1厘米，花药长3-4毫米；子房长6-7毫米，径2.5-3毫米；花柱长2.5-4毫米。

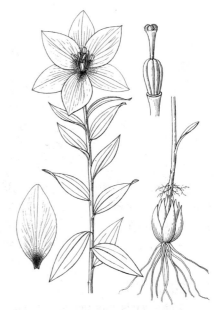

图 209 云南豹子花 （张泰利绘）

蒴果长圆形，长1.7-1.8厘米，径约1.8厘米，成熟时紫绿或褐色。花期6-8月，果期8-9月。染色体2n=24（a）。

产四川西南部、云南西北部及西藏东南部，生于海拔2800-4500米山坡林中、林缘或草坡。缅甸有分布。

2. 滇蜀豹子花 图 210 彩片 112

Nomocharis forrestii Balf. f. in Trans. Bot. Soc. Edinb. 27: 293. 1915.

鳞茎卵形，高2.5-3.5厘米，径2-2.5厘米，黄白色。茎高达1（-1.5）

米，无毛。叶散生，披针形或卵状披针形，长（2-）2.5-6厘米，宽0.7-1.5厘米。花1-6，似碟形，粉红或红色，内面基部具细点，上有紫红色斑块；外轮花被片卵形或椭圆形，长2.5-4.2厘米，全缘；内轮花被片宽椭圆形，长2.5-4厘米，内面基部具2紫红色垫状物；花丝长7毫米，下部稍宽，扁平，紫红色，上端渐细，黄白色；子

图 210 滇蜀豹子花 （张泰利绘）

房长7-9毫米，径2.5-3毫米，花柱长6.5-8毫米。蒴果长圆状卵圆形，长2.5厘米，成熟时绿褐色。花期6-7月，果期8-10月。

产四川西南部及云南西北部，生于海拔3000-3800米山坡林下或草地。缅甸有分布。

3. 豹子花 宽瓣豹子花 图 211 彩片 113

Nomocharis pardantina Franch. in Journ. Bot. 3: 113. t. 3. 1889.

Nomocharis mairei Lévl.；中国植物志 14: 161. 1980.

鳞茎卵球形，高2.5-3.5厘米，径2-3.5厘米。茎高达90厘米。在同一

植株上兼具散生或轮生叶，每轮4-8枚，窄椭圆形或披针形，长2.5-7厘米，宽0.7-1.4厘米。花1至数朵，红或粉红色；外轮花被片卵形，长2.5-3.5厘米，全缘，内轮花被片卵形或近圆形，长宽均2-3厘米，边缘流苏状，内面密被紫红色斑点，向上成斑块，基部具肉质紫红色垫状物；花丝下部肉质圆筒状，紫红或粉红色，长6.5-7毫米，上部丝状，黄白色，长2-2.5毫米；子房长5-8毫米，径2-4毫米，花柱长6-8毫米。蒴果长圆状卵圆形，长2.5厘米。花期5-7月，果期7-8月。染色体2n=24(a)。

产四川西南部及云南，生于海拔2700-4050米山坡林缘或草坡。

图 211 豹子花 （张泰利绘）

4. 多斑豹子花

图 212 彩片 114

Nomocharis meleagrina Franch. in Journ. Bot. 12: 176. 1898.

鳞茎卵形，高约2.5厘米，径2-2.8厘米，白色。茎高达1米，有乳头状突起，稀光滑。叶轮生，每轮5-8，窄披针形或椭圆状披针形，长4.5-11厘米，宽0.8-2(-3.5)厘米，叶缘有时具乳头状突起。花2-4成总状花序，白或粉红色，下垂。外轮花被片椭圆形或卵状椭圆形，长4-5厘米，宽1.8-2.5厘米，具紫红色斑块，全缘，内轮花被片卵形或宽椭圆形，长4-5厘米，基部被紫红色斑点，向上成斑块，有不整齐锯齿，基部具深红褐色肉质鸡冠状垫状物；花丝下部肉质圆筒状，长6-7毫米，紫褐色，上部丝状，长2-2.5毫米，黄白色，花药长3-3.5毫米，宽约1毫米；子房长7-8毫米，径约2毫米，花柱长7-9毫米。蒴果长圆状卵圆形，长2-2.5厘米，成熟时淡褐色。花期6-7月，果期8-9月。染色体2n=24(a)。

图 212 多斑豹子花 （张泰利绘）

产四川、云南西北部及西藏东南部，生于海拔2800-4000米山坡林下或林缘。

28. 假百合属 Notholirion Wall. ex Boiss.

（梁松筠）

鳞茎由基生叶基部增厚套迭而成，鳞茎皮黑褐色膜质，须根较多，其上有小鳞茎，小鳞茎卵形，几个至几十个，熟后有稍硬外壳，内有数片白色肉质鳞片。茎无毛。叶基生或茎生，无柄。总状花序；苞片线形。花梗稍弯；花钟形，花被片6，离生；雄蕊6，花丝丝状，花药背着；子房圆柱形或长圆形；花柱细长，柱头3裂，裂片钻状，稍反卷。蒴果有钝棱，顶端凹下。种子多数，扁平，有窄翅。

5种，分布于我国至喜马拉雅地区和伊朗。我国3种。

1. 植株高0.6-1.5米；花序具10-24花；花被片先端绿色；茎生叶带形或条状披针形，宽1-2.5厘米。

　　2. 花淡紫或蓝紫色，花被片长2.5-3.8厘米 ·· 假百合 **N. bulbuliferum**

　　2. 花红、暗红、粉紫或红紫色，花被片长3.5-5厘米 ···························· （附）.钟花假百合 **N. campanulatum**

1. 植株高18-30厘米；花序具（1）2-4（-7）花；花被片先端非绿色；茎生叶条形，宽4-8毫米 ··············

··· （附）.大叶假百合 **N. macrophyllum**

假百合　　　　　　　　　　　图 213 彩片 115

Notholirion bulbuliferum（Lingelsh. ex Limpr.）Stearn in Kew Bull. 1950: 421. 1951.

Paradisea bulbuliferum Lingelsh. ex Limpr. in Fedde, Repert. Sp. Nov. Regni Veg. Beih. 12: 316. 1922.

图 213 假百合 （张泰利绘）

小鳞茎多数，卵形，径3-5毫米，淡褐色。茎高0.6-1.5米，近无毛。基生叶数枚，带形，长10-25厘米，宽1.5-2厘米；茎生叶线状披针形，长10-18厘米，宽1-2厘米。花序具10-24花；苞片长2-7.5厘米，宽3-4毫米。花梗稍弯曲，长5-7毫米；花淡紫或蓝紫色；花被片倒卵形或倒披针形，长2.5-3.8厘米，宽0.8-1.2厘米，先端绿色；雄蕊与花被片近等长；子房淡紫色，长1-1.5厘米，花柱长1.5-2厘米。蒴果长圆形或倒卵状长圆形，长1.6-2厘米，有钝棱。花期7月，果期8月。染色体2n=24（a）。

产陕西南部、甘肃南部、青海东南部、四川、云南及西藏，生于海拔3000-4500米高山草丛或灌丛中。尼泊尔、不丹、印度有分布。鳞茎有宽胸理气、止咳止痛功能。

［附］**钟花假百合** 彩片 116 **Notholirion campanulatum** Cotton et Stearn in Lily Year Book 3: 19. f. 6. 1934. 本种与假百合的区别：花红、暗红、粉紫或红紫色，花被片长3.5-5厘米。花期6-8月，果期9月。染色体2n=24。产西藏、云南西北部及四川，生于海拔2800-3900米草坡和林缘。锡金、不丹、缅甸有分布。

［附］**大叶假百合 Notholirion macrophyllum**（D. Don）Bioss. Fl. Orient. 5: 190. 1882. —— *Fritillaria macrophylla* D. Don, Prodr. Fl. Nepal. 51. 1825. 本种与假百合的区别：植株高18-30厘米；花序具（1）2-4（-7）花，花被片先端非绿色；茎生叶条形，长6-15厘米，宽4-8毫米。产四川、西藏、云南东北部及西北部，生于海拔2800-3400米草坡或林间草甸。尼泊尔及锡金有分布。

29. 绵枣儿属 Scilla Linn.

（梁松筠）

鳞茎具膜质鳞茎皮。叶基生，线形或卵形。花葶不分枝，直立，具总状花序。花小或中等大，花梗有关节或有时关节位于顶端而不明显；苞片小；花被片6，离生或基部稍合生；雄蕊6，生于花被片基部或中部；花药卵圆形或长圆形，背着，内向开裂；子房3室，通常每室具1-2胚珠，稀达8-10胚珠，花柱丝状，柱头很小。蒴果室背开裂，近球形或倒卵圆形，通常具少数黑色种子。

约90种，广布于欧洲、亚洲和非洲温带地区，少数见于热带山地。我国1种、1变种。

1. 子房每室1胚珠；花丝边缘和背面常多少具小乳头 ·················· 绵枣儿 S. scilloides
1. 子房每室具2胚珠；花丝边缘和背面近无小乳头 ·············· （附）. 白绿绵枣儿 S. scilloides var. albo-viridis

绵枣儿　　　　　　　　　　图 214 彩片 117

Scilla scilloides (Lindl.) Druce in Bot. Exch. Club Brit. Isl. 4: 646. 1917.

Barnardia scilloides Lindl. in Bot. Reg. t. 1029. 1826.

鳞茎卵圆形或近球形，高2-5厘米，皮黑褐色。基生叶通常2-5，窄带状，长15-40厘米，宽2-9毫米，柔软。花葶通常比叶长；总状花序长2-20厘米，具多数花。花紫红、粉红或白色，径4-5毫米；花梗长0.5-1.2厘米，顶端具关节，基部有1-2窄披针形苞片；花被片近椭圆形、倒卵形或窄椭圆形，长2.5-4毫米，基部稍合生而成盘状，先端钝厚；雄蕊生于花被片基部，稍短于花被片，花丝近披针形，边缘和背面常多少具小乳突，基部稍合生，中上部骤然变窄；子房长

1.5-2毫米，有短柄，多少有小乳突，3室，每室1胚珠，花柱长约为子房的1/2至2/3。蒴果近倒卵圆形，长3-6毫米。种子1-3，黑色，长圆状窄倒卵圆形，长2.5-5毫米。花果期7-11月。染色体2n=34(a)。

产黑龙江、吉林西南部、辽宁、内蒙古东部、河北、山东、江苏南部、浙江、福建西部、台湾、广东、江西北部、安徽、湖北、湖南、云南、四川、陕西、山西南部及河南南部，生于海拔2600米以下山坡、草地、路边或林缘。朝鲜、日本及俄罗斯有分布。鳞茎有小毒。有强心利尿、消肿止痛、解毒功能。

图 214 绵枣儿 （引自《图鉴》）

［附］ **白绿绵枣儿 Scilla scilloides** var. **albo-viridis** (Hand.-Mzt.) F. T. Wang et Y. C. Tang, Fl. Reipubl. Popul. Sin. 14: 167. 1980.
—— *Scilla albo-viridis* Hand.-Mzt. Symb. Sinic. 7: 1203, Abb. 33. f. 1-2. 1936. 与模式变种的主要区别：子房每室具2胚珠，花丝背面和边缘通常近于无小乳突。产四川西部及北部、云南西北部，生于海拔1600-3000米山坡、路边或草地。

30. 虎眼万年青属 Ornithogalum Linn.
（梁松筠）

鳞茎大，具膜质鳞茎皮。叶数枚，基生，带状或线形，有时稍带肉质。花葶长或短；花多数，排成顶生总状花序或伞房花序；具苞片。花被片6，离生，宿存；雄蕊6，花丝扁平，基部扩大，花药背着，内向开裂；子房2-3室，胚珠多数，花柱短圆柱状或丝状，柱头不裂或稍3裂。蒴果倒卵状球形，具3棱或3浅裂。种子几颗至多数，具黑色种皮。

约100种，主产欧洲和非洲，我国引入栽培3种。

虎眼万年青　　　　　　　　　图 215

Ornithogalum caudatum Jacq. Col-lect. 2: 315. 1788.

鳞茎卵球形，绿色，径达10厘米。叶5-6，带状或长线状披针形，长30-60厘米，宽2.5-5厘米，先端尾状并常扭转，常绿，近革质。花葶高达1米，常稍弯曲；总状花序长15-30厘米，具多数密集的花；苞片线状窄披针形，绿色，迅速枯萎而不脱落。花被片长圆形，长约8毫米，白色，中央有绿脊；雄蕊稍短于花被片，花丝下半部极扩大。花期7-8月，室内栽

培冬季也可开花。

原产非洲南部。华北常见盆栽，供观赏。我国栽培另两种为：**O. umbellatum** Linn. 叶较短，长约30厘米，伞房花序或伞形花序；**O. arabicum** Linn. 花被片中央不具绿脊，总状花序。原产均为地中海区域。

31. 穗花韭属 **Milula** Prain

（梁松筠）

多年生草本。鳞茎窄长，外包多数纤维状残存的鞘，下面常有粗短的根状茎。植株高5-25(-60)厘米，有葱蒜味。叶剑形，叶宽1-4毫米，下部的叶鞘互相套迭。花葶从叶丛中央抽出，具密穗状花序；花序基部有1总苞片，早期包花序，后来向下反折。花小，淡紫色，花被长2.5-3.5毫米，钟状，合生约1/3-2/3，果期宿存，花被片通常6；雄蕊6，全长的1/3明显伸出花被之外，外轮3枚花丝的下半部强烈扩大，两侧各有1枚小齿，内轮3枚花丝丝状，不扩大，无齿，花药近背着，内向纵裂；子房3室，每室具2胚珠；花柱细长，长2.5-4毫米，柱头小。蒴果三棱状球形，室背开裂，每室1(2)种子。种子窄卵圆形，长2-2.5毫米，黑色，有极小细点。

单种属。

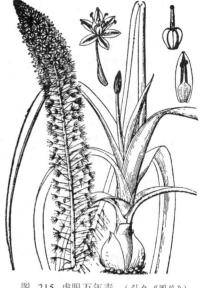

图 215 虎眼万年青 （引自《图鉴》）

穗花韭

图 216

Milula spicata Prain in Sc. Mem. Med. Off. Arm. Ind. 9: 25. t. 1. 1896.

形态特征同属。花果期8-10月。染色体2n=16。

产西藏，生于海拔2900-4800米沙质草地、山坡、灌丛中或松林下。尼泊尔、锡金及印度有分布。

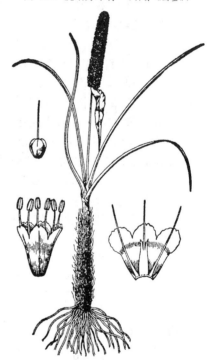

图 216 穗花韭 （引自《图鉴》）

32. 葱属 **Allium** Linn.

（许介眉）

多年生草本，常有葱蒜味。具根状茎或不明显，稀具地下走茎。根常细长，有时肉质，呈块根状。具鳞茎。叶中空或实心，无叶柄，极稀基部收窄成叶柄，具闭合叶鞘。伞形花序顶生，有时兼具珠芽，稀全为珠芽，花蕾为总苞包被。花两性，极稀单性；花梗无关节；花被6，2轮，离生或基部合成管状；雄蕊6，2轮，花丝全缘或基部具齿，常基部合生并与花被片贴生；子房3室，每室1至数胚珠，沿腹缝具蜜腺，蜜腺常生于子房基部，花柱单一。蒴果室背开裂。种子黑色。

约600种，分布于北温带。我国115种，11变种。

1. 叶常2枚，近对生，稀1或3枚，线形或卵圆形，基部常收窄成叶柄；子房基部收窄成短柄，每室1胚珠。

  2. 外轮花被片比内轮窄。

    3. 叶基部楔形，沿叶柄下延 ·· 1. 茖葱 **A. victorialis**

    3. 叶基部圆或心形，不下延 ·· 1(附). 对叶韭 **A. victorialis** var. **listera**

2. 外轮花被片比内轮宽，或等宽。

  4. 花葶比叶长，高 10-60 厘米，下部被叶鞘。

    5. 叶披针状长圆形或卵状长圆形，基部圆或心形，叶柄明显 ················· 2. **卵叶韭 A. ovalifolium**

    5. 叶线形、线状披针形、椭圆状披针形、椭圆状倒披针形或稀窄椭圆形，基部渐窄；叶柄不明显 ·········

    ··· 4. **太白韭 A. prattii**

  4. 花葶比叶短，高 2-5 厘米，3/4-4/5 被叶鞘 ····························· 3. **短葶韭 A. nanodes**

1. 叶数枚，带形、线形、半圆柱状或圆柱状，实心或中空，基部常不收窄成叶柄；子房每室 2 至数胚珠；若为 1 胚
珠或叶基部收窄成柄，则鳞茎外皮非明显网状。

  6. 根粗厚，有时近块根状；叶具明显中脉；子房每室 1-2 胚珠。

    7. 子房每室 1 胚珠，稀每室 2 胚珠。

      8. 无明显根状茎；伞形花序半球状或球状，多花；花梗等长，花柱等长或长于子房，柱头全缘。

        9. 花白色 ··· 5. **宽叶韭 A. hookerii**

        9. 花黄色 ··································· 5(附). **木里韭 A. hookerii var. muliense**

      8. 具横走细长根状茎；伞形花序帚状，少花；花梗不等长，花柱远比子房短，柱头 3 裂 ············

      ··· 10. **三柱韭 A. trifurcatum**

    7. 子房每室 2 胚珠。

      10. 花丝基部合生。

        11. 花白色；花被片披针形，先端渐尖或不规则 2 裂 ··············· 6. **粗根韭 A. fasciculatum**

        11. 花红、紫红或黑紫色，稀近白色；花被片长圆形、窄长圆形或卵状长圆形，先端钝、平截或凹缺。

          12. 花星芒状开展；花被片花后反折，内外轮相似；花梗直伸 ·············· 7. **多星韭 A. wallichii**

          12. 花钟状开展；花被片不反折，内轮较窄长；花梗顶端弯垂 ·············· 8. **大花韭 A. macranthum**

      10. 花丝 2/3-3/4 合生成管状 ··································· 9. **杯花韭 A. cyathophorum**

  6. 根纤细，绳索状；叶无明显中脉；子房每室 2 至数枚胚珠。

    13. 鳞茎圆柱状、圆锥状或卵状圆柱形，稀卵状，常数枚聚生，具明显根状茎。

      14. 鳞茎外皮网状、近网状或松散纤维状。

        15. 花白、红、紫或黑紫色。

          16. 花丝比花被片短，或等于至稍长于花被片，但不超过花被片长 1/4。

            17. 内轮花丝基部无齿。

              18. 花葶的 1/3-1/2 被叶鞘；花梗近等长；叶线形，宽 2-4 厘米 ·········· 15. **辉韭 A. strictum**

              18. 花葶基部被叶鞘。

                19. 鳞茎外皮网状或近网状；花白或淡红色。

                  20. 内轮花丝宽三角形，基部比外轮基部约宽 1 倍，花被片具深紫色中脉，先端尖头反折；鳞
                    茎外皮网状 ··· 16. **滩地韭 A. oreoprasum**

                  20. 内轮花丝窄三角形，基部比外轮基部稍宽，花被片无深紫色中脉。

                    21. 叶线形，扁平，实心；花白色，常具绿色中脉 ·············· 17. **韭 A. tuberosum**

                    21. 叶三棱状线形，背面具纵棱，中空；花白色，稀淡红色，常具淡红色中脉 ···········

                    ··· 17(附). **野韭 A. ramosum**

                19. 鳞茎外皮纤维状，或基部近网状；花黑紫、紫、紫红或淡红色。

                  22. 内轮花丝基部宽。

                    23. 叶半圆柱状或圆柱状，宽 0.5-1.5 毫米；子房基部无凹陷蜜穴 ·············

                    ··· 19. **蒙古韭 A. mongolicum**

                    23. 叶线形，宽 1.5-3（-5）毫米；子房基部具凹陷蜜穴 ········· 27. **梭沙韭 A. forrestii**

                22. 内轮花丝锥形，花丝长为花被片 1/2-2/3，顶端收窄 ··············· 26. **滇韭 A. mairei**

            17. 花丝基部具齿。

24. 花丝长为花被片1/2 ··· 27. **梭沙韭 A. forrestii**
24. 花丝等于或略长于花被片。
  25. 叶线形，宽2-5毫米 ·· 15. **辉韭 A. strictum**
  25. 叶半圆柱状，宽0.25-1毫米。
    26. 鳞茎外皮稍网状；花丝1/6-1/2合生成筒状，合生部分1/3-1/2与花被片贴生 ··············
        ·· 18. **碱韭 A. polyrhizum**
    26. 鳞茎外皮呈网状；花丝基部合生并与花被片贴生 ············· 11. **贺兰韭 A. eduardii**
16. 花丝比花被片长1/4以上。
  27. 鳞茎外皮呈网状，常红色；内轮花丝下部长圆形，占花丝长度1/3-1/2，每侧顶端各具1齿；子房基部
    无凹陷蜜穴 ··· 12. **青甘韭 A. przewalskianum**
  27. 鳞茎外皮网状或纤维状，非红色；内轮花丝基部宽不及花丝长度1/3；子房基部具凹陷蜜穴。
    28. 花白或稍带黄色 ······································ 13. **白头韭 A. leucocephalum**
    28. 花淡、紫红或紫色。
      29. 鳞茎外皮网状；花梗基部具小苞片；子房基部具无帘的凹陷蜜穴 ········· 14. **北韭 A. lineare**
      29. 鳞茎外皮纤维状，有时略网状；花梗基部无小苞片；子房基部具有帘的凹陷蜜穴 ···············
        ··· 24. **多叶韭 A. plurifoliatum**
15. 花淡蓝、蓝或紫蓝色。
  30. 花丝比花被片短；叶线形，扁平；花被片先端钝，内轮比外轮长而宽，内轮边缘具不规则小齿 ···········
    ··· 21. **高山韭 A. sikkimense**
  30. 花丝比花被片长。
    31. 叶半圆柱状 ·· 22. **天蓝韭 A. cyaneum**
    31. 叶线形，扁平 ··· 25. **雾灵韭 A. stenodon**
14. 鳞茎外皮革质、薄革质、纸质或膜质，不裂，片裂，条裂或顶端纤维状。
32. 花丝比花被片短，长不及花被片4/5。
  33. 花蓝色；花被片先端钝圆，内轮比外轮长而宽，内轮具不规则小齿；叶线形，扁平 ·················
    ··· 21. **高山韭 A. sikkimense**
  33. 花白、红、紫或黄色。
    34. 花白、淡红、紫红、淡紫或紫色。
      35. 鳞茎外皮淡黄褐色，革质，顶端条裂；花梗基部具小苞片，子房基部具有帘的凹陷蜜穴 ···············
        ··· 35. **丝叶韭 A. setifolium**
      35. 鳞茎外皮膜质、纸质或革质；花梗基部无小苞片，子房基部无凹陷穴。
        36. 植株较矮小；花梗近等长，长0.5-1.5厘米，花被片长2.8-4.2毫米 ····· 28. **细叶韭 A. tenuissimum**
        36. 植株高大；花梗不等长，长1.5-3.5厘米，花被片长3.9-5毫米。
          37. 花葶光滑 ····································· 29. **矮韭 A. anisopodium**
          37. 花葶具细糙齿 ············· 29(附). **糙葶韭 A. anisopodium var. zimmermannianum**
    34. 花淡黄或亮草黄色；鳞茎圆柱状，下部粗；叶宽线形，扁平，略镰状弯曲，长为花葶1/2，稀近等长 ···
      ··· 42. **折被韭 A. chrysocephalum**
32. 花丝稍短于、等于或长于花被片。
  38. 叶半圆柱状，宽0.5-4毫米，实心或中空。
    39. 内轮花丝基部宽，宽度为花丝长度4/5，每侧各具1钝齿 ············· 20. **砂韭 A. bidentatum**
    39. 内轮花丝基部无齿。
      40. 总苞具长达6厘米的喙；花紫红或淡红色，稀白色，具深色中脉 ··· 38. **长喙葱 A. globosum**
      40. 总苞具短喙。

41. 花白、淡黄或绿黄色。

　　42. 鳞茎外皮红褐色,有光泽;花葶实心;花梗基部具小苞片 ·················· 39. **黄花葱 A. condensatum**

　　42. 鳞茎外皮淡棕色或棕色,无光泽;花葶中空;花梗基部无小苞片 ·········· 40. **西川韭 A. xichuanense**

41. 花淡红、红、淡紫或紫红色。

　　43. 花梗基部无小苞片。

　　　　44. 内轮花丝下部卵状长圆形;鳞茎外皮褐色;花淡红色;花梗短于花被片或与其等长,花柱比子房短,不伸出花被 ···················· 20. **砂韭 A. bidentatum**

　　　　44. 内轮花丝基部常三角状锥形,花柱伸出花被 ·············· 20(附). **蒙古野韭 A. prostratum**

　　43. 花梗基部具小苞片。

　　　　45. 沿子房腹缝无隆起蜜囊。

　　　　　　46. 花丝等于或略长于花被片,子房基部无凹陷蜜穴 ············· 20(附). **蒙古野韭 A. prostratum**

　　　　　　46. 花丝长约为花被片的2倍,子房基部具有帘的凹陷蜜穴;鳞茎外皮红褐色,干膜质或近革质,有光泽,条裂;叶宽2-3毫米 ·················· 37. **长柱韭 A. longistylum**

　　　　45. 沿子房腹缝具隆起蜜囊,蜜囊在子房基部开口 ········· 36. **蜜囊韭 A. subtilissimum**

38. 叶线形、带形或披针形。

47. 鳞茎具粗壮横生根状茎;花葶具2棱呈二棱柱状;花淡紫或紫红色;内轮花丝基部无齿 ·················· 30. **山韭 A. senescens**

47. 鳞茎具直生根状茎;花葶圆柱状。

　　48. 花黄绿或淡黄色 ··················· 41. **野黄韭 A. rude**

　　48. 花白、淡红、紫红或紫色。

　　　　49. 叶线形,直伸。

　　　　　　50. 子房基部无凹陷蜜穴;叶缘具细糙齿 ·············· 34. **草地韭 A. kaschianum**

　　　　　　50. 子房基部具凹陷蜜穴;叶缘平滑。

　　　　　　　　51. 子房基部具有帘的凹陷蜜穴。

　　　　　　　　　　52. 叶宽线形或线状披针形,宽0.5-1.5(-2.3)厘米;总苞具长喙,有时喙长达7厘米;花白色 ·················· 23. **天蒜 A. paepalanthoides**

　　　　　　　　　　52. 叶线形,宽2-6(-8)毫米;总苞具短喙;花淡红、淡紫或紫色 ·················· 24. **多叶韭 A. plurifoliatum**

　　　　　　　　51. 子房基部具无帘的凹陷蜜穴。

　　　　　　　　　　53. 鳞茎外皮干膜质或纸质,黑或黑褐色,无光泽,不裂;花被片长6-8毫米 ·················· 31. **宽苞韭 A. platyspathum**

　　　　　　　　　　53. 鳞茎外皮革质,红褐色,有光泽,片状破裂;花被片长4-5.5毫米 ·················· 33. **北疆韭 A. hymenorrhizum**

　　　　49. 叶线形,常呈镰状弯曲;鳞茎外皮褐色或黄褐色,革质;花葶高20-60厘米;子房基部具凹陷蜜穴 ·················· 32. **镰叶韭 A. carolinianum**

13. 鳞茎球状、卵球状、卵状,若为圆柱状或卵状圆柱形则叶为中空圆柱状,常单生;根状茎不明显。

54. 叶为中空圆柱状,常粗壮。

　　55. 鳞茎圆柱状或卵状圆柱形;花梗基部无小苞片,花丝基部无齿。

　　　　56. 花丝比花被片短,1/3-3/4合成管状;花黄色,后变红或紫色 ····· 43. **蓝苞葱 A. atrosanguineum**

　　　　56. 花丝比花被片短或长,基部合生;花白、淡红、淡紫、紫红或黄色,非红色。

　　　　　　57. 花淡红、淡紫或紫红色。

　　　　　　　　58. 花梗不等长,比花被片短,有时花序内层的与花被片近等长,花丝长为花被片1/3-1/2(-2/3)。

　　　　　　　　　　59. 叶、叶鞘和花葶光滑 ··················· 44. **北葱 A. schoenoprasum**

　　　　　　　　　　59. 叶、叶鞘和花葶具细糙齿 ········· 44(附). **糙葶北葱 A. schoenoprasum var. scaberrimum**

　　　　　　　　58. 花梗近等长,长为花被片1.5-3倍,花丝等于至稍短于花被片 ····· 45. **硬皮葱 A. ledebourianum**

57. 花黄、淡黄、白色带黄或白色。

  60. 花葶和叶较细,中下部径不及5毫米;花黄或淡黄色 ·············· 46. **野葱 A. chrysanthum**

  60. 花葶和叶粗壮,中下部径超过5毫米;花白或带黄色。

    61. 鳞茎卵状圆柱形,粗壮,外皮红褐色,薄革质;花白带黄色,花梗稍比花被片短至为其2倍长,较粗壮 ·············· 47. **阿尔泰葱 A. altaicum**

    61. 鳞茎圆柱状,外皮白色,稀淡红褐色,膜质;花白色,花梗长为花被片2-3倍 ·············· 48. **葱 A. fistulosum**

55. 鳞茎扁球状、球状、卵球状,稀为基部粗的圆柱状;花梗基部具小苞片,内轮花丝基部两侧具齿。

  62. 花葶中空。

    63. 植株在栽培条件下抽葶开花,或伞形花序具多数珠芽间具少数花。

      64. 伞形花序无珠芽;花粉白色,具绿色中脉 ·············· 49. **洋葱 A. cepa**

      64. 伞形花序具多数珠芽,间具少数花;花白色,具淡红色中脉 ··· 49(附). **红葱 A. cepa** var. **proliferum**

    63. 植株在栽培条件下不抽葶开花,以鳞茎繁殖 ·············· 49(附). **火葱 A. ascalonicum**

  62. 花葶实心 ·············· 50. **实葶葱 A. galanthum**

54. 叶线形、三棱状线形或半圆柱状,稀为细而中空圆柱状。

  65. 子房每室2胚珠。

    66. 内轮花丝全缘,或基部两侧具齿或齿片,齿尖非丝状,不超过着药花丝。

      67. 花天蓝色;叶线形,背面具纵棱,干后常扭转;花丝基部无齿 ·············· 57. **棱叶韭 A. caeruleum**

      67. 花白、淡红、红、紫红、紫或淡绿色。

        68. 花单性异株;雌花单生,花被片基部具退化花丝痕迹;雄花2朵,花梗1长1短,退化子房3室,无胚珠,稀其中1室具1个不育胚珠 ·············· 58. **单花韭 A. monanthum**

        68. 花两性。

          69. 花梗基部无小苞片,近等长,长为花被片2-4倍;叶半圆柱状;子房具细疣状突起,花柱略伸出花被 ·············· 55. **小山蒜 A. pallasii**

          69. 花梗基部具小苞片。

            70. 鳞茎窄卵状或卵状。

              71. 叶棱柱状,具3-5棱,中空;花葶侧生;内轮花丝基部两侧具齿 ······ 51. **薤头 A. chinense**

              71. 叶圆柱状或三棱状线形,中空或基部中空;花葶中生;内轮花丝基部无齿或稀具齿。

                72. 叶圆柱状,宽1-2毫米;花白或淡紫色,有时淡绿色 ·········· 52. **白花葱 A. yanchiense**

                72. 叶三棱状线形,宽1.5-5毫米,背面具纵棱;花红或紫色 ········· 53. **球序韭 A. thunbergii**

            70. 鳞茎卵球状或近球状,若为卵状则子房基部具无帘的凹陷蜜穴。

              73. 叶线形,沿叶片和叶鞘纵脉具细糙齿;花序全为花;花丝长为花被片1.5-2倍,子房基部具无帘的凹陷蜜穴 ·············· 54. **唐古韭 A. tanguticum**

              73. 叶半圆柱状或三棱状半圆柱形,中空;花序全为花或间具珠芽,或全为珠芽;花丝比花被片短至比其长1/3,子房基部具有帘的凹陷穴 ·············· 56. **薤白 A. macrostemon**

    66. 内轮花丝基部两侧具齿,齿端长丝状,超过着药花丝。

      74. 花序全为花;花丝比花被片长 ·············· 59. **韭葱 A. porrum**

      74. 花序密具珠芽,间有数花;花丝比花被片短 ·············· 60. **蒜 A. sativum**

  65. 子房每室具4至多数胚珠。

    75. 花被片离生。

      76. 花梗长为花被片2-6倍;花被片椭圆形,淡紫红或紫红色,具深色中脉 ··· 61. **星花蒜 A. decipiens**

      76. 花梗长为花被片2-3倍;花被片线形或线状披针形,紫红色,中脉不明显 ··· 62. **多籽蒜 A. fetisowii**

    75. 花被片近中部靠合成管状。

      77. 植株较矮小;花葶高15-30(-40)厘米;花梗长0.8-4(-7)厘米,花被片长5-7(-8)毫米,子房每室3-4胚珠,稀其中1或2室具5-6胚珠 ·············· 63. **合被韭 A. tubiflorum**

77. 植株较高大；花葶高（15-）20-52厘米；花梗长（4.5-）7-11厘米，花被片长0.7-1厘米，子房每室6（-8）胚珠，稀5胚珠 ·· **64. 长梗韭 A. neriniflorum**

1. 茗葱   图 217

Allium victorialis Linn. Sp. Pl. 295. 1753.

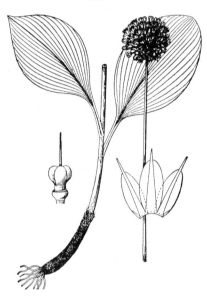

鳞茎单生或聚生，近圆柱状，外皮灰褐或黑褐色，网状。叶2-3；叶柄长2-10厘米；叶倒披针状椭圆形或椭圆形，长8-20厘米，基部楔形，沿基部下延。花葶圆柱状，高25-80厘米，1/4-1/2被叶鞘；总苞2裂，宿存；伞形花序球状。花梗等长，长为花被片2-4倍，无小苞片；花白或带绿色，极稀带红色；内轮花被片椭圆状卵形，长（4.5-）5-6毫米，常具小齿，外轮舟状，长4-5毫米；花丝比花被片长1/4至1倍，基部合生并与花被片贴生，内轮窄三角形，基部

图 217 茗葱 （王金凤绘）

宽1-1.5毫米，外轮锥形，基部比内轮窄；子房具长约1毫米柄，每室1胚珠。花果期6-8月。染色体2n=16, 32。

产黑龙江东北部、吉林东部、辽宁西部、内蒙古、河北、山西、陕西南部、宁夏南部、甘肃东南部、青海、四川、云南西北部、湖北西部、河南西部、安徽南部及浙江，生于海拔1200-2500米阴湿山坡、林下、草地或沟边。北温带有分布。嫩叶可食用。全草有止血、散瘀、化痰、止痛功能。

［附］**对叶韭 Allium victorialis** var. **listera**（Stearn）J. M. Xu, Fl. Reipubl. Popul. Sin. 14: 204. 1980. —— *Allium listera* Stearn in Bull. Fan Mem. Inst. Biol. Bot. 5: 326. 1934. 本变种与模式变种的区别：叶椭圆形或卵圆形，基部圆或心形。产吉林南部、河北、山西、陕西、河南、安徽南部，生于海拔1300-2000米阴湿山坡、林下或草坡。

2. 卵叶韭 卵叶茗葱   图 218

Allium ovalifolium Hand.-Mazz. in Anz. Akad. Wiss. Wien, Math.-Nat. 60: 101. 1924.

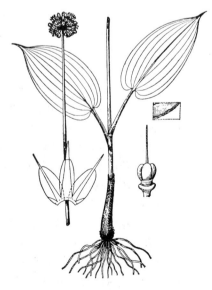

鳞茎单生或聚生，近圆柱状，外皮灰褐或黑褐色，网状。叶2枚，近对生，极稀3枚；叶柄长1厘米至与叶片近等长；叶披针状椭圆形或卵状长圆形，长（6-）8-15厘米，基部圆或心形，稀深心形，先端渐尖或短尾尖。花葶圆柱状，高30-60厘米，下部被叶鞘；总苞2裂；伞形花序球状，花密集。花梗近等长，长为花被片1.5-4倍，无小苞片；花白色，稀淡红色；内轮花被片披针状长圆形或窄长圆形，长3.5-6毫米，先端钝圆或凹缺，有时具不规则小齿，外轮窄卵形、卵形或卵状长圆形，长

图 218 卵叶韭 （王金凤绘）

3.5-5毫米，先端钝圆或凹缺，有时具不规则小齿；花丝等长，比花被片长1/4至1/2，基部合生并与花被片贴生，内轮窄三角形，基部宽0.8-1.1毫米，外轮锥形；子房柄长约0.5毫米，每室1胚珠。花果期7-9月。染色体2n=16。

产陕西南部、甘肃、青海东北部、四川、云南、贵州东部、湖南西北部、湖北西部及河南西部，生于海拔1500-4000米阴湿山坡、沟边、林下或林缘。嫩叶供食用。全草有活血散瘀、滋肾涩精功能。

3. 短葶韭 图 219

Allium nanodes Airy-Shaw in Notes Roy. Bot. Gard. Edinb. 16: 141. 1931.

鳞茎单生或聚生，近圆柱状，外皮灰褐色，网状。叶2枚，近对生，带紫色；叶柄极短；叶长圆形或窄长圆形，背曲，长3.5-9厘米，基部渐窄，先端短尖。花葶圆柱状，高2-5厘米，3/4-4/5被叶鞘；总苞2裂，伞形花序疏散。花梗近等长，长约为花被片2倍，无小苞片；花白色，外面带红色；花被片窄长圆形或窄卵形，先端短尖，内轮长5.5-9毫米，宽1-1.8毫米，外轮长5-8毫米，宽1.5-2毫米，舟状；花丝略比花被片长，基部约1毫米合生并与花被片贴生，内轮基部宽1-1.8毫米，外轮宽0.7-1毫米；子房柄不明显，每室1胚珠。花果期6-8月。染色体2n=16。

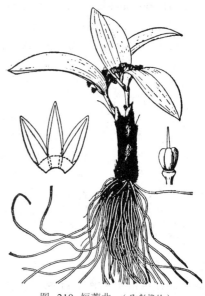

图 219 短葶韭 （吴彰桦绘）

产四川西南部及云南西北部，生于海拔3300-5200米山坡、草地或高山灌丛中。

4. 太白韭 图 220

Allium prattii C. H. Wright ex Forb. et Hemsl. in Journ. Linn. Soc. Bot. 36: 124. 1903.

鳞茎单生或聚生，近圆柱状，外皮灰褐或黑褐色，网状。叶2枚，近对生，稀3枚，线形、线状披针形、椭圆状披针形或椭圆状倒披针形，稀窄椭圆形，短于或近等长于花葶，宽0.5-4（-7）厘米，基部渐窄成不明显叶柄。花葶圆柱状，高10-60厘米，下部被叶鞘；总苞1-2裂，宿存；伞形花序半球状。花梗近等长，长为花被片2-4倍，无小苞片；花紫红或淡红色，稀近白色；内轮花被片披针状长圆形或窄长圆形，长4-7毫米，先端钝或凹缺，有时具小齿，外轮窄卵形、长圆状卵形或长圆形，长3.2-5.5毫米，先端钝或凹缺，有时具小齿；花丝略长于花被片至为其1.5倍长，基部合生并与花被片贴生，内轮窄卵状长三角形，基部宽0.8-1.5毫米，外轮锥形，基部比内轮窄；子房柄长约0.5毫米。花果期6月底至9月。染色体2n=16，32。

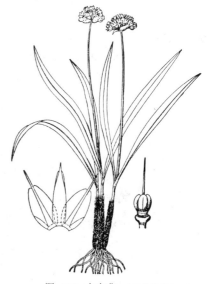

图 220 太白韭 （王金凤绘）

产陕西南部、甘肃东南部、青海、西藏、云南、四川、湖北西部及河南西部,生于海拔2000-4900米阴湿林下、沟边、灌丛中或山坡草地。不丹、印度、尼泊尔、锡金有分布。嫩叶供食用。

5. 宽叶韭　　　　　　　　　　　　　　图 221

Allium hookeri Thwaites, Enum. Pl. Zeyl. 339. 1864.

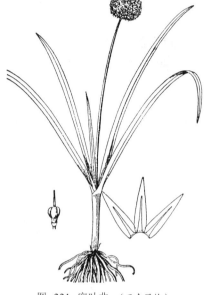

图 221 宽叶韭　（王金凤绘）

根长,肉质。鳞茎聚生,圆柱状,外皮膜质,不裂。叶线形或宽线形,短于或近等长于花葶,宽0.5-1厘米,中脉明显。花葶侧生,高达60厘米,生于鳞茎基部,无叶鞘,有时生于外层叶鞘内,下部被叶鞘;总苞2裂,常早落;伞形花序球状或半球状,具多花。花梗近等长,长为花被片2-3(4)倍,无小苞片。花白色;花被片披针形,长4-7.5毫米,先端渐尖,有时不等2裂;花丝锥形,比花被片稍短或近等长,基部合生与花被片贴生;子房倒卵状,具短柄,外壁平滑,每室1胚珠,花柱比子房长,柱头点状。花果期7-10月。染色体2n=22,33,44。

产四川、云南及西藏东南部,生于海拔1400-4000米湿润山坡或林下,在南部和西南部一些地区栽培。不丹、印度及斯里兰卡有分布。幼苗和花葶作蔬菜食用。

[附] **木里韭 Allium hookeri** var. **muliense** Airy-Shaw in Notes Roy. Bot. Gard. Edinb. 16: 139. 1931. 本变种与模式变种的区别:花淡绿黄或黄色。染色体2n=22。产云南西北部及四川西南部,生于海拔2800-4200米草甸、湿地或林缘。

6. 粗根韭　　　　　　　　　　　　　　图 222

Allium fasciculatum Rendle in Journ. Bot. 44: 42. 1906.

图 222 粗根韭　（王金凤绘）

根粗短,块根状。鳞茎单生或聚生,圆柱状,外皮淡褐色,纤维状。叶线形,长于花葶,宽2-5毫米,中脉不明显。花葶侧生,圆柱状,高达40厘米,下部1/4-2/5被叶鞘;总苞单侧开裂或2裂,伞形花序球状。花梗近等长,长为花被片1.5-2倍,无小苞片;花白色;花被片披针形,长4.5-6毫米,先端渐尖,或不规则2裂,基部圆;花丝锥形,稍短于花被片,基部合生与花被片贴生;子房扁球状,具短柄,具疣状突起,每室2胚珠,花柱与子房等长或稍长,柱头点状。花果期7-9月。染色体2n=20。

产青海、四川西部及西藏,生于海拔2200-4500米干旱山坡、草地或河滩沙地。尼泊尔、锡金及不丹有分布。

7. 多星韭 长生草 图 223 彩片 118

Allium wallichii Kunth, Enum. Pl. 4: 443. 1843.

根粗壮，较长。鳞茎单生或聚生，圆柱状，外皮黄褐色，片状开裂、纤维状或近网状。叶线形或宽线形，比花葶短或近等长，宽（0.2-）0.5-2厘米，中脉明显。花葶侧生，三棱柱状，具3纵棱，有时成窄翅状，高达0.5（-1.1）米，下部被叶鞘；总苞单侧开裂或2裂，早落；伞形花序半球状。花梗近等长，长为花被片2-4倍，无小苞片；花淡红、红、紫或黑紫色，稀近白色；花被片星芒状开展，后反折，长圆状椭圆形或窄长圆状椭圆形，长5-9毫米；花丝锥形，比花被片短

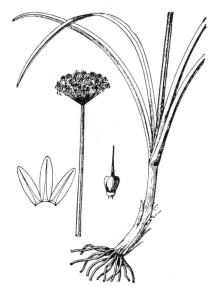

图 223 多星韭 （王金凤绘）

或等长，基部合生并与花被片贴生；子房倒卵圆状，平滑，每室2胚珠，花柱比子房长。花果期7-10月。染色体2n=14，28。

产青海、西藏、云南、四川、贵州、湖南南部及广西东北部，生于海拔2300-4800米湿润草坡、林缘、灌丛下或沟边。印度、尼泊尔、锡金及不丹有分布。全草有健脾养血、强筋壮骨功能。

8. 大花韭 图 224

Allium macranthum Baker. in Journ. Bot. 12: 293. 1874.

根粗壮，较短。鳞茎单生，圆柱状，外皮膜质，不裂，稀裂成纤维状。叶线形，与花葶近等长，宽0.4-1厘米，中脉明显。花葶中生，棱柱状，具2-3条纵棱或窄翅，高达60厘米，下部被叶鞘；总苞2-3裂，早落；伞形花序具少花。花梗近等长，长为花被片2-5倍，顶端弯垂，无小苞片。花红紫或紫色；花被片钟状开展，先端平截或凹陷，内轮的窄卵状长圆形，长1-1.2厘米，宽4-6毫米，外轮的长圆形，长0.8-1.15厘米，宽5-8毫米，舟状，比内轮的短而宽；花丝锥形，

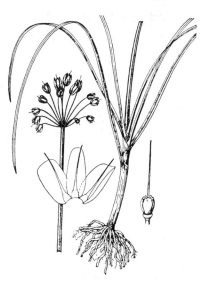

图 224 大花韭 （王金凤绘）

等长，等于或稍长于花被片，基部合生并与花被片贴生；子房倒卵圆状，顶端有时具6枚角状突起，每室2胚珠，花柱远比子房长，伸出花被，柱头点状。花果期8-10月。染色体2n=14，28。

产陕西南部、甘肃西南部、四川、西藏、云南北部及河南西部，生于海拔2700-4200米草坡、河滩或草甸。不丹及锡金有分布。

9. 杯花韭 图 225 彩片 119

Allium cyathophorum Bur. et Franch. in Journ. de Bot. 5: 154. 1891.

根粗壮，较长。鳞茎单生或聚生，圆柱状，外皮灰褐色，纤维状，有

时近网状。叶线形，常短于花葶，宽2-5毫米，中脉明显。花葶侧生，圆

柱状,常具2纵棱,高达35厘米,基部被叶鞘;总苞单侧开裂,稀2-3裂,宿存;伞形花序半球状,疏散。花梗不等长,与花被片近等长至3倍长,无小苞片;花紫红或深紫红色;花被片椭圆状长圆形,长7-9毫米,内轮稍长;花丝长为花被片2/3,2/3-3/4合生成管状,内轮花丝分离部分成肩状,外轮窄三角形;子房卵圆状,具疣状突起,每室2胚珠,花柱短于或长于子房,柱头3浅裂。花果期6-8月。染色体2n=16。

产甘肃南部、青海、四川、云南西北部及西藏,生于海拔3000-4600米山坡或草地。

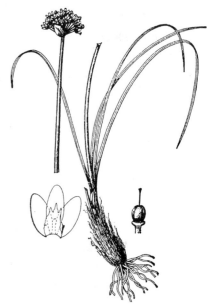

图 225 杯花韭 （王金凤绘）

10. 三柱韭 图 226

Allium trifurcatum (F. T. Wang et T. Tang) J. M. Xu, Fl. Sichuanica 7: 145. pl. 42: 5-6. 1991.

Allium humile var. *trifurcatum* F. T. Wang et T. Tang, Fl. Reipubl. Popul. Sin. 14: 208. 286. f. 32. 1980.

根长,较粗壮。鳞茎聚生,圆柱状,根状茎横走细长,外皮灰黑色,薄革质,条裂或纤维状。叶宽线形,短于花葶,宽0.4-1厘米,中脉明显。花葶侧生,圆柱状,具2窄翅,高达30厘米,下部被叶鞘;总苞2裂,常宿存;伞形花序伞状,具少花。花梗不等长,花时长为花被片1.5-2倍,无小苞片;花白色,漏斗状;花被片窄长圆形或长圆状披针形,稀卵形,长(4-)6-8毫米,内轮稍长;花丝长为花

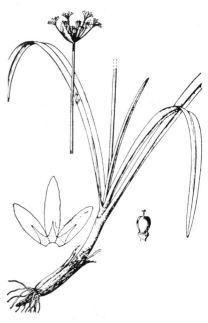

图 226 三柱韭 （王金凤绘）

被片1/3-1/2,下部三角形,上部锥形,内轮稍短,基部合生并与花被片贴生;子房倒卵圆形,平滑,每室1胚珠,花柱短于子房,有时无,柱头3裂。花果期5月底至8月。染色体2n=16。

产四川西南部及云南西北部,生于海拔3000-4000米阴湿山坡、溪边或灌丛下。

11. 贺兰韭 图 227

Allium eduardii Stearn, Herbertia 11: 102. 1944.

鳞茎密集聚生,常同为鳞茎外皮包被,窄卵状圆柱形,径0.5-1厘米,鳞茎外皮黄褐色,网状。叶半圆柱状,短于花葶,径约1毫米,上面具沟槽。花葶圆柱状,高达30厘米,下部被叶鞘;总苞单侧开裂,具约比裂片

长3倍的喙,宿存;伞形花序半球状。花梗近等长,长为花被片1.5-3倍,具小苞片;花淡紫红或紫色;花被片长圆状卵形或长圆状披针形,长5-6.5毫

米,先端小尖头反折,内轮比外轮长约1毫米;花丝等长,等于或略长于花被片,基部约1毫米合生并与花被片贴生,内轮下部1/5-1/4扩大,扩大部分两侧具锐齿,外轮锥形;子房无蜜穴,花柱长于子房,伸出花被。花期8月。

产内蒙古、河北西北部、宁夏北部及新疆北部,生于干旱山坡或草地。蒙古及俄罗斯有分布。

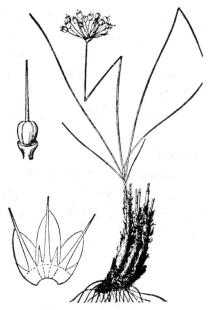

图 227 贺兰韭 (张泰利绘)

12. 青甘韭 图 228

Allium przewalskianum Regel, All. Monogr. 164. 1875.

鳞茎数枚聚生,有时同为外皮所包,窄卵状圆柱形,径0.5-1厘米,外皮红色,稀淡褐色,网状。叶半圆柱状或圆柱状,具4-5纵棱,短于或稍长于花葶,径0.5-1.5毫米。花葶圆柱状,高达40厘米,下部被叶鞘;总苞单侧开裂,常具与其等长的喙,宿存;伞形花序球状或半球状。花梗近等长,长为花被片2-3倍,无小苞片,稀具少数小苞片;花淡红或深紫色;内轮花被片长圆形或长圆状披针形,长4-6.5毫米,外轮稍短,卵形或窄卵形,长3-6毫米;花丝等长,长为花被片1.5-2倍,基部合生并与花被片贴生,内轮下部1/3-1/2扩大,其扩大部分两侧具齿,外轮锥形;子房基部无蜜穴,花柱远比子房长,伸出花被。花果期6-9月。

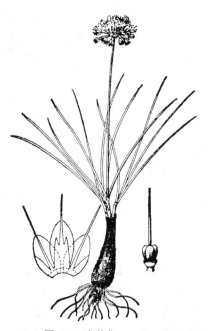

图 228 青甘韭 (王金凤绘)

产内蒙古、陕西、宁夏北部、甘肃、青海、新疆、西藏、云南西北部、四川及河南西部,生于海拔2000-4800米干旱山坡、草坡或灌丛下。印度及尼泊尔有分布。

13. 白头韭 图 229

Allium leucocephalum Turcz. in Bull. Soc. Nat. Mosc. 27(2): 123. 1854.

鳞茎单生或2枚聚生,近圆柱状,径0.6-1.3厘米,外皮暗黄褐色,网状。叶半圆柱状,中空,短于花葶,宽(1)2-5毫米,腹面具沟槽,光滑。花葶圆柱状,高达50(-60)厘米,1/3被叶鞘;总苞2裂,宿存;伞形花序球状,多花密集。花梗近等长,具小苞片;花白或稍带黄色;内轮花被

片长圆状椭圆形,长4.5-6毫米,外轮长圆状卵形,长3.5-5.5毫米;花丝等长,稍长于花被片至长于2倍,基部合生并与花被片贴生,内轮基部扩大,其扩大部分两侧具齿,有时齿端裂为2-4不规则小齿,外轮锥形;子房倒卵圆形,腹缝基部具凹陷蜜穴,花柱伸出花被。花果期7-8月。染色体2n=16, 32。

产黑龙江西南部、内蒙古及甘肃,生于沙地。蒙古及俄罗斯有分布。

14. 北韭   图 230

Allium lineare Linn. Sp. Pl. 295. 1753.

鳞茎单生或2枚聚生,近圆柱状,径0.5-1.5厘米,外皮黄褐或灰褐色,网状。叶线形,短于花葶,宽1-3毫米,叶缘光滑或具细糙齿。花葶圆柱状,高达60厘米,1/3-1/2被疏离叶鞘;总苞2裂,宿存;伞形花序球状或半球状,多花密集。花梗近等长,长为花被片1.5-3倍,具小苞片;花紫红色;内轮花被片长圆形或椭圆形,长4-5毫米,外轮长圆状卵形,长3.5-4.5毫米;花丝等长,长为花被片1.5-2倍,基部合生并与花被片贴生,内轮基部扩大,其扩大部分长大于宽,

两侧具长齿,有时齿端具2-4不规则小齿,外轮锥形;子房倒卵圆形,腹缝基部具凹陷蜜穴,花柱伸出花被。花果期7-8月。染色体2n=16。

产新疆北部及东北部,生于海拔1800-2400米阳坡。欧洲东南、亚洲东北和中部有分布。

15. 辉韭   图 231

Allium strictum Schrader, Hort. Goett. 7. f. 1. 1809.

鳞茎单生或2枚聚生,近圆柱状,径0.5-1.5厘米,外皮黄褐或灰褐色,网状。叶线形,中空,短于花葶,宽2-5毫米,叶缘光滑或具细糙齿。花葶圆柱状,高达77厘米,1/3-1/2被疏离叶鞘;总苞2裂,宿存;伞形花序球状或半球状,多花密集。花梗近等长,长为花被片1.5-2(3)倍,稀近等长,具小苞片;花淡紫或淡紫红色;内轮花被片长圆形或椭圆形,长4-5毫米,外轮的长圆状卵形,长3.8-4.8毫米;花丝等长,等于至稍长于花被片,基部合生并与花被片贴生,内轮基部扩大,

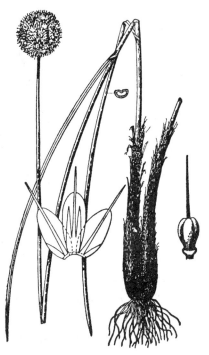

图 229 白头韭 (王金凤绘)

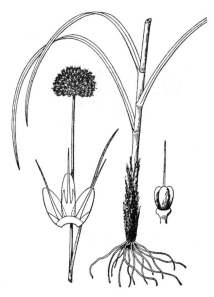

图 230 北韭 (王金凤绘)

其扩大部分长小于宽,两侧具短齿,稀具长齿或无齿,有时齿端具2-4不规则齿,外轮锥形;子房倒卵圆形,腹缝基部具凹陷蜜穴,花柱稍伸出花被,柱头近头状。花果期7-9月。染色体2n=16, 32, 40, 48。

产黑龙江、吉林东部、内蒙古、宁夏西部、甘肃及新疆,生于海拔800-

1700米山坡、林下、湿地或草地。欧洲及亚洲有分布。全草有发散风寒、止痢功能；种子能壮阳止浊。

16. 滩地韭　图 232

Allium oreoprasum Schrenk in Bull. Acad. Sci. Pétersb. 10: 354. 1842.

鳞茎聚生，窄卵状圆柱形，径0.5-1厘米，外皮黄褐色，网状。叶线形，短于花葶，宽1-3（4）毫米。花葶圆柱状，高达30(-40)厘米，下部被叶鞘；总苞单侧开裂或2裂，宿存；伞形花序帚状或半球状，少花。花梗近等长，长为花被片1.5-3倍，具小苞片；花淡红或白色；花被片中脉深紫色，倒卵状椭圆形或倒卵状宽椭圆形，长4.2-7毫米，先端对摺小尖头反折，内轮宽短；花丝长为花被片1/2-3/4，基部1.2-1.5毫米合生并与花被片贴生，内轮宽三角形，外轮稍短，窄三角形，基部宽约为外轮1/3；子房近球形，基部无凹陷的蜜穴；花柱不伸出花被，柱头3浅裂。花果期6-8月。染色体2n=16，48。

产新疆及西藏西部，生于海拔1200-2700米阳坡、滩地、河谷阶地或石滩。哈萨克斯坦、吉尔吉斯斯坦及塔吉克斯坦有分布。

17. 韭　图 233

Allium tuberosum Rottl. ex Spreng. Syst. Veg. 2: 38. 1825.

鳞茎簇生，圆柱状，外皮暗黄或黄褐色，网状或近网状。叶线形，扁平，实心，短于花葶，宽1.5-8毫米，叶缘光滑。花葶圆柱状，常具2纵棱，高达60厘米，下部被叶鞘；总苞单侧开裂，或2-3裂，宿存；伞形花序半球状或近球状，多花疏散。花梗近等长，长为花被片2-4倍，具小苞片，数枚花梗基部为一苞片所包；花白色，花被片中脉绿或黄绿色，内轮长圆状倒卵形，稀长圆状卵形，长4-7（8）毫米，外轮常稍窄，长圆状卵形或长圆状披针形，长4-7（8）毫米；花丝等长，长为花被片2/3-4/5，基部合生并与花被片贴生，窄三角形，内轮基部稍宽；子房倒圆锥状球形，具疣状突起，基部无凹陷蜜穴。花果期7-9月。染色体2n=16，24，32。

全国栽培；南方有野化植株。国外有栽培。幼苗和花葶作蔬菜食用；种子入药。

[附] **野韭** 山韭 **Allium ramosum** Linn. Sp. Pl. 296. 1753. 本种与韭的区别：叶三棱状线形，中空，背面具纵棱；花中脉常淡红色。产黑龙江、吉林、辽宁、内蒙古、河北、山西、陕西、甘肃、宁夏、新疆、青海及山东，生于海拔460-2100米阳坡草地。蒙古、俄罗斯及哈萨克斯坦有分布。种子有兴奋强壮、补肾益阳功能。

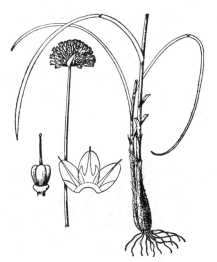
图 231 辉韭 （王金凤绘）

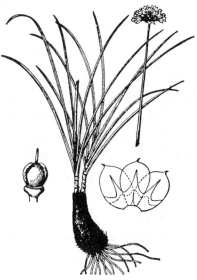
图 232 滩地韭 （王金凤绘）

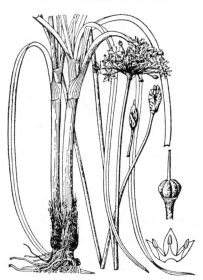
图 233 韭 （王金凤绘）

18. 碱韭 紫花韭 图 234

Allium polyrhizum Turcz. ex Regel. in Acta Hort. Petrop. 3: 162. 1875.

Allium subangulatum Regel; 中国高等植物图鉴 5: 779. 1976.

鳞茎数枚密集簇生，圆柱状，径0.5-1厘米，外皮黄褐色，近网状。叶半圆柱状，短于花葶，宽0.25-1毫米，叶缘具细糙齿，稀平滑。花葶圆柱状，高达35厘米，下部被叶鞘；总苞2-3裂，宿存；伞形花序半球状，多花密集。花梗近等长，与花被片近等长或长为其2倍，具小苞片，稀无；花紫红或淡紫红色，稀白色；内轮花被片长圆形或长圆状窄卵形，长3.5-7(-8.5)毫米，外轮卵形或窄卵形，长3-7(8)毫米；花丝等长，等于或稍长于花被片，基部1/6-1/2合生成筒状，合生部分1/3-1/2与花被片贴生，内轮离生部分的基部扩大，其扩大部分每侧各具齿，极稀无齿，外轮锥形；子房卵圆形，无凹陷蜜穴，花柱长于子房。花果期6-8月。染色体2n=32。

产黑龙江西南部、吉林西部、辽宁西北部、内蒙古、河北北部、山西北部、宁夏、甘肃、青海、新疆及河南西北部，生于海拔1000-3700米阳坡、草地、盐碱地或石质坡地。蒙古、俄罗斯及哈萨克斯坦有分布。

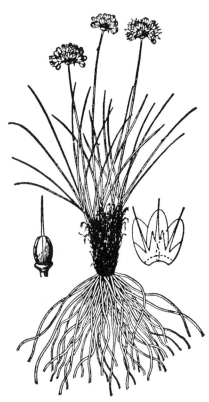

图 234 碱韭 （王金凤绘）

19. 蒙古韭 图 235

Allium mongolicum Regel in Acta Hort. Petrop. 3: 160. 1875.

鳞茎密集丛生，圆柱状，鳞茎外皮褐黄色，纤维状。叶半圆柱状或圆柱状，短于花葶，宽0.5-1.5毫米。花葶圆柱状，高达30厘米，下部被叶鞘；总苞单侧开裂，宿存；伞形花序半球状或球状，多花密集。花梗近等长，与花被片近等长或长2倍，无小苞片；花淡红、淡紫或紫红色；花被片卵状长圆形，长6-9毫米，先端钝圆，内轮常稍长；花丝近等长，长为花被片1/2-2/3，基部合生并与花被片贴生，内轮下部约1/2卵形，外轮锥形；子房倒卵圆形，基部无凹陷蜜穴，花柱伸出花被。花果期7-9月。

产辽宁西部、内蒙古、陕西北部、宁夏、甘肃、青海、新疆北部及河南，生于海拔800-2800米荒漠、沙地或干旱山坡。蒙古有分布。

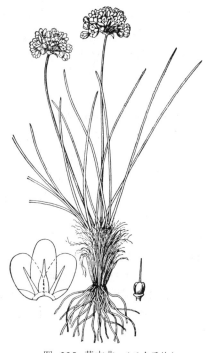

图 235 蒙古韭 （王金凤绘）

20. 砂韭 图 236

Allium bidentatum Fisch. ex Prokh. Mat. Comm. Etude Reipubl. Mongol. Tannou-Touva 2: 83. 1929.

鳞茎常密集聚生，圆柱状，有时基部稍膨大，径3-6毫米，外皮褐或灰褐色，薄革质，条裂，有时顶端纤维状。叶半圆柱状，短于花葶，宽1-1.5毫米。花葶圆柱状，高达30厘米，下部被叶鞘；总苞2裂，宿存；伞形花序半球状，花较多而密集。花梗近等长，与花被片近等长，稀为其1.5倍长，无小苞片；花红或淡紫色；内轮花被片窄长圆形或长圆状椭圆形，长5-6.5毫米，先端近平截，常具不规则小齿，外轮长圆状卵形或卵形，长4-5.5毫米，稍短于内轮；花丝等长，稍短于花被片，基部0.6-1毫米合生并与花被片贴生，内轮4/5成卵状长圆形，两侧具钝齿，极稀无齿，外轮锥形；子房卵圆形，具疣状突起或突起不明显，基部无凹陷蜜穴，花柱不伸出花被。花果期7-9月。染色体2n=32。

产黑龙江西南部、吉林东南部、辽宁、内蒙古、河北、河南西北部、山西、宁夏北部、新疆东部及西北部，生于海拔600-2000米阳坡或草原。蒙古、俄罗斯及哈萨克斯坦有分布。

〔附〕**蒙古野韭 Allium prostratum** Trevir. Ind. Sem. Hort. Wratisl. 1821. 本种近砂韭和长柱韭，与前者的区别：花淡紫或紫红色，花梗长为

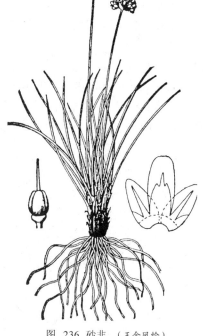

图 236 砂韭 （王金凤绘）

花被片2-3倍，内轮花丝基部窄三角状锥形，花柱伸出花被。与后者的区别：花丝等长或稍长于花被片，子房基部无凹陷蜜穴。产内蒙古东部及新疆西北部，生于多石山坡。蒙古、俄罗斯及哈萨克斯坦有分布。

21. 高山韭 图 237

Allium sikkimense Baker in Journ. Bot. 12: 292. 1874.

鳞茎数枚聚生，圆柱状，径3-5毫米，外皮暗褐色，纤维状，基部近网状，稀条裂。叶线形，扁平，短于花葶，宽2-5毫米。花葶圆柱状，高达40厘米，下部被叶鞘；总苞单侧开裂，早落；伞形花序半球状，花多而密集。花梗近等长，短于或等于花被片，无小苞片；花天蓝色；花被片卵形或卵状长圆形，长0.6-1厘米，内轮常疏生不规则小齿，常比外轮稍长而宽；花丝等长，长为花被片1/2-2/3，基部约1毫米合生并与花被片贴生，内轮基部扩大，有时两侧具齿，外轮基部常扩大，有时其扩大部分两侧具齿；子房近球形，腹缝基部具有窄帘的凹

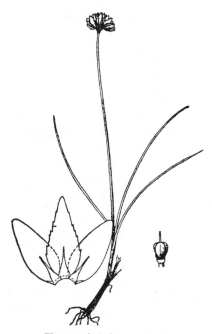

图 237 高山韭 （王金凤绘）

陷蜜穴,花柱短于或近等长于子房,不伸出花被,柱头点状。花果期7-9月。染色体2n=32。

产陕西西南部、宁夏南部、甘肃、青海、西藏、四川及云南西北部,生于海拔2400-5000米山坡、草地、林缘或灌丛下。不丹、印度、尼泊尔及锡金有分布。

22. 天蓝韭　　　　　　　　　　　图 238

Allium cyaneum Regel in Acta Hort. Petrop. 3: 174. 1875.

鳞茎数枚聚生,圆柱状,径2-4(-6)毫米,外皮暗褐色,常为不明显网状。叶半圆柱状,比花葶短或长,宽1.5-2.5毫米,上面具槽。花葶圆柱

状,高达30(-45)厘米,下部被叶鞘;总苞单侧开裂或2裂,早落;伞形花序近帚状,有时半球状,花疏散。花梗近等长,与花被片等长或为其2倍,无小苞片;花天蓝色;花被片卵形或长圆状卵形,长4-6.5毫米,稀更大,内轮稍长;花丝等长,比花被片长1/3或为其2倍,基部合生并与花被片贴生,内

轮基部扩大,其扩大部分有时两侧具齿,外轮锥形;子房近球形,腹缝基部具有帘的蜜穴,花柱伸出花被。花果期8-10月。染色体2n=32。

产山西、陕西、宁夏、甘肃、青海、西藏、四川、湖北西部及河南西部,生于海拔2100-5000米山坡、草地或林缘。全草有发散风寒、通阳、健胃功能。

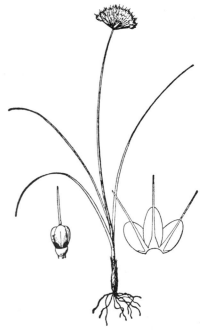

图 238 天蓝韭 (王金凤绘)

23. 天蒜　　　　　　　　　　　图 239

Allium paepalanthoides Airy-Shaw in Notes Roy. Bot. Gard. Edinb. 16: 142. 1931.

鳞茎单生,窄卵状圆柱形,径0.5-1.5厘米,外皮褐色或黄褐色,有时带红色,纸质,条裂,有时近纤维状。叶宽线形或线状披针形,比花葶短或等长,宽0.5-1.5(-2.3)毫米。花葶圆柱状,高达50厘米,近基部被叶鞘,稀下部被叶鞘;总苞单侧开裂,喙有时长达7厘米;伞形花序,花多而疏散。花梗近等长,长为花被片2-4倍,无小苞片;花白色;花被片中

脉绿色,内轮卵状长圆形,长3.2-5毫米,先端平截或钝圆,外轮卵形,舟状,长3-4.5毫米,稍短于内轮;花丝等长,长为花被片1.5-2倍,基部合生并与花被片贴生,内轮基部扩大,其扩大部分两侧具长1.5-2.5毫米的齿片,齿片顶端具不规则小齿,外轮锥形;子房倒卵圆

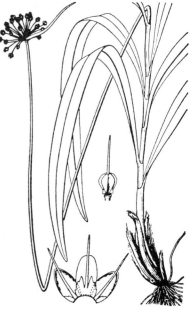

图 239 天蒜 (吴彰桦绘)

形,腹缝基部具有帘的凹陷蜜穴,花柱伸出花被。花果期8-9月。染色体2n=16。

产内蒙古、山西、陕西南部、四

川北部及东部、河南西部,生于海拔1400-2000米阴湿山坡、沟边或林下。

24. 多叶韭 图 240

Allium plurifoliatum Rendle in Journ. Bot. 44: 43. pl. 476. f. 5-7. 1906.

鳞茎常数枚聚生,基部圆柱状,径0.3-1厘米,外皮黑褐或黄褐色,纤维状,有时近网状。叶线形,扁平,与花葶近等长,宽2-6(-8)毫米,先端长渐尖,边缘反卷,下面粉绿色。花葶圆柱状,高达40厘米,中部以下被叶鞘;总苞单侧开裂,具短喙;伞形花序较松散。花梗近等长,长为花被片2-4倍,无小苞片;花淡红、淡紫或紫色;内轮花被片卵状长圆形,长4-5(-7)毫米,先端平截或钝圆,外

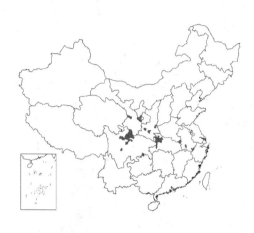

轮卵形,舟状,长3.5-4.5(-6.5)毫米;花丝等长,长为花被片1.5-2倍,基部合生并与花被片贴生,内轮基部扩大,其扩大部分两侧具一长(1)2-3毫米的齿片,齿片先端具不规则小齿,外轮锥形;子房倒卵圆形,腹缝

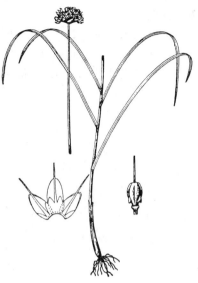

图 240 多叶韭 (王金凤绘)

基部具帘的凹陷蜜穴,花柱伸出花被。花果期8-10月。染色体2n=16。

产陕西、宁夏南部、甘肃、四川、湖北西部、河南东南部及安徽南部,生于海拔1600-3300米山坡、草地或林下。

25. 雾灵韭 图 241

Allium stenodon Nakai et Kitagawa, Rep. First. Sci. Exped. Manch. 4, 1: 18. f. 6. 1934.

鳞茎常数枚聚生,基部稍粗,径3-8毫米,外皮黑褐色,纤维状,有时近网状。叶线形,扁平,短于或近等长于花葶,宽2-3毫米。花葶圆柱状,高达50厘米,中部以下被叶鞘;总苞单侧开裂,具短喙,宿存;伞形花序半球状或近球状,花多而密集。花梗近等长,与花被片近等长或为其1.5倍,无小苞片;花蓝或紫蓝色;内轮花被片卵状长圆形,长4.5-5.5毫米,外轮卵形,舟状,长4-5毫米,稍短于内轮;花丝等长,长为花被片1.5-2倍,基部合生并与花被片贴生,内轮基

部扩大,其扩大部分两侧具长齿,有时齿端具小齿,外轮锥形;子房倒卵圆形,腹缝基部具帘的凹陷蜜穴,花柱伸出花被。花果期7-9月。

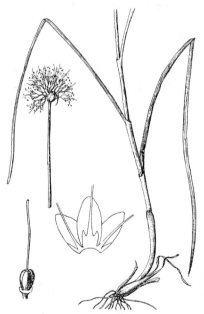

图 241 雾灵韭 (马 平绘)

产内蒙古、河北、山西及河南西部,生于海拔1550-3000米山坡、草地或林缘。

26. 滇韭　　　　　　　　　　　　　　　　　　图 242

Allium mairei Lévl. in Fedde, Repert. Sp. Nov. 7: 339. 1909.

鳞茎常聚生，圆柱状，基部稍膨大，外皮黄褐或灰褐色，纤维状，有时稍交错。叶近圆柱状、半圆柱状或半圆柱状线形，短于或近等于花葶，宽 1-1.5 (-10) 毫米，具细棱，沿棱具糙齿。花葶圆柱状，高达 30 (-40) 厘米，具2棱，下部被常带紫色叶鞘；总苞单侧开裂，宿存；伞形花序具2个小伞形花序，每1小伞形花序基部具1苞片，有时具1个小伞形花序，花序基部无苞片。花梗长为花被片 1.5-2 倍，稀稍长于花被片，无小苞片；花淡红或紫红色；花被片线形，窄长圆形，

倒披针状长圆形或椭圆状长圆形，长 0.8-1.2 (-1.5) 厘米，宽 1.5-4 毫米，内轮稍窄，有时对摺反曲；花丝等长，长为花被片 1/2-2/3，稀更短，基部约1毫米合生并与花被片贴生，锥形；子房顶端和基部收窄，基部约1毫米合生并与花被片贴生，锥形，子房顶端和基部收窄，基部无凹陷蜜穴，花柱不伸出花被，柱头微3裂。花果期 8-10 月。染色体 2n=16, 32。

产四川、云南及西藏东部，生于海拔 1200-4200 米石缝、草地或林下。

图 242 滇韭 （王金凤绘）

27. 梭沙韭　　　　　　　　　　　　　　　　　图 243

Allium forrestii Diels in Notes Roy. Bot. Gard. Edinb. 5: 302. 1912.

鳞茎数枚聚生，圆柱状，径 4-7 毫米，外皮灰褐色，纤维状，基部常近网状，稀条裂。叶线形，短于花葶，宽 1.5-3 (-5) 毫米。花葶圆柱状，高达 30 厘米，下部被紫红色叶鞘；总苞单侧开裂，早落；伞形花序具少花。花梗近等长，比花被片短或等长，无小苞片；花紫或暗紫色；花被片椭圆形、卵状椭圆形或倒卵状椭圆形，长 0.8-1.3 厘米；花丝等长，长为花被片 1/2，基部约

1毫米合生并与花被片贴生，内轮基部有时扩大，稀具齿，外轮锥形；子房近球形，腹缝基部具凹陷蜜穴，花柱比子房短至近等长，柱头3浅裂。花果期 8-10 月。染色体 2n=16。

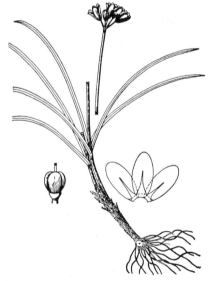

图 243 梭沙韭 （王金凤绘）

产青海东北部、四川西南部、云南西北部及西藏东部，生于海拔 2700-4200 米山坡或草坡。

28. 细叶韭　　　　　　　　　　　　　图 244：1-3

Allium tenuissimum Linn. Sp. Pl. 301. 1753.

鳞茎数枚聚生，近圆柱状，外皮紫褐、黑褐或灰褐色，膜质，顶端不

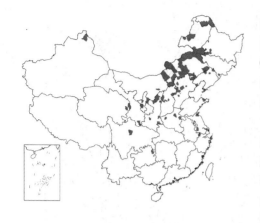

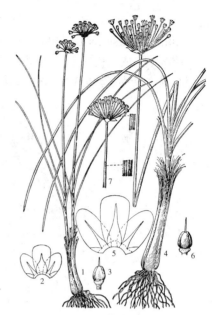

规则开裂。叶半圆柱状或近圆柱状,与花葶近等长,宽0.3-1毫米,光滑,稀沿棱具细糙齿。花葶圆柱状,高达30(-50)厘米,具细纵棱,下部被叶鞘;总苞单侧开裂,宿存;伞形花序半球状或近帚状,疏散。小花梗近等长,长0.5-1.5厘米,果期略伸长,具纵棱,光滑,稀沿纵棱具细糙齿,基部无小苞片;花白或淡红色,稀紫红色;内轮花被片倒卵状长圆形,长3-4.2毫米,先端平截或钝圆状平截,外轮的卵状长圆形或宽卵状长圆形,长2.8-4毫米,先端钝圆,比内轮的稍短;花丝长约为花被片2/3,基部合生并与花被片贴生,内轮下部约2/3扩大成卵圆形,外轮的锥形,有时基部略扩大,稍短于内轮;子房卵圆形,基部无凹陷的蜜穴,花柱不伸出花被。花果期7-9月。染色体2n=16。

产黑龙江、吉林、辽宁、内蒙古、河北、山西、陕西、宁夏、甘肃南部、新疆北部、青海东北部、四川、贵州东北部、河南、山东东部、江苏及浙江

图 244: 1-3. 细叶韭 4-6. 矮韭 7. 糙葶韭
(王金凤绘)

西北部,生于海拔2000米以下山坡、草地或沙丘。蒙古及俄罗斯有分布。

29. 矮韭

图 244: 4-6

Allium anisopodium Ledeb. Fl. Ross. 4: 183. 1852.

鳞茎数枚聚生,近圆柱状,外皮紫褐、黑褐或灰褐色,膜质,不规则开裂,有时顶端几呈纤维状。叶半圆柱状,有时为三棱状窄条形,稀线形,近与花葶等长,宽1-2(-4)毫米,光滑,稀沿纵棱具细糙齿。花葶圆柱状,高(20-)30-50(-65)厘米,具细纵棱,光滑,下部被叶鞘;总苞单侧开裂,宿存;伞形花序近帚状,疏散。小花梗不等长,果期更明显,长1.5-3.5厘米,具纵棱,光滑,稀沿纵棱具细糙齿,基部无小苞片;花淡紫或紫红色;内轮花被片倒卵状长圆形,长4-5毫米,先端平截或钝圆状平截,外轮的卵状长圆形或宽卵状长圆形,长3.9-4.9毫米,先端钝圆,略比内轮的短;花丝长约为花被片的2/3,基部合生并与花被片贴生,内轮下部约2/3扩大成卵圆形,稀扩大部分每侧各具1小齿,外轮的锥形,有时基部稍扩大,稍短于内轮;子房卵球状,基部无凹陷的蜜穴,花柱不伸出花被。花果期7-9月。染色体2n=16。

产黑龙江、吉林、辽宁、内蒙古、河北、山东东部、河南、陕西、宁夏、甘肃及新疆北部,生于海拔1300米以下山坡、草地或沙丘。朝鲜、蒙古、俄罗斯及哈萨克斯坦有分布。

[附] 糙葶韭 图244: 7 **Allium anisopodium** var. **zimmermannianum** (Gilg) F. T. Wang et T. Tang in Contr. Inst. Bot. Nat. Acad. Peiping 2(8): 260. 1934. —— *Allium zimmermannianum* Gilg in Engl. Bot. Jahrb. 34, Beibl 75: 23. 1904. 本变种与模式变种的区别:花葶、叶和小花梗均沿纵棱具细糙齿。花果期6月底至9月。染色体2n=32。产黑龙江、吉林、辽宁、内蒙古、河北、山西、陕西、甘肃及山东,生于海拔2200米以下山坡、草地或沙丘。

30. 山韭　　　　　　　　　　　　　　　图 245 彩片 120

Allium senescens Linn. Sp. Pl. 299. 1753.

鳞茎单生或数枚聚生，窄卵状圆柱形或圆柱状，径0.5-2(-2.5)厘米，具粗壮横生根状茎，鳞茎外皮灰黑或黑色，膜质，不裂。叶线形或宽线形，肥厚，基部近半圆柱状，上部扁平，有时微呈镰状，短于或稍长于花葶，宽0.2-1厘米，先端钝圆，边缘和纵脉有时具极细糙齿。花葶圆柱状，常具2棱，有时棱呈窄翅状，高达65厘米，下部被叶鞘；总苞2裂，宿存；伞形花序半球状或近球状，花多而密集。花梗近等长，长为花被片2-4倍，稀更短，具

小苞片；花淡紫或紫红色；内轮花被片长圆状卵形或卵形，长4-6毫米，先端常具不规则小齿，外轮卵形，舟状，长3.2-5.5毫米，稍短于内轮；花丝等长，稍长于花被片或为其1.5倍，基部合生并与花被片贴生，内轮披针状三角形，外轮锥形；子房倒卵圆形，基部无凹陷蜜穴，花柱伸出花被。花果期7-9月。染色体2n=16，24，32，48。

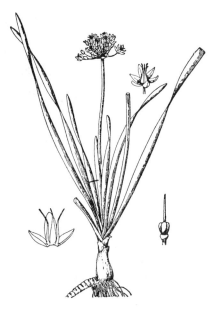

图 245 山韭 （王金凤绘）

产黑龙江、吉林、辽宁、内蒙古、河北、河南、山西、陕西、甘肃及新疆北部，生于海拔2000米以下草原、草甸或山坡。欧洲、亚洲北部有分布。

31. 宽苞韭　　　　　　　　　　　　　　　图 246

Allium platyspathum Schrenk, Enum. Pl. Nov. 1: 7. 1841.

鳞茎单生或数枚聚生，卵状圆柱形，径1-2厘米，外皮黑或黑褐色，干膜质或纸质，不裂。叶宽线形，扁平，短于或稍长于花葶，宽0.3-1(-1.7)厘米。花葶圆柱状，高达0.6(-1)米，中部以下或下部被叶鞘；总苞2裂，宿存；伞形花序球状或半球状，花多而密集。花梗近等长，等于花被片或长为其2倍，无小苞片；花紫红或淡红色，具光泽；花被片披针形或线状披针形，长6-8毫米，宽1.5-2毫米，外轮稍短；花丝锥形，等长，近等长于花被片

或为其1.5倍，基部合生并与花被片贴生；子房近球形，腹缝基部具凹陷蜜穴，花柱伸出花被。花果期6-8月。染色体2n=16。

产宁夏北部、甘肃西北部及新疆，生于海拔500-3500米阴湿山坡、草地或林下。蒙古、俄罗斯、哈萨克斯坦、吉尔吉斯斯坦及塔吉克斯坦有分布。

32. 镰叶韭　　　　　　　　　　　　　　　图 247

Allium carolinianum DC. in Redouté, Liliac. 2: f. 101. 1804.

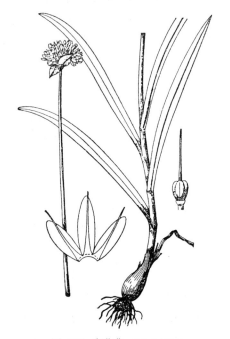

图 246 宽苞韭 （王金凤绘）

Allium platystylum Regel；中国高等植物图鉴 5: 477. 1976.

鳞茎单生或2-3枚聚生，窄卵状或卵状圆柱形，径1-2.5厘米，外皮褐或黄褐色，革质，顶端裂成纤维状。叶宽线形，扁平，常镰状，短于花葶，宽（0.3-）0.5-1.5厘米，光滑。花葶圆柱状，高达40（-60）厘米，下部被叶鞘；总苞2裂，宿存；伞形花序球状，花多而密集。花梗近等长，稍短于花被片或长为其2倍，无小苞片；花紫红、淡紫、淡红或白色；花被片窄长圆形或长圆形，长（4.5-）6-8（-9.4）毫米，有时微凹缺，外轮稍短，或与内轮近等长；花丝锥形，稍短于花被片或长为其2倍，基部约1毫米合生并与花被片贴生；子房近球形，腹缝基部具凹陷蜜穴，花柱伸出花被。花果期6月底至9月。染色体2n=32。

产内蒙古西部、甘肃、青海、新疆及西藏，生于海拔2500-5000米砾石山坡、林下向阳处或草地。哈萨克斯坦、吉尔吉斯斯坦、塔吉克斯坦、阿富汗、巴基斯坦、印度及尼泊尔有分布。

33. 北疆韭 图 248

Allium hymenorrhizum Ledeb. Fl. Alt. 2: 12. 1830.

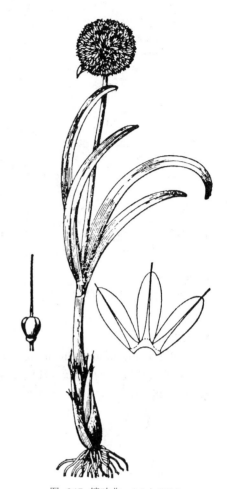

图 247 镰叶韭 （王金凤绘）

鳞茎单生或数枚聚生，近圆柱状，径约1.5厘米，外皮红褐色，革质，有光泽，片状开裂。叶线形，扁平，短于花葶，宽2-6毫米，光滑。花葶圆柱状，高达90厘米，约1/2被疏离的叶鞘；总苞单侧开裂；伞形花序球状或半球状，花多而密集。花梗近等长，长为花被片1.5-2倍，无小苞片；花淡红或紫红色；内轮花被片窄长圆状椭圆形，长4.6-5.5毫米，外轮披针形或椭圆状披针形，长4-4.5毫米，比内轮稍短而窄；花丝锥形，比花被片长1/4或长为其2倍，基部合生并与花被片贴生；子房腹缝基部具凹陷蜜穴，花柱伸出花被。花期8月。

产新疆，生于草地。亚洲中部有分布。

34. 草地韭 图 249

Allium kaschianum Regel in Acta Hort. Petrop. 10: 338. pl. 3. f. 2. 1887.

鳞茎数枚聚生，圆柱状，径0.5-1（-1.5）厘米，外皮棕色，薄革质，常

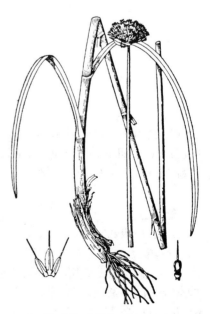

图 248 北疆韭 （王金凤绘）

条裂。叶线形,稍短于或稍长于花葶,宽1-1.5(-3)毫米,具细糙齿。花葶圆柱状,高达40厘米,1/4-1/2被叶鞘;总苞单侧开裂或2裂,宿存;伞形花序半球状或球状,花多而较密。花梗近等长,短于或等于花被片,无小苞片;花淡紫色;花被片窄长圆形或倒卵状长圆形,长3-5毫米,先端钝圆或微凹,内轮较长;花丝锥形,等长,长约为花被片1.5倍,基部合生并与花被片贴生;子房球形,基部无凹陷蜜穴,花柱比子房长,伸出花被。花果期7-9月。

产新疆,生于山区草地或冲积平原。

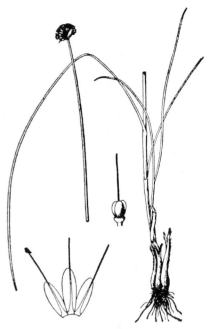

图 249 草地韭 (吴彰桦绘)

35. 丝叶韭　　　　　　　　图 250

Allium setifolium Schrenk, Enum. Pl. Nov. 1: 6. 1841.

鳞茎数枚聚生,窄卵状或卵状圆柱形,径0.5-1厘米,外皮淡褐色,革质,常一侧开裂。顶端条裂。叶2-3,毛发状,短于或近等长于花葶,宽0.2-0.3毫米,花葶圆柱状,高达10厘米,下部被叶鞘;总苞2裂,宿存;伞形花序疏生少花。花梗近等长,等长于花被片或为其2倍,具小苞片;花淡红或红色;花被片中脉紫色,披针形或长圆状披针形,长5-7毫米,先端钝圆;花丝近等长,长约为花被片2/3,基部1/3-1/2合生并与花被片贴生,基部三角形,向上成锥形,内轮基部比外轮的宽;子房椭圆状球形,腹缝基部具有帘的凹陷蜜穴,花柱不伸出花被。花果期6-8月。染色体2n=16。

产新疆,生于石质山坡。亚洲中部有分布。

36. 蜜囊韭　　　　　　　　图 251

Allium subtilissimum Ledeb. Fl. Alt. 2: 22. 1830.

鳞茎聚生,窄卵状圆柱形或长圆锥状,径0.5-1厘米,外皮淡灰褐色,稍带红色,膜质或薄革质,几不裂或顶端开裂。叶3-5,细圆柱状,常短于花葶,宽约0.5毫米,上面具槽。花葶纤细,圆柱状,高达20厘米,下部被叶鞘;总苞2裂,宿存;伞形花序疏生少花。花梗近等长,长为花被片2-3(4)倍,具小苞片;花淡红或淡紫红色;内轮花被片长圆状椭圆形,长

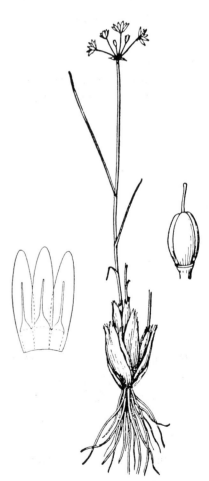

图 250 丝叶韭 (吴彰桦绘)

3.7-5毫米,具短尖头,外轮卵状椭圆形,舟状,长3-4.5毫米,具短尖头;花丝锥状,等长,比花被片稍长,稀稍短,基部合生并与花被片贴生;子房近球形,沿腹缝具纵向隆起并在子房基部开口的蜜囊,花柱伸出花被。花果期7-9月。染色体2n=16。

产内蒙古西部及新疆,生于干旱山坡或荒漠。蒙古及哈萨克斯坦有分布。

37. 长柱韭   图 252

Allium longistylum Baker in Journ. Bot. 12: 294. 1874.

鳞茎常数枚聚生,圆柱状,径4-8毫米,外皮红褐色,干膜质或近革质,具光泽,条裂。叶半圆柱状,近等于或稍长于花葶,宽2-3毫米,上面具槽。花葶圆柱状,高达50厘米,中部以下被叶鞘。总苞2裂;伞形花序球状,密生多花,有时花疏生。花梗近等长,近等长于花被片或为其3倍,具小苞片;花红或紫红色;内轮花被片卵形,长4-5毫米,外轮长圆形,长3.5-4.5毫

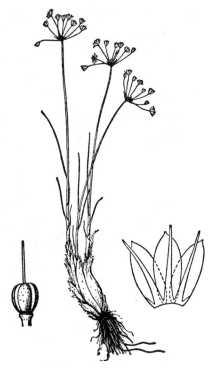

图 251 蜜囊韭 (吴彰桦绘)

米;花丝锥状,等长,长约为花被片2倍,基部合生并与花被片贴生;子房倒卵圆形,腹缝具有帘的凹陷蜜穴,花柱伸出花被。花果期8-9月。

产内蒙古、河北及山西,生于海拔1500-3000米山坡或草地。

38. 长喙韭   图 253

Allium globosum M. Bieb. ex Redouté, Liliac. 3: f. 179. 1807.

鳞茎常数枚聚生,卵状圆柱形,径0.7-1.5厘米,外皮褐色或红褐色,革质,不裂或片状开裂。叶半圆柱状,短于花葶,宽0.5-1.5毫米,上面具槽,光滑,有时沿棱具细糙齿。花葶圆柱状,实心,高达60厘米,光滑,下部至1/3被叶鞘,外层叶鞘常具乳头状突起;总苞单侧

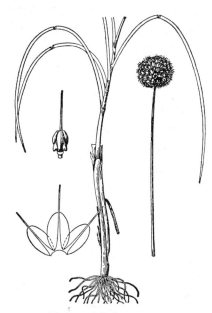

图 252 长柱韭 (王金凤绘)

开裂或2裂;喙长达6厘米,宿存;伞形花序球状,花多而密集。花梗近等长,长为花被片1.5-2倍,具小苞片;花紫红或淡红色,稀白色;花被片中脉深色,长圆状卵形,长4-5毫米,具短尖头,外轮稍短;花丝锥形,等长,长约为花被片1.5-2倍,基部

合生并与花被片贴生;子房近球形,腹缝基部具凹陷蜜穴,花柱伸出花被。花果期7-9月。染色体2n=16, 32。

产新疆,生于海拔1100-3100米干旱山坡。中欧和中亚有分布。

39. 黄花葱

图 254

Allium condensatum Turcz. in Bull. Soc. Nat. Mosc. 27: 121. 1855.

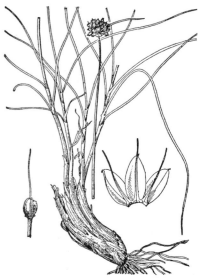

鳞茎常单生,稀2枚聚生,窄卵状圆柱形或近圆柱状,径1-2(-2.5)毫米,外皮红褐色,薄革质,有光泽,条裂。叶圆柱状或半圆柱状,中空,短于花葶,宽1-2.5毫米,上面具槽。花葶圆柱状,实心,高达80厘米,中部被叶鞘;总苞2裂,宿存;伞形花序球状,花多而密集。花梗近等长,长为花被片2-4倍,具小苞片;花淡黄或白色;花被片卵状长圆形,长4-5毫米,外轮略短;花丝锥状,等长,比花

图 253 长喙韭 (冀朝祯绘)

被片长1/4-1/2,基部合生并与花被片贴生;子房倒卵圆形,腹缝基部具有窄帘的凹陷蜜穴,花柱伸出花被。花果期7-9月。染色体2n=16。

产黑龙江、吉林、辽宁、内蒙古、河北、山西、河南西北部及山东,生于海拔2000米以下山坡或草地。朝鲜、蒙古及俄罗斯有分布。

40. 西川韭

图 255: 1-5

Allium xichuanense J. M. Xu, Fl. Reipubl. Popul. Sin. 14: 249. 285. pl. 50. f. 1-5. 1980.

鳞茎单生,卵状、窄卵状或卵状圆柱形,径0.8-1.2厘米,外皮淡棕或棕色,薄革质,片状开裂。叶半圆柱状或三棱状半圆柱形,中空,等于或稍长于花葶,宽1.5-4毫米。花葶圆柱状,高达40厘米,下部被叶鞘;总苞2裂,宿存;伞形花序球状,花多而密集。花梗等长,等长于花被片至为其1.5倍,无小苞片;花淡黄或淡绿黄色;花被片长圆状椭圆形或长圆状卵形,长

图 254 黄花葱 (冀朝祯绘)

5-6毫米,有时内轮稍长;花丝锥状,等长,等于花被片至比其长1/3,基部合生并与花被片贴生;子房卵圆形,腹缝基部具有窄帘的凹陷蜜穴,花柱伸出花被。花果期8-10月。

产四川及云南西北部,生于海拔3100-4300米山坡或草地。

41. 野黄韭

图 255: 6

Allium rude J. M. Xu, Fl. Reipubl. Popul. Sin. 14: 249. 286. pl. 50. f. 6. 1980.

鳞茎单生,圆柱状,有时窄卵状圆柱形,径0.5-1(-1.5)厘米,外皮

棕或淡棕色，薄革质，片状开裂。叶线形，扁平，短于或近等长于花葶，宽0.3-1厘米，有时微呈镰状。花葶圆柱状，高达70厘米，下部被叶鞘；总苞2-3裂，宿存；伞形花序球状，花多而密集。花梗等长，与花被片近等长或为其1.5倍，无小苞片；花淡黄或淡绿黄色；花被片长圆状椭圆形或长圆状卵形，长5-6毫米，基部合生并与花被片贴生；子房卵圆形，腹缝基部具有窄帘的凹陷蜜穴，花柱伸出花被。花果期7-9月。

产甘肃、青海、四川及西藏，生于海拔2700-5000米草甸或湿润山坡。

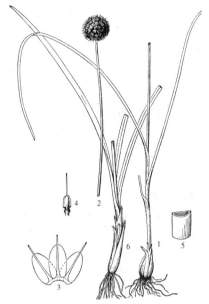

图 255: 1-5. 西川韭 6. 野黄韭
（吴彰桦绘）

42. 折被韭

图 256

Allium chrysocephalum Regel in Acta Hort. Petrop. 10: 335. pl. 3. f. 1. 1887.

鳞茎单生，圆柱状，有时下部粗，径0.5-1厘米，外皮淡棕或棕色，薄革质，顶部条裂。叶线形或宽线形，扁平，长为花葶1/2，稀近等长，宽0.3-1厘米，略镰状。花葶圆柱状，高达27厘米，下部被叶鞘；总苞2-3裂，宿存；伞形花序球状或半球状，花多而密集。花梗近等长，近等于或略长于花被片，无小苞片；花亮草黄色；内轮花被片长圆状披针形，长7-8毫米，先端反折，外轮长圆状卵形，长5.5-6.5毫米，舟状；花丝锥状，长为内轮花被片2/3，基部约1毫米合生并与花被片贴生；子房卵圆形，腹缝基部具凹陷蜜穴，花柱不伸出花被。花果期7-9月。

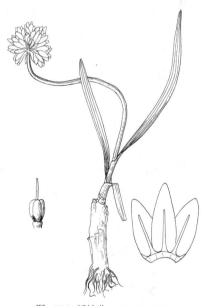

图 256 折被韭 （孙英宝绘）

产甘肃、青海、四川西北部及云南西北部，生于海拔3400-4800米草甸或湿润山坡。

43. 蓝苞葱

图 257

Allium atrosanguineum Schrenk in Bull. Acad. Sci. Pétersb. 10: 355. 1842.

鳞茎单生或数枚聚生，圆柱状，径0.5-1厘米，外皮灰褐色，条裂，近纤维状。叶圆柱状，中空，短于或近等于花葶，宽2-4毫米。花葶圆柱状，中空，高达60厘米，下部被叶鞘；总苞蓝色，2裂，宿存；伞形花序球状，花多而密集。花梗不等长，外层的常比花被片短，内层的常比花被片长，无

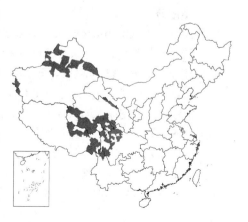

小苞片；花黄色，后红或紫色；花被片长圆状倒卵形、长圆形或长圆状披针形，长（0.7-）0.9-1.6厘米，宽3-4毫米，内轮较短，稀等长；花丝长5.5-8毫米，1/3-3/4合生，合生部分1/2-2/3与花被片贴生，内轮基部三角形或肩状，外轮锥形；子房倒卵圆形，具短柄，腹缝基部具小的凹陷蜜穴，花柱长3.5-7毫米，柱头3浅裂或几不裂。花果期6-9月。染色体2n=16, 32。

产甘肃、青海、新疆、西藏、四川及云南西北部，生于海拔3400-5400米草甸或湿地。蒙古、俄罗斯、哈萨克斯坦、吉尔吉斯斯坦及塔吉克斯坦有分布。

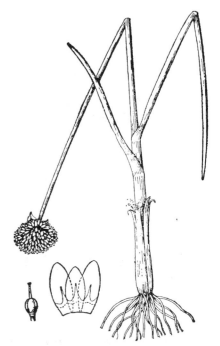

图 257 蓝苞葱 （王金凤绘）

44. 北葱 图 258

Allium schoenoprasum Linn. Sp. Pl. 301. 1735.

鳞茎常数枚聚生，卵状圆柱形，径0.5-1厘米，外皮灰褐或带黄色，皮纸质，条裂，有时顶端纤维状。叶1-2，圆柱状，中空，稍短于花葶，宽2-6毫米。花葶圆柱状，中空，光滑，高达40（-60）厘米，1/3-1/2被光滑叶鞘；总苞紫红色，2裂，宿存；伞形花序近球状，花多而密集。花梗常不等长，短于花被片，无小苞片；花紫红或淡红色，具光泽；花被片披针形、长圆状披针形或长圆形，长0.7-1.1（-1.7）厘米，等长；花丝长为花被片1/3-1/2（-2/3），基部1-1.5毫米合生并与花被片贴生；内轮基部三角形，比外轮的基部宽1.5倍；子房近球形，腹缝基部具凹陷小蜜穴，花柱不伸出花被。花果期7-9月。染色体2n=16, 24, 32。

产内蒙古及新疆，生于海拔2000-2600米草甸、河谷或潮湿山坡。北温带有分布。鳞茎有通气发汗、除寒解表功能。

[附] **糙葶北葱 Allium schoenoprasum** var. **scaberrimum** Regel in Acta Hort. Petrop. 3: 80. 1875. 本变种与模式变种的区别：叶、叶鞘和花葶沿纵棱具细糙齿。花期8月。产新疆北部，生于草甸。中亚有分布。

图 258 北葱 （冀朝祯绘）

45. 硬皮葱 图 259

Allium ledebourianum Roem. et Schult. Syst. 7: 1029. 1830.

鳞茎数枚聚生，窄卵状圆柱形，径0.3-1厘米，外皮灰或灰褐色，薄革质或革质，片状开裂。叶1-2，圆柱状，中空，短于花葶，宽0.5-0.7（-1）厘米。花葶圆柱状，中空，高达70（-80）厘米，中部以下被叶鞘；总苞2裂，宿存；伞形花序半球状或近球状，花多而密集。花梗近等长，长为花被片1.5-3倍，无小苞片；花淡紫色；花被片卵状披针形或披针形，长0.4-0.8（-1）厘米，宽2-3毫米，等长，有时内轮稍长，中脉紫色，具短尖头；花丝等长，与花被片等长或稍短，基部约1毫米合生并与花被片贴生，内轮窄三角形，外轮锥形，基部宽为内轮的1/2；子房卵圆形，腹缝基部具

凹陷小蜜穴，花柱伸出花被。花果期6-9月。染色体2n=16。

产黑龙江、吉林东部、内蒙古及河北东北部，生于海拔800米以下湿润草地、沟边、河谷、山坡或沙地。蒙古及俄罗斯有分布。

46. 野葱
图 260

Allium chrysanthum Regel in Acta Hort. Petrop. 3: 91. 1875.

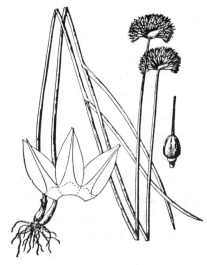

图 259 硬皮葱 （王金凤绘）

鳞茎圆柱状或窄卵状圆柱形，径0.5-1(-1.5)厘米，外皮红褐或褐色，薄革质，常条裂。叶圆柱状，中空，短于花葶，宽1.5-4毫米。花葶圆柱状，中空，高达50厘米，下部被叶鞘；总苞2裂，宿存；伞形花序球状，花多而密集。花梗近等长，稍短于花被片或为其1.5倍，无小苞片；花黄或淡黄色；花被片卵状长圆形，长5-6.5毫米，内轮稍长；花丝锥形，等长，长为花被片1.25-2倍，基部合生并与花被片贴生；子房倒卵圆形，基部无凹陷蜜穴，花柱伸出花被。花果期7-9月。染色体2n=16。

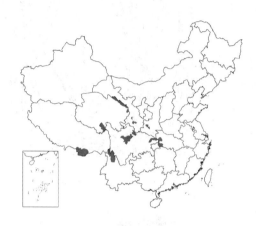

产陕西南部、甘肃南部、青海、西藏南部、云南西北部、四川及湖北西部，生于海拔2000-4500米山坡或草地。

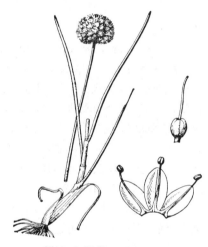

图 260 野葱 （冀朝祯绘）

47. 阿尔泰葱
图 261

Allium altaicum Pall. Reise 2: 737. f. T. 1773.

鳞茎单生，卵状圆柱形，径2-4厘米，外皮红褐色，薄革质，不裂。叶圆柱状，中空，长为花葶1/3-1/2，宽0.5-2毫米。花葶圆柱状，中空，高达1米，1/4-1/2被叶鞘；总苞2裂，宿存；伞形花序球状，花多而密集。花梗近等长，粗壮，稍比花被片短或长为其1.5(-2)倍，无小苞片；花白色带黄；花被片长6-9毫米，宽2.8-4毫米，内轮卵状长圆形，外轮卵形，等长或内轮较长，常具小尖头；花丝等长，锥形，长为花被片1.5-2倍，基部合生并与花被片贴生；子房倒卵圆形，腹缝基部具窄蜜穴，花柱伸出花被。花果期8-9月。染色体2n=16。

产黑龙江西南部、内蒙古及新疆北部，生于山坡或草地。蒙古、俄罗斯及哈萨克斯坦有分布。

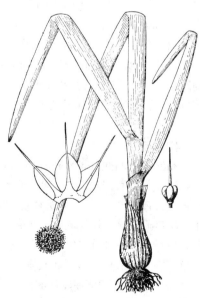

图 261 阿尔泰葱 （王金凤绘）

48. 葱　　　　　　　　　　　　　　　　　　　　图 262

Allium fistulosum Linn. Sp. Pl. 301. 1753.

鳞茎单生或聚生，圆柱状，稀窄卵状圆柱形，径1-2厘米，有时达4.5厘米，外皮白色，稀淡红褐色，膜质或薄革质，不裂。叶圆柱状，中空，与花葶近等长，宽0.5-1.5厘米。花葶圆柱状，中空，高达0.5（-1）米，1/3以下被叶鞘；总苞2裂，宿存；伞形花序球状，花多而较疏。花梗近等长，纤细，等于或长为花被片2-3倍，无小苞片；花白色；花被片卵形，长6-8.5毫米，先端渐尖，具反折小尖头，内轮稍长；花丝等长，锥形，长为花被片1.5-2倍，基部合生并与花被片贴生；子房倒卵圆形，腹缝基部具不明显蜜穴，花柱伸出花被。花果期4-7月。染色体2n=16。

原产亚洲，可能是我国西北部。国内栽培。国外亦有栽培。幼苗作蔬菜食用；鳞茎有发表、通阳、解毒功能；叶有祛风发汗、解毒消肿功效；葱汁能散瘀解毒、驱虫；葱花治脾心痛；葱实（种子）有温肾、明目功能；葱须（根）用于风寒头痛、喉疮、冻伤。

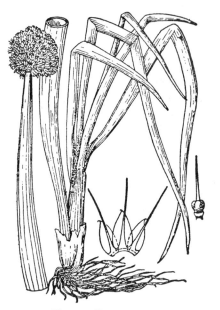

图 262 葱　（王金凤绘）

49. 洋葱　　　　　　　　　　　　　　　　　　　图 263

Allium cepa Linn. Sp. Pl. 300. 1753.

鳞茎单生，近球状或扁球状，外皮紫红、红褐、淡红褐、黄或淡黄色，纸质或薄革质，不裂。叶圆柱状，中空，短于花葶，宽0.5-2厘米。花葶圆柱状，中空，中下部膨大，高达1米。下部被叶鞘；总苞2-3裂，宿存；伞形花序球状，花多而密集。花梗等长，稍长于花被片，下部约1/5合生，合生部分1/2与花被片贴生，内轮基部扩大，扩大部分两侧具齿，外轮锥形；子房近球形，腹缝基部具有帘的凹陷蜜穴，花柱稍伸出花被。花果期5-7月。染色体2n=16，32。

原产亚洲西部。国内栽培。国外亦栽培。鳞茎作蔬菜食用。鳞茎用于创伤、溃疡及妇女滴虫阴道炎。

[附] **红葱 Allium cepa** var. **proliferum** Regel, All. Monogr. 93. 1875. 本变种与模式变种的区别：鳞茎卵状或长圆状卵形；伞形花序具多数珠芽，间具少数花，珠芽有花序生出幼叶；花被片白色，中脉淡红色。国内栽培，作蔬菜用。欧洲亦有栽培。鳞茎和幼苗作蔬菜食用。

[附] **火葱 Allium ascalonicum** Linn. Sp. Pl. 429. 1753. 本种与洋葱的区别：鳞茎聚生，长圆状卵形、窄卵形或卵状圆柱形；栽培条件下不抽葶开花，用鳞茎繁殖。原产亚洲西部。我国南方栽培。欧、亚亦有栽培。幼

图 263 洋葱　（王金凤绘）

苗作蔬菜食用。鳞茎有温中下气功能；种子有补肾明目功能。

50. 实葶葱　　　　　　　　　　　　　　　　　图 264

Allium galanthum Kar. et Kir. in Bull. Soc. Nat. Mosc. 15: 508. 1842.

鳞茎常数枚聚生，圆柱状，基部稍膨大，径1.5-3厘米，外皮红褐色，薄革质，有光泽，不裂。叶圆柱状，中空，长为花葶1/2-2/3，宽0.3-1厘米。花葶圆柱状，实心，高达60厘米，下部被叶鞘；总苞2裂，宿存；伞形花序球状，花多而密集。花梗等长，长为花被片2-4倍，具小苞片；花白色；花被片长圆形或卵状长圆形，长3.2-5毫米，等长或内轮稍长；花丝稍长于花被片，稀略短，基部1-1.3毫米合生，合生部分中下部与花被片贴生；内轮基部扩大，其扩大部分两侧具齿，稀齿不明显，外轮锥形；子

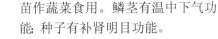

房圆锥状,腹缝基部具有帘的凹陷蜜穴,花柱不伸出花被。花果期8-10月。染色体2n=16。

产新疆北部,生于海拔500-1500米山坡或河谷。俄罗斯及哈萨克斯坦有分布。

51. 薤头 薤 图 265

Allium chinense G. Don, Monogr. All. 83. 1827.

鳞茎数枚聚生,窄卵状,径(0.5-)1-1.5(-2)厘米,外皮白或带红色,膜质,不裂。叶棱柱状,具3-5纵棱,中空,与花葶近等长,宽1-3毫米。花葶侧生,圆柱状,高达40厘米,下部被叶鞘;总苞2裂,宿存;伞形花序近半球状,花疏生。花梗近等长,长为花被片2-4倍,具小苞片;花淡紫或暗紫色;花被片宽椭圆形或近圆形,长4-6毫米,内轮稍长;花丝等长,长约为花被片1.5倍,基部合生并与花被片贴生,内轮基部扩大,其扩大部分两侧具齿,外轮锥形;子房倒卵圆形,腹缝基部具有帘的凹陷蜜穴,花柱伸出花被。花果期10-11月。染色体2n=24,32。

长江流域和以南地区栽培,有野生。国外亦有栽培。鳞茎作蔬菜食用。药用有理气宽胸、通阳、祛痰功能。

52. 白花葱 图 266

Allium yanchiense J. M. Xu, Fl. Reipubl. Popul. Sin. 14: 260. f. 85. 1980.

鳞茎单生或数枚聚生,窄卵状,径1-2厘米,外皮暗灰色,纸质,顶端纤维状。叶圆柱状,中空,短于花葶,宽1-2毫米,光滑或沿纵棱具极细糙齿。花葶中生,圆柱状,高达40厘米,下部叶鞘光滑或具极细糙齿;总苞2裂,宿存;伞形花序球状,花多而密集。花梗近等长,与花被片近等长或长为其2倍,具小苞片;花白或淡红色,有时淡绿色;花被片中脉淡红色,内轮长圆形或卵状长圆形,长4-6毫米,先端钝圆或微凹,有时具不规则小齿,外轮长圆状卵形,长4-5毫米,常比内轮稍短;花丝等长,比花被片长1/5-1/2,锥形,基部合生并与花被片贴生;子房卵圆形,腹缝基部具有帘的凹陷蜜穴,有时帘呈舌状,花柱伸出花被。花果期8-9月。

产内蒙古西部、河北、山西、陕西、宁夏、甘肃、青海南部及河南西北部,生于海拔1300-2000米阴湿山沟或山坡。

53. 球序韭 图 267

Allium thunbergii G. Don, Mem. Wern. Soc. 6: 84. 1827.

Allium sacculiferum Maxim.; 中国高等植物图鉴 5: 475. 1976.

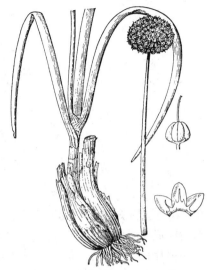

图 264 实葶葱 (王金凤绘)

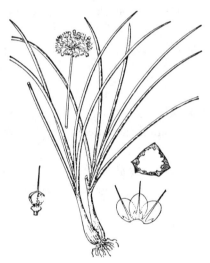

图 265 薤头 (王金凤绘)

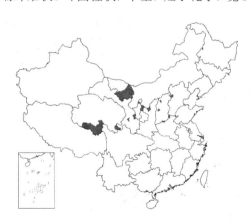

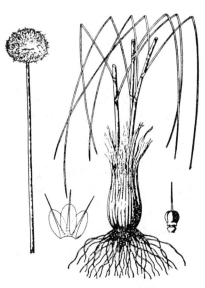

图 266 白花葱 (王金凤绘)

鳞茎单生,卵状或卵球状,径1-1.5厘米,外皮灰褐或灰黄色,纸质,老时顶端纤维状。叶线形,短于花葶,宽1-3(4)毫米,沿叶片和叶鞘纵脉具细糙齿,上面沟状。花葶圆柱状,高达40厘米或更高,下部被叶鞘;总苞2裂,宿存;伞形花序半球状或近球状,花多而密集。花梗近等长,长为花被片2-3倍,具小苞片;花紫或紫红色;花被片窄披针形或卵状披针形,长(3)4-5毫米,宽1-1.8毫米;花丝等长,长为花被片1.5(-2)倍,基部合生并与花被片贴生,内轮基部窄三角形,比外轮的基部宽;子房近球形,腹缝基部具凹陷蜜穴,花柱稍伸出花被。花果期7-9月上旬。染色体2n=32,48。

产黑龙江、吉林、辽宁、内蒙古、河北、山西、陕西、河南、山东、江苏、浙江、台湾北部及湖北东部,生于海拔2000-3500米干旱山坡、沙丘或草地。

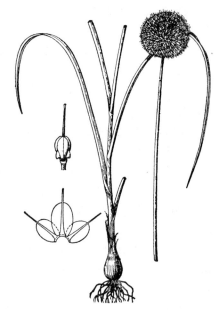

图 267 球序韭 (王金凤绘)

54. 唐古韭　　　　　　　　　图 268

Allium tanguticum Regel in Acta Hort. Petrop. 10: 316. t. 2. f. 1. 1887.

鳞茎卵球状或卵状,径1-1.5厘米,外皮灰褐或灰黄色,纸质,老时顶端常呈纤维状。叶线形,上面沟状,短于花葶,宽1-3(-4)毫米,叶和叶鞘沿纵脉具细糙齿。花葶圆柱状,高15-40厘米或更高,下部被叶鞘;总苞2裂,短于花序;伞形花序半球状或近球状,花多而密集。小花梗近等长,长为花被片2-3倍,基部具小苞片;花紫或紫红色;花被片窄披针形或卵状披针形,长(3-)4-5毫米;花丝等长,长为花被片1.5(-2)倍,基部合生并与花被片贴生,内轮分离部分的基部扩大成窄长三角形,明显比外轮基部宽;子房近球形,腹缝线基部具凹陷的蜜穴,花柱稍伸出花被。花果期7-9月上旬。

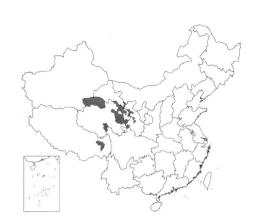

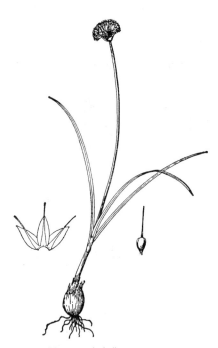

图 268 唐古韭 (王金凤绘)

产甘肃、青海及西藏东部,生于海拔2000-3500米干旱山坡、沙丘或草地。

55. 小山蒜　　　　　　　　　图 269

Allium pallasii Murr. in Nov. Comment. Soc. Sci. Goetting. 6: 32. f. 3. 1775.

鳞茎单生,卵球状或近球状,径0.7-1.5(-2)厘米,外皮灰或褐色,膜质或近革质,不裂。叶3-5,半圆柱状,短于花葶,宽0.5-1.5(-2.5)毫米,上面具槽。花葶圆柱状,高达30

（-65）厘米，1/4-1/2被叶鞘；总苞2裂，宿存；伞形花序半球状或球状，花多而密集。花梗近等长，长为花被片2-4倍，无小苞片或具很少的小苞片；花淡红或淡紫色；花被片披针形或长圆状披针形，长2-4毫米，等长，内轮常较窄；花丝等长，近等于花被片或长为其1.5倍，基部合生并与花被片贴生，内轮基部扩大，扩大部分有时两侧具齿，外轮锥形；子房近球形，具疣状突起，腹缝基部具凹陷蜜穴，花柱稍伸出花被。花果期5-7月。染色体2n=16。

产新疆，生于海拔600-2300米荒漠或干旱山坡。蒙古、俄罗斯及哈萨克斯坦有分布。

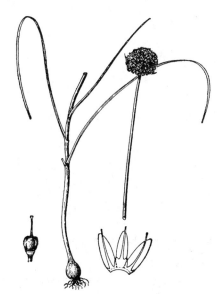

图 269 小山蒜 （王金凤绘）

56. 薤白 图 270 彩片 121

Allium macrostemon Bunge, Enum. Pl. China Bor. Coll. 65. 1833.

鳞茎单生，近球状，径0.7-1.5（-2）厘米，基部常具小鳞茎，外皮带黑色，纸质或膜质，不裂。叶半圆柱状或三棱状半圆柱形，中空，短于花葶，宽2-5毫米。花葶圆柱状，高达70厘米，1/4-1/3被叶鞘；总苞2裂，宿存；伞形花序半球状或球状，花多而密集，或间具珠芽，或全为珠芽。花梗近等长，长为花被片3-5倍，具小苞片；珠芽暗紫色，具小苞片；花淡紫或淡红色；花被片长圆状卵形或长圆状披针形，长4-5.5毫米，等长，内轮常较窄；花丝等长，比花被片稍短或长1/3，基部合生并与花被片贴生，基部三角形，内轮基部较外轮宽1.5倍；子房近球形，腹缝基部具有帘的凹陷蜜穴，花柱伸出花被。花果期5-7月。染色体2n=16，24，32，40，48。

产黑龙江、吉林、辽宁、内蒙古、河北、山东、江苏、浙江、福建、江西、安徽、河南、湖北、湖南、广东、广西北部、贵州、云南、西藏东部、

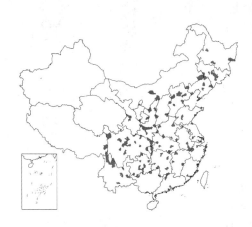

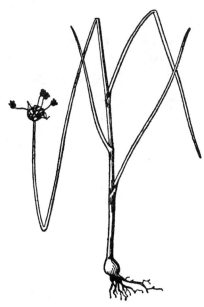

图 270 薤白 （王金凤绘）

四川、甘肃、宁夏、陕西及山西，生于海拔1600米以下山区或草地，在云南和西藏分布可达海拔3000米。日本、朝鲜、蒙古及俄罗斯有分布。鳞茎作蔬菜食用，药用有通阳散结、下气功能。

57. 棱叶韭 兰花山蒜 图 271

Allium caeruleum Pall. Reise 2: 727. f. R. 1773.

鳞茎单生，近球状，径1-2厘米，基部常具小鳞茎，外皮暗灰色，纸质，不裂。叶线形或三棱状线形，干时常扭卷，短于花葶，宽（1-）2-5毫米，下面具纵棱，光滑，或与叶鞘沿纵脉具细糙齿。花葶圆柱状，高达85厘米，约1/3被叶鞘；总苞2裂，宿

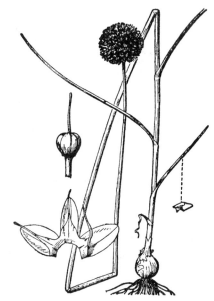

存；伞形花序半球状或球状，花多而密集。有时间具珠芽。花梗近等长，长为花被片2-6倍，具小苞片；花天蓝色；花被片长圆形或长圆状披针形，长3-5毫米，等长，内轮较窄；花丝等长，稍短于或稍长于花被片，基部合生并与花被片贴生，基部三角形，扩大部分有时两侧具齿，外轮锥形；子房近球形，具疣状突起，腹缝基部具凹陷蜜穴，花柱稍伸出花被。花果期5-7月。染色体2n=16。

产新疆，生于海拔600-2300米荒漠或干旱山坡。蒙古、俄罗斯及哈萨克斯坦有分布。鳞茎有温中通阳、下气止痢功能。

图 271 棱叶韭 （冀朝祯绘）

58. 单花韭　　　　　　　图 272

Allium monanthum Maxim. in Bull. Acad. Sci. Pétersb. 31: 109. 1886.

鳞茎单生，近球状，径0.5-1厘米，外皮黄褐色，有时带红色，不裂或顶端细网状。叶1-2，宽线形，向两端收窄，长为花葶1.5-2倍，宽3-8毫米，上面平，下面弧状隆起，肥厚，横切面近半月形。花葶细圆柱状，高达10厘米，下部被叶鞘；总苞单侧开裂，宿存；伞形花序具1-2花。花梗与花被片近等长，若具2花则1长1短，长的为花被片1.5-2倍，短的与花被片近等长。花白色或带红色，单性异株。雌花花梗比花葶粗且顶端膨大；花被片卵形或卵状披针形，长4-5毫米，内轮较窄，具退化雄蕊；子房椭圆状球形，基部无凹陷蜜穴，柱头3裂。雄花花梗与花葶近等粗；花被片长圆形、窄长圆形或卵状长圆形，长4毫米，内轮较窄；花丝与花被片等长，窄三角形，基部合生并与花被片贴生，内轮基部比外轮的宽；退化子房3室，无胚珠，1室具1枚不育胚珠。花期5月。染色体2n=16，32。

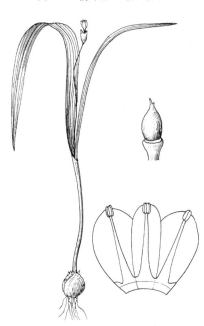

图 272 单花韭 （孙英宝绘）

产黑龙江南部、吉林南部、辽宁东部及河北北部，生于山坡或林下。日本、朝鲜及俄罗斯远东地区有分布。

59. 韭葱　　　　　　　图 273

Allium porrum Linn. Sp. Pl. 423. 1753.

鳞茎单生，长圆状卵形或近球状，有时具小鳞茎，外皮白色，膜质，不裂。叶宽线形或线状披针形，短于花葶，宽1-5毫米或更宽，稍对摺，下面龙骨状。花葶圆柱状，高达80厘米或更高，近中部被叶鞘；总苞单侧开裂，具长喙，早落；伞形花序球状，花多而密集。花梗近等长，长为花被片数倍，具小苞片；花白或淡紫色；花被片近长圆形，长4.5-5毫米，先端具短尖头，中脉绿色，外轮背面沿中脉具细齿；花丝稍长于花被片，基部合生并与花被片贴生，两侧下部具细齿，内轮的约2/3成长圆形，与花被片近等宽，两侧具齿，齿端卷曲丝状，远比着药花丝长，外轮的窄三角形或线状三角形；子房卵圆形，腹缝中下部具横向隆起蜜穴，花柱伸出花被。花果期5-7月。染色体2n=32。

原产欧洲。国内部分地区栽培。幼苗作蔬菜食用。

60. 蒜 大蒜 图 274

Allium sativum Linn. Sp. Pl. 296. 1753.

鳞茎单生，球状或扁球状，常由多数小鳞茎组成，外为数层鳞茎外皮包被，外皮白或紫色，膜质，不裂。叶宽线形或线状披针形，短于花葶，宽达2.5厘米。花葶圆柱状，高25-60厘米，中部以下被叶鞘；总苞喙长7-20厘米，早落；伞形花序具珠芽，间有数花。花梗纤细，长于花被片；小苞片膜质，卵形，具短尖；花常淡红色；内轮花被片卵形，长3毫米，外轮卵状披针形，长4毫米，长于内轮；花丝短于花被片，基部合生并与花被片贴生，内轮基部扩大，其扩大部分两侧具齿，齿端长丝状，比花被片长，外轮锥形；子房球形；花柱不伸出花被。花期7月。染色体2n=16, 48。

原产亚洲中部。国内广泛栽培。幼苗、花葶和鳞茎作蔬菜食用；鳞茎有抗菌消炎功能，用于止痢、止咳、杀菌、驱虫、治消化不良、蛲虫及钩虫病、痈疽肿毒、白秃癣疮。

61. 星花蒜 图 275

Allium decipiens Fisch. ex Roem. et Schult. Syst. 7: 1117. 1830.

鳞茎单生，卵球状或球状，径0.75-2厘米，外皮带黑色，纸质，常顶端开裂。叶线形或线状披针形，远比花葶短，宽0.5-2（3）厘米。花葶圆柱状，高达50（-70）厘米，下部被叶鞘；总苞2裂，宿存；伞形花序近半球状，疏生多花。花梗近等长，长为花被片2-6倍，无小苞片；花星芒状开展，淡紫红或紫红色；花被片椭圆形，长4.5-5毫米，中脉深色，花后反折并扭卷；花丝等长，与花被片近等长，基部合生并与花被片贴生，内轮基部三角形，外轮锥形，基部宽约为内轮1/2；子房近球形，具疣状突起，腹缝基部具凹陷蜜穴，每室4胚珠。花果期5-6月。染色体2n=20。

产新疆，生于山地阴坡。俄罗斯及哈萨克斯坦有分布。

62. 多籽蒜 图 276

Allium fetisowii Regel in Acta Hort. Petrop. 5: 631. 1878.

鳞茎单生，球状，径1-2.5厘米，外皮灰黑色，纸质，顶端开裂。叶宽

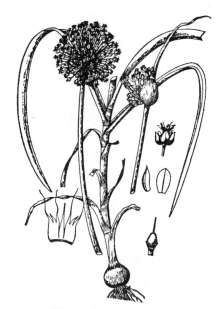

图 273 韭葱 （王金凤绘）

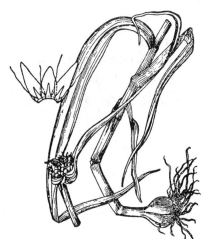

图 274 蒜 （王金凤绘）

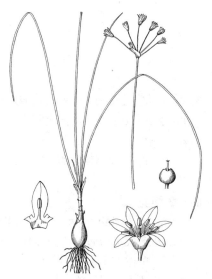

图 275 星花蒜 （吴彰桦绘）

线形，远比花葶短，宽0.2-
1.5毫米。花葶圆柱状，高达
70厘米，下部被叶鞘；总苞
2裂，宿存；伞形花序半球
状或球状，花多而密集。花
梗近等长，长为花被片2-3
倍，无小苞片；花星芒状开
展，紫红色；花被片线形或
线状披针形，长（4）5-7毫
米，宽1-1.2毫米，中脉不明
显，花后反折并扭卷；花丝
等长，长为花被片3/4-4/5，基部合生并与花被片贴生，内轮基部近方形，
有时两侧具齿，稀三角形而无齿，外轮锥形；子房近球形，具疣状突起，腹
缝基部具凹陷蜜穴，每室4-6胚珠。花果期4-6月。染色体2n=16。

产新疆西北部，生于山麓、荒地或草原灌丛下。吉尔吉斯斯坦及哈萨
克斯坦有分布。

图 276 多籽蒜 （吴彰桦绘）

63. 合被韭

图 277

Allium tubiflorum Rendle in Journ. Bot. 44: 44. t. 476. f. 8-11. 1906.

植株无葱蒜气味。鳞茎单生，卵球状或近球状，径1-2厘米，外皮灰
黑色，膜质，不裂。叶圆柱状或近半圆柱状，中空，等于花葶或较长，宽
1-3毫米，沿纵脉具细糙齿。

花葶圆柱状，高达30（-40）
厘米，下部被叶鞘；总苞单
侧开裂，宿存；伞形花序少
花，疏散。花梗不等长，长
0.8-4（-7）厘米，具小苞片；
花红或紫红色；花被片长5-
7（8）毫米，基部约2毫米靠
合成管状，分离部分星芒状
开展，卵状长圆形，先端钝
或具小尖头，等长或内轮稍
长；花丝长约为花被片1/2，

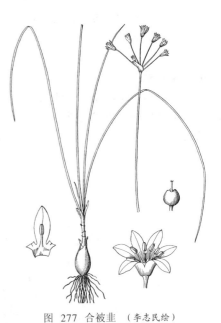

锥形，基部约2毫米合生并与花被片贴生；子房圆锥状，每室（3）4胚珠，
稀1或2室5-6胚珠，基部无凹陷蜜穴，柱头3裂。花果期7月底至10月
初。染色体2n=16。

产河北、山西南部、陕西南部、甘肃东南部、四川东部、湖北西部及

图 277 合被韭 （李志民绘）

河南西部，生于海拔2000米以下山
坡、石缝中或灌丛下。

64. 长梗韭

图 278

Allium neriniflorum (Herb.) Baker in Journ. Bot. 3: 290. 1874.

Caloscordum neriniflorum Herb. Bot. Reg. 30: 67. 1844.

鳞茎单生，卵球状或近球状，径1-2厘米，外皮灰黑色，膜质，不裂。
叶圆柱状或近半圆柱状，中空，等于或比花葶长，宽1-3毫米，沿脉具细

糙齿。花葶圆柱状，高达52厘米，下
部被叶鞘；总苞单侧开裂，宿存；伞
形花序疏散，少花。花梗不等长，长
（4.5-）7-11厘米，具小苞片；花红或

紫红色，稀白色；花被片长0.7-1厘米，宽2-3.2毫米，基部2-3毫米靠合成管状，分离部分星芒状开展，卵状长圆形、窄卵形或倒卵状长圆形，先端钝或具短尖头，内轮常较长而宽；花丝长约为花被片1/2，锥形，基部2-3毫米合生并与花被片贴生；子房圆锥状球形，每室6（-8）胚珠，稀5胚珠，基部无凹陷蜜穴；柱头3裂。花果期7-9月。染色体2n=16, 32。

产黑龙江西南部、吉林西南部、辽宁、内蒙古及河北，生于海拔2000米以下山坡、湿地、草地或海边沙地。蒙古及俄罗斯远东地区有分布。

图 278 长梗韭 （王金凤绘）

33. 丝兰属 Yucca Linn.

（陈心启 罗毅波）

茎木质化，有时分枝。叶近簇生于茎顶或枝顶，线状披针形或长线形，常厚实、坚挺、具刺状顶端，边缘有细齿或丝裂。圆锥花序生于叶丛。花近钟形；花被片6，离生；雄蕊6，短于花被片，花丝粗厚，上部常外弯，花药较小，箭形，丁字状着生；花柱短或不明显，柱头3裂，子房近长圆形，3室。蒴果不裂或开裂，或为浆果。种子多数，扁平，黑色。

约30种，分布于中美洲至北美洲。我国有引种栽培。

1. 茎短或高达5米，常分枝；叶宽4-6厘米，全缘；果倒卵状长圆形，不裂 …………………………………… **凤尾丝兰 Y. gloriosa**
1. 近无茎；叶近地面丛生，宽2.5-4厘米，叶缘具白色丝状纤维；蒴果开裂 …………………………………… （附）. **丝兰 Y. smalliana**

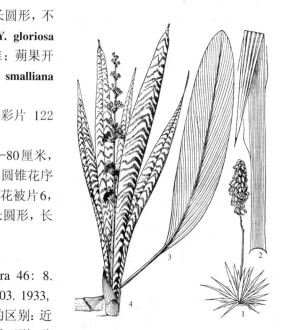

凤尾丝兰 彩片 122

Yucca gloriosa Linn. Sp. Pl. 319. 1753.

常绿灌木。茎短或高达5米，常分枝。叶线状披针形，长40-80厘米，宽4-6厘米，先端长渐尖，坚硬刺状，全缘，稀具分离的纤维。圆锥花序高1-1.5米，常无毛。花下垂，白或淡黄白色，顶端常带紫红色；花被片6，卵状菱形，长4-5.5厘米，宽1.5-2厘米；柱头3裂。果倒卵状长圆形，长5-6厘米，不裂。

原产北美东部及东南部。我国引种栽培。

[附] **丝兰** 图279：1-2 **Yucca smalliana** Fern. in Rhodora 46: 8. 1944. —— *Yucca filamentosa* J. K. Small, Man. Southeast. Fl. 303. 1933, non Linn.: 中国高等植物图鉴 5: 545. 1976. 本种与凤尾丝兰的区别：近无茎；叶近地面丛生，宽2.5-4厘米，叶缘具白色丝状纤维；蒴果开裂。秋季开花。原产北美东南部。我国引种栽培。

图 279：1-2. 丝兰 3. 朱蕉 4. 虎尾兰
（引自《中国植物志》）

34. 朱蕉属 Cordyline Comm. ex Juss.

（陈心启 罗毅波）

乔木状或灌木状植物。茎多少木质化,常稍有分枝,上部有环状叶痕。叶常聚生枝上部或顶端,基部抱茎。圆锥花序生于上部叶腋,多分枝。花梗短或近无,关节位于顶端;花被圆筒状或窄钟状,花被片6,下部合生成短筒;雄蕊6,着生花被上,花药背着,内向或侧向开裂;子房3室,每室4至多数胚珠,花柱丝状,柱头小。浆果具1至几粒种子。

约15种,分布于大洋洲、亚洲南部和南美洲。我国1种。

朱蕉　　　　　　　　　图 279：3 彩片 123

Cordyline fruticosa (Linn.) A. Cheval. Cat. Pl. Jard. Bot. Saigon. 66. 1919.

Convallaria fruticosa Linn. Syst. Nat. ed. 10, 2: 984. 1759.

灌木状,直立,高1-3米。茎径1-3厘米,有时稍分枝。叶长圆形或长圆状披针形,长25-50厘米,宽5-10厘米,绿或带紫红色;叶柄有槽,长10-30厘米,基部宽,抱茎。花序长30-60厘米,侧枝基部有大苞片,每花有3枚苞片。花淡红、青紫或黄色,长约1厘米;花梗常很短,稀长3-4毫米;外轮花被片下部紧贴内轮形成花被筒,上部盛开时外弯或反折;雄蕊生于筒的喉部,稍短于花被;花柱细长。花期11月至翌年3月。

广东、广西、福建、台湾等省区常见栽培,供观赏。印度东部至太平洋诸群岛有分布。

35. 龙血树属 Dracaena Vand. ex Linn.

（陈心启 罗毅波）

乔木状或灌木状植物。茎多少木质,有髓和次生形成层,常具分枝。叶常聚生茎顶、枝顶或最上部,基部抱茎。总状、圆锥花序或头状花序生于茎或枝顶。花被圆筒状、钟状或漏斗状,花被片6;花梗有关节;雄蕊6,花丝着生裂片基部,下部贴生花被筒,花药背着,常丁字状,内向开裂;子房3室,每室1-2胚珠,花柱丝状,柱头头状,3裂。浆果近球形,种子1-3。

约40种,分布于亚洲和非洲热带与亚热带地区。我国5种。

1. 叶簇生茎或枝顶,互相套迭,叶剑形或带形,基部稍窄,无柄;花长不及1厘米,花丝扁平,近线形 ··· 1. 柬埔寨龙血树 **D. cambodiana**
1. 叶生于茎或枝上部或近顶端,疏生,叶线状倒披针形或窄椭圆形,基部变窄成柄或近柄状;花长1.5厘米以上,花丝丝状 ·································· 2. **长花龙血树 D. angustifolia**

1.　柬埔寨龙血树　剑叶龙血树　海南龙血树　小花龙血树　图 280 彩片 124

Dracaena cambodiana Pierre ex Gagnep. in Bull. Soc. Bot. France 81: 286. 1934.

Dracaena cochinchinensis (Lour.) S. C. Chen; 中国植物志14: 276. 1980; 中国植物红皮书 1: 392. 1992.

乔木状,高达15米;茎粗大,分枝多,茎皮灰白色,光滑。幼枝有环状叶痕。叶聚生茎、分枝或小枝顶端,

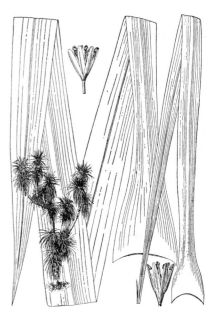

图 280 柬埔寨龙血树 （王金凤绘）

互相套迭，剑形，薄革质，长0.5-1米，宽2-5厘米，基部稍窄，无柄。圆锥花序长40厘米以上，花序轴密生乳突状柔毛，幼时更密；花2-5簇生，乳白色。花梗长3-6毫米，关节位于近顶端；花被片长6-8毫米，下部约1/4-1/5合生；花丝扁平，宽约0.6毫米，上部有红棕色疣点，花药长约1.2毫米；花柱细长。浆果径0.8-1.2厘米，成熟时桔黄色，有1-3种子。花期3月，果期7-8月。

产云南西南部及广西西南部，生于海拔950-1700米石灰岩上。为耐旱、喜钙树种，有时可形成优势树种。越南及老挝有分布。茎干后受伤后分泌的树脂可提取血竭，有止血、活血、生肌的功能。

2. 长花龙血树

图 281

Dracaena angustifolia Roxb. Fl. Ind. ed. 2, 2: 155. 1832.

灌木状，高达3米；茎有分枝或稍分枝，环状叶痕稀疏，茎皮灰色。叶疏生茎上部或近顶端，线状倒披针形，长20-30(-45)厘米，宽1.5-3(-5.5)厘米，中脉在中部以下明显，基部渐窄成柄状；叶柄长2-6厘米。圆锥花序长30-50厘米，花序轴无毛；花2-3簇生或单生，绿白色。花梗长7-8毫米，关节位于上部或近顶端；花被圆柱状，长1.9-2.3厘米，花被片下部合生成筒，筒长7-8毫米，裂片长1.1-1.6厘米；花丝丝状，花药长2-3毫米；花柱长为子房5-8倍。浆果径0.8-1.2厘米，成熟时桔黄色，种子1-2。花期3-5月，果期6-8月。染色体2n=40。

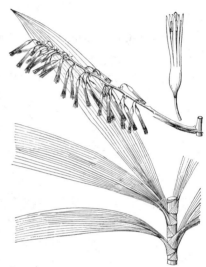

图 281 长花龙血树 （引自《中国植物志》）

产台湾西南部、海南及云南东南部，生于较低海拔林中或灌丛下干燥沙土。东南亚广布。

36. 虎尾兰属 Sansevieria Thunb.

（陈心启 罗毅波）

根状茎粗短、横走。叶基生或生于短茎，粗厚，坚硬，常稍肉质，扁平、凹入或近圆柱状。花葶分枝或不分枝；花单生或几朵簇生，组成总状或圆锥花序。花梗有关节；花被下部管状，上部裂片6，裂片常外卷或展开；雄蕊6，着生花被管喉部，伸出，花丝丝状，花药背着，内向开裂；子房3室，每室1胚珠，花柱细长，柱头小。浆果较小，有1-3种子。

约60种，主产非洲，少数种类分布亚洲南部。我国有引种栽培。

虎尾兰

图 279：4 彩片 125

Sansevieria trifasciata Prain, Beng. Pl. 2: 1054. 1903.

叶基生，常1-2枚，或3-6枚簇生，直立，硬革质，扁平，长线状披针形，长0.3-0.7(-1.2)米，宽3-5(-8)厘米，有白绿和深绿色相间的横带斑纹，边缘绿色，向下渐窄成柄。花葶高30-80厘米，基部有淡褐色膜质鞘；花淡绿或白色，3-8花簇生，组成总状花序。花梗长5-8毫米，关节位

于中部；花被长1.6-2.8厘米，管与裂片近等长。浆果径7-8毫米。花期11-12月。

原产非洲西部。我国各地有栽培，供观赏。叶纤维强韧，可供编织用。

37. 白穗花属 Speirantha Baker

（梁松筠）

多年生草本。茎基部具膜质或裂成纤维质的鞘状物。根状茎圆柱形，长2-12厘米，径0.3-1.5厘米，斜生，匍

匍茎细长，有多数分枝纤维根。叶基生，4-8，倒披针形、披针形或长椭圆形，长10-20厘米，宽3-5厘米，下部渐窄成柄，基部成膜质鞘。花葶高13-20厘米；总状花序长4-6厘米，有12-18花；苞片近膜质，白色或带红色，短于花梗。花梗长0.7-1.7厘米；花被片6，披针形，长4-6毫米，宽1.5-2.4毫米，具1脉；雄蕊6，着生花被片基部，花丝长3毫米，花药椭圆形，长约2毫米，背着，内向纵裂；子房近球形，3室，每室3-4胚珠，花柱长2毫米。浆果近球形，径约5毫米。

我国特有单种属。

白穗花

图 282 彩片 126

Speirantha gardenii (Hook.) Baill. Hist. des Pl. 12: 524. 1894.

Albuca gardenii Hook. in Curtis's Bot. Mag. 81: t. 4842. 1855.

形态特征同属。花期5-6月，果期7月。染色体2n=38 (a)。

产江苏西南部、浙江西部、江西西南部及安徽南部，生于海拔630-900米山谷溪边和林下。

图 282 白穗花 （蔡淑琴绘）

38. 夏须草属 Theropogon Maxim.
（梁松筠）

多年生草本。根状茎粗短，径1厘米，具多数肥厚、密生细毛的纤维根。叶多数，禾叶状，簇生于根状茎，长15-40厘米，宽0.4-1.2厘米，上面绿色，下面粉绿色，中脉明显。花葶短于叶，高30-40厘米，有棱和窄翅；顶生总状花序长4.5-7厘米，有9-14花；每花有苞片和小苞片各1枚，苞片线形，绿色。花梗长0.8-1.5厘米，常弯曲，顶端有关节，晚期花（果）从关节处脱落；花被片分离，卵形，长5-8毫米；雄蕊6，着生于花被片基部，花丝长1.5-2毫米，扁平，基部稍合生，花药近心形，长2-2.5毫米，基着，内向纵裂；子房卵圆形，长2.5毫米，3室，每室6-10胚珠，花柱长5毫米。浆果球形。

单种属。

夏须草

图 283

Theropogon pallidus Maxim. in Bull. Acad. Sci. Pétersb. 15: 90. 1871.

形态特征同属。花期5-6月。染色体2n=40 (a)。

产云南西部及西藏，生于海拔2300-2550米林下或多岩石斜坡。印度、尼泊尔、锡金及不丹有分布。

图 283 夏须草 （王金凤绘）

39. 铃兰属 Convallaria Linn.

（梁松筠）

多年生草本，高18-30厘米，无毛。根状茎粗短，具1-2条细长的匍匐茎。叶常2枚，椭圆形或卵状披针形，长7-20厘米，宽3-8.5厘米；叶柄长8-20厘米。花葶生于叶丛中，侧生于鞘状腋内，高15-30厘米；顶生总状花序具6-9花；苞片披针形，短于花梗，膜质。花梗长0.6-1.5厘米，近顶端有关节，果熟时从关节处脱落；花白色，钟状，长和宽均5-7毫米，俯垂，偏向一侧；花被顶端6浅裂，裂片卵状三角形，有1脉；雄蕊6，花丝基部宽，花药近长圆形，基着，内向纵裂；子房卵状球形，3室，每室数枚胚珠，花柱长2.5-3毫米。浆果球形，径0.6-1.2厘米，熟时红色，下垂。种子扁圆形或双凸状，有网纹，径3毫米。

单种属。

铃兰　　　　　　　图 284 彩片 127

Convallaria majalis Linn. Sp. Pl. 314. 1753.

形态特征同属。花期5-6月，果期7-9月。染色体2n=32，36，38（a）。

产黑龙江、吉林东部、辽宁、内蒙古、河北、山东东部、浙江北部、河南西部、山西、陕西、宁夏南部、甘肃东部及湖南东部，生于海拔850-2500米阴坡林下或沟边。朝鲜、日本至欧洲、北美洲有分布。全草有强心、利尿功能。

图 284 铃兰 （引自《图鉴》）

40. 吉祥草属 Reineckia Kunth

（梁松筠）

茎径2-3毫米，匍匐，似根状茎，绿色，多节，顶端具叶簇；根聚生于叶簇下面。叶3-8枚簇生，线形或披针形，长10-38厘米，宽0.5-3.5厘米，深绿色。花葶长5-15厘米；穗状花序长2-6.5厘米，上部花有时为单性雄花，仅具雄蕊；苞片长5-7毫米。花芳香，粉红色，花被片合生成短筒状，上部6裂，裂片长圆形，长5-7毫米，与花被筒近等长；雄蕊6，花丝丝状，近基部贴生花被筒，花药近长圆形，长2-2.5毫米，背着，内向纵裂；子房瓶状，长3毫米，每室2胚珠，花柱细长。浆果球形，径0.6-1厘米，熟时鲜红色。

单种属。

吉祥草　　　　　　图 285 彩片 128

Reineckia carnea （Andr.） Kunth in Abh. Akad. Berl. 29. 1842.

Sansevieria carnea Andr. Bot. Rep. 5: t. 361. 1804.

形态特征同属。花果期7-11月。染色体2n=38（a），42。

产江苏南部、浙江、福建南部、江西、安徽南部、湖北西部、湖南、广东、广西、贵州、云南、西藏东南部、四川、陕西南部及河南，生于海拔170-3200米阴湿山坡、山谷或密林下。日本有分布。带根状茎全草有润肺止咳、补肾、除湿功能。

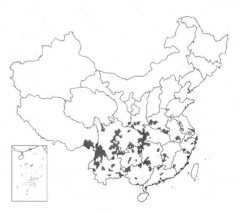

41. 开口箭属 Tupistra Ker-Gawl.

（梁松筠）

多年生草本。根状茎粗厚；根较粗，密生白色绵毛。叶常基生或聚生于短茎，稀生于长茎，基部抱茎。花葶生于叶丛中，侧生，基部有鞘叶；穗状花序，花密集；苞片全缘或流苏状。花被钟状或圆筒状，6裂，裂片开展；花被喉部有时具环状体；雄蕊6，花丝下部与花被筒合生，花药背着，内向纵裂；子房3室，每室2-4胚珠，柱头膨大。浆果具1-3种子。

约29种，主产我国南部，在亚洲热带和亚热带地区有分布。我国19种。

图 285 吉祥草 （肖 溶绘）

1. 花被喉部无环状体。
  2. 花被片和苞片边缘非流苏状。
    3. 花丝有细齿 ·························· 1. 橙花开口箭 T. aurantiaca
    3. 花丝无细齿。
      4. 叶窄椭圆形、椭圆状披针形、椭圆状卵形或长圆形。
        5. 叶窄椭圆形、椭圆状披针形或椭圆状卵形，长6.5-20厘米 ··· ·························· 2. 弯蕊开口箭 T. wattii
        5. 叶长圆形或长椭圆形，长25-45厘米 ·························· ·························· 3. 筒花开口箭 T. delavayi
      4. 叶倒披针形、线状披针形、线形或长圆状披针形 ·························· 4. 开口箭 T. chinensis
  2. 花被片和苞片边缘流苏状 ·························· 5. 齿瓣开口箭 T. fimbriata
1. 花被喉部具环状体。
  6. 花被内环状体具乳头状突起；花被裂片边缘啮齿状 ·························· 6. 碟花开口箭 T. tui
  6. 花被内环状体平滑；花被裂片全缘 ·························· 6(附). 尾萼开口箭 T. urotepala

1. 橙花开口箭

图 286 彩片 129

Tupistra aurantiaca Wall. ex Baker in Journ. Linn. Soc. Bot. 14: 582. t. 20. 1875.

根状茎圆柱形，径1.2-2厘米。叶基生，4-6，近2列套迭，近革质，披针形或线形，长18-60厘米，宽2-6厘米，中部以下渐窄成柄。花序直立，稀弯曲，具多花，长2.5-4厘米；花序梗长1-2厘米；苞片披针形，有细齿，长1.5-3厘米，宽5-8毫米，绿色，每花有1苞片，有几枚无花苞片聚生花序顶端。花近钟状，长0.8-1.2厘米，花被筒长5-7毫米，裂片三角状卵形，长3-5毫米，肉质，黄或橙色，干时褐色；花丝贴生花被筒，中部以下宽，边缘有细齿，花丝上部稍分离，花药长圆形；子房卵圆形，径约2毫米，花柱长约1毫米，柱头3裂。浆果幼时绿色。花期4-5月。染色体2n=38(a)。

图 286 橙花开口箭 （李锡畴绘）

产云南及西藏南部，生于海拔1600-3500米密林中、沟边林内或山坡石缝中。尼泊尔及印度东北部有分布。根状茎有毒。有清热解毒、消瘀止痛功能。

2. 弯蕊开口箭　　　　　　　　　　　图 287

Tupistra wattii（C. B. Clarke）Hook. f. Fl. Brit. Ind. 6: 325. 1892.

Camphlandra wattii C. B. Clarke in Journ. Linn. Soc. Bot. 25: 78. pl. 32. 1890.

图 287 弯蕊开口箭 （张荣生绘）

根状茎长，下部稍弯曲呈弧形，圆柱形，径0.8-1.2厘米，黄褐色。叶3-4枚生于长茎，纸质，窄椭圆形、椭圆状披针形或椭圆状卵形，长6.5-20厘米，宽3-7厘米；叶柄长3-9厘米，基部抱茎。花序长2.5-6厘米，宽1-1.5厘米；花序梗长1.5-2.5厘米，径2-3毫米；苞片披针形或线状披针形，长1.2-1.8厘米，宽2-4毫米，绿或黄色，每苞片有1花，有几枚无花苞片聚生花序顶端。花被筒长3-5毫米，裂片宽卵形，长3.5-4毫米，外轮3片较内轮稍宽，肉质，红褐或黄绿色；花丝下部宽，贴生花被筒，上部分离，长1.5-2毫米，内弯，花药宽卵圆形；子房球形，花柱不明显，柱头三棱形，顶端3裂。浆果球形，红色。花期

2-5月，果期翌年1-4月。染色体2n=38（a）。

产广东北部、广西西北部、贵州、四川及云南，生于海拔800-2800米密林下阴湿地、溪边和山谷。不丹及印度有分布。

3. 筒花开口箭　　　　　　　　　　　图 288

Tupistra delavayi Franch. in Bull. Soc. Bot. France 43: 40. 1896.

根状茎圆柱形，径1-1.5厘米，淡褐色。叶基生，3-5，近2列套迭，纸质或近革质，长圆形或长椭圆形，长25-45厘米，宽5-9厘米，基部渐窄成柄，边缘微波状；鞘叶2枚，长3.5-5厘米。花序密生多花，长5-6厘米，径1.5-1.7厘米；花序梗长4.5-10厘米；苞片三角状披针形或卵形，长4-7毫米，宽4-5毫米，白或淡褐色，膜质，边缘非流苏状。花筒状钟形，黄色，肉质，长0.7-1.1厘米；花被筒长4-6毫米，裂片卵形或近圆形，长2-3毫米；花丝贴生花被筒，上部稍分

图 288 筒花开口箭 （张荣生绘）

离，花药宽卵圆形，长约1.5毫米；雌蕊长4.5-5毫米，子房卵圆形，花柱较短或不明显，柱头三棱形，顶端3裂。浆果近球形，径0.6-1厘米，紫红色。花期4月，果期8月。染色体2n=38（a）。

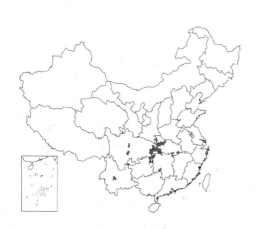

产湖北、湖南、贵州、四川及云南，生于海拔4500-5000米灌丛中或林下阴湿地。

4. 开口箭 台湾开口箭 斩蛇箭　　　　　图 289　彩片 130

Tupistra chinensis Baker in Hook. Icon. pl. 19: Pl. 1867. 1889.

Tupistra watanabei (Hayata) F. T. Wang et S. Y. Liang; 中国高等植物图鉴 5: 494. 1976.

根状茎长圆柱形, 径1-1.5厘米。叶基生, 倒披针形、线状披针形、线形或长圆状披针形, 长15-65厘米, 宽1.5-9.5厘米, 基部渐窄; 鞘叶2枚, 披针形或长圆形, 长2.5-10厘米。花序直立, 稍弯曲, 密生多花, 长2.5-9厘米; 花序梗长1-6厘米; 苞片绿色, 卵状披针形或披针形, 每花有1苞片, 有几枚无花苞片聚生花序顶端。花短钟状, 长5-7毫米; 花被筒长2-2.5毫米, 裂片卵形, 长3-5毫米, 肉质, 黄或黄绿色; 花丝基部宽, 边缘不贴生于花被片, 花丝上部分离, 长1-2毫米, 内弯, 花药卵圆形; 子房径2.5毫米, 花柱不明显, 柱头钝三棱形, 顶端3裂。浆果球形, 熟时紫红色, 径0.8-1厘米。花期4-6月, 果期9-11月。染色体2n=38(a)。

图 289 开口箭 (张荣生绘)

产浙江、福建、广东北部、广西北部、湖南、湖北、江西、安徽、河南、陕西南部、四川、贵州东部及云南, 生于海拔1000-2960米林下荫湿地、溪边。根状茎有毒。有清热解毒、消瘀止痛功能。

5. 齿瓣开口箭　　　　　图 290　彩片 131

Tupistra fimbriata Hand.-Mazz. in Anz. Akad. Wiss. Wien, Math.-Nat. 59: 253. 1922.

根状茎圆柱形, 径0.6-1.5厘米。叶基生, 近2列套迭, 纸质, 舌状披针形或倒披针形, 长30-65厘米, 宽3.5-6.5厘米, 边缘皱波状; 鞘叶2枚, 披针形或长圆形, 长6-15厘米。花序长2-6厘米; 花序梗长6-15(-25)厘米; 苞片卵状三角形或卵状披针形, 长0.6-1.2厘米, 宽3-5毫米, 膜质, 淡绿或淡褐色, 边缘白色, 流苏状。花被筒状钟形, 长6-8毫米, 裂片卵形, 长2-3毫米, 肉质, 绿色, 边缘白膜质, 具不整齐钝齿或近流苏状; 花药宽椭圆形, 长1.5毫米; 子房卵圆形, 花柱长达3.5毫米, 柱头3裂。浆果椭圆形, 长约1厘米, 径7-8毫米, 熟时黄褐色。花期5月, 果期11月。染色体2n=38(a)。

图 290 齿瓣开口箭 (李锡畴绘)

产四川中部及云南, 生于海拔1200-2800米林下或灌丛中和沟边。根状茎药效同开口箭。

6. 碟花开口箭　　　　　　　　　图 291 彩片 132

Tupistra tui (F. T. Wang et T. Tang) F. T. Wang et S. Y. Liang, Fl. Reipubl. Popul. Sin. 15: 14. 1978.

Rohdea tui F. T. Wang et T. Tang in Bull. Fan. Mem. Inst. Biol. Bot. 7: 284. 1937.

图 291 碟花开口箭　(张荣生绘)

根状茎长圆柱形，径0.8-1.3厘米。叶4-6，近革质，近2列套迭，线状披针形，长25-40厘米，宽2-3.5厘米；鞘叶2枚，披针形，长3-10厘米。花序密生多花，长3-4.5厘米，径1-1.8厘米；花序梗长6-15厘米；苞片卵状三角形，长2.5-4毫米，先端具小尖头，淡绿色，膜质。花被长4.5-5.5毫米，花被筒长2-3毫米，内有褐色斑点，花被喉部具环状体，环状体密生乳头状突起，裂片稍平展，卵状三角形，长2.5-3毫米，肉质，黄色，中间有皱纹，边缘白膜质，啮蚀状；雄蕊着生花被筒，花丝很短，花药卵圆形，长1-1.2毫米；子房长3.5-4毫米，花柱极短，柱头不明显3裂。花期6月。

产四川，生于海拔1000-2400米林下或灌丛中。

　　[附] **尾萼开口箭 Tupistra urotepala** (Hand.-Mazz.) F. T. Wang et T. Tang, Fl. Reipubl. Popul. Sin. 15: 14. 1978. —— *Rohdea urotepala* Hand.-Mazz. in Anz. Akad. Wiss. Wien, Math.-Nat. 57: 272. 1920. 本种与碟花开口箭的区别：花被内环状体平滑，花被裂片全缘。染色体 2n=38 (a)。产四川中南部及东南部，生于海拔1800-3000米林下。

42. 万年青属 Rohdea Roth

（梁松筠）

　　多年生草本。根状茎短，径1.5-2.5厘米，具多数纤维根，根密生白色绵毛。叶基生，3-6枚，近2列套迭，厚纸质，长圆形、披针形或倒披针形，长15-50厘米，宽2.5-7厘米，向下渐窄，柄不明显；鞘叶披针形，长5-12厘米。花葶侧生，长2.5-4厘米；穗状花序多少肉质，长3-4厘米，径1.2-1.7厘米；具几十朵密集的花；苞片卵形，膜质，长2.5-6毫米，宽2-4毫米。花被球状钟形，长4-5毫米，径6毫米，淡黄色，顶端6浅裂，裂片厚而短，内弯，肉质；雄蕊6，花丝大部贴生花被筒，离生部分很短，花药卵圆形，长1.4-1.5毫米，背着，内向开裂；子房球形，3室，每室2胚珠；花柱不明显，柱头3裂。浆果球形，径8毫米，熟时红色。种子1。

　　单种属。

万年青　　　　　　　　　图 292 彩片 133

Rohdea japonica (Thunb.) Roth, Nov. Pl. Sp. 197. 1821.

Orontium japonicum Thunb. Fl. Jap. 144. 1784.

形态特征同属。花期5-6月，果期9-11月。染色体2n=14，36，38，Ca，72 (a)。

产山东、江苏南部、浙江、福建西部、台湾、江西、安徽、河南、湖北、湖南、广西、贵州及四川，生于海拔750-1700米林下潮湿地或草地。日本有分布。根状茎或全株有毒。有强心、利尿、清热解毒、止血功能。各地多盆栽供观赏。

43. 蜘蛛抱蛋属 Aspidistra Ker-Gawl.

（郎楷永）

多年生常绿草本。匍匐根状茎有密节。叶单生或2-4簇生于根状茎。花序梗生于根状茎，单生或簇生；花单生于花序梗顶端。花被肉质，钟状、杯状或坛状，顶端（4-）6-8（-10-14）裂；雄蕊着生花被筒，与花被裂片同数并对生，花丝常很短；子房3-6（7）室，每室2至多枚胚珠，柱头多盾状。浆果；种子1，稀6-8枚。

约50种，分布于亚洲热带、亚热带地区。我国47种。

图 292 万年青 （王金凤绘）

1. 叶单生，各叶着生点有明显间距。
　2. 花被裂片基部内侧无凸出附属物。
　　3. 雄蕊着生花被筒中部以上或中部，高于柱头。
　　　4. 花被暗紫色；雄蕊无花丝，柱头径1.5毫米，3浅裂，每裂片微波状2裂 ………… 1. **广西蜘蛛抱蛋 A. retusa**
　　　4. 花被黄色；雄蕊花丝长1-1.5毫米，柱头径1.7毫米，3深裂 …
　　　　………………… 1(附). **湖南蜘蛛抱蛋 A. triloba**
　　3. 雄蕊着生花被筒近基部、中部以下或中部，低于柱头或与柱头等高。
　　5. 花被黄色；花序梗单生。
　　　6. 花序梗长0.5-1.5厘米；花被裂片长5-7毫米，柱头径3-4毫米，3或6浅裂，内卷 …………
　　　　………………… 2. **黄花蜘蛛抱蛋 A. flaviflora**
　　　6. 花序梗长10.5-22.5厘米；花被裂片长0.8-1.5厘米，柱头径约1毫米，不明显3裂 …………
　　　　………………… 2(附). **长梗蜘蛛抱蛋 A. longipedunculata**
　　5. 花被紫红、暗紫或淡绿色具紫褐色斑点（如斑点蜘蛛抱蛋）；花序梗簇生或单生。
　　　7. 花序梗2-5条簇生；花被裂片宽卵形；叶椭圆形或椭圆状披针形 …… 3. **石山蜘蛛抱蛋 A. saxicola**
　　　7. 花序梗单生。
　　　　8. 花被长3-3.5厘米，花被裂片宽卵形或半圆形，内侧白色，平滑，有时具4条细凹纹 …………
　　　　　………………… 4. **大花蜘蛛抱蛋 A. tonkinensis**
　　　　8. 花被长1.3-1.5厘米，花被裂片卵状三角形，内侧非白色，具2-4条肉质脊状隆起。
　　　　　9. 花被裂片内侧脊状隆起裂成流苏状 ………… 5. **流苏蜘蛛抱蛋 A. fimbriata**
　　　　　9. 花被裂片内侧脊状隆起非流苏状。
　　　　　　10. 叶窄倒披针形；花被裂片窄长圆形，内侧近基部具2条多数细乳突脊状隆起；柱头径5-6毫米，具4条放射状浅棱，边缘8裂，裂片半圆形 ………… 6. **棕叶草 A. oblanceifolia**
　　　　　　10. 叶非倒披针形；花被裂片三角状卵形、卵形、近三角形或三角状披针形。
　　　　　　　11. 花被裂片三角状卵形或卵形，内侧具2条或近基部具2-4条脊状隆起；柱头上面白色，具3-4条放射状细缝线或浅棱，边缘6-8浅裂，裂片边缘常略下弯。
　　　　　　　　12. 花被紫红色，裂片三角状卵形，内侧暗紫色，近基部具2-4条脊状隆起；柱头径5-8毫米，上面具3或4条细缝线 ………… 7. **广东蜘蛛抱蛋 A. lurida**
　　　　　　　　12. 花被淡绿色，具紫色斑点，裂片卵形，内侧黄绿色，具紫色斑点，具2条脊状隆起；柱头径9毫米，上面具4条浅棱 ………… 7(附). **斑点蜘蛛抱蛋 A. punctata**
　　　　　　　11. 花被裂片三角状披针形或近三角形，内侧具4条脊状隆起；柱头上面紫红色，具3（4）对放射状、棱形隆起，每对棱状隆起具深沟，边缘（3）4（5）裂，裂片边缘常向上反卷。
　　　　　　　　13. 花被裂片三角状披针形，具4条较窄有多数细乳突的脊状隆起 …………
　　　　　　　　　………………… 8. **四川蜘蛛抱蛋 A. sichuanensis**

13. 花被裂片近三角形，具4条肥厚、宽而光滑的脊状隆起 ·················· 8(附). 蜘蛛抱蛋 A. elatior
2. 花被裂片基部内侧具圆齿状、四方形或长圆形凸出的附属物。

    14. 花被筒内侧无毛，花被裂片长4.5-5厘米，外侧粉红色，内侧黄白色或两侧边缘及前部带粉红色，内侧基部附属物黄白色，近长圆形，长3-4毫米，光滑 ·················· 9. 罗甸蜘蛛抱蛋 A. luodianensis

    14. 花被筒内侧密被白色卷曲长柔毛，花被裂片长7-8.5厘米，外侧紫褐色，内侧边缘前部淡黄色，余紫褐色，内侧基部附属物紫红色，长圆形，长1.3厘米，密生乳头状突起 ····· 9(附). 巨型蜘蛛抱蛋 A. longiloba

1. 叶2-4枚簇生。

    15. 叶卵状披针形或卵形，基部圆，叶与叶柄有明显界限；花序梗簇生 ·················· 10. 卵叶蜘蛛抱蛋 A. typica

    15. 叶线形或带状，向基部渐窄成柄，叶与叶柄常无明显界限。

        16. 花被钟状，花被裂片外弯。

            17. 花被裂片内侧具4条肉质、光滑脊状隆起；柱头上面白色，具3(4)条放射状槽纹至边缘，边缘3(4)浅裂，裂片先端微缺，边缘上卷，子房每室6胚珠 ·················· 11. 海南蜘蛛抱蛋 A. hainanensis

            17. 花被裂片内侧有6条(4长、2短)具细乳突肉质脊状隆起；柱头上面有白色凸起花纹，边缘多少浅波状，稍反卷，子房每室4胚珠 ·················· 12. 峨眉蜘蛛抱蛋 A. omeiensis

        16. 花被坛状，花被裂片多少向内弯。

            18. 花被长2-2.2厘米，花被裂片长1厘米；柱头径1-1.2厘米，边缘波状3浅裂，裂片下弯，上面具3条放射性槽纹，槽纹前端非2叉；叶全缘 ·················· 13. 丛生蜘蛛抱蛋 A. caespitosa

            18. 花被长4.5-5(6)毫米，花被裂片长1-2毫米；柱头径1.5-2.5毫米，边缘3浅裂，上面微凸，具3条放射状白色槽纹，槽纹前端2叉；叶近先端具细齿 ·················· 14. 小花蜘蛛抱蛋 A. minutiflora

1. 广西蜘蛛抱蛋

图 293：1-6 彩片 134

Aspidistra retusa K. Y. Lang et S. Z. Huang in Acta Phytotax. Sin. 19(3)：379. f. 1：8-10. 1981.

草本。叶单生，相距约1厘米；叶长圆形或长圆状披针形，长20-30厘米，宽3-6.5厘米，先端渐尖，基部楔形；叶柄长16-33厘米。花序梗单生，长2.5-4.5厘米，具5-6枚苞片。花被钟状，暗紫色，长1.7-2.2厘米，具(5)6(-8)浅裂，裂片三角状卵形，长4-7毫米，外弯，内侧无附属物，花被筒长1.3-1.5厘米，径0.9-1厘米；雄蕊(5)6(-8)，着生花被筒上部1/3处，高于柱头，几无花丝，花药卵圆形，

长、宽均1.8毫米；雌蕊高约4毫米，比花被筒短2-3倍，花柱有关节，柱头钝三棱状圆形，径约1.5毫米，3浅裂，每裂片波状2裂，上面具3条放射状白色缝线，缝线前端2叉状。花期4-5月。染色体2n=36。

产广西东北部，生于海拔180-300米山坡或沟谷林下。

[附] **湖南蜘蛛抱蛋** 图293：7-9 **Aspidistra triloba** F. T. Wang et K. Y. Lang in Acta Phytotax. Sin. 19(3)：380. f. 1(11-13). 1981. 本种与

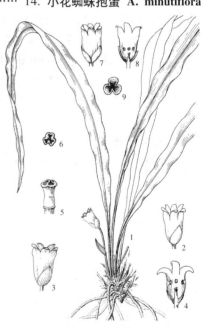

图 293：1-6. 广西蜘蛛抱蛋
7-9. 湖南蜘蛛抱蛋 （张泰利绘）

广西蜘蛛抱蛋的区别：花被黄色，雄蕊花丝长1-1.5毫米，柱头径1.7毫米，边缘3深裂。产湖南西南部及江西西部，生于海拔330-1100米山坡或沟谷林下。

2. 黄花蜘蛛抱蛋 图 294

Aspidistra flaviflora K. Y. Lang et Z. Y. Zhu in Acta Phytotax. Sin. 20(4)：485. f. 1：1-5. 1982.

草本。叶单生,相距0.7-1.5厘米；叶长圆状披针形或长椭圆形,长19-20厘米,宽3-6厘米,具黄白色斑点,先端渐尖,基部楔形；叶柄长10-26厘米。花序梗单生,长0.5-1.5厘米；花单生。花被钟状,黄色,有香气,长1.3-1.8厘米,径5-8毫米,外侧黄白色,内侧带紫色,反折,内侧具2条脊状隆起,花被筒长0.7-1.3厘米；雄蕊（5）6,着生花被筒下部1/4处,低于柱头,花药椭圆形,长2毫米；雌蕊

长3-8毫米,子房短,粗壮,花柱短；柱头紫色,碟状（干时呈漏斗状）,径3-4毫米,顶部凹下,边缘3或6浅裂。浆果卵圆形,径1-1.5厘米,具瘤状突起。花期9-10月,果期翌年1-7月。染色体2n=38。

产四川南部（沐川）,生于海拔约800米沟谷林下。根状茎药用,可活血祛瘀,除湿,治跌打损伤、风湿关节炎、赤白痢疾、肠炎。

［附］**长梗蜘蛛抱蛋 Aspidistra longipedunculata** D. Fang in Guihaia 2(2)：78. f. 2. 1982. 本种与黄花蜘蛛抱蛋的区别：叶长17-51厘米,宽（3.5）5-13.5厘米,叶柄长4-44厘米；花序梗长10.5-22.5厘米；花下垂,

图 294 黄花蜘蛛抱蛋
（引自《植物分类学报》）

花被裂片近长圆形,长0.8-1.5厘米,内侧无脊状隆起,花被筒长4-7毫米,雄蕊（6-）8（-10）,花药近肾形,柱头径约1毫米。花期4月。产广西西南部,生于海拔350-720米山坡近沟边林下。

3. 石山蜘蛛抱蛋 图 295

Aspidistra saxicola Y. Wan in Guihaia 4(2)：129. f. 1984.

草本。叶单生,相距0.4-3厘米；叶椭圆形或椭圆状披针形,长12-23厘米,宽4.5-7（-9.5厘米,先端渐尖,基部宽楔形或近圆,常疏生黄白色斑点；叶柄长5-14厘米。花序梗常2-5簇生,长0.5-2.5厘米,苞片4-6；花单生。花被钟状,外侧紫红或黄绿色,长1-1.5厘米,6裂,裂片开展,宽卵形,紫色,宽4-6毫米,内侧平滑；花被筒长0.8-1厘米,径6-7（8）毫米；雄蕊6,几无花丝,着生花被筒近

中部,花药长圆形,长4.5毫米；雌蕊长7-8.5毫米,花柱粗,上部紫色,无关节,柱头近圆形,紫色,径4-5毫米,稍高于雄蕊,上面有时具3或6条放射状槽纹,边缘6浅裂。浆果三角状球形,径1-1.4厘米,具瘤状突起,

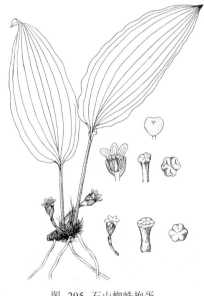

图 295 石山蜘蛛抱蛋
（引自《植物分类学报》）

熟时暗紫色。花期10月,果期翌年1-8月。染色体2n=36。

产广西西南部,生于海拔约320米石灰岩山地常绿阔叶林下。

4. 大花蜘蛛抱蛋　　　　　　　　　图 296 彩片 135

Aspidistra tonkinensis (Gagnep.) F. T. Wang et K. Y. Lang in Acta Phytotax. Sin. 16(1): 77. 1978.

Colania tonkinensis Gagnep. in Bull. Mus. Hist. Nat. Paris ser. 2, 4: 190. 1934.

草本。叶单生,相距2-3厘米;叶椭圆形或长椭圆形,长13.5-18厘米,宽4-5.5厘米,先端渐尖,基部宽楔形,叶缘稍波状;叶柄长10-15厘米。花序梗单生,长2-3厘米,具5枚苞片;花单生。花被钟状或长钟状,外侧带暗紫色,具较淡紫色细点,内侧暗紫红色,长3-3.5厘米,径1.7-2厘米,具(5)6裂,裂片宽卵形或半圆形,2轮,内侧白色,平滑,有时具3-4条凹浅纹,长1-1.2厘米,反折,平展,内

轮花被裂片下部两侧覆盖外轮花被裂片下部两侧;雄蕊(5)6,着生花被筒中部以下,花药长3毫米,近盾状,肾形,花丝短;柱头盾状,下面暗紫色,上面白色,顶端近平,光滑,具3条放射状白色细纹,边缘3浅裂,

图 296 大花蜘蛛抱蛋
(引自《植物分类学报》)

裂片微下弯,2浅裂或波状,花柱无关节。花期10-11月。染色体2n=36。

产广西、贵州南部及云南东南部,生于海拔350-1600米山坡或沟谷林下。越南有分布。

5. 流苏蜘蛛抱蛋　　　　　　　　　图 297

Aspidistra fimbriata F. T. Wang et K. Y. Lang in Acta Phytotax. Sin. 16(1): 76. f. 1. 1978.

草本。叶单生,相距2-3厘米或更近;叶长圆状披针形,长30-43厘米,宽3.5-6厘米,先端渐尖,基部楔形,有时具细锯齿;叶柄长26-35厘米。花序梗单生,长0.3-1厘米,具4-5苞片;花单生。花被钟状,长1.3-1.5厘米,8或10裂,裂片卵状三角形,张开,长6-8毫米,先端尖,外侧具紫色细点,内侧有4条肉质流苏状脊形隆起,花被筒长7-9毫米,径1-1.5厘米;雄蕊8或10,着生花被筒下部1/4处,花丝不明显,花药宽卵圆形,长1.8毫米,先

端钝;雌蕊长4毫米,花柱短,柱头盾状圆形,径0.7-1厘米,紫色,中央凸出,上面具4对放射状棱形突起,每对棱形突起间具深沟,边缘4裂,裂片先端凹缺,边缘向上反卷。花期11-12月。染色体2n=38。

图 297 流苏蜘蛛抱蛋 (张泰利绘)

产福建、广东北部、香港及海南,生于海拔450-930米山坡或沟谷林下。

6. 粽叶草　　　　　　　　　　　　　　　　图 298

Aspidistra oblanceifolia F. T. Wang et K. Y. Lang in Acta Phytotax. Sin. 20(4)：487. f. 2. 1982.

草本。叶单生，相距0.5-3厘米；叶窄倒披针形，有时疏生不明显黄白色斑点，长35-50厘米，宽2.5-4厘米，先端渐尖，基部窄楔形，近先端疏生细齿；叶柄长6-13厘米。

花序梗单生，长0.3-2厘米，具4苞片；花单生。花被钟状，紫红色，长1.2-1.6厘米，径0.6-1厘米，8裂，裂片窄长圆形，长3-4毫米，近向外扩展，紫红色，具多数细乳突，内侧近基部具2条有多数细乳突的脊状隆起；花被筒长1厘米，外侧淡紫红色，近基部白色，内侧紫红色；雄蕊8，着生花被筒下部1/3处，花药卵圆形，长1毫米，宽1毫米；雌蕊长3.5-4毫米，花柱短，连子房长约2.5毫米，柱头盾状，圆形，紫红色，径5-6毫米，上面微凹，具4条放射状浅棱，边缘8裂，裂片半圆形。花期4月。染色体2n=38。

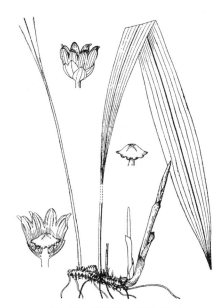

图 298　粽叶草　（张泰利绘）

产湖北西部、贵州南部及四川，生于海拔350-900米山坡或沟谷林下。叶可包粽子粑，称"粽叶草"。根状茎药用，调气活血、除风清热。

7. 广东蜘蛛抱蛋　　　　　　　　　　　　　图 299

Aspidistra lurida Ker-Gawl. in Bot. Reg. 8: t. 628. 1822.

草本。叶单生，相距1-2厘米；叶窄长圆形，具黄色斑点或无斑点，长12-15厘米，宽3.5-4厘米，先端渐尖，基部楔形；叶柄长5-15厘米。花序梗单生，长1-2厘米，具3-4苞片；花单生。花被钟状，外侧紫红色，内侧暗紫色，长1-1.5厘米，6或8裂，裂片三角状卵形，外展，长5-7毫米，内侧基部具2-4条有乳突、浅脊状隆起；花被筒长5-8毫米，径0.6-1厘米；雄蕊6或8，着生花被筒下部1/4处，低于柱头，花药长圆形，长1.5毫米，宽约1毫米，

先端钝，花丝短；雌蕊长5-8毫米，花柱无关节，柱头盾状圆形，径5-8毫米，上面白色，隆起，具3或4条放射状细缝线，具不明显3-4裂，裂片边缘略下弯。花期11月。染色体2n=36。

产广东、香港及广西中北部，生于海拔200-290米石灰岩山地山坡林下。根状茎有祛风解毒、散瘀止痛功能。

[附] **斑点蜘蛛抱蛋 Aspidistra punctata** Lindl. in Bot. Reg. 12: t. 977. 1826. 本种与广东蜘蛛抱蛋的区别：花被外侧淡绿色，具紫色斑点，

图 299　广东蜘蛛抱蛋　（张泰利绘）

花被裂片内侧黄绿色，具紫色斑点，其下部密集斑点呈紫褐色，具2条有细乳突的脊状隆起；柱头径9毫米，上面白色，具4条放射状浅棱，其前端2叉。产广东中南及西部、香港，生于海拔290-700米山坡沟谷林下。

8. 四川蜘蛛抱蛋 图 300

Aspidistra sichuanensis K. Y. Lang et Z. Y. Zhu in Acta Bot. Yunnan. 6(4): 387. f. 1: 5-6. 1984.

草本。叶单生,相距1-3.5厘米;叶披针形或椭圆状披针形,有时具黄白色斑点,长20-35厘米,宽4-8厘米,先端渐尖,基部楔形,疏生细齿;

叶柄长10-35(-40)厘米。花序梗单生,长0.5-5厘米,具4-6苞片;花单生。花被钟状,长1-1.5厘米,径0.9-1.5厘米,外侧紫色,内侧紫褐色,(6-)8裂,裂片三角状披针形,紫红色,长3-6毫米,内侧具4条脊状隆起或密被细乳突,中间2条较长,外侧2条粗短;花被筒长7-9毫米;雄蕊(6-)8,着生花被筒下部1/4处,花丝短,花药宽卵圆形,长约1.5毫米;雌蕊长约4毫米,花柱无关节,高于雄蕊,中心突出,具3-4小突起,上面具(3)4对放射状、紫红色棱状隆起,每对棱状隆起有深沟,边缘(3)4裂,裂片先端微凹;子房几不膨大,(3)4室,每室2胚珠。浆果近球形或卵状椭圆形,长1-3厘米,径0.8-2.5厘米,具瘤状突起。花期3月,果期6月。染色体2n=38。

产湖南东部、广西、云南、贵州及四川,生于海拔300-1600米山坡或沟谷林下。

[附] **蜘蛛抱蛋** 哈萨喇 **Aspidistra elatior** Bl. in Tijdschr. Nat. Gesch.

9. 罗甸蜘蛛抱蛋 图 301: 1-6 彩片 136

Aspidistra luodianensis D. D. Tao in Acta Phytotax. Geobot. 43(2): 121. f. 1. 1992.

草本。叶单生,相距1.5-2厘米;叶披针形,长0.8-1.1厘米,宽10-13厘米,先端渐尖。基部楔形,具黄白色斑点;叶柄长30-60厘米。花序梗单生,长1-1.5厘米,具3-4苞片;花单生。花被钟状,外侧粉红色,长5-5.5厘米,具(6-)、8(-9)、10或12深裂,裂片线状披针形,长4.5厘米,宽5-6毫米,先端渐尖,盛花时外曲,径6-8厘米,外侧粉红色,内侧黄白色或其两侧

边缘及前部带粉红色,基部具长3-4毫米、近长圆形附属物;花被筒长1-1.5厘米,径2-2.5厘米,内侧紫褐色;雄蕊(6-)、8(-9)、10或12,贴生

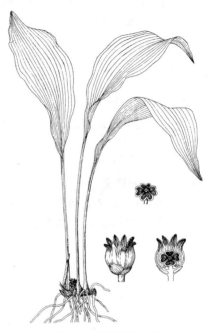

图 300 四川蜘蛛抱蛋
(引自《植物分类学报》)

Phys. 1: 76. t. 4. 1834. 本种与四川蜘蛛抱蛋的区别:花被裂片内侧的4条肉质脊状隆起肥厚,宽而光滑,无细乳头状突起。染色体2n=36,原产日本。各地公园栽培。根状茎有活血通络、泄热利尿功能。

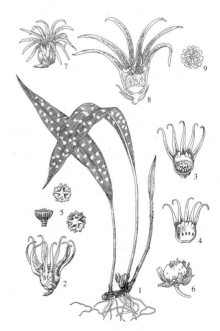

图 301: 1-6. 罗甸蜘蛛抱蛋
7-9. 巨型蜘蛛抱蛋 (郭木森抄绘)

花被筒基部；花药近长圆形，长2.5毫米；雌蕊长5-9毫米，子房倒圆锥形，具3-5条脊状隆起，柱头白色，径1-1.5厘米，上面稍凹下，中央有红色4-5-6星形突起，具细乳突。浆果球形，径约2.5厘米，粉红色，光滑。花期5月。染色体2n=38。

产贵州南部及广西西北部，生于海拔300-500米山坡或沟谷林下。根状茎药用，去皮内服治心口痛。

[附] **巨型蜘蛛抱蛋** 图301: 7-9 彩片 137 **Aspidistra longiloba** G. Z. Li in Acta Phytotax. Sin. 26(2): 156. f. 1. 1988. 本种与罗甸蜘蛛抱蛋

的区别：花被筒内侧密被白色卷曲长柔毛，花被裂片长7-8.5厘米，长为花被筒2倍或稍过，外侧紫褐色，内侧两侧边缘及前部淡黄色，余紫褐色，内侧基部附属物紫红色，长圆形，长1.3厘米，有多数乳头状突起。产广西，桂林雁山植物园栽培。

10. 卵叶蜘蛛抱蛋

图 302

Aspidistra typica Baill. in Bull. Soc. Linn. Paris 2: 1129. 1894.

草本。叶2-3簇生，叶卵状披针形或卵形，疏生黄色斑点或无斑点，长26-32厘米，宽10-12厘米，先端渐尖，基部近圆；叶柄长12-21厘米。花序梗3-4枚簇生，长2.5-4.6厘米，纤细，平卧，弯曲，具3-5苞片；花单生。花被坛状，径1-1.8厘米，外侧有紫色斑点，内侧深紫色，6浅裂，裂片卵形，长3-6毫米，宽3-5毫米，不外弯；雄蕊6，几无花丝，着生花被筒近基部，低于柱头，花药横椭圆形，长1.5毫

米，宽约2毫米，两端钝；花柱粗短，无关节，柱头盾状，圆形，径0.9-1.5厘米，边缘具6个微缺。花期9月。

图 302 卵叶蜘蛛抱蛋 （张泰利绘）

产云南东南部，生于山坡常绿阔叶林下。越南有分布。

11. 海南蜘蛛抱蛋

图 303

Aspidistra hainanensis W. Y. Chun et F. C. How, Fl. Hainan. 4: 533. 1977.

草本。叶2-4簇生，叶带形，长达70厘米，宽1-2.5厘米，先端长渐尖，叶缘有时稍反卷，中部以上疏生细齿，基部渐窄；叶柄长3-10厘米。花序梗单生，长0.5-1.8厘米，具4-8苞片；花单生。花被钟状，长2(-2.5)厘米，外侧有紫色斑块，内侧紫红色，具6(-8)裂，裂片长圆状卵形，长0.8-1厘米，宽约4毫米，外弯，内侧上部绿黄色，具紫色细点，下部带紫红色，具4条肉质脊状隆起，中间2条较长，从裂片先端下延至花被筒基部，两侧2条短，有时不甚显著；花被筒长1-1.2

图 303 海南蜘蛛抱蛋 （张泰利绘）

厘米，径1.3-1.5厘米；雄蕊6(-8)，着生花被筒下部1/4处，几无花丝，花药横椭圆形，长1.5毫米，宽2毫米；雌蕊长8毫米，花柱粗短，柱头盾状圆形，高于雄蕊，白色，径1-1.3厘米，上面有3(4)条微凸的棱，边缘向上反卷，具3(4)浅裂，子房粗短，3(4)室，每室6胚珠。花期3-4月。

染色体2n=38。

产广东南部、海南南部及广西中东部，生于海拔600-1100米山坡或沟谷林下。

12. 峨眉蜘蛛抱蛋　　　　　　图304

Aspidistra omeiensis Z. Y. Zhu et J. L. Zhang in Acta Phytotax. Sin. 19(3): 386. f. 1. 1981.

草本。叶3(4-5)簇生，叶带形，长0.8-0.9(1)米，宽2-3.3(-4)厘米，先端渐尖，边缘反卷，基部渐窄；叶柄长5-13厘米。花序梗单生，长0.3-1.2厘米，具3-4苞片；花单生。花被钟状，长1.5-2厘米，紫或紫红色，6(-8)裂，裂片三角状卵形，长7-8毫米，内侧深紫或淡紫色，具6条(中间4条长、两侧2条短)或4条肉质脊状隆起，较中间的4条从裂片先端下延至花被筒中部或基部；花被筒长0.8-1.1厘米，径1.2-1.4厘米；雄蕊6(-8)，着生

于花被筒下部1/4处，花丝长约1毫米，花药横椭圆形，宽约2.5毫米；雌蕊长6毫米，花柱粗短，柱头盾状，径0.9-1.3厘米，高于雄蕊，上面紫红色，具白色凸出花纹，边缘微浅波状，反卷；子房3(4)室，每室4胚珠。花期3月。染色体2n=38。

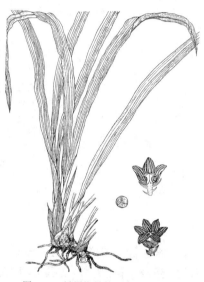

图304 峨眉蜘蛛抱蛋 (宋良科绘)

产四川，生于海拔500-1100米山坡或沟谷林下，俗称"赶山鞭"，根状茎药用，可活血祛瘀、祛风除湿、化痰消积、解毒，治跌打损伤、风湿麻木、劳伤咳嗽、顽痰不化、瘰疬。

13. 丛生蜘蛛抱蛋　　　　　　图305

Aspidistra caespitosa Péi in Contr. Biol. Lab. Soc. China, Bot. ser. 12: 101. f. 4. 1939.

草本。叶常3枚簇生，叶带形，长达80厘米，宽0.9-2.5厘米，先端渐尖，全缘，基部渐窄；叶柄长10-18厘米或很短。花序梗单生，长2-11厘米，平卧成膝曲，具4-5苞片；花单生。花被坛状，长2-2.2厘米，径1.6-2厘米，外侧具紫色细点，内侧暗紫色，6裂，裂片卵状披针形，长约1厘米；花被筒长1-1.2厘米；雄蕊6，着生花被筒近基部，低于柱头，花丝长1.5毫米，花药

横椭圆形，宽约2毫米；花柱无关节，柱头盾状圆形，径1-1.2厘米，上面具3条放射状细缝线，边缘波状3浅裂；子房短，3室，每室3胚珠。浆果

图305 丛生蜘蛛抱蛋 (引自《图鉴》)

梨形，紫红色，长2.5厘米，径1.8厘米，粗糙。花期4月，果期8月。染

色体2n=38。

产四川,生于海拔500-1500米山坡或沟丛林下。

14. 小花蜘蛛抱蛋

图 306

Aspidistra minutiflora Stapf in Journ. Linn. Soc. Bot. 36: 113. 1903.

草本。叶2-3簇生,叶线形,极稀带状,长26-65厘米,宽1-1.8(-3.3)

厘米,先端渐尖,基部渐窄,近先端边缘有细齿。花序梗单生,纤细,长1-2.5厘米,平展,常多少弯曲,具2-4苞片;花单生。花被坛状,长3.5-4.5毫米,径4-6毫米,青绿色,具紫色细点,(4-)6裂,裂片三角状卵形,长1-2毫米;花被筒长约2.5毫米;雄蕊(4-)6生于花被筒底部,低于柱头,花丝极短,花药近宽卵圆形,长1.2-1.5毫米;雌蕊长2.5-3毫米,子房几不膨大,长约1.5毫米,花柱粗短,无关节,柱头近圆形,上面微凸,具3条放射性白色缝线,缝线前端2叉裂,边缘波状3浅裂。花期(4-)7(-10)月。染色体2n=38。

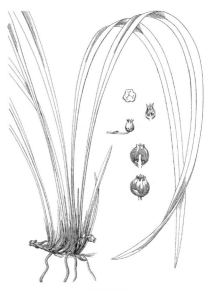

图 306 小花蜘蛛抱蛋 (蔡淑琴绘)

产湖南西南部、广东北部、香港、海南南部及广西,生于海拔380-640米山坡或沟谷林下。根状茎有解热止咳、壮筋骨功能。

44. 七筋菇属 Clintonia Raf.

多年生草本。根状茎短。叶基生,全缘。花葶直立;花通常几朵,排成顶生的总状花序或伞形花序,稀具单花;花序轴和花梗在后期显著伸长。花被片6,离生;雄蕊6,生于花被片基部;花丝丝状,花药背着,半外向开裂;子房3室,每室有多颗胚珠,花柱明显,柱头3浅裂。浆果或多少作蒴果状开裂。种子棕褐色,胚细小。

约6种,分布于亚洲和北美洲温带地区。我国1种。

七筋菇

图 307 彩片 138

Clintonia udensis Trautv. et Mey. Fl. Ochot. 92: t. 30. 1856.

根状茎有撕裂成纤维状的残存鞘叶。叶3-4,纸质或厚纸质,椭圆形、倒卵状长圆形或倒披针形,长8-25厘米,无毛或幼时边缘有柔毛,先端骤尖,基部成鞘状抱茎或后期伸长成柄状。花葶密生白色短柔毛,长10-

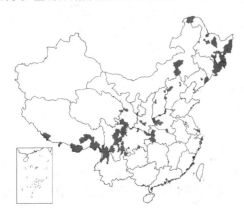

20厘米,果期伸长达60厘米;总状花序有3-12花。花梗密生柔毛,初期长约1厘米,后伸长达7厘米;苞片披针形,长约1厘米,密生柔毛,早落;花白色,稀淡蓝色;花被片长圆形,长0.7-1.2厘米,外面有微毛,具5-7脉;花药长1.5-2毫米,花丝长3-5(-7)毫米;

图 307 七筋菇 (张荣生绘)

子房长约3毫米，花柱连同3浅裂的柱头长3-5毫米。浆果球形或长圆形，长0.7-1.2(-1.4)厘米，自顶端至中部沿背缝线作蒴果状开裂，每室有6-12种子。种子卵圆形或梭形，长3-4.2毫米。花期5-6月，果期7-10月。染色体2n=14, 28。

产黑龙江、吉林、辽宁、内蒙古、河北、山西、陕西南部、宁夏南部、甘肃、青海东北部、西藏南部、云南北部、四川、湖北西部及河南，生于海拔1600-4000米高山疏林下或阴坡疏林下。俄罗斯西伯利亚、日本、朝鲜、锡金、不丹及印度有分布。全草有祛风败毒、散瘀止痛功能。

45. 鹿药属 Smilacina Desf.
（梁松筠）

多年生草本，根状茎短，直生或匍匐状。茎单生，直立，下部有膜质鞘，上部具互生叶。叶具柄或无柄。圆锥花序或总状花序顶生；花小，两性或雌雄异株；花被片6，离生或不同程度的合生，稀合生成高脚碟状；雄蕊6，花丝常有不同程度的贴生，长或极短，花药基着，内向纵裂；子房近球形，3室，每室有1-2胚珠，花柱长或短，柱头3浅裂或深裂。浆果球形，具1至数颗种子。

约25种，分布于亚洲东部、俄罗斯西伯利亚、北美至中美洲。我国14种2变种。

1. 花被片离生或基部稍合生。
  2. 总状花序。
    3. 花2-4簇生（稀单生），较小，径约5毫米 ………………………………… 1. **兴安鹿药 S. dahurica**
    3. 花单生。
      4. 叶2-3，基部楔形；雄蕊与花被片近等长；根状茎为规则的圆柱状，近等粗 … 2. **三叶鹿药 S. trifolia**
      4. 叶4-10，基部近圆、浅心形或其它形状，但不为楔形；雄蕊明显短于花被片，约为后者长度的1/3-3/5；根状茎形状不规则，不等粗。
        5. 植株被毛。
          6. 花柱长约1.2毫米，与子房近等长；花被片完全离生，卵状椭圆形或卵形 ……………………………………………………………………… 3. **紫花鹿药 S. purpurea**
          6. 花柱极短，长0.3-0.5毫米，明显短于子房；花被片基部稍合生，长圆形或卵状线形 …………………………………………………………… 4. **台湾鹿药 S. formosana**
        5. 植株无毛 ………………………………………………………… 5. **窄瓣鹿药 S. paniculata**
  2. 圆锥花序。
    7. 植株被毛。
      8. 叶先端长尾状（尾长2-3厘米）；花柱长为子房的2-3倍 ………… 6. **长柱鹿药 S. oleracea**
      8. 叶先端渐尖、急尖或具短尖，决不具长尾；花柱短于或稍长于子房。
        9. 花柱与子房近等长；花被片宽约2毫米。
          10. 花被片卵状椭圆形或卵形，柱头3浅裂；圆锥花序仅基部具1-2个侧枝 …………………………………………………………………………… 3. **紫花鹿药 S. purpurea**
          10. 花被片长圆形或长圆状倒卵形，柱头几不裂；圆锥花序具3至多个侧枝 …………………………………………………………………………… 7. **鹿药 S. japonica**
        9. 花柱明显短于子房，花被片宽约1毫米 ……………………… 4. **台湾鹿药 S. formosana**
    7. 植株无毛。
      11. 叶柄长1-2.5厘米；花被片近椭圆形，柱头不明显3裂 ………… 8. **西南鹿药 S. fusca**
      11. 叶柄通常长不到1厘米；花被片窄披针形；柱头3深裂。
        12. 植株高30-80厘米，茎具6-8叶；叶长7-21厘米，宽2-7.5厘米；常为圆锥花序 ……………………………………………………………………… 5. **窄瓣鹿药 S. paniculata**

12. 植株高10-15厘米，茎具3-5叶；叶长3-4.5厘米，宽1.8-2.6厘米；常为总状花序 ·················
··· 5(附). **少叶鹿药 S. paniculata var. stenoloba**

1. 花被片合生的部分至少占全长的1/4。
　13. 花被高脚碟形。
　　14. 花被筒长0.6-1厘米，裂片短于筒部；雄蕊不伸出花被筒，花柱稍长于子房 ······ 9. **管花鹿药 S. henryi**
　　14. 花被筒长3-4毫米，裂片与筒近等长；雌蕊伸出花被筒，花柱约为子房长的2-3倍 ·················
·· 9(附). **四川鹿药 S. henryi var. szechuanica**
　13. 花被钟状、筒状、杯状或盆状。
　　15. 根状茎粗厚，粗达1厘米以上；植株高30-60厘米，具5-9叶；圆锥花序；花柱长不及1毫米 ···········
··· 10. **高大鹿药 S. atropurpurea**
　　15. 根状茎通常较细，粗1-6毫米；植株高5-20（-30）厘米，具2-4（-5）叶；总状花序，少有在基部具一侧
　　　枝而近圆锥花序（仅见于丽江鹿药）；花柱长2.5-3毫米。
　　　16. 花柱长2.5-3毫米；花被筒钟状，长2.5-3毫米；叶具明显的柄 ········ 11. **丽江鹿药 S. lichiangensis**
　　　16. 花柱长不及1毫米；花被筒杯状或盆状，长1-2毫米；叶近无柄或具短柄 ··· 12. **合瓣鹿药 S. tubifera**

1. 兴安鹿药　　　　　　　　　　　　　　　　　　　　　图 308

Smilacina dahurica Turcz. ex Fisch. et Mey. Ind. Sem. Hort. Petrop. 1: 38. 1835.

植株高达60厘米；根状茎纤细。茎近无毛或上部有短毛，具6-12叶。叶长圆状卵形或长圆形，长6-13厘米，先端急尖或具短尖，下面密被短毛，无柄。总状花序除花外全部被短毛，长3-4厘米。花通常2-4朵簇生，稀单生，白色；花梗长3-5毫米；花被片基部稍合生，倒卵状长圆形或长圆形，长2-3毫米；花药小，近球形；花柱长约1毫米，与子房近等长或稍短，柱头稍3裂。浆果近球形，径6-7毫米，成熟时红或紫红色，具1-2种子。花期6月，果期8月。染色体2n=36(a)。

产黑龙江、吉林东部、辽宁及内蒙古北部，生于海拔450-1000米林下。

图 308 兴安鹿药 （张泰利绘）

朝鲜和俄罗斯远东地区有分布。根状茎功能同鹿药。

2. 三叶鹿药　　　　　　　　　　　　　　　　　　　　　图 309

Smilacina trifolia (Linn.) Desf. in Ann. Mus. Paris 9: 52. 1807.
Convallaria trifolia Linn. Sp. Pl. 452. 1753.

植株高达20厘米；根状茎细长。茎无毛，具3叶。叶长圆形或窄椭圆形，长6-13厘米，先端具短尖头，两面无毛，基部多少抱茎。总状花序无毛，长（2-）3.5-6厘米，具4-7花。花白色；花梗长4-6毫米，果期伸长；花被片基部稍合生，长圆形，长2-3毫米；雄蕊基部贴生花被片上，稍短于花被片；花药小，长圆形；花柱与子房近等长，长约1毫米，柱头微3裂。

花期6月，果期8月。染色体2n=36。

产黑龙江、吉林东部及内蒙古北部，生于海拔400-700米林下。俄罗斯远东地区有分布。

3. 紫花鹿药 图 310 彩片 139

Smilacina purpurea Wall. Pl. Asiat. Rar. 2: 38. t. 144. 1831.

植株高达60厘米；根状茎近块状或不规则圆柱状。茎上部被短柔毛，具5-9叶。叶长圆形或卵状长圆形，长7-13厘米，先端短渐尖或具短尖头，下面脉上有短柔毛；近无柄或具短柄。常为总状花序，稀基部具1-2侧枝而成圆锥花序；花序长1.5-7厘米，被短柔毛。花单生，白色或花瓣内面绿白色，外面紫色；花梗长2-4毫米，被毛；花被片完全离生，卵状椭圆形或卵形，长4-5毫米；花丝扁平，离生部分长1.5毫米，花药近球形；花柱与子房近等长或稍长，长约1.2毫米，柱头3浅裂。浆果近球形，径6-7毫米，成熟时红色。种子1-4。花期6-7月，果期9月。染色体2n=38(a)。

产四川、云南西北部及西藏，生于海拔3200-4000米灌丛中或林下。尼泊尔、锡金及印度有分布。根状茎和根用于阳萎、跌打损伤、风湿性关节炎。

4. 台湾鹿药 图 311

Smilacina formosana Hayata, Ic. Pl. Formos. 9: 141. 1920.

植株高达35厘米；根状茎匍匐状，具疏离的膨大结节。茎中部以上被短硬毛，多少回折状。叶长圆形、长圆状卵形或披针形，长3.5-12厘米，先端渐尖或急尖，两面脉上稍被毛或近无毛；有短柄。常为圆锥花序，稀总状花序，花序长达5厘米，被长硬毛；苞片长约1毫米。花单生；花梗长约2毫米，被毛；花被片基部稍合生，长圆形或倒披针形，长3-4毫米；花丝离生部分长1.5-2毫米；花药近圆形；花柱极短，长约为子房1/2，柱头微3裂。花期6-8月。染色体2n=36(a)。

产台湾。

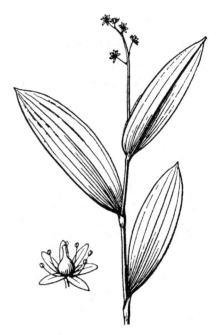

图 309 三叶鹿药 （吴彰桦绘）

图 310 紫花鹿药 （张泰利绘）

图 311 台湾鹿药 （孙英宝绘）

5. **窄瓣鹿药**   图 312 彩片 140

Smilacina paniculata (Baker) F. T. Wang et T. Tang, Fl. Reipubl. Popul. Sin. 15: 32. 1980.

Streptopus paniculata Baker in Hook. Icon. Pl. ser. 3, 10: t. 1932. 1890.

植株高达80厘米；根状茎近块状或有结节状膨大。茎无毛，具6-8叶。

叶卵形、长圆状披针形或近椭圆形，长7-21厘米，宽2-7.5厘米，先端渐尖，基部圆，无毛，具短柄。常为圆锥花序，稀总状花序，无毛；花序长2.5-11厘米，通常侧枝较长。花单生，淡绿色或稍带紫色；花梗长0.2-1.2（-1.8)厘米；花被片基部合生，窄披针形，长2.5-5毫米；花丝扁平，离生部分稍长于花药或近等长；花柱极短，柱

图 312 窄瓣鹿药 （张泰利绘）

头3深裂；子房球形，稍长于花柱。浆果近球形，径6-7毫米，成熟时红色，具1-5种子。花期5-6月，果期8-10月。

产河南西南部、湖北西南部、湖南、广西东北部、云南、四川及贵州，生于海拔1500-3500米林下、林缘或草坡。印度有分布。

[附] **少叶鹿药 Smilacina paniculata** var. **stenoloba** (Franch.) F. T. Wang et T. Tang, Fl. Reipubl. Popul. Sin. 15: 32. 1980. —— *Tovaria* *stenoloba* Franch. in Bull. Soc. Bot. France 43: 47. 1896. 与模式变种的区别：植株高10-15厘米；茎具3-5叶；叶长3-4.5厘米，宽1.8-2.6厘米；常为总状花序。产湖北西部、四川东部及甘肃南部，生于海拔2000-3000米林下、沟谷或草坡。

6. **长柱鹿药**   图 313 彩片 141

Smilacina oleracea (Baker) Hook. f. et Thoms. Fl. Brit. Ind. 6: 323. 1892.

Tovaria oleracea Baker in Journ. Linn. Soc. Bot. 14: 569. 1875.

植株高达80厘米；根状茎近块状。茎多少回折状，上部被短柔毛或近无毛。叶长圆状卵形、长圆状披针形或披针形，长12-21厘米，先端尾状，下面疏被短柔毛，基部近圆；叶柄长3-7毫米。圆锥花序长5-10厘米，具长侧枝，被短柔毛。花多，单生，白色；花梗长0.5-1厘米；花被片近离生，倒卵状长圆形，长4-5毫米，先端多少流苏状；花丝基部贴生花被片上，离生部分长

约1.3毫米；花药近长圆形；花柱长2-2.5毫米，柱头明显，3裂，子房长约1毫米。浆果近球形，径6-7毫米，成熟时红色，具1-3种子。花期5-

图 313 长柱鹿药
（仿《Curtis's Bot. Mag.》）

7月，果期8-10月。染色体2n=36。

产四川中西部、贵州东北部、云南西北部及西藏，生于海拔2100-3000米林下。锡金及缅甸有分布。

7. 鹿药　　　图 314

Smilacina japonica A. Gray in Perry, Jap. Exp. 2: 321. 1856.

植株高达60厘米；根状茎横走，多少圆柱状，有时具膨大结节。茎中部以上或仅上部被粗伏毛，具4-9叶。叶卵状椭圆形、椭圆形或长圆形，长6-13(-15)厘米，先端近短渐尖，两面疏被粗毛或近无毛；具短柄。圆锥花序长3-6厘米，有毛，具10-20余花。花单生，白色；花梗长2-6毫米；花被片分离或仅基部稍合生，长圆形或长圆状倒卵形，长约3毫米；雄蕊长2-2.5毫米，基部贴生花被片上，花药小；花柱长0.5-1毫米，与子房近等长，柱头几不裂。浆果近球形，径5-6毫米，成熟时红色，具1-2种子。花期5-6月，果期8-9月。染色体2n=36(a)。

产黑龙江、吉林、辽宁、河北、山东东部、江苏东北部、浙江、台湾、

图 314 鹿药 （张泰利绘）

江西、安徽、湖北西部、湖南、贵州、四川、甘肃南部、陕西南部、山西及河南，生于海拔900-1950米林下荫湿处或岩缝中。日本、朝鲜及俄罗斯远东地区有分布。根状茎和根有补气益肾、祛风除湿、活血调经功能。

8. 西南鹿药　　　图 315

Smilacina fusca Wall. Pl. Asiat. Rar. 3: 37. t. 257. 1832.

植株高达50厘米；根状茎为不规则圆柱状或近块状。茎无毛，具4-9叶。叶长圆状披针形或卵状披针形，长8-17厘米，先端尾状，基部圆或近心形，两面无毛，有时下面脉上稍粗糙；叶柄长1-2.5厘米。圆锥花序无毛，长4-15厘米，具长的侧枝，花序轴回折状。花单生，玫瑰红色；花梗长4-8(-13)毫米；花被片几全离生，近椭圆形，长3-4毫米；花丝扁平，长不及花被片1/2，花药扁圆；花柱极短，柱头3裂，不明显，子房长1.5-2毫米，较花柱长3-4倍。浆果近球形或稍扁，径5-8毫米，成熟时红色，具1-3种子。花期5月，果期9-10月。染色体2n=28，36，66，72。

产云南及西藏南部，生于海拔2000-2600米林下。缅甸、锡金及印度东

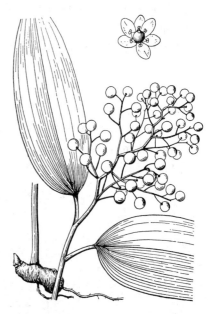

图 315 西南鹿药 （吴彰桦绘）

北部有分布。根状茎有祛风活血、解毒功能。

9. 管花鹿药 图 316

Smilacina henryi（Baker）F. T. Wang et T. Tang in Acta Phytotax. Sin. 2：452. 1954.

Oligobotrya henryi Baker in Hook. Icon. Pl. 16：t. 1537. 1886.

植株高达80厘米；根状茎粗1-2厘米。茎中部以上被短硬毛或微硬毛，稀无毛。叶椭圆形、卵形或长圆形，长9-22厘米，先端渐尖或具短尖，两面有伏毛或近无毛，基部具短柄或几无柄。花淡黄或带紫褐色，单生，常排成总状花序，有时基部具1-2个分枝或具多个分枝而成圆锥花序，花序长3-7(-17)厘米，被毛。花梗长1.5-5毫米，被毛；花被高脚碟状，筒部长0.6-1厘米，为花被全长的2/3-3/4，裂片开展，长2-3毫米；雄蕊生于花被筒喉部，花丝通常极短，花药长约0.7毫米；花柱长约2-3毫米，稍长于子房，柱头3裂。浆果球形，径7-9毫米，绿色而带紫斑点，成熟时红色，具2-4种子。花期5-6(-8)月，果期8-10月。染色体2n=36(a)。

产山西南部、陕西、宁夏南部、甘肃东南部、四川、西藏、云南、贵州东北部、湖南西部、湖北西部、河南西部及安徽西部，生于海拔1300-4000米林下、灌丛下、水旁湿地或林缘。根状茎和根有温阳补肾、祛风除湿、活血祛瘀的功能。

［附］**四川鹿药 Smilacina henryi** var. **szechuanica**（F. T. Wang et

图 316 管花鹿药 （张泰利绘）

T. Tang）F. T. Wang et T. Tang, Fl. Reipubl. Popul. Sin. 15：36. 1980. —— *Oligobotrya szechuanica* F. T. Wang et T. Tang in Bull. Fan. Mem. Inst. Biol. Bot. 7：289. 1937. 本变种与原变种的主要区别：花被筒短，长3-4毫米，裂片与筒部近等长；雌蕊伸出花被筒，花柱长2.5-4毫米，约为子房长的2-3倍。产四川西部及云南东北部（永善一带），生于云杉、冷杉林下、河边或路旁，海拔2000-3600米。

10. 高大鹿药 图 317

Smilacina atropurpurea（Franch.）F. T. Wang et T. Tang in Bull. Fan. Mem. Inst. Biol. Bot. 7：288. 1937.

Tovaria atropurpurea Franch. in Bull. Soc. Bot. France 43：45. 1896.

植株高达60厘米；根状茎横走。茎回折状，上部或中部以上被粗短毛，具5-9叶。叶通常长圆形或卵状椭圆形，长9-10厘米，先端短尖，两面疏生短粗毛；叶柄短，长5-6毫米。圆锥花序被毛，具多花，长5-20厘米。花梗长2-3毫米（果期稍增长）；花白色，稍带紫色或紫红色，径5-7毫米；花被片下

图 317 高大鹿药 （吴彰桦绘）

部合生成杯状筒，筒高1-2毫米，裂片卵状披针形或长圆形，长2-4毫米，开展；花丝短，增粗，花药长0.5毫米；花柱长约1-1.5毫米，与子房近等长或稍短，稍高出筒外，柱头3裂。浆果球形，径5-6毫米，具1-2种子。

11. 丽江鹿药

图 318：1-2

Smilacina lichiangensis (W. W. Smith) W. W. Smith in Notes Roy. Bot. Gard. Edinb. 17: 120. 1929.

Tovaria lichiangensis W. W. Smith in Notes Roy. Bot. Gard. Edinb. 8: 209. 1914.

植株高达20厘米；根状茎细长。茎下部无毛，中部以上被短硬毛，具2-4叶。叶卵形、宽卵形或长圆状卵形，长2.5-5.5厘米，先端急尖或渐尖，基部钝或稍心形，两面被短粗毛，老叶有时近无毛；叶柄长0.3-1 (-1.4) 厘米。花序通常总状，长1-2 (-5) 厘米，具2-4花，极少基部具一侧枝（上生2朵花），而多少呈圆锥状，被短柔毛。花梗长2-3毫米；花白色，花被片下部合生成钟状筒，筒高2.5-3毫米，上部裂片展开，近长圆形，长4-5毫米；雄蕊生于筒的喉部，花丝三角状披针形，约为花药3-4倍；花柱长2.5-3毫米，高于雄蕊之上，柱头3裂，子

2800-3500米林下或灌丛中。

12. 合瓣鹿药

图 318：3-4

Smilacina tubifera Batal. in Acta Hort. Petrop. 13: 104. 1893.

植株高达30厘米；根状茎细长。茎下部无毛，中部以上被短粗毛，具2-5叶。叶卵形或长圆状卵形，长3-3.5 (-9) 厘米，先端急尖或渐尖，基部平截或近心形，几无柄或具短柄，两面疏被短毛，老叶有时近无毛。总状花序被

花期5-6月，果期8-9月。

产湖南西北部、贵州西北部、四川、云南及西藏，生于海拔2100-3400米林下荫处。

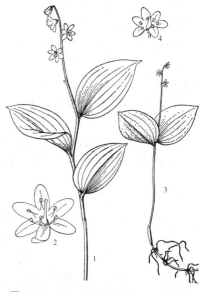

图 318：1-2. 丽江鹿药 3-4. 合瓣鹿药（吴彰桦绘）

房短于花柱。浆果球形，径5-6毫米，成熟时红色，具1-2种子。花期6-7月，果期9-10月。

产甘肃南部、四川、云南西北部、西藏东南部及湖北西部，生于海拔

毛，具2-3花，有时多达10花，长1-4 (-7) 厘米。花梗长1-2 (-4) 毫米，果期稍延长；花白色，有时带紫色，径5-6 (-10) 毫米；花被片下部合生成杯状筒，筒高1-2毫米，裂片长圆形，长2.5-3 (-5) 毫米；雄蕊长约0.5毫米，花丝与花药近等长；花柱长0.5-1毫米，与子房近等长，稍高出筒外。浆果球形，径6-7毫米，具2-3种子。花期5-7月，果期9月。

产陕西西南部、宁夏南部、甘肃

46. 舞鹤草属 Maianthemum Web.

（梁松筠）

多年生草本，有匍匐根状茎。茎直立，不分枝。基生叶1，早凋萎；茎生叶互生，心状卵形，有柄或无柄。总状花序顶生，小苞片宿存。花小，两性；花被片4，排成2轮，分离，平展或下弯；雄蕊4，生于花被片基部，花药背着，内向纵裂；子房2室，每室有2胚珠，花柱粗短，与子房近等长，柱头小。浆果球形，成熟时红黑色，有1-3种子。种子球形或卵圆形。

约4种，分布于北半球温带地区。我国1种。

舞鹤草　　　　　　　　　　　　　图 319 彩片 142

Maianthemum bifolium (Linn.) F. W. Schmidt, Fl. Boem. Cent. 4: 55. 1794.

Convallaria bifolia Linn. Sp. Pl. 316. 1753.

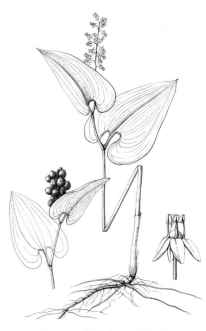

图 319 舞鹤草 （张荣生绘）

根状茎细长，有时分叉，长达20厘米或更长，节上有少数根，节间长1-3厘米。茎高达20（-25）厘米，无毛或散生柔毛。基生叶有长达10厘米的叶柄，花期凋萎；茎生叶通常2，稀3，互生于茎的上部，三角状卵形，长3-8（-10）厘米，先端急尖或渐尖，基部心形，弯缺张开，下面脉上被柔毛或散生微柔毛，边缘有细小锯齿状乳突或具柔毛；叶柄长1-2厘米，常被柔毛。总状花序直立，长3-5厘米，有

10-25花；花序轴被柔毛或乳头状突起。花白色，径3-4毫米，单生或成对；花梗长约5毫米，顶端有关节；花被片长圆形，长2-2.5毫米，有1脉；花丝短于花被片，花药卵圆形，长0.5毫米，黄白色；子房球形，花柱长约1毫米。浆果径3-6毫米。种子卵圆形，径2-3毫米，种皮黄色，有颗粒状皱纹。花期5-7月，果期8-9月。染色体2n=28，30，36，54，88。

产黑龙江、吉林、辽宁、内蒙古、河北、山西、陕西、宁夏、甘肃、青海东部、四川北部、湖北西部及河南，生于高山阴坡林下。朝鲜、日本、俄罗斯及北美有分布。全草有凉血、止血、清热解毒功能。

47. 万寿竹属 Disporum Salisb.

（梁松筠）

多年生草本。根状茎短，有时有匍匐茎；纤维根常多少肉质。茎下部各节有鞘，上部常有分枝。叶互生，有3-7主脉，叶柄短或无。伞形花序；无苞片。花被窄钟形或近筒状，常多少俯垂；花被片6，离生，基部囊状或距状；雄蕊6，着生花被片基部，花丝扁平，花药基着，半外向开裂；子房3室，每室有2-6倒生胚珠。浆果通常近球形，成熟时黑色，有2-3（-6）种子。种子具点状皱纹。

约25种，分布东亚和北美，有几种至热带亚洲。我国13种。

1. 伞形花序全部着生茎和分枝顶端，非假侧生。
　2. 叶纸质，无明显横脉。
　　3. 花被片基部多少囊状 ·· 1. 宝珠草 D. viridescens
　　3. 花被片基部具距。

4. 雄蕊和雌蕊伸出花被 ·· 3. **长柱万寿竹 D. longistylum**

4. 雄蕊和雌蕊不伸出花被。

    5. 花长 1-1.2 厘米 ·· 2. **长蕊万寿竹 D. bodinieri**

    5. 花长 2-3 厘米 ·· 8. **少花万寿竹 D. uniflorum**

2. 叶近革质,具横脉 ·· 6. **横脉万寿竹 D. trabeculatum**

1. 伞形花序全部或部分生于与叶对生的侧生短枝顶端,为假侧生。

  6. 花被片长1-2毫米。

    7. 花长 2.5-3.8 厘米,雄蕊长 2-2.8 厘米 ············· 4. **大花万寿竹 D. megalanthum**

    7. 花长 1.5-2.8 厘米,雄蕊长 0.8-2 厘米 ················ 5. **万寿竹 D. cantoniense**

  6. 花被片距长4-5毫米 ·· 7. **距花万寿竹 D. calcaratum**

1. 宝珠草　　　　　　　　　　　图 320

Disporum viridescens (Maxim.) Nakai in Journ. Coll. Sci. Imp. Univ. Tokyo 31: 246. 1911.

Uvularia viridescens Maxim. Prim. Fl. Amur. 273. 1859.

根状茎短,匍匐茎长;根多而较细。茎高达80厘米,有时有分枝。叶纸质,椭圆形或卵状长圆形,长5-12厘米,宽2-5厘米,先端短渐尖或有短尖头,横脉明显,下面脉上和边缘稍粗糙;具短柄或近无柄。花淡绿色,1-2朵生于茎顶或枝端。花梗长1.5-2.5厘米;花被片张开,长圆状披针形,长1.5-2厘米,宽3-4毫米,脉纹明显,先端尖,基部囊状;花药长3-4毫米,与花丝近等长;花柱长3-4毫米,柱头3裂,外卷,子房与花柱等长或稍短。浆果球形,径约1厘米,成熟时黑色,有2-3种子。种子红褐色,径约4毫米。花期5-6月,果期7-10月。染色体2n=16。

图 320 宝珠草 (张荣生绘)

产黑龙江、吉林、辽宁及内蒙古,生于海拔500-600米林下或山坡草地。朝鲜、日本及俄罗斯远东地区有分布。

2. 长蕊万寿竹　　　　　　图 321 彩片 143

Disporum bodinieri (Lévl. et Vaniot) F. T. Wang et T. Tang in Contr. Inst. Bot. Nat. Acad. Peip. 6: 20. 1949.

Tovaria bodinieri Lévl. et Vaniot in Mern. Pont. Acad. Rom. Nuov. Lincei 23: 360. 1905.

根状茎较粗,匍匐;根肉质,长达30厘米,径1-4毫米。茎高达0.7(-1)米,上部有分枝。叶厚纸质,椭圆形、卵形或卵状披针形,长5-15厘米,宽2-6厘米,先端渐尖或尾尖,下面脉上和边缘稍粗糙,基部近圆;叶柄长0.5-1厘米。伞形花序有2-6花,生于茎顶枝顶。花梗长1.5-2.5厘米,有乳头状突起;花被片白或黄绿色,倒卵状披针形,长1-1.9厘米,基部距长1(2)毫米;花丝等长或稍长于花被片,花药长3毫米,伸出花被;

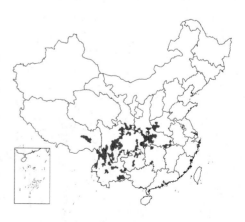

花柱4-5倍长于子房,柱头3裂。浆果径0.5-1厘米,有3-6种子。种子球形或三角形,径3-4毫米,棕色。花期3-5月,果期6-11月。染色体2n=16。

产陕西南部、甘肃南部、四川、西藏东部、云南、贵州、湖南、湖北及河南西部,生于海拔400-800米灌丛、竹林中或林下岩缝中。根状茎有清热化痰、止咳、健胃消食、舒筋活血功能。

3. 长柱万寿竹 图 322

Disporum longistylum(Lévl. et Vaniot)Hara in Journ. Jap. Bot. 59:40. 1984.

Tovaria longistylum Lévl. et Vaniot in Mern. Pont. Acad. Rom. Nuov. Lincei 23:361. 1905.

根状茎无匍匐茎。茎高达90厘米,常顶端分枝。叶披针形、椭圆形或卵形,长3-15厘米,宽1-4(-6)厘米,先端长渐尖,基部近圆。伞形花序具2-8花,生于茎和分枝顶端。花梗长0.7-2.4厘米,花绿或绿黄色,稀紫红色,花被片匙状倒披针形或倒卵形,长1-1.7厘米,宽2-4(-8)毫米,基部距长1-1.5毫米;雄蕊长1.2-1.9厘米,伸出花被,花丝丝状,长1-1.6厘米,被细糙毛,花药长2.5-4.5毫米;子房长

2-3毫米,花柱长0.8-1.7厘米。浆果近球形,成熟时黑色,径6-9毫米。花期5-6月,果期9-12月。染色体2n=16。

产陕西南部、甘肃南部、四川、西藏东南部、云南、贵州东南部及湖北西南部,生于海拔400-1800米林下或岩缝中。

4. 大花万寿竹 图 322 彩片 144

Disporum megalanthum F. T. Wang et T. Tang, Fl. Reipubl. Popul. Sin. 15:45. 250. 1978.

根状茎短;根肉质,径2-3毫米。茎高达60厘米,径5-6毫米,中部以上生叶,分枝少。叶纸质,卵形、椭圆形或宽披针形,长6-12厘米,宽2-5(-8)厘米,先端渐尖,基部近圆,下面平滑,边缘有乳头状突起,常稍对折抱茎;有短柄。伞形花序有(2-)4-8花,着生茎和分枝顶端,以及与上部叶对生的短枝顶端。花梗长1-2厘米,有棱;花白色;

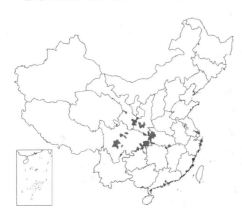

图 321 长蕊万寿竹 (张荣生绘)

图 322 长柱万寿竹 (孙英宝绘)

图 323 大花万寿竹 (冯晋庸绘)

花被片斜出，窄倒卵状披针形，长2.5-3.8厘米，宽5-8毫米，基部距长约1毫米；雄蕊内藏，花丝长1.2-2厘米，花药长4-6毫米；花柱长1-1.5厘米，柱头3裂，长0.6-1厘米，外卷。浆果径0.6-1.5厘米，有4-6种子。种子褐色，径2-4毫米。花期5-7月，果期8-10月。

产陕西南部、甘肃、四川及湖北，生于海拔1600-2500米林下、林缘或草坡。根状茎有养阴益气、润肺生津功能。

5. 万寿竹

图 324 彩片 145

Disporum cantoniense (Lour.) Merr. in Philipp. Journ. Sci. Bot. 15: 229. 1919.

Fritillaria cantoniense Lour. Fl. Cochinch. 206. 1790.

根状茎粗，多少匍匐，无匍匐茎；根粗长，肉质。茎高达1.5米，径约1厘米，上部有较多叉状分枝。叶纸质，披针形或窄椭圆状披针形，长5-12厘米，宽1-5厘米，先端渐尖或长渐尖，基部近圆，有3-7脉，下面脉上和边缘有乳头状突起；叶柄短。伞形花序有3-10花，着生与上部叶对生的短枝顶端。花梗长1-4厘米，稍粗糙；花紫色；花被片斜出，倒披针形，长1.5-2.8厘米，宽4-5毫米，边缘有乳

头状突起，基部距长2-3毫米；雄蕊内藏，花药长3-4毫米，花丝长0.8-1.1厘米；子房长约3毫米。浆果径0.8-1厘米，有2-5种子。种子暗棕色，径约5毫米。花期5-7月，果期8-10月。染色体2n=14, 16(a)。

产陕西南部、甘肃南部、四川、西藏、云南、贵州、广西、广东、海

图 324 万寿竹 （张荣生绘）

南、湖南、湖北、河南、安徽、福建及台湾，生于海拔700-3000米灌丛中或林下。锡金、不丹、尼泊尔、印度及泰国有分布。根状茎有祛风湿、舒筋活络功能。

6. 横脉万寿竹

图 325

Disporum trabeculatum Gagnep. in Bull. Soc. Bot. France 81: 286. 1934.

根状茎坚硬。茎有时丛生，高达80厘米，上部不分枝或分枝。叶长圆形或椭圆形，长8-14厘米，宽2.5-5.5厘米，先端渐尖，基部圆或宽楔形，具横脉；叶柄长0.5-1厘米。伞形花序生于茎和分枝顶端，具2-5花。花梗长1-3厘米；花白色，花被片匙状倒披针形，长1-1.6厘米，宽3-5毫米，边缘和内面基部被微毛；雄蕊与花被片等长或稍短于花被片，花丝长5-9毫米，具细乳头，花药长3-4毫米；子房长2-2.5毫米，花柱长5-8毫米。花期5-6月。

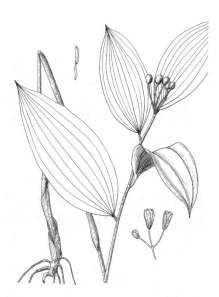

图 325 横脉万寿竹 （孙英宝绘）

产广东、海南、广西、贵州东南部及云南，生于海拔900-2000米林下。越南有分布。

7. 距花万寿竹

图 326 彩片 146

Disporum calcaratum D. Don in Proc. Linn. Soc. London 1: 45. 1839.

根状茎曲折，匍匐；根质较硬，径2-3毫米。茎高达1米，具棱，上部有分枝。叶纸质或厚纸质，卵形、椭圆形或长圆形，长5-8厘米，宽2-5厘米，先端骤尖或渐尖，基部圆或近心形，边缘和下面脉稍粗糙；叶柄长3-5毫米。伞形花序有花10多朵，着生与中上部叶对生的短枝顶端。花梗长1-2厘米；花紫色；花被片倒披针形，长1.2-2厘米，宽3-5毫米，先端尖，基部距长4-5毫米；花药长4-

图 326 距花万寿竹 （张荣生绘）

5毫米，花丝比花药长2倍；雌雄蕊均不伸出花被。浆果近球形，径约1.1厘米；果柄较粗，下弯，棱上密生乳头状突起。种子褐色，径3-5毫米。花期6-

7月，果期8-11月。染色体2n=16, 18(a)。

产广西西部、云南及西藏东南部，生于海拔1200-2400米林下。越南、泰国、缅甸、印度、尼泊尔及不丹有分布。根状茎有养阴益气、润肺生津功能。

8. 少花万寿竹

图 327 彩片 147

Disporum uniflorum Baker in Journ. de Bot. 13: 230. 1875.

根状茎短，或多或少匍匐，径4-7毫米，匍匐茎长1-5厘米。茎高达80厘米，上部分枝或不分枝。叶宽椭圆形或长圆状卵形，长4-9厘米，宽1-6.5厘米，基部近圆或宽楔形，无毛。伞形花序生于茎和分枝顶端，具1-3花。花黄色，花被片匙状倒披针形或倒卵形，长2-3厘米，宽0.5-1厘米，基部距长1-2毫米；雄蕊长1.8-2.8厘米，不伸出花被，花药长4-8毫米，花丝长1.5-2厘米；子房长4-5毫

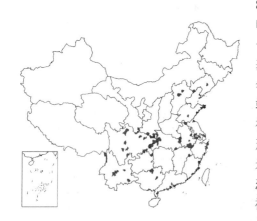

图 327 少花万寿竹 （孙英宝绘）

产辽宁、河北、山东、江苏、安徽、江西、湖北、陕西南部、甘肃南部、四川、云南及广西，生于海拔100-2500米林下。朝鲜有分布。

米，花柱长1.5-2.3厘米。浆果近球形，成熟时蓝黑色，径0.8-1厘米。花期5-6月，果期7-11月。染色体2n=16。

48. 扭柄花属 **Streptopus** Michx.

（梁松筠）

多年生草本。根状茎匍匐。叶互生，无柄，常抱茎。花常1-2，腋生，花序梗与茎愈合，稀3-4花组成花序，生

于茎或枝顶。花被片离生；雄蕊6，贴生花被片基部或中下部，花药近基着，内向纵裂，顶端具小尖头，花丝扁，基部宽；子房近球形，3室，每室（2-3）6-8胚珠，柱头圆盾状或3裂。浆果球形，成熟时红色。种子几颗或更多，具沟槽。

约10种，分布于北温带。我国5种。

1. 叶缘有睫毛状细齿。
　　2. 雌蕊无花柱，柱头圆盾状；花梗丝状，中部无关节 ·········· 1. 丝梗扭柄花 S. koreanus
　　2. 雌蕊有花柱，柱头3裂；花梗较粗，中部以上具膝状关节 ·········· 2. 扭柄花 S. obtusatus
1. 叶缘无睫毛状细齿。
　　3. 花单生，生于叶腋；花药长于花丝，花粉红色，长0.8-1.2厘米 ·········· 3. 腋花扭柄花 S. simplex
　　3. 花1-2朵，似与叶对生或生于叶下；花药短于花丝，花白色，长4-8毫米 ··········
　　·········· 3(附). 小花扭柄花 S. parviflorus

1. 丝梗扭柄花　　图 328 彩片 148

Streptopus koreanus Ohwi in Bot. Mag. Tokyo 45: 189. 1931.

根状茎细长，匍匐状，径约1毫米。茎高达40厘米，不分枝或中部以上分枝，疏生粗毛。叶薄纸质，卵状披针形或卵状椭圆形，长3-10厘米，宽1-3厘米，先端有短尖头，基部圆，具睫毛状细齿。花1-2，腋生，黄绿色；花梗丝状，长约1.5厘米；花被片窄卵形，长2-3毫米，宽约1毫米，近基部合生，内面具小疣状突起，花丝极短，扁平，呈半球形平贴于花被片近基部；子房球

形，无棱，无花柱，柱头圆盾形。浆果球形，径6-9毫米。种子多数，长圆形，稍弯。花期5月，果期7-8月。

产黑龙江东南部、吉林东部及辽宁，生于海拔800-2000米林下。朝鲜有分布。

图 328 丝梗扭柄花 （张泰利绘）

2. 扭柄花　　图 329

Streptopus obtusatus Fassett in Rhodora 37: 102. 1935.

根状茎径1-2毫米；根多而密，有毛。茎高达35厘米，不分枝或中部以上分枝，光滑。叶卵状披针形或长圆状卵形，长5-8厘米，宽2.5-4厘米，先端有短尖，基部心形，抱茎，具睫毛状细齿。花单生上部叶腋，淡黄色，内面有时带紫色斑点，下垂；花梗长2-2.5厘米，中部以上具膝状关节，具腺体；花被片近离生，长8-9毫米，宽1-2毫米，长圆状披针形或披针形，上部镰状；雄蕊长不及花被片1/2，花药长箭形，长3-4毫米，花丝极短，稍扁，三角形；子房球形，无棱，花柱长4-5毫米，柱头3裂至中部以下。浆果径6-8毫米。种子椭圆形。花期7月，果期8-9月。

产陕西西南部、甘肃、青海东部、四川、云南及湖北西部，生于海拔

2000-3600米山坡针叶林下。

3. 腋花扭柄花   图 330 彩片 149

Streptopus simplex D. Don, Prodr. Fl. Nepal. 48. 1825.

根状茎径1.5-2毫米。茎高达50厘米，不分枝或中部以上分枝，光滑。叶披针形或卵状披针形，长2.5-8厘米，宽1.5-3厘米，先端渐尖，上部叶

有时镰状，下面灰白色，基部圆或心形，抱茎，全缘。花单生叶腋，径0.7-1.2厘米，下垂；花梗长2.5-4.5厘米，无膝状关节；花被片卵状长圆形，长0.9-1厘米，宽3-4毫米，粉红或白色，具紫色斑点；雄蕊长3-3.5毫米，花药箭形，先端钝圆，比花丝长，花丝扁，基部宽；子房径1-1.5毫米，花柱细，长5-6毫米，柱头3裂，长约1毫米，裂片外卷。浆果径5-6毫米。花期6月，果期8-9月。染色体2n=16。

产四川、云南及西藏，生于海拔2700-4000米林下、竹丛中或高山草地。尼泊尔、锡金、缅甸及印度有分布。

[附] **小花扭柄花** 彩片 150 **Streptopus parviflorus** Franch. in Nouv. Arch. Mus. Paris ser. 2, 10: 89. 188.? 本种与腋花扭柄花的区别：花1-2朵，似与叶对生或似生于叶下；花药短于花丝；花白色，长4-8毫米。花期6月，果期8-9月。产云南西北部及四川西南部，生于海拔2000-3500米灌丛中、林下或高山草地。

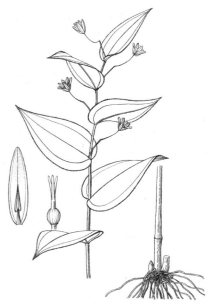

图 329 扭柄花 （张泰利绘）

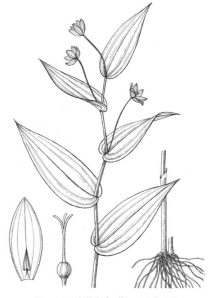

图 330 腋花扭柄花 （张泰利绘）

49. 黄精属 Polygonatum Mill.
（陈心启 罗毅波）

草本，具根状茎。茎不分枝，基部具膜质鞘，直立，或上端向一侧弯拱而叶偏向另一侧（一些具互生叶的种类），或上部有时攀援状（一些具轮生叶的种类）。叶互生、对生或轮生，全缘。花腋生，常集生成伞形、伞房或总状花序。花被片6，下部合生成筒，裂片先端外面常具乳突状毛，花被筒基部与子房贴生，成柄状，与花梗间有关节；雄蕊6，内藏，花丝下部贴生花被筒，上部离生，丝状或两侧扁，花药基部2裂，内向开裂；子房3室，每室2-6胚珠，花柱丝状，多不伸出花被，柱头小。浆果近球形，具几枚至10余枚种子。

约40种，广布北温带。我国31种。

1. 花被长（1.3-）1.5-3厘米。
  2. 叶互生。
    3. 苞片叶状，卵形，长1-3.5厘米，具多脉。
      4. 植株无毛；花序具2苞片 ·· 1. **二苞黄精 P. involucratum**
      4. 植株除花和茎下部外，余部均疏被短柔毛；花序具3-4苞片 ············· 2. **大苞黄精 P. megaphyllum**

3. 苞片膜质或近草质，钻形或线状披针形，微小，稀长达1.2厘米，无脉或具3-5脉，或无苞片。

  5. 根状茎圆柱状（节不粗大，节间较长）。

    6. 花被筒内面（花丝贴生部分）具短绵毛，花丝具乳头状突起或短毛；叶柄长0.5-1.5厘米。

      7. 植株高50-80厘米；根状茎径0.6-1厘米；叶6-9，长8-16厘米；苞片长0.8-1.2厘米，具3-5脉 ⋯⋯ 3. **毛筒玉竹 P. inflatum**

      7. 植株高20-30厘米；根状茎径3-4毫米；叶4-5，长7-9厘米；苞片微小，无脉 ⋯⋯ 4. **五叶黄精 P. acuminatifolium**

    6. 花冠筒内面无毛，花丝近平滑或具乳头状突起；叶无柄或柄极短。

      8. 叶下面被短糙毛 ⋯⋯ 5. **小玉竹 P. humile**

      8. 叶下面无毛。

        9. 花序具1-2（-4）花 ⋯⋯ 6. **玉竹 P. odoratum**

        9. 花序具（3-）5-12（-17）花 ⋯⋯ 7. **热河黄精 P. macropodium**

  5. 根状茎姜状、连珠状或稍连珠状（节粗大，节间较短）。

    10. 花梗与苞片均长约5毫米，花丝顶端具距 ⋯⋯ 8. **距药黄精 P. franchetii**

    10. 花梗无苞片或具微小苞片，花丝顶端无距（多花黄精的花丝顶端囊状，较大时近距状）。

      11. 叶下面被短毛；花序梗细，长3-8厘米 ⋯⋯ 9. **长梗黄精 P. filipes**

      11. 叶下面无毛；花序梗较粗，长1-4厘米。

        12. 植株高0.5-1米；根状茎肥粗，径1-2厘米；叶10-15；花序具2-7花 ⋯⋯ 10. **多花黄精 P. cyrtonema**

        12. 植株高15-40厘米；根状茎细长，径5-7毫米；叶5-9；花序具1-2花 ⋯⋯ 11. **节根黄精 P. nodosum**

2. 叶多轮生或对生。

  13. 植株常高1米以上；叶多轮生，先端拳卷；花被合生2/3以上 ⋯⋯ 12. **滇黄精 P. kingianum**

  13. 植株高不及10厘米；叶常10余枚，常密集，茎延伸时，下部少数叶互生，上部叶对生或3叶轮生，先端微尖；花被合生约1/2 ⋯⋯ 13. **独花黄精 P. hookeri**

1. 花被长0.6-1.2（-1.5）厘米。

  14. 叶多互生，先端尖或渐尖 ⋯⋯ 14. **点花黄精 P. punctatum**

  14. 叶多轮生或对生，稀互生（如粗毛黄精、康定玉竹）。

    15. 子房长4-7毫米，花药长3-4毫米 ⋯⋯ 15. **棒丝黄精 P. cathcartii**

    15. 子房长2-3毫米，花药长2-3毫米。

      16. 植株除花外几全被短硬毛 ⋯⋯ 16. **粗毛黄精 P. hirtellum**

      16. 植株无毛。

        17. 叶多互生或对生。

          18. 花被长0.8-1.2厘米；根状茎节间一头粗、一头细，或呈连珠状 ⋯ 17. **轮叶黄精 P. verticillatum**

          18. 花被长6-8毫米；根状茎细圆柱形，节和间间粗细近等 ⋯⋯ 18. **康定玉竹 P. prattii**

        17. 叶多轮生。

          19. 叶先端直。

            20. 叶花后俯垂 ⋯⋯ 19. **垂叶黄精 P. curvistylum**

            20. 叶平展或上举。

              21. 植株高10-30厘米，具（1）2（3）轮叶 ⋯⋯ 20. **细根茎黄精 P. gracile**

              21. 植株高0.4-1米或以上，叶多轮。

                22. 花序梗长2-5毫米，花梗长1-2毫米 ⋯⋯ 21. **狭叶黄精 P. stenophyllum**

                22. 花序梗长1-2厘米，花梗长（1）2-5毫米。

23. 根状茎细圆柱形，节和节间粗细均匀，径3-5毫米 ·················· **22. 新疆黄精 P. roseum**

23. 根状茎节间一头粗、一头细，或为连珠状，径0.7-1.5厘米 ·············· **17. 轮叶黄精 P. verticillatum**

19. 叶先端弯曲或拳卷。

24. 花柱长为子房1.5-2倍 ····································· **23. 黄精 P. sibiricum**

24. 花柱稍短或稍长于子房。

25. 花序常具2花；无苞片，或苞片长1-2毫米，无脉，位于花梗上或花基部 ··· **24. 卷叶黄精 P. cirrhifolium**

25. 花序具2-6（-11）花，近伞状；苞片长（1）2-6毫米，具1脉，位于花梗基部 ·············
·· **25. 湖北黄精 P. zanlanscianense**

1. 二苞黄精

图 331：1-2

Polygonatum involucratum (Franch. et Sav.) Maxim. in Mél. Biol. 11: 844. 1883.

Periballanthus involucratus Franch. et Sav. Enum. Pl. Jap. 2: 524. 1878.

根状茎细圆柱形，径3-5毫米。植株无毛。茎高达50厘米，具4-7叶。

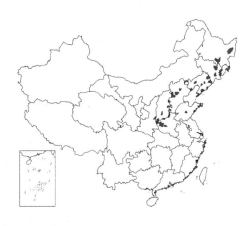

叶互生，卵形、卵状椭圆形或长圆状椭圆形，长5-10厘米。花序具2花；花序梗长1-2厘米，顶端具2叶状苞片，苞片卵形或宽卵形，长2-3.5厘米，宿存，具多脉。花梗长1-2毫米；花被绿白或淡黄绿色，长2.3-2.5厘米，裂片长约3毫米；花丝长2-3毫米，向上略弯，两侧扁，具乳头状突起，花药长4-5毫米；子房长约5毫米，花柱

图 331: 1-2. 二苞黄精 3. 大苞黄精
（冯晋庸绘）

长1.8-2厘米，等于或稍伸出花被。浆果径约1厘米，具7-8种子。花期5-6月，果期8-9月。染色体2n=18(a)。

产黑龙江、吉林、辽宁、内蒙古、河北、山西、陕西、河南及山东，生于海拔700-1400米林下或阴湿山坡。朝鲜、俄罗斯远东地区及日本有分布。根状茎有健脾润肺、益气养阴功能。

2. 大苞黄精

图 331：3

Polygonatum megaphyllum P. Y. Li in Acta Phytotax. Sin. 11: 252. 1966.

根状茎常具瘤状节，呈不规则连珠状或为圆柱形，径3-6毫米。茎高达30厘米，除花和茎下部外，余均疏被短柔毛。叶互生，窄卵形、卵形或卵状椭圆形，长3.5-8厘米。花序常具2花；花序梗长4-6毫米，顶端有3-4叶状苞片。长1-2毫米；苞片卵形或窄卵形，长1-3厘米；花被淡绿色，长1.1-1.9厘米，裂片长约3毫米；花丝长约4毫米，稍两侧扁，近平滑，花药与花丝近等长；子房长3-4毫米，花柱长0.6-1.1厘米。花期5-6月。

产河北西南部、山西、陕西、甘肃及河南，生于海拔1700-2500米山坡或林下。

3. 毛筒玉竹 图 332

Polygonatum inflatum Kom. in Acta Hort. Petrop. 18: 442. 1901.

根状茎圆柱形,径0.6-1厘米。茎高50-80厘米,具6-9叶。叶互生,卵形、卵状椭圆形或椭圆形,长8-16厘米,先端微尖或钝;叶柄长0.5-1.5厘米。花序具2-3花,花序梗长2-4厘米。花梗长4-6毫米,基部具苞片,苞片近草质,线状披针形,长0.8-1.2厘米,具3-5脉;花被绿白色,长1.8-2.3厘米,筒径5-6毫米,口部稍缢缩,裂片长2-3毫米,筒内花丝贴生部分被短绵毛,花丝丝状,长约4毫米,具短毛,花药长约4毫米;子房长约5毫米,花柱长约1.5厘米。浆果成熟时蓝黑色,径1-1.2厘米,具9-13种子。染色体2n=22。

图 332 毛筒玉竹 (冯晋庸绘)

产黑龙江南部、吉林及辽宁,生于海拔1000米以下林下或林缘。根状茎有养阴润燥、生津止渴功能。

4. 五叶黄精 图 333

Polygonatum acuminatifolium Kom. in Bull. Jard. Bot. Pétersb. 16: 157. 1916.

根状茎细圆柱形,径3-4毫米。茎高20-30厘米,具4-5叶。叶互生,椭圆形或长圆状椭圆形,长7-9厘米,叶柄长0.5-1.5厘米。花序具(1)2花,花序梗长1-2厘米。花梗长2-6毫米,中部以上具膜质微小苞片;花被白绿色,长2-2.7厘米,裂片长4-5毫米,筒内花丝贴生部分具短绵毛,花丝长3.5-4.5毫米,两侧扁,具乳头状突起或具短绵毛,顶端有时膨大呈囊状,花药长4-4.5毫米;子房长约6毫米,花柱长1.5-2厘米。花期5-6月。染色体2n=20。

产吉林、辽宁北部及河北,生于海拔1100-1400米林下。俄罗斯远东地区有分布。根状茎有养阴润燥、生津止渴功能。

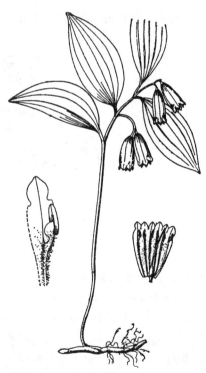

图 333 五叶黄精 (引自《河北植物志》)

5. 小玉竹 图 334

Polygonatum humile Fisch. ex Maxim. in Mém. Acad. Sci. Pétersb. Sav. Etrang. 9: 275. 1859.

根状茎细圆柱形,径3-5毫米。茎高达50厘米,具7-9(-11)叶。叶互生,椭圆形、长椭圆形或卵状椭圆形,长5.5-8.5厘米,先端尖或微钝,下

面被短糙毛。花序具1花。花梗长0.8-1.3厘米,向下弯曲;花被白色,顶端带绿色,长1.5-1.7厘米,裂片长约2毫米;花丝长约3毫米,稍两侧扁,

粗糙，花药长约3毫米；子房长约4毫米，花柱长1.1-1.3厘米。浆果成熟时蓝黑色，径约1厘米，种子5-6。染色体2n=20(a),22,30,31。

产黑龙江、吉林、辽宁东南部、内蒙古、河北、山西及河南西北部，生于海拔800-2200米林下或山坡草地。朝鲜、俄罗斯西伯利亚及远东地区、日本有分布。根状茎有养阴润燥、生津止渴功能。

6.　玉竹　　　　图 335　彩片 151

Polygonatum odoratum (Mill.) Druce in Ann. Scott. Nat. Hist. 226. 1906.

Convallaria odoratum Mill. Gard. Dict. Abridg. ed. 8, Convallaria no. 4, 1768.

根状茎圆柱形，径0.5-1.4厘米。茎高达50厘米，具7-12叶。叶互生，椭圆形或卵状长圆形，长5-12厘米，宽3-6厘米，先端尖，下面带灰白色，下面脉上平滑或乳头状粗糙。花序具1-4花（栽培植株可多至8），花序梗长1-1.5厘米，无苞片或有线状披针形苞片。花被黄绿或白色，长1.3-2厘米，花被筒较直，裂片长约3毫米；花丝丝状，近平滑或具乳头状突起，花药长约4毫米；子房长3-4毫米，花柱长1-1.4厘米。浆果成熟时蓝黑色，径0.7-1厘米，具7-9种子。花期5-6月，果期7-9月。染色体 2n=18, 20, 22(a), 30, 40。

产黑龙江、吉林、辽宁、内蒙古、河北、山东、江苏南部、安徽、江西、福建、广西、湖南、湖北、河南、山西、宁夏、甘肃南部、青海东北部及四川，生于海拔500-3000米林下或山野阴坡。欧亚大陆温带地区广布。根状茎有养阴润燥、生津止渴功能。

7.　热河黄精　　　　图 336

Polygonatum macropodium Turcz. in Bull. Soc. Nat. Mosc. 5: 205. 1832.

根状茎圆柱形，径1-2厘米。茎高0.3米。叶互生，卵形或卵状椭圆形，稀卵状长圆形，长4-8(-10)厘米，先端尖。花序具(-3)5-12(-17)花，

图 334　小玉竹　（冯金环绘）

图 335　玉竹　（引自《中国药用植物志》）

近伞房状，花序梗长3-5厘米。花梗长0.5-1.5厘米；苞片无或极微小，位于花梗中部以下；花被白色或带红色，长1.5-2厘米，裂片长4-5毫米；

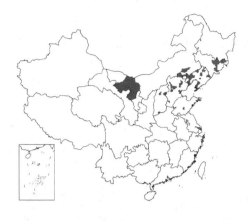

花丝长约5毫米,具3窄翅,呈皮屑状粗糙,花药长约4毫米;子房长3-4毫米,花柱长1-1.3厘米。浆果成熟时深蓝色,径0.7-1.1厘米,具7-8种子。染色体2n=22(a)。

产吉林、辽宁、内蒙古、河北、山西及山东,生于海拔400-1500米林下或阴坡。根状茎功能同玉竹。

图 336 热河黄精 (冯金环绘)

8. 距药黄精

图 337

Polygonatum franchetii Hua in Journ. de Bot. 6: 392. 1892.

根状茎连珠状,径0.7-1厘米。茎高40-80厘米。叶互生,长圆状披针形,稀窄长圆形,长6-12厘米,先端渐尖。花序具2(3)花,花序梗长2-6厘米。花梗长约5毫米,基部的膜质苞片与花梗等长,苞片包被花芽;花被淡绿色,长约2厘米,裂片长约2毫米;花丝长约3毫米,稍弯曲,两侧扁,具乳头状突起,顶端在药背有长约1.5毫米的距,花药长2.5-3毫米;子房长约5毫米,花柱长约1.5毫米。

浆果成熟时紫色,径7-8毫米,具4-6种子。花期5-6月,果期9-10月。染色体2n=22,26(a)。

产陕西秦岭以南、湖北、湖南西北部及四川,生于海拔1100-1900米林下。

图 337 距药黄精 (马建生绘)

9. 长梗黄精

图 338

Polygonatum filipes Merr. ex C. Jeffrey et M. Ewan in Kew Bull. 34: 445. 1980.

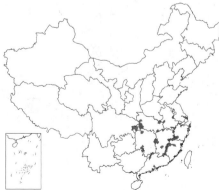

根状茎连珠状或节间稍长,径1-1.5厘米。茎高30-70厘米。叶互生,长圆状披针形或椭圆形,先端尖或渐尖,长6-12厘米,下面脉上有短毛。花序具2-7花,花序梗细丝状,长3-8厘米。花梗长0.5-1.5厘米;花被淡黄绿色,长1.5-2厘米,裂片长

图 338 长梗黄精 (孙英宝绘)

约4毫米，筒内花丝贴生部分稍具短绵毛，花丝长约4毫米，具短绵毛，花药长2.5-3毫米；子房长约4毫米，花柱长1-1.4厘米。浆果径约8毫米，具2-5种子。染色体2n=16(a)，18。

10. 多花黄精 黄精 长叶黄精　　　　　　图 339 彩片 152

Polygonatum cyrtonema Hua in Journ. de Bot. 6: 393. 1892.

根状茎肥厚，常连珠状或结节成块，稀近圆柱形，径1-2厘米。茎高0.5-1米，常具10-15叶。叶互生，椭圆形、卵状披针形或长圆状披针形，稍镰状弯曲，长10-18厘米，宽2-7厘米，先端尖或渐尖。花序具（1）2-7（-14）花，伞形，花序梗长1-4（-6）厘米。花梗长0.5-1.5（-3）厘米；苞片微小，生于花梗中部以下，或无；花被黄绿色，长1.8-2.5厘米，裂片长约3毫米；花丝长3-4毫米，两侧扁或

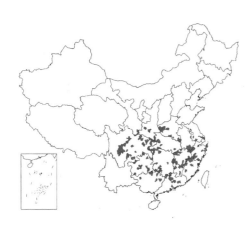

稍扁，具乳头状突起或短绵毛，顶端稍膨大或囊状突起，花药长3.5-4毫米；子房长3-6毫米，花柱长1.2-1.5厘米。浆果成熟时黑色，径约1厘米，具3-9种子。花期5-6月，果期8-10月。染色体2n=18，20(a)，22，44(a)。

产河南、安徽、江苏西南部、浙江、福建、江西、湖北、湖南、广东、

图 339 多花黄精 （冯晋庸绘）

广西、贵州、四川、陕西南部及甘肃南部，生于海拔500-2100米林下、灌丛或山坡阴处。

11. 节根黄精　　　　　　　　　图 340

Polygonatum nodosum Hua in Journ. de Bot. 6: 394. 1892.

根状茎较细，节结膨大呈连珠状或稍连珠状，径5-7毫米。茎高15-40厘米，具5-9叶，叶互生，卵状椭圆形或椭圆形，长5-7厘米，先端尖。花序具1-2花，花序梗长1-2厘米。花被淡黄绿色，长2-3厘米，花被筒内面花丝贴生部分粗糙或具短绵毛，口部稍缢缩，裂片长约3毫米；花丝长2-4毫米，两侧扁，稍弯曲，具乳头状突起或短绵毛，花药长约4毫米；子房长4-5毫米，花柱长1.7-2厘米。浆果径约7毫米，具4-7种子。

产陕西南部、甘肃南部、四川、云南东北部、湖北及河南西部，生于海拔1700-2000米林下、沟谷阴湿地或岩石上。

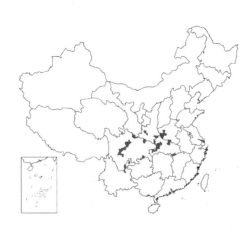

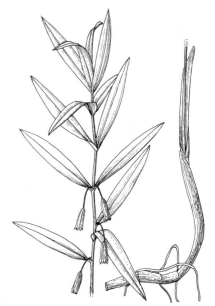

图 340 节根黄精 （孙英宝绘）

12. 滇黄精

图 341 彩片 153

Polygonatum kingianum Coll. et Hemsl. in Journ. Linn. Soc. Bot. 28: 138. 1890.

根状茎近圆柱形或近连珠状，结节有时不规则菱状，肥厚，径1-3厘米。茎高达3米，顶端攀援状。叶轮生，每轮3-10枚，线形、线状披针形或披针形，长6-20（-25）厘米，宽0.3-3厘米，先端拳卷。花序具（1）2-4（-6）花，花序梗下垂，长1-2厘米。花梗长0.5-1.5厘米，苞片膜质，微小，常生于花梗下部；花被粉红色，长1.8-2.5厘米，裂片长3-5毫米；花丝长3-5毫米，丝状或两侧扁，花药长4-6毫米；子房长4-6毫米，花柱长（0.8-）1-1.4厘米。浆果成熟时红色，径1-1.5厘米，具7-12种子。花期3-5月，果期9-10月。染色体2n=26, 32（a）。

产湖南西北部、广西西部、贵州西南部、四川及云南，生于海拔700-

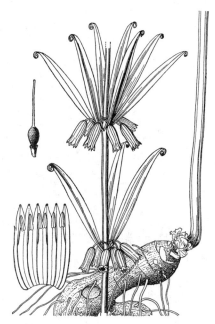

图 341 滇黄精 （引自《中国植物志》）

3600米林下、灌丛中或阴湿草坡，有时生于岩石上。根状茎药效同黄精。

13. 独花黄精

图 342 彩片 154

Polygonatum hookeri Baker in Journ. Linn. Soc. Bot. 14: 558. 1875.

根状茎圆柱形，节处稍粗，节间长2-3.5厘米，径3-7毫米。植株高不及10厘米。叶几枚至10余枚，密接，茎伸长时，下部叶互生，上部叶对生或3叶轮生，线形、长圆形或长圆状披针形，长2-4.5厘米，宽3-8毫米，先端略尖。全株生1花，位于最下的叶腋，稀2花，具花序梗。花梗长4-7毫米；苞片微小，膜质，早落；花被紫色，长1.5-2（-2.5）厘米，花被筒径3-4毫米，裂片长0.6-1厘米；花丝长约0.5毫米，花药长约2毫米；子房长2-3毫米，花柱长1.5-2毫米。浆果成熟时红色，径7-8毫米，具5-7种子。花期5-6月，果期9-10月。染色体2n=30。

产甘肃、青海东南部、四川、云南西北部及西藏，生于海拔3200-4300

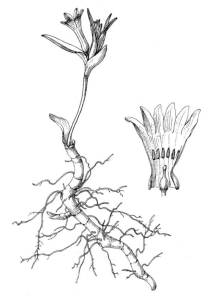

图 342 独花黄精 （冯晋庸绘）

米林下、山坡草地或冲积扇。锡金有分布。

14. 点花黄精

图 343

Polygonatum punctatum Royle ex Kunth, Enum. Pl. 5: 142. 1850.

根状茎多少呈连珠状，径1-1.5厘米，密生肉质须根。茎高（10-）30-70厘米，常具紫红色斑点，有时上部具乳头状突起。叶互生，有时二叶较

接近，幼时稍肉质，横脉不显，老时厚纸质或近革质，横脉较显，卵形或长圆状披针形，长6-14厘米，宽1.5-

5厘米,先端尖或渐尖,具短柄。花序具2-6(-8)花,常总状,花序梗长0.5-1.2厘米,上举,花后平展。花梗长0.2-1厘米,苞片早落或无;花被白色,长7-9(-11)毫米,花被筒在口部稍缢缩,呈坛状,裂片长1.5-2毫米;花丝长0.5-1毫米,花药长1.5-2毫米;子房长2-2.5(-4)毫米,花柱长1.5-2.5毫米,柱头稍膨大。浆果成熟时红色,径约7毫米,具8-10种子。花期4-6月,果期9-11月。染色体2n=26。

产四川、西藏、云南、贵州、广西及海南,生于海拔1100-2700米林下岩石或附生树上。越南、尼泊尔、锡金、不丹及印度有分布。

图 343 点花黄精 (冯晋庸绘)

15. 棒丝黄精   图 344

Polygonatum cathcartii Baker in Journ. Linn. Soc. Bot. 14: 559. 1875.

根状茎连珠状,节不规则球形,径约1.5厘米。茎高达2米。叶多对生,

有时上部或下部有1-2叶散生,稀3叶轮生、披针形或长圆状披针形,长7-15厘米,宽1.5-4厘米,先端渐尖,近无柄或略具短柄,下面带灰白色。花序具(1)2-3花,花序梗长1.5-3厘米,俯垂。花梗长0.5-1厘米;苞片膜质,微小,生于花梗上,早落;花被圆筒状或近钟形,淡黄或白色,长1.1-1.5厘米,裂片长2-3毫米;花丝长2-3

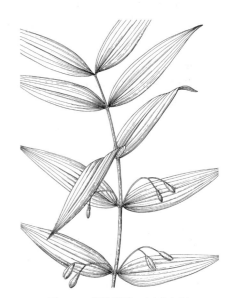

毫米,向上弯曲,顶端囊状,花药长3-4毫米;子房长5-7毫米,花柱长约4毫米。浆果成熟时橘红色,径约7毫米,具2-4种子。花期6-7月,果期9-10月。

产四川中部、云南西北部及西藏东部,生于海拔2400-2900米林下。锡金有分布。

图 344 棒丝黄精 (孙英宝绘)

16. 粗毛黄精   图 345

Polygonatum hirtellum Hand.-Mazz. Symb. Sin. 7: 1209.

根状茎连珠状,节近卵状球形,径1-2厘米。茎高0.3-1米,全株除花外均具短硬毛。叶互生至兼有对生,或多为3叶轮生,长圆状披针形或披针形,长3-10厘米,宽0.7-1.5厘米,先端尖,略弯或拳卷,叶缘稍皱波状。花序具(1)2-3花,花序梗长0.1-1厘米。花梗长2-4毫米,俯垂,无苞片;

花被白色，长7-8毫米，裂片长1.5-2毫米；花丝长约0.5毫米，花药长约1.5毫米；子房长约2毫米，花柱长约1毫米。花期6月。

产甘肃南部及四川，生于海拔1000-2900米林下或阳坡。

17. 轮叶黄精　　　　　　　　　　　　图 346

Polygonatum verticillatum (Linn.) All. Fl. Pedem. 1: 131. 1875.

Convallaria verticillata Linn. Sp. Pl. 315. 1753.

根状茎节间长2-3厘米，一头粗，一头较细，粗头有短分枝，径0.7-1.5厘米，稀根状茎连珠状。茎高（20-）40-80厘米。叶常为3叶轮生，少

数对生或互生，稀全为对生，长圆状披针形（长6-10厘米，宽2-3厘米），线状披针形或线形（长达10厘米，宽5毫米）。花单朵或2(3-4)朵组成花序，花序梗长1-2厘米。花梗长0.3-1厘米，俯垂；无苞片，或微小而生于花梗上；花被淡黄或淡紫色，长0.8-1.2厘米，裂片长2-3毫米；花丝长0.5-1(2)毫米，花药长约2.5毫米；子房长约3毫米，花柱长2-3毫米。浆果成熟时红色，径6-9毫米，具6-12种子。花期5-6月，果期8-10月。染色体2n=24, 28, 30, 60, 64, 66, 84, ±90。

产内蒙古、山西、陕西南部、宁夏南部、甘肃南部、青海、西藏、云南西北部、四川、湖北西部及河南西部，生于海拔2100-4000米林下或山坡草地。欧洲经西南亚至尼泊尔、不丹有分布。根状茎功能同黄精。

18. 康定玉竹　　　　　　　　图 347 彩片 155

Polygonatum prattii Baker in Hook. Icon. Pl. ser 4, 3: pl. 2217. 1892.

根状茎细圆柱形，近等粗，径3-5毫米。茎高8-30厘米。叶4-15，下

部的互生或间有对生，上部的多对生，顶端的常3枚轮生，椭圆形或长圆形，先端略钝或尖，长2-6厘米，宽1-2厘米。花序常具2(3)花，花序梗长2-6毫米。花梗长（2-）5-6毫米，俯垂；花被淡紫色，长6-8毫米，筒内面平滑或乳头状粗糙，裂片长1.5-2.5毫米；花丝极短，花药长约1.5毫米；子房长约1.5毫米，花柱长2-3毫米。

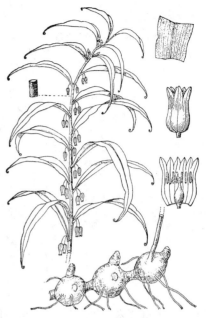

图 345 粗毛黄精 （何启超绘）

图 346 轮叶黄精 （冯晋庸绘）

浆果成熟时紫红或褐色，径5-7毫米，具1-2种子。花期5-6月，果期8-10月。

产四川及云南，生于海拔2500-3300米林下、灌丛中或山坡草地。

19. 垂叶黄精   图 348

Polygonatum curvistylum Hua in Journ. de Bot. 6: 424. 1892.

根状茎圆柱状，常分出短枝，或短枝极短呈连珠状，径0.5-1厘米。茎高15-35厘米，叶多为3-6枚轮生，稀单生或对生，线状披针形或线形，长3-7厘米，宽1-5毫米，先端渐尖，上举，花后俯垂。单花或2朵成花序，花序梗（连同花梗）稍短或稍长于花。花被淡紫色，长6-8毫米，裂片长1.5-2毫米；花丝长约0.7毫米，稍粗糙，花药长约1.5毫米；子房长约2毫米，花柱约与子房等长。浆果成熟时红色，径6-8毫米，具3-7种子。染色体2n=28(a)，30。

产四川及云南西北部，生于海拔2700-3900米林下或草地。

20. 细根黄精   图 349

Polygonatum gracile P. Y. Li in Acta Phytotax. Sin. 11: 252. 1966.

根状茎细圆柱形，径2-3毫米。茎细弱，高10-30厘米，具2(1-3)轮叶，稀杂有1-2对生叶，下部1轮常为3叶，顶生1轮为3-6叶。叶长圆形或长圆状披针形，先端尖，长3-6厘米。花序常具2花，花序梗细，长1-2厘米。花梗长1-2毫米；苞片膜质，比花梗稍长；花被淡黄色，长6-8毫米，裂片长约1.5毫米；花丝长约0.5毫米，花药长约1.5毫米；子房长约1.5毫米，花柱稍短于子房。浆果径5-7毫米，具2-4种子。花期6月，果期8月。

产山西南部、陕西秦岭、宁夏南部、甘肃南部及河南西部，生于海拔2100-2400米林下或山坡。

21. 狭叶黄精   图 350

Polygonatum stenophyllum Maxim. in Mém. Acad. Sci. Pétersb. Sav. Etrang. 9: 274. 1859.

根状茎圆柱形，结节稍膨大，径4-6毫米。茎高达1米，具很多轮叶，上部各轮较密接，每轮具4-6叶。叶线状披针形，长6-10厘米，宽3-8毫米，先端渐尖。花序从下部3-4轮叶腋间抽出，具2花，花序梗和花梗都极

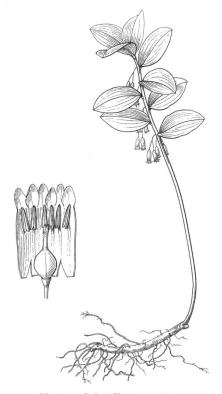

图 347 康定玉竹 （冯晋庸绘）

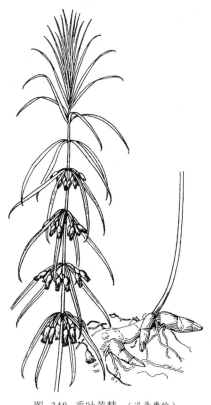

图 348 垂叶黄精 （冯晋庸绘）

短，俯垂，前者长2-5毫米，后者长1-2毫米；苞片白色膜质，较花梗稍长或近等长；花被白色，全长0.8-1.2厘米，花被筒在喉部稍缢缩，裂片长2-3毫米；花丝丝状，长约1毫米，花药长约2毫米；子房长约2.5毫米，花柱长约3.5毫米。花期6月。染色体2n=24，30。

产黑龙江南部、吉林、辽宁、内蒙古东北部、河北及陕西，生于林下或灌丛中，稀见。朝鲜和俄罗斯远东地区有分布。

22. 新疆黄精 图 351

Polygonatum roseum (Ledeb.) Kunth, Enum. Pl. 5: 144. 1850.

Convallaria rosea Ledeb. Fl. Alt. 2: 41. 1830.

根状茎细圆柱形，粗细大致均匀，径3-5毫米，节间长3-5厘米。茎高40-80厘米。叶多3-4枚轮生，下部少数互生或对生，披针形或线状披针形，先端尖，长7-12厘米，宽0.9-1.6厘米。花序梗平展或俯垂，长1-1.5厘米。花梗长1-4毫米，稀无花梗而2花并生；苞片极微小，生于花梗上；花被淡紫色，长1-1.2厘米，裂片长1.5-2毫米；花丝极短，花药长1.5-1.8毫米；子房长约

2毫米，花柱与子房近等长。浆果径0.7-1.1厘米，具2-7种子。花期5月，果期10月。染色体2n=28。

产新疆（塔里木盆地以北），生于海拔1450-1900米山坡阴处。哈萨克斯坦和俄罗斯西伯利亚西部地区有分布。根状茎有养阴润燥、生津止咳、健脾强肾功能。

23. 黄精 图 352 彩片 156

Polygonatum sibiricum Delar. ex Redouté, Lil. 6: t. 315. 1812.

根状茎圆柱状，节膨大，节间一头粗、一头细，粗头有短分枝，径1-2厘米。茎高50-90厘米，有时攀援状。叶4-6枚轮生，线状披针形，长8-15厘米，宽（0.4-）0.6-1.6厘米，先端拳卷或弯曲。花序常具2-4花，成伞状，花序梗长1-2厘米。花梗长（0.3）0.4-1厘米，俯垂；苞片生于花梗基部，膜质，钻形或线状披针形，长3-5毫米，具1脉；花被乳白色或淡黄色，长0.9-1.2厘米，花被筒中部稍缢缩，裂片长约4毫米；花丝长0.5-1毫米，

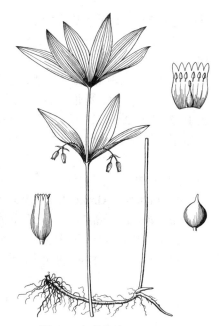

图 349 细根黄精 （李志民绘）

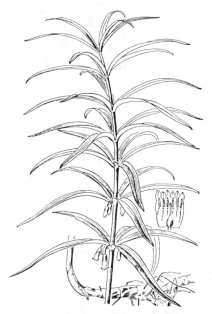

图 350 狭叶黄精 （冯金环绘）

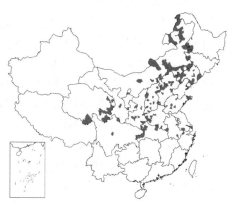

花药长2-3毫米；子房长约3毫米，花柱长5-7毫米。浆果径0.7-1厘米，成熟时黑色，具4-7种子。花期5-6月，果期8-9月。染色体2n=20，21，24(a)，26，28，36。

产黑龙江西南部、吉林西部、辽宁、内蒙古、河北、山东、江苏南部、浙江西北部、安徽、湖北、四川、青海、甘肃、宁夏、陕西、山西及河南，生于海拔800-2800米林下、灌丛中或阴坡。朝鲜、蒙古及俄罗斯西伯利亚东部地区有分布。根状茎有补脾润肺、益气养阴功能。

24. 卷叶黄精 图353：1-2 彩片 157

Polygonatum cirrhifolium (Wall.) Royle, Ill. Bot. Himal. 380. 1839.

Convallaria cirrhifolium Wall. in Asiat. Res. 13: 382, cum tab. 1820.

根状茎肥厚，圆柱形，径1-1.5厘米，或根状茎连珠状，节径1-2厘米。茎高30-90厘米。叶常3-6枚轮生，稀下部散生，细线形或线状披针形，稀长圆状披针形，长4-9(-12)厘米，宽2-8(-15)毫米，先端拳卷或钩状，叶缘常外卷。花序轮生，常具2花，花序梗长0.3-1厘米。花梗长3-8毫米，俯垂；苞片透明膜质，无脉，长1-2毫米，生于花梗上或基部，或无苞片；花被淡紫色，长0.8-1.1厘米，花被筒中部稍缢窄，裂片长约2毫米；花丝长约0.8毫米，花药长2-2.5毫米；子房长约2.5毫米，花柱长约2毫米。浆果成熟时红或紫红色，径8-9毫米，具4-9种子。花期5-7月，果期9-10月。染色体2n=20，24(a)，30，38。

产陕西、宁夏北部、甘肃、青海、西藏、云南、贵州、四川、湖北、河南西部及广西，生于海拔2000-4000米林下、山坡或草地。尼泊尔及印度北部有分布。根状茎有润肺养阴、健脾益气、祛痰止血、消肿解毒功能。

25. 湖北黄精 图353：3

Polygonatum zanlanscianense Pamp. in Nuov. Giorn. Bot. Ital. n. s. 22: 267. 1915.

根状茎连珠状或姜块状，径1-2.5厘米。茎直立或上部稍攀援，高达1米以上。叶3-6枚轮生，椭圆形、长圆状披针形、披针形或线形，长(5-)8-15厘米，宽(0.4-)1.3-2.8(-3.5)厘米，先端拳卷或稍弯曲。花序具2-6(-11)花，近伞形，花序梗长0.5-2(-4)厘米。花梗长(2-)4-7(-10)毫米；苞片生于花梗基部，膜质或中间略草质，具1脉，长(1)2-6毫米；花被白、淡黄绿或淡紫色，长6-9毫米，花被筒近喉部稍缢缩，裂片长约1.5毫米；花丝长0.7-1毫米，花药长2-2.5毫米；子房长约2.5毫米，花柱长1.5-2毫米。浆果径6-7毫米，紫红或黑色，具2-4种子。花期6-7月，果期8-10月。染色体2n=22，28，30，32(a)。

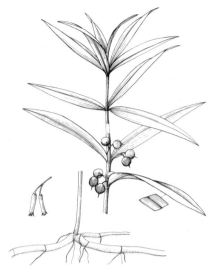

图 351 新疆黄精 （谭丽霞绘）

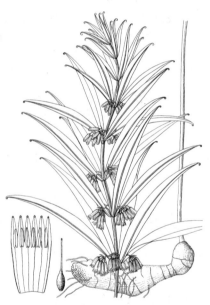

图 352 黄精 （引自《图鉴》）

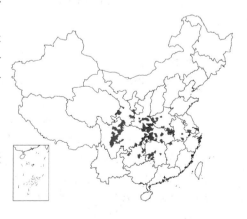

产陕西、宁夏南部、甘肃、四川、贵州、湖南、湖北、河南、安徽、江苏南部、浙江北部及江西西北部,生于海拔800-2700米林下或山坡阴湿地。根状茎药效同黄精。

50. 竹根七属 Disporopsis Hance
（梁松筠）

多年生草本。根状茎肉质,圆柱状或连珠状,横走。茎无毛。叶互生,具弧形脉;有短柄,常下延。花单朵或几朵簇生叶腋,常俯垂。花梗近顶端具关节;花被片下部合生成筒,上部离生,合生部分常为花被1/3-2/5;近花被筒口部具副花冠,副花冠裂片6,先端2裂;雄蕊6,与花被裂片对生;花药线形或基部稍宽,背着,内向纵裂;花丝极短,生于副花冠裂片先端凹缺上或位于两裂片之间;子房3室;花柱短,柱头头状。浆果具几枚种子。

5种,我国均产。越南、老挝及泰国有分布。

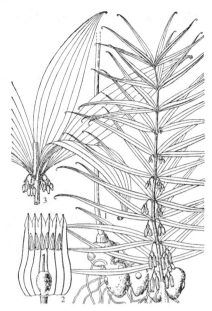

图 353: 1-2. 卷叶黄精 3. 湖北黄精
（引自《中国植物志》）

1. 花5-10簇生叶腋;副花冠裂片肉质,不高出花药;根状茎连珠状;叶长 10-27厘米 ·· **1. 长叶竹根七 D. longifolia**
1. 花1-2（3）生于叶腋;副花冠裂片膜质,高出花药;根状茎圆柱状或连珠状;叶长3-13厘米。
  2. 副花冠裂片与花被裂片对生,先端2深裂,花药位于副花冠裂片先端凹缺处;根状茎圆柱状 ·· **2. 深裂竹根七 D. pernyi**
  2. 副花冠裂片与花被片互生,先端常2-3浅裂,稀2深裂,花药位于副花冠两裂片之间的凹缺处;根状茎圆柱状或连珠状。
    3. 根状茎连珠状;花被长1.5-2.2厘米,副花冠裂片先端常2-3浅裂 ················· **3. 竹根七 D. fuscopicta**
    3. 根状茎圆柱状;花被长1-1.4厘米;副花冠裂片先端2深裂或2浅裂 ········ **3（附）. 散斑竹根七 D. aspera**

1. 长叶竹根七 长叶假万寿竹   图 354
Disporopsis longifolia Craib. in Kew Bull. 1912: 410. 1912.

根状茎连珠状,径1-2厘米。茎高达1米。叶纸质,椭圆形、椭圆状披针形或窄椭圆形,长10-20（-27)厘米,宽2.5-6（-10)厘米,先端长渐尖或稍尾状,无毛,具短柄。花5-10簇生叶腋,白色,近直立或平展。花梗长1.2-1.5厘米,无毛;花被长0.8-1厘米,花被筒口部缢缩,略呈葫芦形,裂片窄椭圆形,长4-6毫米,副花冠裂片肉质,与花被裂片对生,长1.5-2毫米,宽约0.8毫米,先端微缺;花药长圆形,长2.5-3毫米,基部叉开,花丝极短,背部着生于副花冠裂片先端凹缺处;花柱长1-1.2毫米,基部有缢痕,子房长约3毫米。浆果卵状球形,径1.2-1.5厘米,成熟时白色,具2-5种子。花期5-6月,果期10-12月。染色体2n=40。

图 354 长叶竹根七 （张泰利绘）

产广东西南部、广西西部及云南,生于海拔160-1760米林下、林缘或灌丛中。越南、老挝及泰国有分布。

根状茎有补中益气、润心肺、填精髓功能。

2. 深裂竹根七 竹根假万寿竹　　　　　图 355 彩片 158

Disporopsis pernyi (Hua) Diels in Bot. Jahrb. Syst. 29: 239. 1901.

Aulisconema pernyi Hua in Journ. de Bot. 6: 472. t. 14. f. 2. 1892.

根状茎圆柱状,径0.5-1厘米。茎高达40厘米,具紫色斑点。叶纸质、披针形、长圆状披针形、椭圆形或近卵形,长5-13厘米,宽1.2-6厘米,无毛,具柄。花1-2(3)朵生于叶腋,白色,多少俯垂。花梗长1-1.5厘米;花被钟形,长1.2-1.5(-2)厘米;花被筒长约为花被1/3或略长,口部不缢缩,裂片近长圆形,副花冠裂片膜质,与花被裂片对生,披针形或线状披针形,长3-4(5)毫米,先端2深裂;花药近长圆状披针形,长1.5-2毫米,花丝极短,背部着生于副花冠裂片先端凹缺处;雌蕊长6-8毫米,花柱长2-3.5毫米,子房近球形。浆果近球形或稍扁,径0.7-1厘米,成熟时暗紫色,具1-3种子。花期4-5月,果期11-12月。染色体2n=40(a)。

图 355 深裂竹根七 (张泰利绘)

产浙江南部、福建、台湾、江西、湖北西南部、湖南、广东北部、广西北部、贵州、云南及四川,生于海拔500-2500米林下石缝中或荫蔽山谷、水边。根状茎有祛风除湿、清热解毒功能。

3. 竹根七 假万寿竹　　　　　图 356 彩片 159

Disporopsis fuscopicta Hance in Journ. Bot. 21: 278. 1883.

根状茎连珠状,径1-1.5厘米。茎高达50厘米。叶纸质,卵形、椭圆形或长圆状披针形,长4-9(-15)厘米,宽2.3-4.5厘米,先端渐尖,基部宽楔形或稍心形,无毛,具柄。花1-2朵生于叶腋,白色,内面带紫色,稍俯垂。花梗长0.7-1.4厘米;花被钟形,长1.5-2.2厘米;花被筒长约为花被2/5,口部不缢缩,裂片近长圆形,副花冠裂片膜质,与花被裂片互生,卵状披针形,长约5毫米,先端常具2-3齿或2浅裂;花药长约2毫米,花丝极短,背部着生于副花冠两个裂片之间凹缺处;雌蕊长8-9毫米,花柱与子房近等长。浆果近球形,径0.7-1.4厘米,具2-8种子。花期4-5月,果期11月。

产福建、江西南部及西部、广东北部、广西、湖南、湖北西部、四川、贵州、云南,生于海拔500-1200(-2400)米林下或山谷中。根状茎有清热

图 356 竹根七 (张泰利绘)

解毒、祛痰止咳、止血功能。

[附] 散斑竹根七 Disporopsis

aspera （Hua） Engl. ex Krause in Engl. u Prantl. Natü rl. Pflanzenfam. 15a: 370. 1930. —— *Aulisconema aspera* Hua in Journ. de Bot. 6: 471. t. 14. f. 1. 1892. 本种与竹根七的区别：根状茎圆柱状；花被长1-1.4厘米；副花冠裂片先端2深裂或2浅裂。产云南西北部及西部、四川东部及西南部、湖北西部、湖南、广西东北部，生于海拔1100-2900米林下、荫蔽山谷或溪边。染色体2n=40(a)。

51. 重楼属 Paris Linn.

（梁松筠）

多年生草本。根状茎有环节。茎不分枝，基部具1-3枚膜质鞘。叶4至多枚，在茎顶轮生，具3主脉和网状细脉。花单生于叶轮中央。花被片离生，宿存，2轮，外轮为花萼，内轮为花瓣；萼片叶状，绿色，稀白色；花瓣线形或丝状，常黄绿色，稀无花瓣；雄蕊2-6轮，花药线形，2室，侧向纵裂；子房1室，侧膜胎座，顶部具盘状花柱基，或4-多室，中轴胎座，花柱分裂为枝状柱头，倒生胚珠多数。蒴果常具棱，1室的开裂，多室的不裂。种子多数，具红或黄色多汁外种皮。

24种，分布于欧亚大陆温带和亚热带地区。我国19种。

1. 根状茎粗壮，径1-3（-7.5）厘米，密生环节；子房具棱，顶端有盘状花柱基，花柱分枝粗短；蒴果开裂。
　2. 子房1室，侧膜胎座；外种皮肉质多汁（黑籽重楼假种皮半包种子）。
　　3. 外种皮红色，多汁。
　　　4. 药隔突出部分非球形和横肾形。
　　　　5. 叶绿色，具紫斑。
　　　　　6. 花瓣短于萼片。
　　　　　　7. 叶卵形、心状卵形，上面具紫色斑块，下面常紫或绿色，具紫斑 … **2. 凌云重楼 P. cronquistii**
　　　　　　7. 叶窄椭圆形、窄披针形，上面绿色，脉区苍白色，下面淡绿带淡紫色 ……………………………………………………………………………… **7. 花叶重楼 P. marmorata**
　　　　　6. 花瓣长于萼片；叶倒卵形、菱形，上面深绿色，脉区淡绿色，下面深紫色 ……………………………………………………… **8. 禄劝花叶重楼 P. luquanensis**
　　　　5. 叶绿色，无紫斑。
　　　　　8. 茎高达1.6米；雄蕊达6轮 ………………………………… **1. 海南重楼 P. dunniana**
　　　　　8. 茎高1米以下；雄蕊多2-3轮。
　　　　　　9. 植株被毛 …………………………………………………… **6. 毛重楼 P. mairei**
　　　　　　9. 植株无毛。
　　　　　　　10. 萼片紫或紫绿色。
　　　　　　　　11. 叶窄披针形或卵状披针形，具短柄 ……………… **4. 金线重楼 P. delavayi**
　　　　　　　　11. 叶卵形或心形，具长柄 ……… 4(附). **卵叶重楼 P. delavayi** var. **petiolata**
　　　　　　　10. 萼片绿色，花瓣绿或黄绿色。
　　　　　　　　12. 花瓣黄绿色；根状茎径达7.5厘米 ……………… **3. 南重楼 P. vietnamensis**
　　　　　　　　12. 花瓣绿色；根状茎径1-3厘米。
　　　　　　　　　13. 叶膜质；花瓣丝状，上部非窄匙形。
　　　　　　　　　　14. 蒴果无疣状突起。
　　　　　　　　　　　15. 药隔突出部分不明显。
　　　　　　　　　　　　16. 花瓣常等长于或长于萼片，斜伸。
　　　　　　　　　　　　　17. 叶长圆形、倒卵状披针形 ……………… **5. 七叶一枝花 P. polyphylla**
　　　　　　　　　　　　　17. 叶线形、窄椭圆形 ……… 5(附). **狭叶重楼 P. polyphylla** var. **stenophylla**
　　　　　　　　　　　　16. 花瓣常短于萼片，长不及萼片1/2，常反折 ……………… ……………………………………… 5(附). **华重楼 P. polyphylla** var. **chinensis**

15. 药隔突出部分长 0.3-1.5 厘米 ············ 5(附). **长药隔重楼 P. polyphylla** var. **pseudothibetica**

14. 蒴果常有疣状突起 ·············· 5(附). **宽叶重楼 P. polyphylla** var. **latifolia**

13. 叶厚纸质；花瓣常较宽，上部窄匙形，宽2-5毫米 ·············

·························· 5(附). **滇重楼 P. palyphylla** var. **yunnanensis**

4. 药隔突出部分球形或横肾形。

18. 花瓣比萼片长或近等长 ···························· 9. **球药隔重楼 P. fargesii**

18. 花瓣比萼片短，常反垂于萼片之下 ········· 9(附). **短瓣球药隔重楼 P. fargesii** var. **brevipetalata**

3. 种子亮黑色，假种皮鲜红色，半包种子；雄蕊药隔突出部分长0.8-2.7厘米。

19. 花有花瓣 ·································· 10. **黑籽重楼 P. thibetica**

19. 花无花瓣 ························· 10(附). **无瓣黑籽重楼 P. thibetica** var. **apelata**

2. 子房4室以上，中轴胎座；种子一侧具海绵状假种皮或无假种皮；浆果状蒴果不裂。

20. 根状茎常分叉成指状；黄白色海绵质假种皮半包种子 ··············· 11. **五指莲 P. axialis**

20. 根状茎不分叉，圆柱形。

21. 花柱基黄色，子房绿色；叶基部楔形 ·············· 12. **平伐重楼 P. vaniotii**

21. 花柱基和子房红色；叶基部圆或浅心形 ·············· 13. **长柱重楼 P. forrestii**

1. 根状茎细长，匍匐状，径2.5-4毫米，近等粗，节间长；子房近球形，无棱，顶端无花柱基，花柱分枝细长；浆果状蒴果不裂。

22. 萼片平展；花基数比叶少 ·············· 14. **北重楼 P. verticillata**

22. 萼片反折；花基数常与叶数相等 ·············· 15. **巴山重楼 P. bashanensis**

1. 海南重楼 图 357

Paris dunniana Lévl. in Fedde, Repert. Sp. Nov. 9: 78. 1910.

根状茎粗。茎高达1.6米，径达2.2厘米，绿或暗紫色。叶4-8，倒卵状长圆形，长（17-）23-30厘米，宽（7.5-）9.7-14厘米，先端具长1-2厘米的尖头；叶柄长（3.5-）5-8厘米。花梗长0.6-1.4米；花基数（5-）6-8；萼片绿色，膜质，长圆状披针形，长6.6-10厘米，宽1.5-2.4厘米；花瓣绿色，丝状，长于萼片，雄蕊（3）4-6轮，长2-3厘米，花丝长0.8-1.3厘米，花药长1.2-2厘米，药隔锐尖；子房淡绿色、紫色，具棱，长8毫米，径5毫米，1室，侧膜胎座6-8，胚珠多数，柱头6-8。蒴果成熟时淡绿色，近球形，径4厘米，开裂。种子径约4毫米，外种皮橙黄色，肉质，多汁。花期3-4月，果期10-11月。染色体2n=10(a)。

产云南东南部、贵州中南部、广西西部及海南中南部，生于海拔1100米以下林中。根状茎有毒。用于疗疮痈疖、小儿惊风、无名肿毒、毒蛇咬伤。

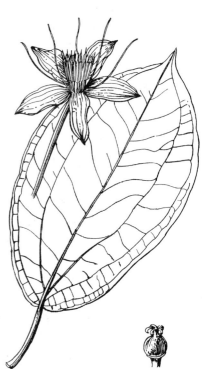

图 357 海南重楼 （王金凤绘）

2. 凌云重楼 图 358

Paris cronquistii (Takht.) H. Li in Acta Bot. Yunnan. 6(4): 357.

1984.

Daiswa cronquistii Takht. in

Brittonia 35(3)：262. f. 4. 1983.

根状茎长2-8.5厘米，径2-3厘米。茎高达1米，绿色，常暗紫色，粗糙。叶6-7，卵形，长11-17厘米，宽5.5-11厘米，基部心形，稀圆，绿色，上面具紫色斑块，下面常紫色或绿色具紫斑；叶柄长2.5-7.6厘米，紫色。花基数5-6，与叶数相等；雄蕊3轮；萼片绿色，披针形或卵状披针形，长3.5-11厘米，宽1.3-2厘米；花瓣黄绿色，丝状，有时稍宽，长3.2-8厘米，斜伸，短于萼片；雄蕊长(15-)19-30厘米，高出柱头，花丝淡绿色，长0.3-1厘米，花药长1-1.5厘米，药隔凸出部分长1-6毫米，锐尖；子房绿或淡紫色，具5-6棱，1室，侧膜胎座5-6，胚珠多数；柱头5-6。蒴果初绿色，后红色，开裂。种子近球形，外种皮红色多汁。花期4-6月，果期10-11月。染色体2n=10(a)。

图 358 凌云重楼 （引自《重楼属植物》）

产四川、贵州西南部、广西西南部及云南东南部，生于海拔180-2100米沟谷林内、山地常绿阔叶林中。

3. 南重楼 图 359

Paris vietnamensis (Takht.) H. Li in Acta Bot. Yunnan. 6(4): 357. 1984.

Daiswa hainanensis (Merr.) Takht. subsp. *vietnamensis* Takht. in Britionia 35(3): 259. 1983.

根状茎长20厘米，径约7.5厘米。茎高达1.5米。叶4-6，绿色，倒卵形、倒卵状长圆形，长(10-)15-26厘米，宽(5-)10-17厘米；叶柄

长3.5-10厘米。花梗长5.5-9厘米；花基数4-7；萼片4-7，绿色，披针形或长圆形，常不等大，长3.5-10厘米，宽1.3-3.5厘米，常具短爪；花瓣4-7，黄绿色，线形，长3.5-10厘米，宽0.5-3毫米，大都比萼片长或等长；雄蕊(2)3轮，花丝紫色，长0.4-1厘米，花药长1.1-1.2厘米，药隔凸出部分常紫色，长1-5毫米；子房具4-7棱或窄翅，淡紫色，有时绿色，1室，侧膜胎座4-7，柱头4-7，长0.5-1厘米。蒴果成熟时黄红色，开裂。种子近球形，长1.5毫米，径2毫米，外种皮橙黄色，多汁。花期5-6月，果期

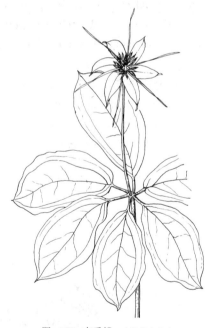

图 359 南重楼 （孙英宝绘）

10-12。染色体2n=10(a)。

产云南及广西西部，生于海拔2000米以下常绿阔叶林中。越南北部有分布。

4. 金线重楼 图 360

Paris delavayi Franch. in Journ. de Bot. 12: 190. 1898.

根状茎长1.5-5厘米，径约1.5厘米。茎高达60厘米，叶6-8，绿色，窄

披针形或卵状披针形，长5-12厘米，宽2-4.2厘米；叶柄长0.6-2.5厘米。

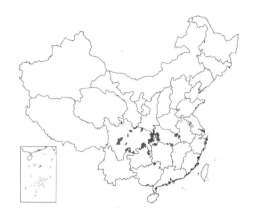

花梗长1-15厘米；花基数3-6，少于叶数；萼片紫绿或紫色，长1.5-4厘米，宽0.3-1厘米，反折，有时斜升；花瓣常暗紫色，稀黄绿色，长0.5-1.5厘米，宽0.5-0.7毫米；雄蕊2轮，花丝长3-5毫米，药隔凸出部分紫色，线形，长1.5-4毫米；子房圆锥形，绿色或上部紫色，1室，侧膜胎座3-6，长1.5-7毫米，花柱紫色，宿存。蒴果圆锥状，绿色。外种皮红色，多汁。花期4-5月，果期9-10月。染色体2n=10(a)。

产湖北、湖南西北部、广西东北部、贵州东北部、四川及云南东北部，生于海拔1300-2100米常绿阔叶林、竹林或灌丛中。越南有分布。

[附] **卵叶重楼** 具柄重楼 **Paris delavayi** var. **petiolata** (Baker ex C. H. Wright) H. Li, Gen. Paris (Trilliaceae) 30. f. 4-4. 1998. —— *Paris petiolata* Baker ex C. H. Wright in Journ. Linn. Soc. Bot. 36: 145. 1903. —— *Paris fargesii* Franch. var. *petiolata* (Baker ex C. H. Wright) F. T. Wang et T. Tang；中国植物志 15: 91. 1978. 本变种与金线重楼的区别：

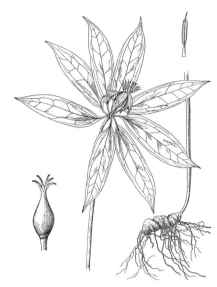

图 360 金线重楼
（引自《中国药用植物志》）

叶卵形或卵状长圆形，长6-13厘米，宽2.5-6.5厘米，基部圆或心形，先端短渐尖。产云南东北部及东南部、四川、贵州西北部、广西中南部。

5. 七叶一枝花 重楼　　　图 361 彩片 160

Paris polyphylla Smith in Rees Cyclop. 26: 2. 1819.

根状茎长达11厘米，径1-3厘米。茎高达1米，无毛。叶5-11，长圆形、倒卵状长圆形或倒披针形，绿色，膜质或纸质，长7-17厘米，宽2.2-6厘米；叶柄长0.1-3.3厘米。

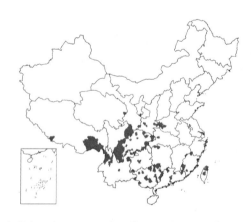

花梗长5-24厘米；花基数3-7；萼片绿色，披针形，长2.5-8厘米，花瓣线形，有时具短爪，黄绿色，有时基部黄绿色，上部紫色；雄蕊2轮，长0.9-1.8厘米，花丝长3-7毫米，花药长0.5-1厘米，药隔凸出部分常不明显；子房紫色，具棱或翅，1室，胎座3-7，花柱基紫色，常角盘状，柱

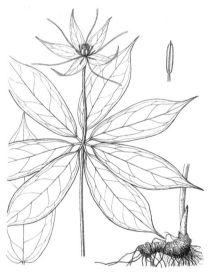

图 361 七叶一枝花 （张泰利绘）

头紫色，长0.4-1厘米。蒴果近球形，绿色，不规则开裂，径达4厘米。种子多数，卵圆形，外种皮鲜红色。花期4-6月，果期10-11月。染色体2n=10(a)。

产河南西部、陕西、宁夏南部、青海东部、西藏、云南、贵州、四川、湖北西部、湖南西北部、广西、广东、福建及台湾，生于海拔1800-3200米林下。根状茎有小毒。用于痈疖肿毒、毒蛇咬伤、腮腺炎、癣疥、无名肿毒、肠痈腹痛、乳痈、扁桃体炎、关节肿痛、小儿麻疹并发肺炎。

[附] **滇重楼** 宽瓣重楼 图362: 1-7 **Paris polyphylla** var. **yunnanensis**

(Franch) Hand.-Mazz. Symb. Sin. 7: 1216. 1936. —— *Paris yunnanensis* Franch. in Mém. Soc. Philom. Cent. (Paris) 24: 290. 1888. 本变种与模式变种的区别：叶厚纸质，倒卵状长圆形或倒卵状披针形，长4-9.5厘米，宽1.7-4.5厘米；雄蕊2(3-4)轮，

药隔凸出部分长1-2毫米；花瓣常较宽，上部常窄匙形，宽2-5毫米。染色体2n=10(a)。产云南、四川及贵州，生于海拔1400-3100米常绿阔叶林、云南松林、竹林、灌丛中或草坡。缅甸北部有分布。根状茎有消肿解毒、止血止痛、利小便功能。

[附] **华重楼 蚤休 Paris polyphylla** var. **chinensis** (Franch.) Hara in Journ. Fac Sci. Univ. Tokyo Sect. 3, 10: 176. 1969, pro part —— *Paris chinensis* Franch. in Nouv. Arch. Mus. Hist. Nat. ser. 2, 10: 97. 1888. 与模式变种的区别：花瓣常短于萼片，常反折，稀等长，有时上部宽约1.5毫米，花药长1.2-1.5厘米，长为花丝3-4倍。染色体2n=10(a)。产江苏、安徽、浙江、福建、台湾、江西、湖北、湖南、广东、广西、贵州、云南及四川，生于海拔600-2800米林下、竹林或沟边草丛中。越南北部有分布。根状茎有小毒。有清热解毒、平喘止咳、熄风定惊功能。

[附] **狭叶重楼** 图362：14-16 彩片 161 **Paris polyphylla** var. **stenophylla** Franch. in Nouv. Arch. Mus. Hist. Nat. ser. 2, 10: 97. 1888. 本变种的主要特征：叶10-15，稀22，长9-13厘米，宽1-3厘米；花基数4-7，雄蕊2轮，花瓣丝状，比萼片长，雄蕊长达1.5厘米，药隔凸出部分不明显。染色体2n=10(a)。产江苏、安徽、浙江、福建、台湾、江西、湖北、湖南、广西、贵州、云南、西藏、四川、甘肃、陕西及山西，生于海拔3500米以下林内、灌丛中及荒坡。缅甸北部、不丹、锡金、尼泊尔及克什米尔有分布。根状茎有小毒。有清热解毒、杀虫、消肿止痛、解酒毒功能。

[附] **宽叶重楼 Paris polyphylla** var. **latifolia** F. T. Wang et T. Tang in Fl. Reipubl. Popul. Sin. 15: 94. 250. 1978. 本变种与狭叶重楼的主要区别：叶倒卵形、披针形或宽披针形，长12-15厘米，宽2-4厘米；幼果有疣状突起，成熟后更明显。染色体2n=10(a)。产甘肃、陕西、山西、河南、湖北、安徽及江苏，生于海拔280-2300米林下、沟边。根状茎外敷疮毒。

[附] **长药隔重楼** 图362：8-13 彩片 162 **Paris polyphylla** var. **pseudothibetica** H. Li in Bull. Bot. Res. (Harbin) 6(1): 126. f. 5: 1-8.

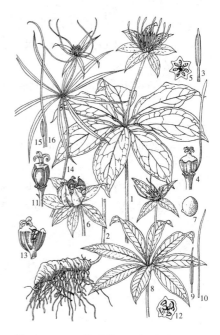

图 362: 1-7. 滇重楼 8-13. 长药隔重楼 14-16. 狭叶重楼 （肖 溶绘）

1986. 本变种与华重楼的区别：花瓣较长，与叶片近等长或稍长，长3.5-7厘米，药隔凸出部分长0.3-1.5厘米；种子近球形，外种皮红色多汁。产云南东北部、四川南部及东部、贵州及湖北西部，生于海拔1000-2700米常绿阔叶林、竹林、灌丛中或草坡。根状茎用于疮毒。

6. 毛重楼 图 363

Paris mairei Lévl. in Fedde, Repert. Sp. Nov. 11: 302. 1912. *Paris pubescens* (Hand.-Mazz.) F. T. Wang et T. Tang; 中国植物志 15: 96. 1978.

根状茎径1-1.5厘米，棕褐色。茎高达65厘米，紫或绿色，粗糙或密被短毛。叶6-12，倒披针形、倒卵形或倒卵状披针形，长4-14厘米，宽1.5-4.5厘米，绿色，下面、脉上及叶缘有糠秕状短毛；叶柄长约4毫米。花梗长2.5-18.5厘米；花基数5-8；萼片绿色，披针形、卵状披针形，长1.7-8厘米；花瓣丝状线形，黄绿色，长2.5-7.5厘米；雄蕊2轮，

图 363 毛重楼 （曾孝濂绘）

花丝淡紫或淡黄色，长2-6毫米；子房绿色或变紫色，具紫色棱，1室，侧膜胎座5-8，花柱基紫色，角盘状，花柱紫色，长1-4毫米，柱头5-8，长1-4毫米。蒴果成熟时紫色，近球形，有棱，开裂。种子近球形，外种皮红色多汁。花期4-5月，果期9-10月。染色体2n=10(a)。

产四川、贵州西部及云南西北部，生于海拔1800-3500米林下和灌丛中。根状茎有清热解毒、消肿散血功能。

7. 花叶重楼   图 364

Paris marmorata Stearn in Bull. Brit. Mus. Bot. 2: 79. pl. 8. f. 11. 1956.

Paris violacea Lévl.；中国植物志 15: 90. 1978.

根状茎长0.5-3.5厘米，径0.3-1厘米。茎高达21厘米，白色或上部淡紫色。叶常4-6，窄椭圆形或窄披针形，长4.4-8.5厘米，宽1.1-2.2厘米，具不整齐或波状齿，油绿色，叶脉及沿脉带苍白色，下面绿色变淡紫或紫色，无毛，无叶柄。花梗长1-2.5厘米，无毛，紫色；花基数3-4；萼片绿色，披针形或窄披针形，长2-3.2厘米，宽5-8毫米；花瓣窄线形，丝状，淡绿色，上部紫色，比花萼短，长1.5-2.1厘

米；雄蕊2轮，6-8，长4-6毫米，花丝绿或紫色，长2-3毫米；子房绿色，近球形，具3-4棱，1室，3-4侧膜胎座，花柱圆锥形，紫色，长1毫米，柱头3-4，紫色，长0.1-0.5毫米。蒴果不规则球形，径约5毫米，绿色，无棱，有凹槽。种子3-4，近球形，外种皮橙红色多汁。花期3-4月，果期9月。染色体2n=10(a)，20。

产四川、云南及西藏南部，生于海拔2400-3100米林下或竹林内。尼泊尔及不丹有分布。根状茎用物癣疥、肿毒。

图 364 花叶重楼 （曾孝濂绘）

8. 禄劝花叶重楼   图 365 彩片 163

Paris luquanensis H. Li in Acta Bot. Yunnan. 4(4): 353. f. 1. 1982.

根状茎长1.5-5厘米。茎高达23厘米，淡绿色或紫色，无毛。叶4-6，倒卵形、菱形，长3.2-9.5厘米，上面深绿色，下面深紫色，两面叶脉及沿脉淡绿色，无叶柄。花梗长2.6-9厘米，淡绿或紫色，果期90°反折；花基数4-6；萼片卵状披针形或椭圆形，长0.3-2厘米，宽4-8毫米，淡绿色，脉绿白色；花瓣丝状，黄色，长2-5毫米；雄蕊2轮，长

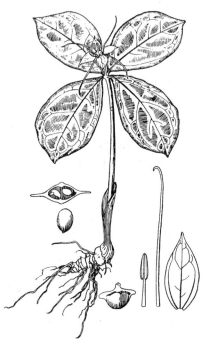

图 365 禄劝花叶重楼 （曾孝濂绘）

0.5-1厘米，花丝淡黄色，长2.5-6毫米；子房青紫或绿色，倒卵形，长2-3毫米，柱头长不及1毫米。蒴果成熟时深紫或绿色，棱不明显。种子近球形，外种皮多汁红色。花期3-6月，果期10月。染色体2n=10(a)。

产四川南部及云南，生于海拔2100-2800米林下或灌丛中。根状茎有止血消炎功能。

9. 球药隔重楼

图 366

Paris fargesii Franch. in Journ. de Bot. 12: 190. 1898.

根状茎径1-2厘米。茎高达1米。叶4-6，宽卵形，长9-20厘米，宽4-14厘米，基部心形，绿色，偶下面紫色；叶柄长2-9.5厘米。花梗长3-70厘米；花基数4-5；萼片卵状披针形，长4-6厘米，绿色；花瓣线形，黄绿或紫黑色，常反垂于萼片之下，长4.5-8厘米；雄蕊2轮，花丝紫黑色，长约3毫米，花药长2-4毫米，药隔凸出部分长不及1.5毫米，粗厚，紫黑色，顶端圆，侧面球形或马蹄形；子房紫黑或紫色，具棱，呈方柱形或五角形，1室，4-5侧膜胎座，花柱和花柱基

图 366 球药隔重楼 （张泰利绘）

紫黑色。蒴果近球形，开裂。种子多数，外种皮多汁、红色。花期3-4月，果期11月。染色体2n=10(a)。

产湖北、湖南西北部、广西、贵州、四川及云南东南部，生于海拔550-2100米林下或阴湿处。

［附］**短瓣球药隔重楼 Paris fargesii** var. **brevipetalata** (Huang et Yang) H. Li, Gen. Paris (Trilliaceae) 50. 1998. —— *Daiswa fargesii* Franch. var. *brevipetalata* Huang et Yang in Taiwania 33: 123. 1988. 与模式变种的区别：花瓣长0.8-1厘米，宽1毫米，远比萼片短。产云南中北及东南部、四川、贵州、湖南、湖北西部、江西西部、台湾北部、广西、广东北部。根状茎有清热解毒、活血消肿、止痛平喘功能。

10. 黑籽重楼　短梗重楼　长药隔重楼

图 367

Paris thibetica Franch. in Nouv. Arch. Mus. Hist. Nat. ser. 2, 16: 184. 1888.

Paris polyphylla Smith var. *thibetica* (Franch.) Hara; 中国植物志 15: 95. 1978.

Paris polyphylla Smith var. *appendiculata* Hara; 中国植物志 15: 94. 1978.

根状茎长达12厘米，径0.5-1.5厘米，黄褐色。茎高达90厘米，绿色，有时带紫色，无毛。叶8-12，披针形或倒披针形，长5-15厘米，宽1-5厘米；常无柄。花梗长3.5-11厘米；花基数4-5；萼片绿色，披针形，长3.5-

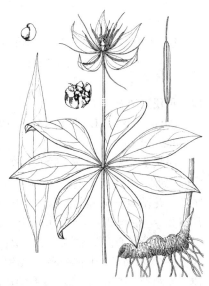

图 367 黑籽重楼 （张泰利绘）

8厘米；花瓣淡绿色，丝状，长3-5.8厘米；雄蕊2轮，长2-5厘米，花丝淡绿色，长0.5-1厘米，花药长0.8-1.5厘米，药隔凸出部分长0.8-2.7厘米，淡绿色；子房长圆锥形，具棱，绿色，1室，4-5侧膜胎座，花柱基紫色，柱头长3-7毫米，绿色。蒴果近球形，径0.7-1.5厘米，从顶部不规则开裂。种子亮黑色，光滑，于一侧包以深红色多汁鸡冠状假种皮。花期4月，果期6月。染色体2n=10(a)。

产甘肃南部、四川、贵州、云南及西藏东南部，生于海拔2400-3600米林下或林内低洼处。不丹及锡金有分布。根状茎用于疮毒、蚊虫咬伤、跌打损伤、心腹痛、白带。

[附] **无瓣黑籽重楼** 缺瓣重楼 **Paris thibetica** var. **apetala** Hand.-Mazz. in Anz. Akad. Wiss. Wien, Math.-Nat. 62: 149. 1925. 与模式变种的区别：花无花瓣。产西藏南部、云南西北部及四川西南部，生于海拔1400-3800米山坡林下。锡金、不丹及缅甸北部有分布。

11. 五指莲 具柄重楼 五指莲重楼 图 368
Paris axialis H. Li in Acta Bot. Yunnan. 6(3): 273. f. 1. 1984.
Paris fargesii Franch. var. *petiolata* (Baker ex C. H. Wright) Wang et Tang; 中国植物志 15: 91. 1978.

根状茎圆柱形，长7-8厘米，径1-1.3厘米，棕褐色，常分枝。茎高达30厘米，绿或红紫色，无毛。叶4-6，卵形、倒卵形或长圆状卵形，基部心形或圆，长7-19厘米，宽4.5-12厘米；叶柄长2-6厘米。花梗和果柄长14-25厘米；花基数4-6；萼片绿色，卵形或卵状披针形，长3-7.5厘米；花瓣黄绿色，丝状，长4.4-11厘米；雄蕊（2）3轮，花丝黄绿色，长3-7毫米，花药黄色，长0.6-1.5厘米，药隔凸出部分锐尖，黄绿色，长0.5-1毫米；子房绿色，具4-6棱，径约5毫米，完全或不完全4-5室，中轴胎座，花柱基青紫色，具4-5角，花柱紫色，柱头4-6。蒴果近球形。种子倒卵圆形，绿白色海绵质假种皮半包种子。花期4月，果期9-10月。染色体2n=10(a)。

图 368 五指莲 （吴锡麟绘）

产安徽、四川、贵州西北部及云南东南部，生于海拔700-2500米林下。根状茎民间用于疮毒、蛇咬伤、子宫出血。

12. 平伐重楼 图 369
Paris vanioti Lévl. in Mém. Port. Acad. Rom. Nouv. Lincei 24: 355. 1906.

根状茎长2.2-5厘米，径1厘米，棕色。茎高达30厘米。叶6，倒披针状椭圆形，长11厘米，宽4厘米，深绿色；叶柄长1厘米。花梗长10-15厘米；花基数5-6；萼片5-6，卵状披针形，长3厘米，宽1厘米，绿色；花瓣黄绿色，丝状，长5厘米；雄蕊2轮，长1.5厘米，花丝长5毫米，药隔突出部分长1毫米，锐尖；子房绿色，5-6棱，花柱基橙黄色，花柱粗壮，柱头5-6，橙黄色，中轴胎座，5-6室。浆果卵圆形，具5棱，不裂，绿色。种子长圆形，淡褐色，假种皮海绵质，近白色，肥厚，包种子大半部。花期4-6月，果期9-10月。染色体2n=10(a)。

产湖南东部、贵州中南部及云南东南部，生于阴湿山坡林下。缅甸有分布。

13. 长柱重楼

图 370

Paris forrestii (Takht.) H. Li in Acta Bot. Yunnan. 6(4): 359. 1984.

Daiswa forrestii Takht. in Brittonia 35(3): 268. f. 5. 1983. pro part. sensu type specim.

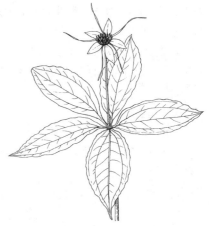

图 369 平伐重楼 （孙英宝绘）

根状茎圆柱形，长1.5-4.5厘米，径0.8-2厘米，棕褐色。茎高达65厘米，无毛。叶4-7，卵状长圆形、长圆形或倒卵状长圆形，基部心形，长6.5-17厘米，宽2.5-6厘米，绿色；叶柄长1.5-5厘米。花梗长2.5-34厘米；花基数4-6；萼片卵形、卵状披针形或椭圆形，长1.5-5厘米，宽0.6-2厘米；花瓣黄绿色，丝状，长2.5-7.5厘米，径约1毫米；雄蕊2轮，花丝长3-7毫米，花药长5-9毫米，药隔不外凸；

子房红色，具不明显4-6棱，4-6室，中轴胎座，花柱基圆锥形，红色，花柱红色，柱头4-6，长0.4-1.3厘米。浆果近球形，长2-4厘米，成熟时紫色，不裂。种子卵圆形，白或黄红色，假种皮为一膨大的楔形珠柄、包种脐一侧。花期5月。果期10-11月。染色体2n=10(a)。

产云南西北及西部、西藏东南部，生于海拔1900-3500米林下。缅甸北部有分布。根状茎用于无名肿毒、蛇虫咬伤、腮腺炎、扁桃体炎。

图 370 长柱重楼 （吴锡麟绘）

14. 北重楼

图 371：1-3 彩片 164

Paris verticillata M. Bieb. Fl. Taur.-Cauc. 3: 287. 1819.

根状茎长，径2.5-4毫米。茎高达55厘米，径3-4毫米，绿或紫色。叶7-9，椭圆形、倒卵状披针形或倒披针形，长5.5-12厘米，宽1.2-4厘米，绿色；叶无柄或柄长3-5毫米。花梗长2.5-13厘米；花基数4(5)，萼片卵状披针形，稀卵形，长2.5-5厘米，宽0.7-2厘米，常绿色，偶紫色，平伸；花瓣丝状或线形，长1.3-4厘米；雄蕊2轮，花丝长3-8毫米，黄绿或紫绿色，花药长5.5-

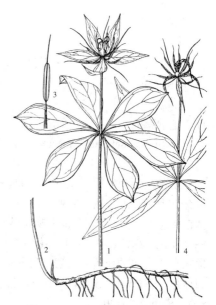

图 371：1-3. 北重楼 4. 巴山重楼
（引自《海南植物志》）

12毫米，黄色，药隔凸出部分长5-8毫米，黄绿或紫色；子房近球形，4(5)室，紫色，中轴胎座，花柱长1-3毫米，紫色，花柱基不明显，柱头4(5)，纤细，长0.4-1.2厘米。浆果球形，成熟时紫黑色，不裂。种子卵圆形，无假种皮。染色体2n=10，15，20(a)。

产黑龙江、吉林、辽宁、内蒙古、河北、山西、陕西、宁夏南部、甘肃南部、青海东部、四川(阿坝)、湖北西部、河南西部、安徽及浙江西部，

生于海拔400-3600米林下、灌丛中或草地。俄罗斯远东地区、朝鲜及日本有分布。全草有小毒。用消炎止痛、清热解毒功能。

15. 巴山重楼

图 371：4

Paris bashanensis F. T. Wang et T. Tang, Fl. Reipubl. Popul. Sin. 15: 88. 250. pl. 30. f. 4. 1978.

根状茎长，径3-4毫米，黄色。茎高达40厘米，绿色，无毛。叶4(5-6)，椭圆形、长圆状披针形，长5-9厘米，宽1.4-3.5厘米；无柄。花梗长1.5-7厘米，花基数4(5)；萼片窄披针形，长1-3厘米，宽2-4毫米，反折；花瓣淡绿色，丝状或线形，长1-3厘米；雄蕊2轮，长1.3-2.7厘米，花丝长2-3毫米，淡绿色；花药长0.7-1.2厘米，黄色，线形，药隔凸出部分细，长0.4-1.1厘米；子房球形，4(5)室，紫黑色，中轴胎座，花柱基不明显，花柱紫色，柱头4(5)，纤细，长4-7毫米，紫色。浆果近球形，成熟时紫黑色，不裂。花期5-6月。染色体2n=10(a)。

产湖北西部及四川，生于海拔1400-2750米林下或竹林内。根状茎有活络、止咳、补肾功能。

52. 延龄草属 Trillium Linn.

(梁松筠)

根状茎粗短。茎基部有褐色膜质鞘。叶3枚，轮生于茎顶，有3-5主脉和网脉。花单生于叶轮中央。花被片6，离生，2轮，外轮为萼片，宿存；内轮花瓣状，白或紫红色，迟落；雄蕊6，短于花被片，花药基着，侧向纵裂，药隔极短，花丝常较短；子房3室，胚珠多数，花柱3分枝。

约30种，主产北美，东亚产5种。我国3种。

1. 茎丛生于粗短根状茎；叶宽5-15厘米，近无柄；花径3-5厘米，花瓣卵状披针形，白色，宽4-6毫米 ·········· ················· **1. 延龄草 T. tschonoskii**

1. 茎单生于稍细长根状茎；叶宽2.2-4厘米，具短柄；花径2-2.5厘米，花瓣线形或线状披针形，紫红色，宽约1毫米 ·········· **2. 西藏延龄草 T. govanianum**

1. 延龄草

图 372 彩片 165

Trillium tschonoskii Maxim. in Bull. Acad. Sci. Pétersb. 29: 218. 1884.

茎丛生于粗短根状茎，高达50厘米。叶菱状圆形或菱形，长6-15厘米，宽5-15厘米；近无柄。花梗长1-4厘米；萼片卵状披针形，长1.5-2厘米，宽5-9毫米，绿色；花瓣卵状披针形，长1.5-2.2厘米，宽4-6毫米，白色，稀淡紫色；花柱长4-5毫米；花药长3-4毫米，短于花丝或与花丝近等长，顶端有稍突出的药隔；子房圆锥状卵形，长7-9毫米，径5-7毫米。浆果圆球形，径1.5-1.8厘米，成熟时黑紫色，种子多数。花期4-5月，果期7-8月。染色体2n=20。

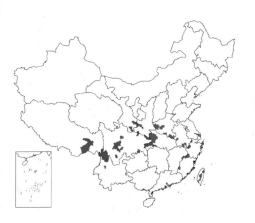

产陕西西南部、甘肃东南部、西藏东南部、云南西北部、四川、湖北西部、河南、安徽、浙江西部、福建西部及台湾,生于海拔1600-3200米林下、山谷阴湿处或路边岩缝中。印度、锡金、不丹、朝鲜及日本有分布。根状茎有祛风舒肝、活血止血、解毒功能。

2. 西藏延龄草　　　　　　　　　　　　　　　　　图 373

Trillium govanianum Wall. ex Royle, Ill. Bot. Himal. 384. t. 93. f. 1. 1839.

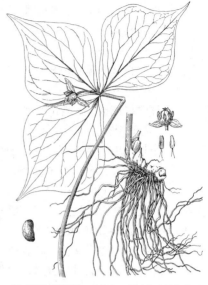

图 372 延龄草 (引自《中国药用植物志》)

根状茎圆柱形,径0.8-1厘米。茎单生,高达20厘米。叶卵形或卵状心圆形,长4-6厘米,宽2.2-4厘米;有短柄。花径2-2.5厘米;花梗长2-3毫米;萼片线形或线状披针形,长1-1.2厘米,宽1.5-2毫米,绿色;花瓣线形或线状披针形,长1.1-1.5厘米,宽约1毫米,紫红色;花丝长2毫米,花药长约1.5毫米;子房卵圆形,长5-6毫米,径4-5毫米,紫红色。果期6月。

产西藏南部,生于海拔3200米林下。印度有分布。根状茎药效同延龄草。

53. 天门冬属 Asparagus Linn.
(陈心启 罗毅波)

多年生草本或亚灌木,直立或攀援。根状茎粗厚,根稍肉质,有时有纺锤状块根。小枝近叶状,称叶状枝,扁平、锐三棱形或近圆柱形,有棱槽,常多枚成簇;茎、分枝和叶状枝有时有透明乳突状细齿,为软骨质齿。叶鳞片状,基部多少延伸成距或刺。花小,每1-4朵腋生或多朵组成总状或伞形花序。花两性或单性,有时杂性,雄花具退化雌蕊,雌花具6枚退化雄蕊;花梗有关节;花被片离生,稀基部稍合生;雄蕊着生花被片基部,常内藏,花丝离生或部分贴生花被片,花药长圆形或圆形,基部2裂,背着或近背着,内向纵裂;花柱明显,柱头3裂,子房3室,每室2至多数胚珠。浆果球形,具1至几枚种子。

图 373 西藏延龄草 (张荣生绘)

约300种,除美洲外,全世界温带至热带地区均有分布。我国24种。

1. 花两性。
　　2. 叶状枝刚毛状,10-13枚成簇;花单生或几朵簇生 ················· **1. 文竹 A. setaceus**
　　2. 叶状枝扁平,线形,3(1-5)枚成簇;总状花序 ················· 1(附). **非洲文竹 A. densiflorus**
1. 花单性,雌雄异株。
　　3. 叶状枝扁平,具中脉,有时中脉龙骨状,叶状枝稍锐三棱形。
　　　　4. 花梗长1-2厘米 ················· **2. 羊齿天门冬 A. filicinus**
　　　　4. 花梗长1-6毫米。

5. 植株直立，有时上部攀援状；茎无硬刺。

 6. 叶状枝扁平，宽1-3毫米；雄蕊6枚不等长，花丝中部以下贴生花被片；根下部纺锤状 ……………………………………………………………………… 3. **短梗天门冬 A. lycopodineus**

 6. 叶状枝基部近锐三棱形，宽0.7-1毫米；雄蕊6枚等长，花丝不贴生花被片；根细长 ……………………………………………………………………… 4. **龙须菜 A. schoberioides**

5. 植株攀援或披散；茎具硬刺。

 7. 小枝（至少大部分）具硬刺；花期叶已长成并张开；浆果有1种子 ………… 5. **天门冬 A. cochinchinensis**

 7. 小枝（几全部）具硬刺；花期叶幼嫩，多少伏贴枝上；浆果有1-2种子。

  8. 叶状枝2-5（-7）枚成簇；茎常无纵凸纹；分枝刺短于或等长于花梗 ……… 6. **西南天门冬 A. munitus**

  8. 叶状枝（3-）6-14枚成簇；茎上部具密的纵凸纹；分枝刺长于花梗 … 7. **多刺天门冬 A. myriacanthus**

3. 叶状枝近圆柱形或稍扁，常有几条槽或棱，无中脉。

 9. 茎具长于3毫米的硬刺（长花天门冬的茎刺有时短于3毫米或断落）。

  10. 小枝或叶状枝多少具软骨质齿。

   11. 攀援植物；根圆柱状，径0.7-1.5厘米；花梗长3-6毫米 ………… 12. **攀援天门冬 A. brachyphyllus**

   11. 直立或近直立植物；根径2-4毫米或下部纺锤状；花梗极短或长0.6-1.6厘米。

    12. 分枝先下弯后上升，基部下弯上部上升，呈半圆形或弧形；花梗长1.2-1.6厘米 ……………………………………………………………………… 14. **曲枝天门冬 A. trichophyllus**

    12. 分枝非上述情形；花梗长0.6-1.2厘米，稀达1.5厘米 ………… 13. **长花天门冬 A. longiflorus**

  10. 植株无软骨质齿。

   13. 花被长2-4毫米；分枝全有刺；攀援或近直立植物。

    14. 茎无条纹，无白色薄膜；花被近球形，径2-2.5毫米，绿白色，花丝不贴生花被片；攀援植物 ……………………………………………………………………… 18. **山文竹 A. acicularis**

    14. 茎具不明显条纹，有白色薄膜；花被近钟形，长3-4毫米，紫红色，花丝下部1/4贴生花被片；多刺亚灌木 ………………………………… 18(附). **西藏天门冬 A. tibeticus**

   13. 花被长6-9毫米；分枝除基部偶有1-2刺外全部无刺；直立或近直立植物。

    15. 叶状枝刚毛状，径0.1-0.2毫米；花多少带紫色，花梗长0.6-1.3厘米 ……………………………………………………………………… 13. **长花天门冬 A. longiflorus**

    15. 叶状枝扁圆柱形，径0.4-0.6毫米；花黄绿色，花梗长0.5-2厘米 ………… 15. **南玉带 A. oligoclonos**

 9. 茎与分枝无刺，有时有距状短刺，无长于3毫米的硬刺。

  16. 茎无叶状枝，如有叶状枝，仅生于茎上部，每个节不超过15枚，长不及1厘米。

   17. 根肉质，圆柱状，径0.7-1.5厘米；分枝与叶状枝具软骨质齿；攀援植物 ……………………………………………………………………… 12. **攀援天门冬 A. brachyphyllus**

   17. 根细长或稍膨大，径2-5毫米。

    18. 攀援植物 ………………………………………………… 11. **西北天门冬 A. breslerianus**

    18. 直立植物。

     19. 茎与分枝无软骨质齿或稍具软骨质齿，后者幼枝的齿更多，有时叶状枝有齿；雄花花被长3毫米以上；根细长。

      20. 花梗长达1厘米以上。

       21. 小枝疏生或密生软骨质齿。

        22. 分枝下弯后上升，基部下弯上部上升，呈半圆形或弧曲；花梗长1.2-1.6厘米 ……………………………………………………………… 14. **曲枝天门冬 A. trichophyllus**

        22. 分枝平展或斜升，有时略弧曲，非上述情况；花梗长0.6-1.2厘米，稀达1.5厘米 ……………………………………………………………… 13. **长花天门冬 A. longiflorus**

21. 小枝无软骨质齿（南玉带幼枝偶有软骨质齿）。

    23. 植株较柔弱，茎与分枝常稍弧曲或俯垂；叶状枝常较纤细而柔弱；雄花花被长5-6毫米，花药长1-1.5毫米 ……………………………………………………………… 16. **石刁柏 A. officinalis**

    23. 植株较坚挺，茎与分枝伸直；叶状枝较刚硬；雄花花被长7-9毫米，花药长约2毫米 ……………… ……………………………………………………………………………………… 15. **南玉带 A. oligoclonos**

20. 花梗短于1厘米。

    24. 幼枝具软骨质齿。

        25. 花梗长于7毫米 ………………………………………………………… 13. **长花天门冬 A. longiflorus**

        25. 花梗长3-5毫米或更短。

            26. 亚灌木状，高15-45厘米，坚挺；茎上部回折状，中部常具白色薄膜；叶状枝稍刚硬，有时稍刺状，平展或下倾，与分枝成直角或钝角 ………………………………………… 10. **戈壁天门冬 A. gobicus**

            26. 植株高1-2米，稍柔软；茎直伸或稍回折状，无白色薄膜；叶状枝稍弧曲，非刺状，常斜立或近斜立，稀平展 ……………………………………………………………… 9. **兴安天门冬 A. dauricus**

    24. 幼枝无软骨质齿。

        27. 花梗长8毫米以上；叶状枝近直立或斜立，与分枝成锐角 ………… 16. **石刁柏 A. officinalis**

        27. 花梗长2-6毫米；叶状枝平展、下倾或斜立，与分枝成各种角度，较少全部斜立 ……………… ……………………………………………………………………………………… 9. **兴安天门冬 A. dauricus**

19. 茎（基部或下部除外）与分枝密生软骨质齿，向分枝末端齿渐少至无，叶状枝无软骨质齿；雄花花被长约2毫米；根下部呈纺锤状 ……………………………………………… 8. **密齿天门冬 A. meioclados**

16. 茎除下部外，多数节均具多束叶状枝，每节的叶状枝总数达几十枚，长1厘米以上 …………………… ………………………………………………………………………………………… 17. **新疆天门冬 A. neglectus**

1. 文竹　　　　　　　　　　　　　　　　　　　　　　　图 374 彩片 166

Asparagus setaceus (Kunth) Jessop in Bothalia 9: 51. 1966.

Asparagopsis setacea Kunth, Enum. Pl. 5: 82. 1850.

攀援植物，高达几米。根稍肉质，细长。茎的分枝极多，分枝近平滑。叶状枝常10-13成簇，刚毛状，微具3棱，长4-5毫米；鳞片状叶基部稍具刺状距或距不明显。花常1-3（4）腋生，白色，有短梗；花被片长约7毫米。浆果径6-7毫米，成熟时紫黑色，具1-3种子。染色体2n=20(a)。

原产非洲南部。我国各地常见栽培。块根有凉血解毒、利尿通淋功能。

    [附] **非洲文竹 Asparagus densiflorus** (Kunth) Jessop in Bothalia 9: 65. 1966. —— *Asparagopsis densiflora* Kunth, Enum. Pl. 5: 96. 1850. 本种与文竹的区别：亚灌木，多少攀援；叶状枝扁平，线形，长1-3厘米；鳞叶基部具长3-5毫米硬刺，分枝鳞叶无刺；总状花序具10余花；花被片长2毫米；浆果径0.8-1厘米，成熟时白色。染色体2n=40, 60。原产非洲南部。我国各地公园有栽培。

图 374 文竹 （引自《浙江植物志》）

2. 羊齿天门冬　月牙一枝蒿　　　　　　　　　　　　　图 375

Asparagus filicinus Ham. ex D. Don, Prodr. Fl. Nepal. 49. 1825.

直立草本，高达70厘米。纺锤状根成簇，长2-4厘米，径0.5-1厘米。茎近平滑，分枝常有棱，有时稍具软骨质齿。叶状枝5-8成簇，扁平，镰状，长0.3-1.5厘米，宽0.8-2毫米，有中脉；鳞叶基部无刺。花1-2腋生，淡绿色，有时稍紫色。花梗纤细，长1.2-2厘米，关节生于近中部；雄花花被长约2.5毫米；花丝不贴生花被片，花药卵形，长约0.8毫米；雌花和雄花近等长或稍小。浆果径5-6毫米，具2-3种子。花期5-7月，果期8-9月。染色体2n=18(a), 20。

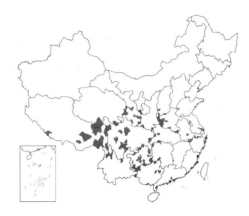

产山西西南部、陕西秦岭以南、宁夏南部、甘肃、青海、西藏、四川、云南、贵州、广西、湖南、湖北西部、河南、安徽南部及浙江,生于海拔1200-3000米林下或山谷阴湿处。缅甸、不丹及印度有分布。块根有润肺燥、杀虫虱功能。

图 375 羊齿天门冬 (王金凤绘)

3. 短梗天门冬   图 376:1 彩片 167

Asparagus lycopodineus Wall. ex Baker in Journ. Linn. Soc. Bot. 14: 605. 1875.

直立草本,高达1米。根常距基部1-4厘米处成纺锤状。茎平滑或略有条纹,上部有时具翅,分枝有翅。叶状枝常3成簇,扁平,镰状,长(0.2-)0.5-1.2厘米,宽1-3毫米,有中脉;鳞叶基部近无距。花1-4腋生,白色。花梗长1-1.5毫米;雄花花被长3-4毫米;雄蕊不等长,花丝下部贴生花被片;雌花花被长约2毫米。浆果径5-6毫米,具2种子。花期5-6月,果期8-9月。

产陕西南部、甘肃南部、四川、云南、贵州、广西西南部、湖南、湖北西部及河南西部,生于海拔450-2600米灌丛中或林下。缅甸及印度有分布。块根有止咳、化痰、平喘功能。

图 376: 1. 短梗天门冬 2-3. 龙须菜
(冯晋庸绘)

4. 龙须菜   图 376:2-3

Asparagus schoberioides Kunth, Enum Pl. 5: 70. 1850.

直立草本,高达1米。根细长,径2-3毫米。茎上部和分枝具纵棱,分枝有时有极窄的翅。叶状枝常3-4成簇,窄线形,镰状,基部近锐三棱形,上部扁平,长1-4厘米,宽0.7-1毫米;鳞叶近披针形,基部无刺。花2-4腋生,黄绿色。花梗长0.5-1毫米;雄花花被长2-2.5毫米;雄蕊花丝不贴生花被片;雌花和雄花近等大。浆果径约6毫米,成熟时红色,具1-2种子。花期5-6月,果期8-9月。染色体2n=20(a)。

产黑龙江、吉林、辽宁、内蒙古、河北、山东、河南西部、山西、陕西中南部及甘肃东南部,生于海拔400-2300米草坡或林下。日本、朝鲜及俄罗斯西伯利亚有分布。

5. 天门冬 图 377 彩片 168

Asparagus cochinchinensis (Lour.) Merr. in Philipp. Journ. Sci. Bot. 15: 230. 1919.

Melanthium cochinchinensis Lour. Fl. Cochinch. 216. 1790.

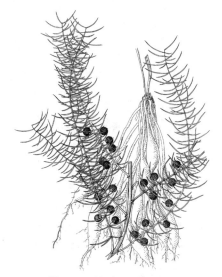

图 377 天门冬 （冯晋庸绘）

攀援植物。根中部或近末端成纺锤状，膨大部分长3-5厘米，径1-2厘米。茎平滑，常弯曲或扭曲，长1-2米，分枝具棱或窄翅。叶状枝常3成簇，扁平或中脉龙骨状微呈锐三棱形，稍镰状，长0.5-8厘米，宽1-2毫米；茎鳞叶基部延伸为长2.5-3.5毫米的硬刺，分枝刺较短或不明显。花常2朵腋生，淡绿色。花梗长2-6毫米，关节生于中部；雄花花被长2.5-3毫米，花丝不贴生花被片；雌花大小和雄花相似。浆果径6-7毫米，成熟时红色，具1种子。花期5-6月，果期8-10月。染色体2n=20(a)。

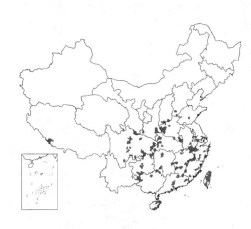

产河北南部、山东、江苏南部、浙江、福建、台湾、江西、安徽、湖北西部、湖南、广东、香港、海南、广西北部、贵州、四川、西藏、甘肃南部、陕西南部、山西南部及河南，生于海拔1750米以下山坡、路边、疏林下、山谷或荒地。朝鲜、日本、老挝及越南有分布。块根有养阴润燥、清肺生津功能。

6. 西南天门冬 图 378：1-2

Asparagus munitus F. T. Wang et S. C. Chen in Acta Phytotax. Sin. 16 (1): 91. 1978.

亚灌木，攀援，多刺。茎长约1米，常无纵凸纹，干时浅黄色，分枝有纵棱。叶状枝2-5(-7)成簇，锐三棱形，长0.5-1.5厘米，宽0.5-0.8毫米，花期常较幼嫩；鳞叶基部有硬刺，刺近伸直，茎刺长5-7毫米，分枝刺等长于或短于花梗，长1.5-2毫米；雄花2朵腋生，黄绿色。花梗长3-4.5毫米，关节生于近花被处；花被长4-5毫米，花丝中部以下贴生花被片。浆果径约7毫米，具1-4种子。花期4-5月，果期8-9月。

产四川及云南，生于海拔1900-2400米灌丛下或林缘。

图 378：1-2. 西南天门冬
3-5. 多刺天门冬 （李光辉绘）

7. 多刺天门冬 图 378：3-5

Asparagus myriacanthus F. T. Wang et S. C. Chen in Acta Phytotax. Sin. 16(1): 92. 1978.

亚灌木，披散，有时稍攀援，多刺，高达2米。根较细长，径约3毫

米。茎上部具密的纵凸纹，分枝具纵棱。叶状枝（3-）6-14成簇，锐三棱形，长0.6-2厘米，宽0.5-1毫米，花期常较幼嫩；鳞叶基部具长硬刺，刺近伸直，茎刺长4.5-8毫米，分枝刺长于花梗，长2.5-5毫米。雄花2-5腋生，黄绿色。花梗长1.5-2.5毫米，与花被近等长，关节生于上部；花丝中部以下贴生花被片。浆果径5-6毫米，具2-3种子。花期5月，果期7-9月。

产四川、云南西北部及西藏东南部，生于海拔2100-3100米开旷山坡、河岸多沙荒地或灌丛下。块根有滋阴润燥、清肺热、止咳嗽功能。

8. 密齿天门冬　　　　　　　　　　　　图 379

Asparagus meioclados Lévl. in Fedde, Repert. Sp. Nov. 8: 59. 1910.

直立草本，高达1米。根距基部4-8厘米纺锤状，膨大部分长1-2厘米，径约8毫米。茎及分枝除基部外，具棱并密生软骨质齿，末端或嫩枝的软骨质齿渐少至无。叶状枝常5-10成簇，近扁圆柱形，微有几条棱，长3-5(-8)毫米，径0.3-0.4毫米，无软骨质齿；鳞叶基部稍延伸为近刺状距，无硬刺。雄花1-3腋生，绿黄色。花梗长约2毫米，长于花被或近等长，关节生于下部；花丝中部以下贴生花被片。浆果径5-6毫米，成熟时红色，具1-2种子。花期5-7月，果期10月。

图 379 密齿天门冬 （李光辉绘）

产四川西南部、贵州西南部及云南，生于海拔1300-3500米林下、山谷、溪边或山坡。

9. 兴安天门冬　　　　　　　　　　　　图 380

Asparagus dauricus Fisch. ex Link, Enum. Pl. Hort. Bot. Berol. 1: 340. 1821.

直立草本，高达70厘米。根细长，径约2毫米。茎和分枝有条纹，有时幼枝具软骨质齿。叶状枝1-6成簇，常斜立，和分枝成锐角，稀兼有平展和下倾的，稍扁圆柱形，微有几条不明显钝棱，长1-4（5）厘米，径约0.6毫米，伸直或稍弧曲，有

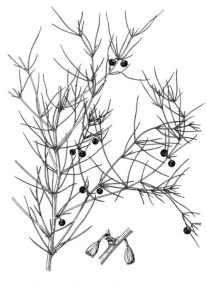

图 380 兴安天门冬 （冯晋庸绘）

时有软骨质齿；鳞叶基部无刺。花2朵腋生，黄绿色。雄花花梗长3-5毫米，和花被近等长，关节生于近中部；花丝大部贴生花被片，离生部分为花药1/2，雌花花被长约1.5毫米，短于花梗，花梗关节生于上部。浆果径6-7毫米，具2-4（-6）种子。花期5-6月，果期7-9月。

产黑龙江西南部、吉林西部、辽宁、内蒙古、河北、山西、陕西北部、

山东、江苏东北部及河南，生于海拔2200米以下沙丘或干燥山坡。朝鲜、蒙古及俄罗斯西伯利亚有分布。

10. 戈壁天门冬
图 381

Asparagus gobicus Ivan. ex Grubov in Not. Syst. Herb. Inst. Bot. Acad. Sci. URSS 17: 9. 1955.

亚灌木，坚挺，近直立，高达45厘米。根细长，径1.5-2毫米。茎上部常回折状，中部具纵裂白色薄膜，分枝常回折状，略具纵凸纹，疏生软骨质齿。叶状枝3-8成簇，常下倾或平展，和分枝成钝角，近圆柱形，微有几条不明显钝棱，长0.5-2.5厘米，径0.8-1毫米，较刚硬；鳞叶基部具短距，无硬刺。花1-2腋生。花梗长2-4毫米，关节生于近中部或上部；雄花花被长5-7毫米；花丝中部以下贴生花被片；雌花稍小于雄花。浆果径5-7毫米，成熟时红色，具3-5种子。花期5月，果期6-9月。

产内蒙古、陕西北部、宁夏、甘肃、青海东部及新疆北部，生于海拔

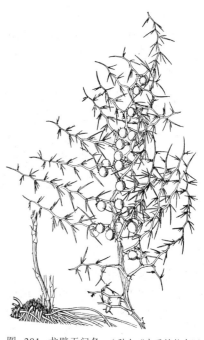

图 381 戈壁天门冬 （引自《中国植物志》）

1600-2560米沙地或多沙荒原上。蒙古有分布。

11. 西北天门冬
图 382

Asparagus breslerianus Schultes et J. H. Schultes in Roemer & Schultes, Syst. Veg. 7: 323. 1829.

Asparagus persicus auct. non Baker: 中国高等植物图鉴 5: 520. 1976；中国植物志 15: 114. 1978.

攀援植物，常无软骨质齿。根径2-3毫米。茎平滑，长达1米，分枝略具条纹或近平滑。叶状枝通常4-8成簇，圆柱形稍扁，微有几条钝棱，直伸或稍弧曲，长0.5-1.5（-3.5）厘米，径0.4-0.7毫米，稀稍具软骨质齿；鳞叶基部有时有短的刺状距。花2-4腋生，红紫或绿白色。花梗长0.6-1.8（-2.5）厘米，关节生于中上部至近花被基部；雄花花被长约6毫米，花丝中部以下贴生花

图 382 西北天门冬 （冯晋庸绘）

被片，花药顶端具细尖；雌花花被长约3毫米。浆果径约6毫米，成熟时红色，具5-6种子。花期5月，果期8月。染色体2n=40(a)。

产内蒙古西部、宁夏贺兰山、甘肃、青海及新疆，生于海拔2900米以下盐碱地、戈壁滩、河岸或荒地。伊朗、蒙古及俄罗斯有分布。

12. 攀援天门冬

图 383

Asparagus brachyphyllus Turcz. in Bull. Soc. Nat. Mosc. 13: 78. 1840.

图 383 攀援天门冬 （冯晋庸绘）

攀援植物。块根近圆柱状，径0.7-1.5厘米。茎近平滑，长达1米，分枝具纵凸纹，常有软骨质齿。叶状枝4-10成簇，稍扁圆柱形，微有几条棱，长0.4-1.2(-2)厘米，径约0.5毫米，有软骨质齿，稀齿不明显；鳞叶基部有长1-2毫米刺状短距，有时距不明显。花通常2-4腋生，淡紫褐色。花梗长3-6毫米，关节生于近中部；雄花花被长7毫米，花丝中部以下贴生花被片；雌花花被长约3毫米。浆果径6-7毫米，成熟时红色，具4-5种子。花期5-6月，果期8月。染色体2n=40(10)。

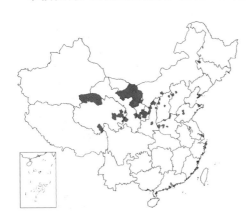

产吉林西部、辽宁东南部、内蒙古西部、河北西北部、山东、河南西部、山西、陕西、宁夏、甘肃及青海，生于海拔800-2000米山坡、田边或灌丛中。朝鲜有分布。块根有滋补、抗衰老、祛风、除湿功能。

13. 长花天门冬

图 384

Asparagus longiflorus Franch. in Nouv. Arch. Mus. Paris ser. 2, 7: 110. 1884.

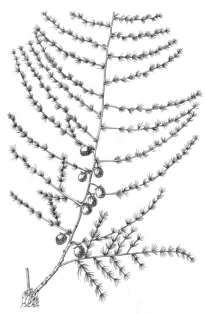

图 384 长花天门冬 （孙英宝绘）

草本，近直立，高达1.7米。根径约3毫米。茎常中部以下平滑，上部多少具纵凸纹，稍有软骨质齿，稀齿不明显，分枝平展或斜升，具纵凸纹和软骨质齿，嫩枝尤甚，稀齿不明显。叶状枝4-12成簇，伏贴或张开，近扁的圆柱形，微有棱，直伸，长0.6-1.5厘米，常有软骨质齿，稀齿不明显；茎的鳞叶基部有长1-5毫米刺状距，稀距不明显或具硬刺，分枝距短或不明显。花常2朵腋生，淡紫色。花梗长0.6-1.2(-1.5)厘米，关节生于近中部或上部，雄花花被长6-7毫米，花丝中部以下贴生花被片；雌花花被长约3毫米。浆果径0.7-1厘米，成熟时红色，具4种子。

产黑龙江南部、内蒙古、河北、山东、河南西部、山西、陕西、甘肃及青海，生于海拔2400-3300米，其他地区多生于海拔2300米以下山坡、林下或灌丛中。

14. 曲枝天门冬

图 385 彩片 169

Asparagus trichophyllus Bunge, Enum. Pl. China Bor. Coll. 65. 1833.

草本，近直立，高达1米。根径2-3毫米。茎平滑，中部至上部回折

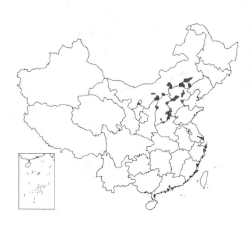

状，有时上部疏生软骨质齿；分枝下弯后上升，近基部弧曲，有时近半圆形，上部回折状，小枝多少具软骨质齿。叶状枝常5-8成簇，刚毛状，略4-5棱，稍弧曲，长0.7-1.8厘米，径0.2-0.4毫米，常稍伏贴小枝，有时稍具软骨质齿；茎鳞叶基部有长1-3毫米刺状距，稀为硬刺，分枝距不明显。花2朵腋生，绿黄稍带紫色。花梗长1.2-1.6

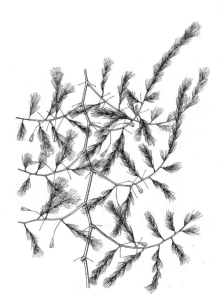

图 385 曲枝天门冬 （冯晋庸绘）

厘米，关节生于近中部；雄花花被长6-8毫米，花丝中部以下贴生花被片；雌花花被长2.5-3.5毫米。浆果径6-7毫米，成熟时红色，具3-5种子。花期5月，果期7月。染色体2n=30(a)。

产辽宁西部、内蒙古、河北、山西、河南西北部及宁夏北部，生于海拔2100米以下山地、路边、田边或荒地。块根有祛风除湿功能。

15. 南玉带

图 386

Asparagus oligoclonos Maxim. in Mém. Acad. Sci. Pétersb. Sav. Etrang. 9: 286. 1859.

直立草本，高达80厘米。根径2-3毫米。茎平滑或稍具条纹，坚挺，上

部不俯垂；分枝具条纹，稍坚挺，有时嫩枝疏生软骨质齿。叶状枝常5-12成簇，近扁的圆柱形，微有钝棱，直伸或稍弧曲，长1-3厘米，径0.4-0.6毫米；鳞叶基部距常不明显或有短距，稀具短刺。花1-2腋生，黄绿色。花梗长1.5-2厘米，稀较短，关节生于近中部或上部；雄花花被长7-9毫米，花丝全长的

图 386 南玉带 （冯晋庸绘）

3/4贴生花被片；雌花较小，花被长约3毫米。浆果径0.8-1厘米。花期5月，果期6-7月。染色体2n=20。

产黑龙江、吉林、辽宁、内蒙古、河北东部、山东东部、江苏及河南西部，生于海拔较低草原、林下或潮湿地。朝鲜、日本及俄罗斯远东地区有分布。

16. 石刁柏

图 387 彩片 170

Asparagus officinalis Linn. Sp. Pl. 313. 1753.

直立草本，高达1米。根径2-3毫米。茎平滑，上部后期常俯垂，分枝较柔弱。叶状枝3-6成簇，近扁的圆柱形，微有钝棱，纤细，常稍弧曲，长

0.5-3厘米，径0.3-0.5毫米；鳞叶基部有刺状短距或近无距。花1-4腋生，绿黄色。花梗长0.8-1.2(-1.4)厘米，

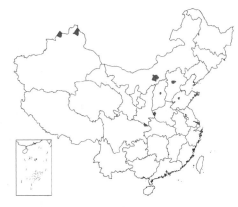

关节生于上部或近中部；雄花花被长5-6毫米；花丝中部以下贴生花被片；雌花花被长约3毫米。浆果径7-8毫米，成熟时红色，具2-3种子。花期5-6月，果期9-10月。染色体2n=20(a)，40。

产内蒙古中部、河北中部、山东、河南西部、山西中部、四川东北部及新疆西北部（塔城），其他地区多为栽培，少数已野化。块根有小毒。有润肺、镇咳、祛痰、杀虫功能。

图 387 石刁柏 （冯晋庸绘）

17. 新疆天门冬　　　　　　　　　图 388

Asparagus neglectus Kar. et Kir. in Bull. Soc. Nat. Mosc. 14: 48. 1841.

直立草本或稍攀援，高达1米。根细长，径1-2毫米。茎近平滑或略具条纹，中部常有纵裂白色薄膜，除基部外每节均有多束叶状枝，分枝密接，

幼枝稍具条纹。叶状枝7-25成簇，近刚毛状，微有钝棱，稍弧曲，长0.5-1.7厘米，径0.3-0.4毫米，在茎上多束聚生，长于1厘米，达几十枚；茎上的鳞叶基部有长2-3毫米刺状距，分枝上的距短或不明显。花1-2朵腋生。花梗长1-1.5厘米，关节生于上部；雄花花被片长5-7毫米，花丝中部以下贴生花被片；雌花花被长约3毫米。浆果径6-7毫米，成熟时红色，具1-3种子。花期5-6月，果期8月。

产新疆，生于海拔580-1700米沙质河滩、河岸、草坡或林下。俄罗斯及哈萨克斯坦有分布。

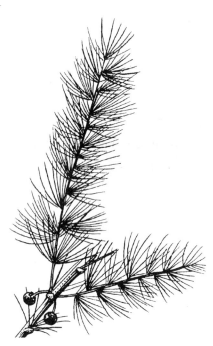

图 388 新疆天门冬 （冯晋庸绘）

18. 山文竹　　　　　　　　　图 389：1-3

Asparagus acicularis F. T. Wang et S. C. Chen in Acta Phytotax. Sin. 16 (1): 93. 1978.

攀援植物，长达1米以上。根基部径2-4毫米，向末端渐粗。茎和分枝无纵凸纹或棱。叶状枝常3-7成簇，近针状，直伸，微有几条不明显棱，长0.6-1.2(-1.5)厘米，径约0.3毫米，花期常较幼嫩；茎上的鳞叶基部有长4-6毫米硬刺，分枝刺长1-2毫米。雄花每2朵腋生，很小，绿白色；花梗长4-5毫米，关节生于中部；花被球形，长约2毫米；花丝不贴生花被片。浆果径5-6毫米，种子1。花果期6-11月。

产湖北、湖南南部、江西西北部、广东西北部及广西,生于海拔80-140米草地、湖边或灌丛中。

[附] **西藏天门冬** 图389:4 **Asparagus tibeticus** F. T. Wang et S. C. Chen in Acta Phytotax. Sin. 16(1): 93. 1978. 本种的特征:多刺亚灌木;茎具不明显条纹,有白色薄膜,鳞叶基部具弯曲硬刺,分枝刺长3.5-4毫米;花被近钟形,紫红色,长3-4毫米,花丝下部1/4贴生花被片;浆果径6-7毫米。花期5-6月,果期7-8月。产西藏中部,生于海拔3800-4000米路边、村边或河滩。

54. 假叶树属 Ruscus Linn.
(陈心启 罗毅波)

直立亚灌木。叶成干膜质小鳞片,鳞片腋间生出的小枝,扁化成叶状,称叶状枝;叶状枝卵形或卵状披针形,坚硬,革质,有时先端具硬尖。花单性,雌雄异株,单朵或几朵簇生叶状枝上面或下面中脉,较小;花被片6,离生,内轮3片较小;雄花具3雄蕊,花丝合生成短筒,花药生于筒顶端,外向开裂,无退化子房;雌花子房球形或卵圆形,退化雄蕊合生成杯状体,子房1室,具2个倒生胚珠,花柱短,柱头头状。浆果球形,具1种子。

约3种,分布于马德拉群岛、欧洲南部、地中海区域至俄罗斯高加索。我国引入栽培1种。

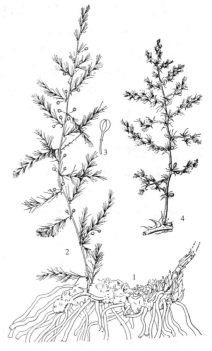

图 389: 1-3. 山文竹 4. 西藏天门冬
(引自《中国植物志》)

假叶树 图 390

Ruscus aculeata Linn. Sp Pl. 1041. 1753.

根状茎横走,粗厚。茎多分枝,有纵棱,深绿色,高达80厘米。叶状枝卵形,长1.5-3.5厘米,宽1-2.5厘米,先端渐尖,具长1-2毫米针刺,基部渐窄成短柄,常扭转,全缘,有中脉和多条侧脉。花白色,1-2生于叶状枝上面中脉下部;苞片干膜质,长约2毫米。花被长1.5-3毫米。浆果红色,径约1厘米。花期1-4月,果期9-11月。

原产欧洲南部。我国各地偶见栽培,作盆景。

55. 山麦冬属 Liriope Lour.
(陈心启 罗毅波)

多年生草本。根状茎很短,有的具地下匍匐茎;根细长,有时近末端纺锤状。茎很短。叶基生,密集成丛,禾叶状,基部常为具膜质边缘的鞘所包。花葶生于叶丛中央,常较长,总状花序具多花,花常较小,几朵簇生苞片腋内,苞片小,干膜质。花梗直立,具关节;花被片6,分离,2轮排列,淡紫或白色;雄蕊6,着生花被片基部,花丝稍长,窄长形,花药基着,2室,近内向开裂;子房上位,3室,每室2胚珠,花柱三棱柱形,柱头小,微3齿裂。果在早期外果皮开裂,露出种子。种子浆果状。

约8种,分布于越南、菲律宾、日本和我国。我国6种。

图 390 假叶树 (王金凤绘)

1. 花丝长为花药近1倍;花常单生或2朵簇生苞片腋内;叶宽1-1.5毫米;具地下走茎 ·· 1. **甘肃山麦冬 L. kansuensis**
1. 花丝几等长于花药;花常2-8朵簇生苞片腋内,稀单生;叶宽0.2-2.2 (-2.9) 厘米。

2. 花药近长圆形，长约1毫米，常短于花丝；花梗长3-4毫米；具地下走茎。

   3. 花序长1-3厘米；花常单生于苞片腋内，稀2-3朵簇生 ················· **2. 矮小山麦冬 L. minor**

   3. 花序长6-15厘米；花常几朵簇生苞片腋内 ················· **3. 禾叶山麦冬 L. graminifolia**

2. 花药窄长圆形或近长圆状披针形，长1.5-2毫米，几等长于花丝。

   4. 具地下走茎；叶宽5-8毫米；花药窄长圆形 ················· **4. 山麦冬 L. spicata**

   4. 无地下走茎；叶宽0.8-2.2厘米；花药近长圆状披针形 ················· **5. 阔叶山麦冬 L. platyphylla**

1. 甘肃山麦冬　　　　　　　图 391

Liriope kansuensis (Batal.) C. H. Wright in Journ. Linn. Soc. Bot. 36: 79. 1903.

Ophiopogon kansuensis Batal. in Acta Hort. Petrop. 13: 103. 1893.

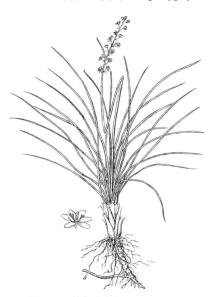

图 391 甘肃山麦冬 （李光辉绘）

根较多而细；根状茎很短，具地下走茎。叶基生成丛，长15-25厘米，宽1-1.5毫米，具3条脉，叶缘背卷，具疏锯齿，基部无膜质鞘。花葶长约25厘米；总状花序长约5.5厘米，具10几朵花；花通常单生，稀2朵簇生苞片腋内，苞片刚毛状，干膜质，最下面的长约2.5毫米。花梗长5-6毫米，关节生于近顶端；花被片长圆状披针形，长约5毫米，淡紫色；花丝细，长约2毫米，

花药卵状椭圆形，长约1毫米；子房近球形，花柱细，长约2.8毫米，柱头稍膨大，微3裂。花期6月。

产甘肃西南部及四川，生于溪边。根状茎有滋阴生津、润肺止咳、清心除烦功能。

2. 矮小山麦冬　　　　　　　图 392

Liriope minor (Maxim.) Makino in Bot. Mag. Tokyo 7: 323. 1893.

Ophiopogon specatus Ker-Gawl. var. *minor* Maxim. in Bull. Acad. Sci. Pétersb. 15: 85. 1871.

根细，分枝较多，小块根纺锤形；根状茎不明显，地下走茎细长。叶长7-20厘米，宽2-4毫米，基部为具干膜质边缘的鞘所包。花葶长6-7毫米；总状花序长1-3厘米，具5-10余花，花常单生苞片腋内，稀2-3簇生，苞片卵状披针形，最下面的长约4毫米，具膜质边缘。花梗长3-4毫米，关节生于近顶端；花被片披针状长圆形，先端钝，长3.5-4毫米，淡紫；花丝圆柱形，长约1.5毫米，花药长圆形，长约1.5毫米；子房近球形，花柱稍粗，长约

图 392 矮小山麦冬 （冯金环绘）

2毫米，径约1毫米，柱头很短，较花柱稍细。种子近球形，径4-5毫米，暗蓝色。花期6-7月。染色体2n=36。

产辽宁东南部、江苏南部、浙江东部、福建西北部、广西东北部、四川中部、湖北、安徽东南部、河南及陕西南部。小块根可代麦冬药用。日本有分布。块根用于阴虚内热、津枯口渴、虚劳咳嗽、燥咳痰稠、便秘。

3. 禾叶山麦冬　　　　　　　　　　　　图 393

Liriope graminifolia (Linn.) Baker in Journ. Linn. Soc. Bot. 14: 538. 1875.

Asparagus graminifolius Linn. Sp. Pl. ed. 2, 450. 1762.

根分枝多，有时有纺锤形小块根；具地下走茎。叶长20-50（-60）厘米，宽2-3（4）毫米，具5条脉，近全缘，先端边缘具细齿，基部常有残存的枯叶或有时撕裂成纤状。花葶长20-48厘米，总状花序长6-15厘米，具多花；花常3-5簇生苞片腋内，苞片卵形，先端长尖，最下面的长5-6毫米，干膜质。花梗长约4毫米，关节生于近顶端；花被片窄长圆形或长圆形，先端钝圆，长3.5-4毫米，白或淡紫色；花丝长1-1.5毫米，扁而稍宽，花药近长圆形，长约1毫米；子房近球形，花柱长约2毫米，稍粗，柱头与花柱等宽。种子卵圆形或近球形，径4-5毫米，初绿色，成熟时蓝黑色。花期6-8月，果期9-11月。染色体2n=36(a)，108。

产河北、山东、江苏西南部、浙江、福建、江西东北部、安徽南部、湖

图 393　禾叶山麦冬　（引自《图鉴》）

北、湖南、广东、香港、海南、广西、贵州、云南、四川、甘肃南部、陕西南部、山西南部及河南，生于海拔2300米以下山坡、山谷林下、灌丛中、石缝或草丛中。块根有润肺止咳、滋阴生津、清心除烦功能。

4. 山麦冬　　　　　　　　图 394　彩片 171

Liriope spicata (Thunb.) Lour. Fl. Cochinch. 201. 1790.

Convallaria spicata Thunb. Fl. Jap. 141. 1784.

植株有时丛生；根径1-2毫米，有时分枝多，近末端成长圆形、椭圆形或纺锤形肉质小块根；根状茎短，具地下走茎。叶长25-60厘米，宽4-6（-8）毫米，基部常具褐色叶鞘，上面粉绿色，具5条脉，中脉较明显，具细锯齿。花葶长25-65厘米；总状花序长6-15（-20）厘米，具多花，花常（2）3-5簇生苞片腋内，苞片小，披针形，最下面的长4-5毫米，干膜质。花梗长约4毫米，关节生于中部以上或近顶端；花被片

图 394　山麦冬　（张荣生绘）

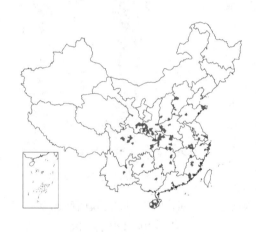

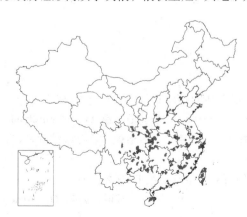

长圆形、长圆状披针形，长4-5毫米，先端钝圆，淡紫或淡蓝色；花丝长约2毫米，花药窄长圆形，长约2毫米；子房近球形，花柱长约2毫米，稍弯，柱头不明显。种子近球形，径约5毫米。花期5-7月，果期8-10月。染色体2n=36, 108(a)。

产河北、山东东部、江苏、浙江、福建、台湾、江西、安徽、湖北、湖南、广东、香港、海南东北部、广西东北部、贵州、云南东南部、四

5. 阔叶山麦冬 图 395 彩片 172

Liriope platyphylla F. T. Wang et T. Tang in Acta Phytotax. Sin. 1: 332. 1951.

根细长，分枝多，有时具纺锤形小块根，小块根长达3.5厘米，径7-8毫米；根状茎短，木质。叶密集，革质，长25-65厘米，宽1-3.5厘米，基部渐窄，有横脉。花葶长达1米；总状花序长(12-)25-40厘米，具多花，花3-8簇生苞片腋内，苞片近刚毛状，小苞片卵形，干膜质。花梗长4-5毫米，关节生于中部或中部偏上；花被片长圆状披针形或近长圆形，长约3.5毫米，紫或红紫色，花丝长约1.5毫米，花药近长圆状披针形，长1.5-2毫米；子

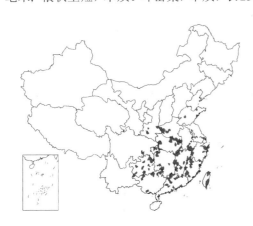

房近球形，花柱长约2毫米，柱头3齿裂。种子球形，径6-7毫米，初绿色，熟时黑紫色。花期7-8月，果期9-10月。染色体2n=36(a), 72, 108。

产山东、江苏、浙江、福建、台湾、江西、安徽、湖北、湖南、广东、

川、甘肃南部、陕西南部、山西西南部及河南，生于海拔1400米以下山坡、林下或湿地。日本、越南有分布。块根有滋阴生津、润肺止咳、清心除烦功能。

图 395 阔叶山麦冬 （王金凤绘）

广西、贵州、四川、陕西南部及河南，生于海拔100-1400米山地、山谷的疏、密林下或潮湿处；南方常有栽培。日本有分布。块根有补肺养胃、滋阴生津功能。

56. 沿阶草属 Ophiopogon Ker-Gawl.

（陈心启 罗毅波）

多年生草本。根近末端有小块根；根状茎常很短，有的具细长地下匍匐茎。茎匍匐或直立，有的形如根状茎。叶基生或茎生。总状花序生于叶丛中；花单生或2-7簇生苞片腋内，小苞片很小，生于花梗基部，花梗常下弯，具关节；花被片6，分离，2轮；雄蕊6，着生花被片基部，常分离，稀花药连成圆锥形，花丝很短，有时不明显，花药基着，2室，近于内向开裂；子房半下位，3室，每室2胚珠，花柱三棱柱状或细圆柱状，或基部粗，向上渐细，柱头稍3裂。果早期外果皮开裂露出种子。种子浆果状。

约50余种，分布于亚洲东部和南部亚热带、热带地区。我国40种。

1. 叶长圆形或倒披针形，非禾叶状或剑形，有叶柄。
  2. 叶有假羽状脉，中脉下部具斜向4对侧脉，叶宽3.2-3.8厘米，边缘多少有皱纹；花被片长1-1.2厘米 ⋯⋯⋯⋯⋯⋯⋯⋯⋯⋯⋯⋯⋯⋯⋯⋯⋯⋯⋯⋯⋯⋯⋯⋯⋯⋯ **6. 长药沿阶草 O. peliosanthoides**
  2. 叶无假羽状脉，侧脉全从叶基部发出，近弧形，边缘无皱纹，稀例外；花被片长4-8毫米（屏边沿阶草、棒叶沿阶草花被片长1-1.2厘米）。
    3. 花梗关节近顶端，花丝长达2毫米；花序具单花，稀具2-3(4)朵，花被片长约1.2厘米 ⋯⋯⋯⋯⋯⋯⋯⋯⋯⋯⋯⋯⋯⋯⋯⋯⋯⋯⋯⋯⋯⋯⋯⋯⋯⋯⋯⋯⋯⋯⋯ **3. 棒叶沿阶草 O. clavatus**

3. 花梗关节近中部或中部以下，花丝长不及1毫米；花序具3-4朵或更多花；花被片长4-8毫米（屏边沿阶草例外）。

  4. 横生走茎细长、径约1毫米；叶先端圆或钝，稀近尖；花被片长约4毫米，花梗长3-4毫米，花药长约1.5毫米 ·· **4. 钝叶沿阶草 O. amblyphyllus**

  4. 无细长走茎；叶先端渐尖、尖或骤尖，稀稍钝；花药长2-8毫米。

    5. 茎长，常多少匍匐或斜卧地面，叶簇以一定距离分布于茎上。

      6. 叶先端多少尾状，下面淡绿色；花2-3朵簇生，花被片长4-6毫米 ··· **2. 褐鞘沿阶草 O. dracaenoides**

      6. 叶先端渐尖、尖或骤尖，下面带粉白或苍白绿色；花单生，花被片长7-8毫米 ·· **1. 异药沿阶草 O. heterandrus**

    5. 茎较长，叶不规则散生于茎上，或茎很短，叶簇近基生。

      7. 根较细柔软，径1-1.5毫米（干后），常密生根毛。

        8. 茎明显，长10厘米以上。

          9. 叶宽1.8-3.5厘米，先端多少尾状 ·············· **2. 褐鞘沿阶草 O. dracaenoides**

          9. 叶宽2.5-8毫米，先端非尾状 ····················· **7. 长茎沿阶草 O. chingii**

        8. 茎不明显，有很短的或块状根状茎 ·············· **5. 多花沿阶草 O. tonkinensis**

      7. 根粗壮、木质化，径2-4毫米（干后），坚硬，近无毛，似支柱根。

        10. 叶柄较细弱，宽1-2毫米，基部无棕红色斑污；茎常长于叶，叶丛上方可见茎的裸露部分，节间稍长，节鞘光亮 ·· **2. 褐鞘沿阶草 O. dracaenoides**

        10. 叶柄坚硬，宽3-5毫米，基部常有棕红色斑污；茎常短于叶，叶丛之上全被叶基所包，节间很短，节鞘不光亮 ·········· **8. 宽叶沿阶草 O. platyphyllus**

1. 叶多少禾叶状或剑形，基部渐窄成不明显的柄或无柄。

  11. 茎明显，在叶丛下方有长2-3厘米以上的茎，后者近圆柱形，常斜卧地面或多少埋于腐殖质中，有较密的节和残存的叶鞘，生根，似根状茎。

    12. 走茎横走、细长；开花时花柱长为花药1倍，至少有1/3伸出花被 ··· **13. 短药沿阶草 O. angustifoliatus**

    12. 无上述走茎，若有走茎也是茎基部延长；花柱长不及花药1倍，不伸出或稍伸出花被。

      13. 茎比叶长或近等长；苞片除狭窄的中脉外，薄膜质，亮白色，透明，比花梗短（在花序下部的苞片有时和花梗近等长）；叶剑形，或稍呈镰刀状，长不超过20厘米，有稍明显的柄 ·· **7. 长茎沿阶草 O. chingii**

      13. 茎比叶短，稀较长；苞片草质或边缘薄膜质，后者比花梗长（至少花序最下部的苞片如此）；叶长（0.2-）0.25-1米或更长，叶柄不明显。

        14. 根坚硬、木质化，多少直伸，径3-5毫米，似支柱根，根毛常脱落 ·· **8. 宽叶沿阶草 O. platyphyllus**

        14. 根较柔软，多少弯曲，径1-2.5毫米，密生绵毛状根毛。

          15. 花药合成长圆锥形，长5-7毫米，开花后，花药尖端伸出花被；花蕾披针形或卵状披针形 ········ ·· **14. 四川沿阶草 O. szechuanensis**

          15. 花药分离，长4-6毫米，或连合呈球形或卵圆形，长2-3毫米；花蕾球形、卵圆形或椭圆形。

            16. 根细软而多，径约1毫米，稀例外，表皮常脱落；花药披针形，长4-6毫米，开花后常凋萎，花被片长8-9毫米 ···························· **11. 大沿阶草 O. grandis**

            16. 根径1.5-3毫米，表皮不脱落；花药卵圆形，长2-3毫米，花被片长5-7毫米。

              17. 花药分离，花被片长4-5毫米，开花后顶端不外卷，花梗长4-5毫米或更短 ················ ·· **9. 西南沿阶草 O. mairei**

              17. 花药连合，或后期分离，花被片长6-7毫米，开花后顶端常外卷，花梗长0.6-1.4厘米。

                18. 叶宽0.7-1.3毫米，先端渐尖；花梗长1-1.4厘米，花丝长约1毫米 ··············· ·· **10. 狭叶沿阶草 O. stenophyllus**

18. 叶宽1.4-2.2厘米，先端尖具钝头；花梗长6-9毫米，花丝不明显 ┄┄┄┄┄┄ 12. **连药沿阶草 O. bockianus**
11. 茎极短，不明显，在基生叶丛之外看不到茎或似根状茎的茎，有时有根状茎，但非近圆柱形或近直生的。

  19. 根状茎姜状，肉质，径达3厘米 ┄┄┄┄┄┄┄┄┄┄┄┄┄┄┄┄ 15. **姜状沿阶草 O. zingiberaceus**
  19. 根状茎较小或不明显。

    20. 无横生、细长地下走茎。

      21. 叶宽（0.2-）0.3-1.5毫米；花梗与花被近等长，花柱基部一般不宽阔（广东沿阶草例外）。

        22. 花被片长0.9-1厘米，花药线状披针形，长7-8毫米，约为花被片长2/3或近等长，花梗长0.7-1.5厘米 ┄┄┄┄┄┄┄┄┄┄┄┄┄┄┄┄┄ 16. **疏花沿阶草 O. sparsiflorus**
        22. 花被片长4-7毫米，花药长形或线状窄卵形，长3-4毫米，约为花被片1/2，花梗长4-6毫米 ┄┄┄ 17. **间型沿阶草 O. intermedius**

      21. 叶宽1-1.5毫米，花梗比花被片长约1倍，花柱基部宽达1.2毫米 ┄┄┄ 18. **阴生沿阶草 O. umbraticola**
    20. 地下走茎横生、细长；花被片长4-6毫米。

      23. 花柱细长，圆柱形，花被片在盛花时多少展开；花葶常稍短于叶或近等长 ┄┄┄┄┄┄┄┄┄┄┄┄┄┄┄┄┄┄┄┄┄┄┄┄┄┄ 19. **沿阶草 O. bodinieri**
      23. 花柱粗短，基部宽，近长圆锥形；花被片几不展开；花葶常比叶短得多，稀例外 ┄┄┄┄┄┄┄┄┄┄┄┄┄┄┄┄┄┄┄┄┄┄┄┄ 20. **麦冬 O. japonicus**

1. 异药沿阶草   图 396

Ophiopogon heterandrus F. T. Wang et L. K. Dai, Fl. Reipubl. Popul. Sin. 15: 136. 251. 1978.

茎径2-3毫米，匍匐，节上具灰白色膜质鞘，每隔几节生叶。叶2-5簇生，长圆形或窄长圆形，长4.5-6.5厘米，宽1-1.6厘米；叶柄长5-8厘米。总状花序生于茎顶端叶簇中，具3-4花，花单生苞片腋内，苞片披针形，最下部的长3-4毫米，上面的较短，小苞片很小。花梗长6-8毫米，关节生于中部以下或近中部；花被片三角状披针形，长7-8毫米，白色，开花时外卷；花丝很短，花药披针形，长约7毫米，连成圆锥形；花柱细长，稍高出花药。花期7月。

图 396 异药沿阶草 （徐江晋绘）

产湖北西南部、湖南西北部、贵州中西部及四川东南部，生于海拔1200-1500米林下。

2. 褐鞘沿阶草   图 397

Ophiopogon dracaenoides (Baker) Hook. f. Fl. Brit. Ind. 6: 268. 1892.

Flueggea dracaenoides Baker in Journ. Bot. 12: 174. 1874.

根多而细，有时近基部的几个叶簇下生出粗而木质的支柱根。茎稍粗长，径3-5毫米，节上有鞘，常每隔几节生叶。叶4-7簇生，长圆形或长圆状倒披针形，长5.5-14厘米，宽1.8-3.5厘米，基部两侧不对称，渐窄成叶柄；叶柄长2-7厘米。总状花序生于茎顶端的叶束中，长8-12厘米，具10几朵至20几朵花，花2-3簇生苞片腋内，近顶端的常单生。花梗长4-6毫

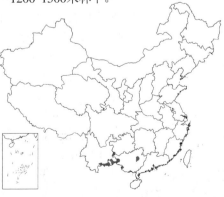

米，关节生于中部；花被片披针形或卵状披针形，长4-6毫米，白色；花丝很短，花药卵状披针形，长2.5毫米；花柱细，等长或稍长于花被片。种子宽椭圆形，长约1.2厘米。花期8月，果期9-10月。染色体2n=36(a)。

产广西、贵州西南部及云南东南部，生于海拔1000-1400米林下潮湿处。印度及越南有分布。全草有化痰止咳、定心安神功能。

3. 棒叶沿阶草

图 398：3-5

Ophiopogon clavatus C. H. Wright ex Oliv. in Hook. Icon. Pl. 24: t. 2382. 1895.

植株由地下细长的走茎相连。茎短。叶基生成丛，窄长圆状倒披针形，长5-12厘米，宽0.5-1.3厘米，基部渐窄成叶柄，下面粉绿色；叶柄长2.5-10厘米。花葶长7-11厘米，总状花序具1-3(4)花，苞片卵形，边缘膜质，长约7毫米。花梗长5-8毫米，关节生于近顶端；花被片长圆形，内轮三片稍宽，长约1.2厘米，白色稍淡紫色，开花时花被片不向外张开；花丝长约2毫米，花药窄披针形，长约7毫米；花柱细，长约1厘米。种子椭圆形，长约8毫米，绿色，熟时深蓝色。花期5-6月。

图 397 褐鞘沿阶草 （张荣生绘）

产湖北西南部、四川东南部、贵州东南部、广西及广东北部，生于海拔1400-1600米山坡或山谷疏林下或水边。

4. 钝叶沿阶草

图 398：1-2

Ophiopogon amblyphyllus F. T. Wang et L. K. Dai, Fl. Reipubl. Popul. Sin. 15: 142, 251. 1978.

根细长而多；具几条细长地下走茎。茎中等长，密生多叶，每年延长后，下部斜卧地面，似根状茎，由此生于地下走茎。叶倒披针状长圆形或近倒披针形，长6-8厘米，宽0.8-2.4厘米，基部渐窄成柄，下面灰白绿色；叶柄长3-6厘米。总状花序长4-9厘米，具几朵至10几朵花，花常单生，稀2朵并生苞片腋内，苞片披针形，最下部的长5-8毫米。花梗长3-4毫米，关

图 398：1-2. 钝叶沿阶草
3-5. 棒叶沿阶草 （引自《海南植物志》）

节生于中部或中部稍偏下；花被片卵形，长约4毫米，紫色；花丝长不及1毫米，花药卵圆形，长约1.5毫米；花柱圆柱形，长约3毫米。种子椭圆形，长约9毫米。花期7月。

产四川、贵州及云南东北部，生于海拔1650-2200米疏林下及山坡阴处。

5. 多花沿阶草　　　　　　　　　　　　　图 399

Ophiopogon tonkinensis Rodrig. in Bull. Soc. Bot. France 75: 998. 1928.

根细，密被白色绒毛状根毛，后渐脱落，根状茎粗短。茎短。叶基生成丛，厚革质，倒披针状长圆形，长12-25厘米，宽2.5-3.5厘米，基部不对称，渐窄成柄，下面淡绿色；叶柄长5-28厘米。花葶长15-24厘米，总状花序长9-12厘米，具10余朵至30余朵花，花常2-4簇生苞片腋内；苞片卵形或披针形，最下面的长6-9毫米。花梗长3-5毫米，关节生于中部；花被片卵形或

图 399　多花沿阶草　（张荣生绘）

长圆形，长约4毫米，淡紫色；花丝长约1毫米，花药披针形，长约3毫米；花柱细，长约3.3毫米。种子椭圆形或近球形，长约9毫米。花期9月，果期10-11月。染色体2n=36(a)。

产广西西部及云南东南部，生于海拔1000-1500米密林下或空旷山坡。越南有分布。

6. 长药沿阶草　　　　　　　　　　　　　图 400

Ophiopogon peliosanthoides F. T. Wang et T. Tang, Fl. Reipubl. Popul. Sin. 15: 144. 252. 1978.

根细长而质硬，先端常具纺锤形或圆柱形小块根，径约5毫米，茎短，每年延长后上部生出新叶丛，下部叶枯萎并生出根而斜卧地面，似根状茎。

叶近基生，长圆形，长10-15厘米，宽3.2-3.8厘米，基部不对称，下面粉绿色；叶柄长10-35厘米。花葶长约30厘米，总状花序长约13厘米，具20几朵花，花单生或2-3簇生苞片腋内，苞片卵形，长约1厘米。花梗长0.5-1.1厘米，关节生于中部以上或以下；花被片披针形或窄披针形，长1-1.2厘米，紫或白色；花丝极短，花药线形，长

图 400　长药沿阶草　（冀朝祯绘）

约8毫米；花柱细，长约9毫米。花期5月。染色体2n=36(a)。

产贵州西南部及云南东南部，生于海拔1000-1600米山坡灌丛下阴湿处。

7. 长茎沿阶草　　　　　　　　　　　　　图 401

Ophiopogon chingii F. T. Wang et T. Tang in Bull. Fan Mem. Inst. Biol. Bot. 7: 282. 1937.

根较粗，常多少木质化。茎长，径2-5毫米，常平卧地面并生根，有时具分枝。叶茎生，剑形，稍镰状，长7-20厘米，宽2.5-8毫米，鞘上常

具横皱纹，下面粉绿色，基部收窄成柄。总状花序生于叶腋或茎先端叶束中，长8-15厘米，具5-10花，花常单生或2-4簇生苞片腋内，苞片卵形

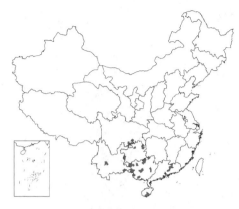

或披针形，除中脉外透明，最下面的长约6毫米。花梗长6-9毫米，关节生于中部以下；花被片长圆形或卵状长圆形，长约5毫米，白或淡紫色；花丝长约1毫米，花药卵圆形，长约2毫米；花柱细，长约4毫米，长0.8-1.2厘米。花期5-6月。染色体2n=36(a)。

产广东、海南南部、广西、贵州、四川东南部及云南，生于海拔1000-2100米山坡灌丛中、林下或岩缝中。

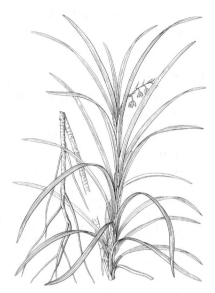

图 401 长茎沿阶草 （孙英宝绘）

8. 宽叶沿阶草 图 402

Ophiopogon platyphyllus Merr. et Chun in Sunyatsenia 2: 211. 1935.

根径达5毫米，木质化，中空。茎短，似根状茎。叶丛生，线状披针形，革质，长40-55厘米，宽1.8-2.2厘米，两侧不对称，下面粉绿色，基部收窄成不明显的柄。花葶较粗，长12-16厘米，总状花序长约6厘米，具20余花，花常2-4簇生苞片腋内，苞片卵形，最下面的长约7毫米。花梗长7-9毫米，关节生中部以下；花被片披针形或窄披针形，长约7毫米，内轮3片稍宽于外轮3片，白色；花丝不明显，花

药线状披针形，长约6毫米，淡黄绿色；花柱细，长约6毫米。种子长圆形，长约1.1厘米。花期5-6月。

产广东南部、海南、广西及云南东南部，生于海拔600-1800米林下、溪边或路边。根有补虚、止痛功能。

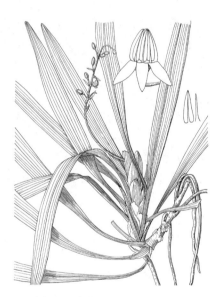

图 402 宽叶沿阶草 （孙英宝绘）

9. 西南沿阶草 图 403

Ophiopogon mairei Lévl. in Fedde, Repert. Sp. Nov. 9: 78. 1910.

根稍粗，柔软，多而长，近末端常有纺锤形小块根。茎生根，似根状茎。叶丛生，近禾叶状，长20-40厘米，宽0.7-1.4厘米，鞘常具横皱纹，下面粉绿色，基部渐窄成不明显的柄。花葶长10-15厘米；总状花序长5-7厘米，密生多花，花1-2生于苞片腋内，苞片钻形，最下面的长5-7毫米。花梗长4-5毫米或更短，关节生于中部或中部偏上；花被片卵形，长4-5毫米，白或蓝色；花丝明显，花药卵圆形，长约2毫米；花柱稍粗，长约2.5毫米。种子椭圆形或卵圆形，长约8毫米，蓝灰色。花期5月中旬至7月上旬。

产湖北西部、湖南西北部、贵州、四川及云南，生于海拔800-1800米林下阴湿处。

10. 狭叶沿阶草 图 404

Ophiopogon stenophyllus (Merr.) Rodrig. in Bull. Mus. Hist. Nat. Paris sér. 2, 6: 95. 1934.

Peliosanthes stenophylla Merr. in Philipp. Journ. Sci. Bot. 13: 134. 1918.

根粗，木质，密被白色根毛。茎似根状茎。叶丛生，禾叶状，草质，长25-60厘米，宽0.7-1.3厘米，先端渐尖，基部具灰白色膜质鞘，下面淡绿色；叶柄不明显。花葶长10-32厘米；总状花序长4-41厘米，具10-40花，花1-2生于苞片腋内，苞片披针形，最下面的长0.8-1.5厘米。花梗长1-1.4厘米，关节生于中部或中部以下；花被片卵形或披针形，长约6毫米，内轮3片较外轮3片宽，白或淡紫色；花丝长约1毫米，花药卵圆形，多少连合或后分离，长约3毫米；花柱细，长约5毫米。种子椭圆形，长约1厘米。花期7-9月，果期10-11月。

产江西、湖南西南部、广东、海南南部、广西、云南东南部及四川，生于海拔900-1400米山坡密林下潮湿处。

11. 大沿阶草 图 405

Ophiopogon grandis W. W. Smith in Notes Roy. Bot. Gard. Edinb. 13: 171. 1921.

根较纤细而多。茎似根状茎，径0.4-1厘米。叶多枚，近丛生，禾叶状，长25-55厘米，宽0.7-1.1厘米，具细齿，基部具白色膜质鞘，下面淡绿色。花葶长15-20厘米；总状花序长7-8厘米，具多花，花常2朵生于苞片腋内，近顶端常单生，苞片披针形或钻形，最下面的长2-4厘米，边缘膜质而宽。花梗长3-5毫米，关节生于中部偏上；花被片卵形或卵状披针形，长8-9毫米，内轮3片稍窄，白色；花丝长约1毫米，花药披针形，长4-6毫米，分离；花柱稍粗，长约7毫米。种子椭圆形，长约9毫米。花期6-7月，果期8-

图 403 西南沿阶草 （张荣生绘）

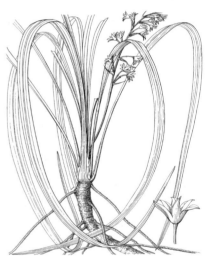

图 404 狭叶沿阶草 （张荣生绘）

图 405 大沿阶草 （吴兴亮绘）

9月。

产四川、贵州及云南,生于海拔1800-2800米山坡林下。

12. 连药沿阶草 图 406 彩片 173

Ophiopogon bockianus Diels in Engl. Bot. Jahrb. 29: 254. 1900.

根径1-3毫米,密被白色根毛,末端具纺锤形小块根。茎较短,径约

1厘米或更粗,似根状茎。叶丛生,多少剑形,长20-30(-80)厘米,宽(0.7-)1.4-2.2厘米,下面粉绿色,基部渐窄成不明显的柄。花葶长18-28厘米;总状花序长5-14厘米,具10余朵至多花,花2朵生于苞片腋内,苞片披针形,最下面的长1.2-1.5厘米。花梗长6-9毫米,关节生于中部以下;花被片卵

图 406 连药沿阶草 (张荣生绘)

形,长6-7毫米,先端常外卷,淡紫色;花丝几不明显,花药卵圆形,长2.5-3毫米,连成短圆锥形;花柱细,长约5毫米。种子椭圆形或近球形,长约1厘米。花期6-7月,果期8月。染色体2n=36(a)。

产湖北西南部、湖南西北部、广西、贵州东北部、四川及云南东北部,生于海拔900-1300米山坡林下或山谷溪边岩缝中。全草有祛风败毒功能。

13. 短药沿阶草 图 407

Ophiopogon angustifoliatus (F. T. Wang et T. Tang) S. C. Chen in Acta Phytotax. Sin. 26(2): 141. 1988.

Ophiopogon bockianus Diels var. *angustifoliatus* F. T. Wang et T. Tang, Fl. Reipubl. Popul. Sin. 15: 152. 252. 1978.

根稍粗,被白色根毛,末端具纺锤形小块根;地下有走茎。茎较短,径

约1厘米,形似根状茎。叶丛生,略剑形,长20-40厘米,宽3-7毫米。总状花序长5-15厘米,具数朵至10余花,花常单生苞片腋内,苞片披针形,最下面的长1-1.4厘米。花梗长6-8毫米,关节生于中部以下;花被片卵形,长5-6毫米,淡紫色;花丝不明显;花药卵圆形,长2.5-3毫米,连成短圆锥形;花柱细长,伸出花被。种子

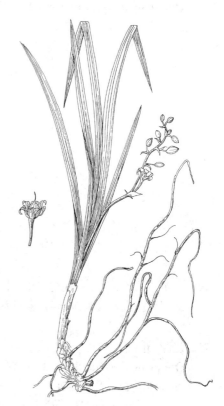

椭圆形或近球形,长约1厘米,径7-8毫米。花期7-8月,果期9-10月。

产湖北西部、湖南西北部、广西北部、贵州、四川及云南西北部,生于海拔800-3200米山坡密林中、山谷湿地、溪边或路边。

图 407 短药沿阶草 (孙英宝绘)

14. 四川沿阶草

图 408 彩片 174

Ophiopogon szechuanensis F. T. Wang et T. Tang, Fl. Reipubl. Popul. Sin. 15: 154. 252. 1978.

根较细软，有时近末端具纺锤形小块根。茎似根状茎。叶丛生，禾叶状，长 25-60 厘米，宽 0.5-1.1 厘米，下面粉绿色；叶柄不明显。花葶长 13-26 厘米；总状花序长 4-11 厘米，具几朵至 10 余朵花，花单生苞片腋内，苞片披针形，最下面的长 0.8-1.6 厘米。花梗长 7-9 毫米，关节生于中部以下；花被片卵状披针形，长 8-9 毫米，先端渐尖，常稍外卷，紫或紫红色；花丝不明显，花药窄披针形，先端长渐尖，长

图 408 四川沿阶草 （孙英宝绘）

6.5-7 毫米，连成长圆锥形；花柱细，长约 7 毫米。花期 6-7 月。

产四川南部及云南东北部，生于海拔 1000-2000 米山坡疏林下阴湿地或水边。

15. 姜状沿阶草

图 409

Ophiopogon zingiberaceus F. T. Wang et L. K. Dai, Fl. Reipubl. Popul. Sin. 15: 154. 252. 1978.

根纤细；根状茎肉质、姜状，宽约 3 厘米，具粗短分枝。茎很短。叶基生成丛，禾叶状，长 15-30 厘米，宽 3.5-6 毫米，具 5-9 条隆起的脉，边缘平滑；叶柄不明显。花葶长约 18 厘米，总状花序长约 3 厘米，具 10 余花，花单生苞片腋内，苞片线形，最下面的长约 7 毫米。花梗长约 2.5 毫米，关节生于中部偏上；花被片三角状卵形，长约 4 毫米（未完全开放）；花丝很短，花药线

图 409 姜状沿阶草 （孙英宝绘）

状三角形，长约 3 毫米；花柱稍粗，长约 3 毫米。花期 5-6 月。

产四川南部及云南东北部，生于海拔约 3000 米山坡阴湿处或林下。

16. 疏花沿阶草

图 410

Ophiopogon sparsiflorus F. T. Wang et L. K. Dai, Fl. Reipubl. Popul. Sin. 15: 158, 253. 1978.

根细长，质软，密被白色根毛。茎很短。叶丛生，禾叶状，革质，长 15-40 厘米，宽 4-7 毫米或更宽，基部具膜质鞘，下面粉绿色，边缘稍背卷，

向基部收窄；叶柄不明显。花葶长13-28厘米；总状花序长6-8厘米，具几朵至10余朵花，花单生苞片腋内，苞片披针形，最下面的长7-8厘米。花梗长1厘米，关节生于近中部；花被片窄披针形，长约1厘米，淡紫色；花丝长约2毫米，花药线形，长约7毫米，连成长圆锥形，后分离；花柱细，长约8毫米。花期5月，果期6-7月。

产广东西北部及广西北部，生于海拔800-1400米山地林下或山谷水边阴湿处。

图 410 疏花沿阶草 （余汉平绘）

17. 间型沿阶草

图 411 彩片 175

Ophiopogon intermedius D. Don, Prodr. Fl. Nepal. 48. 1825.

植株常丛生。具块状根状茎。根细长，分枝多，近末端具椭圆形或纺锤形小块根。茎很短。叶基生成丛，禾叶状，长15-55厘米，宽2-8毫米，具细齿。花葶长20-50厘米；总状花序长2.5-7厘米，具15-20花，花常单生或2-3朵簇生苞片腋内，苞片钻形或披针形，最下面的长达2厘米。花梗长4-6毫米，关节生于中部；花被片长圆形，先端钝圆，长4-7毫米，白或淡紫色；花丝

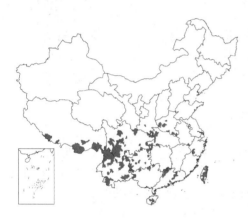

极短，花药线状窄卵圆形，长3-4毫米；花柱细，长约3.5毫米。种子椭圆形。花期5-8月，果期8-10月。

产陕西南部、河南、安徽南部、浙江西南部、台湾、广东、海南、广西、湖南、湖北西部、四川、贵州、云南及西藏南部，生于海拔1000-3000米山谷、林下阴湿地或沟边。锡金、不丹、尼泊尔、印度、孟加拉、泰国、越南及斯里兰卡有分布。块根清心除烦、养胃生津、润肺止咳功能。

图 411 间型沿阶草 （张荣生绘）

18. 阴生沿阶草

图 412

Ophiopogon umbraticola Hance in Journ. Bot. 6: 115. 1868.

植株丛生，根状茎粗短。根细长，分枝多。茎很短。叶基生成丛，禾叶状，长25-35（-50）厘米，宽1-1.5毫米，具细齿。花葶长约30厘米；总状花序长8-16厘米，具多花，花1-3簇生苞片腋内，苞片近钻形，最下面的长6-8毫米，向上渐短。花梗细，长约1厘米，关节生于中部或中部稍下；花被片披针形或长圆形，先端钝圆，长约4毫米，内轮3片较外轮3片稍宽，淡蓝色；花丝长不及1毫米，花药窄披针形，长约2毫

图 412 阴生沿阶草 （宋良科绘）

米；花柱粗短，基部宽，径达1.2毫米，向上渐窄。花期8月。

产湖北西南部、江西北部、广东北部、贵州东北部及四川东部，生于

山谷阴湿地。据记载也见于我国台湾。

19. 沿阶草

图 413 彩片 176

Ophiopogon bodinieri Lévl. Liliac. etc. Chine 15. 1905.

根纤细，近末端具纺锤形小块根；地下走茎长，径1-2毫米。茎很短。

叶基生成丛，禾叶状，长20-40厘米，宽2-4毫米。花葶较叶稍短或几等长，总状花序长1-7厘米，具几朵至10余朵花，花常单生或2朵生于苞片腋内，苞片线形或披针形，稍黄色，半透明，最下面的长约7毫米。花梗长5-8毫米，关节生于中部；花被片卵状披针形、披针形或近长圆形，长4-6毫米，内轮3片宽于外轮3片，白或稍紫色；花丝长不及1毫米；花药窄披针形，长约2.5毫米，常绿黄色；花柱细，长4-5毫米。种子近球形或椭圆形，径5-6毫米。花期6-8月，果期8-10月。

产甘肃南部、陕西南部、河南西部、湖北、四川、贵州、云南、西藏、安徽、江西、福建及广西西北部，生于海拔600-3400米山坡、山谷潮湿处、沟边、灌丛中或林下。

20. 麦冬

图 414

Ophiopogon japonicus (Linn. f.) Ker-Gawl. in Curtis's Bot. Mag. 27: t. 1063. 1807.

Convallaria japonica Linn. f. Suppl. Sp. Pl. 204. 1781.

根较粗，中间或近末端具椭圆形或纺锤形小块根，小块根长1-1.5厘米，

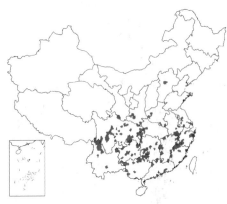

径0.5-1厘米，淡褐黄色；地下走茎细长，径1-2毫米。茎很短。叶基生成丛，禾叶状，长10-50厘米，宽1.5-3.5毫米。花葶长6-15(-27)厘米；总状花序长2-5厘米，具几朵至10余花，花单生或成对生于苞片腋内，苞片披针形，最下面的长7-8毫米。花梗长3-4毫米，关节生于中部以上或近中部；花被片常稍下垂不开展，披针形，长约5毫米，白或淡紫色；花药三角状披针形，长2.5-3毫米；花柱长约4毫米，宽约1毫米，基部宽，向上渐窄。种子球形，径7-8毫米。花期5-8月，果期8-9月。染色体2n=36，68(a)，72(a)。

产河北、山东东部、江苏、浙江、福建、江西、安徽、湖北西部、湖

图 414 麦冬 （张荣生绘）

南、广东、广西、贵州、云南、四川、陕西南部及河南，生于海拔2000米以下山坡阴湿地、林下或溪边。日本、越南及印度有分布。小块根是中药麦冬，有养阴、生津、润肺、止咳功能。栽培历史悠久。

57. 球子草属 Peliosanthes Andr.

（陈心启 罗毅波）

多年生草本；茎匍匐状。叶2-5，基生，或簇生茎上，具褶扇状主脉5-7条，横脉明显；叶柄长。总状花序通常短于叶片，花单生或2-5簇生苞片腋内，苞片内常有1-5枚小苞片。花梗顶端具关节；花被片下部合生成筒，上部6裂；雄蕊6，花药基着；花丝短，合生成肉质内弯的环，贴生花被筒喉部；子房与花被筒合生或部分分离，半下位，3室，每室具1-5胚珠，花柱短，柱头3浅裂。蒴果具1-3种子。种子具肉质种皮，蓝绿或绿色。

约10种，分布于亚洲热带与亚热带地区。我国7种。

1. 总状花序的花单生；花被筒部分与子房合生。
　　2. 茎匍匐状，长5.5厘米以上；花序长1.5-5厘米；花密生，径5-5.5毫米 ……………………………………………………………………………………… 1. 匍匐球子草 **P. sinica**
　　2. 茎短或不明显；花序长9-25厘米；花径长0.6-1.2厘米 ……………… 2. 大盖球子草 **P. macrostegia**
1. 总状花序的花2-5朵簇生；花被筒大部与子房合生 ……………………… 2（附）. 簇花球子草 **P. teta**

1. 匍匐球子草

图 415

Peliosanthes sinica F. T. Wang et T. Tang, Fl. Reipubl. Popul. Sin. 15: 166. 253. 1978.

茎匍匐状，长达18.5厘米。叶3-4，长圆状椭圆形或椭圆形，长11-17厘米，宽3-6厘米，具7条主脉；叶柄长7-20厘米。总状花序长1.5-5厘米，每苞片生1花，花序梗长约3.5厘米，苞片披针形，纸质，长0.5-1厘米，先端尾尖；无小苞片。花紫色，径5-5.5毫米；花被片近基部合生，筒长1毫米，部分与子房合生，裂片卵形，长3-4毫米；花梗长3毫米；花药长0.5毫米，花丝合成肉质环，径约1毫米；

图 415 匍匐球子草 （李锡畴绘）

子房每室4胚珠，花柱粗短，柱头3浅裂。种子椭圆形，长0.7-1.5毫米，种皮肉质，绿色。果期10月。

产广西西南部及云南南部，生于海拔850-1400米林下。

2. 大盖球子草

图 416：1-2

Peliosanthes macrostegia Hance in Journ. Bot. 23: 328. 1885.

茎长约1厘米。叶2-5枚，披针状窄椭圆形，长15-25厘米，宽5-6厘米，有5-9条主脉；叶柄长20-30厘米。花葶长15-35厘米；总状花序长9-25厘米，每苞片生1花，苞片膜质，披针形或卵状披针形，长0.6-1.5厘米，小苞片1，长3-5毫米。花紫色；花被筒长2毫米，部分与子房合生，裂片三角状卵形，为花被长2/3；花梗长5-6毫米；花药长0.5-1毫米，花丝合生的肉质环顶端波状；子房每室有3-4胚珠，花柱粗短，柱头3裂。种子近圆形，长约1厘米，种皮肉质，蓝绿色。花期4-6月，果期7-9月。

产湖北西部、湖南西部、广东、海南、广西西南部、贵州西北部、云南、四川及西藏东部,生于海拔350-1500米灌丛中和竹林下。根用治痈疮。

[附] **簇花球子草** 图416:3-4 **Peliosanthes teta** Andr. Bot. Rep. t. 605. 1810. 本种与大盖球子草的区别:总状花序每苞片有2-5花簇生,花被筒大部分与子房合生。产海南及广西南部,生于林下。

58. 粉条儿菜属 Aletris Linn.

(梁松筠)

多年生草本。根状茎短,常簇生细长纤维根,稀根肉质。叶常基生,成簇,无明显叶柄,中脉常较粗。花葶生于叶簇中,中下部常具几枚苞片状叶;总状花序。花小:花梗短或极短,花梗具2枚苞片;花被钟形或坛状,下部与子房合生,约从中部向上6裂;雄蕊6,着生花被裂片基部或花被筒,花丝短,花药基着,半内向开裂;子房半下位,3室,每室胚珠多数,柱头3裂。蒴果包于宿存花被内,室背开裂。种子多数,细小。

约18种,分布于东亚和北美。我国16种。

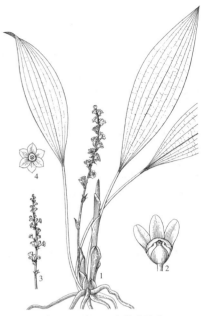

图 416: 1-2. 大盖球子草
3-4. 簇花球子草 (张泰利绘)

1. 花被无毛。
  2. 花被浅裂至中部,裂片短于花被筒或与花被筒等长。
    3. 花梗基部有苞片;花序具粘质;花被裂片有绿色中脉 ·············· 1. **无毛粉条儿菜 A. glabra**
    3. 花梗上部有苞片;花序无粘质;花被裂片无绿色中脉。
      4. 植株细弱;花葶径0.5-1毫米;叶簇近莲座状;子房缢缩成短花柱;蒴果球状卵圆形 ··········
      ············ 2. **高山粉条儿菜 A. alpestris**
      4. 植株较粗壮;花葶径1.5-2毫米;叶簇非莲座状;子房向上渐窄;花柱不明显;蒴果圆锥形。
        5. 花序疏生花;苞片2,1枚长于花1-2倍 ·············· 3. **少花粉条儿菜 A. pauciflora**
        5. 花序花较密;苞片与花等长或稍长 ········ 3(附). **穗花粉条儿菜 A. pauciflora** var. **khasiana**
  2. 花被深裂至中部以下,裂片长于花被筒。
    6. 花近无梗或花序下部的花梗长不及4毫米 ·············· 4. **疏花粉条儿菜 A. laxiflora**
    6. 花序下部的花梗长0.4-1.3厘米 ·············· 5. **星花粉条儿菜 A. stelliflora**
1. 花被有毛。
  7. 花葶和花被无腺毛;花被裂片线状披针形或披针形。
    8. 植株粗壮;蒴果倒卵圆形、长圆状倒卵圆形、卵圆形或球形。
      9. 蒴果倒卵圆形或长圆状倒卵圆形,有棱角;花被裂至全长1/3-1/2 ·············· 6. **粉条儿菜 A. spicata**
      9. 蒴果卵圆形,无棱角;花被裂至全长1/2以上 ·············· 7. **狭瓣粉条儿菜 A. stenoloba**
    8. 植株纤细;蒴果球形 ·············· 8. **短柄粉条儿菜 A. scopulorum**
  7. 花序和花被有腺毛;花被裂片卵形或长圆状卵形 ·············· 9. **腺毛粉条儿菜 A. glandulifera**

1. 无毛粉条儿菜 图 417

Aletris glabra Bur. et Franch. in Journ. de Bot. 5: 156. 1891.

叶簇生,硬纸质,线形或线状披针形,常对折,长5-25厘米,宽0.5-1.7厘米。花葶高达60厘米,无毛,中下部有几枚苞片状叶,长1.5-5.5厘米;花序长7-25厘米,有粘质;花多,稍密生,下部花较疏,苞片2枚,线形或窄披针形,1枚位于花梗基部,比花长或与花被片等长,另1枚位于花梗上部,很小;花梗长1-3毫米;花被坛状,无毛,黄绿色,长4-7毫米,上端约1/3分裂,裂片长椭圆形,长2-4毫米,膜质,有绿色中脉;雄蕊着生花被裂片基部,花丝短,花药卵圆形或近圆形,长0.4毫米。蒴果卵圆形,长3-5毫米,无毛。花期5-6月,果期9-10月。染色体2n=36。

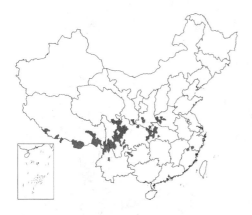

产陕西南部、甘肃南部、青海东南部、西藏南部、云南西北部、贵州西北部、四川、湖北西部、河南西部、浙江南部及福建西北部,生于海拔2000-4000米林下、灌丛中或草坡。锡金有分布。

图 417 无毛粉条儿菜 (王金凤绘)

2. 高山粉条儿菜 图 418

Aletris alpestris Diels in Bot. Jahrb. Syst. 36: Beibl. 82: 20. 1905.

植株细弱。叶近莲座状簇生,线状披针形,长2.5-8厘米,宽2-4毫米。花葶高达20厘米,径0.5-1毫米,疏生柔毛,中下部有几枚苞片状叶;花序长1-4厘米,疏生4-10花;苞片2,披针形或卵状披针形,绿色,位于花梗的上部,长1.5-3毫米。花梗长2-4毫米;花被近钟形,无毛,白色,长4-4.5毫米,约裂至中部,裂片披针形,长2毫米,宽1毫米,稍外曲;雄蕊着生裂片基部,花丝长0.5毫米,花药球形,长0.2毫米;子房卵圆形,骤缢缩成短花柱。蒴果球状卵圆形,长2-3毫米,无毛。花期6月,果期8月。

产陕西西南部、四川、贵州东北部、云南西北部及西藏东部,生于海拔800-3600米岩缝中或林下。

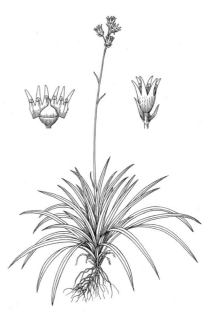

图 418 高山粉条儿菜 (王金凤绘)

3. 少花粉条儿菜 图 419

Aletris pauciflora (Klotz.) Franch. in Journ. de Bot. 10: 202. 1896.

Stachyopogon pauciflorum Klotz. in Klotz. et Garcke, Bot. Erg. Reise Pr. Waldernar 49. t. 94. 1862.

植株粗壮。叶簇生,披针形或线形,长5-25厘米,宽2-8毫米,无毛。花葶高达20厘米,径1.5-2毫米,密生柔毛,中下部有几枚苞片状叶,长1.5-5厘米;花序长2.5-8厘米,花较疏。苞片2,线形或线状披针形,生于花梗上端,长0.8-1.8厘米,1枚较花长1-2倍,绿色;花被近钟形,暗红、淡黄或白色,长5-7毫米,上端约1/4分裂;裂片卵形,长约2毫米,宽约1.2毫米,膜质;雄蕊着生花被筒,花丝长约0.5毫米,花药椭圆形,长约0.5毫米;子房卵圆形,向上渐窄,花柱不明显。蒴果圆锥形,长4-5毫米,无毛。花果期6-9月。

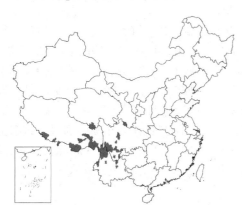

产青海南部、四川、云南及西藏南部,生于海拔3500-4000米高山草坡。尼泊尔、不丹及印度有分布。

[附] **穗花粉条儿菜** 虎须草 百味参 **Aletris pauciflora** var. **khasiana** (Hook. f.) F. T. Wang et T. Tang, Fl. Reipubl. Popul. Sin. 15: 172. 1978. —— *Aletris khasiana* Hook. f. Fl. Brit. Ind. 6: 265. 1892. 本变种与模式变种的区别:花序花较密,苞片与花等长或稍长于花。花期6月,果期9月。产西藏南部、云南及四川,生于海拔2300-4875米竹林中、沼地、岩缝中或林下。印度有分布。全草有补虚敛汗、止血功能。

4. 疏花粉条儿菜

图 420

Aletris laxiflora Bur. et Franch. in Journ. de Bot. 5: 155. 1891.

叶簇生,硬纸质,线形,长5-35厘米,宽2-5毫米。花葶高达50厘米,

上部密生短毛,中下部有几枚苞片状叶,长0.5-2厘米;花序长2.5-20厘米,疏生8-25花。苞片2,窄披针形,生于花梗上端、中部或基部,长0.3-1厘米;花梗长1-4毫米;花被白色,长4.5-7毫米,裂至中部以下,裂片窄披针形,长3-6毫米,宽0.8-1毫米,开展,有时反卷;雄蕊着生花被裂片下部,花丝长1-3毫米,花药卵圆形;子房卵圆形,花柱长1.5-4毫米,柱头稍膨大。蒴果球形,长4-4.5毫米,无毛。花果期7-8月。染色体2n= ± 52(a)。

产四川及西藏东部,生于海拔1300-2850米林下或岩缝中。

5. 星花粉条儿菜

图 421

Aletris stelliflora Hand.-Mazz. Symb. Sin. 7: 1219.

植株具细长纤维根。叶簇生,线形,长10-40厘米,宽3-5毫米,纸质,绿色,基部具褐棕色纤维状叶鞘。花葶高达30厘米,无毛,中下部具几枚

苞片状叶,长0.8-3厘米;花序长2.5-15厘米,疏生多花。苞片2,窄披针形,生于花梗基部,长2-4.5毫米,花梗长0.4-1.3厘米;花被淡黄色,长4.5-5毫米,裂至中部以下,裂片窄长圆形,长3毫米,宽0.8-1.4毫米,膜质,反卷;雄蕊着生花被裂片基部,花丝下部贴生裂片,上

图 419 少花粉条儿菜 (王金凤绘)

图 420 疏花粉条儿菜 (陈 笈绘)

部分离,长1.5-1.7毫米,花药椭圆形,长0.6毫米;子房卵圆形,长2.5毫米,径1.5毫米,花柱长1-1.5毫米。蒴果卵圆形,长4-5毫米。花期7-9月,果期10月。

产四川、云南西北部及西藏东南部,生于海拔2500-3500米灌丛边、高山草地、沼泽地或竹林下。

6. 粉条儿菜 肺筋草 图 422

Aletris spicata (Thunb.) Franch. in Journ. de Bot. 10: 199. 1896.

Hypoxis spicata Thunb. Fl. Jap. 136. 1784.

植株具多数须根，根毛局部膨大；膨大部分长3-6毫米，径0.5-0.7毫米，白色。叶簇生，线形，长1-2.5厘米，宽3-4毫米，纸质。花葶高达70厘米，有棱，密生柔毛，中下部有几枚苞片状叶，长1.5-6.5厘米；花序长达30厘米，疏生多花；苞片2，窄线形，生于花梗基部，长5-8毫米。花梗极短，有毛；花被黄绿色，上部粉红色，外面有柔毛，长6-7毫米，分裂部分占1/3-1/2，裂片线状披针形，长3-3.5毫米，宽0.8-1.2毫米；雄蕊着生花被裂片基部，花丝短，花药椭圆形；子房卵圆形，花柱长1.5毫米。蒴果倒卵圆形或长圆状倒卵圆形，有棱角，长3-4毫米，密生柔毛。花期4-5月，果期6-7月。染色体2n=26，52(a)。

产河北西北部、山东、江苏、浙江、福建、台湾、江西、安徽、湖北、湖南、广东、广西北部、贵州、云南、四川、甘肃南部、陕西南部、山西南部及河南，生于海拔350-2500米山坡、路边、灌丛边或草地。日本有分布。根药用，有活血、消肿、解毒功能。

7. 狭瓣粉条儿菜 图 423

Aletris stenoloba Franch. in Journ. de Bot. 10: 203. 1896.

植株具多数须根，少数根毛局部稍膨大；膨大部分长3-6毫米，径约0.5毫米。叶簇生，线形，长8-11厘米，宽3-4毫米，无毛。花葶高达80厘米，有毛，中下部有几枚苞片状叶，长1-4厘米，宽1-1.5毫米；花序长达35厘米，疏生多花；苞片2，披针形，生于花梗上端，长5-7毫米。花梗极短；花被白色，长6-7毫米，有毛，裂至中部或中部以下，裂片线状披针形，长3.5-3.8毫米，宽0.5-0.8毫米，开展，膜质；雄蕊着生花被裂片基部，花丝下部贴生花被裂片，上部分离，长约1毫米，花药球形，短于花丝；子房卵圆形，长2.5-3毫米。蒴果卵圆形，无棱角，有毛，长3-5毫米。花果期5-7月。

产甘肃、陕西南部、河南西部、湖北、四川、贵州、云南及广西西部，生于海拔300-3300米林缘、草坡或林下。

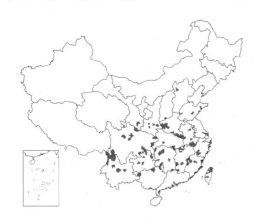
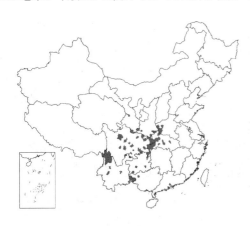

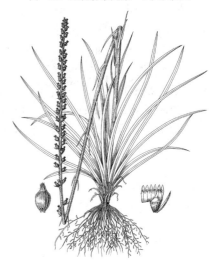

图 421 星花粉条儿菜 （李锡畴绘）

图 422 粉条儿菜 （王金凤绘）

图 423 狭瓣粉条儿菜 （王金凤绘）

8. 短柄粉条儿菜 图 424

Aletris scopulorum Dunn. in Journ. Linn. Soc. Bot. 38: 370. 1908.

植株具球茎, 纤维根稍肉质。叶不明显莲座状簇生, 线形, 长5-15厘米, 宽2-4毫米。花葶高达30厘米, 纤细, 有毛, 中下部具几枚苞片状叶, 长0.7-1.5厘米; 花序长达11厘米, 疏生几朵花; 苞片2, 线状披针形, 生于花梗中部, 长3-5毫米。花梗长1-3.5毫米, 有毛; 花被白色, 长3.5-4毫米, 有毛, 裂至中部, 裂片线形, 长1.8-2毫米, 宽约0.3毫米, 膜质; 雄蕊着生花被裂片基部, 花丝长约0.8毫米, 花药长圆形; 子房近球形, 花柱短。蒴果近球形, 长2.5-3毫米, 有毛。花期3月, 果期4月。

产浙江、福建西部、广东北部、江西及湖南南部, 生于荒地或草坡。

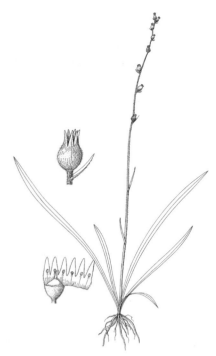

图 424 短柄粉条儿菜 (王金凤绘)

9. 腺毛粉条儿菜 图 425

Aletris glandulifera Bur. et Franch. in Journ. de Bot. 5: 156. 1891.

植株具纤维根。叶纸质, 线形, 长5-18厘米, 宽2-5毫米。花葶高达30厘米, 有腺毛, 中下部有几枚苞片状叶, 长1.5-5厘米; 花序长2-7.5厘米, 疏生8-23花; 苞片2, 线状披针形, 生于花梗上端, 长0.5-1.2厘米, 1枚长于花近2倍或更长。花梗长1-3毫米; 花被白色, 长3-3.5毫米, 宽2-2.5毫米, 裂至中部或中部以上, 裂片卵形或长圆状卵形, 长1.2-1.5毫米, 有腺毛, 膜质; 雄蕊着生花被裂片基部, 花丝短, 花药近圆形, 长0.5毫米; 子房卵圆形, 长2.5毫米, 径2.2毫米, 花柱极短, 柱头稍膨大。蒴果球形, 长2.5-3毫米, 有腺毛。花期7月。

产陕西西南部、甘肃东南部及四川, 生于海拔3300-4300米草丛中或山坡林下。

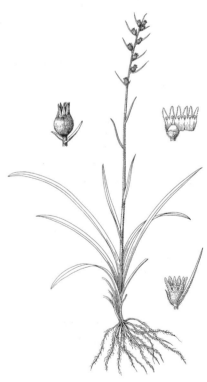

图 425 腺毛粉条儿菜 (王金凤绘)

257. 石蒜科 AMARYLLIDACEAE

（吉占和）

多年生草本，稀亚灌木或乔木状。具鳞茎或植株基部宿存的叶茎呈鳞茎状。叶基生或茎生。花茎无叶或下部有叶；伞形、总状、穗状、圆锥花序顶生，或花单生，具1至数枚佛焰状总苞片。花两性，辐射对称或两侧对称；花被片6，2轮，离生或合生成短筒，有副花冠或无；雄蕊6，生于花被筒喉部或基部，花丝离生或有时基部连合，花药背着或基着，多内向开裂；子房下位，3室，中轴胎座，每室有多数或少数胚珠，花柱细长，柱头头状或3裂。蒴果，稀浆果。

约100余属，1200余种，分布于热带、亚热带及温带。我国12属、31种和3变种，其中有12种（录属于7属）为常见引入栽培种。

1. 花叶同期。
  2. 花茎顶生单花。
    3. 花丝间无离生鳞片，子房非陀螺状，花被筒明显 ·················· 1. 葱莲属 Zephyranthes
    3. 花丝间有离生鳞片，子房陀螺状，花被筒短或几无 ·········· 12. 龙头花属 Sprekelia
  2. 花茎顶生伞形花序，有少花至多花。
    4. 花具副花冠 ···································· 5. 水仙属 Narcissus
    4. 花无副花冠。
      5. 花茎具叶；雄蕊着生花被片基部 ············· 6. 鸢尾蒜属 Ixiolirion
      5. 花茎无叶。
        6. 花被多少连成筒，雄蕊着生花被筒喉部。
          7. 花丝基部不连合。
            8. 花被筒细长，长7-10厘米 ··········· 2. 文殊兰属 Crinum
            8. 花被筒短，长不及1.5厘米。
              9. 鳞茎球形；子房每室1-2胚珠 ······· 7. 网球花属 Haemanthus
              9. 茎缩短成鳞茎状，非球形；子房每室5-6胚珠 ······ 8. 君子兰属 Clivia
          7. 花丝基部连成杯状体。
            10. 子房每室多数胚珠 ··············· 3. 全能花属 Pancratium
            10. 子房每室2胚珠 ··············· 10. 水鬼蕉属 Hymenocallis
        6. 花被离生或基部稍连合成筒，雄蕊着生花被片基部 ········· 9. 雪片莲属 Leucojum
1. 花叶不同期。
  11. 花茎实心；花被筒喉部无鳞片，胚珠少数 ·············· 4. 石蒜属 Lycoris
  11. 花茎中空；花被筒喉部有小鳞片，胚珠多数 ·········· 11. 朱顶红属 Hippeastrum

1. 葱莲属（玉帘属）Zephyranthes Herb.

多年生草本。鳞茎有皮。叶数枚，簇生，线形。花茎中空；总苞片1，基部筒状，先端2浅裂；花单朵顶生，直立。花被漏斗状，基部具筒，裂片6，近等大；雄蕊6，直立或稍下弯，着生花被筒喉部筒内，3长3短，花药背着；子房每室多数胚珠，柱头3浅裂或3凹缺。蒴果近球形，室背3片裂。种子黑色，稍扁。染色体基数x=6，7。

约40种，分布于西半球温暖地区。我国引入栽培2种。

1. 花白色，花被近离生或有很短或不明显的花被筒；叶宽2-4毫米 ················ 葱莲 Z. candida
1. 花玫瑰红或粉红色，花被筒长1-2.5厘米；叶宽6-8毫米 ··········· （附）. 韭莲 Z. grandiflora

葱莲　玉帘　　　　　　　　　　图 426：1-3 彩片 177

Zephyranthes candida（Lindl.）Herb. in Curtis's Bot. Mag. 53：t. 2607. 1826.

Amaryllis candida Lindl. in Bot. Reg. 9：t. 724. 1823.

多年生草本。鳞茎卵形，径约2.5厘米，颈长2.5-5厘米。叶线形，肥厚，长20-30厘米，宽2-4毫米。花茎中空，单花顶生，总苞片先端2浅裂。花梗长约1厘米；花白色，外面稍带淡红色，几无花被筒；花被片6，近离生或基部连合成极短的花被筒，长3-5厘米，宽约1厘米，近喉部常具小鳞片；雄蕊6，长约为花被1/2；花柱细长，柱头3凹缺。花期秋季。

原产南美洲。我国南北庭院、公园栽培供观赏，在南方已野化。

［附］**韭莲**　风雨花　图 426：4 彩片 178 **Zephyranthes grandiflora** Lindl. in Bot. Reg. 11：t. 902. 1825. 本种与葱莲的区别：花玫瑰红或粉红色，花被筒长1-2.5厘米；叶线形，宽6-8毫米。原产南美洲。广泛栽培于庭院、公园供观赏，在南方已野化。

图 426：1-3. 葱莲 4. 韭莲
（吴彰桦绘）

2. 文殊兰属 Crinum Linn.

多年生草本。具鳞茎。叶基生，带状或剑形，常宽大。花茎实心，顶生伞形花序有少花至多花，稀单花；总苞片2，大而宽。花被辐射对称或两侧对称，高脚碟状或漏头状，花被筒细长，裂片直伸或弯曲；雄蕊6，着生花被管喉部，花丝丝状，分离，花药线形，丁字着生；子房3室，每室2至多数胚珠，花柱纤细，稍外倾，柱头头状。蒴果近球形，不规则开裂。种子大，球形或具棱角。染色体基数x=11。

约100余种，分布于南北两半球热带和亚热带地区，主产非洲。我国1种1变种。

1. 花被裂片线形，宽6-9毫米，先端渐尖；花被筒直伸 ················· 1. **文殊兰 C. asiaticum** var. **sinicum**
1. 花被裂片披针形或长圆状披针形，宽约1.5厘米，先端骤窄成短渐尖；花被筒稍弯 ····················
·· 2. **西南文殊兰 C. latifolium**

1.　文殊兰　文珠兰　　　　　　图 427：1-2 彩片 179

Crinum asiaticum Linn. var. **sinicum**（Roxb. ex Herb.）Baker, Handb. Amaryll. 75. 1888.

Crinum sinicum Roxb. ex Herb. in Curtis's Bot. Mag. sub. 47：t. 2121. 1820.

多年生粗壮草本。鳞茎长圆柱形。叶深绿色，20-30枚，线状披针形，

长达1米，宽7-12厘米，边缘波状，先端渐尖具尖头。花茎直立，与叶近等长，伞形花序有10-24花；总苞片披针形，长6-10厘米。小苞片线形，长3-7厘米；花梗长0.5-2.5厘米；花芳香，花被高脚碟状，花被筒绿白色，直伸，长7-10厘米，径1.5-2毫米，裂片白色，线形，

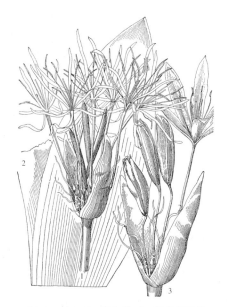

图 427：1-2. 文殊兰 3. 西南文殊兰
（陈荣道绘）

长4.5-9厘米，宽6-9毫米，先端渐尖；雄蕊淡红色，花丝长4-5厘米，花药线形，长1.5厘米以上，先端渐尖；子房纺锤形，长不及2厘米。种子1。花期夏季。

2. 西南文珠兰　西南文珠兰　　图427：3　图428

Crinum latifolium Linn. Sp. Pl. 291. 1753.

多年生粗壮草本。叶带形，长70厘米以上，宽3.5-6厘米或更宽。花茎实心，伞形花序有1-多花；总苞片2，披针形，长约9厘米。小苞片多数，线形；花梗很短；花被近漏斗状，花被筒长约9厘米，稍弯，裂片白色，先端带红晕，披针形或长圆状披针形，长约7.5厘米，宽约1.5厘米，先端短渐尖；雄蕊6，花丝短于花被，花药线形，长1.2-1.8厘米。花期6-8月。

产广西北部、贵州及云南西南部，生于干旱河床或沙地。越南、老挝、泰国、缅甸、印度及斯里兰卡有分布。

产浙江南部、福建、台湾、江西南部、广东、海南及广西，常生于海滨地区或河边沙地。南方公园栽培供观赏。

图 428　西南文珠兰　（吴彰桦绘）

3. 全能花属 Pancratium Linn.

多年生草本。具鳞茎。叶基生，无柄。花茎实心，顶生伞形花序有1至多花；总苞片2，披针形。花梗常较短；花被近漏斗状，裂片6，开展；雄蕊6，着生花被筒喉部，花丝基部连成杯状体，花药线形，丁字着生；子房每室多数胚珠，花柱丝状，柱头头状，稍3裂或分枝。蒴果室背3片裂。种子黑色，有棱角。

约15种，分布于地中海地区至热带非洲和亚洲。我国1种。

全能花　　　　　　　　　　　　　　图 429

Pancratium biflorum Roxb. Fl. Ind. 2: 125. 1824.

多年生草本。叶数枚，剑形，长30-45厘米，宽2.5-3.5厘米。花茎比叶短，顶生伞形花序有2-3花；总苞片披针形。花被筒绿色，纤细，长10-12厘米；花被裂片白色，线形，与花被筒近等长；雄蕊杯状体长约花被筒1/3，与蕊柱花丝离生部分近等长。染色体基数x=11。花期7-8月。

产香港。印度有分布。

图 429　全能花　（引自《Bot. Reg.》）

4. 石蒜属 Lycoris Herbert

多年生草本。具鳞茎,鳞茎皮褐或黑褐色。叶带状。花茎单一,直立,实心,顶生伞形花序有4-8花;总苞片2,膜质。花白、黄、粉红、红或紫红色;花被漏斗状,裂片边缘常波状皱缩,有时具6个齿状鳞片的副花冠;雄蕊6,着生花被筒喉部,花丝丝状,花药丁字着生;花柱纤细,柱头头状,子房具少数胚珠。蒴果常三棱形,背室3片裂。种子黑色,近球形。

约20种,主产中国和日本,朝鲜、老挝、缅甸、巴基斯坦、泰国及越南有分布。我国15种。

1. 花两侧对称;花被裂片外弯,边缘波状皱缩。
  2. 秋季出叶;雄蕊伸出花被。
    3. 雄蕊比花被长1倍或1/3;花鲜红或稻草色。
      4. 花鲜红色,雄蕊比花被长约1倍 ·························· 1. **石蒜 L. radiata**
      4. 花稻草色,雄蕊比花被长约1/3倍 ················· 2. **稻草石蒜 L. straminea**
    3. 雄蕊比花被长约1/6,花黄或淡玫瑰红色。
      5. 花黄色;叶剑形,长约60厘米,宽1.7-2.5厘米,先端渐尖。
        6. 花被裂片宽约1厘米,雄蕊稍伸出花被 ·············· 3. **忽地笑 L. aurea**
        6. 花被裂片宽4-8毫米,雄蕊伸出花被,为花被片1/3-1/2 ·····················
        ·················· 3(附). **狭瓣忽地笑 L. aurea** var. **angustitepala**
      5. 花玫瑰红色;叶带状,长约20厘米,宽约8毫米,先端钝圆 ········ 4. **玫瑰石蒜 L. rosea**
  2. 春季出叶;雄蕊不伸出或稍伸出花被。
    7. 花黄色,花被裂片有或无条纹或斑点。
      8. 花被裂片上面有红色条纹或刷状斑点;叶深绿色,带状,长24-29厘米,宽1-1.2厘米 ·····
      ·················· 5. **广西石蒜 L. guangxiensis**
      8. 花被裂片无红色条纹;叶绿色,带状,长约35厘米,宽约2厘米 ······· 6. **中国石蒜 L. chinensis**
    7. 花蕾桃红色,开花时乳黄色,后渐为乳白色,花被裂片上面中肋粉红色,背面散生少数粉红色条纹 ·····
    ·················· 5(附). **乳白石蒜 L. abiflora**
1. 花辐射对称;花被裂片顶端稍外弯,边缘非波状皱缩,有时基部稍波状。
  9. 花被裂片基部稍波状皱缩。
    10. 秋季出叶,枯萎后春季再出叶;花淡紫红色 ············· 7. **鹿葱 L. squamigera**
    10. 春季出叶;花黄或白色。
      11. 花黄色,花被筒长2.5-3.5厘米;叶宽1.5-2.5厘米 ········ 8. **安徽石蒜 L. anhuiensis**
      11. 花白色,后肉红色,花被裂片背面中肋紫红色,花被筒长约1厘米;叶宽约1.2厘米 ·············
      ·················· 8(附). **香石蒜 L. incarnata**
  9. 花被裂片边缘非波状皱缩。
    12. 花淡紫红色,裂片先端带蓝色,花被筒长1-1.5厘米;叶宽约1厘米 ········· 9. **换棉花 L. sprengeri**
    12. 花白或黄色,花被筒长4-6厘米;叶宽1.5-2.5厘米。
      13. 花白色 ························ 10. **长筒石蒜 L. longituba**
      13. 花黄色 ·············· 10(附). **黄长筒石蒜 L. longituba** var. **flava**

1. 石蒜   图 430 彩片 180

Lycoris radiata (L' Her.) Herb. in Curtis's Bot. Mag. 47: 5. sub. t. 2113. 1820.

Amaryllis radiata L' Her. Sert. Angl. 15. 1788.

多年生草本。鳞茎近球形,径1-3厘米。叶深绿色,秋季出叶,窄带状,长约15厘米,宽约5毫米,先端

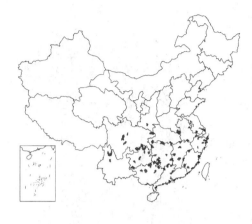

钝，中脉具粉绿色带。花茎高约30厘米，顶生伞形花序有4-7花；总苞片2，披针形，长约3.5毫米，宽约5毫米。花两侧对称，鲜红色，花被筒绿色，长约5毫米；花被裂片窄倒披针形，长约3厘米，宽约5毫米，外弯，边缘皱波状；雄蕊伸出花被，比花被长约1倍。花期8-9月，果期10月。

图 430 石蒜 （吴彰桦绘）

产江苏、安徽、浙江、福建、江西、湖北、湖南、广东、广西、贵州、云南、四川、陕西南部及河南东南部，生于河谷或沟边阴湿石缝中；公园、庭院栽培供观赏。日本及朝鲜半岛南部有分布。

2. 稻草石蒜　　　　　　　图 431

Lycoris straminea Lindl. in Journ. Hort. Soc. London 3: 76. 1848.

多年生草本。鳞茎近球形，径约3厘米。叶绿色，秋季抽出，带状，长约30厘米，宽约1.5厘米，先端钝，中脉具淡色带。花茎高约35厘米，顶生伞形花序有5-7花；总苞片2，披针形，长约3厘米，基部宽5毫米。花两侧对称，稻草色；花被筒长约1厘米，花被裂片倒披针形，长约4厘米，宽约6毫米，外弯，背面散生少数粉红条纹或斑点，盛花时消失，边缘波状皱缩；雄蕊伸出花被，比花被长1/3；子

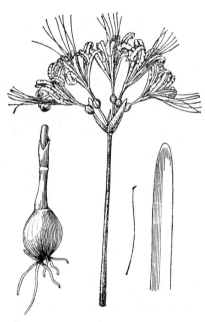

房近球形，径约6毫米。花期8月。

产江苏西南部及浙江西北部，生于山坡阴湿地；庭院栽培供观赏。日本有分布。

图 431 稻草石蒜 （引自《江苏植物志》）

3. 忽地笑　铁色箭　　　图 432 彩片 181

Lycoris aurea (L'Her.) Herb. in Curtis's Bot. Mag. 47: 5. sub. t. 2113. 1820.

Amaryllis aurea L'Her. Sert. Angl. 14. 1788.

多年生草本。鳞茎卵圆形，径约5厘米。叶秋季抽出，剑形，长约60厘米，宽1.7-2.5厘米，先端渐尖，中脉淡色带明显。花茎高约60厘米，顶生伞形花序有4-7花；总苞片2，披针形，长约3.5厘米，宽约8毫米。花两侧对称，黄色，花被筒长1.2-1.5厘米，花被裂片倒披针形，长约6厘米，宽约1厘米，外弯，背面中脉具淡绿色带，边缘波状皱缩；雄蕊稍伸出花

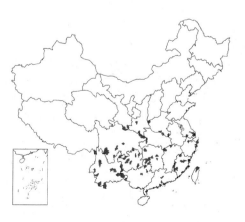

被，比花被长约1/6，花丝黄色；花柱上部玫瑰红色。蒴果具3棱。种子少数，近球形，黑色。花期8-9月，果期10月。

产江苏南部、浙江、福建、台湾、江西西北部、湖北西部、湖南、广东、香港、广西、贵州、云南、四川、甘肃南部、陕西及河南，生于山坡阴湿地；庭院有栽培。日本、老挝、越南、泰国、缅甸、印度及巴基斯坦有分布。

　　〔附〕**狭瓣忽地笑 Lycoris aurea** var. **angustitepala** P. S. Hsu et al. in Sida 16: 318. 1994. 本变种与忽地笑的区别：花被裂片宽4-8毫米，雄蕊伸出花被，比花被长1/3-1/2。产甘肃南部及湖北，生于海拔1000米以下岩缝中。

图 432 忽地笑 （史渭清绘）

4. 玫瑰石蒜　　　　　　　　　　　　　图 433

Lycoris rosea Traub et Moldenke, Amaryllidaceae: Tribe Amarylleae, 178. 1949.

多年生草本。鳞茎近球形，径约2.5厘米。叶淡绿色，秋季抽出，带状，长约20厘米，宽约8毫米，先端钝圆，中脉淡色带明显。花茎淡玫瑰红色，高约30厘米，顶生伞形花序有5花；总苞片2，披针形，长约3.5厘米，宽约5毫米。花两侧对称，玫瑰红色；花被筒长约1厘米，花被裂片倒披针形，长约4厘米，宽约8毫米，外弯，边缘稍波状皱缩；雄蕊伸出花被，比花被长约1/6。花期9月。

图 433 玫瑰石蒜 （引自《江苏植物志》）

产江苏南部及浙江，生于山坡阴湿地或石缝中。

5. 广西石蒜　　　　　　　　　　　　　图 434

Lycoris guangxiensis Y. Hsu et Q. J. Fan in Acta Phytotax. Sin. 20 (2): 196. 1982.

多年生草本。鳞茎卵圆形，径约3厘米。叶深绿色，早春抽出，窄带状，长24-29厘米，宽1-1.2厘米，先端钝，中脉淡色带明显。花茎高约50厘米，顶生伞形花序有3-6花；总苞片2，淡褐色，披针形或卵状披针形，长约4厘米，宽1-1.5厘米。花蕾黄色带红色条纹，开花时黄色；花两侧对称；花被筒长1.5-2厘米，花被裂片倒披针形或倒卵状披

图 434 广西石蒜 （史渭清绘）

针形，长约7厘米，宽1.5厘米，背面有红色条纹或刷状斑点，上部多少外弯，基部具爪，宽约5毫米，边缘稍波状皱缩；雄蕊近等长于花被；雌蕊伸出花被。花期7-8月。

产广西，生于山坡阴湿地和林下。

[附] **乳白石蒜 Lycoris albiflora** Koidz. in Bot. Mag. Tokyo 38: 100.

1924. 本种与广西石蒜的区别：叶中脉淡色带不明显；花蕾桃红色，开花时乳黄色，后渐乳白色，花被裂片背面中脉粉红色，背面散生少数粉红色条纹。产江苏。日本有分布。

6. 中国石蒜　　　图 435

Lycoris chinensis Traub in Plant Life 14: 44. 1958.

多年生草本。鳞茎径约4厘米。叶绿色，春季抽出，带状，长约35厘米，宽约2厘米，先端钝圆，中脉淡色带明显。花茎高约60厘米，顶生伞形花序常有5-6花；总苞片2，倒披针形，长约2.5厘米，宽约8毫米。花两侧对称，黄色；花被筒长1.7-2.5厘米，花被裂片倒披针形，长约6厘米，宽约1厘米，反卷，背面具淡黄色中肋，边缘波状皱缩；雄蕊和花被近等长或稍伸出花被，花丝黄色；花柱上端玫瑰红色。花期7-8月。

产江苏西南部、浙江及河南东南部，生于山坡阴湿地。

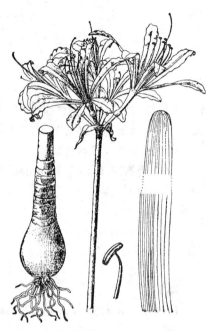

图 435　中国石蒜　（引自《江苏植物志》）

7. 鹿葱　　　图 436

Lycoris squamigera Maxim. in Bot. Jahrb. Syst. 6: 79. 1885.

多年生草本。鳞茎卵圆形，径约5厘米。叶绿色，秋季抽出，旋枯萎，第二年早春再抽出，带状，长约8厘米，宽约2厘米，先端钝圆。花茎高约60厘米，顶生伞形花序有4-8花；总苞片2，披针形，长约6厘米，宽约1.3厘米。花辐射对称，淡紫红色；花被筒长约2厘米，花被裂片倒披针形，长约7厘米，宽约1.8厘米，基部边缘稍波状皱缩；雄蕊与花被裂片近等长；花柱稍伸出花被。花期8月。

产山东、江苏西南部及浙江西北部，生于山沟、溪边阴湿地。日本及朝鲜半岛南部有分布。

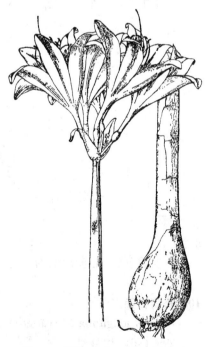

图 436　鹿葱　（引自《江苏植物志》）

8. 安徽石蒜　　　图 437

Lycoris anhuiensis Y. Hsu et Q. J. Fan in Acta Phytotax. Sin. 20(2):

197. 1982.

多年生草本。鳞茎卵形或卵状椭

圆形,径3-4.5厘米。叶早春抽出,带状,长约35厘米,宽1.5-2.5厘米,先端渐钝尖,中脉淡色带明显。花茎高约60厘米,顶生伞形花序有4-6花;总苞片2,披针形或卵形,长3-4.5厘米,宽达1.2厘米。花辐射对称,黄色,径约7.5厘米;花被筒长2.5-3.5厘米,花被裂片倒卵状披针形,长约6厘米,宽达1.5厘米,外弯,基部边缘稍波状皱缩;雄蕊近等长于花被;雌蕊稍伸出花被。花期8月。

产安徽东部及江苏西部,生于山坡岩缝中。

[附] **香石蒜 Lycoris incarnata** Comes ex C. Sprenger in Gartenwelt 10: 490. 1906. 本种与安徽石蒜的区别:叶宽约1.2厘米,中脉淡色带不明显;花蕾白色,具红色中肋,开花时白色,后渐肉红色;花被筒长约1厘米,花被裂片背面散生红色条纹,上面具紫红色中肋,边缘稍波状皱缩。花期9月。产湖北及云南。

图 437 安徽石蒜 (史渭清绘)

9. 换棉花

图 438 彩片 182

Lycoris sprengeri Comes ex Baker in Gard. Chron. ser. 3, 32: 469. 1902.

多年生草本。鳞茎卵圆形,径3.5厘米。叶绿色,早春抽出,带状,长约30厘米,宽约1厘米,先端钝。花茎高约60厘米,顶生伞形花序有4-6花;总苞片2,长约3.5厘米,宽约1.2厘米。花辐射对称,淡紫红色;花被筒长1-1.5厘米,花被裂片倒披针形,长约4.5厘米,宽约1厘米,先端常带蓝色,边缘非波状皱缩;雄蕊与花被近等长;花柱稍伸出花被。蒴果具3棱。花期8-9月。

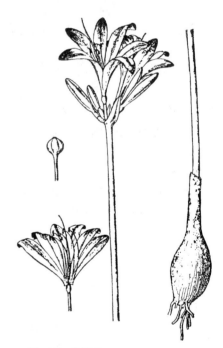

图 438 换棉花 (引自《江苏植物志》)

产安徽东部、江苏南部、浙江及江西北部,生于山坡阴湿地或竹林下。

10. 长筒石蒜

图 439

Lycoris longituba Y. Hsu et Q. J. Fan in Acta Phytotax. Sin. 12(3): 299. t. 61. 1974.

多年生草本。鳞茎卵球形,径约4厘米。叶绿色,早春抽出,披针形,长约38厘米,宽1.5-2.5厘米,先端渐尖,基部钝圆,中脉淡色带明显。花茎高60-80厘米,顶生伞形花序有5-7花;总苞片2,披针形,长约5厘米,

宽达1.5厘米,先端渐尖。花辐射对称,白色,花被筒长4-6厘米,花被裂片长椭圆形,长6-8厘米,宽约1.5厘米,上部稍外弯,背面稍具淡红色条纹,边缘非波状皱缩;雄蕊稍短于花被;花柱伸出花被。花期7-8月。

产江苏,生于山坡阴湿地。

〔附〕 **黄长筒石蒜 Lycoris longituba** var. **flava** Y. Hsu et X. L. Huang in Acta Phytotax. Sin. 20(2):198. 1982. 本变种与模式变种的区别:花被黄色。产江苏,生于山坡阴湿地。

5. 水仙属 Narcissus Linn.

多年生草本。鳞茎皮膜质。叶基生,与花茎同时抽出。花茎实心,花单生或顶生伞形花序,常具数花;总苞片膜质,下部筒状。花被下部连合成筒,花被裂片6,近相等,斜立或外弯;副花冠筒状或杯状;雄蕊6,着生花被筒内,花药基着;子房每室多数胚珠,花柱丝状,柱头小,3裂。蒴果室背开裂。种子近球形。染色体基数x=7,10,11。

约60种,主产地中海地区和中欧。我国1变种,引入栽培2种。

图 439 长筒石蒜 (引自《植物分类学报》)

1. 叶扁平,粉绿色。
　2. 花被白色,副花冠长不及花被1/2 ················· 1. 水仙 N. tazetta var. chinensis
　2. 花被黄色,副花冠稍短于花被 ················· 1(附). 黄水仙 N. pseudonarcissus
1. 叶半圆形,深绿色;副花冠长不及花被1/2 ················· 2. 长寿花 N. jonquilla

1. 水仙　　　　　　　　图 440:1-2 彩片 183

Narcissus tazetta Linn. var. **chinensis** Roem. Syn. Monog. 4:223. 1847.

多年生草本。鳞茎卵球形。叶扁平,线形,粉绿色,长20-40厘米,宽0.8-1.5厘米,先端钝。花茎与叶近等长;伞形花序有4-8花。花梗不等长;花白色,芳香;花被管灰绿色,长约2厘米;花被裂片6,宽卵形或宽椭圆形,先端短尖;副花冠淡黄色,浅杯状,长不及花被1/2;雄蕊着生花被筒内,花药基着。花期春季。

浙江、福建沿海有野生。全国各地广为栽培供观赏。

图 440:1-2. 水仙 3-4. 黄水仙 5-6. 长寿花(陈荣道绘)

〔附〕 **黄水仙** 图 440:3-4 **Narcissus pseudonarcissus** Linn. Sp. Pl. 289. 1753. 本种与水仙的区别:花茎顶生单花;花被黄色,副花冠稍短于花被。原产欧洲。我国引入栽培供观赏。

2. 长寿花　　　　　　　图 440:5-6

Narcissus jonquilla Linn. Sp. Pl. 290. 1753.

多年生草本。鳞茎球形,径2.5-3.5厘米。叶深绿色,2-4枚,半圆形，长 20-30 厘米，宽 3-6 厘米，先端钝。花茎细长，伞形花序有 2-6 花。花梗不等长，长达 4 厘米以上；花芳香；花被筒纤细，长 2-2.5 厘米，花被裂片倒卵形，长约 1 厘米，宽约 7 毫米；副花冠长不及花被 1/2。花期春季。

原产南欧。我国引入栽培供观赏。

6. 鸢尾蒜属 Ixiolirion （Fisch.） Herb.

多年生草本。鳞茎有皮。叶基生，线形。花茎基部具少数叶；花序顶生，伞形、总状或圆锥花序，具 2 至数花，有时花茎的叶腋生 1-3 花。花具梗，花被裂片 6，离生，有时花被基部稍靠合或连合成短筒；雄蕊 6，2 轮，着生花被片基部，短于花被片，花丝近丝状或线形，花药基着或背着，直立；子房近棒状，每室具多数叠生胚珠，花柱丝状，柱头 3 裂。蒴果长圆状棒形，3 片裂。种子黑色，小，卵状长圆形。染色体基数 x=12，通常为二倍体。

约 2 种，产西亚及中亚。我国 2 种和 1 变种。

1. 花被片离生，花丝紫色，花药基着 ·· 鸢尾蒜 I. tataricum
1. 花被片基部连成筒状，花丝白色，花药背着 ····················· （附）. 准噶尔鸢尾蒜 I. songaricum

鸢尾蒜　　　　　　　　　　　　　　　图 441：4-5

Ixiolirion tataricum （Pall.） Herb. App. Bot. Reg. 37. 1821.

Amaryllis tatarica Pall. Reise Russ. Reich. 3. 727. 1776.

多年生草本。鳞茎卵圆形，长 1.5-2.5 厘米，径达 2.5 厘米。叶常 3-8，线形。花茎高 10-40 厘米，下部有 1-3 较小的叶；花序伞形或短总状，有 3-6 花，有时花序下部叶腋生 1-3 花；总苞片膜质，白或绿色，2-3，披针形，长达 3.5 厘米，先端渐尖呈芒状。花梗不等长；花蓝紫或深蓝紫色；花被片离生，倒披针形，长 2-3.5 厘米，宽 1-7 毫米，先端近尖，具 3-5 脉；雄蕊 6，不等长，花丝紫色，近丝状，外轮 3 枚较长，花药基着。花期 5-6 月。

产新疆北部，生于山谷、砂地或草地。阿富汗、哈萨克斯坦、巴基斯坦、俄罗斯、土库曼斯坦及中亚有分布。

[附] **准噶尔鸢尾蒜** 图441：1-3 Ixiolirion songaricum P. Yan, Fl. Xinjian. 6: 56. t. 211(1-3). 1996. 与鸢尾蒜的区别：花被片基部连成筒状，花丝白色，花药背着。产新疆天山北麓，生于海拔450-1600米干旱山坡或旷野草地。

图 441: 1-3. 准噶尔鸢尾蒜 4-5. 鸢尾蒜
（张荣生绘）

7. 网球花属 Haemanthus Linn.

多年生草本。具球形鳞茎。叶少数，较宽。花茎坚硬，实心，稍扁；伞形花序密生多数放射状花，呈球状，基部具 3 至多枚总苞片。花直立，粉红、红或白色；花梗纤细；花被筒短，花被裂片窄；雄蕊 6，着生花被筒喉部，伸出花被片，花丝丝状，花药长圆形，丁字着生；子房球形，每室 1-2 胚珠，花柱丝状，柱头不裂或稍 3 裂。浆果，不裂。种子球形，暗灰褐色。

约 50 种，产非洲。我国引入栽培 1 种。

网球花　　　　　　　　　图 442 彩片 184

Haemanthus multiflorus Martyn, Monog. cum Ic. 1795.

多年生草本。鳞茎球形，径4-7厘米。叶3-4，长圆形，长15-30厘米，主脉间具多数细密横行小脉，具鞘状柄。先叶开花，花茎淡绿色带紫红斑点，劲直，实心，稍扁，长30-90厘米；伞形花序球状，密生多花，径7-15厘米。花红色，艳丽，花被筒长0.6-1.2厘米，花被裂片线形，长约花被筒2倍；花丝红色，伸出花被，花药黄色。浆果鲜红色，花期夏季。

原产热带非洲。我国栽培供观赏。

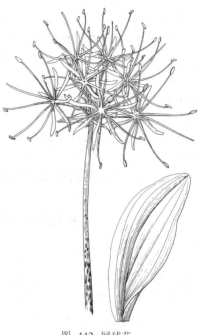

图 442 网球花
（引自《Curtis's Bot. Mag.》）

8. 君子兰属　Clivia Lindl.

多年生草本。根肉质。茎短，基部宿存叶基成鳞茎状。叶多数，2列，质厚，带状，上部常外弯。花茎实心，肉质，扁平，顶生伞形花序具数花至多花；花序基部具数枚覆瓦状排列总苞。花被漏斗状，花被筒短，花被裂片6，外轮裂片较窄，内轮较宽长；雄蕊6，着生花被筒喉部，与花被裂片近等长，花丝丝状，花药长圆形，丁字着生；子房球形，每室5-6胚珠，花柱细长，柱头3裂。浆果红色。种子大，球形。

约3种，主产南部非洲。我国引入栽培2种。

1. 花直立，花被宽漏斗状 ·· 君子兰 **C. miniata**
1. 花稍下垂，花被窄漏斗状 ······················ （附）. 垂笑君子兰 **C. nobilis**

君子兰　大花君子兰　　　　　图 443 彩片 185

Clivia miniata Regel Gartenfl. 13: t. 434. 1864.

多年生草本。具肉质根。叶数枚至10余枚，基生，深绿色，有光泽，带状，长30-50厘米，宽3-5厘米，先端钝，下部窄。花茎生于叶腋，径约2厘米，顶生伞形花序具10-20花。花直立，花梗长2.5-5厘米；花被鲜红，稍带黄色，宽漏斗状，花被筒长约5毫米，外轮花被裂片先端稍突尖，内轮先端稍凹；雄蕊稍短于花被裂片；花柱伸出花被。浆果近球形，成熟时紫红色。花期春夏季。

原产南部非洲。我国温室栽培，供观赏。

［附］**垂笑君子兰** 彩片186 **Clivia nobilis** Lindl. in Bot. Reg. 14: t. 1182. 1828. 本种与君子兰的区别：花稍下垂，花被窄漏斗状，桔红色，内轮花被片色较淡，雄蕊与花被近等长。花期夏季。原产南部非洲。我国栽培供观赏。

9. 雪片莲属　Leucojum Linn.

多年生草本。鳞茎小，坚实。基生叶与花茎同时抽出。顶生伞形花序具数花，有时单花，花序基部具1-2枚总苞片。花白色，花梗纤细；花被6，离生或基部稍连合，花被片相似；雄蕊6，着生花被片基部，花丝丝状，花药基着；子房每室多数胚珠，花柱丝状或近顶端瘤状，柱头细小。蒴果3室，室背开裂。种子近球形。

约12种，产地中海地区和欧洲南部。我国引入栽培1种。

图 443 君子兰 （引自《江苏植物志》）

夏雪片莲　　　　　　　　　　　　　　　图 444

　　Leucojum aestivum Linn. Syst. Nat. ed. 10, 2: 975. 1759.

　　多年生草本。鳞茎卵圆形，径2.5-3.5厘米。叶数枚，基生，绿色，线形，长30-50厘米，宽1-1.5厘米。花茎中空，比叶稍高或近等高；顶生伞形花序有1至数花；总苞片1枚，长3-4厘米，宽0.5-1厘米。花下垂，白色；花梗不等长；花被片长约1.5厘米，先端具绿色斑点；雄蕊长约花被片1/2；子房长0.5-1厘米，花柱长于雄蕊。蒴果近球形。种子黑色。花期春季。

　　原产欧洲中部和南部。我国栽培供观赏。

10. 水鬼蕉属 Hymenocallis Salisb.

　　多年生草本。鳞茎球形。叶基生，窄长。花茎实心；伞形花序具数花，基部具卵状披针形总苞片。花被筒圆筒形，细弱，上部宽大，花被裂片6，白色，近相等；雄蕊着生花被筒喉部，花丝基部合成杯状体，花药丁字着生；子房每室2胚珠，柱头头状。

　　约50种，产美洲温暖地区。我国引入栽培1种。

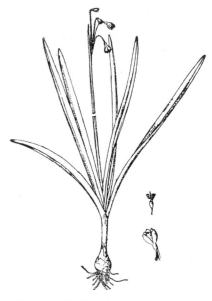

图 444 夏雪片莲　（引自《江苏植物志》）

水鬼蕉　　　　　　　　　　　图 445 彩片 187

　　Hymenocallis littoralis (Jacq.) Salisb. in Trans. Hort. Soc. London 1: 338. 1812.

　　Pancratium littoralis Jacq. Hort. Bot. Vind. 3: 41. t. 75. 1776.

　　多年生草本。叶10-12，深绿色，剑形，长45-75厘米，宽2.5-6厘米，先端尖，基部收窄，无柄。花茎扁平，长30-80厘米；花序有3-8花；总苞片长5-8厘米，基部宽。花被筒纤细，长短不等，长达10厘米以上，花被裂片线形，常短于花被筒；雄蕊花丝基部合成的杯状体钟形或漏斗状，长约2.5厘米，具齿，花丝离生部分长3-5厘米；花柱与雄蕊近等长或较长。花期夏末秋初。

　　原产美洲温暖地区。我国栽培供观赏。

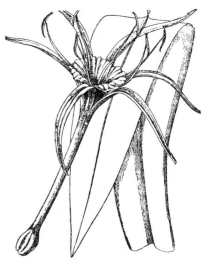

图 445 水鬼蕉　（引自《广州植物志》）

11. 朱顶红属 Hippeastrum Herb.

　　多年生草本。鳞茎球状。叶基生，窄长。花茎中空；顶生伞形花序有2至多花，稀单花；总苞片2。花大，漏斗状，下有1小苞片；花被筒喉部有小鳞片；花被裂片6，近相等或内轮较窄；雄蕊6，着生花被筒喉部，稍下弯，花丝丝状，花药丁字着生；子房每室多数胚珠，花柱较长，下垂，柱头头状或3裂。蒴果球形，室背3片裂。种子常扁平。

　　约75种，产热带美洲和亚洲。我国引入栽培2种。

1. 花序有2-4花；花被裂片洋红色稍带绿色 ·· **朱顶红 H. rutilum**
1. 花序有3-6花；花被裂片红色，中间及边缘具白色条纹 ····················· （附）. **花朱顶红 H. vittatum**

朱顶红　　红花莲　　　　　　　图 446

　　Hippeastrum rutilum (Ker-Gawl.) Herb. App. Bot. Reg. 31. 1821.

Amaryllis rutila Ker-Gawl. in Bot. Reg. 1: t. 23. 1815.

多年生草本。鳞茎近球形，径5-7.5厘米。花后发叶，叶6-8，鲜绿色，带状，长约30厘米，宽约2.5厘米。花茎稍扁，长约40厘米，被白粉；花序有2-4花；总苞片披针形，长约3.5厘米。花洋红色稍带绿色；花梗长约3.5厘米；花被筒绿色，圆筒状，长约2厘米，喉部具小鳞片；花被裂片长圆形，长约12厘米，宽约5厘米，先端尖；雄蕊长约8厘米，花丝红色，花药线状长圆形，长约6毫米，子房长约1.5厘米，花柱长约10厘米，柱头3裂。花期夏季。

原产巴西。我国栽培供观赏。

[附] **花朱顶红** 朱顶兰 百枝莲 彩片 188 **Hippeastrum vittatum** (L'Her.) Herb. App. Bot. Reg. 31. 1821. —— *Amaryllis vittata* L'Her. Sert. Angl. 15. 1788；中国高等植物图鉴 5：550. 图7930. 1976. 本种与朱顶红的区别：花序有3-6花；花被裂片红色，中间及边缘有白色条纹。原产南美秘鲁。我国栽培供观赏。

图 446 朱顶红 （引自《海南植物志》）

12. 龙头花属 Sprekelia Heist.

多年生草本。鳞茎球形，径约5厘米。叶3-6，基生，线形，长30-50厘米，宽1-2厘米。花茎长35-45厘米，中空，带红色，顶生单花；总苞片红褐色，长约5厘米，下部合生，顶端2裂。花梗长约5.5厘米，直立；花二唇形；花被筒很短或几无，花被片6，长8-10厘米，绯红色，不等大，上方1片最宽，两侧2片披针形，下方3片下部靠合成槽状；雄蕊着生花被片基部，稍伸出花被，花丝丝状，其间有分离鳞片，花药丁字着生；子房陀螺状，具6棱，每室多数胚珠，花柱丝状，柱头3裂。蒴果室背3裂。种子多数，盘状，具窄翅。

单种属。

龙头花　　　　　　　　　　　　　　　图 447

Sprekelia formosissima (Linn.) Herb. App. Bot. Reg. 35. 1851.

Amaryllis formosissima Linn. Sp. Pl. 293. 1753.

形态特征同属。花期春季。

原产墨西哥。我国引入栽培供观赏。

图 447 龙头花 （孙英宝绘）

258. 芒苞草科 ACANTHOCHLAMYDACEAE
（高宝莼）

多年生草本，丛生，矮小。根状茎缩短，具细长、成簇的根。叶基生，多数，针形，基部具鞘，鞘膜质。花葶不分枝，无叶，直立，单个发自基生叶丛间。头状花序顶生，具5-8花；常有3枚苞片，苞片革质，背面有芒。花梗极短；具8-18枚小苞片，小苞片膜质，背面有芒；花两性，辐射对称；花被上位，花冠状，具花被管，裂片6，2轮，相似，内轮稍小于外轮；雄蕊6，与花被裂片对生，花丝极短，花药长圆形，药室2，内向纵裂；子房下位，3室，下部为中轴胎座，上部为侧膜胎座，胚珠多数，花柱1，棒状，柱头不明显3裂。蒴果，顶端具喙。种子椭圆形。

我国特有单属科。

芒苞草属 Acanthochlamys P. C. Kao

形态特征与科同。

我国特有单种属。

芒苞草　　　　　　　　　　　　　图 448 彩片 189

Acanthochlamys bracteata P. C. Kao in Acta Phytotax. Chengdu Inst. Biol. Acad. Sin. 1: 2. pl. 1-2. 1980.

草本，成片生长，高3-4厘米，植株周围残留有许多断裂的整齐叶基。根状茎被有褐色鳞片；须根很多，黄白色，长约10厘米。叶针形，长3-4厘米，宽约1毫米，先端渐尖，黄褐色；上面近半圆形，具两条肋纹，下面扁平，有1条纵沟；基部具膜质、半透明的鞘，鞘为筒状、披针形或窄卵形，长约8毫米，先端渐尖，具脉纹3-5条。花葶高3-4厘米；聚伞花序，具5-8花；苞片3，革质，长三角形，长约3毫米，腹面有膜质鞘，先端有一须状附属物，背面有芒，芒长约1厘米。

花梗很短；具15-18枚膜质、半透明的小苞片，小苞片卵圆形，长约4.5毫米，外面14-16枚小苞片背面有芒，内面1-2枚退化无芒；花粉红色，径约6毫米；花被管长约3毫米，花被裂片6，2轮，内轮稍小，裂片椭圆形，长约2.5毫米；雄蕊6，2轮，外轮雄蕊生于花被管口，与外轮裂片对生，内轮雄蕊生于花被管近中部，与内轮裂片对生，花药黄色，长圆形，花丝极短，白色；子房圆柱形，长约2毫米，3室，胚珠多数，花柱圆柱形，长约2.5毫米，柱头淡黄色，顶端3裂。蒴果具3棱，偏斜椭圆状

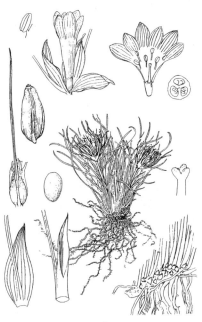

图 448 芒苞草　（李 伟绘）

卵形，长约5.5毫米，顶端具短喙。种子椭圆形，紫褐色。花期5月，果期6月。

产四川西部及西藏东南部，生于海拔2700-3200米干旱河谷灌丛、稀疏针叶林、亚高山草甸。

259. 鸢尾科 IRIDACEAE

（赵毓棠）

多年生、稀一年生草本。有根状茎、球茎或鳞茎。叶多基生，稀互生，线形、剑形或丝状，基部鞘状，互相套迭，具平行脉。常仅有花茎，或地上茎。花两性，辐射对称，稀两侧对称，色泽鲜艳；单生、数朵簇生或多花组成总状、穗状、聚伞或圆锥花序。花或花序具1至多枚苞片；苞片草质或膜质，簇生、对生或互生。花被裂片6，2轮排列，花被筒常丝状或喇叭形；雄蕊3，花药常外向开裂；花柱1，上部常3分枝，分枝圆柱状或扁平花瓣状，柱头3-6，子房下位，3室，中轴胎座，胚珠多数。蒴果，室背开裂。种子多数，半圆形或不规则多面体形，稀圆形，扁平，光滑或皱缩，常有附属物或小翅。

约60属800种，广布于热带及亚热带，分布中心在非洲南部及美洲热带。我国3属，引种栽培8属，共75种、1亚种、8变种及6变型。

1. 植株具球茎或鳞茎。
　2. 具球茎或鳞茎有膜质包被。
　　3. 叶非2列；花茎甚短，不伸出地面；花被筒细长 ·· 1. 番红花属 Crocus
　　3. 叶2列；花茎较长；花被筒较短。
　　　4. 花两侧对称；花被筒弯曲；雄蕊偏向花的一侧。
　　　　5. 花茎不分枝；花径5-8厘米，上方3枚花被裂片较大 ·················· 2. 唐菖蒲属 Gladiolus
　　　　5. 花茎上部2-4分枝；花径3.5-4厘米，花被裂片近等大 ············ 3. 雄黄兰属 Crocosmia
　　　4. 花辐射对称；花被筒不弯曲；雄蕊不偏向花的一侧。
　　　　6. 花被筒杯状，半圆形，内轮花被裂片较小；蒴果三棱状圆柱形 ·········· 4. 虎皮花属 Tigridia
　　　　6. 花被筒喇叭形，内、外轮花被裂片近等大；蒴果卵圆形。
　　　　　7. 球茎扁圆形；花柱3分枝 ································ 5. 观音兰属 Tritonia
　　　　　7. 球茎卵圆形；柱头6裂 ································ 6. 香雪兰属 Freesia
　2. 鳞茎肉质、肥厚、红色，无包被 ····················· 7. 红葱属 Eleutherine
1. 植株具根状茎。
　8. 多年生草本；根状茎明显；花径2.5厘米以上；蒴果椭圆形或倒卵圆形。
　　9. 根状茎不规则块状；花橙红色，花柱圆柱形；种子球形 ················ 8. 射干属 Belamcanda
　　9. 根状茎圆柱形，稀块状；花紫、蓝紫、黄或白色，花柱分枝扁平花瓣状；种子非球形。
　　　10. 花丝与花柱基部合生；叶坚韧，基部木质化；种皮肉质 ············ 9. 肖鸢尾 Moraea
　　　10. 花丝与花柱基部离生；叶草质，基部不木质化；种皮非肉质 ·········· 10. 鸢尾属 Iris
　8. 一年生草本；根状茎甚短，仅有须根；花径0.8-1厘米；蒴果球形或圆柱形 ······ 11. 庭菖蒲属 Sisyrinchium

1. 番红花属 Crocus Linn.

多年生草本。球茎圆形或扁圆形，外有膜质包被。叶线形，丛生，与花同时生长并于花后伸长，不互相套迭，基部包有膜质鞘状叶。花茎甚短，不伸出地面；苞片舌状或无。花白、粉红、黄、淡蓝或蓝紫色；花被筒细长；花被裂片6，2轮，内、外轮花被裂片近同形等大；雄蕊3，生于花被筒；花柱1，柱头3裂，子房下位，3室，中轴胎座，胚珠多数。蒴果室背开裂。

约75种，主产欧洲、地中海、中亚等地。我国1种，引入栽培1种。

1. 花白色，花被裂片有蓝色条纹 ·· 1. 白番红花 C. alatavicus
1. 花红或粉红色，花被裂片无蓝色条纹 ·· 2. 番红花 C. sativus

1. 白番红花

图 449

Crocus alatavicus Regel et Sem. in Bull. Soc. Nat. Mosc. 41(1)：434. 1868.

多年生草本。球茎扁圆形，径1.2-2厘米，外有淡黄或黄褐色膜质包被。植株基部有数枚黄白色膜质鞘状叶。叶6-8，线形，上面绿色，下面淡绿色，

花期长8-10厘米，宽约2毫米，果期长达20厘米，宽约5毫米。花茎不伸出地面。花白色，径约2.5厘米；花被筒细长，丝状，长2.5-6厘米，花被裂片窄倒卵形，中脉有蓝色条纹，外花被裂片长约2.5厘米，内轮花被裂片较外轮的稍窄；雄蕊长约2.5厘米，花药橘黄色；花柱丝状，长约2.5厘米，顶端3分枝，柱头稍膨大。蒴果椭圆形，无

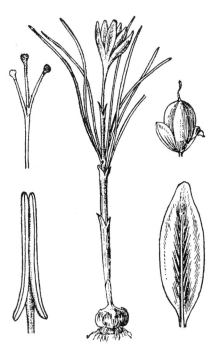

图 449 白番红花 （李贵春 于振洲绘）

喙，光滑，黄绿色，长约1.2厘米。种子不规则多面体形，淡棕色，一端有乳白色附属物。花期5-6月，果期7-8月。染色体2n=20。

产新疆西北部，生于海拔1200-3000米山坡及河滩草地。哈萨克斯坦、吉尔吉斯斯坦及乌孜别克斯坦有分布。

2. 番红花

图 450 彩片 190

Crocus sativus Linn. Sp. Pl. 36. 1753.

多年生草本。球茎扁圆形，径约3厘米，外有黄褐色膜质包被。叶基生，9-15，线形，灰绿色，长15-20厘米，宽2-3毫米，边缘反卷。花茎甚短不伸出地面。花1-2，淡蓝、红紫或白色，有香味，径2.5-3厘米；花被裂片倒卵形，长4-5厘米；花药黄色，长约2.5厘米；花柱橙红色，长约4厘米，上部3分枝，柱头稍扁，子房窄纺锤形。蒴果椭圆形，长约3厘米。染色体2n=14，16，24，40。

原产欧洲南部，我国各地常见栽培。花柱及柱头有活血、祛瘀、止痛的功能。

2. 唐菖蒲属 Gladiolus Linn.

多年生草本。具球茎，外有膜质包被。叶剑形或线形，2列，互相套迭。花茎不分枝，下部常有数枚茎生叶。花无梗，基部包有膜质或草质苞片；花两侧对称，大而美丽，多为红、紫、黄、白或粉红色，径5-8厘米；花被筒弯曲，花被裂片6，2轮，椭圆形或圆卵形，上方3枚裂片较宽大；雄蕊3，偏向一侧；花柱细长，顶端3裂，子房下位，3室，中轴胎座，胚珠多数。蒴果室背开裂。种子扁平，边缘有翅。

约250种，产地中海沿岸、非洲热带、亚洲西南部及中部。我国常见栽培1种。

图 450 番红花 （引自《图鉴》）

唐菖蒲   图451 彩片191

Gladiolus gandavensis Van Houtte, Cat. 1844.

球茎扁球形，径2.5-4.5厘米，有棕黄色膜质包被。叶基生或在花茎基部互生，剑形，有数条纵脉及突出中脉，基部鞘状，先端渐尖，嵌迭状2列，长40-60厘米，宽2-4厘米。花茎不分枝，高50-80厘米。穗状花序顶生；花下有膜质苞片2。花无梗，两侧对称，黄、红、白或粉红色，径6-8厘米；花被筒弯曲，花被裂片卵圆形或椭圆形，上方3片稍大；雄蕊3，着生于花被筒，长5-6厘米；花柱长约6厘米，柱头3裂。蒴果椭圆形或倒卵圆形。种子扁，有翅。花期7-9月，果期8-10月。染色体2n=60，64。

原产非洲南部。我国各地广为栽培，园艺杂交品种极多，供观赏。云南及贵州等地常野化。球茎有解毒散瘀、消肿止痛的功能。

图451 唐菖蒲 （李贵春 于振洲绘）

3. 雄黄兰属 Crocosmia Planch.

多年生草本。球茎扁球形，外有网状膜质包被。花茎上部2-4分枝。叶剑形或线形，嵌迭状2列。圆锥花序；花下苞片膜质。花两侧对称，橙黄、红、紫、黄或白色，径3.5-4厘米；花被裂片6，裂片近等大，长圆形或倒卵形，常有胼胝体或隆起；雄蕊3，偏向一侧；子房下位，3室，中轴胎座，柱头3裂。蒴果室背开裂；每室有4至多数种子。

约6种，主产热带及非洲南部。我国常见栽培1种。

雄黄兰   图452：1-3 彩片192

Crocosmia crocosmiflora (Nichols.) N. E. Br. in Trans. Roy. Soc. S. Afr. 20: 264. 1932.

Tritonia crocosmiflora Nichols. Ill. Dict. Gard. 4: 94. 1887.

球茎扁球形，外有网状膜质包被。叶多基生，剑形，中脉明显，长40-60厘米。花茎高0.5-1米，有2-4分枝；多花组成疏散穗状花序；花基部有2枚膜质苞片。花橙黄色，径3.5-4厘米；花被筒稍弯曲，花被裂片披针形或倒卵形，长约2厘米，内轮较外轮大；雄蕊长1.5-1.8厘米；花柱长2.8-3厘米。蒴果三棱状球形。花期7-8月，果期8-10月。染色体2n=22，24，33。

为园艺杂交种，我国北方多盆栽，南方露地栽培，或已野化。球茎有散瘀止痛、止血、生肌的功能。

4. 虎皮花属 Tigridia Juss.

多年生草本。具鳞茎或球茎。叶基生，窄剑形或线形，有皱褶。花茎圆柱形，顶端生1至多花。花辐射对称，黄、橙红或紫色，有深紫色斑点；花被裂片6，2轮，上部平展，外轮裂片较内轮大；花被筒杯状半圆形；雄蕊3，花丝基部连成筒包围花柱；花柱细长，顶端3-6裂，子房下位，3室。蒴果三棱状圆柱形，室背开裂。

约12种，分布于南美洲墨西哥至智利。我国常见栽培1种。

图452：1-3. 雄黄兰 4-5. 虎皮花
（于振洲 赵毓堂绘）

虎皮花　老虎百合　　　　　　　　　　　　图 452：4-5

Tigridia pavonia Ker-Gawl. in Koenig et Sims, Ann. Bot. 1: 246. 1804.

鳞茎卵圆形，径约4厘米，棕褐色。叶宽线形，基部鞘状，先端渐尖，主脉4-6，长50-70厘米，宽1.5-1.7厘米。茎高0.7-1.2米，上部分枝；花下有3-7苞片。花黄、橙红或紫色，具深紫色斑点，径7-12厘米；花被筒杯状半圆形；外花被裂片椭圆形或倒卵形，长约7厘米，内花被裂片较小；雄蕊长约6厘米，花丝基部与花柱合生；花柱丝状，柱头6裂，子房圆柱形。蒴果三棱状圆柱形，上粗下细，长6-7厘米，顶端有花被残留痕迹。染色体2n=26。

原产危地马拉及墨西哥，世界各地广为栽培，供观赏。

5. 观音兰属　Tritonia Ker-Gawl.

多年生草本。球茎扁球形，有膜质包被。叶基生，窄剑形，嵌迭状2列。花茎上部分枝，基部有互生的线形叶；花下苞片2。花红、黄、白或粉红色；花被筒喇叭形，裂片6，2轮，内、外花被裂片均圆卵形，近等大，某些种的外花被裂片有胼胝体；雄蕊3，生于花被筒基部；花柱3分枝，子房下位，3室，胚珠多数。蒴果卵圆形，室背开裂。每室有1-2种子。

40-50种，主产非洲南部。我国常见栽培1种。

图 453：1-3. 观音兰　4-5. 红葱
（于振洲　赵毓棠绘）

观音兰　　　　　　　　　　　　　　图 453：1-3

Tritonia crocata（Thunb.）Ker-Gawl. in Curtis's Bot. Mag. 16: t. 581. 1803.

Ixia crocata Thunb. Diss. de Ixia in Linn. Syst. Veg. ed. 14, Murr. 85. 1784.

球茎扁圆形，径2-2.5厘米，外有膜质包被。根柔软，黄白色。叶基生，嵌迭状2列，线形，中脉不明显，长15-25厘米，宽0.5-1厘米。花茎上部分枝，下部有2-3茎生叶；穗状花序排列疏散。花无梗；苞片膜质，宽卵形，边缘稍带红紫色；花橙红或粉红色，径2.5-3厘米；花被筒长1- 1.2厘米；花被裂片倒卵形，长约2.5厘米；雄蕊长约2厘米，花药紫褐色；花柱丝状，长约2.5厘米，子房卵圆形。花期4-5月，果期6-8月。染色体2n=20，60。

原产非洲南部，各地温室常见栽培。

6. 香雪兰属　Freesia Klatt

多年生草本。鳞茎卵圆形，有膜质包被。叶基生，嵌迭状2列，线形，中脉明显。花茎细弱，上部分枝；穗状花序顶生，排列疏散；花向上，排列于花序一侧；苞片膜质。花被筒喇叭形；花被裂片6，2轮，内、外花被裂片近同形等大；雄蕊3，生于花被筒基部；子房下位，3室，花柱细长，柱头6裂。蒴果近卵圆形，室背开裂。

约20种，主产亚洲南部。我国常见栽培1种。

香雪兰　　　　　　　　　　　图 454 彩片 193

Freesia refracta Klatt, in Regel, Gartenfl. 289. 1874.

鳞茎卵圆形，外有膜质包被。叶线形，中脉明显，长15-40厘米，宽0.5-1.4厘米。花茎直立，上部有2-4弯曲分枝，基部有数枚茎生叶。花无梗，有2枚膜质苞片；花直立向上，淡黄、黄、红或蓝色，有香味，径2- 3厘米；花被筒长约4厘米；内轮较外轮花被裂片稍短而窄；雄蕊3，长2-2.5厘米，生于花被筒；花柱1，子房近球形，径约3毫米。蒴果近卵圆形。花期4-5月，果期6-9月。染色体2n=22，44。

原产非洲南部。我国各地广为栽培，园艺品种极多，供观赏，花可提取香精。

7. 红葱属 Eleutherine Herb.

多年生草本。鳞茎卵圆形，红色，肉质，肥厚，无包被。叶基生，线形或披针形，数条纵脉平行隆起。花茎上部分枝，分枝处有线形或披针形苞片，无茎生叶；多花组成伞状或伞房状聚伞花序。花白或粉红色；花被筒不明显；花被裂片6，2轮，内、外轮花被裂片近等大；雄蕊3，花药线形；花柱顶端3裂，子房下位，3室，胚珠多数。蒴果椭圆形，3裂。

约4种，分布于东南亚及美洲。我国南方栽培1种，并已半野化。

红葱 图453：4-5

Eleutherine plicata Herb. in Bot. Reg. 29: t. 57. 1843.

鳞茎卵圆形，鳞片肥厚，紫红色，径约2.5厘米。根柔嫩，黄褐色。叶窄卵形或宽披针形，先端渐尖，4-5条纵脉平行隆起，叶皱褶。花茎高25-40厘米，上部3-5分枝，分枝处生有叶状苞片；伞状聚伞花序顶生。花白色，无明显花被筒；花被裂片倒披针形，内、外花被片近等大；雄蕊花药

图454 香雪兰 （王金凤绘）

"丁"字着生；柱头3裂，子房长椭圆形。花期6月。染色体2n=14。

原产西印度群岛。云南各地常见栽培，已半野化。鳞茎有止血、活血、清热解毒、散瘀消肿的功能。

8. 射干属 Belamcanda Adans.

多年生草本。根状茎不规则块状。茎直立，实心。叶剑形，扁平，互生，嵌迭状2列。二歧状伞房花序顶生。苞片小，膜质；花橙红色；花被筒极短；花被裂片6，2轮；雄蕊3，生于外轮花被基部；花柱圆柱形，柱头3浅裂，子房下位，3室，中轴胎座，胚珠多数。蒴果倒卵圆形，3裂。种子球形，着生于果实中轴。

约2种，分布于亚洲东部。我国1种。

射干 图455 彩片194

Belamcanda chinensis （Linn.） DC. in Redoute, Lil. 3. pl. 121. 1805.

Ixia chinensis Linn. Sp. Pl. 36. 1753.

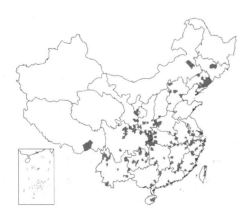

根状茎斜伸，黄褐色；须根多数，带黄色。茎高1-1.5米。叶互生，剑形，无中脉，嵌迭状2列，长20-40厘米，宽2-4厘米。花序叉状分枝。花梗及花序的分枝处有膜质苞片；花橙红色，有紫褐色斑点，径4-5厘米；花被裂片倒卵形或长椭圆形，长约2.5厘米，宽约1厘米，内轮较外轮裂片稍短窄；雄蕊花药线形，外向开裂，长1.8-2厘米；柱头有细短毛，子房倒卵形。蒴果倒卵圆形，长2.5-3厘米，室背开裂，果瓣

图455 射干 （引自《中国药用植物志》）

外翻,中央有直立果轴。种子球形,黑紫色,有光泽。花期6-8月,果期8-9月。染色体2n=32。

　　产吉林、辽宁、内蒙古、河北、山西南部、河南、山东、江苏、安徽、浙江、福建、台湾、江西、湖北、湖南、广东、香港、海南、广西、贵州、云南、西藏、四川、甘肃东南部、宁夏南部及陕西南部,生于海拔较低的林缘或山坡草地,在西南山区海拔2000-2200米处也可生长。朝鲜、日本、越南及俄罗斯有分布。根状茎有清热解毒、止咳化痰、消炎止痛的功能。

9. 肖鸢尾属 Moraea Mill.

　　多年生草本。具根状茎或球茎。叶线形,坚韧,基部木质化。花被基部不成筒状;花被裂片6,2轮,外花被裂片窄卵形,平展,内花被裂片较窄小,或退化成尖状体;花丝基部常连成筒状,与花柱基部合生;花柱上部3分枝,分枝扁平花瓣状,柱头生于花柱顶端裂片基部。种子具肉质种皮。

　　约100种,主产非洲南部。我国南方常见栽培1种。

肖鸢尾　　　　　　　　　　　　　　　　图 456

Moraea iridioides Linn. Mant. 1. 28. 1767.

　　根状茎短粗肥厚。叶基生,扁平,互相套迭,线形,中脉明显,质硬,基部木质化,长30-70厘米,宽0.7-1厘米。花茎高达90厘米,上部1-2分枝,节明显,有抱茎的披针形鞘状叶;花下苞片与鞘状叶相似。花白色稍带淡蓝色,径约10厘米;外花被裂片倒卵形,长5.5-6厘米,中脉有鲜黄色毡绒状附属物,内花被裂片匙形,长约5厘米;雄蕊长约2厘米;花柱分枝淡蓝色,子房窄倒卵圆形。蒴果椭圆形,长3-4厘米。花期5月,果期6-8月。染色体2n=20,40。

　　原产非洲南部。我国南方常见栽培。

图 456　肖鸢尾　（王金凤绘）

10. 鸢尾属 Iris Linn.

　　多年生草本。根状茎长线形或块状。叶多基生,相互套迭,2列,草质,剑形、线形或丝状,叶脉平行。常有花茎,无明显地上茎。花或花序下有1至多枚苞片。花较大,鲜艳;花被筒喇叭形、丝状或无;花被裂片6,2轮,外轮裂片常较内轮大,无附属物或有鸡冠状及须毛状附属物,内轮裂片直立或平展;雄蕊3,花药外向开裂;花柱上部3分枝,分枝扁平花瓣状,顶端2裂,柱头生于裂片基部,子房下位,3室。蒴果室背开裂。种子多数,有附属物或无。

　　约300种,分布于北温带。我国64种、8变种1亚种及6变型。

1. 根纺锤形,肉质;无明显根状茎。
　2. 地上茎分枝 ·························· 29. **尼泊尔鸢尾 I. decora**
　2. 茎甚短,不伸出地面。
　　3. 果期叶长约35厘米;花深蓝或蓝紫色 ·········· 28. **高原鸢尾 I. collettii**
　　3. 果期叶长50-80厘米;花淡蓝白色 ········· 28(附). **大理鸢尾 I. collettii** var. **acaulis**
1. 根非纺锤形;根状茎长或块状。
　4. 茎二歧状分枝;花被筒甚短 ·············· 30. **野鸢尾 I. dichotoma**
　4. 茎有或无,非二歧状分枝。
　　5. 外花被裂片无附属物,稀爪部两侧有耳状附属物,少数种有单细胞纤毛。

6. 花下有 1 苞片 ·· 26. **单苞鸢尾 I. anguifuga**
6. 花下有 2-5 苞片。
　7. 植株基部残留老叶叶鞘或纤维。
　　8. 根状茎块状，有老叶残留叶鞘。
　　　9. 苞片卵形，稀宽披针形。
　　　　10. 苞片无横脉；花茎高 15-20 厘米；蒴果长 8-9 厘米，顶端喙长 8-9 厘米 ····· 23. **大苞鸢尾 I. bungei**
　　　　10. 苞片有横脉；花茎高 10-15 厘米；蒴果长 2.5-4 厘米，顶端喙长 2-4.5 厘米 ·············
　　　　　·· 24. **囊花鸢尾 I. ventricosa**
　　　9. 苞片披针形。
　　　　11. 花茎伸出地面。
　　　　　12. 花蓝紫色，花被裂片斜伸；花茎有 3-4 茎生叶 ·············· 22. **准噶尔鸢尾 I. songarica**
　　　　　12. 花灰白或黄色，花被裂片平展；花茎有 1-2 茎生叶 ······ 22(附). **草叶鸢尾 I. farreri**
　　　　11. 花茎不伸出地面。
　　　　　13. 外花被裂片宽约 5 毫米。
　　　　　　14. 花径 4.5-5 厘米，花柱分枝长约 2.5 厘米 ·············· 19. **青海鸢尾 I. qinghainica**
　　　　　　14. 花径 6-7.5 厘米，花柱分枝 3.5-4 厘米 ·············· 20. **华夏鸢尾 I. cathayansis**
　　　　　13. 外花被裂片宽 1-2 厘米。
　　　　　　15. 叶细丝状，宽约 2 毫米；苞片 4，包 2-3 花；蒴果长 3.2-4.5 厘米 ··· 18. **细叶鸢尾 I. tenuifolia**
　　　　　　15. 叶细线状，稍扁，宽约 3 毫米；苞片 3，包 1-2 花；蒴果长 4-7 厘米 ·············
　　　　　　　·· 21. **天山鸢尾 I. loczyi**
　　8. 根状茎斜伸，包有老叶纤维。
　　　16. 花蓝紫或乳白色 ·· 17. **马蔺 I. lactea**
　　　16. 花黄色 ·· 17(附). **黄花马蔺 I. lactea** var. **chrysantha**
　7. 植株基部无残留叶鞘。
　　17. 花黄或白色。
　　　18. 植株高 20 厘米以下；花黄色；根状茎细丝状 ·············· 13. **小黄花鸢尾 I. minutoaurea**
　　　18. 植株高 20 厘米以上；根状茎粗壮。
　　　　19. 外花被裂片的爪部近等宽，舷部椭圆形。
　　　　　20. 花黄色 ·· 27. **喜盐鸢尾 I. halophila**
　　　　　20. 花蓝紫色或花被裂片的舷部蓝紫色，爪部黄色 ·······················
　　　　　　·································· 27(附). **蓝花喜盐鸢尾 I. halophila** var. **sogdiana**
　　　　19. 外花被裂片的爪部楔形。
　　　　　21. 花茎上部分枝；叶宽 0.7-3 厘米。
　　　　　　22. 花径 5.5-6 厘米，花柱分枝长约 3 厘米；叶宽 0.7-1.5 厘米，中脉不明显 ···
　　　　　　　·· 11. **乌苏里鸢尾 I. maackii**
　　　　　　22. 花径 10-11 厘米，花柱分枝长约 4.5 厘米；叶宽 1.5-3 厘米，中脉较明显 ···
　　　　　　　·· 12. **黄菖蒲 I. pseudacorus**
　　　　　21. 花茎上部不分枝或少分枝；叶宽 4-8 毫米。
　　　　　　23. 外花被裂片爪部两侧有紫褐色耳状附属物；蒴果椭圆形 ·········· 1. **黄花鸢尾 I. wilsonii**
　　　　　　23. 外花被裂片爪部楔形，无附属物；蒴果钝三棱状圆柱形 ·········· 2. **云南鸢尾 I. forrestii**
　　17. 花蓝紫或紫色。
　　　24. 植株高 20 厘米以下；花径 5.5 厘米以下。

25. 苞片内有2（1）花；花梗细长，花径2.5-3厘米 ·························· 15. 长柄鸢尾 **I. henryi**

25. 苞片内有1花；花梗甚短。

    26. 花被筒长5-7厘米，花径3.5-4厘米 ·························· 14. 长尾鸢尾 **I. rossii**

    26. 花被筒长1.5厘米以下，花径5-5.5厘米。

      27. 苞片膜质，绿色，边缘红紫色 ·························· 25. 紫苞鸢尾 **I. ruthenica**

      27. 苞片干膜质，黄绿色，边缘稍带红色 ·················· 25（附）. 单花鸢尾 **I. uniflora**

24. 植株高25厘米以上；花径5.5厘米以上。

  28. 茎上部分枝。

    29. 内花被裂片针状，宽约2.5厘米 ·························· 16. 山鸢尾 **I. setosa**

    29. 内花被裂片倒披针形或窄倒披针形，长约4.5厘米。

      30. 外花被裂片倒卵形，内花被裂片倒披针形 ·················· 9. 西藏鸢尾 **I. clarkei**

      30. 外花被裂片倒披针形，内花被裂片窄倒披针形 ·········· 9（附）. 变色鸢尾 **I. versicolor**

  28. 茎上部不分枝或有侧枝。

    31. 叶中脉明显。

      32. 叶宽2-3毫米；苞片膜质 ·························· 3. 北陵鸢尾 **I. typhifolia**

      32. 叶宽0.5-1.2（-1.8）厘米；苞片革质。

        33. 花紫色，外花被裂片中脉有黄色条纹 ·················· 4. 玉蝉花 **I. ensata**

        33. 花白色至暗紫色，单瓣或重瓣 ·········· 4（附）. 花菖蒲 **I. ensata** var. **hortensis**

    31. 叶无明显中脉。

      34. 外花被裂片爪部非楔形；蒴果有6条翅状纵棱 ··· 27（附）. 蓝花喜盐鸢尾 **I. halophila** var. **sogdiana**

      34. 外花被裂片爪部楔形；蒴果无翅状纵棱。

        35. 外花被裂片爪部有褐色网纹及黄斑。

          36. 蒴果长卵状圆柱形，长为宽的3-4倍。

            37. 花天蓝色 ·························· 6. 溪荪 **I. sanguinea**

            37. 花白色 ·················· 6（附）. 白花溪荪 **I. sanguinea** f. **albiflora**

          36. 蒴果椭圆状圆柱形，长为宽2-3倍 ·········· 6（附）. 西伯利亚鸢尾 **I. sibirica**

        35. 外花被裂片爪部无网状花纹。

          38. 花茎高0.6-1.2米 ·························· 8. 长葶鸢尾 **I. delavayi**

          38. 花茎高60厘米以下。

            39. 花蓝或淡蓝紫色，外花被裂片无金黄色花纹。

              40. 外花被裂片中脉有白色条斑 ·················· 10. 燕子花 **I. laevigata**

              40. 外花被裂片有深蓝紫色斑点及条纹 ·················· 7. 西南鸢尾 **I. bulleyana**

            39. 花深蓝紫色，外花被裂片有金黄色条纹 ·········· 5. 金脉鸢尾 **I. chrysographes**

5. 外花被裂片中脉有鸡冠状或须毛状附属物。

  41. 外花被裂片中脉有鸡冠状附属物。

    42. 无地上茎，有花茎；叶基生。

      43. 花茎不分枝或有1-2个侧枝；苞片2-3，包有1-2花。

        44. 根状茎径约1厘米；叶宽1.5-3.5厘米；花径约10厘米；鸡冠状附属物不平。

          45. 花蓝紫色，外花被裂片有紫褐色斑纹 ·················· 36. 鸢尾 **I. tectorum**

          45. 花白色，外花被裂片有黄褐色斑纹 ·········· 36（附）. 白花鸢尾 **I. tectorum** f. **alba**

        44. 根状茎径1厘米以下；叶宽1.5厘米以下；花径6厘米以下；鸡冠状附属物平。

          46. 根状茎二歧状分枝；果柄弯成90度，蒴果顶端喙细长；叶有3-5纵脉；花径5.6-6厘米 ·········

               ·························· 31. 小花鸢尾 **I. speculatrix**

46. 根状茎细长；果柄不弯曲，蒴果顶端喙短；叶有1-2纵脉；花径3.5-4厘米 … 38. 小鸢尾 **I. proantha**
43. 花茎分枝总状排列；苞片3-6，包有2-5花。
　47. 花茎4-5分枝；花径7-8厘米 ·· 32. 台湾鸢尾 **I. formosana**
　47. 花茎5-12分枝；花径4.5-5.5厘米 ·· 33. 蝴蝶花 **I. japonica**
42. 有地上茎；叶互生或集生茎顶。
　48. 叶集生茎顶；花淡蓝、蓝紫或白色。
　　49. 花淡蓝或白色，径5-5.5厘米 ·· 34. 扁竹兰 **I. confusa**
　　49. 花蓝紫色，径7.5-8厘米 ··· 35. 扇形鸢尾 **I. wattii**
　48. 叶互生茎上；花淡红紫色 ··· 37. 红花鸢尾 **I. milesii**
41. 外花被裂片中脉有须毛状附属物。
50. 植株高达1米；内轮花被裂片宽卵形。
　51. 苞片草质，绿色，边缘膜质 ··· 39. 德国鸢尾 **I. germanica**
　51. 苞片膜质，银白色 ·· 39(附). 香根鸢尾 **I. pallida**
50. 植株高60厘米以下；内轮花被裂片披针形或窄卵形。
　52. 花茎顶部生1花。
　　53. 植株基部残留的老叶纤维毛发状，向外反卷。
　　　54. 花黄色 ··· 45. 卷鞘鸢尾 **I. potaninii**
　　　54. 花蓝紫色 ······························ 45(附). 蓝花卷鞘鸢尾 **I. potaninii** var. **ionantha**
　　53. 植株基部残留的老叶纤维不向外反卷。
　　　55. 地上茎不明显。
　　　　56. 根粗壮，有横纹。
　　　　　57. 叶长5-13厘米，宽1.5-2毫米；花茎不伸出地面，花径3.5-3.8厘米，外花被裂片长约3.5厘米，
　　　　　　宽约1厘米，内花被裂片长2.5-2.8厘米，宽4-5毫米 ··············· 46. 粗根鸢尾 **I. tigridia**
　　　　　57. 叶长10-20厘米，宽3-6毫米；花茎高10-20厘米，花径4.5-5厘米；外花被裂片长约2.5厘米，
　　　　　　宽1.5厘米，内花被裂片长约4厘米，宽约8毫米 ··
　　　　　　·· 46(附). 大粗根鸢尾 **I. tigridia** var. **fortis**
　　　　56. 根较细，无横纹。
　　　　　58. 花被筒喇叭形 ··· 48. 库门鸢尾 **I. kemaonensis**
　　　　　58. 花被筒高脚杯形，长4-7（-14）厘米，舷部平展；花径3-6厘米 ·························
　　　　　　··· 48(附). 小花长筒鸢尾 **I. dolichosiphon** subsp. **orientalis**
　　　55. 地上茎明显。
　　　　59. 根粗壮，有明显横纹 ·························· 46(附). 大粗根鸢尾 **I. tigridia** var. **fortis**
　　　　59. 具块茎，根细弱。
　　　　　60. 花径3.5-5厘米，花柱分枝长约1.8厘米 ·················· 47. 锐果鸢尾 **I. goniocarpa**
　　　　　60. 花径6-7厘米，花柱分枝长2.8-3.3厘米 ·········· 47(附). 大锐果鸢尾 **I. cuniculiformis**
　52. 花茎顶生2花，稀1花。
　　61. 根茎不明显；根粗壮，无横纹 ·· 43. 甘肃鸢尾 **I. pandurata**
　　61. 根状茎粗壮，横走或为块茎。
　　　62. 根状茎横走。
　　　　63. 花黄色。
　　　　　64. 花茎高8-10厘米 ··· 41. 中亚鸢尾 **I. bloudowii**
　　　　　64. 花茎短，不伸出或稍伸出地面 ························ 41(附). 黄金鸢尾 **I. flavissima**
　　　　63. 花蓝紫色 ·· 42. 膜苞鸢尾 **I. scariosa**

62. 具块茎。

1. 黄花鸢尾　　　　　　　　　　　　　图 457：1-3

Iris wilsonii C. H. Wright in Kew Bull. 1907: 321. 1907.

　　根状茎粗壮，斜伸。叶基生，灰绿色，宽线形，长25-55厘米，宽5-8毫米。花茎中空，高50-60厘米；苞片3，披针形，包2花。花黄色，径6-7厘米；花被筒长0.5-1.2厘米；外花被裂片长6-6.5厘米，宽3.5-4厘米，有褐色条纹及斑点，爪部两侧有紫褐色耳状附属物，内花被裂片倒披针形，长4.5-5厘米，盛开时外倾；雄蕊长约3.5厘米；花柱分枝深黄色，顶端裂片钝三角形，子房绿色。蒴果椭圆状，长3-4厘米。种子棕褐色，扁平，半圆形。染色体2n=40。

　　产甘肃东南部、陕西南部、河南西部、湖北西部、四川及云南西北部，生于山坡草丛、林缘草地及河边、沟边湿地。

图 457：1-3. 黄花鸢尾 4-5. 云南鸢尾
（于振洲 赵毓棠绘）

2. 云南鸢尾　　　　　　　　图 457：4-5 彩片 195

Iris forrestii Dykes in Gard. Chron. ser. 3, 47: 418. 1910.

　　根状茎斜伸，棕褐色。叶线形，黄绿色，长20-50厘米，宽4-7毫米，无明显中脉。花茎高15-45厘米；苞片3，披针形，长5.5-7厘米，包1-2花。花黄色，径6.5-7厘米；花被筒漏斗形；外花被裂片倒卵形，长约6.5厘米，有紫褐色条纹及斑点，基部楔形，无附属物，内花被裂片直立；雄蕊长约3厘米，花药黄褐色；花柱分枝淡黄色，顶端裂片钝三角形，子房绿色，三棱状柱形。蒴果钝三棱状圆柱形，有短喙。种子扁平，半圆形。花期5-6月，果期7-8月。染色体2n=40。

　　产四川西南部、云南西北部及西藏，生于海拔2750-3600米水沟、湿地及山坡草丛中。缅甸有分布。

3. 北陵鸢尾　　　　　　　图 458：1-3 彩片 196

Iris typhifolia Kitagawa in Bot. Mag. Tokyo 48: 94. f. 10. 1934.

　　根状茎较粗，斜伸。叶线形，中脉明显，长30-40厘米，宽2-3毫米。花茎中空，高50-60厘米；苞片3-4，膜质，有红褐色细斑点。花深蓝紫色，径6-7厘米；外花被裂片倒卵形，长5-5.5厘米，爪部楔形，有红褐色斑纹，无附属物，内花被裂片倒披针形，长4.5-5.5厘米；雄蕊长约3厘米；花柱

分枝扁平花瓣状，长约3.5厘米；子房钝三棱状柱形。蒴果三棱状椭圆形，长4.5-5厘米，室背开裂。种子扁平。花期5-6月，果期7-9月。

产黑龙江、吉林、辽宁及内蒙古，生于沼泽地或水边湿地。

4. 玉蝉花 花菖蒲　　　　　　　　　　　　　图 458：4-5 彩片 197

Iris ensata Thunb. in Trans. Linn. Soc. 2: 328. 1794.

Iris kaempferi Sieb.; 中国高等植物图鉴 5: 577. 1983.

根状茎粗壮，斜伸。叶线形，中脉明显，长30-80厘米，宽0.5-1.2厘米。花茎实心，高0.4-1米；苞片3，近革质，坚硬，平行脉突出，包2花。花深紫色，径9-10厘米；外花被裂片倒卵形，长7-8.5厘米，中脉有黄色条斑；内花被裂片窄披针形，长约5厘米；雄蕊花药紫色，长约3.5厘米；花柱分枝扁，稍拱形弯曲。蒴果长椭圆形，6肋明显。种子棕褐色，扁平，边缘翅状。花期6-7月，果期8-9月。染色体2n=24。

产黑龙江、吉林、辽宁、内蒙古北部、山东东部及浙江西北部。朝鲜、日本及俄罗斯有分布。根状茎用于清热消食，治食积饱胀、胃痛、气胀水肿。

　　[附] **花菖蒲** 图458：6 **Iris ensata** var. **hortensis** Makino et Nemoto, Fl. Jap. ed. 2, 1590. 1931. 本变种品种甚多，单瓣或重瓣，花白

图 458: 1-3. 北陵鸢尾 4-5. 玉蝉花 6. 花菖蒲 （于振洲绘）

色至暗紫色，斑点及花纹等变化甚大。喜潮湿，多栽于水边或盆栽。

5. 金脉鸢尾 金纹鸢尾　　　　　　　　　　　　　图 459

Iris chrysographes Dykes in Gard. Chron. ser. 3, 49: 362. 1911.

根状茎圆柱形，棕褐色，斜伸。叶基生，线形，无明显中脉，长20-70厘米，宽0.5-1.2厘米。花茎中空，高25-50厘米；苞片3，绿色稍带红紫色，披针形，包2花。花深蓝紫色，径8-12厘米；外花被裂片长圆形，有金黄色条纹，长6-7厘米，内花被裂片窄倒披针形，长约6厘米，盛开时外倾；雄蕊长4-4.5厘米；花柱分枝深紫色，扁平，拱形弯曲，顶端裂片半圆形，子房三棱状纺锤形。蒴果三棱状圆柱形，无喙。种子近梨形，棕褐色。花期6-7月，果期8-10月。染色体2n=40。

产四川、贵州西北部、云南西北部及西藏，生于海拔1200-4400米山坡草地或林缘。

图 459 金脉鸢尾 （冀朝祯绘）

6. 溪荪　　　　　　　　　　　　　　图 460 彩片 198

Iris sanguinea Donn ex Horn. Hort. Bot. Hafn. 1: 58. 1813.

根状茎粗壮，斜伸。叶线形，中脉不明显。花茎实心，高40-60厘米；

苞片3，膜质，绿色，披针形，长5-7厘米，包2花。花天蓝色，径6-7厘米；外花被裂片倒卵形，长4.5-5厘米，宽约1.8厘米，无附属物，爪部有褐色网纹及黄斑，内花被裂片倒披针形，长约4.5厘米；雄蕊长约3厘米，花药黄色；花柱分枝扁平，顶端裂片钝三角形，长约3.5厘米，子房三棱状圆柱形，长约2厘米。蒴果长卵状圆柱形，长约5厘米。花期5-6月，果期7-9月。染色体2n=28。

产黑龙江、吉林东部、辽宁东部及内蒙古，生于沼泽地、湿草地或向阳草地。日本、朝鲜及俄罗斯有分布。根状茎、根有消积行水的功能，用治胃痛。

[附] **白花溪荪 Iris sanguinea f. albiflora** Makino in Journ. Jap. Bot. 6(11): 32. 1930. 本变型花白色。产黑龙江东北部三江湿地。日本有分布。

[附] **西伯利亚鸢尾** 彩片 199 **Iris sibirica** Linn. Sp. Pl. 39. 1753. 本种与溪荪的区别：外花被裂片宽3.3-5厘米，内花被裂片窄倒卵形，雄蕊花

图 460 溪荪 （于振洲绘）

药紫色，子房纺锤形；蒴果椭圆状柱形，长为宽的2-3倍。染色体2n=28。原产欧洲。常栽于庭园供观赏。

7. 西南鸢尾　　　　　　　　　　　　图 461: 1-2

Iris bulleyana Dykes in Gard. Chron. ser. 3, 47: 418. 1910.

根状茎较粗壮，斜伸。叶基生，线形，无明显中脉，长15-45厘米，宽0.5-1厘米。花茎中空，高20-35厘米，有2-3茎生叶；苞片2-3，膜

质，绿色，边缘带红褐色，长5.5-12厘米，包1-2花。花天蓝色，径6.5-7.5厘米；花被筒长1-1.2厘米；外花被裂片倒卵形，长4-4.5厘米，无附属物，有蓝紫色斑点及条纹，内花被裂片披针形或宽披针形，长约4厘米；雄蕊长约2.5厘米，花药乳白色；花柱分枝片状，蓝紫色，长约3.5厘米，顶端裂片近

方形，子房绿色，钝三角柱形，长约2厘米。蒴果三棱状柱形，长4-4.5厘米，6肋明显，无喙。种子棕褐色，扁平，半圆形。花期6-7月，果期8-10月。染色体2n=40。

图 461: 1-2. 西南鸢尾　3-5. 长莛鸢尾
（于振洲　赵毓棠绘）

产四川、云南及西藏，生于海拔2300-4270米山坡草地或水旁湿地。缅甸有分布。

8. 长葶鸢尾 图 461：3-5

Iris delavayi Mich. in Rev. Hort. Paris 399. f. 128-129. 1895.

根状茎粗壮，径约1厘米，斜伸。叶灰绿色，线形，无明显中脉，长50-80厘米，宽0.8-1.5厘米。花茎中空，顶端有1-2侧枝，高0.6-1.2米；苞片2-3，膜质，绿色，稍带红褐色，宽披针形，长7-11厘米，包2花。花深蓝紫色，径约9厘米；花被筒长1.5-1.8厘米；外花被裂片倒卵形，长约7厘米，无附属物，有暗紫色及白色斑纹，内花被裂片倒披针形，长约5.5厘米；花药淡黄色；花柱分枝淡紫色，长约5厘米，顶端裂片长圆形，子房柱状三角形。蒴果柱状长椭圆形，无喙，长5-6.5厘米。种子红褐色，扁平。花期5-7月，果期8-10月。染色体2n=40。

产四川西南部、贵州西北部、云南及西藏，生于海拔2440-4460米水边湿地及林缘草地。

9. 西藏鸢尾 图 462：1-2 彩片 200

Iris clarkei Baker, Handb. Irid. 25. 1892.

根状茎圆柱形，斜伸。叶线形，灰绿色，长30-60厘米，宽1-1.8厘米。花茎高约60厘米，上部有1-2侧枝；苞片3，草质，绿色，边缘膜质，宽披针形，长7.5-9厘米，包1-2花。花蓝色，径7.5-8.5厘米；花被筒长约1厘米；外花被裂片倒卵形，长约7厘米，宽2.4-2.8厘米，中部有白、黄及深紫色环形花纹，无附属物，内花被裂片淡蓝紫色，倒披针形，长约4.5厘米；花药乳白色，比花丝短；花柱分枝扁平，稍弯曲，长4-4.5厘米，顶端裂片半圆形，

子房三棱状纺锤形。蒴果卵圆状柱形，6肋明显，长3.5-5厘米。种子扁平，盘状。花期6-7月，果期8-9月。染色体2n=40。

产云南西部及西藏，生于溪边及湖边湿地。不丹、尼泊尔、锡金及印度东北部有分布。

[附] **变色鸢尾** 彩片 201 **Iris versicolor** Linn. Sp. Pl. 39. 1753. 本

10. 燕子花 图 462：3-6 彩片 202

Iris laevigata Fisch. in Turcz. Cat Baik. 1119. 1837.

根状茎粗壮，径约1厘米。叶灰绿色，剑形或宽线形，无明显中脉，长0.4-1米，宽0.8-1.5厘米。花茎实心，高40-60厘米；苞片3-5，膜质，披针形，长6-9厘米，包2-4花。花大，蓝紫色，径9-10厘米；外花被裂片倒卵形或椭圆形，无附属物，中脉有白色条斑；内花被裂片倒披针形，长约6.5厘米；雄蕊长约3厘米，花药白色；花柱分枝扁平，稍弯，长5-6厘米，顶端裂片半圆形，有波状牙齿，子房钝三角状圆柱形，长约2厘米。蒴

图 462：1-2. 西藏鸢尾 3-6. 燕子花
（于振洲 赵毓棠绘）

种与西藏鸢尾的区别：外花被裂片倒披针形，宽1-1.5厘米，内花被裂片窄倒披针形；蒴果三棱状圆柱形。染色体2n=72,84,105。原产美洲，我国各地庭院偶有栽培。

果椭圆状柱形，长6.5-7厘米。种子扁平，半圆形，褐色。花期5-6月，果期8-9月。染色体2n=32，36。

产黑龙江、吉林、辽宁、内蒙古北部及云南，生于沼泽地及池沼浅水中。日本、朝鲜及俄罗斯有分布。

11. 乌苏里鸢尾   图 463：1

Iris maackii Maxim. in Bull. Acad. Sci. St. Pétersb. 26: 542. 1880.

根状茎粗壮，节明显，径约1厘米。叶灰绿色，剑形，中脉不明显，长

20-45厘米，宽0.7-1.5厘米。花茎圆柱形，高80厘米以上，上部有数个细长分枝；苞片2-3，膜质，包1-2花。花黄色，径5.5-6厘米；花被筒长约1厘米；外花被裂片倒卵形，长约4厘米，无附属物，内花被裂片窄倒披针形，长约2.5厘米；雄蕊长约2.5厘米，花药黄色；花柱分枝长约3厘米，顶端裂片窄三角形，子房窄纺锤形，长约2.5厘米。蒴果下垂，柱状椭圆形，长6-9厘米，有短喙，6肋凸起。种子扁平，棕色，有小突起。花期5月，果期6-8月。

产黑龙江东部及辽宁东部，生于沼泽地或水边湿地。俄罗斯有分布。

图 463：1. 乌苏里鸢尾 2. 黄菖蒲
3. 小黄花鸢尾 4. 长尾鸢尾
（于振洲 赵毓棠绘）

12. 黄菖蒲   图 463：2 彩片 203

Iris pseudacorus Linn. Sp. Pl. 38. 1753.

根状茎粗壮，径达2.5厘米。基生叶灰绿色，宽剑形，中脉明显，长40-60厘米，宽1.5-3厘米。花茎粗壮，高60-70厘米，上部分枝；苞片3-4，膜质，绿色，披针形。花黄色，径10-11厘米；花被筒长约1.5厘米；外花被裂片卵圆形或倒卵形，长7厘米，无附属物，中部有黑褐色花纹，内花被裂片倒披针形，长约2.7厘米；雄蕊长约3厘米，花药黑紫色；花柱分枝淡黄色，长约4.5厘米，顶端裂片半圆形，子房绿色，三棱状柱形，长约2.5厘米。花期5月，果期6-8月。染色体2n=22，32，34。

原产欧洲。我国各地常见栽培，喜生于湿地或浅水池沼中。

13. 小黄花鸢尾   图 463：3 彩片 204

Iris minutoaurea Makino in Journ. Jap. Bot. 5: 17. 1928.

根状茎细长，丝状，坚韧，横走。叶线形，长5-16厘米，宽2-7毫米，有3-5纵脉。花茎细弱，高7-15厘米；苞片2，膜质，披针形，长4-5厘米，包1花。花被筒丝状，上部膨大，长1.5-2厘米；外花被裂片倒卵形，长约2.3厘米，无附属物，内花被裂片倒披针形，长约1.5厘米；雄蕊长约1厘米，花药黄色；花柱分枝扁平，长约1.5厘米，顶端裂片长三角形，子房纺锤形，长约1厘米。蒴果近球形。花期5月，果期6-7月。染色体2n=22。

产辽宁东部，生于干旱山坡及林缘草丛中。日本及朝鲜有分布。

14. 长尾鸢尾

图 463：4 彩片 205

Iris rossii Baker in Gard. Chron. ser. 3, 809. 1877.

根状茎斜伸，质坚韧，有结节状突起。叶线形或窄披针状线形，长4-15厘米，宽2-5毫米，有2-4纵脉。花茎甚短，不伸出地面；苞片2，窄披针形，长约7厘米，包有1花。花蓝紫色，径3.5-4厘米；花被筒细，长5-7厘米，上部喇叭形；外花被裂片倒卵形，长约3厘米，无附属物，内花被裂片倒卵形或倒宽披针形，长约2.5厘米；雄蕊长约1.5厘米；花柱分枝扁平，长约2厘米，顶端裂片窄三角形，子房纺锤形。蒴果球形。花期4-5月，果期6-8月。染色体2n=32。

产辽宁东部，生于阳坡及林缘草地。日本及朝鲜有分布。

15. 长柄鸢尾

图 464：1

Iris henryi Baker, Handb. Irid. 6. 1892.

根状茎细长，横走，棕褐色。叶数枚丛生，淡绿色，有1-2纵脉，长15-40厘米，宽约2毫米。花茎纤细，高15-25厘米；苞片2-3，草质，绿色，窄披针形，包2（1）花。花蓝或蓝紫色，径2.5-3厘米，花梗细长；花被筒长3-5毫米；外花被裂片倒卵形，长约2厘米，无附属物，中部以下有黄色斑纹；内花被裂片与外花被裂片相似而较小；雄蕊长约1厘米；花柱分枝扁平，花瓣状，长约1厘米，顶端裂片窄三角形，子房绿色，窄纺锤形，长5-7毫米。花期5月，果期7-8月。

产甘肃南部、四川东北部、湖北及湖南西北部，生于林中或林缘草地。

图 464: 1. 长柄鸢尾 2-4. 山鸢尾
（于振洲 赵毓棠绘）

16. 山鸢尾

图 464：2-4 彩片 206

Iris setosa Pall. ex Link in Engl. Bot. Jahrb. 1(3): 71. 1820.

根状茎粗，斜伸。叶剑形或宽线形，无明显中脉，长30-60厘米，宽0.8-1.8厘米。花茎高0.6-1米，上部有1-3分枝；苞片3，膜质，披针形或卵圆形。花蓝紫色，径7-8厘米；花被筒喇叭形，长约1厘米；外花被裂片宽倒卵形，长4-4.5厘米；无附属物，中部以下有黄及紫红色脉纹，内花被裂片针状，长约2.5厘米；雄蕊长约2厘米；花柱分枝扁平，顶端裂片近方形，子房圆柱形，长约1厘米。蒴果椭圆形或卵圆形，长约3厘米，有6肋。种子淡褐色。花期7月，果期8-9月。染色体2n=34，36，38。

产吉林东部，生于1500-2500米亚高山湿草甸或沼泽地。日本、朝鲜、

俄罗斯、阿拉斯加及加拿大东部有分布。

17. 马蔺 蠡实 白花马蔺　　　　　　图 465 彩片 207

Iris lactea Pall. Reise Russ. Reich. 3: 713. 1776.

Iris lactea var. *chinensis* (Fisch.) Koidz.; 中国植物志16(1): 156. 1985.

Iris ensata auct. non Thunb.: 中国高等植物图鉴 5: 579. 1976.

根状茎粗壮，包有红紫色老叶残留纤维，斜伸。叶基生，灰绿色，质坚韧，线形，无明显中脉，长约50厘米，宽4-6厘米。花茎高3-10厘米；苞片3-5，草质，绿色，边缘膜质，白色，包2-4花。花蓝紫或乳白色，径5-6厘米；花被筒短，长约3毫米；外花被裂片倒披针形，长4.2-4.5厘米，内花被裂片窄倒披针形，长4.2-4.5厘米；雄蕊长2.5-3.2厘米，花药黄色；子房纺锤形，长4-4.5厘米。蒴果长椭圆状柱形，有短喙，有6肋。种子多面体形，棕褐色，有光泽。花期5-6月，果期6-9月。染色体2n=40，50。

产黑龙江、吉林、辽宁、内蒙古、河北、山东、江苏、浙江、安徽、湖北、湖南、贵州西北部、四川、西藏、新疆、青海东部、甘肃、宁夏、陕西、山西及河南，生于荒地、路边或山坡草地，过度放牧的草场上较多。阿富汗、印度北部、哈萨克斯坦、朝鲜、蒙古、巴基斯坦及俄罗斯有分布。花有清热解毒、利尿消肿的功能；种子有凉血、止血、清热利湿的功能；根

图 465 马蔺 （于振洲 赵毓棠绘）

状茎有清热解毒的功能。

[附] **黄花马蔺 Iris lactea** var. **chrysantha** Y. T. Zhao in Bull. Lab. North-East. Forest. Inst. 9: 76. 1980. 本变种与模式变种的区别：花黄色或外花被裂片黄色。产四川及西藏。

18. 细叶鸢尾　　　　　　图 466 彩片 208

Iris tenuifolia Pall. Reise Russ. Reich. 3: 714. t. c. f. 2. 1776.

密丛草本，植株基部宿存老叶叶鞘。根状茎块状，木质。叶质坚韧，丝状或线形，无中脉，长20-60厘米，宽1.5-2毫米。花茎短，不伸出地面。苞片4，膜质，披针形，包2-3花。花蓝紫色，径约7厘米；花被筒长4.5-6厘米；外花被裂片匙形，长4.5-5厘米，宽约1.5厘米；无附属物，常有纤毛，内花被裂片倒披针形，长约5厘米；雄蕊长约3厘米，花丝丝状，宽约2毫米；花柱

分枝扁平，长约4厘米，顶端裂片窄三角形，子房细圆柱形，长约1厘米。蒴果倒卵圆形，长3.2-4.5厘米，有短喙。花期4-5月，果期8-9月。

图 466 细叶鸢尾 （于振洲 赵毓棠绘）

产黑龙江、吉林、辽宁、内蒙古、河北、山西、陕西、宁夏、甘肃、青

海东北部、新疆北部、西藏东北部、湖北北部、河南及山东，生于固定砂丘或砂地。阿富汗、哈萨克斯坦、蒙古、巴基斯坦、俄罗斯及土耳其有分布。根状茎有安胎养血的功能，用治胎动血崩；种子功效同马蔺。

19. 青海鸢尾　　　　　　　　　　图 467：1

Iris qinghainica Y. T. Zhao in Acta Phytotax. Sin. 18(1)：55. 1980.

密丛草本，植株基部残留老叶叶鞘。根状茎块状，木质。叶灰绿色，线形，无明显中脉。花茎甚短，不伸出地面；苞片3，草质，绿色，披针形，包1-2花。花蓝紫或蓝色，径4.5-5厘米；花被筒丝状，长4-6厘米；外花被裂片窄倒披针形，长3-3.5厘米，无附属物，宽约5毫米，内花被裂片窄披针形或线形，长约3厘米；雄蕊长1.8-2厘米；花柱分枝扁平，长约2.5厘米，顶端裂片窄披针状三角形，子房细圆柱形，长约1.5厘米。花期6-7月，果期7-8月。

产甘肃东部及西南部、青海，生于2500-3130米高原山坡及向阳草地。

图 467：1. 青海鸢尾　2-3. 准噶尔鸢尾
（于振洲绘）

20. 华夏鸢尾　　　　　　　　　　图 468：1

Iris cathayensis Migo in Journ. Shanghai Sci. Inst. sect. 3, 4: 140. 1939.

密丛草本，植株基部残留老叶叶鞘。根状茎块状，木质。叶基生，质柔软，线形，无明显中脉，花期长15-25厘米，宽3-4厘米，果期长达45厘米，宽6毫米。花茎不伸出地面；苞片3-4，草质，绿色，披针形，包2花。花蓝紫色，径6-7.5厘米；花被筒细，长7-9厘米；外花被裂片窄倒披针形，长4-5.5厘米，中脉有单细胞纤毛，宽约5毫米；内花被裂片窄倒披针形或线形，长4-5厘米；雄蕊花药蓝色，长2.8-3.5厘米；花柱分枝扁平，线形，长3.5-4厘米，顶端裂片窄三角状线形，长约1.2厘米，子房纺锤形，长1.3-1.5厘米。花期4月。

产山西南部、陕西南部、甘肃东部、湖北中部、安徽东部、江苏西南部及浙江，生于开阔山坡草地。

图 468：1. 华夏鸢尾　2-3. 天山鸢尾
（于振洲绘）

21. 天山鸢尾

图 468：2-3 彩片 209

Iris loczyi Kanitz, Bot. Res. Szech. Centr. Asiat. exped. 58. t. 6. f. 2. 1891.

密丛草本，基部残留老叶叶鞘。根状茎块状，木质，不明显。叶质坚韧，线形，无中脉，长20-40厘米，宽约3毫米。花茎短，不伸出或稍伸出地面；苞片3，草质，包1-2花。花蓝紫色，径5.5-7厘米；花被筒丝状，长达10厘米；外花被裂片倒披针形或窄倒披针形，长约6厘米，宽1-2厘米；内花被裂片倒披针形，长4.5-5厘米；雄蕊长约2.5厘米，花丝线状，宽约3毫米；花柱分枝长约4厘米，顶端裂片半圆形，子房纺锤形，长约1.2厘米。蒴果长倒卵圆形或圆柱形，长4-7厘米，有短喙，6肋明显。花期5-6月，果期7-8月。

产内蒙古西部、宁夏北部、甘肃、青海、新疆、西藏及四川，生于海拔2000米以上高山向阳草地。阿富汗、伊朗、塔吉克斯坦、蒙古及俄罗斯有分布。

22. 准噶尔鸢尾

图 467：2-3

Iris songarica Schrenk in Fisch. et Mey. Enum. Pl. Nov. 1: 3. 1841.

密丛草本，植株基部残留老叶叶鞘。根状茎块状，木质，不明显。叶灰绿色，线形，有3-5纵脉，花期长15-23厘米，宽2-3毫米，果期长达80厘米，宽达1厘米。花茎高25-50厘米，有3-4茎生叶；苞片3，草质，绿色，长7-9厘米，包2花。花蓝紫色，径8-9厘米；花被裂片斜伸，外裂片提琴形，长5-5.5厘米，爪部近披针形，舷部椭圆形或圆卵形，内裂片倒披针形，长约3.5厘米；雄蕊花药褐色，长约2.5厘米；花柱分枝长约3.5厘米，顶端裂片窄三角形，子房纺锤形，长约2.5厘米。蒴果三棱状卵圆形，长4-6.5厘米，有长喙。种子梨形，棕褐

色。花期6-7月，果期8-9月。

产陕西、宁夏、甘肃西南部、新疆北部、青海东部及四川，生于向阳高山草地、坡地或石质山坡。阿富汗、伊朗、哈萨克斯坦、土库曼斯坦、巴基斯坦及俄罗斯有分布。

[附] **草叶鸢尾 Iris farreri** Dykes in Gard. Chron. ser. 3, 57: 175. 1915. —— *Iris polysticta* auct. non Diels: 中国植物志 16(1)：162. 1985. 与准噶尔鸢尾的区别：花茎有1-2茎生叶，花灰白或黄色，花被裂片平展。产甘肃、青海、西藏、四川及云南，生于海拔2500-3660米河边湿地、向阳坡地及云杉疏林下。

23. 大苞鸢尾

图 469

Iris bungei Maxim. in Bull. Acad. Sci. St. Pétersb. 26: 509. 1880.

密丛草本，植株基部残留老叶叶鞘。根状茎块状，木质。叶线形，有4-7纵脉，无中脉，长20-50厘米，宽2-4毫米。花茎高15-25厘米。苞片3，宽卵形或卵形，长8-10厘米，平行脉间无横脉，包2花。花蓝紫色，径6-7厘米；花被筒丝状，长6-7厘米；外花被裂片匙形，中部稍宽，长5-6厘米，内花被裂片倒披针形，长约5厘米；雄蕊长约3厘米；花柱分枝扁平，长5-5.5厘米，顶端裂片斜三角形，子房绿色，细柱状。蒴果圆柱状窄卵圆形，长8-9厘米，顶端喙长8-9厘米。花期5-6月，果期7-8月。

产内蒙古、山西北部、宁夏及甘肃，生于沙漠、半荒漠、砂质草地或砂丘。蒙古有分布。

24. 囊花鸢尾　　　　　　　　　图 470 彩片 210

Iris ventricosa Pall. Reise Russ. Reich. 3: 712. 1776.

密丛草本，植株基部残留老叶叶鞘。根状茎块状，木质。叶线形，灰绿色，无明显中脉，长20-35厘米，宽3-4毫米。花茎高10-15厘米；苞片3，草质，卵圆形或宽披针形，长6-8厘米，平行脉间有横纹连成网状。花蓝紫色，径6-7厘米；花被筒细，长2.5-4厘米；外花被裂片细长，匙形，长4-4.5厘米，无附属物，有单细胞纤毛，内花被裂片线形或窄披针形，长3.5-4厘米；雄蕊花药黄紫色，长3-3.5厘米；花柱分枝片状，稍弯曲，长3.5-3.8厘米，顶端裂片窄三角形，子房圆柱形，中部稍膨大，长约1.5厘米。蒴果三棱状卵圆柱形，长2.5-4厘米，顶端喙长2-4.5厘米。花期5月，果期7-8月。

产黑龙江、吉林、辽宁、河北、内蒙古、新疆东部及青海东北部，生于固定砂丘或砂质草甸。蒙古及俄罗斯有分布。

25. 紫苞鸢尾　细茎鸢尾　短筒紫苞鸢尾　矮紫苞鸢尾　　图 471

Iris ruthenica Ker-Gawl. in Curtis's Bot. Mag. t. 1123. 1808.

Iris ruthenica var. *brevituba* Maxim.；中国植物志 16(1)：166. 1985.

Iris ruthenica var. *nana* Maxim.；中国植物志 16(1)：166. 1985.

根状茎斜伸。二歧分枝，节明显，包有棕褐色老叶纤维。叶线形，灰绿色，有3-5纵脉，长20-25厘米，宽3-6毫米。花茎高5-20厘米，有2-3茎生叶；苞片2，膜质，绿色，边缘紫红色，包1花。花蓝紫色，径5-5.5厘米；花被筒长0.5-1.2厘米；外花被裂片倒披针形，长2.5-3.5厘米，无附属物，有深紫及白色斑纹，内花被裂片窄倒披针形，长2-3.5厘米；雄蕊长1.5-2.5厘米，花药乳白色；花柱分枝扁平，长2-4厘米，顶端裂片窄三角形，子房纺锤形。蒴果球形或卵圆形，无喙，径1-1.5厘米。种子梨形，有白色附属物。花期5-6月，果期7-8月。

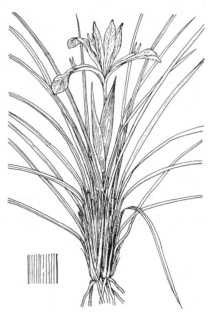

图 469 大苞鸢尾 （于振洲绘）

图 470 囊花鸢尾 （冀朝祯绘）

染色体2n=84。

产黑龙江、吉林、辽宁、内蒙古、河北、山东、河南、山西、陕西、宁夏、甘肃、新疆、西藏东南部、四川、云南西北部及江苏东北部，生于海拔2800-3600米向阳砂质地或山坡草地。哈萨克斯坦、俄罗斯、朝鲜及欧洲东部有分布。

[附] **单花鸢尾**　窄叶单花鸢尾　彩片 211 **Iris uniflora** Pall. ex Link in Engl. Bot. Jahrb. 1(3)：71. 1820.

—— *Iris uniflora* var. *caricina* Kitagawa; 中国植物志 16(1)：167. 1985. 与紫苞鸢尾的区别：苞片质硬，干膜质，黄绿色，边缘稍带红色。染色体 2n=20。产黑龙江、吉林、辽宁及内蒙古，生于干旱山坡、林缘、路边及林中旷地。俄罗斯及朝鲜有分布。种子有清热解毒的功能，用治咽喉肿痛、黄疸肝炎、通便利尿。

26. 单苞鸢尾

图 472：1-5 彩片 212

Iris anguifuga Y. T. Zhao et X. J. Xue in Acta Phytotax. Sin. 18(1)：56. 1980.

多年生草本，冬季常绿，夏季枯萎。根状茎粗壮，靠近地表处球形。叶线形，有3-6纵脉，灰绿色，长20-30厘米，宽5-7毫米。花茎高30-50厘米，有4-5茎生叶；苞片1，草质，窄披针形，长约10厘米，包1花。花蓝紫色，径约10厘米；花被筒细，长约3厘米；外花被裂片倒披针形，长约5.5厘米，有褐色条纹及斑点，内花被裂片窄倒披针形，长4.5-5厘米；雄蕊长约2.5厘米，花药鲜黄色；花柱扁平，长约5厘米，顶端裂片窄三角形。蒴果三

图 471 紫苞鸢尾 （冀朝祯绘）

棱状纺锤形，长5.5-7厘米，被黄褐色柔毛，有长喙。种子球形，径4-5毫米。花期3-4月，果期6-7月。染色体2n=22。

产安徽西南部、江西东北部、湖北、湖南西北部、广西东北部及贵州东北部，生于山坡草地。浙江、江西、贵州等地常见栽培。根状茎有消肿解毒、泻下通便的功能，用治毒蛇咬伤、毒蜂蛰伤、痈肿疮毒，内服能润肠、通便、致泻。

27. 喜盐鸢尾

图 472：6-7

Iris halophila Pall. Reise Russ. Reich. 3：713. t. B. f. 2. 1776.

根状茎粗壮，紫褐色，径1.5-3厘米。叶剑形，灰绿色，无明显中脉，长20-60厘米，宽1-2厘米。花茎粗壮，高20-40厘米，上部有1-4侧枝；苞片3，草质，绿色，边缘膜质，白色，包2花。花黄色，径5-6厘米；花被筒长约1厘米；外花被裂片提琴形，长约4厘米，爪部披针形，舷部椭圆形，内花被裂片倒披针形，长约3.5厘米；雄蕊长约3厘米，花药黄色；花柱分枝扁

图 472：1-5. 单苞鸢尾 6-7. 喜盐鸢尾 （于振洲 赵毓棠绘）

平，长约3.5厘米，子房窄纺锤形，长3.5-4厘米。蒴果椭圆状柱形，长6-9厘米，有6条翅状棱，2棱成对靠近，有长喙。种子近梨形，径5-6毫米，黄棕色，种皮膜质，皱缩，有光泽。花

期5-6月，果期7-8月。染色体2n=44，66，88。

产甘肃、新疆及西藏西北部，生于草甸草原、山坡荒地、砾质坡地及潮湿盐碱地。阿富汗、伊朗、哈萨克斯坦、罗马尼亚、吉尔吉斯斯坦、乌孜别克斯坦、蒙古、巴基斯坦、乌克兰及俄罗斯有分布。根状茎有清热解毒、利尿、止血的功能；种子治咽喉肿痛、小便不通、鼻血、吐血、月经过多；花治痈肿疮疖。

[附] **蓝花喜盐鸢尾 Iris halophila** var. **sogdiana**（Bunge）Grubov

28. 高原鸢尾　小棕包　　　　　图 473：1-2 彩片 213

Iris collettii Hook. f. in Curtis's Bot. Mag. 129: t. 7889. 1908.

植株基部围有棕褐色老叶纤维。根纺锤形，肉质，褐色。茎甚短，不伸出地面。叶基生，灰绿色，线形或剑形，有2-5纵脉，花期长10-20厘米，

宽2-5毫米，果期长达35厘米，宽1.4厘米。花茎不分枝，长2-8厘米；苞片绿色，宽披针形，长2-4厘米，包1-2花。花深蓝或蓝紫色，径3-3.5厘米；花被筒细，长5-7厘米；外花被裂片倒卵形，长约4.5厘米，中脉有鸡冠状附属物，内花被裂片倒披针形，长3-3.5厘米；雄蕊长约2.3厘米，花药黄色；花柱分枝花瓣状，长约2厘米，顶端裂片细长而尖锐。蒴果三棱状卵圆形，长1.5-2厘米，有短喙。种子长圆形，黑褐色，无光泽。花期5-6月，果期7-8月。染色体2n=28。

产青海南部、四川、云南及西藏，生于海拔2800-3050米荒坡、草地、岩缝中及疏林下。不丹、尼泊尔及印度北部有分布。根及根上部叶柄残茎有祛瘀、止血、止痛、通窍的功能，有大毒，宜慎用。

[附] **大理鸢尾 Iris collettii** var. **acaulis** Noltie, New Plantsman 2

29. 尼泊尔鸢尾　　　　　图 473：3-4 彩片 214

Iris decora Wall. Pl. Asiat. Rar. 1: 77. t. 86. 1830.

植株基部包有棕褐色老叶纤维。根纺锤形，棕褐色，肉质。地上茎分枝。叶线形，有2-3纵脉，花期长10-28厘米，宽2-8毫米，果期长达60厘米，宽8毫米。花茎高10-25厘米，果期达35厘米，上部多分枝；苞片3，膜质，绿色，披针形，长4.5-7厘米，包2花。花蓝紫或淡蓝色，径2.5-6厘米；花被筒细，长2.5-3厘米；外花被裂片长椭圆形或倒卵形，长约4厘米，中脉有黄色鸡冠状附属物，内花被裂片窄椭圆形或倒披针形，长约4厘米；雄蕊长约2.5厘米，花药黄白色；花柱分枝宽扁，长约3.5厘米，顶端裂片钝三角形。蒴果卵圆形，长2.5-3.5厘米，有短喙。花期6月，果期7-8月。染色体2n=24。

产四川西南部、云南及西藏，生于海拔2800-3050米荒坡、草地、岩缝

in New Syst. High. Pl. 1969: 30. 1970. —— *Iris sogdiana* Bunge in Mém. Acad. Sci. St. Pétersb. Sav. Etrang. 7: 507. 1851. 本变种与模式变种的区别：花蓝紫色或花被裂片舷部蓝紫色，爪部黄色。生境及产地与原变种同。染色体2n=44。

图 473：1-2. 高原鸢尾 3-4. 尼泊尔鸢尾（于振洲绘）

（3）：136. 1995. 本变种与模式变种的区别：植株较高大；花期无茎，果期茎长8-10厘米，有2-4分枝；果期叶长50-80厘米；花淡蓝白色，具淡黄色鸡冠状附属物。产云南及四川，生于海拔2200-3660米疏林下。

中或疏林下。印度北部、不丹及尼泊尔有分布。根药用，有轻泻、利尿的功效，外用治疗疮及伤肿。

30. 野鸢尾 白射干　　　　　　　　　　　　　　图 474

Iris dichotoma Pall. Reise Russ. Reich. 3：712. 1776.

根状茎不规则块状，棕褐色。须根发达，粗长。茎二歧分枝。叶基生或在花茎基部互生，剑形，长15-35厘米，宽1.5-3厘米，两面灰绿色，无

明显中脉。花茎实心，上部二歧状分枝，高40-60厘米；苞片4-5，膜质，披针形，长1.5-2.3厘米，包3-4花。花蓝紫或淡蓝色，径4-4.5厘米；花被筒甚短；外花被裂片宽倒披针形，长3-3.5厘米，无附属物，有棕褐色斑纹，内花被裂片窄倒卵形，长约2.5厘米；雄蕊长1.6-1.8厘米；花柱分枝花瓣状，

顶端裂片窄三角形，子房长约1厘米。蒴果圆柱形，长3.5-5厘米。种子椭圆形，暗褐色，有小翅。花期7-8月，果期8-9月。染色体2n=32。

产黑龙江西南部、吉林、辽宁、内蒙古、河北、山东、江苏北部、安徽、江西北部、湖南西北部、湖北、河南、山西、陕西、宁夏、甘肃及青

图 474 野鸢尾 （张泰利绘）

海东北部，生于砂质草地、石隙向阳处。朝鲜、俄罗斯及蒙古有分布。根状茎有清热解毒、活血消肿的功能，用治咽喉肿痛、扁桃体炎、肝炎、肝肿大、胃痛及乳腺炎。

31. 小花鸢尾 华鸢尾　　　　　　　　图 475 彩片 215

Iris speculatrix Hance in Journ. Bot. 13：196. 1875.

Iris grijsi Maxim.；中国高等植物图鉴 5：574. 1978.

植株基部包有棕褐色老叶鞘纤维。根状茎二歧状分枝，斜伸。叶暗绿

色，有光泽，剑形或线形，稍曲，有3-5纵脉，长15-30厘米，宽0.6-1.2厘米。花茎不分枝或偶有分枝，高20-25厘米；苞片2-3，草质，绿色，窄披针形，包1-2花。花蓝紫或淡蓝色，径5.6-6厘米；花被筒短；外花被裂片匙形，长约3.5厘米，有深紫色环形斑纹，中脉有黄色鸡冠状附属物，内花被裂片窄倒

披针形，长约3.7厘米；雄蕊花药白色，长约1.2厘米；花柱分枝扁平，长约2.5厘米，顶端裂片窄三角形，子房纺锤形。蒴果椭圆形，长5-5.5厘米，喙细长；果柄弯成90度。种子多面体形，棕褐色，侧有小翅。花期5月，果期7-8月。染色体2n=44。

产山西南部、陕西南部、江苏南部、安徽南部、浙江、福建、江西、湖

图 475 小花鸢尾 （王金凤绘）

北、湖南、广东、香港、海南、广西东北部、贵州、云南东南部、西藏、青海东北部及四川，生于山坡、路边、林

缘或疏林下。根状茎及根有活血、镇痛的功能,治跌打损伤、闪腰挫气。

32. 台湾鸢尾

图 476 彩片 216

Iris formosana Ohwi in Acta Phytotax. Geobot. 3: 114. 1934.

根状茎粗壮。叶上面亮绿色,下面灰绿色,有3-5纵脉,剑形,长30-40厘米,宽2-2.5厘米。花茎高30-40厘米,有4-5分枝,斜伸,总状圆锥花序;苞片4-6,包3-5花。花白色,有蓝色条纹及斑点,径7-8厘米;花被筒长约1厘米;外花被裂片倒卵形,长4-5厘米,中脉有黄色鸡冠状附属物,内花被裂片蓝白色,倒披针形或长圆形,长2.5-3厘米;花药长8-9毫米;花柱分枝淡蓝色,长约2厘米,顶端裂片深裂成丝状,子房长约1厘米。蒴果长圆形或卵圆柱形,长3-4厘米。染色体2n=28。

图 476 台湾鸢尾 (引自《Fl. Taiwan》)

产台湾东部,生于海拔500-1000米山坡、林缘、路边。

33. 蝴蝶花

图 477 彩片 217

Iris japonica Thunb. in Trans. Linn. Soc. 2: 327. 1794.

根状茎直立的节间密,横走的细,节间长。叶基生,暗绿色,有光泽,无明显中脉,剑形,长20-60厘米,宽1.5-3厘米。花茎有5-12侧枝,顶生总状圆锥花序;苞片3-5,膜质,包2-4花。花淡蓝或蓝紫色,径4.5-5.5厘米;花被筒长1.1-1.5厘米;外花被裂片卵圆形或椭圆形,长2.5-3厘米,有黄色斑纹,有细齿,中脉有黄色鸡冠状附属物,内花被裂片椭圆形,长2.8-3厘米;雄蕊花药白色,长0.8-1.2厘米;花柱分枝扁平,中脉淡蓝色,顶端裂片深裂成丝状,子房纺锤形。蒴果椭圆状卵圆形,长2.5-3厘米,无喙。种子黑褐色,呈不规则多面体。花期3-4月,果期5-6月。染色体2n=24,28,34,36,54,56。

产江苏南部、安徽南部、浙江、福建南部、江西、湖北、湖南、广东北部、广西、云南、贵州、四川、甘肃南部、陕西南部及河南,生于山坡较荫阴湿润的草地、林缘或疏林下,云贵高原常生于海拔3000-3300米处。

图 477 蝴蝶花
(引自《江苏南部种子植物手册》)

缅甸及日本有分布。全草有清热解毒、消肿止痛的功能;根状茎能泻下通便。

34. 扁竹兰

图 478:1-7 彩片 218

Iris confusa Sealy in Gard. Chron. ser. 3, 102: 414. in adnot. 432. 1937.

根状茎横走,节明显,径4-7毫

米。茎高0.8-1.2米，扁圆柱形，节明显。叶10余枚密生茎顶，成扇形，叶宽剑形，无中脉，长28-80厘米，宽3-6厘米。花茎生于茎顶叶丛中，高20-30厘米，总状分枝；苞片4-6，卵形，膜质，包3-5花。花淡蓝或白色，径5-5.5厘米；花被筒长约1.5厘米；外花被裂片椭圆形，长约3厘米，有波状皱褶及

疏牙齿，中部有深紫和黄色斑纹，中脉有淡黄色鸡冠状附属物，内花被裂片倒宽披针形，长约2.5厘米，先端微凹；雄蕊花药黄白色，长约1厘米；花柱分枝淡蓝色，长约2厘米，宽约8毫米，顶端裂片深裂成丝状，子房柱状纺锤形，长约6毫米。蒴果椭圆形，长2.5-3厘米。种子黑褐色，无附属物。花期4月，果期5-7月。染色体2n=30。

产湖北西部、四川、云南、贵州、广西西北部及广东北部，生于海拔1650-2450米林缘、疏林下、沟谷湿地或山坡草地。

图 478：1-7. 扁竹兰 8-12. 扇形鸢尾
（曾孝濂 王振洲 蒋祖德绘）

35. 扇形鸢尾　　　　　　图 478：8-12

Iris wattii Baker, Handb. Irid. 17. 1892.

根状茎粗壮，横走，节明显，径约1厘米。茎高0.5-1米，扁圆柱形，节明显。叶黄绿色，10余枚集生茎顶成扇形，叶宽剑形，有多条纵脉，长50-70厘米，宽5-7厘米。花茎生于茎顶叶丛中，有5-7分枝，总状圆锥花序；苞片3-5，膜质，包2-4花。花蓝紫色，径7.5-8厘米；花被筒喇叭形，长约2厘米；外花被裂片倒卵形，有深紫色斑纹，中脉有黄色鸡冠状附属物，内花被裂片倒披针形或窄倒卵形，长3.5-4厘米；雄蕊长约3厘米，花药黄色；

花柱分枝淡蓝色，扁平，长约3.5厘米，顶端裂片深裂成丝状，子房纺锤形。蒴果椭圆形，长2.8-3.5厘米，顶端有短尖。种子棕褐色，扁平。花期4月，果期5-8月。染色体2n=30。

产四川、贵州北部、云南及西藏东南部，生于海拔1830-2200米林缘草地或河边湿地。缅甸、不丹及印度北部有分布。根状茎有清热消炎的功能，用治急性扁桃体炎、咽喉炎及支气管炎；全草能解毒，用治乌头中毒，薯类中毒及其他食物中毒。

36. 鸢尾　蓝蝴蝶　　　　图 479 彩片 219

Iris tectorum Maxim. in Bull. Acad. Sci. St. Pétersb. 15: 380. 1871.

植株基部包有老叶残留叶鞘及纤维。根状茎粗壮，二歧分枝，径约1厘米。叶基生，黄绿色，宽剑形，无明显中脉，长15-50厘米，宽1.5-3.5厘米。花茎高20-40厘米，顶部常有1-2侧枝；苞片2-3，绿色，草质，披针形，长5-7.5厘米，包1-2花。花蓝紫色，径约10厘米；花被筒细长，上端喇叭形；外花被裂片圆形或圆卵形，长5-6厘米，有紫褐色花斑，中脉有白色鸡冠状附属物，内花被裂片椭圆形，长4-4.5厘米，爪部细；雄蕊

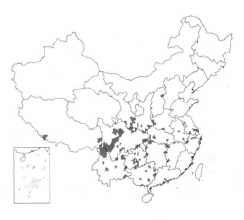

长约2.5厘米，花药鲜黄色；花柱分枝扁平，淡蓝色，长约3.5厘米，顶端裂片四方形，子房纺锤状柱形，长1.8-2厘米。蒴果长椭圆形或倒卵圆形，长5-6厘米。种子梨形，黑褐色。花期4-5月，果期6-8月。染色体2n=24，28，32。

产山西、陕西南部、甘肃南部、河南、江苏南部、安徽、浙江、江西、湖北、湖南、广西、贵州、云南、西藏及四川，生于阳坡、林缘或水边湿地。日本、朝鲜及缅甸有分布。根状茎有活血祛瘀、祛风利湿、解毒、消积的功能。

[附] **白花鸢尾 Iris tectorum f. alba** (Dykes) Makino, Ill. Fl. Nipp. 714. 1940. —— *Iris tectorum* var. *alba* Dykes, Gen. Iris 103. 1913. 本变型花白色，外花被裂片有黄褐色斑纹，其他性状与模式变型同。产浙江（杭州下天竺），各地庭院中常见栽培。

图 479 鸢尾 （冀朝祯绘）

37. 红花鸢尾 图 480

Iris milesii Baker ex M. Foster in Gard. Chron. new ser. 20: 231. 1883.

根状茎粗壮，径约1.5厘米，节明显。茎高60-90厘米，节明显，上部有2-4分枝。叶两面灰绿色，在茎上部互生，宽剑形，纵脉明显，长40-60厘米，宽2-2.5厘米；苞片数枚，膜质，长2.5-3.5厘米，宽2-2.5厘米，包3-4花。花淡红紫色，径7-8厘米；花被筒长1-1.5厘米；外花被裂片倒卵形，有较深条纹及斑点，边缘齿裂，中脉有橘黄色鸡冠状附属物，内花被裂片窄倒披针形，先端微凹，长4-5厘米，盛开时平展；雄蕊花药乳白色，长约2.5厘米；花柱分枝淡蓝色，长约3厘米，顶端裂片方形，边缘丝裂成流苏状，子房暗绿色，长约3厘米。蒴果卵圆形，网状脉明显。种子梨形，黑色，有白色附属物。花期4-5月，果期6-8月。染色体2n=26。

图 480 红花鸢尾
（仿《Curtis's Bot. Mng.》）

产四川西南部、云南及西藏，生于山坡林缘、疏林下或河边较湿润处。印度西北部有分布。

38. 小鸢尾 图 481

Iris proantha Diels in Svensk. Bot. Tidskr. 28: 427. 1924.

根状茎细长，横走，坚韧，节处膨大。叶线形，黄绿色，有1-2纵脉，花期长5-20厘米，宽1-2.5毫米，果期长达40厘米，宽约7毫米。花茎高5-7厘米，中下部有1-2枚鞘状叶；苞片2，草质，绿色，窄披针形，包1花。花淡蓝紫色，径3.5-4厘米；花被筒长2.5-5厘米，外花被裂片倒卵形，表面平，有马蹄形斑纹，中脉有黄色鸡冠状附属物，内花被裂片倒披针形，

长2.2-2.5厘米；雄蕊长约1厘米，花药白色；花柱分枝淡蓝紫色，长约1.8厘米，顶端裂片长三角形，子房圆柱形。蒴果球形，径1.2-1.5厘米，有短喙。花期3-4月，果期5-7月。

产江苏、浙江、安徽、湖北及湖南西北部，生于山坡、草地、林缘或疏林下。

39. 德国鸢尾　　　　　　　　　图482：1-2 彩片220
Iris germanica Linn. Sp. Pl. 38. 1753.

根状茎粗壮，扁圆形，有环纹。叶绿色、灰绿色，常具白粉，剑形，稍弯，无中脉，长20-50厘米，宽2-4厘米。花茎高0.6-1米，上部有1-3侧枝；苞片草质，绿色，边缘膜质，有时稍带红紫色，包1-2花。花鲜艳，径可达12厘米；花色因栽培品种而异，多淡紫、蓝紫、黄或白色。外花被裂片椭圆形或倒卵形，长6-7.5厘米，中脉有须毛状附属物，内花被裂片倒卵形或圆形，长、宽均5厘米，先端内曲；雄蕊花药乳白色，长2.5-2.8厘米；花柱分枝扁平，淡蓝、蓝紫或白色，长约5厘米，宽约1.8厘米，顶端裂片宽三角形或半圆形，子房纺锤形。蒴果三棱状圆柱形，长4-5厘米。种子梨形，黄棕色，顶端有黄白色附属物。花期4-5月，果期6-8月。染色体2n=24，36，44，48，60。

原产欧洲。我国各地庭园常见栽培。

［附］**香根鸢尾** 彩片221 **Iris pallida** Lamarck Encycl. 3：294. 1789. 本种与德国鸢尾的区别：苞片膜质，银白色。染色体2n=24。原产欧洲。我国各地庭园常见栽培。根状茎可提取香料，用于制造化妆品或作为药品矫味剂和日用化工品的调香、定香剂。

40. 长白鸢尾　　　　　　　　　图482：3-4 彩片222
Iris mandshurica Maxim. in Bull. Acad. Sci. St. Pétersb. 26：530. 1880.

植株基部残留老叶纤维。根状茎块状，肉质。叶镰状弯曲或中上部稍弯，有2-4纵脉，花期长10-15厘米，宽0.5-1厘米，果期长30厘米，宽1.5厘米。花茎高15-20厘米；苞片3，膜质，绿色，倒卵形或披针形，包1-2花。花黄色，径4-5厘米；花被筒窄漏斗形；长4-4.5厘米，外花被裂片倒卵形，有紫褐色网纹，中脉有黄色须毛状附属物，内花被裂片窄椭圆形或倒披针形，

长约3.5厘米；雄蕊花药黄色，长约2厘米；花柱分枝扁平，长约3厘米，顶端裂片半圆形，子房纺锤形。蒴果三棱状纺锤形，长约6厘米，具长喙。花期5月，果期6-8月。染色体2n=14，34。

产黑龙江中部、吉林中部、辽宁、内蒙古北部及山东东部，生于阳坡

图 481 小鸢尾 （于振洲绘）

图 482：1-2. 德国鸢尾 3-4. 长白鸢尾
（于振洲绘）

及疏林灌丛中。朝鲜及俄罗斯有分布。

41. 中亚鸢尾
图 483

Iris bloudowii Ledeb. Icon. Fl. Ross. 2: 5. t. 101. 1830.

植株基部残留老叶纤维及鞘状叶。根状茎粗壮,肥厚,局部成节结状,棕褐色。叶灰绿色,剑形或线形,花期长8-12厘米,宽4-8毫米,果期长达25厘米,宽1.2厘米,无明显中脉。花茎高8-10厘米,果期达30厘米;苞片3,膜质,倒卵形,带红紫色,包2花。花鲜黄色,径5-5.5厘米;花被筒漏斗形,长1-1.5厘米;外花被裂片倒卵形,长约4厘米,中脉有须毛状附属物,内花被裂片倒披针形,长4-4.5厘米;雄蕊长1.8-2.2厘米;花柱分枝扁平,长约2.5厘米,顶端裂片三角形,子房纺锤形。蒴果卵圆形,6肋明显,无喙。种子椭圆形,深褐色,一端有白色附属物。花期5月,果期6-8月。染色体2n=22,26。

产新疆,生于阳坡、砂丘及林缘草地。蒙古及俄罗斯有分布。

[附] **黄金鸢尾** 彩片 223 **Iris flavissima** Pall. Reise Russ. Reich. 1: 715. 1771. 与中亚鸢尾的区别:花茎短,不伸出地面或稍伸出地面。产黑

图 483 中亚鸢尾 (王振洲绘)

龙江、吉林、辽宁、内蒙古、宁夏及新疆,生于砂质草地、山坡或砂丘。蒙古及俄罗斯有分布。

42. 膜苞鸢尾
图 484

Iris scariosa Willd. ex Link. in Engl. Bot. Jahrb. 1(3): 71. 1820.

植株基部包有稀疏老叶纤维。根状茎斜伸,径1.5-2.2厘米。叶灰绿色,剑形或镰状弯曲,中部较宽,长10-18厘米,宽1-1.8厘米。花茎高约10厘米;苞片3,膜质,边缘红紫色,包2花。花蓝紫色,径5.5-6厘米;花被筒上部喇叭形,长约1厘米;外花被裂片倒卵形,长约6厘米,中脉有黄色须毛状附属物,内花被裂片倒披针形,长约5厘米;雄蕊长约1.8厘米;花柱分枝淡紫色,长约3.5厘米,顶端裂片窄三角形,子房纺锤形。蒴果纺锤形或卵圆状柱形,长5-7.5厘米,顶端渐尖,无喙,有环状物,6肋突出。花期4-5月,果期6-7月。染色体2n=24。

产新疆,生于石质山坡向阳处或沟边。俄罗斯有分布。根状茎治咽喉肿痛、音哑。

图 484 膜苞鸢尾 (于振洲 何瑞五绘)

43. 甘肃鸢尾

图 485

Iris pandurata Maxim. in Bull. Acad. Sci. St. Pétersb. 26: 529. 1880.

植株基部包有老叶纤维。根粗壮，近肉质，上、下近等粗，无横纹。叶灰绿色，线形，有3-5纵脉，长10-25厘米，宽1.5-4毫米。花茎实心，高3-12厘米；苞片2-3，膜质，披针形，包1-2花。花红紫或蓝紫色，径约5厘米；花被筒长2-3厘米；外花被裂片窄倒卵形，长约4.5厘米，中脉有黄色须毛状附属物，内花被裂片倒披针形，长约3.5厘米；雄蕊花药紫色，长约2.5厘米；子房纺锤形。蒴果卵圆形，长约3.5厘米，有短喙。种子梨形，皱缩，红褐色，无附属物。花期5月，果期6-8月。

产甘肃及青海，生于山坡草地或沟坡。

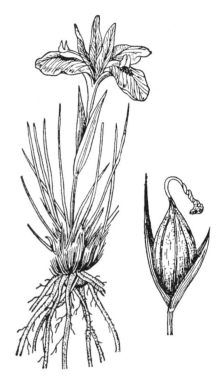

图 485 甘肃鸢尾 （于振洲 何瑞五绘）

44. 薄叶鸢尾 四川鸢尾

图 486

Iris leptophylla Lingelsheim in Fedd. Repert. Sp. Nov. Beih. 12: 325. 1922.

Iris sichuanensis Y. T. Zhao; 中国植物志 16(1)：190. 1985.

植株基部包有老叶残留纤维。根状茎球形或不规则块状。叶灰绿色，线形，中脉1条，长20-35厘米，宽0.2-1厘米。花茎高15-35厘米；苞片3-4，膜质，包2-3花。花蓝紫色，径5.5-6厘米；花被筒细，长3.5-5厘米；外花被裂片倒卵形，长5-5.5厘米，中脉有须毛状附属物，内花被裂片窄倒披针形，长3.5-4厘米；雄蕊长约4厘米，花药白色；花柱分枝淡蓝色，长约4.5厘米，顶端裂片斜三角形，子房窄纺锤形。蒴果卵状圆柱形，长约4厘米。种子梨形，暗褐色，有棕色附属物。花期4-5月，果期6-7月。

产甘肃南部及四川，生于林下、林缘草地或山坡路边草丛中。

图 486 薄叶鸢尾 （于振洲绘）

45. 卷鞘鸢尾

图 487 彩片 224

Iris potaninii Maxim. in Bull. Acad. Sci. St. Pétersb. 26: 528. 1880.

植株基部围有大量老叶残留毛发状纤维，棕褐色，外卷。根状茎木质，

块状。花期叶长4-8厘米，宽2-3毫米，果期达20厘米。花茎短，不伸出地面；苞片2，膜质，窄披针形，包1花。花黄色，径约5厘米；花被筒长1.5-3.7厘米；外花被裂片倒卵形，长约3.5厘米，中脉有黄色须毛状附属物，内花被裂片倒披针形，长约2.5厘米；雄蕊花药紫色，长约1.5厘米；花柱分枝扁平，黄色，长约2.8厘米，顶端裂片近半圆形，子房纺锤形。蒴果椭圆形，长2.5-3厘米，有短喙。种子梨形，棕色，有皱纹。花期5-6月，果期7-9月。染色体2n=22。

产内蒙古、甘肃、青海、新疆、西藏及四川西部，生于海拔3200-5030米石质山坡或干山坡。俄罗斯、蒙古及印度有分布。种子有退热、解毒、驱虫的功能。

[附] **蓝花卷鞘鸢尾** 彩片 225 **Iris potaninii** var. **ionantha** Y. T. Zhao in Acta Phytotax. Sin. 18(1)：59. 1980. 本变种花蓝紫色，其他性状特征、生境及分布与模式变种同。

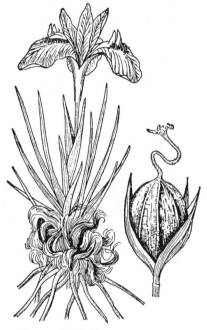

图 487 卷鞘鸢尾 （于振洲 赵毓棠绘）

46. 粗根鸢尾 图 488 彩片 226

Iris tigridia Bunge in Ledeb. Fl. Alt. 1: 60. 1829.

植株基部有大量老叶残留纤维，棕褐色，不反卷。根肉质，尖端渐细，有皱缩横纹。叶深绿色，有光泽，线形，花期长5-13厘米，宽1.5-2毫米，果期达30厘米，宽3毫米，无明显中脉。花茎不伸出地面；苞片2，膜质，包1花。花蓝紫或红紫色，径3.5-3.8厘米；花被筒长约2厘米；外花被裂片窄倒卵形，长约3.5厘米，宽约1厘米，有紫褐及白色斑纹，中脉有黄色须毛状附属物，内花被裂片倒披针形，长2.5-2.8厘米，宽4-5毫米；雄蕊长约1.5厘米；花柱分枝扁平，长约2.3厘米，顶端裂片窄三角形，子房纺锤形。蒴果卵圆形或椭圆形，长3.5-4厘米。种子棕褐色，有黄白色附属物。花期5月，果期6-8月。染色体2n=38。

产黑龙江、吉林西南部、辽宁、内蒙古、河北、山西、甘肃、青海东北部及四川，生于砂丘、砂质草原或干山坡。蒙古及俄罗斯有分布。

[附] **大粗根鸢尾 Iris tigridia** var. **fortis** Y. T. Zhao in Acta Phytotax. Sin. 18(1)：60. 1980. 本变种与模式变种的区别：叶长10-20厘米，宽3-6毫米；花茎高10-20厘米；花径4.5-5厘米；外花被裂片长约

图 488 粗根鸢尾 （冀朝祯绘）

2.5厘米，宽约1.5厘米，内花被裂片长约4厘米，宽约8毫米，雄蕊长约2厘米，花柱分枝长约2.5厘米。花期5月，果期6-8月。产吉林、内蒙古及山西，生于阳坡及林缘草地。

47. 锐果鸢尾　细锐果鸢尾　　　　　　　　　图 489 彩片 227

Iris goniocarpa Baker in Gard. Chron. ser. 3, 6: 710. 1876.

Iris goniocarpa var. *tenella* Y. T. Zhao；中国植物志 16(1)：197. 1985.

根状茎短，棕褐色。叶线形，柔软，黄绿色，先端钝，长10-25厘米，宽2-3毫米。花茎高10-25厘米；苞片2，膜质，绿色，披针形，包1花。花蓝紫色，径3.5-5厘米；花被筒长1.5-2厘米；外花被裂片倒卵形，有深紫色斑纹，中脉有须毛状附属物，内花被裂片窄椭圆形，长1.8-2.2厘米；雄蕊花药黄色，长约1.5厘米；花柱分枝花瓣状，长约1.8厘米，顶端裂片窄三角形，子房绿色。蒴果黄棕色，三角

图 489 锐果鸢尾　（赵毓棠　于振洲绘）

状圆柱形，长3.2-4厘米，有短喙。花期5-6月，果期6-8月。

产陕西、宁夏、甘肃、青海、新疆、西藏、云南西北部、四川及湖北西部，生于海拔3000-4000米高山草地、阳坡、林缘或疏林下。不丹、尼泊尔、锡金、印度及缅甸有分布。

［附］**大锐果鸢尾 Iris cuniculiformis** Noltie et K. Y. Guan, New Plantsman 2(3)：131. 1995. —— *Iris goniocarpa* Baker var. *grossa* Y. T. Zhao；中国植物志 16(1)：197. 1985. 与锐果鸢尾的区别：花茎6-7厘米；花柱分枝长2.8-3.3厘米。产云南、四川及西藏，生于海拔3100-3970米山坡、草地或疏林下。

48. 库门鸢尾　　　　　　　　　　　　　　图 490

Iris kemaonensis D. Don ex Royle, Ill. Bot. Himal. 1: 372. 1839.

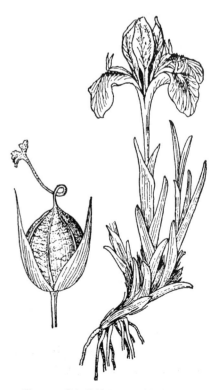

植株基部包有膜质鞘状叶及少量老叶纤维。根茎短。叶质柔嫩，黄绿色，线形，长6-10厘米，宽2-4毫米，果期长达15厘米，宽7毫米，先端钝，无明显中脉。花茎甚短，不伸出地面；苞片2，膜质，包1花。花深紫或蓝紫色，径5-6厘米；花被筒喇叭形，长5.5-6厘米；外花被裂片长倒卵形，长约4.5厘米，有深紫色斑纹，中脉有须毛状附属物，内花被裂片倒卵形，长约4厘米；雄蕊花药蓝色，长2-2.3厘米；花柱分枝扁平，深紫色，长约3.2厘米，顶

端裂片三角形，子房纺锤形，长约6毫米。蒴果球形或卵圆形，长2-2.5厘米，6肋明显，有短喙。种子红褐色，多角形，有乳黄色附属物。染色体2n=22，24。

图 490 库门鸢尾　（于振洲　赵毓棠绘）

产四川、云南西北部及西藏,生于海拔3500-4200米高山草甸。印度北部、不丹、尼泊尔及缅甸有分布。

[附] **小花长筒鸢尾 Iris dolichosiphon** Noltie subsp. **orientalis** Noltie New Plantsman 2(3): 135. 1995. 与库门鸢尾的区别:花被筒高脚杯形,长4-7(-14)厘米,舷部平展;花径3-6厘米。产云南及四川,生于海拔3000-4270米高山草甸、石灰岩峭壁或灌丛中。

11. 庭菖蒲属 Sisyrinchium Linn.

多为一年生草本。根状茎甚短,仅有须根。茎直立或基部斜上,圆柱形或有窄翅,节明显,多分枝。叶线形、披针形或圆柱形。疏散聚伞花序顶生。花梗细丝状;花蓝紫、淡蓝或淡黄色,径0.8-1厘米,辐射对称;花被裂片6,2轮,同形,近等大,花被筒短;雄蕊3,花丝连成管状;花柱1,柱头3裂;子房下位,球形,3室,胚珠多数。蒴果球形或圆柱形。种子多数。

约100种,产美洲。我国常见栽培1种。

庭菖蒲 图 491 彩片 228

Sisyrinchium rosulatum Bickn. in Bull. Torrey Club 228. 1899.

一年生草本。须根细,黄白色。茎纤细,高15-25厘米,基部常膝状弯曲,两侧有窄翅。叶基生或互生,线形,长6-9厘米,宽2-3毫米,无明显中脉;花序顶生。苞片5-7,外面两片绿色,内侧数片膜质,包4-6花。花淡紫色,喉部黄色,径0.8-1厘米;花梗丝状;花被筒甚短,有纤毛;内、外花被裂片倒卵形,长约1.2厘米,有深紫色条纹;雄蕊3,下部筒状包花柱,被腺毛;花柱丝状。蒴果球形,径2.5-4厘米。种子多数。花期5月,果期6-8月。染色体2n=32。

原产北美洲。我国南方常栽培,用于装饰花坛,现已半野化。

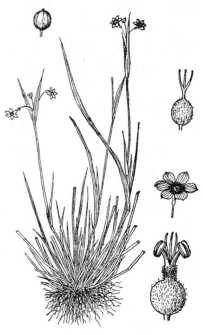

图 491 庭菖蒲 (赵毓棠 于振洲绘)

260. 龙舌兰科 AGAVACEAE

(李 勇 傅晓平)

多年生草本,稀灌木。具根状茎或块茎。叶基生或茎生,通常窄,或大而肥厚,肉质或稍带木质,中脉明显或不明显。花茎有叶,向上渐小呈苞片状,总状、穗状、圆锥状、伞形花序顶生,或花单生,无佛焰苞状总苞。花两性,稀单性,辐射对称或左右对称;花被片6,2轮,近相等,开展,离生或下部合生成筒;雄蕊6,着生花被筒喉部或筒内,或花被片基部,花丝短或长而伸出花被,花药丁字着生或基着;子房下位,3室,中轴胎座,每室具多数或少数胚珠,花柱纤细或短,柱头3裂。蒴果,室背3瓣裂或不开裂,稀浆果。

约10余属400种,分布于热带、亚热带及温带,主产西半球。我国2属8种,引入栽培2属数种。

1. 花被筒明显存在,不呈喙状;叶肉质或较厚。
　　2. 花辐射对称;花丝长,伸出花被;花序通常圆锥状;叶基生,莲座状,肉质或稍带木质,先端具硬刺尖 ⋯⋯⋯⋯⋯⋯⋯⋯⋯⋯⋯⋯⋯⋯⋯⋯⋯⋯⋯⋯⋯⋯⋯⋯⋯⋯⋯⋯⋯⋯⋯⋯ **1. 龙舌兰属 Agave**
　　2. 花左右对称;花丝极短;花序穗状或总状;叶基生或在花茎上散生,禾草状 ⋯⋯⋯⋯ **2. 晚香玉属 Polianthes**

1. 花被筒不存在或极短，或有时花被筒延伸很长呈喙状；叶不带肉质，亦不肥厚，常有明显叶脉。

   3. 浆果 ·· 3. 仙茅属 **Curculigo**

   3. 蒴果 ·· 4. 小金梅草属 **Hypoxis**

1. 龙舌兰属 Agave Linn.

多年生草本。茎很短或不明显。叶基生呈莲座状，大而肥厚，肉质或稍带木质，表皮角质状，叶缘常有硬刺，稀全缘，先端具硬尖刺。花茎粗壮高大；花序大型，顶生，穗状或圆锥花序，有些种每年或隔年开花。花被基部连合成短筒；花被裂片6，狭窄，近相等；雄蕊着生花被筒喉部或筒内，花丝丝状，常伸出花被，花药丁字着生；子房每室多数胚珠，花柱纤细，柱头3裂。蒴果长圆形，室背3片裂。种子多数，黑色。染色体基数x=30。

约100种，产西半球干旱和半干旱地区。我国引入数种。

1. 叶常200-250枚，先端直伸，叶缘无刺，稀具刺 ································ 1. 剑麻 **A. sisalana**
1. 叶常30-40枚，先端外弯，叶缘具刺。
  2. 较老植株具茎；叶长45-60厘米，宽6-7.5厘米 ·············· 1(附). 狭叶龙舌兰 **A. angustifolia**
  2. 茎很短或不明显；叶长1-2米。
    3. 叶长1-2米，宽15-20厘米 ······································ 2. 龙舌兰 **A. americana**
    3. 叶长1-1.4米，宽6-9厘米 ································ 2(附). 马盖麻 **A. cantula**

1. 剑麻   图 492

Agave sisalana Perr. ex Engelm. in Trans. Acad. Sci. St. Louis 3: 314. 1875.

多年生草本。茎粗短。叶基生呈莲座状，幼叶被白霜，老时深蓝绿色，常200-250枚，肉质，剑形劲直，长1-1.5米或更长，宽达15厘米，先端直伸，具红褐色硬尖刺，叶缘无刺，稀有刺。花茎粗壮，高达6米，圆锥花序大型，具多花。花黄绿色，有浓烈气味，花后生珠芽；花被筒长1.5-2.5厘米，花被裂片卵状披针形，长1.2-2厘米，宽6-8毫米；雄蕊6，着生花被裂片基部，花丝黄色，长6-8厘米，花药长2.5厘米，丁字着生；子房长圆形，长约3厘米，花柱纤细，长6-7厘米，柱头稍头状。蒴果长约6厘米。花期秋冬。

原产墨西哥。华南、西南各省区栽培。为世界著名纤维植物，产硬质纤维，品质优良，坚韧，耐腐、耐碱、拉力大，供制舰船绳缆、机器皮带、帆布、人造丝、高级纸、鱼网等。

[附] **狭叶龙舌兰 Agave angustifolia** Haw Syn. Pl. Succ. 72. 1812. 本种与剑麻的区别：叶30-40枚，长45-60厘米，淡绿色，先端外弯，叶缘具刺状小齿。原产美洲。南方各省区栽培作纤维植物，也在温室栽培，供观赏。

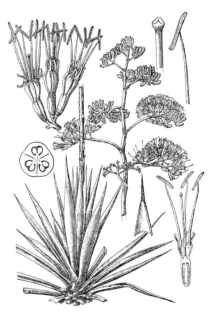

图 492 剑麻 （引自《海南植物志》）

2. 龙舌兰   图 493 彩片 229

Agave americana Linn. Sp. Pl. 323. 1753.

多年生草本。茎不明显。叶基生呈莲座状，肉质，常30-40枚或更多，倒披针形，长1-2米，宽15-20厘米，先端具暗褐色硬尖刺，叶缘疏生刺状小齿。花茎粗壮，高达6米或更高，圆锥花序大型，具多花。花黄绿色，花被筒长约1.2厘米，花被裂片长2.5-3厘米；雄蕊长约花被2倍；花后花序生出少数珠芽。蒴果长圆形，长约5厘米。

原产热带美洲。华南及西南各省区栽培,在云南已野化。用途同剑麻。

[附] **马盖麻 Agave cantula** Roxb. Fl. Ind. 2: 168. 1824. 本种与龙舌兰的区别:叶长1-1.4米。宽6-9厘米,先端具黑色硬尖刺,叶缘疏生黑色钩刺。原产墨西哥。南方栽培,福建面积较大。用途同剑麻。

2. 晚香玉属 Polianthes Linn.

多年生草本。根茎块状。叶禾草状,基生或在花茎散生。花序总状或穗状。花有浓香;花被筒细长弯曲;花被裂片6,短,近相似;雄蕊6,着生花被筒中部,内藏,花丝很短,丝状,花药直立,背着;子房具多数胚珠,花柱细长,柱头3裂。蒴果卵圆形,顶端具宿存花被。种子稍扁。

约13种,原产南美。我国引入栽培1种。

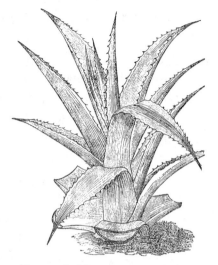

图 493 龙舌兰 (引自《江苏植物志》)

晚香玉   图 494 彩片 230

Polianthes tuberosa Linn. Sp. Pl. 453. 1753.

多年生草本,高达1米。茎直立。叶基生,6-9枚,线形,长40-60厘米,宽约1厘米,先端锐尖;茎叶散生,向上渐小呈苞片状。穗状花序顶生,苞片绿色,每苞片有2花。花乳白色,浓香;花被筒长2.5-4.5厘米,基部稍弯,花被裂片长圆状披针形,长1.2-2厘米,先端钝;雄蕊藏于花被筒内;花柱细长,柱头3裂。花期7-9月。

原产墨西哥。我国栽培供观赏。

3. 仙茅属 Curculigo Gaertn.

多年生草本。根茎块状。叶基生,数枚,折扇状。花茎生于叶腋;花序总状、近头状或穗状。花常黄色,两性或单性;花被片近相等,开展,有时基部连合成筒;雄蕊6,着生花被片基部,花药近基着或背着,花丝很短,有时与花药近等长;子房常被毛,具2至多数胚珠,花柱圆柱形,纤细,柱头3裂。浆果。种子小,具纵凸纹和种脐。

约20种,分布热带、亚热带地区。我国7种。

图 494 晚香玉 (吴彰桦绘)

1. 子房顶端无喙或具短喙。
  2. 叶下面无毛或疏生毛,无绒毛。
    3. 总状花序头状或近卵圆形,长2.5-5厘米,花密集;子房顶端无喙。
      4. 花茎长10-30厘米;花丝长不及1毫米;浆果近球形,径4-5毫米 ·········· 1. **大叶仙茅 C. capitulata**
      4. 花茎长约5厘米;花丝长3-3.5毫米;浆果卵状椭圆形,长约1.3厘米,径约9毫米 ·······················
      ··· 1(附). **短葶仙茅 C. breviscapa**
    3. 总状花序非头状,长6-9厘米,花疏生;子房顶端具短喙。
      5. 叶纸质,稍折扇状;花序近直立,具10-12花 ·········· 2. **疏花仙茅 C. gracilis**
      5. 叶革质,强烈折扇状;花序俯垂,有花20以上 ·········· 2(附). **中华仙茅 C. sinensis**
  2. 叶下面密被白色厚绒毛 ·· 3. **绒叶仙茅 C. crassifolia**
1. 子房顶端具长2.5-7毫米的喙。
  6. 叶宽0.5-2.5厘米;子房具长2.5毫米的喙 ·· 4. **仙茅 C. orchioides**

6. 叶宽3-8厘米；子房具长6-7毫米的喙 ························· 4(附). **光叶仙茅 C. glabrescens**

1. 大叶仙茅   图 495 彩片 231

Curculigo capitulata (Lour.) Kuntze Rev. Gen. Pl. 703. 1891.

Leucojum capitulata Lour. Fl. Cochinch. 199. 1790.

多年生草本，高达1米余。根状茎粗厚、块状，走茎细长。叶常4-7，纸质，长圆状披针形或近长圆形，长40-90厘米，宽5-14厘米，先端长渐尖，

全缘，具折扇状脉，有时被短毛；叶柄长30-80厘米。花茎长10-30厘米，被褐色绒毛；总状花序密生多花，呈头状或近卵圆形，长2.5-5厘米，俯垂。花黄色；花梗长约7毫米；花被裂片卵状长圆形，长约8毫米，外轮3枚背面被毛，内轮3枚背面中脉被毛；雄蕊长5-6毫米，花丝长不及1毫米，花药线形，长约5毫米；子房

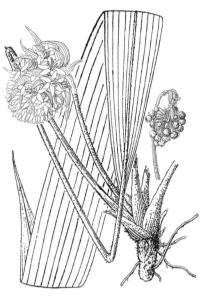

图 495 大叶仙茅 （引自《图鉴》）

长圆形或近球形，被毛，无喙，花柱长于雄蕊，纤细，柱头近头状。浆果近球形，白色，无喙，径4-5毫米。花期5-6月，果期8-9月。

产福建南部、台湾、广东、海南、广西、贵州西南部、云南、四川及西藏东南部，生于海拔850-2200米林下阴湿地。印度、尼泊尔、孟加拉、斯里兰卡、缅甸、越南、老挝及马来西亚有分布。

[附] **短葶仙茅** 图 497：1-2 **Curculigo breviscapa** S. C. Chen in Acta Phytotax. Sin. 11 (2)：131. t. 22 (2-3). 1566. 本种与大叶仙茅的区别：花茎长约5厘米；花丝长3-3.5毫米；浆果卵状椭圆形，长约1.3厘米，径约9毫米。产广西西南部，生于海拔550米以下山谷密林中潮湿地。

2. 疏花仙茅   图 496 彩片 232

Curculigo gracilis (Wall. ex Kurz) Hooker f. Fl. Brit. India 6: 278. 1892.

Molineria gracilis Wall. ex Kurz in Ann. Mus. Bot. Lugd.-Bat. 4: 177. 1868.

多年生草本。根状茎很短，走茎细长。叶5-9，纸质或厚纸质，披针形或长圆状披针形，长20-50厘米，宽3-5厘米，先端长渐尖或近尾状，脉稍折扇状，上面无毛，下面脉上稍被毛；叶柄长7-13厘米。花茎长13-20厘米，被锈色毛；总状花序

图 496 疏花仙茅 （引自《植物分类学报》）

长6-9厘米，常疏生10-12花；苞片线状披针形，边缘和先端均被毛。花黄色；花被裂片近长圆形，长约1.1厘米，外轮背面脉上被毛；雄蕊长约花被片2/3，花丝很短，花药近线形，长6-7毫米；子房近球形，长约1厘

米，被锈色绒毛，具短喙，花柱长约1厘米，柱头头状。浆果近瓶状，长约1.4厘米，喙长约6毫米。

产广西、贵州西南部及四川，生于海拔约1000米山地林下或阴湿地。尼泊尔、不丹及越南有分布。

[附] **中华仙茅** 图497：3 **Curculigo sinensis** S. C. Chen in Acta Phytotax. Sin. 11(2)：133. t. 22(1). 1966. 本种与疏花仙茅的区别：叶革质，强烈折扇状；花序俯垂，具花20朵以上。产云南东南部，生于海拔约1800米草地。

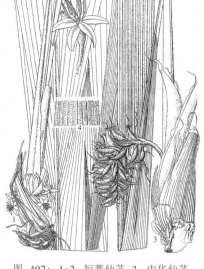

3. 绒叶仙茅 图 497：4 彩片 233

Curculigo crassifolia (Baker) Hook. f. Fl. Brit. Ind. 6: 279. 1892.

Molineria crassifolia Baker in Journ. Linn. Soc. Bot. 17: 121. 1878.

多年生草本。根状茎粗短，块状。叶厚革质，长圆状披针形或线状披针形，长达1米余，宽1.5-8厘米，先端长渐尖，具折扇状脉，下面密被白色厚柔毛；柄长约40厘米。花茎长12-30厘米，常直立，上部稍外弯，被柔毛；总状花序密生多花，长达7厘米，宽达5厘米；苞片披针形，长2-3厘米，先端和边缘常被柔毛。花黄色；花梗很短；花被裂片近长圆形，长1-1.2厘米，背面被柔毛；雄蕊长约

图 497：1-2. 短葶仙茅 3. 中华仙茅 4. 绒叶仙茅 （引自《植物分类学报》）

花被片1/2，花丝很短；子房长圆形，长约1厘米，无喙，被褐色柔毛，花柱稍长于雄蕊，柱头头状。浆果长圆状卵圆形，长约1厘米，径约8毫米。花果期5-10月。

产云南，生于海拔1500-2500米山地林下或草坡。尼泊尔、锡金、印度东北部有分布。

4. 仙茅 芽瓜子 图 498 彩片 234

Curculigo orchioides Gaertn. Fruct. et Sem. 1: 63, t. 16. 1788.

多年生草本。根状茎圆柱状，直生，长达10厘米，径约1厘米。叶线形或披针形，长10-45厘米，宽0.5-2.5厘米，先端长渐尖，两面被疏柔毛或无毛；无柄或具短柄。花茎长6-7厘米，大部包于鞘状叶柄内，被柔毛；苞片披针形，长2.5-5厘米，具缘毛；总状花序稍伞房状，具4-6花。花黄色；花梗长约2毫米；花被片长圆状披针形，长0.8-1.2厘米，宽2.5-3毫米，外轮背面有时疏生柔毛；雄蕊长约花被片

图 498 仙茅 （吴彰桦绘）

1/2，花丝长1.5-2.5毫米，花药长2-4毫米；柱头3裂，裂片比花柱长，子房窄长，顶端具长达2.5毫米喙，被疏毛。浆果近纺锤状，长1.2-1.5厘米，径约6毫米。花果期4-9月。

产浙江西南部、福建、台湾、江

西、湖南、广东、海南、广西、贵州、四川及云南,生于海拔1600米以下山地林下或草坡。日本至东南亚有分布。根状茎药用,治阳萎、遗精、腰膝痛、四肢麻木,称仙茅。

[附] 光叶仙茅 **Curculigo glabrescens** (Ridl.) Merr. in Journ. Strait. Branch. Roy. As. Soc. 85: 162. 1922. —— *Curculigo latifolia* Dryand. var. *glabrescens* Ridl. Mat. Fl. Malay. 2: 66. 1908. 本种与仙茅的区别:根状茎具走茎;叶宽3-8厘米,叶柄长为叶片1/4;花茎高2-4厘米,子房顶端的喙长6-7毫米;浆果卵圆形或长圆状卵圆形,长约2.5厘米。产广东南部及海南,生于海拔1000米以下林下或溪边湿地。马来西亚及印度尼西亚有分布。

4. 小金梅草属 Hypoxis Linn.

多年生草本。具块茎或近球形根状茎。叶基生,窄长线形,宽不及1厘米,无柄。花茎纤细,比叶短;顶生伞形或总状花序具少花或单花。花被片6,离生,宿存;雄蕊6,着生花被片基部;花丝短,花药近基着;花柱短,柱头3裂。蒴果。

约100种,分布于热带地区。我国1种。

小金梅草

图 499

Hypoxis aurea Lour. Fl. Cochinch. 200. 1790.

多年生草本,植株矮小。根状茎肉质,近球形。叶4-12,线形,长7-30厘米,宽2-6毫米,基部膜质,被黄褐色疏长柔毛。花茎纤细,长2.5-10厘米或更长,具1-2花,被淡褐色疏长柔毛;苞片小,2枚,刚毛状。花黄色;花被片长圆形,长6-8毫米,被褐色疏长毛,宿存;雄蕊花丝短;子房长3-6毫米,被疏长柔毛,花柱短,柱头直立。蒴果棒状,长0.6-1.2厘米,3

图 499 小金梅草 (引自《图鉴》)

片裂。种子多数,近球形,具瘤状突起。

产江苏西南部、安徽南部、浙江南部、福建、台湾、江西、湖北西南部、湖南、广东、广西、贵州、四川、云南及西藏,生于山野荒地、林缘或草丛中。朝鲜半岛南部、日本、尼泊尔、中南半岛地区及东南亚有分布。为有毒植物。

261. 蒟蒻薯科 (箭根薯科) TACCACEAE
(丁志遵)

多年生草本。具根状茎或块茎。叶全基生,有柄,直立,基部有鞘;叶全缘或分裂。花两性,辐射对称;伞形花序,花葶长;总苞片2-12枚,2列;小苞片线形。花被管与子房合生,花被裂片6,花瓣状,2轮,近相等或不等;雄蕊6,着生花被裂片上,花丝短,顶端兜状或勺状,花药生于兜内或勺内,2室,内向,纵裂;子房下位,花柱短,柱头3,常片状,反折而覆盖花柱,倒生胚珠多数。浆果或蒴果3瓣裂。种子多数,胚乳丰富,胚微小。

2属约10种,分布于热带地区。我国2属6种。

1. 浆果不裂;叶片大,全缘或分裂,基部楔形或圆楔形,不下延 ················· 1. **蒟蒻薯属 Tacca**
1. 蒴果开裂;叶片较小,全缘,基部下延至叶柄 ················· 2. **裂果薯属 Schizocapsa**

1. 蒟蒻薯属 Tacca J. R. et G. Forster

多年生草本。具圆柱形或球形根状茎或块茎。叶全基生,全缘、羽状分裂或掌状分裂,叶脉羽状或掌状。伞形花序顶生;总苞片2-12,小苞片线形或缺。花被钟状,上部6裂,裂片近相等或不等,宿存或脱落;雄蕊6,花丝短,顶部兜状或勺状;子房下位,1室或不完全3室,侧膜胎座3,花柱短,柱头3瓣裂,常反折而覆盖花柱。浆果。种子多数,肾形、卵形或椭圆形,有条纹。

约11种,主产亚热带和大洋洲,我国南部至所罗门群岛有分布,少数产南美洲与非洲。我国约4种。

1. 内轮2枚总苞片宽卵形,无长柄 ················· 1. **蒟蒻薯 T. chantrieri**
1. 内轮2枚总苞片匙形,有长柄 ················· 2. **丝须蒟蒻薯 T. integrifolia**

1. 蒟蒻薯 箭根薯　　　　　　　图 500:1-5 彩片 235

Tacca chantrieri André in Rev. Hort. Paris 73: 541: Pl. 241. 1901.

多年生草本。根状茎近圆柱形。叶长圆形或长圆状椭圆形,长20-60厘米,先端短尾尖,基部楔形或圆楔形,两侧稍不等;叶柄长10-30厘米,基部有鞘。花葶较长;总苞片4,暗紫色,外轮2枚卵状披针形,长3-5厘米,宽1-2厘米,内轮2枚宽卵形,长2.5-7厘米,无长柄;小苞片线形,长约10厘米;伞形花序有5-18花。花被裂片6,紫褐色,外轮花被裂片披针形,内轮花被裂片较宽,先端具小尖头;雄蕊6,花丝顶端兜状;柱头弯曲成伞形,3裂,每裂片又2浅裂。浆果肉质,椭圆形,具6棱,紫褐色,长约3厘米,花被裂片宿存。种子肾形,有条纹,长约3毫米。果期4-11月。

图 500: 1-5. 蒟蒻薯 6-9. 丝须蒟蒻薯
（史渭清绘）

产海南、广西、贵州西南部及云南南部,生于海拔170-1300米水边、林下或山谷阴湿处。越南、老挝、柬埔寨、泰国、新加坡及马来西亚有分布。

根状茎药用,有清热解毒、消炎止痛的功能。全株有毒,慎用。

2. 丝须蒟蒻薯　　　　　　　图 500:6-9

Tacca integrifolia Ker-Gawl. in Curtis's Bot. Mag. 35: t. 1488. 1812.

多年生草本。根状茎近圆柱形。叶长圆状披针形或长圆状椭圆形,长50-56厘米,先端渐尖,基部渐窄,楔形;叶柄基部有鞘。花葶长约55厘米;总苞片4,外轮2枚无柄,窄三角状卵形,内轮2枚有长柄,匙形,连

柄长14-16.5厘米,宽5-6厘米。花紫黑色,花被管长1-2厘米,花被裂片6,外轮3片,窄长圆形,长约1.3厘米,宽约5毫米,内轮3片,宽倒卵

形，长约1.3厘米，宽约1厘米；雄蕊6，花丝短，顶部勺状；柱头3裂片，每裂片2裂，花柱极短，略隆起。浆果肉质，长椭圆形，具6棱，长4-5厘米，径约2厘米，花被裂片宿存。种子不规则椭圆状卵形，长0.4-0.5毫米。花果期7-8月。

产云南南部及西藏东南部，生于海拔800-850米山坡密林下。马来西亚、泰国、缅甸、巴基斯坦及印度东部有分布。

2. 裂果薯属 Schizocapsa Hance

多年生草本。根状茎近圆柱形，较短。叶全基生，全缘，叶脉羽状。伞形花序顶生；总苞片4，小苞片线形。花被钟状，6裂，裂片不等，脱落；雄蕊6，花丝短，顶部兜状；子房下位，1室，侧膜胎座3，花柱短，柱头3瓣裂。蒴果，3瓣裂。种子多数，不规则长圆形、卵形、半月形。

约2种，分布于中国、越南、老挝及泰国。我国均产。

裂果薯　　　　　　　　　　　　　　　图 501

Schizocapsa plantaginea Hance in Journ. Bot. 19: 292. 1881.

多年生草本，高达30厘米。根状茎粗短，常弯曲。叶窄椭圆形或窄椭圆状披针形，长10-25厘米，先端渐尖，基部下延，沿叶柄两侧成窄翅；叶柄长5-16厘米，基部有鞘。花葶长6-13厘米；总苞片4，卵形或三角状卵形，长1-3厘米，内轮2片常较小；小苞片线形，长5-20厘米。伞形花序有8-20花。花被裂片6，淡绿、青绿、淡紫或暗色，外轮3片披针形，长约6毫米，宽约3毫米，内轮3片卵圆形，长约4毫米，宽约5毫米，先端具小尖头；雄蕊6，花丝极短，顶端兜状，两侧向下呈耳状；柱头3裂，每裂又2浅裂。蒴果近倒卵圆形，3瓣裂，长6-8毫米。种子多数，长约2毫米，有条纹。

图 501 裂果薯 （引自《图鉴》）

产福建南部、江西南部、湖南南部、广东、广西、贵州及云南，生于海拔200-600米水边、山谷、林下、路边或田边等潮湿地方。泰国、越南及老挝有分布。根状茎有清热解毒、消肿止痛的功能。

262. 百部科 STEMONACEAE

（吉占和）

多年生草本或亚灌木，攀援或直立，全株无毛。常具肉质块根，稀具横走根状茎。叶互生、对生或轮生。花序腋生或贴生叶片中脉。花两性，整齐，常花叶同放，稀先花后叶。花被片4，2轮；雄蕊4，生于花被片基部，短于花被片或近等长，花丝极短，离生或基部稍合生成环，花药线形，背着或基着，2室，内向，纵裂，顶端具附属物或无，药隔常钻状或线状披针形；子房上位或半下位，1室，花柱不明显，柱头小，不裂或2-3浅裂，胚珠2至多数，直立于室底或悬垂于室顶。蒴果卵圆形，稍扁，2片裂。种子胚乳丰富，种皮厚，具多数槽纹；胚细长，坚硬。

3属，约30种，分布于亚洲东部、南部至澳大利亚及北美洲亚热带地区。我国2属、6种。

1. 攀援或直立亚灌木，块根丛生；叶多数，常对生、轮生或互生于茎上部至基部；花药药隔具附属物 ……………………………………………………………………………………… 1. **百部属 Stemona**
1. 直立草本，具横走根状茎；叶互生于茎上部；花药无附属物 ……………… 2. **黄精叶钩吻属 Croomia**

1. 百部属 Stemona Lour.

块根丛生，纺锤状。茎攀援或直立。叶常3-4（5）轮生，稀对生或互生，主脉基出，横脉细密而平行。花单生或数朵组成总状、聚伞状花序。花梗或花序梗常贴生叶柄和叶片中脉；花被片4；雄蕊4，花丝短，花药线形，直立，基着，顶端具附属物。蒴果具喙。种子一端丛生膜质附属物。

约27种，分布于印度东北部至东亚，南达澳大利亚。我国5种。

1. 攀援灌木，茎常分枝；花梗或花序梗生于叶腋或贴生叶柄或叶片中脉。
  2. 叶对生、轮生或兼有少数互生叶。
    3. 叶线形或窄披针形，稀茎下部叶卵形，宽0.2-1.2（-3）厘米，无柄或近无柄 …… 4. **云南百部 S. mairei**
    3. 叶卵状椭圆形、卵状披针形或宽卵形，宽1.5-17厘米，有长柄。
      4. 花序梗贴生叶片中脉 ……………………………………………………… 1. **百部 S. japonica**
      4. 花序梗腋生，与叶柄分离，稀贴生叶柄基部 ……………………… 3. **大百部 S. tuberosa**
  2. 叶全互生，叶窄披针形 ……………… 3（附）. **细花百部 S. parviflora**
1. 直立亚灌木，茎不分枝；叶全轮生；花梗常生于茎下部鳞片腋内 ………………………………………………………………………… 2. **直立百部 S. sessilifolia**

1. 百部

图 502 彩片 236

Stemona japonica（Bl.）
Miq. Prol. Fl. Jap. 386. 1867.
Roxburghia japonica Bl. Enum. 1: 9. 1827-28.

块根长圆状纺锤形，径1-1.5厘米。茎长达1米余，少数分枝，上部攀援状。叶2-4（5）轮生，纸质或薄革质，卵形、卵状披针形或卵状长圆形，长4-9（-11）厘米，先端渐尖或锐尖，边缘波状，基

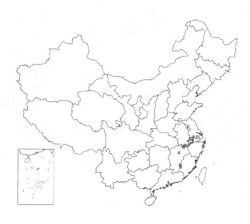

图 502 百部 （引自《中国药用植物志》）

部圆或近平截,稀浅心形或楔形,叶柄长1-4厘米。花序梗贴生叶片中脉,花单生或数朵组成聚伞状花序。花梗长0.5-4厘米;苞片线形,长3毫米;花被片淡绿色,披针形,长1-1.5厘米,宽2-3毫米,开花时反卷;雄蕊紫红色,短于花被或近等长,花丝长约1毫米,基部稍合生成环,花药长约2.5毫米,顶端具箭头状附属物,药隔延伸为钻状或丝状附属体。花期

5-7月。

产江苏南部、安徽南部、浙江西北部、福建及江西,生于海拔300-1350米草丛中和林下。

2. 直立百部　　　　　　　　图 503 彩片 237

Stemona sessilifolia (Miq.) Miq. Prol. Fl. Jap. 386. 1867.

Roxburghia sessilifolia Miq. Ann. Mus. Bot. Lugd.-Bat. 2: 211. 1865.

亚灌木。块根纺锤状,径约1厘米。茎直立,高达60厘米,不分枝。叶常(2)3-4(5)轮生,卵状椭圆形或卵状披针形,长3.5-6厘米,先端锐尖,基部收窄为短柄或近无柄。花梗外伸,长约1厘米,中上部具关节;花斜举,花被片长1-1.5厘米,宽2-3毫米,淡绿色;雄蕊紫红色,花丝短,花药长约3.5毫米,顶端附属物与

图 503 直立百部
(引自《中国药用植物志》)

花药等长或稍短;子房三角状卵形。花期3-5月。

产山东、江苏西南部、安徽、浙江、福建西北部、江西东北部、河南及四川东南部,常生于山地林下;药圃多有栽培。

3. 大百部　　　　　　　　图 504 彩片 238

Stemona tuberosa Lour. Fl. Cochinch. 404. 1790.

块根常纺锤形,长达30厘米。茎少分枝,攀援状。叶对生或轮生,稀兼有互生,卵状披针形或卵形,长6-24厘米,基部心形,边缘稍波状;叶

柄长3-10厘米。花单生或2-3朵组成总状花序,生于叶腋,稀贴生叶柄。花梗或花序梗长2.5-5(-12)厘米;花被片黄绿色带紫色脉纹,长3.5-7.5厘米,宽0.7-1厘米,先端渐尖,内轮比外轮稍宽;雄蕊紫红色,短于花被或近等长,花丝粗,长约5毫米,花药长1.4厘米,顶端具短钻状附属物;子房卵形。花期4-7月。

产台湾、福建、江西、湖北西部、湖南、广东、海南、广西、贵州、云南及四川,生于海拔150-2280米林中。印度东北部、中南半岛至菲律宾有

图 504 大百部　(引自《中国药用植物志》)

分布。

[附] **细花百部 Stemona parviflora** C. H. Wright in Journ. Linn. Soc. Bot. 32: 496. 1896. 本种与大百部的区别：叶互生，窄披针形，宽不及3

4. 云南百部　　　　　　　　　　　　图 505

Stemona mairei（Lévl.）Krause in Notizbl. Bot. Gard. Berlin 10: 289. 1928.

Dianella mairei Lévl. in Bull. Geogr. Bot. 25: 29. 1915.

块根长圆状卵形。茎长20-70厘米，攀援状，圆柱形，径约2.5毫米，粉绿色。叶对生或3-4轮生，直立，线形或线状披针形，有时下部叶卵圆形，长1.5-7厘米，宽0.2-1.2厘米，稀生于茎下部叶宽达3厘米，先端锐尖，基部楔形或圆；无柄或近无柄。花单生叶腋或叶片中脉基部。花白色，有时带粉红色；花梗丝状，长1-2.5厘米；花被窄长圆形，长约2厘米，外轮宽5-6毫米，内轮宽7-8毫米，先端尖；雄蕊直立，长约1.2厘米，花丝短，花药披针形，药室基部离生，顶端具线形附属物；子房近球形。花期4-6月。

厘米；花被片长约1厘米。产海南及广东西南部，生于海拔约700米山谷溪边和石缝中。

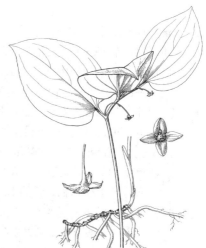

图 505 云南百部 （冯晋庸绘）

产四川西南部及云南，生于海拔2600-3200米山坡草地或路边。

2. 黄精叶钩吻属 Croomia Torr. ex Torr. et Gray

多年生草本。具根状茎和肉质根。茎直立，不分枝，基部被膜质鞘，具数叶。叶互生，膜质，具弧形脉，横脉不明显。花小，单生或2-4朵组成总状花序，腋生。花梗丝状，中部具关节；苞片丝状；花被片4，生于花被片基部，比花被片短，花丝粗短；花药长圆形状拱形；子房上位，1室，数个胚珠悬垂室顶，柱头头状。蒴果卵圆形，稍扁，顶端具喙。种子近球形，具纵皱纹，一端簇生流苏状附属物。

3种，分布于北美东部、日本和我国。我国1种。

黄精叶钩吻　金刚大　　　　　　图 506

Croomia japonica Miq. Ann. Mus. Bot. Lugd.-Bat. 2: 138. 1865.

地下根状茎匍匐，节多数密集，节上具短的茎残留物。根肉质，径2毫米。茎高达45厘米，具纵槽，基部具4-5膜质鞘。叶常3-5，互生于茎上部；叶柄长0.5-1.5厘米，紫红色；叶卵形或卵

图 506 黄精叶钩吻 （冯晋庸绘）

状椭圆形，长5-11厘米，宽3.5-8厘米，先端尖，基部稍心形，向叶柄稍下延。花小，单生或2-4组成总状花序；花序梗丝状，下垂，长1.5-2厘米。花梗长0.8-1.2厘米；苞片丝状，长3毫米，具1条偏向一侧的脉；花被片黄绿色，成十字形开展，宽卵形或卵状长圆形，近等大或内轮较外轮长，长1.5-3.5毫米或更长，宽2.5-8毫米，边缘反卷，具小乳突，果时宿存。花期

5月。

产浙江、福建、江西及安徽南部，生于海拔830-1200米山谷林下。日本有分布。根药用，可祛风解毒，治跌打损伤。

263. 菝葜科 SMILACACEAE
（陈心启）

攀援，稀直立灌木，极稀草本。茎枝有刺或无刺。叶互生，具3-7主脉和网状细脉；叶柄两侧常有翅状鞘，有卷须或无，柄上有脱落点。花常单性，雌雄异株，稀两性；伞形花序或伞形花序组成复花序。花被片6，离生或多少合生成筒状；雄蕊常6，稀3枚或多达18枚，离生或花丝合成柱状体，花药基着；雌花常有3-6退化雄蕊；子房上位，2-3室，每室1-2胚珠，柱头3裂。浆果。种子少数。

3属约300余种，分布于热带与亚热带地区，少数种类达北美和东亚温带地区。我国2属80余种。

1. 花被片离生或仅基部合生 ·· 1. 菝葜属 Smilax
1. 花被片合生成花被筒，筒口有（2）3（-6）齿 ·········· 2. 肖菝葜属 Heterosmilax

1. 菝葜属 Smilax Linn.

攀援或直立小灌木，极稀草本。枝条常有刺。叶互生，具3-7主脉和网状细脉；叶柄两侧常具翅状鞘，鞘上方有1对卷须或无卷须，至叶片基部有1色泽较暗的脱落点。花小，单性异株；伞形花序；花序基部有时有1枚和叶柄相对的鳞片（先出叶）；花序托常膨大，有时稍伸长，而使伞形花序多少呈总状。花被片6，离生，有时靠合；雄花常具6雄蕊，花药基着，内向，常近药隔一侧开裂；雌花常具3-6退化雄蕊；子房3室，每室1-2胚珠，花柱较短，柱头3裂。浆果常球形，少数种子。

约300种，广布于热带地区，也见于东亚和北美温暖地区，少数种类产地中海一带。我国76种。

1. 伞形花序（有时由于花序托延长，多少呈总状）单生叶腋或苞片腋部，花序着生点上方无鳞片，花序梗无关节（尖叶菝葜、青城菝葜、长托菝葜及柔毛菝葜有时部分花序有鳞片和关节）。
　　2. 叶脱落点位于叶柄中部至上部，叶脱落时带着一段叶柄（托柄菝葜的叶鞘占整个叶柄，脱落点靠叶基部）；花径0.5-1厘米，花被片长4-8毫米，雄蕊长为花被片1/2-2/3或近等长。
　　　　3. 草本，温带地区为一年生，亚热带地区为多年生；茎草质，中空有少量髓，干后有沟槽，无刺。
　　　　　　4. 叶下面苍白色，常有粉尘状微柔毛（主脉无毛），稀无毛被；花序梗常较粗，花期花序托几无小苞片；花药窄椭圆形，短于1毫米 ·· 1. 白背牛尾菜 S. nipponica
　　　　　　4. 叶下面绿色，无毛或具乳突状微柔毛（脉上毛更多）；花序梗较纤细；花期花序托有多数小苞片；花药线形，多少弯曲，长约1.5毫米 ····························· 2. 牛尾菜 S. riparia
　　　　3. 灌木或亚灌木；茎木质，实心，无髓，干后不凹瘪，常多少具刺。
　　　　　　5. 茎和分枝密生刺，刺针状，通常黑色，长4-5毫米；花序梗短于叶柄；叶草质 ··· 4. 短梗菝葜 S. scobinicaulis
　　　　　　5. 茎和分枝疏生刺或近无刺，有时具疣状突起。

6. 叶鞘与叶柄等长或稍长，近半圆形或卵形，一侧宽3-5毫米，叶基部心形 ·········· 13. **托柄菝葜 S. discotis**
6. 叶柄无鞘或部分有窄鞘，叶基部圆或楔形，稀浅心形。

  7. 叶下面多少被短柔毛，叶鞘长为叶柄1/2 ·············· 9. **柔毛菝葜 S. chingii**
  7. 叶下面无毛。

    8. 茎和分枝多少具疣状突起或短刺状突起 ·············· 10. **粗糙菝葜 S. lebrunii**
    8. 茎和分枝无疣状突起。

      9. 叶下面绿色。

        10. 花序生于叶已完全长成的小枝上；果熟后紫黑色；植株如有刺，则多为针状，常稍带黑色；叶柄常具卷须。

          11. 花序梗长于叶柄1/2至近等长；雌花具6退化雄蕊 ·············· 3. **华东菝葜 S. sieboldii**
          11. 花序梗短于叶柄，长不及叶柄1/2；雌花具3退化雄蕊 ·········· 4. **短梗菝葜 S. scobinicaulis**
        10. 花序生于叶尚幼嫩或刚抽出的小枝上；果熟时红色（武当菝葜为黑紫色，少数叶柄具卷须）；植株如有刺，则刺基部粗。

          12. 叶草质，干后膜质或薄纸质；果熟时紫黑色；叶柄少数具卷须 ·············
          ·············· 12. **武当菝葜 S. outanscianensis**
          12. 叶坚纸质或革质；果熟时红色。

            13. 叶干后常红褐或古铜色，稀绿黄色；叶柄几全部具卷须或有残留卷须的突起，稀无；花序托常短，近球形，稀稍长。

              14. 叶一侧宽0.5-1毫米，与叶柄近等宽，卷须较粗长；雌花具6退化雄蕊 ··· 5. **菝葜 S. china**
              14. 叶鞘耳状，一侧宽2-4毫米，宽于叶柄，卷须较纤细而短；雌花具3退化雄蕊 ·············
              ·············· 6. **小果菝葜 S. davidiana**
            13. 叶干后绿黄或暗灰色，部分叶柄具卷须，稀全具卷须；花序托常多少延长，非球形，果期更明显 ·············· 8. **长托菝葜 S. ferox**
      9. 叶下面多少苍白色或具粉霜。

        15. 果熟时紫黑色；叶柄脱落点位于卷须着生点上方2-3毫米处，叶片脱落后，卷须着生点上方残留长2-3毫米的叶柄。

          16. 叶常椭圆形，叶鞘长为叶柄1/2；雌花与雄花近等大 ·············· 14. **黑果菝葜 S. glauco-china**
          16. 叶卵状椭圆形、卵形或长圆状披针形，叶鞘约长为叶柄2/3；雌花比雄花小 ·············
          ·············· 15. **台湾菝葜 S. elongato-umbellata**
        15. 果熟时红色；叶柄脱落点位于近卷须着生点（即鞘的上端），叶落后，卷须着生点或鞘上端几无残留叶柄，或残留长0.5-1毫米的叶柄。

          17. 花序具1-2花或3-5花疏离组成总状花序，花序梗长3-7毫米；叶长2-5厘米 ·············
          ·············· 7. **三脉菝葜 S. trinervula**
          17. 花序常具6至多花，花密集或稍疏离，花序梗长于1厘米；叶长（3-）5-16厘米。

            18. 叶草质，干后膜质或薄纸质；雄蕊长为花被片1/2 ·············· 11. **红果菝葜 S. polycolea**
            18. 叶纸质或革质；雄蕊长为花被片2/3或更长。

              19. 叶干后常红褐或近古铜色，稀绿黄色，常圆形、卵形或宽卵形，下面粉霜多少可脱落，叶柄几全具卷须，或有卷须断落后残留的突起，稀无；花序托常近球形，稀稍长 ·············
              ·············· 5. **菝葜 S. china**
              19. 叶干后绿黄或暗灰色，常椭圆形、长圆形或卵状椭圆形，下面粉霜不易脱落，部分叶柄具卷须；花序托常长圆形或近椭圆形 ·············· 8. **长托菝葜 S. ferox**

2. 叶脱落点通常位于叶柄近顶端处（即近叶片基部），叶落时完全或几完全不带一段叶柄（弯梗菝葜、乌饭菝葜等例外）；花径2-4毫米，花被片长1-3毫米（糙柄菝葜例外）；雄蕊长不及花被片1/2。

20. 叶和花序干后近黑色 ∙∙ 16. **黑叶菝葜 S. nìgrescens**
20. 叶和花序干后非黑色(平滑菝葜叶干后多少黑褐色)。
  21. 叶柄长1-3(4)毫米,基部两侧具托叶状耳(鞘),耳缘具流苏;直立小灌木;叶长2-5厘米,下面淡绿色。
    22. 小枝具4至多棱;刺稀疏或近无刺;叶纸质,菱状卵形或卵形,基部近楔形,主脉3(5),在上面稍凸 ∙∙∙
    ∙∙∙ 30. **乌饭叶菝葜 S. myrtillus**
    22. 小枝具2-3棱,扁圆形或三棱状扁圆形,棱有窄翅;刺较多,长5-7毫米;叶革质,心形或卵形,基部
      平截或心形,主脉(3)5,在叶面常稍凹下 ∙∙∙∙∙∙∙∙∙∙∙∙∙∙∙∙∙∙∙∙∙∙∙∙∙∙ 31. **劲直菝葜 S. munita**
  21. 叶柄长于5毫米(菱叶菝葜和尖叶菝葜有时短于5毫米,前者叶下面苍白色,后者为攀援灌木),下部鞘状或
    边缘具膜质鞘,如有耳,则边缘非流苏状。
    23. 叶柄基部(或中部以下)两侧鞘具离生的披针形耳;叶下面苍白色。
      24. 直立小灌木,或多少攀援;叶卵状菱形,叶柄长2-5(-8)毫米,无卷须 ∙∙∙ 24. **菱叶菝葜 S. hayatae**
      24. 攀援灌木;叶卵状长圆形、窄椭圆形或卵形,叶柄长0.8-1.4厘米,茎或枝基部的叶具卷须。
        25. 花序梗长1-5毫米 ∙∙ 23. **粉背菝葜 S. hypoglauca**
        25. 花序梗长0.4-1.5厘米 ∙∙∙∙∙∙∙∙∙∙∙∙∙∙∙∙∙∙∙∙∙∙∙∙∙∙∙∙∙∙∙∙∙∙∙∙∙∙∙ 22. **筐条菝葜 S. corbularia**
    23. 叶柄基部或中部以下两侧无鞘或具窄鞘,有时具半圆形或弧形的耳。
      26. 直立或披散灌木,稀攀援状;叶柄无卷须。
        27. 叶披针形或长圆状披针形,长为宽5倍或更长;雄蕊长约为花被片1/8,雌花具3退化雄蕊 ∙∙∙∙∙∙∙
        ∙∙ 21. **青城菝葜 S. tsinchengshanensis**
        27. 叶非上述形状,长不及宽的4倍。
          28. 叶下面无毛,无乳突或粉尘状附属物。
            29. 常绿灌木或亚灌木,多少攀援;叶下面苍白色;果柄下弯 ∙∙∙∙∙∙ 25. **弯梗菝葜 S. aberrans**
            29. 落叶灌木,直立或披散;叶下面稍苍白色;果柄直。
              30. 雄蕊花丝合生成柱状 ∙∙∙∙∙∙∙∙∙∙∙∙∙∙∙∙∙∙∙∙∙∙∙∙∙∙∙ 19. **合蕊菝葜 S. cyclophylla**
              30. 雄蕊花丝离生 ∙∙∙∙∙∙∙∙∙∙∙∙∙∙∙∙∙∙∙∙∙∙∙∙∙∙∙∙∙∙∙∙∙∙ 17. **鞘柄菝葜 S. stans**
          28. 叶下面多少被毛或有粉尘状皱纹。
            31. 叶下面主脉基部和叶柄具乳突状毛 ∙∙∙∙∙∙∙∙∙∙∙∙∙∙∙∙∙∙ 18. **糙柄菝葜 S. trachypoda**
            31. 叶下面被毛或粉尘状粗糙 ∙∙∙∙∙∙∙∙∙∙∙∙∙∙∙∙∙∙∙∙∙∙∙ 25. **弯梗菝葜 S. aberrans**
      26. 攀援灌木;叶柄具卷须,老枝的叶可见卷须或卷须脱落后残留的突起(平滑菝葜有时无卷须,植株
        近直立,叶干后黑褐色)。
        32. 花序梗短于叶柄或近等长;花序托膨大,具多数宿存小苞片,多少呈莲座状,径2-5毫米。
          33. 花六棱状球形,径约3毫米,外花被片扁圆形,兜状,背面具纵槽;叶下面常绿色,稀苍白色;叶
            柄和花序梗均较粗,径2-3毫米 ∙∙∙∙∙∙∙∙∙∙∙∙∙∙∙∙∙∙∙∙∙∙∙∙∙∙ 29. **土茯苓 S. glabra**
          33. 花非六棱形,径1-1.5毫米,花被片非兜状,无槽;叶下面苍白色;叶柄和花序梗较纤细,径1-
            1.5毫米。
            34. 植株多少具刺;花淡绿色;雌花具3退化雄蕊 ∙∙∙∙∙∙∙∙∙∙∙∙∙∙ 28. **小叶菝葜 S. microphylla**
            34. 植株无刺;花红色,稀淡绿色;雌花具6退化雄蕊 ∙∙∙∙∙∙∙∙∙ 27. **长苞菝葜 S. longibracteolata**
        32. 花序梗长于叶柄(平滑菝葜有时短于叶柄,叶薄纸质,干后黑褐色);花序托不膨大或稍膨大,非上
         述形状。
          35. 叶下面多少苍白色。
            36. 叶干后常稍呈黑褐色,叶柄具鞘部分占叶柄1/3-1/2;雄蕊离生,长为花被片1/2 ∙∙∙∙∙∙∙∙∙∙∙∙∙
            ∙∙ 26. **平滑菝葜 S. darrisii**
            36. 叶干后非黑褐色,叶柄具鞘部分占叶柄2/3-3/4;雄蕊长为花被片1/3,花丝合生成短柱状 ∙∙∙
            ∙∙∙∙∙∙∙∙∙∙∙∙∙∙∙∙∙∙∙∙∙∙∙∙∙∙∙∙∙∙∙∙∙∙∙∙∙ 20. **防已叶菝葜 S. menispermoidea**

35. 叶下面绿色。

    37. 大多数叶柄具鞘部分为叶柄1/3-1/2,卷须生于叶柄近中部;叶干后常带古铜色,最外侧主脉稍近叶缘 ………………………………………………………………… 34. **尖叶菝葜 S. arisanensis**

    37. 大多数叶柄具鞘部分长不及叶柄1/3,卷须生于叶柄近基部;叶干后黄绿色,最外侧主脉几与叶缘结合。

        38. 叶纸质或薄革质,上面中肋区多少凹下;花药长圆形或卵形,短于花丝 … 32. **西南菝葜 S. biumbellata**

        38. 叶革质,上面中肋区凸出;花药线形,弯曲,长于花丝或近等长 … 33. **缘脉菝葜 S. nervo-marginata**

1. 伞形花序常2至多个组成圆锥或穗状花序,稀单个腋生,后者花序梗下部具关节;腋生花着生点的上方有鳞片(先出叶),鳞片和叶柄相对,贝壳状或其他形状,花序生于鳞片和叶柄间。

    39. 伞形花序有花序梗,单个腋生或2至多个组成圆锥状花序;叶柄脱落点位于中部至上部,叶片脱落时带有一段叶柄。

        40. 叶柄基部无鞘或具鞘,鞘非穿茎状抱茎;雄蕊与花被片等长或较短;雌花具退化雄蕊。

            41. 枝四棱形,棱具窄翅 ……………………………………………… 46. **四翅菝葜 S. gagnepainii**

            41. 枝常近圆柱形,稀四棱形,后者棱无翅。

                42. 枝具疣状突起,无刺或疏生刺,有时多少具小刚毛,非密生刺或小刚毛。

                    43. 伞形花序单个腋生;枝具2(3)棱;雄花内花被片宽为外花被片1/2-2/3;雌花具6退化雄蕊;浆果球形 ……………………………………… 37. **密疣菝葜 S. chapaensis**

                    43. 伞形花序3-7组成圆锥状花序;枝无棱;雄花内花被片宽为外花被片1/3;雌花具3退化雄蕊;浆果卵圆形 ……………………………………… 42. **疣枝菝葜 S. aspericaulis**

                42. 枝无疣状突起,无刺、疏生刺或密生刺,有时密生刚毛。

                  44. 叶柄两侧扁,具鞘部分长1-3厘米,长为叶柄1/2-2/3;伞形花序具4-7花,花序托几不膨大 …………………………………………………………… 45. **扁柄菝葜 S. planipes**

                  44. 叶柄不扁或稍微两侧扁,近无鞘或具长不及1厘米的鞘(大果菝葜具长达1厘米以上的鞘,为叶柄全长1/3)。

                    45. 伞形花序具2-3花,花序梗长1-3毫米;叶披针形或长圆状披针形,宽1-2.5厘米,叶柄长2.5-5毫米;枝具2-4棱 …………………………………… 44. **少花菝葜 S. basilata**

                    45. 伞形花序具5至多花,花序梗长5毫米以上;叶宽2厘米以上,叶柄长5毫米以上;茎和枝无棱或具多条不明显钝棱。

                        46. 雄蕊长0.7-1毫米,长为花被片1/3-1/5;叶柄长0.5-1厘米,叶基部楔形 ……………………………………………………………… 43. **银叶菝葜 S. cocculoides**

                        46. 雄蕊长3-6毫米,长为花被片1/2以上;叶柄长于1厘米,叶基部平截、圆或浅心形,稀宽楔形。

                          47. 伞形花序3-7组成圆锥状花序;雄花暗红色;叶柄长1-1.5厘米;果径约5毫米 ……………………………………………………………… 41. **圆锥菝葜 S. bracteata**

                        47. 伞形花序1-2腋生(大果菝葜有时具3个伞形花序组成圆锥状花序;雄花绿黄色;叶柄长1.5-5厘米;果径1.5-2厘米。

                          48. 果径1.2-2厘米;伞形花序常2个生于花序梗上,稀3个或单个;外花被片比内花被片宽1倍以上 ……………………………… 40. **大果菝葜 S. megacarpa**

                          48. 果径0.6-1厘米;伞形花序常单个腋生,稀2个生于花序梗。

                            49. 伞形花序单个腋生;外花被片稍宽于内花被片;雄蕊离生。

                              50. 种子无沟或有时具1-3浅纵沟;叶干后暗绿色或带淡黑色,叶上面沿主脉两侧非皱波状;雌花具6退化雄蕊 …………………………… 35. **马甲菝葜 S. lanceifolia**

                              50. 种子有5-6深纵沟;叶干后常带灰色,叶上面沿主脉两侧多少有皱纹;雌花具3(4)退化雄蕊 …………………………… 36. **灰叶菝葜 S. astrosperma**

49. 伞形花序1-3腋生；外花被片比内花被片宽1倍以上；雄蕊花丝下部合生成柱状，长1毫米以上。

    51. 花序托近长圆形，在果期长3-6毫米；花丝柱长为雄蕊1/4-1/5 ⋯⋯ 39. **束丝菝葜** S. hemsleyana

    51. 花序托近球形，长约3毫米；花丝柱长为雄蕊1/7-1/8 ⋯⋯⋯⋯ 38. **梵净山菝葜** S. vanchingshanensis

40. 叶柄基部两侧具耳状鞘，鞘穿茎状抱茎或枝，至少老叶如此；圆锥花序具2-7个伞形花序；伞形花序单个着
    生于花序轴上；雄花内花被片丝状，上下等宽，雄蕊比花被片长，下部约1/4合生成柱，花药长约花丝1/4-
    1/5；雌花无退化雄蕊 ⋯⋯⋯⋯⋯⋯⋯⋯⋯⋯⋯⋯⋯⋯⋯⋯⋯⋯⋯⋯ 47. **抱茎菝葜** S. ocreata

39. 伞形花序无花序梗，花序托着生花序轴上，多个组成穗状花序；叶柄脱落点近顶端，叶落时不带或几乎不带一
    段叶柄 ⋯⋯⋯⋯⋯⋯⋯⋯⋯⋯⋯⋯⋯⋯⋯⋯⋯⋯⋯⋯⋯⋯⋯⋯⋯⋯⋯ 48. **穗菝葜** S. aspera

1. 白背牛尾菜 图 507

Smilax nipponia Miq. in Vers. Med. Akad. Amsterdam ser. 2, 2: 87. 1868.

图 507 白背牛尾菜
（引自《Sunyatsenia》）

一年生或多年生草本，直立或稍攀援。茎长达1米，中空，有少量髓，干后凹瘪具槽，无刺。叶卵形或长圆形，长4-20厘米，基部浅心形或近圆，下面苍白色，常有粉尘状微柔毛，稀无毛，中脉无毛；叶柄长1.5-4.5厘米，脱落点位于上部，卷须位于基部至近中部。伞形花序常有几十朵花；花序梗长3-9厘米，稍扁或有时粗；花序托膨大，小苞片极小，早落；花绿黄或白色，盛开时花被片外折，花被片长约4毫米；花丝长于花药，花药椭圆形，短于1毫米；雌花与雄花近等大，具6枚退化雄蕊。浆果径6-7毫米，成熟时黑色，有粉霜。花期4-5月，果期8-9月。

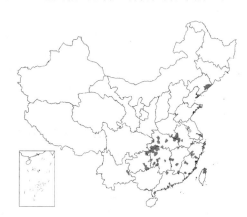

产辽宁东部、山东胶东半岛、河南东南部、安徽、浙江、福建、台湾、江西、广东北部、湖南、湖北、贵州、四川及云南东部，生于海拔200-1400米林下、水边或山坡草丛中。日本及朝鲜有分布。根状茎药用，有舒筋活血、通络止痛功能。

2. 牛尾菜 图 508

Smilax riparia A. DC. Monogr. Phaner. 1: 55. 1878.

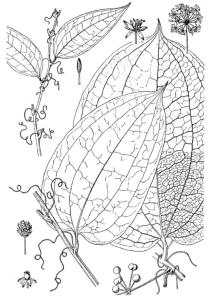

图 508 牛尾菜 （张泰利绘）

多年生草质藤本。具根状茎。茎长1-2米，中空，有少量髓，干后具槽。叶较厚，卵形、椭圆形或长圆状披针形，长7-15厘米，下面绿色，无毛或具乳突状微柔毛（脉上毛更多）；叶柄长0.7-2厘

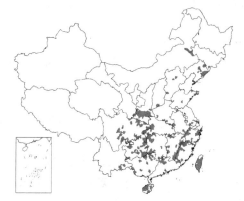

米，常在中部以下有卷须，脱落点位于上部。花单性，雌雄异株，淡绿色；伞形花序花序梗较纤细，长3-5（-10）厘米；花序托有多数小苞片，小苞片长1-2毫米，花期常不脱落。雄花花药线形，多少弯曲，长约1.5毫米；雌花稍小于雄花，无退化雄蕊或具钻形退化雄蕊。浆果径7-9毫米，成熟时黑色。花期6-7月，果期10月。

产吉林南部、辽宁、内蒙古、河北、山东、江苏西南部、安徽、浙江、福建、台湾、江西、湖南、湖北、广东、海南、广西、贵州、云南东南部、

四川、甘肃南部、陕西、山西南部及河南南部，生于海拔1600米以下林下、灌丛或草丛中。朝鲜、日本及菲律宾有分布。根状茎有补气活血、舒筋通络功能。

3. 华东菝葜　　　　　　　　图 509 彩片 239

Smilax sieboldii Miq. in Vers. Med. Akad. Amsterdam ser. 2, 2: 87. 1868.

攀援灌木或亚灌木。根状茎粗短。茎长1-2米，小枝常带草质，干后稍凹瘪，常有刺，刺针状，稍黑色。叶草质，卵形，长3-9厘米，先端长渐尖，基部常平截；叶柄长1-2厘米，窄鞘约为叶柄长1/2，有卷须，脱落点位于上部。伞形花序有几朵花，生于叶已完全长成的小枝上；花序梗纤细，长1-2.5厘米，常长于叶柄1/2至近等长；花序托几不膨大。花绿黄色；雄花花被片长4-5毫米，内3片比外3片稍窄；雄蕊稍短于花被片，花丝长于花药；雌花小于雄花，具6枚退化雄蕊。浆果径6-7毫米，成熟时蓝黑色。花期5-6月，果期10月。

产辽宁、山东胶东半岛、河南东南部、江苏、安徽、江西东部、浙江、

图 509 华东菝葜 （冯晋庸绘）

福建西部及台湾，生于海拔1800米以下林内、灌丛或山坡草丛中。在台湾可达2500米以上。朝鲜及日本有分布。根状茎有祛风、活血、消肿、止痛功能。

4. 短梗菝葜　　　　　　　　　　图 510

Smilax scobinicaulis C. H. Wright in Kew Bull. 1895: 117. 1895.

攀援灌木。茎和枝条常疏生刺、近无刺或密生刺，刺针状，长4-5毫米，稍黑色，茎上的刺有时较粗短。叶革质，卵形或椭圆状卵形，干后有时黑褐色，长4-12.5厘米，基部钝或浅心形；叶柄长0.5-1.5厘米。花序生于叶已完全长成的小枝上，花序梗很短，长不及叶柄1/2。雌花具3枚退化雄蕊。浆果径6-9毫米。花期5月，果期10月。

产河北西南部、山西南部、陕西、甘肃、四川、云南、贵州、湖南、湖北、安徽、江西及福建，生于海拔600-2000米林下、灌丛中或

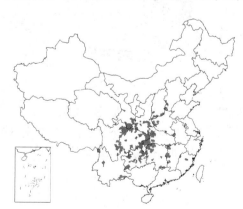

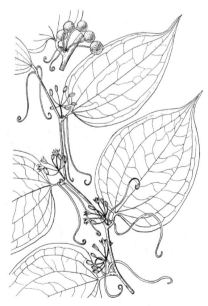

图 510 短梗菝葜 （冯晋庸绘）

山坡阴处。根和根状茎药用,有祛风湿、活血、解毒、镇惊、息风功能。

5. 菝葜　　　　　　　　　　　　图 511 彩片 240

Smilax china Linn. Sp. Pl. 1029. 1753.

攀援灌木。根状茎不规则块状,径2-3厘米。茎长1-5米,疏生刺。叶薄革质,干后常红褐或近古铜色,圆形、卵形或宽卵形,长3-10厘米,下面粉霜多少可脱落,常淡绿色;叶柄长0.5-1.5厘米,鞘一侧宽0.5-1毫米,长为叶柄1/2-2/3,与叶柄近等宽,几全部具卷须,脱落点近卷须。伞形花序生于叶尚幼嫩的小枝上,有十几朵或更多的花,常球形;花序梗长1-2厘米;花序托稍膨大,常近球形,稀稍长,具小苞片。花绿黄色,外花被片长3.5-

图 511 菝葜 (冯晋庸绘)

4.5毫米,宽1.5-2毫米,内花被片稍窄;雄花花药比花丝稍宽,常弯曲;雌花与雄花大小相似,有6枚退化雄蕊。浆果径0.6-1.5厘米,熟时红色,有粉霜。花期2-5月,果期9-11月。染色体2n=30,90(a)。

产辽宁南部、山东、江苏、浙江、福建、台湾、江西、安徽、河南、湖北西部、湖南、广东、香港、海南、广西、贵州、云南及四川,生于海拔2000米以下林内、灌丛中、河谷或山坡。缅甸、越南、泰国及菲律宾有分布。根状茎可提取淀粉和栲胶,也可酿酒;药用有祛风湿、利小便、消肿毒功能。

6. 小果菝葜　　　　　　　　　　图 512

Smilax davidiana A. DC. Monogr. Phaner. 1: 104. 1878.

攀援灌木。茎长1-2米,具疏刺。叶坚纸质,干后红褐色,常椭圆形,长3-7厘米,下面淡绿色;叶柄长5-7毫米,鞘长为叶柄1/2-2/3,比叶柄宽,有细卷须,脱落点近卷须上方,鞘耳状,一侧宽2-4毫米,比叶柄宽。伞形花序生于叶尚幼嫩的小枝,有几朵至10余花,多少半球形;花序梗长0.5-1.4厘米;花序托近球形,小苞片宿存。花绿黄色;雄花外花被片长3.5-4毫米,宽约2毫米,内花被片宽约1毫米;花药比花丝宽2-3倍;雌花小于雄花,具3枚退化雄蕊。浆果

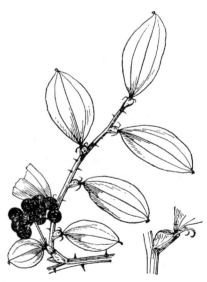

图 512 小果菝葜 (冯晋庸绘)

径5-7毫米,熟时暗红色。花期3-4月,果期10-11月。

产江苏南部、安徽、浙江、福建、江西、广东东北部、广西东北部、贵州、湖南、湖北及河南东南部,生于海拔800米以下林内、灌丛中或山坡阴处。越南、老挝及泰国有分布。

7. 三脉菠葜 图 513

Smilax trinervula Miq. in Vers. Med. Akad. Amsterdam ser. 2, 2: 87. 1868.

落叶灌木,多少攀援。茎长0.5-2米,枝条稍具纵棱,近无刺或疏生刺。

叶坚纸质,常椭圆形,长2-5厘米,宽1-2.5厘米,下面苍白色;叶柄长3-5毫米,鞘为叶柄长1/2,常有细卷须。花序生于叶尚幼嫩的小枝;花序梗长3-7毫米,稍长于叶柄,花绿黄色,1-2腋生或3-5组成总状花序。雄花外花被片长约4毫米,宽约1.5毫米,内花被片宽约0.8毫米;雌花与雄花近等大,具6枚退化雄蕊。浆果径5-6毫米,

图 513 三脉菠葜 (屠玉麟绘)

成熟时红色。花期3-4月,果期10-11月。

产安徽西部、浙江、福建西北部、江西、湖北东南部、湖南及贵州中部,生于海拔400-1700米林下或灌丛中。日本有分布。

8. 长托菠葜 大菠葜 图 514 彩片 241

Smilax ferox Wall. ex Kunth, Enum. Pl. 5: 251. 1850.

攀援灌木。茎长达5米,疏生刺。叶厚革质或坚纸质,干后灰绿黄或暗灰色,椭圆形或长圆形,长3-16厘米,宽1.5-9厘米,下面粉霜不易脱

落,常苍白色,主脉3(5)条;叶柄长0.5-2.5厘米,鞘为叶柄长1/2-3/4,少数叶具卷须,脱落点位于鞘上方。伞形花序生于叶尚幼嫩小枝,有几朵至10余花;花序梗长1-2.5厘米,稀有关节;花序托常长圆形或近椭圆形,具多枚宿存小苞片。花黄绿或白色;雄花外花被片长4-8毫米,宽2-3毫米,内花被片稍窄;雌花小于雄花,花

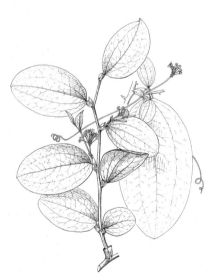

图 514 长托菠葜 (冯晋庸绘)

被片长3-6毫米,具6枚退化雄蕊。浆果径0.8-1.5厘米,成熟时红色。花期3-4月,果期10-11月。染色体2n=104。

产安徽西南部、湖北、湖南、广东、广西、贵州、云南及四川,生于海拔900-3400米林下、灌丛中或山坡荫处。尼泊尔、锡金、不丹、印度、缅甸及越南有分布。根状茎有祛风利湿、解疮毒功能。

9. 柔毛菠葜 图 515

Smilax chingii F. T. Wang et T. Tang in Sinensia 5: 426. 1934.

攀援灌木。茎长1-7米,常疏生刺。叶革质,卵状椭圆形或长圆状披针形,长5-18厘米,宽1.5-7厘米,基部圆或楔形,稀浅心形,下面苍白色,多少被棕色或白色短柔毛;叶柄长0.5-2厘米,鞘长为叶柄1/2,少数有卷须,脱落点位于近中部。伞形花

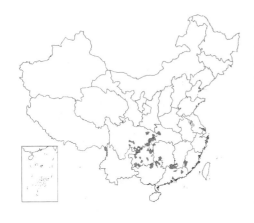

序生于叶尚幼嫩小枝,有几朵花;花序梗长0.5-3厘米,稀有关节;花序托常延长,花序多少呈总状,小苞片宿存。雄花外花被片长约8毫米,宽3.5-4毫米,内花被片稍窄;雌花稍小于雄花,具6枚退化雄蕊。浆果径1-1.4厘米,成熟时红色。花期3-4月,果期11-12月。

产福建西南部、江西西南部、湖北、湖南、广东、广西北部、贵州、四川及云南西北部,生于海拔700-1600米林下、灌丛中或山坡、河谷阴处;云南可达2800米。

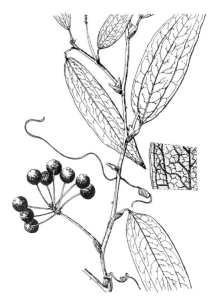

图 515 柔毛菝葜 （屠玉麟绘）

10. 粗糙菝葜   图 516

Smilax lebrunii Lévl. Fl. Kouy-Tchéou 257. 1914.

攀援灌木。茎长1-2米,多少具疣状突起或短刺状突起,疏生刺或近无刺。叶薄革质,椭圆形或披针形,长4-10厘米,下面苍白或淡绿色;叶柄长0.5-1.5厘米,鞘长为叶柄2/3,有时有卷须,脱落点位于上部。伞形花序生于叶尚幼嫩的小枝,有几朵花;花序梗长1-2.5厘米;花序托稍膨大,有时延长。花绿黄色;外花被片长4.5-5毫米,宽约2毫米,内花被片宽约1毫米;雌雄花近等大,有6枚退化雄蕊。浆果径1-1.5厘米,成熟时红色。花期3-4月,果期10-11月。

产甘肃南部、湖北西南部、湖南、广西东北部、贵州、四川及云南,生于海拔950-2900米林下、灌丛中或山坡、路边阴处。

图 516 粗糙菝葜 （孙英宝绘）

11. 红果菝葜   图 517

Smilax polycolea Warb. in Engl. Bot. Jahrb. 29: 257. 1900.

落叶灌木,攀援。茎长6-7米,疏生刺或近无刺。叶革质,干后膜质或薄纸质,椭圆形或卵形,长4-7厘米,先端渐尖,下面苍白色;叶柄长0.5-1厘米,基部至中部具宽1-2毫米的鞘,部分有卷须,脱落点位于近中部。伞形花序生于叶尚幼嫩的小枝,有几朵至10余花;花序梗长0.5-3厘米;花序托常稍膨大,有时延长,有几枚宿存小苞片。花黄绿色;雄花外花被片长3.5-4.5毫米,宽约2毫米,内花被片宽约1.2毫米;雌花与雄花近等大,有6枚退化雄蕊。浆果径7-8毫米,成熟时红色,有粉霜。花期4-5月,果期9-10月。

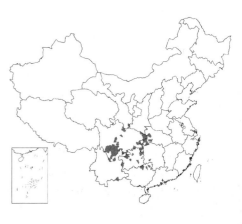

产甘肃南部、湖北、湖南、广西东北部、贵州、四川及云南,生于海拔900-2200米林下、灌丛中或山坡阴处。根状茎有解毒、消肿、利湿功能。

12. 武当菝葜

图 518

Smilax outanscianensis Pamp. in Nouv. Giorn. Bot. Ital. n. s. 17: 109. 1910.

攀援灌木。茎长2-3米,疏生刺或近无刺。叶革质,干后膜质或薄纸质,椭圆形或长圆形,长4-10厘米,宽2-4.5厘米,下面淡绿色;叶柄长0.5-1厘米,中部以下具宽1-2毫米的鞘(一侧),少数叶柄有卷须,脱落点位于近中部。伞形花序生于叶尚幼嫩的小枝,有几朵花;花序梗长0.5-1.2厘米,稍长于叶柄;花序托有时稍延长,具多数宿存小苞片。花绿黄色;雄花外花被片长约7毫米,宽约2.7毫米,

图 517 红果菝葜 (冯晋庸绘)

内花被片宽为外花被片1/2;雌花小于雄花,具3-6退化雄蕊。浆果径0.7-1厘米,成熟时紫黑色。花期5月,果期9-10月。

产江西西部、湖北西部、湖南西北部及四川,生于海拔1100-2100米林下、灌丛中或河谷阴处。根状茎有祛风除湿功能。

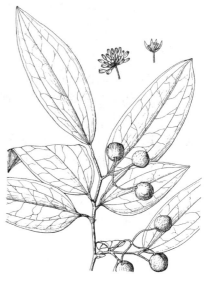

图 518 武当菝葜 (孙英宝绘)

13. 托柄菝葜

图 519

Smilax discotis Warb. in Engl. Bot. Jahrt. 29: 256. 1900.

灌木,多少攀援。茎长0.5-3米,疏生刺或近无刺。叶纸质,卵状椭圆形或近椭圆形,长4-10厘米,基部心形,下面苍白色;叶柄长3-5毫米,脱落点位于近顶端,有时有卷须,鞘与叶柄等长或稍长,一侧宽3-5毫米,近半圆形或卵形,多少贝壳状。伞形花序生于叶尚幼嫩的小枝,常有几朵花;花序梗长1-4厘米;花序托稍膨大,有时延长,具多枚小苞片。花绿黄色;雄花外花被片长约4毫米,宽

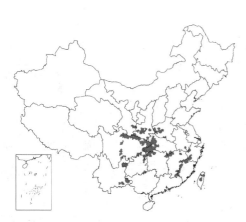

约1.8毫米,内花被片宽约1毫米;雌花稍小于雄花,具3枚退化雄蕊。浆果径6-8毫米,成熟时黑色,具粉霜。花期4-5月,果期10月。

产甘肃东南部、陕西、河南、安徽南部、浙江、福建西部、台湾、江西、湖南、湖北、四川、贵州及云南,生于海拔650-2100米林下、灌丛中

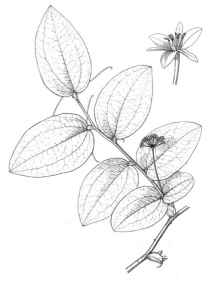

图 519 托柄菝葜 (冯晋庸绘)

或山坡阴处。根状茎有清热、利湿、补虚益损、活血止血功能。

14. 黑果菝葜 鲇鱼须 龙须薯 粉菝葜　　　　图 520

Smilax glauco-china Warb. in Engl. Bot. Jahrb. 29：255. 1900.

攀援灌木。茎长0.5-4米，常疏生刺。叶厚纸质，常椭圆形，长5-8厘米，下面苍白色；叶柄长0.7-1.5厘米，叶鞘长为叶柄1/2，有卷须，脱落点位于上部。伞形花序常生于叶稍幼嫩的小枝，有几朵或10余花；花序梗长1-3厘米；花序托稍膨大，具小苞片。花绿黄色；雄花花被片长5-6毫米，宽2.5-3毫米，内花被片宽1-1.5毫米；雌花与雄花近等大，具3枚退化雄蕊。浆果径7-8毫米，成熟时黑色，具粉霜。

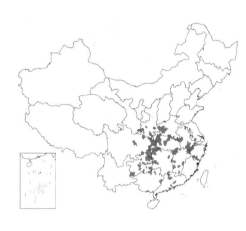

花期3-5月，果期10-11月。

产甘肃南部、陕西秦岭以南、山西南部、河南、安徽、江苏西南部、浙江、

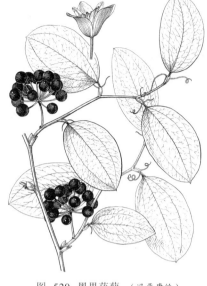

图 520 黑果菝葜 （冯晋庸绘）

江西、湖北、湖南、广东、广西、贵州及四川，生于海拔1600米以下林内、灌丛中或山坡。根状茎有清热功能。

15. 台湾菝葜　　　　图 521

Smilax elongato-umbellata Hayata in Journ. Coll. Sci. Univ. Tokyo 30：358. 1911.

灌木，近直立或多少攀援。枝具疏刺或近无刺。叶薄革质，卵状椭圆形、卵形或长圆状披针形，长2.5-9厘米，宽1-4厘米，先端尖并有小芒尖，基部圆或楔形，下面苍白色，网脉在两面浮凸；叶柄长5-8毫米，叶鞘长为叶柄2/3，有卷须，脱落点位于上部。伞形花序有几朵或更多的花；花序梗长1-4厘米。雄花外花被片长6.5毫米，宽3毫米，内花被片宽约1.5毫米；雌

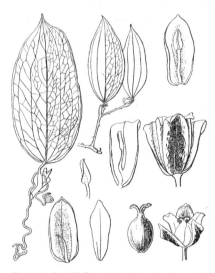

图 521 台湾菝葜 （引自《Ic. Pl. Formos》）

花小于雄花。浆果径6-8毫米，成熟时黑紫色，具粉霜。花期3月。

产台湾，生于海拔1300-2500米山区。日本琉球群岛有分布。

16. 黑叶菝葜　　　　图 522

Smilax nigrescens F. T. Wang et T. Tang ex P. Y. Li in Acta Phytotax. Sin. 11：253. 1966.

攀援灌木。茎长达2米，疏生刺或近无刺。叶纸质，干后近黑色，卵状披针形或卵形，长3.5-9.5厘米，基部近圆或浅心形，下面常苍白色，稀淡绿色；叶柄长0.6-1.2厘米，窄鞘长为叶柄1/2-2/3，有卷须，脱落点位

于近顶端。伞形花序有几朵至10余花；花序梗长0.8-1.5(-2.5)厘米，比叶柄长；花序托稍膨大，具卵形宿存小苞片。花绿黄色，内外花被片相似，长约2.5毫米，宽约1毫米；雌花与

雄花近等大，具6枚退化雄蕊。浆果径6-8毫米，成熟时蓝黑色。花期4-6月，果期9-10月。

产甘肃南部、陕西、河南西部、湖北、湖南西北部、广西西南部、贵州、四川及云南，生于海拔900-2500米林下、灌丛中或山坡阴处。根状茎有祛风除湿、通络止痛功能。

图 522 黑叶菝葜 （吕发强绘）

17. 鞘柄菝葜 图 523

Smilax stans Maxim. in Bull. Acad. Sci. St. Pétersb. 17: 170. 1872.

落叶灌木或亚灌木，直立或披散，高达3米。茎和枝稍具棱，无刺。叶纸质，卵形或近圆形，长1.5-4厘米，下面无毛，稍苍白色或有时有粉尘状物；叶柄长0.5-1.2厘米，向基部渐宽成鞘状，背面有多条纵槽，无卷须，脱落点位于近顶端。花序有1-3朵或更多的花；花序梗纤细，比叶柄长3-5倍；花序托不膨大。花绿黄，有时淡红色；雄花外花被片长2.5-3毫米，宽约1毫米，内花被片稍窄，雄蕊花丝离生；雌花稍小于雄花，具6枚退化雄蕊，退化雄蕊有时具不育花药。浆果径0.6-1厘米，成熟时黑色，具粉霜；果柄直。花期5-6月，果期10月。

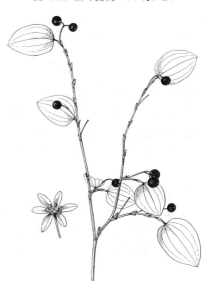

图 523 鞘柄菝葜 （冯晋庸绘）

产河北、山东、河南西部、安徽、浙江、江西、广西北部、湖南西北部、湖北、四川、贵州、云南、西藏东南部、青海东部、甘肃南部、宁夏南部、陕西及山西，生于海拔400-3200米林下、灌丛中或山坡阴处。日本有分布。根状茎有祛风除湿、活血顺气、止痛功能。

18. 糙柄菝葜 图 524

Smilax trachypoda Norton in Sarg. Pl. Wilson. 3: 3. 1916.

落叶小灌木。高达4米。茎直立或攀援，多分枝，无刺。叶卵形，长7-10厘米，基部心形，全缘或具不规则细圆齿，下面灰绿色，主脉5-7；叶柄长1-2厘米，叶下面主脉和支脉下部或近基部以及叶柄上部均具乳突状毛。花序梗长3-5厘米，雄花序有8-10花。雄花倒卵形，花梗细，长1-1.5厘米，绿色，花被裂片披针形，长4-5毫米，下弯，黄绿色；雄蕊6。雌花稍小于雄花，花梗长0.3-1厘米，花被片离生，长2-3毫米。浆果球形，径6-8毫米，经冬不落，成熟时蓝黑色，被白粉，种子1-2。种子桔红色，圆形。花期5-6月，果期10月。

产甘肃、陕西、河南西部、湖北西部及四川,生于海拔1300-3100米林下、灌丛中或山坡阴处。根状茎有祛风湿功能。

19. 合蕊菝葜

图 525

Smilax cyclophylla Warb. in Engl. Bot. Jahrb. 29: 257. 1900.

落叶灌木,高达3米,无皮刺。叶纸质,圆形、椭圆形、卵形或卵状椭圆形,长3.5-7(-10.5)厘米,基部圆或平截,稀浅心形,下面无毛,灰绿或灰白色;叶柄长0.7-2厘米,基部具鞘,无卷须,脱落点位于叶柄顶端。伞形花序具数花,生于小枝基部叶腋,花序托几不膨大,无小苞片或小苞片少数,早落,花序梗纤细,长1.5-4厘米。雄花花被片内外轮相似,淡绿或黄绿色,长2-3毫米,花药长

约0.5毫米,花丝长0.5-1毫米,合生成柱状。雌花花被片内外轮相似,淡紫红色,卵状长圆形,长3-3.5毫米;退化雄蕊6。浆果球形,径5-9毫米,成熟时黑紫色。花期4月底-6月,果期7-10月。

产四川及云南,生于海拔1600-2700米林下、灌丛中或山坡阴处。

20. 防己叶菝葜

图 526 彩片 242

Smilax menispermoidea A. DC. Monogr. Phaner. 1: 108. 1878.

攀援灌木。茎长达3米。枝无刺。叶纸质,卵形或宽卵形,长2-10厘米,宽2-7厘米,基部浅心形或近圆,下面苍白色;叶柄长0.5-12厘米,窄鞘长为叶柄2/3-3/4,常有卷须,脱落点位于近顶端。伞形花序有几朵至10余朵花;花序梗纤细,比叶柄长2-4倍;花序托稍膨大,有宿存小苞片。花紫红色;雄花外花被片长约2.5毫米,宽约1.1毫米,内花被片稍窄,雄蕊长为花被片1/3,长0.6-1毫米,花丝合生成短柱状。雌花稍小于雄花或近等大,具6枚退化雄蕊,其中1-3枚具不育花药。浆果径0.7-1厘米,成熟时紫黑色。花期5-6月,果期10-11月。

21. 青城菝葜

图 527

Smilax tsinchengshanensis F. T. Wang in Bull. Fan Mem. Inst. Biol.

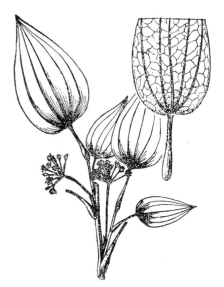

图 524 糙柄菝葜 (吕发强绘)

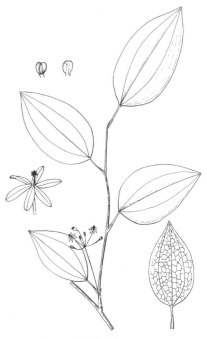

图 525 合蕊菝葜 (孙英宝绘)

产甘肃、宁夏南部、陕西、河南、湖北、湖南西北部、广西北部、贵州、云南、四川、青海东北部及西藏,生于海拔(1000-)1800-3700米林下、灌丛中或山坡阴处。锡金及印度有分布。根状茎有祛风湿、解疮毒功能。

Bot. 5: 119. 1934.

直立灌木,高达1.5米。茎和枝

无刺。叶纸质,披针形或长圆状披针形,长7-12厘米,宽1-3厘米,下面苍白色;叶柄长0.5-1.5厘米,具窄鞘,无卷须,脱落点位于近顶端。伞形花序生于嫩枝基部叶腋或苞片腋部,有几朵花,基部有时有1枚贝壳状鳞片(先出叶);花序梗纤细,比叶柄长2-3倍;花序托几不膨大。花暗红色;雄花外花被片长约2.5毫米,宽约1.2毫米,内花被片稍窄;雄蕊极短,长约为花被片1/8。雌花稍小于雄花,具3枚退化雄蕊。浆果径0.7-1厘米,成熟时黑色。花期10月,果期翌年10-11月。

产四川及贵州,生于海拔800-1850米林下。

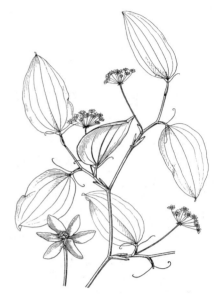

图 526 防己叶菝葜 (冯晋庸绘)

22. 筐条菝葜   图 528

Smilax corbularia Kunth, Enum. Pl. 5: 262. 1850.

攀援灌木。茎长达9米,无刺。叶革质,卵状长圆形或窄椭圆形,长5-14厘米,边缘多少下弯,下面苍白色,上面网脉明显;叶柄长0.8-1.4厘米,脱落点位于近顶端,枝基部的叶柄常有卷须,鞘长为叶柄1/2,并向前延伸成披针形耳。伞形花序腋生,有10-20花;花序梗长0.4-1.5厘米,长为叶柄2/3或近等长,稀长于叶柄,稍扁;花序托膨大,具多数宿存小苞片。花绿黄色,花被片直立,雄花外花被片舟状,长2.5-3毫米,宽约2毫米,内花被片稍短,宽约1毫米,肥厚,背面稍凹入;花丝很短,靠合成柱;雌花与雄花近等大,内花被片较薄,具3枚退化雄蕊。浆果径6-7毫米,成熟时暗红色。花期5-7月,果期12月。

图 527 青城菝葜 (屠玉麟绘)

产广东、香港、海南、广西、贵州南部及云南南部,生于海拔1540米以下林内或灌丛中。越南及缅甸有分布。

23. 粉背菝葜   图 529 彩片 243

Smilax hypoglauca Benth. Fl. Hongkong. 369. 1861.

攀援灌木。枝条有时具4纵棱,无刺。叶革质,卵状长圆形、卵形或窄椭圆形,长5-12厘米,宽2-4厘米,先端短渐尖,基部宽楔形或近圆,下面粉白色,主脉5,上面网脉明显;叶柄长0.8-1.4厘米,脱落点位于近叶柄顶端,常有卷须,鞘长为叶柄1/2或稍长,鞘前伸成披针形耳,长2-5毫

图 528 筐条菝葜 (冯晋庸绘)

米。伞形花序腋生,有10-20
花;花序梗长1-5毫米,花
序托稍膨大或不膨大;小苞
片多数,宿存。花绿黄色,花
被片直立,雄花外花被片长
2-3毫米,宽2毫米。内花被
片稍短,宽约1毫米,雄蕊
花丝较短,靠合成柱状;雌
花与雄花近等大,退化雄蕊
3。浆果径0.8-1厘米,成熟
时暗红色。花期7-8月,果期12月。

产江西东南部、福建、广东、香港、广西及贵州西南部,生于海拔1300
米以下疏林中或灌丛边缘。根状茎药用,可消炎、解毒、祛风湿。

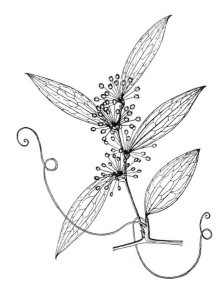

图 529 粉背菝葜 (引自《中国植物志》)

24. 菱叶菝葜 图 530

Smilax hayatae T. Koyama in Quart. Journ. Taiwan Mus. 10: 15.
1957.

小灌木,披散或多少攀援,无刺。叶革质,卵状菱形,长3-5厘米,宽
1-2.5(-4.5)厘米,基部楔
形或宽楔形,下面苍白色;
叶柄长2-5(-8)毫米,脱落
点位于近顶端,无卷须,基
部具鞘,鞘延伸成三角状披
针形耳,长约为叶柄2/5-
1/2,宽1-3毫米。伞形花
序有2-7花;花序梗纤细,
长0.7-1.7(-2.2)厘米;雄
花外花被片长1.8-2毫米,宽
0.5-0.8毫米,内花被片宽约

为外花被片1/2;雄蕊长约为花被片1/2,花药近圆形。浆果径约8毫米,
成熟时红色。花期4月,果期12月。

产台湾、福建西南部、广东北部及湖南南部,生于海拔900-1500米林
下、山谷或涧边。

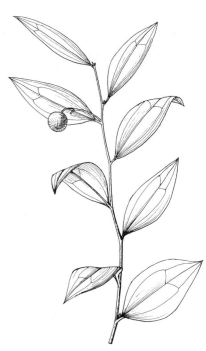

图 530 菱叶菝葜 (孙英宝绘)

25. 弯梗菝葜 图 531

Smilax aberrans Gagnep. in Bull. Soc. Bot. France 81: 71. 1934.

常绿攀援灌木或亚灌木,多少攀援。茎长0.5-2米,无刺。叶薄纸质,
椭圆形或卵状椭圆形,长7-12厘米,下面苍白色,被乳突状短柔毛,网脉
上较密,稀呈粉尘状粗糙;叶柄长1-1.5厘米,上部常具乳突,基部较宽,
具半圆形膜质鞘,无卷须,脱落点位于上部。伞形花序常生于从叶腋抽出
的幼枝(生于幼嫩叶腋或苞片腋部),有几朵至20多朵花;花序梗长3-5厘
米;花序托几不膨大;雄花绿黄或淡紫色;内外花被片相似,长2-2.5毫
米,宽约1毫米;雄蕊极短,聚集于花中央。浆果径0.8-1.1厘米,果柄下

弯。花期3-4月，果期12月。

产福建西南部、广东、广西、湖南南部及西北部、湖北西南部、四川东南部、贵州及云南东南部,生于海拔1600米以下林内、灌丛中或山谷、溪边荫蔽处。越南有分布。

26. 平滑菝葜

图532：1

Smilax darrisii Lévl. in Fedde, Repert. Sp. Nov. 12: 553. 1913.

灌木,近直立或多少攀援,高达1米。茎和枝条无刺。叶薄纸质,卵状椭圆形,长2-5厘米,宽1-2.5厘米,干后常稍呈黑褐色,下面苍白色;叶柄长3-7毫米,纤细,窄鞘长为叶柄1/2-1/3,或鞘不明显,脱落点位于近顶端,卷须有或无。伞形花序单个或成对腋生,常有1-3花;花序梗纤细,与叶柄近等长;花序托不膨大,具1-3枚小苞片或小苞片早落。雄花外花被片长2-2.5毫米,宽1-1.3毫米,内花被片较窄,雄蕊离生,长为花被片1/2。浆果径5-7毫米,成熟时紫黑色。花期6月,果期11月。

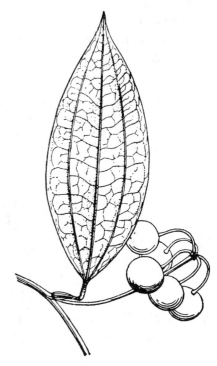

图 531 弯梗菝葜 （引自《中国植物志》）

产四川、贵州及云南东北部,生于海拔1100-2200米山坡林下。

27. 长苞菝葜 滇红萆解 无刺菝葜

图532：2

Smilax longibracteolata Hook. f. Fl. Brit. Ind. 7: 305. 1892.

Smilax mairei auct. non Lévl.: 中国植物志 15: 210. 1978.

攀援灌木。茎长1-5米。无刺。叶纸质或薄革质,常卵形或三角状披针形,长3.5-9厘米,宽1-5厘米,下面苍白色;叶柄长0.5-2厘米,窄鞘长为叶柄1/2-2/3,脱落点位于近顶端,常有卷须。伞形花序有几朵花或多花;花序梗多少扁平,宽0.5-1毫米,常短于叶柄;花序托膨大,连同多枚宿存小苞片多少呈莲座状。花淡绿或红色,径1-1.5毫米;雄花外花被片长2-2.5毫米,宽约1毫米,内花被片稍窄而短;雌花与雄花近等大,具6枚退化雄蕊。浆果径5-7毫米,成熟时蓝黑色。花期5-6月,果期12月。

图 532: 1. 平滑菝葜 2. 长苞菝葜
（引自《海南植物志》）

产四川西南部、贵州西南部、云南及西藏东部,生于海拔1000-3000米林下、灌丛中或山谷沟边。根状茎有祛风湿、解疮毒功能。

28. 小叶菝葜　　　　　　　　　　　　　　　图 533

Smilax microphylla C. H. Wright in Kew Bull. 1895: 117. 1895.

攀援灌木。高0.5-1米。枝多少具刺。叶革质，披针形、卵状披针形或近条状披针形，长2.5-10厘米，宽0.5-5厘米，下面苍白色；叶柄长0.2-1.5厘米，脱落点位于近顶端，窄鞘长为叶柄1/2-2/3，部分具卷须。花单性，雌雄异株；伞形花序，具多数宿存小苞片；花序梗稍扁或近圆柱形，径约1毫米，常稍粗糙，短于叶柄。花淡绿色，径1-1.5毫米；雌花稍小于雄花，具3枚退化雄蕊。浆果球形，径5-6毫米，成熟时紫黑色。花期6-8月，果期10-11月。

产甘肃南部、陕西秦岭以南、河南西南部、湖北、湖南西北部、贵州、

图 533 小叶菝葜 （冯晋庸绘）

云南及四川，生于海拔500-1600米林下、灌丛中或山坡阴处。

29. 土茯苓　　　　　　　　　　　　图 534 彩片 244

Smilax glabra Roxb. Fl. Ind. ed. 2, 3: 792. 1832.

攀援灌木。根状茎块状，常由匍匐茎相连，径2-5厘米。茎长达4米，无刺。叶薄革质，窄椭圆状披针形，长6-15厘米，宽1-7厘米，下面常绿色，有时带苍白色；叶柄长0.5-1.5厘米，窄鞘长为叶柄3/5-1/4，有卷须，脱落点位于近顶端。伞形花序常有10余花；花序梗长1-5毫米，常短于叶柄；花序梗与叶柄之间有芽；花序托膨大，多少呈莲座状，宽2-5毫米。花绿白色，六棱状球形，径约3毫米；雄花外花被片近扁圆形，宽约2毫米，兜状，背面中央具槽，内花被片近圆

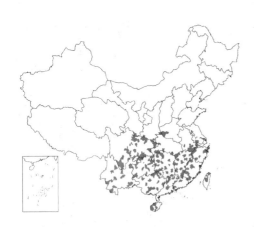

图 534 土茯苓 （冯晋庸绘）

形，宽约1毫米，有不规则齿；雄蕊靠合，与内花被片近等长，花丝极短；雌花外形与雄花相似，内花被片全缘，具3枚退化雄蕊。浆果径0.7-1厘米，成熟时紫黑色，具粉霜。花期7-11月，果期11月至翌年4月。

产甘肃南部、陕西、河南西南部、江苏南部、安徽南部、浙江、福建、台湾、江西、湖北、湖南、广东、香港、海南、广西、贵州、云南及四川，

生于海拔1800米以下林内、灌丛中、河岸、山谷及林缘。越南、泰国和印度有分布。根状茎富含淀粉，可制糕点或酿酒；药用有解毒、除湿、利关节功能。

30. 乌饭叶菝葜　　　　　　　　　　图 535：1-2

Smilax myrtillus A. DC. Monogr. Phaner. 1: 106. 1878.

直立灌木，高达1.5米。枝有钝棱，小枝具4至多棱，疏生刺或无刺。

叶纸质，菱状卵形或近卵形，长1-5厘米，基部近楔形，主脉3（5），在上

面稍凸；叶柄长1-4毫米，脱落点位于近中部，基部两侧各具1枚托叶状耳（鞘），无卷须，耳披针形或卵圆形，长1-2毫米，边缘常撕裂成流苏状。伞形花序有2-4花；花序梗纤细，长0.5-1厘米；花序托几不膨大。雄花淡紫绿色，外花被片长约1.5毫米，宽约0.6毫米，内花被片稍窄；雄蕊长约0.5毫米，花药圆形。浆果径6-8毫米，成熟时蓝黑色。花期7月，果期10-11月。

产云南，生于海拔1600-3100米林下、灌丛中或林缘。不丹及印度有分布。

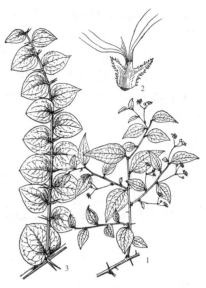

图 535：1-2. 乌饭叶菝葜 3. 劲直菝葜
（冯晋庸绘）

31. 劲直菝葜　　　　　　图 535：3

Smilax munita S. C. Chen in Acta Phytotax. Sin. 34(4): 436. 1996.

Smilax rigida Wall. ex Kunth；中国植物志 15: 216. 1978.

直立灌木。茎长达1米，无刺。小枝扁圆形或近三棱状扁圆形，具2-3棱，棱上常有翅状边缘，刺直伸，长5-7毫米。叶革质，心形或卵形，长1.5-2.5厘米，基部心形或近平截，有（3）5主脉，主脉在上面凹陷；叶柄长约1毫米，脱落点位于近中部，基部两侧各具1枚托叶状耳（鞘），无卷须，耳披针形或卵圆形，长1-2毫米，边缘常撕裂成流苏状。伞形花序有2-8花，花序梗长4-7毫米；花序托几不膨大。雄花淡绿色，外花被片长1.2-1.5毫米，宽约0.4毫米，内花被片稍窄；雄蕊长约0.4毫米；雌花与雄花外形相似，具3枚退化雄蕊。浆果径7-9毫米，成熟时蓝黑色。花期7月，果期10-11月。

产云南及西藏，生于海拔2100-2800米混交林或落叶阔叶林下。不丹、尼泊尔、印度及缅甸有分布。

32. 西南菝葜　　　　　　图 536

Smilax biumbellata T. Koyama in Brittonia 26: 133. 1974.

Smilax bockii auct. non Warb.: 中国高等植物图鉴 5: 540. 1976；中国植物志 15: 216. 1978.

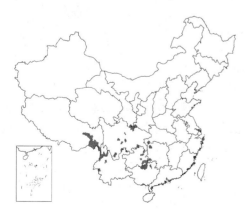

攀援灌木。茎长达5米，无刺。叶纸质或薄革质，长圆状披针形或窄卵状披针形，长7-15厘米，基部浅心形或宽楔形；中脉区在上面多少凹陷，外侧2侧脉靠近

图 536 西南菝葜 （冯晋庸绘）

叶缘；叶柄长0.5-2厘米，具鞘部分长不及叶柄1/3，有卷须，脱落点位于近顶端。伞形花序生于叶腋或苞片腋部，有几朵至10余花；花序梗纤细，比叶柄长数倍；花序托稍膨大。花紫红或绿黄色；雄花内外花被片相似，长2.5-3毫米，宽约1毫米，花药长圆形或卵圆形，短于花丝；雌花稍小于雄花，具3枚退化雄蕊。浆果径0.8-1厘米，成熟时蓝黑色。花期5-7月，果期10-11月。

产甘肃南部、陕西西南部、四川、湖北西南部、湖南、广西北部、贵州东部、云南及西藏东部，生于海拔800-2900米林下或灌丛中。缅甸有分布。根状茎有祛风活血、解毒功能。

33. 缘脉菝葜　　　　　　　　　图 537

Smilax nervo-marginata Hayata in Journ. Coll. Sci. Univ. Tokyo 30: 361. 1911.

攀援灌木。茎长达2米，具很小的疣状突起，无刺。叶革质，长圆形或卵状椭圆形，长6-12厘米，主脉5-7，上面中脉凸出，外侧2条脉靠近叶缘；叶柄长0.6-1.8厘米，具鞘部分长不及叶柄1/3，有卷须，脱落点位于近顶端。伞形花序生于叶腋或苞片腋部，有几朵至10余花；花序梗稍扁而细，比叶柄长2-4倍；花序托膨大。雄花紫褐色，内外花被片相似，长约2.5毫米，宽约1毫米，花药线形，弯曲，长于花丝或近等长。浆果径0.7-1厘米。花期4-5月，果期10月。

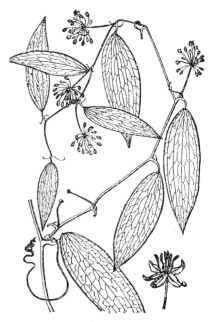

图 537　缘脉菝葜　（引自《浙江植物志》）

产安徽南部、浙江、福建、江西东部、湖南西部、广西北部、贵州东北部及四川东南部，生于海拔1000米以下林内、灌丛中或路边。日本琉球群岛有分布。

34. 尖叶菝葜　　　　　　　　　图 538

Smilax arisanensis Hayata in Journ. Coll. Sci. Univ. Tokyo 30: 356. 1911.

攀援灌木。茎长达10米，无刺或具疏刺。叶纸质，长圆形或卵状披针形，长7-15厘米，宽1.5-5厘米，干后常带古铜色，外侧2条脉稍近叶缘；叶柄长0.7-2厘米，常扭曲，窄鞘长为叶柄1/2，常有卷须，脱落点位于近顶端。伞形花序生于叶腋，花序梗基部常有1枚与叶柄相对的鳞片（先出叶），稀无，或生于披针形苞片腋部；花序梗纤细，比叶柄长3-5倍；花序托几不膨大。花绿白色；雄花内外花被片相似，长2.5-

图 538　尖叶菝葜　（冯晋庸绘）

3毫米，宽约1毫米；雄蕊长为花被片2/3；雌花小于雄花，花被片长约1.5毫米，内花被片较窄，具3枚退化雄蕊。浆果径约8毫米，成熟时紫黑色。花期4-5月，果期10-11月。

产浙江、福建、台湾、江西、湖南、广东、广西、贵州、四川东南部及云南东南部,生于海拔1500米以下林内、灌丛中或山谷溪边荫蔽处。越南有分布。

35. 马甲菝葜

图 539:1-3

Smilax lanceifolia Roxb. Fl. Ind. ed. 2, 3: 792. 1832.

攀援灌木。茎长达2米,无刺或稀具疏刺。叶常纸质,卵状长圆形或

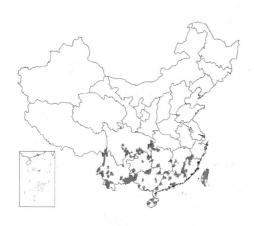

披针形,长6-17厘米,宽2-8厘米,干后暗绿色,有时稍变淡黑色;叶柄长1-2.5厘米,窄鞘长为叶柄1/4-1/5,常有卷须,脱落点位于近中部。伞形花序常单生叶腋,有几十朵花,稀两个伞形花序并生;花序梗常短于叶柄,近基部有关节,着生点上方有1枚鳞片(先出叶);花序托稍膨大。花黄绿色;雄花外花被片长4-5毫米,宽约

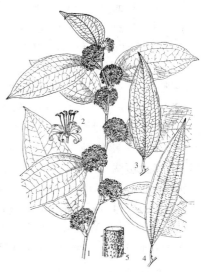

图 539: 1-3. 马甲菝葜 4. 灰叶菝葜
5. 密疣菝葜 (冯晋庸绘)

1毫米,内花被片稍窄;雄蕊与花被片近等长或稍长,离生,花药近长圆形;雌花小于雄花1/2,具6枚退化雄蕊。浆果径6-7毫米,种子1-2。种子无沟或有1-3纵沟。花期10月至翌年3月,果期10月。

产台湾、福建、江西、湖北西南部、湖南、广东、香港、海南、广西、贵州、四川及云南,生于海拔600-2000米林下、灌丛中或山坡阴处,在云南西部可沿峡谷上达2800米。锡金、不丹、印度、缅甸、老挝、越南及泰国有分布。

36. 灰叶菝葜

图 539:4

Smilax astrosperma F. T. Wang et T. Tang, Fl. Hainan. 4: 534. 1977.

攀援灌木。枝条疏生刺或无刺。叶纸质,披针形,长8-12厘米,宽

2-4厘米,干时常带灰色,主脉3条,在上面凹下,沿主脉两侧多少有皱纹;叶柄长1-1.5厘米,窄鞘长为叶柄1/4-1/5,有卷须,脱落点位于中部至上部。伞形花序常单生叶腋,有几朵至10余花;花序梗稍长于叶柄或近等长,近基部有关节,着生点上方有与叶柄相对的鳞片(先出叶);花序托稍膨大。

雄花花被片披针状长圆形,长约4毫米,内3片稍窄于外3片;花药近条形。雌花小于雄花,花被片长约2.5毫米,具3(4)枚退化雄蕊。浆果径5-6毫米。种子1,扁球形,有5-6深纵沟。花期11月。

产广东西南部、海南及广西,生于海拔980米以下疏林中。

37. 密疣菝葜

图 539:5

Smilax chapaensis Gagnep. in Bull. Soc. Bot. France 81: 72. 1934.

攀援灌木。茎长达3米,具2(3)纵棱,散生皮刺,连同叶柄下部密被疣状突起。叶卵状披针形、椭圆状披针形或披针形,稀窄卵状长圆形,长6.5-16厘米,宽2-6厘米,先端渐尖或短尾尖,基部圆或钝圆,下面淡绿

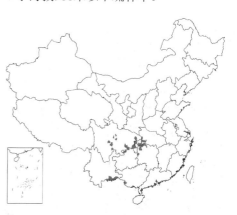

色；叶柄长0.5-1.5厘米，1/3-1/2具窄鞘，脱落点位于叶柄中上部。伞形花序有10余花或更多，单生叶腋，花序托稍膨大，小苞片多数，果期宿存；花序梗短于叶柄，近基部有关节。花淡黄、淡绿黄或白色；雄花外花被片窄长圆形或长圆状披针形，长（3.5-）4.5-6毫米，宽1.5-2毫米，内花被片披针形或条形，长（3.5-）4.5-6毫米，宽0.7-1.1毫米；花药长圆形，长1-1.4毫米，花丝长（2.5-）3-4毫米。雌花外花被片卵状长圆形或长圆形，长2.8-3.2毫米，宽1-1.2毫米，内花被片较窄；退化雄蕊6；子房每室2胚珠，柱头3深裂。浆果球状，径5-7毫米，熟时紫黑至黑色。花期2-3月，果期

10-11月。

产湖北西南部、湖南西北部、广西西南部、四川、贵州北部及云南东南部，生于海拔600-1500米林下、灌丛中或山坡荫蔽处。越南北部有分布。根状茎有利湿解毒功能。

38. 梵净山菝葜

图 540：1

Smilax vanchingshanensis (F. T. Wang et T. Tang) F. T. Wang et T. Tang, Fl. Reipubl. Popul. Sin. 15: 224. 1978.

Smilax laevis Wall. ex A. DC. var. *vanchingshanensis* F. T. Wang et T. Tang in Sinensia 5: 424. 1934.

攀援灌木。茎长达5米。枝无刺或具疏刺。叶革质，窄卵形或近披针形，长8-16厘米，宽4-9厘米；叶柄长1-2厘米，窄鞘长为叶柄1/3-1/5，有卷须，脱落点位于近中部。伞形花序1-2个生于叶腋，有多花；花序梗稍长于叶柄，近基部有关节，着生点上方有1枚与叶柄相对的鳞片（先出叶）；花序托近球形，长约3毫米。花黄绿色；雄花外花被片长7-8毫米，宽约1.6毫米；内花被片宽为外花被片

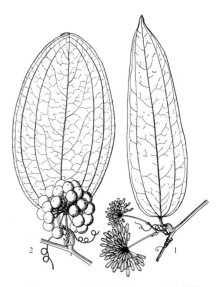

图 540：1. 梵净山菝葜 2. 束丝菝葜
（引自《中国植物志》）

2月。

产湖北西南部、湖南西北部、贵州及四川，生于海拔400-1400米疏林内、林缘或山坡草丛中。

1/2；雄蕊花丝基部约1毫米合成柱状，长为雄蕊1/7-1/8；雌花比雄花小1/2，具6枚退化雄蕊。浆果径9毫米。花期9-10月，果期12月至翌年1-

39. 束丝菝葜

图 540：2

Smilax hemsleyana Craib in Kew Bull. 1912: 409. 1912.

攀援灌木。茎长达5米，无刺或疏生刺。叶革质，卵状椭圆形或椭圆形，长7-13厘米；叶柄长1.5-2.5厘米，窄鞘长为叶柄1/4，常有卷须，脱落点位于近中部。伞形花序常单生叶腋，有几花或多花，稀2个伞形花序并生；花序梗长1.5-4.5厘米，下部具关节和1枚披针形苞片，着生点上方有1枚与叶柄相对的鳞片（先出叶）；花序托长圆形，在果期

长3-6毫米。雄花外花被片披针形，长约5毫米，宽约1毫米，内花被片宽约0.5毫米；长为雄蕊1/4-1/5的花丝合成柱状。雌花比雄花小1/2，具3枚丝状退化雄蕊。浆果径约7毫米。花期4-5月，果期11月。

产贵州西南部及云南，生于海拔630-1700米林下、灌丛或草丛中。泰国有分布。

40. 大果菝葜　　　　　　　　　　图 541

Smilax megacarpa A. DC. Monogr. Phaner. 1: 186. 1878.

攀援灌木。茎长达10米，枝条常无刺。叶纸质，干后有时淡黑色，卵形或椭圆形，长10-20厘米；叶柄长1.5-5厘米，窄鞘长为叶柄1/3-1/2，常有卷须，脱落点位于上部。圆锥花序长3-6（-10）厘米，着生点上方有1枚与叶柄相对的鳞片（先出叶），常具2个伞形花序，稀3个或单个；花序梗长1.5-3.5厘米；花序托稍膨大。雄花绿黄色；外花被片长6-7毫米，宽约1.5毫米，内花被片宽约0.6毫米。浆果径1.2-2厘米，成熟时深红色。花期10-12月，果期翌年5-6月。

产广东、海南、广西及云南南部，生于海拔1500米以下林内、灌丛中或山坡荫蔽处。越南、老挝、马来西亚及印度尼西亚有分布。

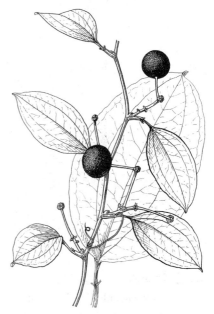

图 541 大果菝葜 （冯晋庸绘）

41. 圆锥菝葜　　　　　　　　　　图 542

Smilax bracteata Presl, Reliq. Haenk. 1: 131. 1830.

攀援灌木。茎长达10米，枝条疏生刺或无刺。叶纸质，椭圆形或卵形，长5-17厘米；叶柄长1-1.5厘米，窄鞘长为叶柄1/2-2/5，常有卷须，脱落点位于上部。圆锥花序长3-7厘米，着生点上方有1枚与叶柄相对的鳞片（先出叶），常具3-7伞形花序，伞形花序有多花，花序梗基部有卵形小苞片；花序托稍膨大，近球形。雄花暗红色，外花被片长约5毫米，宽约1.3毫米，内花被片宽约0.5毫米；雌花小于雄花，具3枚退化雄蕊。浆果径约5毫米，球形。花期11月至翌年2月，果期翌年6月-8月。染色体2n=32。

产台湾、福建南部、广东、海南、广西、湖南西南部、贵州南部及云南南部，生于海拔1750米以下林内、灌丛中或山坡荫蔽处。日本、菲律宾、越南及泰国有分布。

图 542 圆锥菝葜 （张泰利绘）

42. 疣枝菝葜　　　　　　　　　　图 543

Smilax aspericaulis Wall. ex A. DC. Monogr. Phaner. 1: 195. 1878.

攀援灌木。茎长达8米以上，与枝条均密生疣状突起，有时具疏刺。叶纸质或厚革质，宽椭圆形，长6-15厘米，宽4-10厘米，基部圆；叶柄长1-1.5厘米，窄鞘长为叶柄1/2-2/5，常有卷须，脱落点位于上部。圆锥花序长3-6厘米，着生点上方有1枚与叶柄相对的鳞片（先出叶），具3-7伞形花序，伞形花序具多花，花序梗基部有卵形小苞片，花序托稍膨大，近

球形。雄花外花被片长约5毫米，宽1.2毫米，内花被片宽为外花被片1/3；雌花小于雄花，具3枚退化雄蕊。浆果径5-6毫米，卵圆形，成熟时紫黑色。花期12月至翌年1月，果期7-9月。

产台湾、广东、海南、广西、贵州及云南，生于海拔1900米以下的林内、灌丛中或山坡荫蔽处。印度、缅甸、越南及菲律宾有分布。根有祛风、解热毒功能。

图 543 疣枝菝葜 （孙英宝绘）

43. 银叶菝葜　　　图 544

Smilax cocculoides Warb. in Engl. Bot. Jahrb. 29: 257. 1900.

灌木，多少攀援。根状茎粗短。茎长达2米，无刺。叶纸质或近革质，卵状或近披针形，长5-12厘米，宽2.5-4厘米，基部楔形；叶柄长0.5-1厘米，常弯曲，基部有窄鞘，无卷须，脱落点位于近中部，鞘舌状，较小或有时不明显。伞形花序常单生叶腋，稀两个并生；花序梗长1-2厘米，近基部有关节，着生点上方有1枚与叶柄相对的鳞片（先出叶）；花序托几不膨大。雄花黄绿色，外花被片长2.5-3.5毫米，宽约1.5毫米，内花被片较窄；雄蕊长约0.7毫米。浆果径约8毫米，成熟时黑蓝色。花期2-4月，果期11月。

图 544 银叶菝葜 （冯晋庸绘）

产湖北、湖南、广东中部及北部、广西、贵州、四川、云南东南部，生于海拔500-1900米林下或灌丛中。根用于治热。

44. 少花菝葜　　　图 545

Smilax basilata F. T. Wang et T. Tang, Fl. Reipubl. Popul. Sin. 15: 229. 1978.

攀援灌木。茎长约2米，枝具2-4棱，无刺或疏生刺。叶厚纸质，披针形或长圆状披针形，长3-7厘米，宽1-2.5厘米，基部圆或浅心形；叶柄长2.5-5毫米，窄鞘长为叶柄1/2-2/3，卷须有或无，脱落点位于上部。伞形花序单生叶腋，有2-3花；花序

图 545 少花菝葜 （孙英宝绘）

梗长1-3毫米,短于叶柄,着生点上方有1枚与叶柄相对的鳞片(先出叶)。雄花绿色;外花被片长约2毫米,宽约1毫米,内花被片宽约0.6毫米;雄蕊长为花被片1/2,花药近圆形。浆果径约1厘米,成熟时暗紫色。花期3-

4月,果期11月。

产云南东南部及广西西部,生于海拔1200-2000米林下或山坡。

45. 扁柄菝葜
图 546:1

Smilax planipes F. T. Wang et T. Tang, Fl. Reipubl. Popul. Sin. 15: 232. 1978.

攀援灌木。枝条无刺。叶纸质,近长圆形或卵状披针形,长6.5-18厘米,宽3-6.5厘米;叶柄长2-4厘米,常弯曲,两侧扁,背面有龙骨状脊,具鞘部分长1-3厘米,窄鞘长为叶柄1/2-2/3,有卷须,脱落点位于上部。伞形花序单个生于叶腋,有4-7花;花序梗长于叶柄,近中部或下部有关节和2枚披针形苞片,基部着生点上方有1枚与叶柄相对的鳞片(先出叶);花序托几不膨大。雄花花被片近条形,长7-8毫米,花期外弯,外3片宽约2毫米,内3片宽约1毫米;雄蕊与花被片近等长,花药长圆形。浆果径1.2-1.5厘米,果柄常稍弯。果期12月至翌年1月。

产云南东南部及广西北部,生于海拔1300米林下。

46. 四翅菝葜
图 546:2-3

Smilax gagnepainii T. Koyama in Bull. Nation. Sci. Mus. B(Tokyo) 3(4):163. 1977.

Smilax tetraptera Gagnep.;中国植物志 15:232. 1978.

攀援灌木。枝条四棱形,棱具窄翅,无刺或具疏刺。叶厚纸质,卵状披针形或窄椭圆状披针形,长17-25厘米,宽4-10厘米,先端渐尖,基部圆或宽楔形;叶柄长1.5-4厘米,鞘长为叶柄2/3,

47. 抱茎菝葜
图 547 彩片 245

Smilax ocreata A. DC. Monogr. Phaner. 1:191. 1878.

攀援灌木。茎长达7米,常疏生刺。叶革质,卵形或椭圆形,长9-20厘米;叶柄长2-3.5厘米,基部两侧具耳状鞘,有卷须,脱落点位于近中部,鞘穿茎状抱茎或枝,鞘外折或近直立,长约为叶柄1/2-1/3,一侧宽

图 546:1. 扁柄菝葜 2-3. 四翅菝葜
(引自《中国植物志》)

卷须有或无,脱落点位于上部,鞘较窄,有时一侧宽达3毫米。伞形花序常生于近小枝末端;花序梗下部有关节和苞片。雌花序有5-6花;花序梗长约1.5厘米(越南标本花达20余朵,花序梗长达4厘米)。雌花具退化雄蕊。

产广东西南部、广西西南部及云南,生于海拔760米疏林中。越南有分布。

0.5-2厘米。圆锥花序长4-10厘米,具2-4(-7)伞形花序,基部着生点的上方有1枚与叶柄相对的鳞片(先出叶);伞形花序单生,有10-30花;

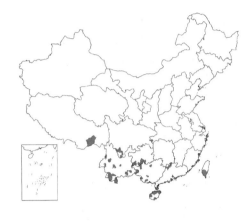

花序梗长2-3厘米，基部有苞片；花序托近球形。花黄绿，稍带淡红色；雄花外花被片线形，长5-6毫米，宽约1毫米，内花被片丝状，宽约0.5毫米；雄蕊长0.6-1厘米，花丝下部约1/4合成柱状，花药窄卵形，长约花丝1/4-1/5；雌花与雄花近等大，外花被片比内花被片宽3-4倍，无退化雄蕊。浆果径约8毫米，成熟时暗红色，具粉霜。花期3-6月，果期7-10月。

产台湾、湖北西南部、广东、海南、广西、贵州、四川西南部、云南及西藏东南部，生于海拔2200米以下林内、灌丛中、阴湿坡地或山谷中。越南、缅甸、尼泊尔、不丹、锡金及印度有分布。根状茎有清热解毒、利湿功能。

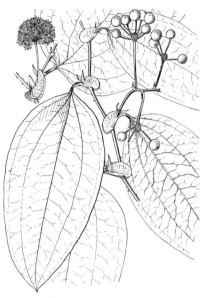

图 547 抱茎菝葜 （冯晋庸绘）

48. 穗菝葜　　　　　　　　　　图 548

Smilax aspera Linn. Sp. Pl. 1028. 1753.

攀援灌木。茎和枝条具多条纵棱，无刺或具少数扁刺。叶革质，上面有光泽，卵形或卵状披针形，长6-11厘米，宽5-9.5厘米，基部近浅心形或平截；叶柄长3-4厘米，常稍弯，无刺或具少数扁刺，无鞘，有长卷须，脱落点近顶端。穗状花序长7-45厘米，有几个至20余个无柄伞形花序，穗状花序着生点上方有1枚与叶柄相对的鳞片，无花序梗；花序托生于花序轴上，稍膨大，上面有多枚

图 548 穗菝葜 （张泰利绘）

宽卵形小苞片。花白色；花被片长4-5毫米，雄蕊长为花被片1/2；雌花稍小于雄花，具6枚退化雄蕊。浆果熟时蓝色。染色体2n=32(a)。

产云南西北部及西藏，生于海拔1000-2000米林下。广布欧洲中部、地中海区域、东非至印度、斯里兰卡、尼泊尔、不丹。

2. 肖菝葜属 Heterosmilax Kunth

无刺灌木，攀援，稀直立。叶纸质，稀近革质，有3-5主脉和网状支脉；叶柄有或无卷须，上部有脱落点，叶落时具短的叶柄（纤柄肖菝葜几不带叶柄）。伞形花序生于叶腋或鳞片腋内；花序梗常稍扁，花序梗着生点和叶柄间常有腋生芽。花小，雌雄异株；花被片合生成花被筒，筒口有（2）3（-6）小齿；雄花有3-12雄蕊，花丝多少合成柱状体，稀分离，花药基着，2室，内向，近药隔边缘开裂，无退化子房；雌花有3-6退化雄蕊，生于子房基部或筒上，丝状或线形；子房3室，每室2胚珠，柱头3裂。浆果球形，种子1-3。

约10种，分布于亚洲东部热带和亚热带地区。我国6种。

1. 雄花有9-12雄蕊。
   2. 叶卵形或卵状披针形；雄蕊长为花被筒2/3-5/6。
      3. 花序梗长5-6厘米；花丝离生，短于花药，花药近线形 ························· 1. **台湾肖菝葜 H. seisuiensis**
      3. 花序梗长（0.5-）1.5-2.5厘米；花丝下部多少合成短柱状体，长于花药，花药卵圆形或近卵圆形 ·········
      ··· 2. **短柱肖菝葜 H. yunnanensis**
   2. 叶长圆形；雄蕊长约为花被筒1/3或更短 ································· 3. **多蕊肖菝葜 H. polyandra**
1. 雄花有3雄蕊。
   4. 植株各部无毛。
      5. 叶柄长1-3厘米，在下部1/3-1/4处有卷须和窄鞘；花序梗长1-3.5厘米。
         6. 叶卵形、卵状披针形或近心形；花梗长2-7毫米，花丝约1/2合生，花药长为花丝1/2以上；果径0.6-
         1厘米 ··· 4. **肖菝葜 H. japonica**
         6. 叶宽卵形；花梗长1（-1.5）厘米，花丝全部合生，花药长为花丝1/3-1/4 ······························
         ··· 4（附）. **合丝肖菝葜 H. japonica var. gaudichaudiana**
      5. 叶柄长2-5厘米，在下部1/2处有卷须和鞘；花序梗长0.5-1.3厘米；果径约5毫米 ························
      ··· 4（附）. **纤柄肖菝葜 H. pottingeri**
   4. 植株各部有时具长硬毛；叶长圆形或披针形 ························· 5. **华肖菝葜 H. chinensis**

1. **台湾肖菝葜** 图 549

Heterosmilax seisuiensis (Hayata) F. T. Wang et T. Tang in
Sinensia 5: 427. 1934.

Pseudosmilax seisuiensis Hayata, Ic. Pl. Formos. 9: 125. t. 6. 1920.

攀援灌木，无毛。小枝有棱。叶纸质或薄革质，卵形或心状卵形，长7-20（-25）厘米，基部圆或心形，先端尖或三角状短渐尖，干时黄褐色，主脉5条，支脉疏网状，在两面明显；叶柄长1.5-3厘米，在下部1/4-1/5处有卷须和窄鞘。伞形花序有50-60花；花序梗长（4）5-6厘米；花序托球形。花梗长1-2厘米；雄花花被筒倒卵形或长圆形，长约3毫米，宽2毫米，顶端有3钝齿；

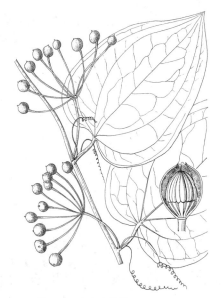

图 549 台湾肖菝葜 （孙英宝绘）

雄蕊约9枚，花丝长约1毫米，离生，短于花药，花药近线形，长约1.5毫米。浆果球形稍扁，长5-8毫米，径6-9毫米。花期4-5月，果期10月。

产台湾，生于海拔约1300米山区。

2. **短柱肖菝葜** 图 550

Heterosmilax yunnanensis Gagnep. in Bull. Soc. Bot. France 81: 70.
1934.

攀援灌木，无毛。小枝有棱。叶纸质或近革质，卵形、卵形心状或卵状披针形，长6-16厘米，先端三角状短渐尖，基部心形或近圆，主脉5-7，

在下面隆起，支脉网状，在两面明显。叶柄长1.5-4厘米，在1/3-1/7处有卷须和窄鞘。伞形花序有20-60花；花序梗长（0.5-）1.5-2.5厘米；花序

托球形。花梗长1.2-2.5厘米；雄花花被筒椭圆形，长5-9毫米，宽3-4毫米，顶端有3钝齿；雄蕊8-10，花丝长3-5毫米，长于花药，基部多少合成短柱状体，花药卵形，长约1.2毫米。雌花花被筒卵圆形，长3-5毫米，宽3-3.5毫米，顶端有3钝齿，具6退化雄蕊；子房卵圆形。浆果近球形，长0.5-1厘米，径6-8毫米，成熟时紫色。花期5-6月，果期9-11月。

产湖北西部、湖南西北部、广西西北部、贵州、四川及云南，生于海拔700-2400米山坡密林中、沟边或路边。根状茎有祛风除湿、消肿解毒功能。

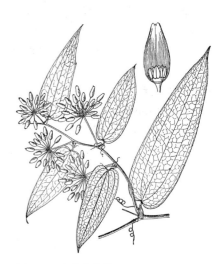

图 550 短柱肖菝葜 （张荣生绘）

3. 多蕊肖菝葜 图 551

Heterosmilax polyandra Gagnep. in Bull. Soc. Bot. France 81: 70. 1934.

攀援灌木，无毛。叶薄纸质，长圆形，长5-13厘米，先端长渐尖，基部心形，主脉3-5，支脉密网状，上面明显；叶柄长0.5-2厘米，近基部有卷须和窄鞘。伞形花序有10-30花；花序梗长2-10厘米，稍扁。花梗长1-2厘米；雄花花被筒近长圆形，长（0.5）0.7-1厘米，顶端有6齿，其中3齿较小，相间排列；雄蕊9-12，长约为花被管1/3或更短，花丝长约1毫米，花药椭圆形，长约1毫米，合成柱状体；雌花稍短于雄花，退化雄蕊6，子房卵圆形。浆果球形稍扁，径约9毫

米。花果期11月。

产云南东南部，生于密林中。老挝及缅甸有分布。果可食。

图 551 多蕊肖菝葜 （引自《中国植物志》）

4. 肖菝葜 图 552 彩片 246

Heterosmilax japonica Kunth, Enum. Pl. 5: 270. 1850.

攀援灌木，无毛。小枝有钝棱。叶纸质，卵形、卵状披针形或心形，长6-20厘米，先端渐尖或短渐尖，有短尖头，基部近心形，主脉5-7，边缘2条至顶端与叶缘汇合，支脉网状，在两面明显；叶柄长1-3厘米，在下部1/3-1/4处有卷须和窄鞘。伞形花序有20-50花，生于叶腋或褐色苞片内；花序梗扁，长1-3厘米；花序托球形，径2-4毫米。花梗纤细，长2-7毫米；雄花花被筒长圆形或窄倒卵形，长3.5-4.5毫米，顶端有3钝齿；雄蕊3，长约为花被2/3，花丝约1/2合成柱状体，花药长为花丝1/2以上。雌

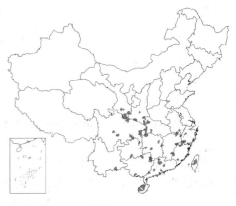

花花被筒卵形，长2.5-3毫米；退化雄蕊3；柱头3裂。浆果扁球形，径0.6-1厘米，成熟时黑色。花期6-8月，果期7-11月。

产陕西、甘肃南部、安徽南部、浙江、福建、台湾、江西、广东、海南、广西、湖南、湖北、四川、贵州及云南，生于海拔500-1800米山坡密林中或路边杂木林下。根状茎有清热解毒、利湿功能。

［附］**合丝肖菝葜 Heterosmilax** var. **gaudichaudiana**（Kunth）F. T. Wang et T. Tang, Fl. Reipubl. Popul. Sin. 14: 244. 1980. —— *Smilax gaudichaudiana* Kunth, Enum. Pl. 5: 252. 1850. 与模式变种的主要区别：花药长为花丝1/3-1/4，花丝几全合生；叶纸质，有时革质，宽卵形，长5-12厘米；花序梗长2-3.5厘米，稀长达9厘米以上；花梗长约1厘米，稀1.5厘米；浆果成熟时紫黑色。产广西、广东及福建，生于海拔约680米山谷、山坡阳处或林下。越南有分布。

［附］**纤柄肖菝葜 Heterosmilax pottingeri**（Prain）F. T. Wang et T. Tang, Fl. Reipubl. Popul. Sin. 15: 245. 1978. —— *Smilax pottingeri* Prain in Journ. Asiat. Soc. Bengal 69. 174. 1900. 与肖菝葜的区别：叶柄长2-5厘米，在下部1/2处有卷须和鞘；花序梗长0.5-1.3厘米；果径约5毫米。产云南南部，生于海拔1100-1500米河谷、河岸、密林或灌丛中。缅甸有分布。

图 552 肖菝葜 （张荣生绘）

5. 华肖菝葜　　　　　　图 553

Heterosmilax chinensis F. T. Wang in Bull. Fan Men. Inst. Biol. Bot. 5: 121. 1934.

攀援灌木，植株各部有时具长硬毛。小枝有棱。叶纸质，长圆形或披针形，长3.5-16厘米，宽1-6厘米，先端渐尖，基部近圆或宽楔形，叶缘常微波状，主脉5，边缘2条近叶缘，支脉密网状，在两面明显；叶柄长0.5-2.5厘米，下部1/3处有卷须和窄鞘。伞形花序生于叶腋或褐色苞片腋内；花序梗扁，有沟，长0.5-2（3）厘米；花序托球形，径2毫米。雄花花被筒长圆形，长5-6毫米，顶端具3枚长尖齿；雄蕊3，花丝下部合生，上部离生；雌花花被筒卵形，长2.5-3毫米，顶端3齿，退化雄蕊3。浆果近球形，成熟时深绿色，径4-5毫米。种子1，

图 553 华肖菝葜 （张荣生绘）

卵圆形。花期5-6月，果期9-12月。

产广东北部、广西、贵州南部、四川及云南东南部，生于海拔300-2100米山谷密林内或灌丛中。

264. 薯蓣科 DIOSCOREACEAE

（丁志遵）

缠绕草质或木质藤本，稀矮小草本；具根状茎或块茎。茎左旋或右旋，有毛或无毛，有刺或无刺。叶互生，有时中部以上对生，单叶或掌状复叶，复叶的小叶有基出脉3-9，侧脉网状；叶柄扭转，有时基部有关节。花单性或两性，雌雄异株，稀同株。花单生、簇生或排列成穗状、总状或圆锥花序。雄花花被片6，2轮，基部合生或离生；雄蕊6，有时3枚退化，花丝生于花被基部或花托上；退化子房有或无。雌花花被片和雄花相似；退化雄蕊3-6或无；子房下位，3室，每室2胚珠，稀多数，中轴胎座，花柱3，分离。蒴果、浆果或翅果；蒴果三棱形，每棱翅状，成熟后顶端开裂。种子有翅或无翅，有胚乳，胚细小。

9属650种，广布于热带至温带地区，美洲热带地区种类较多。我国1属。

薯蓣属 Dioscorea Linn.

缠绕藤本；具根状茎或块茎。单叶或掌状复叶，互生，有时中部以上对生，基出脉3-9，侧脉网状，叶腋有珠芽（或称零余子）或无。花单性，雌雄异株，稀同株。雄花有雄蕊6，有时3枚退化；雌花有退化雄蕊3-6或无。蒴果三棱形，每棱翅状，成熟后顶端开裂。种子着生于果轴，有膜质翅。染色体基数x=10。

约600余种，广布于热带至温带地区。我国约49种。

许多种类有重要经济价值，如甜薯、参薯和薯蓣，常供食用和药用。薯莨为我国特产，块茎内含鞣质高达30.7%，可提制烤胶，还含1种酚类化合物是较好的止血药。有不少种类（如穿龙薯蓣、盾叶薯蓣）的根状茎含薯蓣皂甙元（Diosgenin），是合成避孕及生产甾体激素类药物的重要原料。

1. 茎左旋。
  2. 地下部分为根状茎。
    3. 种子着生果轴基部，种翅向顶端延伸，比种子长2倍。
      4. 雄花无梗；叶下面无毛或被疏柔毛；根状茎栓皮片状剥离 ┈┈┈┈┈┈┈┈┈ 1. **穿龙薯蓣 D. nipponica**
      4. 雄花多少有梗；叶有较多白色刺毛；无剥落栓皮 ┈┈┈┈┈┈ 1(附). **柴黄姜 D. nipponia** subsp. **rosthornii**
    5. 雄蕊6，花药全背着；叶缘4-5裂或浅波状 ┈┈┈┈┈┈┈┈┈ 2. **蜀葵叶薯蓣 D. althaeoides**
    5. 雄蕊6，3枚花药广歧式着生，3枚个字形着生；叶全缘或微波状 ┈┈┈┈┈┈ 3. **山萆薢 D. tokoro**
    3. 种子着生果轴中部，四周有薄膜状翅。
      6. 雄花无梗。
        7. 雄蕊6枚均发育。
          8. 花被紫红色。
            9. 花被裂片长1.2-1.5毫米，宽2.5-3.5毫米；叶常三角状卵形、心形或箭形；蒴果长、宽几相等 ┈┈
            ┈┈┈┈┈┈┈┈┈┈┈┈┈┈┈┈┈┈┈┈┈┈┈┈┈┈ 4. **盾叶薯蓣 D. zingiberensis**
            9. 花被裂片长0.8-1.2毫米，宽0.6-0.8毫米；叶长卵圆形或三角状宽卵形；蒴果长大于宽 ┈┈┈┈
            ┈┈┈┈┈┈┈┈┈┈┈┈┈┈┈┈┈┈┈┈┈┈┈┈┈┈ 5. **小花盾叶薯蓣 D. parviflora**
          8. 花被橙黄或淡黄色。
            10. 雄蕊花药3枚内向，3枚外向。
              11. 叶下面沿脉密被白色硬毛；蒴果顶端凹入 ┈┈┈┈┈ 6. **三角叶薯蓣 D. deltoidea**
              11. 叶三角状心形或三角状戟形，3裂，中裂片先端渐尖，两侧裂片圆耳状；蒴果顶端圆 ┈┈┈┈┈┈
              ┈┈┈┈┈┈┈┈┈┈┈┈┈┈ 6(附). **圆果三角叶薯蓣 D. deltoidea** var. **orbiculata**
            10. 雄蕊花药均外向 ┈┈┈┈┈┈┈┈┈┈┈┈┈┈┈┈┈┈┈┈┈ 7. **黄山药 D. panthaica**
        7. 雄蕊3枚发育，3枚不发育或退化成花丝状。

12. 叶干后不变黑,边缘有时啮蚀状;花药药隔不分叉,宽为花药1/2 ············· 8. **纤细薯蓣 D. gracillima**
12. 叶干后黑色,边缘波状或全缘;花药药隔分叉,宽常为花药1-2倍。
  13. 叶三角状心形或卵状披针形,基部心形、宽心形或近平截;蒴果顶端稍宽,基部稍窄 ················
      ············· 9. **叉蕊薯蓣 D. collettii**
  13. 叶三角形或卵圆形,有时叶缘呈透明干膜质;蒴果两端平截,顶部与基部等宽 ················
      ············· 9(附). **粉背薯蓣 D. collettii var. hypoglauca**
6. 雄花有梗。
  14. 花被橙黄或淡黄色。
    15. 叶7-9浅裂或深裂,稀全缘;雄花花被橙黄色。
      16. 雄花长4-5毫米;根状茎细硬,径1-3.5厘米,干后粉质 ············· 10. **福州薯蓣 D. futschauensis**
      16. 雄花长约3毫米;根状茎粗,径2-5厘米,干后呈绵絮状 ············· 11. **绵萆薢 D. septemloba**
    15. 叶全缘或微波状;雄花花被黄色,雄蕊6,3枚花药广歧式着生,3枚花药个字形着生 ···········
      ············· 12. **细柄薯蓣 D. tenuipes**
  14. 花被紫色 ············· 13. **马肠薯蓣 D. simulans**
2. 地下部分为块茎,稀根状茎。
  17. 茎、叶被丁字形柔毛;种子着生果轴中部,种翅周生。
    18. 块茎无刺 ············· 14. **甘薯 D. esculenta**
    18. 块茎具刺 ············· 14(附). **有刺甘薯 D. esculenta var. spinosa**
  17. 茎、叶不被丁字形柔毛;种子着生果轴基部或顶端,种翅向顶部或基部延伸。
    19. 种子着生果轴中下部或基部,种翅向顶端延长;花被基部合生成管。
      20. 叶长等于宽或较宽,宽心形、肾状心形、圆心形或卵状心形。
        21. 叶下面密被柔毛;蒴果被柔毛。
          22. 叶卵状心形或圆心形,先端渐尖或尾尖;蒴果棱翅边缘全缘,稀浅波状 ···········
          ············· 15. **粘山药 D. hemsleyi**
          22. 叶宽心形或肾状心形,先端凸尖;蒴果棱翅边缘深波状 ······ 15(附). **云南薯蓣 D. yunnanensis**
        21. 叶下面无毛或疏被柔毛;蒴果无毛 ············· 16. **毛胶薯蓣 D. subcalva**
      20. 叶长大于宽,长心形,三角状心形或三角状卵形。
        23. 叶下面被白色柔毛;花序轴不分枝 ············· 17. **柔毛薯蓣 D. martini**
        23. 叶下面被黄褐色柔毛;花序轴常分枝 ············· 17(附). **毡毛薯蓣 D. velutipes**
    19. 种子着生果轴顶部,种翅向基部延伸;花被片离生。
      24. 单叶 ············· 18. **黄独 D. bulbifera**
      24. 掌状复叶具3-9小叶。
        25. 蒴果长1-1.5厘米。
          26. 珠芽球形,成熟后黑色,无毛;叶两面无毛或仅沿中脉稍有柔毛 ············· 19. **黑珠芽薯蓣 D. melanophyma**
          26. 珠芽非球形,粗糙或有疣状突起;叶两面多少有毛。
            27. 茎无皮刺。
              28. 块茎近卵圆形,棕褐色;小苞片、花被均密生白色柔毛 ··· 20. **毛芋头薯蓣 D. hamoonensis**
              28. 块茎长圆柱形,黄白色;雄花小苞片疏被贴伏白色或银灰色柔毛或近无毛;花被无毛 ············· 21. **高山薯蓣 D. henryi**
            27. 茎有皮刺;块茎单一,长卵圆形;蒴果成熟时黑色 ············· 22. **五叶薯蓣 D. pentaphylla**
        25. 蒴果长3.5-7厘米。
          29. 掌状复叶有3-7小叶;雄花序单生或2-4,蒴果长3.5-5厘米,植株全体疏被灰白色柔毛 ···········
          ············· 23. **七叶薯蓣 D. esquirolii**

29. 掌状复叶有3小叶；雄花密集；蒴果长3.5-7厘米 ………………………… 24. 白薯莨 **D. hispida**

1. 茎右旋。

30. 茎无翅。

31. 蒴果长大于宽，三棱状倒卵圆形、三棱状长倒卵圆形或三棱状椭圆形；叶近圆形或卵形。

32. 蒴果三棱状倒卵圆形或三棱状长倒卵圆形，顶端凹；叶近圆形 ………… 25. 丽叶薯蓣 **D. asperata**

32. 蒴果三棱状椭圆形，顶端不凹；叶卵形或近圆形 ……… 25（附）. 尖头果薯蓣 **D. bicolor**

31. 蒴果宽大于长，三棱状扁圆形或三棱状圆形。

33. 叶较窄，宽0.7-3（4）厘米，下面常有白粉或呈粉绿色；雄穗状花序通常不排成圆锥状。

34. 叶长2-7（9）厘米，卵状披针形、长圆形或倒卵状长圆形，基部圆 ……… 26. 大青薯 **D. benthamii**

34. 叶长5-15厘米，线状披针形、披针形或线形，基部圆、心形或箭形 …………………

…………………………………………………………………………… 26（附）. 柳叶薯蓣 **D. lineari-cordata**

33. 叶较宽，宽（1-2）3-22厘米，下面无白粉；雄穗状花序常排成圆锥状。

35. 叶常革质或近革质，上面深绿色，下面粉绿色；块茎卵形、球形、长圆形或葫芦状 …………

………………………………………………………………………………………… 27. 薯莨 **D. cirrhosa**

35. 叶常纸质。

36. 叶缘常3浅裂至3深裂，叶卵状三角形、宽卵形或戟形 ………………… 28. 薯蓣 **D. opposita**

36. 叶缘无明显3裂。

37. 雄穗状花序常2至数序或单序生于叶腋；叶三角状披针形、长椭圆状窄三角形或长卵形，基部
心形或箭形，有时近平截或圆。

38. 茎、叶下面、叶柄、花序轴不被鳞片状毛 ………………… 29. 日本薯蓣 **D. japonica**

38. 茎、叶下面、叶柄、花序轴被鳞片状毛，老时易脱落 ………………………

………………………………………………………… 29（附）. 毛藤日本薯蓣 **D. japonica** var. **pilifera**

37. 雄穗状花序常排列成圆锥花序。

39. 叶上面网脉常不明显；茎常无棱；茎、叶和叶柄不带紫红色。

40. 块茎外皮脱落；叶通常卵形、长椭圆状卵形或卵状披针形，基部心形、圆或平截，稀箭形
或戟形 ……………………………………………………………………… 30. 光叶薯蓣 **D. glabra**

40. 块茎外皮不脱落。

41. 叶宽披针形或椭圆状卵形，基部心形或箭形，有时戟形或圆 ……… 31. 山薯 **D. fordii**

41. 叶长椭圆状卵形或卵形，基部心形、箭形或戟形 ………… 32. 无翅参薯 **D. exalata**

39. 叶两面网脉明显；茎有4-8纵棱；茎、叶和叶柄常带紫红或红褐色。

42. 茎、叶柄、花序轴及叶下面无毛 ………………………… 33. 褐苞薯蓣 **D. persimilis**

42. 茎、叶柄、花序轴及叶下面脉上被短柔毛 ………………………………

………………………………………………………… 33（附）. 毛褐苞薯蓣 **D. persimilis** var. **pubescens**

30. 茎常有4条窄翅 ……………………………………………………………… 34. 参薯 **D. alata**

1. 穿龙薯蓣　　图 554 彩片 247

Dioscorea nipponica Makino, Ill. Fl. Jap. 1: t. 45. 1891.

缠绕草质藤本。根状茎横生，栓皮片状剥离。茎左旋，近无毛。叶掌状心形，长10-15厘米，不等大三角状浅裂、中裂或深裂，顶端叶片近全缘，下面无毛或被疏毛。雄花无梗，常2-4花簇生，集成小聚伞花序再组成穗状花序，花序顶端常为单花；花被碟形，顶端6裂，雄蕊6。雌花序穗状，常单生。蒴果翅长1.5-2厘米，宽0.6-1厘米；每室2种子，生于果轴基部。种子四周有不等宽的薄膜状翅，上方呈正方形，长约2倍于宽。花期6-8月，果期8-10月。

产黑龙江、吉林、辽宁、内蒙古、河北、山东、河南、安徽、浙江、江西、湖北、四川、青海东南部、甘肃、宁夏、陕西及山西，生于海拔100-1700米河谷山坡灌丛中、疏林内及林缘。

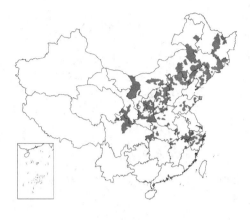

日本、朝鲜及俄罗斯远东地区有分布。根状茎有祛风湿、止痛、舒筋活血、止咳平喘祛痰的功能。

[附] **柴黄姜 Dioscorea nipponica** subsp. **rosthornii**（Prain et Burkill）C. T. Ting in Acta Phytotax. Sin. 17（3）：70. 1979. —— *Dioscorea nipponica* var. *rosthornii* Prain et Burkill in Journ. Asiat. Soc. Bengal n. 5. 10: 13. 1914. 与模式亚种的区别：植株较粗，根状茎无剥落栓皮；叶有较多白色刺毛；花稍有梗。产甘肃东部、陕西南部、四川、贵州、湖北及湖南，生于海拔1000-1800米山区。

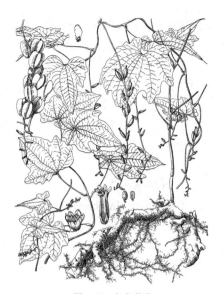

图 554 穿龙薯蓣
（引自《中国药用植物志》）

2. 蜀葵叶薯蓣　　　　图 555 彩片 248

Dioscorea althaeoides R. Kunth in Engl. Pflanzenr. 87（4-43）：80. 1924.

草质藤本；根状茎横生，长条形。分枝纤细。茎左旋。叶宽卵状心形，

长10-13厘米，先端渐尖，边缘浅波状或4-5浅裂，基部宽心形，下面脉上密被白色柔毛。雄花序单生或2-3序簇生叶腋；雄花梗长2-3毫米，常2-5花集成聚伞花序，有时花序轴分枝，形成聚伞状圆锥花序；花被碟形，基部合生，顶端6裂；雄蕊6，着生花被基部，花药背着内向。雌花序穗状，花被6，舌状，着生于子房之上。蒴果有3翅，长约2.5厘米，径约1.5厘米，基部窄圆，顶端稍宽。种子扁平，着生果轴基部，上方具斧头状宽翅，长约8毫米。花期6-8月，果期7-9月。

产贵州、四川、云南及西藏东部，生于海拔1000-2000米山坡、沟旁、路边林下或林缘。根状茎有舒筋活络、祛风除湿功能。

图 555 蜀葵叶薯蓣
（引自《中国药用植物志》）

3. 山萆薢　　　　图 556

Dioscorea tokoro Makino in Bot. Mag. Tokyo 3: 112. 1889.

缠绕草质藤本。根状茎横生，近圆柱形，有分枝。茎左旋，光滑，有纵沟。茎下部叶深心形，中部以上叶三角状浅心形，先端渐尖或尾状，全缘，有时浅波状，下面沿叶脉有时密生乳头状小突起。雄花序为总状或圆锥花序，着生基部的2-4花集成伞状，中部以上的花常单生；苞片及小苞片各1，短于花梗；花被片基部连合成管，顶端6裂，3片较小，3片较宽；

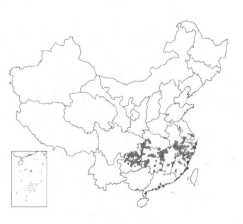

雄蕊6，着生花被基部，顶端外曲，3枚花药广歧式着生，3枚花药个字形着生。雌花序为穗状或圆锥花序，单生，稀2序着生。蒴果长大于宽，顶端微凹，基部窄圆，成熟时果柄下垂。种子着生果轴基部，翅由两侧向上扩大，宽超过种子1倍以上。花期6-8月，果期8-10月。

产江苏南部、安徽南部、浙江、福建、江西、湖南、湖北、河南东南部、四川东南部及贵州，生于海拔60-1000米疏林或竹林下。根状茎有祛风、利湿功能。

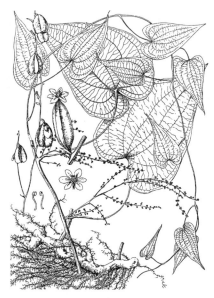

图 556 山草解 （引自《中国药用植物志》）

4. 盾叶薯蓣 黄姜　　　图 557：1-5 彩片 249

Dioscorea zingiberensis C. H. Wright in Journ. Linn. Soc. Bot. 36: 93. 1903.

缠绕草质藤本。根状茎横生。茎左旋，在分枝和叶柄基部两侧微突起或有刺。叶厚纸质，三角状卵形、心形或箭形，常3浅裂或3深裂，中裂片三角状卵形或披针形，两侧裂片圆耳状或长圆形，常有不规则斑块；叶柄盾状着生。雄花无梗，2-3簇生，在花序轴上排成穗状，花序单一或分枝，每簇花仅1-2朵发育，基部常有膜质苞片3-4枚；花被片6，平展，紫红色，长1.2-1.5毫米，宽2.5-3.5毫米；雄蕊6，着生花托边缘。雌花序与雄花序近

似；雌花具花丝状退化雄蕊。蒴果三棱状，棱成翅状，长宽几相等，干后蓝黑色，常有白粉；每室2种子，着生果轴中部。种子四周围有薄膜状翅。花期5-8月，果期9-10月。

产陕西南部、甘肃南部、河南西部、湖北、湖南及四川，生于海拔100-1500米林中、林缘、沟谷石隙中。根状茎有解毒消肿功能；薯蓣皂苷元含量较高，为合成甾体激素药物的重要原料。

5. 小花盾叶薯蓣　　　图 557：6-8

Dioscorea parviflora C. T. Ting in Acta Phytotax. Sin. 17(3): 61. 1979.

缠绕草质藤本。根状茎横生，指状或不规则分枝。茎左旋。叶革质，绿色，长卵形或三角状宽卵形，有时3-5浅裂，中裂片三角状卵形，两侧裂片圆耳状，边缘浅波状，有时膜质，先端渐尖，基部宽心形、心形或近平截，两面无毛。雄花序分枝或不分枝；每簇花仅1-2朵发育，基部常有膜质苞片3-4；花被6裂，裂片卵形，长0.8-1.6毫米，宽0.6-0.8毫米，紫红色，干后黑色。雌花序与雄花序相似；退化雄蕊常丝状。蒴果三棱形，棱成翅状，半月形，长2-2.8厘米，径0.8-1厘米，干后蓝黑色，常有白粉；每室种子2，着生果轴中部。种子四周围有薄膜状翅。花期3-8月，果期8-12月。

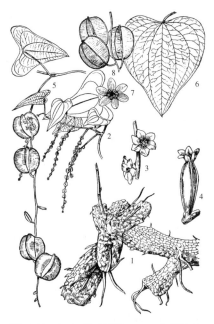

图 557：1-5. 盾叶薯蓣 6-8. 小花盾叶薯蓣 （引自《海南植物志》）

产云南,生于海拔400-2000米石灰岩山地干热河谷稀疏灌丛或竹林中。根状茎民间用于解毒消肿。

6. 三角叶薯蓣　　　　　　　　　　　图 558 彩片 250

Dioscorea deltoidea Wall. ex Griseb. in Mart. Fl. Brasil. 3(1): 43. in nota 1842.

缠绕草质藤本。根状茎横生,姜块状。茎左旋,绿色,干后紫褐色,有纵纹。叶三角状心形或三角状戟形,常3裂,中裂片先端渐尖,两侧裂片圆耳状,下面沿脉密被白色硬毛;叶柄长4-10厘米。雄花常2朵簇生,稀疏排列于花序轴上组成穗状花序;苞片膜质,卵形,先端突尖;花被杯状,顶端6裂;雄蕊6,着生花被管基部,花药呈个字形着生,3枚内向,3枚外向。雌花序与雄花序相似,每花序有4-6花,具退化雄蕊。蒴果长宽几相等,顶端凹入,成熟后栗褐色,密生紫褐色斑点;每室常2种子,着生果轴中部。种子四周有薄膜状翅。花期5-6月,果期6-9月。

产四川、云南及西藏东部,生于海拔2000-4000米山坡灌丛中或沟谷阔叶林中。印度、尼泊尔、老挝、阿富汗及巴基斯坦有分布。根状茎可祛风除湿。

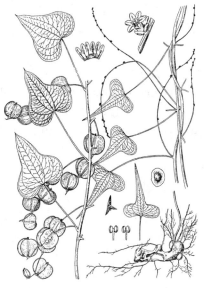

图 558 三角叶薯蓣
(引自《中国药用植物志》)

[附]　**圆果三角叶薯蓣 Dioscorea deltoidea** var. **orbiculata** Prain et Burkill in Ann. Bot. Gard. Calcutta 14(1): 25. pl. 4. 1936. 与模式变种的主要区别:蒴果顶端圆。产四川西部及西南部、云南西北部,生于海拔2000-3100米灌木林内、稀疏阔叶林中或干旱河谷坡地。根状茎可祛风除湿。

7. 黄山药　姜黄草　　　　　　　　　　图 559

Dioscorea panthaica Prain et Burkill in Journ. Asiat. Soc. Bengal 73: suppl. 6. 1904.

缠绕草质藤本。根状茎横生,圆柱形,不规则分枝。茎左旋,草黄色,有时带紫色。叶三角状心形,先端渐尖,基部心形或宽心形,全缘或边缘微波状,干后上面栗褐或黑色,下面灰白色,两面近无毛。花鲜时黄绿色,单生或2-3朵簇生于花序轴上组成穗状花序,或花序分枝成圆锥花序,单生或2-3序簇生叶腋;苞片舟形,小苞片与苞片同形而小;花被碟形,顶端6裂,裂片卵圆形,内有黄褐色斑点;雄蕊6,着生花被管基部,花药均外向。雌花序与雄花序相似;雌花花被6裂;退化雄蕊6,花药不全或仅有花丝。蒴果三棱形,棱成翅状,半月形,棕黄或栗

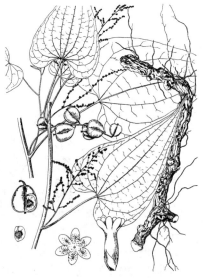

图 559 黄山药 (引自《中国药用植物志》)

褐色,有光泽,密生紫褐色斑点,成熟时果反曲下垂;每室种子2,着生

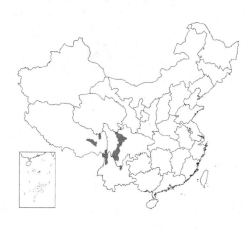

果轴中部。花期5-7月,果期7-9月。

产湖北西南部、湖南、贵州、四川及云南,生于海拔1000-3500米山坡

灌木林下、密林林缘或山坡路旁。根状茎有解毒消肿、祛风湿、止痛功能。

8. 纤细薯蓣

图 560

Dioscorea gracillima Miq. in Prolusio Flor. Jap. 324. 1865.

缠绕草质藤本。根状茎横生,竹节状,有丝状须根。茎左旋。单叶互生,有时在茎基部3-4片轮生;叶卵状心形,先端渐尖,基部心形、宽心

形或近平截,全缘或微波状,有时边缘啮蚀状,两面无毛,下面常有白粉。雄花序穗状,单生叶腋,常不规则分枝;雄花常单生,雄蕊3枚发育,与不发育的3枚雄蕊互生,药隔宽约为花药1/2,着生花托边缘。雌花序与雄花序相似,雌花有6枚退化雄蕊。蒴果三棱形,棱成翅状,长卵形,大小不一,长1.8-2.8厘米,宽1-1.3厘米;每室2种子,着生果轴中部。种子四周有薄膜状翅。花期5-8月,果期6-10月。

产安徽、浙江、福建、江西、湖北及湖南东部,生于海拔200-2200米

图 560 纤细薯蓣
(引自《中国药用植物志》)

山坡疏林下、较阴湿山谷或河谷地带。日本有分布。根状茎有利湿、祛风湿功能。

9. 叉蕊薯蓣

图 561 彩片 251

Dioscorea collettii Hook. f. Fl. Brit. Ind. 6: 290. 1892.

缠绕草质藤本。根状茎横生,竹节状,径约2厘米,断面黄色。茎左旋,无毛,有时密被黄色短毛。叶三角状心形或卵状披针形,先端渐尖,基部心形、宽心形或近平截,边缘波状或近全缘,干后黑色,有时下面灰褐

色,有白色刺毛,沿叶脉较密。雄花序单生或2-3序簇生叶腋,花序基部2-3花簇生,近顶部花常单生;花被碟形,顶端6裂,裂片黄色,干后黑色;雄蕊3,花后药隔宽,常为花序1-2倍,呈短叉状,退化雄蕊有时仅有花丝,与3枚发育雄蕊互生。雌花序穗状;雌花退化雄蕊花丝状;子房长圆柱形,柱头3裂。蒴果三棱形,顶端稍宽,

基部稍窄,栗褐色,有光泽,成熟后反曲下垂,每室2种子,着生果轴中部。种子成熟时四周有薄膜状翅。花期5-8月,果期6-10月。

产陕西南部、四川、贵州及云南,生于海拔1500-3200米河谷、山坡、沟谷栎树林或灌丛中。印度及缅甸有分布。根状茎有祛风、利湿功能。

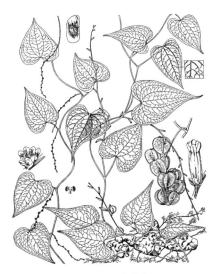

图 561 叉蕊薯蓣
(引自《中国药用植物志》)

[附] **粉背薯蓣** Dioscorea collettii var. **hypoglauca** (Palibin) Péi et C. T. Ting in Acta Phytotax. Sin. 14(1): 66. 1976. —— *Dioscorea hypoglauca* Palibin in Bull. Herb. Boiss. ser. 2, 6: 21. 1906. 与模式变

种的主要区别：叶三角形或宽卵形、有时叶缘呈半透明干膜质；雄蕊开放后药隔宽为花药1/2；蒴果两端平截，顶端与基部通常等宽。产河南南部、安徽南部、浙江、福建、台湾北部、江西、湖北、湖南、广东北部及广西

东北部，生于海拔200-1300米山腰陡坡、山谷缓坡、沟边林缘或疏林下。

10. 福州薯蓣 绵草解　　　图 562：1-4　图 563

Dioscorea futschauensis Uline et Kunth in Engl. Pflanzenr. 87（4-43）：264. 1924.

缠绕草质藤本。根状茎横生，细硬，不规则长圆柱形，黄褐色，径1-3.5厘米，干后粉质。茎左旋。叶近革质，基部叶掌状，7裂，裂片大小不

等，中部以上叶卵状三角形，边缘波状或全缘，先端渐尖，基部心形、深心形或宽心形，下面网脉明显，两面沿叶脉疏生白刺毛。雄花序总状，常分枝呈圆锥花序，单生或2-3序簇生叶腋；雄花有梗；花被橙黄色，干后黑色，长4-5毫米，基部连合；雄蕊6，有时3枚发育，着生花被管基部，有退化雌蕊。雌花序

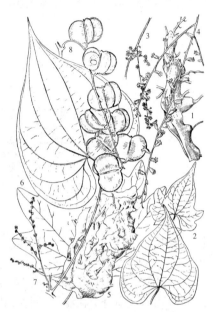

图 562：1-4. 福州薯蓣 5-8. 绵草解
（史渭清绘）

与雄花序相似；雌花花被6裂，退化雄蕊花药不完全或仅有花丝。蒴果三棱形，棱成翅状，半圆形，长1.5-1.8厘米，径1-1.2厘米。种子着生果轴中部，成熟时四周有薄膜状翅。花期6-7月，果期7-10月。

产浙江南部、福建、广东北部、广西东北部及湖南，生于海拔700米以下山坡灌丛中、林缘或沟边。根状茎有祛风利湿功能。

11. 绵草解　　　图 562：5-8

Dioscorea septemloba Thunb. Fl. Jap. 149. 1784.

缠绕草质藤本。根状茎横生，圆柱形，径2-5厘米，多分枝，质地疏松，淡黄色，干后绵絮状。茎左旋。叶下面灰白色，基出脉9，有两种类型，一种从茎基部至顶端全为三角状或卵状心形，全缘或边缘微波状；另一种茎基部的叶为掌状裂叶，5-9深裂、中裂或浅裂，裂片先端渐尖，茎中上部叶为三角状或卵状心形，全缘。雄花序穗状，有时分枝成圆锥花序；雄花

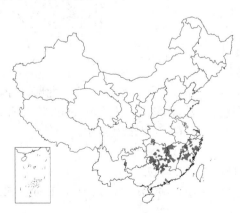

橙黄色，有短梗，单生或2朵成对着生，稀疏排列于花序轴上；花被基部连合成管，顶端6裂，裂片披针形；雄蕊6，着生花被基部，3枚花药较大，3枚花药较小。雌花序与雄花序相似；退化雄蕊有时成花丝状。蒴果三棱形，棱成翅状，长1.3-1.6厘米，宽1-1.3厘米。每室2种子，

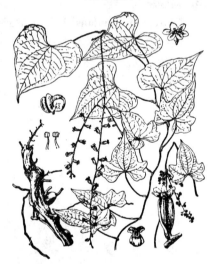

图 563 福州薯蓣 （引自《图鉴》）

着生果轴中部。种子四周有薄膜状翅，上下较宽，两侧较窄。花期6-8月，果期7-10月。

产浙江、福建、江西、湖北西南部、湖南、广东北部、广西东北部及贵州西部，生于海拔450-750米山地疏林或灌丛中。日本有分布。根状茎有祛风、利湿功能。

12. 细柄薯蓣　　　　　　　　　　　　　　　图 564

Dioscorea tenuipes Franch. et Savat. Enum. Pl. Jap. 2: 523. 1879.

缠绕草质藤本。根状茎横生。细长圆柱形，径0.6-1.5厘米，节和节间明显。茎左旋。叶三角形，先端渐尖或尾状，基部宽心形，全缘或微波状，两面无毛。雄花序总状，长7-15厘米，单生，稀2序腋生；雄花有梗，长3-8毫米；花被淡黄色，基部连合成管状，顶端6裂，裂片近倒披针形，平展，稍反曲；雄蕊6，着生花被管基部，3枚花药广歧式着生，3枚花药个字形着生，花时6花药常簇集，花药外向。雌花序与雄花序相似；雄蕊退化成花丝状。蒴果干膜质，三棱形，棱成翅状，近半月形，长2-2.5厘米，宽1.2-1.5厘米。每室种子着生果轴中部。种子四周有薄膜状翅。

产安徽南部、浙江、福建、江西、湖南及广东东北部，生于海拔800-1100米山谷疏林下、林缘或毛竹林内。日本有分布。根状茎有祛风湿、止痛、舒筋骨、止咳、平喘祛痰的功能。

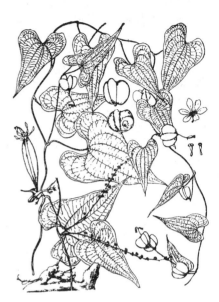

图 564　细柄薯蓣　（引自《图鉴》）

13. 马肠薯蓣　　　　　　　　　　　　　　　图 565

Dioscorea simulans Prain et Burkill in Kew Bull. 1931: 427. 1931.

缠绕草质藤本。根状茎横生，长圆柱形，不规则分枝，黑褐色，粗糙，有时外皮块状剥离。茎左旋，纤细，质硬，有纵条纹，有时微带紫色。叶两面无毛，下面纹脉明显，常有3种类型，第一种从茎基部至顶端全为单叶，叶心形或三角状卵形；第二种茎基部为单叶，中部以上为3-5中裂至3-5全裂叶；第三种从茎基部至顶端为3全裂至3小叶，中间小叶或全裂叶的裂片为披针形，先端骤凸，基部较窄而圆钝，侧生小叶基部稍歪斜，斜卵形，较中间小叶小。雄花序穗状或总状，有时分枝，单生或2-4序腋生；雄花单生或2-4花簇生，疏生于花序轴上，有梗；花被紫色，雄蕊花药3大3小，花时花药常聚生成瓶状。雌花序与雄花序相似。蒴果三棱形，棱成翅状，近半月形，成熟后深棕色。每室常2种子，着生果轴中部。种子四周有白色或带棕红色的膜状翅。花期5-8月，果期7-10月。

产湖南南部、广东西北部、广西及云南东部，生于海拔600米以下山坡稀疏灌丛或岩缝中。

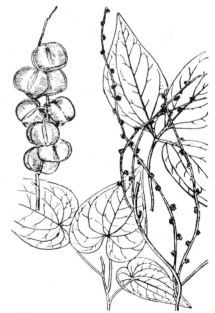

图 565　马肠薯蓣　（史渭清绘）

14. 甘薯　甜薯　　　　　　　　　　　　　图 566：1-2

Dioscorea esculenta (Lour.) Burkill in Gard. Bull. Straits Settl. 1: 396. 1917.

Oncus esculentus Lour. Fl.

Cochinch. 194. 1790.

缠绕草质藤本。地下块茎顶端常有4-10多分枝，分枝末端成卵圆形块茎，淡黄色，光滑。茎左旋，基部有刺，被丁字形柔毛。叶宽心形，长达15厘米，宽17厘米。雄花序穗状，单生；雄花无梗或梗极短；雄花单生或2-4簇生，排于花序轴上；花被浅杯状，被柔毛，外轮花被片宽披针形，长1-8毫米，内轮稍短；发育雄蕊6，着生花被管口部，稍短于裂片。雌穗状花序单生上部叶腋，长达40厘米，下垂，花序轴稍有棱。蒴果较少成熟，三棱形，顶端微凹，基部平截，棱成翅状，长约3厘米，宽约1.2厘米。种子着生果轴中部，圆形，翅周生。

产台湾、广东及海南，广西及云南有栽培。亚洲东南部栽培及野生均有。块茎可消肿止痛、凉血、止血。

[附] **有刺甘薯** 刺薯蓣 图566：3-5 **Dioscorea esculenta** var. **spinosa** (Roxb.ex Wall.) R. Kunth in Engl. Pflanzenr. 87(4-43)：189. 1924. —— *Dioscorea spinosa* Roxb. ex Wall. 与模式变种的区别：块根具丛生

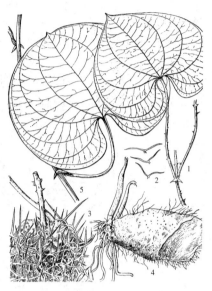

图 566：1-2. 甘薯 3-5. 有刺甘薯
（史渭清绘）

分枝的粗刺。产台湾，广东及海南有栽培。巴布亚新几内亚、印度及马来西亚有分布。

15. 粘山药　　　　　　　　图567：1-3

Dioscorea hemsleyi Prain et Burkill in Jour. Asiat. Soc. Bengal n. s. 4：451. 1908.

缠绕草质藤本。块茎圆柱形，垂直生长，新鲜时断面富粘性。茎左旋，被白或淡褐色曲柔毛，后渐脱落。叶卵状心形或圆心形，长4-8.5厘米，宽5-10.5厘米，先端渐尖或尾尖，上面疏被曲柔毛，老时常脱落至无毛，下面密被曲柔毛。雄花常4-8朵簇生成聚伞花序，再组成穗状花序；花被有红棕色斑点；雄蕊6，药药背着，内向。雌花序短，花序轴几无或很短；苞片披针形，有红棕色斑点；花被裂片卵状三角形，长约1.2毫米；花柱三棱形

基部膨大，柱头3裂，反折。蒴果常2-6簇生在短果序轴上，密被曲柔毛，三棱形，长1.3-2厘米，宽0.8-1.3厘米，棱翅全缘，稀浅波状，被柔毛，每室种子2，着生果轴基部。种翅膜质，向蒴果顶端延伸成宽翅。花期7-8月，果期9-10月。

产广西、贵州、四川及云南，生于海拔2000-3000米山坡稀疏灌丛中。越南、老挝及柬埔寨有分布。

[附] **云南薯蓣** 图567：4-5 **Dioscorea yunnanensis** Prain et Burkill

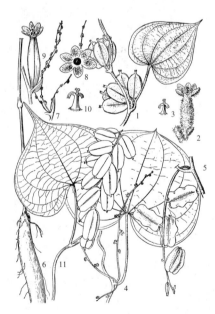

图 567：1-3. 粘山药 4-5. 云南薯蓣
6-11. 毛胶薯蓣 （史渭清绘）

in Journ. Asiat. Soc. Bengal 73(2)：186. 1904. 与粘山药的主要区别：叶宽心形或肾状心形，先端凸尖；蒴果棱翅边缘深波状。产云南及贵州，生于1300-1500米林缘或阳坡灌丛中。

16. 毛胶薯蓣

图 567：6-11　图 568

Dioscorea subcalva Prain et Burkill in Journ. Asiat. Soc. Bengl. n. s. 10: 18. 1914.

缠绕草质藤本。块茎圆柱形，鲜时断面白色。茎左旋，有曲柔毛，老后近无毛。叶卵状心形或圆心形，长4.5-11厘米，宽4-13.5厘米，先端渐尖或尾尖，上面无毛，下面被疏柔毛或无毛。雄花2-6组成聚伞花序，在花序轴上排成穗状花序，长3-12厘米，常2-3序着生叶腋，被疏柔毛或无；苞片卵形，长1.5-2毫米，有红棕色斑点；6雄蕊花药背着，内向，花丝与花药等长或略长。雌花序穗状；苞片三角状披针形，有红棕色斑点；花被裂片窄卵

图 568　毛胶薯蓣　（引自《图鉴》）

形；花柱基部膨大，柱头3裂。蒴果三棱状倒卵圆形，长1.5-3厘米，宽1-1.6厘米，无毛，棱翅全缘或浅波状，每室2种子，着生果轴中下部。种翅薄膜质，向蒴果顶端延伸成宽翅。花期7-8月，果期9-10月。

产湖南西部、广西西北部、贵州、四川及云南，生于海拔800-3200米山谷、山坡灌丛中、林缘或路边较湿润地方。块茎有健脾去湿、补肺益肾的功能。

17. 柔毛薯蓣

图 569：1-7

Dioscorea martini Prain et Burkill in Jour. Asiat. Soc. Bengal n. s. 10: 18. 1914.

缠绕草质藤本。茎左旋，幼时被白色曲柔毛，老时易脱落。叶长心形，长6.5-12厘米，先端渐尖或短尾状，上面无毛，下面及叶柄被白色曲柔毛，易脱落；叶柄长（2-）4-8厘米。雄花2-5组成聚伞花序，在花序轴上排成穗状花序，长10-16厘米，常2-4（-5）序着生叶腋，被曲柔毛；苞片披针形；花被裂片卵状三角形，有时有棕红色斑点，被柔毛；雄蕊6，花药背着，内向，花丝长于花药。雌花序穗状，长17-25.5厘米，被曲柔毛；苞片披针形；花被

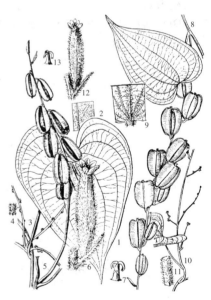

图 569：1-7. 柔毛薯蓣　8-13. 毡毛薯蓣
（史渭清绘）

裂片三角状卵形，长约1.8毫米；花柱基部膨大，柱头3裂。蒴果反折下垂，三棱状长圆形，长2-3厘米，宽0.8-1.2厘米，全缘，顶端圆或微圆、浅凹或心形，基部稍窄；每室种子2，着生果轴中下部。种翅薄膜质，向蒴果顶端延伸成宽翅。花期7-8月，果期9-10月。

产贵州、四川及云南东北部，生于海拔700-1900米沟谷、溪边或林缘。

［附］**毡毛薯蓣** 图 569：8-13 **Dioscorea velutipes** Prain et Burkill in

Journ. Asiat. Soc. Bengal n. s. 10: 19. 1914. 与柔毛薯蓣的区别：叶下面被黄褐色柔毛；花序轴常分枝。产贵州及云南，生于海拔500-1850米林下、山谷阴坡或干旱山坡。缅甸及泰国北部有分部。

18. 黄独 黄药 山慈姑

图 570 彩片 252

Dioscorea bulbifera Linn. Sp. Pl. 1033. 1753.

缠绕草质藤本。块茎卵圆形或梨形,近于地面,棕褐色,密生细长须根。茎左旋,淡绿或稍带红紫色。叶腋有紫棕色、球形或卵圆形,具圆形斑点的珠芽。单叶互生,宽卵状心形或卵状心形,长15-26厘米,先端尾尖,全缘或边缘微波状。雄花序穗状,下垂,常数序簇生叶腋,有时分枝呈圆锥状;雄花花被片披针形,鲜时紫色;基部有卵形苞片2。雌花序与雄花序相似,常2至数序簇生叶腋;退化雄蕊6,长约为花被片1/4。蒴果反曲下垂,

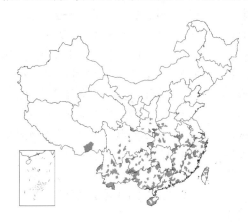

三棱状长圆形,长1.3-3厘米,径0.5-1厘米,两端圆,成熟时草黄色,密被紫色小斑点,每室2种子,着生果轴顶部。种子深褐色,扁卵形,种翅栗褐色,向种子基部延伸呈长圆形。花期7-10月,果期8-11月。

产陕西、甘肃南部、江苏南部、安徽、浙江、福建、台湾、江西、湖北、湖南、广东、海南、广西、贵州、云南、西藏、四川及河南,生于

图 570 黄独 (引自《中国药用植物志》)

海拔几十米至2000米河谷、山谷阴沟或林缘。日本、朝鲜、印度、缅甸、大洋洲、非洲及美洲均有分布。块茎有解毒消肿、化痰散结、止血的功能。

19. 黑珠芽薯蓣

图 571:1-2

Dioscorea melanophyma Prain et Burkill in Jour. Asiat. Soc. Bengal n. s. 4: 452. 1908.

缠绕草质藤本。块茎卵圆形或梨形,有多数细长须根。茎左旋,掌状复叶有3-7小叶,有时茎顶部为单叶;小叶披针形,长椭圆形或卵状披针形,顶生小叶较侧生小叶大,长2.5-13厘米,先端渐尖,全缘或边缘微波状,两面无毛,或沿中脉稍有柔毛;叶腋常有球形珠芽,成熟时黑色,径5-7毫米,光滑。雄花序总状,再组成圆锥状;雄花黄白色,花梗极短;苞片和花被外面被柔毛;3个发育雄蕊与3个不育雄蕊互生。雌花序下垂,单生或两序生于叶

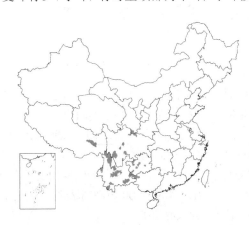

腋。蒴果反曲下垂,三棱形,两端钝圆,棱成翅状,长圆形,长约1.5厘米,宽约1厘米,光滑;每室2种子,着生果轴顶部。种翅向基部延伸,呈长圆形。花期8-10月,果期10-12月。

产甘肃南部、四川、贵州、广西西北部、云南及西藏(波密),生于海

图 571:1-2. 黑珠芽薯蓣
3-6. 毛芋头薯蓣 7-11. 高山薯蓣
(引自《图鉴》)

拔1500-2000米林缘或稀疏灌丛中。尼泊尔有分布。

20. 毛芋头薯蓣   图 571：3-6

Dioscorea kamoonensis Kunth, Enum. Pl. 5：395. 1850.

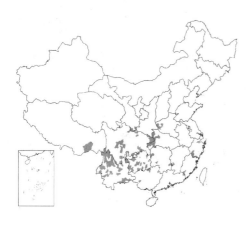

缠绕草质藤本。块茎近卵圆形，棕褐色，有多数细长须根。茎左旋，密被棕褐色柔毛，老时渐疏至近无毛，无皮刺。掌状复叶有3-5小叶；小叶椭圆形或披针状长椭圆形，侧生小叶斜卵状长椭圆形，长2-14厘米，先端渐尖，全缘，两面疏生贴伏柔毛，或上面近无毛；叶腋常有肉质球形珠芽，被柔毛。花序轴、小苞片、花被密被棕褐或淡黄色柔毛。雄花序总状或再组成圆锥花序，常数序着生叶腋；雄花有短梗；小苞片2，三角状卵形，其中1枚先端尾尖，发育雄蕊与退化雄蕊互生。雌花序穗状；雌花子房密生柔毛。蒴果三棱状长圆形，长1.5-2厘米，宽1-1.2厘米，疏被柔毛；每室2种子，着生果轴顶部。种翅向基部延长。花期7-9月，果期9-11月。

产浙江南部、福建南部、江西、湖北西部、湖南、广东东部、广西、贵州、云南、西藏、四川、甘肃南部及河南西部，生于海拔500-2900米林缘、山沟、山谷路边或灌丛中。块茎有止痛补虚、舒筋壮骨的功能。

21. 高山薯蓣   图 571：7-11 图 572

Dioscorea henryi（Prain et Burkill）C. T. Ting, Fl. Reipubl. Popul. Sin. 16（1）：98. 1985.

Dioscorea kamoonensis Kunth var. *henryi* Prain et Burkill in Journ. Asiat. Soc. Bengl. n. s. 10: 22. 1914.；中国高等植物图鉴 5：565. 1976.

缠绕草质藤本。块茎长圆柱形，黄白色，向基部渐粗，垂直生长。茎左旋，被柔毛，后渐疏至近无毛，无皮刺。掌状复叶有3-5小叶；小叶倒卵形、宽椭圆形或长椭圆形，侧生小叶常斜卵形或斜卵状椭圆形，长2.5-16厘米，先端渐尖或锐尖，全缘，两面疏被贴伏柔毛，或上面近无毛。雄花序总状，单一或分枝；花序轴、花梗被柔毛；小苞片2，宽卵形，先端渐尖或凸尖，边缘不整齐，外面疏被贴伏白色或银灰色柔毛或近无毛；雄花花被无毛；发育雄蕊与不育雄蕊互生。雌花序穗状，1-3序着生叶腋；花序轴、小苞片、子房、花被片均被柔毛，子房尤密。蒴果倒卵长圆形或长圆形，具

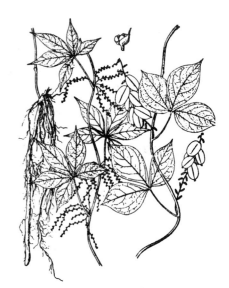

图 572 高山薯蓣（引自《图鉴》）

3棱，长1.2-2厘米，径1-1.2厘米，疏被柔毛；每室种子2，着生果轴顶部。种翅向蒴果基部延伸。花期6-8月，果期8-11月。

产广西北部、贵州、四川及云南，生于海拔2000-3000米林缘、山坡路旁或灌丛中。

22. 五叶薯蓣   图 573

Dioscorea pentaphylla Linn. Sp. Pl. 1032. 1753.

缠绕草质藤本。块茎常长卵圆形，有多数细长须根，断面白色，后棕色。茎左旋，疏生柔毛，后脱落无毛，有皮刺。掌状复叶有3-7小叶；小叶常倒卵状椭圆形，侧生小叶斜卵状椭圆形，长6.5-24厘米，先端短渐尖或凸尖，全缘，上面疏生贴伏柔毛或近无毛，下面疏生柔毛；叶腋有不规则珠芽，常长卵状椭圆形。雄花序穗状组成圆锥状，花序轴密被棕褐色柔

毛；雄花无梗或梗极短；小苞片和花被被柔毛。蒴果三棱状长椭圆形，薄革质，长2-3.5厘米，径1-1.3厘米，成熟时黑色，疏被柔毛；每室种子着生果轴中部。种翅向蒴果基部延伸。花期8-10月，果期11月至翌年2月。

产浙江南部、福建、江西南部、广东、海南、广西、贵州、云南、四川东北部及西藏东南部，生于海拔500米以下林缘或灌丛中。亚洲及非洲有分布。块茎有补肾壮阳的功能。

图 573 五叶薯蓣 （引自《图鉴》）

23. 七叶薯蓣 图 574

Dioscorea esquirolii Prain et Burkill in Kew Bull. 1931: 426. 1931.

缠绕草质藤本。全株除叶片外疏被灰白色柔毛，老时脱落，或叶脉有柔毛外，余密生淡褐色柔毛。茎左旋，有皮刺。掌状复叶有3-7小叶；小叶长7-23厘米，先端尾尖，全缘或边缘波状，下面灰绿色；顶生小叶长披针状长椭圆形、椭圆形或宽倒披针形，侧生小叶斜披针形或斜卵状长椭圆形；叶柄长达15厘米，有时有刺。雄花序为总状花序，单生或2-4着生无叶花枝，长达40厘米；雄花外轮花被片卵形，内轮花被片近长圆形；雄蕊3，着生外花被片基部，较退化雄蕊短，退化雄蕊匙形。雌花序穗状；雌花外、内轮花被片均宽卵形。蒴果反折，三棱状长方形，长3.5-5厘米，宽2-3厘米；每室种子着生果轴顶部。种翅膜质，向种子基部延伸。花期10月至翌年2月，果期12月至翌年4月。

产广西、贵州及云南，生于海拔600-1430米山坡或山谷林下阴湿处。块茎有消肿止痛、止血的功能。

图 574 七叶薯蓣 （史渭清绘）

24. 白薯莨 图 575

Dioscorea hispida Dennst. Schlüss. Hort. Malab. 15. 1818.

缠绕草质藤本。块茎卵圆形，褐色，有多数细长须根，断面白色或微带蓝色。茎左旋，圆柱形，长达30米，有三角状皮刺。掌状复叶有3小叶；顶生小叶倒卵圆形或卵状椭圆形，长6-13厘米，侧生小叶较小，斜状椭圆形，偏斜，先端骤尖，全缘，下面疏生柔毛；叶柄长达30厘米，密被柔毛。雄花序穗状组成圆锥状，长达50厘米，密被柔毛；雄花外轮花被片小，内轮较大而厚；雄蕊6，有时不全部发育。蒴果三棱状长椭圆形，硬革质，长

3.5-7厘米，径2.5-3厘米，密被柔毛；每室2种子，着生果轴顶部。种翅向蒴果基部伸长。花期4-5月，果期7-9月。

产福建、台湾、广东、香港、海南、广西及云南，生于海拔1500米以下沟边灌丛中或林缘；野生或栽培。印度至马来西亚有栽培。块茎有止血、消肿、解毒的功能。

25. 丽叶薯蓣

图 576：1-4

Dioscorea asperata Prain et Burkill in Journ. Asiat. Soc. Bengal. n. s. 4: 447. 1908.

缠绕草质藤本。块茎长圆柱形，断面白色。茎右旋，无毛，干后带紫褐色。单叶，常在茎下部互生，在中上部对生；叶纸质，干后有时带黑褐色，近圆形，长宽均6-16厘米，先端凸尖或尾尖，基部心形或深心形，有时两耳几平行，全缘，两面无毛，基出脉7-9；叶柄长3.5-18厘米。雌雄异株；雄花序为穗状花序，单一，长5-14厘米，1-3序着生叶腋；雄花白、绿白或黄色，长2-3毫米；外轮花被片宽卵形，内轮卵形，均肉质；雄蕊6，花药与花丝近等长。雌花序为穗状花序，单生叶腋；花被片卵形，内轮较小。蒴果不反折，三棱状倒卵形或三棱状长圆倒卵形，长2.5-3.5厘米，径2-3厘米，顶端凹，基部常歪斜，有白粉；每室种子着生果轴中部。种子四周有膜质翅。花期6-7月，果期7-11月。

产贵州西南部及云南，生于海拔1000-2600米山坡林中或灌丛中。

[附] **尖头果薯蓣** 图 576：5 **Dioscorea bicolor** Prain et Burkill in Journ. Asiat. Soc. Bengal n. s. 4: 449. 1908. 本种与丽叶薯蓣的区别：叶卵形或近圆形，叶柄长4-9厘米；蒴果三棱状椭圆形，顶端不凹。花期8-9月，果期8-10月。产云南北部及四川西南部，生于海拔1600-2100米山沟草丛中。

26. 大青薯

图 577 彩片 253

Dioscorea benthamii Prain et Burkill in Journ. Asiat. Soc. Bengal n. s. 4: 448. 1908.

缠绕草质藤本。茎右旋，较细弱。叶纸质，常对生，卵状披针形、长圆形或倒卵状长圆形，长2-7（-9）厘米，宽0.7-3（4）厘米，先端凸尖或渐尖，基部圆，全缘，下面粉绿色，基出脉3-7；叶柄长0.5-2厘米。雄花序为穗状花序，2-3序簇生或单生叶腋，有时组成圆锥花序；花序轴呈"之"字状曲折；雄花内轮花被片较外轮小；雄蕊6。雌花序为穗状花序，常1-2序着生叶腋；雌花外轮花被片较内轮大，有6个退化雄蕊。蒴果不反折，三棱状扁圆形，长约1.5厘米，径2.5-3厘米。花期5-6月，果期7-9月。

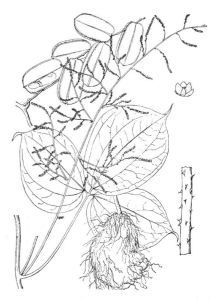

图 575 白薯莨 （引自《中国植物志》）

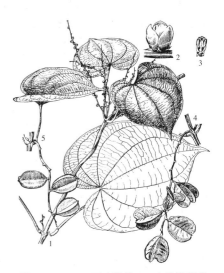

图 576：1-4. 丽叶薯蓣 5. 尖头果薯蓣
（陈荣道绘）

产台湾、福建、江西、湖南、广东、香港、海南及广西，生于海拔300-900米山坡、山谷、水边或路旁灌丛中。

[附] **柳叶薯蓣 Dioscorea lineari-cordata** Prain et Burkill in Kew Bull. 1925: 61. 1925. 本种与大青薯的区别：叶长5-15厘米，线状披针形、披针形或线形，基部圆、心形或箭形。产湖南、广东及广西东部，生于海拔400-750米山坡灌丛或疏林中。

27. 薯莨　　　　　　　　　　　　　　　　图 578

Dioscorea cirrhosa Lour. Fl. Cochinch. 625. 1790.

缠绕粗壮藤本。块茎圆锥形、长圆形或卵圆形，棕黑色，栓皮粗裂具凹纹，断面红色，干后铁锈色。茎右旋，有分枝，近基部有刺。叶革质或

近革质，长椭圆状卵形、卵圆形、卵状披针形或窄披针形，长5-20厘米，宽2-14厘米，先端渐尖或骤尖，基部圆，有时具三角状缺刻，全缘，下面粉绿色，基出脉3-5；叶柄长2-6厘米。雄花序为穗状花序，常组成圆锥花序，有时单生叶腋；雄花外轮花被片宽卵形，内轮倒卵形；雄蕊6，稍短于花被片。

雌花序为穗状花序，单生叶腋；雌花外轮花被片卵形，较内轮大。蒴果不反折，近三棱状扁圆形，长1.8-3.5厘米，径2.5-5.5厘米；每室种子着生果轴中部。种子四周有膜状翅。花期4-6月，果期7月至翌年1月。

产浙江、福建、台湾、江西、湖北、湖南、广东、香港、海南、广西、贵州、四川、云南及西藏东南部，生于海拔350-1500米山坡、路旁、河谷林内、灌丛中或林缘。越南有分布。块茎有止血、活血、养血的功能。

28. 薯蓣　山药　　　　　　　　　　　　图 579　彩片 254

Dioscorea opposita Thunb. Fl. Jap. 151. 1784.

缠绕草质藤本。块茎长圆柱形，垂直生长，长达1米多，断面干后白色。茎右旋，有时带紫红色。叶在茎下部互生，在中上部有时对生，稀3叶

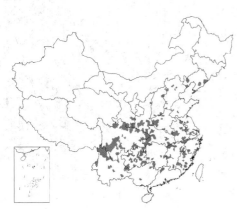

轮生，卵状三角形、宽卵形或戟形，长3-9（-13）厘米，宽2-7（-14）厘米，先端渐尖，基部深心形、宽心形或近平截，边缘常3浅裂至深裂，中裂片椭圆形或披针形，侧裂片长圆形或圆耳形；叶腋常有具疏刺状凸起的珠芽。雄花序为穗状花序，2-8序生于叶腋，稀呈圆锥状，

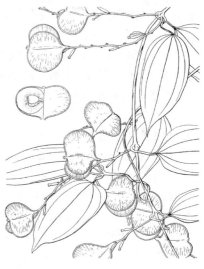

图 577　大青薯　（引自《Ic. Pl. Formos》）

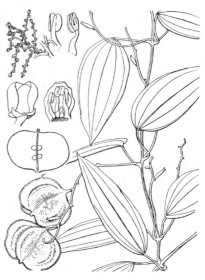

图 578　薯莨　（引自《Ic. Pl. Formos》）

图 579　薯蓣　（引自《中国药用植物志》）

花序轴呈"之"字状；苞片和花被片有紫褐色斑点；雄花外轮花被片宽卵形，内轮卵形，较小；雄蕊6。雌花序为穗状花序，1-3序生于叶腋。蒴果不反折，三棱状扁圆形或三棱状圆形，长1.2-2厘米，径1.5-3厘米，有白粉；每室种子着生果轴中部。种子四周有膜质翅。花期6-9月，果期7-11月。

产辽宁、河北、河南、山东、安徽、江苏、浙江、福建、江西、湖北、湖南、广东、香港、广西、贵州、云南、四川、甘肃南部、陕西及山西，生于海拔150-1500米山坡、山谷林下或溪边灌丛中。朝鲜及日本有分布。块茎有补脾胃、益肺肾的功能。

29. 日本薯蓣 狂风藤 　　　　　图 580

Dioscorea japonica Thunb. Fl. Jap. 151. 1784.

缠绕草质藤本。块茎长圆柱形，垂直生长，棕黄色，断面白色或有时带黄白色。茎右旋，绿色，有时淡紫红色。叶在茎下部互生，在中上部常对生，纸质，常三角状披针形、长椭圆状窄三角形或长卵形，有时茎上部叶线状披针形或披针形，下部的宽卵状心形，长3-19厘米，宽1-18厘米，先端渐尖，基部心形、箭形或戟形，有时近平截或圆，全缘；叶柄长1.5-6厘米；叶腋有珠芽。雄花序为穗状花序，近直立，2至数序或单序生于叶腋；雄花绿白或淡黄色，花被片有紫色斑纹，外轮宽卵形，内轮卵状椭圆形，稍小；雄蕊6。雌花序为穗状花序，1-3序生于叶腋；雌花花被片卵形；退化雄蕊6，与花被片对生。蒴果不反折，三棱状扁圆形，长1.5-2.5厘米，径1.5-4厘米；每室种子着生果轴中部。种子四周有膜质翅。花期5-10月，果期7-11月。

产陕西、河南、安徽、江苏南部、浙江、福建、台湾、江西、湖北、湖南、广东、广西、贵州及四川，生于海拔150-1200米阳坡、山谷、溪边、路旁林下或草丛中。日本及朝鲜有分布。块茎有补脾胃、益肺肾的功能。

[附] **毛藤日本薯蓣 Dioscorea japonica** var. **pilifera** C. T. Ting et

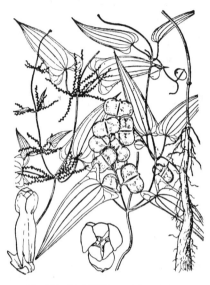
图 580 日本薯蓣 （引自《图鉴》）

M. C. Chang in Acta Phytotax. Sin. 20(2)：206. 1982. 与模式变种的区别：茎、叶柄、叶下面沿叶脉和雌、雄花序轴下部均被鳞片状毛，老时易脱落。产安徽南部、江苏南部、浙江、福建、江西、湖北、湖南、广西东北部及贵州东部，生于海拔280-1100米山坡、山谷、沟边灌丛中、林下或林缘。

30. 光叶薯蓣 　　　　　图 581

Dioscorea glabra Roxb. Fl. Ind. ed. 2, 3：804. 1832.

缠绕草质藤本。根状茎粗，着生多个长圆柱状块茎，直生或斜生，断面白色，外皮脱落，干后纤维状。茎右旋。叶在茎下部互生，在中上部对生，通常卵形、长椭圆状卵形、卵状披针形或披针形，长5-24厘米，宽0.5-13厘米，先端渐尖或尾尖，有时凸尖，基部心形、圆或平

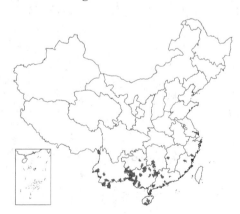

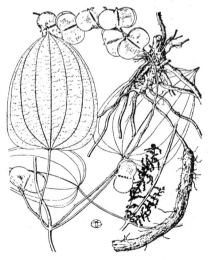
图 581 光叶薯蓣 （引自《图鉴》）

截，稀箭形或戟形，全缘，基出脉5-9。雄花序常2-5簇生或组成圆锥花序，稀单生叶腋，长8-70厘米；雄花外轮花被片近圆形，内轮倒卵形，较小而厚；雄蕊6，内弯。雌花序为穗状花序，1-2生于叶腋。蒴果不反折，三棱状扁圆形，长1.5-2.5厘米，径2.5-4.5厘米；每室种子着生果轴中部。种子四周有膜质翅。花期9-12月，果期12月至翌年1月。

产浙江南部、福建、江西、湖南、广东、海南、广西、贵州及云南，生

于海拔250-1500米山坡、沟边常绿阔叶林下或灌丛中。印度、中南半岛至印度尼西亚有分布。块茎有通经活络、止血、止痢的功能。

31. 山薯

图 582

Dioscorea fordii Prain et Burkill in Journ. Asiat. Soc. Bengal n. s. 4: 450. 1908.

缠绕草质藤本。块茎长圆柱形，垂直生长，干后棕褐色，断面白色。茎右旋，基部有刺。叶在茎下部互生，在中部常对生，纸质，宽披针形、椭圆状卵形或卵形，长4-14（-17）厘米，宽1.5-8（-13）厘米，先端渐尖或尾尖，基部心形或箭形，有时戟形或圆，两耳稍开展，有时重叠，全缘，基出脉5-7。雄花序为穗状花序，2-4簇生或组成圆锥花序，稀单序腋生；花序轴"之"字状曲折；雄花外轮花被宽卵形，内轮较窄而厚，倒卵形；雄蕊6。雌花序

为穗状花序。果序长达25厘米；蒴果不反折，三棱状扁圆形，长1.5-3厘米，径2-4.5厘米；每室种子着生果轴中部。种子四周有膜质翅。花期10月至翌年1月，果期12月至翌年1月。

图 582 山薯 （引自《图鉴》）

产浙江南部、福建、江西、湖南、广东、香港、海南、广西西部、贵州及云南南部，生于海拔50-1150米山坡、山凹或溪边林中。

32. 无翅参薯

图 583

Dioscorea exalata C. T. Ting et M. C. Chang in Acta Phytotax. Sin. 20(2)：208. 1982.

缠绕草质藤本。块茎长圆柱形或卵形，断面白色。茎右旋，绿或带紫红色。叶在茎下部互生，在上部对生，纸质，绿色或下面沿叶脉带紫红色，长椭圆状卵形或卵形，长6-16厘米，宽4-14厘米，先端尾尖或凸尖，基部心形、箭形或戟形，两耳钝，基出脉7-9。雄花序为穗状花序，常组成圆锥花序，有时单生或2至数序簇生叶腋；花序轴"之"字状曲折；雄花外轮花被片椭圆状卵形，内轮较小而厚，匙形；雄蕊6。雌花序为穗状花序，1-2序生于叶腋；雌花外轮花被片宽卵形，内轮椭圆形，较

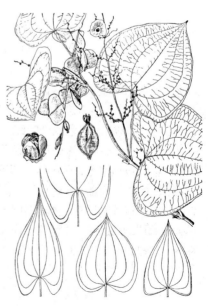

图 583 无翅参薯 （陈荣道绘）

外轮厚。蒴果不反折，三棱状扁圆形，长1.5-2.5厘米，径3.5-4.5厘米；每室种子着生果轴中部。种子四周有膜质翅。花期11-12月，果期11月至翌年1月。

33. 褐苞薯蓣　　　　　　　图 584

Dioscorea persimilis Prain et Burkill in Journ. Asiat. Soc. Bengal n. s. 4: 454. 1908.

缠绕草质藤本。块茎长圆柱形或卵形，干后棕褐色，断面白色。茎右旋，有4-8纵棱，绿或带紫红色。叶在茎下部互生，上部对生，纸质，绿色或下面沿叶脉带紫红色，

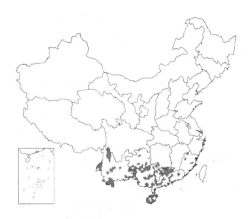

长椭圆状卵形或卵圆形，长6-16厘米，宽4-14厘米，先端渐尖或尾尖，基部心形、箭形或戟形，全缘，基出脉7-9，常带红褐色，两面网脉明显；叶腋有珠芽。雄花序穗状2-4簇生或组成圆锥花序，或单生叶腋；花序轴呈"之"状曲折；苞片有紫褐色斑纹；雄花外轮花被片背部凸出，有褐色斑纹，内轮倒卵形，均较厚；雄蕊6。雌花序为穗状花序，1-2序生于叶腋；雌花外轮花被片较内轮大；退化雄蕊小。蒴果三棱状扁圆形，长1.5-2.5厘米，径2.5-4厘米；每室种子着生果轴中部。种子四周有膜质翅。花期7月至翌年1月，果期9月至翌年1月。

产福建、江西南部、湖南南部、广东、香港、海南、广西、贵州及云南，生于海拔100-1500米山坡、山谷林中或灌丛中，南方各地有栽培。越南有分布。块茎有补脾肺、涩精气的功能。

34. 参薯　　　　　　　图 585

Dioscorea alata Linn. Sp. Pl. 1033. 1753.

缠绕草质藤本。野生块茎多长圆柱形，栽培块茎圆锥形或球形，外皮褐或紫黑色，断面白色带紫色，其余形状的块茎外皮为淡灰黄色，断面白色，有时带黄色。茎右旋，常有4条窄翅，基部有时有刺。叶在茎下部互生，在中上部对生，绿色或带紫红色，纸质，卵形，长6-20厘米，先端尾尖或凸尖，基部心形、深心形或箭形，有时为戟形，两耳钝；叶柄绿或带紫红色，长4-15厘米；叶腋珠芽卵圆形，有时扁平。雄花序为穗状花序，常2至数个簇生或组成圆锥花序，或单生叶腋；花序轴呈"之"字形曲折；雄花外轮花被片宽卵形，内轮倒卵形；雄蕊6。雌花序为穗状花序；退化雄蕊6。蒴果不反折，三棱状扁圆形，有时为三棱状倒心形，长1.5-2.5厘米，径2.5-4.5厘米；每室种子着生果轴中部。种子四周有膜质翅。花期11月至翌年1月，果期12月至翌年1月。

可能原产孟加拉湾北部和东部。浙江、福建、台湾、江西、湖北、湖

产贵州西南部及云南，生于海拔1000-2400米山坡、山沟阔叶林或竹林中。

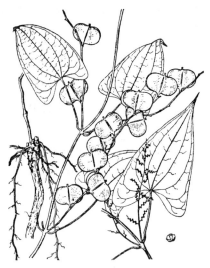

图 584　褐苞薯蓣　（引自《图鉴》）

[附]　**毛褐苞薯蓣 Dioscorea persimilis** var. **pubescens** C. T. Ting et M. C. Chang in Acta Phytotax. Sin. 20(2)：205. 1982. 与模式变种的主要区别：茎、叶柄、花序轴均有柔毛，或叶下面沿叶脉有柔毛。产广西西南部及云南南部，生于海拔500-1000米山坡林下。

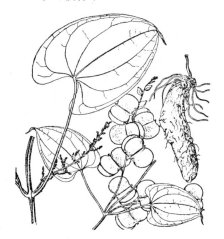

图 585　参薯　（引自《图鉴》）

南、广东、海南、广西、贵州、四川、云南及西藏常有栽培。块茎有补脾肺、涩精气、消肿、止痛的功能。

265. 水玉簪科 BURMANNIACEAE

（林 祁）

草本，常腐生，稀绿色自养植物。茎纤细，常不分枝，具根状茎或块茎。单叶，茎生或基生，全缘，或退化为鳞片状。花常两性，稀单性，辐射对称或两侧对称；单生或簇生茎顶，或为聚伞花序。花被基部连合成管状，具翅，花被裂片6，2轮，内轮较小或无；雄蕊6或3，着生花被管上，药隔宽，具附属物；柱头3裂，花柱单一，子房下位，3室，中轴胎座，或1室具侧膜胎座，胚珠多数。蒴果，有时肉质，具翅或无。种子多数而细小，有胚乳。

25属，约140种，产热带至亚热带地区。我国2属，9种。

1. 花被裂片于花后宿存，子房3室，中轴胎座 ·· 1. 水玉簪属 Burmannia
1. 花被裂片于花后脱落，子房1室，侧膜胎座 ·· 2. 腐草属 Gymnosiphon

1. 水玉簪属 Burmannia Linn.

草本，腐生或绿色自养植物。具根状茎；地上茎不分枝或分枝。叶绿色或在腐生种类中退化成鳞片状，茎生或于基部排列成莲座状。花单生或数朵簇生茎顶呈头状，或组成二歧蝎尾状聚伞花序。花被管有棱翅或无，花被裂片常6，外轮3枚较大，内轮3枚较小或无，花后宿存；雄蕊3，着生花被管喉部，花丝极短或无，药隔宽，顶端常有2个鸡冠状附属物；柱头3裂，花柱线形，子房三棱柱状，3室，中轴胎座，胚珠多数。蒴果，常具3棱或3翅，顶端有宿存花被，不规则开裂。种子多数而细小，长圆形或椭圆形。

约60种，产热带至亚热带地区。我国8种。

1. 绿色自养植物；具莲座式基生叶。
　2. 稍粗壮草本；叶极发达，长3-8厘米，宽0.6-1.5厘米；花序通常为二歧蝎尾状聚伞花序或有时数花簇生 ·· 1. 水玉簪 B. disticha
　2. 纤细草本；叶小，长不及2厘米，宽不及3毫米；花单生或2-3朵聚生，长1.2-2厘米，花被裂片基部具双边；果翅宽2-2.5毫米，紫红色 ·· 2. 三品一枝花 B. coelestis
1. 腐生植物，无叶绿素；无基生叶。
　3. 花被裂片2轮，外轮大，内轮小。
　　4. 花1-2朵顶生；果翅紫色，半匙形或倒心形，长5-6毫米，宽1-2毫米；果（连翅）长大于宽 ·· 3. 纤草 B. itoana
　　4. 花排成二歧聚伞花序或1-2朵花顶生；果翅白色，常染黄，稀淡蓝，半圆形，长2-6毫米，宽1-3毫米；果（连翅）宽大于长 ·· 4. 宽翅水玉簪 B. nepalensis
　3. 内轮花被裂片无或极小，裂片顶端2裂；果翅倒卵形，长5-7.5毫米，宽3-4毫米 ································ 5. 裂萼水玉簪 B. oblonga

1. 水玉簪

图 586：1-2 彩片 255

Burmannia disticha Linn. Sp. Pl. 287. 1753.

一年生稍粗壮草本。茎常不分枝，高达60厘米。基生叶多数，莲座状排列，线形或披针形，长3-8厘米，宽0.6-1.5厘米；茎生叶少数，向上渐小，紧贴茎上。二歧蝎尾状聚伞花序，分枝长2.5-8厘米，或有时仅为1花簇；苞片披针形，长0.5-1.2厘米。花被管的翅蓝或紫色，花被裂片微黄色，外轮的三角形，内轮的线状披针形；雄蕊药隔顶部有2个锐尖鸡冠状突起，基部有距；柱头3裂，花柱线形，子房椭圆形或倒卵圆形。蒴果倒卵圆形，

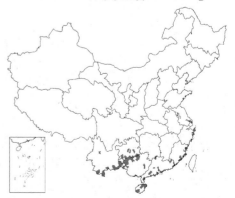

不裂；翅椭圆形，长1-2厘米，宽1.5-3毫米。花果期9-10月。

产福建、广东、海南、广西、湖南、贵州及云南，生于海拔200-1500米林中或旷野湿地。广泛分布于亚洲热带至大洋洲。

2. 三品一枝花　　　　　　　　　　　　　　　　　　图 587

Burmannia coelestis D. Don, Prodr. Fl. Nepal. 44. 1825.

一年生纤细草本。茎通常不分枝，高10-30厘米。基生叶少数，线形或披针形，长1-1.5厘米，宽1-3毫米；茎生叶2-4片，紧贴茎上，线形，长1-2厘米，宽不及3毫米。花单生或少数簇生茎顶；苞片披针形，长约4毫米。花被管的翅蓝或紫色，花被裂片微黄色，外轮的卵形，内轮的三角形；雄蕊药隔顶部有2个叉开鸡冠状突起，基部有距；柱头3裂，花柱线形，子房椭圆形或倒卵圆形。蒴果倒卵圆形，横裂；翅长1-1.2厘米，宽2-2.5毫米。花期10-11月。

产浙江、福建、江西、广东、香港、海南、广西、贵州南部及云南，生于海拔300-1200米林中、河滩、田野或旷野湿地。广泛分布于亚洲热带地区。

3. 纤草　　　　　　　　　　　　　　　　　图 588 彩片 256

Burmannia itoana Makino in Bot. Mag. Tokyo 27（no. 313）：1（no. 324），f. 1. 1913.

一年生腐生草本，高达15厘米。茎不分枝或顶部有1-3分枝，蓝紫色而无叶绿素。无基生叶，茎生叶退化成鳞片状，卵形或披针形，长2-5毫米。花1-2顶生，具短梗；苞片与茎生叶相似；花被管的翅紫色，外轮花被裂片三角形，长约1.5 毫米，内轮的圆形，长约0.2毫米；雄蕊药隔顶部有2个叉开鸡冠状突起，基部有距；子房球状倒卵圆形。蒴果三棱状球形，径约3毫米，横裂；翅半匙形或倒心形，紫色，长5-6毫米，宽1-2毫米。花果期秋季。

产台湾、广东、香港、海南及广西，生于林下湿地。日本有分布。

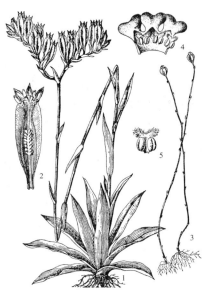

图 586：1-2. 水玉簪　3-5. 裂萼水玉簪
（黄少容绘）

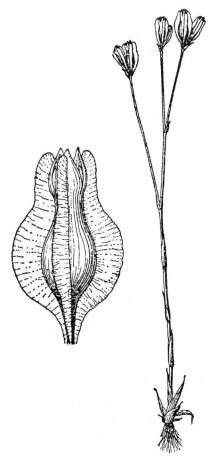

图 587 三品一枝花　（引自《图鉴》）

4. 宽翅水玉簪   图 589

Burmannia nepalensis (Miers) Hook. f. Fl. Brit. Ind. 5:666. 1888.

Gonyanthes nepalensis Miers in Trans Linn. Soc. 18: 537. t. 38. f. 1. 1841.

一年生腐生草本。茎纤细,高8-11厘米,白色,无叶绿素。无基生叶,茎生叶退化成鳞片状,椭圆形,长约2毫米,具明显的中脉。二歧聚伞花序,或有时仅1-2花生于茎顶。花白或淡黄色,稀淡蓝色,具短梗;外轮花被裂片三角状椭圆形,长1毫米左右,内轮的较小;雄蕊的药隔顶部有2个叉开的鸡冠状突起,基部有距;子房近球状。蒴果近球状,横裂;翅半圆形,白色,常染黄,稀淡蓝,长2-6毫米,宽1-3毫米。花果期8-12月。

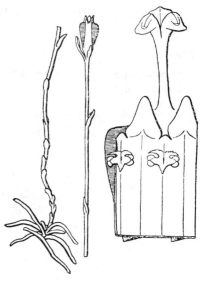

图 588 纤草 (引自《Bot. Mag. Tokyo》)

产福建、湖南南部、广东、广西及云南东南部,生于海拔500-800米林中湿地。南亚至东南亚有分布。

5. 裂萼水玉簪   图 586:3-5

Burmannia oblonga Ridl. in Journ. Roy. As. Soc. Straid Br. 41: 33. 1904.

一年生腐生草本。茎高8-20厘米,不分枝或有时分枝,纤细,白色;无叶绿素;无基生叶。茎生叶稀疏贴生茎上,小而退化呈鳞片状,卵形或披针形,长1.5-2毫米;苞片披针形,长约2.5毫米。花1-2顶生,翅白色;花被裂片黄色,外轮长约1.5毫米,2裂,内轮花被不裂,花被管长4-5毫米;药隔顶端具2短鸡冠状突起,基部无距;子房近球形,翅倒卵形,花柱粗线形,柱头3,漏斗形。蒴果近球形;翅倒卵形,长5-7.5毫米,宽3-4毫米。花果期8-10月。

图 589 宽翅水玉簪
(引自《Trans. Linn. Soc.》)

产海南,生于密林下腐殖土上。中南半岛及马来半岛有分布。

2. 腐草属 Gymnosiphon Bl.

一年生纤细草本,无叶绿素。叶小,退化成鳞片状。花3至多朵在茎顶组成单一或二歧聚伞花序,稀单花。花被管管状,花被裂片常6,2轮,花后沿雄蕊着生处连同雄蕊、花柱一同脱落;雄蕊3,着生花被管喉部或以下,无花丝，药隔无附属物；雌蕊花柱具3分枝，子房1室，侧膜胎座。蒴果，纵裂。种子卵圆形或球状，有网纹。

30种，产亚洲、非洲及南美洲热带地区。我国1种。

腐草   图 590

Gymnosiphon nana (Fukuyama et Suzuki) Tuyama, Ic. Pl. As. Orient.
3(2)：239. 1940.

Burmannia nana Fukuyama et Suzuki in Journ. Jap. Bot. 12: 415. f.
5. 6. 1936.

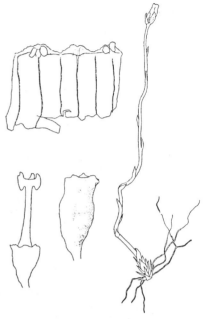

腐生小草本。根纤细，曲折。茎纤细，高约6厘米，直立，不分枝，稍有条纹。叶退化成鳞片状，披针形，在茎基部呈覆瓦状排列，向上渐疏生。花4朵簇生茎顶，直立，稍白色，长约4毫米。花被管圆柱状，基部渐窄，无翅；花被裂片3，短小，花后宿存；雄蕊着生花被管喉部，药室叉开；花柱与花被管近等长，顶端3裂。花期7月。

图 590 腐草 （引自《Journ. Jap. Bot.》）

产台湾，生于海拔约300米热带雨林下。

266. 兰科 ORCHIDACEAE

（陈心启 郎楷永 吉占和 罗毅波）

地生、附生，稀腐生草本，极稀攀援藤本；地生与腐生种类常具茎或肥厚根状茎。附生种类常有肉质假鳞茎。叶基生或茎生，后者常互生或生于假鳞茎顶端或近顶端，扁平、圆柱状或两侧扁，基部具或无关节。花葶或花序顶生或侧生；总状花序或圆锥花序，稀头状花序或单花。花两性，常两侧对称；花被片6枚，2轮；外轮3枚为萼片，中萼片常直立而与花瓣靠合或粘合成兜状，侧萼片斜歪，有时基部与蕊柱合生而成萼囊，极稀两枚侧萼片一侧边缘作不同程度的联合，或合成1枚合萼片；内轮侧生2枚为花瓣，中央1枚常成种种奇特形状，不同于2枚侧生花瓣，称唇瓣，唇瓣由于花（花梗和子房）作180°扭转或90°弯曲，位置常处于下方（远轴一方）；子房下位，1室，侧膜胎座，较少3室而具中轴胎座；除子房外整个雌雄蕊完全融合成柱状体，称蕊柱；蕊柱顶端具药床和1个花药，腹面有1个柱头穴，柱头与花药之间有1个舌状器官，称为蕊喙（源自柱头上裂片），极稀具2-3枚花药（雄蕊）、2个隆起的柱头或不具蕊喙的；蕊柱基部有时向前下方延伸成足状，称蕊柱足，2枚侧萼片基部常着生于蕊柱足上，形成囊状结构，称萼囊；花粉常粘合成团块，称花粉团，花粉团一端常成柄状物，称花粉团柄，花粉团柄连接于由蕊喙的一部分变成固态粘块即粘盘上，有时粘盘还有柄状附属物，称粘盘柄；花粉团、花粉团柄、粘盘柄和粘盘连接一起，称花粉块，但有的花粉块无花粉团柄或粘盘柄，有的无粘盘而只有花粉团。常为蒴果，较少荚果状，具极多种子。种子细小，无胚乳，种皮常在两端成翅状。

约700属20000种，产全球热带和亚热带地区，少数种也见于温带地区。我国171属1247种及许多亚种、变种和变型。

1. 能育雄蕊2-3，若为2则位于蕊柱两侧，与侧生花瓣对生。
　2. 花近辐射对称；唇瓣与花瓣相似，非囊状或倒盔状。
　　3. 能育雄蕊3；花序直立，不分枝 ·· 1. 三蕊兰属 Neuwiedia
　　3. 能育雄蕊2；花序常多少外弯或下垂 ·· 2. 拟兰属 Apostasia
　2. 花两侧对称；唇瓣囊状或倒盔状，明显不同于花瓣。
　　4. 幼叶为席卷卷叠式；叶茎生，稀2叶辅地而生；花被在果期宿存 ········ 3. 杓兰属 Cypripedium
　　4. 幼叶为对折卷叠式；叶基生，3至多枚，2列；花被在果期脱落 ······· 4. 兜兰属 Paphiopedilum
1. 能育雄蕊1，若偶为2则位于蕊柱近顶端的前后两侧，分别与中萼片和唇瓣对生。
　5. 花粉团粒粉质，柔软；地生植物（包括腐生种类）；叶无关节。
　　6. 果为荚果状，不对称或至少非辐射对称，肉质而不裂或干燥、开裂；种子有厚的外种皮，黑色或褐色，无翅或周围有近环状翅；攀援藤本或腐生植物，后者常具圆锥花序。
　　　7. 自养植物，有绿叶 ··· 55. 香荚兰属 Vanilla
　　　7. 腐生植物，无绿叶。
　　　　8. 果肉质，不裂；种子无翅或周围有环状窄翅，翅（一侧）窄于种子本身 ······ 56. 肉果兰属 Cyrtosia
　　　　8. 果干燥，开裂；种子周围有宽翅，翅（一侧）宽于种子本身。
　　　　　9. 茎较粗壮；花序轴、子房、萼片背面均被锈色短毛；蕊柱长不及唇瓣1/2 ··· 57. 山珊瑚属 Galeola
　　　　　9. 茎较纤细；花序与花均无毛；蕊柱长超过唇瓣1/2 ····················· 58. 倒吊兰属 Erythrorchis
　　6. 蒴果，辐射对称，开裂；种子不具厚外种皮，亦非黑或褐色，很小，两端具窄长膜质翅；直立植物（包括腐生种类），一般具总状花序或单花。
　　　10. 自养植物，有绿叶（头蕊兰属的硕距头蕊兰Cephalanthera calcarata例外）。
　　　　11. 叶纸质或薄革质，折扇状。
　　　　　12. 植株具扁球形或扁卵圆形假鳞茎，具荸荠似的环带；叶聚生植株的下部至基部；花粉团8个，每4个为一群 ·· 67. 白及属 Bletilla
　　　　　12. 植株无假鳞茎，具块茎或根状茎；叶散生于茎中部至上部，稀聚生于茎顶端；花粉团2或4个。
　　　　　　13. 花序顶生；花疏生于较长花序轴上；蕊喙很小或无；花粉团为均匀粒粉质，无花粉团柄和粘盘。
　　　　　　　14. 花近辐射对称，唇瓣与花瓣相似；柱头顶生 ·················· 5. 金佛山兰属 Tangtsinia
　　　　　　　14. 花两侧对称；唇瓣明显不同于花瓣；柱头侧生。
　　　　　　　　15. 花序上部的花苞片较小，非叶状，短于花梗和子房（大花头蕊兰C. damasonium例外）；唇瓣3裂，基部为囊状或有距 ······················· 6. 头蕊兰属 Cephalanthera
　　　　　　　　15. 花序上部的花苞片较大，叶状，长于花梗和子房；唇瓣中部缢缩形成前后唇，基部无距亦不为囊状，有时稍凹陷 ···························· 8. 火烧兰属 Epipactis
　　　　　　13. 花序侧生或兼有顶生；花较密集聚生于短花序轴；蕊喙长而直立；花粉团由小团块组成，具花粉团柄和粘盘。
　　　　　　　16. 花序不分枝；花长不及1.5厘米；唇瓣下部比上部宽 ············ 13. 竹茎兰属 Tropidia
　　　　　　　16. 花序具分枝；花长2.5厘米以上；唇瓣上部比下部宽 ·········· 14. 管花兰属 Corymborkis
　　　　11. 叶草质或膜质，非折扇状。
　　　　　17. 叶2枚，着生植株中部，对生或近对生 ························· 12. 对叶兰属 Listera
　　　　　17. 叶非上述情形。
　　　　　　18. 花期无叶，先花后叶；叶1枚，基生，宽卵形或心形，掌状脉，具长柄 ··· 61. 芋兰属 Nervilia
　　　　　　18. 花期有叶，花叶同放；叶无上述综合性状。
　　　　　　　19. 花粉团由多数可分的小团块组成。

20. 植株具圆柱状茎状、具节、肉质、匍匐的根状茎或为莲藕状或毛虫状；花药基部狭窄连接蕊柱，不与蕊柱完全合生，顶端常窄长；花粉团柄从花药顶端伸出。
    21. 柱头1个。
        22. 唇瓣和蕊柱分离，唇瓣不分上部和下部，基部囊状或袋状之末端不为2浅裂。
            23. 唇瓣非近囊状，基部具囊，囊的前方具唇片；花粉团无柄 ·························· 15. **斑叶兰属 Goodyera**
            23. 唇瓣近囊状或袋状，前方无唇片；花粉团具长柄 ·························· 16. **袋唇兰属 Hylophila**
        22. 唇瓣基部多少与蕊柱贴生；唇瓣分上部和下部，基部囊或距的末端2浅裂。
            24. 蕊柱在花药下骤窄成细蕊柱柄，向顺时针方向扭转；蕊喙非叉状2裂，把粘盘卷起；唇瓣基部球形囊被2侧萼片的基部包着 ·························· 17. **血叶兰属 Ludisia**
            24. 蕊柱在花药下非骤窄，无蕊柱柄，不扭转；蕊喙叉状2裂；唇瓣基部具距，距从2侧裂片基部之间向下伸出。
                25. 距较细，长0.7-1厘米；唇瓣上部近四方形，唇盘上面近中部具2枚稍扁平胼胝体；花药宽，顶端钝 ·························· 18. **爬兰属 Herpysma**
                25. 距较粗，长1.5-4毫米；唇瓣上部宽三角形，唇盘上面无胼胝体；花药窄，顶端渐尖 ·························· 19. **钳唇兰属 Erythrodes**
    21. 柱头2个，侧生。
        26. 萼片在中部或中部以下合生成筒状。
            27. 萼片在中部或中部以下合生成筒状；蕊柱顶部之前侧具2枚直立、臂状附属物，几乎与2叉的蕊喙等高；唇瓣贴生于蕊柱上，基部多少膨大成囊状；根状茎莲藕状或毛虫状 ······· 20. **叉柱兰属 Cheirostylis**
            27. 萼片在中部以下合生成筒状；蕊柱顶部之前侧无2枚直立、臂状附属物；唇瓣不与蕊柱贴生，基部具突出囊状距；根状茎为普通茎状 ·························· 21. **旗唇兰属 Vexillabium**
        26. 萼片离生；蕊柱有附属物或无；根状茎为普通茎的形状。
            28. 叶长0.4-1.5厘米；蕊柱有附属物；唇瓣贴生蕊柱，基部具球形囊 ·········· 22. **全唇兰属 Myrmechis**
            28. 叶长2厘米以上；唇瓣贴生蕊柱或与蕊柱离生；蕊柱有附属物或无。
                29. 子房不扭转，花不倒置，唇瓣位于上方；唇瓣囊内无隔膜 ·················· 23. **翻唇兰属 Hetaeria**
                29. 子房扭转或不扭转，花倒置或不倒置，唇瓣位于下方或上方，若唇瓣位于上方者其囊内均具隔膜。
                    30. 唇瓣位于下方，基部具球形囊，囊内无隔膜；蕊柱有附属物或无，唇瓣爪部边缘无流苏，贴生于蕊柱 ·························· 25. **线柱兰属 Zeuxine**
                    30. 唇瓣位于下方或上方，基部具球形囊或圆锥状距，囊和距内具隔膜。
                        31. 花序具密生花；唇瓣位于下方，和蕊柱分离；蕊柱无附属物；蕊喙近平截；距圆锥形，距内的胼胝体具细柄 ·························· 26. **二尾兰属 Vrydagzynea**
                        31. 花序具疏生花；唇瓣位于下方或上方，贴生蕊柱；蕊喙多少2叉状；距为球形囊或圆锥状，囊内或距内胼胝体无柄或具不明显短柄 ·················· 27. **开唇兰属 Anoectochilus**
20. 植株无上述根状茎(反唇兰属Smithorchis除外)；花药以宽的基部或背部与蕊柱合生，顶端不窄；花粉团柄从花药基部伸出。
    32. 花不扭转；唇瓣位于上方，基部有2距 ·························· 54. **鸟足兰属 Satyrium**
    32. 花扭转；唇瓣常位于下方，基部无距或有1距。
        33. 花药直立；唇瓣平展或下垂，基部常有距，稀无距；叶长于2厘米。
            34. 柱头1个，位于蕊喙下的凹穴内，或柱头2个，分离，或多或少具柄并从蕊喙之下的凹穴处突起或外伸。
                35. 柱头常1个(舌唇兰属Platanthera部分种其柱头2个)，唇瓣基部常具距，或凹形或囊状。
                    36. 花粉块的粘盘藏在同一个粘囊中；柱头1个；唇瓣基部常有距，稀无距 ··· 34. **红门兰属 Orchis**
                    36. 花粉块的粘盘无粘囊包着或非同一个粘囊包着。
                        37. 柱头常不隆起、不肥厚(舌唇兰属Platanthera的部分种其柱头为2(1)，隆起)。

38. 柱头和蕊喙分开；蕊喙大，为舌状；叶1枚，基生 ················ 35. 舌喙兰属 **Hemipilia**
38. 柱头和蕊喙的下部不分开；蕊喙小得多；叶多枚，茎生。
　39. 蕊喙折叠；花苞片多叶状；唇瓣倒卵形，全缘或近全缘 ······ 36. 苞叶兰属 **Brachycorythis**
　39. 蕊喙不折叠；花苞片非叶状；唇瓣舌状，肥厚，不裂 ············ 37. 舌唇兰属 **Platanthera**
37. 柱头隆起，肥厚。
　40. 退化雄蕊具长柄，线形或长圆形，或大、卵圆形或倒卵形；无蕊喙；药隔顶部有细尖；花被靠合成兜状；花倒置，唇瓣位于下方 ············ 41. 尖药兰属 **Diphylax**
　40. 退化雄蕊无柄。
　　41. 蕊喙不能和柱头区别；花不倒置，唇瓣位于上方；植株基部具茎状、具节、匍匐的根状茎；花很小 ············ 40. 反唇兰属 **Smithorchis**
　　41. 蕊喙能和柱头区别；花倒置，唇瓣位于下方；植株基部具掌状裂的肉质块茎或指状、肉质、横卧的根状茎；花大。
　　　42. 粘盘裸露；唇瓣顶端微凹，3浅裂，中裂片较侧裂片小；植株基部具掌状裂的肉质块茎 ············ 38. 凹舌兰属 **Coeloglossum**
　　　42. 粘盘被蕊喙边缘形成的蚌壳状粘囊包着；唇瓣顶端钝，不微凹，基部两边各有1枚很小裂片；植株基部具指状、肉质、横卧的根状茎 ············ 39. 蜻蜓兰属 **Tulotis**
35. 柱头2个，分离，或多或少在蕊喙之下的凹穴中突起；唇瓣具显著的距，稀囊状，有时平。
43. 粘囊卷成角状；蕊喙短；柱头近棍棒状；唇瓣常无距 ············ 42. 角盘兰属 **Herminium**
43. 粘盘不卷，或有时稍卷，非角状；唇瓣常具距。
　44. 蕊喙无臂，鸟喙状或四方形。
　　45. 蕊喙菱状四方形，无齿；植株基部具肉质、不裂或掌状裂的块茎；粘盘裸露。
　　　46. 块茎全缘，不裂；柱头近棍棒状或椭圆形。
　　　　47. 总状花序花不偏向一侧；萼片分离；叶多1枚，茎生 ·········· 43. 无柱兰属 **Amitostigma**
　　　　47. 总状花序花常偏向一侧；萼片在3/4以上靠合成兜；叶稀1枚，多2-4枚，茎生 ············ 44. 兜被兰属 **Neottianthe**
　　　46. 块茎下部掌状裂；总状花序花不偏向一侧；萼片离生；花瓣和中萼片多少靠合；柱头楔形 ············ 45. 手参属 **Gymnadenia**
　　45. 蕊喙为鸟喙状，中部两侧各具1齿；植株基部具指状、肉质、近平展的根状茎；粘盘藏在由唇瓣和蕊柱形成的穴内；叶（1）2-3枚，基生；唇瓣3裂 ············ 46. 长喙兰属 **Tsaiorchis**
　44. 蕊喙有臂，非四方形，非鸟喙状。
　　48. 粘盘藏在蕊喙臂末端筒内 ············ 47. 白蝶兰属 **Pecteilis**
　　48. 粘盘多半裸露。
　　　49. 蕊喙臂很短；药室并行，靠近；花小；退化雄蕊位于蕊柱基部两侧，常较宽 ············ 48. 阔蕊兰属 **Peristylus**
　　　49. 蕊喙壁长；药室叉开。
　　　　50. 总状花序常具几朵至多花；花瓣不很宽；蕊喙厚，形小；柱头2，隆起或为柱头枝，离生 ········· 49. 玉凤花属 **Habenaria**
　　　　50. 总状花序具1-2花；花瓣宽卵形；蕊喙膜质，宽；柱头2，隆起，极为伸长，并行，下半部合生 ············ 50. 合柱兰属 **Diplomeris**
34. 柱头1个或为2个隆起成垫状，不位于蕊喙下方的凹穴内，有柄或无柄。
51. 柱头2个，有柄，柄贴生于蕊喙基部；药隔很宽并为兜状；唇瓣内面无孔 ····· 51. 兜蕊兰属 **Androcorys**
51. 柱头1个，无柄，不贴生蕊喙；药隔窄；唇瓣内面基部之上具2孔 ···· 52. 孔唇兰属 **Porolabium**
33. 花药由于蕊柱后弯而位于后侧；唇瓣直立，多少与蕊柱合生，基部无距；叶长不及2厘米 ············ 53. 双袋兰属 **Disperis**

19. 花粉团为均匀粒粉质，无可分小团块。

 52. 叶多枚，基生；地下具成簇肉质根。

  53. 花期有叶；花序扭转；侧萼片离生 ･････････････････････････････ 28. 绶草属 Spiranthes

  53. 花期无叶（叶在花枯萎后出现）；花序不扭转；侧萼片约1/2合生 ･･････ 29. 肥根兰属 Pelexia

 52. 叶1-2枚，基生或茎生。

  54. 叶基生；花数朵，排成顶生总状花序。

   55. 叶扁平，宽数厘米，基部有长柄；地下有少数近肉质根 ････････････ 32. 隐柱兰属 Cryptostylis

   55. 叶圆柱形，径2-3毫米，无柄；地下有球形块茎 ･･････････････････ 33. 葱叶兰属 Microtis

  54. 叶茎生；花1-2（3）朵。

   56. 叶卵形或心形，长不及2厘米，具网状脉；地下有球形块茎。

    57. 花苞片非叶状；唇瓣具2距 ･･････････････････････････････ 30. 铠兰属 Corybas

    57. 花苞片叶状；唇瓣无距 ･･････････････････････ 31. 指柱兰属 Stigmatodactylus

   56. 叶长圆形或其他形状，长3-8厘米，无网状脉；地下无块茎 ････････ 60. 朱兰属 Pogonia

10. 腐生植物，无绿叶。

 58. 萼片与花瓣多少合生成筒状；地下有肉质块状根状茎。

  59. 花粉团2个；萼片与花瓣合生成花被筒，顶端具5裂片；柱头常位于蕊柱基部 ･････ 62. 天麻属 Gastrodia

  59. 花粉团4个；萼片与花瓣基部至中部合生成花被筒；柱头位于蕊柱近顶端。

   60. 蕊柱无翅，有短的蕊柱足 ･･････････････････････････････ 63. 双唇兰属 Didymoplexis

   60. 蕊柱上有2个长镰刀状翅，无蕊柱足 ･････････････････････ 64. 锚柱兰属 Didymoplexiella

 58. 萼片与花瓣离生。

  61. 子房顶端与萼片基部间有1个杯状附属物（副萼）･･････････････････ 59. 盂兰属 Lecanorchis

  61. 子房与萼片间无杯状附属物。

   62. 地下具缩短、较坚硬根状茎和成簇、肉质纤维根；花粉团无花粉团柄，无粘盘。

    63. 唇瓣先端非2深裂，非长渐尖；蕊喙较小，短于花药；花粉团2个，每个多少纵裂为2。

     64. 唇瓣基部有距，中裂片有纵褶片 ･････････････････ 6. 头蕊兰属 Cephalanthera

     64. 唇瓣基部无距，中裂片无纵褶片 ･････････････････ 7. 无叶兰属 Aphyllorchis

    63. 唇瓣先端2深裂，稀不裂而为长渐尖；无任何蕊喙痕迹或蕊喙大，常与花药近等长；花粉团2个，每个不再纵裂为2。

     65. 能育雄蕊2枚，位于近蕊柱顶端的前后两侧 ･････････ 9. 双蕊兰属 Diplandrorchis

     65. 能育雄蕊1枚。

      66. 花丝明显；柱头顶生；无蕊喙 ･･････････････ 10. 无喙兰属 Holopogon

      66. 花丝很短，不明显；柱头侧生或近顶生；蕊喙大，常与花药近等长 ･････ 11. 鸟巢兰属 Neottia

   62. 地下具纺锤状、珊瑚状、块状或圆柱状肉质根状茎；花粉团具纤细的花粉团柄或无柄而有粘盘。

    67. 花粉团附着于粘盘，无花粉团柄；唇瓣中部下方伸出宽而钝的距 ･･････ 68. 宽距兰属 Yoania

    67. 花粉团具花粉团柄；唇瓣基部伸出宽距或无距。

     68. 根状茎圆柱状，根粗短、肥厚、肉质，排生于根状茎上；蕊喙直立，2裂 ･･････････
     ･･･ 24. 叠鞘兰属 Chamaegastrodia

     68. 根状茎珊瑚状或块状；蕊喙不裂。

      69. 唇瓣无距；花药有细长花丝，生于蕊柱后方近基部；花粉团柄1个 ･･････
      ･･･ 65. 肉药兰属 Stereosandra

      69. 唇瓣有距；花药无细长花丝，生于蕊柱上部；花粉团柄2个 ･･････ 66. 虎舌兰属 Epipogium

5. 花粉团蜡质，坚硬或较坚硬；大部为附生植物，较少为地生植物（包括少数腐生种类），叶常具关节。

  70. 植株单轴生长，无假鳞茎或肥厚根状茎、块茎；花粉团坚硬，具粘盘柄。

    71. 植株无绿叶，至少花期如此。

      72. 微型植物；花葶直立，长不及2厘米，无毛 ·············· 127. **带叶兰属 Taeniophyllum**

      72. 较小型植物；花葶下垂，长10厘米以上，密被毛 ·············· 148. **异型兰属 Chiloschista**

    71. 植株具正常绿叶。

      73. 花粉团4个，近球形，离生。

        74. 地生植物；唇瓣5裂 ·············· 129. **五唇兰属 Doritis**

        74. 附生植物。

          75. 植株大型；花葶上举，花序轴粗；蕊柱粗短；柱头位于蕊柱上端 ········ 128. **肉兰属 Sarcophyton**

          75. 植株小型；花葶下垂或外弯，花序轴纤细；蕊柱细长；柱头位于蕊柱基部 ·············
················· 130. **象鼻兰属 Nothodoritis**

      73. 花粉团2个，有时每个又劈裂为2片，非球形。

        76. 花粉团无裂隙，凹缺或孔隙。

          77. 微型植物，茎不明显；花不甚张开，长不及4毫米，萼片和花瓣基部合生成筒状 ·············
················· 166. **拟蜘蛛兰属 Micrototorchis**

          77. 小型至中型植物，茎明显；花开展（除槌柱兰属Malleola外），长4毫米以上，萼片与花瓣离生。

          78. 蕊柱无蕊柱足。

            79. 唇瓣侧裂片大，前端边缘具细齿或流苏 ·············· 170. **巾唇兰属 Pennilabium**

            79. 唇瓣侧裂片不明显，边缘无流苏和锯齿 ·············· 171. **槌柱兰属 Malleola**

          78. 蕊柱具蕊柱足。

            80. 唇瓣连接蕊柱足，无活动关节，距向前鼓起 ·············· 168. **管唇兰属 Tuberolabium**

            80. 唇瓣具1个活动关节连接蕊柱足末端。

              81. 花葶无毛；唇瓣距在中部向前鼓起 ·············· 169. **虾尾兰属 Parapteroceras**

              81. 花葶密生小刺毛；唇瓣距不偏鼓 ·············· 167. **火炬兰属 Grosourdya**

        76. 花粉团具裂隙、凹缺或孔隙。

          82. 每个花粉顶端具1个孔隙。

            83. 唇瓣基部无距，亦无囊。

              84. 叶厚肉质，细圆柱形；侧萼片背面中肋常隆起呈翅状 ·············· 161. **钗子股属 Luisia**

              84. 叶革质或薄肉质，扁平；侧萼片背面中肋不隆起为翅状 ·············· 162. **香兰属 Haraella**

            83. 唇瓣基部具距或囊。

              85. 唇瓣基部距常盆状、钢盔状或囊袋状，距口上缘不向上延伸为侧裂片；花粉团粘盘前端又状
              2裂 ·············· 163. **盆距兰属 Gastrochilus**

              85. 唇瓣基部距圆筒状或角状，距口上缘两侧向上延伸为高出唇瓣片的侧裂片；花粉团粘盘前端
              不裂。

                86. 叶圆柱形或半圆柱形，近轴面常具窄纵沟；唇瓣中裂片舌状 ·············
················· 164. **槽舌兰属 Holcoglossum**

                86. 叶扁平或呈V字形对折而近轴面具较宽纵沟；唇瓣中裂片非舌形 ·············
················· 165. **鸟舌兰属 Ascocentrum**

          82. 每个花粉团劈裂为不等大2片或半裂、具沟。

            87. 每个花粉团半裂或具沟。

88. 蕊柱足明显。
　89. 叶圆柱形 ··· 154. 凤蝶兰属 Papilionanthe
　89. 叶扁平。
　　90. 唇瓣无距。
　　　91. 唇瓣基部连接蕊柱足末端，形成活动关节 ················· 156. 低药兰属 chamaeanthus
　　　91. 唇瓣基部连接蕊柱末端，不形成活动关节 ················· 155. 蝴蝶兰属 Phalaenopsis
　　90. 唇瓣具距。
　　　92. 距向前弯曲，末端常指向唇瓣中裂片背面（底部），与蕊柱足成锐角或钝角；唇瓣中裂片大，扁平 ···
　　　　··· 159. 指甲兰属 Aerides
　　　92. 距短而钝，不弯曲，末端与蕊柱足常同一水平；唇瓣中裂片肉质，退化 ···························
　　　　··· 160. 长足兰属 Preroceras
88. 蕊柱足无或很不明显。
　93. 唇瓣基部具可活动关节连接蕊柱基部或蕊柱足末端 ··········· 158. 萼脊兰属 Sedirea
　93. 唇瓣基部连接蕊柱足，无关节。
　　94. 粘盘柄宽短，粘盘近宽圆形 ······························· 150. 万代兰属 Vanda
　　94. 粘盘柄窄长，常向顶端变宽，粘盘非宽圆形。
　　　95. 大型植物，具粗厚的气根和大而肥厚的叶，叶长20厘米以上；唇瓣距的末端常朝向后方 ·············
　　　　··· 151. 钻喙兰属 Rhynchostylis
　　　95. 中型植物，无上述其他特征。
　　　　96. 唇瓣距较宽短，长不及宽2倍，末端常膨大呈球形或拳卷状，距内壁具附属物 ·······················
　　　　　··· 153. 寄树兰属 Robiquetia
　　　　96. 唇瓣距较细长，长大于粗5倍以上，末端不膨大，距内无附属物。
　　　　　97. 唇瓣中裂片肥厚，距漏斗状骤向末端变窄并向前弯曲；粘盘柄向上呈肩状扩大成S形弯曲 ·····
　　　　　　··· 152. 叉喙兰属 Uncifera
　　　　　97. 唇瓣中裂片大而平展，距细圆筒状，上下近等粗，稍弧曲；粘盘柄窄卵状楔形，非S形弯曲 ···
　　　　　　··· 157. 风兰属 Neofinetia
87. 每个花粉团劈裂为不等大的2片。
　98. 蕊柱具长或短的蕊柱足。
　　99. 唇瓣3裂，两侧裂片基部间或中裂片基部具肉突或叉状附属物。
　　　100. 唇瓣两侧裂片基部下延成尖距 ··························· 149. 尖囊兰属 Kingidium
　　　100. 唇瓣两侧裂片基部不下延，无距 ······················· 155. 蝴蝶兰属 Phalaenopsis
　　99. 唇瓣3裂，两侧裂片基部间或中裂片基部无任何附属物 ······ 147. 白点兰属 Thrixspermum
　98. 蕊柱的蕊柱足不明显或无。
　　101. 唇瓣具可活动关节连接蕊柱基部。
　　　102. 萼片、花瓣宽卵形或宽匙状椭圆形，长不及宽的2倍。
　　　　103. 短茎植物；唇瓣基部稍凹陷；粘盘柄长倒卵状楔形，粘盘近圆形 ····· 145. 湿唇兰属 Hygrochilus
　　　　103. 长茎植物；唇瓣具短距；粘盘柄三角形，宽短，粘盘马鞍形 ······· 144. 花蜘蛛兰属 Esmeralda
　　　102. 萼片、花瓣窄匙形或窄长圆形，下弯呈蜘蛛状，长为宽的4倍以上 ·········· 146. 蜘蛛兰属 Arachnis
　　101. 唇瓣连接蕊柱基部无活动关节。
　　　104. 唇瓣基部无距、无囊，有时凹陷。
　　　　105. 中型至大型植物，茎粗6毫米以上，若粗1厘米内则叶鞘具多数疣状凸起；唇瓣短于萼片或花瓣；
　　　　　　粘盘马鞍形或肾形，比粘盘柄的基部宽 ················· 131. 拟万代兰属 Vandopsis
　　　　105. 中型植物，茎粗5-7毫米，叶鞘平滑；唇瓣长于萼片或花瓣；粘盘三角形，比粘盘柄的基部宽 ···
　　　　　··· 132. 蛇舌兰属 Diploprora

104. 唇瓣基部具距或囊。

  106. 唇瓣距内具1条纵隔膜或脊。

    107. 花序长约1厘米,具少花;蕊柱顶端两侧各具1条线形而弯曲的的附属物 ……………………………………………………………… 141. **钻柱兰属 Pelantantheria**

    107. 花序(除蜈蚣兰Cleisostoma scolopendrifolium外)长3厘米以上,通常具多数花;蕊柱顶端无附属物。

      108. 蕊喙很大,立于窄小的药床之前方;粘盘柄长线形,沿蕊喙前端边缘而弯曲 ……………………………………………………………… 142. **大喙兰属 Sarcoglyphis**

      108. 蕊喙很小,前伸;粘盘柄形状多样,非上述情况 ………… 143. **隔距兰属 Cleisostoma**

  106. 唇瓣距内无隔膜。

    109. 距内壁具附属物,附属物常舌状。

      110. 距内背壁中部或底部具1枚直立顶端2裂常伸出距口的舌状物;蕊柱齿不明显,无毛 ……………………………………………………………… 140. **鹿角兰属 Pamatocalpa**

      110. 距内背壁上部具被毛舌状物;蕊柱和其顶端两侧的蕊柱齿被硬毛或乳突状毛。

        111. 花序很短,远比叶短,不分枝,具1至数朵密集的花 ……… 138. **毛舌兰属 Trichoglottis**

        111. 花序长,约等长于叶或远比叶长,常分枝,疏生少数至多数花 ……… 139. **掌唇兰属 Staurochilus**

    109. 距内壁常无胼胝体或舌状附属物。

      112. 花不扭转,唇瓣在上方,距内壁被毛 ……………………… 134. **脆兰属 Acampe**

      112. 花扭转,唇瓣在下方。

        113. 唇瓣中裂片边缘不整齐或具流苏,距远离蕊柱 ……………… 133. **羽唇兰属 Ornithochilus**

        113. 唇瓣中裂片全缘,距常贴向子房。

          114. 花大,火红色,萼片或花瓣长2厘米以上,边缘波状 …………… 136. **火焰兰属 Renanthera**

          114. 花中等大,白或带紫红色,稀紫红色,萼片或花瓣长不及4毫米,边缘非波状。

            115. 距口具厚肉质横隔状附属物;药帽前端收窄或不收窄,不翘起;粘盘宽卵状三角形或半圆形,比粘盘柄长或约等长 ……………… 135. **盖喉兰属 Smitinandia**

            115. 距口前方有时具1舌状附属物;药帽前端收窄翘起;粘盘长圆形比粘盘柄长得多 ……………………………………………………………… 137. **匙唇兰属 Schoenorchis**

70. 植株合轴生长,多具假鳞茎或肥厚根状茎、块茎;花粉团不甚坚硬,无粘盘柄,少数属例外。

  116. 2枚侧萼片合生成1枚合萼片 ………………………………… 83. **合萼兰属 Acriopsis**

  116. 2枚侧萼片离生,或与中萼片合生成筒。

    117. 花粉团2个。

      118. 自养植物;叶1枚;花粉团无花粉团柄,无粘盘,有时附着松散粘质物;蕊柱足明显。

        119. 蕊柱足无向下延伸的萼囊 ……………………………… 98. **密花兰属 Diglyphosa**

        119. 蕊柱足具向下延伸的萼囊。

          120. 两枚侧萼片基部合生成窄长萼囊 ……………………… 96. **吻兰属 Collabium**

          120. 两枚侧萼片在基部不合生,萼囊宽短 …………………… 97. **金唇兰属 Chrysoglossum**

      118. 自养植物或腐生植物,前者具2至多枚叶,后者无绿叶;花粉团附着粘盘,或有时兼有花粉团柄;蕊柱足常无,较少例外。

        121. 唇瓣基部成囊状或距;花粉团有柄连接粘盘;叶有长柄,叶柄常套叠而成假茎,若为腐生植物则蕊柱足十分明显。

          122. 花序直立;药帽有2个暗色突起;唇瓣3裂 …………… 80. **美冠兰属 Eulophia**

          122. 花序俯垂;药帽无上述突起;唇瓣常不裂或不明显3裂 …………… 81. **地宝兰属 Geodorum**

        121. 唇瓣基部无囊状,无距;花粉团粘附粘盘,无花粉团柄;叶无长柄或由长柄套叠而成的假茎,若为腐生植物则无蕊柱足 ………………… 82. **兰属 Cymbidium**

117. 花粉团4-8个。

  123. 花粉团8个。

    124. 花粉团有柄连接粘盘。

      125. 蕊柱足无；唇瓣基部非囊状；药帽直立，有喙 ················· 119. **矮柱兰属 Thelasis**

      125. 蕊柱足明显；唇瓣基部常与蕊柱足合生成囊状；药帽平卧，无喙 ············· 120. **馥兰属 Phreatia**

    124. 花粉团常无柄，附着粘盘或粘质物，有时无粘盘又无粘质物，稀每个花粉团均有柄。

      126. 蕊柱有蕊柱足，有萼囊。

        127. 花葶或花序从茎或假鳞茎上部至顶端处发出。

          128. 3枚萼片不同程度合生成萼筒,萼筒圆筒状或近坛状。

            129. 花序具10余朵或更多的花 ············· 115. **宿苞兰属 Cryptochilus**

            129. 花序具1-2花,花似着生假鳞茎顶端 ············· 113. **盾柄兰属 Porpax**

          128. 3枚萼片离生或侧萼片基部均着生蕊柱足,不合生成萼筒。

            130. 蕊柱顶端有2个臂状物；茎不膨大成假鳞茎,具1枚叶 ········· 114. **牛角兰属 Ceratostylis**

            130. 蕊柱顶端无上述臂状物；茎常膨大成假鳞茎,至少基部如此,如无假鳞茎则叶多于1枚。

              131. 侧萼片着生蕊柱足；花瓣常无毛；蕊柱直立或略向前弧曲,蕊柱足无垫状胼胝体 ·············

                ············· 111. **毛兰属 Eria**

              131. 侧萼片不着生于蕊柱足；花瓣两面无毛；蕊柱向前弯曲成钩状或成直角,蕊柱足有肉质垫状

                胼胝体 ············· 112. **美柱兰属 Callostylis**

        127. 花葶或花序从假鳞茎一侧中部至基部或根状茎上发出。

          132. 假鳞茎无节,至少中部无节；萼片离生；蕊柱足短于或等长于蕊柱,平展。

            133. 花期无叶（花葶先叶出现）；无假鳞茎和明显的茎；根状茎肉质、横生、多少轭状 ·············

              ············· 89. **粉口兰属 Pachystoma**

            133. 花期具叶（花葶出现时具叶）。

              134. 叶1枚,具柄或其细长似叶柄的假鳞茎。

                135. 叶基部常楔形（仅Tainia ovifolia和T. emeiensis的叶基部近圆）；叶柄与假鳞茎有明显

                区别 ············· 86. **带唇兰属 Tainia**

                135. 叶基部心形或近圆；叶柄似假鳞茎,无明显区别。

                  136. 花不扭转,唇瓣位于上方,基部有短距 ············· 85. **云叶兰属 Nephelaphyllum**

                  136. 花扭转,唇瓣位于下方,基部无距或具长距。

                    137. 唇瓣具细长距；蕊柱无蕊柱足；侧萼片基部无萼囊 ········· 88. **滇兰属 Hancockia**

                    137. 唇瓣无距；蕊柱具长而弯曲的蕊柱足；侧萼片基部与蕊柱足形成宽阔萼囊 ·············

                  ············· 84. **球柄兰属 Mischobulbum**

              134. 叶2至多枚（苞舌兰属Spathoglottis偶尔具1枚叶）,具柄或基部下延为鞘状柄,与低出叶形

              成假茎,或鞘状柄紧抱长茎状的假鳞茎节间；叶柄（或鞘状柄）和假茎明显区别于假鳞茎。

                138. 蕊柱具长的蕊柱足,唇瓣具活动关节与蕊柱足末端连接 ············· 87. **毛梗兰属 Eriodes**

              138. 蕊柱（除Calanthe labrosa外）无蕊柱足。

                139. 叶线状披针形或披针形,生于扁球形假鳞茎顶端；唇瓣中裂片具爪,爪具2枚肥厚附属

                物,无距 ············· 90. **苞舌兰属 Spathoglottis**

                139. 叶椭圆形或椭圆状披针形,若为线形或线状披针形,则无球形假鳞茎；唇瓣中裂片无爪

                和附属物。

                  140. 唇瓣基部无距或囊；中裂片上面具多数小泡状附属物 ·············

                  ············· 91. **黄兰属 Cephalantheropsis**

140. 唇瓣基部常有距,稀无距;中裂片上面无泡状附属物。

　141. 植株常较小;叶近基生;唇瓣基部(除Calanthe labrosa和C. actinomorpha外)与蕊柱两侧的翅有不同程度的合生而形成管;蕊柱常较短 ·························· 93. **虾脊兰属 Calanthe**

　141. 植株常较高大;叶疏离互生于长茎状的假鳞茎上或紧密互生于假鳞茎顶端;唇瓣基部常与蕊柱翅离生,稀与蕊柱翅的基部稍合生;蕊柱粗长 ·························· 92. **鹤顶兰属 Phaius**

132. 假鳞茎中部有节;萼片合生成萼筒;蕊柱足长于蕊柱,向上弯曲 ········· 94. **坛花兰属 Acanthephippium**

126. 蕊柱无明显蕊柱足,无萼囊。

　142. 花成密集头状花序;萼片长不及5毫米 ····························· 116. **禾叶兰属 Agrostophyllum**

　142. 花成总状花序;萼片长2.5-4厘米或过之。

　　143. 叶花后不脱落;唇瓣无距 ··································· 99. **竹叶兰属 Arundina**

　　143. 叶花后脱落;唇瓣有距 ··································· 100. **笋兰属 Thunia**

123. 花粉团4-6个。

144. 萼片下半部合生成筒,筒几垂直于子房,似丁字状着生 ················· 95. **筒瓣兰属 Anthogonium**

144. 无上述综合特征。

　145. 腐生植物,无绿叶。

　　146. 地下具纤细、近圆筒形、直生根状茎;萼片长1-2毫米,唇瓣不裂 ············ 73. **紫茎兰属 Risleya**

　　146. 地下具珊瑚状根状茎;萼片长0.4-1厘米,唇瓣3裂 ············ 79. **珊瑚兰属 Corallorhiza**

　145. 自养植物,有绿叶。

　　147. 蕊柱有明显的蕊柱足,萼囊清晰可见。

　　　148. 花序从假鳞茎基部或根状茎上发出。

　　　　149. 花粉块仅有花粉团,无粘盘和粘盘柄 ··················· 124. **豆石兰属 Bulbophyllum**

　　　　149. 花粉块具花粉团、粘盘和粘盘柄。

　　　　　150. 蕊柱具长而弯曲蕊柱足;中萼片与侧萼片不同,侧萼片基部贴生蕊柱足中部而远离中萼片 ······
　　　　　　·· 125. **短瓣兰属 Monomeria**

　　　　　150. 蕊柱足很短或无;萼片相似,侧萼片贴生于蕊柱基部或蕊柱足末端 ··· 126. **大苞兰属 Sunipia**

　　　148. 花序从茎或假鳞茎中上部或顶端发出。

　　　　151. 花粉块只有花粉团而无花粉团柄和粘盘;茎肉质或节间膨大形成假鳞茎,有时成竹茎状或末端成竹鞭状,或全部为两侧扁的肉质叶基所包。

　　　　　152. 植株无茎,仅具密生或在根状茎上疏生的单节假鳞茎,通常顶生1-2枚叶 ·····
　　　　　　·· 123. **厚唇兰属 Epigeneium**

　　　　　152. 植株具茎或节间膨大肉质假鳞茎,或茎假鳞茎状,具2个以上的节。

　　　　　　153. 叶1枚顶生于茎顶端或分枝顶端的假鳞茎上;花的寿命半天 ··· 122. **金石斛属 Flickingeria**

　　　　　　153. 叶1至多枚互生于茎上,稀顶生于假鳞茎状茎上;花寿命数天以上 ·················
　　　　　　·· 121. **石斛属 Dendrobium**

　　　　151. 花粉块由花粉团、花粉团柄和粘盘组成;茎非肉质,非竹茎状或竹鞭状,无两压扁的肉质叶,无裸露假鳞茎,茎基部稀膨大成球茎状。

　　　　　154. 叶数枚,近基生;花葶从叶丛中抽出 ··················· 110. **多穗兰属 Polystachya**

　　　　　154. 叶数十枚,紧密而2列生于茎上;花序从茎上部叶腋和顶端发出。

　　　　　　155. 花粉团6个 ··· 117. **牛齿兰属 Appendicula**

　　　　　　155. 花粉团4个 ··· 118. **柄唇兰属 Podochilus**

　　147. 蕊柱无蕊柱足,无萼囊。

　　　156. 花粉团无花粉团柄,无粘盘和粘盘柄,稀有粘质物。

　　　　157. 植株具长茎而无假鳞茎;叶多枚,散生茎上,秋季脱落 ··········· 100. **笋兰属 Thunia**

157. 植株具假鳞茎；叶1-2枚，生于假鳞茎顶端，秋季不脱落。

  158. 叶扁平，非两侧扁，非圆柱形。

    159. 蕊柱较长，向前弓曲；唇瓣位于下方；附生或地生植物 ┈┈┈┈┈┈ 69. 羊耳蒜属 **Liparis**

    159. 蕊柱短，直立；唇瓣常位于上方；地生植物 ┈┈┈┈┈┈┈ 70. 沼兰属 **Malaxis**

  158. 叶两侧扁或有时圆柱形。

    160. 叶簇紧靠，呈丛生状 ┈┈┈┈┈┈┈┈ 71. 鸢尾兰属 **Oberonia**

    160. 叶簇散生于横走根状茎上 ┈┈┈┈┈┈ 72. 套叶兰属 **Hippephyllum**

156. 花粉团具花粉团柄或有时具粘盘柄，稀无柄而直接附着粘盘或粘质物。

  161. 附生植物，具绿色、裸露假鳞茎。

    162. 萼片基部成囊状 ┈┈┈┈┈┈┈┈┈ 107. 新型兰属 **Neogyna**

    162. 萼片基部非囊状。

      163. 唇瓣基部有距。

        164. 假鳞茎密集地着生根状茎，顶端生2枚叶；花多朵排成下垂总状花序；唇瓣的距向前上弯曲 ┈┈┈┈┈
        ┈┈┈┈┈┈┈┈┈┈┈┈ 108. 蜂腰兰属 **Bulleyia**

        164. 假鳞茎相连接，顶端生1枚叶；花单朵，不下垂，距伸直 ┈┈┈┈ 109. 瘦房兰属 **Ischnogyne**

      163. 唇瓣基部无距，有时呈囊状。

        165. 唇瓣基部成囊状。

          166. 蕊柱细长，与唇瓣近等长 ┈┈┈┈┈┈ 106. 耳唇兰属 **Otochilus**

          166. 蕊柱粗短，短于唇瓣 ┈┈┈┈┈┈┈┈ 105. 石仙桃属 **Pholidota**

        165. 唇瓣基部平或稍凹陷，非囊状。

          167. 唇瓣基部S形弯曲 ┈┈┈┈┈┈┈┈┈ 103. 曲唇兰属 **Panisea**

          167. 唇瓣基部非S形弯曲。

            168. 总状花序具20-30朵花；花径约1厘米；蕊柱两侧各有1个臂状物 ┈┈┈┈┈┈┈
            ┈┈┈┈┈┈┈┈┈┈ 104. 足柱兰属 **Dendrochilum**

            168. 总状花序常具数花或为单花，极稀具20余花（多花贝母兰 Coelogyne venuata）；花径3厘米
            以上；蕊柱两侧无臂状物。

              169. 花常2朵以上，极稀单朵，花期有叶；假鳞茎与叶长期存活 ┈┈┈ 101. 贝母兰属 **Coelogyne**

              169. 花单朵，花期常无叶或叶极幼嫩；假鳞茎与叶均短命，每年更新 ┈┈┈┈┈┈┈
              ┈┈┈┈┈┈┈┈┈┈┈┈ 102. 独蒜兰属 **Pleione**

  161. 地生植物，地下具非绿色、块状或球茎状假鳞茎。

    170. 植株具单花。

      171. 萼片长不及2厘米；唇瓣凹陷成向前延伸的囊 ┈┈┈┈┈┈ 77. 布袋兰属 **Calypso**

      171. 萼片长于2.5厘米；唇瓣基部有向下延伸的距 ┈┈┈┈ 78. 独花兰属 **Changnienia**

    170. 植株具多花；花成总状花序。

      172. 唇瓣基部有圆筒状距，距长于花梗和子房 ┈┈┈┈┈┈ 76. 筒距兰属 **Tipularia**

      172. 唇瓣基部无距或具囊状短距，后者短于花梗和子房。

        173. 萼片长0.5-1.1厘米；花粉块具纤细粘盘柄 ┈┈┈┈┈ 74. 山兰属 **Oreorchis**

        173. 萼片长1.5-3厘米；花粉块无粘盘柄 ┈┈┈┈┈┈┈ 75. 杜鹃兰属 **Cremastra**

1. 三蕊兰属 Neuwiedia Bl.

（陈心启 罗毅波）

亚灌木状草本，直立，具根状茎和支柱状气根。茎常较短，常不分枝。叶数枚至多枚，基部有柄抱茎。总状花序顶生。苞片较大，绿色；子房3室；花近辐射对称；萼片3枚相似或侧萼片略斜歪；花瓣3枚近相似，中央1枚

(唇瓣)常稍大或形态稍不同;蕊柱较短,上部花丝与花柱分离,能育雄蕊3,侧生2枚药室有时不等长,花丝明显,花药近基部背着,花粉不粘合成团块;花柱细圆柱状,柱头稍膨大。果浆果状,或蒴果。种子黑色,外种皮坚硬,有时两端有附属物。

　　约10种,产东南亚至新几内亚和太平洋岛屿。我国1种。

三蕊兰　　　　　　　　　　　　　　　图 591

Neuwiedia singapureana (Wall. ex Baker) Rolfe in Kew Bull. 1907: 412. 1907.

Tupistra singapureana Wall. ex Baker in J. Linn. Soc. Bot. 14: 581. 1874.

Neuwiedia veratrifolia auct. non Bl.: 中国高等植物图鉴 5: 602. 1976.

图 591 三蕊兰　(蔡淑琴绘)

　　植株高达50厘米;根状茎长达10厘米以上,径1-1.5厘米,节上生出稍木质气根。叶多枚,近簇生于短茎,披针形或长圆状披针形,长25-40厘米,宽3-6厘米;叶柄长5-10厘米,边缘膜质,基部抱茎。花序长6-8厘米,具10余朵或多花,有腺毛。苞片长1-1.5厘米,背面具腺毛,脉上毛密;子房椭圆形,多少具腺毛;花绿白色,不甚张开;萼片窄椭圆形,长1.5-1.8厘米,先端芒尖,背面上部有腺

毛;花瓣倒卵形,长约1.6厘米,背面中脉具腺毛;唇瓣与侧生花瓣相似,中脉较粗;蕊柱近直立,花丝与花柱合生部分长约8毫米,侧生雄蕊花丝扁平,长约3.5毫米,有中脉;中央雄蕊花丝较窄长,具中脉,花药线形,长5-6毫米,两药室基部不等长。花期5-6月。

　　产香港、海南及云南东南部,生于海拔约500米林下。越南、泰国、马来西亚、新加坡及印度尼西亚有分布。

2. 拟兰属　Apostasia Bl.

（陈心启　罗毅波）

　　亚灌木状草本。根状茎有时生出少数气根。茎较纤细,有时分枝,具多叶。叶常较密集,先端常有由边缘背卷而成的管状长芒。总状或圆锥状花序顶生或上部腋生,常外弯或下垂。子房3室,细长;花近辐射对称;有时中央1枚唇瓣较大;能育雄蕊2,花丝常较短,花药近基部背着,花药早期常多少包蕊柱,如有退化雄蕊则位于背侧,与中萼片对生;花粉不粘合成团块;花柱圆柱状;柱头顶生,小头状。蒴果,细圆柱形,略有3棱。种子黑色,外种皮坚硬。

　　约8种,产亚洲热带地区至澳大利亚,北达中国南部和琉球群岛。我国3种。

拟兰　　　　　　　　　　　　　　　图 592

Apostasia odorata Bl. Bijdr. 423. 1825.

　　植株高达40厘米。气根径1-3毫米。茎直立或下部匍伏,稀有1个分枝。叶披针形或线状披针形,长6-18厘米,宽0.7-1.9厘米。圆锥状花序顶生,常弯垂,具1-3侧枝,常有10余花。花梗和子房长1.5-2.2厘米,无毛;

花淡黄色,径约1厘米;萼片窄长圆形,长6-9毫米;花瓣与萼片相似,中脉较粗;蕊柱长约2毫米,背侧在退化雄蕊下方具2长约0.7毫米的近方

形翅；能育雄蕊的花丝长约1毫米，花药近线形，长4-5毫米,基部戟形，顶端细尖，两药室不等长，退化雄蕊近圆柱形，略短于花柱，上端约1毫米离生，余贴生花柱，花柱分离部分长5-6毫米。蒴果圆筒形，长1.5-2厘米，径2-3毫米；果柄长2-3毫米。花果期5-7月。

产广东北部及中部、海南、广西西南部、云南南部，生于海拔690-720米林下。东南亚及印度有分布。

图 592 拟兰 （引自《图鉴》）

3. 杓兰属 Cypripedium Linn.

（陈心启 罗毅波）

地生草本。茎直立，叶2至数枚，互生、近对生或对生，有时近铺地。花序顶生，常具单花或2-3花，极稀5-7花。苞片常叶状，稀非叶状或无；花大，常较美丽；2侧萼片常合成合萼片，先端分离，位于唇瓣下方，极稀离生；花瓣平展，唇瓣深囊状，囊内常有毛；蕊柱短，圆柱形，常下弯，具2侧生能育雄蕊、1枚退化雄蕊位于上方，柱头位于下方；花粉不粘合成花粉团块，退化雄蕊常扁平；柱头肥厚，3微裂，有乳突。蒴果。

50种，主产东亚、北美、欧洲温带地区和亚热带山地，南达喜马拉雅地区和中美洲危地马拉。我国32种。

1. 花下方有苞片,苞片小于叶。
  2. 叶常互生，稀近对生或对生，纸质，椭圆形、长圆形、扇形或其他形状，具多数平行脉或辐射状脉。
    3. 根状茎粗短；叶2至数枚，互生，具平行脉。
      4. 2侧萼片多少合生合萼片，唇瓣球形、椭圆形或扁球形，非倒圆锥形，囊口无毛。
        5. 花瓣近长圆形，短于中萼片，先端钝，花黄色，有时有红晕 ……………………… 1. 黄花杓兰 C. flavum
        5. 花瓣先端窄，长于中萼片，先端尖或渐尖，花各种颜色。
          6. 子房有腺毛，退化雄蕊基部常有花丝，花瓣常扭转；花常2-3朵，稀1朵。
            7. 萼片和花瓣栗色，唇瓣黄色 ………………………………………………… 2. 杓兰 C. calceolus
            7. 萼片和花瓣非栗色，至多有栗色脉纹，若为褐色则唇瓣非黄色。
              8. 花绿黄或黄绿色，有时有红色斑点，无栗色条纹 ……………… 3. 绿花杓兰 C. henryi
              8. 花非绿黄或黄绿色。
                9. 花褐或淡紫色，唇瓣长 1.6-2 厘米 ……………………… 4. 山西杓兰 C. shanxiense
                9. 花非褐色或淡紫色。
                  10. 叶常3-4，长(8-)15-20厘米，宽4.5-12厘米；花瓣长5.5-8厘米，唇瓣长5-7厘米 ………
                  ……………………………………………………………………………………… 5. 大叶杓兰 C. fasciolatum
                  10. 叶常2，长6-9厘米，宽2.5-3.5厘米；花瓣长3-4厘米，唇瓣长2.4-3.3厘米 ………
                  ……………………………………………………………………………………… 6. 华西杓兰 C. farreri
          6. 子房具短柔毛或无毛，无腺毛，退化雄蕊常无花丝。
            11. 子房无毛或疏被短柔毛。
              12. 唇瓣囊的背面无质地较薄的透明"窗"，囊口周围有白色或浅色的圈。

13. 叶两面多少被毛；花合萼片长2.2-3.2厘米，宽0.8-1厘米，退化雄蕊长6-7毫米 ……………………
…………………………………………………………………………… 8. 云南杓兰 **C. yunnanense**

13. 叶无毛或仅脉上被毛；花合萼片长3-6厘米，宽1.5-2厘米，退化雄蕊长1-2厘米。

14. 花红、粉红，稀白色，干后非黑紫色，花瓣脉纹不明显，退化雄蕊背面无龙骨状突起 ………
……………………………………………………………………… 7. 大花杓兰 **C. macranthum**

14. 花深红、紫或暗紫色，干后黑紫色，花瓣脉纹明显，退化雄蕊背面多少有龙骨状突起 ………
…………………………………………………………………………… 9. 西藏杓兰 **C. tibeticum**

12. 唇瓣的背面具若干质地较薄的透明"窗"，囊口周围无白色或浅色圈 … 10. 褐花杓兰 **C. smithii**

11. 子房密被长柔毛 ………………………………………………………… 11. 毛杓兰 **C. franchetii**

4. 2侧萼片离生，唇瓣深囊状，倒圆锥形，囊口有毛 ……………… 12. 离萼杓兰 **C. plectrochilum**

3. 根状茎细长；叶2枚，对生或近对生，具辐射状脉或平行脉，具平行脉叶干后常黑色。

15. 叶扇形，宽度超过长度，具辐射状脉；花中萼片长4.5-5.5厘米 ……… 13. 扇脉杓兰 **C. japonicum**

15. 叶椭圆形或卵状披针形，长大于宽，具平行脉；花中萼片长1.5-2.2厘米 … 14. 紫点杓兰 **C. guttatum**

2. 叶2枚，对生或近对生，草质，常心形或宽卵形，具3-7主脉。

16. 茎（叶以下部分）与花序梗（叶以上部分）均无毛；花序俯垂；子房无毛 … 15. 对叶杓兰 **C. debile**

16. 茎与花序梗均被毛；花序近直立，花略俯垂；子房被毛 ……… 16. 雅致杓兰 **C. elegans**

1. 花下方无苞片，至少无小于叶的苞片；叶有时具黑紫色斑点。

17. 根状茎细长；叶长6-9厘米，宽2.5-3厘米 ……………………… 17. 无苞杓兰 **C. bardolphianum**

17. 根状茎较粗短；叶长8.5-19厘米，宽6.5-16厘米。

18. 花瓣背面脉上被短柔毛或背面上侧被短柔毛，边缘具短缘毛。

19. 中萼片和花瓣黄色，有栗色脉纹，花瓣背面脉上具短柔毛或近无毛 … 18. 斑叶杓兰 **C. margaritaceum**

19. 中萼片栗褐或猪肝色，无明显脉纹，花瓣暗黄色，有栗色斑点，背面上侧被短柔毛 ………………
…………………………………………………………………………… 19. 丽江杓兰 **C. lichiangense**

18. 花瓣背面上侧密被长柔毛，边缘具长缘毛 ………………………… 20. 毛瓣杓兰 **C. fargesii**

1. 黄花杓兰

图 593 彩片 257

Cypripedium flavum P. F. Hunt et Summerh. in Kew Bull. 20: 51. 1966.

植株高达50厘米。根状茎粗短。茎直立，密被短柔毛。叶3-6，椭圆形或椭圆状披针形，长10-16厘米，宽4-8厘米，两面被短柔毛。花序顶生，常具1花，稀2花，花序梗被短柔毛。苞片被短柔毛；花梗和子房密被褐色或锈色短毛；花黄色，有时有红晕，唇瓣偶有栗色斑点；中萼片椭圆形，长3-3.5厘米，背面中脉与基部疏被微柔毛，合萼片宽椭圆形，长2-3厘米，先端几不裂，具微柔毛和细缘毛；

花瓣近长圆形，长2.5-3.5厘米，先端钝，唇瓣深囊状，长3-4.5厘米，囊底具长柔毛；退化雄蕊近圆形或宽椭圆形，长6-7毫米，近无花丝。蒴果

图 593 黄花杓兰 （引自《图鉴》）

窄倒卵形,长3.5-4.5厘米,被毛。花果期6-9月。

产宁夏南部、甘肃南部、青海东北部、湖北西部、四川、云南西北部及西藏东南部,生于海拔1800-3450米林下、林缘、灌丛中或草地多石湿润之地。

2. 杓兰　　图594 彩片258

Cypripedium calceolus Linn. Sp. Pl. 951. 1753.

植株高达45厘米。茎直立,被腺毛。叶3-4,椭圆形或卵状椭圆形,长7-16厘米,宽4-7厘米,背面疏被短柔毛。花序顶生,常具1-2花。花梗和子房具短腺毛;萼片和花瓣栗色或紫红色,唇瓣黄色;中萼片卵形或卵状披针形,长2.5-5厘米,背面中脉疏被短柔毛,合萼片与中萼片相似,先端2浅裂;花瓣线形或线状披针形,长3-5厘米,宽4-6毫米,扭转,唇瓣深囊状,长3-4厘米,囊底具毛;退化雄蕊近长圆状椭圆形,长0.7-1厘米,花丝长约1毫米,下面有龙骨状突起。花期6-7月。

产黑龙江(伊春带岭)、吉林东部、辽宁及内蒙古东北部,生于海拔500-1000米林下、林缘、灌丛中或林间草地。日本、朝鲜半岛、西伯利亚至欧洲有分布。

图 594 杓兰 （冯晋庸绘）

3. 绿花杓兰　　图595 彩片259

Cypripedium henryi Rolfe in Kew Bull. 1892: 211. 1892.

植株高达60厘米。茎直立,被短柔毛。叶4-5,椭圆状或卵状披针形,长10-18厘米,无毛或在背面近基部被短柔毛。花序顶生,具2-3花。苞片常无毛,稀背面脉上被疏柔毛。花梗和子房密被白色腺毛。花绿色或绿黄色;中萼片卵状披针形,长3.5-4.5厘米,背面脉上和近基部处稍有短柔毛,合萼片与中萼片相似,先端2浅裂;花瓣线状披针形,长4-5厘米,宽5-7毫米,稍扭转,背面中脉有短柔毛,唇瓣深囊状,长2厘米,囊底有毛;退化雄蕊椭圆形或卵状椭圆形,长6-7毫米,花丝长2-3毫米。蒴果近椭圆形或窄椭圆形,长达3.5厘米,被毛。花期4-5月,果期7-9月。

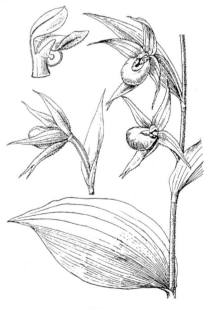

图 595 绿花杓兰 （冀朝祯绘）

产山西南部、陕西南部、甘肃南部、湖北西部、湖南西北部、四川、贵州北部及云南西北部,生于海拔800-2800米疏林下、林缘、灌丛坡地湿润和腐殖质丰富之地。

4. 山西杓兰　　图596 彩片260

Cypripedium shanxiense S. C. Chen in Acta Phytotax. Sin. 21(3): 343. pl. 1. f. 1. 1983.

植株高达55厘米。茎直立,被短

柔毛和腺毛。叶3-4，椭圆形或卵状披针形，长7-15厘米，两面脉上和背面基部有时有毛。花序顶生，常具2花，花序梗与花序轴被短柔毛和腺毛。苞片两面脉上被疏柔毛；花梗和子房密被腺毛和短柔毛；花褐或紫褐色，具深色脉纹，唇瓣常有深色斑点；退化雄蕊白色，有少数紫褐色斑点；中萼片披针形或卵状披针形，长2.5-3.5厘米，背面常有毛，合萼片与中萼片相似，先端2深裂；花瓣窄披针形或线形，长2.7-3.5厘米，宽4-5毫米，不扭转或稍扭转，唇瓣深囊状，长1.6-2厘米，囊底有毛；退化雄蕊长圆状椭圆形，长7-9毫米，花丝短。蒴果近梭形或窄椭圆形，长3-4厘米，疏被腺毛或无毛。花期5-7月，果期7-8月。

产黑龙江、吉林东部、内蒙古中南部、河北、山西、宁夏、甘肃、青海东北部及四川西北部，生于海拔1000-2500米林下或草坡。日本北部和俄罗斯库页岛有分布。

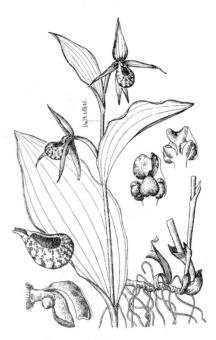

图 596 山西杓兰 （马 平绘）

5. 大叶杓兰　　图 597：1-2 彩片 261

Cypripedium fasciolatum Franch. in Journ. Bot. 8: 232. 1894.

植株高达45厘米。茎直立，无毛或上部近关节具短柔毛。叶3-4，椭圆形或宽椭圆形，长15-20厘米，无毛。花序顶生，常具1花，极稀2花，花序梗上端被短柔毛。苞片背面近基部脉偶有短柔毛；子房密被淡红褐色腺毛；花径达12厘米，有香气，黄色，萼片与花瓣具栗色脉纹，唇瓣有栗色斑点；中萼片卵状椭圆形或卵形，长5-6厘米，背面脉上略被微柔毛，合萼片与中萼片相似，宽2-2.5厘米，先端2浅裂；花瓣线状披针形或宽线形，长5.5-8厘米，宽0.8-1.5厘米，背面中脉被短柔毛，唇瓣深囊状，长5-7厘米，稍上举，囊口边缘稍齿状；退化雄蕊卵状椭圆形，长1.5-2厘米，基部有耳，花丝短。花期4-5月。

图 597: 1-2. 大叶杓兰 3-4. 华西杓兰 （冀朝祯绘）

产湖北西部及四川，生于海拔1600-2900米疏林中、山坡灌丛下或草坡。

6. 华西杓兰　　图 597：3-4 彩片 262

Cypripedium farreri W. W. Smith in Notes Roy. Bot. Gard. Edinb. 9: 102. 1906.

植株高达30厘米。茎直立，近无毛，叶常2，椭圆形或卵状椭圆形，长

6-9厘米，无毛。花序顶生，具1花，花序梗上部近顶端被短柔毛。苞片无毛；花梗和子房稍被腺毛；花有香

气；萼片与花瓣绿黄色，有较密集栗色纵纹，唇瓣蜡黄色，囊内有栗色斑点；中萼片卵状椭圆形，长3-3.5厘米，背面脉上疏被短毛，合萼片卵状披针形，与中萼片等长，宽约1.1厘米，先端2浅裂，背面脉上疏被短毛，合萼片卵状披针形，与中萼片等长，宽约1.1厘米，先端2浅裂，背面略被微柔毛；花

瓣披针形，长3-4厘米，宽6-7毫米，背面中脉被短柔毛，唇瓣深囊状，壶形，长2.5-3.5厘米，下垂，囊口近唇瓣基部，囊口边缘齿状；退化雄蕊近长圆状卵形，长约1厘米，宽约5毫米，花丝短。花期6月。

产甘肃南部、四川中部及西南部、云南西北部，生于海拔2600-3400米疏林下、多石草丛中或荫蔽岩壁上。

7. 大花杓兰 图 598 彩片 263

Cypripedium macranthum Sw. in Vetensk. Acad. Nya Handl. 21: 251. 1800.

植株高达50厘米。茎直立，稍被短柔毛或无毛。叶3-4，椭圆形或椭圆状卵形，长10-15厘米，两面脉上略被短柔毛或无毛。花序顶生，具1花，极稀2花，花序梗被短柔毛或无毛。苞片两面脉常被微柔毛；花梗和子房无毛；花紫、红或粉红色，常有暗色脉纹，极稀白色；中萼片宽卵状椭圆形或卵状椭圆形，长4-5厘米，无毛，合萼片卵形，长3-4厘米，先端2浅裂；花瓣披针形，长4.5-6厘米，脉纹不明

显，唇瓣深囊状，长4.5-5.5厘米，囊口径约1.5厘米；退化雄蕊卵状长圆形，长1-1.4厘米，无花丝，背面无龙骨状突起。蒴果窄椭圆形，长约4厘米，无毛。花期6-7月，果期8-9月。

产黑龙江、吉林、辽宁、内蒙古、河北、山东及台湾，生于海拔400-

图 598 大花杓兰 （马 平绘）

2400米林下、林缘或草坡腐殖质丰富和排水良好之地。日本、朝鲜及俄罗斯有分布。

8. 云南杓兰 图 599 彩片 264

Cypripedium yunnanense Franch. in Journ. Bot. 8: 231. 1894.

植株高达37厘米。茎直立，无毛或上部近节疏被短柔毛。叶3-4，椭圆形或椭圆状披针形，长6-14厘米，宽1-3.5厘米，上面无毛或疏被微柔毛，下面被微柔毛。花序顶生，具1花，花序梗上端疏被短柔毛。苞片两面疏被短柔毛；花梗和子房无毛或上部稍被毛；粉红、淡紫红，稀灰白色，有深色脉纹，退化雄蕊白色，中央具紫纹；中萼片卵状椭圆形，长2.2-3.2厘米，合萼片椭圆状披针形，与中萼片等长，宽0.8-1厘米，先端2浅裂；花瓣披针形，长2.2-3.2厘米，宽7-8毫米，唇瓣深囊状，长2.2-3.2厘米，宽1.5-1.8厘米，囊口周围有淡色圈；退化雄蕊椭圆形或卵形，长6-7毫米，

几无花丝。花期5月。

产四川、云南西北部及西藏东南部,生于海拔2700-3800米松林下、灌丛中或草坡。

9. 西藏杓兰
图 600 彩片 265

Cypripedium tibeticum King ex Rolfe in Journ. Linn. Soc. Bot. 29: 320. 1892.

植株高达35厘米。茎直立,无毛或上部近节被短柔毛。叶常3枚,椭圆形或宽椭圆形,长8-16厘米,无毛或疏被微柔毛。花序顶生,具1花。花

梗和子房无毛或上部偶有短柔毛;花大,俯垂,紫、紫红或暗紫色,常有淡绿黄色斑纹,干后黑紫色;花瓣脉纹明显,唇瓣囊口周围有白色或淡色的圈;中萼片椭圆形或卵状椭圆形,长3-6厘米,背面无毛,稀有疏微柔毛,合萼片与中萼片相似,略短而窄,先端2浅裂;花瓣披针形或长圆状披针形,长3.5-6.5厘米,宽1.5-2.5厘米;

唇瓣深囊状,长3.5-6厘米,近等宽或略窄,常皱缩,囊底有长毛;退化雄蕊卵状长圆形,长1.5-2厘米,宽0.8-1.2厘米,背面多少有龙骨状突起,近无花丝。花期5-8月。

产甘肃南部、四川、云南、西藏东部及南部,生于海拔2300-4200米疏林下、林缘、灌木坡地、草坡或乱石地。不丹及锡金有分布。

10. 褐花杓兰
图 601

Cypripedium smithii Schltr. in Acta Hort. Gothob. 1: 129. 1924.

植株高15-45厘米。茎直立,通常无毛,较少上部有短柔毛。叶3-4,椭圆形,长5-16.5厘米,两面近无毛,有细缘毛。花序顶生,具1花,花序柄被短柔毛。花梗和子房被疏毛;花大,深紫或紫褐色,仅唇瓣背侧有若干淡黄色质地较薄的透明"窗",囊口周围不具白色或浅色圈;中萼片椭圆状卵形,长3.5-5厘米;合萼片椭圆状披

针形,长3.2-4.2厘米,先端2浅裂;花瓣卵状披针形,长4.4-5.2厘米,内面基部具短柔毛;唇瓣深囊状,椭圆形,长3.5-4.2厘米,囊口与其他部分

图 599 云南杓兰
（引自《Genus Cypripedium》）

图 600 西藏杓兰
（仿《Curtis's Bot. Mag.》）

色泽一致,囊底有毛;退化雄蕊近长圆形,长1.3-1.5厘米,基部近无柄。花期6-7月。

产四川及云南西北部,生于海拔2600-3900米林下、林缘、灌丛中、草坡或山溪河床旁多石湿润处。

11. 毛杓兰   图 602 彩片 266

Cypripedium franchetii E. H. Wilson in Horticulture 16(5): 145. 1912.

植株高达35厘米。茎直立,密被长柔毛,上部毛更密。叶3-5,椭圆形或卵状椭圆形,长10-16厘米,两面脉疏被短柔毛。花序顶生,具1花,花序梗密被长柔毛;苞片两面脉具疏毛;花梗和子房密被长柔毛;花淡紫红或粉红色,有深色脉纹;中萼片椭圆状卵形或卵形,长4-5.5厘米,背面脉疏被短柔毛,合萼片椭圆状披针形,长3.5-4厘米,先端2浅裂,背面脉被短柔毛;花瓣披针形,长5-6厘米,宽1-1.5厘米,内面基部被长柔毛,唇瓣深囊状,长4-5.5厘米,宽3-4厘米;退化雄蕊卵状箭头形或卵形,长1-1.5厘米,基部具短耳,花丝短。花期5-7月。

图 601 褐花杓兰
(引自《Genus Cypripedium》)

产甘肃南部、青海东部及南部、陕西、山西南部、河南、湖北西部、四川及云南西北部,生于海拔1500-3700米疏林下或灌丛中湿润、腐殖质丰富和排水良好的地方,也生于湿润草坡。

12. 离萼杓兰   图 603 彩片 267

Cypripedium plectrochilum Franch. in Bull. Soc. Bot. France 32: 27. 1885.

植株高达30厘米。茎直立,被短柔毛。叶常3枚,椭圆形或窄椭圆状披针形,长4.5-6厘米,背面脉稀有微柔毛。花序顶生,具1花,花序梗纤细,被短柔毛。花梗和子房密被短柔毛;萼片栗褐或淡绿褐色;花瓣淡红褐或栗褐色,边缘白色,唇瓣白色,带粉红色晕;中萼片卵状披针形,长1.6-1.8厘米,宽7-8毫米,内外基部稍被毛,侧萼片离生,线状披针形,长1.6-1.8厘米,宽2毫米,基部与边缘具毛;花瓣线形,长1.6-2.1厘米,宽1-2毫米,唇瓣深囊状,略斜歪,长1.6-

图 602 毛杓兰
(引自《Genus Cypripedium》)

2.4厘米,宽约1厘米,囊口具短柔毛,囊底有毛;退化雄蕊宽倒卵形或方状倒卵形,长5-6毫米,花丝很短,背面有龙骨状突起。蒴果窄椭圆形,长约2厘米,宽5-6毫米,有棱,棱被短柔毛。花期4-6月,果期7月。

产湖北西部、四川、云南北部及西北部、西藏东南部,生于海拔2000-3600米林下、林缘、灌丛中或草坡多石之地。缅甸有分布。

13. 扇脉杓兰 图 604 彩片 268

Cypripedium japonicum Thunb., Fl. Jap. 30. 1784.

图 603 离萼杓兰 (匡柏生绘)

植株高达55厘米。根状茎较细长,横走。茎直立,被褐色长柔毛。叶常2枚,近对生,生于植株近中部。叶扇形,长10-16厘米,宽10-21厘米,上部边缘钝波状,基部近楔形,具扇形辐射状脉直达边缘,两面近基部均被长柔毛。花序顶生1花,花序梗被褐色长柔毛。苞片两面无毛;花梗和子房密被长柔毛;花俯垂;萼片和花瓣淡黄绿色,基部多少有紫色斑点,唇瓣淡黄绿或淡紫白色,多少有紫红色斑纹;中萼片窄椭圆形或窄椭圆状披针形,长4.5-5.5厘米,无毛,合萼片

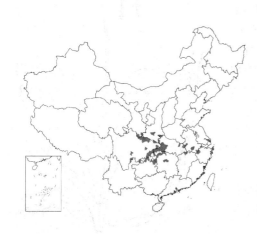

与中萼片相似,长4-5厘米,先端2浅裂;花瓣斜披针形,长4-5厘米,宽1-1.2厘米,唇瓣下垂,囊状,长4-5厘米,囊口略窄长,位于前方,周围有凹槽呈波浪状缺齿;退化雄蕊椭圆形,长约1厘米,基部有短耳。蒴果近纺锤形,长4.5-5厘米,疏被微柔毛。花期4-5月,果期6-10月。

产陕西南部、甘肃南部、安徽、浙江、江西北部、湖北、湖南、四川及贵州,生于海拔1000-2000米林下、灌木林下、林缘、溪谷旁、荫蔽山坡湿润和腐殖质丰富的土壤。日本有分布。

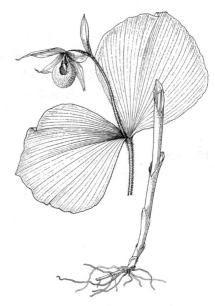

14. 紫点杓兰 图 605 彩片 269

Cypripedium guttatum Sw. in Kongl. Vetensk. Acad. Nya Handl. 21: 251. 1800.

图 604 扇脉杓兰 (冯晋庸绘)

植株高达25厘米。根状茎细长,横走。茎直立,被短柔毛和腺毛。顶端具叶。叶2枚,极稀3枚,常对生或近对生,生于植株中部或中部以上,椭圆形或卵状披针形,长5-12厘米,具平行脉,干后常黑或淡黑色。花序顶生1花,花序梗密被短柔毛和腺毛。花梗和子房被腺毛;花白色,具淡紫红或淡褐红色斑;中萼片卵状椭圆形,长1.5-2.2厘米,背面基部常疏被微柔毛,合萼片窄椭圆形,长1.2-1.8厘米,先端2浅裂;花瓣常近匙形或提琴形,长1.3-1.8厘米,先端近圆,唇瓣深囊状,钵形或深碗状,长与宽均约1.5厘米,囊口宽;退化雄蕊卵状椭圆形,长4-5毫米,先端微凹或近平截,上面有纵脊,背面龙骨状突起。蒴果近窄椭圆形,下垂,长约2.5厘米,被微柔毛。花期5-7月,果期8-9月。

产黑龙江、吉林、辽宁、内蒙古、河北、山西、山东、陕西、宁夏、青

海、四川、云南西北部及西藏,生于海拔500-4000米林下、灌丛中或草地。不丹、朝鲜半岛、西伯利亚、欧洲及北美西北部有分布。

15. 对叶杓兰 图 606 彩片 270

　　Cypripedium debile Rchb. f. Xenia Orch. 2: 223. 1874.

　　植株高达30厘米。茎直立,纤细,无毛,顶生2叶。叶对生或近对生,宽卵形或近心形,长2.5-7厘米,草质,两面无毛,具3-5主脉及不明显网脉。花序顶生,俯垂,具1花,花序梗纤细,无毛。苞片线形,无毛;花梗和子房无毛;花常下弯而位于叶之下方;萼片和花瓣淡绿或淡黄绿色,基部有栗色斑,唇瓣白色有栗色斑;中萼片窄卵状披针形,长1-2厘米,宽5-7毫米,无毛,合萼片与中萼片相似,常略小,先端几不裂;花瓣披针形,长1-2厘米,宽3-5毫米,常多少包

唇瓣,唇瓣深囊状,长1-1.5厘米,囊口较宽;退化雄蕊近圆形或卵形,长1-2毫米。蒴果窄椭圆形,长1-1.8厘米。花期5-7月,果期8-9月。

　　产台湾北部、甘肃南部、湖北西部及四川,生于海拔1000-3400米林下、沟边或草坡。日本有分布。

16. 雅致杓兰 图 607

　　Cypripedium elegans Rchb. f. in Flora 69: 561. 1886.

　　植株高达15厘米。根状茎细长,横走。茎直立,密被长柔毛,顶生2叶。叶对生或近对生,卵形或宽卵形,长4-5厘米,草质,两面疏生短柔毛,稀近无毛,具3(-5)主脉。花序顶生,近直立,具1花,花序梗长2-4厘米,被长柔毛。苞片卵形,稍被短毛;花梗和子房纵肋被毛;萼片与花瓣淡黄绿色,内面有栗色或紫红色条纹,唇瓣淡黄绿或近白色,略有紫红色条纹,中萼片椭圆状卵形,长1.5-2厘米,无毛,合萼片与中萼片相似,先端2浅裂;花瓣披针形,长1.5-

2厘米,宽4-5毫米,无毛,唇瓣囊状,近球形,长约1厘米,常上举,不露囊口,前方有3列紫色疣状突起;退化雄蕊横椭圆形,长约1.5毫米,宽

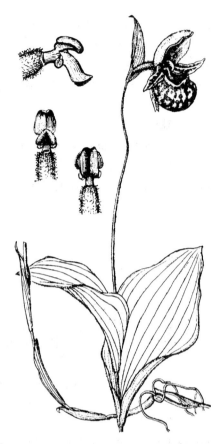

图 605 紫点杓兰 (马 平绘)

图 606 对叶杓兰
(引自《Genus Cypripedium》)

2毫米,花丝短。花期5-7月。

　　产云南西北部及西藏南部,生于海拔3600-3700米林下、林缘或灌丛中腐殖质丰富之地。尼泊尔、不丹、锡金及印度东北部有分布。

17. 无苞杓兰   图 608 彩片 271

Cypripedium bardolphianum W. W. Smith et Farrer in Notes Roy.
Bot. Gard. Edinb. 9: 101. 1916.

植株高达12厘米。根状茎细长，横走。茎直立，长2-3厘米，无毛，顶
生2叶。叶近对生，椭圆形，长6-7厘米，宽2.5-3厘米，近无毛。花序顶

生，直立，长7-9厘米，具
1花，花序梗无毛。无苞片；
子房有3纵棱，棱上疏被短
柔毛或近无毛；萼片与花瓣
淡绿色，有密集褐色条纹，唇
瓣金黄色；中萼片椭圆形或
卵状椭圆形，长1.5-2厘米，
无毛，合萼片与中萼片相似，
长1.3-1.8毫米，先端2浅裂；
花瓣长圆状披针形，斜歪，长
1.5-1.8毫米，宽5-6毫米，唇

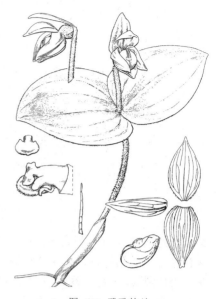

图 607 雅致杓兰
（引自《Genus Cypripedium》）

瓣囊状，腹背扁，长1.2-1.5厘米，囊口前方有小疣突；退化雄蕊宽椭圆状
长圆形，长约6毫米，有小乳突。蒴果椭圆状长圆形，长1.5-1.7厘米，无
毛。花期6-7月，果期8月。

产甘肃南部、四川、云南西北部及西藏东南部，生于海拔2300-3900米
灌丛山坡、林缘或疏林下腐殖质丰富、湿润、多苔藓之地，常成片生长。

18. 斑叶杓兰   图 609 彩片 272

Cypripedium margaritaceum Franch. in Bull. Soc. Philom. Paris 7,
12: 141. 1888.

植株高约10厘米。根状茎较粗短。茎直立，长2-5厘米，为数枚叶鞘
所包，顶生2叶。叶近对生，

宽卵形或近圆形，长10-15厘
米，宽7-13厘米，上面暗绿
色，有黑紫色斑点。花序顶
生，具1花，花序梗长4-5厘
米，无毛。无苞片；子房有
3棱，棱上疏被短柔毛；萼片
绿黄色有栗色纵纹，花瓣与
唇瓣白色或淡黄色，有红色
或栗红色斑纹；中萼片宽卵
形，长3-4厘米，背面脉上
有短毛，边缘有乳突状缘毛，

图 608 无苞杓兰 （引自《图鉴》）

瓣囊状，近椭圆形，腹背扁，长2.5-
3厘米，囊前方有小疣突；退化雄蕊
近圆形或近四方形，长约1厘米。有
乳突。花期5-7月。

产四川西南部及云南西北部，生
于海拔2500-3600米草坡或疏林下。

合萼片椭圆状卵形，略短于中萼片，宽2-2.5厘米，先端有2小齿，边缘有
毛；花瓣斜长圆状披针形，前弯包唇瓣，长3-4厘米，背面脉被短毛，唇

19. 丽江杓兰   图 610：1-7 彩片 273

Cypripedium lichiangense S. C. Chen et Cribb in Orch. Rev. 102

(1200): 321. 1994.

植株高约10厘米。根状茎较粗

短。茎直立,长达7厘米,包于2枚筒状鞘内,顶生2叶。叶近对生,卵形、倒卵形或近圆形,长8.5-19厘米,宽7-16厘米,上面暗绿色,具紫黑色斑点,有时具紫色边缘。花序顶生,具1花,花序梗长4-7厘米,无毛。无苞片;子房无毛;花美丽;萼片暗黄色,有浓密红肝色斑点,或红肝色,花瓣与唇瓣暗黄色,有略疏的红肝色斑点;中萼片卵形或宽卵形,长4.2-7厘米,边缘有缘毛,合萼片椭圆形,长3.5-5.6厘米,先端略有2齿,边缘有缘毛;花瓣斜长圆形,内弯包唇瓣,长4-6.5厘米,背面脉上有短柔毛或近无毛,边缘有缘毛,唇瓣深囊状,近椭圆形,腹背扁,长3.3-4厘米,囊前方有乳突;退化雄蕊近长圆形,长1.3-1.5厘米,上面有乳突。花期5-7月。

产四川西南部及云南西北部,生于海拔2600-3500米灌丛中或疏林内。

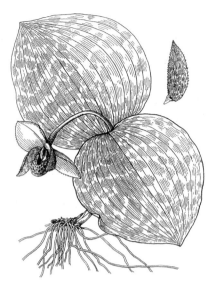

图 609 斑叶杓兰 (冯晋庸绘)

20. 毛瓣杓兰　　　　　　　图 610:8-12 彩片 274

Cypripedium fargesii Franch. in Journ. Bot. 8: 267. 1894.

植株高约10厘米。茎直立,长3.5-9厘米,包于2-3枚近圆筒形鞘内,顶生2叶。叶近对生,宽椭圆形或近圆形,长10-15厘米,上面有黑栗色斑点,无毛。花葶顶生,具1花,花序梗长3-6厘米,无毛。无苞片;子房具3棱,棱被柔毛;花较美丽;萼片淡黄绿色,中萼片基部密生栗色斑点,花瓣带白色,内面有淡紫红色条纹,外面有细斑点,唇瓣黄色,有淡紫红色细斑点;中萼片卵形或宽卵

形,长3-4.5厘米,背面脉被微柔毛,合萼片椭圆状卵形,长3-5厘米,先端具2微齿;花瓣长圆形,内弯包唇瓣,长3.5-5.5厘米,背面上侧及近顶端密被长柔毛,边缘具长缘毛,唇瓣深囊状,近球形,腹背扁,长2.5厘米,

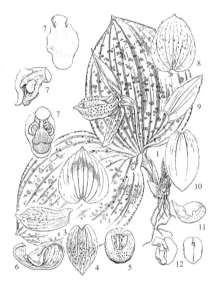

图 610: 1-7. 丽江杓兰 8-12. 毛瓣杓兰
(引自《Genus Cypripedium》)

囊前方具小疣点;退化雄蕊卵形或长圆形,长约1厘米。花期5-7月。

产甘肃南部、湖北西部及四川,生于海拔1900-3200米灌丛、疏林中或草坡。

4. 兜兰属 Paphiopedilum Pfitz.

（陈心启 罗毅波）

地生、半附生或附生草本。茎短、包于2列叶基内,新苗生于老茎基部或根状茎末端。叶基生,数枚至多枚,2列,对折。花葶生于叶丛中。花大而艳丽;中萼片边缘有时后卷;2侧萼片常合成合萼片;唇瓣深囊状或倒盔状,囊口常较宽,囊内常有毛;蕊柱短,常下弯,具2枚侧生能育雄蕊,退化雄蕊位于上方,柱头位于下方;花药2室,花丝很短,花粉合成花粉团块;退化雄蕊大而扁平;柱头肥厚,下弯。蒴果。

约66种，分布于亚洲热带地区至太平洋岛屿。我国18种。均可供观赏。

1. 花瓣大于中萼片，唇瓣球形或椭圆形，囊口边缘内弯，两侧无耳。
  2. 叶上面无明显深绿及淡绿色相间的网格斑 ·· 4. 白花兜兰 **P. emersonii**
  2. 叶上面具深绿及淡绿色相间的网格斑。
    3. 花葶长达30厘米以上；花黄绿或淡绿色，略有紫栗色斑 ··········· 1. 麻栗坡兜兰 **P. malipoense**
    3. 花葶长不及30厘米；花非绿色或淡绿色。
      4. 有细长横走的根状茎；叶宽1.5-2.5厘米；花葶长于叶。
        5. 花黄色；叶缘略有细齿 ·· 2. 杏黄兜兰 **P. armeniacum**
        5. 花非黄色；叶缘无细齿 ·· 3. 硬叶兜兰 **P. micranthum**
      4. 无细长横走的根状茎；叶宽2.5-5厘米；花葶短于叶。
        6. 花常淡黄色，具紫或紫褐色小斑点，斑点径约1毫米，花瓣椭圆形，宽1.8-2.7厘米，宽度不及唇瓣宽度1倍 ·· 5. 同色兜兰 **P. concolor**
        6. 花常白色，具紫红或紫褐色粗斑点，斑点径2-5毫米，花瓣宽椭圆形，宽3-4.5厘米，宽度为唇瓣宽度的1倍或过之 ·· 6. 巨瓣兜兰 **P. bellatulum**
1. 花瓣小于中萼片，唇瓣倒盔状，囊口边缘不内弯，两侧具直立的耳。
  7. 叶上面无深色及淡绿色相间的网格斑。
    8. 花序具（2）3-8花；花瓣带形，下垂，长8-12.5厘米，宽6-7毫米 ······· 7. 长瓣兜兰 **P. dianthum**
    8. 花序具1花；花瓣非带形，不下垂，长3-7.5厘米，长度不及宽度的5倍。
      9. 花瓣长5.5-7.5厘米，从中部至基部皱波状，常有黑色毛，唇瓣略有细毛 ··· 8. 带叶兜兰 **P. hirsutissimum**
      9. 花瓣长3-5.5（-6）厘米，边缘稍呈波状或明显波状，唇瓣无毛。
        10. 中萼片无斑点，唇瓣自囊口至囊底渐窄 ·································· 9. 小叶兜兰 **P. barbigerum**
        10. 中萼片具紫褐色粗斑点，唇瓣上下等宽 ································ 10. 亨利兜兰 **P. henryanum**
  7. 叶上面具深绿及淡绿色（有时带灰褐色）相间的网格斑。
    11. 叶下面绿色，至多基部有紫晕。
      12. 叶下面基部有紫晕；花瓣近匙形，唇瓣囊近窄椭圆形 ·········· 11. 卷萼兜兰 **P. appletonianum**
      12. 叶下面淡绿色，基部无紫晕；花瓣近长圆形，唇瓣囊近宽长圆状卵形 ··· 12. 紫纹兜兰 **P. purpuratum**
    11. 叶下面密被紫色斑点，有时呈紫红或紫褐色 ·························· 13. 秀丽兜兰 **P. venustum**

1. 麻栗坡兜兰　　　　　　　　图 611：1　彩片 275
Paphiopedilum malipoense S. C. Chen et Z. H. Tsi in Acta Phytotax. Sin. 22(2)：119. f. 1. 1984.

地下根状茎短，直生。叶基生，2列，7-8枚，长圆形或窄椭圆形，革质，长10-23厘米，先端具稍不对称的弯缺，上面有深绿及淡绿色相间的网格斑，下面紫色或具紫色斑点，稀无紫点。花葶直立，长达40厘米，具锈色长柔毛，顶生1花。花梗和子房具长柔毛；花径8-9厘米，黄绿或淡绿色，花瓣有紫褐色条纹或斑点条纹，唇瓣有时有不甚明显紫褐色斑点；退化雄蕊白色，近先端有深紫色斑块，稀无斑块；中萼片椭圆状披针形，长3.5-4.5厘米，内面疏被微柔毛，背面具长柔毛，合萼片卵状披针形，长3.5-4.5厘米，先端略2齿裂；花瓣倒卵形、卵形或椭圆形，长4-5厘米，两面被微柔毛，唇瓣深囊状，近球形，长与宽均4-4.5厘米；退化雄蕊长圆状卵形，长达1.3厘米，宽1.1厘米，上面有4个脐状隆起。花期12月至翌年3月。

产广西西部、贵州西南部及云南东南部,生于海拔1100-1600米石灰岩山坡林下多石处或积土岩壁上。越南有分布。

2. 杏黄兜兰　　　　　　　　　　图 611:2 彩片 276

Paphiopedilum armeniacum S. C. Chen et F. Y. Liu in Acta Bot. Yunnan. 4(2): 163. f. 1(1-4). 1982.

根状茎细长,横走。叶基生,2列,5-7枚,长圆形,坚革质,长6-12厘米,宽1.8-2.3厘米,先端有时具弯缺与细尖,上面有深绿及淡绿色相间的网格斑,下面密被紫色斑点,边缘有细齿。花葶直立,长达28厘米,被褐色短毛,顶生1花,被白色短柔毛;花径7-9厘米,黄色,退化雄蕊有淡栗色纵纹;中萼片卵形或卵状披针形,长2.2-4.8厘米,背面近顶端与基部具长柔毛,合萼片与中萼片相似,

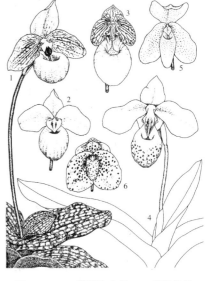

图 611:1. 麻栗坡兜兰 2. 杏黄兜兰 3. 硬叶兜兰 4. 白花兜兰 5. 同色兜兰 6. 巨瓣兜兰 （引自《中国植物志》等）

长2-3.5厘米,宽1.2-2厘米,先端钝,背面具长柔毛;花瓣宽卵状椭圆形、宽卵形或近圆形,长2.8-5.3厘米,内面基部具白色长柔毛,唇瓣深囊状,近椭圆状球形或宽椭圆形,长4-5厘米,具短爪,囊底有紫色斑点;退化雄

蕊宽卵形或卵圆形,长1-2厘米。花期2-4月。

产云南西部,生于海拔1400-2100米石灰岩壁积土处或多石排水良好的草坡。缅甸有分布。

3. 硬叶兜兰　　　　　　　　　　图 611:3 彩片 277

Paphiopedilum micranthum T. Tang et F. T. Wang in Acta Phytotax. Sin. 1(1): 56. 1951.

根状茎细长,横走。叶基生,2列,4-5枚,长圆形或舌状,坚革质,长5-15厘米,宽1.5-2厘米,上面有深绿及淡绿色相间的网格斑,下面密被紫斑点。花葶直立,长10-26厘米,被长柔毛,顶生1花。花梗和子房被长柔毛;花大,艳丽,中萼片与花瓣常白色,有黄色晕和淡紫红色粗脉纹,唇瓣白或淡粉红色,退化雄蕊黄色,有淡紫红色斑点和短纹,中萼片卵形或宽卵形,长2-3厘米,背面被长柔毛,合

萼片卵形或宽卵形,长2-2.8厘米,背面被长柔毛;花瓣宽卵形、宽椭圆形或近圆形,长2.8-3.2厘米,内面基部具白色长柔毛,背面多少被柔毛,唇瓣深囊状,卵状椭圆形或近球形,长4.5-6.5厘米,具短爪,囊口近圆形,退化雄蕊椭圆形,长1-1.5厘米,两侧边缘近直立,稍内弯,2枚能育雄蕊甚美观。花期3-5月。

产广西、贵州南部及西南部、云南东南部,生于海拔1000-1700米石灰岩山坡草丛中或石壁缝隙。越南有分布。

4. 白花兜兰　　　　　　　　　　图 611:4 彩片 278

Paphiopedilum emersonii Koopowitz et Cribb in Orch. Advocate 12 (3): 86. f. 1. 1986.

叶基生,2列,3-5枚,窄长圆形,长13-17厘米,宽3-3.7厘米,稍肥厚,

上面深绿色,无深淡绿色相间的网格斑,下面淡绿色,基部有紫红色斑点。花葶直立,长11-12厘米或更短,淡绿黄色,被疏柔毛,顶生1花。苞片黄绿色,宽椭圆形,长达3.8厘米;花梗和子房长约5厘米,被疏柔毛;花径8-9厘米,白色,有时带极淡紫蓝色晕,花瓣基部疏生栗色或红色细斑点,唇瓣有时有淡黄色晕,具不明显淡紫蓝色斑点,退化雄蕊淡绿色,上部有栗色斑纹;中萼片椭圆状卵形,长4.5-4.8厘米,两面被短柔毛,背面略有龙骨状突起,合萼片宽椭圆形,长与宽均4.5-4.8厘米;花瓣宽椭圆形或近圆形,长约6厘米,先端钝或圆,两面略被细毛,唇瓣深囊状,近卵形或卵球形,长达3.5厘米,具短爪,囊口近圆形;退化雄蕊鳄鱼头状,长达2厘米,宽约1厘米,上面具宽纵槽,两侧边缘粗厚近直立。花期4-5月。

产广西北部及贵州南部,生于海拔约780米石灰岩灌丛中有腐殖土的岩壁或岩缝中。

5. 同色兜兰 图 611:5 彩片 279

Paphiopedilum concolor (Bateman) Pfitz. in Engl. et Prantl. Naturl. Pflanzenfam 2, 6: 84. 1888.

Cypripedium concolor Batemen in Curtis's. Bot. Mag. 91: t. 5513. 1865.

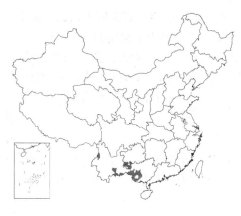

叶基生,2列,4-6枚,窄椭圆形或椭圆状长圆形,长7-18厘米,上面有深淡绿色(或有时略带灰色)相间的网格斑,下面密被紫点或近紫色。花葶直立,长5-12厘米,被白色短柔毛,顶生1-2花。花梗和子房被柔毛;花径5-6厘米,淡黄色,稀近象牙白色,具紫色细斑点;中萼片宽卵形,长2.5-3厘米,两面均被微柔毛,上面有时近无毛,合萼片与中萼片相似,长宽约2厘米,有微柔毛;花瓣斜椭圆形、宽椭圆形或菱状椭圆形,长3-4厘米,近无毛或略被微柔毛,唇瓣深囊状,窄椭圆形或圆锥状椭圆形,长2.5-3厘米,囊口宽,具短爪;退化雄蕊宽卵形或宽卵状菱形,长1-1.2厘米,先端略有3小齿,基部具耳。花期6-8月。

产广西西部、贵州西南部及云南,生于海拔300-1400米石灰岩山地多腐殖质土壤、岩壁缝隙或积土处。缅甸、越南、老挝、柬埔寨及泰国有分布。

6. 巨瓣兜兰 图 611:6 彩片 280

Paphiopedilum bellatulum (Rchb. f.) Stein, Orchideenbuch 456. 1892.

Cypripedium bellatulum Rchb. f. in Gard. Chron. ser. 3, 3: 648, 747. 1888.

叶基生,2列,4-5枚,窄椭圆形或长圆状椭圆形,长14-18厘米,先端不对称缺裂,上面有深浅绿色相间的网格斑,下面密被紫色斑点。花葶直立,长不及10厘米,紫褐色,被长柔毛,顶生1花。花径6-7厘米,白色或带淡黄色,具紫红或紫褐色粗斑点,退化雄蕊的斑点较细;中萼片横椭圆形或宽卵形,长3-3.5厘米,宽3.5-4厘米,背面被短柔毛,合萼片长2-2.5厘米,宽2.5-3厘米,背面有柔毛;花瓣宽椭圆形或宽卵状椭圆形,长5-6厘米,有细缘毛,唇瓣深囊状椭圆形,有时向末端稍窄,长2.5-4厘米,宽1.5-2厘米,具短爪,囊口宽;退化雄蕊近圆形或略方形,长0.8-1.1厘米,先端钝或略有3齿。花期4-6月。

产广西西部及云南,生于海拔1000-1800米石灰岩岩隙或多石土壤。缅甸及泰国有分布。

7. 长瓣兜兰

图 612：1 彩片 281

Paphiopedilum dianthum T. Tang et F. T. Wang in Bull. Fan Mem. Inst. Biol. Bot. 10: 24. 1940.

植株较高大。叶基生,2列,2-5枚,宽带形或舌状,厚革质,干后常棕红色,长15-30厘米,宽3-5厘米,先端有裂口或小弯缺。花葶近直立,长达80厘米,绿色,无毛,稀略被柔毛,花序具2-4花。花梗和子房无毛;中萼片与合萼片白色,基部绿色,脉淡黄绿色;花瓣淡绿或淡黄绿色,有深色条纹或褐红色晕,唇瓣绿黄色,有淡栗色晕;退化雄蕊淡绿黄色,有深绿色斑块;中萼片近椭圆形,长4-5.5厘米,边缘后卷,合萼片与中萼片相似,稍宽短;花瓣下垂,带形,长8-12厘米,宽6-7毫米,扭曲,中部至基部边缘波状,唇瓣倒盔状,爪长达2厘米,囊长2.5-3厘米,囊口宽;退化雄蕊倒心形或倒卵形,长1-1.2厘米,宽8-9毫米,先端凹缺,上面基部有角状突起,突起至蕊柱有微

图 612: 1. 长瓣兜兰 2. 带叶兜兰
(冯晋庸绘)

柔毛。蒴果近椭圆形,长达4厘米。花期7-9月,果期11月。

产广西西南部、贵州西南部及云南东南部,生于海拔1000-2250米林缘或疏林中树干或岩石上。

8. 带叶兜兰

图 612：2 彩片 282

Paphiopedilum hirsutissimum (Lindl. ex Hook.) Stein. Orchideenbuch. 470. 1892.

Cypripedium hirsutissimum Lindl. ex Hook. in Curtis's Bot. Mag. 83: t. 4990. 1857.

叶基生,2列,5-6枚,带形,革质,长16-45厘米,宽1.5-3厘米,先端有2小齿,上面深绿色,下面淡绿色,稍有紫色斑点,近基部较多。花葶直立,长达30厘米,常被深紫色长柔毛,顶生1花。花梗和子房具6纵棱,棱上密被长柔毛;中萼片和合萼片除边缘淡绿黄色外,中央至基部密被紫褐色斑点,花瓣下部黄绿色,密被紫褐色斑点,上部玫瑰紫色,有白色晕,唇瓣淡绿黄色,有紫褐色小斑点,退

化雄蕊与唇瓣同色,有2个白色"眼斑";中萼片宽卵形或宽卵状椭圆形,长3-3.5厘米,被柔毛;花瓣匙形或窄长圆状匙形,长5-7.5厘米,稍扭转,下部边缘皱波状,上面有时有黑色毛,唇瓣倒盔状,具长约1.5厘米的宽爪,囊椭圆状圆锥形或近窄椭圆形,长2.5-3.5厘米;退化雄蕊近正方形,长与宽均0.8-1厘米,基部有钝耳,上面中央和基部两侧有突起物。花期4-5月。

产广西西部、贵州西南部及云南东南部,生于海拔700-1500米林下或林缘岩缝中或多石湿润土壤上。印度东北部、越南、老挝及泰国有分布。

9. 小叶兜兰　　　　　　　　　图 613：3 彩片 283

Paphiopedilum barbigerum T. Tang et F. T. Wang in Bull. Fan Mem. Inst. Biol. Bot. 10: 23. 1940.

叶基生，2列，5-6枚，宽线形，长8-19厘米，宽7-8毫米，先端有时具2小齿。花葶直立，长达16厘米，密被短柔毛，顶生1花。花梗和子房密被柔毛；中萼片黄绿至黄褐色，上端与边缘白色，合萼片与中萼片同色，无白色边缘，花瓣边缘奶黄或淡黄绿色，中央有密集褐色脉纹或全褐色，唇瓣淡红褐色；中萼片近圆形或宽卵形，长2.8-3.2厘米，具短爪，背面被柔毛，合萼片小于中萼片，卵形或卵状椭圆形，长2.3-2.5厘米，背面被毛；花瓣窄

长圆形或略匙形，长3-4厘米，边缘波状，基部疏被长柔毛，唇瓣倒盔状，具长1.5-2厘米宽爪，自囊口至囊底渐窄，囊近卵形，长2-2.5厘米，退化雄蕊宽倒卵形，长6-7毫米，宽7-8毫米，基部略有耳，上面具脐状突起。花期10-12月。

10. 亨利兜兰　　　　　　　　　图 613：2 彩片 284

Paphiopedilum henryanum Braem in Schlechteriana 1(1): 3. 1987.

叶基生，2列，常3枚，窄长圆形，长12-17厘米，宽1.2-1.7厘米，上面深绿色，下面淡绿色或基部有淡紫色晕。花葶直立，长16-22厘米，绿色，密生褐色或紫褐色毛，顶生1花。花梗和子房密被紫褐色柔毛；花径约6厘米；中萼片奶油黄色或近绿色，有多数紫褐色粗斑点，唇瓣玫瑰红色，略有黄白色晕与边缘；中萼片近圆形或扁圆形，长3-3.4厘米，宽3-3.8厘米，上部边缘

11. 卷萼兜兰　　　　　　　　　图 613：4 彩片 285

Paphiopedilum appletonianum (Gower) Rolfe in Orch. Rev. 4: 364. 1896.

Cypripedium appletonianum Gower in The Garden 1893: 95. 1893.

叶基生，2列，4-8枚，窄椭圆形，长22-25厘米，宽2-5厘米，先端常有2-3小齿，上面有深绿及淡绿色相间的网格斑，下面淡绿色，基部有紫晕。花葶直立，长达25厘米，果期长达60厘米，紫褐色，疏被柔毛，常

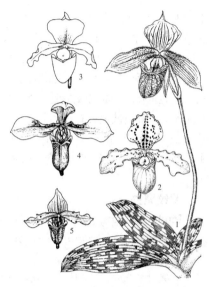

图 613：1. 紫纹兜兰　2. 亨利兜兰
3. 小叶兜兰　4. 卷萼兜兰　5. 秀丽兜兰
（引自《中国植物志》等）

　　产广西及贵州，生于海拔800-1500米石灰岩山地荫蔽多石之地或岩隙中。

略波状，背面被微柔毛，合萼片长2.7-3.5厘米，宽1.4-1.6厘米，背面被微柔毛；花瓣窄倒卵状椭圆形或近长圆形，长3.2-3.6厘米，边缘多少波状，先端有不明显3小齿，唇瓣倒盔状，上下等宽，具长约1.5厘米的宽爪，囊近宽椭圆形，长2.3-2.5厘米；退化雄蕊倒心形或宽倒卵形，长6-7毫米，基部有耳，上面具齿状突起。花期7-8月。

　　产云南东南部，生于林缘草坡。越南有分布。

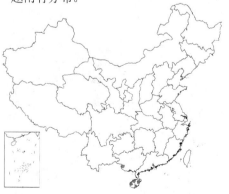

生1花。苞片2；花梗和子房被柔毛；花径8-9厘米；中萼片绿白色，脉绿色，基部常有紫晕，合萼片绿白色，脉色深，花瓣下部有暗褐与灰白色相间的条纹或斑及黑色斑点，上部淡紫红色，唇瓣末端淡黄绿或灰色，余淡紫红色，囊口边缘绿色；退化雄蕊深绿色，边缘淡绿色；中萼片宽卵形，长3.5-4厘米，背面被微柔毛，合萼片卵状椭圆形，长2.5-3厘米，先端具3小齿，背面稍被毛；花瓣近匙形，长4.5-6厘米，上部宽1.5-2厘米，先端有2-3小齿，中部至基部边缘上侧具10余个黑色疣点，下侧边缘有少数黑疣点，唇瓣倒盔形，具长1.5-2厘米的宽爪，囊近窄椭圆形，长2-3厘米；

退化雄蕊横椭圆形或近圆形，长6-8毫米，宽7-9毫米，先端凹缺，具短尖，基部略心形，上面有不明显突起。花期1-5月。

产海南及广西西南部，生于海拔300-1200米林下荫湿、多腐殖质土壤或岩石上。越南、老挝、柬埔寨及泰国有分布。

12. 紫纹兜兰　　　　　　　图 613：1 彩片 286

Paphiopedilum purpuratum (Lindl.) Stein, Orchiceenbuch 487. 1892.

Cypripedium purpuratum Lindl. in Edward's Bot. Reg. 23: t. 1991. 1837.

叶基生，2列，3-8枚，长圆状椭圆形，长7-18厘米，先端2-3小齿，上面具暗绿与淡黄绿色相间的网格斑，下面淡绿色。花葶直立，长达23厘米，紫色，密被柔毛，顶生1花。花梗和子房密被柔毛；花径7-8厘米；中萼片白色，有紫或紫红色粗脉纹，合萼片淡绿色，脉深色；花瓣紫红或淡栗色，纵脉纹深色、绿白色晕和黑色疣点，唇瓣紫褐或淡栗色；退化雄蕊色泽略浅于唇瓣，有淡黄绿色晕；中萼片卵状心形，长与宽均2.5-4厘米，背面被柔毛，合萼片卵形或卵状披针

形，长2-2.8厘米，背面被柔毛；花瓣近长圆形，长3.5-5厘米，上面有疣点，常无毛，唇瓣倒盔状，具长1.5-1.7厘米的宽爪，囊近宽长圆状卵形，长2-3厘米，囊被小乳突；退化雄蕊肾状半月形或倒心状半月形，长约8毫米，宽约1厘米，先端凹缺，有1-3小齿，上面有极微小乳突状毛。花期10月至翌年1月。

产广东南部、香港、广西南部及云南东南部，生于海拔700米以下林下腐殖质丰富多石之地或溪谷旁苔藓砾石地或岩石上。越南有分布。

13. 秀丽兜兰　　　　　　　图 613：5 彩片 287

Paphiopedilum venustum (Sims) Pfitz. in Pringsheim, Jahrb. Wissenschaftl. Bot. 19: 163. 1888.

Cypripedium venustum Sims in Curtis's Bot. Mag. 47: t. 2129. 1820.

叶基生，2列，4-5枚，长圆形或椭圆形，长10-21.5厘米，先端常有小裂口，上面常有深浅绿色相间的网格斑，下面密被紫色斑点。花葶直立，长达27厘米，紫褐色，密被硬毛，顶生1花，稀2花。花梗和子房被柔毛；花径6-7厘米；中萼片与合萼片白色，有绿色粗脉纹；花瓣黄白色，有绿色脉、暗红

色晕和黑色粗疣点，唇瓣淡黄色，有绿色脉纹和微暗红色晕，退化雄蕊色泽与唇瓣相似；中萼片宽卵形或近心形，长2.7-3厘米，背面被柔毛，脉上为多，合萼片卵形，长2.3-2.6厘米，背面具毛；花瓣近长圆形或倒披针状长圆形，长3.5-4厘米，有较长缘毛，唇瓣倒盔状，具长1.6-1.8厘米的宽爪，囊长2.2-2.4厘米，宽2-2.8厘米，具极细小乳突状毛；退化雄蕊肾状倒心形，长6-7毫米，先端凹缺，凹

缺有宽齿,上面有细小乳突。花期1-3月。

产西藏东南部及南部,生于海拔1100-1600米林缘或灌丛中腐殖质丰富处。尼泊尔、不丹、锡金、印度东北部及孟加拉国有分布。

5. 金佛山兰属 Tangtsinia S. C. Chen

(陈心启 罗毅波)

地生草本,植株高达35厘米。根状茎粗短;根肉质,径2.5-4毫米,多数簇生。叶4-6,椭圆形、椭圆状披针形或披针形,纸质,长6-9厘米,宽1.2-3厘米,无毛;近无柄,基部抱茎。总状花序顶生,长3-6厘米,具3-6花。苞片三角状披针形,长1-1.5毫米,最下1枚近镰刀状,长约1厘米;花梗和子房长1.3-1.6厘米;花黄色,基部稍白色;萼片3,窄椭圆形或近椭圆形,长1.5-1.7厘米;花瓣3,倒卵状椭圆形,长1.1-1.3厘米,无唇瓣;蕊柱近三棱状圆柱形,黄绿色,长6-7毫米,花药生于蕊柱顶端背侧,花丝宽,长1-1.5毫米,退化雄蕊5,3枚近舌状,白色,有银色斑点,2枚不明显,与蕊柱同色;花粉团4个,白色,侧面近镰状窄卵形,长约1.6毫米,粒粉质,无附属物,柱头顶生,凹下,无蕊喙。蒴果直立,近椭圆形,长约2厘米,宽6.5毫米。

我国特产单种属。

金佛山兰

图 614 彩片 288

Tangtsinia nanchua-nica S. C. Chen in Acta Phytotax. Sin. 10(3): 193. 39. 1965.

形态特征同属。花期4-6月。

产四川东南部及贵州北部,生于海拔700-2100米疏林下、灌丛边缘和草坡。

图 614 金佛山兰 (引自《植物分类学报》)

6. 头蕊兰属 Cephalanthera L. C. Rich.

地生或腐生草本。根状茎短,肉质纤维根簇生,腐生种类具较长根状茎和稀疏肉质根。茎直立,中部以上常具数叶。叶互生,折扇状,基部近无柄抱茎,腐生种类为鞘状。总状花序顶生,常具数花。苞片常较小,有时最下1-2枚叶状,极稀全为叶状;花两侧对称,多少扭转,常不完全开放;萼片离生,相似;花瓣常略短于萼片,唇瓣3裂,基部凹入成囊状或有短距;中裂片上面有3-5褶片;蕊柱直立;花药生于蕊柱顶端背侧,直立,2室,花丝明显,退化雄蕊2,白色,有银色斑点;花粉团2个,每个稍纵裂为2,粒粉质,花粉团无柄,无粘盘;柱头凹下,位于蕊柱前方近顶端处,蕊喙不明显。

约16种,主产欧洲至东亚,北美也有,个别种类南至北非、锡金、缅甸和老挝。我国9种。

1. 花白色。
  2. 唇瓣基部无距,有浅囊,囊藏于侧萼片基部之内。
    3. 花序最下苞片较花序长,至少长于花梗、子房和花被;唇瓣长5-6毫米 ………… 1. **头蕊兰 C. longifolia**
    3. 花序最下苞片短于花序,至多等长于花梗、子房和花被;唇瓣长0.7-1.2厘米 … 2. **高山头蕊兰 C. alpicola**
  2. 唇瓣基部的距伸出侧萼片基部之外。
    4. 距近圆锥形,末端尖;叶椭圆形或卵状披针形,长2-8厘米,背面平滑 ……………… 3. **银兰 C. erecta**

4. 距短圆锥形，末端钝；叶宽披针形或长圆状披针形，长8-12厘米，背面脉上稍粗糙 ······················ ······················ **4. 长苞头蕊兰 C. longibracteata**

1. 花黄色 ······················ **5. 金兰 C. falcata**

1. 头蕊兰 长叶头蕊兰

图 615 彩片 289

Cephalanthera longifolia (Linn.) Fritsch in Oesterr. Bot. Zeitschr. 38: 81. 1888.

Serapias helleborine Linn. δ *longifolia* Linn. Sp. Pl. 950. 1753.

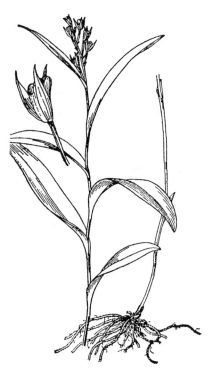

图 615 头蕊兰 （引自《图鉴》）

地生草本，高达47厘米。茎直立，具4-7叶。叶披针形、宽披针形或长圆状披针形，长4-13厘米，宽0.5-2.5厘米，基部抱茎。花序长达6厘米，具2-13花。苞片长2-6毫米，最下面1-2枚叶状，长5-13厘米；花白色，稍开放或不开放；萼片窄菱状椭圆形或窄椭圆状披针形，长1.1-1.6厘米，宽3.5-4.5毫米；花瓣近倒卵形，长7-8毫米，唇瓣长5-6毫米，3裂，基部具浅囊，侧裂片近卵状三角形，多少包蕊柱，中裂片三角状心形，长3-3.5毫米，宽5-6毫米，上面具3-4褶片，近顶端密生乳突，囊短而钝，包于侧萼片基部之内；蕊柱长4-5毫米。蒴果椭圆形，长1.7-2厘米。花期5-6月，果期9-10月。

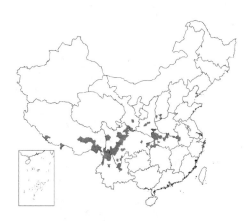

产甘肃南部、陕西南部、山西南部、河南、安徽西部、湖北、四川、云南及西藏，生于海拔1000-3300米林下、灌丛中、沟边或草丛中。欧洲、中亚、北非至喜马拉雅地区有分布。

2. 高山头蕊兰

图 616

Cephalanthera alpicola Fukuyama in Bot. Mag. Tokyo 52: 242 1938.

图 616 高山头蕊兰 （引自《Fl. Taiwan》）

地生草本，高达45厘米。茎直立，具5-8叶。叶椭圆状披针形或近披针形，长4-10厘米，宽0.6-2厘米，基部略窄抱茎。花序长6厘米以上，具3-12花。苞片最下1枚线状披针形，长于花梗和子房；花白色；萼片窄椭圆形或近长圆形，长1-1.5厘米；花瓣椭圆形，长0.8-1.2厘米，唇瓣长0.7-1.2厘米，3裂，基部略凹入成囊状，侧裂片斜三角状卵形，中裂片宽卵形或卵状半圆形，长3-6毫米，上面有3-5褶片，褶片前方有不规则乳突；蕊柱直立，长约7毫米。蒴果长圆筒状。花期5-8月。

产台湾北部及中部，生于海拔2000-3000米松林下干旱透光处、高山草地或阳坡草丛中。

3. 银兰　　　　　　　　　　　　图 617 彩片 290

Cephalanthera erecta (Thunb. ex A. Murray) Bl. Orch. Ind. 188. t. 65. 2(a–c). 1858.

Serapias erecta Thunb. ex A. Murray in Linn. Syst. Veg. ed. 14, 816. 1784.

地生草本，高达30厘米。茎纤细，具2-5叶。叶椭圆形或卵状披针形，长2-8厘米，背面平滑，基部窄抱茎。花序长达8厘米，具3-10花。苞片最下1枚常叶状，有时长达花序1/2或与花序等长；花白色；萼片长圆状椭圆形，长0.8-1厘米；花瓣与萼片相似，稍短，唇瓣长5-6毫米，3裂，有距，侧裂片卵状三角形或披针形，中裂片近心形或宽卵形，长约3毫米，宽4-5毫米，上面有3条褶片，前方有乳突，距圆锥形，长约3毫米，末端尖，伸出侧萼片基部之外；蕊柱长3.5-4毫米。蒴果窄椭圆形或宽圆筒形，长约1.5厘米。花期4-6月，果期8-9月。

产陕西南部、甘肃南部、安徽、浙江、福建、江西、湖北、湖南、广东北部、广西东北部、贵州东南部、四川、云南东南部及西藏东南部，生于海拔850-2300米林下、灌丛中或沟边。日本及朝鲜半岛有分布。

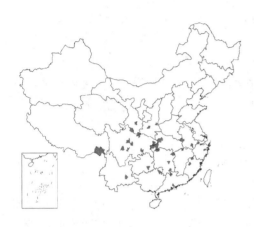

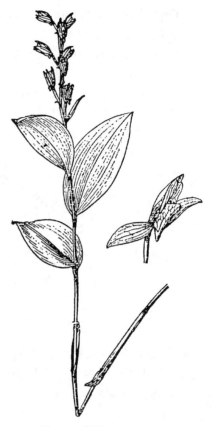

图 617 银兰 （引自《图鉴》）

4. 长苞头蕊兰　　　　　　　　　图 618

Cephalanthera longibracteata Bl. Orch. Arch. Ind. 188. t. 65. f. 3(a–c). 1858.

地生草本，高达50厘米。茎直立，上部略粗糙或近平滑。叶宽披针形或长圆状披针形，长6-13厘米，宽1.5-3厘米，先端长渐尖，基部抱茎，背面脉上稍粗糙。花序长约4厘米，具数朵花。苞片窄，长3-6毫米，最下1枚线状披针形，长5-6厘米，略短于或超出花序之上；花白色，直立，不完全开放；萼片披针形，长1-1.3厘米；花瓣较萼片稍宽短，唇瓣短于花瓣，3裂，距短圆锥形，末端钝，中裂片宽卵形，距稍伸出于侧萼片基部之外。蒴果直立，长2-2.5厘米。花期5-6月，果期8-9月。

产吉林东部及辽宁东北部，生于林下或林缘。日本和朝鲜半岛有分布。

图 618 长苞头蕊兰
（引自《日本牧野植物图鉴》）

5. 金兰　　　　　　　　　　　　　　图 619 彩片 291

Cephalanthera falcata（Thunb. ex A. Murray）Bl. Orch. Arch. Ind. 187. t. 68. f. 1. 1858.

Serapias falcata Thunb. ex A. Murray in Linn. Syst. Veg. ed. 14, 816. 1784.

地生草本，高达50厘米。4-7叶，椭圆形、椭圆状披针形或卵状披针形，长5-11厘米，宽1.5-3.5厘米，基部窄抱茎。花序长达8厘米，常有5-10花。苞片长1-2毫米，最下1枚非叶状，长不及花梗和子房；花黄色，直立，微张开；萼片菱状椭圆形，长1.2-1.5厘米；花瓣与萼片相似，长1-1.2厘米，唇瓣长8-9毫米，3裂，侧裂片三角形，中裂片近扁圆形，长约5毫米，宽8-9毫米，上面具5-7褶片，

图 619 金兰 （冯晋庸绘）

中央的3条高0.5-1毫米，近顶端密生乳突，距圆锥形，长约3毫米，伸出侧萼片基部之外，先端钝；蕊柱长6-7毫米。蒴果窄椭圆状，长2-2.5厘米。花期4-5月，果期8-9月。

产河南、江苏西南部、安徽南部、浙江、江西北部、福建西北部、湖北、湖南、广东北部、广西东北部、贵州、云南东北部、四川及甘肃南部，生于海拔700-1600米林下、灌丛中、草地或沟谷旁。日本及朝鲜半岛有分布。

7. 无叶兰属 Aphyllorchis Bl.

腐生草本，无绿叶。根状茎短，根肉质、伸展。茎直立，肉质，常淡褐色，中下部具数枚膜质舟状或圆筒状鞘，上部具数枚鳞状苞片。总状花序顶生，花疏生。苞片膜质；花扭转，花梗和子房较长；萼片相似，离生，常多少呈舟状；花瓣与萼片相似或稍短小，质较薄；唇瓣常分上下唇，下唇常较小，凹入，基部两侧有耳；上唇不裂或3裂，极稀无上唇下唇之分；蕊柱较长，前弯，花药生于蕊柱药床后缘，近直立，2室，花丝极短，退化雄蕊2，生于蕊柱顶端两侧，白色，具银白色斑点；花粉团2个，每个多少纵裂为2，粒粉质，花粉团无柄，无粘盘；柱头凹下，位于前方近顶端，蕊喙很小。蒴果，常下垂。

约20种，分布于亚洲热带地区至澳大利亚，北达喜马拉雅地区、我国亚热带南缘及日本。我国5种。

1. 花苞片反折，线状披针形，长0.6-1.4厘米，短于花梗及子房，花黄或黄褐色；萼片长0.9-1.1厘米，先端钝 ……………………………………………………………………………………………………… 1. 无叶兰 **A. montana**
1. 花苞片近直立，卵形或椭圆状披针形，长1.5-2.5厘米，长于花梗及子房，花淡紫褐色；萼片长达3厘米，先端渐尖 ……………………………………………………………………………………… 2. **大花无叶兰 A. gollanii**

1.　无叶兰　　　　　　　　　　　　　　图 620

Aphyllorchis montana Rchb. f. in Linnaea 41: 57. 1877.

植株高达70厘米。根状茎直生、多节。茎下部具多枚长0.5-2厘米的抱茎的鞘，上部具数枚长1-1.3厘米不育苞片。花序长达20厘米，疏生数花至10余花。苞片反折，线状披针形，长0.6-1.4厘米，短于花梗和子房；子房有时略被微柔毛；花黄或黄褐色，近平展，后常下垂；中萼片舟状，

长圆形或倒卵形，长0.9-1.1厘米，具3脉，中脉在背面近顶端粗糙，侧萼片非舟状；花瓣较短，质薄，近长圆形，唇瓣长7-9毫米，下部近基部缢

缩成上下唇,下唇稍凹入,长约2毫米,内有不规则突起,两侧具三角形或三角状披针形耳,上唇卵形,长5-7毫米,有时多少3裂,边缘稍波状;蕊柱长0.7-1厘米,稍弯曲,顶端略扩大。花期7-9月。

产台湾北部、海南南部、广西东部及西部、云南南部,生于海拔700-1500米林下或疏林下。锡金、印度、东南亚及日本(琉球群岛)有分布。

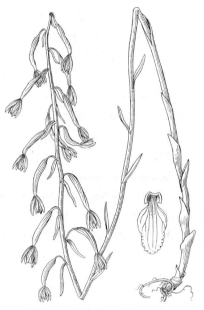

图 620　无叶兰　(引自《图鉴》)

2.　大花无叶兰　　　　　　　　　　图 621

Aphyllorchis gollanii Duthie in Journ. Asiat. Soc. Bengal 71: 42. 1902.

植株高达50厘米。根状茎近圆柱状,疏生粗厚的肉质根。茎带紫色,中部以下具多枚鞘,上部具少数鳞片状不育苞片;鞘抱茎,膜质,长1.5-3.5厘米。花序长6厘米以上,具10余花。花苞片较大,近直立,卵形或椭圆状披针形,长1.5-2.5厘米,明显长于花梗和子房;花淡紫褐色;萼片卵状披针形,长达3厘米,先端渐尖;花瓣稍短于萼片;唇瓣近长圆状倒卵形,与花瓣近等长,在下部或近基部稍缢缩而形成不甚明显的上下唇,基部稍凹陷,前部近卵形;蕊柱长约1厘米。花期6-7月。

产西藏南部,生于海拔2200-2400米常绿阔叶林下。印度有分布。

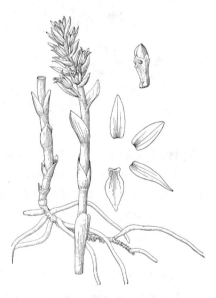

图 621　大花无叶兰　(冀朝祯绘)

8.　火烧兰属 Epipactis Zinn.
(陈心启　罗毅波)

地生草本。具根状茎。茎直立,具3-7叶。叶互生,具抱茎叶鞘,向上渐成无叶鞘,上部叶片渐小成苞片。总状花序顶生,花斜展或下垂,多少偏向一侧。花被片离生或稍靠合;花瓣与萼片相似,较萼片短,唇瓣着生蕊柱基部,分为下唇(近轴部分)与上唇(远轴部分),下唇舟状或杯状,稀囊状,上唇平展,上、下唇间缢缩或由关节相连;蕊柱短,蕊喙常较大,光滑,有时无蕊喙;雄蕊无柄;花粉团4个,粒粉质,花粉团无柄,无粘盘。蒴果。

约20种,主产欧洲和亚洲温带及高山地区,北美也有。我国8种、2变种。

1. 植株全体具短柔毛,或上部和花序轴被短柔毛。
　2. 唇瓣分上、下唇以关节相连,有时关节极不明显,下唇中部无疣状突起。
　　3. 唇瓣下唇兜状,上、下唇近等宽 ·······································1. 火烧兰 E. helleborine

3. 唇瓣下唇非兜状，两侧裂片稍内卷，下唇较上唇宽大。
　　4. 唇瓣下唇具 2-3 鸡冠状褶片；花梗和子房被黄褐或锈色柔毛 ·················· 2. 大叶火烧兰 E. mairei
　　4. 唇瓣下唇无褶片；花梗和子房被灰白色绒毛 ·················· 3. 疏花火烧兰 E. consimilis
2. 唇瓣分上、中、下三部分，中部长约2毫米，宽1.5毫米，下唇中部具不规则疣状突起 ··················
·················· 4. 新疆火烧兰 E. palustris
1. 植株全体无毛 ·················· 5. 北火烧兰 E. xanthophaea

1. 火烧兰 图 622

Epipactis helleborine (Linn.) Crantz, Stirp. Austr. ed. 2, 467. 1769.

Serapias helleborine Linn. Sp. Pl. 949. 1753.

植株高达70厘米。根状茎粗短。茎上部被短柔毛，下部无毛。叶4-7，卵圆形或椭圆状披针形，长3-13厘米，宽1-6厘米，向上渐窄成披针形或

线状披针形。花序长达30厘米，具3-40花。苞片叶状，下部的长于花 2-3 倍或更多，向上渐短；花梗和子房具黄褐色绒毛；花绿或淡紫色，下垂；中萼片卵状披针形，稀椭圆形，舟状，长0.8-1.3厘米，侧萼片斜倒卵状披针形，长0.9-1.3厘米；花瓣椭圆形，长6-8毫米，唇瓣长6-8毫米，中部缢缩，下

图 622 火烧兰 （引自《图鉴》）

唇兜状，长3-4毫米，上唇近三角形或近扁圆形，长约3毫米，宽3-4毫米，近基部两侧有长约1毫米半圆形褶片，近先端有时脉稍呈龙骨状；蕊柱长2-5毫米（不包括花药）。蒴果倒卵状椭圆形，长约1厘米，具极疏短柔毛。花期7月，果期9月。

产黑龙江、吉林、辽宁、内蒙古、河北、河南、山西、陕西、甘肃、宁夏、青海、新疆、西藏、云南、四川、贵州、湖北、湖南及安徽，生于海拔250-3600米山坡林下、草丛或沟边。不丹、锡金、尼泊尔、阿富汗、伊朗、北非、俄罗斯、欧洲及北美有分布。

2. 大叶火烧兰 图 623 彩片 292

Epipactis mairei Schltr. in Fedde, Repert. Sp. Nov. Beih. 4: 55. 148. 1919.

植株高达70厘米。根状茎粗短；根多条细长。茎上部和花序轴被锈色柔毛，下部无毛。叶5-8，卵圆形、卵形或椭圆形，长7-16厘米，基部抱茎。花序长达20厘米，具10-20余花。苞片椭圆状披针形，下部的等于或稍长于花；子房和花梗被黄褐或锈色柔毛；花黄绿带紫、紫褐或黄褐色，下垂；中萼片椭圆形或倒卵状椭圆形，舟形，长1.3-1.7厘米，

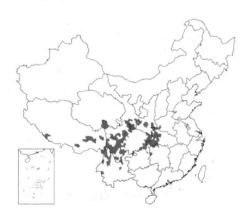

图 623 大叶火烧兰 （引自《秦岭植物志》）

侧萼片斜卵状披针形或斜卵形，长1.4-2厘米；花瓣长椭圆形或椭圆形，长1.1-1.7厘米，唇瓣中部稍缢缩成上下唇，下唇长6-9毫米，两侧裂片近直立，高5-6毫米，顶端钝圆，具2-3鸡冠状褶片，上唇肥厚，卵状椭圆形、长椭圆形或椭圆形，长5-9毫米，先端尖；蕊柱连花药长7-8毫米。蒴果椭圆状，长约2.5厘米，无毛。花期6-7月，果期9月。

产甘肃南部、陕西南部、河南西南部、湖北西部、湖南西北部、四川、云南及西藏，生于海拔1200-3200米灌丛中、草丛中、河滩阶地、冲积扇地。

3. 疏花火烧兰　　　　　　　图 624

Epipactis consimilis D. Don, Prodr. Fl. Nepal. 28. 1825.

植株高达40厘米。根状茎不明显；具长根。茎无毛。叶3-5，长卵形或卵状披针形，宽2-3厘米，基部抱茎，纸质，上部叶窄小。花序具（3）4-6朵偏向一侧的花，花序轴长5-15厘米，疏被黄棕色短柔毛。苞片叶状，卵状披针形，下面的远长于花，上面的近等长于花；花梗和子房密被灰白色绒毛；萼片背面均疏被灰白色绒毛；中萼片椭圆形，长1厘米，侧萼片斜卵状披

针形，稍长于中萼片，宽达7毫米，花瓣卵状椭圆形，与中萼片近等长，宽6毫米，唇瓣近等长于中萼片，无毛，下唇扁圆形，长5毫米，宽近7毫米，上唇宽卵形，稍短于下唇，宽近5毫米；蕊柱连同花药长约8毫米，花药圆柱状，长近4毫米。花期5月。

图 624 疏花火烧兰 （孙英宝绘）

产四川西部及云南，生于海拔2700-3400米林中或林缘。尼泊尔有分布。

4. 新疆火烧兰　　　　　　　图 625

Epipactis palustris (Linn.) Crantz. Stirp. Austr. ed. 2: 462. 1769.

Serapias palustris Linn. Sp. Pl. ed. 1. 950. 1753.

植株高达60厘米。根状茎长，匍匐状，具多条细根。茎上部及花序轴具乳突状柔毛。叶7-8，卵状椭圆形或卵状披针形，长4-16厘米，基部具抱茎鞘，上部叶渐窄而短，基部无抱茎鞘。花序长达20厘米，具6至数十朵花。花梗和子房被乳突状柔毛；中萼片椭圆状披针形，稍舟状，长8-9毫米，侧萼片稍歪斜，卵状披针形，与中萼片近等长，宽4毫米；花瓣椭圆形，长7-8毫米，唇瓣长约1厘米，下

唇近扇形或梯形，长约4毫米，上端宽4-6毫米，具不规则瘤状突起，背面稍呈龙骨状，中部近方形，长约2毫米，宽1.5毫米，上面具2枚近半圆形

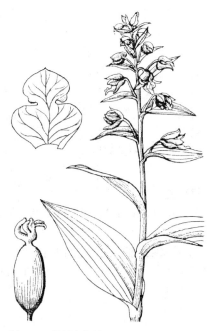

图 625 新疆火烧兰 （引自《新疆植物志》）

或耳形褶片,褶片稍延伸至上唇,高1-1.5毫米,上唇扁圆形至近圆形,长3-5毫米,具不规则圆钝齿或不明显齿;蕊柱直立,长约3毫米;花药背部具乳头状突起。花期7月。

产新疆北部。欧洲及俄罗斯亚洲部分有分布。

5. 北火烧兰

图 626

Epipactis xanthophaea Schltr. in Fedde, Repert. Sp. Nov. Beih. 12: 341. 1922.

植株高达60厘米。根状茎粗长;根细长。茎无毛。叶5-7,卵状披针形或椭圆状披针形,长6-13厘米,基部鞘状抱茎。花序长达10厘米,具5-10花。苞片叶状,卵状披针形,下部的较花长近1倍;子房和花梗长约1.5厘米;黄或黄褐色,稀淡红色;中萼片椭圆形,长约1.5厘米,侧萼片斜卵状披针形;花瓣宽卵形,长约1.2厘米,唇瓣长约1.5厘米,下唇两侧具长约6毫米,高约5毫米半圆形裂片,上唇近长圆形,与下唇有关节相连,长约6毫米,基部两侧具近三角形附属物,附属物长约3.5毫米;蕊柱长约6毫米(连花药)。蒴果椭圆形,长约2厘米。花期7月,果期9月。

产黑龙江东北部、吉林东部、辽宁、内蒙古、河北北部及山东东部,生

图 626 北火烧兰 (蔡淑琴绘)

于海拔约300米山坡草甸或林下湿地。

9. 双蕊兰属 Diplandrorchis S. C. Chen
(陈心启 罗毅波)

腐生小草本,高达24厘米。根状茎粗短,稍弯曲;肉质纤维根簇生。茎纤细,径约2毫米,无绿叶。中下部具数枚圆筒状鞘,鞘长2-3厘米,鞘向上渐成苞片状。总状花序顶生,长6-8厘米,具13-17花。苞片膜质,披针形,长7-8毫米;花梗长4-6毫米,具乳突状柔毛;花直立,近辐射对称,几不扭转;子房椭圆形,具乳突状柔毛;花淡绿或绿白色;萼片3,长圆状披针形,长约3.5毫米,背面具乳突状柔毛,侧萼片略歪斜;花瓣3,近长圆形,无特化唇瓣,较萼片短而窄;蕊柱圆柱形,连花药长约2.5毫米,腹背扁;雄蕊2,位于近蕊柱顶端前后两侧,花药2室,宽卵状长圆形,长约0.6毫米,花丝极短,花粉团2个,无柄,粒粉质;柱头顶生,近盘状;无蕊喙。

我国特有单种属。

双蕊兰

图 627

Diplandrorchis sinica S. C. Chen in Acta Phytotax. Sin. 17(1): 2. f. 1. 1979.

形态特征同属。花期8月。

产辽宁东北部,生于海拔700-800米柞木林下腐殖质厚的土壤或荫蔽山坡。

10. 无喙兰属 Holopogon Komarov et Nevski
（陈心启 罗毅波）

腐生小草本。根状茎短,肉质纤维根簇生。茎无绿叶,上部被乳突状疏柔毛,中部以下具数枚圆筒状鞘。总状花序顶生,花序轴被乳突状疏柔毛。苞片膜质;花梗较长;萼片相似,背面常被疏毛;花瓣3枚相似或中央1枚为特化唇瓣;蕊柱较长,背侧多少有龙骨状脊;上延成花丝;花药基着,花粉团2个,粒粉质,无柄,不附着于粘盘;柱头顶生;无蕊喙。

6种,产东亚至印度西北部。我国2种。

1. 花近辐射对称,3枚花瓣相似,无特化唇瓣 … 1. **无喙兰 H. gaudissartii**
1. 花两侧对称,唇瓣先端2裂 ………… 2. **叉唇无喙兰 H. smithianus**

1. 无喙兰 图 628

Holopogon gaudissartii (Hand.-Mazz.) S. C. Chen in Acta Phytotax. Sin. 35(2): 179. 1997.

Veottia gaudissartii Hand.-Mazz. in Oesterr. Bot. Zeitschr. 86: 302. 1937.

植株高达24厘米。茎红褐色,无绿叶,中部以下具3-5枚鞘,鞘膜质,圆筒状,长1.8-3厘米,最上1枚苞片状。花序顶生,长6.5-7.5厘米,具10-17花,花序轴被乳突状疏柔毛。苞片披针形,膜质,长4-8毫米,背面稍被毛;花梗长0.8-1厘米,被乳突状柔毛;子房椭圆形,长约3.5毫米,被乳突状柔毛;花近辐射对称,直立,紫红色,萼片窄长圆形,长2.5-3毫米,具1脉,背面略被毛;花瓣3枚相似,窄长圆形,长2.5-3毫米,无特化唇瓣;蕊柱直立,连花药长2-2.5毫米,背侧有龙骨状脊,花丝较短,花药近卵状长圆形,长0.6-0.7毫米;花粉团近椭圆形,松散;柱头略肥厚。花期9月。

产山西及河南西部,生于海拔1300-1900米林下。

2. 叉唇无喙兰 无喙乌巢兰 图 629

Holopogon smithianus (Schltr.) S. C. Chen in Acta Phytotax. Sin. 35(2): 179. 1977.

Neottia smithiana Schltr. in Fedde, Repert. Sp. Nov. 19: 375. 1924;中国高等植物图鉴 5: 646. 1976.

植株高达29厘米,常成片生长。花序轴、苞片、花梗及子房均被乳突状柔毛。茎上部多少被毛,中部以下具3-5枚鞘。花序长6-8厘米,具15-25花。苞片卵形或卵状椭圆形,长6-7毫米;花梗长3-5毫米;子房椭圆

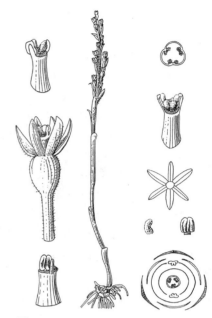

图 627 双蕊兰 (引自《植物分类学报》)

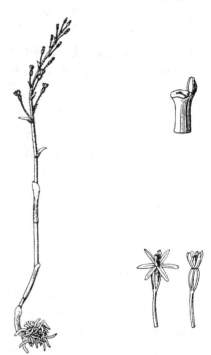

图 628 无喙兰 (引自《中国珍稀濒危植物》)

形,长3-4毫米;花斜展,扭转,绿色;萼片窄卵状椭圆形,长2.5-3毫米,具1脉,背面近基部有时疏被乳突状短柔毛;侧萼片略斜歪;花瓣线形,长2.5-3毫米,宽约0.5毫米,具1脉,唇瓣近倒卵状楔形或长圆状倒卵形,长6-8毫米,中部宽约2.5毫米,

先端2裂，基部窄，具细缘毛，上面近基部有2条不明显纵脊，先端两裂片近平行，裂口深约1.5毫米，裂片近卵形或窄卵形；蕊柱长2-3毫米；花丝与花药近等长；顶生柱头稍前倾。花期7-9月。

产陕西南部及四川西南部，生于海拔1500-3300米灌丛中或林下。

11. 鸟巢兰属 Neottia Guett.

（陈心启 罗毅波）

腐生小草本。根状茎短，肉质纤维根簇生。茎直立，无绿叶，中下部具数枚筒状鞘。总状花序顶生，具多花。苞片膜质；花梗较细长；子房较花梗宽；花小，扭转；萼片离生，展开；花瓣较萼片窄而短；唇瓣常大于萼片或花瓣，先端多少2裂，稀不裂，基部无距，有时凹入成浅杯状；花药生于蕊柱顶端后侧边缘，花丝极短或不明显；花粉团2个，无柄，每个多少纵裂为2，粒粉质；柱头唇形，位于蕊柱前面近顶端处；蕊喙近舌形。

8种，主产亚洲温带地区和亚热带高山，欧洲1种。我国7种。

图 629 叉唇无喙兰 （冯晋庸绘）

1. 唇瓣先端2裂；蕊柱（不包括花药与蕊喙）长1-2毫米。
  2. 唇瓣基部不凹入，先端两裂片向前叉开，成锐角或近平行；蕊喙前伸，柱头凹下，花药俯倾。
    3. 唇瓣窄倒卵状长圆形或楔形，分叉处宽不及5毫米；花药和蕊喙紧靠。
      4. 唇瓣窄倒卵状长圆形，基部宽度约为上部宽度的1/2 ……………
      …………… 1. 高山鸟巢兰 N. listeroides
      4. 唇瓣楔形，基部极窄，具爪 … 2. 北方鸟巢兰 N. camtschatea
    3. 唇瓣倒卵形，分叉处宽6-9毫米；花药与蕊喙疏离 …………
    ……………………… 3. 大花鸟巢兰 N. megalochila
  2. 唇瓣基部常凹入，先端两裂片向两侧伸展，成钝角或近180°；蕊喙近直立，柱头唇形，2浅裂，花药直立或近直立 …………
    …………… 4. 凹唇鸟巢兰 N. papilligera
1. 唇瓣不裂；蕊柱（不包括花药和蕊喙）长不及0.5毫米 …………
    …………… 5. 尖唇鸟巢兰 N. acuminata

1. 高山鸟巢兰

图 630

Neottia listeroides Lindl. Gen. Sp. Orch. Pl. 458. 1840.

植株高达35厘米。茎上部具乳突状短柔毛，中部以下具3-5枚鞘，无绿叶，鞘膜质，长1.5-3厘米，下部抱茎。花序顶生，长达15厘米，具10-20花，花序轴具乳突状柔毛。苞片近长圆状披针形，长于花梗；花梗长6-8毫米，被柔毛；子房棒状，长7-8毫米，密被柔毛；花淡绿色；萼片长圆状卵形，长4.5-5毫米，背面疏被柔毛，侧萼片斜歪；花瓣近线形或窄长圆形，长4-4.5毫米，宽约0.5毫米，无毛，唇瓣窄倒卵状长圆形，长6-

图 630 高山鸟巢兰 （引自《图鉴》）

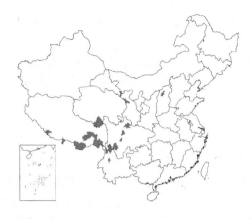

8 (-9) 毫米，上部宽3-4毫米，基部宽1.5-2毫米，先端2深裂，裂片近卵形或卵状披针形，长1.5-2.5毫米，前伸，近平行，具细缘毛，凹缺具细尖；蕊柱长2.5-3毫米；花药俯倾，长约0.7毫米；柱头近半圆形，有窄边，蕊喙近宽卵状舌形，水平伸展，与花药近等长。花期7-8月。

产山西北部、甘肃中部、青海南部、四川、云南西北部及西藏，生于海拔（1500-）2500-3900米林下或荫蔽草坡。尼泊尔、不丹、锡金、印度和巴基斯坦有分布。

2. 北方鸟巢兰 堪察加鸟巢兰　　图 631：1-2 彩片 293

Neottia camtschatea (Linn.) Rchb. f., Icon. Fl. Germ. 13: 146. t. 478. 1851.

Ophrys camtschatea Linn., Sp. Pl. 2. 948. 1753.

植株高达27厘米。茎上部疏被乳突状柔毛，中部以下具2-4枚鞘，无绿叶，鞘膜质，长1-3厘米，下部抱茎。花序长5-15厘米，具12-25花，花序轴被乳突状柔毛。苞片近窄卵状长圆形，膜质，背面被毛；花梗较纤细，长3.5-5.5毫米，略被毛；子房椭圆形，长2-3毫米，被柔毛；花淡绿或绿白色；萼片舌状长圆形，长5-6毫米，背面疏被短柔毛；侧萼片稍斜歪；花瓣线形，长3.5-4.5毫米，宽约0.5毫米，无毛，唇瓣楔形，长1-1.2厘米，上部宽1.5-2

毫米，先端2深裂，裂片窄披针形或披针形，长3.5-5毫米，稍叉开，具细缘毛；蕊柱长约3毫米，前弯；花药俯倾，长约0.7毫米；柱头近半圆形；蕊喙卵状长圆形或宽长圆形，长约0.7毫米。蒴果椭圆形，长8-9毫米，宽5-6毫米。花果期7-8月。

产内蒙古、河北、甘肃南部、宁夏北部、青海东北部及新疆，生于海拔2000-2400米林下或林缘腐殖质丰富、湿润处。俄罗斯西伯利亚及哈萨克斯坦有分布。

3. 大花鸟巢兰　　图 631：3

Neottia megalochila S. C. Chen in Acta Phytotax. Sin. 17(2)：17. f. 1(12-13). 1979.

植株高达35厘米。花序长达18厘米，具30余花，花序轴无毛或被疏毛。苞片长圆状倒卵形，长0.5-1厘米；花梗长约5毫米，近无毛；子房倒卵形，长约5毫米，疏被乳突状柔毛；黄绿或淡绿色；中萼片近卵形或窄椭圆形，长约5毫米，背面近无毛，侧萼片与中萼片相似，略宽；花瓣线形，

图 631：1-2. 北方鸟巢兰 3. 大花鸟巢兰
4. 凹唇鸟巢兰 （冯晋庸绘）

长约4.5毫米，宽约1毫米，向先端略宽，无毛，唇瓣倒卵形，长0.9-1.2厘米，上部宽6-9毫米，上面具乳头状突起，先端2深裂，裂片宽长圆形或近方形，长2-2.5毫米，先端稍波状或具细圆齿，有细缘毛；蕊柱长约4毫米，前倾；花药俯倾，长约0.7毫米；柱头凹下，近半圆形，蕊喙近方形或宽

长圆状卵形，长约0.7毫米。花期7-8月。

产四川西部及云南西北部，生于海拔3000-3800米松林下或荫蔽草坡。

4. 凹唇鸟巢兰 图 631：4

Neottia papilligera Schltr. in Fedde, Repert. Sp. Nov. 16: 356. 1920.

植株高达30厘米。茎直立，无毛或上部稍有乳突状柔毛，中部以下具数枚鞘，无绿叶，鞘膜质，多少抱茎。总状花序顶生，长10-12厘米，多花，花序轴无毛或具乳突状短柔毛；花苞片钻形，长5-6毫米；花梗长约5毫米，常无毛；子房近椭圆形，长4-5毫米，无毛或稍被毛；花肉色；萼片倒卵状匙形，长约3.5毫米，宽约1.8毫米，具1脉；花瓣近长圆形，与萼片近等长，宽约1.5毫米，具1脉；唇瓣

近倒卵形，长5-5.5毫米，基部凹入，先端2深裂，裂片向两侧伸展，成钝角或近180°，近长圆形，长2.5-3毫米，常稍扭转；蕊柱长2-2.5毫米；花药直立或近直立；柱头唇形，水平伸展，长约1毫米，先端2浅裂；蕊喙近直立，近长圆形，长约1.2毫米。蒴果卵状椭圆形，长7-8毫米，径4-5毫米。花果期7-8月。

产黑龙江及吉林东部，生于林下。俄罗斯西伯利亚及远东、日本、朝鲜半岛有分布。

5. 尖唇鸟巢兰 图 632

Neottia acuminata Schltr. in Acta Hort. Gothob. 1: 141. 1924.

植株高达30厘米。无毛。花序长4-8厘米，常具20余花。苞片长圆状卵形，长3-4毫米；花梗长3-4毫米；子房椭圆形，长2.5-3毫米；花黄褐色，常3-4朵成轮生状；中萼片窄披针形，长3-5毫米，宽约0.8毫米，侧萼片与中萼片相似，宽达1毫米；花瓣窄披针形，长2-3.5毫米，宽约0.5毫米，唇瓣常卵形或披针形，长2-3.5毫米，宽1-2毫米，不裂，边缘稍内弯；蕊柱长不及0.5毫米，短于花药或蕊喙；花药直立，近椭圆形，长约1毫米；柱头横长圆形，直立，两侧内

弯，包蕊喙，2个柱头面位于内弯边缘内侧；蕊喙舌状，直立，长达1毫米。蒴果椭圆形，长约6毫米，径3-4毫米。花果期6-8月。

产吉林东部、内蒙古、河北西北部、河南西部、山西、陕西南部、甘肃南部、宁夏、青海东北部、湖北西部、四川、云南西北部及西藏东南部，生于海拔1500-4100米林下或荫蔽草坡。俄罗斯远东地区、日本、朝鲜半岛及锡金有分布。

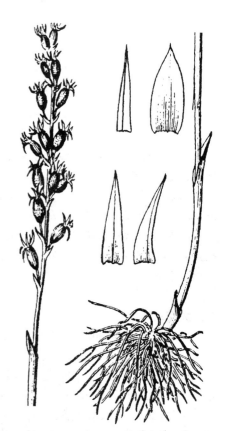

图 632 尖唇鸟巢兰 （马 平绘）

12. 对叶兰属 Listera R. Br.

（陈心启 罗毅波）

地生小草本。根状茎略粗短，横走；根长，成簇。茎直立，近基部具1-3枚圆筒状或鳞片状膜质鞘，叶以上部分常被柔毛。叶常2，对生或近对生；无柄或近无柄。总状花序顶生，稀单花。苞片1-5，叶状；萼片与花瓣离生，相似；侧萼片常稍斜展；唇瓣常先端2深裂，稀不裂、微凹或3裂，有时基部两侧具耳状小裂片，上面中央常具蜜槽，无距，具细缘毛，稀具梳状锯齿；蕊柱直立或稍弓曲；花药直立，2室；花粉团2个，无柄，每个多少2纵裂，粒粉质；蕊舌状或卵形，位于花药下方；柱头凹下，位于蕊喙下方。蒴果细小。

约35种，产北温带，东亚、北美较多。我国21种、4变种。

1. 唇瓣先端微缺或稍2浅裂 ·· 1. 浅裂对叶兰 **L. morrisonicola**
1. 唇瓣先端2深裂，裂口达唇瓣全长1/2以上。
　2. 唇瓣长0.6-1（-1.3）厘米；蕊柱长1.5-3毫米。
　　3. 花梗与子房均无毛 ······································· 3. 西藏对叶兰 **L. pinetorum**
　　3. 花梗与子房均多少被毛。
　　　4. 唇瓣窄倒卵状楔形或长圆状楔形，长6-8毫米，上部宽2-2.5毫米；蕊柱长2-2.5毫米 ·········
　　　　··· 2. 对叶兰 **L. puberula**
　　　4. 唇瓣近倒卵状楔形，长0.8-1厘米，上部宽6-7毫米；蕊柱长1.5毫米 ··· 4. 短柱对叶兰 **L. mucronata**
　2. 唇瓣长1.6-2厘米；蕊柱长4-7毫米。
　　5. 唇瓣长1.6-1.7厘米；蕊柱长7毫米 ······························· 5. 大花对叶兰 **L. grandiflora**
　　5. 唇瓣长1.7-2厘米；蕊柱长4-5毫米 ·························· 5（附）. 长唇对叶兰 **L. macrantha**

1. 浅裂对叶兰　　　　　　　　　　　　　　图 633

Listera morrisonicola Hayata, Icon. Pl. Formos. 2: 140. 1912.

植株高达15厘米。茎纤细，约在中部具2枚对生叶，叶以上部分被柔毛。叶卵形或卵圆形，长1.5-2厘米，宽1.2-1.8厘米，基部圆形。花序长2-3厘米或更长，具少数花；花序轴被柔毛；苞片卵状披针形，长6-7毫米；花梗与子房近无毛；花绿色；中萼片披针形，长7-8毫米；侧萼片披针形，略斜歪，长7-8毫米；花瓣线状披针形，长6.5-7.5毫米；唇瓣宽楔形，长约1厘米，宽5-6.5毫米，先端稍2浅裂或微缺，基部凹陷或具槽，边缘两侧外翻，具不明显3脉；蕊柱长约3毫米。蒴果倒卵形，长约8毫米，径约4毫米，具3棱。花期6-7月。

图 633 浅裂对叶兰 （引自《Fl. Taiwan》）

产台湾西南部（玉山），生于海拔3000-3300米针叶林下或阴湿草丛中。

2. 对叶兰　　　　　　　　　　　　　　图 634

Listera puberula Maxim. in Bull. Acad. Pétersb. 29: 204. 1884.

植株高达20厘米。茎纤细，近中部具2枚对生叶。叶心形、宽卵形或宽卵状三角形，长1.5-2.5厘米，宽常稍大于长，基部宽楔形或近心形，边

缘多少皱波状。花序长达7厘米，被柔毛，疏生4-7花。苞片披针形，长1.5-3.5毫米；花梗具柔毛；花绿色；

中萼片卵状披针形,长约2.5毫米,侧萼片斜卵状披针形,与中萼片近等长;花瓣线形,长约2.5毫米,唇瓣窄倒卵状楔形或长圆状楔形,长6-8毫米,中脉较粗,外侧边缘多少具乳突状细缘毛,先端2裂,裂片长圆形,长2-2.5毫米,两裂片叉开或几平行;蕊柱长2-2.5毫米;蕊喙大。蒴果倒卵形,长6毫米,径约3.5毫米,果柄长约5毫米。花期7-9月,果期9-10月。

产黑龙江东南部、吉林东部、内蒙古、河北西部、山西北部、甘肃、青海东部及四川,生于海拔1400-2600米密林下阴湿处。日本、朝鲜半岛及俄罗斯远东地区有分布。

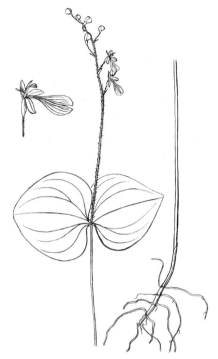

图 634　对叶兰　(蔡淑琴绘)

3.　西藏对叶兰　　　　　　　　图 635 彩片 294

Listera pinetorum Lindl. in Journ. Linn. Soc. Bot. 1: 175. 1857.

植株高达33厘米。叶宽卵形或卵状心形,长1-3.5厘米,宽1-4厘米,基部浅心形或近宽楔形;无柄。花序长达12厘米,具2-14花,花序轴被柔毛。苞片卵状披针形或卵形,绿色,与花梗近等长或短;花梗长4.6毫米,近无毛;子房无毛;花绿黄色;中萼片窄椭圆形或近长圆形,长3-4毫米,侧萼片斜窄椭圆形,稍弯曲,与中裂片近等长,宽约1.5毫米;花瓣线形,与中萼片等长或略短,宽0.5-0.7毫米,唇瓣倒卵状楔形、长圆状楔形、近线状楔形或倒披针形,长0.7-1.3厘米,上部宽3-5(-7)毫米,先端2裂,裂片平行前伸或叉开,裂片间具细尖头或不明显突起,基部窄或稍窄;具粗厚蜜槽;蜜槽裂片长圆状卵形、披针形或月牙形,长2-5毫米,边缘多少具乳突状微毛;蕊柱长2-2.5毫米,蕊喙与花药近等长。花期6-7月。

产云南西北部、西藏东南及南部,生于海拔2200-3600米山坡密林、云杉及冷杉林下。尼泊尔、锡金、不丹及印度有分布。

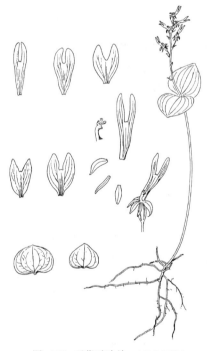

图 635　西藏对叶兰　(冯金环绘)

4.　短柱对叶兰　　　　　　　　图 636

Listera mucronata Panigrahi et J. J. Wood in Kew Bull. 29(4): 731. f. 1. 1974.

植株高达50厘米。茎稍粗,近中部具2枚对生叶。叶宽卵形或近心形,长5-7.5厘米,宽4.4-7.9厘米,基部宽楔形或近心形。花序长达17.5厘米,疏生16-17花,花序轴被柔毛。苞片

卵状披针形,长3-4毫米;花梗长4.5毫米,具毛;子房棍棒状,长3.5毫米,被柔毛;花绿色;中萼片椭圆形或卵状椭圆形,长4-5毫米,侧萼片斜卵形,略较中萼片长,花瓣线形或匙状线形,与中萼片等长或略长,宽约中萼片1/2,唇瓣近倒卵状楔形,长0.8-1厘米,上部宽6-7毫米,基部宽2毫米,先端2深裂,两裂片间具细尖头,裂片近长圆形,叉开,长3.5-4毫米,宽2-3毫米,具乳突状细缘毛,基部内侧有浅裂缝;蕊柱长约1.5毫米,蕊喙大。花期7-8月。

产四川西南部及云南东北部,生于海拔约2400米林中。印度、尼泊尔及日本有分布。

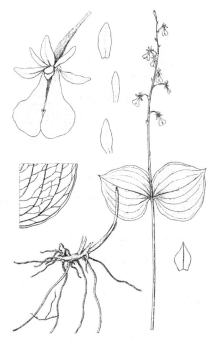

图 636 短柱对叶兰 (引自《Kew. Bull.》)

5. 大花对叶兰 图 637

Listera grandiflora Rolfe in Kew Bull. 1896: 200. 1896.

植株高达25厘米。茎纤细,上部2/3-3/4具2枚对生叶。叶宽卵形或卵状心形,长宽均2.5-4厘米,基部宽楔形或浅心形,边缘多少皱波状,或具不整齐细齿。花序长达7厘米,具2-7花,花序轴被柔毛。苞片卵状披针形,长达7毫米;花梗长6毫米,近无毛;子房线形,长约6毫米,无毛;花绿黄色;中萼片菱状椭圆形或椭圆形,长约7毫米,侧萼片斜椭圆状披针形,与中萼片近等大;花瓣线形,与萼片等长,宽约1毫米,唇瓣倒卵状楔形,长1.6-1.7厘米,基部窄,上有2条与蕊柱基部相连的褶片,先端2裂,中脉稍宽大,2裂片叉开,稍近平行,裂片近卵形,长5-6毫米,具乳突状细缘毛;蕊柱长约7毫米,蕊喙与花药近等长。花期6-7月。

产湖北西部、四川、云南西北部及西藏东南部,生于海拔2600-3500米林下或阴湿处。

[附] **长唇对叶兰** 长舌对双兰 **Listera macrantha** Fukuyama in Ann. Repert Bot. Gard. Taiwan Univ. 2: 86. 1933. 本种与大花对叶兰的区别:

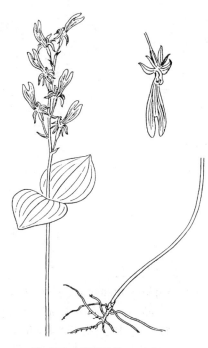

图 637 大花对叶兰 (冯金环绘)

唇瓣斜楔形,长1.7-2厘米,基部较宽,蕊柱长4-5毫米。产台湾北部及中部,生于海拔3000-3300米林中。

13. 竹茎兰属 Tropidia Lindl.

（陈心启 罗毅波）

地生草本。根状茎短，纤维根簇生。茎如细竹茎，下部节具鞘，上部具数枚或多枚叶。叶基具鞘抱茎，摺扇状。花序顶生或茎上部腋生，花常2列互生，稀近簇生。萼片离生或侧萼片多少合生包唇瓣；花瓣离生，与萼片相似或略小，唇瓣常不裂，基部凹入成囊状或有距，多少包蕊柱；蕊柱较短；花药直立，生于背侧，短于蕊喙；花粉团2个，柄细长，粘盘盾状，粒粉质，由多数小团块组成；蕊喙直立，较长，先端2裂（粘盘脱出后）。

约20种，分布于亚洲热带地区至太平洋岛屿，中美洲与北美东南部也有。我国4种。

1. 叶2至多枚，互生于茎或分枝；唇瓣基部无距 ·················· 1. 短穗竹茎兰 T. curculigoides
1. 叶2枚，生于茎顶，近对生；唇瓣基部有距，距长达4毫米 ·················· 2. 阔叶竹茎兰 T. augulosa

1. 短穗竹茎兰

图 638

Tropidia curculigoides Lindl. Gen. Sp. Orch. Pl. 497. 1840.

植株高达70厘米或更高。茎常数个丛生，上部为叶鞘所包。叶常10枚以上，疏生于茎，窄椭圆状披针形或窄披针形，纸质或坚纸质，长10-25厘米，宽2-4厘米，基鞘抱茎。花序长1-2.5厘米，具数朵至10余花。苞片披针形，长4-7（-10）毫米；花梗和子房长5-6毫米；花绿白色，密集；萼片披针形或长圆状披针形，长0.7-1厘米，侧萼片基部合生；花瓣长圆状披针形，长6-8毫米，宽约1.3毫米，唇瓣卵状披针形或长圆状披针形，长6-8毫米，基部凹入，舟状，先端渐尖；蕊柱长约3毫米，花药卵形，长约1.5毫米，蕊喙直立，倒卵形，长达2毫米，先端2尖裂。蒴果近长圆形，长约2厘米，径5毫米。花期6-8月，果期10月。

产台湾、香港、海南、广西东部、四川南部、云南南部及西藏东南部，

图 638 短穗竹茎兰 （引自《图鉴》）

生于海拔250-1000米林下或沟谷阴处。印度、锡金、缅甸、越南、柬埔寨、泰国、马来西亚及印度尼西亚有分布。

2. 阔叶竹茎兰

图 639

Tropidia angulosa (Lindl.) Bl., Coll. Orch. Arch. Ind. Jap. 122. 1858.

Cnemidia angulosa Lindl. in Bot. Reg. 19: t. 1618. 1833.

植株高达45厘米。叶2枚，生于茎顶，近对生，椭圆形或卵状椭圆形，纸质或坚纸质，长10-17厘米，基鞘抱茎。花序顶生，长达8厘米，具花10余朵。苞片长6-8毫米；花梗和子房长6-9毫米；花绿白色；中萼片线状披针形，长8-9毫米，宽约1.5毫米，侧萼片合生，近长圆形，先端2浅裂，长0.8-1厘米，包唇瓣，与唇瓣基部的距连合；花瓣线状披针形，长8-9毫米，宽约1.5毫米，唇瓣近长圆形，长6-7毫米，中部至基部有2纵脊，基部有圆筒状距，长达4毫米，径1-1.5毫米；蕊柱长约6毫米；花药直立，卵状披针形，长约3.5毫米，蕊喙披针形，直立，长约5毫米。蒴果椭圆形，长1-1.5厘米。花期9月，果期12月至翌年1月。

产台湾、广西、云南西部及南部、西藏东南部,生于海拔100-1800米林下或林缘。印度、锡金、东南亚及日本琉球群岛有分布。

14. 管花兰属 Corymborkis Thou.
(陈心启 罗毅波)

地生草本。根状茎短而横走;根细长而簇生。茎较长,常数个生于同一根状茎上,略木质化。叶多枚,2列互生,坚纸质,摺扇状摺迭式,基部鞘状抱茎。圆锥花序每1-4个腋生,较短,花序梗常包于叶鞘中,花2列。花有香气,花梗短;萼片与花瓣较窄长,基部靠合;中萼片略贴生花瓣与蕊柱;花瓣稍宽于萼片,唇瓣与萼片等长或稍短,包蕊柱,常具2纵脊;蕊柱细长,直立,顶端扩大有2个耳状物;花药背着,花粉团2个,粒粉质,由多数小团块组成;粘盘近盾状;柱头横卧,有2个外弯裂片;蕊喙直立,高于花药,先端2裂。蒴果具6棱,蕊柱宿存。

5种,分布于热带地区。我国1种。

图 639 阔叶竹茎兰 (引自《图鉴》)

管花兰　　　　　　　　　图 640 彩片 295

Corymborkis veratrifolia (Reinw.) Bl. Fl. Java Orch. 105. f. 9. 1858.

Hysteria veratrifolia Reinw. in Syll. Pl. Nov. Ratisb. 2: 5. 1826.

植株高达1米或更高。茎径0.8-1.2厘米。叶多数,窄椭圆形或窄椭圆状披针形,长25-38厘米,宽5.5-10厘米,基部短柄延伸为抱茎鞘,鞘常有褐色皮屑物。花序长达9厘米,具10-30朵或更多的花。苞片卵形,长2-4毫米;花梗和子房长4-6毫米;花白色,花被片不展开,多少呈筒状,长3.2-3.8厘米,芳香;萼片近倒披针状线形或窄匙形;花瓣与萼片相似,唇瓣与萼片近等长,具长而对摺的爪,几全包蕊柱,上部近圆形或宽卵状椭圆形,有2纵脊;上部长宽均达1厘米,边缘波状,先端外弯;蕊柱近圆柱形,短于唇瓣。花期7月。

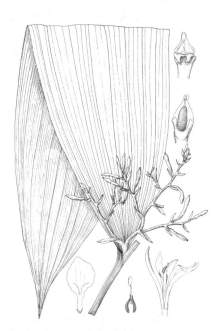

图 640 管花兰 (孙英宝绘)

产广西西南部、云南南部及西部,生于海拔700-1000米密林下。亚洲热带地区有分布。

15. 斑叶兰属 Goodyera R. Br.
(郎楷永)

地生草本。具根状茎。叶稍肉质,互生,具柄。总状花序顶生,稀穗状。苞片常直伸;子房扭转;花倒置(唇瓣位于下方);萼片离生,近似,背面常被毛,中萼片直立,舟状,与花瓣粘贴呈兜状,侧萼片直立或张开;花瓣较萼片窄,膜质;唇瓣围绕蕊柱基部,基部囊状,前部渐窄,先端多少外弯,囊内常有毛;蕊柱短,花药位于蕊喙背面;花粉团2枚,每枚分裂为2,为具多数小团块的粒粉质,无花粉团柄,末端同附着于1枚粘盘;蕊喙直立,2裂,叉状;柱头1枚,位于蕊喙之下。蒴果直立。

约40种，主产北温带，南达墨西哥、东南亚、澳大利亚和大洋洲岛屿，非洲马达加斯加有分布。我国29种。

1. 叶上面具白或黄色网状脉纹或斑纹。
  2. 叶上面具均匀网状脉纹；花序常具2花，稀3-6花；花长筒状；中萼片线状披针形，长（2-）2.5厘米 ………
  …………………………………………………………………………………… 3. **大花斑叶兰 G. biflora**
  2. 叶上面具不均匀细脉和有色斑纹。
    3. 叶上面斑纹点状 ………………………………………………… 2. **斑叶兰 G. schlechtendaliana**
    3. 叶上面斑纹不成点状。
      4. 叶长4.5-6厘米，上面斑纹为规则方格状；花萼片长1.1-1.4厘米，侧萼片斜长圆状披针形，唇瓣囊内具
      多数腺毛 ……………………………………………………… 4. **花格斑叶兰 G. kwangtungensis**
      4. 叶长1.8-3厘米，上面斑纹不为规则方格状；花萼片长3-4毫米，唇瓣囊内无毛。
        5. 叶不集生于茎基部，非莲座状；花茎被白色腺状柔毛；唇瓣囊内无乳头状突起 ………
        …………………………………………………………………… 1. **小斑叶兰 G. repens**
        5. 叶集生茎基部，呈莲座状；花茎被棕色腺状柔毛；唇瓣囊内中脉两侧各具2-4枚乳头状突起 ………
        …………………………………………………………………… 5. **波密斑叶兰 G. bomiensis**
1. 叶上面无网状脉纹、无斑纹。
  6. 叶上面天鹅绒状，沿中脉具白色带；萼片背面被毛，花瓣斜菱状长圆形，唇瓣囊内具腺毛 ………………
  …………………………………………………………………………………… 6. **绒叶斑叶兰 G. velutina**
  6. 叶上面非天鹅绒状，沿中脉无白色带。
    7. 侧萼片张开，向后或向下反折，唇瓣囊内具腺毛。
      8. 植株高13-20厘米；花序具1-3（-5）花；花绿、银白或淡绿色；萼片背面无毛。
        9. 花序具2-3（-5）花；花绿色，萼片先端淡红褐色，唇瓣前部向下呈之字形弯曲，先端前伸；苞片卵
        状披针形 ………………………………………………………… 14. **绿花斑叶兰 G. viridiflora**
        9. 花序具1-3花；花银白或淡绿色，萼片先端淡红色，唇瓣前部向下拳卷，先端不前伸；苞片披针形 …
        …………………………………………………………… 14(附). **香港斑叶兰 G. youngsayei**
      8. 植株高30-90厘米；花序具多花；花黄或红褐色，萼片背面被毛。
        10. 花黄色，芳香；花瓣斜线状倒披针形，宽1-1.5毫米，唇瓣前部骤窄，线形，先端尖，向下卷曲，花
        药卵形 …………………………………………………………… 15. **烟色斑叶兰 G. fumata**
        10. 花红褐色，不芳香；花瓣匙形，宽1.8-2毫米，唇瓣前部渐窄，尾状，先端钝，向下反卷，花药披针
        形 …………………………………………………………… 15(附). **红花斑叶兰 G. grandis**
    7. 侧萼片直立，或上部稍张开，唇瓣囊内无毛或具腺毛。
      11. 叶集生茎基部，呈莲座状；唇瓣囊内无毛。
        12. 萼片长2.5-3毫米，背面无毛，花瓣斜菱状倒披针形，唇瓣囊内增厚，具3脉，前部长圆形，上面无
        乳头状突起 …………………………………………………… 10. **莲座叶斑叶兰 G. brachystegia**
        12. 萼片长5-7毫米，背面被腺状柔毛，花瓣斜舌状或斜线状长圆形、镰状。
          13. 萼片窄卵形，长5毫米，花瓣斜舌状，唇瓣囊内具4脉，前部短长圆形，上面具极细乳头状突起 …
          …………………………………………………………… 11. **川滇斑叶兰 G. yunnanensis**
          13. 萼片长圆形，长（5-）7毫米，花瓣斜线状长圆形、镰状，唇瓣囊内具2脊状隆起，前部上面无乳
          突状突起 …………………………………………………………… 12. **脊唇斑叶兰 G. fusca**
      11. 叶不在茎基部集生，非莲座状。
        14. 萼片背面无毛，唇瓣囊内具腺毛。
          15. 叶较集生茎上部；花序几无梗，花序轴无毛，花序具3-9花，花白或略带浅粉红色；萼片长1-1.2
          厘米，花瓣菱形，唇瓣长约1厘米，内面具多数腺毛 ………………… 8. **光萼斑叶兰 G. henryi**

15. 叶疏生茎上；花序梗长，花序轴和花序梗均被毛；花序密生多花，花白或带绿色，芳香，萼片长0.25-0.35厘米；花瓣匙形，唇瓣长0.22-0.25厘米，前部反卷向下，唇盘上面具2胼胝体 …… 13. **高斑叶兰 G. procera**

14. 萼片背面被毛，唇瓣囊内无毛或有毛。

16. 唇瓣囊内具腺毛，唇瓣两侧具红褐色斑点，花瓣斜卵形，萼片长7-9（10）毫米；苞片披针形；花序梗常极短 …… 7. **多叶斑叶兰 G. foliosa**

16. 唇瓣囊内无毛，具5条粗脉；花瓣斜线状长圆形，萼片长5-6毫米；苞片窄披针形；花序梗长4-5厘米 …… 9. **长苞斑叶兰 G. prainii**

1. 小斑叶兰

图 641 彩片 296

Goodyera repens (Linn.) R. Br. in Aiton, Hort. Kew. ed. 2, 5: 198. 1813.

Satyrium repens Linn. Sp. Pl. 945. 1753.

植株高达25厘米。根状茎长，匍匐。茎直立，具5-6叶。叶卵形或卵状椭圆形，先端尖，基部钝或宽楔形，长1-2厘米，具白色斑纹，下面淡绿色；叶柄长0.5-1厘米。花茎被白色腺状柔毛，具3-5鞘状苞片；花序密生几朵至10余朵多少偏向一侧的花，长4-15厘米。苞片披针形，长5毫米；子房圆柱状纺锤形，扭转，被疏腺状柔毛，连花梗长4毫米；花白色，带绿或带粉红色，萼片背面有腺状柔毛，中萼片卵形或卵状长圆形，长3-4毫米，与花瓣粘贴呈兜状，侧萼片斜卵形或卵状椭圆形，长3-4毫米；花瓣斜匙形，无毛，长3-4毫米；唇瓣卵形，长3-3.5毫米，基部凹入呈囊状，宽2-2.5毫米，内面无毛，前端短舌状，略外弯。花期7-8月。

图 641 小斑叶兰 （引自《图鉴》）

产黑龙江北部、吉林东部、辽宁、内蒙古北部、河北西部、山西、陕西、甘肃、青海东北部、新疆、安徽西南部、台湾、河南、湖北、湖南、四川、云南及西藏，生于海拔700-3800米山坡、沟谷林下。日本、朝鲜半岛、俄罗斯西伯利亚至欧洲、缅甸、印度、不丹至克什米尔地区及北美洲有分布。全草药用，治肺结核、支气管炎、淋巴结核，外用治蛇咬伤、痈疖。

2. 斑叶兰

图 642 彩片 297

Goodyera schlechtendaliana Rchb. f. in Linnaea 22: 861. 1849.

植株高达35厘米。根状茎长。茎具4-6叶。叶卵形或卵状披针形，长3-8厘米，上面具白或黄白色不规则点状斑纹，下面淡绿色，基部近圆或宽楔形；叶柄长0.4-1厘米。花茎高10-28厘米，被长柔毛，具3-5鞘状苞片；花序疏生几朵至20余朵近偏向一侧的花，长8-20厘米。苞片披针形，长约1.2厘米，背面被柔毛；子房扭转，被长柔毛，连花梗长0.8-1厘米；花白色或带粉红色，萼片背面被柔毛，中萼片窄椭圆状披针形，长0.7-1厘米，舟状，与花瓣粘贴呈兜状，侧萼片卵状披针形，长7-9毫米；花瓣菱状倒披针形，长0.7-1厘米，唇瓣卵形，长6-8.5毫米，基部凹入呈囊状，宽3-4毫米，内面具多数腺毛，前端舌状，略下弯；花药卵形。花期8-10月。

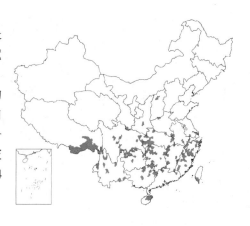

产山西北部、陕西南部、甘肃南部、江苏南部、安徽、浙江、福建、台湾、江西、湖北、湖南、广东、海南、广西、贵州、云南、西藏东南部、四川及河南,生于海拔500-2800米山坡或沟谷阔叶林下阴处。尼泊尔、不丹、锡金、印度、越南、泰国、朝鲜半岛南部、日本及印度尼西亚(苏门答腊)有分布。全草药用,药效同小斑叶兰。

3. 大花斑叶兰　　　　　　　　　　　　　图 643

Goodyera biflora (Lindl.) Hook. f. Fl. Brit. Ind. 6: 114. 1890.

Georchis biflora Lindl. Gen. Sp. Orch. Pl. 496. 1840.

植株高达15厘米。根状茎长。茎具4-5叶。叶卵形或椭圆形,长2-4厘米,基部圆,上面具白色均匀网状脉纹,下面淡绿色,有时带紫红色;

图 642 斑叶兰 (引自《图鉴》)

叶柄长1-2.5厘米。花茎短,被柔毛;花序常具2花,稀3-6花,常偏向一侧。苞片披针形,长1.5-2.5厘米,下面被柔毛;子房扭转,被柔毛,连花梗长5-8毫米;花长筒状,白或带粉红色;萼片线状披针形,背面被柔毛,长(2-)2.5厘米,宽3-4毫米,中萼片与花瓣粘贴呈兜状;花瓣白色,无毛,稍斜菱状线形,长(2-)2.5厘米,宽

3-4毫米,唇瓣白色,线状披针形,长1.8-2厘米,基部凹入呈囊状,内面具多数腺毛,前部舌状,长为囊的2倍,先端向下卷曲;花药三角状披针形,长1-1.2厘米。花期2-7月。

产陕西南部、甘肃南部、江苏南部、安徽、浙江、台湾、河南、湖北西部、湖南西北部及西南部、广东西南部、贵州东北部、四川、云南、西藏,生于海拔560-2200米山坡林下阴湿处。尼泊尔、印度、朝鲜半岛南部及日本有分布。全草药用,清热解毒、行气、活血。

图 643 大花斑叶兰 (引自《图鉴》)

4. 花格斑叶兰　　　　　　　　　　　　　图 644

Goodyera kwangtungensis C. L. Tso in Sunyatsenia 1: 134. 1933.

植株高达30厘米。根状茎长。茎长4-8厘米,具3-5叶。叶卵状椭圆形,长4.5-6厘米,基部楔形,上面具白色或黄白色有规则方格状斑纹,下面淡绿色;叶柄长1-2厘米。花茎高14-20厘米,被柔毛;花序具多数、偏向一侧的花,长8-10厘米。苞片卵状披针形,长1.3厘米;

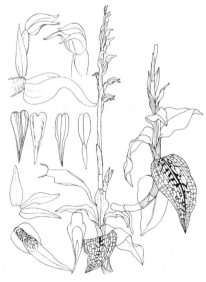

图 644 花格斑叶兰 (引自《台湾兰科植物》)

子房扭转，被柔毛，连花梗长1.2-1.4厘米；花白色；萼片长圆状披针形，近等长，背面被柔毛，长1.1-1.4厘米，中萼片与花瓣粘贴呈兜状，侧萼片偏斜，稍张开；花瓣长菱形，长约1.1厘米，近先端有1绿色斑块，无毛，唇瓣卵状披针形，长1厘米，基部囊状，球形，内面具多数腺毛，前部披针

形，长喙状，长6毫米，背面龙骨状；花药卵状披针形。花期5-6月。

产台湾、广东北部及广西北部，生于海拔700-2200米林下阴处。

5. 波密斑叶兰

图 645

Goodyera bomiensis K. Y. Lang in Acta Phytotax. Sin. 16(4)：128. f. 3. 1978.

植株高达30厘米。根状茎短。叶基生，密集呈莲座状，5-6枚，叶卵圆形或卵形，长1.8-3厘米，基部心形、圆或平截，干后两面具皱褶，两面无皱褶，上面具白色不均匀斑纹；叶柄极短或长达5毫米。花茎细，长17-28厘米；花序具8-20朵较密生、偏向一侧的花，长3-10厘米，花序梗和花序轴均被棕色腺状柔毛，下部具3-5鞘状苞片。苞片卵状披针形；子房纺锤形，扭转，密被棕色腺状柔毛，连花梗长4毫米；花白或淡黄白色，半张开，萼片白色或背面带淡褐色，中萼

片窄卵形，长3-3.5毫米，背面近基部疏生棕色腺状柔毛，与花瓣粘贴呈兜状，侧萼片窄椭圆形，长3.5-4毫米，背面无毛；花瓣白色，斜菱状倒披针形，长3-3.5毫米，上部宽1-1.2毫米，先端钝，无毛，唇瓣卵状椭圆形，舟状，下部囊状，长3.5-4毫米，下部宽2-2.5毫米，外弯，囊内无毛，在中部中脉两侧各具2-4枚乳头状突起，近基部具脊状褶片。花期5-9月。

产湖北西部、云南中南部及西藏东部，生于海拔900-3650米阔叶林至冷杉林下阴湿处。

6. 绒叶斑叶兰

图 646

Goodyera velutina Maxim. in Regel, Gartenflora 16: 38. pl. 533. f. 1. 1867.

植株高达16厘米。根状茎长。茎暗红褐色，具3-5叶。叶卵形或椭圆形，长2-5厘米，基部圆，上面深绿色或暗紫绿色，天鹅绒状，沿中脉具白色带，下面紫红色；叶柄长1-1.5厘米。花茎长4-8厘米，被柔毛，具2-3鞘状苞片；花序具6-15朵、偏向一侧的花。苞片披针形，红

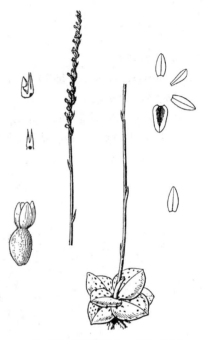

图 645 波密斑叶兰 （张泰利绘）

图 646 绒叶斑叶兰 （蔡淑琴绘）

褐色，长1-1.2厘米；子房圆柱形，扭转，绿褐色，被柔毛，连花梗长0.8-1.1厘米；花萼片微张开，淡红褐或白色，凹入，背面被柔毛，中萼片长圆形，长0.7-1.2厘米，与花瓣粘贴呈兜状，侧萼片斜卵状椭圆形或长椭圆形，长0.8-1.2厘米，先端钝；花瓣斜长圆状菱形，无毛，长0.7-1.2厘米，宽3.5-4.5毫米，基部渐窄，上半部具红褐色斑，唇瓣长6.5-9毫米，基部囊状，内面有多数腺毛，前部舌状，舟形，先端下弯；花药卵状心形，先端渐尖。花期8-10月。

产浙江南部、福建西北部、台湾、湖北西北部、湖南、广东北部、海南、广西、四川及云南东北部，生于海拔700-3000米山坡或沟谷密林下。朝鲜半岛南部及日本有分布。全草药用，可解毒、活血、止痛、清热。

7. 多叶斑叶兰
图 647

Goodyera foliosa (Lindl.) Benth. ex Clarke in Journ. Linn. Soc. Bot. 25: 73. 1889.

Georchis foliosa Lindl. Gen. Sp. Orch. Pl. 496. 1840.

植株高达25厘米。根状茎长。茎长9-17厘米，具4-6叶。叶常集生茎上部，稀疏生茎上，叶卵形或椭圆形，偏斜，长2.5-6厘米，基部楔形或圆；叶柄长1-2厘米。花茎高6-8厘米，被毛；花序具几朵至12朵较密生、常偏向一侧的花，花序梗极短，稀较长，或具几枚鞘状苞片。苞片披针形，长1-1.5厘米，宽2-2.5毫米，背面被毛；子房圆柱形，扭转，被毛，连花梗长0.8-1厘米；花半张开，白带粉红、白带淡绿或近白色；萼片窄卵形，凹入，长7-9（10）毫米，宽3.5-4（5）毫米，背面被毛；花瓣斜菱形，长7-9（10）毫米，中部宽3.5-4（5）毫米，基部具爪，无毛，与中萼片粘贴呈兜状，唇瓣长6-8毫米，宽3.5-4.5毫米，基部囊状，内面具多数腺毛，前部舌状，先端略反曲，背面两侧有时具红褐色斑块；花药卵形，长4毫米。花期7-9月。

图 647 多叶斑叶兰 （张泰利绘）

产福建西部及南部、台湾、广东、香港、广西、云南、西藏东南部、四川南部、湖南南部，生于海拔300-1500米山坡或沟谷密林下阴湿处。尼泊尔、锡金、不丹、印度东北部、缅甸、越南、日本及朝鲜半岛南部有分布。

8. 光萼斑叶兰
图 648

Goodyera henryi Rolfe in Kew Bull. 1896: 201. 1896.

植株高达15厘米。根状茎长。茎直立，长6-10厘米，具4-6叶。叶常集生茎上部，叶斜卵形或斜椭圆形，长2-5厘米，绿色，先端尖，基部楔形；叶柄长约1厘米。花茎长3-5厘米，无毛，花序梗极短，几无梗；花序具3-9朵较密生的花。苞片披针形，长1.8-2.2厘米，无毛；

图 648 光萼斑叶兰 （张泰利绘）

子房圆柱状纺锤形，扭转，无毛，连花梗长1-1.3厘米；白色略带淡粉红色，半张开，萼片背面无毛，中萼片长圆形，凹入，长1-1.2厘米，宽4-4.5毫米，与花瓣粘贴呈兜状，侧萼片斜卵状长圆形，凹入，长1.3-1.4厘米，宽4.5-5毫米，先端尖；花瓣菱形，长1.1-1.3厘米，中部宽3.5-4毫米，先端尖，基部楔形，无毛，唇瓣白色，卵形，舟状，长约1厘米，基部囊状，内面具多数腺毛，前部舌状，先端尖；花药披针形，长5毫米。花期8-9（10）月。

产浙江东南部、台湾、江西东部、湖北西部、湖南、广东北部、广西、贵州东北部、云南、四川及甘肃南部，生于海拔400-2400米山坡或沟谷林下阴湿处或岩石覆土。日本及朝鲜半岛南部有分布。

9. 长苞斑叶兰 图 649

Goodyera prainii Hook. f. Fl. Brit. Ind. 6: 112. 1890.

植株高达18厘米。根状茎长。茎粗壮，具6-7叶。叶窄卵状长圆形、窄卵形或卵状椭圆形，长4-5.5厘米，基部楔形或宽楔形；叶柄长1-2厘米。花茎长9-11厘米，具3-5鞘状苞片；花序具多数、偏向一侧的花，长5-7厘米，常下弯，花序轴被毛。苞片窄披针形，长1.5厘米，背面被毛；子房扭转，被毛，连花梗长7-8毫米；萼片背面被毛，中萼片卵形，长5-6毫米，与花瓣粘贴呈兜状，侧萼片斜长圆形，长5-6毫米，先端稍尖；花瓣斜线状长圆形，长5-6毫米，宽1.3-1.5毫米，先端钝，无毛，唇瓣宽卵形，长5-6毫米，舟状，基部囊状，内面无毛，具5条粗脉，前部稍下弯；花药圆形，先端骤窄，长渐尖。花期9月。

图 649 长苞斑叶兰 （引自《Hook. Icon. Pl.》）

产福建西北部、湖南南部及云南西部，生于海拔1400-2800米常绿阔叶林中，常生于树干上。印度东北部有分布。

10. 莲座叶斑叶兰 图 650：5-6

Goodyera brachystegia Hand.-Mazz. Symb. Sin. 7: 1345. 1936.

植株高约20厘米。根状茎较短。茎基部具5-6叶，集生成莲座状。叶宽椭圆形或卵形，长2.4-3.3厘米，基部近圆；叶柄长1-1.5厘米。花茎直立，被较密腺状长柔毛，具5-7鞘状苞片；花序具多数稍密生、近偏向一侧的花，长6.5-8厘米。苞片披针形，背面疏被腺状柔毛，与子房近等长；子房扭转，被棕色腺状柔毛，连花梗长5毫米；

花白色，半张开，萼片背面无毛，先端钝，中萼片窄卵状长圆形，长2.5毫米，与花瓣粘贴呈兜状，侧萼片稍斜长圆形，长3毫米；花瓣斜菱状倒披

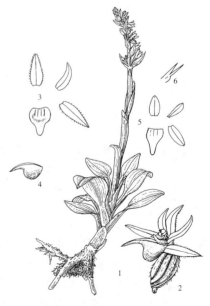

图 650：1-4. 川滇斑叶兰
5-6. 莲座叶斑叶兰 （孙英宝绘）

针形，长2.5毫米，上部宽1.2毫米，无毛；唇瓣宽卵形，长2.5毫米，后部凹入成半球形兜状，长1.2毫米，展平宽约2.5毫米，内面厚，有时具3脉，无毛，前部长圆形，长约1.3毫米，先端稍反曲；花药卵状心形，长约1毫米。蒴果椭圆形，长5.5毫米。花期6月。

产贵州西南部及云南中部，生于海拔1300-2000米林下。

11. 川滇斑叶兰　　　　　　　　　图 650：1-4

Goodyera yunnanensis Schltr. in Fedde, Repert. Sp. Nov. Beih. 4: 60. 1919.

植株高达23厘米。根状茎长。茎粗壮，基部具6-7较密生的叶。有时近莲座状。叶椭圆形或披针状椭圆形，长1.5-3.5厘米，先端尖，基部楔形；叶柄长0.8-1厘米。花茎粗壮，高8-19厘米，被较密腺状长柔毛，花序密生多数偏向一侧的花，长3.5-10厘米，其下具3-9鞘状苞片。苞片披针形、线状披针形或线形，下部的长达1.2厘米，背面被腺状柔毛；子房圆柱状纺锤形，扭转，被腺状疏柔毛，连花梗

长5-6毫米；萼片白或淡绿色，窄卵形，长5毫米，背面疏被腺状柔毛；侧萼片偏斜，宽2.2毫米，稍张开；花瓣斜舌状，长5毫米，无毛，唇瓣半球状兜形，长4毫米，后部囊状，宽约4毫米，内面无毛，具4条不明显平行短脉，前部长圆形，上面具极细乳头状突起；花药横椭圆形，长0.8毫米。花期8-10月。

产四川北部、云南北部，生于海拔2600-3900米林下或灌丛中。

12. 脊唇斑叶兰　　　　　　　　　图 651

Goodyera fusca (Lindl.) Hook. f. Fl. Brit. Ind. 6: 112. 1890.

Aetheria fusca Lindl. Gen. Sp. Orch. Pl. 491. 1840.

植株高达22厘米。茎粗短，基部具多枚、集生呈莲座状的叶。叶卵形或卵状椭圆形，长2-3.5厘米；叶柄长0.8-1.5厘米。花茎粗，高9-18厘米，被腺状柔毛；花序密生多数近偏向一侧的花，长5.5-11厘米，下部具3-5鞘状苞片。苞片卵状披针形或披针形，背面被腺状柔毛；子房扭转，密被腺状柔毛，连花梗长6-7毫米；花白色；萼片长圆形，长(5-)7毫米，背面被腺状柔毛，中萼片宽2毫米，先端凹入，与花瓣粘贴呈兜状，侧萼片偏斜，宽2.2毫米；花瓣斜线状长圆形，镰状，长(5-)7毫米，宽约2毫米，先端钝，无毛，唇瓣宽卵形，后部囊状，内面中脉两侧各具1条纵脊，无毛，前部骤窄，窄长圆形，向下弯曲，先端钝，上面无细乳突。花期8-9月。

产云南西北部、西藏东南部及南部，生于海拔2600-4500米林下、灌丛

图 651 脊唇斑叶兰
（引自《Hook. Icon. Pl.》）

中或高山草甸。尼泊尔、锡金、不丹、印度东北部及缅甸北部有分布。

13. 高斑叶兰
图 652 彩片 298

Goodyera procera (Ker.-Gawl.) Hook. Exot. Fl. 1: t. 39. 1823.

Neottia procera Ker-Gawl. in Bot. Reg. 8: t. 639. 1822.

植株高达80厘米。根状茎粗短。茎无毛，具6-8叶。叶长圆形或窄椭圆形，长7-15厘米，先端渐尖，基部渐窄，下面淡绿色；叶柄长3-7厘米。

花茎高12-50厘米，具3-7鞘状苞片，花序密生多花，长10-15厘米，花序轴被毛。苞片卵状披针形，无毛，长5-7毫米；子房圆柱形，扭转，被毛，连花梗长3-5毫米；花白或带淡绿色，芳香，不偏向一侧；萼片先端尖，无毛，中萼片卵形或椭圆形，长3-3.5毫米，与花粘贴呈兜状，侧萼片斜卵形，长2.5-3.2毫米；花瓣白色，匙形，

长3-3.3毫米，上部宽1-1.2毫米，无毛，唇瓣宽卵形，厚，长2.2-2.5毫米，基部囊状，内面有多数腺毛，前部反卷，唇盘上具2枚胼胝体；花药宽卵状三角形。花期4-5月。

产浙江南部、福建、台湾、广东、香港、海南、广西、贵州西南部、四川、云南及西藏东南部，生于海拔250-1550米山坡或沟谷阔叶林下阴处。尼

图 652 高斑叶兰 （引自《图鉴》）

泊尔、锡金、印度、东南亚及日本有分布。全草入药，祛风除湿，止咳平喘，治风湿骨痛、跌打损伤、气管炎、哮喘。

14. 绿花斑叶兰
图 653

Goodyera viridiflora (Bl.) Bl. Coll. Orch. Archip. Ind. 41. t. 9. 1858.

Neottia viridiflora Bl. Bijdr. 408. 1825.

植株高达20厘米。根状茎长。茎具2-3（-5）叶。叶斜卵形、卵状披针形或椭圆形，长1.5-6厘米，基部圆，骤窄成柄，叶柄长1-3厘米。花茎

长7-10厘米，带红褐色，被柔毛；花序具2-3（-5）花。苞片卵状披针形，长2厘米，淡红褐色，边缘撕裂；子房圆柱形，扭转，淡红褐色，上部被柔毛，连花梗长1.4-1.5厘米；绿色，张开，无毛；萼片椭圆形，绿或带白色，长1.25-1.5厘米，中萼片与花瓣粘贴呈兜状，侧萼片极张开，向下伸展；花瓣斜菱形，白色，先端带红褐色，长1.25-

1.5厘米，基部渐窄，唇瓣卵形，较薄，舟状，长1.2-1.4厘米，基部绿褐色，囊状，内面具密腺毛，前部白色，舌状，向下之字形弯曲，先端前伸；花药披针形。花期8-9月。

图 653 绿花斑叶兰 （吴彰桦绘）

产福建、台湾、江西西部、湖南西南部、广东、香港、海南及云南，生

于海拔300-2600米林下、沟边阴湿处或岩石覆土。尼泊尔、不丹、印度、泰国、马来西亚、日本(琉球群岛)、菲律宾、印度尼西亚及澳大利亚有分布。

[附] 香港斑叶兰 **Goodyera youngsayei** S. Y. Hu et Barretto in Chung Chi Journ. 13(2): 10. f. 5. 1976. 本种与绿花斑叶兰的区别: 花序具1-3花; 花银白或淡绿色; 萼片先端淡红色, 唇瓣前部向下拳卷, 先端不前伸; 苞片披针形。花期3月。产香港, 生于林下阴湿处。

15. 烟色斑叶兰　　　　　　图 654

Goodyera fumata Thw. Enum. Pl. Zeyl. 314. 1861.

植株高达90厘米。根状茎长。茎稍粗壮, 具6叶。叶椭圆状披针形, 有时两侧不等, 长16-19厘米, 向先端渐窄, 短渐尖, 基部收窄, 下面淡绿色; 叶柄长5-7厘米。花茎直立, 具数枚鞘状苞片, 密被棕红色柔毛; 花序疏生40余朵、不偏向一侧的花, 长达30厘米以上。苞片窄披针形, 长1-1.2厘米, 背面被柔毛; 子房圆柱形, 扭转, 被柔毛, 连花梗长1.1-1.2厘米; 花黄色, 芳香; 萼背面被柔毛, 中萼片窄卵状长圆形, 长7-8毫米, 与花瓣粘贴呈兜状, 侧萼片张开, 斜卵状披针形, 长7-8毫米; 花瓣斜线状倒披针形, 长8-9毫米, 宽1-1.5毫米; 唇瓣淡褐色, 长6-7毫米, 内面具多数腺毛, 前部线形, 长约3毫米, 先端尖, 向下卷曲; 花药卵形。花期3-4月。

产台湾、海南及云南西南部, 生于海拔1100-1300米林下。锡金、斯里兰卡、越南、泰国、菲律宾、马来西亚及日本(琉球群岛)有分布。

[附] 红花斑叶兰 **Goodyera grandis** (Bl.) Bl. Fl. Jav. Orch. 36. 1858. —— *Neottia grandis* Bl., Bijdr. 8: 407. 1825. 本种与烟色斑叶兰的区别: 花红褐色, 不香; 花瓣匙形, 宽1.8-2毫米, 唇瓣前部渐窄, 尾状, 先端

图 654 烟色斑叶兰 (吴彰桦绘)

钝, 向下反卷, 花药披针形。花期7-8月。产台湾, 较广布, 生于海拔300-1500米林下阴湿处。日本(琉球群岛)、马来西亚、印度尼西亚及澳大利亚有分布。

16. 袋唇兰属 **Hylophila** Lindl.

(郎楷永)

地生草本。具根状茎。叶互生, 叶柄基部鞘状抱茎。总状花序顶生, 花多数, 较密集。萼片离生, 中萼片和花瓣粘贴呈兜状, 侧萼片斜歪, 围抱唇瓣, 唇瓣近囊状; 蕊柱短, 有时具2枚平行窄翅, 中部具臂; 花药披针形, 花粉团2, 为具多数团块的粒粉质, 具长柄和同附于1枚粘盘; 蕊喙长, 2深裂, 叉状; 柱头1, 隆起, 位于蕊喙前方基部。

约6种, 分布于东南亚及我国。我国1种。

袋唇兰　　　　　　　　图 655

Hylophila nipponica (Fukuyama) S. S. Ying, Col. Illust. Indig. Orch. Taiwan 1: 469. 1977.

Dicerostylis nipponica Fukuyama in Bot. Mag. Tokyo 50: 19. 1936. 植株高达40厘米。具根状茎。茎黑或暗紫褐色, 具3-6叶。叶长圆形或椭圆形, 上面暗绿色, 有光泽, 下面色淡, 长5-15厘米, 基部渐窄成柄, 稍偏斜; 叶柄长约4厘米, 下部鞘状抱茎。花序密生多花, 长5-10厘米,

花序梗和花序轴被毛,红褐色。苞片卵状披针形或披针形,长达1.8厘米,红褐色,被毛;子房圆柱形,被毛,连花梗长1厘米;花绿色带红棕色,倒置(唇瓣位于下方);中萼片卵形或卵状披针形,绿色,先端带淡红褐色,舟状,长7-9毫米,质较厚,被毛,与花瓣粘贴呈兜状,侧萼片斜卵形或近圆

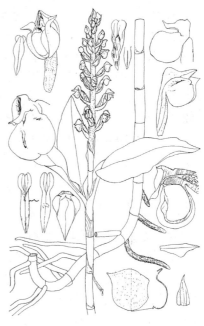

图 655 袋唇兰 (引自《台湾兰科植物》)

形,长7-9毫米,上部骤弯曲向外,先端短尾尖,被毛,二侧萼片包唇瓣,棕绿色,先端带白色,花瓣稍窄菱形,斜歪,长7-8毫米,中部宽2.8-3毫米,粉红色,先端白色,无毛,唇瓣囊状球形,微2裂,长6-6.5毫米,黄色,于蕊柱下方具三角形入口,口外具微波状细条,蕊柱淡红褐色,长3毫米,前面具2枚角状附属物;花药长圆状披针形,长5毫米,红黄色。

产台湾,生于海拔150-550米山坡或沟谷阴湿林下。

17. 血叶兰属 Ludisia A. Rich.
(郎楷永)

地生草本。根状茎长,节上生根。叶互生,上面常墨绿或暗紫红色,叶脉常金红或金黄色。总状花序顶生。苞片膜质;子房扭转;花倒置(唇瓣位于下方);萼片离生,近似,中萼片与花瓣粘贴呈兜状,侧萼片张开;花瓣较萼片窄,唇瓣扭转,顶部横长方形,下部常与蕊柱下部合生成短筒,基部具2浅裂的囊,囊内具2胼胝体;蕊柱以顺时针方向扭转(与唇瓣扭转方向相反),前面无附属物;花药大,2室,花粉团2,每个多少分裂为2,为具多数团块的粒粉质,棒状,具柄和同附着于1枚粘盘;蕊喙不为2叉状,把粘盘卷起来;柱头1枚,位于蕊柱前面蕊喙之下。

约4种,分布于印度、缅甸、印度支那半岛至印度尼西亚。我国1种。

血叶兰 金线莲　　　　　　　图 656 彩片 299

Ludisia discolor (Ker-Gawl.) A. Rich. Dict. Class. Hist. Nat. 7: 437. 1825.

Goodyera discolor Ker-Gawl. in Bot. Reg. 4: 271. 1818.

植株高达25厘米。茎近基部具(2-)3-4叶。叶卵形或卵状长圆形,肉质,长3-7厘米,宽1.7-3厘米,上面墨绿色、具5条金红色有光泽的脉,下面淡红色;叶柄长1.5-2.2厘米,下部鞘状抱茎,其上具2-3淡红色鞘状苞片。花序具几朵至10余花,长3-8厘米,花序轴被柔毛。苞片卵形或卵状披针形,带淡红色,膜质,长约1.5厘米,具细缘毛;子

图 656 血叶兰 (引自《图鉴》)

房圆柱形，被柔毛，连花梗长1.5-2厘米；花白或带淡红色，径约7毫米；中萼片卵状椭圆形，舟状，长8-9毫米，与花瓣粘贴呈兜状，侧萼片斜卵形或近椭圆形，长0.9-1厘米，背面前端有龙骨状突起；花瓣近半卵形，长8-9毫米，唇瓣长0.9-1厘米，下部与蕊柱的下部合生成筒，基部具囊，上部常扭转，中部宽2毫米，顶端横长方形，宽5-6毫米，唇瓣基部囊2浅裂，囊内具2肉质胼胝体；蕊柱长约5毫米，下部细，顶部膨大；柱头1个，位于蕊柱前面蕊喙之下。花期2-4月。

产广东北部及中部、香港、海南、广西、云南东南部，生于海拔900-1300米山坡或沟谷常绿阔叶林下阴湿处。缅甸、越南、泰国、马来西亚、印度尼西亚及大洋洲纳吐纳群岛有分布。全草药用，可滋阴润肺、清热凉血，治肺结核咯血、神经衰弱、食欲不振。

18. 爬兰属 Herpysma Lindl.

（郎楷永）

地生草本。根状茎长，匍匐，节上生根。茎具多叶。叶互生，叶柄短，下部为筒状鞘抱茎。总状花序顶生，密生多花，花序轴被毛。苞片大，较花梗（连子房）长；子房扭转，被毛；萼片离生，相似，背面被毛，中萼片与花瓣粘贴呈兜状；唇瓣较萼片短，贴生蕊柱两侧，提琴形，中部反折，基部具窄长距，从两侧萼片之间基部伸出；距与花梗（连子房）近等长，末端稍2裂，内侧无胼胝体和毛，近末端处具少数不规则小瘤；蕊柱短，无附属物；花药2室；花粉团2枚，为具由多数团块的粒粉质，窄长，附着于1枚窄长粘盘上；蕊喙短，直立，2裂；柱头1枚，位于蕊喙基部前方。

2种，分布于喜马拉雅地区至菲律宾。我国1种。

爬兰　　　　　　　　　　　　　　图 657

Herpysma longicaulis Lindl. in Bot. Reg. 19: t. 1618. 1833.

植株高达30厘米。茎径5-8毫米。叶椭圆状长圆形或卵状披针形，长5-10厘米；叶柄长2-3厘米，下部呈筒状、膜质鞘抱茎。花序具几朵花，长3-4厘米，被柔毛。苞片长圆状披针形，长1.5-2厘米，被柔毛；子房圆柱形，被柔毛，连花梗长1.2-1.5厘米；萼片白色，中上部橙黄或粉红色，背面被柔毛，中萼片卵形，舟状，长8-9毫米，先端向后弯曲，与花瓣粘贴呈兜状，侧萼片窄长圆形，凹入，长1-1.1厘米，宽2-2.5毫米；花瓣白色，中上部橙黄或粉红色，窄菱状倒卵

图 657 爬兰 （引自《Dansk. Bot. Ark.》）

形，长0.9-1厘米，中部以上宽4.5-4.7毫米，较萼片薄，无毛，唇瓣白色，长圆形，较萼片稍短，从中部向下反折，基部具2枚圆齿状直立侧裂片，中裂片近四方形，先端具尖头，唇盘纵褶片两侧各具1枚扁平胼胝体，距圆筒状，长0.7-1厘米，下垂，与子房并行，末端2浅裂，内面具少数不规则小瘤；蕊柱短；花粉团2枚，伸长，每个基部附于1个角状粘盘上；蕊喙直立，2裂；柱头垫状，位于蕊喙基部前方。花期8-9月。

产云南西北部，生于海拔1200米山坡密林下。尼泊尔、锡金、印度东北部、越南、泰国及印度尼西亚（苏门答腊）有分布。

19. 钳唇兰属 Erythrodes Bl.

（郎楷永）

地生草本。具根状茎。叶稍肉质，互生。总状花序顶生，直立，密生多花。花倒置（唇瓣位于下方）；萼片离生，背面常有毛，中萼片与花瓣粘贴呈兜状，侧萼片张开；唇瓣基部常多少贴生蕊柱，直立，基部具距，距圆筒状，向下伸出侧萼片基部之外，蕊柱短；花药直立，2室；花粉团2枚，每个多少分裂为2，为具多数团块的粒粉质，具柄，末端同附着于1枚粘盘；蕊喙2裂，叉状；柱头1，位于蕊柱前面。

约100种，主产南美洲和亚洲热带地区，北美、中美、新几内亚和太平洋岛屿有分布。我国1种。

钳唇兰　　　　　　　　　　　　　　　　　　图 658

Erythrodes blumei (Lindl.) Schltr. in Schum. et Lauterb., Nachtr. Fl. Deutsch. Südsee 87. 1905.

Physurus blumei Lindl. Gen. Sp. Orch. Pl. 504. 1840.

Erythrodes chinensis (Rolfe) Schltr.; 中国高等植物图鉴 5: 661. 1976.

植株高达60厘米。茎下部具3-6叶。叶卵形、椭圆形或卵状披针形，长4.5-10厘米，上面暗绿色，下面淡绿色，基脉3出；叶柄长2.5-4厘米，下部鞘状抱茎。花茎被柔毛，长12-40厘米，具3-6鞘状苞片；花序长5-10厘米。苞片披针形，带红褐色，长1-1.2厘米，被柔毛；子房圆柱形，红褐色，被柔毛，连花梗长0.9-1厘米；萼片带红褐或褐绿色，被柔毛，中萼片长椭圆形，直立，舟状，长4-6毫米，侧

图 658 钳唇兰 （蔡淑琴绘）

萼片斜椭圆形或卵状椭圆形，长5.5-6毫米；花瓣倒披针形，与萼片近同色，长4-6毫米，与中萼片粘贴呈兜状；唇瓣具距，前部3裂，侧裂片小，中裂片反折，宽卵形或三角状卵形，白色，距下垂，近圆筒状，长1.5-4毫米，中部稍膨大，末端2浅裂，唇瓣内面和距均带红褐色；蕊柱直立，长 1.5-3毫米。花期4-5月。

产台湾、广东、广西东部及云南南部，生于海拔400-1500米山坡或沟谷常绿阔叶林下阴处。斯里兰卡、印度东北部、缅甸北部、越南及泰国有分布。

20. 叉柱兰属 Cheirostylis Bl.

（郎楷永）

地生或半附生草本。根状茎匍匐或斜升，具节。茎常较短，下部生2-5叶，极稀叶退化为鞘状。叶互生，具柄。总状花序顶生。苞片直伸；子房扭转；多不偏向一侧，倒置，唇瓣位于下方；萼片膜质，在中部或中部以下合生成筒状；花瓣与中萼片贴生，唇瓣直立，基部常多少呈囊状，囊内两侧侧脉常具胼胝体，稀基部平，无胼胝体；中部收窄成爪；前部扩大，常2裂，稀不裂，蕊柱短，顶部前侧具2臂状附属物，与叉状蕊喙近等高；花药直立，位于蕊喙背面；花粉团2枚，每枚分裂为2，为具多数小团块的粒粉质，具短柄，末端同附着于1枚粘盘；蕊喙直立，2裂，叉状；柱头2枚，凸出，位于蕊喙基部两侧。

约20种，分布于热带非洲、热带亚洲和太平洋岛屿。

1. 唇瓣不裂，舌状，伸出萼筒之外，长5-5.5毫米，全缘，基部内面无胼胝体、无乳头状突起；花瓣窄倒卵形或窄倒披针状匙形，长4-4.5毫米；子房和萼片外面无毛 ·························· **1. 大鲁阁叉柱兰 C. tatewakii**

1. 唇瓣2裂，裂片具锯齿或丝状裂条，基部内面具胼胝体或具散生乳头状突起。

  2. 唇瓣裂片具锯齿。

    3. 叶上面暗灰绿色，下面微红色；唇瓣基部囊内两侧各具1枚2裂的柱状胼胝体，前部裂片基部具1对绿或灰色斑点；根状茎莲藕状 ·· 2. **琉球叉柱兰 C. liukiuensis**

    3. 叶上面和下面非上述颜色；唇瓣基部囊内两侧各具1枚扁平、（2）3-6裂、裂片为角状的胼胝体，前部裂片基部无斑点；根状茎毛虫状。

      4. 萼片长3-4毫米，唇瓣长7-8毫米，花瓣窄倒披针状长圆形，镰状，长3-4毫米，蕊柱臂状附属物较蕊喙裂片稍短 ·· 3. **中华叉柱兰 C. chinensis**

      4. 萼片长5-6.5毫米，唇瓣长1-1.2厘米，花瓣窄倒卵状长圆形，长5-6.5毫米，蕊柱臂状附属物与蕊喙裂片等长或稍长 ·· 4. **云南叉柱兰 C. yunnanensis**

  2. 唇瓣裂片具丝状裂条。

    5. 唇瓣基部囊内具多数散生乳头状突起；子房和萼片外面均无毛；花序梗极短，几无梗；唇瓣前部裂片基部具1对绿色斑点 ·· 5. **羽唇叉柱兰 C. inabai**

    5. 唇瓣基部囊内两侧各具1行由多数短圆柱状乳突组成的胼胝体，唇瓣前部裂片基部具1对绿色斑点，2裂片之间无尖齿，裂片具8-10条丝状裂条；花瓣斜窄长圆形，长1.3-1.5厘米 ··· 5（附）. **大花叉柱兰 C. griffithii**

1. 大鲁阁叉柱兰

图 659

Cheirostylis tatewakii Masamune ex S. S. Ying, Col. Illust. Fl. Taiwan 4: 802. 1992 (descr. emend.)

Cheirostylis tatewakii Masamune in Journ. Soc. Trop. Agric. 4: 195. 1933.

植株高达18厘米。根状茎匍匐，长4-7厘米，灰绿色，呈毛虫状，每节长1-1.2厘米，节中部径4-7毫米。茎短，带褐色，无毛，具2-4叶。叶心形，长1-2.5厘米，肉质，上面沿中脉具淡绿色宽带，余暗绿色，基部心形，骤窄成短柄，柄长4-5毫米。花茎细，长12-15厘米，被毛，具2-4鞘状苞片；花序具（3-）5-7花，长1.5-2厘米。苞片披针形，长3-6毫米；子房圆柱状纺锤形，无毛，连花梗长7-9毫米；萼片长4-5毫米，下部合生成筒状，筒长2-3毫米，外面无毛，裂片三角形或三角状披针形，长2-2.5毫米，先端略外弯；花瓣斜窄倒卵形或倒披针状匙形，长4-4.5毫米，上宽1-1.5毫米，基部爪状，唇瓣白色，直立，舌状，长5-5.5毫米，前部宽2-2.5毫米，基部收窄。花期3-4月。

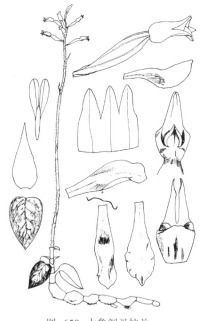

图 659 大鲁阁叉柱兰
（引自《台湾兰科植物》）

产台湾东部及香港，生于海拔300-600米山坡林下、苏铁林下或沟谷林下阴湿岩石。

2. 琉球叉柱兰

图 660

Cheirostylis liukiuensis Masamune in Journ. Soc. Trop. Agric. 2: 36. 1930.

植株高达9厘米。根状茎莲藕状，紫褐色。茎肉质，带褐色，无毛，具3-4叶。叶卵形或卵状圆形，长2-3厘米，宽1-2厘米，基部圆或略心形，无毛，上面暗灰绿色，有光泽，下面带

红色；叶柄长7-9毫米。花茎高4-7厘米，被毛；花序具5-9花，长1-1.5厘米。苞片卵形，凹入，长7-9毫米，子房圆柱状纺锤形，被毛，连花梗长5-8毫米，花多偏向一侧；萼片白色略带红褐色，疏被毛，长4.5-5毫米，萼筒裂片三角形；花瓣白色，与中萼片紧贴，斜长圆形或倒披针形，长4-4.5毫米，唇瓣白色，长6-7毫米，呈T字形，基部浅囊状，囊内两侧各具1枚分叉2裂的柱状胼胝体，中部具爪，爪长3-4毫米，爪先端骤宽成2裂片，裂片近四方形，长2-2.5毫米，前部具不规则齿，上面有毛，裂片基部具1对绿或灰色斑点。花期1-2月。

产台湾东北部，生于海拔200-800米山坡林下或竹林内。日本琉球群岛及种子岛有分布。

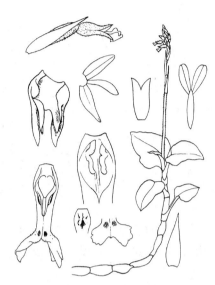

图 660　琉球叉柱兰　（引自《台湾兰科植物》）

3.　中华叉柱兰　　　　图 661

Cheirostylis chinensis Rolfe in Ann. Bot. 9: 158. 1895.

植株高达20厘米。根状茎毛虫状。淡绿色，无毛，具2-4叶。叶绿色，卵形或宽卵形，长1-3厘米，基部近圆，骤窄成柄，柄长0.3-1厘米。花茎高5-18厘米，被毛，具3-4鞘状苞片；花序具2-5花，长1-3厘米。苞片长圆状披针形，凹入，长5-8毫米，背面被毛；子房圆柱状纺锤形，被毛，连花梗长7-8毫米；萼片长3-4毫米，萼筒被疏毛，裂片三角状卵形，长1.7-1.8毫米；花瓣白色，窄倒披针状长圆形，镰状，长3-4毫米，宽1.2-1.5毫米，与

中萼片紧贴，唇瓣白色，直立，长7-8毫米，基部囊状，囊内两侧各具1枚梳状、具（4）5-6齿的、扁平胼胝体，中部收窄成短爪，前部扇形，长约5毫米，2裂，2裂片平展时宽7-8毫米，裂片具4-5不整齐齿；蕊柱2枚臂状附属物较蕊喙的2裂片稍短。花期1-3月。

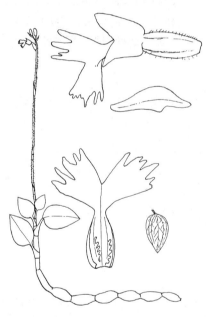

图 661　中华叉柱兰　（引自《台湾兰科植物》）

产台湾、香港、广西东北部及贵州西南部，生于海拔200-800米山坡或溪边林下。菲律宾有分布。

4.　云南叉柱兰　　　图 662　彩片 300

Cheirostylis yunnanensis Rolfe in Kew Bull. 1896: 201. 1896.

植株高达20厘米。根状茎毛虫状。淡绿色，基部具2-3叶。叶绿色，卵形，长1.5-3.5厘米，基部近圆，骤窄成柄，柄长0.6-1厘米。花茎高8-18厘米，被毛，具3-4鞘状苞片，花序具2-5花，长1.5-2.5厘米。苞片卵形，凹入，长5-6.5毫米，被毛；子房圆柱状纺锤形，被毛，连花梗长7-9毫米；

萼片长5-6.5毫米，萼筒下部被疏毛，筒长2.5-3.5毫米，裂片三角状卵形，长2.5-3毫米；花瓣白色，窄倒卵状长圆形，弯曲，长5-6.5毫米，上部宽1.5-1.8毫米，全缘或具2-3浅齿

与中萼片紧贴，唇瓣白色，直立，长1-1.2厘米，基部囊状，囊内两侧各具1枚梳状、具3-4齿、扁平胼胝体，中部收窄成爪，爪长约4毫米，具2条褶片，前部扇形，长5-6毫米，2裂，2裂片平展，宽6-8毫米，每裂片具5-7不整齐齿；蕊柱的2枚臂状附属物与蕊喙的2裂片等长或稍长。花期3-4月。

产湖南南部、广东中南部、海南、广西、贵州南部及云南南部，生于海拔200-1100米山坡或沟边阴处林下或岩石上覆土。越南有分布。

5. 羽唇叉柱兰　　　　　　　图 663

Cheirostylis inabai Hayata, Ic. Pl. Formos. 4: 108. f. 56. 1914.

植株高达15厘米。根状茎莲藕状。茎淡红褐色，肉质，无毛，具3-6叶。叶卵形或椭圆形，有时圆心形，长0.9-1.6厘米，基部钝圆或心形，骤窄成短柄。花茎顶生，花序梗极短或几无梗，花序具(1)2-3花。苞片卵形，淡绿色，长3-4毫米；子房连花梗长0.8-1厘米；花白色，筒状，无毛，萼筒长8-9毫米，中萼片之裂片三角形，长3-3.5毫米，侧萼片之裂片镰状，长2-2.5毫米；花瓣白色，斜匙形或窄匙形，与中萼片紧贴，长0.9-1厘米，宽2.5-3毫米，先端钝；唇瓣直立，呈

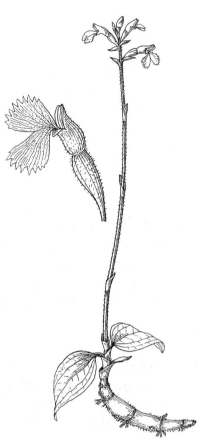

图 662 云南叉柱兰 （冯晋庸绘）

T字形，长1-1.1厘米，与蕊柱基部合生，基部囊状，囊内具多数散生乳头状突起，中部具爪，爪长8毫米，全缘，前部扩大，宽8毫米，2裂，裂片基部具1对绿色斑点，裂片成丝状裂条；蕊柱2枚臂状附属物线形，与蕊喙的裂片近等长。蒴果卵球形，果柄长达5厘米。花期9月。

产台湾，生于海拔1000-1900米山坡阴湿林下或路边坡上。

[附] **大花叉柱兰 Cheirostylis griffithii** Lindl. in Journ. Linn. Soc. Bot. 1: 188. 1857. 本种与羽唇叉柱兰的区别：子房和萼片外面被柔毛；唇瓣前部裂片基部具1对绿色斑点，2裂片之间无尖齿，裂片具8-10条丝状裂条；花瓣斜窄长圆形，长1.3-1.5厘米。产云南中北部，生于海拔2260米山坡林下阴湿处。巴基斯坦西部、尼泊尔、不丹、印度东北部及缅甸北部有分布。

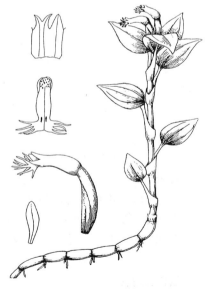

图 663 羽唇叉柱兰 （吴彰桦绘）

21. 旗唇兰属 Vexillabium F. Maekawa

(郎楷永)

地生小草本。具根状茎。茎具3-6叶。叶互生，叶柄短，基部鞘状抱茎。花茎被毛；总状花序具少花，被毛。苞片膜质；花倒置（唇瓣位于下方），萼片背面带紫红色，唇瓣与花瓣多白色，萼筒钟状，背面疏被柔毛；花瓣与中萼片等长且与中萼片粘贴呈兜状，唇瓣较萼片长，伸出萼片外，直立，基部成具2浅裂囊状距，距短，末端2浅裂，内具隔膜，分2室，每室具1枚胼胝体；中部爪细长；蕊柱直立，近圆柱形；花药生于蕊柱背面，2室；花粉团2枚，倒卵状披针形，每枚分裂为2，为由多数团块的粒粉质，花粉团具短柄，同附着于1枚粘盘，粘盘被蕊喙的叉口夹住；蕊喙位于蕊柱顶部，直立，常不等2裂；柱头2，具细乳突，位于蕊喙之下。

约4种，分布于日本、菲律宾北部邻近岛屿，朝鲜半岛南部济州岛至我国。我国1种。

旗唇兰　　　　　　　　　　　　　　　　图 664

Vexillabium yakushimense (Yamamoto) F. Maekawa in Journ. Jap. Bot. 11: 459. 1935.

Anoectochilus yakushimensis Yamamoto in Bot. Mag. Tokyo 38: 131. 1924.

植株高达13厘米。茎绿色，具4-5叶。叶卵形，肉质，长0.8-2厘米，基部圆；叶柄长5-7毫米，基部鞘状抱茎。花茎常带紫红色，被白色柔毛，中部以下具1-2粉红色鞘状苞片；花序带粉红色，具3-7花，长2-3.5厘米，疏被柔毛。苞片粉红色，宽披针形，长5-6毫米，具睫毛，背面疏生柔毛，子房圆柱状纺锤形，近顶部微弯，被疏柔毛，连花梗长7-8毫米；花萼片粉红色，背面基部被疏柔毛，中萼片长圆状卵形，直立，舟状，侧萼片斜镰状长圆形，直伸，基部合生成2浅裂的囊包唇瓣基部囊状距；花瓣白色，具红紫色斑块，斜半卵形，近顶部骤缢缩，具凸钝尖，基部窄，与中萼片粘贴呈兜状，唇瓣位下方，白色，T字形，较萼片和花瓣厚，长8毫米，伸出花被，基部距囊状，长1.5毫米，末端2浅裂，囊状距内具2枚角状胼胝体，中部爪细长，上部具1-4小齿，前部倒三角形，2裂或微凹；粘盘窄长圆形；柱头2，横

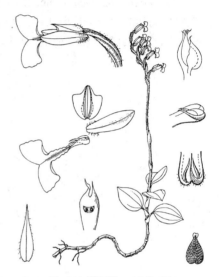

图 664 旗唇兰 （张泰利绘）

新月形。花期8-9月。

产安徽东南部、浙江西北及西南部、台湾兰屿、湖南西南部、四川北部及东南部、陕西南部，生于海拔450-1600米林中树上、苔藓丛中或林下沟边岩缝中。日本（九州、琉球）及菲律宾北部岛屿有分布。

22. 全唇兰属 Myrmechis Bl.

(郎楷永)

地生小草本。根状茎伸长，葡萄，肉质，具节，节生根。茎无毛，具数枚叶。叶小，互生，稍肉质，绿色，常长不及2厘米，具短柄。花较小，不完全开放，倒置（唇瓣位于下方），常2-3朵排成顶生总状花序。萼片离生，中萼片与花瓣粘贴呈兜状，侧萼片基部斜歪凹入，包唇瓣基部；花瓣较窄；唇瓣基部为球形囊，与蕊柱多少贴生，囊内两侧各具1胼胝体，前部扩大具2裂或仅稍扩大；蕊柱很短，具浅的药床；花药卵形，2室；花粉团2枚，具深裂隙，为由多数团块的粒粉质，具极短的花粉团柄，同附着于1枚粘盘；蕊喙短而直立，2裂；柱头2枚，突出，具细乳突，位于蕊喙基部两侧。

约7种，分布于锡金、中国、日本、印度尼西亚。我国5种。

1. 唇瓣前部不裂，基部囊内 2 枚胼胝体近四方形；花瓣卵形或卵状长圆形，非坛状，宽 2.3-2.5 毫米。
  2. 唇瓣前部片宽 3-3.5 毫米；花瓣卵状长圆形 ┈┈┈┈┈┈┈┈┈┈┈┈┈ 1. **日本全唇兰 M. japonica**
  2. 唇瓣前部片宽 1-1.5 毫米；花瓣卵形 ┈┈┈┈┈┈┈┈┈┈┈┈┈┈┈┈ 2. **全唇兰 M. chinensis**
1. 唇瓣前部 2 裂，裂片成锐角叉开，基部囊内 2 枚胼胝体横椭圆形；花瓣宽卵形，坛状，宽 3.5 毫米 ┈┈┈┈┈
┈┈┈┈┈┈┈┈┈┈┈┈┈┈┈┈┈┈┈┈┈┈┈┈┈┈┈┈┈┈┈┈ 3. **宽瓣全唇兰 M. urceolata**

1. 日本全唇兰

图 665：1

Myrmechis japonica (Rchb. f.) Rolfe in Journ. Linn. Soc. Bot. 36: 44. 1903.

Rhamphidia japonica Rchb. f. in Bot. Zeit. 26: 39. 1878.

植株高达 15 厘米。具根状茎。茎稍粗壮。叶疏生，圆形或卵圆形，长 5-8 毫米，基部钝圆，骤窄成柄；叶柄长 4-5 毫米，下部鞘状抱茎。花茎

长 1.5-3 厘米，被疏长柔毛，花序具 1-3 花。苞片长圆形或卵状披针形，下面疏被长柔毛，具睫毛，短于子房；子房圆柱形，被疏长柔毛，连花梗长 8-9 毫米；花被片薄，萼片白色或背面带粉红色，卵状披针形，近等长，长 6 毫米，中萼片舟状，宽 2.3 毫米，与花瓣下部粘贴呈兜状，侧萼片稍偏斜，宽 2.3 毫米，基部包唇瓣；花瓣白色，卵状长圆形，长 6 毫米，唇瓣位于下方，白色，呈 T 字形，长 7 毫米，基部宽 4.5 毫米，舟状；前部不裂，横长方形或近倒三角形，宽 3-3.5 毫米，中部收窄成短爪，无细乳突，基部囊状，囊

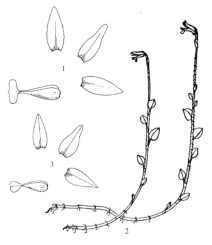

图 665：1. 日本全唇兰 2-3. 全唇兰
（引自《中国植物志》）

内两侧各具 1 枚近四方形肉质胼胝体。花期 7-8 月。

产福建西北部、四川中北部、云南西北部及西藏东部，生于海拔 800-2600 米山坡林下阴湿地或岩石苔藓丛中。日本有分布。

2. 全唇兰

图 665：2-3

Myrmechis chinensis Rolfe in Journ. Linn. Soc. Bot. 36: 44. 1903.

植株高达 10 厘米。具根状茎。茎纤细，具数叶。叶较疏生，圆形或卵圆形，长 4-6 毫米，基部钝圆，骤窄成柄；叶柄长 3-5 毫米，下部鞘状抱茎。花茎

长 1.5-2.5 厘米，被疏长柔毛，花序具 1-3 花。苞片长圆状披针形，背面被疏长柔毛，具睫毛，短于子房；子房圆柱形，扭转，被疏长柔毛，连花梗长 6-7 毫米；花白色，花被片薄，萼片卵状披针形，长 5-6 毫米，中萼片舟状，宽

2-2.2 毫米，与花瓣下部粘贴呈兜状，侧萼片稍偏斜，宽 2.3-2.5 毫米；花瓣卵形，长 5-6 毫米，近顶部收窄，先端钝，唇瓣位于下方，白色，近卵状长圆形，长约 5 毫米，基部宽约 4 毫米，舟状，前部不裂，宽 1-1.5 毫米；中部收窄成爪，爪部短，无细乳突；基部囊状，囊内两侧各具 1 枚近四方形肉质胼胝体。花期 7 月。

产湖北西部、四川东北部及中西部，生于海拔 2000-2200 米山坡或沟谷林下阴湿处。

3. 宽瓣全唇兰

图 666

Myrmechis urceolata T. Tang et K. Y. Lang in Acta Phytotax. Sin. 34(6): 638. f. 3. 1996.

植株高达9厘米。具根状茎。茎近肉质，具数叶。叶疏生，卵形，长0.7-1.2厘米，下面淡绿或带红紫色，基部钝圆；叶柄长3-5毫米，下部鞘状抱茎。花序具1-3花，花序轴被柔毛。苞片卵状三角形，长4-5毫米，背面被疏柔毛，具睫毛；子房扭转，稍弓曲，被疏柔毛，连花梗长6-7毫米；花白或粉红色；萼片长圆状卵形，中萼片舟状，长5-6毫米，侧萼片长6-7毫米，基部包唇瓣，先端渐窄；花瓣宽卵形，坛状，长5-6毫米，骤窄，具长约1毫米长圆形钝头；唇瓣呈Y字形，舟状，长7-8毫米，前部2裂，裂片叉开，长圆形，长约2毫米，中部稍窄，两侧对褶，全缘，基部囊状，囊内近基部两侧各具1枚胼胝体，胼

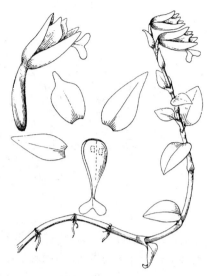

图 666 宽瓣全唇兰 （引自《中国植物志》）

胝体横椭圆形。花期5-7月。

产广东北部及西南部、海南、云南东南部及南部，生于海拔550-2200米山坡林下。

23. 翻唇兰属 Hetaeria Bl.

（郎楷永）

地生草本。根状茎长，匍匐，肉质，具节，节上生根。茎圆柱形，具数叶。叶稍肉质，互生，叶柄基部鞘状抱茎。花茎常被毛；总状花序具多花。苞片直伸；子房不扭转；花不倒置（唇瓣位于上方）；萼片离生，中萼片与花瓣粘贴呈兜状，侧萼片包唇瓣基部的囊；花瓣与中萼片近等长，常较萼片窄，唇瓣基部囊状，或杯状，内面近基部具胼胝体；蕊柱短，前面具翼状附属物；花药2室；花粉团2枚，为具多数小团块的粒粉质，每枚稍2裂，同附着于1枚花粉团柄和1个粘盘；蕊喙较长，直立，2裂，叉状；柱头2枚，隆起，位于蕊柱前面、蕊喙基部两侧。蒴果直立。

约20种，主产亚洲热带地区，大洋洲有分布。我国约5种。

1. 唇瓣前部极扩大，2裂，裂片近圆形，长宽均2.5毫米，中部收窄成细爪，爪长约1毫米，基部囊内具5脉，在4侧脉近基部各具1枚褶片状、横长圆形、先端钩曲的胼胝体 ………………………… 1. 四腺翻唇兰 **H. biloba**
1. 唇瓣的前部渐窄或略扩大，不裂或3裂，中部不收窄成爪，基部囊内无上述形状的胼胝体。
  2. 叶上面沿中脉常具1条白色条纹；苞片边缘撕裂状；唇瓣近中部3裂，中裂片卵形，唇瓣基部囊内具2枚角状胼胝体，唇盘具纵向不规则散生的细肉突或具2枚纵脊 ……………… 2. 白肋翻唇兰 **H. cristata**
  2. 叶上面无白色条纹；苞片全缘；唇瓣前部渐窄或骤窄，不裂，唇瓣内具5脉，在4条侧脉近基部各具1-3枚细长、钩状胼胝体，唇盘无细肉突、无纵脊 ……………………… 3. 长序翻唇兰 **H. elongata**

1. 四腺翻唇兰

图 667

Hetaeria biloba (Ridl.) Seidenf. et J. J. Wood, Orch. Penins. Mala. et Singap. 95. f. 38. 1992.

Zeuxine biloba Ridl. in Journ. Fed. Mal. St. Mus. 4: 73. 1909.

植株高达34厘米。具根状茎。茎疏生3-7叶。叶卵状披针形，长3.5-

7厘米，宽1.1-2厘米，上面具3条绿色脉；叶柄长1.5-2厘米。花茎被长柔毛，下部具1-3鞘状苞片；花序具4-9花，长2-4.5厘米。苞片披针形，

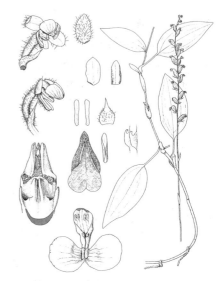

长7毫米，具缘毛，背面被长柔毛；子房圆柱形，被糙硬毛，不扭转，连花梗长7-8毫米；花白色；萼片长约5毫米，背面疏被糙硬毛，中萼片椭圆形，凹入，宽约2毫米，与花瓣粘贴呈兜状，侧萼片近斜卵形，宽2.2毫米；花瓣线形，长约5毫米，宽约0.6毫米，无毛，唇瓣位于上方，长5毫米，前部极扩大，2裂，裂片近圆形，长宽无2.5毫米，唇瓣中部收窄成细爪，爪长约1毫米，唇瓣基部浅囊状，内面具5脉，在4侧脉近基部各具1枚褶片状、横长圆形、先端钩曲的胼胝体。花期3月。

产海南，生于密林或路边疏林下。泰国、马来西亚及印度尼西亚西里伯斯北部有分布。

图 667 四腺翻唇兰
（引自《Dansk. Bot. Ark.》）

2. 白肋翻唇兰　　　　　　　图 668：1-3

Hetaeria cristata Bl. Coll. Orch. Arch. Ind. 103. 1858.

植株高达25厘米。具根状茎。茎暗红褐色，具数叶。叶斜卵形或斜卵状披针形，长3-9厘米，宽1.5-4厘米，基部圆，上面沿中脉具白色条纹或不显著；叶柄长1-2.5厘米。花茎长5-15厘米，被毛，具1-3鞘状苞片；花序疏生3-15花。苞片卵状披针形，褐红色，长5-8毫米，被毛，边缘撕裂状；子房圆柱形，被毛，连花梗长0.8-1厘米；花半张开；萼片背面被毛，红褐色，中萼片宽卵形，长2.8-3毫米，与花瓣粘贴呈兜状，侧萼片斜卵形，长3.2-4毫米；花瓣斜卵形，白色，极不等侧。长2.8-3毫米，无毛，唇瓣位于上方，兜状卵形，长3.5毫米，舟状，近中部3裂，侧裂片半圆形，中裂片卵形，凹入，基部浅囊状，内面具2枚角状胼胝体，唇盘具纵向不规则散生的细肉突或具2纵脊。花期9-10月。

图 668：1-3. 白肋翻唇兰
4-5. 长序翻唇兰 （吴彰桦绘）

产香港及台湾，生于山坡林下。日本、菲律宾及印度尼西亚（爪哇）有分布。

3. 长序翻唇兰　观音竹　　　　图 668：4-5

Hetaeria elongata (Lindl.) Hook. f. Fl. Brit. Ind. 6: 116. et 197. 1890.

Goodyera? elongata Lindl. Gen. Sp. Orch. Pl. 494. 1840.

植株高达35厘米，细长。具根状茎。茎无毛，具4-5叶。叶长圆形或

长椭圆形，稍不等侧，长6-9厘米，先端尖，上面和脉均绿色，基部钝圆；叶柄长1.5-3厘米，下部鞘状抱茎。花茎长15-22厘米，被柔毛，下部具2-3粉红色、披针形鞘状苞片，背面被柔毛；花序具多数较疏散的花，长8-12厘米，花序轴被柔毛。苞片披针形，粉红色，被柔毛，长8-9毫米，较子房稍短；子房圆柱形，被柔毛，连花梗长1-1.1厘米；花半张开；萼片粉红或近白色，背面被柔毛，中萼片长圆形或卵状长圆形，凹入，长5-6毫米，侧萼片斜长圆形或斜卵状长圆形，长5-6毫米；花瓣白色，斜歪菱状倒卵形，较萼片薄，长5-6毫米，先端收窄呈突尖头，无毛，与中萼片粘

贴呈兜状；唇瓣位于上方，舟状，基部囊状，长4-4.5毫米，内面具5脉，近基部中脉两侧的4脉各具1-3枚细长、向基部弯的钩状胼胝体。花期3-5月。

产广西西南部及海南中西部，生于密林下。泰国及斯里兰卡有分布。全草药用，清热、补虚。

24. 叠鞘兰属 Chamaegastrodia Makino et F. Maekawa

（郎楷永）

腐生小草本。根肉质，粗壮，排生于根状茎上。茎黄、黄褐、淡褐或带紫红色，无绿色叶，具多数密集或稍疏散、与茎同色、膜质鞘状鳞片，鳞片多少叠生。总状花序具几朵至10余朵花。苞片与茎同色；子房不扭转（唇瓣位于上方）；花较小，不倒置；萼片离生，等大；花瓣与中萼片近等长，较萼片窄，与中萼片粘贴呈兜状；唇瓣较萼片稍长，前部2裂，呈T字形，中部收窄成爪，稀前部不裂，基部具囊，囊内无纵隔，在中脉两侧近基部各具1胼胝体；蕊柱粗短，前面两侧各具1枚三角形镰状附属物；花药基部着生于蕊柱后缘，稀基部具细长花丝，通过花丝末端着生于蕊柱后缘之下，稀基部具2枚侧裂片；花药2室，花粉团2枚，为具多数小团块的粒粉质，同附着于1枚粘盘；蕊喙显著，2裂，或很小；柱头2枚，隆起，位于蕊柱前两侧。

约5种，分布于中国、日本至亚洲热带。我国4种。

1. 唇瓣长5-7毫米，前部裂片全缘或微啮蚀状。
   2. 花药具细长花丝，两侧无裂片；唇瓣爪部较宽，与前部裂片基部近等宽，两侧具凸出的边；花带黄或淡褐红色，唇瓣色较淡 ·· 1. 叠鞘兰 C. shikokiana
   2. 花药无花丝，基部宽，两侧各具窄三角形尖裂片；唇瓣爪部较前部裂片基部窄，两侧无凸出的边；花带黄橙色 ·· 2. 川滇叠鞘兰 C. inverta
1. 唇瓣长达1.6厘米，前部裂片具不整齐缺齿，近先端中部各具1流苏状裂条，2裂片叉开，呈V字形缺口；萼片和花瓣紫红色，唇瓣深黄色；花有香气 ········· 3. 齿爪叠鞘兰 C. poilanei

1. 叠鞘兰　　　　　　　　　　图 669：1-3

Chamaegastrodia shikokiana Makino et F. Maekawa in Bot. Mag. Tokyo 49: 496. pl. 2. f. 4-7. 1935.

植株高达18厘米。根肉质，粗壮，排生于根状茎上，茎较粗壮，黄或淡褐红色，无毛，密生黄或褐红色、膜质鞘状鳞片，无毛。花序具几朵至10余朵花，长3-5厘米，花序轴无毛。苞片卵状长椭圆形，长3-5厘米，花序轴无毛。苞片卵状长椭圆形，膜质，黄或淡褐红色，长5-8毫米，较子房短；子房圆柱形，黄或淡褐色，连花梗长0.8-1厘米；花带黄或淡褐红色，花被片与子房呈直角着生，横向伸展，黄褐色，萼片无毛，中萼片卵形，凹入，长3毫米，侧萼片斜卵形，长3-3.5毫米；花瓣线形，长3毫米，宽0.6毫米，与中萼片粘贴呈兜状；唇瓣位于上方，长4.5毫米，前部2裂，裂片常对褶，呈T字形，裂片近四方形，极叉开，夹角为180°，两裂片凹缺或具小突尖，顶部全缘或略波状，中部收窄成爪，爪部与前部裂片基部等长，两侧边凸出，具缺刻状圆齿，基部稍囊状，囊内无隔膜，中脉两侧近基部各具1枚圆形无柄胼胝体，蕊柱短，前面在柱

头下方具2枚三角形状镰形附属物；花药具线形花丝，着生于蕊柱后缘之下，花药基部无裂片；蕊喙极小；柱头2，离生，隆起，位于蕊喙两侧。花期7-8月。

产四川西南部及西藏东部，生于海拔2500-2800米山坡常绿阔叶林下阴湿处。日本及印度东北部有分布。

2. 川滇叠鞘兰

图 669：4-5

Chamaegastrodia inverta (W. W. Smith) Seidenf. in Nord. Journ. Bot. 14(3)：297. f. 2. 1994.

Zeuxine inverta W. W. Smith in Notes Roy. Bot. Gard. Edinb. 13：122. 1921.

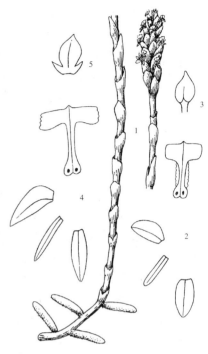

植株高达15厘米。根肉质，粗壮，排生于根状茎上。茎较粗壮，淡褐黄色，无毛，密生褐黄色膜质鞘状鳞片。花序具几朵至10余朵花，长2.5-5.5厘米，花序轴无毛。苞片卵状披针形，长8-9毫米，无毛，较子房稍短；子房圆柱形，褐黄色，无毛，连花梗长0.8-1厘米；花带橙黄色，萼片无毛，中萼片窄长圆形，凹入，长约4毫米，侧萼片斜镰状卵形，长4.5毫米；花瓣线形或线状披针形，镰状，

图 669: 1-3. 叠鞘兰 4-5. 川滇叠鞘兰
（吴彰桦绘）

长约4毫米，宽0.5毫米，与中萼片粘贴呈兜状；唇瓣位于上方，长5.5毫米，前部2裂，裂片常对褶，呈T字形，裂片长方形或近四方形，极叉开，凹缺具小尖头，顶部不规则啮蚀状，中部收窄成爪，长2.5-3毫米，全缘，两侧边不凸出，基部囊状，囊内近基部两侧各具1圆形胼胝体；蕊柱短，具2三角状镰形附属物；花药基部宽，两侧各具1窄三角形尖裂片；蕊喙近直立，先端2裂；柱头2枚，隆起，位于蕊缘基部两侧。花期7-8月。

产四川及云南，生于海拔1200-2600米山坡或沟谷林下阴湿处。

3. 齿爪叠鞘兰

图 670 彩片 301

Chamaegastrodia poilanei (Gagnep.) Seidenf. et A. N. Rao in Nord. Journ. Bot. 14(3)：297. f. 4. et f. 5. 1994.

Evrardia poilanei Gagnep. in Bull. Mus. Hist. Nat. Paris ser. 2, 4 (5)：596. 1932.

植株高达18厘米。根肉质，粗壮，黄白色，排生于根状茎上。茎粗壮，带紫红色，密生带紫红色膜质鞘状鳞片，背面和边缘被柔毛。花序具几朵至10余花，长3-7厘米，花序轴被柔毛。苞片卵形，带紫红色，被柔毛，与子房等长；子房圆柱形，带紫红色，被柔毛，连花梗长

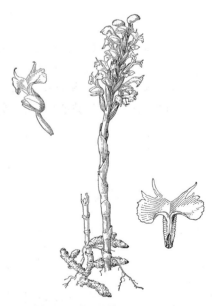

图 670 齿爪叠鞘兰 （冯晋庸绘）

1-1.2厘米；花芳香，萼片和花瓣带紫红色；萼片卵形，被柔毛，中萼片舟状，长7毫米，侧萼片稍张开，偏斜，长7毫米；花瓣斜线状披针形，镰状，长7毫米，宽约1.5毫米，与中萼片粘贴呈兜状，唇瓣位于上方，深黄色，长1.6厘米，前部宽1.3厘米，2裂，裂片两面具细乳突，具不整齐缺齿，近先端中部各具1细长流苏裂条，两裂条间呈V字形，中部收窄成爪，爪部长6-8毫米，两侧边凸出，具缺刻状圆齿；基部囊状，囊内无隔膜，在中脉两侧近基部各具1圆形无柄胼胝体，蕊柱短，前面在柱头下方具2枚近方形、片状附属物；花药卵形，长2.5毫米，花粉团2枚，黄色，同具1枚

粘盘；蕊喙直立，2裂，叉状；柱头2枚，棕黄色，位于蕊喙前方基部。花期8月。

产云南东南部及西藏东南部，生于海拔1000-1800米山坡或沟谷常绿阔叶林下阴湿处。越南及泰国有分布。

25. 线柱兰属 Zeuxine Lindl.

（郎楷永）

地生草本。根状茎常伸长，匍匐，肉质，节上生根。叶互生，常稍肉质，宽者具柄，窄者无柄。花茎顶生，总状花序。苞片直伸；子房扭转；花几不张开，倒置（唇瓣位于下方）；萼片离生，中萼片凹入，与花瓣粘贴呈兜状，侧萼片包唇瓣基部；花瓣与中萼片近等长较窄，较萼片薄，唇瓣基部与蕊柱贴生，囊状，中部收窄成爪，爪常短，前部扩大，多少2裂，叉开，囊内近基部两侧各具1胼胝体；蕊柱短；花药2室；花粉团2枚，或多或少2裂，为具多数小团块的粒粉质，具花粉团柄，柄末端附着于1枚粘盘；蕊喙直立，2裂，叉状；柱头2，凸出，位于蕊喙基部两侧。蒴果直立。

约46种，分布于非洲至亚洲热带和亚热带地区。我国13种。

1. 叶线形或线状披针形，无柄；花序密生多花 ·················· 1. 线柱兰 Z. strateumatica
1. 叶卵形、卵状椭圆形、卵状披针形、长圆形或披针形，具柄；花序具多或少较疏散的花。
  2. 叶上面常沿中脉具白色条纹；花盛开时不凋萎，不下垂。
    3. 萼片背面无毛；花瓣镰状，宽1.5毫米，唇瓣T字形，前部圆形或近肾形，全缘或顶部近2裂，基部囊内具2枚钩状胼胝体；子房无毛 ·················· 2. 白肋线柱兰 Z. goodyeroides
    3. 萼片背面被毛；花芳香；花瓣斜卵形，宽3.2毫米，唇瓣Y字形，前部2裂，裂片近圆形或倒卵形，基部囊内具2枚、各裂为3-4个角状的胼胝体；子房被毛 ·················· 3. 芳线柱兰 Z. nervosa
  2. 叶上面无白色条纹；花盛开时常凋萎、下垂。
    4. 萼片长5-7.5毫米；唇瓣前部近圆形，2裂，裂片倒卵形，前部具波状齿，略叉开，成锐角，中部爪边缘不内卷，基部囊内具2窄披针形、向后弯曲的胼胝体，胼胝体生于2条粗脉或2条龙骨状褶片上 ·················· ·················· 4. 大花线柱兰 Z. grandis
    4. 萼片长4-5毫米；唇瓣Y字形或T字形，前部2裂片较叉开，爪部边缘内卷，基部囊内2枚胼胝体着生处无粗脉或无龙骨状褶片。
      5. 花白色，花瓣斜倒披针状长圆形，宽1.2-1.3毫米；唇瓣长4毫米，T字形，前部2裂片极叉开，夹角近180度，裂片长圆形，前部全缘或具不规则齿 ·················· 5. 白花线柱兰 Z. parviflora
      5. 花黄白色，花瓣斜长椭圆形，宽2毫米；唇瓣长6-7毫米，Y字形，前部2裂片倒卵状扇形，钝角叉开，前部全缘或具波状齿 ·················· 6. 宽叶线柱兰 Z. affinis

1. 线柱兰　　　　　　　　　　图 671 彩片 302

Zeuxine strateumatica (Linn.) Schltr. in Engl. Bot. Jahrb. 45: 394. 1911.

Orchis strateumatica Linn. Sp. Pl. 943. 1753.

植株高达28厘米。根状茎短。茎淡棕色，具多叶。叶淡褐色，无柄，具鞘抱茎，叶线形或线状披针形，长2-8厘米，宽2-6毫米，有时均苞片状。总状花序几无花序梗，密生几朵至20余朵花，长2-5厘米。苞片卵状披针形，红褐色，长0.8-1.2厘米，长于花；子房椭圆状圆柱形，扭转，连花梗长5-6毫米；花白或黄白色；中

萼片窄卵状长圆形，凹入，长4-5.5毫米，侧萼片斜长圆形，长4-5毫米，花瓣歪斜，半卵形或近镰状，与中萼片等长，宽1.5-1.8毫米，无毛，与中萼片粘贴呈兜状；唇瓣淡黄或黄色，肉质或较薄，舟状，基部囊状，内面两侧各具1枚近三角形胼胝体，中部收窄成爪，爪长约0.5毫米，中央具沟痕，前部横椭圆形，长2毫米，顶端钝圆稍凹下或微突。蒴果椭圆形，长约6毫米，淡褐色。花期春夏。

产福建东南部、台湾、广东、香港、海南、广西西部、云南西部、四川南部及湖北西北部，生于海拔1000米以下沟边或河边潮湿草地。日本、东南亚、印度阿萨姆至克什米尔地区、阿富汗有分布。

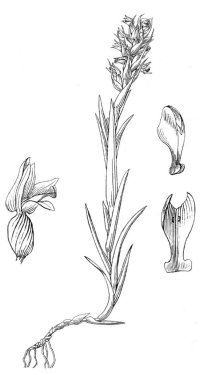

图 671 线柱兰 （蔡淑琴绘）

2. 白肋线柱兰 图 672：1-4

Zeuxine goodyeroides Lindl. Gen. Sp. Orch. Pl. 486. 1840.

植株高达25厘米。具根状茎。茎具4-6叶。叶卵形或长圆状卵形，长3-5.5厘米，基部钝，上面沿中脉具白色条纹；柄长1-2厘米。花茎几无毛，具1-2鞘状苞片，花序较密生几朵至10余朵花。苞片卵形，粉红色，无毛，与子房近等长；子房圆柱形，无毛，连花梗长0.9-1厘米；萼片白或粉红色，近等长，无毛，中萼片卵形，凹入，长5毫米，侧萼片张开，较中萼片窄，长圆状披针形，宽1.4毫米；花瓣白色，镰状，长5毫米，宽1.5毫米，与中萼片粘贴呈兜状，唇瓣白色，舟状，与

萼片近等长，基部囊状，展平宽约2.5毫米，囊内具纵脊，近基部两侧各具1枚钩状胼胝体，中部收窄成短爪，前部圆形或近肾形，全缘或近2浅裂，膜质。花期9-10月。

产广西西北部及云南南部，生于海拔1200-2500米石灰岩山谷或洼地密

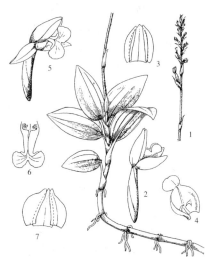

图 672：1-4. 白肋线柱兰
5-7. 芳线柱兰 （吴彰桦绘）

林下阴湿处或石缝中。尼泊尔、锡金、不丹及印度东北部有分布。

3. 芳线柱兰 图 672：5-7

Zeuxine nervosa （Lindl.） Trimen in Journ. Ceylon Br. Roy. Asiat. Soc. 9: 90. 1885.

Monochilus nervosus Lindl. Gen. Sp. Orch. Pl. 487. 1840.

植株高达40厘米。具根状茎。茎具3-6叶。叶卵形或卵状椭圆形，先端尖，长4-6厘米，上面绿色或沿中脉具白色条纹，基部收窄长1-1.5厘米的柄。花序细长，直立，疏生数花。苞片卵状披针形，长约7毫米，红褐

色，被毛；子房圆柱形，扭转，被毛，连花梗长8-9毫米；花芳香，中萼片红褐或黄绿色，卵形，凹入，无毛，长5-5.5毫米，侧萼片长圆状卵形，长6-6.5毫米，与中萼片同色，无毛；花瓣斜卵形，长约5.5毫米，与中萼片粘贴呈兜状，无毛，唇瓣长7毫米，Y字形，前部宽约4.5毫

米，2裂，裂片叉开，呈V字形，裂片近圆形或倒卵形，白色，基部具绿点，中部收窄，具爪，全缘，内卷，白色；基部深囊状，囊内两侧各具1枚裂为3-4角状的胼胝体。花期2-3月。

产台湾及云南，生于海拔200-800米林下阴湿处。柬埔寨、老挝、泰国、越南、日本（琉球群岛）、印度东北部、锡金、不丹、尼泊尔及东孟加拉有分布。

4. 大花线柱兰 图 673：1-5

Zeuxine grandis Seidenf. in Dansk Bot. Ark. 32(2): 90. f. 56. 1978.

植株高达25厘米。具根状茎。茎具3-6叶。叶披针形、长椭圆形或卵形，长2-5厘米，常带红色，花盛开时常凋萎、下垂，基部收窄成柄；叶柄长1.5-2.5厘米，基部抱茎。花茎长6-20厘米，具2-3鞘状苞片，鞘状苞片背面被柔毛；花序轴被柔毛，花序具6-23花。苞片披针形，长约1厘米，被柔毛，与子房近等长；子房圆柱形，扭转，被柔毛，连花梗长1-1.1厘米；萼片带绿色，长5-7(-7.5)毫米，被

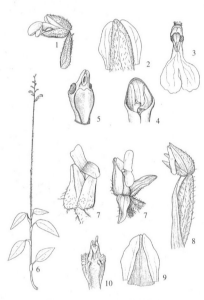

图 673：1-5. 大花线柱兰
6-10. 白花线柱兰
（引自《Dansk. Bot. Ark.》）

柔毛；中萼片卵形，上半部白色，侧萼片边缘白色，卵形，较中萼片稍长；花瓣白色，斜长圆形，长5-7(-7.5)毫米，先端钝，近平截，无毛，与中萼片粘贴呈兜状；唇瓣白色，Y字形，前部近圆形，2裂，裂片稍叉开，裂片倒卵形，长4-5(6)毫米，前部具波状齿，中部疏窄成短爪，边缘不卷曲；基部囊状，囊小，内面2条粗脉或2条窄长褶片上具2枚窄披针形弯曲

的胼胝体。花期2-4月。

产海南南部，生于林下。泰国有分布。

5. 白花线柱兰 图 673：6-10

Zeuxine parviflora (Ridl.) Seidenf. in Dansk Bot. Ark. 32(2): 82. f. 51. 1978.

Hetaeria parviflora Ridl. in Journ. Straites Branch Roy. Asiat. Soc. 39: 87. 1903.

植株高达22厘米。具根状茎。茎具3-5叶。叶卵形或椭圆形，花时常凋萎、下垂，长2-4厘米，淡绿色，上面绒毛状，基部收窄成长约1厘米的柄。花茎长10-15厘米，被毛，具2鞘状苞片，花序具3-9花。苞片淡红色，卵状披针形，长4.5毫米，下面和边缘具柔毛，较子房稍短；子房扭转，被柔毛，连花梗长约6毫米；萼片背面被柔毛，中萼片卵状披针形或卵形，长4-4.5毫米，侧萼片长圆状卵形，长4-4.5毫米；花瓣白色，无毛，近倒披

针状长圆形，基部渐窄，偏斜，长4-4.5毫米，与中萼片粘贴呈兜状，唇瓣T字形，长4.5-5毫米，前部扩大，白色，宽约4毫米，2裂，极叉开近平展，裂片近长圆形，前部全缘或具不规则齿，中部收窄成爪，白色，爪长约1毫米，全缘；基部囊状，黄色，内面两侧各具1枚钩状胼胝体。花期2-4月。

产台湾兰屿、香港、海南及云南西部，生于海拔200-1640米林下阴湿处或岩石覆土。日本（琉球群岛、小翌原群岛）、菲律宾、马来西亚、泰国、老挝、柬埔寨、越南及缅甸有分布。

6. 宽叶线柱兰　　　　　　　　图 674

Zeuxine affinis (Lindl.) Benth. ex Hook. f. Fl. Brit. Ind. 6: 108. 1890.

Monochilus affinis Lindl. Gen. Sp. Orch. Pl. 487. 1840.

植株高达30厘米。具根状茎。茎暗红褐色，向上绿褐色，具4-6叶。叶卵形、卵状披针形或椭圆形，长2.5-4厘米，花时凋萎，下垂，常带红色，基部收窄成长达1厘米的柄。花茎淡褐色，长5-20厘米，被柔毛，具1-2鞘状苞片，鞘状苞片背面被柔毛；花序具几朵至10余朵花，长3-9厘米。苞片卵状披针形，背面和边缘具柔毛，与子房等长或稍短；子房细柱形，扭转，被柔毛，连花梗长8-9毫米；

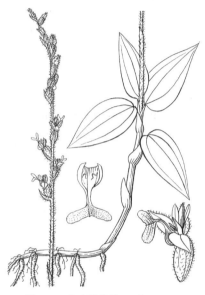

图 674 宽叶线柱兰 （蔡淑琴绘）

花黄白色，萼片背面被柔毛，中萼片宽卵形，长4-5毫米，凹入；侧萼片斜卵状长圆形，长5-6毫米；花瓣白色，斜长椭圆形，与中萼片等长，宽约2毫米，不等侧，与中萼片粘贴呈兜状，唇瓣白色，长6-7毫米，Y字形，前部2裂，裂片倒卵状扇形，长4-5毫米，宽约4毫米，前部全缘或具波状齿，中部收窄成爪，爪长1-1.5毫米，全缘，内卷；下部扩大，基部囊状，囊内两侧各具1枚钩状胼胝体。花期2-4月。

产台湾、广东北部、海南、云南南部及西部，生于海拔800-1650米山坡或沟谷林下阴处。马来西亚、泰国、老挝、缅甸、东孟加拉、印度、锡金及不丹有分布。

26. 二尾兰属　Vrydagzynea Bl.

（郎楷永）

地生草本。根状茎肉质、圆柱形、具节，节上生根。茎圆柱形。叶稍肉质，互生，具柄。总状花序短，密生多花。花倒置（唇瓣位于下方），花被片不甚张开：中萼片与花瓣粘贴呈兜状，侧萼片伸展；唇瓣短，与蕊柱并行，基部具距，距从两侧萼片之间外伸，距内后壁近基部有2枚具细柄胼胝体；蕊柱很短；花药直立，2室，位于蕊柱后方；花粉团2枚，为具多数团块的粒粉质，同附着于一枚粘盘；蕊喙短，直立，2齿状；柱头2枚，隆起，位于蕊喙前面下方两侧。

约40种，分布于亚洲热带地区。我国1种。

二尾兰　　　　　　　　图 675 彩片 303

Vrydagzynea nuda Bl. Fl. Jav. Orch. 61. t. 20. f. 3 (3-8). 1858.

植株高达12厘米。茎具5-7叶，常散生茎上。叶卵形或卵状椭圆形，长2-3.5厘米，暗绿色，基部楔形或近圆；叶柄长1-1.5厘米，基部鞘状抱茎。花序具3-10花，长2-5厘米，花序轴被柔毛。苞片三角形或卵状披针形，长

8-9毫米，被毛；子房被毛，连花梗长6-8毫米；萼片白或淡绿色，背面或其下部被毛，中萼片窄卵状长圆形，舟状，长5-6毫米，与花瓣粘贴

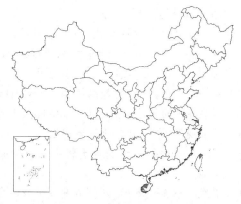

呈兜状,侧萼片斜卵状披针形,长5-6毫米,前侧基部耳状,先端向上弯曲,背面近前端具龙骨状突起;花瓣白色,线形或长卵状,长4.5-5毫米,唇瓣白色,椭圆形、倒卵形或近圆形,较萼片短,凹入,中部具肉质脊,基部具距,距长4-5毫米,径1.5-2.5毫米,与子房并行,微2

浅裂,内面具2枚有柄肉质椭圆形胼胝体;蕊柱粗,长约2毫米;蕊喙舌状,较2枚柱头稍高。花期3-5月。

产广东南部、香港、台湾及海南,生于海拔300-700米山坡林下或沟谷阴湿处。印度尼西亚(爪哇)有分布。

图 675 二尾兰 (蔡淑琴绘)

27. 开唇兰属 Anoectochilus Bl.

(郎楷永)

地生草本。根状茎伸长,肉质,节上生根。叶互生,常稍肉质,基部常偏斜,具柄。花序总状,顶生。苞片直伸;花倒置(唇瓣位于下方),或不倒置(唇瓣位于上方);萼片离生,背面常被毛,中萼片舟状,与花瓣粘贴呈兜状,侧萼片常稍长,基部包唇瓣基部;花瓣膜质,与中萼片近等长,常斜歪,唇瓣基部与蕊柱贴生,基部呈球状小囊,被侧萼片基部包着,或延伸成圆锥状距,伸出侧萼片基部外,唇瓣中部收窄成爪,两侧具流苏状裂条或锯齿,稀全缘,唇瓣前部2裂,囊或距的末端2浅裂或不裂,内面具龙骨状褶片,稀无,其两侧各具1枚肉质胼胝体,蕊柱短,前面两侧常各具1枚翼状附属物,稀无;花药2室,花粉团2枚,每枚或多或少分裂为2,棒状,为具多数小团块的粒粉质,具花粉团柄,末端同附着于1枚粘盘;蕊喙常直立,2裂,叉状;柱头2,离生,位于蕊喙基部两侧或稍靠前,极稀2柱头合成1枚,位于蕊喙前正中之下。

约40余种,分布于亚洲热带地区至大洋洲。我国20种、2变种。

1. 唇瓣基部具球形小囊,被侧萼片基部包着;叶上面无黄红或白色脉网。
　2. 唇瓣基部囊内无龙骨状褶片,囊内2枚胼胝体长圆形,顶部3浅裂;柱头1,大,位于蕊喙前正中之下;唇瓣位于下方 ·········· 1. 一柱齿唇兰 A. tortus
　2. 唇瓣基部囊内具1或2龙骨状褶片,囊末端常或多或少2浅裂,囊内胼胝体顶部非3浅裂;柱头2,离生,位于蕊喙基部两侧或其两侧稍前;唇瓣位于下方或上方。
　　3. 子房无毛;唇瓣位于下方或上方。
　　　4. 唇瓣爪长不及2毫米,两侧几全缘;蕊柱前面2附属物顶部圆向下伸至囊内,囊内具2枚卵圆形或近椭圆形、具短柄的胼胝体,胼胝体顶部稍具齿;唇瓣前部片大,2深裂,或片很小,不裂。
　　　　5. 叶沿中脉具白色宽条纹;唇瓣位于下方,呈T字形,前部片大,2深裂,裂片近倒卵形,外侧具不规则细齿,囊内具褶片;胼胝体卵圆形,顶部具细齿 ·········· 2. 艳丽齿唇兰 A. moulmeinensis
　　　　5. 叶上面无上述白色条纹;唇瓣位于上方,近卵形,前部片四方形,不裂,长和宽不及1毫米;囊内具2枚平行的褶片;胼胝体近椭圆形,边缘具细圆齿 ·········· 3. 小片齿唇兰 A. abbreviatus
　　　4. 唇瓣爪长4-8毫米,两侧具流苏状裂条、锯齿或细圆齿;蕊柱前面2附属物窄月形向先端渐窄呈三角形,囊内胼胝体非上述形状,唇瓣呈Y字形,前部片大,2深裂。
　　　　6. 唇瓣爪长约4毫米,两侧内卷,具细圆齿,稀近全缘;前部2裂片长圆形或倒卵形,外侧具细圆齿或细锯齿;囊内胼胝体近圆形,边缘波状,具短柄 ·········· 4. 小齿唇兰 A. crispus

　　6. 唇瓣爪长4-8毫米，两侧不内卷，具流苏状裂条或大锯齿；囊内胼胝体非近圆形，无柄。

　　　　7. 唇瓣前部2裂片楔状长圆形或倒卵形，全缘或外侧略波状，黄色；囊内胼胝体针刺状，线状披针形，常向上多少钩曲；爪长6-8毫米 ·················· 5. 齿唇兰 **A. lanceolatus**

　　　　7. 唇瓣前部2裂片近椭圆形，外侧具不规则细齿，白色；囊内胼胝体向下钩曲，顶部扩大，先端近平截；爪长4-6毫米 ·················· 5(附). 短柱齿唇兰 **A. brevistylus**

　　3. 子房被毛；唇瓣位于下方，爪长5-7毫米，爪前部两侧各具4（5）不整齐短流苏状锯齿，其后部两侧具细圆齿；囊内胼胝体近长方形，顶部略凹缺；唇瓣前部2裂片长方形或近半圆形，顶部和外侧具波状齿 ···········

　　　　·················· 6. 西南齿唇兰 **A. elwesii**

1. 唇瓣基部具圆锥状距，距较长，伸出两侧萼片基部。

　　8. 叶上面深绿色，无金红色或白色脉网；唇瓣位于上方，呈Y字形，爪细，长5-9毫米，两侧具细圆齿或近全缘，前部2裂片窄长圆形或斜窄倒披针形，裂片呈V字形 ·················· 7. 滇南齿唇兰 **A. burmannicus**

　　8. 叶上面黑绿、墨绿或紫绿色，具金红色或白色脉网；唇瓣位于上方或下方。

　　　　9. 叶上面墨绿色，具白色脉网；唇瓣位于下方，爪两侧各具5丝状流苏裂条，前部2裂片镰状倒披针形、菱状长圆形或窄长圆形；距内胼胝体位于近末端 ·················· 8. 台湾银线兰 **A. formosanus**

　　　　9. 叶上面具金红色、有光泽脉网。

　　　　　　10. 唇瓣爪两侧具6-8条、长4-6毫米流苏状细裂条，唇瓣位于下方或上方 ····· 9. 金线兰 **A. roxburghii**

　　　　　　10. 唇瓣爪两侧具细齿、粗齿、齿状缺裂或近全缘，唇瓣位于上方。

　　　　　　　　11. 叶上面紫绿色；唇瓣基部距向上弯曲成U形，前部2裂片斜倒三角形，爪两侧各具1长圆形的片，片具（2）3-4（5）小齿 ·················· 10. 浙江金线兰 **A. zhejiangensis**

　　　　　　　　11. 叶上面黑绿色；唇瓣基部距直或近直，唇瓣前部2裂片倒卵状三角形，爪两侧各具长方形的片，片具细齿，前方每侧各具2短裂条 ·················· 10(附). 滇越金线兰 **A. chapaensis**

1. 一柱齿唇兰
图 676

Anoectochilus tortus (King et Pantl.) King et Pantl. in Ann. Bot. Gard. Calcutta 8: 298. t. 396. 1898.

Odontochilus tortus King et Pantl. in Journ. Asiat. Soc. Bengal 65: 125. 1896.

植株高达25厘米。具根状茎。茎粗壮，具5-6叶。叶椭圆形或卵状披针形，下面淡绿色，长2.5-8厘米；叶柄长2-2.5厘米，下部鞘状抱茎。花序花多较密生，花序轴被柔毛，花序梗粗短，具1-2鞘状苞片。苞片卵状披针形；被柔毛，子房扭转，被疏柔毛，连花梗长1.3厘米；萼片紫绿色，具褐紫色斑纹，被疏柔毛，中萼片卵形，凹入，长8毫米，与花瓣粘贴呈兜状，侧萼片张开，斜长圆形，长9毫米；花瓣较萼片薄，绿白色，具褐紫色斑纹，半卵形，镰状，长8毫米，唇瓣

图 676 一柱齿唇兰 （王金凤绘）

中部爪长7毫米，前部两侧各具4-5不等长流苏状齿，后部两侧各具4-5波状细齿，背面具细长龙骨状突起，唇瓣基部近球形囊，囊长约3毫米，内

白色，前伸，位于下方，呈Y字形，长达1.7厘米，前部宽倒卵形，长6毫米，宽1.1厘米，2裂，裂片倒卵形，外侧边缘波状，2裂片呈锐角，唇瓣

面近末端具2枚肉质胼胝体，长圆形，长约1毫米，顶部3浅裂；蕊柱粗，长2.5毫米，前面具2三角状镰形片状附属物，上弯；花药卵状披针形；蕊喙倒卵形，直立，2裂，叉状；柱头1，近圆形，位于蕊喙前侧基部正中。花期7-9月。

产广西西北部及北部、云南南部及西南部、西藏东南部，生于海拔480-1250米山坡或沟谷密林下或岩石覆土。不丹及泰国有分布。

2. 艳丽齿唇兰　　　　　图 677 彩片 304

Anoectochilus moulmeinensis (Par. et Rchb. f.) Seidenf. in Bot. Tidsskr. 66: 307. 1971.

Etaeria moulmeinensis Par. et Rchb. f. in Trans. Linn. Soc. 30: 142. 1874.

植株高达30厘米。具根状茎。茎粗，无毛，具5-7叶。叶长圆形或窄椭圆形，长5-8厘米，上面沿中脉具白色宽条纹，下面灰绿色；叶柄长1-2.5厘米，下部鞘状抱茎。花序较疏生几朵至10余朵花，长5-12厘米，花序轴和花序梗被柔毛，花序梗具1-3淡红色鞘状苞片。苞片卵形或卵状披针形，淡红色，被柔毛；子房扭转，无毛，连花梗长0.8-1厘米；萼片和花瓣背面均淡红色，萼片宽卵形，被疏

图 677 艳丽齿唇兰 （张泰利绘）

柔毛，中萼片直立，舟状，长7毫米，与花瓣粘贴呈兜状，侧萼片张开；花瓣斜宽半卵形，与中萼片等长，两侧极不等，外侧宽于内侧，先端骤窄成弯曲细尖头，唇瓣位于下方，白色，呈T字形，前部2裂，裂片近倒卵形，外侧具不整齐细齿，呈180度叉开，唇瓣中部爪长不及2毫米，全缘，基部凹入成囊，囊内具1枚纵褶片，褶片两侧囊内近基部各具1枚卵圆形肉质具短柄的胼胝体，顶部具细齿；蕊柱长3-3.5毫米，前面两侧具翼状

附属物；花药卵形，蕊喙直立，2裂，柱头2，位于蕊喙基部两侧稍偏向前方。花期8-10月。

产湖南、广西、贵州、四川、云南及西藏东部，生于海拔450-2200米山坡或沟谷密林下阴处。缅甸及泰国有分布。

3. 小片齿唇兰　　　　　图 678：1-2

Anoectochilus abbreviatus (Lindl.) Seidenf. in Dansk Bot. Ark. 32 (2): 42. f. 20. 1978.

Etaeria abbreviata Lindl. Gen. Sp. Orch. Pl. 491. 1840.

植株高达30厘米。具根状茎。茎无毛，具3-5叶。叶卵形或卵状披针形，长4-6.5厘米，下面淡绿色或带红色；叶柄长1-1.5厘米，下部鞘状抱茎。花序具10余朵较密生的花，长5-7厘米，花序轴和花序梗疏被柔毛。苞

片膜质，淡红色，卵状披针形，长7-8毫米，具细缘毛；子房无毛，连花梗长8-9毫米；花白或淡红色；中萼片卵形，舟状，长2.5-3毫米，与花瓣粘贴呈兜状，侧萼片斜卵形，凹入，较中萼片稍长；花瓣宽半卵形，长2.5-3毫米，先端骤窄成短尖头，外侧较内侧宽；唇瓣位于上方，近卵形，长约2.5毫米，上部边缘内折，缢缩，顶部四方形，长和宽几不及1毫米，中部爪长不及1毫米，全缘，基部囊球形，内面具平行的隔膜状褶片，褶片

两侧近基部囊内各具1枚近椭圆形肉质胼胝体,胼胝体具圆齿,具短柄;蕊柱长约2毫米,前面两侧具翼状附属物;蕊喙直立,短,2裂叉状;柱头2,位于蕊喙基部两侧。花期8-9月。

产广东北部、香港、海南及广西,生于山坡或沟谷密林下。尼泊尔、印度东北部及泰国有分布。

4. 小齿唇兰

图 678:3-6

Anoectochilus crispus Lindl. in Journ. Linn. Soc. Bot. 1: 180. 1857.

植株高达20厘米。茎无毛,具3-5叶。叶卵形,长1.2-1.5厘米,下面淡绿色;叶柄长5-6毫米,下部鞘状抱茎。花序具(1-)3-8花,花序轴被

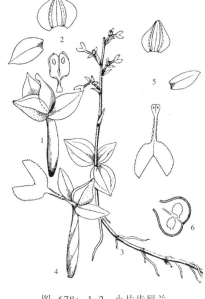

图 678: 1-2. 小片齿唇兰
3-6. 小齿唇兰 (吴彰桦绘)

柔毛,花序梗带紫红色,被柔毛,具1-2鞘状苞片。苞片披针形,带紫色,被柔毛;子房扭转,无毛,连花梗长0.8-1厘米;花绿白色,长1.8-2厘米;萼片被柔毛,中萼片窄卵形,长6毫米,舟状,先端向上反曲,与花瓣粘贴呈兜状;侧萼片斜长椭圆形,长6.5毫米;花瓣绿色,斜三角状镰形,长6毫米,外侧较内侧宽,无毛;唇瓣白色,位于下方,呈Y字形,长1.3厘米,前伸或基部反折,前部片近圆形,长约7毫米,2裂,裂片长圆形或倒卵形,外侧具细圆齿或细齿;中部爪长约4毫米,两侧内卷,具细圆齿,基部囊状,囊内具褶片,褶片基部两侧

各具1枚近圆形胼胝体,胼胝体肉质,具圆齿,具短柄;蕊柱粗短,前面两侧具2枚片状附属物;蕊喙短,直立,2裂,叉状。花期8-10月。

产云南西北部及西藏东南部,生于海拔1600-2800米沟谷林下。锡金及印度东北部有分布。

5. 齿唇兰

图 679 彩片 305

Anoectochilus lanceolatus Lindl. Gen. Sp. Orch. Pl. 499. 1840.

Odontochilus yunnanensis Rolfe; 中国高等植物图鉴 5: 665. 1976.

植株高达30厘米。茎无毛,具4-5叶。叶卵形、卵状披针形或椭圆形,长1.5-8厘米,上面中脉和2侧脉色泽较浅,下面淡绿色;叶柄长0.9-2厘米,下部鞘状抱茎。总状花序具3-10余花,花序轴被柔毛,花序梗短,被柔毛,具1-2鞘状苞片。苞片披针形或卵状披针形,近基部具细缘毛;子房常扭转,无毛,连花梗长0.9-1厘

图 679 齿唇兰 (蔡淑琴绘)

米;花黄色,萼片黄绿色,无毛;中萼片舟状,长4-6毫米,先端尾状或稍钝,与花瓣粘贴呈兜状,侧萼片张开,斜卵状椭圆形,长6-7.5毫米;花

瓣带白绿色,斜半卵形,长4-6毫米,外侧较内侧宽;唇瓣位于下方,金黄

色，呈Y字形，长1.8-2厘米，前部2裂，裂片楔状长圆形或倒卵形，长5-6毫米，全缘或外侧略波状，中部爪细，长4-6毫米，两侧各具4-7（-9）流苏状裂条，基部呈球形囊，囊长约3毫米，末端2浅裂，内面具1片状隔膜，基部隔膜两侧各具1枚针刺状、线状披针形常钩曲的胼胝体；蕊柱很短，前面两侧各具1三角形附属物；蕊喙宽，扭曲，2裂；柱头2，位于蕊喙前方。花期6-9月。

产台湾、广东西南部、海南、广西西部及云南，生于海拔800-2200米山坡或沟谷常绿阔叶林下阴湿处。锡金、尼泊尔、印度东北部、缅甸、越南及泰国有分布。

［附］**短柱齿唇兰 Anoectochilus brevistylus**（Hook. f.）Ridley,

Mat. Fl. Mal. Pen. 1: 214. 1907. —— *Odontochilus brevistylus* Hook. f. Fl. Brit. Ind. 6: 100. 1890. 本种与齿唇兰的区别：唇瓣前部2裂片近椭圆形，外侧具不规则细齿，白色；囊内胼胝体向下钩曲，顶部扩大，先端近平截，爪长4-6毫米。产西藏东部及云南，生于海拔1700-1900米常绿阔叶林下阴湿地。越南、泰国及马来西亚有分布。

6. 西南齿唇兰　　　　　　　　图 680

Anoectochilus elwesii（Clarke ex Hook. f.）King et Pantl. in Ann. Bot. Gard. Calcutta 8: 296. t. 394. 1898.

Odontochilus elwesii Clarke ex Hook. f. Fl. Brit. Ind. 6: 100. 1890.；中国高等植物图鉴 5: 664. 1976.

植株高达25厘米。茎无毛，具6-7叶。叶卵形或卵状披针形，上面暗紫或深绿色，有时具3条带红色脉，下面淡红或淡绿色，长1.5-5厘米；叶柄长0.5-2厘米，基部鞘状抱茎。花序具2-4较疏生花，花序轴和花序梗均被柔毛，花序梗较长，具1-3鞘状苞片。苞片卵形，长5毫米，被柔毛；子房扭转，被柔毛，连花梗长达1.3厘米；花长约4厘米，萼片绿或白色，先端和中部带紫红色，被柔毛，中萼片舟状，长7毫米，从先端至下部具2条紫红色粗纹，与花瓣粘贴呈兜状，侧萼片

图 680 西南齿唇兰 （蔡淑琴绘）

稍张开，斜卵形，长1厘米，基部包唇瓣的囊；花瓣白色，较萼片薄，镰状，长7毫米，外侧较内侧宽，稍内弯，无毛；唇瓣位于下方，前伸，长达1.5厘米，呈Y字形，无毛，前部扩大，白色，长约1.2厘米，2裂，裂片长方形或近半卵形，长约1厘米，顶部和外侧具波状齿，中部爪暗紫色，长5-7毫米，前部两侧各具4-5条不整齐短齿，后部两侧具细圆齿，基部呈球形囊，囊长约2.5毫米，末端2浅裂，内面具隔膜状褶片，褶片基部两侧各具1肉质胼胝体，胼胝体近四方形，顶部凹缺；蕊柱粗，长4毫米，前面

两侧各具1枚近长圆形片状附属物，上部披针形；花药窄卵形；蕊喙小，直立，2裂，柱头2，近圆形，位于蕊喙前方基部。花期7-8月。

产福建南部、台湾、广西、贵州东北部及东南部、四川、云南，生于海拔300-1500米山坡或沟谷常绿阔叶林下阴湿处。锡金、不丹、印度东北部、缅甸北部及泰国有分布。

7. 滇南齿唇兰　　　　　　　图 681：1-3

Anoectochilus burmannicus Rolfe in Kew Bull. 1922: 24. 1922.

植株高达30厘米。茎无毛，具3-6叶。叶卵形或卵状椭圆形，下面淡红色，长4-8厘米，基部斜歪；叶柄长1.5-2.5厘米，基部鞘状抱茎。花序疏生多花，花序轴被柔毛，花序梗长达14厘米，带淡红色，被柔毛，具2-

3淡红色鞘状苞片。苞片淡红色，卵状披针形，长约1厘米，被柔毛；子房被柔毛，连花梗长1.2-1.5厘米；萼片淡红色，被柔毛，中萼片宽卵形，长

5-6毫米,舟状,与花瓣粘贴呈兜状,侧萼片斜长椭圆形,长6-7毫米,稍张开;花瓣黄白色,较萼片薄,宽半卵形,斜歪,镰状,长5-6毫米,外侧膨出较内侧宽;唇瓣黄色,外伸,长1.5-2厘米,位于上方,呈Y字形,前部2裂,裂片窄长圆形或窄倒披针形,长6-8毫米,中部爪长5-9毫米,具细圆齿或近全缘,基部成圆锥状距,距向上伸展,长3.5-4.5毫米,基部宽2-2.5毫米,内面基部近口处具2枚胼胝体,胼胝体近椭圆形,无柄;蕊柱宽,长3毫米,前面两侧各1片状附属物;蕊喙直立,先端2裂,柱头2,椭圆形,位于蕊喙基部两侧之下。花期9-12月。

产云南南部,生于海拔1050-2150米沟谷常绿阔叶林下。缅甸及泰国有分布。

图 681: 1-3. 滇南齿唇兰
4-6. 台湾银线兰 (吴彰桦绘)

8. 台湾银线兰　　　　　图 681:4-6 彩片 306

Anoectochilus formosanus Hayata, Ic. Pl. Formos. 4: 101. f. 53. 1914.

植株高达30厘米。茎无毛,具2-4叶。叶卵形或卵圆形,长2.7-4厘米,上面墨绿色,绒毛状,具白色脉网,下面带红色,骤窄成柄,柄基部

有鞘。花茎长约15厘米,红褐色,被毛,下部疏生2-3鞘状苞片,花序具3-5花。苞片卵状披针形,长1厘米,被毛,中萼片近圆形,舟状,长6-7毫米,侧萼片斜长椭圆形,长0.8-1厘米;花瓣白色,斜镰状,长8毫米,近顶部尾状,与中萼片靠合呈兜状;唇瓣位于下方,呈Y字形,长1.8厘米,前部扩大,

白色,2深裂,裂片镰状披针形、菱状长圆形或窄长圆形,长7毫米,爪两侧各具5条丝状裂条,裂条略上弯,基部具角锥状距,距贴近子房,长4毫米,末端2浅裂,距内近末端具2胼胝体,胼胝体板状,顶部平截,高约1.5毫米;蕊柱长2毫米;柱头2,位于蕊柱两侧;花药卵形。花期10-11月。

产台湾,生于海拔500-1600米阴湿林下或竹林内。日本(琉球群岛)有分布。

9. 金线兰　花叶开唇兰　　图 682 彩片 307

Anoectochilus roxburghii (Wall.) Lindl. in Royle, Ill. Bot. Himal. 368. 1939.

Chrysobaphus roxburghii Wall. Tent. Fl. Nepal 37. t. 27. 1826.

植株高达18厘米。茎具(2)3-4叶。叶卵圆形或卵形,长1.3-3.5厘米,上面暗紫或黑紫色,具金红色脉网,下面淡紫红色,基部近平截或圆;叶柄长0.4-1厘米,基部鞘状抱茎。花序具2-6花,长3-5厘米,花序轴淡红色和花序梗均被柔毛,花序梗具2-3鞘状苞片。苞片淡红色,卵状披针

形或披针形，长6-9毫米；子房被柔毛，连花梗长1-1.3厘米；花白或淡红色，萼片被柔毛，中萼片卵形，舟状，长约6毫米，宽2.5-3毫米，与花瓣粘贴呈兜状，侧萼片张开，近斜长圆形或长圆状椭圆形，长7-8毫米；花瓣近镰状，斜歪，较萼片薄；唇瓣位于上方，长约1.2厘米，呈Y字形，前部2裂，裂片近长圆形或近楔状长圆形，长约6毫米，全缘，中部爪长4-5毫米，两侧各具6-8条、长4-6毫米流苏状细裂条，基部具圆锥状距，距长5-6毫米，上举向唇瓣，末端2浅裂，距内近口具2枚肉质胼胝体；蕊柱长约2.5毫米，前面两侧具片状附属物；花药卵形；蕊喙直立，2裂，柱头2，位于蕊喙的基部两侧。花期（8）9-11（12）月。

产浙江南部、福建、江西西部、湖南、广东、海南、广西、云南东南部、四川南部及西藏东南部，生于海拔50-1600米常绿阔叶林下。日本、泰国、老挝、越南、印度、不丹、尼泊尔及孟加拉国有分布。全草药用，消炎止痛、清热解毒，治腰膝痛、吐血、遗精、肾炎、小儿惊风、妇女白带。

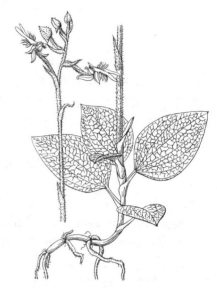

图 682 金线兰 （蔡淑琴绘）

10. 浙江金线兰   图 683

Anoectochilus zhejiangensis Z. Wei et Y. B. Chang in Bull. Bot. Res. (Harbin) 9（2）：39. 1989.

植株高达16厘米。茎肉质，被柔毛，下部集生2-6叶。其上具1-2鞘状苞片。叶稍肉质，宽卵形或卵圆形，长0.7-2.6厘米，全缘，微波状，上面绿紫色，具金红色脉网，下面略淡紫红色；叶柄长约6毫米，基部鞘状抱茎。花序具1-4花，花序轴被柔毛。苞片卵状披针形，长约6.5毫米，被柔毛；子房被白色柔毛，连花梗长约6毫米；萼片淡红色，近等长，长约5毫米，被柔毛，中萼片舟状，与花瓣粘贴呈兜状，侧萼片偏斜，长圆形；花瓣白色，倒披针形或倒长卵形；唇瓣白色，位于上方，呈Y字形，前部片2深裂，裂片斜倒三角形，长约6毫米，全缘，中部爪长约4毫米，两侧各具鸡冠状褶片，褶片具（2）3-4（5）小齿，基部具圆锥状距，距长约6毫米，向唇瓣上曲成U字形，末端2浅裂，距内具2瘤状胼胝体，胼胝体着生于距中部褶片状脊上；蕊柱短；蕊喙2裂；柱头2，位于蕊喙前面基部两侧。花期7-9月。

产浙江南部、福建及广西东北部，生于海拔700-1200米密林下。全草药效同金线兰。

[附] **滇越金线兰 Anoectochilus chapaensis** Gagnep. in Bull. Mus. Paris 2. ser. 3，7：679. 1931. 本种与浙江金线兰的区别：叶上面黑绿色；

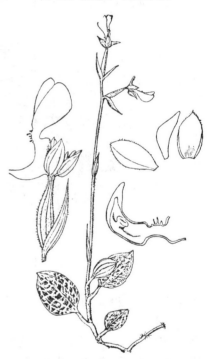

图 683 浙江金线兰 （引自《浙江植物志》）

唇瓣基部距直或近直，唇瓣前部2裂片倒卵状三角形，爪部两侧各具长方形的片，片具细齿，其前方每侧各具2短裂条。产云南东南部，生于海拔1380米山坡密林中阴湿处。越南有分布。

28. 绶草属 Spiranthes L. C. Rich.
（郎楷永）

地生草本。根数条，指状，肉质，簇生。叶基生，稍肉质，基部下延成柄状鞘。总状花序顶生，密生多花似穗状，稍螺旋状扭转。花小，倒置（唇瓣位于下方）；萼片离生，近似，中萼片直立，常与花瓣靠合呈兜状，侧萼片基部常下延胀大，有时囊状；唇瓣基部凹入，常有2胼胝体，有时具短爪，多少包蕊柱，边缘常皱波状；花药直立，2室，位于蕊柱背侧；花粉团2枚，为多数团块状的粒粉质，花粉团柄短，粘盘窄；蕊喙直立，2裂；柱头2枚，位于蕊喙下方两侧。

约50种，主产北美洲，少数种类分布南美洲、欧洲、亚洲、非洲和澳大利亚。我国1种。

绶草 图 684 彩片 308

Spiranthes sinensis (Pers.) Ames. Orch. 2: 53. 1908.

Neottia sinensis Pers. Syn. Pl. 2: 53. 1807.

Spiranthes lancea auct. non Backer, Bakh. f. et V. Steenis: 中国高等植物图鉴 5: 657. 1976.

图 684 绶草 （引自《图鉴》）

植株高达30厘米。茎近基部生2-5叶。叶宽线形或宽线状披针形，稀窄长圆形，直伸，长3-10厘米，宽0.5-1厘米，基部具柄状鞘抱茎。花茎高达25厘米，上部被腺状柔毛或无毛；花序密生多花，长4-10厘米，螺旋状扭转。苞片卵状披针形；子房纺锤形，扭转，被腺状柔毛或无毛，连花梗长4-5毫米；花紫红、粉红或白色，在花序轴螺旋状排生；萼片下部靠合，中萼片窄长圆形，舟状，长4毫米，宽1.5毫米，与花瓣靠合兜状，侧萼片斜披针形，长5毫米；花瓣斜菱状长圆形，与中萼片等长，较薄；唇瓣宽长圆形，凹入，长4毫米，前半部上面具长硬毛，边缘具皱波状啮齿，唇瓣基部浅囊状，囊内具2胼胝体。花期7-8月。

产黑龙江、吉林、辽宁、内蒙古、河北、山东、江苏、安徽、浙江、福建、台湾、江西、湖北、湖南、广东、香港、海南、广西、贵州、四川、云南、西藏、青海、甘肃、宁夏、陕西、山西及河南，生于海拔200-3400米山坡林下、灌丛中、草地或河滩沼泽草甸。俄罗斯（西伯利亚）、蒙古、朝鲜半岛、日本、阿富汗、克什米尔地区至不丹、印度、缅甸、越南、泰国、菲律宾、马来西亚及澳大利亚有分布。全草药用。

29. 肥根兰属 Pelexia Poit. ex Lindl.
（陈心启 罗毅波）

地生草本，稀沼生。肉质根簇生。叶数枚或多枚，基生；常具柄。花葶直立，具鞘或不育苞片，总状或穗状花序顶生。花中等大或较大；中萼片常兜状，与花瓣靠合呈盔状，侧萼片基部宽，与蕊柱足合生，常形成萼囊；花瓣基部常斜歪，唇瓣肉质，基部常戟形，稀具耳，边缘与蕊柱边缘粘合；蕊柱粗长，前方常有柔毛或疏柔毛，蕊柱有足，柱头2，分离或靠近；蕊喙薄片状；花粉团2个，近棒状或窄卵形，柄不明显，粒粉质，粘盘粗厚。

约67种，主产美洲热带至亚热带地区。我国1种，可能系引入栽培后野化。

肥根兰　　　　　　　　　　　　　　　图 685

Pelexia obliqua (J. J. Smith) Garay in Bot. Mus. Leafl. Harv. Univ. 28(4)：345. 1980.

Spiranthes obliqua J. J. Smith in Bull. Dept. Agric. Jnd. Neerl. 43：74. 1910.

植株高达15厘米。肉质根长达7厘米，径0.5-1厘米，纺锤形，被毛。

花后发叶，叶基生，7-8枚，成簇，长圆形或椭圆形，长3.5-6.5厘米；具短柄。花葶先叶出现，直立，常具腺毛，花序轴有腺毛，总状花序长4厘米，具5-18花。苞片长0.7-1.1厘米，被疏毛；子房被腺毛；花扭转，径约3毫米，萼片与花瓣淡灰绿色，唇瓣奶黄色；中萼片近长圆形，长约4毫米，基部凹入，侧萼片下部2/5合生，与中萼片相似，背面下部被毛；花瓣与中萼片等长，宽约1毫米，唇瓣肉质，上面具乳头状突起，边缘稍皱波状，基部近缘有2枚肉质附属物，具乳头状突起，末端内弯，蕊柱短；柱头2，分离。花期9月。

产香港，生于小峡谷旁。印度尼西亚爪哇有分布。

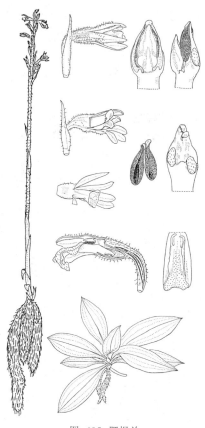

图 685 肥根兰
（引自《Chung. Chi Journ.》）

30. 铠兰属 Corybas Salisb.

（陈心启　罗毅波）

地生小草本，稀附生。具块茎，根状茎细长。茎纤细，直立，部分位于地下，常有棱或翅，基部有薄膜质筒状鞘。叶1枚，常近地面，稀生于上部。花单朵顶生，扭转，近直立于叶基部。苞片较小，花梗不明显；子房常有6纵肋；中萼片有爪，爪边缘内卷，包唇瓣基部，成管状，侧萼片和花瓣窄小或丝状，离生或多少合生；唇瓣基部有槽，与中萼片连成管状，上部扩大，内面常有小乳突或毛；距2个，角状，或具2个耳状物；蕊柱较短；花药直立；花粉团4个或2个而2裂，无柄，粒粉质，有粘质物或粘盘。

约100种，主产大洋洲和热带亚洲，北达我国南部。我国3种。

1. 唇瓣基部无胼胝体；苞片长于子房 …… 1. **台湾铠兰** C. taiwanensis
1. 唇瓣基部有大胼胝体；苞片略长于子房 … 2. **大理铠兰** C. taliensis

1. 台湾铠兰　　　　　　　　　　图 686

Corybas taiwanensis T. P. Lin et S. Y. Leu in Taiwania 20(1)：162. pl. 1. 1975.

块茎近球形，长3-4毫米，径约3毫米。茎直立，中部有节，节以下长约1.5厘米，位于地下，有毛，节以上长约1.7厘米，位于地上，无毛。叶1枚，生于茎上端，心形，长约1.5厘米；无柄。苞片长约5毫米；子房长约3毫米；花淡紫红色；中萼片线形，长1.3厘米，宽2毫米，内弯，先端钝，侧萼片丝状，长1.3厘米，下部约有3毫米合生；花瓣丝状，长约1厘

米，唇瓣长约1.7厘米，下部管状，上部圆形或椭圆形，宽约1厘米，前部边缘流苏状，唇盘有数条暗红色条纹，距2个，生于唇瓣基部，弯曲成角状，长约3毫米；蕊柱长约3.5毫米。花期8月。

产台湾北部，生于海拔1400米林下苔藓岩壁上。

2. 大理铠兰 图 687

Corybas taliensis T. Tang et F. T. Wang in Acta Phytotax. Sin. 1 (2): 185. 1951.

图 686 台湾铠兰 （引自《台湾兰科植物》）

块茎近球形，径约5厘米。茎长达7.5厘米。叶1枚，生于茎上端，心形或宽卵形，长0.9-1.4厘米，先端短渐尖，基部无柄，抱茎，具浅色网状脉。苞片线状披针形，略长于子房。花带紫色；中萼片匙形，兜状，长1.4厘米，宽7毫米，先端近圆，有细尖，具5-7细脉，侧萼片与花瓣相似，窄线形或钻状，长8.5毫米，基部上方宽约1.5毫米，具1脉；唇瓣近倒卵圆形，长约1厘米，上部宽约8毫米，下部直立，

上部外弯，中央有半圆形、稍肉质的褶片，基部有大胼胝体；距2个，长约3.5毫米，角状；蕊柱长约2.5毫米。花期9月。

产四川、云南西北部，生于海拔2100-2500米林下。

31. 指柱兰属 Stigmatodactylus Maxim. ex Makino

（陈心启　罗毅波）

地生小草本。根状茎近直生，有时分枝，末端具小块茎。茎纤细，直立，无毛，中部具1叶。叶很小，绿色，基部无柄，多少抱茎。总状花序顶生，具1-3花。苞片叶状，略小于叶；花近直立；萼片窄，离生，相似，侧萼片略斜歪，较短；花瓣与侧萼片相似，唇瓣宽，基部具肉质、2深裂附属物；蕊柱直立，上部前弯，两侧边缘有窄翅，蕊柱无足；柱头凹下，下方有指状附属物；花粉团4个，成2对，无柄，粒粉质，无粘盘。

4种，分布于日本、锡金、印度、印度尼西亚和我国南部。我国1种。

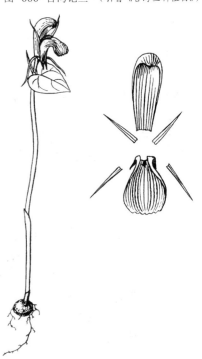

图 687 大理铠兰 （蔡淑琴绘）

指柱兰 图 688

Stigmatodactylus sikokianus Maxim. ex Makino, Ill. Fl. Jap. 1(7): 70. 1891.

根状茎圆柱形，长0.6-1厘米，径1-2毫米；小块茎径约3毫米。茎长达10厘米，多少有纵棱，中部具1叶，基部有1枚小鳞片状鞘。叶三角状卵形，长3-5厘米，宽2-4毫米，具3脉。苞片略小于叶，淡绿色；花梗和子房长5-9毫米；花淡绿色，唇瓣淡红紫色；中萼片线形，长约4毫米，宽约0.5毫米，基部边缘有长缘毛，侧萼片窄线形，长约2.5毫米；花瓣长

约3.5毫米，较中萼片窄，唇瓣宽卵状圆形，长约3.5毫米，具细齿，基部肉质附属物长约1.5毫米，2深裂，裂片2浅裂；蕊柱长约3.5毫米，前方中部有小突起。花期8-9月。

产福建西北部、台湾及湖南东南部，生于海拔1800米密林下沟边阴湿处。日本有分布。

32. 隐柱兰属 Cryptostylis R. Br.
（郎楷永）

地生草本，具肉质根状茎。叶基生，具长柄。花葶直立；总状花序顶生，密生多花。花不倒置（唇瓣位于上方）；萼片离生，萼片和花瓣均甚窄，张开；花瓣较萼片常稍短小；唇瓣直立，基部宽，包蕊柱，上部窄，无距；蕊柱极短，具侧生耳；花药直立，位于蕊喙背面；花粉团4枚，成2对，为多数团块的粒粉质；蕊喙直立，宽厚，渐尖；柱头1枚，肉质。

约20种，分布于大洋洲和亚洲热带地区。我国1种2变种。

隐柱兰　　　　　　图 689

Cryptostylis arachnites (Bl.) Hassk. Cat. Bog. 8. 1844.

Zosterostylis arachnites Bl. Bijdr. 419. 1825.

植株高达50厘米。根状茎粗短，具多条根；根长4-6厘米。叶2-3，叶椭圆状卵形或椭圆形，长8.5-11厘米，先端渐尖，基部圆或钝，上面无斑点，下面淡绿色，全缘；叶柄长6.5-11.5厘米。花葶高达47厘米，绿色，具2至多朵鞘状苞片。花序具10-12花，长8-10厘米。苞片直伸，披针形，长1-1.5厘米；子房细圆柱形，连花梗长0.8-1.4厘米；花萼片线状披针形，黄绿色，长1.5-1.9厘米，边缘内卷；花瓣线形，黄绿色，长0.9-1厘米，宽1毫米，唇瓣长椭圆状披针形、长椭圆状卵形或卵状披针形，长1.5-2.1厘米，外面黄绿色，内面桔红具鲜红色斑点，近先端带黄色，基部浅囊状，内面有细毛；蕊柱长2毫米，径2.8毫米；花粉团长1.7毫米。

产台湾、广东及广西西南部，生于海拔200-1500米山坡常绿阔叶林或竹林下。印度及东南亚有分布。

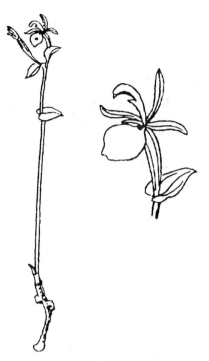

图 688 指柱兰 （蔡淑琴绘）

图 689 隐柱兰 （吴彰桦绘）

33. 葱叶兰属 Microtis R. Br.
（陈心启　罗毅波）

地生小草本。具小块茎。茎纤细，直立，具1叶。叶圆筒状，近轴面具纵槽，下部抱茎；近无柄。总状花序顶生，具数朵至多花。苞片小；花梗极短；花小，常扭转；萼片与花瓣离生；中萼片与侧萼片相似或较大；花瓣常小于萼片，唇瓣贴生蕊柱基部，稀分裂，基部有时有胼胝体，无距；蕊柱肉质，很短，常有2耳状物或翅；花药前倾；花粉团4个，具短柄，成2对，粒粉质，具粘盘。

约14种，主产澳大利亚，亚洲热带与亚热带地区产1种。我国1种。

葱叶兰 图 690

Microtis unifolia (Forst.) Rchb. f., Beitr. Syst. pl. 62. 1871.

Ophrys unifolia Forst. Fl. Ins. Austr. 59. 1786.

Microtis parviflora R. Br.；中国高等植物图鉴 5：643. 1976.

图 690 葱叶兰 （王金凤绘）

块茎近椭圆形，长4-7毫米，径3-6毫米。茎长达30厘米，基部有膜质鞘。叶1枚，生于茎下部，圆筒状，长16-23厘米，径2-3毫米，下部约1/5抱茎。花序长达5厘米，常具10余花。苞片长1-2毫米；花梗和子房长2-3.5毫米；花绿或淡绿色；中萼片宽椭圆形，长约2毫米，近兜状，直立，侧萼片近长圆形或窄椭圆形，长约1.5毫米，花瓣窄长圆形，长约1.2毫米，唇瓣近窄椭圆形舌状，长1.5-2毫

米，稍肉质，无距，近基部两侧有胼胝体；蕊柱极短，顶端有2个耳状物。蒴果椭圆形，长约4毫米，径2-2.5毫米。花果期5-6月或8-9月（台湾）。

产浙江、江西东部、福建东部、台湾、湖南、广西南部及四川东部，生于海拔100-750米草坡或向阳草地。台湾可分布至2000米以上。日本、菲律宾、印度尼西亚、澳大利亚、新西兰和太平洋岛屿有分布。

34. 红门兰属 Orchis Linn.
（郎楷永）

地生草本。具肉质根状茎或1-2枚肉质块茎，颈部常具细长根。叶基生或茎生，互生，稀近对生，1-5枚。总状花序顶生，苞片常直伸；子房扭转；粉红、紫红、白、黄绿或黄色，倒置（唇瓣位于下方）；萼片离生，近等长，或侧萼片较中萼片稍长，中萼片直立，常舟状；花瓣直立，常与中萼片靠合呈兜状；唇瓣常前伸，基部有距，稀无距，蕊柱直立，花药位于蕊柱顶部，2室，药室并行；花粉团2个，为具多数小团块的粒粉质，粘盘2个，各埋于1个粘质球内，2个粘质球被包于蕊喙的粘囊内，粘囊常近球形，突出于距口之上方；蕊喙位于花药下部两药室之间；柱头1枚，凹下，位于蕊喙之下凹穴内；退化雄蕊2，位于蕊柱基部两侧。蒴果直立。

约80种（广义），分布于北温带、亚洲亚热带山地及北非温暖地区。我国23种。

1. 根状茎细、指状、肉质；无块茎。
　2. 唇瓣与花瓣形状相似，基部无距 ·· 1. 河北红门兰 **O. tschiliensis**
　2. 唇瓣与花瓣形状相异，基部具距。
　　3. 唇瓣不裂。
　　　4. 唇瓣基部收窄成爪，上面无深紫色斑块，非紫黑色；花茎较细；花被片薄。
　　　　5. 距线状圆筒形，与子房等长或稍短；唇瓣卵圆形，无乳头状突起 ········ 2. 卵唇红门兰 **O. cyclochila**
　　　　5. 距圆筒形，长不及子房1/2；唇瓣非卵圆形，密被乳头状突起 ············· 3. 二叶红门兰 **O. diantha**
　　　4. 唇瓣圆形，基部无爪，具深紫色斑块，呈紫黑色；距稍短于子房；花茎粗壮；花被片厚 ····················
　　　　　　·· 4. 斑唇红门兰 **O. wardii**

3. 唇瓣前部3裂；距圆筒形，与子房等长或稍长 ·················　5. **北方红门兰** O. roborovskii
1. 具肉质块茎。
　　6. 块茎不裂；叶上面无或具紫色斑点或斑块。
　　　　7. 花黄色，花序具1花；花瓣和唇瓣无睫毛；唇瓣宽卵圆形，不裂；距长达2.5厘米 ··············
　　　　··　6. **黄花红门兰** O. chrysea
　　　　7. 花紫红、粉红、淡紫或白色。
　　　　　　8. 叶1枚，心形，卵形或椭圆形，上面常具紫或暗紫色斑点。
　　　　　　　　9. 唇瓣基部距囊状，长约1毫米；唇瓣中裂片较侧裂片窄 ············　7. **短距红门兰** O. brevicalcarata
　　　　　　　　9. 唇瓣基部距非囊状，长1-1.2厘米；唇瓣品字状，中裂片较侧裂片宽而长，侧裂片耳状 ·············
　　　　　　　　···　8. **华西红门兰** O. limprichtii
　　　　　　8. 叶常2-5枚，稀1枚，若为1枚其叶非心形、卵形或椭圆形，上面无紫色斑点。
　　　　　　　　10. 唇瓣3裂，中裂片先端不凹缺。
　　　　　　　　　　11. 花瓣边缘无乳突状睫毛；唇瓣基部距常向后斜展或近平展，常较子房长；花序具(1-2)3-10(-20)
　　　　　　　　　　　　朵偏向一侧的花 ·································　9. **广布红门兰** O. chusua
　　　　　　　　　　11. 花瓣边缘具乳突状睫毛和内面具乳头状突起；唇瓣基部距下垂；花序具2-13朵不偏向一侧的花；
　　　　　　　　　　　　苞片短于花；花紫罗兰色，中萼片长0.8-1厘米；萼片两面具乳突；唇瓣上面无脊状隆起；距长
　　　　　　　　　　　　1.8-2.2厘米；子房具多数乳突 ·················　9(附). **四川红门兰** O. sichuanica
　　　　　　　　10. 唇瓣4裂（唇瓣3裂，中裂片先端2裂）；花序密生多数、不偏向一侧的花；唇瓣侧裂片线形、窄镰
　　　　　　　　　　状，中裂片楔状倒卵形或楔状倒心形，基部具爪，先端2裂，缺口具小齿 ·················
　　　　　　　　　　·································　10. **四裂红门兰** O. militaris
　　6. 块茎前部分裂呈掌状；叶上面无紫色斑点或斑块。
　　　　12. 唇瓣卵形、卵圆形、宽菱状横椭圆形或近圆形 ·················　11. **宽叶红门兰** O. latifolia
　　　　12. 唇瓣倒卵形或倒心形 ·································　11(附). **阴生红门兰** O. umbrosa

1.　河北红门兰　无距兰　　　　　　　　　　　　　　图 691
Orchis tschiliensis (Schltr.) Soóin Ann. Mus. Nat. Hungar. 26: 351.
1929.
Aceratorchis tschiliensis Schltr. in Fedde, Repert. Sp. Nov. 12: 329.
1922.; 中国高等植物图鉴 5: 610. 1976.

植株高达15厘米。具指状肉质根状茎。叶1枚，基生，直伸，叶长圆状匙形或匙形，长3-5厘米，先端稍钝，基部收窄具与叶片近等长的柄，柄抱茎，叶上面无紫斑。花序具1-6朵偏向一侧的花，稍疏散，长1-5厘米，花序轴无毛。苞片披针形，最下部1枚常长于花；子房圆柱状纺锤形，无乳突。

连花梗长1-1.3厘米；花紫红、淡紫或白色；萼片长圆形，长5-8毫米，中萼片直立，舟状，与花瓣靠合呈兜状，侧萼片直伸；花瓣直立，斜长圆状披针形，长4-7毫米，宽2-3.5毫米，基部前侧边缘稍膨出，无睫毛，先端

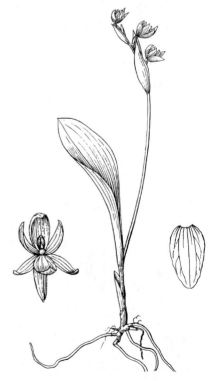

图 691　河北红门兰　（蔡淑琴绘）

尖；唇瓣前伸，卵状披针形或卵状长圆形，与花瓣近等长，稍较宽，基部稍凹入，无距，全缘或稍波状，无睫毛。花期6-8月。

产河北西部、山西中南部、陕西西南部、甘肃中南部、青海、四川及

2. 卵唇红门兰 图 692

Orchis cyclochila (Franch. et Sav.) Maxim. in Bull. Acad. Sci. St. Pétersb. 31: 104. 1887.

Habenaria cyclochila Franch. et Sav. Enum. Pl. Jap. 2: 516. 1879.

植株高达19厘米。具伸长近平展指状、肉质根状茎。叶1枚，基生，直伸，叶长圆形、宽椭圆形或宽卵形，较薄，长5-9厘米，上面无紫斑，先端钝或钝圆，基部渐窄成柄，柄多少对褶，下部抱茎。花茎直立，径约1毫米，花序具（1）2花，花集生成头状花序。两朵花的苞片近对生；苞片长圆状披针形或窄卵形，长1-2.5厘米；子房圆柱形，无乳突，连花梗长0.9-1.3厘米；花淡粉红或白色；中萼片直立，宽披针形或长圆状卵形，舟状，长6-9毫米，先端渐尖，侧萼片上伸，斜卵状披针形，长0.7-1厘米，宽2.5-3毫米，先端渐尖；花瓣直立，窄长圆形或线状披针形，长6-9毫米，宽1.2-2毫米，先端稍钝，无睫毛，与中萼片靠合呈兜状；唇瓣前伸，卵圆形，不裂，长0.7-1厘米，宽4-5毫米，基部收窄成爪，具距，先端钝圆，具波状

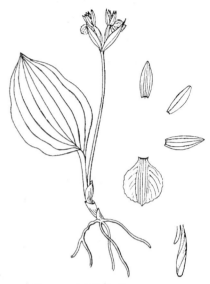

图 692 卵唇红门兰 （吴彰桦绘）

钝齿，距下垂，线状圆筒形，向末端渐窄，稍前弯，末端近尖，与子房近等长。花期5-6月，果期7-8月。

产黑龙江、吉林东部及青海东北部，生于海拔1000-2900米山坡林下或灌丛中。朝鲜半岛北部、日本北部及俄罗斯远东地区有分布。

云南西北部，生于海拔1600-4100米山坡林下或草地。

3. 二叶红门兰 图 693：1-2

Orchis diantha Schltr. in Acta Hort. Gothob. 1: 131. 1924.

植株高达15厘米。具细长、平展根状茎。叶（1）2（3）枚，近对生，叶窄匙状倒披针形、窄椭圆形、椭圆形或匙形，长2.3-9厘米，基部渐窄成柄，柄对褶，基部抱茎。花序具1-5朵较疏生、多偏向一侧的花，长1.5-5厘米，花序轴无毛。苞片近长圆形或窄椭圆状披针形，最下部1枚常等于或长于花；子房纺锤形，无乳突，连花梗长7-9毫米；花紫红色；萼片近等长，近长圆形，长0.7-1厘米，中萼片直立，舟状，与花瓣靠合呈兜状，侧萼片近直伸，稍偏斜；花瓣直立，卵状长圆形。长6.5-8毫米，无睫毛；唇瓣椭圆形、卵圆形或近四方形，与萼片等长，上面具乳头状突起，基部收窄成短

图 693：1-2. 二叶红门兰
3-4. 斑唇红门兰 （王金凤绘）

爪，具距，先端钝圆或近平截，略波状，近全缘，无睫毛；距圆筒状，长约2毫米，长不及子房长的1/2。花期6-8月。

产陕西西南部、甘肃南部、青海东北部、四川、云南西北部及西藏南部，生于海拔2300-4300米山坡灌丛中或高山草地。锡金及印度北部有分布。

4. 斑唇红门兰　　　　　　　图 693：3-4

Orchis wardii W. W. Smith in Notes Roy. Bot. Gard. Edinb. 13: 215. 1921.

植株高达25厘米。具窄圆柱状、肉质、平展根状茎。茎粗壮，直立。叶2枚，生于茎下部，互生，叶较肥厚，宽椭圆形或长圆状披针形，长7-15厘米，先端钝圆或具短尖，基部鞘状抱茎。花茎直立，径2-3毫米，花序具5-10花，长3.5-8厘米，常不偏向一侧，花序轴无毛；苞片披针形，最下部的长达3.5厘米。子房无乳突，连花梗长1-1.2厘米；花紫红色，萼片、花瓣和唇瓣均具深紫色斑点；萼片近等长，长8-9毫米，中萼片直立，窄卵状披针形，侧萼片镰状、窄卵状披针形；花瓣直立，卵状披针形，长约7毫米，与中萼片靠合，无睫毛，前侧基部边缘稍腆出；唇瓣前伸，宽卵形或近圆形，不裂，长宽均8-9毫米，具深紫红色斑块，先端钝圆，边缘具蚀齿状和褶皱，基部具距，距圆筒状，长0.7-1厘米，稍前弯。花期6-7月。

产四川中北部、云南西北部及西藏东南部，生于海拔2400-4510米山坡林下或高山草甸。

5. 北方红门兰　　　　　　　图 694

Orchis roborovskii Maxim. in Mél. Biol. 12: 547. 1886.

植株高达15厘米。具窄圆柱状、肉质根状茎。茎直立。叶1（2）枚，基生，叶卵形、卵圆形或窄长圆形，直伸，长3-9厘米，基部收窄成柄、抱茎。花茎直立，花序具1-5朵常偏向一侧的花，花序轴无毛；苞片卵状披针形或披针形，最下面的1枚常长于花。子房无乳突，连花梗长0.8-1厘米；花紫红色，萼片近等大，长6-7毫米，宽约4毫米，中萼片直立，卵形或卵状长圆形，舟状，与花瓣靠合呈兜状，侧萼片斜卵状长圆形；花瓣直立，较萼片稍短小，卵形，无睫毛；唇瓣

前伸，平展，宽卵形，长7毫米，宽8-9毫米，基部具距，前部3裂，侧裂片扩展，较中裂片短，三角形或钝三角形，边缘波状，中裂片长圆形或三角形，先端钝，无睫毛；距圆筒状，下垂，稍前弯，末端钝，与子房等长或稍长。花期6-7月。

产河北西部、甘肃、青海、新疆、四川及西藏，生于海拔1700-4500米山坡林下、灌丛中及高山草地。印度加瓦尔及不丹有分布。

图 694 北方红门兰 （引自《图鉴》）

6. 黄花红门兰 图 695

Orchis chrysea (W. W. Smith) Schltr. in Fedde, Repert. Sp. Nov. 19: 372. 1924.

Habenaria chrysea W. W. Smith in Notes. Roy. Bot. Gard. Edinb. 13: 204. 1921.

植株高达10厘米。块茎近球形,径约1厘米,肉质。茎直立,叶2枚、互生、近对生,长圆形或长圆状披针形,长2-4厘米,上面无紫斑,先端渐尖或稍钝,基部鞘状抱茎。花茎顶端具1花,无毛;苞片倒披针形,长1.8-4.5厘米,先端具短尖头,基部收窄。子房长约1厘米,无毛,花梗长1-1.5厘米;花黄色;中萼片长圆状披针形,直立,舟状,长约1厘米,先端渐尖,与花瓣靠合呈兜状,侧萼片镰状披针形,偏斜,反折向上,长1.4厘米,基部宽约3毫米,上部渐窄,先端渐尖;花瓣直立,斜宽卵形,长约1.2厘米,先端钝,基部前侧边缘外臌,无睫毛;唇瓣前伸,稍凹入,宽卵圆形,长1.2厘米,基部宽0.8-1.2

图 695 黄花红门兰 (张泰利绘)

厘米,具距,无睫毛,基部两侧具三角形小耳。距圆筒状,长达2.5厘米,下垂,末端渐尖,与子房(连花梗)近等长。花期8月。

产四川中西部、云南西北部及西藏东南部,生于海拔3800-4000米林下岩石覆土或山坡草地。

7. 短距红门兰 图 696 彩片 309

Orchis brevicalcarata (Finet) Schltr. in Fedde, Repert. Sp. Nov. Beih. 4: 87. 1919.

Hemipilia brevicalcarata Finet in Bull. Soc. Bot. Franch 44: 420, pl. 14. A-G. 1877.

植株高达17厘米。块茎椭圆形或卵球形,长1-2厘米。茎直立。叶1枚,基生,叶心形或宽卵形,长1-3厘米,上面具5-7条近白色脉,脉间具暗紫色斑点,下面常带紫红色,先端尖,基部近心形、收窄抱茎。花茎细长,直立或稍弯,花序具1-3花,长1.5-4.5厘米,疏离,常偏向一侧,花序轴无毛。苞片宽卵形,长4-5毫米,宽2.5-3毫米,先端渐尖,长不及子房1/2;子房无毛,连花梗长1-1.2厘米;花紫红色;中萼片直立,舟状,长圆形,长5-6毫米,与花瓣靠合呈兜状,侧萼片张开,斜卵状长圆形,长6-8毫米;花瓣直立,斜卵形,长5-6毫米,无睫毛;唇瓣前伸,楔状倒卵形,长宽均1-1.1厘米,全缘或微波状,无睫毛,

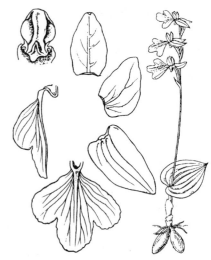

图 696 短距红门兰
(引自《Bull. Soc. Bot. France》)

基部具距,前部3裂,侧裂片较中裂片宽,先端钝圆,中裂片近四方形,先端钝圆,中部具微凹缺;距囊状,长约1毫米。花期6-7月。

产四川西南部及云南,生于海拔1500-3400米山坡林下或草地。

8. 华西红门兰 图 697

Orchis limprichtii Schltr. in Fedde, Repert. Sp. Nov. Beih. 12: 330. 1922.

植株高达23厘米。块茎长圆形或卵圆形,长1-2厘米。叶1枚,心形、卵圆形、椭圆状长圆形,长2.8-6.5厘米,上面常具紫色斑点,下面紫绿色,先端渐尖或尖,基部抱茎。花序常疏生几朵至10余朵花,长达17厘米,花序轴无毛。苞片披针形或卵状披针形;子房无毛,连花梗长1-1.2厘米;花紫红或淡紫色,常不偏向一侧,中萼片直立,近长圆形,舟状,长6-8毫米,先端近尖,与花瓣靠合呈兜状,侧萼片常张开,向上伸展,斜卵形,长7-9毫米,先

端尖;花瓣直立,斜卵形,舟状,长5-7毫米,先端稍钝,无睫毛;唇瓣前伸,品字形,长约1厘米,下部宽约8毫米,中部3裂,近基部凹入,内面具白色微柔毛,具距,边缘微波状,具细缘毛,侧裂片耳状,先端钝圆,中裂片近四方形,长5毫米,宽约4毫米,较侧裂片宽而长,先端钝圆或具锐尖头;距细圆筒状,下垂或后伸,长约3毫米。花期5-6月。

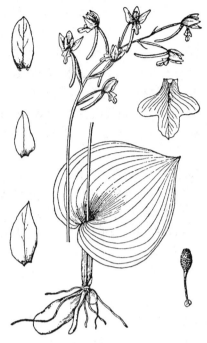

图 697 华西红门兰 （引自《秦岭植物志》）

产甘肃南部、四川及云南西北部,生于海拔1420-4000米山坡林下或高山草地。

9. 广布红门兰 图 698 彩片 310

Orchis chusua D. Don, Prodr. Fl. Nepal. 23. 1825.

植株高达45厘米。块茎长圆形或球形,长1-1.5厘米,径约1厘米,肉质。茎直立,具(1)2-3(-5)叶,叶长圆状披针形、披针形、线状披针形或线形,长3-15厘米,宽0.2-3厘米,上面无紫斑,先端尖或渐尖,基部鞘状抱茎。花序具1-20余花,多偏向一侧。苞片披针形或卵状披针形;子房无毛,连花梗长0.8-1.5厘米;花紫红或粉红色;中萼片直立,舟状,长圆形或卵状长圆形,长5-7(8)毫米,与花瓣靠合呈兜状,侧萼片向后反折,斜卵状披针形,长6-8(9)毫米,先端

稍钝或渐尖;花瓣直立,斜窄卵形、宽卵形或窄卵状长圆形,长5-6(7)毫米,无睫毛,前侧近基部膨出,与中萼片靠合呈兜状;唇瓣前伸,较萼片长和宽,无睫毛,3裂,中裂片长圆形、四方形或卵形,全缘或稍波状,顶端中部具短凸尖或稍钝圆,稀中部微凹入,侧裂片镰状长圆形或近三角形,与中裂片等长或较短,全缘或稍波状;距圆筒状或圆筒状锥形,常向后斜

图 698 广布红门兰 （张泰利绘）

展或近平展，口部稍增大，向末端稍渐窄，常长于子房。花期6-8月。

产黑龙江、吉林东部、内蒙古东北部、陕西南部、宁夏南部、甘肃东部、青海东部及南部、西藏东部及南部、云南、四川、湖北西部，生于海拔500-4500米山坡林下、灌丛中、高山灌丛草地或高山草甸。朝鲜半岛、日本、俄罗斯西伯利亚、尼泊尔、锡金、不丹、印度北部及缅甸北部有分布。

［附］四川红门兰 **Orchis sichuanica** K. Y. Lang in Acta Phytotax. Sin. 25(5)：401. f. 1. 1987. 本种与广布红门兰的区别：叶长圆形、卵形或窄长圆形；子房具多数细乳突，连花梗长2-2.2厘米，花紫罗兰色，萼片具细乳突，中萼片长0.8-1厘米。花瓣及唇瓣具多数细乳突，边缘具乳突状睫毛，距长1.8-2.2厘米，下垂。产四川西部，生于海拔2400-2450米山坡草地。

10. 四裂红门兰　　　　　　　　　图 699：1-3

Orchis militaris Linn. Sp. Pl. 941. 1753. ex part.

植株高达45厘米。块茎卵球形，长1-1.5厘米。茎具3-5叶。叶长圆状椭圆形或椭圆形，长8-18厘米，上面无紫斑，基部鞘状抱茎。花序密生多数不偏向一侧的花，圆柱状，长4-10厘米。苞片卵形，绿或带紫红色，长2-3毫米；子房无毛，连花梗长1-1.5厘米；花淡紫或粉红色，有香气，中萼片直立，舟状，卵状披针形，长0.9-1.3厘米，侧萼片直立，与中萼片相靠，斜卵状披针形，与中萼片等长而稍宽，先端渐尖；花瓣直立，线形，与中萼片相靠合，先端渐尖；唇瓣前伸，长1-1.4厘米，基部具紫红色斑点和细乳突，具距，4裂，在唇瓣基部3裂，侧裂片线形、窄镰状，长达8毫米，常直立，中裂片较侧裂片大，线状长圆形、楔状倒卵形或倒心形，顶部2裂，裂片长圆状倒卵形，长达4毫米，裂片缺口有小尖齿，展平两侧裂片先端之间宽0.7-1厘米，中裂片基部宽约2毫米，其两裂片先端之间宽6-8毫米；距窄圆筒状，带白色或粉红色，长5-6毫米，下垂，略前弯。花期5-6月。

产新疆北部，生于海拔600米泛滥地。蒙古、俄罗斯西伯利亚东部至斯堪的纳维亚半岛、地中海西部、巴尔干半岛、小亚细亚半岛、伊朗及阿富汗有分布。

图 699：1-3. 四裂红门兰
4-7. 阴生红门兰　（吴彰桦绘）

11. 宽叶红门兰　　　　　　　　图 700 彩片 311

Orchis latifolia Linn. Sp. Pl. 941. 1753.

植株高达40厘米。块茎肉质，下部3-5掌状分裂。茎粗壮，中空，具（3）4-6叶。叶互生，长圆形、长圆状椭圆形、披针形或线状披针形，上面无紫斑，长8-15厘米，基部鞘状抱茎。花序密生几朵至多朵不偏向一侧的花，圆柱状，长2-15厘米。苞片披针形；子房无毛，连花梗长0.9-1.4厘米；花蓝紫、紫红或玫瑰红色；中萼片直立，舟状，卵状长圆形，长5.5-7(-9)毫米，侧萼片张开，斜卵状披针形或卵状长圆形，长6-8(-9.5)毫米；花瓣直立，斜卵状披针形，与中萼片近等长；唇瓣前伸，卵形、卵圆形、宽菱状横椭圆形或近圆形，长6-9毫米，下部或中部宽0.6-1厘米，基部具距，有时先端稍凸起，似3浅裂，边缘微具细圆齿，上面具乳头状突起,在基部至中部之上具由蓝紫色线构成似匙形的图案,图案内淡紫或带白色,图案顶部3浅裂或2深裂呈W形,为蓝紫红色;距圆筒形、圆筒状锥形或窄圆锥形,下垂,微前弯。花期6-8月。

产黑龙江西南部、吉林西南部、内蒙古东部、宁夏南部、甘肃、青海东部、新疆、西藏及四川,生于海拔600-4100米山坡、沟边灌丛中或草地。蒙古、俄罗斯西伯利亚至欧洲、克什米尔地区至不丹、巴基斯坦、阿富汗至北非有分布。块茎药用,可代手参。

[附] **阴生红门兰** 图 699: 4-7 **Orchis umbrosa** Kar. et Kir. in Bull. Soc. Nat. Mosc. 15: 504. 1842. 本种与宽叶红门兰的区别:唇瓣倒卵形或倒心形。产新疆,生于海拔630-4000米河滩、沼泽草甸、河谷或山坡阴湿草地。中亚、西西伯利亚阿尔泰最南部及阿富汗有分布。

图 700 宽叶红门兰 （引自《图鉴》）

35. 舌喙兰属 Hemipilia Lindl.
（罗毅波）

地生草本。块茎近椭圆状。茎直立,基部常具1-3鞘,鞘上方具1(2)叶,向上具1-5鞘状或鳞片状叶。叶无柄,基部抱茎,无毛。总状花序顶生,具数朵或10余花。苞片较子房短,宿存;花中等大;萼片离生,中萼片常直立,与花瓣靠合成盔状,倾覆蕊柱上方,侧萼片斜歪;花瓣较萼片稍小,唇瓣伸展,上面常被细小乳突,基部近距口具2胼胝体;距内面常被小乳突;蕊柱明显;花药近兜状,药隔宽,药室叉开;蕊喙3裂,中裂片舌状,长达2毫米多,侧裂片三角形;花粉团2,粒粉质,由多数小团块组成,花粉团柄长,粘盘舟状,粘着生蕊喙侧裂片顶端并被侧裂片前部延伸的膜质所包;柱头1,稍凹下,前部稍突出,位于蕊喙之下距口之上。蒴果长椭圆状,无毛。

7种,产我国西南山地与喜马拉雅地区,南至泰国。

1. 距较萼片长,长1厘米以上。
　　2. 唇瓣扇形、圆形或扁圆形,基部具短爪 ·················· **2. 扇唇舌喙兰 H. flabellata**
　　2. 唇瓣非扇形、圆形或扁圆形,基部无爪或爪不明显。
　　　　3. 唇瓣3-4裂。
　　　　　　4. 唇瓣近上部至顶端分裂。
　　　　　　　　5. 唇瓣卵形或近卵形,长6-8毫米 ·················· **1(附). 心叶舌喙兰 H. cordifolia**
　　　　　　　　5. 唇瓣宽倒卵状楔形,长1.2-1.4厘米 ·················· **4. 裂唇舌喙兰 H. henryi**
　　　　　　4. 唇瓣中部至基部分裂 ·················· **1. 舌喙兰 H. cruciata**
　　　　3. 唇瓣不裂 ·················· **3. 粗距舌喙兰 H. crassicalcarata**
1. 距与萼片近等长,长6-7毫米。
　　6. 唇瓣近五角形,宽不及1厘米,距基部向顶端渐窄,中部径1毫米,末端钝 ··· **5. 短距舌喙兰 H. limprichtii**
　　6. 唇瓣近倒心形,宽1厘米以上,距上下部近等粗,中部径2.5-3毫米,末端近尖 ·················· **6. 广西舌喙兰 H. calophylla**

1. 舌喙兰　　　　　　　　　图 701 彩片 312

Hemipilia cruciata Finet in Bull. Soc. Bot. France 44: 421. t. 14. f. HP. 1897.

植株高达27厘米。块茎椭圆状。茎基部具1叶和1-3枚鞘状叶。叶心形、宽卵形或宽心形,长2.5-4.5厘米,基部心形抱茎。花序具8-10花。苞片拔针形,长0.8-1厘米;花梗和子房长约1.2厘米;花淡红至紫红色;中萼片卵形,舟状,长约6毫米,具5脉,侧萼片斜卵形,向后反折,与

中萼片近等长；花瓣卵状三角形，较萼片短，具5脉，唇瓣与侧萼片等长，上面被细小乳突，基部近距口具2胼胝体；侧裂片披针形或椭圆形，长1-2毫米，先端常有牙齿，中裂片常长圆状椭圆形，长约4.5毫米，先端及边缘常有不整齐圆齿或牙齿；距长约1.2厘米，近圆柱形。蒴果圆柱形。花期6-8月。

产台湾、四川及云南，生于海拔2300-3500米林下或山坡。

[附] **心叶舌喙兰 Hemipilia cordifolia** Lindl. Gen. Sp. Orch. 296. 1835. 本种与舌喙兰的区别：唇瓣中上部3裂，边缘具条状齿突。产西藏南部，生于海拔2400米山坡岩石上。尼泊尔、不丹及印度西姆拉邦有分布。

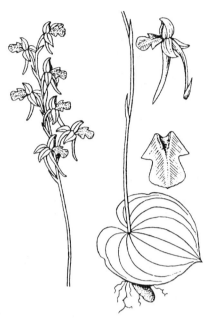

图 701 舌喙兰 （蔡淑琴绘）

2. 扇唇舌喙兰 长距舌喙兰　　　　　　图 702 彩片 313

Hemipilia flabellata Bur. et Franch. in Journ. de Bot. 5: 152. 1891.

植株高达28厘米。块茎窄椭圆状。茎基部具1叶和1-4枚鞘状叶。叶心形或宽卵形，长2-10厘米，上面绿色具紫色斑点，下面紫色，基部心形或近圆，抱茎。花序具3-15花。苞片披针形；花梗和子房长1.5-1.8厘米；花紫红或近白色；中萼片长圆形或窄卵形，长8-9毫米，宽3.5-4毫米，侧萼片斜卵形或镰状长圆形，较中萼片稍长；花瓣宽卵形，长约7毫米，宽约5毫米，先端近尖，唇瓣扇形、圆形或扁圆形，长0.9-1厘米，宽8-9毫米，具不整齐细齿，先端平截或圆，有时微缺，爪长约2毫米，基部近距口具2胼胝体，距圆锥状圆柱形，向末端渐窄，直或稍弯，末端钝或2裂，长1.5-2厘米。蒴果圆柱形，长3-4厘米。花期6-8月。

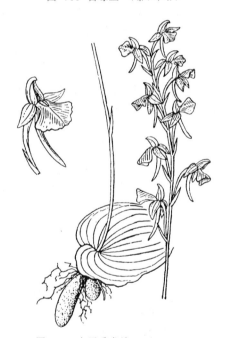

图 702 扇唇舌喙兰 （蔡淑琴绘）

产四川、贵州西北部及云南，生于海拔2000-3200米林下、林缘或石缝中。

3. 粗距舌喙兰　　　　　　　　　　图 703：1-2

Hemipilia crassicalcarata S. S. Chien in Contr. Biol. Lab. Sci. Soc. China, Bot. 6: 80. 1931.

植株高达35厘米。块茎椭圆状。茎基部具筒状膜质鞘，1-2叶和1-4鞘状叶。叶卵形或卵状心形，长5-12厘米，宽4-5.8厘米，先端尖，基部心形或近楔形，抱茎。花序具（2）7-15朵偏向一侧的花。苞片披针形；花梗

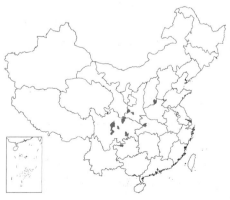

和子房长1.2-1.8厘米；花紫红色；中萼片直立，舟状，卵形，长6-6.5毫米，侧萼片斜卵形，长约7毫米；花瓣与侧萼片相似，略小，先端钝或近平截，有时具不整齐细齿，唇瓣近长圆形，长1.3厘米，下部宽0.9-1厘米，先端近平截或微缺，具细尖，基部宽楔形，具不整齐圆齿或缺刻，上面被微小乳突，近距口具2枚胼胝体，距白色，圆筒状，长1-1.2厘米，末端稍

膨大，有时稍弯。花期7月。

产山西东南部、陕西西南部、四川、湖北西部及贵州西北部，生于海拔1000-1200米柏树林下或草坡。

4. 裂唇舌喙兰 四川舌喙兰 图 703：3-4 彩片 314

Hemipilia henryi Rolfe in Kew Bull. 1896: 203. 1896.

植株高达32厘米。块茎椭圆状。茎基部具1叶和2-4鞘状叶。叶卵形，长4-10厘米，宽3-7厘米，先端尖或具短尖，基部心形或近圆，抱茎。花序具3-9花。苞片披针形；花梗和子房长2-2.4厘米；花紫红色，较大；中萼片卵状椭圆形，长6-7毫米，侧萼片较中萼片长，近宽卵形，斜歪，上面被细小乳突；花瓣斜菱状卵形，长6毫米，上面具不明显乳突，唇瓣宽倒卵状楔形，3裂，长1.2-1.4厘米，宽约1厘米，上面被细小乳突，基部近距口具2胼

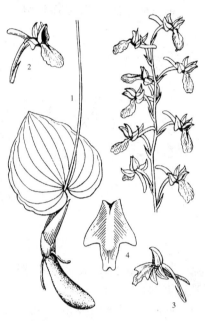

图 703: 1-2. 粗距舌喙兰
3-4. 裂唇舌喙兰 （蔡淑琴绘）

胝体，侧裂片三角形或近长圆形，先端钝或具不整齐细齿，中裂片近方形，先端2裂，具细尖，距窄圆锥形，基部较宽，向末端渐窄，长约1.8厘米，稍弯或几不弯，末端有时钩状。花期8月。

产湖北西部及四川，生于海拔800-900米多岩石地方。

5. 短距舌喙兰 图 704 彩片 315

Hemipilia limprichtii Schltr. ex Limpricht in Fedde, Repert. Sp. Nov. Beih. 12: 331. 1922.

植株高达37厘米。茎基部具1叶和4-9枚鞘状叶。叶心形、卵状心形或卵形，长达6厘米，先端近尖，基部心形。花序具10余花。苞片卵状披针形；花紫红色；中萼片卵形，舟状，长约5.5毫米，侧萼片长圆状卵形，斜展，长6.5毫米，先端钝或微凹；花瓣卵形，长6毫米，唇瓣近圆形或五角形，长1厘米，宽1-1.1厘米，具不整齐细齿，先端微缺或具不整齐细齿，基部宽楔形，

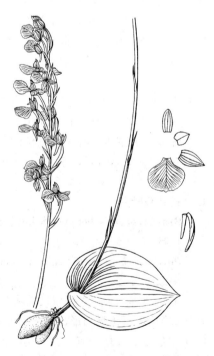

几无爪，上面被乳突状微柔毛，基部近距口具2胼胝体，距长6-7毫米，向末端渐窄，稍弯曲。花期6-8月。

产贵州中部及西南部、云南，生于海拔1000-1400米山坡或开旷湿地。

图 704 短距舌喙兰 （蔡淑琴绘）

6. 广西舌喙兰   图 705 彩片 316

Hemipilia calophylla Par. et Rchb. f. in Journ. Bot. 12: 197. 1874.

Hemipilia kwangsiensis T. Tang et F. T. Wang ex K. Y. Lang: 中国
植物志 17: 281. 1999.

植株高达20厘米。块茎椭圆形。茎基部具1叶和3枚鞘状叶。叶圆形
或近圆形。长宽均约6厘米，
先端尖，基部心形，抱茎。花
序疏生5-7花。苞片卵形或
卵状披针形；花淡红色；中
萼片卵状椭圆形，长5-7毫
米，先端近尖，侧萼片卵状
椭圆形，稍斜歪，长6-7毫
米；花瓣卵状三角形，长6毫
米，宽2.5-3毫米，先端尖，
唇瓣近倒心形，长约1.2厘
米，宽1.3厘米，先端凹缺，
基部稍窄，上面被细小乳突，

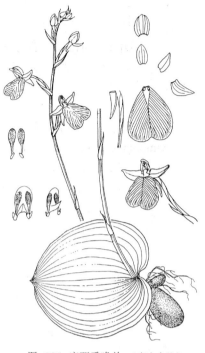

基部近距口具2枚较长胼胝体，距圆筒状锥形，长6毫米，径约3毫米，末
端近尖。花期7-8月。

图 705 广西舌喙兰 （郭木森绘）

产广西，生于海拔400-950米石灰岩山地林下。泰国、缅甸有分布。

36. 苞叶兰属 Brachycorythis Lindl.

（郎楷永）

地生草本。具肉质块茎，颈部生数条细长的根。茎具数叶。叶互生，常密集。总状花序，顶生，具多花。苞片
叶状；花倒置（唇瓣位于下方），中萼片常与花瓣靠合呈兜状；侧萼片离生，常较中萼片大；花瓣直立，常较萼片
稍小；唇瓣前伸，全缘，基部具距，距末端常2裂；蕊柱粗短；花药2室，药室平行，花粉团2枚，为具小团块的
粒粉质，具短柄，粘盘裸露；蕊喙褶叠，常肉质；柱头1枚，凹下。

约32种，分布于热带非洲、南非和热带亚洲。我国2种。

1. 叶长圆状椭圆形，稀近椭圆形，长6-15厘米；花唇瓣长1.5-2.5厘米，顶部不微缺，距近圆筒状锥形，长0.7-1.5
   厘米，末端2浅裂，末端钩曲 ··· **1. 长叶苞叶兰 B. henryi**
1. 叶椭圆形或卵形，稀长圆状椭圆形，长2-4.5厘米；花唇瓣长0.7-1.2厘米，顶部常微缺，距圆锥形，长3-4
   （-6）毫米，末端直，不裂 ··· **2. 短距苞叶兰 B. galeandra**

1. 长叶苞叶兰   图 706

Brachycorythis henryi (Schltr.) Summerh. in Kew Bull. 1955: 235.
1955.

Phyllomphax henryi Schltr. in Fedde, Repert. Sp. Nov. Beih. 4: 45.
1919.

植株高达54厘米。块茎长椭圆形，长1.5-2厘米。茎具4-5叶。叶长
圆状椭圆形，稀近椭圆形，长6-15厘米，先端近尖。花序具4-10花。苞片
叶状，较花长；白或淡紫色；中萼片窄卵状披针形，长1.3厘米，宽约5毫
米，先端钝，侧萼片和中萼片等长，稍偏斜；花瓣斜卵状披针形，长约1.2

厘米,宽约6毫米,先端钝;唇瓣近圆形,顶部不微缺,长1.5-2.5厘米,宽1.5-2毫米,基部具距,距近圆筒状锥形,长0.7-1.5厘米,末端2浅裂,末端常钩曲。花期8-9月。

产贵州南部及云南,生于海拔500-1800(-3300)米山坡林下或山坡草地。缅甸北部及泰国北部有分布。

图 706 长叶苞叶兰 (冯晋庸绘)

2. 短距苞叶兰   图 707

Brachycorythis galeandra (Rchb. f.) Summerh. in Kew Bull. 1955: 241. 1955.

Platanthera galeandra Rchb. f. in Linnaea 25: 226. 1852.

植株高达24(-30)厘米。块茎长椭圆形,长1.5-2厘米。茎具4-6叶。叶密生,椭圆形或卵形,稀长圆状椭圆形,长2-4.5厘米,宽0.7-2厘米,先端尖。花序具3-10花。苞片叶状,较花长;花粉红、淡紫或蓝紫色;中萼片窄披针形,长7.5厘米,基部宽1.5毫米,先端尖,侧萼片宽披针形,长8毫米,基部宽3.5毫米,稍偏斜,先端钝;花瓣卵形,长6.5毫米,下部宽2.2毫米;唇瓣近圆状倒卵形,长0.7-1.2厘米,宽0.6-1厘米,顶部常微缺,基部具短距,距圆锥状,长3-4(-6)毫米,末端不裂。花期5-7月。

产台湾、广东、香港、广西、湖南、贵州西南部、四川西南部及云南,生于海拔400-2000米山坡灌丛中、草坡或沟边阴湿处。印度东北部、缅甸及越南有分布。

图 707 短距苞叶兰 (冯晋庸绘)

37. 舌唇兰属 Platanthera L. C. Rich.
(郎楷永)

地生草本,具肉质根状茎或块茎。叶互生,稀近对生。总状花序顶生。苞片常披针形,直伸;子房扭转;花白或黄绿色,倒置(唇瓣位于下方);中萼片短而宽,凹入,与花瓣靠合呈兜状,侧萼片较中萼片长;花瓣常较萼片窄;唇瓣常线形或舌状,肉质,不裂,前伸,基部两侧无耳,稀具耳,下方具长距,稀较短;蕊柱短,花药直立,2室,药室平行或稍叉开,药隔明显,花粉团2枚,为具多数团块的粒粉质,具柄,粘盘附于蕊喙臂,裸露,蕊喙基部具叉开臂;柱头1枚,凹下,与蕊喙下部汇合,或1枚隆起位于距口后缘或前方,或2枚,隆起,离生,位于距口前方两侧;退化雄蕊2,位于花药近基部两侧。蒴果直立。

约150种,主要分布于北温带,南达中南美洲、热带非洲及热带亚洲。我国41种、3亚种。

1. 柱头1枚,位于蕊喙之下穴内,或多或少凹下;萼片全缘。

　2. 叶2枚,对生或近对生。

3. 距纤细，末端以下几不增粗；药隔宽不及2毫米，药室平行 ················ 1. **细距舌唇兰** P. metabifolia

3. 距粗壮，末端以下增粗；药隔宽3-3.5毫米，药室下部叉开 ················ 2. **二叶舌唇兰** P. chlorantha

2. 叶1至数枚，互生。

 4. 距圆锥形，长1毫米，末端常钩曲，较子房短；花中萼片长2-3毫米；叶1枚，匙形或椭圆状匙形 ········
  ··· 13. **小花舌唇兰** P. minutiflora

 4. 距圆筒状，长6毫米以上，与子房等长或较子房长。

  5. 植株极纤细，高达17.5厘米；花序疏生3-5花；中萼片卵状披针形，长6毫米；花瓣斜卵状披针形；叶
   1枚，窄长圆形 ································· 12. **独龙江舌唇兰** P. stenophylla

  5. 植株较粗壮，高常20厘米以上；花序具多花。

   6. 叶线状披针形，多枚；花序密生多花；花白色，芳香；距口具突起，距长于子房 ················
    ··· 3. **密花舌唇兰** P. hologlottis

   6. 叶较宽，非线状披针形，1至多枚。

    7. 花瓣边缘具睫毛状齿,花瓣斜三角状披针形；距圆筒状棒形，较子房长约1倍；花绿或黄绿色 ·······
     ··· 6. **齿瓣舌唇兰** P. oreophila

    7. 花瓣边缘无睫毛状齿。

     8. 唇瓣基部具1枚胼胝体，基部两侧各具1枚四方形的耳，花瓣斜舌状，先端平截；叶长圆形、椭
      圆形或椭圆状披针形 ························· 5. **对耳舌唇兰** P. finetiana

     8. 唇瓣基部无胼胝体。

      9. 花瓣常较中萼片短或等长，与中萼片靠合成兜状。

       10. 中萼片长6-8毫米；花瓣线形，较中萼片短，宽1.4-1.5毫米。

        11. 花白色；中萼片卵形，长7-8毫米；距细圆筒状丝形，长3-6厘米，末端以下不增粗 ···
         ··· 4. **舌唇兰** P. japonica

        11. 花黄绿或绿白色，具香气；中萼片椭圆形，长6-6.5毫米；距圆筒状，长1.6-1.8厘米，末
         端以下略增粗 ································· 4(附). **滇西舌唇兰** P. sinica

       10. 中萼片长2.5-5.5（-6）毫米，花瓣常较宽，非线形。

        12. 具肉质、伸长、指状根状茎；大叶窄长，倒披针形或窄长圆形。

         13. 花中萼片长2.5-3毫米，侧萼片窄椭圆形；距向后斜伸，中部以下上举 ·········
          ··· 10. **筒距舌唇兰** P. tipuloides

         13. 花中萼片长4.5-5（6）毫米，侧萼片窄长圆形或宽线形；距下垂，略前弯 ·········
          ··· 11. **大明山舌唇兰** P. damingshanica

        12. 具肉质、椭圆形块茎；大叶宽短，长圆状披针形、椭圆形或卵状椭圆形；侧萼片斜椭圆
         形，花瓣斜卵形 ································· 9. **小舌唇兰** P. minor

      9. 花瓣较中萼片长，先端向外张开，不与中萼片靠合呈兜状。

       14. 中萼片长4-4.5毫米，宽卵形或心形，侧萼片斜长圆状披针形或宽披针形，长6.5-7毫米；
        距长2-3厘米，向后斜伸，有时多少上举 ········· 8. **尾瓣舌唇兰** P. mandarinorum

       14. 中萼片长5-6.5毫米，宽卵形，侧萼片窄披针形或线状披针形，长8-9毫米；距长1.5-1.8厘
        米，向后直伸，或下部稍下弯，或下垂其下部多少前弯 ··· 7. **东北舌唇兰** P. cornu-bovis

1. 柱头1或2枚，隆起，位于距口前方、前方两侧或距口后方；萼片边缘具睫毛状齿。

 15. 柱头1枚，隆起，位于距口后缘，椭圆形，不裂，花瓣线形；萼片具睫毛状齿；粘盘披针形 ·········
  ··· 14. **条瓣舌唇兰** P. stenantha

 15. 柱头位于距口前方或距口两侧。

16. 柱头1枚，隆起，位于距口前方，马鞍形，上部2深裂；萼片长圆状披针形，具睫毛状细齿；粘盘线形 ……………………………………………………………………………………………… 15. **滇藏舌唇兰 P. bakeriana**

16. 柱头2枚，离生，位于距口两侧或前方。

  17. 无块茎，根状茎匍匐、指状、细圆柱形；唇瓣基部无胼胝体。

    18. 萼片近全缘；距棒状纺锤形，较子房短；粘盘椭圆形；柱头球形，位于距口前方两侧 ………………………………………………………………………………… 16. **棒距舌唇兰 P. roseotincta**

    18. 萼片具睫毛状细齿；距细圆筒状，较子房长。

     19. 粘盘窄披针形或窄长圆形。

      20. 花瓣斜窄三角状披针形，较中萼片长，宽1.5毫米；药隔极窄，药室并行，退化雄蕊近半圆形 ……………………………………………………………………… 17. **高原舌唇兰 P. exelliana**

      20. 花瓣斜三角形，较中萼片短，宽2-2.2毫米；药隔较宽，顶部稍凹下，药室下部叉开，退化雄蕊长方形 ……………………………………………………………………… 18. **察瓦龙舌唇兰 P. chiloglossa**

     19. 粘盘圆形或近圆形。

      21. 叶1（2）枚，线形或线状长圆形，宽不及1.5厘米；子房略弯曲，花不下垂，中萼片近披针形，宽2-2.2毫米；花瓣斜三角状披针形，较中萼片短；距下垂，向前多少弯曲；柱头椭圆形 ……………………………………………………………………… 19. **条叶舌唇兰 P. leptocaulon**

      21. 叶2枚，椭圆形或倒卵形，宽2-3.5厘米；子房弓曲，花下垂；中萼片宽卵形，宽5毫米；花瓣窄镰状披针形，较中萼片长；距向后平展或上举；柱头棒状 ……… 20. **弓背舌唇兰 P. plantantheroides**

  17. 块茎球形、卵球形或椭圆形；唇瓣基部有胼胝体；柱头窄长圆形或棒状，并行伸出至唇瓣基部两边。

    22. 中萼片长6-7毫米，宽卵形或近圆形，侧萼片稍斜卵形，长7.5-8毫米，距长于子房；花序的花多少疏散 ……………………………………………………………………………… 21. **白鹤参 P. latilabris**

    22. 中萼片长4-5毫米，椭圆状长圆形，侧萼片斜椭圆状长圆形或椭圆状披针形，长4.5-5.5毫米，距短于子房，长为子房1/2或更短；花序的花密集 ……………………………………………………… 21（附）. **藏南舌唇兰 P. clavigera**

1. 细距舌唇兰

图 708 彩片 317

Platanthera metabifolia F. Maekawa in Journ. Jap. Bot. 11: 303. 1935.

植株高达42厘米。块茎卵状纺锤形，长2.5-3厘米。茎较纤细，基部具2枚近对生的大叶。其上具2-4披针形小叶。大叶匙状椭圆形、长圆形或椭圆形，长10-12厘米，先端钝，基部收窄成长柄。花序长9-19厘米，具7-17花。苞片披针形；子房弧曲，连花梗长1.4-1.5厘米；花带绿白或黄绿色；中萼片直立，卵形或宽卵形，长5.5-6毫米，侧萼片张开，斜卵状披针形，长6-7毫米；花瓣直立，较厚，斜线状披针形，长5.5-6毫米，基部宽约1毫米，与中萼片靠合呈兜状，唇瓣前伸，舌状，肉质，长0.9-1厘米；距细圆筒状，长2-2.5厘米，径1.5-1.8毫米，向后水平伸展，弧曲；药室平行，药隔宽不及2毫米；柱头1枚，凹下，位于蕊喙之下穴。花期7-8月。

产黑龙江、吉林、辽宁、内蒙古东北部、河北、山东、河南西部、山

图 708 细距舌唇兰　（吴彰桦绘）

西、甘肃东部、青海东北部及四川，生于海拔200-2800米山坡林下、湿草地。俄罗斯亚洲部分、朝鲜半岛及日本北

海道有分布。

2. 二叶舌唇兰

图 709

Platanthera chlorantha Cust. ex Rchb. in Moessl. Handb. ed. 2, 2: 1565. 1828.

植株高达50厘米。块茎卵状纺锤形，长3-4厘米，上部收窄细圆柱形。茎较粗壮，近基部具2枚近对生的大叶。其上具2-4披针形小叶，大叶椭圆形、或倒披针状椭圆形，长10-20厘米，基部鞘状抱茎。花序长13-23厘米，具12-32花。苞片披针形，最下部的长于子房；子房上部钩曲，连花梗长1.6-1.8厘米；花绿白或白色，中萼片舟状，圆状心形，长6-7毫米，侧萼片张开，斜卵形，长7.5-8毫米；花瓣直

立，斜窄披针形，长5-6毫米，基部宽2.5-3毫米，不等侧，渐收窄成线形，宽1毫米，与中萼片靠合呈兜状；唇瓣前伸，舌状，肉质，长0.8-1.3厘米，宽约2毫米；距棒状圆筒形，长2.5-3.6厘米，水平或斜下伸，微钩曲或弯曲，向末端增粗，较子房长1.5-2倍；药室叉形，药隔宽3-3.5毫米；柱头1枚，凹入，位于蕊喙以下穴内。花期6-7（8）月。

图 709 二叶舌唇兰 （张泰利绘）

产黑龙江、吉林、辽宁、内蒙古、河北、山东、安徽南部、湖北西北部、山西、陕西、甘肃、宁夏南部、青海东北部、四川、云南西北部及西藏东南部，生于海拔400-3300米山坡林下或草丛中。欧洲至亚洲广布。

3. 密花舌唇兰

图 710

Platanthera hologlottis Maxim. in Mém. Acad. Sci. St. Pétersb. Sav. Etrang. 9: 268. 1859.

植株高达85厘米。根状茎匍匐，细圆柱形。茎细长，下部具4-6大叶，长7-20厘米，宽0.8-2厘米，向上成苞片状，长1.5-3厘米，宽2-3毫米，叶线状披针形或宽线形，基部短鞘状抱茎。花序长5-20厘米，花密生。苞片披针形或线状披针形；子房稍弧曲，连花梗长1-1.3厘米；花白色，芳香；中萼片直立，舟状，卵形或椭圆形，长4-5毫米，侧萼片反折，斜椭圆状卵形，长5-6（7）毫米，花瓣直立，

斜卵形，长4-5毫米，与中萼片靠合呈兜状；唇瓣舌形或舌状披针形，稍肉质，长6-7毫米，先端钝圆；距下垂，圆筒状，长1-2厘米，距口的突起显著；柱头1枚，大，凹下，位于蕊喙之下穴内。花期6-7月。

图 710 密花舌唇兰 （蔡淑琴绘）

产黑龙江、吉林东部、辽宁东部、内蒙古东部、河北东北部、山东东北

部、江苏南部、安徽、浙江、福建、湖北西部、湖南西南部、广东北部、四川北部及云南西部,生于海拔260-3200米山坡林下或山沟潮湿草地。俄罗

斯东部、朝鲜半岛及日本有分布。

4. 舌唇兰

图 711 彩片 318

Platanthera japonica (Thunb. ex A. Murray) Lindl. Gen. Sp. Orch. pl. 290. 1835.

Orchis japonica Thunb. ex A. Murray in Linnaeus Syst. Veg. 14: 811. 1784.

植株高达70厘米。根状茎指状、近平展。茎粗壮,(3)4-6枚叶,下部叶椭圆形或长椭圆形,长10-18厘米,基部鞘状抱茎,上部叶披针形。花序长10-18厘米,具10-28花。苞片窄披针形,长2-4厘米;子房连花梗长2-2.5厘米;花白色;中萼片舟状,卵形,长7-8毫米,侧萼片反折,斜卵形,长8-9毫米;花瓣直立,线形,长6-7毫米,与中萼片靠合呈兜状;唇瓣线形,长1.3-1.5(-2)厘米,肉质,

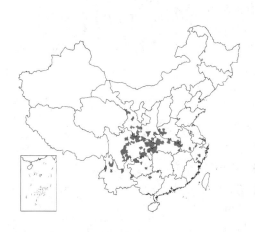

先端钝;距下垂,细圆筒状至丝状,长3-6厘米,弧曲,较子房长;粘盘线状椭圆形;柱头1枚,凹下,位于蕊喙以下穴内。花期5-7月。

产陕西南部、甘肃中部及南部、江苏北部、安徽、浙江、河南、湖北、广西东北部及北部、四川、贵州、云南,生于海拔600-2600米山坡林下或草地。朝鲜半岛及日本有分布。

图 711 舌唇兰 (蔡淑琴绘)

[附] **滇西舌唇兰 Platanthera sinica** T. Tang et F. T. Wang in Acta Phytotax. Sin. 1: 27 et 59. 1951. 本种与舌唇兰的区别:花黄绿或绿白色,有香气;中萼片椭圆形,长6-6.5毫米,距圆筒状,长1.6-1.8厘米,末端以下略粗。产云南西北部及东北部,生于海拔2500-3500米林下。

5. 对耳舌唇兰

图 712

Platanthera finetiana Schltr. in Fedde, Repert. Sp. Nov. 9: 23. 1910.

植株高达60厘米。茎疏生3-4叶。叶椭圆形、椭圆状披针形,长10-16厘米,基部鞘状抱茎。花序长10-18厘米,径约2厘米,稍密生8-26花。苞片披针形,下部的长于花;子房稍弧曲,连花梗长1.2-1.3厘米;花淡黄绿或白绿色;中萼片舟状,卵状椭圆形,长4.5-5.5毫米,侧萼片反折,斜宽卵形,长4.5-5.5毫米;花瓣直立,

斜舌状,长4-5毫米,先端平截,与中萼片靠合呈兜状;唇瓣前伸,线状钻形,长0.9-1.1厘米,稍肉质,先端钝,边缘反折,基部具胼胝体,两

图 712 对耳舌唇兰 (蔡淑琴绘)

侧具1对四方形的耳; 距下垂, 细圆筒形, 基部稍宽, 末端稍钩曲, 较子房长; 粘盘线状椭圆形; 柱头1枚, 椭圆形, 凹下, 位于蕊喙之下。花期7-8月。

产甘肃南部、湖北西部及四川, 生于海拔1200-3500米山坡林下或沟谷中。

6. 齿瓣舌唇兰　　　　　　　　　图 713

Platanthera oreophila (W. W. Smith) Schltr. in Fedde, Repert. Sp. Nov. 20: 381. 1924.

Habenaria oreophila W. W. Smith in Notes Roy. Bot. Gard. Edinb. 13: 208. 1921.

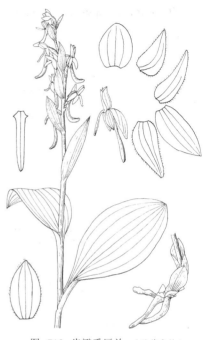

图 713 齿瓣舌唇兰 （孙英宝绘）

植株高达35厘米。块茎细圆柱形。茎基部具约4枚大叶, 其上有3-5枚窄披针形小叶; 叶椭圆形或披针形, 长8-9厘米, 先端短骤尖, 基部鞘状抱茎。花序长7-10厘米, 密生多花。苞片披针形, 长1-2厘米; 子房连花梗长1.1-1.3厘米; 花绿或黄绿色; 中萼片舟状, 卵形, 长6-7毫米, 侧萼片反折, 斜窄卵形, 长7.5-8毫米; 花瓣直立, 斜三角状卵形, 长6-7毫米, 与中萼片靠合呈兜状, 具睫毛状细齿; 唇瓣线形, 肉质, 长0.7-1厘米, 宽约1毫米; 距下垂, 圆筒状棒形, 长1.3-2厘米, 近末端稍增粗, 略弯曲, 较子房长, 几达1倍; 粘盘近圆形; 柱头1枚, 凹下, 位于蕊喙之下。花期6-7月。

产四川西南部、云南西北部及西部, 生于海拔1900-3800米山坡林下、灌丛中或草地。

7. 东北舌唇兰　　　　　　　　　图 714

Platanthera cornu-bovis Nevski in Kom. Fl. USSR 4: 662. 752. pl. 40. f. 8. 1935.

植株高达46厘米。块茎长圆状卵形。茎下部或近中部具1枚大叶, 其上具1-3披针形小叶; 大叶椭圆形或长椭圆形, 长5.5-10厘米, 基部圆、略抱茎。花序疏生3-12花。苞片披针形, 长1-2.5厘米; 子房稍弧曲, 连花梗长1-1.3厘米; 花黄绿或淡绿色; 中萼片宽卵形, 凹入, 长5-6.5毫米, 先端渐尖, 侧萼片反折, 窄披针形及线状披针形, 长8-9毫米, 宽1.5-2毫米; 花瓣长7-8毫米, 下部斜卵形, 宽3-3.2毫米, 向上骤窄成线形, 宽0.25-0.3毫米, 上部向外张开, 不与中萼片靠

图 714 东北舌唇兰 （吴彰桦绘）

合；唇瓣下垂，舌状披针形，长0.9-1厘米，宽1-1.5毫米；距圆筒状，长1.5-2.5厘米，径0.5-1.5毫米，向后直伸，下部稍下弯，或下垂其下部稍前弯或弧曲，较子房长1.5-2倍，粘盘近圆形；柱头1枚，凹下，位于蕊喙之下。花期7-8月。

产黑龙江北部、东南部及吉林东部，生于海拔1300-1900米山坡林下或草地。俄罗斯远东乌苏里、朝鲜半岛北部及日本有分布。

8. 尾瓣舌唇兰 图 715

Platanthera mandarinorum Rchb. f. in Linnaea 25: 226. 1852.

植株高达45厘米。根状茎指状或纺锤形，径5-6毫米。茎细长，下部具1枚大叶，其上具2-4披针形小叶。大叶椭圆形、长圆形，稀线状披针形，长5-10厘米，宽1.5-2.5厘米，基部鞘状抱茎。花序疏生7-20余花，长6-22厘米。苞片披针形，长1-1.6厘米；子房稍弧曲，连花梗长1-1.4厘米；花黄绿色；中萼片宽卵形或心形，凹入，长4-4.5毫米，侧萼片反折，斜长圆状披针形或宽披针形，长6.5-7毫米；花瓣淡黄色，长5-6毫米，上部尾状线形，增厚，向外张开，不与中萼片

靠合；唇瓣淡黄色，下垂，披针形或舌状披针形，长7-8毫米，宽约1毫米，先端钝；距细圆筒状，长2-3厘米，向后斜伸，有时多少上举；粘盘近圆形；柱头1枚，凹下，位于蕊喙之下穴内。花期4-6月。

产山东东部、江苏南部、安徽南部、浙江、江西、福建、河南南部、湖北、湖南、广东东部及西南部、广西东北部、贵州东北部、云南东北部、四

图 715 尾瓣舌唇兰 （蔡淑琴绘）

川南部、陕西东南部，生于海拔300-2100米山坡林下或草地。朝鲜半岛及日本有分布。

9. 小舌唇兰 图 716

Platanthera minor (Miq.) Rchb. f. in Bot. Zeit. 36: 75. 1878.

Habenaria japonica (Thunb.) A. Gary var. *minor* Miq. in Ann. Mus. Bot. Lugd.-Bat. 2: 207(Prol. Fl. Jap. 139). 1865-1866.

植株高达60厘米。块茎椭圆形。茎下部具1-2（3）大叶，上部具2-5披针形或线状披针形小叶。叶互生，大叶椭圆形、卵状椭圆形或长圆状披针形，长6-15厘米，基部鞘状抱茎。花序疏生多花，长10-18厘米。苞片卵状披针形，长0.8-2厘米；子房连花梗长1-1.5厘米；花黄绿色；中萼片直立，舟状，宽卵形，长4-5毫米，侧萼片反折，稍斜椭圆形，长5-6(7)毫米；花瓣直立，斜卵形，长4-5毫米，基部前侧扩大，与

图 716 小舌唇兰 （蔡淑琴绘）

中萼片靠合呈兜状；唇瓣舌状，肉质，下垂，长5-7毫米，宽2-2.5毫米；距细圆筒状，下垂，稍向前弧曲，长1.2-1.8厘米；粘盘圆形；柱头1枚，凹下，位于蕊喙之下。花期5-7月。

产河南东南部、安徽、江苏南部、浙江、福建、台湾、江西、湖北、湖南、广东、香港、海南、广西、贵州、四川及云南，生于海拔250-2700米山坡林下或草地。朝鲜半岛及日本有分布。

10. 筒距舌唇兰　　　　　　　　图 717 彩片 319

Platanthera tipuloides (Linn. f.) Lindl. Gen. Sp. Orch. Pl. 285. 1835.

Orchis tipuloides Linn. f. Suppl. Sp. Pl. 401. 1781.

植株高达40厘米。根状茎指状，长3.5-5厘米，径3-6毫米。茎细长，中部以下具1大叶，其上具2-3小叶。大叶线状长圆形，长5-11厘米，宽0.8-2厘米，基部鞘状抱茎。花序长6-12厘米，疏生多花。苞片长披针形，长1.2-1.5厘米；子房连花梗长0.9-1.2厘米；花黄绿色，细长；中萼片宽卵形，舟状，先端稍内弯，长2.5-3毫米，宽2-2.5毫米，侧萼片反折，窄椭圆形，长3-3.5毫米；花瓣斜卵形或窄长卵形，长2.5-3毫米，稍肉质，直立，与中萼片靠合呈兜状；唇瓣前伸，

肉质，宽线形，长5-6毫米，宽1.2-1.5毫米；距细圆筒状，长1.2-1.7厘米，常向后斜伸，中部以下上举；粘盘卵圆形；柱头1枚，凹下，位于蕊喙之下穴内。花期5-7月。

产安徽南部、浙江、福建西北部、江西东北部、湖南南部及香港，生

图 717 筒距舌唇兰 （引自《浙江植物志》）

于海拔750-1700米山坡密林下或林缘沟谷中。俄罗斯（堪察加半岛和沙哈林岛）、朝鲜半岛及日本有分布。

11. 大明山舌唇兰　　　　　　　　图 718

Platanthera damingshanica K. Y. Lang et H. S. Guo, Fl. Zhejiang. 7: 505. f. 7-676. 1993.

植株高达47厘米。根状茎指状。茎中部以下具1大叶，中部以上具1-3小叶。大叶窄长倒披针形或线状长圆形，长7-15厘米，宽1-2.2厘米，基部鞘状抱茎。花序长6-11厘米，疏生3-8花。苞片披针形，长0.6-1.3厘米；子房连花梗长0.6-1.2厘米；花黄绿色；中萼片宽卵形，舟状，长4.5-6毫米；侧萼片反折，斜窄长圆形或宽线形，长7毫米；花瓣斜卵形，长4-5.5毫米，直立，与中萼片靠合呈兜状；唇瓣前伸，肉质，舌状线形，长6-8毫米，宽1毫米；距细圆筒状，长1.2-1.4厘米，下垂，略前

图 718 大明山舌唇兰 （引自《浙江植物志》）

弯，末端稍尖；粘盘近圆形；柱头1枚，凹下，位于蕊喙之下穴内。花期5-6月。

产浙江南部、福建西部、湖南南部、广东北部及广西中部，生于海拔550-1850米山坡密林下或沟谷阴湿处。

12. 独龙江舌唇兰 图719

Platanthera stenophylla T. Tang et F. T. Wang in Acta Phytotax. Sin. 1: 27. 59. 1951.

植株高达17.5厘米。根状茎细圆柱形，匍匐。茎纤细，中部以下具1大叶。叶窄长圆形，长4-4.5厘米，宽7-8毫米，先端钝，基部收窄抱茎。花序长3.5-4厘米，疏生3-5花。苞片披针形，稍长于子房；子房圆柱状纺锤形，连花梗长8毫米；花绿色；中萼片卵状披针形，长5-6毫米，宽1.8毫米，先端钝，侧萼片斜披针形，长3.5-6毫米，宽1.25毫米，先端钝；花瓣斜卵状披针形，长5毫米，宽1.8毫米，稍肉质，先端钝；唇瓣披针状舌形，肉质，长5毫米，基部以上宽1.4毫米，先端钝；距下垂，向后伸展，圆筒状，长9.5毫米，径1毫米，末端钝，中部以下稍粗，较子房长；柱头1枚，凹下，位于蕊喙之下穴内。花期8-9月。

图 719 独龙江舌唇兰 （孙英宝绘）

产云南西北部及西藏东部，生于海拔2500-3800米山坡桦木林下或草地。

13. 小花舌唇兰 图720

Platanthera minutiflora Schltr. in Acta Hort. Gothob. 1: 138. 1924.

植株高达30厘米。茎上部棱稍具翅，基部具1大叶。其上具1-2小叶。大叶匙形或椭圆状匙形，长5-10厘米，宽1-2.5厘米；长柄下部抱茎。花序长3-8厘米，具4-12花。苞片披针形；子房连花梗长达1厘米；花黄绿或绿白色；萼片绿色，中萼片舟状，宽卵形或近圆形，长2-3毫米，侧萼片张开，镰状卵形，长2.5-3.5毫米；花瓣直立，黄或近白色，斜卵形或卵状披针形，长2-3毫米，与中萼片靠合呈兜状；唇瓣黄或近白色，稍外弯，舌状或舌状披针形，肉质，长2.5-3毫米，基部宽约1毫米；距下垂，圆锥形，长约1毫米，末端常稍钩曲；粘盘近圆形；柱头1枚，凹下，位于蕊喙之下。花期6-7月。

产陕西南部、甘肃中部、新疆、西藏东部、四川及云南西北部，生于

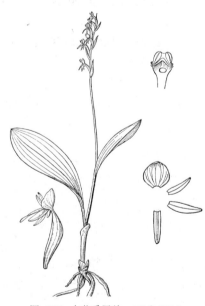

图 720 小花舌唇兰 （张泰利绘）

海拔2700-4100米林下。哈萨克斯坦阿拉木图、吉尔吉斯斯坦伊塞克湖地区有分布。

14. 条瓣舌唇兰   图 721

Platanthera stenantha (Hook. f.) Soó in Ann. Mus. Nat. Hungar. 26: 363. 1929.

Habenaria stenantha Hook. f. Fl. Brit. Ind. 6: 153. 1890.

植株高达32厘米。叶多枚,互生,下部2叶最大,叶椭圆形或宽椭圆形,长7-13厘米,先端尖,基部鞘状抱茎,中、上部叶苞片状。总状花序疏生9-17花。苞片线状披针形;子房弧曲,连花梗长约1厘米;花黄绿色;萼片绿色,具睫毛状细齿,中萼片卵形,舟状,长4-5毫米,侧萼片反折,斜长圆形,长5-6毫米,宽1.5-1.7毫米,先端钝;花瓣黄色,线形,偏斜,稍肉质,长4-5毫米,宽约1毫米,先端钝,直立,与中萼片靠合呈兜状;唇瓣黄色,长卵形或舌状披针形,肉质,长5-6毫米,宽2-2.5毫米,先端钝;距下垂,细圆筒状,略外弯,下部棒状,常较子房长;粘盘大,窄披针形;柱头1枚,椭圆形,隆起,位于距口后缘。花期8-9月。

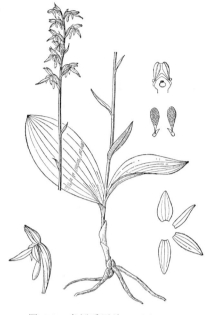

图 721 条瓣舌唇兰 （张泰利绘）

产云南西北部、西藏东南部及南部,生于海拔1500-3100米常绿阔叶林、铁杉至冷杉林下。尼泊尔、不丹、锡金及缅甸北部有分布。

15. 滇藏舌唇兰   图 722

Platanthera bakeriana (King et Pantl.) Kraenzl. Orch. Gen. Sp. 1: 632. 1899.

Habenaria bakeriana King et Pantl. in Journ. Asiat. Soc. Bengal. 65: 132. 1895.

植株高达58厘米。根状茎圆柱形,长3-4厘米。茎粗壮,下部具2-3大叶,中上部具2-4小叶。大叶椭圆形,长12-13厘米,先端尖,基部鞘状抱茎。花序长15-25厘米,疏生多花。苞片线状披针形,长2-2.5厘米,下部的较花长;子房圆柱状纺锤形,先端稍弧曲,连花梗长达1.4厘米;花黄绿或绿色;萼片绿色,具睫毛状细齿,中萼片长圆状卵形,舟状,长5毫米,先端钝,侧萼片反折,长圆状披针形,宽2毫米,先端钝;花瓣黄色,斜卵形,长5毫米,宽2.2毫米,先端钝,直立,与中萼片靠合呈兜状;唇瓣黄色,线形,舌状,长6毫米,近基部宽1.5毫米,前伸,稍弧曲,先端钝;距下垂,细圆筒状,弯曲,较子房长1倍多;粘盘线形;柱头1枚,横椭圆形,隆起,上部2深裂,基部马鞍形,位于距口前方。花期7-8月。

图 722 滇藏舌唇兰 （张泰利绘）

产四川西南部、云南及西藏东南部,生于海拔2200-4000米山坡林下灌丛草甸中。尼泊尔、锡金及印度有分布。

16. 棒距舌唇兰 图 723

Platanthera roseotincta（W. W. Smith）T. Tang ex F. T. Wang in Bull. Fan Mem. Inst. Biol. Bot. 10: 31. 1940.

Habenaria roseotincta W. W. Smith in Notes Roy. Bot. Gard. Edinb. 13: 210. 1921.

植株高达15厘米。根状茎指状。茎中部或下部具1大叶，其上有时有1小叶，大叶线形或舌状，长3-4厘米，宽0.4-1厘米，基部鞘状抱茎。花序长2-5厘米，具3-10余花。苞片披针形；子房纺锤形，连花梗长约6毫米；花白色；萼片近等长，几无睫毛状细齿，中萼片长圆形，长5-6毫米，先端尖，侧萼片张开，长圆形，宽1.8毫米，先端尖；花瓣卵形或卵状披针形，较萼片稍短，外侧部分稍厚，先端尖，直立，与中萼片靠合呈兜状；唇瓣舌状披针形，肉质，长5-6毫米，宽约2毫米，先端尖；距棒状纺锤形，长3毫米，下垂，颈部缢缩，末端钝圆，短于子房；粘盘椭圆形；柱头2枚，球形，位于距口前方两侧。花期7-8月。

产云南西北部及西藏东南部，生于海拔3400-3800米高山草地。缅甸北部有分布。

图 723 棒距舌唇兰 （张泰利绘）

17. 高原舌唇兰 图 724

Platanthera exelliana Soó in Ann. Mus. Nat. Hungar. 26: 359. 1929.

植株高达25厘米。根状茎圆柱形。茎中部以下常具1大叶，上部有时具1-2小叶，大叶椭圆形，长2.5-10厘米，基部鞘状抱茎。花序长2-10厘米，具3-10花。苞片披针形，下部的长于花；子房稍弧曲，连花梗长6-7毫米；花淡黄绿色，萼片具睫毛状细齿，中萼片窄长圆形，直立，长4.5毫米，侧萼片反折，斜窄圆形，长5毫米；花瓣斜窄三角状披针形，肉质，长5毫米，宽1.5毫米，先端钝，直立，与中萼片靠合呈兜状；唇瓣舌状或舌状披针形，长5毫米，宽1.3毫米，肉质，伸出，稍弧曲，先端钝；距圆筒状，下垂，长0.8-1厘米，稍弧曲，向末端增粗，与子房等长或长于子房；药隔窄，几无，药室平行，退化雄蕊近半圆形；粘盘窄长圆形；柱头2枚，椭圆形，隆起，位于距口前方两侧。花期8-9月。

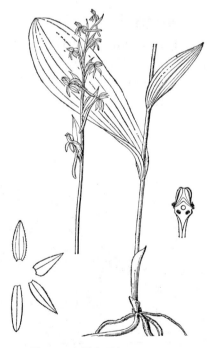

图 724 高原舌唇兰 （张泰利绘）

产四川西部、云南西北部、西藏东南部及东部，生于海拔3300-4500米灌丛草甸。尼泊尔及锡金有分布。

18. 察瓦龙舌唇兰 图 725

Platanthera chiloglossa (T. Tang et F. T. Wang) K. Y. Lang in W. T. Wang, Vascul. Pl. Hengd. Mount. 2: 2523. 1994.

Habenaria chiloglossa T. Tang et F. T. Wang in Acta Phytotax. Sin. 1: 63. 1951.

植株高达31厘米。根状茎圆柱形。茎中部以下常具1大叶，中部以上有时具1小叶，大叶椭圆形，长2.5-10厘米，基部鞘状抱茎。花序长2-10厘米，具3-10花。苞片披针形；子房稍弧曲，连花梗长约9毫米；花淡黄绿色，萼片具睫毛状细齿，中萼片窄椭圆形，舟状，长5.5-6毫米，侧萼片反折，斜披针形，长5.5-6毫米，宽2毫米；花瓣直立，斜三角形，长5毫米，与中萼片靠合呈兜状；唇瓣舌状，前伸，稍弧曲，长6.5毫米，宽1.5毫米；距圆筒状，

图 725 察瓦龙舌唇兰 （张泰利绘）

下垂，长1.6厘米，稍弯曲，向末端略增粗；药隔较宽，顶部稍凹下，药室下部叉开，退化雄蕊长方形；粘盘窄长圆形；柱头2枚，椭圆形，位于距口前方两侧。花期8月。

产四川、云南北部及西北部、西藏东南部，生于海拔2500-3250米山坡林下、沟边或草地。

19. 条叶舌唇兰 图 726

Platanthera leptocaulon (Hook. f.) Soó in Ann. Mus. Nat. Hungar. 26: 360. 1929.

Habenaria leptocaulon Hook. f. Fl. Brit. Ind. 6: 154. 1890.

植株高达25厘米。根状茎指状，圆柱形。茎下部具1（2）大叶，其上常具1-3线状披针形小叶。大叶线形或线状长圆形，长3.5-8.5厘米，基部鞘状抱茎。花序长4.5-9厘米，疏生3-6花。苞片披针形或卵状披针形，长1-1.2厘米；子房连花梗长1厘米；花带黄绿色；萼片具睫毛状细齿，中萼片近披针形，长6毫米，侧萼片披针形，反折，稍偏斜，长6毫米，宽2-2.1毫米；花瓣直立，肉质，斜三角状披

图 726 条叶舌唇兰 （张泰利绘）

针形，长6毫米，与中萼片靠合呈兜状；唇瓣肉质，伸出，舌状披针形，长8毫米，宽1-1.3毫米；圆筒状，长达2厘米；粘盘近圆形，退化雄蕊近椭圆形；柱头2枚，椭圆形，位于距口前方两侧。花期8-10月。

产四川西南部、云南西北部、西藏东南部及南部，生于海拔3000-4000米山坡林下或草地。尼泊尔至不丹、印度东北部有分布。

20. 弓背舌唇兰   图 727

Platanthera platantheroides (T. Tang et F. T. Wang) K. Y. Lang in Bot. Res. Inst. Bot. 4: 9. 1989.

Habenaria platantheroides T. Tang et F. T. Wang in Bull. Fan. Mem. Inst. Biol. Bot. 7: 133. 1936.

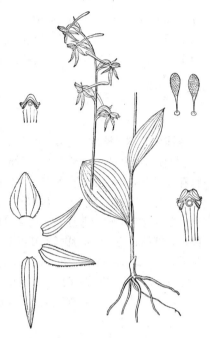

图 727 弓背舌唇兰 (张泰利绘)

植株高达32厘米。根状茎指状。茎中部以下常具2大叶，其上有时具1-2苞片状小叶。大叶椭圆形或倒卵形，长5-8厘米，基部鞘状抱茎。花序长5.5-12厘米，生4-10余花。苞片披针形；子房弓曲，连花梗长1.2厘米；花黄绿色；萼片具睫毛状细齿，中萼片宽卵形，舟状，长7毫米，侧萼片斜披针形，反折，长9毫米；花瓣直立，窄镰状披针形，长8毫米，宽2毫米，与中萼片靠合呈兜状；唇瓣舌状披针形，前伸，长1.1厘米，宽2.3毫米，稍肉质，先端钝，距圆筒状棒形，向后平展或上举，长1.8厘米，向末端稍增粗，末端钝；粘盘圆形；退化雄蕊方形；柱头2枚，棒状，从蕊喙下沿距口两侧斜前伸。花期7-8月。

产四川、云南西南部及西藏东南部，生于海拔1900-3600米林下或灌丛草地。

21. 白鹤参   图 728：1-3

Platanthera latilabris Lindl. Gen. Sp. Orch. Pl. 289. 1835.

植株高达55厘米。块茎椭圆形或卵球形。茎具3-6叶，上部具1-4苞片状小叶。叶卵形或长圆形，长5-13厘米，基部鞘状抱茎。花序长7-30厘米，数朵至40余朵花。苞片披针形或卵状披针形；子房稍弧曲，连花梗长1.3-2.2厘米；花带黄绿色；萼片被柔毛，具睫毛状细齿，中萼片宽卵形或近圆形，舟状，长6-7毫米，侧萼片反折或张开，稍斜卵形，长7.5-8毫米；花瓣直立，稍斜半卵形或卵形，长6-7毫米，基部宽（3）4-5毫米，较厚，与中萼片靠合呈兜状；唇瓣前伸，线形或披针形，长0.7-1.3厘米，宽约1毫米，肉质，近基部具胼胝体；距圆筒状，稍内曲上弯，常较子房长；粘盘近圆形，退化雄蕊近方形；柱头2枚，长圆形或窄长圆形，隆起，并行伸出至唇瓣基部两侧。花期7-8月。

图 728：1-3. 白鹤参 4-7. 藏南舌唇兰 (张泰利绘)

产四川西南部、云南、西藏东南及南部，生于海拔1600-3500米山坡林下、灌丛中或草地。克什米尔地区、尼泊尔、锡金、不丹及印度东北部有分布。

[附] **藏南舌唇兰** 图 728：4-7 **Platanthera clavigera** Lindl. Gen.

Sp. Orch. Pl. 289. 1835. 本种与白鹤参的区别: 花中萼片长4-5毫米, 椭圆状长圆形, 侧萼片斜椭圆状长圆形或椭圆状披针形, 长4.5-5.5毫米, 距短于子房。产西藏南部, 生于海拔2300-3400米山坡林下、灌丛草地、河谷草地或河滩荒地。克什米尔地区至尼泊尔、锡金、不丹及印度有分布。

38. 凹舌兰属 Coeloglossum Hartm.
（郎楷永）

地生草本, 植株高达45厘米。块茎肉质, 前部掌状分裂, 颈部生数条细长的根。茎具3-4（5）叶, 其上常具1至数枚苞片状小叶。叶互生, 直伸, 窄倒卵状长圆形、椭圆形或椭圆状披针形, 长5-12厘米, 基部鞘状抱茎。总状花序顶生, 花多数, 较密生, 长3-15厘米。苞片线形或窄披针形, 常长于花; 花绿黄或绿色, 直伸, 倒置（唇瓣位于下方）; 萼片几等长, 稍张开, 基部常稍合生, 中萼片舟状, 卵状椭圆形, 长（4.2-）6-8（-10）毫米, 侧萼片斜卵状椭圆形, 较中萼片稍长; 花瓣直立, 线状披针形, 较中萼片稍短, 与其靠合呈兜状, 宽约1毫米; 唇瓣下垂, 肉质, 倒披针形, 较萼片长, 基部具囊状距, 上面近基部中央有1短褶片, 前部3裂, 侧裂片1.5-2毫米, 中裂片长不及1毫米; 距卵球形, 长3-4毫米; 蕊柱短, 直立, 基部两侧各具1枚半圆形退化雄蕊; 花药生于蕊柱顶端, 2室, 药室平行; 花粉团2枚, 为具小团块的粒粉质, 具短柄, 粘盘圆形, 贴生蕊喙基部叉开部分末端, 裸露; 蕊喙宽, 位于药室以下; 柱头1枚, 圆形, 位于蕊喙下面中央。

单种属。

凹舌兰　　　　　　　　　　　　　图 729 彩片 320

Coeloglossum viride (Linn.) Hartm. Handb. Skand. Fl. 329. 1820.

Satyrium viride Linn. Sp. Pl. 944. 1753.

Coeloglossum viride var. *bracteatum* (Willd.) Rich.; 中国高等植物图鉴 5: 619. 1976.

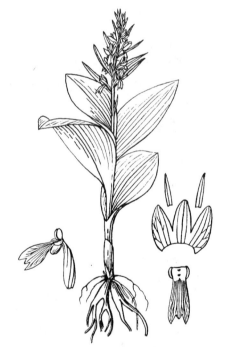

形态特征同属。花期（5）6-8月, 果期9-10月。

产黑龙江、吉林东部、辽宁西部、内蒙古、河北、山西、陕西南部、宁夏南部、甘肃、青海东部、新疆北部、西藏东部、云南西北部、四川、湖北西部、河南及台湾, 生于海拔1200-4300米山坡林下、灌丛中或山谷林缘湿地。欧洲至俄罗斯西伯利亚、朝鲜半岛、日本、克什米尔地区、尼泊尔、不丹及北美有分布。

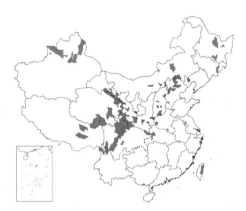

图 729 凹舌兰 （蔡淑琴绘）

39. 蜻蜓兰属 Tulotis Rafin.
（郎楷永）

地生草本。根状茎指状, 肉质, 颈部具几条细根。茎具2-3大叶。叶互生, 总状花序顶生, 具多花。花小, 常黄绿色, 倒置（唇瓣位于下方）; 萼片离生, 中萼片常宽短, 侧萼片稍窄长; 花瓣较萼片窄, 稍肉质; 唇瓣具距, 基部两侧各1枚侧裂片, 中裂片舌状披针形; 蕊柱短, 直立; 花药2室, 药室略叉开, 顶部稍凹下; 花粉团2枚, 为具小团块的粒粉质, 具柄, 粘盘2枚, 分别藏于蕊喙基部2末端的贝壳状粘囊中; 蕊喙大, 基部具贝壳状粘囊; 柱头1枚, 肥厚, 位于蕊喙之下; 退化雄蕊2, 位于蕊柱基部两侧。蒴果直立。

约5种, 分布于东亚及北美。我国3种。

1. 叶倒卵形或椭圆形，宽3-7厘米；唇瓣基部两侧各具1枚叉开、三角状镰形、先端尖的侧裂片 ·················
···················· 1. 蜻蜓兰 **T. fuscescens**

1. 叶线形、线状披针形、窄长圆形或匙形，宽1.5-2.5（-3）厘米；唇瓣基部两侧各具1半圆形、四方形或钝三角形侧裂片。

　2. 叶匙形或窄长圆形；花瓣斜窄长圆状披针形，唇瓣基部两侧各具1枚半圆形侧裂片，距与子房近等长 ·······
···················· 2. 小花蜻蜓兰 **T. ussuriensis**

　2. 叶线形或线状披针形；花瓣斜卵形，唇瓣基部两侧各具1枚四方形或钝三角形侧裂片，距常较子房长 ·······
···················· 2（附）. 台湾蜻蜓兰 **T. devolii**

1.　蜻蜓兰　　　　　　　　　　　　　　图 730

Tulotis fuscescens（Linn.）Czer. Addit. et Collig. Fl. USSR 622. 1973.

Orchis fuscescens Linn. Sp. Pl. 943. 1975.

Tulotis asiatica H. Hara；中国高等植物图鉴 5：620. 1976.

植株高达60厘米。根状茎指状。茎下部具2（3）大叶，大叶之上具1

至几枚小叶。大叶倒卵形或椭圆形，长6-15厘米。花序密生多花。苞片窄披针形；花黄绿色；中萼片卵形，舟状，长4毫米，侧萼片斜椭圆形，张开，较中萼片稍窄长，两侧稍向后反折；花瓣直立，斜椭圆状披针形，宽不及2毫米，与中萼片靠合，稍肉质；唇瓣前伸，稍下垂，舌状披针形，肉质，长4-5毫米，基部两侧各具1枚三角

图 730 蜻蜓兰 （蔡淑琴绘）

形状镰形侧裂片，长达1毫米，中裂片舌状披针形，长3-4毫米，宽1.5毫米；距细圆筒状，下垂，稍弧曲。花期6-8月，果期9-10月。

产黑龙江、吉林东部、辽宁东部、内蒙古东北部、河北、山西、陕西、

甘肃南部、青海东部、山东东部、河南、湖北西南部、四川及云南西北部，生于海拔400-3800米林下或沟边。朝鲜半岛、日本、俄罗斯西伯利亚有分布。

2.　小花蜻蜓兰　　　　　　　　　　　图 731

Tulotis ussuriensis（Reg. et Maack）H. Hara in Journ. Jap. Bot. 30：72. 1955.

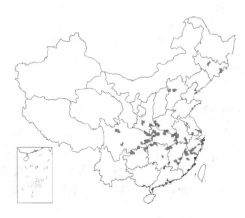

Platanthera tipuloides（Linn. f.）Lindl. var. *ussuriensis* Reg. et Maack in Mém. Acad. Sci. St. Pétersb. ser. 7, 4（4）：142. t. 10. f. 7-9. 1861.

植株高达55厘米。根状茎指状，弓曲。茎下部具2-3大叶，其上具1至几枚小叶。大叶匙形或窄长圆形，长6-

10厘米。花序疏生10-20余花。苞片窄披针形；花淡黄绿色；中萼片舟状，宽卵形，长2.5-3毫米，侧萼片斜窄椭圆形，较中萼片略窄长；花瓣直立，窄长圆状披针形，宽约1毫米，与中萼片靠合，稍肉质，先端钝或近平截；唇瓣前伸，稍下弯，舌状披针形，肉质，长约4毫米，基部两侧具近半圆形侧裂片，中裂片舌状披针形或舌状，宽约1毫米；距细圆筒状，长8-9毫米。花期7-8月，果期9-10月。

产吉林、河北、江苏南部、安徽、

浙江、江西、福建北部、河南、湖北、湖南、广西东北部、四川及陕西南部，生于海拔400-2800米山坡林下、林缘或沟边。朝鲜半岛、日本及俄罗斯远东乌苏里有分布。

[附] **台湾蜻蜓兰 Tulotis devolii** T. P. Lin et T. W. Hu in Quart. Journ. Chin. Formos. 9(1)：53. 1976. 本种与小花蜻蜓兰的区别：叶线形或线状披针形；花瓣斜卵形，唇瓣基部两侧具四方形或钝三角形侧裂片；距常较子房长。产台湾，生于海拔1900-2400米山坡林下阴处。

40. 反唇兰属 Smithorchis T. Tang et F. T. Wang

（郎楷永）

地生草本，植株高达10厘米。根状茎指状、匍匐、肉质，颈部生几条细根。茎具（1）2-4叶。叶直伸，窄披针形，长约2厘米，宽约4毫米。总状花序顶生，具7朵稍疏生的花。苞片披针形，稍长于子房，具细齿；子房扭转，纺锤形；花芳香，深橙色，不倒置（唇瓣位于上方）；萼片膜质，中萼片倒卵形，长约1毫米，近顶部宽0.7毫米，侧萼片斜长圆状卵形，长1.5毫米，宽约1毫米，先端稍尖；花瓣伸展，菱状卵形，较萼片小，稍肉质，先端钝；唇瓣小孩鞋状，长约1.5毫米，肉质，较萼片厚，基部呈囊状，不贴生蕊柱；花药无柄，直立，兜状，药室并行，靠近，基部不伸长；花粉团2枚，为具小团块的粒粉质，具极短的柄，粘盘圆形；蕊喙和柱头近圆形，连合，位于药室之下；退化雄蕊2，生于花药基部两侧。

我国特有单种属。.

反唇兰

图 732

Smithorchis calceo-liformis (W. W. Smith) T. Tang et F. T. Wang in Bull. Fan Mem. Inst. Biol. Bot. 7: 140. 1936.

Herminium calceo-liformis W. W. Smith in Notes Roy. Bot. Gard. Edinb. 13: 211. 1921.

形态特征同属。花期8-9月。

产云南西北部，生于海拔3200-4000米高山草地。

图 731 小花蜻蜓兰 （蔡淑琴绘）

图 732 反唇兰 （吴彰桦绘）

41. 尖药兰属 Diphylax Hook. f.

（郎楷永）

地生草本，植株矮小。根状茎细圆柱状，肉质。茎短，基部具1-3大叶，其上具小叶。叶上面常具黄白色网脉。总状花序顶生，花常偏向一侧。苞片卵形或披针形；花绿白或粉红色，倒置（唇瓣位于下方）；萼片近等大，靠合成坛状；花瓣紧贴于中萼片与侧萼处相接内侧；唇瓣和萼片近等长，常前伸下弯，基部稍凹入，中部以上增厚，先端渐尖，基部距短于子房，内弯，颈部缢缩，向下膨大；蕊柱极短；花药直立，2室，药室贴生，并行，药隔具凸出尖头或微凸；蕊喙极短小；花粉团2枚，为具小团块的粒粉质，具短柄，粘盘椭圆形，裸露；柱头1枚，隆起；

退化雄蕊2，具长柄，位于药室基部两侧。

3种，我国均产。

1. 退化雄蕊线形，具长柄，和药室顶部等高或过之，药隔披针形；叶长圆形或长圆状披针形；苞片与子房近等长
·· 1. 尖药兰 D. urceolata
1. 退化雄蕊长方形、卵形或倒卵形，柄较短，较药室顶部稍低。

  2. 药隔微凸，退化雄蕊卵圆形或倒卵形；叶1-2，椭圆形或卵形，长3-6厘米；苞片短于花或短于子房 ········
·· 2. 西南尖药兰 D. uniformis
  2. 药隔长圆形，退化雄蕊长方形；叶2-3，匙形或带状匙形，长7-13厘米；苞片披针形，长于花 ········
·· 2（附）. 长苞尖药兰 D. contigua

1. 尖药兰　　　　　　图 733

Diphylax urceolata（C. B. Clarke）Hook. f. Icon. Pl. 19: t. 1865. 1889.

Habenaria urceolata C. B. Clarke in Journ. Linn. Soc. Bot. 25: 73. t. 30. 1889.

植株高达10厘米。具细圆柱形根状茎。茎近基部具1大叶，其上具1-2小叶。大叶长圆形或长圆状披针形，长3-3.5厘米，上面具白色细网脉。花序具几朵至12朵密接、偏向一侧的花，长2.5-3厘米。苞片卵形或披针形，与子房等长；花绿白、白或粉红色，花被片靠合成坛状，萼片和花瓣近等长，萼片披针形，长5毫米，宽1.5毫米；花瓣线状长圆形，长4.5毫米，宽1.5毫米，与萼片紧贴；唇瓣前伸，和花瓣

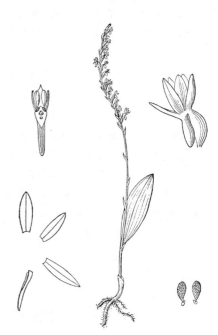

图 733 尖药兰　（张泰利绘）

等长，线状披针形，下弯，基部凹入，具距，在中部以上增厚，近圆柱状，先端渐尖；距颈部缢缩，膨大呈囊状、纺锤状或圆锥状，长2.5-3毫米，较子房短；药隔具披针形尖头，退化雄蕊线形，具长柄，与药室等高或过之。花期8-9月。

产四川、云南西北部及东北部、西藏东南部及南部，生于海拔1900-3800米山坡林下。尼泊尔、锡金、不丹、印度东北部及缅甸北部有分布。

2. 西南尖药兰　　　　　　图 734

Diphylax uniformis（T. Tang et F. T. Wang）T. Tang, F. T. Wang et K. Y. Lang in Bot. Res. Inst. Bot. 4: 11. 1989.

Platanthera uniformis T. Tang et F. T. Wang in Bull. Fan Mem Inst. Biol. Bot. 10: 31. 1940..

植株高达18.5厘米。具圆柱状肉质根状茎。茎基部具1（2）大叶，其上具4小叶。大叶直伸，椭圆形或卵形，长3-6厘米。花序具几朵至20余花，偏向一侧。苞片披针形；花白色；花被片靠合成坛状；中萼片线状披针形，长8毫米，中部以下宽2毫米，基部宽，凹入，侧萼片近镰状线状披针形，长7毫米，宽1.5毫米；花瓣斜镰状披针形，与侧萼片近等长，与萼

片贴生；唇瓣前伸，稍下弯，线状长圆形，长8毫米，宽1.5毫米；距下垂，卵状圆筒形，颈部缢缩，颈部以下膨大，末端窄，长4.5毫米，中部以下宽2.5毫米；药隔顶部微凸，退化雄蕊卵圆形或倒卵形，较药室稍低。花期8-9月。

产贵州东北部、四川及云南西北部，生于海拔1800-2900米山坡密林下阴处或岩石覆土。

[附] **长苞尖药兰 Diphylax contigua**（T. Tang et F. T. Wang）T. Tang, F. T. Wang et K. Y. Lang, Vascul. Pl. Hengd. Mount. 2: 2526. 1994. —— *Platanthera contigua* T. Tang et F. T. Wang in Bull. Fan Mem. Inst. Biol. Bot. 10: 28. 1940. 本种与西南尖药兰的区别：药隔顶部长圆形，退化雄蕊长方形；叶2-3，匙形或带状匙形，长7-13厘米。产云南西北部，生于海拔3200米山坡竹林下。

42. 角盘兰属 Herminium Guett.
（郎楷永）

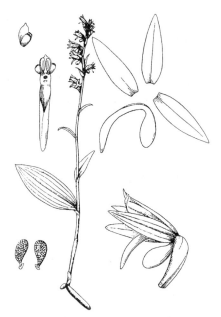

图 734 西南尖药兰 （吴彰桦绘）

地生草本。块茎1-2，肉质，颈部生几条细根。茎直立，具1至数叶。花序顶生，密生多花，总状或近穗状。花小，常黄绿色，常呈钩手状，倒置（唇瓣位于下方），稀不倒置（唇瓣位于上方）；萼片离生，近等长；花瓣常较萼片窄小，带肉质；唇瓣贴生蕊柱基部，前部3（5）裂或不裂，基部多少凹入，常无距，稀具距，粘盘卷成角状；蕊柱极短；花药生于蕊柱顶端，2室，花粉团2枚，为具多数小团块粒粉质，柄极短，粘盘常卷成角状，裸露；蕊喙较小，位于药室之间下方；柱头2枚，近棍棒状；退化雄蕊2，位于花药基部两侧。蒴果长圆形，常直立。

约25种，分布于欧亚温带和亚热带地区。我国17种。

1. 唇瓣3裂。
  2. 花瓣线形。
    3. 叶窄长圆状披针形或线状披针形,疏生；萼片窄椭圆形，与花瓣等长或近等长 ·· 1. **叉唇角盘兰 H. lanceum**
    3. 叶窄椭圆形或窄椭圆状披针形，集生茎下部；萼片卵形，较花瓣长 ·············· 2. **宽萼角盘兰 H. souliei**
  2. 花瓣椭圆形、卵状披针形、卵形、尾状披针形或菱形。
    4. 唇瓣基部凹入呈浅囊状。
      5. 唇瓣3浅裂至全长1/4，提琴形，3枚裂片均为钝三角形，花瓣窄菱状椭圆形，较萼片长；苞片卵形或近四方形，长达子房1/4 ································ 4. **矮角盘兰 H. chloranthum**
      5. 唇瓣3深裂至全长1/2以上，花瓣近菱形或尾状窄披针形，上部肉质，较萼片长。
        6. 叶2-3，质薄，干后非暗褐色；中萼片长2.5毫米；花瓣近菱形，唇瓣侧裂片三角形齿状；苞片线状披针形，长渐尖尾状 ························ 3. **角盘兰 H. monorchis**
        6. 叶1枚（稀2-3），质厚，干后暗褐色；中萼片长3-4毫米，花瓣尾状窄披针形；苞片先端非尾状。
          7. 唇瓣位于下方，窄披针形，长7毫米，裂片线形，中裂片较侧裂片长，中萼片长圆状披针形 ·· 5. **长瓣角盘兰 H. ophioglossoides**
          7. 唇瓣位于近上方，倒卵形，长3毫米，裂片三角状披针形，近等长，中萼片卵形 ·· 6. **雅致角盘兰 H. glossophyllum**
    4. 唇瓣基部具长圆形距，长1.5毫米，唇瓣中裂片较侧裂片短，中萼片宽卵形，花瓣上部尾状、肉质 ·· 7. **裂瓣角盘兰 H. alaschanicum**
1. 唇瓣不裂。

8. 叶2枚，近对生，长圆形或线状披针形；唇瓣宽卵形或卵状心形，长4-5毫米，基部略凹入，无距；苞片卵状披针形，长不及子房1/2 ································· 8. **宽唇角盘兰 H. josephi**

8. 叶1枚，椭圆形；唇瓣披针形，肉质，长2.5毫米，基部具圆筒状倒卵形、长1.5毫米的距；苞片披针形，下部的与子房等长或稍长 ································· 9. **披针唇角盘兰 H. singulum**

1. 叉唇角盘兰

图 735 彩片 322

Herminium lanceum (Thunb. ex Sw.) Vuijk in Blumea 11: 228. 1961.

Ophrys lancea Thunb. ex Sw. in Kongl. Vetensk. Acad. Nya Handl. Stockh. 21: 223. 1800.

植株高达83厘米。块茎球形或椭圆形，长1-1.5厘米。茎中部疏生3-4叶。叶互生，线状披针形，长达15厘米，宽达1厘米。花序密生多花，长达43厘米。

苞片披针形；子房扭转，连花梗长5-7毫米；花黄绿或绿色；中萼片卵状长圆形或长圆形，长2-4毫米，宽1-1.5毫米，侧萼片张开，长圆形或卵状长圆形，长2.2-4毫米，宽1-2毫米；花瓣线形，长2-4毫米，宽0.2-1毫米，与中萼片相靠；唇瓣长圆形，长3-7毫米，常下垂，基部宽，凹入，无距，近基部上面常有脊状隆起，中部多少缢缩，在中部或中部以上3裂，侧裂片线形或线状披针形，较中裂片长，先端稍卷曲，中裂片披针形或三角形、齿状。花期6-8月。

产陕西、甘肃东南部、安徽、浙江南部、福建、台湾、江西、河南西部、湖北、湖南、广东、广西、贵州、云南、西藏东南部及南部、四川，生

图 735 叉唇角盘兰 （蔡淑琴绘）

于海拔730-3400米山坡林中、竹林下、灌丛中或草地。朝鲜半岛南部、日本、中南半岛至喜马拉雅地区有分布。全草药用，可润肺抗痨、补肾、强筋，外用止血。

2. 宽萼角盘兰　川滇角盘兰

图 736

Herminium souliei Schltr. in Journ. Linn. Soc. Bot. 36: 51. 1903.

植株高达40厘米。块茎长圆形或卵球形，长1-2厘米，径1-1.5厘米。茎下部具2-4叶，其上具1-2小叶。下部叶窄长圆形，长5.5-20厘米，宽1-2厘米，先端尖。花序具多花，长4-20厘米。苞片卵状披针形，短于子房；子房圆柱形，扭转，连花梗长约5毫米；花淡绿色；中萼片卵形，长3毫米，宽约

2毫米，先端钝，侧萼片斜卵形，张开，较中萼片稍长稍宽，先端钝；花瓣线状披针形，直立，长2.7毫米，宽0.6毫米，与中萼片相靠，先端钝，较

图 736 宽萼角盘兰 （冯晋庸绘）

萼片薄；唇瓣下垂，长达4.5毫米，基部无距，中部缢缩，前部3裂，侧裂片镰状线形，长2毫米，内弯，中裂片披针形或锐三角形，较侧裂片短近1倍。花期7-8月。

3. 角盘兰　　　　　　　　　　　　　　　　　图 737 彩片 323

Herminium monorchis (Linn.) R. Br. in Acton, Hort. Kew. ed. 2, 5: 191. 1813.

Ophrys monorchis Linn. Sp. Pl. 947. 1753.

植株高达35厘米。块茎球形，径0.6-1厘米。茎下部具2-3叶，其上具1-2小叶。叶窄椭圆状披针形或窄椭圆形，长2.8-10厘米，宽0.8-2.5厘米，先端尖。花序具多花，长达15厘米。苞片线状披针形，长2.5毫米，先端长渐尖尾状；子房圆柱状纺锤形，扭转，连花梗长4-5毫米；花黄绿色，垂头，钩手状；萼片近等长，中萼片椭圆形或长圆状披针形，长2.2毫米，宽1.2毫米，侧萼片长状披针形，宽约1毫米；花瓣近菱形，上部肉质，较萼片稍长，向先端渐窄，或在中部多少3裂，中裂片线形；唇瓣与花瓣等长，肉质，基部浅囊状，近中部3裂，中裂片线形，长1.5毫米，侧裂片三角形。花期6-7（8）月。

产黑龙江、吉林、辽宁、内蒙古、河北、山西、山东、安徽、河南西部、陕西、甘肃、青海、四川、云南西北部及西藏，生于海拔600-4500米

产四川西部、云南及西藏东南部，生于海拔1400-4200米山坡林下或草地。

图 737 角盘兰 （冯晋庸绘）

山坡林下、灌丛中、山坡草地或河滩沼泽草地。欧洲、亚洲中部至西部、喜马拉雅地区（克什米尔至尼泊尔和锡金）、日本、朝鲜半岛、蒙古及俄罗斯西伯利亚有分布。块茎及全草药用，可滋阴补肾、养胃、调经。

4. 矮角盘兰　　　　　　　　　　　　　　　　　图 738

Herminium chloranthum T. Tang et F. T. Wang in Bull. Fan Mem. Inst. Biol. Bot. 10: 34. 1940.

植株高达15厘米。块茎椭圆形或球形，长1-2厘米。茎基部以上具叶。叶（1）2（3），近对生，叶椭圆形、匙形或窄长圆形，长3-7厘米。花序具几朵至20余花，长2-5厘米。苞片近卵形，较子房短；子房圆柱状椭圆形，扭转，先端钩曲，连花梗长3-5毫米；花淡绿色，垂头钩曲；中萼片宽卵形，长3.2毫米，侧萼片前伸，斜窄椭圆形，宽1.25毫米；花瓣长菱形或窄菱状椭圆形，长4毫米，中部宽1.8毫米，近中部向先端渐窄，肉质，基部渐窄；唇瓣前伸，近提琴形，肉质，长3.2毫米，两侧裂片间

图 738 矮角盘兰 （引自《图鉴》）

宽约2.8毫米，基部凹入，中部3浅裂，裂片近似，侧裂片钝三角形，又开，中裂片前伸，较侧裂片窄而稍长。花期7-8月。

产四川、云南西北部及西部、西藏东南部及南部，生于海拔2500-4300米草甸或山坡草地。

5. 长瓣角盘兰　　　　　　　图 739　彩片 324

Herminium ophioglossoides Schltr. in Notes Roy. Bot. Gard. Edinb. 5: 96. pl. 76. 1912.

植株高达26厘米。块茎椭圆形或卵圆形，长1-2厘米。茎近基部具叶，其上有时具1-2小叶。叶椭圆状舌形或倒披针状椭圆形，长2-9厘米。花序具几朵至40余花。苞片披针形，与子房等长或稍长；子房圆柱形，扭转，先端钩曲，连花梗长约7毫米；花黄绿色，垂头钩曲；中萼片长圆状披针形，长4毫米，宽约2毫米，侧萼片前伸，斜披针状舌形，和中萼片等长；花瓣直伸，较萼片长，窄披针形，

肉质，基部斜披针形，向上渐窄呈线形，长达7毫米，近基部宽约0.8毫米；唇瓣前伸，肉质，长6毫米，基部凹入成极短的距，下部长圆形，在靠近基部1/3处3裂，裂片线形，中裂片较侧裂片长约2倍，长达4毫米；距极短，囊状。花期6-7月。

产四川及云南西北部，生于海拔2150-3500米山坡草地。

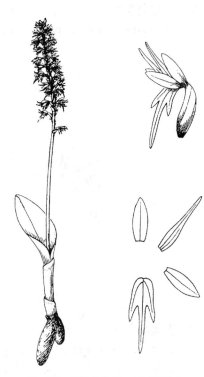

图 739 长瓣角盘兰 （吴彰桦绘）

6. 雅致角盘兰　　　　　　　图 740：1

Herminium glossophyllum T. Tang et F. T. Wang in Bull. Fan Mem. Inst. Biol. Bot. ser. 7: 127. 1936.

植株高达10厘米。块茎长圆形，长约1.5厘米，径约1厘米。茎近基部具叶。叶1枚，直伸，叶长圆状椭圆形或卵状椭圆形，长3.5-5厘米，宽1.2-1.6厘米。花序具多花，长2.5-4厘米。苞片披针形或卵状披针形，与子房等长或较子房稍短；子房圆柱形，扭转，先端钩曲，连花梗长约3.5毫米；花黄绿色，垂头钩曲，子房扭转360度，唇瓣位于上方；中萼片卵形，长3毫米，侧萼片前伸，斜窄椭圆形，长3.5毫米；花瓣斜披针形，长4毫米，下部宽1.1毫

米，中部以上向先端渐窄，肉质；唇瓣长3.5毫米，肉质，基部凹入成极短的距，前部3裂，裂片三角状披针形，中裂片和侧裂片等长；距极短，囊

图 740：1. 雅致角盘兰
2-4. 裂瓣角盘兰 （吴彰桦绘）

状。花期6-8月。

产四川及云南西北部,生于海拔3100-3600米山坡草地。

7. 裂瓣角盘兰 图 740：2-4 彩片 325

Herminium alaschanicum Maxim. in Bull. Acad. Sci. St. Pétersb. 31: 105. 1886.

植株高达60厘米。块茎球形,径约1厘米。茎下部密生叶2-4枚,其上具3-5小叶。叶窄椭圆状披针形,长4-15厘米。花序具多花。苞片披针形,先端尾状;子房扭转,连花梗长5-6毫米;花绿色,垂头钩曲;中萼片卵形,长4毫米,侧萼片卵状披针形或披针形,长4毫米,基部宽1.5-2毫米;花瓣直立,长5-5.5毫米,中部以下宽1.5毫米,中部骤窄呈尾状且肉质,或多或少呈3裂,中裂片近线形,唇瓣近长圆形,基部凹入具距,前部3裂至近中部,侧裂片线形,中裂片线状三角形,较侧裂片稍宽短;距长圆状,长1.5毫米,向前弯曲。花期6-9月。

产内蒙古西部、河北西部、山西、陕西、宁夏北部、甘肃、青海东部及南部、西藏、四川西部、云南西北部,生于海拔1800-4500米山坡草地、高山栎林下或山谷灌丛草地。

8. 宽唇角盘兰 图 741：1-3

Herminium josephi Rchb. f. in Flora 55: 276. 1872.

植株高达27厘米。块茎卵球形或椭圆形。茎近基部具2枚近对生的叶,

其上有时具1枚小叶。叶长圆形或线状披针形,长3.5-10厘米,宽0.5-1.5厘米。花序具7-10余花。苞片卵状披针形或披针形,长3毫米;子房扭转,连花梗长7-8毫米;萼片绿色,花瓣和唇瓣黄绿色;中萼片卵形,长3毫米,侧萼片斜卵状披针形,伸展稍内弯,长3.3毫米,宽1.2毫米;花瓣卵状披针形,长3-3.3毫米,宽1.2-1.8毫米,肉质;唇瓣宽卵形或心形,基部略凹入呈浅囊状,长4-5毫米,宽3-3.5毫米,肉质,上面中部至基部具2条叉状短脊状隆起。花期7-8月。

产四川、云南北部及西藏南部,生于海拔1950-3900米山坡林下、冷杉林缘、高山灌丛草甸或高山草甸。尼泊尔、不丹及锡金有分布。

图 741: 1-3. 宽唇角盘兰
4. 披针唇角盘兰 （张泰利绘）

9. 披针唇角盘兰 图 741：4

Herminium singulum T. Tang et F. T. Wang in Bull. Fan Mem. Inst. Biol. Bot. 10: 35. 1940.

植株高达30厘米。块茎球形,长约1厘米。茎直立,近基部具1叶,其上疏生2小叶。叶直伸,椭圆形,长2-4厘米。总状花序较疏生4至20余花,长2.5-10厘米。苞片披针形,下

部的与子房等长或稍长，上部的渐短，最上部的长为子房约1/2；子房圆柱状纺锤形，扭转，连花梗长4-7毫米；花直伸，与花序轴相靠；中萼片卵形，长1.5毫米，侧萼片反折，斜长圆状卵形，长1.5毫米，宽0.8毫米；花瓣直立，斜卵形，肉质，长1.8毫米，宽1.1-1.5毫米，唇瓣披针形，肉质，长2.5毫米，宽1毫米，从基部向上增宽，在中部至先端渐窄，基部具距，距圆筒状倒卵形，长1.5毫米，径0.75毫米，向末端膨大，基部渐窄，末端圆或钝。花期8-9月。

产四川中南部及云南西北部，生于海拔2600-2800米山坡林下。

43. 无柱兰属 Amitostigma Schltr.
（郎楷永）

地生草本。具块茎，颈部生几条细根。叶1（2-3），基生或茎生。总状花序顶生，多花，稀1-2花，花多偏向一侧，稀集生近头状。苞片常披针形；子房扭转，有时被乳头状突起；花淡紫、粉红或白色，稀黄色，倒置（唇瓣位于下方）；萼片离生，具1脉；花瓣直立，较宽；唇瓣常较萼片和花瓣长而宽，前伸，基部具距，前部3-4裂；蕊柱极短；花药生于蕊柱顶端，2室，药室并行；花粉团2枚，为具多小团块的粒粉质，具柄，粘盘裸露，附于蕊喙基部两侧凹口处；蕊喙位于药室下部之间，基部两侧多少斜伸，边缘贴生于蕊柱壁；柱头2枚，多棒状，从蕊喙穴下向外伸出；退化雄蕊2，生于花药基部两侧。蒴果近直立。

约23种，主产东亚和其周边地区。我国21种及2变种。

1. 花序具3-10余花（峨眉无柱兰花序稀具1-2花）。
  2. 唇瓣中裂片顶部深裂或凹下。
    3. 距圆筒状，长2-7毫米；花序非头状。
      4. 唇瓣宽卵形或近圆形，中裂片深裂，成4裂；距圆筒状，长5-6毫米，稍弯曲，末端钝 ·· 2. **峨眉无柱兰 A. faberi**
      4. 唇瓣菱状倒卵形或倒卵形，中裂片顶部凹。
        5. 花瓣斜宽卵形，唇瓣菱状倒卵形，中裂片楔形，较侧裂片稍长；距长5-6毫米，一部多少前弯，末端稍膨大，与子房近等长 ·················· 3. **滇蜀无柱兰 A. tetralobum**
        5. 花瓣菱状卵形，唇瓣倒宽卵形，中裂片楔状倒卵形，较侧裂片稍短；距长2-3毫米，劲直，末端钝，长为子房1/4 ·················· 4. **四裂无柱兰 A. basifoliatum**
    3. 距球形，长约1毫米；花序多花集生呈头状 ·················· 5. **头序无柱兰 A. capitatum**
  2. 唇瓣中裂片顶部平截、钝圆或圆，具短尖或尖，具细锯齿。
    6. 叶2-3。
      7. 叶3，集生；唇瓣中裂片楔状长圆形，顶部有时稍凹下；距圆棒形 ·········· 6. **棒距无柱兰 A. bifoliatum**
      7. 叶2，近对生；唇瓣中裂片圆倒卵形；距球形，颈部缢缩 ·········· 6（附）. **球距无柱兰 A. physoceras**
    6. 叶1枚；唇瓣倒卵形，中裂片倒卵状楔形，顶部平截、圆或具短尖或凹缺；距圆筒状，下垂，长2-3（-5）毫米，近直伸 ·· 1. **无柱兰 A. gracile**
1. 花序具1（2）花。
  8. 唇瓣扇形，长1.1-1.5厘米，宽1.3-1.9厘米；距圆锥状，长1.5-1.7厘米；苞片短于子房 ·· 7. **大花无柱兰 A. pinguicula**
  8. 唇瓣非扇形，长0.7-0.9（-1.2）厘米，宽0.7-1厘米；苞片与子房等长或长于子房。

9. 唇瓣裂片顶部具锯齿。

  10. 中萼片长5.5-8毫米，唇瓣中裂片大于侧裂片，中裂片肾形、倒卵形或倒心形。

    11. 唇瓣中裂片肾形或倒卵形；距长3-4毫米，近劲直，距口几不增大，较子房稍短 ································
    ··· 8. **长苞无柱兰 A. farrei**

    11. 唇瓣中裂片倒心形；距长8-9毫米，前弯，距口增大，较子房稍长 ·········· 9. **西藏无柱兰 A. tibeticum**

  10. 中萼片长4毫米，唇瓣中裂片小于侧裂片，中裂片近四方形 ··············· 10. **齿片无柱兰 A. yuanum**

9. 唇瓣裂片全缘，中裂片大于侧裂片，中裂片倒卵形，顶部凹缺，2浅裂；距圆筒状，长3-4毫米，较子房短。

  12. 花淡紫、粉红或白色；叶披针形、倒披针形或窄长圆形，宽0.6-1厘米 ··· 11. **一花无柱兰 A. monanthum**

  12. 花黄色；叶线形，宽3-5毫米 ································· 12. **黄花无柱兰 A. simplex**

1. 无柱兰 细葶无柱兰   图 742：1-3 彩片 326

Amitostigma gracile (Bl.) Schltr. in Fedde, Repert. Sp. Nov. Beih. 4: 93. 1919.

Mitostigma gracile Bl. Mus. Bot. Lugd. Bot. 2: 190. 1856.

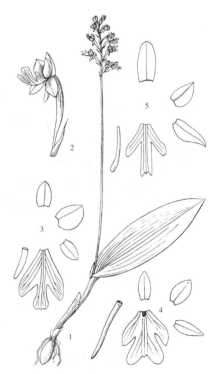

植株高达30厘米。块茎卵形或长圆状椭圆形。茎近基部具1叶，其上具1-2小叶。叶窄长圆形、椭圆状长圆形或卵状披针形，长5-12厘米。花序具5至20余朵、偏向一侧的花。苞片卵状披针形或卵形；子房扭转，连花梗长0.7-1厘米；花粉红或紫红色；中萼片卵形，长2.5-3毫米，侧萼片斜卵形或倒卵形，长3毫米；花瓣斜椭圆形或斜卵形，长2.5-3毫米；唇瓣较萼片和花瓣大，倒卵形，长3.5-5(-7)毫米，基部楔形，具距，中部以上3裂，侧

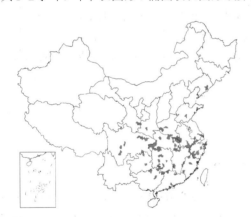

裂片镰状线形、长圆形或三角形，先端钝或平截，中裂片倒卵状楔形，先端平截、圆或圆而具短尖或凹缺；距圆筒状，几直伸，下垂，长2-3(-5)毫米。花期6-7月，果期9-10月。

图 742: 1-3. 无柱兰 4. 峨眉无柱兰 5. 滇蜀无柱兰 (蔡淑琴 吴彰桦绘)

    产辽宁东部、山东、河南、江苏南部、安徽、浙江、江西、福建、湖北、湖南、广西东北部、贵州、四川、陕西南部及甘肃东南部，生于海拔180-3000米沟谷或林下阴湿处岩石覆土或山坡灌丛中。朝鲜半岛及日本有分布。

2. 峨眉无柱兰   图 742：4 彩片 327

Amitostigma faberi (Rolfe) Schltr. in Fedde, Repert. Sp. Nov. Beih. 4: 93. 1919.

Gymnadenia faberi Rolfe in Journ. Linn. Soc. Bot. 36: 52. 1903.

    植株高达15(18-21)厘米。块茎卵球形。茎近中部具1叶。叶线状披针形或窄长圆形，长3-6厘米，宽0.5-1.3厘米。花序具几朵至10余花，稀1-2朵，长1-5厘米。苞片卵状披针形；子房稍扭转，连花梗长0.8-1厘米；花淡紫色，多偏向一侧；中萼片长圆形，长3毫米，侧萼片斜卵形，上举，

长约4毫米；花瓣斜卵形，长2.5毫米，边缘略波状；唇瓣宽卵圆形或近圆形，前伸，长7毫米，平展侧裂片先端之间宽约6毫米，上面密被柔毛，基部楔形，具距，近基部3裂，侧裂片近镰状长圆形，长约4毫米，近顶部宽1.5毫米，前部具圆齿，中裂片倒三角状卵形，长4.5毫米，近顶部宽4.2毫米，顶部圆钝，基部楔形，爪短，中部2深裂，唇瓣4裂，裂口具长圆形钝齿，顶部具不规则圆齿；距下垂，圆筒状，长5-6毫米，稍弯曲。花期6-7月。

产四川、贵州东北部及云南西北部，生于海拔（600-）2300-4300米山坡林下、灌丛草坡、高山草地或河谷岩缝中。

3. 滇蜀无柱兰

图 742：5

Amitostigma tetralobum (Finet) Schltr. in Fedde, Repert. Sp. Nov. Beih. 4: 95. 1919.

Peristylus tetralobus Finet in Rev. Gen. Bot. 13: 524. pl. 13（B）. 1901.

植株高达26厘米。块茎球形或长圆形，长1-1.5厘米。茎中部或中部以下具1叶，其上有时具1小叶。叶线状披针形，长3-8厘米，宽4-8毫米。花序具几朵至10余朵、偏向一侧的花。苞片披针形；子房稍扭转，连花梗长0.8-1厘米；花淡紫或粉红色；中萼片长圆形，长3毫米，具细齿，侧萼片反折，斜卵形，长3.5毫米，具细齿；花瓣斜宽卵形，长2.8毫米，与中萼片相靠，具细齿；唇瓣前伸，菱状倒卵形，长5.5毫米，展平侧裂片时顶端间宽4毫米，基部宽楔形，基部以上3裂，上面具乳突，侧裂片张开，楔状长方形，顶部斜平截，内侧边长2毫米，宽1.6毫米，外侧边缘啮蚀状，中裂片较侧裂片稍长，楔形，长2.5毫米，顶部宽约2毫米，基部渐窄，顶部平截，2浅裂，小裂片先端钝，啮蚀状；距下垂，圆筒状，长5-6毫米，稍前弯，下部的与子房近等长。花期6-8月。

产四川西南部及云南西北部，生于海拔1500-2700米山坡林下岩石覆土或山坡草地。

4. 四裂无柱兰

图 743：1-2

Amitostigma basifoliatum (Finet) Schltr. in Fedde, Repert. Sp. Nov. Beih. 4: 92. 1919.

Peristylus tetralobus Finet. f. *basifoliatus* Finet in Rev. Gén. Bot. 13: 525. pl. 13（C）. 1901.

植株高达23厘米。块茎近球形。茎近基部或中部以下具1叶。叶窄长圆状披针形，直伸，长3.5-5.5厘米。花序具几朵至10余花。苞片披针形；

子房稍扭转，连花梗长1-1.2厘米；花白或带红色；中萼片卵状长圆形，长3.5毫米，全缘，侧萼片斜长圆形，反折，长4.5毫米，全缘，两边多少后卷；花瓣菱状卵形，长4.5毫米，基部收窄，与中萼片相靠，全缘；前伸，倒宽卵形，长约7毫米，展平时两侧裂片先端之间宽约9

图 743: 1-2. 四裂无柱兰 3. 齿片无柱兰
（蔡淑琴 吴彰桦绘）

毫米，近基部1/3处3裂，侧裂片斜长圆形，长约5毫米，顶部斜平截，具不规则钝齿，中裂片楔状倒卵形，长5毫米，近顶部宽4.5毫米，基部楔形，顶部2裂，具小尖头，唇瓣4裂，中裂片的小裂片顶部具不规则圆齿；距下垂，圆筒状，劲直，长2-3毫米。花期6-7月。

产广西东北部、四川及云南北部，生于海拔2650-3800米山坡林下阴湿地或山坡草地。

5. 头序无柱兰　　　　　　　　　　　　图 744：1-3

Amitostigma capitatum T. Tang et F. T. Wang in Bull. Fan Mem. Inst. Biol. Bot. 7: 4. 1936.

植株高达14厘米。块茎椭圆形。茎中部或中部以上具1叶。叶窄椭圆形或窄长圆形，长3.5-5厘米。花序具几朵至10余花，簇生呈头状，宽倒卵形，长0.8-1厘米。苞片披针形，与子房等长或近等长；子房稍扭转，连花梗长4-5毫米；花白色，不偏向一侧，花瓣、唇瓣和萼片内面均密生乳突；中萼片卵状椭圆形，长2-2.2毫米，全缘，侧萼片偏斜卵状椭圆形，上举，长2.5-3毫米，全缘；花瓣斜宽卵形，直立，长1.5-1.8毫米，宽1.8-2毫米，全缘；唇瓣前伸，较花瓣和萼片长而大，三角状倒卵形，长约5毫米，展平时侧裂片先端之间宽3.3毫米，基部凹入，具距，基部以上3裂，侧裂片稍斜线形，长约1.5毫米，宽约0.5毫米，全缘，中裂片线形，顶部具3齿，中齿较两侧的齿小；距球状，下垂，长约1毫米，长为子房1/5。花期7月。

产湖北西部及四川，生于海拔2600-3600米山坡林内阴湿处岩石覆土。

图 744：1-3. 头序无柱兰
4. 西藏无柱兰　（蔡淑琴 吴彰桦绘）

6. 棒距无柱兰　二叶无柱兰　　　　图 745：1-2 彩片 328

Amitostigma bifoliatum T. Tang et F. T. Wang in Bull. Fan Mem. Inst. Biol. Bot. 7: 127. 1936.

植株高达17厘米。块茎卵球形或椭圆状卵形。茎基部具3枚密生平展的叶。大叶宽卵形或卵形，上面2枚近对生，卵状披针形或披针形，长1.5-2.5厘米，宽4-8毫米。花序具几朵至10余花，常多少偏向一侧，长2-5厘米。苞片披针形，长约为子房1/3；子房稍扭转，连花梗长8毫米；花紫红或淡紫色；中萼片椭圆状卵形，长4毫米，全缘，侧萼片斜卵状披针形，反折，长4毫米，全缘；花瓣斜卵形，直立，长3.5毫米，与中

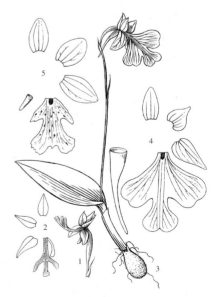

图 745：1-2. 棒距无柱兰 3-4. 大花无柱兰
5. 长苞无柱兰　（吴彰桦绘）

萼片相靠，全缘；唇瓣前伸，菱形，上面密被乳突，长约6毫米，展平时侧裂片先端之间宽6-7毫米，基部具距，近基部1/3处3裂，侧裂片线形，中裂片楔状长圆形，长3毫米，顶部稍宽，具不规则细齿；距长约3毫米，圆筒状棒形，下垂，向前钩曲，基部缢缩，中部以上圆筒状，中部以下棒状。花期8-9月。

产甘肃南部及四川北部，生于海拔700-1200米山坡阴湿处、山坡灌丛中或草地。

[附] **球距无柱兰 Amitostigma physoceras** Schltr. in Acta Hort. Gothob. 1: 133. 1924. 本种与棒距无柱兰的区别：叶2枚，近对生；唇瓣中裂片近圆倒卵形；距球形，颈部缢缩。产四川西部及西北部，生于海拔2000-2700米山沟阴湿处岩石覆土和林下。

7. 大花无柱兰

图 745：3-4

Amitostigma pinguiculum (Rchb. f. et S. Moore) Schltr. in Fedde, Repert. Sp. Nov. Beih. 4: 94. 1919.

Gymnadenia pinguicula Rchb. f. et S. Moore in Journ. Bot. 16: 135. 1878.

植株高达16厘米。块茎卵球形。茎近基部具1叶，其上具1-2小叶。叶线状倒披针形、舌状长圆形、窄椭圆形或长圆状卵形，长1.5-8厘米，宽0.6-1.2厘米。花序具1(2)花。苞片线状披针形；子房稍扭转，连花梗长1-1.7厘米；玫瑰红或紫红色；中萼片卵形，长6-7毫米，宽约4毫米，侧萼片斜卵状披针形，反折，长8毫米；花瓣斜卵形，直立，较中萼片宽短，与中萼片靠合；唇瓣前伸，扇形，长1.1-1.5厘米，宽1.3-1.9厘米，基部楔形，具爪，具距，前部3裂，侧裂片卵状楔形，伸展；中裂片较侧裂片稍小，倒卵状楔形，全缘或中部具浅凹缺；距圆锥形，下垂，长1.5-1.7厘米，稍弯曲，末端尖，与子房等长或长于子房。花期4-5月。

产浙江，生于海拔250-400米林下岩石覆土或沟边阴处草地。

8. 长苞无柱兰

图 745：5

Amitostigma farreri Schltr. in Fedde, Repert. Sp. Nov. 20: 378. 1924.

植株高达9厘米。块茎球形。茎近基部具1叶，顶生1花。叶线形或窄长圆形，长1.5-5厘米，宽1.5-4毫米。苞片窄披针形，长为子房2倍，子房稍扭转，连花梗长4-5毫米；花粉红色，萼片长圆形，长5.5-8毫米，中萼片直立，舟状，侧萼片上举，偏斜；花瓣直立，斜长圆状卵形，较萼片稍宽短，与中萼片靠合，边缘略波状；唇瓣前伸，倒卵形，基部宽楔形，具距，近中部3裂，长0.7-1.2厘米，侧裂片先端之间宽0.5-1厘米，内面无毛，侧裂片斜三角形，顶部平截，具细圆齿，中裂片肾形或倒卵形，中部宽5-9毫米，前部近圆形，顶部中间具深凹缺，缺口具小齿，边缘具细圆齿；距下垂，圆筒状，长3-4毫米，劲直，距口几不增大。花期8月。

产云南西北部及西藏东南部，生于海拔3600-4200米山坡草地。

9. 西藏无柱兰

图 744：4

Amitostigma tibeticum Schltr. in Fedde, Repert. Sp. Nov. 20: 379.

1924.

植株高达8厘米。块茎椭圆形或

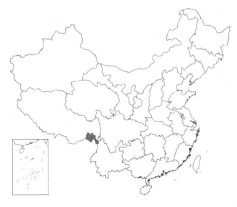

球形。茎近基部具1叶,顶生1花。叶披针形或倒披针状舌形,长2.5-3厘米,宽5-6毫米。花序具1朵花。苞片长圆状披针形;子房扭转,连花梗长7-8毫米;花深玫瑰红或紫红色;萼片窄卵状长圆形,长约7毫米,中萼片直立,宽约3毫米,侧萼片上举,偏斜,宽约3毫米,基部前侧边缘稍宽;唇瓣前伸,倒卵形或心形,基部宽楔形,具距,中

部或中部以上3裂,长8-9毫米,侧裂片先端之间宽7-8.5毫米,侧裂片斜卵状三角形,具缺刻状锯齿,中裂片倒心形,具钝齿,顶部凹缺,长4.5-6毫米,中部以上宽约5毫米;距下垂,近圆筒状,长8-9毫米,前弯,距口较宽大,上部较粗。花期8月。

产云南西北部及西藏东南部,生于海拔3660-4350米高山潮湿草地。

10. 齿片无柱兰
图 743:3

Amitostigma yuanum T. Tang et F. T. Wang in Bull. Fan Mem. Inst. Biol. Bot. 10: 26. 1940.

植株高达15厘米。块茎球形。茎疏生2叶,下面叶卵形或长圆形,长0.6-1.5厘米,上面叶生于茎中部,长圆形或近披针形,长2.5-3.5厘米,具细齿。花序具1(2)花。苞片窄卵形或长圆状披针形;子房稍扭转,连花梗长7-8毫米;花粉红或白色,径1-1.5厘米;中萼片长圆形,长4毫米,侧萼片反折,斜卵状长圆形,长约5毫米;花瓣直立,斜卵形,长3毫米,具细圆齿;唇瓣宽大,前伸,横椭圆形,

基部具距,前部3裂,内面密生乳突,长7毫米,两侧裂片展平时先端之下宽达1厘米,侧裂片四方形,向顶部稍宽,顶部斜平截,长2毫米,宽2.5毫米,具细圆齿,中裂片近四方形,长1.3毫米,宽2毫米,顶部微凹,凹缺具钝齿;距下垂,圆筒状,长5-7毫米,劲直,向末端渐窄,末端钝,较子房稍短。花期7-8月。

产云南西北部及西藏东南部,生于海拔3000-3700米山坡杜鹃灌丛中、苔藓丛中或高山草地。

11. 一花无柱兰 单花无柱兰
图 746:1-2 彩片 329

Amitostigma monanthum (Finet) Schltr. in Fedde, Repert. Sp. Nov. Beih. 4: 94. 1919.

Peristylus monanthus Finet in Rev. Gen. Bot. 13: 323. 1903.

植株高达10厘米。块茎卵球形或球形。茎近基部至中部具1叶,顶生1花。叶披针形、倒披针状匙形或窄长圆形,长2-3厘米,宽0.6-1厘米。苞片线状披针形,短于花;子房纺锤形,扭转,连花梗长0.6-1.1厘米;花淡紫、粉红或白色,具紫色斑点,萼片先端钝,中萼片窄卵

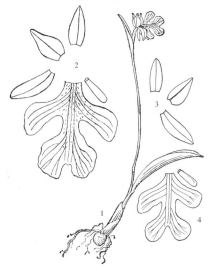

图 746: 1-2. 一花无柱兰
3-4. 黄花无柱兰 (引自《图鉴》)

形，长4毫米，侧萼片窄长圆状椭圆形，长约5毫米；花瓣直立，斜卵形，与中萼片等长、较宽，并与中萼片靠合；唇瓣前伸，张开，内面被柔毛，长、宽均约8毫米，近基部收窄成短爪，基部具距，中部以下3裂，侧裂片楔状长圆形，顶部平截或钝，全缘或微波状，中裂片倒卵形，较侧裂片宽，顶部2浅裂，全缘或微波状；距下垂，圆筒状，长3-4毫米。花期7-8月。

产陕西南部、甘肃南部、四川、云南西北部、西藏东南部及湖北西部，生于海拔2800-4000米山谷溪边、岩石覆土或高山潮湿草地。

12. 黄花无柱兰　　　　　　　　图 746：3-4

Amitostigma simplex T. Tang et F. T. Wang in Bull. Fan Mem. Inst. Biol. Bot. 10: 25. 1940.

植株高达12厘米。块茎卵形或近球形。茎基部以上至中部具1叶。叶线形，长2-3.5厘米，宽3-5毫米。花序具1花。苞片披针形，长0.8-1厘米；子房圆柱状棒形，稍扭转，连花梗长8-9毫米；花黄色；中萼片窄长圆形，长3.8毫米，宽1.3毫米，基部收窄，侧萼片镰状，窄长圆状椭圆形，长4.2毫米，宽1.5毫米，基部收窄，花瓣直立，斜卵形，长3.7毫米，与中萼片靠合成兜状；唇瓣宽倒卵形，基部具距，长7-7.5毫米，3深裂，两侧裂片之间宽7.5毫米，侧裂片长圆状镰形，顶部圆，从基部展开，中裂片倒心形，长2.5毫米，前部2裂，裂片之间宽4.5毫米，裂片宽长圆形，顶部圆；距下垂，圆筒形，长3毫米，径1.2毫米。花期7-8月。

产云南西北部及四川，生于海拔2300-4400米山坡草地。

44. 兜被兰属 Neottianthe Schltr.
（郎楷永）

地生草本。块茎不裂，颈部生几条细根。叶1-2，基生或茎生。总状花序顶生。苞片直伸；花紫红、粉红或近白色，稀淡黄或黄绿色，常偏向一侧，倒置（唇瓣位于下方）；萼片近等大，3/4以上靠合成兜状；花瓣常较萼片窄短，与中萼片贴生；唇瓣前伸，从基部向下反折，常3裂，唇瓣4-5裂，上面密生乳突，中裂片具距，侧裂片较窄短；蕊柱短，直立；花药直立，2室，药室平行；花粉团2枚，粒粉质，具短柄，粘盘小，蕊喙三角形，位于蕊喙以下；退化雄蕊2，近圆形，位于药室基部两侧。

12种，主产亚洲亚热带至温带山地，1种至欧洲。我国均产。

1. 花序具几朵至多花；唇瓣长4-9毫米，3裂，中裂片非卵形，距长3-7毫米，末端不膨大。
　2. 叶非线形或线状披针形，常基生；花紫红、粉红或近白色，唇瓣3裂。
　　3. 叶2枚，其上常具1-4小叶。
　　　4. 距细圆筒状锥形，弯曲呈U字形；2枚叶常近对生，叶卵形、卵状披针形或椭圆形 ………………………………………………………………………… 1. **二叶兜被兰 N. cucullata**
　　　4. 距圆锥形，末端稍前弯或细圆筒状锥形；2叶近互生，叶披针形、倒披针状匙形或窄长圆形。
　　　　5. 距圆锥形，末端稍前弯；花瓣线状披针形；叶上面有时具紫斑 ………… 2. **密花兜被兰 N. calcicola**
　　　　5. 距细圆筒状锥形，直伸或末端稍后弯；花瓣线形；叶上面无紫斑 …………………………………………………………………… 2(附). **细距兜被兰 N. gymnadenioides**
　　3. 叶1枚，基生，其上具1-2小叶或无。
　　　6. 距粗圆锥形，长（4）5-6毫米，近末端窄，末端稍尖，稍前弯；唇瓣中裂片线状舌形，宽0.8-2毫米；叶

　　　　倒披针状匙形、椭圆形或椭圆状披针形，其上具1-2小叶 ·················· 3. **一叶兜被兰 N. monophylla**

　　6. 距粗圆锥形或近粗圆筒状，长4-5毫米，近末端略缢缩，末端钝；唇瓣中裂片长方形，宽2-3毫米；叶长
　　　　圆状披针形或长圆状倒披针形，其上无小叶 ·················· 3(附). **兜被兰 N. pseudo-diphylax**

　　2. 叶线形或线状披针形，茎生；花粉红或近白色；唇瓣3浅裂，距粗圆锥形，稍前弯 ··················

··· 4. **侧花兜被兰 N. secundiflora**

1. 花序具1（2）朵花；花紫红色；唇瓣长1.2-1.3厘米，基部3裂，中裂片卵形，距长1.5-2厘米，下垂，近末端
　　前弯，末端球形 ··· 5. **大花兜被兰 N. camptoceras**

1. 二叶兜被兰

图 747 彩片 330

Neottianthe cucullata (Linn.) Schltr. in Fedde, Repert. Sp. Nov. 16: 292. 1919.

Orchis cucullata Linn. Sp. Pl. ed. 1. 939. 1753.

植株高达24厘米。块茎球形或卵形。茎基部具2枚近对生的叶，其上具1-4小叶。叶卵形、卵状披针形或椭圆形，长4-6厘米，先端尖或渐尖，基部短鞘状抱茎，上面有时具紫红色斑点。花序具几朵至10余花，常偏向一侧。苞片披针形；花紫红或粉红色；萼片在3/4以上靠合成兜，兜长5-7毫米，宽3-4毫米，中萼片披针形，长5-6毫米，宽约1.5毫米；侧萼片斜镰状披针形，长6-7毫米，基部宽1.8毫米；花瓣披针状线形，长约5毫米，宽0.5毫米，与中萼片贴生；唇瓣前伸，长7-9毫米，上面和边缘具乳突，基部楔形，3裂，侧裂片线形，中裂片长，宽0.8毫米；距细圆筒状锥形，中部前弯，近U字形，长4-5毫米。花期8-9月。

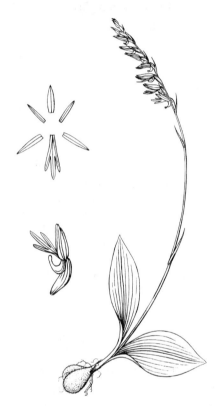

图 747 二叶兜被兰 （蔡淑琴绘）

产黑龙江、吉林东部、辽宁东北部及南部、内蒙古、河北、河南、安徽、浙江西部、福建北部、江西东北部、云南西北部、四川中部及西南部、陕西、甘肃、青海东部、西藏东部及南部，生于海拔400-4100米山坡林下或草地。朝鲜半岛、日本、俄罗斯西伯利亚、蒙古、中亚、西欧及尼泊尔有分布。

2. 密花兜被兰

图 748

Neottianthe calcicola (W. W. Smith) Schltr. in Acta Hort. Gothob. 1: 136. 1924.

Gymnadenia calcicola W. W. Smith in Notes Roy. Bot. Gard. Edinb. 8: 118. 1914.

植株高达18厘米。块茎球形。茎近基部具2叶。叶近对生或近互生，叶披针形、倒披针状匙形或窄长圆，长4.5-9厘米，基部鞘状抱茎，上面常无紫斑，稀具紫斑。花茎纤细，花序具6-15花。苞片卵状披针形或披针形；花淡红或玫瑰红色，密集，常偏向一侧；萼片靠合成兜，兜长（5-）7-8毫米，中萼片披针形，侧萼片稍斜镰状披针形，长（5-）7-8毫米，花瓣线状

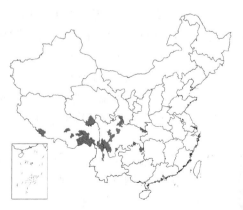

披针形或线形，长（4-）5-7毫米，与中萼片贴生；唇瓣前伸，长5-7毫米，上面密生乳突，3裂近中部，中裂片线状舌形，侧裂片线形；距粗圆锥形，长4-6毫米，末端稍前弯。花期7-9月。

产甘肃西南部、青海南部、西藏、云南西北部、贵州东北部及四川，生于海拔2100-4500米山坡林下、灌丛中和高山草地。尼泊尔、锡金及不丹有分布。

[附] **细距兜被兰 Neottianthe gymnadenioides** （Hand.-Mazz.） K. Y. Lang et S. C. Chen in Acta Phytotax. Sin. 35（6）: 541. 1997. —— *Symphyosepalum gymnadenioides* Hand.-Mazz. Symb. Sin. 7: 1328. Abb. 41. Nr. 3-5. 1936. 本种与密花兜被兰的区别：距细圆筒状锥形；花瓣线形；叶上面无紫斑。产四川西南部、云南西北部及西藏东南部，生于海拔3000-3900米山坡林下或灌丛中。

3. 一叶兜被兰

图 749 彩片 331

Neottianthe monophylla （Ames et Schltr.） Schltr. in Fedde, Repert. Sp. Nov. 16: 292. 1919.

Gymnadenia monophylla Ames et Schltr. in Fedde, Repert. Sp. Nov. Beih. 4: 43. 1919.

植株高达18（-21）厘米。块茎近球形。茎近基部具1叶，其上具1-2小叶。叶倒披针状匙形、椭圆形或椭圆状披针形，长4.5-10厘米，上面常无紫斑，稀具紫斑。花序具几朵至多花。苞片披针形，下部的与花近等长；花紫红或粉红色，偏向一侧；萼片靠合成兜，兜长6.5-8毫米，中萼片披针形，长（5）6-7毫米，侧萼片斜镰状披针形，长（6）7-8毫米，与中萼片贴生；唇瓣前伸，长6-9毫米，上面密生乳突，基部楔形，3裂，中裂片线状舌形，长（3.5-）4-5.5毫米，侧裂片线形；距粗圆锥形，长（4）5-6毫米，基部向末端渐窄，稍前弯。花期8-9月。

产甘肃南部、陕西南部、青海东部、西藏东南部、云南西北部、四川及湖北西部，生于海拔1500-3600米山坡林下或灌丛中。

[附] **兜被兰 Neottianthe pseudo-diphylax** （Kraenzl.） Schltr. in Fedde, Repert. Sp. Nov. 16: 291. 1919. —— *Gymnodenia pseudo-diphylax* Kraenzl. in Engl. Bot. Jahrb. 36（Beibl. 82）: 25. 1905. 本种与一叶兜被兰的区别：距粗圆锥形或近粗圆筒状，长4-5毫米，近末端略缢缩，末端钝，

4. 侧花兜被兰

图 750

Neottianthe secundiflora （Hook. f.） Schltr. in Fedde, Repert. Sp. Nov. 16: 291. 1919.

图 748 密花兜被兰 （蔡淑琴绘）

图 749 一叶兜被兰 （蔡淑琴绘）

唇瓣中裂片长方形，宽2-3毫米；叶长圆状披针形或长圆状倒披针形，大叶以上无小叶。产陕西南部及甘肃东南部，生于山坡林下。

Habenaria secundiflora Hook. f. Fl. Brit. Ind. 6: 165. 1890.

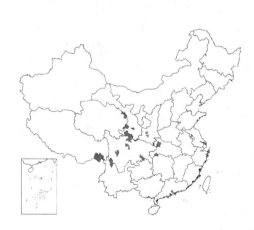

植株高达35厘米。块茎球形或椭圆形。茎具2枚互生大叶，其上具1-2小叶。叶线形，长8-14厘米，宽0.5-1厘米，上面无紫斑。花序具多花、偏向一侧。苞片线状披针形；花紫红或粉红色，萼片靠合成兜，兜长6-7毫米，中萼片披针形，侧萼片斜镰状披针形，长6-7毫米；花瓣线形或长圆状披针形，长5-5.5毫米，宽0.7-1.2（-1.5）毫米，与中萼片贴生；唇瓣前伸，反折，窄长圆形，长6毫米，上面密生乳突，前部3裂，中裂片披针形，长2.2-3.6毫米，侧裂片卵形或披针形，长1-1.8毫米，距圆筒状锥形，长4-5毫米，向末端渐窄，末端稍钝。花期9-10月。

产云南西北部、西藏南部，生于海拔2700-3800米林下或山坡湿润草地。印度、锡金、尼泊尔及缅甸有分布。

图 750 侧花兜被兰 （张泰利绘）

5. 大花兜被兰

图 751 彩片 332

Neottianthe camptoceras (Rolfe) Schltr. in Fedde, Repert. Sp. Nov. 16: 292. 1919.

Habenaria camptoceras Rolfe in Journ. Linn. Soc. Bot. 29: 319. 1892.

植株高达10厘米。块茎近球形。茎基部具2叶。叶近对生，椭圆形、卵状披针形或卵形，长2.5-3厘米，上面灰绿色。花葶顶生1（2）花。苞片披针形；花紫红色，萼片靠合成兜，兜长9毫米，外侧具少数白色斑块，中萼片窄长圆形，长8毫米，侧萼片斜镰状披针形，长9毫米；花瓣线形，长7.5毫米，与中萼片贴生；唇瓣前伸，紫红色，上面具少数白色斑点，基部白色，长

图 751 大花兜被兰 （蔡淑琴绘）

宽均1.2-1.3厘米，近基部3裂，侧裂片长圆状舌形，长5毫米，中裂片卵状菱形或椭圆状菱形，长1厘米；距长1.5-2厘米，圆筒状锥形，下垂，末端球形，前弯，长于子房。花期5-6月。

产四川西部及云南西北部，生于海拔2700-3100米山坡林下或草地。

45. 手参属 Gymnadenia R. Br.

（郎楷永）

地生草本。块茎下部掌状分裂，裂片细长，颈部具几条稍肉质的根。叶互生，基部鞘状抱茎。总状花序顶生，具多花，常圆柱状。最下部苞片常长于花；花常密生，红、紫红、白或淡黄绿色，倒置（唇瓣位于下方）；萼片离生，中萼片舟状，侧萼片反折；花瓣直立，较萼片稍短，与中萼片稍靠合；唇瓣基部凹入，具距，稍弯曲；蕊柱短，直立，花药2室，花粉团2枚，为具小团块的粒粉质，具柄，粘盘裸露，分离；蕊喙小，无臂，位于两药室中间的

下面；柱头2枚，贴生唇瓣基部；退化雄蕊2枚，位于蕊柱两侧，近圆形。蒴果直立。

约10种，分布于欧洲与亚洲温带及亚热带。我国5种。

1. 唇瓣距长于或等长于子房，花瓣与侧萼片等宽或较窄。
  2. 叶线状披针形、窄长圆形或带形，宽1-2（-2.5）厘米；中萼片宽椭圆形或宽椭圆状卵形；苞片先端尾状 ······ ································· **1. 手参 G. conopsea**
  2. 叶椭圆形或椭圆状长圆形，宽（2.5-）3-4.5厘米；中萼片卵形；苞片先端渐尖，非尾状 ······ ································· **2. 西南手参 G. orchidis**
1. 唇瓣距短于子房，长为子房1/2，唇瓣宽倒卵形，3裂；中萼片卵状披针形；花瓣宽卵形，较侧萼片宽 ········· ································· **3. 短距手参 G. crassinervis**

1. 手参   图 752 彩片 333

Gymnadenia conopsea (Linn.) R. Br. in Aiton, Hort. Kew ed. 2, 5: 191. 1813.

Orchis conopsea Linn. Sp. Pl. 942. 1753.

植株高达60厘米。块茎椭圆形。茎具4-5叶，其上具1至数枚小叶。叶线状披针形、窄长圆形或带形，长5.5-15厘米，宽1-2（-2.5）厘米。花序密生多花，长5.5-15厘米。苞片披针形，先端尾状，长于花或等长；花粉红，稀粉白色；中萼片宽椭圆形或宽卵状椭圆形，长3.5-5毫米，稍兜状，侧萼片斜卵形，反折，边缘外卷，较中萼片稍长或近等长；花瓣直立，斜卵状三角形，与中萼片等长靠接，与侧萼片近等宽，具细齿；唇瓣前伸，宽倒卵形，长4-

图 752 手参 （引自《西藏植物志》）

5毫米，3裂，中裂片三角形；距窄圆筒状，下垂，长约1厘米，稍前弯，向末端常略渐窄，长于子房。花期6-8月。

产黑龙江、吉林东部、辽宁东北部、内蒙古、河北、河南西部、山西、陕西西南部、甘肃南部、四川、云南西北部及西藏东南部，生于海拔265-

4700米山坡林下、草地或砾石滩草丛中。朝鲜半岛、日本、俄罗斯西伯利亚至欧洲有分布。块茎药用，可补肾益精、理气、止痛。

2. 西南手参   图 753：1-3 彩片 334

Gymnadenia orchidis Lindl. Gen. Sp. Orch. Pl. 278. 1835.

植株高达35厘米。块茎卵状椭圆形。茎具3-5叶，其上具1至数枚小叶。叶椭圆形或椭圆状披针形，长4-16厘米。花序密生多花，长4-14厘米。苞片披针形；花紫红或粉红，稀带白色；中萼片卵形，长3-5毫米，侧萼片反折，斜卵形，较中萼片稍宽长，边缘外卷，花瓣直立，斜宽卵状三角形，与中萼片等长、较宽，较侧萼片稍窄，具波状齿，与中萼片靠合；唇瓣前伸，宽倒卵形，长3-5毫米，3裂，中裂片较侧裂片稍大或等大，三角形；距圆筒状，下垂，长0.7-1厘米，稍前弯，向末端略增粗或稍渐窄，长于子房或近等长。花期7-9月。

产陕西南部、甘肃南部、青海东部及南部、西藏南部、云南、四川及湖北西部,生于海拔2800-4100米灌丛中和草地。克什米尔至不丹、印度东北部有分布。块茎药效同手参。

3. 短距手参   图 753:4-5

Gymnadenia crassinervis Finet. in Rev. Gén. Bot. 13: 514. t. 15. B, 11-19. 1901.

植株高达55厘米。块茎椭圆形,长2-4厘米。茎圆柱形,具3-5叶,其上具1-2小叶。叶窄椭圆状长圆形,长4.5-10厘米,宽1.2-2.3厘米。花序密生多花,长4-7厘米。苞片披针形或卵状披针形,较子房长;花粉红,稀带白色;中萼片卵状披针形,长3.5毫米,侧萼片张开,斜卵状披针形,长4.5毫米;花瓣直立,宽卵形,长3.5毫米,与中萼片靠合,较侧萼片稍宽,具细齿;唇瓣前伸,宽倒卵形,长3.5毫米,上面被柔毛,3裂,中裂片三角形;距圆筒状,下垂,长为子房1/2。花期6-7月,果期8-9月。

图 753: 1-3. 西南手参 4-5. 短距手参
（张泰利绘）

产四川中部及西南部、云南西北部、西藏南部,生于海拔3500-3800米山坡杜鹃林下或山坡岩缝中。块茎药效同手参。

46. 长喙兰属 Tsaiorchis T. Tang et F. T. Wang
（郎楷永）

地生草本,植株高达10厘米。根状茎肉质,指状。茎基部具（1）2-3叶。叶卵状长圆形或长圆状椭圆形,长3-7厘米,基部收窄成短柄。总状花序顶生,疏生5-7朵偏向一侧的花,长1.5-2厘米。苞片卵形,渐尖,与子房近等长;子房圆柱状纺锤形,扭转,连花梗长5.5毫米;花淡紫或粉红色,倒置（唇瓣位于下方）,萼片和花瓣离生;中萼片长圆状椭圆形,长4.5毫米,侧萼片斜窄长圆形,长4毫米;花瓣斜椭圆形,长3.8毫米,直伸;唇瓣直立,外伸,基部具距,与蕊柱贴生,后部长圆状卵形,近中部稍缢缩,前部3裂,内面具多数乳头状突起,长6毫米,近先端宽2毫米,侧裂片镰状半椭圆形,长1.5毫米,中裂片近倒卵形,先端微凹,较侧裂片稍长;距倒卵圆形或近圆筒状,长2.8毫米;花药长圆形,无柄,直立,2室,背面具龙骨状突起,顶部芒状;药室并行,花粉团2枚,为具小团块的粒粉质,具极短的柄,粘盘窄长圆状椭圆形,藏于由唇瓣和蕊柱形成的穴内;蕊喙扁,鸟喙状,稍高于花药,上半部具直沟,位于2药室之间,离生,中部两侧各具1齿,下部与蕊柱贴生;柱头2枚,线形,贴生于唇瓣;退化雄蕊2,高于花药,贴生于蕊柱基部两侧。

我国特有单种属。

长喙兰   图 754

Tsaiorchis neottianthoides T. Tang et F. T. Wang in Bull. Fan Mem. Inst. Boil. Bot. 7: 133. 1936.

形态特征同属。花期8-9月。

产广西及云南东南部,生于山坡或沟谷密林中。

47. 白蝶兰属 Pecteilis Rafin.
（郎楷永）

地生草本。块茎肉质，颈部具几条细根。茎直立，叶3至数枚，互生，从基部向上渐小成苞片状。总状花序顶生。苞片叶状；花常大，倒置（唇瓣位于下方）；萼片离生，宽阔；中萼片直立，侧萼片斜歪；花瓣常较萼片窄；唇瓣3裂，侧裂片外侧具细裂条或小齿或全缘，中裂片具长距；蕊柱短；花药直立，2室，药室下部叉开，药隔宽；花粉团2枚，为具多小团块的粒粉质，具柄，粘盘包于蕊喙臂末端筒内；蕊喙较低，具长臂；柱头2枚，凸出；退化雄蕊2，椭圆形，位于药室基部两侧。

约7种，分布于亚洲热带至亚热带地区。我国3种。

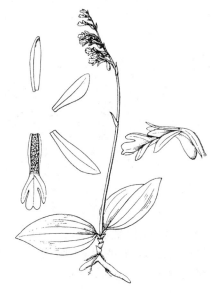

图 754 长喙兰 （吴彰桦绘）

1. 萼片长2.5-3厘米或更长，中萼片宽卵形或圆形，花瓣线状披针形，较萼片短；叶卵形或长圆形 ………………… 1. 龙头兰 P. susannae
1. 萼片长2厘米或较短，中萼片长圆形或窄卵形，花瓣倒披针形、线形或斜卵形。
  2. 花序具4-7花；萼片长2厘米，中萼片长圆形，花瓣倒披针形或线形，较萼片稍短，唇瓣近基部具胼胝体；叶舌状长圆形或披针形 ………… 2. 滇南白蝶兰 P. henryi
  2. 花序具1-2花；萼片长0.8-1厘米，中萼片窄卵形，花瓣斜卵形，较萼片长，唇瓣基部无胼胝体；叶线形 ……………………………… 2(附). 狭叶白蝶兰 P. radiata

1. 龙头兰
图 755：1-2 彩片 335

Pecteilis susannae (Linn.) Rafin. Flor. Tellur. 2: 38. 1836. 'susanna'
Orchis susannae Linn. Sp. Pl. 939. 1753.

植株高达1.2米。块茎长圆形。茎具多叶。下部叶卵形或长圆形，长6-10厘米或更长，上部叶披针形，长达5厘米。花序具2-5花，长6-15厘米。苞片叶状；子房圆柱形，扭转，连花梗长5-6厘米；花白色，芳香，中萼宽卵形或近圆形，长2.5-3厘米，侧萼片宽卵形，稍偏斜，较中萼片稍长；花瓣线状披针形，长约1厘米或更短；唇瓣长2.5-3厘米，最宽达3厘米，3裂，中裂片

图 755：1-2. 龙头兰 3-4. 滇南白蝶兰 （吴彰桦绘）

线状长圆形，全缘，肉质，长约2厘米，宽约4毫米，侧裂片近扇形，外侧边缘篦状或流苏状撕裂，内侧全缘；距下垂，长6-10厘米，径3-5毫米，较子房长2-3倍。花期7-9月。

产江西、福建、广东、香港、海南、广西、贵州南部、四川及云南，生

于海拔540-2500米山坡林下、沟边或草坡。马来西亚、缅甸、印度至尼泊尔有分布。

2. 滇南白蝶兰
图 755：3-4

Pecteilis henryi Schltr. in Fedde, Repert. Sp. Nov. Beih. 4: 45. 1919.
植株高达60厘米。块茎长圆形。茎具4-5叶，其上至花序具多枚小叶。

叶集生，舌状长圆形或披针形，长8-10厘米，中部或中部以下宽2-3.5厘

米。花序具4-7朵稍密生的花，直立。苞片叶状，窄长圆状披针形；子房扭转，连花梗长达4.5厘米；花白色；萼片长圆形，长2厘米，宽约8毫米，侧萼片稍偏斜；花瓣倒披针形或线形，偏斜，长1.8厘米，唇瓣长2.5厘米，宽1.5厘米，3裂，上面近基部处具胼胝体，中裂片线状舌形，全缘，肉质，长2.2厘米，中部宽约3毫米，侧裂片叉开，楔状舌形或近扇形，长2厘米，外侧边缘篦状或流苏状撕裂，内侧全缘，不裂部分较龙头兰窄；距下垂，长10-11厘米，径1-1.5毫米，从距口向末端渐窄。花期7月。

产云南西南部，生于海拔1000-1800米林下或沟边。泰国、老挝、柬埔寨及缅甸有分布。

[附] **狭叶白蝶兰 Pecteilis radiata** (Thunb.) Rafin. Flor. Tellur. 2: 38. 1936. —— *Orchis radiata* Thunb. in Acta Linn. Lond. 2: 326. 1783. 本种与滇南白蝶兰的区别：叶线形；花序具1-2花；萼片长0.8-1厘米，中萼片窄卵形，花瓣斜卵形，较萼片长，唇瓣基部无胼胝体。产河南西部，生于海拔约1500米林下草地。日本有分布。

48. 阔蕊兰属 Peristylus Bl.

(郎楷永)

地生草本。块茎肉质，颈部生几条细根。茎具1至多叶。花序总状，顶生，多花，有时密生成穗状，稀近头状。苞片直伸，稀无；花绿、绿白或白色，直立，子房扭转，与花序轴紧靠，倒置（唇瓣位于下方）；萼片离生，中萼片直立，侧萼片伸展张开，稀反折；花瓣稍肉质，直立与中萼片靠合呈兜状，唇瓣3深裂或3齿裂，稀不裂，基部具短距，囊状或球形，稀圆筒状，常短于萼片和子房；蕊柱短；退化雄蕊2，位于蕊柱基部两侧；花药位于蕊柱顶端，2室，药室并行，下部几不延伸成沟；花粉团2枚，为具多数团块的粒粉质，具短柄，粘盘裸露，不卷曲成角状，附于蕊喙短臂上；蕊喙小，臂短或不明显；柱头2枚，隆起，从蕊喙下向外伸出，常贴生于唇瓣基部。蒴果长圆形，常直立。

约60种，分布于亚洲热带和亚热带地区至太平洋岛屿。我国21种。

1. 唇瓣3裂。
  2. 唇瓣侧裂片与中裂片呈90度角，条形、鞭状或丝状，较中裂片长；距与中裂片等长或近等长。
    3. 唇瓣具隆起横脊，分下唇和上唇，下唇凹入，包棒状柱头，上唇常从隆起横脊向后反曲，侧裂片靠近上唇基部。
      4. 叶基生或生于茎下部；唇瓣侧裂片丝状或鞭状，较中裂片窄长；距球形、棒状或带纺锤形。
        5. 距球形，较中萼片稍短。
          6. 花绿色；距末端常微2裂 ·················· 1. **触须阔蕊兰 P. tentaculatus**
          6. 花白色；距末端钝，不裂 ·················· 1(附). **台湾阔蕊兰 P. formosanus**
        5. 距棒状或带纺锤形，末端渐尖，与中萼片等长或较长 ·················· 2. **长须阔蕊兰 P. calcaratus**
      4. 叶散生于茎；植株干后黑色；唇瓣侧裂片线形，较中裂片稍长稍窄；距圆筒状，近末端稍窄，末端钝 ·················· 3. **狭穗阔蕊兰 P. densus**
    3. 唇瓣无横隆起脊，不分下唇和上唇，近基部3裂，裂片条形，侧裂片较中裂片稍长，中裂片不后曲；距圆筒状，下部向末端渐窄，花瓣斜卵形，中萼片椭圆形；叶近集生于茎基部以上 ·················· 4. **长穗阔蕊兰 P. longiracemus**
  2. 唇瓣侧裂片与中裂片夹角小于45度，侧裂片非丝状、鞭状和条形（条叶阔蕊兰 P. bulleyi 近条形），常较中裂片短或近等长；距较萼片短。
    7. 唇瓣唇盘无胼胝体。

8. 叶线形，宽不及5毫米。

    9. 距细圆筒状，长4-5毫米，与子房近等长；唇瓣3深裂近基部，中萼片与花瓣近等宽 ················
                                     ················ 5. 条叶阔蕊兰 **P. bulleyi**

    9. 距囊状球形，长1-1.5毫米，较子房短；唇瓣3裂至1/4-1/2；中萼片较花瓣宽 ················
                                     ················ 5(附). 纤茎阔蕊兰 **P. mannii**

8. 叶窄长圆形、披针形或卵形，宽1厘米以上。

    10. 植株高不及30厘米；叶1枚，叶窄长圆形，宽1-2厘米；唇瓣中裂片较侧裂片长；距长圆形，长1.5毫
        米 ··· 6. 盘腺阔蕊兰 **P. fallax**

    10. 植株高达90厘米；叶4-6，椭圆形、椭圆状披针形、卵状椭圆形或卵形，宽2.5厘米以上，集生茎中部，
        叶缘具黄白色窄边。

        11. 花小而窄长；唇瓣基部极凹入，向距口部宽，距口前唇盘密生乳头状突起；花瓣斜卵形，较侧萼片稍
            宽，中萼片长圆形，长3毫米 ··························· 7. 小花阔蕊兰 **P. affinis**

        11. 花较大而非窄长；唇瓣基部距口部窄小，距口前唇盘无乳头状突起，中萼片长4-5毫米。

            12. 距球形；唇瓣具3枚近等长的裂片，基部不凹入，距口前具窄三角状深色蜜腺，花瓣斜宽卵形，较
               侧萼片宽 ······························· 8. 阔蕊兰 **P. goodyeroides**

            12. 距宽纺锤形；唇瓣中裂片较侧裂片长而稍宽，基部微凹入，距口前无蜜腺，花瓣斜卵形，较侧萼片
               稍宽 ·································· 9. 滇桂阔蕊兰 **P. parishii**

7. 唇瓣唇盘具胼胝体。

    13. 距囊状球形，长约1毫米；中萼片宽卵形，长2-2.2毫米；花瓣斜卵形，前部稍厚，有时顶部具2-3圆齿
        裂，唇瓣胼胝体半球形，包距口，顶端后曲，无毛 ··············· 10. 凸孔阔蕊兰 **P. coeloceras**

    13. 距圆锥形或长圆形，长约1毫米；中萼片卵形，长3毫米；唇盘近中部具近倒卵形胼胝体，与距口有距离
        ·· 11. 撕裂阔蕊兰 **P. lacertiferus**

1. 唇瓣舌状或舌状披针形。

    14. 茎被柔毛；子房微被柔毛；苞片长于子房；花瓣披针形，唇瓣舌状披针形，距倒卵球形，长约1毫米，较子
        房短 ····································· 12. 一掌参 **P. forceps**

    14. 茎和子房无毛；苞片短于子房；花瓣斜卵状披针形，唇瓣舌状，后部深凹，距细圆筒形，弯曲，与子房等长
        ·· 12(附). 条唇阔蕊兰 **P. forrestii**

1. 触须阔蕊兰　　　　　　　　　图 756：1-3　彩片 336

Peristylus tentaculatus (Lindl.) J. J. Smith in Fl. Buitenz. 6: 35.
1905.

Glossula tentaculata Lindl. in Bot. Reg. 10: t. 862. 1825.

植株高达60厘米。块茎球形或卵圆形。茎基部集生叶，其上有几枚卵状披针形小叶。叶卵状长圆形或披针形，长4-7.5厘米，基部鞘状抱茎。花序具多花，长6-15厘米。苞片卵形或卵状披针形；子房无毛，连花梗长6-8毫米；花直立，绿或带黄绿色，萼片长圆形，长约3毫米，中萼片直立，凹入，宽约1.5毫米，侧萼片伸展，稍偏斜；花瓣直伸，与中萼片靠合呈兜状，斜卵状长圆形，长约3毫米，肉质；唇瓣基部与花瓣基部合生，3深裂，中裂片窄长圆状披针形，长约2毫米，侧裂片叉开，与中裂片成约90度角，丝状，弯曲，长达1.8厘米，干后常折断，具球形距，下垂，末端常微2裂，颈部缢缩，长1-2.5毫米。花期2-4月。

产福建南部、广东中部、香港、海南及广西东部，生于海拔150-300米山坡湿地、谷地或荒地。越南、泰国

及柬埔寨有分布。块茎药用，可消炎、生肌、止血、行气、补肾。

[附] **台湾阔蕊兰 Peristylus formsanus** (Schltr.) T. P. Lin, Nat. Orch. Taiwan. 2: 274. 276(f.). 1977. —— *Habenaria formosana* Schltr. in Fedde, Repert. Sp. Nov. Beih. 4: 127. 1919. 本种与触须阔蕊兰的区别：

花白色；距末端钝，不裂。花期8-12月。产台湾北部及南部，生于海拔300米以下开旷、向阳地带。日本（琉球群岛）有分布。

2. 长须阔蕊兰　　　　　　　　　图 756：4-5
Peristylus calcaratus (Rolfe) S. Y. Hu in Quart. Journ. Taiwan Mus. 27(3-4): 460. f. 22. 1974.

Glossula calcarata Rolfe in Kew Bull. 1913: 145. 1913.

植株高达48(-80)厘米。块茎长圆形或椭圆形，长1-2厘米。茎细长，无毛，基部集生3-4叶，其上具1至数枚披针形小叶。叶椭圆状披针形，长3-15厘米，宽1-3.5厘米，基部鞘状抱茎。花序具多花，长9-23厘米。苞片卵状披针形，长6-8毫米，与子房等长或较短；子房细圆柱状纺锤形，无毛，连花梗长6-9毫米；花淡黄绿色，萼片长圆形；长3-5毫米，中萼片直立，凹入，宽1.5-2毫米，侧萼片伸

展，稍偏斜，较中萼片稍窄；花瓣直伸，斜卵状长圆形，长3-5毫米，肉质，与中萼片靠合呈兜状，唇瓣基部与花瓣基部合生，3深裂，中裂片窄长圆状披针形，长2-3毫米，侧裂片叉开，与中裂片成约90度角，丝状弯曲，长0.8-1.5厘米，基部具距，距下垂，棒状或带纺锤形，长4-5毫米，末端钝。花期7-9(10)月。

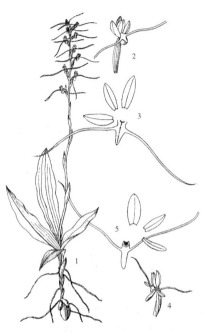

图 756: 1-3. 触须阔蕊兰
4-5. 长须阔蕊兰 （张泰利绘）

产江苏南部、浙江、台湾、江西东南部、湖南西南部、广东、香港、广西及云南，生于海拔250-1340米山坡草地或林下。中南半岛有分布。

3. 狭穗阔蕊兰　　　　　　　　　图 757
Peristylus densus (Lindl.) Santap. et Kapad. in Journ. Bomb. Nat. Hist. Soc. 57: 128. 1960.

Coeloglossum densum Lindl. Gen. Sp. Orch Pl. 302. 1832.

植株高达38(-65)厘米。块茎卵状长圆形或椭圆形。茎无毛，近基部具4-6叶，其上常具几枚披针形或卵状披针形小叶。叶长圆形或长圆状披针形，长2.5-9厘米，宽0.6-2厘米，基部鞘状抱茎。花序密生多花，长3-24厘米。苞片卵状披针形，长0.6-1.2厘米；子房无毛，连花梗长6-8毫米；花直立，带绿黄或白色；中萼片窄长圆形或窄长圆状卵

形，直立，凹入，长3-4毫米，侧萼片窄长圆形；花瓣直立，窄卵状长圆形，较中萼片稍短而厚，与中萼片靠合呈兜状；唇瓣与萼片近等长，肉质，3裂，在侧裂片基部后具隆起横脊并将唇瓣分成上唇和下唇，上唇从横脊向后反曲，中裂片直伸，三角状线形，长2-2.5毫米，侧裂片线形或线状披针形，叉开与中裂片成约90度角，长3.5-3(6)毫米，距圆筒状棒形，长约4毫米。花期(5-)7-9月。

产浙江东南部、福建、江西、广东、香港、广西、贵州东南部及云南,生于海拔300-2100米山坡林下或草丛中。印度、缅甸、泰国、越南及孟加拉国有分布。块茎药用,补虚、健胃、益脾。

4. 长穗阔蕊兰　　　　　　　　　　　　　　　　图 758:1-2

Peristylus longiracemus (Fukuyama) K. Y. Lang in Acta Phytotax. Sin. 25(6):448. 1987.

Habenaria longiracema Fukuyama in Bot. Mag. Tokyo 49:758. 1935.

植株高达80厘米。块茎长圆形。茎无毛,近基部集生5-9叶,其上具8-13枚小叶。叶窄长圆形,长10-15厘米,基部抱茎。花序具多花,长25-50厘米。苞片披针形;子房无毛,连花梗长7-8毫米;花黄色,较密集;中萼片椭圆形,直立,舟状,长3-3.5毫米,侧萼片张开,斜卵状长圆形,长3.5-4.5毫米;花瓣直立,斜卵形,与中萼片等长,宽约2毫米,先端平截或钝,与中萼片靠合呈兜状;唇瓣基部3深裂,

厚,中裂片线形,长4毫米,基部宽1.5毫米,向先端渐窄,侧裂片叉开,线形或稍镰状,与中裂片近等长,较中裂片稍窄;距圆筒状,长3.5-4毫米,下垂,略前弯,中部略缢窄,下部向末端渐窄。花期9月。

产台湾及广西西南部,生于海拔1000-1800米山坡常绿阔叶林中。

5. 条叶阔蕊兰　　　　　　　　　　　　　　　　图 758:3-5

Peristylus bulleyi (Rolfe) K. Y. Lang in Acta Phytotax. Sin. 25(6):448. 1987.

Habenaria bulleyi Rolfe in Notes Roy. Bot. Gard. Edinb. 8:25. 1913.

Herminium bulleyi (Rolfe) T. Tang et F. T. Wang;中国高等植物图鉴 5:625. 1976.

植株高达35厘米。块茎长圆形。茎近基部具2-4叶,其上具1-3小叶。

叶线形,直伸,长5-10厘米,基部鞘状抱茎。花序具多花,长6-15厘米,稍旋卷。苞片卵状披针形;子房无毛,连花梗长约5毫米;花黄绿色,疏生;中萼片卵状长圆形,直立,凹入,长3.5毫米,侧萼片前伸,长圆形,稍偏斜,长3.5毫米;花瓣直立,窄卵状披针形,长3.5毫米,下部

图 757 狭穗阔蕊兰 (张泰利绘)

图 758:1-2. 长穗阔蕊兰 3-5. 条叶阔蕊兰 6-7. 纤茎阔蕊兰 (张泰利绘)

宽1.2(-1.6)毫米,肉质,下部稍凹入;唇瓣前伸,稍反曲,较萼片稍长,前部肉质,3深裂近基部,裂片线形,

中裂片后部凹入，质薄，距细圆筒状，长4-5毫米，下垂，稍前弯。花期7-8月。

产四川西南部及云南西北部及北部,生于海拔2500-3300米山坡林下和草地。

[附] **纤茎阔蕊兰** 图 758：6-7 **Peristylus mannii** （Rchb. f.） Mukerjee in Notes Roy. Bot. Gard. Edinb. 21（3）：153. 1953. —— *Coeloglossum mannii* Rchb. f. in Linnaea 41: 54. 1877. 本种与条叶阔蕊兰的区别：距囊状球形，长1-1.5毫米；唇瓣3裂至全长1/4-1/2；中萼片较花瓣宽。产四川西南部、云南西北部及北部,生于海拔1800-2900米山坡疏林下、灌丛中或山坡草地。印度有分布。

6. 盘腺阔蕊兰　　　　　　　　　图 759：1-3

Peristylus fallax Lindl. Gen. Sp. Orch. Pl. 298. 1835.

植株高达28厘米。块茎球形或长圆形。茎无毛，下部具1大叶，其上有时具1小叶。叶窄长圆形或长圆形，长6-13厘米，基部鞘状抱茎。花序密生多花，长5-14厘米。苞片披针形；子房无毛，连花梗长6-7毫米；花黄绿色；中萼片长圆形，直立，凹入，长4毫米，侧萼片前伸，斜卵状披针形，稍凹入，长4.5毫米；花瓣直立，卵状披针形，长3.2毫米，近基部宽约1.5毫米；唇瓣较萼片长，肉质，上面密生乳突，近中部3裂，中裂片长圆形，侧裂片较中裂片短，长圆形，距长圆形，长1.5毫米。花期7-9月。

产四川西南部、云南及西藏南部，生于海拔3000-3300米山坡林下、林缘草丛中或山坡高山草地。尼泊尔、锡金及印度有分布。

7. 小花阔蕊兰　　　　　　　　　图 759：4-6

Peristylus affinis （D. Don） Seidenf. in Dansk Bot. Ark. 31（3）：48. f. 23. 1977.

Habenaria affinis D. Don, Prodr. Fl. Nep. 25. 1825.

Peristylus sampsoni Hance；中国高等植物图鉴 5：633. 1976.

植株高达46厘米。块茎长圆形或长椭圆形。茎无毛，中部具4-5叶，其上具1至数枚披针形小叶。叶椭圆形或椭圆状披针形，干后具黄白色窄边，长3-9厘米，基部鞘状抱茎。花序具10-20余花，长8-15厘米。苞片卵状披针形，长0.8-1厘米；子房无毛，连花梗长0.8-1厘米；花白色，萼片近长圆形，长3毫米，稍凹入，中萼片直立，宽1.5毫米，侧萼片张开，宽1.2毫米；花瓣斜卵形，直立，长2.5毫米，稍肉质，唇瓣前伸，近长圆形，长2.5毫米，3浅裂，裂片近长圆状三角形，侧裂片较中裂片稍窄，与中裂片等长或稍短，唇瓣后半部凹入，具球状距，距口前方唇盘具多数乳头状突起，距长1.5毫米。花期6-8（9）月。

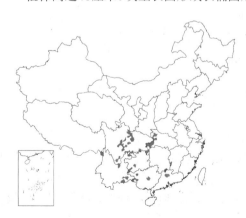

产江西西南部、湖北西部、湖南南部、广东北部、广西、贵州、四川及云南，生于海拔450-1800米山坡常

图 759：1-3. 盘腺阔蕊兰 4-6. 小花阔蕊兰 （张泰利绘）

绿阔叶林下、沟谷、路边灌丛中或山坡草地。尼泊尔、印度东北部、缅甸、老挝及泰国有分布。

8. 阔蕊兰 绿花阔蕊兰　　　　　图 760：1-4 彩片 337

Peristylus goodyeroides (D. Don) Lindl. Gen. Sp. Orch. Pl. 299. 1835.

Habenaria goodyeroides D. Don, Prodr. Fl. Nepal. 25. 1825.

植株高达90厘米。块茎长圆形或长圆状倒卵形。茎无毛，中部具4-6稍疏生或集生的叶，其上常具1至数枚披针形小叶。叶椭圆形或卵状披针形，干后具黄白色窄边，长3.5-17厘米，基部鞘状抱茎。花序密生20-40余花，长7-21厘米。苞片披针形，长1-1.5厘米；子房无毛，连花梗长0.8-1厘米；花绿白、淡绿或白色；中萼片卵状披针形、卵形或宽卵形，稍弧曲，凹入，长4-6毫米，侧萼片斜长圆形，张开，长4-5.5毫米；花瓣斜宽卵形，稍肉质，长4-5(-6.25)毫米，3浅裂，

裂片三角形，近等长，中裂片较侧裂片稍宽，具球状距，距口前缘具深色窄三角形蜜腺，距长约2毫米，颈部窄。花期6-8月。

产浙江西北部、台湾、江西西南部、湖北、湖南、广东、香港、广西、贵州西南部、四川及云南，生于海拔500-2300米山坡阔叶林下、灌丛中、山

图 760: 1-4. 阔蕊兰 5. 滇桂阔蕊兰
（张泰利绘）

坡草地或山麓路边。尼泊尔、不丹、印度北部及东南亚有分布。

9. 滇桂阔蕊兰　　　　　图 760：5

Peristylus parishii Rchb. f. in Trans. Linn. Soc. 30: 139. 1874.

植株高达57厘米。块茎近卵形或长圆形。茎无毛，中部具4-5集生的叶，其上常具1至几枚披针形小叶。叶卵状椭圆形或椭圆状披针形。干后具黄白色窄边，长5-15厘米，基部鞘状抱茎。花序密生多花，长7-25厘米。苞片披针形；子房无毛，连花梗长6-7毫米；萼片褐绿色，中萼片直立，近卵形，凹

入，长4-5毫米，侧萼片斜长圆形，张开，长5-5.5毫米，较中萼片稍窄；花瓣淡绿色，斜卵形，伸展，上部较萼片厚，长5毫米；唇瓣淡绿色，前伸，肉质，较花瓣稍长，3浅裂，中裂片长圆形，侧裂片三角形，弯曲，唇瓣后部凹入，基部具距，距宽纺锤形，长约2.5毫米。花期6-7月。

产广西东北部、云南东南及西南部，生于海拔750-1800米山坡阔叶林下或灌丛中。锡金、印度东北部、缅甸、越南及泰国有分布。

10. 凸孔阔蕊兰　　　　　图 761 彩片 338

Peristylus coeloceras Finet in Rev. Gen. Bot. 13: 519. t. 12. f. 1-12. 1901.

Herminium coeloceras (Finet) Schltr.; 中国高等植物图鉴 5: 623.

1976.

植株高达35厘米。块茎卵球形。茎无毛，下部具2-4叶，其上具1-5

小叶。叶窄椭圆状披针形或椭圆形，直伸，长4-10厘米，基部抱茎。花序具多花，长2-10厘米。苞片披针形；子房无毛，连花梗长约5毫米；花白色，较密集；中萼片宽卵形，直立，凹入，长2-2.2毫米，侧萼片楔状卵形，较中萼片稍长而窄；花瓣直立，斜卵形，前部稍厚，有时前面具2-3齿裂，与中萼片等长较窄；唇瓣楔形，前伸，具距，前部3裂，裂片半宽椭圆形，侧裂片较中裂片稍短，唇盘具半球形胼胝体，围绕距口，顶部向后钩曲，无毛，距球状。花期6-8月。

产四川西部、云南及西藏，生于海拔2000-3900米山坡针阔叶混交林下、山坡灌丛中和高山草地。缅甸北部有分布。

图 761 凸孔阔蕊兰 （引自《图鉴》）

11. 撕裂阔蕊兰　　　　　　　　　图 762

Peristylus lacertiferus (Lindl.) J. J. Smith in Bull. Buitenz. 3. s. 9: 23. 1927.

Coeloglossum lacertiferus Lindl. Gen. Sp. Orch Pl. 302. 1835.

植株高达45厘米。块茎长圆形或近球形。茎长，较粗壮，无毛，近基部具常3枚集生的叶，其上有1至几枚小叶。叶长圆状披针形或卵状披针形，大叶长5-12厘米，基部鞘状抱茎。花序密生多花，长7-12厘米。苞片披针形，长1-1.2厘米；子房无毛，连花梗长0.8-1厘米；花带绿白或白色；萼片卵形，长约3毫米，舟状，中萼片直立，宽1.8毫米，侧萼片伸展，较窄；花瓣直立，卵形，较中萼片窄，与中萼片靠合呈兜状；唇瓣前伸，中部以上常向后弯曲，长3-4毫米，3深裂近中部，中裂片舌状，侧裂片与中裂片同向，线形或线状披针形，较中裂片窄，稍镰状，多少叉开，唇瓣基部有胼胝体，距圆锥形或长圆形，长约1毫米。花期7-8（-10）月。

产福建、台湾、广东、香港、海南、广西、四川及云南，生于海拔600-

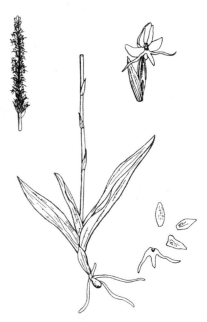

图 762 撕裂阔蕊兰 （引自《福建植物志》）

1270米林下或灌丛中。锡金、印度、缅甸、中南半岛、马来西亚、菲律宾、印度尼西亚及日本琉球群岛有分布。

12. 一掌参　　　　　　　　　　图 763

Peristylus forceps Finet in Rev. Gen. Bot. 13: 521. t. 16. 1901.

Herminium forceps (Finet) Schltr.; 中国高等植物图鉴 5: 624. 1976.

植株高达45厘米。块茎卵圆形或长圆形。茎被柔毛，下部疏生3-5叶。叶窄椭圆状披针形或近披针形，长4-10厘米，宽0.8-1.5厘米，基部鞘状抱茎。花序具多花，长8-18厘米。苞片披针形，先端尾状；子房微被柔毛，连花梗长约5毫米；花绿色；中萼片卵形，长2-3毫米，近直立，侧萼片长

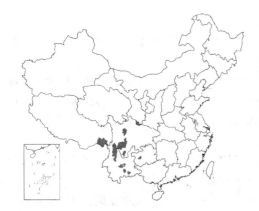

圆形,张开,与中萼片等长,宽约1.5毫米;花瓣斜卵状披针形,上部肉质,和萼片近等长,下部宽约1.5毫米,唇瓣舌状披针形,或有时上部骤窄,较中萼片稍长,肉质,两侧边缘内弯呈槽状,前部较浅,距倒卵球形,长0.7-1毫米。花期6-8月。

产甘肃南部、四川西部、贵州、云南及西藏东南部,生于海拔1200-3400米山坡草地、山麓沟边或山坡栎林下。

[附] **条唇阔蕊兰 Peristylus forrestii** (Schltr.) K. Y. Lang in Acta Phtotax. Sin. 25(6): 454. 1987. —— *Habenaria forrestii* Schltr. in Notes Roy. Bot. Gard. Edinb. 5: 101. t. 79. 1912. 本种与一掌参的区别:茎和子房无毛;苞片短于子房;唇瓣舌状,后部深凹,距细圆筒状,弯曲,长5.5毫米。产四川西南部、云南西北部及东北部,生于海拔1700-3900米山坡林下或草地。

图 763 一掌参 (引自《图鉴》)

49. 玉凤花属 **Habenaria** Willd.

（郎楷永）

地生草本。块茎肉质,颈部生几条细根。茎基部常具2-4枚筒状鞘,鞘以上具1至多叶,向上有时有数枚小叶。叶稍肥厚,基部鞘状抱茎。总状花序顶生。苞片直伸;子房扭转;花倒置（唇瓣位于下方）;萼片离生,中萼片常与花瓣靠合呈兜状,侧萼片伸展或反折;花瓣不裂或分裂;唇瓣常3裂,基部常有距,有时囊状或无距;蕊柱短;退化雄蕊2,位于蕊柱基部两侧;花药直立,2室,药隔宽或窄,药室叉开,基部有沟;花粉团2枚,为具多数团块的粒粉质,具长柄,柄末端具粘盘,粘盘裸露,较小;蕊喙有臂,臂伸长的沟与药室伸长的沟靠合呈管状抱花粉团柄;柱头2枚,隆起,或延长成"柱头枝",位于蕊柱前方基部。

约600种,分布于热带、亚热带至温带地区。我国55种。

1. 叶基生,叶平展地面,多为2枚,稀1或3-4（-6）枚,心形、圆形、卵圆形、卵形或卵状长圆形。
　2. 花瓣不裂。
　　3. 花白色,萼片具缘毛。
　　　4. 叶3-4（-6）,呈莲座状;花瓣厚,较中萼片稍长,唇瓣基部具圆锥状附属物,距较子房长 ················ **1. 厚瓣玉凤花 H. delavayi**
　　　4. 叶2,近对生;花瓣薄,与中萼片等长,唇瓣基部无附属物,距较子房短 ················ **1(附). 中泰玉凤花 H. siamensis**
　　3. 花绿或带绿色,萼片无缘毛。
　　　5. 叶1枚,绿或带紫红色,上面无斑纹,无缘毛;花茎无毛;花带绿色,萼片长1.5-1.75毫米,花瓣斜卵形,子房无毛 ················ **2. 小花玉凤花 H. acianthoides**
　　　5. 叶2,绿色,上面具黄白色斑纹,具缘毛;花茎被柔毛;花绿色,萼片长3.5-4毫米;花瓣镰状卵形 ················ **2(附). 小巧玉凤花 H. diplonema**
　2. 花瓣2裂;叶2,近对生。
　　6. 叶上面具黄白色斑纹,质较薄;萼片具缘毛,花瓣2深裂,上裂片长圆形、镰状,长4毫米,下裂片线形,长0.9（-1.3）厘米 ················ **3. 雅致玉凤兰 H. fargesii**

6. 叶上面无黄白色斑纹。

  7. 中萼片长3-6毫米，花瓣无缘毛，唇瓣中裂片线形，反折，侧裂片背折上翘，角状，先端稍钩曲；叶上面5脉有时带黄白色。

    8. 花瓣斜镰状披针形，宽1.5-1.8毫米；距短于子房 ·················· 4. **落地金钱 H. aitchisonii**

    8. 花瓣斜卵状披针形，宽2-2.2毫米；距长于子房 ·················· 5. **滇蜀玉凤花 H. balfouriana**

  7. 中萼片长0.7-1.3厘米，花瓣具缘毛，唇瓣侧裂片向下反折，侧裂片窄线状披针形，渐尖呈丝状拳卷；叶上面的5-7脉绿或白色。

    9. 叶上面粉绿色，下面带灰白色，叶脉绿色；中萼片长1-1.3厘米，花瓣2深裂，上裂片匙状长圆形，长1-1.3厘米，上部宽达6毫米，先端钝，下裂片线状披针形，长3-5毫米，距与子房近等长 ·· 6. **粉叶玉凤花 H. glaucifolia**

    9. 叶上面绿色，具5-7条白或绿色脉；中萼片长7-9毫米，花瓣2浅裂，上裂片斜长圆状披针形或卵状披针形，长7-9毫米，基部宽2.3-3.5毫米，下裂片三角形，齿状，距长于子房。

      10. 叶上面具5-7条白色脉；唇瓣基部距口前方无附属物 ·················· 7. **西藏玉凤花 H. tibetica**

      10. 叶上面5-7条绿色脉；唇瓣基部距口前方具附属物 ·········· 8. **四川玉凤花 H. szechuanica**

1. 叶散生于茎或集生茎中部、下部或基部，叶不平展于地面，非心形、圆形、卵圆形、卵形或卵状披针形。

  11. 花瓣2裂。

    12. 花瓣半正三角形，2浅裂，上裂片较大，下裂片齿状，先端2浅裂，唇瓣基部以上3裂，侧裂片与中裂片几垂直，呈十字形，侧裂片先端常分裂。

      13. 花瓣长4毫米，中萼片卵圆形，长4.5-5毫米，唇瓣侧裂片与中裂片垂直，宽1-1.5毫米，先端钝，具流苏裂条，距长1.4-1.5厘米，近末端粗棒状，与子房等长 ·················· 9. **十字兰 H. schindleri**

      13. 花瓣长5-5.5毫米，中萼片卵形或宽卵形，长5.5-6毫米，唇瓣侧裂片下部与中裂片几垂直，上部多少向前弧曲，宽0.5-0.6毫米，先端渐窄，具流苏裂条，距长2.5-3.5厘米，近末端细棒状，长于子房 ·· 10. **线叶十字兰 H. linearifolia**

    12. 花瓣非半正三角形，2深裂，唇瓣非十字形。

      14. 花瓣上裂片2裂，下裂片3-5裂，裂条均丝状，唇瓣基部以上3裂，每裂片再多裂，裂条均丝状，萼片先端具芒尖 ·· 11. **丝裂玉凤花 H. polytricha**

      14. 花瓣上、下裂片均不裂，下裂片有时短小，唇瓣3裂，每裂片不裂。

        15. 萼片先端长渐尖呈尾状或尾呈芒状。

          16. 花瓣上裂片线形，下裂片窄镰状，长2.5毫米，较上裂片短，唇瓣侧裂片较中裂片短，中萼片卵状椭圆形，长1.4-1.6厘米 ·················· 12. **狭瓣玉凤花 H. stenopetala**

          16. 花瓣上裂片和下裂片均丝状，下裂片较上裂片长，唇瓣侧裂片与中裂片等长或较长，均丝状，中萼片卵状披针形，长1.2-1.5厘米 ·················· 13. **丝瓣玉凤花 H. pantlingiana**

        15. 萼片先端渐尖，花瓣和唇瓣裂片线形，均具缘毛，近等宽，距中部以下粗，末端钝，中萼片卵形，长1-1.2厘米 ·· 14. **裂瓣玉凤花 H. petelotii**

  11. 花瓣不裂。

    17. 唇瓣侧裂片外侧至近基部具多数深裂条。

      18. 药隔宽4-5毫米，侧萼片卵状披针形，花瓣披针形或长圆形。

        19. 花瓣披针形，先端尖，距较子房长，有时长近1倍，药隔顶部平截 ······ 15. **长距玉凤花 H. davidii**

        19. 花瓣长圆形，先端钝，距与子房等长或较短，药隔顶部凹下 ············ 16. **棒距玉凤花 H. mairei**

      18. 药隔宽1-1.2厘米，侧萼片卵形，花瓣长圆形，先端钝，距与子房等长或较短 ·· 17. **宽药隔玉凤花 H. limprichtii**

    17. 唇瓣侧裂片外侧无深裂条，有时具锯齿。

      20. 侧萼片极偏斜。

21. 唇瓣距口前缘无横脊。
  22. 中萼片背面具3条片状有细齿的脊状隆起,子房棱上具片状有锯齿的脊,距长2.1-2.7厘米,下垂,向末端增粗,棒状 …………… 18. 毛葶玉凤花 **H. ciliolaris**
  22. 中萼片背面无片状的脊状隆起,子房棱上无片状具齿的脊,距长1.6-2厘米,劲直,近末端稍增粗 …………… 19. 粤琼玉凤花 **H. hystrix**
21. 唇瓣距口前缘具横脊。
  23. 唇瓣侧裂片钻形,较中裂片短,与中裂片几垂直,距口具环状物。
    24. 距长1-1.7厘米,短于子房,花瓣长圆形,长3-4毫米 …………… 20. 凸孔坡参 **H. acuifera**
    24. 距长2-2.8厘米,长于子房,花瓣窄卵形或窄椭圆形,长4-5毫米 …………… 21. 坡参 **H. linguella**
  23. 唇瓣侧裂片和中裂片近等长。
    25. 花白色,侧萼片具褐色斑纹,唇瓣基部在距的前方具微3裂的片状物,药室延伸的沟中部呈膝曲状上弯,距长2-2.2厘米,较子房稍长 …………… 22. 齿片坡参 **H. rostellifera**
    25. 花红橙色,萼片淡绿色,侧萼片无斑纹,唇瓣基部距口具环状物,药室延伸的沟微上弯;距长1.1-1.2厘米,较子房短 …………… 22(附). 喙房坡参 **H. rostrata**
20. 侧萼片非极偏斜。
  26. 花橙色或红色,唇瓣中裂片2裂,唇瓣呈4裂,花瓣匙状线形,蕊喙大,突出,和花药等高或较高 …………… 23. 橙黄玉凤花 **H. rhodocheila**
  26. 花非橙色或红色,唇瓣中裂片不裂,蕊喙较小,不突出,较药室低。
    27. 唇瓣常不裂,常无距,唇瓣基部有1个横裂口 …………… 24. 南方玉凤花 **H. malintana**
    27. 唇瓣3深裂,有距。
      28. 唇瓣侧裂片近菱形或近半圆形,宽4-8毫米,前部具锯齿;叶疏生。
        29. 植株高35-87厘米;叶长圆形或长椭圆形;花瓣镰状披针形,距长达4厘米,较子房长 …………… 25. 鹅毛玉凤花 **H. dentata**
        29. 植株高9-25厘米;叶心形或卵形;花瓣线形、镰状,距长1.7-2厘米,较子房稍短或近等长 …………… 25(附). 齿片玉凤花 **H. finetiana**
      28. 唇瓣侧裂片非近菱形或近半圆形,无锯齿;叶于茎近基部集生。
        30. 唇瓣中裂片上弯,先端贴着中萼片与花瓣成兜先端的内侧;叶宽1.8-4.5厘米。
          31. 苞片短于子房,侧萼片向后反折,唇瓣侧裂片向后反折与侧萼片并行,不下垂,距细圆筒状,长达2.1厘米,较子房长;花序的花密生 …………… 26. 细花玉凤花 **H. lucida**
          31. 苞片长于花,侧萼片极张开,唇瓣侧裂片向下反折,下垂,距棒状,长3-6毫米,短于子房;花序的花较疏生 …………… 26(附). 中缅玉凤花 **H. shweliensis**
        30. 唇瓣中裂片不上弯,先端不贴着中萼片和花瓣成兜先端的内侧;叶宽0.8-1.5厘米。
          32. 中萼片椭圆形,侧萼片椭圆形,花瓣线形,唇瓣3裂片均为线形;叶10-13枚 …………… 27. 丛叶玉凤兰 **H. tonkinensis**
          32. 中萼片宽卵形,侧萼片窄卵形,花瓣卵状舌形,唇瓣侧裂片丝状,中裂片线形;叶6-10枚 …………… 27(附). 莲座玉凤花 **H. plurifoliata**

1. 厚瓣玉凤花　　　　　图 764 彩片 339

Habenaria delavayi Finet in Rev. Gen. Bot. 13: 527. t. 14 (B. 16-28). 1901.

植株高达35厘米。块茎长圆形或卵形。茎无毛,基部具3叶,稀4(-6)叶,其上具1-5小叶。叶密集呈莲座状,叶近圆形或卵形,稍肉质,长1.5-5厘米,基部钝圆,骤窄抱茎,叶上面和脉均绿色。花序疏生7-12花,长6-15厘米。苞片披针形,先端渐尖呈芒状;子房稍弧曲,无毛,连花梗长1.3-1.8厘米;花白色;中萼片直立,宽椭圆形,长6毫米,舟状,背面具龙骨,顶部被柔毛,侧萼片反折,

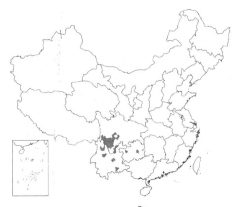

披针形，长7毫米，背面和边缘具柔毛；花瓣线形，基部扭卷，较厚，长7毫米，唇瓣近基部3深裂，裂片窄，等宽，较厚，侧裂片窄楔形，斜歪，背曲，长1-1.2厘米，外侧边缘顶端疏生齿；中裂片线形，长8毫米，全缘，半圆柱状，上面具槽，距口前缘具内弯圆锥状附属物；距下垂，棒状，稍前弯，长达2.5厘米，较子房长。花期6-8月。

产四川西南部、贵州及云南，生于海拔1500-3000米林下、林间草地或灌丛中。

[附] **中泰玉凤花 Habenaria siamensis** Schltr. in Fedde, Repert. Sp. Nov. 2: 82. 1906. 本种与厚瓣玉凤花的区别：叶2枚，近对生；花瓣薄，与中萼片等长，唇瓣基部无附属物，距较子房短。产贵州西南部，生于海拔600米山坡草地。泰国有分布。

图 764 厚瓣玉凤花 （冯晋庸绘）

2. 小花玉凤花
图 765：1-3

Habenaria acianthoides Schltr. in Acta Hort. Gothob. 1: 138. 1924.

植株高达20厘米。块茎卵圆形。茎基部具1叶，其上疏生2-3小叶。叶卵圆形，稍肉质，长1.5-3厘米，绿或带紫红色，基部微心形，小叶卵状披针形，长6毫米，上面的1-2小叶苞片状。花序疏生10-20余花，长8-12厘米，花偏向一侧。苞片卵状披针形；子房无毛，连花梗长4.5毫米；花带绿色，中萼片直立，卵形，长1.5毫米，侧萼片反折，斜卵形，长1.75毫米；花瓣直立，斜卵形，长1.5毫米，基部前侧臌出，与中萼片靠合呈兜状，唇瓣近基部

1/3 3深裂，基部近长圆形，长0.8毫米，中裂片线形，长2毫米，侧裂片丝状，与中裂片近垂直伸展，长3.5毫米，稍弯曲；距长圆状筒形，长1.5毫米，下垂，微前弯曲。花期7月。果期8-9月。

产青海东部、甘肃南部及四川中北部，生于海拔900-1900米山坡林下、灌丛中或山坡路边。

[附] **小巧玉凤花 Habenaria diplonema** Schltr. in Notes Roy. Bot. Gard. Edinb. 5: 100. t. 77. 1912. 本种与小花玉凤花的区别：叶2枚，绿色，上面具黄白色斑纹，具缘毛；花茎被柔毛；花绿色，萼片长3.5-4毫米，花瓣镰状卵形。产四川西南部及云南西北部，生于海拔2800-3500米山坡林下或岩石覆土。

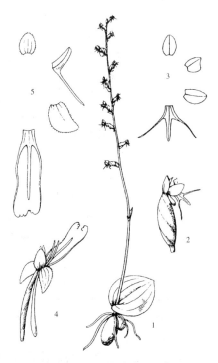

图 765：1-3. 小花玉凤花
4-5. 雅致玉凤花 （吴彰桦绘）

3. 雅致玉凤花
图 765：4-5

Habenaria fargesii Finet in Rev. Gen. Bot. 13: 528. t. 18A. 1-8. 1901.

植株高达24厘米。块茎卵形或长圆形，长1.5-3厘米。茎密被乳突状柔毛，基部具2枚近对生的叶，其上具1-3鞘状苞片。叶卵形或近圆形，稍肉质，长4-4.5厘米，基部钝圆，骤窄抱茎，上面具黄白色斑纹。花序疏生4-9花，长5-15厘米，花序轴被乳突状柔毛。苞片披针形；子房被乳突状柔毛，连花梗长7-8毫米；花黄绿色，中萼片直立，卵形，舟状，长3-3.5毫米，具缘毛，侧萼片反折，斜卵形，长5-5.5毫米，具缘毛；花瓣直立，与中萼片靠合，2裂，上裂片镰状，后弯，长圆形，长4毫米，下裂片线形，较上裂片长1倍多，唇瓣前伸，3深裂近基部，侧裂片丝状，叉开，长达1.5厘米，先端卷曲，中裂片线形，较侧裂片短，距下垂，上部细圆筒状，中部以下棒状。花期8月。

产甘肃东南部及四川东北部，生于海拔1400-3000米山坡或山沟林下。

4. 落地金钱
图 766 彩片 340

Habenaria aitchisonii Rchb. f. in Trans. Linn. Soc. Bot. ser. 2, 3: 113. 1886.

植株高达33厘米。块茎长圆形或椭圆形。茎被乳突状柔毛，基部具2枚近对生的叶，其上无或具2-5鞘状苞片。叶卵圆形或卵形，长2-5厘米，基部收窄抱茎，稍肉质，上面5脉有时稍带黄白色。花序具几朵至多数较密生的花，花序轴被乳突状毛。苞片卵状披针形；子房被乳突状毛，连花梗长0.7-1厘米；花黄绿或绿色，中萼片直立，卵形，舟状，长3-5.5(-7)毫米，侧萼片反折，斜卵状长圆形；花瓣直立，斜镰状披针形，长3-5.5(-7)毫米，基部前侧具齿状小裂片，与中萼片靠合呈兜状；唇瓣深裂近基部，中裂片线形，反折，长5-9毫米，

图 766 落地金钱 （吴彰桦绘）

侧裂片线形近钻状，镰状上弯，长0.6-1.2厘米，先端稍钩曲；距圆筒状棒形，下垂，下部稍粗前弯，长6-9毫米，较子房短。花期7-9月。

产青海南部、西藏东南及南部、四川、贵州西北部、云南，生于海拔2100-4300米山坡林下、灌丛中或草地。阿富汗、克什米尔地区至不丹、印度东北部有分布。

5. 滇蜀玉凤花
图 767

Habenaria balfouriana Schltr. in Fedde, Repert. Sp. Nov. 20: 381. 1924.

Habenaria aitchisoni auct. non Rchb. f.: 中国高等植物图鉴 5: 434.

1976 (P. P.).

植株高达20厘米。块茎长圆形。茎被密乳突状毛,基部具2枚近对生
的叶,其上有时具1鞘状苞片。叶稍肉质,卵形或宽椭圆形,长3-4厘米,
基部钝圆,上面5脉有时稍黄白色。花序具3-7花,花序轴被乳突状毛。苞
片披针形;子房被细乳突状毛,连花梗长1.1-1.2厘米;花黄绿色,中萼片
卵形,舟状,长5-6毫米,具睫毛状细齿,侧萼片反折,斜卵状长圆形,长
6-7毫米,花瓣直立,斜卵状披针形,长5-6毫米,基部前侧具齿状小裂片,
与中萼片靠合呈兜状;唇瓣3深裂近基部,中裂片线形,反折,长1厘米,
侧裂片线状钻形,镰状上弯,长1-1.2厘米,先端稍钩曲;距圆筒状棒形,
下垂,下部稍粗前弯,长1.3厘米,较子房长。花期7-8月。

产四川西南部及云南西北部,生于海拔2200-3600米山坡林下或灌丛
草地。

6. 粉叶玉凤花 图 768 彩片 341

Habenaria glaucifolia Bur. et Franch. in Journ. de Bot. 5: 152. 1891.

植株高达50厘米。块茎长圆形或卵形。茎被柔毛,基部具2枚近对生
的叶,其上无或具1-3枚鞘状苞片。叶较肥厚,近圆形或卵圆形,长3.5-4.6
厘米,上面粉绿色,下面带灰白色,先端骤短尖或近渐尖,基部钝圆,抱茎,上面5-7脉绿色。花序具3-10余花,长5-20厘米,花序轴被柔毛。苞片披针形或卵形,较子房短;子房圆柱形,被柔毛,连花梗长2.5-3厘米;花白或白带绿色;中萼片卵形或长圆形,直立,舟状,长1-1.3厘米,侧萼片反折,斜卵形或长圆形,长1.1-1.4厘米;花瓣直立,与中萼片靠合呈兜状,2深裂,上裂片与中萼片近等长,宽
达6毫米,匙状长圆形,具缘毛,下裂片线状披针形,长3-5毫米,无缘毛,
唇瓣反折,较萼片长,具短爪,3深裂近基部,侧裂片叉开,线状披针形,
长达2.5厘米,前部拳卷,中裂片线形,长约1.2厘米,较侧裂片稍宽;距
下垂,长2.5-3厘米,细圆筒状,近棒状,与子房近等长。花期7-8月。

产陕西南部、甘肃、四川、云南及西藏东南部,生于海拔2000-4300米
山坡林下、灌丛中或草地。

7. 西藏玉凤花 图 769 彩片 342

Habenaria tibetica Schltr. ex Limpricht in Fedde, Repert. Sp. Nov.
Beih. 12: 338. 1922.

植株高达35厘米。块茎近球形或椭圆形。茎和花序轴均被乳头状毛,
基部具2枚近对生的叶,叶卵形或近圆形,长3-6.5厘米,基部骤窄抱茎,
叶上面具5-7条白色脉。花序具3-8朵花。苞片披针形或线状披针形;子

图 767 滇蜀玉凤花 (冯晋庸绘)

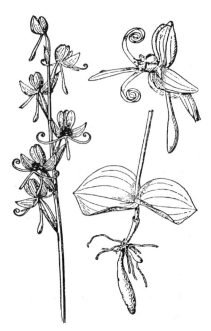

图 768 粉叶玉凤花 (引自《图鉴》)

房被细乳突状毛,连花梗长1.5-2厘米;花黄绿或近白色;中萼片卵形,舟状,长7-9毫米,侧萼片反折,斜卵形,长0.9-1.1厘米;花瓣直立,与中萼片靠合呈兜状,2浅裂,上裂片斜长圆状披针形或斜卵状披针形,长0.8-1厘米,基部宽3-3.5毫米,具乳突状缘毛,基部前侧边缘延伸的下裂片三角形,长1.5-2毫米,唇瓣较萼片长,3深裂近基部,裂片反折,中裂片线形,长1-1.9厘米,侧裂片线状披针形,前部渐窄呈丝状,稍叉开伸展,长2.5-4厘米,近先端常卷曲;距细圆筒状棒形,长2-2.5厘米,近中部向末端增粗。花期7-8月。

产甘肃南部、青海东北部、四川、云南西北部及西藏东南部,生于海拔2300-4300米山坡林下、灌丛中或草地。

8. 四川玉凤花　　　　图 770

Habenaria szechuanica Schltr. in Acta Hort. Gothob. 1: 140. 1924.

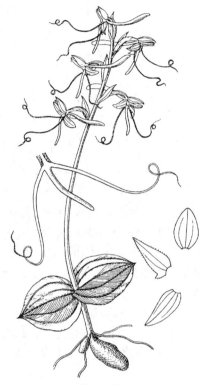

图 769　西藏玉凤花　（张泰利绘）

植株高达35厘米。块茎近球形或椭圆形。茎被细乳突状毛,基部具2枚近对生的叶。叶宽卵形或近圆形,长3-4.5厘米,稍肉质,上面5(-7)脉绿色,基部骤窄抱茎。花序具3-7花,花常偏向一侧,花序轴被细乳突状毛。苞片线形或披针形;子房被乳突状毛,连花梗长1-1.5厘米;花黄绿色;中萼片卵形,舟状,长7-8毫米,侧萼片反折,斜卵形,长8-9毫米;花瓣直立,与中萼片靠合呈兜状,2浅裂,上裂片斜长圆状披针形,长8-9毫米,具乳突状缘毛,基部前侧延伸成近三角形下裂片,长1.5-2毫米,唇瓣反折,3深裂近基部,中裂片线形,长1.3-1.9厘米,侧裂片稍叉开成锐角,线状披针形,前部丝状,近先端常卷曲,长2.5-2.8(-4)厘米,唇瓣上面在距口的前方具长5-7毫米锥状附属物;距细圆筒状棒形,长2-2.5厘米,下部稍粗,弧曲状。花期7-8月。

图 770　四川玉凤花　（张泰利绘）

产四川北部及云南西北部,生于海拔2900-3200米山坡云南松或云杉林下。

9. 十字兰　　　　图 771

Habenaria schindleri Schltr. in Fedde, Repert. Sp. Nov. 16: 354. 1920.

Habenaria sagittifera auct. non Rchb. f.: 中国高等植物图鉴 5: 637.

1976 (P. P.).

植株高达70厘米。块茎长圆形或卵球形。茎疏生多枚叶,向上渐小成

苞片状。中下部叶线形，4-7枚，长5-23厘米，宽3-9毫米。基部鞘状抱茎。花序具10-20余花，花序轴无毛。苞片线状披针形或卵状披针形；子房无毛，连花梗长1.4-1.5厘米；花白色；中萼片舟状，卵圆形，长4.5-5毫米，与花瓣靠合呈兜状，侧萼片反折，斜卵形，长6-7毫米；花瓣直立，半正三角形，2裂，上裂片长4毫米，前侧具2浅裂的齿状下裂片；唇瓣前伸，长1.3-1.5厘米，中部以下3深裂，呈十字形，裂片线形，中裂片长7-9毫米，宽0.8毫米，全缘，侧裂片长7-9毫米，与中裂片垂直伸展，先端具流苏；距下垂，长1.4-1.5厘米，近末端粗棒状，向前弯曲。花期7-9月。

产吉林东部、辽宁北部、河北东部、江苏南部、安徽、浙江、福建西北部、江西、湖北、湖南及广东北部，生于海拔240-1700米山坡林下或沟谷草丛中。朝鲜半岛及日本有分布。

图 771 十字兰 （引自《图鉴》）

10. 线叶十字兰 图 772

Habenaria linearifolia Maxim. in Mem. Acad. Sci. St. Pétersb. Sav. Etrang. 9: 269（Prim. Fl. Amur.）. 1859.

植株高达80厘米。块茎卵形或球形。茎疏生多叶，向上渐小成苞片状，中下部叶线形，5-7枚，长9-20厘米，宽3-7毫米，基部鞘状抱茎。花序具8-20余花，花序轴无毛。苞片披针形或卵状披针形；子房无毛，连花梗长1.8-2厘米；花白或绿白色，无毛；中萼片舟状，卵形或宽卵形，长5.5-6毫米，与花瓣靠合呈兜状，侧萼片反折，斜卵形，长6-7毫米；花瓣直立，半正三角形，长5-5.5毫米，前侧具先端2浅裂的齿状下裂片，唇瓣前伸，长达1.5厘米，3深裂近中部，裂片线形，近等长，长8-9毫米，宽0.5-0.6毫米，中裂片全缘，侧裂片弓曲，顶部具流苏；距下垂，稍前弯，长2.5-3.5厘米，向末端细棒状。花期7-9月。

产黑龙江、吉林东部、辽宁、内蒙古东部、河北、山东、江苏、安徽、浙江南部、福建、江西、河南及湖南西南部，生于海拔200-1500米山坡林下或沟谷草丛中。俄罗斯远东地区、朝鲜半岛及日本有分布。

图 772 线叶十字兰 （引自《江苏植物志》）

11. 丝裂玉凤花 图 773

Habenaria polytricha Rolfe in Hook. Icon. Pl. 25: t. 2496. 1896.

植株高达80厘米。块茎长圆形。茎中部具7-8（-10）枚叶，向上具3

至多枚小叶。叶长椭圆形或长圆状披针形,长4-20厘米,先端渐尖,基部收窄抱茎。花序密生6-15(-40)朵花,长15-30厘米,花茎无毛。苞片披针形,长1-1.2厘米;子房无毛,连花梗长1.4-1.5厘米;花绿白色;萼片绿色,中萼片椭圆形,兜状,长8-9毫米,先端具芒尖,侧萼片斜卵形,长0.9-1.2厘米,先端具芒尖;花瓣淡绿或白色,2深裂,上裂片2裂,下裂片3-5裂,裂条均丝状,长1.4-1.7厘米,唇瓣淡绿或白色,基部以上3裂,每裂片多裂,裂条均丝状,长1.4-1.8厘米;距白色,细圆筒状棒形,下垂,长1.2-1.4厘米,稍前弯。花期8-10月。

　　产江苏西南部、浙江西部、台湾、广西东部及四川中南部,生于海拔350-1100米山坡林下。日本(琉球群岛)及菲律宾有分布。

图 773 丝裂玉凤花 (张泰利绘)

12. 狭瓣玉凤花　　　　　　　　图 774

Habenaria stenopetala Lindl. Gen. Sp. Orch. Pl. 319. 1835.

　　植株高达89厘米。块茎长圆形或长椭圆形。茎近中部具5-8叶,向上具多枚小叶。叶椭圆形或长圆状披针形,长8-16厘米,基部收窄抱茎。花序密生多花,长10-20厘米,花茎无毛。苞片披针形或卵状披针形,先端渐尖或长渐尖呈芒状;子房无毛,连花梗长1.5-2.2厘米;花绿或绿白色;中萼片卵状椭圆形,舟状,长1.4-1.6厘米,先端长渐尖呈丝状,尖尾弯曲,侧萼片反折,斜卵形,长1.6-1.8厘米,先端长渐尖呈丝状、尖尾弯曲,花瓣较短而窄,2裂,上裂片与中萼片相

靠,线形,长1-1.3厘米,基部具窄镰形下裂片,长约2.5毫米,唇瓣带褐色,长1-1.5厘米,基部3深裂,裂片均线形,或中裂片舌状,侧裂片钻状;距细圆筒状,下垂,长1.5-2.6厘米。花期8-10月。

　　产台湾南部及西藏东南部,生于海拔300-1750米阔叶林下或林缘。克

图 774 狭瓣玉凤花 (冀朝祯绘)

什米尔地区经尼泊尔、锡金至印度、越南、泰国、菲律宾及日本琉球群岛有分布。

13. 丝瓣玉凤花　　　　　　　　图 775

Habenaria pantlingiana Kraenzl. Orch. Gen. Sp. 1: 892. 1900.

　　植株高达70厘米。块茎长圆形。茎中部具6-7叶,向上有2-7小叶。叶长圆状披针形或倒卵状披针形,长13-15厘米,基部收窄抱茎。花序密生多花,长8-20厘米,花茎无毛。苞片披针形;子房无毛,顶部弧曲,连花梗

长1.8-2.2厘米;花绿色,中萼片卵状披针形,直立,舟状,长1.2-1.5厘米,先端尾状,弯曲,侧萼片反折,稍斜卵状披针形,长1.4-1.5厘米,先端尾

状，弯曲；花瓣基部2深裂，裂片丝状，上面靠近中萼片的1条长1.1-1.4厘米，下面1条与唇瓣的侧裂片平行，长1.8-2厘米，宽均约0.8毫米，全缘，唇瓣基部3深裂，裂片丝状，长1.8-2.5厘米，宽约0.8毫米，向先端渐窄，全缘；距细圆筒状，下垂，长1.8-2.3厘米，向末端稍渐粗。花期8-10月。

产台湾、海南南部及广西西南部，生于海拔400-700米阔叶林下。尼泊尔、锡金及日本琉球群岛有分布。

图 775 丝瓣玉凤花 （吴彰桦绘）

14. 裂瓣玉凤花 图 776

Habenaria petelotii Gagnep. in Bull. Soc. Bot. France 78: 73. 1931.

植株高达60厘米。块茎长圆形。茎中部集生5-6枚叶，向上具多枚小叶。叶椭圆形或椭圆状披针形，长3-15厘米，基部鞘状抱茎。花序疏生3-

12花，花茎无毛。苞片窄披针形，长达1.5厘米，宽3-4毫米；子房圆柱状纺锤形，稍弧曲，无毛，连花梗长1.5-3厘米；花淡绿或白色；中萼片卵形，兜状，长1-1.2厘米，侧萼片极张开，长圆状卵形，长1.1-1.3厘米；花瓣2深裂至基部，裂片线形，宽1.5-2毫米，叉开，具缘毛，上裂片直立，与中萼片并

行，长1.4-1.6厘米，下裂片与唇瓣的侧裂片并行，长达2厘米，唇瓣3深裂近基部，裂片线形，近等长，长1.5-2厘米，具缘毛；距圆筒状棒形，下垂，长1.3-2.5厘米，稍前弯。花期7-9月。

产安徽、浙江西部、福建西北部、江西、湖南西北部、广东北部、广西、贵州、四川及云南东南部，生于海拔320-1600米山坡或沟谷林下。越南有分布。

图 776 裂瓣玉凤花 （冯晋庸绘）

15. 长距玉凤花 图 777 彩片 343

Habenaria davidii Franch. in Nouv. Arch. Mus. Hist. Nat. Paris ser. 2, 10: 86. 1887.

植株高达75厘米。块茎长圆形。茎具5-7叶。叶卵形、卵状长圆形或长圆状披针形，长5-12厘米，基部抱茎。花序具4-15花。苞片披针形；子房无毛，连花梗长2.5-3.5厘米；萼片淡绿或白色，具缘毛，中萼片长圆形，舟状，长1.5-1.8厘米，侧萼片反折，斜卵状披针形，长1.7-2厘米；花瓣

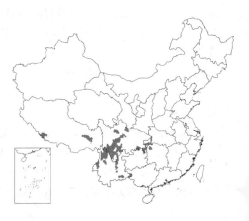

白色,直立,与中萼片靠合呈兜状,斜披针形,近镰状,长1.4-1.7厘米,具缘毛,外侧边缘不膨出,唇瓣白或淡黄色,长2.5-3厘米,基部以上3深裂,裂片具缘毛,中裂片线形,长2-2.5厘米,与侧裂片近等长,侧裂片线形,外侧边缘为篦齿状,细裂片7-10条,丝状;距细圆筒状,下垂,长4.5-6.5厘米,稍弯曲。花期6-8月。

产湖北西南部、湖南西北部、四川、贵州东北部、云南及西藏,生于海拔800-3200米山坡林下、灌丛中或草地。

16. 棒距玉凤花

图 778:1-3 彩片 344

Habenaria mairei Schltr. in Fedde, Repert. Sp. Nov. Beih. 4: 50 et 132. 1919.

植株高达65厘米。块茎长圆形或卵形。茎具5-6叶,叶椭圆状舌形或长圆状披针形,长2.5-12厘米,基部抱茎。花序密生4-19花。苞片椭圆状披针形,具缘毛;子房无毛,连花梗长2-3厘米;萼片带绿色,具缘毛,中萼片窄卵形,直立,舟状,长1.3-1.5厘米,宽6-7毫米,先端钝,侧萼片张开,稍斜卵状披针形,长1.4-1.7厘米,先端尖;花瓣白色,直立,与中萼片靠合呈兜状,斜长圆形,长1.3-1.5厘米,具缘毛,内侧边缘不膨出,唇瓣白或黄白色,长2-2.5厘米,基部以上3深裂,裂片近等长,具缘毛,侧裂片线形,长1.9-2.2厘米,外侧边缘篦齿状,细裂片8-10条,丝状,中裂片线形,长1.8-2厘米;距圆筒状棒形,下垂,长2-2.4厘米。花期7-8月。

产四川、云南及西藏东南部,生于海拔2400-3400米山坡林下或灌丛草地。

17. 宽药隔玉凤花

图 778:4-7 彩片 345

Habenaria limprichtii Schltr. in Fedde, Repert. Sp. Nov. Beih. 4: 50 et 130. 1919.

植株高达60厘米。块茎卵状椭圆形或长圆形。茎具4-7叶。叶卵形或长圆状披针形,长4-10厘米,花序疏生3至20余花。苞片卵状披针形,长3-4厘米;子房无毛,连花梗长2-2.5厘米;花绿白色,萼片绿或白绿色,前部具缘毛,中萼片卵状椭圆形,直立,舟状,长1.8-2厘米,宽0.9-2.1厘米,宽0.9-1厘米;花瓣白色,直立,与中萼片靠合呈兜状,斜长圆形,镰状,长1.8-2厘米,宽5-7毫米,先端钝,外侧边缘不膨出,具缘毛,唇瓣白色,较萼片稍长,基部以上3深裂,裂片近等长,具缘毛,侧裂片线形,外侧边缘篦齿状,细裂片8-10条,丝状,中裂片线形,长1.5厘米,宽约1毫米,先端钝;距圆筒形,下垂,长2-2.5厘米。花期6-8月。

产湖北、四川及云南,生于海拔2200-3500米山坡林下、灌丛中或草地。

图 777 长距玉凤花 (引自《图鉴》)

图 778:1-3. 棒距玉凤花
4-7. 宽药隔玉凤花 (吴彰桦绘)

18. 毛葶玉凤花

图 779：1-5 彩片 346

Habenaria ciliolaris Kraenzl. in Engl. Bot. Jahrb. 16: 169. 1892.

植株高达60厘米。块茎长椭圆形。茎近中部具5-6叶,向上疏生5-10小叶。叶椭圆状披针形、倒卵状匙形或椭圆形,长5-6厘米,基部抱茎。花序具6-15花,花葶具棱,棱具长柔毛。苞片卵形,长1.3-1.5厘米,具缘毛;子房具棱,棱有细齿,连花梗长2.3-2.5厘米;花白或绿白色,稀带粉色;中萼片宽卵形,兜状,长6-9毫米,背面具3条片状具细齿或近全缘的龙骨状突起,侧萼片反折,极斜卵形,

图 779：1-5. 毛葶玉凤花
6-7. 粤琼玉凤花 (吴彰桦绘)

长0.7-1厘米,前部边缘臌出,宽圆形,具3-4条弯脉;花瓣直立,斜披针形,长6-7毫米,外侧厚,与中萼片靠合呈兜状;唇瓣较萼片长,基部3深裂,裂片丝状,并行,向上弯曲,中裂片长1.6-1.8厘米,下垂,基部无胼胝体,侧裂片长2-2.2厘米;距圆筒状棒形,长2.1-2.7厘米,向末端逐渐或骤粗,下垂。花期7-9月。

产甘肃南部、浙江、福建西北部、台湾、江西、湖北、湖南、广东、香港、海南、广西、贵州西南部、四川及云南,生于海拔140-1800米山坡或沟边林下阴处。

19. 粤琼玉凤花

图 779：6-7

Habenaria hystrix Ames, Orch. 2: 35. 1908.

植株高达45厘米。块茎长圆形。茎下部具5-6叶,向上疏生5-8小叶。叶长椭圆形或长圆形,长9-16厘米,宽3-5厘米,基部抱茎。花序具6-10花,花茎具棱,棱具长柔毛。苞片卵形,长1.5厘米;子房具浅棱,连花梗长达1.8厘米;花白或绿白色,中萼片宽卵形,兜状,长6毫米,背面无片状龙骨状突起,侧萼片反折,极斜卵形,长7毫米,具3条弯脉,前部边缘臌出,宽圆形,花瓣斜三角状披针形,直立,长6毫米,基部宽2毫米,与中萼片靠合呈兜状,唇瓣较萼片长,基部3深裂,裂片丝状,并行,弯曲,中裂片长2-2.4厘米,基部具圆锥状胼胝体,侧裂片长2-2.2厘米;距圆筒状棒形,长1.6-2厘米,劲直、向后平展或略弯,向末端稍增粗。花期8-9月。

产广东及海南,生于海拔350-400米林下。菲律宾及加里曼丹有分布。

20. 凸孔坡参

图 780：1-3

Habenaria acuifera Wall. ex Lindl. Gen. Sp. Orch. Pl. 325. 1835.

植株高达38厘米。块茎长圆形。茎无毛,疏生3-4叶,其上具多枚披针形、具缘毛的小叶。叶长圆形或长圆状披针形,长4-12厘米,基部抱茎。花序密生8-20余花。苞片披针形;子房无毛,弧状,连花梗长1.5-1.8厘米;花黄色;中萼片宽卵形,凹入,长3-4.5毫米,侧萼片反折,斜卵状椭圆形,长5-6毫米;花瓣直立,斜长圆形,长3-4毫米,与中萼片靠合

呈兜状；唇瓣长0.9-1厘米，前伸，基部3裂，中裂片线形，长7-8毫米，侧裂片钻状，稍叉开，长1.5-3.5毫米；距细圆筒状棒形，下垂，长1-1.7厘米，中部膝状弯曲，中部向末端稍增粗，距口前面具0.5毫米高的环状物，与柱头近等高。花期6-8月。

产广西西部、贵州南部、四川南部及云南，生于海拔200-2000米山坡林下、灌丛中或草地。印度东北部、缅甸、越南、泰国、老挝及马来西亚有分布。块茎药效同坡参。

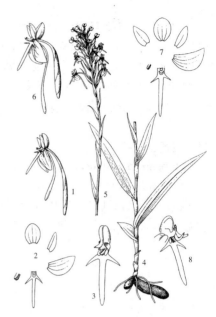

图 780：1-3. 凸孔坡参 4-8. 坡参
（吴彰桦绘）

21. 坡参　　　　图 780：4-8 彩片 347

Habenaria linguella Lindl. Gen. Sp. Orch. Pl. 325. 1835.

植株高达50（-75）厘米。块茎长3-5厘米。茎无毛，疏生3-4叶，其上具3-9披针形小叶。叶窄长圆形或窄长圆状披针形，长5-12（-27）厘米，宽1.2-2厘米，基部抱茎。花序密生9-20花。苞片线状披针形，长1.2-2.5厘米；子房无毛，弧状，连花梗长1.8-2.3厘米；花黄或褐黄色；中萼片宽椭圆形，凹入，长4-5毫米，侧萼片反折，斜宽倒卵形，长6-7毫米；花瓣直立，斜窄卵形或斜窄椭圆形，长4-5毫米，与中萼片靠合呈兜状，唇瓣长0.9-1厘米，基部3裂，中裂片线形，长8-9毫米，侧裂片钻状，叉开，长

1.5-2.75毫米，先端渐尖；距极细圆筒形，下垂，长2-2.8厘米，下部稍增粗，径1-1.5毫米，末端钝，多少前弯；距口前方环状物低于柱头突起。花期6-8月。

产广东、香港、海南、广西、贵州南部、四川南部及云南西部，生于海拔500-2500米山坡林下或草地。越南有分布。块茎药用，驱风湿、止痛、治跌打、清肺热。

22. 齿片坡参　　　　图 781

Habenaria rostellifera Rchb. f. Otia Bot. Hamb. 2: 34. 1878.

植株高达40厘米。块茎长圆形。茎无毛，具4-5叶，其上具5-9小叶，叶长椭圆形或长圆状披针形，长5-10厘米，基部抱茎。花序密生多花。苞片披针形，长2-2.5厘米；子房无毛，稍弧曲，连花梗长1.8-1.9厘米；花白色；中萼片宽椭圆形，直立，凹入，长6毫米，侧萼片反折，具褐色斑纹，斜椭圆形，长9毫米；花瓣直立，斜窄卵形或窄椭圆形，长

6毫米，与中萼片靠合呈兜状，唇瓣基部3深裂，裂片线形，侧裂片极叉开，长6-8毫米，中裂片长1厘米，宽2毫米，两侧向后对褶；距细圆筒状棒形，下垂，长2-2.2厘米，多少前弯；唇瓣基部距口前方具高的、3齿裂圆柱形片状物，垂直伸展。花期7-8月。

产贵州西南部及云南，生于海拔1000-1750米山坡草地。泰国、柬埔寨及马来西亚有分布。

[附] 喙房坡参 **Habenaria rostrata** Wall. ex Lindl. Gen. Sp. Orch. Pl. 325. 1835. 本种与齿片坡参的区别：花红橙色，萼片淡绿色，侧萼片无斑纹，唇瓣基部距口具垂直、平截的环状物；药室延伸的沟微上弯；距长1.1-1.2厘米。产四川南部、云南中部及东南部，生于海拔900-2000米山坡林下或灌丛林缘。缅甸、老挝、泰国有分布。

23. 橙黄玉凤花　　　　　　　　　图 782 彩片 348

Habenaria rhodocheila Hance in Ann. Sci. Nat. ser. 5, 5: 243. 1866.

植株高达35厘米。块茎长圆形。茎下部具4-6叶，其上具1-3小叶。叶线状披针形或近长圆形，长10-15厘米，基部抱茎，花序疏生2-10余花，花茎无毛。苞片卵状披针形，长1.5-1.7厘米；子房无毛，连花梗长2-3厘米；萼片和花瓣绿色，唇瓣红、橙红或橙黄色；中萼片近圆形，凹入，长约9毫米，侧萼片长圆形，长0.9-1厘米，反折，花瓣直立，匙状线形，长约8毫米，宽约2毫米，与中萼片靠合呈兜状；唇瓣前伸，卵形，长1.8-2厘米，最宽处约1.5厘米，4裂，具短爪，侧裂片长圆形，长约7毫米，开展，中裂片2裂，裂片近半卵形，长约4毫米，先端斜平截；距细圆筒状，下垂，长2-3厘米，径约1毫米，末端常上弯。蒴果纺锤形，长约1.5厘米，有喙；果柄长约5毫米。花期7-8月，果期10-11月。

产福建南部、江西南部、湖南南部、广东、香港、海南、广西及贵州东南部，生于海拔300-1500米山坡或沟谷林下阴处或岩石覆土。越南、老挝、柬埔寨、泰国、马来西亚及菲律宾有分布。

图 781 齿片坡参 （吴彰桦绘）

图 782 橙黄玉凤花 （吴彰桦绘）

24. 南方玉凤花　　　　　　　　　图 783

Habenaria malintana (Blanco) Merr. in Bur. Sci. Publ. Manilla 12: 112. 1918.

Thelymitra malintana Blanco, Fl. Filip. 642. 1837.

植株高达55厘米。块茎椭圆形。茎疏生3-4叶，其上具5-6小叶。叶长圆形或长圆状披针形，长6-13厘米，基部抱茎。花序密生10余花，花茎无毛。苞片窄披针形，长约2厘米，具缘毛；子房圆锥状纺锤形，无毛，连花梗长2-2.5厘米；花白色，径约1.5厘米；萼片长圆状披针形或卵状披针形，长1.1-1.3厘米，宽3-5毫米，侧萼片稍偏斜，张开；花瓣窄长圆状披针形，长7-8毫米，具细缘毛；唇瓣舌状披针形，长1.1-1.2厘米，具细缘毛，稀基部两侧具很小侧裂片，基部常无距，稀具长2-8毫米短距。花期10-11月。

产浙江东北部、海南、广西西南部、四川中南部及云南，生于海拔500-1100米山坡林下或草地。锡金、印度、缅甸、越南、泰国、菲律宾及马来西亚有分布。

25. 鹅毛玉凤花　　图 784 彩片 349

Habenaria dentata (Sw.) Schltr. in Fedde, Repert. Sp. Nov. Beih. 4: 125. 1919.

Orchis dentata Sw. in Vet. Acad. Haudl. Stockh. 21: 207. 1800.

植株高达87厘米。块茎长圆状卵形或长圆形。茎疏生3-5叶，其上具数枚小叶。叶长椭圆形，长5-15厘米，基部抱茎，干后边缘具白色窄边。

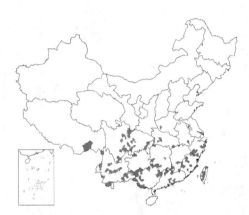

花序具多花，花序轴无毛。苞片披针形，长2-3厘米；子房无毛，连花梗长2-3厘米；花白色，萼片和花瓣具缘毛，中萼片宽卵形，直立，凹入，长1-1.3厘米，与花瓣靠合呈兜状，侧萼片斜卵形，长1.4-1.6厘米；花瓣直立，镰状披针形，长8-9毫米，唇瓣宽倒卵形，长1.5-1.8厘米，3裂，侧裂片近菱形或近半圆

图 783 南方玉凤花　（引自《图鉴》）

形，宽7-8毫米，前部具锯齿，中裂片线状披针形或舌状披针形，长5-7毫米，距细圆筒状棒形，下垂，长达4厘米，中部稍前弯，向末端渐粗，中部以下绿色，距口隆起。花期8-10月。

产河南西部、安徽南部、浙江、福建、台湾、江西、湖北、湖南、广东、广西、贵州西北部、四川、云南及西藏东南部，生于海拔190-2300米山坡林下或沟边。尼泊尔、锡金、印度、缅甸、越南、老挝、泰国、柬埔寨及日本有分布。块茎药用，利尿消肿、补肾，治腰痛、疝气。

[附] **齿片玉凤花 Habenaria finetiana** Schltr. in Fedde, Repert. Sp. Nov. Beih. 4: 126. 1919. 本种与鹅毛玉凤花的区别：植株高达25厘米；叶心形或卵形；花瓣线形、镰状，距长1.7-2厘米。产四川西部、云南西北部及中部，生于海拔2000-2700米山坡林下或草丛中。块茎药效同鹅毛玉凤花。

26. 细花玉凤花　　图 785 彩片 350

Habenaria lucida Wall. ex Lindl. Gen. Sp. Orch. Pl. 319. 1835.

植株高达61厘米。块茎椭圆形。茎近基部集生4-6叶，其上具3-6披针形小叶。叶薄，倒披针形、近匙形或长圆状披针形，长6-18厘米，基部鞘状抱茎。花序具25-40余朵较密生的花，花序轴和花序梗无毛。苞片披针形或卵状披针形，长0.8-1厘米；子房无毛，连花梗长1.6-1.8

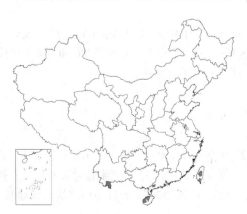

图 784 鹅毛玉凤花　（引自《图鉴》）

厘米；花黄绿色，与花序轴近垂直，或俯垂，稀直伸，萼片绿色，中萼片卵形，凹入，长3.5-4毫米，侧萼片向后反折，斜卵形或斜卵状披针形，长4-4.5毫米；花瓣黄色，窄卵状长

圆形,长3-3.5毫米,先端钝、近平截,与中萼片靠合呈兜状;唇瓣黄色,较厚,长5毫米,基部3裂,裂片窄长圆形,侧裂片长3-4.5毫米,向后反折,中裂片向上弯曲,先端与中萼片和花瓣靠合形成兜的先端内侧紧靠;距细圆筒状,长达2.1厘米,径约1毫米,向后伸展,与子房并行,后部上举。花期8-9月。

产台湾、广东西南部、海南及云南西南部,生于海拔400-1200米山坡林下。印度东北部、缅甸、越南、泰国、老挝及柬埔寨有分布。

[附] **中缅玉凤花 Habenaria shweliensis** W. W. Smith et Banerji in Rec. Bot. Surv. Ind. 6: 33. 1913. 本种与细花玉凤花的区别:侧萼片极张开,不向后反折,唇瓣侧裂片向下反折,下垂,距棒状,长3-6毫米;花序的花较疏生。产贵州及云南,生于海拔1300-2000米山坡草地。缅甸有分布。

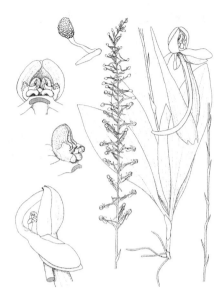

图 785 细花玉凤花
(引自《Dansk. Bot. Ark.》)

27. 丛叶玉凤花   图 786 彩片 351

Habenaria tonkinensis Seidenf. in Dansk Bot. Ark. 31(3): 114. f. 70. 1977.

植株高达40厘米。块茎长圆形。茎无毛,基部集生10-13枚叶,其上具5-13小叶。叶线形或线状披针形,长7-13厘米,宽0.8-1.5厘米,基部抱茎。花序具多花,长11-21厘米,花茎无毛。苞片披针形或卵状披针形;子房无毛,连花梗长1.3-1.5厘米;花白色,中萼片椭圆形,凹入,长5毫米,侧萼片反折,斜椭圆形,长6毫米;花瓣直立,线形,稍偏斜,长5毫米,宽约1毫米,与中萼片靠合呈兜状,唇瓣基部3深裂,裂片线形,等宽,基部宽0.5毫米,中裂片长7-8毫米,侧裂片长1-1.1厘米,叉开伸展,先端渐窄;距细圆筒状棒形,下垂,长达1.7厘米,稍前弯,向末端增粗。花期9-10月。

产广西南部及云南南部,生于海拔650-1200米山坡阔叶林下。越南有分布。

[附] **莲座玉凤花 Habenaria plurifoliata** T. Tang et F. T. Wang in Bull. Fan Mem. Inst. Biol. Bot. 10: 40. 1940. 本种与丛叶玉凤花的区别:中萼片宽卵形,侧萼片窄卵形,花瓣卵状舌形,唇瓣侧裂片丝状,较线形

图 786 丛叶玉凤花 (吴彰桦绘)

中裂片窄;叶6-10枚。产广西及云南西南部,生于海拔700-800米山坡或江边林下。

50. 合柱兰属 Diplomeris D. Don
(郎楷永)

地生草本,植株矮小。块茎1-2,肉质,颈部具几条细根。叶1-2。花葶顶生1-2花。花大,倒置(唇瓣位于下方);苞片宽卵形,短于子房或与子房等长,子房圆柱状纺锤形,扭转,萼片近等大,离生;花瓣较萼片长而宽;唇瓣张开,极宽,具长距;蕊柱极短;药室略叉开,具极长、内曲向上的沟槽;花粉团2枚,为具多小团块的粒粉质,

柄细长，粘盘扁圆形，裸露；蕊喙大，直立，膜质，位于药室前面，突出于药室之间；柱头2枚，长圆形，并行，在唇瓣基部上面向下和向前突出，下部合生，上部分离，向下弯曲。

2种，分布于尼泊尔、不丹、锡金、印度东北部、缅甸和我国。我国1种。

合柱兰 图 787 彩片 352

Diplomeris pulchella D. Don, Prodr. Fl. Nepal. 26. 1825.

图 787 合柱兰 （张泰利绘）

植株高达22.5厘米；各部无毛。块茎椭圆形。叶常2枚，基生，叶剑形或线状披针形，大叶长3-5厘米，宽1-1.8厘米，其上有时具1小叶。花1（2）朵，白色。苞片宽卵形，无毛；子房无毛，连花梗长1-1.2厘米；萼片长圆状披针形或卵状披针形，张开，长1.5-1.8厘米，宽约6毫米，背面中脉具褶片状脊；花瓣张开，宽倒卵形或卵状长圆形，长1.5-2.5厘米，唇瓣宽倒心形，长1.8-2.8厘米，前部宽1.5-2.2厘米，顶部凹处具小尖头；距圆筒状，长达3.5厘米，下垂，向前或向上弯曲，在中部以下向末端稍粗。花期7-9月。

产贵州西南部、四川、广西中部、云南西北部及西藏东南部，生于海拔650-2600米山坡林下草地。印度东北部、缅甸及越南北部有分布。全草入药，可补肾。

51. 兜蕊兰属 Androcorys Schltr.
（郎楷永）

地生矮小草本。块茎小球形。茎纤细，具1叶。叶较小，具柄。总状花序顶生。苞片常鳞片状；花小，黄绿或绿色，疏生，在花序轴常螺旋状着生，倒置（唇瓣位于下方）；萼片离生，中萼片直立，常宽阔，凹入，与花瓣靠合呈兜状，包花药，侧萼片较中萼片窄长；花瓣直立，舟状，唇瓣反折，基部无距；花药直立，具兜状药隔，药室2，位于花药两侧下部，花粉团2个，为其多数小团块粒粉质，具短柄，蕊喙边缘包被粘盘；蕊喙三角形，位于2药室之间；柱头2个，隆起，或多或少具柄，柄贴生于蕊喙基部；子房扭转。蒴果直立。

6种，分布于克什米尔地区、喜马拉雅、我国至日本。我国5种。

1. 中萼片较花瓣小而窄，侧萼片向前反折，平行，内侧边缘相靠；花瓣斜宽卵形，宽1.3毫米，不等侧，向内弧弯，呈斧头状 ·················· 1. 兜蕊兰 A. ophioglossoides
1. 中萼片较花瓣大而宽，侧萼片向两侧反折，叉开，分离，花瓣非斧头状。
　2. 苞片线形，螺旋状卷曲；中萼片宽卵形，先端常具凸尖，花瓣长圆形，舟状，先端兜状 ··········· ·················· 2. 蜀藏兜蕊兰 A. spiralis
　2. 苞片宽卵形，非螺旋状卷曲；中萼片卵形，先端钝圆，花瓣斜卵形或斜长圆状卵形，先端钝 ·············· ·················· 3. 剑唇兜蕊兰 A. pugioniformis

1. 兜蕊兰 图 788：1-3 彩片 353

Androcorys ophioglossoides Schltr. in Fedde, Repert. Sp. Nov. Beih. 4: 53, 136. 1919.

植株高达21厘米。块茎球形，径5-8毫米。茎纤细，无毛，近基部具

1叶。叶长椭圆形或长椭圆状匙形，长3-9厘米，宽0.8-2厘米，先端钝，基部成鞘状柄抱茎。花序具6-20余花，长2.5-9厘米。苞片鳞片状，长约1毫米，先端近平截，中部常2浅裂；子房纺锤形，扭转，无毛，连花梗长4-4.5毫米；花黄绿或绿色；中萼片宽卵形，直立，凹入，长1-1.2毫米，宽0.9-1.1毫米，全缘，与花瓣靠合呈兜状，侧萼片斜长椭圆形，长2毫米，全缘，向前反折、平行、边缘相靠；花瓣直立，斜宽卵形，不等侧，向内弧弯，呈斧头状，长1.5毫米，宽1.3毫米，唇瓣反折，线状舌形，长1.2-1.8毫米，基部宽约0.7毫米。花期7-8月。

产陕西南部、甘肃及青海东部，生于海拔1600-3900米山坡林下、草地、河滩草地。

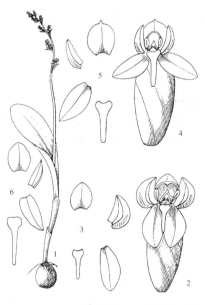

图 788：1-3. 兜蕊兰 4-5. 蜀藏兜蕊兰
6. 剑唇兜蕊兰 （吴彰桦绘）

2. 蜀藏兜蕊兰　　　　　　　图 788：4-5

Androcorys spiralis T. Tang et F. T. Wang in Bull. Fan Mem. Inst. Biol. Bot. 10: 38. 1940.

植株高达12厘米。块茎球形，径5-8毫米。茎纤细，无毛，近基部具1叶。叶长圆形，长2-2.5厘米，基部抱茎。花序具3-8花，长2-2.5厘米。苞片线形，螺旋状卷曲，较子房短；子房纺锤形，扭转，无毛，连花梗长3-7毫米；花绿色；中萼片直立，宽卵形，长1.5-1.75毫米，宽1.3-1.75毫米，先端钝圆，具小凸尖，凹入，与花瓣靠合呈兜状，侧萼片反折，长圆形，长2-2.75毫米，宽1-1.2毫米，先端钝；花瓣直立，斜长圆形，舟状，长1.3-2毫米，宽0.5-0.7毫米，先端呈兜状；唇瓣线状舌形，反折，长1.8-2.1毫米，先端钝，基部宽约0.8毫米。花期9月。

产四川西南部、云南西北部及西藏东南部，生于海拔2800-3500米林下。

3. 剑唇兜蕊兰　　　　　　　图 788：6 彩片 354

Androcorys pugioniformis (Lindl. ex Hook. f.) K. Y. Lang in Guihaia 16(2): 105. 1996.

Herminium pugioniformis Lindl. ex Hook. f. Fl. Brit. Ind. 6: 130. 1890.

植株高达18厘米。块茎球形。茎无毛，近基部具1叶。叶长圆状倒披针形、长圆形、窄椭圆形或椭圆形，长2-4.5厘米，基部抱茎。花序具3至10余花。苞片宽卵形；子房扭转，无毛，连花梗长4-5毫米；花绿色；中萼片卵形或卵圆形，凹入，长1.5毫米，全缘，与花瓣靠合呈兜状，侧萼片反折，斜卵状椭圆形或斜镰状长圆形，长1.7-2.2毫米，全缘；花瓣直立，斜卵形或斜长圆状卵形，舟状，长1.3-1.5毫米，全缘，唇瓣反折，肉质，线

状长圆形，基部剑状，长1.7-2.5毫米，基部宽0.9-1毫米，无距。花期8-9月。

产青海东北部及南部、四川北部、云南西北部及西藏，生于海拔3380-5200米冷杉林下或高山灌丛中及草甸。克什米尔地区、尼泊尔、锡金及印度有分布。

52. 孔唇兰属 Porolabium T. Tang et F. T. Wang

（郎楷永）

地生草本，植株高达12厘米。块茎球形，径约1厘米。茎纤细，基部具1叶。叶线状披针形，长约7厘米，宽约8毫米。总状花序顶生，疏生几朵花。苞片宽卵形，较子房短；子房纺锤形，扭转，连花梗长5-6毫米；花黄绿或淡绿色；中萼片卵形，舟状，长2.5毫米，与花瓣靠合呈兜状，侧萼片斜窄卵形，长3毫米；花瓣直立，斜卵形，长2毫米，唇瓣前伸，舌状，长2.8毫米，基部宽1.5毫米，无距，基部宽，内面具2孔，先端渐窄，蕊柱短；花药近兜状，药隔窄，药室稍小，侧生；花粉团2枚，为具小团块的粒粉质，具短柄，粘盘裸露；蕊喙三角形，具伸展侧裂片；柱头垫状，不贴生于蕊喙；退化雄蕊2，位于花药基部两侧。

我国特有单种属。

孔唇兰　　　　　　　　　　　　图 789

Porolabium biporosum (Maxim.) T. Tang et F. T. Wang in Bull. Fan Mem. Inst. Biol. Bot. 10: 38. 1940.

Herminium biporosum Maxim. in Bull. Acad. Sci. St. Pétersb. 31: 106. 1886.

形态特征同属。花期7月。

产青海东北部及山西东北部，生于海拔3000-3300米湖边和高山草地。

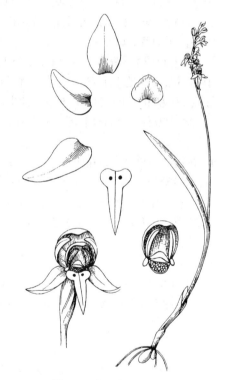

图 789 孔唇兰　（蔡淑琴绘）

53. 双袋兰属 Disperis Sw.

（陈心启　罗毅波）

地生小草本。具根状茎和块茎。茎纤细，肉质，具少数叶，基部有2-3枚鳞片状鞘。叶常很小，基部无柄，抱茎。花单朵或2-3朵生于茎端叶腋。苞片叶状；中萼片常直立，较窄，与花瓣合生或靠合呈盔状；侧萼片基部合生，中部凹入成袋状或距状；唇瓣有爪，贴生蕊柱，上部常3裂；蕊柱短；花药2室，药室分开；花粉团2个，粒粉质，由小团块组成，每个花粉团具1个花粉团柄和粘盘；柱头2，蕊喙较大，两侧各具1条臂状物。

约75种，主要分布于热带非洲和南非，少数产热带亚洲、澳大利亚和太平洋岛屿。我国2种。

双袋兰　　　　　　　　　　　　图 790

Disperis siamensis Rolfe ex Downie in Kew Bull. 1925: 422. 1925.

植株高达17厘米。根状茎肉质，直生，长达1厘米，被细毛；块茎卵球形或椭圆形，长5-8毫米。茎深紫或暗紫色。叶2枚，生于茎中部至上部，疏生，心形，长0.9-1.7厘米，基部抱茎。花2-3朵，粉红色。苞片叶状；花梗和子房长1-1.2厘米；中萼片披针形，长约6毫米，宽约1.5毫米；

侧萼片斜卵形，长约7毫米，下部约1/2合生，中部向外凹下成囊状，2枚侧萼片处于同一平面，近圆形；花瓣宽，与中萼片靠合成盔状，唇瓣有爪，

贴生蕊柱，前部3裂，侧裂片线形，长约2.5毫米，上面有不规则小乳突和细毛，中裂片线形，末端有粘质附属物；蕊柱短，蕊喙较大。花期5-8月。

产台湾南部(恒春和兰屿)。日本(琉球群岛)和泰国有分布。

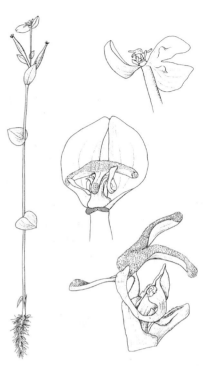

图 790 双袋兰 (引自《Dansk. Bot. Ark.》)

54. 鸟足兰属 Satyrium Sw.

(陈心启 罗毅波)

地生草本，具肉质块茎。茎直立，基部有2-3枚鳞片状鞘，叶少数，生于茎下部或近基部，基部鞘状抱茎。总状花序顶生，常具多花。苞片常较大，反折；花梗极短；花两性，稀单性，不扭转；萼片与花瓣离生；花瓣常略小于萼片，唇瓣位于上方，贴生蕊柱基部，兜状，基部有2距或囊状距，稀无距或囊；蕊柱向后弯曲，花药生于蕊柱背侧，基部与蕊柱合生，由于花不扭转而处于下方；花粉团2个，粒粉质，由小团块组成，每个花粉团具1个柄和1个粘盘；柱头大，伸出，蕊喙较大。

约100种，分布于非洲，主产南非，亚洲3种。我国3种。

1. 花粉红或淡紫色；花序窄，长5-13厘米，宽不及1厘米。
　2. 唇瓣距长达1厘米，长于子房及花被片 ··· 1. 鸟足兰 S. nepalense
　2. 唇瓣距长4-6毫米，短于子房，与花被片等长 ······························· 2. 缘毛鸟足兰 S. ciliatum
1. 花黄色；花序长2-4.5厘米，宽1.5-2厘米 ·································· 3. 云南鸟足兰 S. yunnanense

1. 鸟足兰

图 791 彩片 355

Satyrium nepalense D. Don, Prodr. Fl. Nepal. 26. 1825.

植株高达45厘米。茎无毛，近基部具2-3叶。叶椭圆形、卵形或卵状披针形，下面1枚长7-10厘米，向上渐小。花序长达9厘米，宽1-2厘米，密生20余花。苞片卵状披针形，反折；花梗和子房长6-8毫米；花粉红色；中萼片窄椭圆形，长4-5毫米，侧萼片长圆状半卵形，长约4毫米；花瓣窄椭圆形，长约3.5毫米，背面有龙骨状突起，唇瓣位于上方，兜状，近半球形，宽约5毫米，先端外折，背面有龙骨状突起，距2个，纤细，下垂，长达1厘米；蕊柱长约4毫米，向后弯曲；柱头唇近圆形，蕊喙唇3裂。花期9-12月。

图 791 鸟足兰 (引自《图鉴》)

产贵州西部、云南及西藏,生于海拔1000-3200米草坡、林间空地或林下。锡金、尼泊尔、印度、缅甸和斯里兰卡有分布。

2. 缘毛鸟足兰　　　　　　　　　　　　图 792 彩片 356

Satyrium ciliatum Lindl. Gen Sp. Orch. Pl. 341. 1838.

图 792 缘毛鸟足兰 （引自《图鉴》）

植株高达32厘米。茎直立,近基部具1-2叶。叶卵状披针形或窄椭圆状卵形,下面1枚长6-15厘米。花序密生20余花。苞片卵状披针形,反折;花梗和子房长6-8毫米;花粉红色,常两性,稀雄蕊退化成雌花;中萼片窄椭圆形,长5-6毫米,侧萼片长圆状匙形,与中萼片等长,宽约1.8毫米;花瓣匙状倒披针形,长4-5毫米,先端常有不明显齿缺或缺裂,唇瓣位于上方,兜状,半球形,宽约6毫米,先端具不整齐缺齿,背面有龙骨状突起,距2个,长4-6毫米,稀无距;蕊柱长约5毫米,向后弯曲,柱头唇近方形,蕊喙唇3裂。蒴果椭圆形,长5-6毫米。花果期8-10月。

产湖南西南部及北部、贵州西部、四川、云南、西藏南部及东南部,生于海拔1800-4100米草坡、疏林或高山松林下。锡金、不丹、尼泊尔有分布。

3. 云南鸟足兰　　　　　　　　　　　　图 793 彩片 357

Satyrium yunnanense Rolfe in Notes Roy. Bot. Gard. Edinb. 8: 28. 1913.

植株高达35厘米。茎直立,有时稍粗糙,近基部具1-2叶。叶卵形或近椭圆形,长6-11厘米。花序长2-4.5厘米,宽1.5-2厘米,疏生10余花。苞片卵形,长0.8-1厘米;花梗和子房长约5毫米;花黄或近金黄色;中萼片长圆形,长约4毫米,侧萼片长圆形,略斜歪,长约5毫米;花瓣近长圆状匙形,长3.5毫米,宽约1.2毫米,唇瓣位于上方,兜状,近半球形,宽约5毫米,先端外折,多少具不整齐缺齿,背面具龙骨状突起,内面基部有毛,距2个,长约6毫米;蕊柱短,长3-4毫米,稍后弯,柱头唇横椭圆形,蕊喙唇与柱头唇等长,3裂。蒴果椭圆形,长3.5-4.5毫米,宽2.5-3毫米。花果期8-11月。

图 793 云南鸟足兰 （蔡淑琴绘）

产四川西南部、云南中部及西北部,生于海拔2000-3700米疏林下、草坡或乱石山岗。

55. 香荚兰属 Vanilla Plumier ex P. Miller
（陈心启 罗毅波）

攀援草本,长达数米。茎稍肥厚或肉质,每节生1叶和1条气根。叶大,肉质,具短柄,稀退化为鳞片状。总状花序生于叶腋,具数花至多花。花常较大,扭转,常在子房与花被间具1离层;萼片与花瓣相似,离生,展开;唇瓣下部边缘常与蕊柱边缘合生,有时合生部分几达整个蕊柱长度,唇瓣常喇叭状,前部不合生部分常扩大,有时3裂;唇盘上常有附属物,无距;蕊柱纤细;花药生于蕊柱顶端,俯倾;花粉团2或4,粒粉质或松散,不具花粉团柄或粘盘;蕊喙常较宽,位于花药下方。果荚果状,肉质,不裂或开裂。外种皮厚,常黑色,无翅。

约70种,分布于热带地区。我国2种。

大香荚兰 图 794

Vanilla siamensis Rolfe ex Downie in Kew Bull. 1925: 410. 1925.

草质攀援藤本,长达数米,节间长,节具1叶。叶散生,肉质,椭圆形,长14-25厘米,先端渐尖,无毛;叶柄粗,宽,长1.5-2.5厘米。总状花序长7-14厘米,具多花。苞片肉质,凹陷,宽卵形,长7-8毫米;子房与花梗长约2厘米;萼片与花瓣淡黄绿色,唇瓣乳白色,喉部黄色;萼片长圆形或窄卵形,长3.8-4.5厘米;花瓣倒卵状长圆形,宽1-1.3厘米;唇瓣菱状倒卵形,长约4厘米,下部与蕊柱边缘合生,呈喇叭形,上部3裂;侧裂片内卷,围抱蕊柱;中裂片三角形,长达1厘米,先端外弯,边缘波状,上面除基部外生有较密流苏状长毛;唇盘中部具杯状附属物,附属物口部具短毛;蕊柱半圆柱形,长2-2.6厘米,前方上面具长柔毛。花期8月。

产云南南部(景洪),生于海拔约1300米林中。泰国有分布。

[附] **台湾香荚兰** 彩片 358 **Vanilla somai** Hayata, Ic. Pl. Flormos. 6: 88. pl. 14. 1916. 本种与香荚兰的区别:花序很短,常具2花。产台湾,生于海拔1200米以下林下或溪边林下。

图 794 大香荚兰 （蔡淑琴绘）

56. 肉果兰属 Cyrtosia Bl.
（陈心启 罗毅波）

腐生草本。根状茎较粗厚,生有肉质根或肉质块根。茎直立,常数个发同一根状茎上,肉质,黄褐色或红褐色,节具鳞片。总状花序或圆锥花序顶生或侧生,具数朵或多花;花序轴被短毛或粉状毛。苞片宿存;花中等大,不完全开放;萼片与花瓣靠合;萼片背面常多少被毛;花瓣无毛;唇瓣直立,不裂,无距,基部多少与蕊柱合生,两侧近于围抱蕊柱;蕊柱中等长,上部扩大,无蕊柱足;花药生于蕊柱顶端背侧;花粉团2个,粒粉质,无附属物。果肉质,不裂。外种皮厚,无翅或周围有窄翅。

约5种,产东南亚和东亚,西至斯里兰卡和印度。我国3种。

1. 植株高8-22厘米；侧生总状花序很短或无；块根长2.5-9厘米，径5-8毫米 ·············· 1. 矮小肉果兰 C. nana
1. 植株高0.3-1.7米；侧生总状花序长3-7（-10）厘米；无块根 ················· 2. 血红肉果兰 C. septentrionalis

1. 矮小肉果兰　　　　　　　　　　　　　　　图 795

Cyrtosia nana（Rolfe ex Downie）Garay in Bot. Mus. Leafl. Harv. Univ. 30（4）: 233. 1986.

Galeola nana Rolfe ex Downie in Kew Bull. 1925: 409. 1925.

小草本，多少肉质。块根圆筒状，浅黄白色，长2.5-9厘米，粗5-8毫米。花序轴、苞片背面、花梗、子房、萼片背面及有时茎上部被锈色粉状微柔毛。茎高达22厘米，黄白色，稍带红色。节具披针形鳞片；节间长1-3厘米。花序顶生和侧生，有时侧生花序很短或不发育；顶生总状花序具6-11花。苞片卵状

披针形，长2-4毫米；花梗和子房长0.8-1厘米；花浅黄色，唇瓣有橙红色纵条纹；萼片椭圆形，长1-1.2厘米，先端尖；花瓣与萼片相似，稍窄，无毛；唇瓣宽卵形，长约1厘米，两侧内折几围抱蕊柱，边缘微波状，唇盘中央有肥厚纵脊，上部近顶端有白色绒毛；蕊柱长约6毫米，顶端微扩大，无明显翅。花期4-6月。

图 795 矮小肉果兰 （蔡淑琴绘）

产广西南部及贵州西南部，生于海拔550-1340米林下或沟旁阴处。泰国有分布。

2. 血红肉果兰　　　　　　　　　　　　　　　图 796

Cyrtosia septentrionalis（Rchb. f.）Garay in Bot. Mus. Leafl. Harv. Univ. 30（4）: 223. 1986.

Galeola septentrionalis Rchb. f. Xenia Orch. 2: 78. 1865.

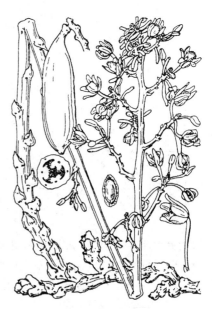

植株较高大。根状茎粗壮，近横走，径1-2厘米，疏被卵形鳞片，无块根。茎上部、花序轴、花苞片背面、花梗、子房、萼片背面被锈色短绒毛。茎红褐色，高达1.7米，下部近无毛。花序顶生和侧生，侧生总状花序长3-7（-10）厘米，具4-9花。苞片卵形，长2-3毫米；花梗和子房长1.5-2厘米；花黄

色，多少带红褐色；萼片椭圆状卵形，长达2厘米；花瓣与萼片相似，稍窄，无毛；唇瓣近宽卵形，短于萼片，边缘有不规则齿缺或呈啮蚀状，内面沿脉有毛状乳突或偶见鸡冠状褶片；蕊柱长约7毫米。果肉质，血红色，近长圆形，长7-13厘米。种子周围有窄翅，连翅宽不及1毫米。花期5-7

图 796 血红肉果兰
（引自《日本牧野植物图鉴》）

月，果期9月。

产安徽西部、浙江南部、河南西

部及湖南西南部,生于海拔1000-1300米林下。日本有分布。

57. 山珊瑚属 Galeola Lour.
（陈心启 罗毅波）

腐生草本或亚灌木状,根状茎较粗厚。茎常较粗壮,直立或攀援,稍肉质,黄褐或红褐色,无绿叶,节具鳞片。总状花序或圆锥花序顶生或侧生,具多数稍肉质的花;花序轴被短柔毛或秕糠状短柔毛。苞片宿存;花中等大,常黄色或带红褐色;萼片离生;花瓣稍小于萼片;唇瓣不裂,常杯状或囊状,多少围抱蕊柱,大于萼片,基部无距,内有纵脊或胼胝体;蕊柱常较粗短,上端扩大,向前弓曲,无蕊柱足;花药生于蕊柱顶端背侧;花粉团2,具裂隙,粒粉质,无附属物;柱头大,深凹陷;蕊喙宽短,位于柱头上方。荚果状蒴果,开裂。外种皮厚,周围有宽翅。

约10种,主要分布于亚洲热带地区,从中国南部和日本至新几内亚岛及非洲马达加斯加岛。我国4种。

1. 苞片背面无毛;唇瓣散生褶片状附属物 ·· 2. 山珊瑚 G. faberi
1. 苞片背面具毛;唇瓣无褶片状附属物。
　2. 唇瓣基部不缢缩且不形成小囊;苞片长5-6毫米 ·························· 1. 毛萼山珊瑚 G. lindleyana
　2. 唇瓣近基部窄并缢缩而形成小囊;苞片长1-1.5厘米 ······················· 3. 直立山珊瑚 G. matsudai

1. 毛萼山珊瑚　　　　　　　　图 797　彩片 359
Galeola lindleyana (Hook. f. et Thoms.) Rchb. f. Xenia Orch. 2: 78. 1865.

Cyrtosia lindleyana Hook. f. et Thoms. in Hook. f. Ill. Himal. Pl. t. 22. 1855.

亚灌木状,高达3米。根状茎径达3厘米,疏被卵形鳞片。茎多少被毛或老时无毛,节具宽卵形鳞片。总状圆锥花序,侧生总状花序长2-5(-10)厘米,具数至10余花,花序梗很短。苞片卵形,长5-6毫米,背面密被锈色短绒毛;花梗和子房长1.5-2厘米,密被锈色短绒毛;花黄色,径达3.5厘米;萼片椭圆形或卵状椭圆形,长1.6-2厘米,背面密被锈色短绒毛并具龙骨状突起;侧萼片稍长于中萼片;花瓣宽卵形或近圆形,宽1.2-1.4厘米,无毛;唇瓣杯状,不裂,径约1.3厘米,边缘具短流苏,内面被乳突状毛,近基部有平滑胼胝体;蕊柱棒状,长约7毫米;药帽有乳突状小刺。果近长圆形,淡棕色,长8-12(-20)厘米,径1.7-2.4厘米。种子连翅宽达1.3毫米。花期5-8月,果期9-10月。

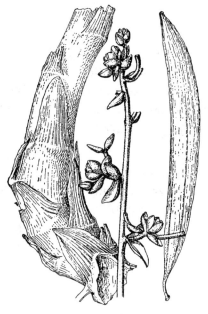

图 797　毛萼山珊瑚　（冯晋庸绘）

产陕西南部、安徽西部、河南西部、湖北、湖南、广东西部、广西、贵州、四川、云南及西藏东南部,生于海拔740-2200米林下、灌丛中、沟边或多石处。印度及锡金有分布。

2. 山珊瑚　　　　　　　　图 798　彩片 360
Galeola faberi Rolfe in Kew Bull. 1896: 200. 1896.

亚灌木状,高达2米。根状茎径达2厘米,疏被宽卵形鳞片。茎红褐色,上部疏被锈色短绒毛。圆锥花序由顶生和侧生的总状花序组成,侧生

总状花序长5-10厘米,常具4-7花,花序梗长2-4厘米。苞片披针形或卵状披针形,长1-4毫米,背面无毛;

花梗和子房长1-2厘米,多少被锈色短绒毛;花黄色,径约3.5厘米;萼片窄椭圆形或近长圆形,长2.8-3厘米,先端钝,背面稍被极短锈色绒毛;花瓣与萼片相似,无毛;唇瓣倒卵形,不裂,长约2厘米,下部凹陷,两侧边缘内弯,边缘具不规则缺刻并多少波状,内面具多条粗厚纵脉,脉上生有不规则褶片或圆齿,上部为多;蕊柱长0.8-1厘米。花期5-7月。

产贵州、四川中南部及云南,生于海拔1800-2300米疏林下或竹林下。

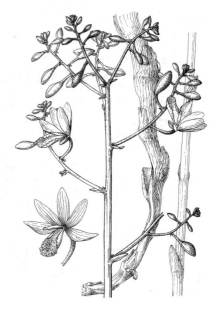

图 798 山珊瑚 (冯晋庸绘)

3. 直立山珊瑚 图 799 彩片 361

Galeola matsudai Hayata, Ic. Pl. Formos. 9: 114. f. 40. 1920.

亚灌木状,高1米以上。茎黄棕色,下部近无毛,上部疏被锈色短毛。圆锥花序由顶生与侧生总状花序组成,侧生总状花序长5-12厘米,基部不育苞片窄卵形,长2-2.5厘米,无毛,苞片窄椭圆形,长1-1.5厘米,常与花序轴垂直,背面密被锈色短绒毛。花梗和子房长2-2.8厘米,密被锈色短绒毛;花黄色;萼片椭圆状长圆形,长约2.2厘米,背面密被锈色短绒毛;花瓣稍窄于萼片,无毛;唇瓣宽卵形或近圆形,长达2厘米,不裂,凹陷,下部两侧多少围抱蕊柱,近基部缢缩成小囊,边缘有细流苏与不规则齿,内面密生乳突状毛;蕊柱长7-8厘米。花期6-7月。

产安徽南部、台湾及湖南南部,生于海拔800-2300米林中透光处、竹林下或伐木迹地。

图 799 直立山珊瑚 (引自《Fl. Taiwan》)

58. 倒吊兰属 Erythrorchis Bl.

(陈心启 罗毅波)

腐生草本。茎攀援,圆柱形,多分枝,无毛,节具鳞片。总状花序或圆锥花序顶生或侧生,具多花;花序轴与花均无毛。苞片宿存;花不完全开放;萼片与花瓣常靠合;唇瓣近不裂,宽阔,中央有肥厚纵脊,纵脊两侧有多数横向伸展由小乳突组成的条纹;蕊柱中等长,稍向前弓曲,基部具向下斜出的短蕊柱足,与唇瓣的纵脊相连接;花药生于蕊柱顶端背侧;花粉团2,粒粉质,无附属物;柱头大,凹陷;蕊喙小。蒴果长圆筒状,开裂。外种皮厚,周围有宽翅。

3种,主要分布于东南亚,北达日本琉球群岛,西达印度东北部。我国1种。

倒吊兰　　　　　　　　　　　　　图 800 彩片 362

Erythrorchis altissima（Bl.）Bl. Rumphia 1: 200. 1837.

Cyrtosia altissima Bl. Bijdr. 396. 1825.

蔓生藤本。茎多分枝，弯曲或旋转，长达数米。花序分枝长5-15厘米，有时侧生总状花序再分枝。苞片近三角形，长2-3毫米，无毛，宿存；花梗和子房长约8毫米，无毛；花白黄或淡黄色，稍具褐斑；萼片近长圆形，长1.2-1.5厘米，无毛；花瓣长圆形；唇瓣稍带褐色，近倒卵形，凹陷，长约1厘米，顶端微3裂，纵脊从基部延至中部；纵脊末端微叉状，上方有具毛肉质

图 800 倒吊兰 （引自《台湾兰科植物》）

胼胝体，两侧有多数具乳突垂直横纹；蕊柱长6-7毫米。果长圆筒状，长13-22厘米，径0.5-1厘米，淡红色，光滑。种子连翅宽不及1毫米，翅在一侧有裂隙。花期4-5月，果期8月。

产台湾及海南南部，生于海拔500米以下竹林或阔叶林下，攀援于树木或石上。印度东北部、东南亚、菲律宾及日本琉球群岛有分布。

59. 盂兰属 Lecanorchis Bl.

（陈心启 罗毅波）

腐生草本。根状茎圆柱状。茎纤细，近直立，疏生鳞片状鞘，无绿叶。总状花序顶生，常具数至10余花。苞片小，膜质；花常扭转；子房顶端和花序基部间具杯状物（副萼），杯状物上方靠近花被基部有离层；萼片与花瓣离生，相似；唇瓣有爪，爪缘与蕊柱合生成筒，稀不合生，上部3裂或不裂；唇盘常被毛或具乳头状突起，无距；蕊柱较细长，向顶端稍扩大，微棒状；花药顶生，2室；花粉团2，粒粉质，花粉团无柄，无明显粘盘。

约10种，分布于东南亚至太平洋岛屿，北达日本及我国南部。我国5-6种。

1. 唇瓣多少3裂，宽3毫米以上，下半部或基部爪缘与蕊柱合生成筒。
　　2. 萼片长1.1-1.4厘米；唇瓣中裂片被疏毛；蕊柱长约7毫米 ·················· 1. 盂兰 L. japonica
　　2. 萼片长1.8-2.5厘米；唇瓣中裂片被密毛；蕊柱长1.1-1.4厘米 ·················· 1（附）. 宝岛盂兰 L. cerina
1. 唇瓣不裂，宽约1.5毫米，不与蕊柱合生 ·················· 2. 全唇盂兰 L. nigricans

1. 盂兰　　　　　　　　　　　图 801 彩片 363

Lecanorchis japonica Bl. in Mus. Bot. Lugd. Bat. 2: 188. 1856.

植株高达33厘米。根状茎径5-6毫米。茎带白色，果期黑色，无绿叶，中下部具膜质，圆筒状鞘。花序长4-5厘米，具3-7花。苞片卵形或卵状披针形，长2.5-3毫米；花梗和子房长1.4-2厘米；杯状物高0.8-1毫米，宽约1毫米，有6齿；萼片倒披针形，长1.2-1.3厘米；花瓣与萼片相似；唇瓣有爪，爪边缘与蕊柱合生成筒，筒长3.5-4毫米；离生部分近倒卵形或倒卵状披针形，长8-9毫米，3裂；侧裂片半卵形；中裂片宽椭圆形，长约3毫米，边缘皱波状、有缺刻，上面疏被长柔毛；唇盘疏被长柔毛；蕊柱长约7毫米。蒴果直立。花期5-7月。

产福建西北部及湖南西南部,生于海拔850-1000米林下。日本有分布。

[附] **宝岛盂兰 Lecanorchis cerina** Fukuyama in Bot. Mag. Tokyo 49: 291. 1935. 与盂兰的区别:萼片长1.8-2.5厘米;唇瓣中裂片被密毛;蕊柱长1.1-1.4厘米。产台湾北部,生于海拔600-1100米林下。

2. 全唇盂兰

图 802

Lecanorchis nigricans Honda in Bot. Mag. Tokyo 45: 470. 1931.

植株高达40厘米。具坚硬根状茎。茎直立,常分枝,无绿叶,具数枚鞘。总状花序具数花;苞片卵状三角形,长2-4毫米;花梗和子房长约1厘米,紫褐色;花淡紫色;花被下方的浅杯状物(副萼)很小;萼片窄倒披针形,长1-1.6厘米,先端尖;侧萼片稍斜歪花瓣倒披针状线形,与萼片大小相近;唇瓣窄倒披针形,不与蕊柱合生,不裂,与萼片近等长,上面多少具毛;蕊柱细长,白色,长0.6-1厘米。花期不定,主要见于夏秋。

图 801 盂兰 (蔡淑琴绘)

产福建及台湾北部,生于林下阴湿处。日本(包括琉球群岛)有分布。

60. 朱兰属 Pogonia Juss.

(陈心启 罗毅波)

地生草本,较小,常有直生的短根状茎及细长稍肉质的根,有时有纤细走茎。茎中上部具1叶。叶草质至稍肉质,基部具抱茎的鞘,无关节。花常单朵顶生,稀2-3朵。苞片叶状,小于叶,宿存;萼片离生;花瓣常较萼片稍宽短;唇瓣3裂或近不裂,基部无距,前部或中裂片常有流苏状或髯毛状附属物;蕊柱细长,上端稍扩大,无蕊柱足;药床边缘啮蚀状;花药顶生,有短柄,向前俯倾;花粉团2,粒粉质,无花粉团柄与粘盘;柱头单一;蕊喙宽短,位于柱头上方。

4种,分布于东亚与北美。我国3种。

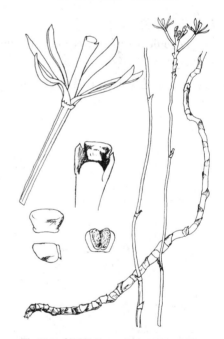

图 802 全唇盂兰 (引自《台湾兰科植物》)

1. 叶长圆形或长圆状披针形,长3-6厘米;叶与苞片间距为3-8厘米;苞片长2厘米以上 ······················· 1. 朱兰 **P. japonica**
1. 叶椭圆形,长1-3(-4.5)厘米;叶与苞片间距为1.5-2厘米;苞片长1-1.5厘米 ······················· 2. 云南朱兰 **P. yunnanensis**

1. 朱兰

图 803

Pogonia japonica Rchb. f. in Linnaea 25: 228. 1825.

植株高达25厘米。根状茎直生,具稍肉质根。茎中部或中上部具1叶。叶稍肉质,近长圆形或长圆状披针形,长3.5-6(-9)厘米,基部抱茎。苞

片叶状,长1.5-2.5(-4)厘米;花梗和子房长1-1.5(-1.8)厘米;花单朵顶生,常紫红或淡紫红色。萼片窄长

圆状倒披针形, 长1.5-2.2厘米, 中脉两侧不对称; 花瓣与萼片相似, 宽3.5-5毫米; 唇瓣近窄长圆形, 长1.4-2厘米, 向基部略收窄, 中部以上3裂; 侧裂片顶端有不规则缺刻或流苏, 中裂片舌状或倒卵形, 约占唇瓣全长2/5-1/3, 具流苏状齿缺; 唇瓣基部有2-3纵褶片延至中裂片, 褶片常靠合成

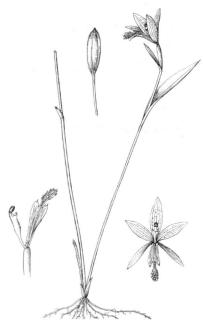

肥厚脊, 中裂片有鸡冠状流苏或流苏状毛; 蕊柱细, 长0.7-1厘米, 上部具窄翅。蒴果长圆形, 长2-2.5厘米。花期5-7月, 果期9-10月。

产黑龙江、吉林东部、内蒙古东北部、山东、浙江、福建、江西、湖北、湖南、广西、云南东北部、四川及贵州, 生于海拔400-2000米山顶草丛中、山谷旁林下、灌丛下湿地或其他湿润之地。日本、朝鲜半岛有分布。

图 803 朱兰 (蔡淑琴绘)

2. 云南朱兰 图 804

Pogonia yunnanensis Finet in Bull. Soc. Bot. France 44: 419. t. 13. 1897.

植株高达9厘米。根状茎短。茎中部以上具1枚叶。叶稍肉质, 近椭圆形, 长1-3(-4.5)厘米, 基部抱茎。苞片叶状, 长0.5-2厘米; 花梗和子房长5-8毫米; 花单朵顶生, 紫或粉红色, 不甚张开。萼片窄长圆形, 长1.4-1.7厘米; 花瓣近窄倒卵状长圆形, 与萼片近等长, 宽3.5-4毫米; 唇瓣近窄长圆形, 长1.3-1.5厘米, 在中部以上3裂; 侧裂片窄长, 肩状; 中裂片近线形, 约占唇瓣2/5, 具不规则齿缺,

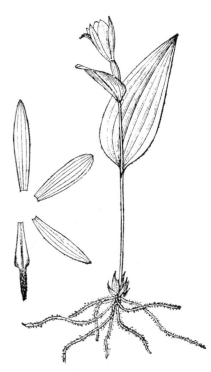

上面密被鸡冠状突起; 唇盘有2纵脊, 从基部延至中裂片基部, 靠合成肥厚脊状物; 蕊柱近直立或稍前弯, 长6-8毫米。蒴果直立, 倒卵状椭圆形, 长1-1.2厘米, 宽3.5-6毫米。花期6-7月, 果期10月。

产四川、云南西北部及西藏东南部, 生于海拔2300-3300米草地或冷杉林下。

图 804 云南朱兰 (张泰利绘)

61. 芋兰属 Nervilia Comm. ex Gaud.

(郎楷永)

地生草本。具块茎。叶1枚, 花凋后长出, 叶具褶皱, 基部心形, 全缘、波状或具角状齿, 具柄。先叶开花, 花葶细长, 具筒状鞘, 顶生总状花序具1-多花。苞片小或细长; 花梗细, 常下垂; 萼片和花瓣相似, 窄长, 唇瓣

基部无距，不裂或2-3裂；蕊柱棍棒状，无翅；药床多少突出，花药具不明显2室；花粉团2个，每个2裂，粒粉质，具短柄或无柄，无粘盘；蕊喙矮；柱头1个，位于蕊喙之下。

约50种，分布于亚洲、澳洲和非洲热带及亚热带地区。我国7种2变种。

1. 叶全缘或波状，非七角形；花序具2至多花。
　　2. 叶两面无毛；花序具3-5花；萼片和花瓣淡绿色，具紫色脉，唇瓣白色，具紫色脉，内面密被长柔毛，中裂
　　　　片横椭圆形；叶质薄，干后带黄色 ·· 1. 毛唇芋兰 N. fordii
　　2. 叶两面有毛。
　　　　3. 叶两面脉间稍具长柔毛，脉上无毛，下面淡绿色，质稍厚，干后带绿黄色；花序具（3）4-10花；萼片和花
　　　　　　瓣黄绿色，唇瓣3裂，内面脉上有长柔毛 ·································· 2. 广布芋兰 N. aragoana
　　　　3. 叶两面脉上、脉间和边缘均有粗毛，或上面脉间疏生刚毛，下面绿、紫红或暗红色；花序具2-3花；唇瓣
　　　　　　微3裂，内面无毛。
　　　　　　4. 叶两面脉上、脉间和边缘均有粗毛，上面暗绿色，有时带紫绿色，无绿色斑块，下面绿或暗红色，质厚，
　　　　　　　　干后绿色；苞片披针形，较子房连花梗短；萼片长2-2.5厘米，唇瓣白或淡红色，具紫色脉，内面无纵脊
　　　　　　　　·· 3. 毛叶芋兰 N. plicata
　　　　　　4. 叶上面脉间疏生刚毛，上面暗绿色，略有绿色斑块，下面紫红或略带紫红色，质薄；苞片倒披针形，较
　　　　　　　　子房连花梗长；萼片长1.2-1.7厘米；唇瓣紫红或淡紫色，内面具纵脊 ·················
　　　　　　　　··· 3（附）. 紫花芋兰 N. plicata var. purpurea
1. 叶七角形；花序具1花 ··· 4. 七角叶芋兰 N. mackinnonii

1. 毛唇芋兰　　　　　　　　　　　　　　　　图 805

Nervilia fordii (Hance) Schltr. in Engl. Bot. Jahrb. 45: 403. 1911.

Pogonia fordii Hance in Journ. Bot. 23: 247. 1885.

块茎球形，径1-1.5厘米。叶1枚，花凋后长出，淡绿色，质较薄，干后带黄色，叶心状卵形，长5厘米，宽约6厘米，先端尖，基部心形，边缘波状，两面脉上和脉间均无毛；叶柄长约7厘米。先叶开花，花葶高15-30厘米，下部具3-6鞘状鳞片。花序具3-5花。苞片线形，反折，较子房连花梗长；花梗细，多少下垂，半张开，萼片和花瓣淡绿色，具紫色脉，近等大，长1-1.7厘米，宽2-2.5毫米，线状长圆形；唇瓣白色，具紫色脉，倒卵形，长0.8-1.3厘米，宽6.5-7毫米，凹入，内面密生长柔毛，顶部毛密集成丛，基部楔形，前部3裂，侧裂片三角形，先端尖，直立，合抱蕊柱，中裂片横椭圆形，先端钝；蕊柱长6-8毫米。花期5月。

图 805 毛唇芋兰 （蔡淑琴绘）

产广东西部、广西及四川，生于海拔220-1000米山坡或沟谷林下。泰国有分布。

2. 广布芋兰　西藏芋兰　　　　　　　　　　图 806

Nervilia aragoana Goud. in Freyc. Voy. Bot. 1829: 422. t. 35. 1829.

Nervilia tibetensis Rolfe；中国高等植物图鉴 5: 655. 1976.

块茎球形。叶1枚，上面绿色，下面淡绿色，稍厚，干后带绿黄色，叶

心状卵形，长2.5-3.5厘米，宽2.5-4.5厘米，基部心形，边缘波状，脉上无毛，叶脉间稍被长柔毛；叶柄长2.5-4厘米。先叶开花，花葶高15-26厘米，下部具3-5鞘状鳞片。花序具（3）4-10花。苞片线状披针形，多少反折；花梗纤细，多少下垂，半张开，萼片和花瓣黄绿色，近等大，线状长圆形，长1.4-1.8厘米，宽2.5-2.9毫米；唇瓣白绿、白或粉红色，长1.2-1.7厘米，具紫色脉，内面脉上具长柔毛，基部楔形，3裂至中部，侧裂片常三角形，先端尖或平截，直立，合抱蕊柱，中裂片卵形、卵状三角形或近倒卵状四方形，顶部边缘多少波状；蕊柱长0.6-1毫米。花期5-6月。

产台湾、湖北西南部、四川、云南及西藏东南及南部，生于海拔400-2300米林下或沟谷。尼泊尔、锡金、印度、孟加拉国、东南亚、日本、澳大利亚及太平洋岛屿有分布。

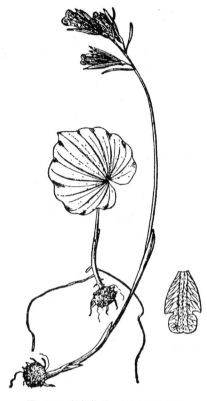

图 806 广布芋兰 （引自《图鉴》）

3. 毛叶芋兰　　　　　图 807 彩片 364

Nervilia plicata (Andr.) Schltr. in Engl. Bot. Jahrb. 45: 403. 1911.

Arethusa plicata Andr. in Bot. Reg. 5: t. 321. 1803.

块茎球形。叶1枚，上面暗绿色，有时带紫绿色，下面绿或暗红色，较厚，叶圆状心形，长7.5-11厘米，宽10-13厘米，全缘，两面脉上、脉间和边缘均有粗毛；叶柄长1.5-3厘米。花葶高12-20厘米，下部具2-3稍紫红色鞘状鳞片。花序具2（3）花。苞片披针形，花梗细，稍下垂，萼片和花瓣棕黄或淡红色，脉紫红色，线状长圆形，长2-2.5厘米，唇瓣带白或淡红色，脉紫红色，凹入，近菱状长椭圆形，长1.8-2厘米，内面无毛，近中部具3微裂，侧裂片合抱蕊柱；中裂片近四方形，先端常略凹；蕊柱长约1厘米。花期5-6月。

产福建东南部、广东、香港、广西中部、甘肃南部、四川及云南西南部，生于海拔500-1000米林下或沟谷。锡金、印度、孟加拉国、东南亚及澳大利亚有分布。块茎药用，止咳、益肾、止痛。

[附] **紫花芋兰 Nervilia plicata** var. **purpurea** (Hayata) S. S. Ying, Col. Illustr. Indig. Orch. Taiwan 2: 276. 606. pl. 32. 1990. —— *Pogonia purpurea* Hayata in Journ. Coll. Sci. Univ. Tokyo 30(1): 345. 1911. 本变

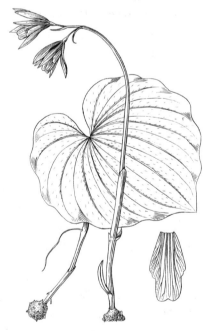

图 807 毛叶芋兰 （蔡淑琴绘）

种与模式变种的区别：叶质薄，上面暗绿略具绿色斑块，脉间具疏生刚毛，下面紫红或略带紫红色；苞片倒披针形，较子房连花梗长；萼片长1.2-

1.7厘米,唇瓣紫红或淡紫色,内面具纵脊。产台湾南部,生于海拔200-500米山地林下。

4. 七角叶芋兰   图 808

Nervilia mackinnonii（Duthie）Schltr. in Engl. Bot. Jahrb. 45: 402. 1911.

Pogonia mackinnonii Duthie in Journ. Asiat. Soc. Bengal. 71(2): 43. 1902.

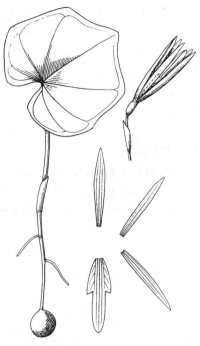

图 808 七角叶芋兰 （吴彰桦绘）

块茎球形。叶1枚,绿色,七角形,长2.5-4.5厘米,宽3.7-5厘米,具7条主脉;叶柄长4-7厘米。花葶高7-10厘米,具2-3疏生筒状鞘,花序具1花。苞片卵形,长约2.5毫米,较子房连花梗短;花梗细,长约2.5毫米;萼片淡黄色,带紫红色,线状披针形,长1.5-1.7厘米,宽约2毫米;花瓣与萼片相似,唇瓣凹入,内面具3条粗脉,无毛,白色,长圆形,长1.4厘米,宽5毫米,近中部3裂,侧裂片小,直立,紧靠蕊柱两侧,中裂片长圆形,长7.5毫米,先端钝;蕊柱细,长6-7毫米。花期5月。

产云南东南部及贵州南部,生于海拔900-1000米林下。印度有分布。

62. 天麻属 Gastrodia R. Br.
（陈心启 罗毅波）

腐生草本。根状茎常平卧,稍肉质,节常较密。茎直立,常黄褐色,无绿叶,节被筒状或鳞片状鞘。总状花序顶生,具数花至多花,稀单花。萼片与花瓣合生成筒,上端分离;唇瓣贴生蕊柱足末端,藏于花被筒内;蕊柱长,具窄翅,蕊柱足短;花药较大,近顶生,花粉团2个,无柄,粒粉质,常由小团块组成,无粘盘。

约20种,分布于东亚、东南亚至大洋洲。我国13种。

1. 花梗和子房短于或等长于苞片 ·········· 1. 天麻 G. elata
1. 花梗和子房长于苞片 ·········· 2. 南天麻 G. javanica

1. 天麻   图 809 彩片 365

Gastrodia elata Bl. Mus. Bot. Ludg. Bat. 2: 174. 1856.

植株高达1.5米。根状茎块茎状,椭圆形,长8-12厘米。茎橙黄或蓝绿色,无绿叶,下部被数枚膜质鞘。花序长达30(-50)厘米,具30-50花。花梗和子房长0.7-1.2厘米;花扭转,橙黄或黄白色,近直立;花被筒长约1厘米,径5-7毫米,近斜卵状圆筒形,顶端具5裂片,两枚侧萼片合生处的裂口深达5毫米,筒基部向前凸出;外轮裂片（萼片离生部分）卵状三角形,内轮裂片（花瓣离生部分）近长圆形,唇瓣长圆状卵形,长6-7毫米,3裂,基部贴生蕊柱足末端与花被筒内壁有1对肉质胼胝体,上部离生,上面具乳突,边缘有不规则短流苏;蕊柱长5-7毫米,蕊柱足短。蒴果倒

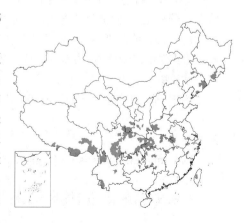

卵状椭圆形,长1.4-1.8厘米。花果期5-7月。

产吉林东部、辽宁东部、内蒙古、河北西南部、山西东南部、陕西南部、甘肃南部、江苏西南部、安徽、浙江、江西西北部、台湾、河南、湖北、湖南、贵州、四川、云南及西藏,生于海拔400-3200米疏林下、林中空地、林缘、灌丛边缘。尼泊尔、不丹、印度、日本、朝鲜半岛至西伯利亚有分布。

2. 南天麻   图 810

Gastrodia javanica (Bl.) Lindl. Gen. Sp. Orch. Pl. 384. 1840.

Epiphanes javanica Bl. Bijdr. 8: 421. t. 4. 1825.

植株高达80厘米。根状茎近圆柱形。茎直立,无绿叶,下部疏生数枚鳞片状鞘。花序长5-20厘米,具4-18花。苞片长3-4毫米;花梗和子房长5-6毫米;花浅灰褐或黄绿色,近中脉有紫色条纹;花被筒长约1厘米,近斜卵状圆筒形,顶端具5裂片,两枚侧萼片裂口深达近基部,唇瓣多少外露,筒基部略向前方凸出;花被裂片宽卵圆形,长2.5-3毫米,外轮裂片(萼片离生部分)略大于内轮裂片(花

瓣离生部分);唇瓣爪贴生蕊柱足末端,爪长3-4毫米,上面有2枚胼胝体,上部卵圆形,长5-6毫米;蕊柱长6-8毫米,具翅,有蕊柱足。花期6-7月。

产台湾兰屿,生于林下。菲律宾、日本琉球群岛、泰国、马来西亚、印度尼西亚有分布。

图 809 天麻 (蔡淑琴绘)

63. 双唇兰属 Didymoplexis Griff.
(陈心启 罗毅波)

腐生草本。根状茎肉质,颈部生少数须根。茎纤细,直立,无绿叶,被少数鳞片状鞘。总状花序顶生,具1花或密生数花。苞片较小;花小,扭转;萼片和花瓣基部合生成浅杯状,中萼片与花瓣合生部分达中部形成盔状覆盖蕊柱上方,两侧萼片合生部分达中部,唇瓣基部着生蕊柱足,离生,常有疣状突起或胼胝体;蕊柱长,上端有时具2短耳,无臂状物,蕊柱足短;花药生于顶端背侧,花丝短,花粉团4个,无柄,成2对,粒粉质,附着于粘质物。

约20种,分布于非洲、亚洲和大洋洲,主产热带地区。我国1种。

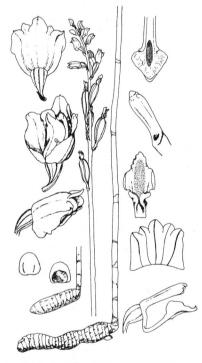

图 810 南天麻 (引自《台湾兰科植物》)

双唇兰   图 811

Didymoplexis pallens Griff. in Calcutta Journ. Nat. Hist. 4: 383. t. 17. 1844.

植株高达8厘米。根状茎梭形或稍念珠状,淡褐色,具2-3条根。茎淡

褐或近红褐色,无绿叶,有3-5鳞片状鞘。花序具4-8花。花梗和子房长0.9-1.2厘米;花白色;中萼片与花

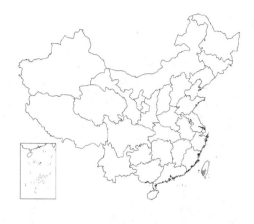

瓣形成的盔长约9毫米，裂片卵状三角形，长4-4.5毫米，凹入，覆盖蕊柱上方，两枚侧萼片合生达1/2以上，侧萼片与花瓣合生长约3毫米，唇瓣倒三角状楔形，长4.5-5毫米，先端近平截稍啮蚀状，两侧直立，多少靠近蕊柱，唇盘有多数褐色疣状突起；蕊柱稍前弯，顶端扩大，长约4毫米，蕊柱足稍弯曲，

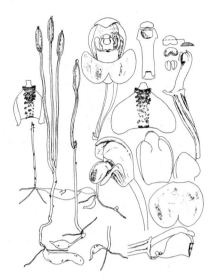

图 811 双唇兰 （引自《台湾兰科植物》）

长2-3毫米。蒴果圆柱状或窄长圆形，长达2.2厘米。花果期4-5月。

产台湾南部，生于低海拔地带灌丛中。锡金、印度、孟加拉国、泰国、马来西亚、印度尼西亚、菲律宾、澳大利亚、太平洋岛屿及日本琉球群岛有分布。

64. 锚柱兰属 Didymoplexiella Garay

（陈心启 罗毅波）

腐生草本。根状茎块状，肉质，具少数根。茎直立，纤细，无绿叶，具少数鳞片状鞘。总状花序顶生，具数朵或多花，花序轴上部有时增粗。苞片很小；花小，扭转；萼片和花瓣多少合生成浅杯状或筒状；中萼片和花瓣合生达中部，两枚侧萼片合生达中部，侧萼片与花瓣近基部合生，唇瓣贴生蕊柱基部，与萼片和花瓣分离，常具胼胝体；蕊柱长，稍前倾，上端具2个长镰状翅，蕊柱足不明显，花药药帽具乳突，花丝明显，花粉团4个，无柄，成2对，着生粘质物。

约6种，分布于泰国、马来西亚和印度尼西亚，北达我国东南部。我国1种。

锚柱兰

图 812

Didymoplexiella siamensis (Rolfe ex Downie) Seidenf. in Bot. Tidsskr. 67: 99. 1972.

Leucolaena siamensis Rolfe ex Downie in Kew Bull. 1925: 416. 1925.

茎长达30厘米，具2-3鳞片状鞘。花序具10-20花。苞片长约2毫米；花白或带淡红色；花被筒长约5毫米；中萼片与花瓣合生达花被1/2，两枚侧萼片合生达2/3，与花瓣近基部合生；唇瓣匙形，长约6毫米，先端微凹；蕊柱有下弯的长臂。花期4-7月。

产台湾南部及海南南部，生于林下阴处。泰国及日本有分布。

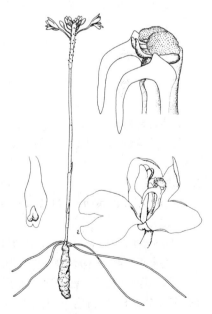

图 812 锚柱兰 （引自《Dansk. Bot. Ark.》）

65. 肉药兰属 Stereosandra Bl.

（陈心启 罗毅波）

腐生草本，高达30厘米。块茎纺锤状，直生。茎直立，稍肉质，无绿叶，中下部被数枚鳞片状或圆筒状鞘。总状花序顶生，具数朵至10余花。苞片长6-7毫米；花梗和子房长约1厘米；花稍下垂，不甚张开；萼片与花瓣相似，离生，披针形，长7-9毫米；唇瓣卵状披针形，长约8毫米，宽约3.5毫米，边缘波状内弯，基部具2胼胝体；蕊柱近圆柱形，无足，花药着生蕊柱背面基部，近直立，花丝宽，较蕊柱长；花粉团2个，粒粉质，由小团块组成，同具一个花粉团柄，无粘盘；柱头生于蕊柱顶端，蕊喙不明显。蒴果椭圆形，长约7毫米。

单种属。

肉药兰

图 813

Stereosandra javanica Bl. Mus. Bot. Lugd. Bat. 2: 176. 1856.

形态特征同属。

产台湾南部及云南南部，生于海拔1200米以下常绿林下。日本琉球群岛、菲律宾、印度尼西亚、马来西亚、泰国和新几内亚岛有分布。

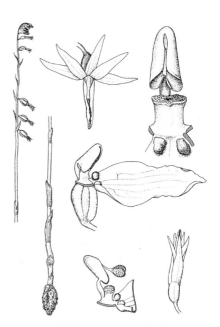

图 813 肉药兰 （引自《Dansk. Bot. Ark.》）

66. 虎舌兰属 Epipogium Gmelin ex Borhausen

（陈心启 罗毅波）

腐生草本。根状茎珊瑚状；块茎肉质。茎直立，有节，肉质，无绿叶，常黄褐色，疏被鳞片状鞘。总状花序顶生，具数朵或多花。苞片较小；子房膨大；花稍下垂；萼片与花瓣相似，离生，有时多少靠合；唇瓣较宽，肉质，凹入，基部具宽距，唇盘常有带疣状突起的纵脊或褶片；蕊柱短，无足；花药前倾，肉质；花粉团2个，有裂隙，松散粒粉质，由小团块组成，各具1个纤细的花粉团柄和1个共同的粘盘；柱头生于蕊柱前方近基部，蕊喙较小。

2种，分布于欧洲、亚洲温带及热带地区、大洋洲、非洲热带地区。我国均产。

1. 块茎近椭圆形；唇瓣不裂，距长3-4.5毫米，径1.2-1.8毫米 ·················· 1. 虎舌兰 E. roseum
1. 根状茎珊瑚状；唇瓣近基部3裂，距长5-8毫米，径4-5毫米 ·················· 2. 裂唇虎舌兰 E. aphyllum

1. 虎舌兰

图 814 彩片 366

Epipogium roseum (D. Don) Lindl. in Journ. Linn. Soc. Bot. 1: 177. 1857.

Limodorum roseum D. Don, Prodr. Fl. Nepal. 30. 1825.

植株高达45厘米。块茎近椭圆形，长2-5厘米。茎白色，具4-8枚鞘，鞘白色，膜质，抱茎。花序具6-16花。苞片膜质，长0.7-1.2厘米；花梗纤细，长3-7毫米；花白色；萼片线状披针形或宽披针形，长0.8-1.1厘米，宽2-3毫米，花瓣常略短而宽于萼片；唇瓣凹入，卵状椭圆形，长0.8-1.2厘米，唇盘常有2条密生小疣的纵脊，稀纵脊不明显；距圆筒状，长3-4.5毫米，径1.2-1.8毫米；蕊柱粗，长2.5-3.5毫米。蒴果宽椭圆形，长5-7毫米。

花果期4-6月。

产台湾、广东北部、海南、四川中北部、云南南部及西藏东南部，生于海拔500-1600米林下或沟谷荫蔽处。印度、尼泊尔、锡金、东南亚、日本、大洋洲和非洲热带地区有分布。

2. 裂唇虎舌兰 图 815 彩图 367

Epipogium aphyllum（F. W. Schmidt）Sw. in Sum. Veg. Scand. 32. 1814.

Orchis aphylla F. W. Schmidt in Mayer, Samml. Phys. Auf. 1: 240. 1791.

植株高达30厘米。根状茎珊瑚状。茎具数枚膜质鞘，抱茎。花序具2-6花。苞片窄卵状长圆形，长6-8毫米；花梗纤细，长3-5毫米；花黄色带粉红或淡紫色晕；萼片披针形或窄长圆状披针形，长1.2-1.8厘米；花瓣常略宽于萼片，唇瓣近基部3裂，侧裂片直立，近长圆形或卵状长圆形，长3-3.5毫米，中裂片卵状椭圆形，长0.8-1厘米，近全缘，多少内卷，内面常有4-6紫红色皱波状纵脊，距长5-8毫

图 814 虎舌兰 （冯晋庸绘）

米，径4-5毫米，末端圆；蕊柱粗，长6-7毫米。花期8-9月。

产黑龙江、吉林东部、辽宁北部、内蒙古东北部、山西东北部、甘肃南部、新疆北部、四川、云南西北部及西藏东南部，生于海拔1200-3600米林下、岩隙或苔藓地，在东北及内蒙古生于海拔1200米以下。锡金、印度西北部、克什米尔、日本、朝鲜半岛、西伯利亚至欧洲有分布。

67. 白及属 Bletilla Rchb. f.

（郎楷永）

地生草本。茎基部具膨大假鳞茎及残留假鳞茎，假鳞茎具荸荠状环带，肉质，富粘性，生数条细根。叶（2）3-6枚，互生，叶与叶柄间有关节，叶柄卷抱。总状花序顶生，常具数花，不分枝，稀分枝，花序轴常成"之"字曲折。苞片花时常凋落；花紫红、粉红、黄或白色，倒置（唇瓣位于下方）；萼片与花瓣相似，近等长；唇瓣中部以上常3裂，侧裂片直立，多少抱蕊柱，唇盘具5纵褶片，基部无距；蕊柱细长，无蕊柱足，两侧具翅，先端药床的侧裂片常略宽圆形，后侧中裂片齿状；花药着生于药床的齿状中裂片，帽状，内屈或近悬垂，具或多或少分离的2室；花粉团8个，2群，每室4枚，对生，粒粉质，柄不明显，无粘盘；柱头1个，横的，位于蕊喙之下。

6种，分布于亚洲缅甸北部经我国至日本。我国4种。假鳞茎药用，止血、补肺、止痛。

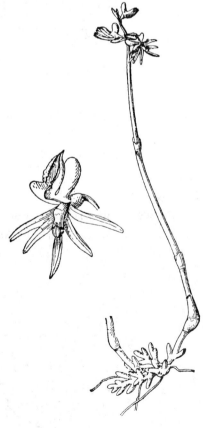

图 815 裂唇虎舌兰 （引自《图鉴》）

1. 萼片和花瓣紫红或粉红色,稀白色,唇瓣侧裂片先端尖或稍尖,伸至中裂片。

  2. 萼片和花瓣长均1.5-2.1厘米,唇瓣中裂片边缘微波状,先端中部常不凹缺,唇盘5条脊状褶片从基部至中裂片均波状;叶线状披针形 ·· 1. **小白及 B. formosana**

  2. 萼片和花瓣长均2.5-3厘米;唇瓣中裂片具波状齿,先端中部凹缺,唇盘5条脊状褶片在中裂片为波状;叶长圆状披针形或窄长圆形 ·· 2. **白及 B. striata**

1. 萼片和花瓣黄色,或外面黄绿色,内面黄白色,稀近白色,唇瓣侧裂片先端钝,几不伸至中裂片,唇盘5条脊状褶片在唇瓣中裂片上面波状;叶长圆状披针形 ·· 3. **黄花白及 B. ochracea**

1. 小白及

图 816 彩片 368

Bletilla formosana(Hayata)Schltr. in Fedde, Repert. Sp. Nov. 10: 256. 1911.

Bletia formosana Hayata in Journ. Coll. Sci. Univ. Tokyo 30(1): 323. 1911.

Bletilla yunnanensis Schltr. ex Limpricht;中国高等植物图鉴 5: 653. 1976.

图 816 小白及 (引自《图鉴》)

植株高达50厘米。假鳞茎扁卵圆形。茎具3-5叶。叶线状披针形、窄披针形或窄长圆形,长6-20(-40)厘米,宽0.5-1(2-4.5)厘米。花序具(1)2-6花。苞片长圆状披针形;花淡紫或粉红色,稀白色;萼片和花瓣窄长圆形,长1.5-2.1厘米,近等大,萼片先端近尖;花瓣先端稍钝,唇瓣椭圆形,长1.5-1.8厘米,中部以上3裂,侧裂片斜半圆形,合抱蕊柱,先端稍尖,常伸达中裂片1/3以上,中裂片近圆形或近倒卵形,长4-5毫米,边缘微波状,先端钝圆,稀略凹缺,唇盘具5条脊状褶片,褶片从基部至中裂片均波状,蕊柱长1.2-1.3厘米。花期4-5(6)月。

产河南、陕西南部、甘肃东南部、西藏东南部、云南、贵州、四川、广西、湖南西南部、江西北部及台湾,生于海拔600-3100米林下、沟谷草地、草坡或岩缝中。日本(琉球)有分布。

2. 白及

图 817 彩片 369

Bletilla striata(Thunb.ex Murr)Rchb. f. in Bot. Zeit. 36: 75. 1878.

Limodorum striata Thunb. ex Murr. in Linnaeus Syst. Veg. 14: 816. 1784.

图 817 白及 (蔡淑琴绘)

植株高达60厘米。假鳞茎扁球形。茎粗壮。叶4-6,窄长圆形或披针形,长8-29厘米,宽1.5-4厘米。花序具3-10花。苞片长圆状披针形,长2-2.5厘米;花紫红或淡红色;萼片和花瓣近等长,窄长圆形,长2.5-3厘米;花瓣较萼片稍宽,唇瓣倒卵状椭圆形，长2.3-2.8厘米，白色带紫红色，唇盘具5条纵褶片，从基部伸至中裂片近顶部，在中裂片波状，在中部以上3裂，侧裂片直立，合抱蕊柱，先端稍钝，宽1.8-2.2厘米，伸达中裂片1/3，中裂片倒卵形或近四方形，长约8毫米，宽约7毫米，先端凹缺，具波状齿；蕊柱长1.8-2厘米。花期4-5月。

产江苏、安徽、浙江、福建西北部、江西、湖北、湖南、广东、香港、广

西、贵州、四川、陕西南部及甘肃东南部，生于海拔100-3200米常绿阔叶林、栎林、针叶林下或岩缝中。朝鲜半岛及日本有分布。

3. 黄花白及　　　　　　　图 818 彩片 370

Bletilla ochracea Schltr. in Fedde, Repert. Sp. Nov. 12: 105. 1913.

植株高达55厘米。假鳞茎扁斜卵形。茎常具4叶。叶长圆状披针形，长8-35厘米，宽1.5-2.5厘米。花序具3-8花。花黄色或萼片和花瓣外面黄绿色，内面黄白色，稀近白色；苞片长圆状披针形，长1.8-2厘米，花时凋落；萼片和花瓣近等长，长圆形，长1.8-2.3厘米，外面常具细紫点，唇瓣白或淡黄色，椭圆形，长1.5-2厘米，在中部以上3裂，侧裂片斜长圆形，直立，合抱蕊柱，先端钝，几不伸至中裂

图 818 黄花白及 （蔡淑琴绘）

片，中裂片近正方形，边缘微波状，先端微凹，唇盘具5条脊状褶片，褶片在中裂片波状；蕊柱长1.5-1.8厘米。花期6-7月。

产陕西南部、甘肃东南部、河南、湖北西部、湖南、广东北部、广西

北部、贵州、四川及云南，生于海拔300-2350米常绿阔叶林、针叶林、灌丛、草丛中或沟边。

68. 宽距兰属 Yoania Maxim.

（陈心启 罗毅波）

腐生草本，地下具肉质根状茎，根状茎分枝或有时呈珊瑚状。茎肉质，直立，稍粗壮，无绿叶，具多枚鳞片状鞘。总状花序顶生，具数朵至10余朵。花梗与子房较长；花中等大，肉质；萼片与花瓣离生，花瓣常较萼片宽短；唇瓣凹陷成舟状，有短爪，着生于蕊柱基部，唇盘下方具1个宽距；距向前方伸展，与唇瓣前部平行，顶端钝；蕊柱宽，直立，顶端两侧各有1个臂状物，蕊柱足短；花药2室，宿存，顶端有长喙；花粉团4个，成2对，粒粉质，由可分的小团块组成，无明显的花粉团柄，具1个粘盘；柱头凹陷，宽大；蕊喙不明显。

2种，分布于日本、我国至印度北部。我国1种。

宽距兰　　　　　　　　　图 819

Yoania japonica Maxim. in Bull. Acad. Imp. Sci. St. Pétersb. 18: 68. 1872.

腐生草本，高约10厘米。根状茎肉质，分枝。茎直立，肉质，淡红白色，散生数枚鳞片状鞘。总状花序顶生，具3-5花。苞片卵形或宽卵形，长5-7毫米；花梗和子房长达3厘米；花淡红紫色；萼片卵状长圆形或卵状椭圆形，长2.1-2.4厘米，宽1.1-1.3厘米；花瓣宽卵形，长约2厘米，宽达1.4厘米；唇瓣凹陷成舟状，长约2厘米，宽约1厘米，前部平展呈卵形，具纵列乳突；距宽，向前伸展，与唇瓣前部平行，长7-8毫米，径3.5-4毫米，

顶端钝；蕊柱宽扁，腹面多少凹陷，长1.2-1.3厘米，宽6-7毫米，顶端臂状附属物长约2毫米，基部蕊柱足很短，两侧向下延伸，长达1.5毫米。花期6-7月。

产湖南西南部、江西西北部、浙江西南部、福建西北部及台湾，生于海拔1800-2000米山坡草丛中或林下。日本有分布。

69. 羊耳蒜属 Liparis L. C. Rich.
（陈心启 罗毅波）

地生或附生草本。具被有膜质鞘的假鳞茎或具多节的肉质茎。叶1至数枚，基生或茎生（地生种类），或生于假鳞茎顶端或近顶端节上（附生种类），多脉，多少具柄。花葶顶生，常稍扁圆柱形，两侧具窄翅，总状花序具多花。萼片相似，常离生；花瓣线形或丝状；唇瓣上部或上端常反折，基部或中部常有胼胝体，无距；蕊柱较长，上部两侧常多少具翅，无蕊柱足；花药俯倾，稀直立；花粉团4个，成2对，蜡质，无明显的花粉团柄和粘盘。蒴果常多少具3钝棱。

约250种，广布于热带及亚热带地区，少数种类产北温带。我国52种。

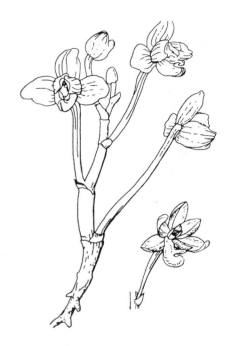

图 819 宽距兰 （引自《福建植物志》）

1. 叶草质或膜质，叶柄无关节；常地生。
  2. 叶1枚。
    3. 苞片三角形或三角状披针形，长0.5-1毫米；叶卵形、心形或卵状椭圆形，长于鞘状叶柄；唇瓣有褶片、凹穴或胼胝体 ·················· 1. **心叶羊耳蒜 L. cordifolia**
    3. 苞片披针形，长6-9毫米；叶长圆形或椭圆状长圆形，短于鞘状叶柄或近等长；唇瓣无褶片或胼胝体 ······
    ·· 2. **方唇羊耳蒜 L. glossula**
  2. 叶2至多枚。
    4. 根状茎细长，假鳞茎相距2-4厘米 ·················· 13. **柄叶羊耳蒜 L. petiolata**
    4. 无细长根状茎。
      5. 肉质茎圆筒状、多节。
        6. 花淡绿色，中萼片长1.4-1.5厘米 ·················· 11. **插天山羊耳蒜 L. sootenzanensis**
        6. 花紫红色，中萼片长0.8-2厘米。
          7. 唇瓣长约6毫米，中萼片长0.8-1厘米 ·················· 9. **见血青 L. nervosa**
          7. 唇瓣长1-1.5厘米，中萼片长1.6-2厘米 ·················· 10. **紫花羊耳蒜 L. nigra**
      5. 无圆筒状、多节肉质茎，具包于叶鞘的假鳞茎。
        8. 叶常3-6，线形或线状披针形，长较宽大3-10倍。
          9. 叶长较宽大3-5倍 ·················· 8. **香花羊耳蒜 L. odorata**
          9. 叶长较宽大8-10倍 ·················· 12. **锈色羊耳蒜 L. ferruginea**
        8. 叶常2，稀3枚，卵形、长圆形、椭圆形或其他形状，长较宽大1-2倍。
          10. 苞片长4-7毫米。
            11. 叶2，平展；苞片反折；唇瓣有肥厚暗色纵带 ·················· 7. **折苞羊耳蒜 L. tschangii**
            11. 叶2-3，近直立或斜立；苞片常平展；唇瓣无上述纵带 ·················· 8. **香花羊耳蒜 L. odorata**
          10. 苞片长1-2（3）毫米。
            12. 唇瓣基部无胼胝体或褶片状附属物。

13. 叶长6-16厘米，宽2-7厘米；花常淡绿色，有时带淡紫或粉红色，唇瓣有不明显细齿或近全缘 ························

·· 3. 羊耳蒜 **L. japonica**

13. 叶长2-5.5厘米，宽0.8-2（3）厘米；花常淡紫色，唇瓣具细齿 ············ 4. 齿唇羊耳蒜 **L. campylostalix**

12. 唇瓣基部具胼胝体或褶片状附属物。

14. 叶缘皱波状，具不规则细齿；唇瓣长1.5-2厘米 ························ 6. 长唇羊耳蒜 **L. pauliana**

14. 叶全缘或稍皱波状；唇瓣长8-9毫米 ································ 5. 二褶羊耳蒜 **L. cathcartii**

1. 叶纸质或厚纸质，叶柄与假鳞茎有关节相连，常附生。

15. 每个假鳞茎具1叶。

16. 假鳞茎平卧或近平卧，新假鳞茎生于老假鳞茎近顶端。

17. 假鳞茎近长圆形，长约5毫米；萼片具3脉，唇瓣近倒卵状长圆形，中部不皱缩 ························

·· 20. 平卧羊耳蒜 **L. chapaensis**

17. 假鳞茎圆柱形，长0.7-1.4厘米；萼片具1脉，唇瓣中部略缢缩，呈提琴形 ··· 21. 小羊耳蒜 **L. fargesii**

16. 假鳞茎直立或斜立，生于根状茎。

18. 花梗和子房长1.5-2.2厘米，长于苞片。

19. 中萼片长3.5-6毫米 ································ 14. 镰翅羊耳蒜 **L. bootanensis**

19. 中萼片长0.9-1.1厘米。

20. 假鳞茎在根状茎上相距1.5-4厘米 ················ 16. 保亭羊耳蒜 **L. bautingensis**

20. 假鳞茎在根状茎上相距不及1厘米 ················ 15. 圆唇羊耳蒜 **L. balansae**

18. 花梗和子房长3-5毫米，短于或等长于苞片。

21. 中萼片长1.5-1.8毫米；蕊柱上部无钩状翅 ············ 17. 丛生羊耳蒜 **L. caespitosa**

21. 中萼片长3.5-6毫米；蕊柱上部具钩状翅，稀翅窄不为钩状。

22. 叶长（5-）8-22厘米；花梗和子房长于苞片，唇瓣基部有2胼胝体 ························

·· 14. 镰翅羊耳蒜 **L. bootanensis**

22. 叶长2-5（-7）厘米；花梗和子房近等长于苞片，唇瓣基部无或具1个不明显胼胝体。

23. 唇瓣基部无胼胝体 ················ 18. 长苞羊耳蒜 **L. inaperta**

23. 唇瓣基部具1胼胝体 ················ 19. 广东羊耳蒜 **L. kwangtungensis**

15. 每个假鳞茎具2-5叶。

24. 每个假鳞茎具3-5叶。

25. 蕊柱上部前面及下部两侧各具2翅，翅无丝状物，唇瓣先端平截 ······ 28. 小巧羊耳蒜 **L. delicatula**

25. 蕊柱具1对半圆形宽翅，每翅前方有下垂丝状体，唇瓣先端圆钝 ····· 29. 蕊丝羊耳蒜 **L. resupinata**

24. 每个假鳞茎具2叶。

26. 萼片长（0.8-）1-1.6厘米；蒴果长1.5-1.8厘米 ················ 25. 大花羊耳蒜 **L. distans**

26. 萼片长2-6毫米；蒴果长4-8毫米。

27. 假鳞茎圆柱形或窄圆锥状圆柱形，长5厘米以上。

28. 假鳞茎在细长根状茎上相距2-4厘米 ·········· 23. 细茎羊耳蒜 **L. condylobulbon**

28. 假鳞茎在粗壮根状茎上相距不及1厘米，至少在同一植株多数假鳞茎如此。

29. 假鳞茎短于叶；叶长较宽大5倍 ·········· 22. 长茎羊耳蒜 **L. viridiflora**

29. 假鳞茎长于叶；叶长较宽大3-4倍 ·········· 24. 折唇羊耳蒜 **L. bistriata**

27. 假鳞茎长圆形、卵形或其他形状，长不及5厘米。

30. 唇瓣具胼胝体或肥厚纵褶片 ·················· 26. 扇唇羊耳蒜 **L. stricklandiana**

30. 唇瓣无胼胝体或肥厚纵褶片 ·················· 27. 扁球羊耳蒜 **L. elliptica**

1. 心叶羊耳蒜　　　　　　　　　图 820 彩片 371

Liparis cordifolia Hook. f. in Hook. Icon. Pl. 19: t. 1811. 1889.

地生草本。假鳞茎聚生，密集，卵形，稍扁。叶1枚，卵形、心形或
卵状椭圆形，长6-10厘米，基部鞘状柄长2-3厘米，包花葶基部。花葶长达12(-25)厘米，花序梗两侧有窄翅，花序常具10余花。苞片三角状披针形，长0.5-1毫米；花梗和子房长0.6-1厘米；花绿或淡绿色；萼片线状披针形或近线形，长6-7毫米，宽约1.8毫米，边缘外卷；花瓣丝状或窄线形，长6-7毫米，宽约0.5毫米，唇瓣倒卵状三

图 820 心叶羊耳蒜 （冀朝祯绘）

角形，上部宽约6毫米，先端平截，具短尖，两侧稍皱波状，上部具啮蚀状细齿，基部窄，近基部有凹穴，凹穴上方有1对不明显胼胝体，中脉粗，稍隆起；蕊柱长4-5毫米，上部有近方形翅；一侧宽约1毫米。花期10-12月。
　　产台湾、广西西南部及云南东南部，生于海拔1000-2000米林中富含腐殖土地方、岩缝中或树杈积土。尼泊尔、锡金及印度东北部有分布。

2. 方唇羊耳蒜　　　　　　　　　图 821

Liparis glossula Rchb. f. in Linnaea 41: 44. 1876.

地生草本。假鳞茎聚生、密集，卵形，长约1厘米，被白色薄膜质鞘。叶1枚，长圆形或椭圆形，膜质或草质，长8-15厘米，基部鞘状柄长4.5-12厘米，无关节。花葶长达22厘米，花序梗两侧具窄翅，花序长达12厘米，具数朵至20余花。苞片披针形，长6-9毫米；花紫红色，稍疏离；萼片线状披针形，长1-1.3厘米，边缘外卷；花瓣丝状或窄线形，长1-1.2厘米，宽约0.7毫米，唇瓣近方形或宽长圆

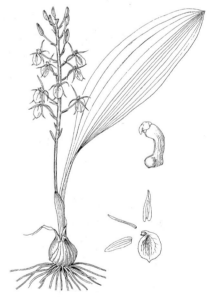

图 821 方唇羊耳蒜 （冀朝祯绘）

形，长约1厘米，先端近截平，具短尖，中央深色纵带，无胼胝体；蕊柱长4-5毫米，上端略具翅，基部有2个胼胝体，药帽前方有喙。花期7月。
　　产云南东南部及西藏西南部，生于海拔2200-3150米林下、林缘或山坡灌丛中。尼泊尔、锡金和印度东北部有分布。

3. 羊耳蒜　　　　　　　　　图 822 彩片 372

Liparis japonica (Miq.) Maxim. in Bull. Acad. Imp. Sci. St. Pétersb. 31: 102. 1887.

Microstylis japonica Miq. in Ann. Mus. Bot. Ludg.-Bat. 2: 203. 1865.

地生草本。假鳞茎卵形，长0.5-1.2厘米，被白色薄膜质鞘。叶2枚，

卵形或近椭圆形,膜质或草质,长5-10(-16)厘米,基部成鞘状柄,无关节。花葶长达50厘米,花序具数朵至10余花。苞片长2-3毫米;花常淡绿色,有时粉红或带紫红色;萼片线状披针形,长7-9毫米,宽1.5-2毫米;侧萼片稍斜歪;花瓣丝状,长7-9毫米,宽约0.5毫米,唇瓣近倒卵形,长6-8毫米,

有不明显细齿或近全缘,基部渐窄;蕊柱长2.5-3.5毫米,上端略有翅,基部扩大。蒴果倒卵状长圆形,长0.8-1.3厘米,宽4-6毫米;果柄长5-9毫米。花期6-8月,果期9-10月。

产黑龙江、吉林、辽宁东南部、内蒙古东部、河北、山西南部、陕西南部、甘肃南部、青海东北部、山东东部、河南、安徽、湖南西部、贵州、四川、云南东北部及西藏东部,生于海拔1100-2750米林下、灌丛中或草地。日本、朝鲜半岛及俄罗斯远东地区有分布。

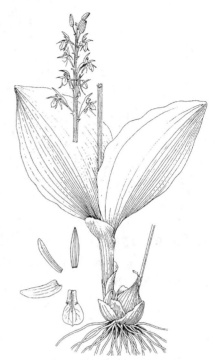

图 822 羊耳蒜 (冀朝祯绘)

4. 齿唇羊耳蒜　　　　图 823

Liparis campylostalix Rchb. f. in Linnaea 41: 45. 1877.

地生草本。假鳞茎宽卵形,长0.5-1厘米,径0.6-1厘米,被白色薄膜质鞘。叶2枚,卵形或卵状长圆形,长2-5.5厘米,宽1-2(3)厘米,基部成鞘状柄,无关节。花葶长达25厘米,花序具数朵至10余花。苞片长1-2毫米;花淡紫色;中萼片线状披针形,长5-6毫米,宽约1.4毫米,侧萼片略斜歪,宽约1.8毫米;花瓣丝状,长5-6毫米,宽约0.5毫米,唇瓣近倒卵状椭圆形,长5-6毫米,从中部多少反折,

先端近圆,有短尖,具不规则细齿,基部窄,无胼胝体;蕊柱长约2.5毫米,顶端具钝翅,基部肥厚。花期7月。

图 823 齿唇羊耳蒜 (冀朝祯绘)

产云南西部及西藏东部,生于海拔2650-3400米林下岩石积土或松林下草地。印度有分布。

5. 二褶羊耳蒜　　　　图 824

Liparis cathcartii Hook. f. in Hook. Icon. Pl. 19: t. 1808. 1889.

地生草本。假鳞茎卵形,长5-6毫米,被白色薄膜质鞘。叶2枚,椭圆形或卵状长圆形,长3.5-8厘米,边缘稍皱波状或近全缘,基部成鞘状柄,无关节。花葶长达25厘米;花序具数朵至10余花。苞片长约1毫米;花粉红色,稀绿与紫色;萼片窄长圆形,长7-9毫米,侧萼片稍斜歪;花瓣近

丝状;长7-9毫米,宽约0.4毫米,唇瓣倒卵形或椭圆状倒卵形,长8-9毫米,先端近平截,有短尖,具不规则缺齿,基部收窄,常有2纵褶片;蕊柱长3-3.5毫米,顶端有翅,基部肥

厚。蒴果倒卵状长圆形，长1.1-1.3厘米，果柄长6-9毫米。花期6-7月，果期10月。

产四川西南部及云南，生于海拔1900-2100米山谷湿润处或草地。尼泊尔、不丹、锡金及印度东北部有分布。

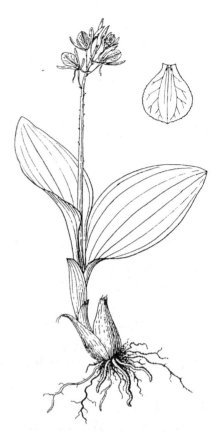

图 824 二褶羊耳蒜 （蔡淑琴绘）

6. 长唇羊耳蒜　　　　　　图 825 彩片 373

Liparis pauliana Hand.-Mazz. in Anz. Akad. Wiss. Wien, Math.-Nat. 58: 65. 1921.

地生草本。假鳞茎卵形或卵状长圆形，长1-2.5厘米，被多枚白色薄膜鞘。叶（1）2枚，卵形或椭圆形，膜质或草质，长2.7-9厘米，边缘皱波状，具不规则细齿，基部成鞘状柄，无关节。花葶长达28厘米，花序常疏生数花。苞片长1.5-3毫米；花淡紫色，萼片常淡黄绿色，线状披针形，长1.6-1.8厘米，侧萼片稍斜歪；花瓣近丝状，长1.6-1.8厘米，唇瓣倒卵状椭圆形，长1.5-

2厘米，近基部常有2条纵褶片；蕊柱长3.5-4.5毫米，顶端具翅，基部肥厚。蒴果倒卵形，长约1.7厘米，上部有6翅，翅宽达1.5毫米，果柄长1-1.2厘米。花期5月，果期10-11月。

产安徽南部、浙江西部、江西、湖北西南部、湖南、广东北部、广西东北部及贵州东部，生于海拔600-1200米林下阴湿处或岩缝中。

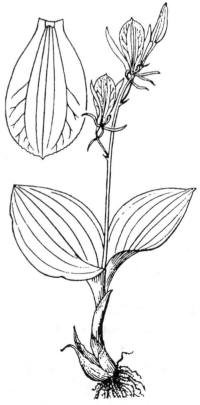

图 825 长唇羊耳蒜 （蔡淑琴绘）

7. 折苞羊耳蒜　　　　　　图 826：1-2

Liparis tschangii Schltr. in Fedde, Repert. Sp. Nov. 19：380. 1924.

地生草本。假鳞茎卵形，长1-2厘米，径0.7-1.3厘米，被白色、薄膜质鞘。叶2，平展，卵状椭圆形或卵形，膜质或草质，长5-13厘米，基部成鞘状柄，无关节。花葶长达29厘米，花序具10-

20花。苞片披针形，反折，长4-6毫米；花绿色；中萼片披针状线形，长7-8毫米，宽约1.5毫米，侧萼片略宽短；花瓣窄线形或近丝状，长7-8毫米，宽约0.5毫米，唇瓣倒卵形或近宽椭圆形，长7-8毫米，先端钝或近平截，上部至先端具不规则细齿，基部窄，有暗色肥厚纵带从基部至中部以上，带基部有2个小胼胝体；蕊柱长2.5-4毫米，上部有翅。花期7-8月。

产四川及云南，生于海拔1100-1700米林下。老挝及泰国有分布。

8. 香花羊耳蒜　　　　　　　　图 826：3-5

Liparis odorata (Willd.) Lindl. Gen. Sp. Orch. Pl. 26. 1830.

Malaxis odorata Willd. Sp. Pl. 4: 91. 1805.

地生草本。假鳞茎近卵形，长1.3-2.2厘米，被白色薄膜质鞘。叶2-3，近直立或斜立，窄椭圆形或长圆状披针形，膜质或草质，长6-17厘米，宽2.5-6厘米，基部为鞘状柄，无关节。花葶长达40厘米，花序疏生数朵至10余花。苞片常平展，长4-6毫米；花绿黄或淡绿褐色；中萼片线形，长7-8毫米，宽约1.5毫米，边缘外卷，侧萼片卵状长圆形，稍斜歪，长6-7毫米；花瓣近窄线形，长6-7毫米，宽约0.8毫米，边缘外卷，唇瓣倒卵状长圆形，长约5.5毫米，先端近平截，微凹，上部有细齿，近基部有2三角形胼胝体，高约0.8毫米；蕊柱长约4.5毫米，两侧有窄翅，向上翅渐宽。蒴果倒卵状长圆形或椭圆形，长1-1.5厘米。花期4-7月，果期10月。

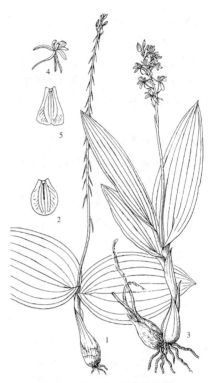

图 826: 1-2. 折苞羊耳蒜
3-5. 香花羊耳蒜 （蔡淑琴绘）

产江西西南部、台湾、湖北西南部、湖南南部、广东西北部、海南、广西北部、四川西南部、贵州南部、云南及西藏，生于海拔600-3100米林下。尼泊尔、锡金、印度、缅甸、老挝、越南、泰国及日本有分布。

9. 见血青　　　　　　　　图 827 彩片 374

Liparis nervosa (Thunb. ex A. Murray) Lindl. Gen. Sp. Orch. Pl. 26. 1830.

Ophrys nervosa Thunb. ex A. Murray in Linn. Syst. Veg. ed. 14, 814. 1784.

地生草本。茎或假鳞茎圆柱状，肉质，有数节，常包于叶鞘之内。叶2-5，卵形或卵状椭圆形，膜质或草质，长5-11(-16)厘米，基部成鞘状柄，无关节。花葶生于茎顶，长20(-25)厘米；花序具数朵至10余花。苞片三角形；花紫色；中萼片线形或宽线形，长0.8-1厘米，边

图 827 见血青 （冀朝祯绘）

缘外卷，侧萼片窄卵状长圆形，稍斜歪，长6-7毫米；花瓣丝状，长7-8毫米，宽约0.5毫米，唇瓣长圆状倒卵形，长约6毫米，先端平截，微凹，基部具2近长圆形胼胝体；蕊柱长4-5毫米，上部两侧有窄翅。蒴果倒卵状长圆形或窄椭圆形，长约1.5厘米。花期2-7月，果期10月。

产浙江南部、江西、福建、台湾、湖南、广东、广西西南部、贵州、四川南部、云南及西藏东南部，生于海拔1000-2100米林下、溪边、草丛阴处或岩石覆土。热带与亚热带地区有分布。

10. 紫花羊耳蒜　　　　　　　　图 828 彩片 375

Liparis nigra Seidenf. in Bot. Tidsskr. 65: 129. f. 19. 1970.

Liparis macrantha Rolfe；中国高等植物图鉴 5: 673. 1976.

地生草本。茎或假鳞茎圆柱形，肉质，长达20厘米，径1厘米，绿色，下部被数枚薄膜质鞘。叶3-6，椭圆形或卵状长圆形，膜质或草质，长9-17厘米，基部成鞘状柄，无关节。花葶顶生，长达45厘米，花序具数朵至20余花。苞片长1-2毫米；花深紫红色；中萼片线状披针形，长1.6-2厘米；萼片卵状披针形，长1.5-1.7厘米，宽4-5毫米；花瓣线形或窄线形，长1.6-1.8厘米，宽约0.8毫米；唇瓣倒卵状椭圆形或宽倒卵状长圆形，长1-1.5厘米，先端平截或有短尖，有细齿，基部骤窄，有1对耳，近基部有2三角形胼胝体；蕊柱长6-8毫米，两侧有窄翅。蒴果倒卵状长圆形，长约2.8厘米；果柄长6-9毫米。花期2-5月，果期11月。

图 828 紫花羊耳蒜 （冀朝祯绘）

产福建、台湾、广东南部、海南、广西西北部、贵州西南部、云南及西藏东南部，生于海拔500-1700米常绿阔叶林下或阴湿岩石覆土或地上。泰国及越南有分布。

11. 插天山羊耳蒜　　　　　　　　图 829

Liparis sootenzanensis Fukuyama in Ann. Rep. Taihoku Bot. Gard. 3: 84. 1933.

地生草本。茎或假鳞茎圆柱形，肉质，近基径2-3厘米。叶数枚，长达18厘米，宽8厘米，基部为鞘状柄，无关节。花葶长达20厘米，粗壮，横断面呈多角形，有窄翅；总状花序具10余花。苞片长约4.5毫米，宽约2.3毫米，绿色；花梗和子房长约1.4厘米；花淡绿色；中萼片窄椭圆形，长1.4-1.5厘米，宽约4毫米，边缘外卷，侧萼片稍斜歪；花瓣丝状，长约1.4厘米，唇瓣倒卵形，长约1.4厘米，近中部反折，基部窄，上部具细齿；蕊柱长约8毫米。蒴果淡绿色，长约2.7厘米，宽约9毫米；果柄长约1.1厘米。花期4-5月。

图 829 插天山羊耳蒜
（引自《台湾兰科植物》）

产台湾,生于海拔1000-1500米疏林下。

12. 锈色羊耳蒜　　　　　　　　　　图 830

Liparis ferruginea Lindl. in Gard. Chron. 55. 1848.

地生草本。假鳞茎窄卵形。叶3-6,线形或披针形,膜质或草质,长(13-)

20-33厘米,宽0.8-1.2(-2)厘米,基部成鞘状柄,无关节。花葶长达55厘米,粗壮;花序长达2厘米,具数朵至10余花。苞片长4-6毫米;花黄色,疏离;中萼片线形,长6-7毫米,宽约1.5毫米,边缘外卷,侧萼片斜卵状长圆形,长约6毫米,反折;花瓣近线形或窄倒披针状线形,长约6毫米,宽约1毫米,边缘外卷,唇瓣倒卵状长圆形,淡黄棕略带淡紫色,长4-5毫米,先端宽平截,有凹缺,具细尖,

图 830 锈色羊耳蒜 (蔡淑琴绘)

基部有耳,近基部有2胼胝体;蕊柱长3-4毫米,上部两侧具窄翅。蒴果长圆形或倒卵状长圆形,长约1.5厘米,宽约6毫米;果柄长0.8-1厘米。花期5-6月,果期8月。

产福建东南沿海及海南,生于溪边、水田或沼泽浅水中。泰国、柬埔寨、马来西亚及印度尼西亚有分布。

13. 柄叶羊耳蒜　　　　　　　　　　图 831

Liparis petiolata (D. Don) P. F. Hunt et Summerh. in Kew Bull. 20: 52. 1966.

Acianthus petiolatus D. Don, Prodr. Fl. Nepal. 29. 1825.

地生草本。根状茎细长,假鳞茎相距2-4厘米,卵形,被白色膜质鞘。

叶2,宽卵形,膜质或草质,长5-11厘米,基部近平截或浅心形,有鞘状柄,无关节。花葶长达24厘米,上部具窄翅,花序具数朵至10余花。苞片长5-6毫米;花绿白色,唇瓣带紫绿色;萼片线状披针形,长约8毫米,侧萼片略斜歪;花瓣窄线形,长7-8毫米,宽约0.4毫米,唇瓣椭圆形或近圆形,长约1厘米,先端具短尖,略有缺刻,

图 831 柄叶羊耳蒜 (冀朝祯绘)

近基部有2胼胝体;蕊柱长约4毫米,顶端有窄翅,基部肥厚。蒴果近倒卵状长圆形,长约1.5厘米;果柄长4-5毫米。花期5-6月,果期9-10月。

产江西西部、湖南、广东北部、广西及云南南部,生于海拔1100-2900米林下、溪谷或阴湿处。尼泊尔、不丹、锡金、印度、泰国及越南有分布。

14. 镰翅羊耳蒜

图 832

Liparis bootanensis Griff. Not. Pl. Asiat. 3: 278. 1851.

附生草本。假鳞茎密集，卵形或窄卵状圆柱形，长0.8-1.8(-3)厘米，顶生1叶。叶窄长圆状倒披针形或近窄椭圆形，纸质或坚纸质，长(-5)8-22厘米，宽1.1-3.3厘米，有关节；叶柄长1-7厘米。花葶长达24厘米，花序外弯或下垂，长达12厘米，具数朵至20余花。苞片长3-8毫米；花梗和子房长约1.5厘米；花常黄绿色，有时稍褐色，稀近白色；中萼片近长圆形，长3.5-6毫米，侧萼片与中萼片近等长，略宽；花瓣窄线形，长3.5-6毫米，宽0.4-0.7毫米，唇瓣近宽长圆状倒卵形，长3-6毫米，先端近平截，有凹缺或短尖，前缘有不规则细齿，基部有2胼胝体；蕊柱长约3毫米，上部两侧有翅，翅宽约1毫米（一侧），前部成钩状或镰状，稀不明显。蒴果倒卵状椭圆形，长0.8-1厘米；果柄长0.8-1厘米。花期8-10月，果期翌年3-5月。

产湖南西北部、江西南部、福建南部、台湾、广东、海南、广西、贵

图 832 镰翅羊耳蒜 （冀朝祯绘）

州东南部、四川、云南及西藏东南部，生于海拔800-2300米林缘、林中或山谷阴处树上或岩壁。在云南贡山可达3100米。不丹、锡金、印度、东南亚及日本有分布。

15. 圆唇羊耳蒜

图 833

Liparis balansae Gagnep. in Bull. Soc. Bot. France 79: 165. 1932.

附生草本。假鳞茎相距不及1厘米，近窄卵形或卵形，顶端具1叶。叶倒披针形或窄椭圆状倒披针形，坚纸质，长10-17厘米，有关节；叶柄长2-4厘米。花葶长达25厘米，花序疏生3-5花。苞片长0.7-1.5(-2)厘米，向上渐短；花梗和子房1.5-1.8厘米；花绿色，疏离；中萼片长圆状披针形，长1-1.1厘米，宽2-2.5毫米，侧萼片披针形，略较中萼片宽；花瓣近丝状或窄线形，长约1厘米，宽约0.7毫米，

唇瓣扇状扁圆形或宽倒卵状圆形，长0.8-1厘米，先端圆或近平截，具短尖，有不规则细齿，基部窄，有2个胼胝体；蕊柱长约5毫米，上端柱头两侧具翅，翅下弯成长约1.1毫米的钩；药帽近长圆形。蒴果倒卵形，长1-1.2厘米。花期9-11月，果期翌年春季。

产海南、广西西南部、四川及云南东南部，生于海拔500-1600米林中

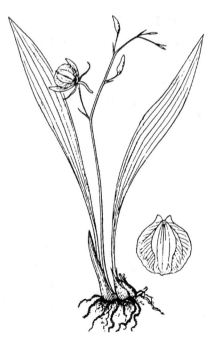

图 833 圆唇羊耳蒜 （蔡淑琴绘）

或溪谷树上或岩石上。越南、泰国有分布。

16. 保亭羊耳蒜　　　　　　　　　　　　图 834

Liparis bautingensis T. Tang et F. T. Wang in Acta Phytotax. Sin. 12(1)：39. 1974.

附生草本。根状茎长，径2-2.5厘米，具多节；假鳞茎相距1.5-4厘米，近圆柱形或窄卵状圆柱形，顶端具1叶。叶椭圆形或窄椭圆形，坚纸质，长6-15厘米，有关节；叶柄长1.5-4厘米。花葶长达14厘米；花序具3-4花。苞片绿色，长0.5-1.5厘米；花梗和子房长1.5-2.2厘米；花绿或绿白色；中萼片宽线形或宽线状披针形，长0.9-1厘米，边缘外卷，侧萼片近披针形，稍斜歪，略宽于中萼片；花瓣近丝状，长0.9-1厘米，宽约0.5毫米，唇瓣近扇状扁圆形或宽倒卵状圆形，长8-9毫米，上部宽约1厘米，先端近平截，有不规则细齿，基部有2枚胼胝体；蕊柱长约4毫米，上部两侧具翅，翅宽约1毫米，下弯成钩状。蒴果倒卵形，长约1.4厘米。花期11月至翌年2月。果期翌年1-4月。

产海南南部及云南，生于海拔1600米以下林中岩石上。

图 834　保亭羊耳蒜　（蔡淑琴绘）

17. 丛生羊耳蒜　　　　　　　图 835　彩片 376

Liparis caespitosa(Thou.) Lindl. in Bot. Reg. 11: sub t. 882. 1825.

Malaxis caespitosa Thou. Orch. Ill. Afr. t. 90. 1822.

附生小草本。假鳞茎密集，卵形或近圆柱形，顶端具1叶，叶倒披针形或线状倒披针形，纸质，连柄长5-17厘米，中部宽5-8(-15)毫米，有关节。花葶长达16厘米；花序具（7-）10-40余花。苞片钻形；花梗和子房长3-4毫米；花绿或绿白色；中萼片近长圆形，长1.5-1.8毫米，侧萼片卵状长圆形，长1.3-1.5毫米；花瓣窄线形，长1.5-1.8毫米，宽约0.3毫米；唇瓣近宽长圆形，长约1.8毫米，先端近平截，有短尖，边缘有时稍波状，基部有耳，胼胝体不明显；蕊柱长0.8-1.2毫米，药床宽。蒴果近椭圆形，长3-4毫米。花期6-10月，果期10-11月。

产台湾、海南、广西东北部及云南，生于海拔500-2400米林中或荫蔽处树上、岩壁或岩石上。非洲至亚洲和太平洋热带地区有分布。

图 835　丛生羊耳蒜　（冀朝祯绘）

18. 长苞羊耳蒜　图 836

Liparis inaperta Finet in Bull. Soc. Bot. France 55: 341. 1908.

附生小草本。假鳞茎稍密集，卵形，长4-7毫米，顶端具1叶。叶倒披针状长圆形或近长圆形，纸质，长2-7厘米，宽0.6-1.3厘米，有关节；叶柄长0.7-1.5厘米。花葶长达8厘米，花序具数花。苞片窄披针形，长3-5毫米；花梗和子房长4-7毫米；花淡绿色；中萼片两侧与侧萼片靠合成管状，后分离；中萼片近长圆形，长约4.5毫米，侧萼片近卵状长圆形，斜歪，较中萼片略短宽；花瓣窄线形，

多少呈镰状，长3.5-4毫米，宽约0.6毫米；唇瓣近长圆形，向基部略窄，长3.5-4毫米，上部宽1.5-2毫米，先端近平截，具不规则细齿，近中央有细尖，无胼胝体或褶片；蕊柱长2.5-3毫米，上部有三角形翅，多少下延略钩状。蒴果倒卵形，长5-6毫米。花期9-10月，果期翌年5-6月。

图 836 长苞羊耳蒜 （冀朝祯绘）

产浙江东南部、福建西部、江西西南部、湖南西南部、广西、四川及贵州东部，生于海拔500-1100米林下或山谷边岩石上。

19. 广东羊耳蒜　图 837

Liparis kwangtungensis Schltr. in Fedde, Repert. Sp. Nov. 19: 379. 1924.

附生小草本。假鳞茎近卵形或卵圆形，长5-7毫米，径3-5毫米，顶端具1叶。叶近椭圆形或长圆形，纸质，长2-5厘米；具柄，有关节。花葶长达5.5厘米，花序长达2.5厘米，具数花。苞片长3-4毫米；花梗和子房长3-4毫米；花绿黄色；萼片宽线形，长4-4.5毫米，宽1-1.2毫米；侧萼片比中萼片略宽短；花瓣窄线形，长3.5-4毫米，宽

约0.5毫米，唇瓣倒卵状长圆形，长4-4.5毫米，先端近平截，有短尖，具不规则细齿，基部具胼胝体，稀胼胝体不甚明显；蕊柱长2.5-3毫米，稍前弯，上部具披针状三角形翅，宽约0.7毫米，略钩状。蒴果倒卵形，长4-5毫米，径3-4毫米。花期10月。

图 837 广东羊耳蒜 （蔡淑琴绘）

产福建西南部及广东，生于林下或溪谷岩石上。

20. 平卧羊耳蒜　图 838

Liparis chapaensis Gagnep. in Bull. Soc. Bot. France 79: 166. 1932.

附生小草本。假鳞茎密集，多少平卧，近卵状长圆形，长4-6(-15)毫　米，径0.5-1厘米，顶端具1叶，叶窄椭圆形或长圆形，纸质或薄革质，长

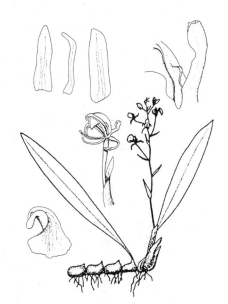

3-5（-10）厘米，宽0.8-1.1厘米；具柄，有关节。花葶长达7厘米，花序长达4厘米，疏生数花。苞片长4-5毫米；花梗和子房长0.8-1厘米；花淡黄绿色或后为橘黄色，蕊柱白色；中萼片近窄长圆状披针形，长4-6（-9）毫米，宽1.5-2毫米，具3脉，边缘外卷，侧萼片窄长圆状披针形，稍斜歪，略宽于中萼片；花瓣窄线形，长约4毫米，宽约0.5毫米，唇瓣近倒卵状长圆形，长约4毫米，上部宽约3毫米，先端近平截，具短尖，近基部具2裂胼胝体；蕊柱长约3毫米，稍前弯，上部具窄翅。花期10月。

产广西西北部、贵州西南部及云南西北部，生于海拔800-2000米石灰岩山坡常绿阔叶树林中的树上或岩石上。越南、缅甸有分布。

图 838 平卧羊耳蒜
（引自《Dansk. Bot. Ark.》）

21. 小羊耳蒜　　　　　　　　　　图 839

Liparis fargesii Finet in Bull. Soc. Bot. France 55：340. 1908.

附生小草本，常丛生。假鳞茎近圆柱形，长0.7-1.4厘米。平卧，新假鳞茎发自老假鳞茎近顶端的下方，匍匐于岩石上，顶端具1叶。叶椭圆形或长圆形，坚纸质，长1-2（3）厘米，宽5-8毫米，基部骤窄成柄，有关节；叶柄长3-6毫米。花葶长2-4厘米；花序柄扁圆柱形，两侧具窄翅；总状花序长1-2厘米，常具2-3花。苞片长1-1.8毫米；花梗和子房长8-9毫米；花淡绿色；萼片线状披针形，长5-6毫米，宽1.2-1.4毫米，具1脉，边缘常外卷；花瓣窄线形，长5-6毫米，宽约0.3毫米，唇瓣近长圆形，中部略缢缩呈提琴形，长4-5毫米，上部宽2.5-3毫米，先端近平截，微凹，有细尖，基部无胼胝体略厚；蕊柱长3-3.5毫米，上端有窄翅。蒴果倒卵形，长6-7毫米，宽3-4毫米。花期9-10月，果期翌年5-6月。

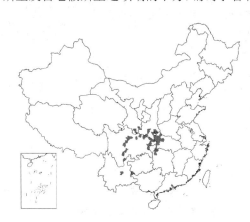

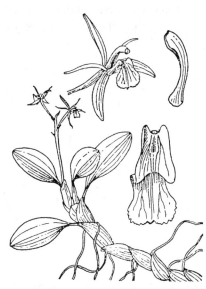

图 839 小羊耳蒜　（引自《图鉴》）

产陕西南部、甘肃南部、湖北西部、湖南西北部、四川、贵州西南部及云南，生于海拔300-1400米林中或荫蔽石壁或岩石上。

22. 长茎羊耳蒜　　　图 840 彩片 377

Liparis viridiflora（Bl.）Lindl. Gen. Sp. Orch. Pl. 31. 1830.

Malaxis viridiflora Bl. Bijdr. 392. 1825.

Liparis longipes Lindl.；中国高等植物图鉴 5：678. 1976.

附生草本。假鳞茎稍密集，常圆柱形，基部常稍平卧，上部直立，长（3-）7-18厘米，径3-8（-12）毫米，顶端具2叶。叶线状倒披针形或线状

匙形，纸质，长8-25厘米，宽1.2-3厘米，叶柄长1-4厘米，有关节。花葶长达30厘米，外弯，花序长达20厘米，具数十花。苞片薄膜质，长3-7毫米；花梗和子房长4-7毫米；花绿

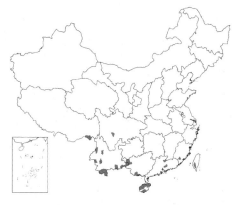

白或淡绿黄色；中萼片近椭圆形，长2-3毫米，边缘外卷，侧萼片卵状椭圆形，略宽于中萼片；花瓣窄线形，长2-3毫米，宽约0.3毫米，唇瓣近卵状长圆形，长2-3毫米，宽约1.7毫米，边缘略波状，中部外弯，无胼胝体；蕊柱长1.5-2毫米，顶端有翅。蒴果倒卵状椭圆形，长4-6毫米。花期9-12月，果期翌年1-4月。

产台湾、福建南部、广东、香港、海南、广西、四川西南部、云南及西藏东南部，生于海拔200-2300米林中、山谷阴处的树上或岩石上。尼泊尔、不丹、锡金、印度、孟加拉国、东南亚和太平洋岛屿有分布。

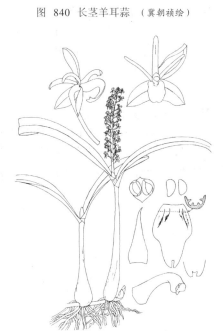

图 840 长茎羊耳蒜 （冀朝祯绘）

23. 细茎羊耳蒜　　　　　　　　　　图 841

Liparis condylobulbon Rchb. f. Hamb. Gartenz. 18: 34. 1862.

附生草本。根状茎较长，径约2.5毫米，假鳞茎相距2-4厘米，圆柱形，向上渐细，长6-12厘米，径5-8毫米，绿色，有光泽，顶端具2叶。叶披针形或倒披针状线形，长10-15厘米，宽1-1.5厘米；具短柄，有关节。花葶长约10厘米，花序密生数十朵花。苞片披针形，长约3毫米；花梗和子房长约5毫米；花淡绿或近黄白色；萼片长圆形，长约3.5毫米，宽约1.5毫米；花瓣线形，长约3.5毫米，宽约0.5毫米，唇

瓣倒卵形，长约3毫米，先端微2裂；蕊柱长约2毫米。花期9-11月。

产台湾南部及北部，生于海拔200-300(-1800)米干旱透光处的岩石

图 841 细茎羊耳蒜 （引自《台湾兰科植物》）

上或树上。泰国、印度尼西亚、菲律宾、新几内亚岛有分布。

24. 折唇羊耳蒜　　　　　　　　　　图 842

Liparis bistriata Per. et Rchb. f. in Trans. Linn. Soc. 30: 155. 1874.

附生草本。假鳞茎密集，圆柱形，长9-12厘米，顶端具2叶。叶近椭圆形或椭圆状披针形，近革质，长6.5-9厘米；具短柄，有关节。花葶长达24厘米，花序梗近圆柱形，几无翅；花序具20余花。苞片披针形，长3-4毫米；花梗和子房长约1厘米；花淡绿色；萼片近窄长圆形，长5-5.5毫米，边缘外卷；花瓣线形，长4.5-5毫米，宽约0.5毫米，唇瓣近长圆形，长4.5-5毫米，先端近平截，啮蚀状，中央微缺，上部外折，基部有稍2裂胼胝体；蕊柱长约3.5毫米，上部有窄翅，基部肥厚。蒴果倒卵状椭圆形，长0.8-1厘米。花期6-7月，果期8-9月。

产云南西部及东南部、西藏东南部（墨脱），生于海拔800米林中或山坡树上或岩石上。锡金、印度、缅甸及泰国有分布。

25. 大花羊耳蒜　云南羊耳蒜　　图 843 彩片 378

Liparis distans C. B. Clarke in Journ. Linn. Soc. Bot. 25: 71. t. 29. 1889.

Liparis yunnanensis Rolfe; 中国高等植物图鉴 5: 679. 1976.

附生草本。假鳞茎密集，近圆柱形或窄卵状圆柱形，顶端或近顶端具2叶。叶倒披针形或线状倒披针形，纸质，长15-35厘米，宽1-2.8厘米；叶柄长2-6厘米，有关节。花葶长达39厘米，花序长达20厘米，具数朵至10余花。苞片近钻形；花梗和子房长1.4-2.2厘米；花黄绿或橘黄色；萼片线形，长（0.8-）1-1.6厘米，宽约2毫米，边缘常外卷，侧萼片常略短于中萼片；花瓣近丝状，长1.2-1.6厘米，宽0.3-0.5毫米，唇瓣宽长圆形、宽椭圆形或圆形，长1-1.4厘米，宽1-1.1厘米，略有不规则细齿，有爪及具槽的胼胝体；蕊柱长5-6毫米，上部具窄翅，基部稍扩大。蒴果窄倒卵状长圆形，长1.5-1.8厘米。花期10月至翌年2月，果期翌年6-7月。

产台湾、海南、广西西北部、四川、贵州西南部、云南西北及东南部，生于海拔1000-2400米林中或沟谷树上或岩石上。印度、泰国、老挝、越南有分布。

26. 扇唇羊耳蒜　　图 844

Liparis stricklandiana Rchb. f. in Gard. Chron. n. s. 13: 232. 1880.

Liparis chloroxantha Hance; 中国高等植物图鉴 5: 678. 1976.

附生草本。假鳞茎密集，近长圆形，顶端或近顶端具2叶。叶倒披针形或线状倒披针形，纸质，长16-46厘米，宽1.7-3.5厘米；叶柄长4-17厘米，有关节。花葶长达45厘米，花序长达22厘米，具10余花。苞片钻形；花梗和子房长0.7-1.1厘米；花绿黄色；萼片窄倒卵形、长圆形或长圆状倒卵形，长4-5毫米，边缘外卷；花瓣近丝状，长4-4.5毫米，宽约0.5毫米，向上端稍宽，唇瓣扇形，长4-4.5毫米，上部宽5-6毫米，

图 842 折唇羊耳蒜 （冀朝祯绘）

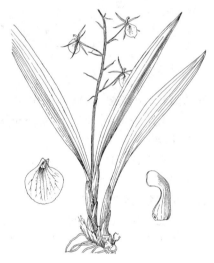

图 843 大花羊耳蒜 （冀朝祯绘）

图 844 扇唇羊耳蒜 （冀朝祯绘）

先端近平截，具短尖，前部具不规则细齿，近基部有扁圆形胼胝体，中脉粗短肥厚；蕊柱纤细，长3-3.5毫米，顶端具窄翅。蒴果倒卵状椭圆形，长7-8毫米。花期10月至翌年1月，果期翌年4-5月。

产广东、香港、海南、广西北部、贵州西南部、云南西北及东南部，

生于海拔1000-2400米林中树上或山谷阴处石壁上。不丹、锡金、印度有分布。

27. 扁球羊耳蒜　图 845

Liparis elliptica Wight, Icon. Pl. Ind. Orient. 5: 17. pl. 1735. 1851.

附生草本。假鳞茎密集，长圆形或椭圆形，扁，顶端具2叶。叶窄椭圆形或窄卵状长圆形，纸质，长4-12厘米，具短柄，有关节。花葶长达17厘米，下弯或下垂，花序具数朵至数十朵花。苞片披针形；花梗和子房长约4.5毫米；花淡黄绿色；萼片长4-5毫米，宽1.5-1.8毫米；花瓣窄线形或近丝状，长3.5-4.5毫米，宽约0.5毫米，唇瓣近圆形或近宽卵圆形，先端长渐尖或短尾状，长4-5毫米，边缘多

少皱波状，中部或上部两侧常有耳状皱折似3裂，无胼胝体；蕊柱长1.5-2毫米，无翅。蒴果窄倒卵形，长5-6毫米。花期11月至翌年2月，果期翌年5月。

产台湾、四川、云南及西藏东南部，生于海拔200-1500米林中树上。锡

图 845 扁球羊耳蒜 （引自《台湾兰科植物》）

金、印度、越南、泰国、印度尼西亚和斯里兰卡有分布。

28. 小巧羊耳蒜　图 846

Liparis delicatula Hook. f. in Hook. Icon Pl. 19: t. 1889.

附生小草本，近丛生。假鳞茎密集，长圆形或近圆柱状梭形，顶端或近顶端具2（3）叶。叶匙状长圆形或长圆状披针形，纸质，长1.2-3.5（-4.5）厘米，宽0.5-1.1厘米；具短柄，有关节。花葶长达10厘米，花序具数朵至10余花。苞片长2-3毫米；花梗和子房长3-4毫米；花白色；中萼片卵状长圆形，长2.5-3毫米，背面有龙骨状突起，侧萼片卵形或卵状椭圆形，宽约2毫米，背面无龙骨状突起；花

瓣线状披针形，长2.5-3毫米，宽约0.5毫米，唇瓣宽椭圆形或近圆形，长约2.5毫米，先端平截，中部以下两侧皱缩并扭曲，上部外折，基部两侧有圆形耳状皱褶，似胼胝体，近基部有凹下的胼胝体；蕊柱长约2.2毫米，前

图 846 小巧羊耳蒜 （冀朝祯绘）

面上部有2翅，两侧下部有2翅。蒴果三棱状倒卵形，长约4毫米，宽约

2.5毫米。花期10月，果期翌年1月。

产海南南部、云南西部及南部、西藏东南部，生于海拔500-2900米山坡或河谷林中树上。锡金、印度和老挝有分布。

29. 蕊丝羊耳蒜 图 847

Liparis resupinata Ridl. in Journ. Linn. Soc. Bot. 22: 290. 1886.

附生草本。假鳞茎密集，近圆柱形或近梭形，常在上部具3-4枚叶。叶窄长圆形或近线状披针形，纸质，长3-8厘米；基部稍收窄，有关节，具或无短柄。花葶外弯或下垂，长7-18厘米，近无翅；总状花序具10-50花；苞片长3-5毫米；花梗和子房长5-7毫米；花淡绿或绿黄色；中萼片长圆形或椭圆状长圆形，长约4毫米，背面有龙骨状突起，侧萼片无龙骨状突起；花瓣窄线形，长约3.5毫米；唇瓣宽椭圆状长圆形或宽卵状长圆形，长2.5-3毫米，基部上方0.5毫米处两侧有裂口，成上下唇；上唇基部有耳而呈箭形，下唇两侧裂片半圆形，中央有2裂的肥厚胼胝体；蕊柱长约2.8毫米，直立，两侧有半圆形宽翅，每侧翅前方有下垂丝状体。蒴果倒卵状长圆形，长约5毫米。花果期10-12月。

产云南及西藏东南部，生于海拔1300-2500米山坡密林下或河谷阔叶林中的树上。尼泊尔、不丹、锡金、印度有分布。

图 847 蕊丝羊耳蒜 （蔡淑琴绘）

70. 沼兰属 Malaxis Soland. ex Sw.

（陈心启 罗毅波）

地生，稀半附生或附生草本。常具多节的被膜质鞘的肉质茎或假鳞茎。叶常2-8，草质或膜质；具柄，无关节。花葶顶生，常直立，总状花序。苞片宿存；萼片离生，常展开；花瓣丝状或线形，唇瓣位于上方（子房扭转360度），稀位于下方（子房扭转180度），基部常有耳，稀无耳或耳横展；蕊柱直立，顶端常有2齿；花药生于蕊柱顶端后侧，花枯宿存；花粉团4个，成2对，蜡质，无明显的花粉团柄和粘盘，基部粘合。

约300种，分布于热带及亚热带地区，少数产北温带。我国21种。

1. 叶1枚，长1-1.5厘米；唇瓣基部两侧有1对横展的长耳 ·················· 1. 小沼兰 **M. microtatantha**
1. 叶常2-8，稀1枚，长超出1.5厘米；唇瓣基部无耳或有短耳，若有长耳则后延包蕊柱。
　2. 唇瓣基部无耳或有短耳。
　　3. 叶1（2）；假鳞茎卵形，长6-8毫米 ·················· 2. 沼兰 **M. monophyllos**
　　3. 叶4-5；假鳞茎圆柱形，长2-20厘米 ·················· 3. 阔叶沼兰 **M. latifolia**
　2. 唇瓣基部有1对后延包蕊柱两侧的长耳，耳长为唇瓣1/2-1/5。
　　4. 唇瓣长1-1.1厘米，花瓣长8-9毫米 ·················· 4. 浅裂沼兰 **M. acuminata**
　　4. 唇瓣长4.5-8毫米，花瓣长2.5-4.5毫米。
　　　5. 唇瓣先端缺裂深约0.2毫米 ·················· 5. 鞍唇沼兰 **M. matsudai**
　　　5. 唇瓣先端缺裂深1-2.5毫米 ·················· 6. 深裂沼兰 **M. purpurea**

1. 小沼兰　　　　　　　　　　　　　　　　　　　图 848

Malaxis microtatantha (Schltr.) T. Tang et F. T. Wang in Acta
Phytotax. Sin. 1(1): 72. 1951.

Microstylis microtatantha Schltr. in Fedde, Repert. Sp. Nov. Beih. 4:
192. 1919.

地生小草本。假鳞茎卵形或近球形，长3-8毫米，径2-7毫米。叶1枚，近铺地，卵形或宽卵形，长1-1.5厘米，基部近平截；叶柄鞘状，长0.5-1厘米，抱茎。花葶纤细，常紫色，略扁，两侧具窄翅，花序长达2厘米，具10-20花。苞片长约0.5毫米，多少包花梗；花梗和子房长1-1.3毫米；花黄色；中萼片宽卵形或近长圆形，长1-1.2毫米，边缘外卷，侧萼片三角状卵形，与中萼片相似；花瓣线状披针形或近线形，长约0.8毫米，宽约0.3毫米，唇瓣位于下方，近披针状三角形或舌状，长约0.7毫米，中部宽约0.6毫米，基部两侧有1对横展的耳，耳线形或窄长圆形，长6-7毫米，宽2-3毫米；蕊柱长约0.3毫米。花期4月。

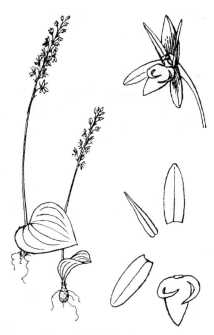

图 848 小沼兰 （蔡淑琴绘）

产安徽南部、浙江、福建、台湾及江西中部，生于海拔200-600米林下或阴湿岩石上。

2. 沼兰　云南沼兰　　　　　　　　　　　图 849 彩片 379

Malaxis monophyllos (Linn.) Sw. in Nov. Acta Holm. 21: 234. 1800.

Ophrys monophyllos Linn. Sp. Pl. 947. 1753.

Malaxis yunnanensis (Schltr.) T. Tang et F. T. Wang; 中国高等植物图鉴 5: 671. 1976.

地生草本。假鳞茎卵形。叶常1枚，卵形、长卵形或近椭圆形，长2.5-7.5厘米；叶柄多少鞘状，长3-6.5(-8)厘米，抱茎和上部离生。花葶长达40厘米，花序具数十朵花。苞片长2-2.5毫米；花梗和子房长2.5-4毫米；花淡黄绿或淡绿色；中萼片披针形或窄卵状披针形，长2-4毫米，侧萼片线状披针形；花瓣近丝状或极窄披针形，长1.5-3.5毫米，唇瓣长3-4毫米，先端骤窄成窄披针状长尾（中裂片），唇盘近圆形或扁圆形，中央略凹下，两侧边缘

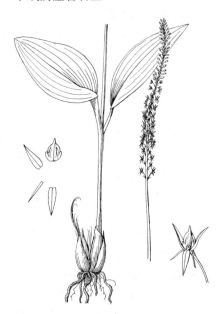

图 849 沼兰 （蔡淑琴绘）

肥厚，具疣状突起，基部两侧有短耳；蕊柱粗，长约0.5毫米。蒴果倒卵形或倒卵状椭圆形，长6-7毫米；果柄长2.5-3毫米。花果期7-8月。

产黑龙江、吉林东部、辽宁、内蒙古、河北、山西、陕西南部、宁夏南部、甘肃、青海、河南西部、湖北西部、四川、贵州东北部、云南、西藏及台湾，生于林下、灌丛中或草坡，在北方海拔为800-2400米，台湾为2000-2300米，云南西北部及西藏为

2500-4100米。日本、朝鲜半岛、西伯利亚及欧洲、北美有分布。

3. 阔叶沼兰　　　　　　　　　图 850 彩片 380

Malaxis latifolia J. E. Smith in Rees, Cyclop. 22. Malaxis n. 3. 1812.

地生或半附生草本。假鳞茎圆柱形，包于叶鞘内。叶4-5，斜立，斜卵状椭圆形或窄椭圆状披针形，长7-16(-25)厘米；叶柄鞘状，长3-5厘米，抱茎。花葶长达60厘米，具窄翅，花序具数十朵花。苞片多少反折，长2.5-5毫米；花梗和子房长2-3毫米；花紫红或绿黄色，密集；中萼片窄长圆形，长3-3.5毫米，侧萼片斜卵形，长2-2.5毫米，花瓣线形，长2.5-3.2毫米，宽约

0.7毫米，唇瓣近宽卵形，凹入，长约2毫米，宽约2.5毫米，中裂片窄卵形，长0.7-1.1毫米，侧裂片不明显；蕊柱长约1.2毫米。蒴果倒卵状椭圆形，直立，长6-7毫米；果柄长2-3毫米。花期5-8月，果期8-12月。

产浙江南部、福建东部、台湾、广东、香港、海南、广西西南部及云

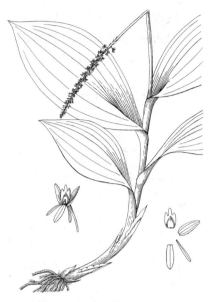

图 850 阔叶沼兰 （蔡淑琴绘）

南，生于海拔2000米以上林下或溪谷的岩石上。尼泊尔、锡金、印度、东南亚、日本琉球群岛、新几内亚及澳大利亚有分布。

4. 浅裂沼兰　　　　　　　　　图 851：1

Malaxis acuminata D. Don, Prodr. Fl. Nepal. 29. 1825.

地生或半附生草本。假鳞茎圆柱形，大部包于叶鞘内。叶3-5，斜卵形或近椭圆形，长4-12厘米；叶柄鞘状，长2-4厘米。花葶长达43厘米，无翅，花序具10余朵或多花。苞片长3-4毫米；花梗和子房长0.7-1厘米；花紫红色，径达1.5厘米；中萼片窄长圆形，长8-9毫米，两侧边缘外卷，侧萼片长圆形，长6-7毫米，边缘外卷，唇瓣位于上方，卵状长圆形，长1-1.1厘米；前部有凹槽，2浅裂，裂口深1(2)毫米，耳近窄卵形；蕊柱粗，长1-1.5毫米。蒴果倒卵状长圆形，长约1.8

厘米，径约1厘米。花果期5-7月。

产台湾中部、广东西南部、广西西部、贵州西南部、云南及西藏东南部，生于海拔300-2100米林下、溪谷或荫蔽岩石上。尼泊尔、锡金、印度、东南亚和澳大利亚有分布。

图 851：1. 浅裂沼兰 2-3. 深裂沼兰
（翼朝祯绘）

5. 鞍唇沼兰 图 852

Malaxis matsudai (Yamamoto) Hatusima, Fl. Ryukyus 863. 1971.

Microstylis matsudai Yamamoto, Suppl. Icon. Pl. Formos. 2: 4. f. 2. 1926.

地生草本。肉质茎圆柱形,紫绿色,为叶鞘所包。叶4-5,斜卵状椭圆形或卵状长圆形,下面紫色,长4-10厘米;叶柄长约2厘米。花葶纤细,长达12厘米,花序具10余花。苞片反折,长约3毫米;花梗和子房长约5毫米;花未放时绿色,开后紫绿色;中萼片卵状椭圆形,长约2.5毫米,边缘外卷,侧萼片宽卵形或椭圆形,略宽于中萼片;花瓣线形,长约2.5毫米,宽约0.5毫米,唇瓣位于上方,近卵形,长约

图 852 鞍唇沼兰 (引自《Fl. Taiwan》)

4.5毫米,前部长1.5-2.6毫米,近中部窄成肩状,先端2浅裂,裂口深约0.2毫米,耳镰状,约占唇瓣1/3;蕊柱短,长约1毫米。花期6-7月。

产台湾,生于海拔1000-1600米林下,竹林中多见。日本琉球群岛有分布。

6. 深裂沼兰 图 851: 2-3

Malaxis purpurea (Lindl.) Kuntze, Rev. Gen. Pl. 2: 673. 1891.

Microstylis purpurea Lindl. Gen. Sp. Orch. Pl. 20. 1830.

地生草本。肉质茎圆柱形,包于叶鞘之内。叶3-4,斜卵形或长圆形,长8-16.5厘米;叶柄鞘状,长3-4厘米,下部抱茎。花葶长达25厘米,花序具10-30朵花。苞片长3-5毫米;花梗和子房长0.6-1厘米;花红色,稀淡黄色,径0.8-1厘米;中萼片近长圆形,长4.5-6毫米,侧萼片宽长圆形或宽卵状长圆形,长3-4.5毫米,花瓣窄线形,长4-5.5毫米,宽0.6-0.9毫米,唇瓣位于上方,卵状长圆形,长6-8毫米,前部中部两侧骤窄呈肩状,中央有凹槽,上面偶有稀疏腺毛,先端缺裂深1.5-2.5毫米,耳卵形或卵状披针形,长约唇瓣1/2-2/5;蕊柱粗,长约1毫米。花期6-7月。

产广西西南部、四川、云南西部及西南部,生于海拔450-1600米林下或灌丛中阴湿处。斯里兰卡、印度、锡金、越南、老挝、泰国及菲律宾有分布。

71. 鸢尾兰属 Oberonia Lindl.

(陈心启 罗毅波)

附生草本,常丛生。茎常包于叶基之内。叶2列,常两侧扁,稀近圆柱形,稍肉质,近基部常鞘状而套叠,叶脉不明显或干后多少可见。总状花序具多花。苞片小,边缘常多少呈啮蚀状或有不规则缺刻;花径1-2毫米,多少呈轮生状;萼片离生,相似;花瓣常较萼片窄,稀大于萼片,边缘有时啮蚀状,唇瓣常3裂,稀不裂或4裂,边缘有时呈啮蚀状或有流苏,侧裂片常包蕊柱;蕊柱短,近顶端常有翅状物;花粉团4个,成2对,蜡质,无花粉团柄,基部有粘性物质;柱头凹下,位于前上方。

约300种，主产热带亚洲，热带非洲至马达加斯加、澳大利亚和太平洋岛屿有分布。我国28种。

1. 叶基部无关节。
　2. 唇瓣中裂片先端不裂或凹缺，裂口深度不及唇瓣1/6，小裂片先端钝。
　　3. 唇瓣侧裂片小于中裂片，侧裂片全缘或不明显啮蚀状 ················· 1. 小叶鸢尾兰 O. japonica
　　3. 唇瓣侧裂片与中裂片近等大或略大于中裂片，侧裂片边缘有不规则条裂或有流苏；稀啮蚀状 ·············
　　　················· 2. 条裂鸢尾兰 O. jenkinsiana
　2. 唇瓣中裂片先端2深裂，裂口达唇瓣1/5以上，小裂片先端渐尖至长渐尖 ········· 3. 小花鸢尾兰 O. mannii
1. 叶基部具关节。
　4. 叶两侧扁。
　　5. 叶长1-20厘米，稀个别叶略超过20厘米；唇瓣无胼胝体。
　　　6. 花葶下部近圆柱形，无翅或近无翅，径2-3毫米；叶宽0.2-1厘米。
　　　　7. 茎长1-4.5厘米；叶宽2-3毫米 ················· 4. 狭叶鸢尾兰 O. caulescens
　　　　7. 茎不明显，或短于叶；叶宽（3）4-7毫米 ················· 5. 裂唇鸢尾兰 O. pyrulifera
　　　6. 花葶下部或近基部扁圆柱形，有窄翅，连翅宽4-5毫米；叶宽1-2厘米 ··· 6. 齿瓣鸢尾兰 O. gammiei
　　5. 叶长（15）20-50厘米，宽1.2-2.2厘米；唇瓣中部两侧裂口处各有1枚胼胝体 ·············
　　　················· 7. 剑叶鸢尾兰 O. ensiformis
　4. 叶近圆柱形 ················· 8. 棒叶鸢尾兰 O. myosurus

1. 小叶鸢尾兰　　　　　　　　　　　图 853

Oberonia japonica (Maxim.) Makino, Illustr. Fl. Jap. 1: t. 41. 1891.
Malaxis japonica Maxim. in Bull. Acad. Imp. Sci. St. Pétersb. 22: 257. 1877.

茎长1-2厘米。叶数枚，基部2列套叠，两侧扁，线状披针形，稍镰状，略肥厚，长1-2厘米，宽2-3.5毫米，基部无关节。花葶生于茎顶，近圆柱形，长2-8厘米，花序具多花。苞片长1（2）毫米；花梗和子房长1-2毫米；花黄绿或桔红色，径不及1毫米；萼片宽卵形或卵状椭圆形，长约0.5毫米，侧萼片常略大于中萼片；花瓣近长圆形或卵形，与萼片近等长，略窄，唇瓣宽长圆状卵形，长约0.6毫米，3裂，侧裂片卵状三角形，斜展，全缘，中裂片椭圆形、宽长圆形或近圆形，大于侧裂片，先端凹缺或具小齿。花期4-7月。

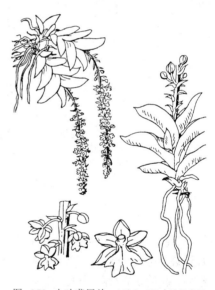

图 853 小叶鸢尾兰 （引自《福建植物志》）

产浙江南部、福建西北部及台湾，生于海拔650-1000米林中树上或岩石上。日本及朝鲜半岛南端有分布。

2. 条裂鸢尾兰　　　　　　　　　　　图 854

Oberonia jenkinsiana Griff. ex Lindl. Fol. Orch. Oberonia 20. 1859.

茎长1-2厘米。叶4-6枚，2列互生，两侧扁，线状披针形，稍镰曲，长3-15厘米，下部内侧具膜质边缘，基部无关节。花葶生于茎顶叶间，近

圆柱形，长达13厘米，近无翅，下部有多枚苞片，花序密生百余花。苞片长1-2毫米；花梗和子房长约1毫米；

花黄色；中萼片卵状椭圆形，长约0.8毫米，侧萼片宽卵形，近舟状，略较中萼片宽；花瓣近卵形，短于萼片，宽约0.3毫米，近全缘或上部不明显啮蚀状；唇瓣3裂，长约0.7毫米，侧裂片近方形或半圆形，长约0.3毫米，具不规则流苏或条裂，稀啮蚀状，中裂片近方形，宽约0.3毫米，先端近平截或稍啮蚀状；蕊柱粗，长约0.3毫米。蒴果近椭圆形，长1.5-2毫米。花果期9-10月。

产云南南部，生于海拔1200-1500米林中树上。印度、锡金、缅甸、泰国有分布。

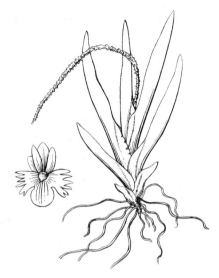

图 854 条裂鸢尾兰 （蔡淑琴绘）

3. 小花鸢尾兰　　　　　　　　　　　　　图 855

Oberonia mannii Hook. f. in Hook. Icon. Pl. 21: t. 2003. 1890.

茎长达7厘米。叶5-9，两侧扁，线形，多少镰曲，长1-3厘米，宽1-2毫米，下部内侧有膜质边缘，基部无关节。花葶生于茎顶，长达6.7厘米，无翅，近花序下方疏生数枚苞片，花序具数十花。苞片长约0.8毫米，先端长渐尖，略有钝齿；花梗和子房长1-1.2毫米，略长于苞片；花绿黄或淡黄色，径约1毫米；中萼片卵形，长约0.8毫米，侧萼片与中萼片相似，略宽；花瓣近长圆形，略长于萼片，宽约0.3毫米，边缘多少啮蚀状，唇瓣近长圆形，长约1.7毫米，3裂，中裂片深裂，侧裂片卵形，长约0.3毫米；中裂片先端深裂成叉状；小裂片先端渐尖，长约0.8毫米；蕊柱粗短，直立。蒴果椭圆形，长1.8-3毫米。花果期3-6月。

产云南西部及东南部、福建西北部，生于海拔1500-2700米林中树上。印度有分布。

图 855 小花鸢尾兰 （引自《Hook. Ic. Pl.》）

4. 狭叶鸢尾兰　　　　　　　　　　　　　图 856

Oberonia caulescens Lindl. Gen. Sp. Orch. Pl. 15. 1830.

茎长1-4.5厘米。叶5-6，两侧扁，肥厚，线形，稍镰曲，长1.5-5厘米，宽2-3毫米，下部内侧边缘干膜质，脉略可见，基部有关节。花葶长5-11厘米，无翅，花序具数十朵或多花。苞片披针形，长1.5-2毫米；花梗和子房长约2毫米；花淡黄或淡绿色；中萼片卵状椭圆形，长0.8-1毫米，

侧萼片近卵形,稍凹入;花瓣近长圆形,长0.8-1毫米,唇瓣倒卵状长圆形或倒卵形,长1.6-2毫米,基部两侧有钝耳或不明显,先端2深裂,小裂片窄卵形或近披针形,长0.7-0.9毫米;蕊柱粗短,直立。蒴果倒卵状椭圆形,长2-2.3毫米。花果期7-10月。

产台湾、广东、四川、云南及西藏东南部,生于海拔700-1800米林中树上或岩石上,西藏可上达3700米。尼泊尔、锡金、印度、越南有分布。

5. 裂唇鸢尾兰 图 857 彩片 381

Oberonia pyrulifera Lindl. Fol. Orch. Oberonia 3. 1859.

茎较短,有时长3-4厘米。叶3-4(5)枚,两侧扁,肥厚,稍镰曲,长2.5-6(-8)厘米,宽(3-)4-7毫米,下部内侧边缘干膜质,基部具关节。

花葶长达11厘米,无翅,花序长2-8厘米,具数十或百余花。苞片长1.5-2毫米,具不规则缺齿;花梗和子房长约2毫米;花黄色;中萼片卵状长圆形,长0.8-1毫米,侧萼片宽卵形,与中萼片近等长但略宽;花瓣近长圆形,长0.8-1毫米,唇瓣倒卵形或倒卵状长圆形,长1.3-1.8毫米,基部两侧有钝耳或耳不明显,先端2深裂,小裂片宽披针形,略叉开或近平行,长约0.6毫米;蕊柱粗短,直立。蒴果倒卵状长圆形,长2.5-3毫米。花果期9-11月。

产云南,生于海拔1700-2500米林中树上。印度、锡金及泰国有分布。

6. 齿瓣鸢尾兰 图 858

Oberonia gammiei King et Pantl. in Journ. Asiat. Soc. Beng. 66: 578. 1897.

茎长1-2厘米。叶近基生。3-7枚,2列套叠,两侧扁,肥厚,有时稍镰曲,剑形,长5-15厘米,宽1-1.5(-2)厘米,脉略可见,基部有关节。花葶长达28厘米,下部有窄翅,花序长达18厘米,具数十或百余花。苞片

近长圆状卵形,长1.4-1.8毫米,有不规则缺齿或啮蚀状;花梗和子房长1.2-1.4毫米;白绿色;中萼片宽卵形,长1-1.3毫米,侧萼片卵形,略窄于中萼片;花瓣近卵形,与萼片近等长,宽约0.8毫米,具啮蚀状齿,唇瓣近卵形,长约1.5毫米,不明显3裂,侧裂片具啮蚀状齿或不

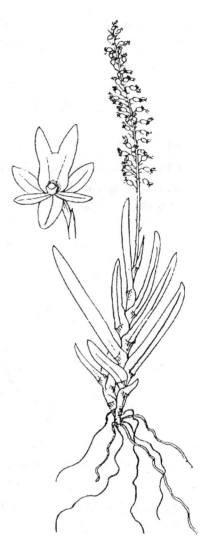

图 856 狭叶鸢尾兰 (蔡淑琴绘)

图 857 裂唇鸢尾兰 (蔡淑琴绘)

规则缺裂,中裂片2裂,小裂片近长圆形,长约0.6毫米,边缘与先端有不规则缺齿;蕊柱短,直立。蒴果倒卵状椭圆形,长约4毫米,宽约2.5毫米。花果期10-12月。

产海南及云南南部,生于海拔500-900米林中树上或岩石上。孟加拉国、缅甸、老挝、越南、泰国有分布。

7. 剑叶鸢尾兰   图 859

Oberonia ensiformis (J. E. Smith) Lindl. Fol. Orch. Oberonia 4. 1859.

Malaxis ensiformis J. E. Smith in Rees. Cyclop. 22. No. 14. 1812.

植株较高大,具短茎。叶5-6,2列套叠,两侧扁,肥厚,剑形,稍镰曲,长15-50厘米,宽1.2-2.2厘米,基部有关节。花葶长达35厘米,无翅,径5-6毫米,花序花较密集,百余朵或更多的花,花序轴粗。苞片近长圆形;花梗和子房长1-2毫米;花绿色;中萼片宽长圆状卵形,长1.2-1.5毫米,侧萼片宽卵形,与中萼片大小相似;花瓣卵状披针形,长1.2-1.5毫米,边缘多少啮蚀状,唇瓣卵状宽长圆形,长1.8-2.2毫米,3裂,侧裂片近方形或稍圆形,边缘啮蚀状,中裂片宽倒卵形或近扁圆形,宽达1.2毫米,先端2裂,边缘稍啮蚀状,唇盘两侧缺口处各具1枚胼胝体;蕊柱粗短。蒴果倒卵状椭圆形,长4-5.5毫米。花期9-11月,果期翌年3月。

产广西北部及云南西部,生于海拔900-1600米林下树上。尼泊尔、锡金、印度、缅甸、老挝、越南及泰国有分布。

8. 棒叶鸢尾兰   图 860

Oberonia myosurus (Forst. f.) Lindl. Gen. Sp. Orch. Pl. 16. 1830.

Epidendrum myosurus Forst. f. Florul. Ins. Austr. Prodr. 60. 1786.

植株常倒悬,具短茎。叶近基生,4-5,近圆柱形,稀扁圆柱形,基部多少两侧扁,套叠,肉质,常稍弯曲,长4-14厘米,径3-5毫米,基部一侧有白色透明的干膜质边缘,基部具关节。花葶长达9厘米,花序下垂,圆柱形,花密集。苞片披针形,膜质;花梗和子房长0.5-0.8毫米;花白或绿白色,唇瓣与蕊柱常略带淡黄褐色;萼片近椭圆形或长圆状卵形,长1-1.3毫米,背面近先端常有刺毛状突起;花瓣窄长圆形,与

图 858 齿瓣鸢尾兰 (蔡淑琴绘)

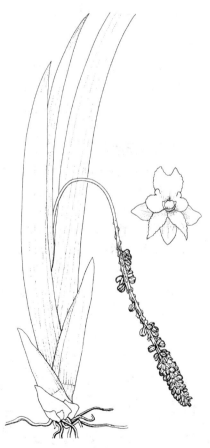

图 859 剑叶鸢尾兰 (刘 平绘)

萼片近等长,宽约0.2毫米,具刺毛状小突起,唇瓣近长圆形,长1-1.3毫米,不明显3裂,侧裂片及中裂片边缘有不规则流苏状裂条;蕊柱粗短。蒴果近椭圆形,长约4毫米;果柄很短。花果期8-10月。

产贵州南部及西南部、广西西北部及云南南部,生于海拔1200-1500米林下或灌丛枝条上。尼泊尔、印度、缅甸及泰国有分布。

72. 套叶兰属 Hippeophyllum Schltr.

(陈心启 罗毅波)

附生草本。根状茎横走,叶簇在根状茎上疏离。茎很短,包于叶基之内。叶数枚,2列,两侧扁,肉质,基部套叠。花葶生于叶丛中,总状花序密生多花。苞片很小;花不扭转,很小;萼片与花瓣离生,展开;花瓣较萼片窄小或近等大,常外弯或反卷,唇瓣较萼片大,常3裂,稀先端2裂,基部凹入,无距,边缘有齿或啮蚀状;花药顶生;花粉团4个,成2对,蜡质,无花粉团柄,基部略有粘性物质;柱头凹下,位于蕊柱前上方。

约6种,产马来西亚、印度尼西亚、菲律宾、新几内亚岛、所罗门群岛,北至我国亚热带地区。我国2种。

图 860 棒叶鸢尾兰 (蔡淑琴绘)

1. 叶椭圆形或椭圆状披针形,宽约8毫米,基部无关节 ························· 宝岛套叶兰 H. pumilum
1. 叶剑形或窄长圆状披针形,宽1.5-2毫米,基部具关节 ···················· (附). 套叶兰 H. sinicum

宝岛套叶兰

图 861

Hippeophyllum pumilum Fukuyana ex Masamune et T. P. Lin, Nat. Orch. Taiwan 3: 141. 1987, nom. illeg.; S. C. Chen et K. Y. Lang in Acta Phytotax. Sin. 36(1): 4. 1998.

根状茎径约1.5毫米,叶簇相距5-7毫米。茎具5叶。叶椭圆形或椭圆状披针形,长达1.2厘米,宽约8毫米,基部无关节。花葶长约3厘米,花序长约2.5厘米。苞片卵状披针形,长约2毫米;花梗和子房绿色,长约2毫米;花淡绿色或淡褐色,不扭转,径约2毫米;萼片卵形,稍凹入,多少反折;花瓣线形,长约1毫米,略弧曲,唇瓣窄卵状长圆形,长约1.7毫米,叉状2深裂,具不规则锯齿,小裂片略叉开或稍外弯,线状披针形;蕊柱短。花期4-5月或12月。

产台湾东部,生于海拔800-1500米林下。

[附] **套叶兰 Hippeophyllum sinicum** S. C. Chen et K. Y. Lang in Acta Phytotax. Sin. 36(1): 2. f. 2. 1998. 本种与宝岛套叶兰的区别:叶簇相距2-5毫米,茎具3-4叶,剑形或窄长圆状披针形,宽1.5-2毫米,基部具关节;苞片卵形,长约1毫米;花梗和子房长约0.8毫米;萼片卵状椭圆

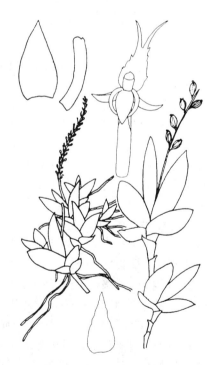

图 861 宝岛套叶兰 (引自《台湾兰科植物》)

形或椭圆形,花瓣窄长圆形。花期6月。产甘肃南部,生于海拔1600米林间悬岩上。

73. 紫茎兰属 Risleya King et Pantl.

（陈心启 罗毅波）

腐生草本，高达21厘米。无块茎，无假鳞茎；根状茎近窄圆锥形或圆柱形，长1-3厘米，径1.5-2毫米。茎无叶，暗紫色，基部具2圆筒状鞘，长0.6-2.5厘米，膜质，抱茎。总状花序顶生，长达7厘米，具数朵至40余花。苞片三角状披针形或线状披针形，长0.5-0.8毫米，膜质，宿存；花肉质，径约2毫米，黑紫色；花梗和子房长1.2-1.5毫米，子房扭转；萼片近长圆形，长约1.2毫米，离生；花瓣近长圆状披针形，长约0.8毫米，展开，唇瓣位于上方，宽卵形，长约1.2毫米，凹入，贴生蕊柱基部，基部具细齿，先端有小尖头；蕊柱圆柱形，长约0.3毫米，花药生于背侧，2室，花粉团4个，成2对，蜡质，无柄。附着于长圆形粘盘，蕊喙粗，伸出，高于花药。蒴果椭圆形，长3-5毫米。

单种属。

紫茎兰

图 862 彩片 382

Risleya atropurpurea
King et Pantl. in Ann. Bot. Gard. Calcutta 8: 247. pl. 328. 1898.

形态特征同属。花期7-8月。

产四川、云南西北部及西藏东部，生于海拔2900-3700米冷杉林下或灌丛中。锡金有分布。

74. 山兰属 Oreorchis Lindl.

（陈心启 罗毅波）

地生草本。根状茎纤细，假鳞茎球茎状，基部疏生纤维根。叶1-2，生于假鳞茎顶端，具柄。花葶生于假鳞茎侧面节上，直立，总状花序具数花至多花。苞片膜质，宿存；萼片与花瓣离生，展开；两枚侧萼片基部有时成浅囊状；唇瓣有爪，上面常有褶片或具凹槽的胼胝体；蕊柱略弓曲，蕊柱足不明显；花药俯倾，花粉团4个，近球形，膜质，共有1个粘盘柄和小粘盘。

约16种，分布喜马拉雅地区至日本和西伯利亚。我国11种。

图 862 紫茎兰 （引自《图鉴》）

1. 叶长达5厘米以上，长较宽大5-20倍或过之。
  2. 叶线形或窄披针形，长较宽大15-20倍或过之。
    3. 叶常1，稀2枚；唇瓣褶片从基部至中部 ·················· 1. 山兰 **O. patens**
    3. 叶常2，稀1枚；唇瓣褶片状胼胝体从下部至基部，不到中部 ·················· 2. 长叶山兰 **O. fargesii**
  2. 叶窄椭圆形或窄长圆状披针形，长较宽大5-10倍。
    4. 唇瓣3裂，侧裂片耳状；唇盘有褶片。
      5. 唇瓣2条褶片位于中部，长不及1毫米 ·················· 3. 短梗山兰 **O. erythrochrysea**
      5. 唇瓣2条褶片从基部延至下部或近中部，长1毫米以上。
        6. 植株高13-18厘米；叶柄长1-2厘米 ·················· 4. 矮山兰 **O. parvula**
        6. 植株高达30厘米以上；叶柄长6厘米以上 ·················· 5. 西南山兰 **O. angustata**

4. 唇瓣中部两侧有缺裂或3钝裂，侧裂片圆钝，非耳状，唇盘无褶片，无肼胝体 ········ 7. **囊唇山兰 O. indica**
1. 叶长2-4厘米，长较宽大2-4倍 ··· 6. **硬叶山兰 O. nana**

1. 山兰

图 863 彩片 383

Oreorchis patens（Lindl.）Lindl. in Journ. Proc. Linn. Soc. Bot. 3: 27. 1859.

Corallorhiza patens Lindl. Gen. Sp. Orch. Pl. 535. 1840.

图 863 山兰 （引自《图鉴》）

假鳞茎卵球形或近椭圆形。叶1（2），线形或窄披针形，长13-30厘米，宽1-2厘米；叶柄长3-5厘米。花葶长达52厘米，花序疏生数朵至10余花。

苞片窄披针形；花梗和子房长0.8-1.2厘米；花黄褐或淡黄色，唇瓣白色有紫斑；萼片窄长圆形，长7-9毫米，侧萼片稍镰曲；花瓣窄长圆形，长7-8毫米，稍镰曲，唇瓣长6.5-8.5毫米，3裂，有短爪，侧裂片线形，稍内弯，长约3毫米，中裂片近倒卵形，长5.5-7毫米，有不规则缺刻，唇盘有2肥厚褶片，从近基部延至中部；蕊柱长4-5毫米。蒴果长圆形，长约1.5厘米。花期6-7月，果期9-10月。

产黑龙江、吉林东部、辽宁东北部、河南西南部、江西西部、台湾、湖南西北部、四川、贵州西北部、云南及甘肃南部，生于海拔1000-3000米

林下、林缘、灌丛中、草地或沟谷边。日本、朝鲜半岛及俄罗斯西伯利亚有分布。

2. 长叶山兰

图 864 彩片 384

Oreorchis fargesii Finet in Bull. Soc. Bot. France 43：697. t. 13. 1896.

图 864 长叶山兰 （引自《图鉴》）

假鳞茎椭圆形或近球形。叶（1）2，线状披针形或线形，长20-28厘米，宽0.8-1.8厘米，纸质，基部关节下方由叶柄套迭成假茎状，长3-5厘米。花葶从假鳞茎侧面发出，直立，长20-30厘米；总状花序长2-6厘米，具较密集的花。苞片长3-5毫米；花梗和子房长0.7-1.2厘米；花常白色并有紫纹；萼片长圆状披针形，长0.9-1.1厘米，宽2.5-3.5毫米；侧萼片斜歪并略宽于中萼片

；花瓣窄卵形或卵状披针形，长0.9-1厘米，宽3-3.5毫米；唇瓣长圆状倒卵形，长7.5-9毫米，近基部3裂，基部有长约1毫米的爪；侧裂片线形，长2-3毫米；中裂片近椭圆状倒卵形，上半部边缘多少皱波状，先端有不

规则缺刻；唇盘2侧裂片间具褶片状肼胝体，从下部至基部；蕊柱长约3

毫米。蒴果窄椭圆形，长约2厘米。花期5-6月，果期9-10月。

产陕西西南部、甘肃南部、浙江西北部、福建西北部、台湾、湖北西

部、湖南、广西北部及四川，生于海拔700-2600米林下。

3. 短梗山兰 小山兰 　　　　　　　　图 865 彩片 385

Oreorchis erythrochrysea Hand.-Mazz. in Anz. Acad. Wiss. Wein, Math.-Nat. 62: 252. 1925.

Oreorchis foliosa auct. non (Lindl.) Lindl.: 中国高等植物图鉴 5: 742. 1976.

假鳞茎宽卵形或近长圆形。叶1枚，窄椭圆形或窄长圆状披针形，长6-10厘米，长较宽大5-10倍，稀超过，叶柄长2-4.5厘米。花葶长达27厘米，花序具10-20朵花。苞片长约2毫米；花梗和子房长3-5毫米；花黄色，唇瓣有栗色斑；萼片窄长圆形，长6-8毫米，常稍斜歪；花瓣窄长圆状匙形，长5.5-6.5毫米，宽约1.5毫米，常稍弯曲，唇瓣近长圆形，长约5毫米，3裂，侧裂片半卵形或近线形，长0.8-1毫米，中裂片近方形或宽椭圆形，边缘略波状，长约2.5毫米，唇盘2褶片位于中部，长不及1毫米；蕊柱较粗，长约3毫米。花期5-6月。

产湖北西部、四川、云南及西藏东南部，生于海拔2900-3600米林下、灌丛中或高山草坡。

图 865 短梗山兰 （引自《图鉴》）

4. 矮山兰 　　　　　　　　　　　　　图 866

Oreorchis parvula Schltr. in Fedde, Repert. Sp. Nov. 10: 483. 1912.

植株高达18厘米。假鳞茎长圆形或椭圆形，长1-2厘米，径0.8-1厘米。叶1枚，窄椭圆状披针形或窄长圆形，长8-11厘米，宽1.3-2厘米；叶柄长1-2厘米。花葶长达16厘米，花序长达4厘米，具7-12花。苞片卵状披针形，长约3毫米；花梗和子房长2-2.5毫米；花蜡黄色；萼片窄长圆状披针形，长6-7毫米，宽1.5-2毫米，侧萼片略斜歪；花瓣舌状披针形，长5-6毫米，宽约1.5毫米，略镰曲，唇瓣倒卵形，长约5毫米，有短爪，侧裂片舌状，长不及1毫米，中裂片近卵圆形，长约2毫米，边缘稍波状，唇盘基部有2褶片，褶片多少合生；蕊柱长约2.5毫米，稍前弯。花期5-7月。

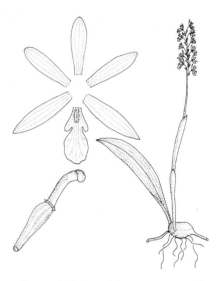

图 866 矮山兰 （引自《Edinb. J. Bot.》）

产四川及云南西北部，生于海拔3000-3800米林下或开旷草坡。

5.　西南山兰　　　　　　　　　　　　　　　　　图 867

Oreorchis angustata L. O. Williams ex N. Pearce et Cribb in Edinb. Journ. Bot. 54(3)：294. f. 1. 1997.

假鳞茎近梨形，长达1.5厘米，径约1厘米。叶1枚，宽披针形，长达19厘米，宽约2厘米；叶柄长达6厘米。花葶长达30厘米；花序长约11厘米，疏生花，多达30朵。苞片披针形，长约6毫米；花梗和子房长约6毫米；花放时径约1.1厘米；中萼片披针形，长约5.5毫米，宽约1.2毫米；侧萼片披针形，长约5毫米，宽约1.5毫米；花瓣窄卵状披针形，长约5毫米，宽约1.2毫米，唇瓣长约4.5毫米，近基部3裂，有短爪，侧裂片半卵形，长约1.4毫米，中裂片近倒卵形，边缘波状，唇盘有2褶片，长约2毫米，延至中裂片基部以上；蕊柱棒状，长约3毫米。花期6月。

产四川西南部及云南西北部，生于海拔约3000米山坡草地或开旷多石之地。

图 867 西南山兰　（引自《Edinb. J. Bot.》）

6.　硬叶山兰　　　　　　　　　　　　　　　　　图 868

Oreorchis nana Schltr. in Acta Hort. Gothob. 1：151. 1924.

假鳞茎长圆形或近卵球形。叶1枚，卵形或窄椭圆形，长2-4厘米；叶柄长1-3厘米。花葶长达20厘米，花序具（2-3）5-14花。苞片卵状披针形；花梗和子房长3-5毫米；花径约1厘米；萼片与花瓣上面暗黄色，下面栗色，唇瓣白色，有紫斑；萼片近窄长圆形，长6-7毫米，侧萼片略斜歪；花瓣镰状长圆形，长5.5-6.5毫米，唇瓣近倒卵状长圆形，长5-7毫米，3裂，侧裂片近窄长圆形或窄卵形，稍内弯，长约0.8毫米，中裂片近倒卵状椭圆形，长约4.5毫米，边缘稍波状，有黑或紫色斑点，唇盘基部有2褶片；蕊柱粗，长2-2.5毫米。花期6-7月。

产陕西西南部、甘肃南部、青海东部、四川、湖北西部、云南西北部

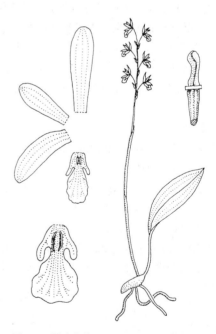

图 868 硬叶山兰　（引自《Edinb. J. Bot.》）

及西藏东部，生于海拔2500-4000米高山草地、林下、灌丛中或岩石积土。

7.　囊唇山兰　　　　　　　　　　　　　　　　　图 869

Oreorchis indica (Lindl.) Hook. f. Fl. Brit. Ind. 5：709. 1890.

Corallorhiza indica Lindl. in Journ. Proc. Linn. Soc. Bot. 3：26. 1859.

假鳞茎卵球形或近椭圆形。叶1枚，窄椭圆形或窄椭圆状披针形，长

12-13厘米,宽约2.4厘米;叶柄长2-2.5厘米。花葶长达36厘米,花序具4-9花。苞片长圆状披针形,长2-3毫米;花径约1.5厘米;萼片与花瓣暗黄色,有紫褐色脉斑纹,唇瓣白色,有紫红色斑;萼片窄长圆形,长8-9毫米,侧萼片略斜歪;花瓣窄卵形或窄卵状披针形,长6-7毫米,唇瓣倒卵状长圆形或宽长圆形,长6-7毫米,略3裂或两侧有裂缺,具爪,有囊状短距,中裂片边缘波状,先端多少有不规则缺刻,唇盘无褶片;蕊柱长5-6毫米,基部肥厚。花期6月。

产四川西南部、云南西北部及西藏南部,生于海拔2500-3400米林下或高山草甸。尼泊尔、不丹、锡金及印度北部有分布。

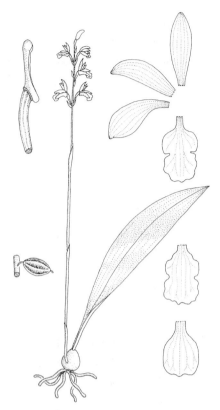

图 869 囊唇山兰 (引自《Edinb. J. Bot.》)

75. 杜鹃兰属 Cremastra Lindl.
(陈心启 罗毅波)

地生草本。具根状茎,假鳞茎球茎状或近块茎状,基部密生多数纤维根。叶1-2,生于假鳞茎顶端,常窄椭圆形,有时有紫色粗斑点,叶柄较长。花葶生于假鳞茎上部一侧节上,中下部具2-3筒状鞘,总状花序具多花。苞片较小,宿存;萼片与花瓣离生,近相似,唇瓣3裂,有爪,具浅囊,侧裂片常较窄,中裂片基部有肉质突起;蕊柱较长,上端略扩大,无足;花粉团4个,成2对,两侧稍扁,蜡质,同附着于粘盘。

2种,分布于印度北部、尼泊尔、锡金、不丹、泰国、越南、日本及我国秦岭以南地区。我国均产。

杜鹃兰　　　　　　　　　图 870 彩片 386

Cremastra appendiculata (D. Don) Makino in Bot. Mag. Tokyo 18: 24. 1904.

Cymbidium appendiculatum D. Don, Prodr. Fl. Nepal. 36. 1825.

假鳞茎卵球形或近球形。叶常1枚,窄椭圆形或倒披针状窄椭圆形,长18-34厘米,宽5-8厘米;叶柄长7-17厘米。花葶长达70厘米,花序具5-22花。苞片披针形或卵状披针形;花梗和子房长5-9毫米;花常偏向一侧,多少下垂,不完全开放,有香气,窄钟形,淡紫褐色;萼片倒披针形,中部以下近窄线形,长2-3厘米,侧萼片略斜歪;花瓣倒披针形,长1.8-2.6厘米,上部宽3-3.5毫米,唇瓣与花瓣近等长,线形,3裂,侧裂片近线形,长4-5毫米,中裂片卵形或窄长圆形,长6-8毫米,基部2侧裂片间具肉质突起;蕊柱细,长1.8-2.5厘米,顶端略扩大,腹面有时有窄翅。蒴果近椭圆形,下垂,长2.5-3厘米。花期5-6月,果期9-12月。

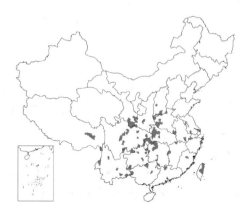

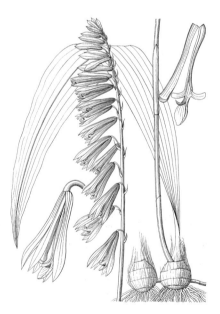

图 870 杜鹃兰 (引自《图鉴》)

产甘肃南部、陕西南部、山西南部、河南、江苏西南部、安徽南部、浙江西北部、福建、台湾、江西、湖北西部、湖南、广东北部、广西、贵州、云南、四川及西藏东部,生于海拔500-2900米林下湿地或沟边湿地。尼泊尔、不丹、锡金、印度、越南、泰国及日本有分布。

76. 筒距兰属 Tipularia Nutt.
（陈心启 罗毅波）

地生草本。假鳞茎球茎状或圆筒状,似肉质根状茎。叶1枚,生于假鳞茎顶端,有时有紫斑,基部骤窄成柄,花期有叶或叶已凋萎。花葶生于假鳞茎近顶端,直立,长于叶,基部有鞘;总状花序疏生多花。苞片很小或早落;花较小;萼片与花瓣离生,相似或花瓣略小,展开,唇瓣3裂,有时唇盘有肉质小突起,有长距,距圆筒状,较纤细;蕊柱近直立,花粉团4个,蜡质,有粘盘柄,粘盘不其明显。

5种,分布于北美、日本、锡金和我国。我国3种。

1. 假鳞茎圆筒状,无节或中部有1节,近末端相连接,横走,似根状茎;距长1.2-1.5厘米 ························ 1. 筒距兰 T. szechuanica
1. 假鳞茎卵球形、长圆形或近圆筒状,中部有2-4节,非末端相连;距长0.8-1.1厘米 ························ 2. 台湾筒距兰 T. odorata

1. 筒距兰
图 871

Tipularia szechuanica Schltr. in Acta Hort. Gothob. 1: 153. 1924.

假鳞茎圆筒状,长1.5-3厘米,径2-4毫米,近末端相连接,横走,似根状茎,中部有1节,稀无节,连接处生1-2肉质根。叶1枚,卵形,长2.5-4厘米,基部圆或近平截;叶柄长1.3-2厘米。花葶长达20厘米,较纤细,花序长达6厘米,疏生5-9花。花梗和子房长5-7毫米;花淡紫灰色,常平展;萼片窄长圆状披针形或近窄长圆形,长5.5-6.5毫米,宽约1.8毫米;花瓣窄椭圆形,与萼片近等长,宽约2毫

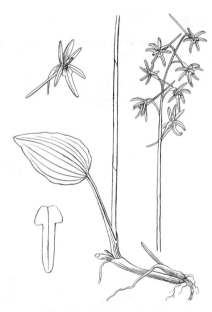

图 871 筒距兰 （蔡淑琴绘）

米,唇瓣略短于萼片,近基部3裂,侧裂片宽卵形,长约1.5毫米,宽达2毫米,有不规则缺刻,中裂片舌状,长4-5毫米;距长（1-）1.2-1.5厘米,径约0.7毫米;蕊柱长约3毫米。花期6-7月。

产陕西西南部、甘肃南部、四川西北部及云南西北部,生于海拔3300-3700米云冷杉林下。

2. 台湾筒距兰
图 872

Tipularia odorata Fukuyama in Bot. Mag. Tokyo 52: 243. 1938.

假鳞茎卵球形或近圆筒状,长1-2.5厘米,中部有2-4节,非末端相连。叶1枚,卵形或卵状椭圆形,长3-6.8厘米,先端渐尖,有细齿,略皱波状,下面紫红色,上面绿或略紫色;叶柄长1.5-6厘米。花葶长达23厘米,紫

褐色，花序长达8厘米，具10余花。花梗和子房长5-8毫米；花绿色，唇瓣黄绿色，距白黄色，萼片与花瓣具紫褐色中脉；萼片窄长圆形，长4-6毫米；花瓣披针形或线状披针形，略短于萼片，唇瓣与花瓣近等长，近基部3裂，侧裂片近圆形，有不规则缺刻，中裂片窄长圆形，基部在2侧裂片间有肉质突起；距纤细，长0.8-1.1厘米；蕊柱长约3.5毫米。花期5-6月。

产台湾东部，生于海拔1500-2600米林下多苔藓的地方。

图 872 台湾筒距兰 （引自《Fl. Taiwan》）

77. 布袋兰属 Calypso Salisb.

（陈心启 罗毅波）

地生草本。具假鳞茎或珊瑚状根状茎，假鳞茎常球茎状，基部生出少数肉质根。叶1枚，生于假鳞茎顶端，叶柄较长。花葶生于假鳞茎近顶端，长于叶，中下部有筒状鞘，花单朵，中等大，生于花葶顶端。萼片与花瓣离生，相似，展开；唇瓣长于萼片，深凹成囊状，多少3裂，中裂片多少呈铲状，基部有毛，囊先端内凸成双角状；蕊柱宽，有翅，多少呈花瓣状，覆盖囊口；花粉团4个，成2对，蜡质，粘盘柄很小，粘盘方形。

1-2种，分布于北半球温带及亚热带高山。我国1种。

布袋兰　　　　　　　　　　　　　　图 873 彩片 387

Calypso bulbosa (Linn.) Oakes in Thompson, Hist. Vermont 1: 200. 1842.

Cypripedium bulbosum Linn. Sp. Pl. 951. 1753.

假鳞茎近椭圆形或近圆筒状，长1-2厘米，根状茎细长。叶1枚，卵形或卵状椭圆形，长3.4-4.5厘米，基部近平截；叶柄长2-3厘米。花葶长达12厘米，中下部有2-3枚筒状鞘。苞片膜质，披针形，长1.5-1.8厘米，下部圆筒状包花梗和子房；花梗和子房纤细，长1.7-2厘米；花单朵，径3-4厘米；萼片与花瓣相似，向后伸展，线状披针形，长1.4-1.8厘米，宽1.5-2毫米；唇瓣扁囊状腹背扁，3裂，侧裂片半

圆形，近直立，长3-4毫米，宽5-6毫米，中裂片前伸，铲状，长0.8-1厘米，基部有髯毛3束或更多；囊前伸，长2-2.3厘米，宽约1厘米，有紫色斑纹，末端双角状；蕊柱长0.8-1厘米，两侧有宽翅，宽约1厘米。覆盖囊口。花期4-6月。

图 873 布袋兰 （蔡淑琴绘）

产吉林东部、内蒙古东北部、甘肃南部、四川西北部及云南西北部，生于海拔2900-3200米针叶林下。日本、俄罗斯、北欧及北美有分布。

78. 独花兰属 Changnienia S. S. Chien

（陈心启 罗毅波）

地生草本。假鳞茎近椭圆形或宽卵球形，长1.5-2.5厘米，径1-2厘米，淡黄白色，被膜质鞘。叶1枚，宽卵状椭圆形或宽椭圆形，长6.5-11.5厘米，下面紫红色；叶柄长3.5-8厘米。花葶生于假鳞茎顶端，长达17厘米，紫色，

具2鞘，花单朵，顶生。苞片小，早落；花梗和子房长7-9毫米；花白色，带肉红或淡紫色晕，唇瓣有紫红色斑点；萼片长圆状披针形，长2.7-3.3厘米，侧萼片稍斜歪；花瓣窄倒卵状披针形，长2.5-3厘米，唇瓣略短于花瓣，3裂，侧裂片斜卵状三角形，宽1-1.3厘米，中裂片宽倒卵状方形，具不规则波状缺刻，唇盘在2侧裂片间具5枚褶片状附属物，距角状，长2-2.3厘米，稍弯曲，基部宽0.7-1厘米；蕊柱长1.8-2.1厘米，两侧有宽翅；花粉团4个，成2对，粘着于方形粘盘上。

我国特产单种属。

独花兰

图 874 彩片 388

Changnienia amoena S. S. Chien in Contr. Biol. Lab. Sci. Soc. China, Bot. ser. 10: 90. f. 12. 1935.

形态特征同属。花期4月。

产江苏西南部、安徽、浙江西部、江西北部、湖北、湖南、四川及陕西南部，生于海拔400-1100(-1800)米疏林下腐殖质丰富土壤或沿山谷荫蔽地方。

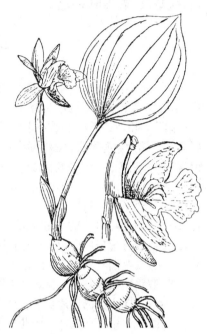

图 874 独花兰 （引自《图鉴》）

79. 珊瑚兰属 Corallorhiza Gagnebin
（陈心启 罗毅波）

腐生草本。肉质根状茎常珊瑚状分枝。茎直立，圆柱形，无绿叶，被3-5枚筒状鞘。总状花序顶生，花数朵至10余朵。苞片膜质，很小；花小；萼片相似，侧萼片稍斜歪，基部合成短萼囊，多少贴生子房；花瓣常略短于萼片，有时较宽；唇瓣贴生蕊柱基部，唇盘中部至基部常有2条肉质褶片，无距；蕊柱略腹背扁，无足；花药顶生，花粉团4个，分离，蜡质，近球形，柄不明显，附着粘质物或粘盘。

约14种，主要分布于北美洲和中美洲，个别种类产欧亚温带地区。我国1种。

珊瑚兰

图 875 彩片 389

Corallorhiza trifida Chat. Spec. Inaug. Corallorhiza 8. 1760.

植株高达22厘米。茎红褐色，被3-4枚鞘，抱茎，膜质，红褐色，长1-6厘米。花序长1-3(-5)厘米，具3-7花。苞片长约1毫米；花梗和子房长3.5-5毫米；花淡黄或白色；中萼片窄长圆形，长4-6毫米，侧萼片与中萼

图 875 珊瑚兰 （引自《图鉴》）

片相似,略斜歪,基部合成浅萼囊或不显著;花瓣近长圆形,常较萼片略宽短,多少与中萼片靠合成盔状,唇瓣近长圆形或宽长圆形,长2.5-3.5毫米,3裂,侧裂片较小,直立,中裂片近椭圆形,长1-1.5毫米,唇盘有2肥厚褶片至中裂片基部;蕊柱长2.5-3毫米,两侧具翅。蒴果下垂,椭圆形,长7-9毫米。花果期6-8月。

产吉林东部、内蒙古北部、河北、山西、陕西西南部、甘肃、新疆、青海及四川,生于海拔2000-2700米林下或灌丛中。广泛分布于北美、欧洲及亚洲北部。

80. 美冠兰属 Eulophia R. Br. ex Lindl.
(陈心启 罗毅波)

地生草本,稀腐生。茎球茎状、块状或其他形状假鳞茎,位于地下或地上,常具数节,疏生少数较粗根。叶数枚,基生,有长柄,叶柄常套叠成假茎状,有关节。花葶生于假鳞茎侧面节上,直立,总状或圆锥花序,稀单花。萼片离生,相似,侧萼片常稍斜歪;花瓣与中萼片相似或略宽,唇瓣常3裂,侧裂片包蕊柱,稀不裂,多少直立,唇盘常有褶片、鸡冠状脊、流苏状毛等附属物,基部多有距或囊;蕊柱常有翅;花药顶生,前倾,不完全2室,药帽常有2个暗色突起;花粉团2个,多少有裂隙,蜡质,具短而宽的粘盘柄和圆形粘盘。

约200种,主产非洲,其次是亚洲热带与亚热带地区,美洲和澳大利亚有分布。我国14种。

1. 植株花期有叶,叶宽2.5-6厘米。
  2. 无距或唇瓣延伸成距,不生于蕊柱足下方,唇瓣多少3裂。
    3. 假鳞茎圆柱状,长4-5厘米,直立,稍绿色,多少露出地面 ·············· 1. **黄花美冠兰 E. flava**
    3. 假鳞茎块状、卵球形或横椭圆形,横卧或斜出,白或黄白色,位于地下。
      4. 花序中部的苞片长于花梗和子房;唇瓣距长约5毫米 ·············· 3. **长苞美冠兰 E. bracteosa**
      4. 花序中部的苞片短于花梗和子房;唇瓣距长1-4毫米。
        5. 中萼片长2.2-2.6厘米 ·············· 2. **毛唇美冠兰 E. herbacea**
        5. 中萼片长1-1.3厘米。
          6. 叶宽2厘米;距圆锥形 ·············· 4. **剑叶美冠兰 E. sooi**
          6. 叶宽1.2厘米;距囊状 ·············· 5. **台湾美冠兰 E. bicallosa**
  2. 距生于蕊柱足下方,附着蕊柱足,唇瓣近不裂 ·············· 6. **紫花美冠兰 E. spectabilis**
1. 植株花期无叶或腐生无绿叶,若有叶,叶宽0.5-1厘米。
  7. 假鳞茎带绿色,多少露出地面;花序基部有1-2分枝 ·············· 7. **美冠兰 E. graminea**
  7. 假鳞茎非绿色,位于地下;花序基部无分枝。
    8. 自养植物,花叶不同期;蕊柱无足,唇瓣有褶片,有距 ·············· 8. **长距美冠兰 E. faberi**
    8. 腐生植物,无绿叶;蕊柱有足,唇瓣有5-7粗脉,脉上具乳突状腺毛,无距 ··· 9. **无叶美冠兰 E. zollingeri**

1. 黄花美冠兰
图 876 彩片 390

Eulophia flava (Lindl.) Hook. f. Fl. Brit. Ind. 6: 7. 1890.

Cyrtopera flava Lindl. Gen. Sp. Orch. Pl. 189. 1833.

假鳞茎近圆柱状,直立,稍绿色,多少露出地面,长4-5厘米,径1.5-2厘米。叶常2,长圆状披针形,纸质,长25-35厘米,宽4.5-6厘米;叶柄长16厘米,中部以下套叠成假茎。花叶同时;花葶侧生,高达1米,总状花序长达32厘米,疏生10余花。苞片披针形,长1.5-2.5厘米;花梗和子房长约2.5厘米;花黄色,无香气;萼片窄椭圆状披针形,长3-3.2厘米,侧萼片略斜歪;花瓣倒卵状椭圆形,长2.3-2.5厘米,唇瓣近宽卵形,长约2.5厘米,3裂,基部囊状,侧裂片半卵形,内弯,包蕊柱,中裂片近扁圆形,长6-8毫米,宽1-1.3厘米,有3条具疣状突起的纵脊,从中部延至唇盘;蕊柱长约1.2厘米，无足。花期4-6月。

产香港、海南及广西西部，生于溪边石缝中或草坡。尼泊尔、印度、越南及泰国有分布。

图 876 黄花美冠兰 （冀朝祯绘）

2. 毛唇美冠兰   图 877

Eulophia herbacea Lindl. Gen. Sp. Orch. Pl. 182. 1833.

叶2枚，披针形，长约20厘米，宽2-2.3厘米；叶柄套叠成长达15厘米的假茎。花叶同时；花葶侧生，穿鞘，高约40厘米，中部以下有2-3枚鞘，总状花序直立，长约12厘米，疏生数花。苞片线状披针形，长3-4厘米；花梗和子房长2-2.3厘米；花径3-4厘米；中萼片线状披针形或窄长圆形，长2.2-2.6厘米，侧萼片常略斜歪；花瓣倒卵状长圆形，长1.7-2厘米，唇瓣近卵状长圆形，长约2厘米，3裂，

侧裂片窄，半球形，内弯，多少包蕊柱，中裂片近宽长圆形，长7-8毫米，上面密生流苏状毛，唇盘上部或全部被流苏状毛，距长圆筒状，长1.5-2毫米；蕊柱直立，长约1厘米（连花药），无足。花期6月。

产广西西部及云南南部。尼泊尔、印度、老挝及泰国有分布。

图 877 毛唇美冠兰 （引自《Oper. Bot.》）

3. 长苞美冠兰   图 878

Eulophia bracteosa Lindl. Gen. Sp. Orch. Pl. 180. 1833.

假鳞茎块状，近横椭圆形。叶1-3，披针形或窄长圆状披针形，长45-65厘米，纸质；叶柄套叠成长达40厘米的假茎，外有数枚鞘。花葶侧生，高达80厘米，中下部有数枚鞘，总状花序具8-16花。苞片膜质，长2-4厘米；花梗和子房长2-2.5厘米；花黄色，径2-2.5厘米；萼片倒卵状椭圆形或椭圆形，长1.7-2厘米，侧萼片常略长于中萼片；花瓣倒卵状椭圆形，长1.1-1.5厘米，质较薄，唇瓣倒卵状长圆形，与花瓣近等长，较花瓣略窄，近不裂或上部略3裂，上部边缘波状，

唇盘中脉较粗，上部有5条褶片，多少分裂成流苏状，距圆筒状，长约5毫米，距口略缢缩；蕊柱长5-6毫米（不连花药），无足。花期4-7月。

产广东西北部、广西及云南东南部，生于海拔400-540米山谷或灌木草

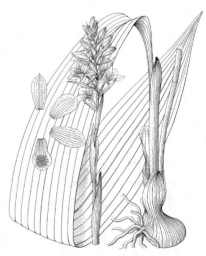

图 878 长苞美冠兰 （冀朝祯绘）

丛中有阳光处。印度、孟加拉国及缅甸有分布。

4. 剑叶美冠兰　　　　　　　　　　　图 879：1-3

Eulophia sooi W. Y. Chun et T. Tang ex S. C. Chen, Fl. Reipubl. Popul. sin. 18: 179. 1999.

假鳞茎块茎,近横椭圆形,肉质根疏生。叶1-2,线状披针形或近剑形,长达40厘米,宽约2厘米;叶柄长达50厘米。花葶侧生,穿鞘,高达1米,

有数枚鞘,节淡黑褐色,总状花序长达10厘米,疏生8-10花。苞片长6-7毫米;花梗和子房长1-1.5厘米;花黄色,径约1.7厘米;中萼片近长圆形,长1-1.2厘米,侧萼片披针状长圆形,长1.2-1.3厘米,略斜歪;花瓣近椭圆形,长0.9-1.1厘米,唇瓣近宽卵形,长约1.3厘米,3裂,侧裂片近椭圆形,内弯,包蕊柱,中裂片卵状长圆形,

长4-5毫米,有5条粗脉,多少脊状,唇盘有4条褶片,褶片长2-3毫米,高约1毫米,多少半圆形,距圆锥形,长2-3毫米;蕊柱长约7毫米(连花药),两侧略有窄翅,足长约1毫米。花期6-7月。

图 879：1-3. 剑叶美冠兰
4-5. 台湾美冠兰　（蔡淑琴绘）

产广西西北部及贵州西南部,生于海拔1000-1300米山坡草地。

5. 台湾美冠兰　　　　　　　　　　　图 879：4-5

Eulophia bicallosa (D. Don) P. F. Hunt et Summerh. in Kew Bull. 20: 60. 1966.

Bletia bicallosa D. Don, Prodr. Fl. Nepal. 30. 1825.

假鳞茎常近球形,带白色,位于地下,鞘少数。叶线形,长达50厘米,宽约1.2厘米。花叶同时;花葶侧生,高达75厘米,总状花序长约10厘米,密生多花。苞片短于花梗和子房;花径约2.5厘米;萼片淡绿色,具5条紫

色脉,花瓣淡绿色,近顶端有淡紫红色晕,唇瓣淡紫红色,有深色脉;萼片披针形,长约1.3厘米;花瓣与萼片近等长,宽7-8毫米,基部窄,唇瓣近卵形,长约1.5厘米,3裂,侧裂片直立,中裂片外弯,先端凹入,唇盘具2紫红色纵脊及1条不明显的脊,距囊状,长约4毫米。花期6月。

产台湾南部及海南。尼泊尔、锡金、印度、东南亚、新几内亚及澳大利亚有分布。

6. 紫花美冠兰　　　　　　　　　　　图 880

Eulophia spectabilis (Dennst.) Suresh in Reg. Veg. 119: 300. 1988.

Wolfia spectabilis Dennst. Schluessel Hortus Malab. 38. 1818.

假鳞茎块状,近球形,位于地下,疏生数根。叶2-3,长圆状披针形,长20-40厘米;叶柄套叠成长14-34厘米的假茎。花葶侧生,高达65厘米,总状花序疏生数花。苞片膜质,披针形,长1.5-2厘米;花梗和子房长1.5-

2.5厘米;花径约2.5厘米,紫红色,唇瓣稍黄色;中萼片线形或窄长圆形,长1.8-2厘米,侧萼片与中萼片相似,略长而斜歪,着生于蕊柱足;花瓣近长圆形,长1.5-1.7厘米,唇瓣着生蕊

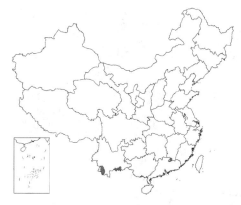

柱足末端，卵状长圆形，长1.2-1.6厘米，先端近平截或微凹，边缘多少皱波状，基部窄；唇盘脉粗或略脊状，距附着于蕊柱足，前部与唇瓣连生，圆锥形，长6-9毫米；蕊柱长6-8毫米（不连花药），蕊柱足长0.6-1厘米。花期4-6月。

产江西南部及云南南部，生于海拔1400-1500米林中或草坡。尼泊尔、不丹、锡金、印度及东南亚有分布。

图 880 紫花美冠兰 （引自《Oper. Bot.》）

7. 美冠兰　　　　　　　　　　　　　　图 881

Eulophia graminea Lindl. Gen. Sp. Orch. Pl. 182. 1833.

Eulophia campestris auct. non Lindl.: 中国高等植物图鉴 5: 740. 1976.

假鳞茎圆锥形或近球形，多少露出地面。叶3-5，花后出叶，线形或线状披针形，长15-35厘米，宽0.7-1厘米；叶柄套叠成短的假茎。花葶侧生，高达65厘米或更高；总状花序直立，长达40厘米，疏生多花。苞片草质，线状披针形；花橄榄绿色，唇瓣白色，具淡紫红色褶片；中萼片倒披针状线形，长1.1-1.3厘米，侧萼片常略斜歪而稍大；花瓣近窄卵形，长0.9-1厘米，唇瓣近倒卵形或长圆形，长0.9-1厘米，3裂，中裂片近圆形，长4-5毫米，唇盘有（3-）5褶片，从基部延伸至中裂片，中裂片褶片成流苏状，距圆筒状或略棒状，长3-3.5毫米，略前弯；蕊柱长4-5毫米，无蕊柱足。蒴果下垂，椭圆形，长2.5-3厘米。花期4-5月，果期5-6月。

产安徽南部、台湾、广东、香港、海南、广西、贵州南部及云南东南部，生于海拔900-1200米疏林中草地、山坡阳处或海边沙滩林中。尼泊尔、锡金、印度、东南亚及日本琉球群岛有分布。

图 881 美冠兰 （冀朝祯绘）

8. 长距美冠兰　　　　　　　　　　　图 882

Eulophia faberi Rolfe in Kew Bull. 1896: 198. 1896.

假鳞茎鸡头状或近不规则三角形，多个连接。叶2-3，花后出叶，线形，长15-20厘米，宽4-8毫米；叶柄套叠成长约10厘米的假茎。花葶生于假鳞茎中部，高达26厘米，总状花序疏生6-10花。苞片膜质，卵状披针形；花红色，略张开，后下垂；萼片长圆形，长1.2-1.5厘米，侧萼片略斜歪；

花瓣近窄倒卵状长圆形,略短于萼片,唇瓣长圆状倒卵形,长1.1-1.5厘米,3裂,侧裂片宽卵形,多少包蕊柱,中裂片近横长圆形,长约2毫米,宽约4毫米,唇盘有3褶片,从基部延至中裂片,唇盘上部至中裂片的褶片成流苏状,距圆筒状,长5-7毫米;蕊柱长7-9毫米,无足。蒴果下垂,椭圆形,长约1.8厘米。花期4-5月,果期5-6月。

产江苏(东台)、安徽东南部、河南南部、湖北、湖南西部及四川,生于草坡或荒地。

9. 无叶美冠兰 图 883

Eulophia zollingeri (Rchb. f.) J. J. Smith in Fl. Buitenz. 6: 228. 1905.

Cyrtopera zollingeri Rchb. f. in Bonplandia 5: 38. 1857.

腐生植物,无绿叶。假鳞茎块状,近长圆形,淡黄色。花葶粗壮,褐红色,高达80厘米,有多枚鞘,总状花序长达13厘米,疏生数朵至10余花。苞片窄披针形或近钻形;花褐黄色,径2.5-3厘米;中萼片椭圆形,长1.5-1.8毫米,侧萼片长于中萼片,稍斜歪,着生蕊柱足;花瓣倒卵形,长1.1-1.4厘米,唇瓣近倒卵形或长圆状倒卵形,长1.4-1.5厘米,3裂,侧裂片近卵形或长圆形,多少包蕊柱,中裂片卵形,长4-5毫米,有5-7粗脉,脉密生乳突状腺毛,唇盘疏生乳突状腺毛,中央有2条近半圆形褶片,囊圆锥形,长约2毫米;蕊柱长约5毫米,蕊柱足长达4毫米。花期4-6月。

产江西南部、福建、台湾、广东北部、广西西北部及云南中部,生于海拔400-500米疏林下、竹林或草坡。斯里兰卡、印度、马来西亚、印度尼西亚、新几内亚、澳大利亚北部及日本琉球群岛有分布。

81. 地宝兰属 Geodorum G. Jacks.
(陈心启 罗毅波)

地生草本。茎球茎状或块状假鳞茎,位于地下或近地面,节少数。叶数枚,基生;叶柄长,常套叠成假茎,具关节。花葶生于假鳞茎侧面节上,总状花序顶生,俯垂,头状或球形,花较密集。萼片与花瓣相似或花瓣较宽短,离生,常多少靠合,唇瓣不裂或不明显3裂,着生短的蕊柱足上,与蕊柱足形成囊;花药顶生,前倾,药帽平滑;花粉团2个,常有裂隙,蜡质,粘盘柄宽,粘盘较大。

约10种,分布于亚洲热带地区至澳大利亚和太平洋岛屿。我国5种。

1. 花葶长于叶或为叶长的2/3以上 ·· 1. **地宝兰 G. densiflorum**
1. 花葶短于叶,不及叶长1/2。
  2. 唇瓣基部无胼胝体,唇盘有2-3肉质、近鸡冠状纵脊 ························· 2. **多花地宝兰 G. recurvum**

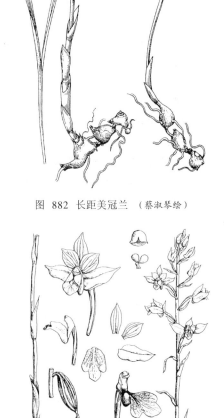

图 882 长距美冠兰 (蔡淑琴绘)

图 883 无叶美冠兰 (引自《Fl. Taiwan.》)

2. 唇瓣基部有2裂褐色胼胝体，唇盘无附属物；蕊柱粗短，长与宽相等或略长，长不及宽1倍 ······
··· 3. **大花地宝兰 G. attenuatum**

1. 地宝兰   图 884

Geodorum densiflorum (Lam.) Schltr. in Fedde Repert. Sp. Nov.
Beih. 4: 259. 1919.

Limodorum densiflorum Lam. Encycl. 3: 516. 1789.

Geodorum nutans (Presl) Ames; 中国高等植物图鉴 5: 739. 1976.

假鳞茎块茎状，不规则椭圆状或三角状卵形。叶2-3，椭圆形或长圆状

披针形，长16-29厘米，宽3-7厘米。花葶长10-40厘米，中下部有3-5枚鞘，花序长2.5-3厘米，具2-5花。苞片长5-9毫米；花梗和子房长7-8毫米；花白色；萼片长圆形，长约1厘米，侧萼片略斜歪；花瓣近倒卵状长圆形，与萼片近等长，宽约5毫米，唇瓣宽卵状长圆形，长约1厘米，先端近平截，略有缺裂，唇盘有乳突或1-2厚

图 884 地宝兰 （冀朝祯绘）

产台湾、广东南部、海南、广西、贵州西南部、四川南部及云南，生于海拔1500米以下林下、溪边、草坡。印度、东南亚、日本琉球群岛有分布。

脊，基部浅囊状；蕊柱长约3毫米（不连花药）。花期6-7月。

2. 多花地宝兰   图 885

Geodorum recurvum (Roxb.) Alston in Trimen, Fl. Ceyl. 6: 276.
1937.

Limodorum recurvum Roxb. Corom. Pl. 1: 33. 1795.

假鳞茎块茎状。叶2-3，椭圆形，长13-21厘米；叶柄套叠成长8-18厘

米的假茎。花葶长15-18厘米，花序密生10余朵花。苞片膜质，长0.6-1.2厘米；花梗和子房长5-6毫米；花白色，唇瓣黄色，两侧有紫纹；萼片窄长圆形，长1-1.2厘米，宽2-2.5毫米，侧萼片较中萼片宽；花瓣倒卵状长圆形，略短于萼片，宽约3.5毫米，唇瓣宽长圆状卵形，长约8毫米，短于萼片，宽约5毫米，先端钝或略有缺裂，

图 885 多花地宝兰 （引自《Opera. Bot.》）

产广东南部、海南及云南南部，生于海拔500-900米林下、灌丛中或林缘。越南、柬埔寨、泰国、缅甸、印度有分布。

上部边缘多少皱波状，唇盘有2-3条肉质、近鸡冠状纵脊，从中部延至上部，唇瓣基部凹入，近无囊或有短囊；蕊柱长3-3.5毫米，宽约1.5毫米。花期4-6月。

3. 大花地宝兰 图 886 彩片 391

Geodorum attenuatum Griff. in Calc. Journ. Nat. Hist. 5: 358. pl. 24. 1845.

假鳞茎块茎状, 近椭圆形, 长2-3厘米。叶3-4, 倒披针状长圆形, 长9-22厘米, 宽2.5-4.2厘米; 叶柄套叠成长4-9厘米的假茎。花葶长6-12厘米, 花序短, 具2-4花。苞片膜质, 长0.8-1.2厘米; 花梗和子房长7-9毫米; 花径约2厘米, 白色, 唇瓣中上部柠檬黄色, 径达2厘米; 萼片长圆形或卵状长圆形, 长1.2-1.5厘米, 侧萼片略斜歪; 花瓣卵状椭圆形, 略短于萼片, 宽7-8毫米, 唇瓣近宽卵形, 长1.2-1.4厘米, 凹入, 多少舟状, 基部具圆锥形短囊, 囊口有2裂褐色胼胝体; 蕊柱长2.5-3.5毫米(不连花药), 宽约2.5毫米。花期5-6月。

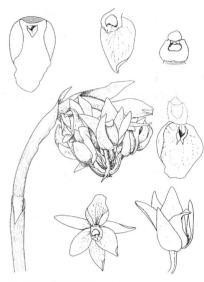

图 886 大花地宝兰 (引自《Opera. Bot.》)

产香港、海南及云南南部, 生于海拔800米以下林缘。越南、老挝、泰国及缅甸有分布。

82. 兰属 Cymbidium Sw.
(陈心启 罗毅波)

附生或地生草本, 稀腐生。具假鳞茎, 稀无或成茎状, 常包于叶鞘之内。叶数枚至多枚, 常生于假鳞茎基部或下部节上, 2列, 有关节。花葶侧生或生于假鳞茎基部, 总状花序具数花或多花, 稀单花。苞片在花期不落; 萼片与花瓣离生, 多少相似; 唇瓣3裂, 基部有时与蕊柱合生达3-6毫米, 侧裂片直立, 常多少包蕊柱, 中裂片外弯, 唇盘有2褶片; 蕊柱较长, 常多少前弯, 两侧有翅, 腹面凹入或有时具短毛, 花粉团2个, 有深裂隙, 或4个成不等大的2对, 蜡质, 以很短的、弹性的花粉团柄连接于近三角形的粘盘上。

约48种, 分布于亚洲热带与亚热带地区, 南达新几内亚岛和澳大利亚。我国29种。

1. 花粉团2个, 有深裂隙。
  2. 唇瓣基部不与蕊柱基部合生。
    3. 叶厚革质, 先端不等2圆裂、2钝裂、2尖裂或微缺。
      4. 唇瓣侧裂片超出蕊柱和药帽或与之等长; 花序具20-35花 ·················· 1. 纹瓣兰 C. aloifolium
      4. 唇瓣侧裂片短于蕊柱与药帽; 花序具10-20花 ·················· 2. 硬叶兰 C. bicolor subsp. obtusum
    3. 叶坚纸质或纸质, 先端近渐尖、尖或钝, 略斜歪。
      5. 叶背面下部2条侧脉较中脉更凸起; 花葶下弯或下垂, 疏生5-9花; 蕊柱长0.9-1厘米 ·················· ·················· 3. 冬凤兰 C. dayanum
      5. 叶背面下部中脉较2条侧脉更凸起; 花葶近直立或稍外弯, 密生10-50花; 蕊柱长1.2-1.5厘米 ·················· ·················· 4. 多花兰 D. floribundum
  2. 唇瓣基部与蕊柱基部合生, 合生部分长2-6毫米。
    6. 花序近直立或弯, 稀下垂, 花平展, 非钟形; 花被片展开。
      7. 叶先端不裂; 花葶生于假鳞茎近基部; 花粉团非四方形。
        8. 唇瓣中裂片无锚形(或V形)斑。
          9. 唇瓣中裂片有2-3行长毛, 唇盘2褶片具长毛。

10. 唇瓣侧裂片脉上有毛，唇盘2褶片间有1行长毛；花瓣镰形，多少扭曲，蕊柱长3.4-4.4厘米 ………………………………………………………… 5. 西藏虎头兰 C. tracyanum

10. 唇瓣侧裂片散生短毛，唇盘2褶片间无长毛；花瓣窄卵形，不扭曲，蕊柱长2.5-2.9厘米 ………………………………………………………… 6. 黄蝉兰 C. iridioides

9. 唇瓣中裂片无2-3行长毛，散生短毛，唇盘2褶片具短毛或乳突，无长毛。

11. 叶关节距基部3-6.5厘米，叶宽0.7-1.5厘米；花瓣镰状，宽3.5-7毫米，萼片与花瓣密生红褐色纵纹和斑点，蕊柱长2.3-3.2厘米 ……………………………… 7. 长叶兰 C. erythraeum

11. 叶关节距基部（4-）6-10厘米，叶宽1.4-2.3厘米；花瓣窄长圆状倒披针形，宽1-1.3厘米，萼片与花瓣绿色，稀疏生淡红褐色纵纹，基部疏生深红色斑点，蕊柱长3.3-4厘米 ……… …………………………………………………………… 8. 虎头兰 C. hookerianum

8. 唇瓣中裂片深红色锚形或V形斑密生细毛 ……………………………… 9. 碧玉兰 C. lowianum

7. 叶先端不等微2裂；花葶生于叶腋；花粉团近四方形 ……………… 10. 独占春 C. eburneum

6. 花序下垂，花下垂，近钟形；花被片不展开 ……………………………… 11. 莎草兰 C. elegans

1. 花粉块4个，成2对。

12. 自养植物，有绿叶。

13. 叶带形。

14. 具扁圆柱形、肥厚、多节根状茎；常单株生长，具2-3叶；萼片长1.3-1.6厘米 … 14. 珍珠矮 C. nanulum

14. 无上述根状茎；常多株聚生；花萼片长2厘米以上。

15. 叶基部2列套叠，膜质边缘宽2-3毫米 ……………………… 16. 莎叶兰 C. cyperifolium

15. 叶基部非上述情况，无膜质边缘。

16. 花序中部的苞片长不及花梗和子房1/3-1/2。

17. 叶宽1-1.5（-2.5）厘米，绿色，关节距基部2-4厘米；花葶常短于叶，花序具3-9（-13）花 … …………………………………………………………… 12. 建兰 C. ensifolium

17. 叶宽（1.5-）2-3厘米，暗绿色，关节距基部3.5-7厘米；花葶长于叶，花序具10-20花 ……… …………………………………………………………… 13. 墨兰 C. sinense

16. 花序中部苞片长超过花梗和子房长1/2-1/3以上。

18. 萼片宽3-5毫米；苞片宽1.5-2毫米 ……………………… 15. 寒兰 C. kanran

18. 萼片宽0.6-1.2厘米；苞片宽2-5毫米或更宽。

19. 花葶略外弯，花序中部苞片短于花梗和子房；叶脉常透明；假鳞茎不明显 … …………………………………………………………… 17. 蕙兰 C. faberi

19. 花葶直立，花序中部苞片长于花梗和子房；叶脉不透明；假鳞茎明显 … …………………………………………………………… 18. 春兰 C. goeringii

13. 叶倒披针状长圆形或窄椭圆形 …………………… 19. 兔耳兰 C. lancifolium

12. 腐生植物，无绿叶 ……………………………………………… 20. 大根兰 C. macrorhizon

1. 纹瓣兰 硬叶吊兰 　　　　　　　　图 887：1-3 彩片 392

Cymbidium aloifolium (Linn.) Sw. in Nov. Acta Soc. Sci. Upsal. 6: 73. 1799.

Epidendrum aloifolium Linn. Sp. pl. 2: 953. 1753.

Cymbidium pendulum (Roxb.) Sw.; 中国高等植物图鉴 5: 745. 1976.

附生植物。假鳞茎卵球形，长3-6厘米，径2.5-4厘米。叶4-5，带形，厚革质，略外弯，长40-90厘米，宽1.5-4厘米，先端不等2圆裂或2钝裂。花葶下垂，长达60厘米，花序具20-35花。苞片长2-5毫米；花梗和子房长1.2-2厘米；花稍有香气；萼片与花瓣淡黄至奶油黄色，有栗褐色宽带和条纹，唇瓣白色或奶油黄色，密生栗褐色纵纹；萼片窄长圆形，长1.5-2厘米；花瓣略短于萼片，窄椭圆形，唇瓣近卵形，长1.3-2厘米，3裂，基部多少囊状，上面有小乳突或微柔

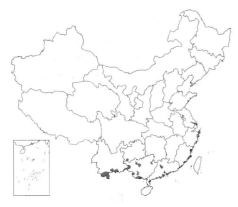

毛，侧裂片超出蕊柱和药帽，中裂片外弯，唇盘有2褶片，略弯曲；蕊柱长1-1.2厘米。花粉团2个。蒴果长圆状椭圆形，长3.5-6.5厘米。花期4-5月，稀10月。

产广东、广西、贵州西南部及云南南部，生于海拔100-1100米疏林内、灌丛中树上或溪边岩壁。从斯里兰卡北至尼泊尔，东至印度尼西亚爪哇有分布。

图 887: 1-3. 纹瓣兰 4-6. 硬叶兰
（引自《图鉴》）

2. 硬叶兰　　　　　　　　图 887: 4-6 彩片 393

Cymbidium bicolor Lindl. subsp. **obtusum** Du Puy et Cribb, Genus Cymbidium 70. 1988.

Cymbidium pendulum auct. non （Roxb.） Sw.: 中国高等植物图鉴 5: 745. 1976.

附生植物。假鳞茎窄卵球形。叶4-7，带形，厚革质，长22-80厘米，宽1-1.8厘米，先端不等2圆裂或2尖裂，有时微缺，基部鞘有黑色膜质边缘。花葶长17-28厘米，下垂或下弯，花序具10-20花。苞片近三角形；花径3-4厘米；萼片与花瓣淡黄至奶油黄色，有栗褐色斑；萼片窄长圆形，长1.4-2厘米；花瓣近窄椭圆形，长1.2-1.4

（-1.7）厘米，唇瓣近卵形，长1.2-1.4厘米，3裂，基部多少囊状，上面有小乳突或微柔毛，侧裂片短于蕊柱，中裂片外弯，唇盘有2褶片，不间断，两端略膨大，上面有小乳突或微柔毛；蕊柱长0.8-1.2厘米，蕊柱足短。蒴果近椭圆形，长3.5-5厘米。花期3-4月。

产福建南部、广东、海南、广西、贵州西南部及云南，生于海拔1600米以下林中或灌木林中树上。尼泊尔、不丹、印度、缅甸、越南、老挝、柬埔寨、泰国有分布。

3. 冬凤兰　　　　　　　　图 888 彩片 394

Cymbidium dayanum Rchb. f. in Gard. Chron. 1869: 710. 1869.

附生植物。假鳞茎近梭形，稍扁。叶4-9，带形，长32-60厘米，宽0.7-1.3厘米，坚纸质，背面侧脉较中脉更凸起。花葶长达35厘米，下弯或下垂，花序具5-9花。苞片近三角形；花梗和子房长1-2厘米；花径4-5厘米；萼片与花瓣白色或奶油黄色，有栗色带自基部延至上部3/4，唇瓣基部和中裂片白色，余栗色，侧裂片密具栗色脉，褶片白色或

图 888 冬凤兰 （引自《图鉴》）

奶油黄色；萼片窄椭圆形，长2.2-2.7厘米，花瓣窄卵状长圆形，长1.7-2.3厘米，唇瓣近卵形，长1.5-1.9厘米，3裂；侧裂片与蕊柱近等长，中裂片外弯；唇盘有2褶片，密生腺毛，褶片前端有2条具腺毛延至中裂片中部；蕊柱长0.9-1厘米；花粉团2个，近三角形。蒴果椭圆形，长4-5厘米。花期8-12月。

产福建南部、台湾、广东、海南、广西及云南南部，生于海拔300-1600米疏林中树上或溪边岩壁。锡金、印度、东南亚、日本有分布。

4. 多花兰　　　　　　　　　　图 889 彩片 395

Cymbidium floribundum Lindl. Gen. Sp. Orch. Pl. 162. 1833.

附生植物。假鳞茎近卵球形。叶5-6，带形，坚纸质，长22-50厘米，宽0.8-1.8厘米，背面下部中脉较侧脉更为凸起。花葶近直立或外弯，长达35厘米，花序具10-50花。苞片小；萼片与花瓣红褐色，稀绿黄色，唇瓣白色，侧裂片与中裂片有紫红色斑，褶片黄色；萼片窄长圆形，长1.6-1.8厘米；花瓣窄椭圆形，长1.4-1.6厘米，唇瓣近卵形，长1.6-1.8厘米，3裂，侧裂片直立，具小乳突，中裂片具小

图 889 多花兰 （引自《图鉴》）

乳突，唇盘有2褶片，褶片末端靠合；蕊柱长1.1-1.4厘米，略前弯；花粉团2个，三角形。蒴果近长圆形，长3-4厘米。花期4-8月。

产安徽南部、浙江南部、福建、台湾、江西南部、湖北西部、湖南、广东、广西、贵州、四川及云南，生于海拔100-3300米林中、林缘树上，或溪边岩石或岩壁。

5. 西藏虎头兰　　　　　　　　图 890 彩片 396

Cymbidium tracyanum Linn. Castle in Journ. Hort. ser. 3, 21: 513. 1890.

附生植物。假鳞茎椭圆状卵形。叶5-8或更多，带形，长55-80厘米，宽2-3.4厘米。花葶长0.7-1米，花序具10余花。苞片卵状三角形；萼片与花瓣黄绿或橄榄绿色，有多条暗红褐色纵脉，脉上有点，唇瓣淡黄色，中裂片具短条纹与斑点，褶片淡黄色，有红点；萼片窄椭圆形，长5.5-7厘米，侧萼片稍斜歪，扭曲；花瓣镰形，下弯，扭曲，长4.5-6.5厘米，宽0.7-1.2厘米，唇瓣卵状椭圆形，长4.5-6厘米，3裂，基部与蕊柱合生达4-5毫米，侧裂片直立，

图 890 西藏虎头兰 （引自《中国兰花全书》）

边缘有长0.5-1.5毫米的缘毛，上面脉上有红褐色毛，中裂片外弯，上面有3行长毛连接褶片顶端，有散生短毛，唇盘2褶片密生长毛，两褶片间有1

行长毛，短于褶片；蕊柱长3.4-4.4厘米，两侧具翅，腹面下部有短毛；花粉团2个。蒴果椭圆形，长8-9厘米。花期9-12月。

产贵州西南部、云南及西藏东南部，生于海拔1200-1900米林中大树干、

树杈上或溪边岩石。缅甸及泰国有分布。

6. 黄蝉兰　　　　　　图 891 彩片 397

Cymbidium iridioides D. Don, Prodr. Fl. Nepal. 36. 1825.

附生植物。假鳞茎椭圆状卵形或窄卵形。叶4-8，带形，长45-70厘米，宽2-4厘米。花葶长40-70厘米，花序长 2-3 毫米。花有香气；萼片与花瓣黄绿色，有 7-9 淡褐或红褐色粗脉，唇瓣淡黄色，侧裂片具粗脉，中裂片有红色斑点和斑块，褶片黄色，前部具栗色斑点；萼片窄倒卵状长圆形，长3.5-4.5厘米，侧萼片稍扭转；花瓣窄卵状长圆形，长3.5-4.6厘米，略镰曲，唇瓣近椭圆形，3裂，基部与

蕊柱合生达4-5毫米，侧裂片上面有短毛，中裂片外弯，有2-3行长毛，连接于褶片顶端并延至中裂片上部，余疏生短毛，边缘啮蚀状并波状，唇盘2褶片自上部延至中部，中上部有长毛；蕊柱长2.5-2.9厘米，腹面基部具短毛；花粉团2个。蒴果近椭圆形，长6-11厘米。花期8-12月。

图 891 黄蝉兰 （引自《中国兰花全书》）

产贵州西南部、四川、云南及西藏，生于海拔900-2800米林中或灌木林中的乔木或岩石上，也见于岩壁。尼泊尔、不丹、印度及缅甸有分布。

7. 长叶兰　　　　　　图 892 彩片 398

Cymbidium erythraeum Lindl. in Journ. Proc. Linn. Soc. Bot. 3: 30. 1859.

Cymbidium longifolium auct. non D. Don: 中国高等植物图鉴 5: 749. 1976.

附生植物。假鳞茎卵球形。叶5-11，带形，长60-90厘米，宽0.7-1.5厘米，基部紫色。关节距基部3-6.5厘米。花葶长25-75厘米，花序具3-9花。苞片近三角形；花径7-8厘米，有香气；萼片与花瓣绿色，密生红褐色纵纹和斑点，唇瓣淡黄至白色，侧裂片有红褐色脉，中裂片疏生红褐色斑点和纵线；萼片窄长圆状倒披针

形，长3.4-5.2厘米；花瓣镰状，长3.5-5.3厘米，斜展，唇瓣近椭圆状卵形，长3-4.3厘米，3裂，基部与蕊柱合生达2-3毫米，侧裂片直立，被短毛；

图 892 长叶兰 （引自《图鉴》）

中裂片心形至肾形，上面有小乳突，唇盘2条褶片密生短毛；蕊柱长2.3-3.2厘米，两侧具翅，下部有疏毛；花粉团2个。蒴果梭状椭圆形，长4-5

厘米。花期10月至翌年1月。

产广西南部、贵州、四川西南部、云南及西藏东南部,生于海拔1400-

2800米林中、林缘树上或岩石上。尼泊尔、不丹、锡金、印度及缅甸有分布。

8. 虎头兰　　　　　　　　　　　图 893　彩片 399

Cymbidium hookerianum Rchb. f. in Gard. Chron. 7. 1866.

Cymbidium grandiflorum Griff.;中国高等植物图鉴 5: 746. 1976.

附生植物。假鳞茎窄椭圆形或窄卵形。叶4-8,带形,长35-80厘米,关节距基部(4-)6-10厘米。花葶长45-60厘米,花序具7-14花。苞片卵状三角形;花有香气;萼片与花瓣绿或黄绿色,基部疏生深红色斑点或偶有淡红褐色晕,唇瓣白色或奶油黄色,侧裂片与中裂片有栗色斑点与斑纹,后紫红色;萼片近长圆形,长5-5.5厘米;花瓣窄长圆状倒披针形,与萼片近等长,宽1-1.3厘米,唇瓣近椭圆形,

长4.5-5厘米,3裂,基部与蕊柱合生达4-4.5毫米,侧裂片直立,多少有小乳突或短毛;中裂片外弯,具小乳突,边缘啮蚀状并波状,唇盘2褶片有短毛;蕊柱长3.3-4厘米,腹面近基部有乳突或疏生短毛;花粉团2个。蒴果窄椭圆形,长9-11厘米。花期1-4月。

图 893　虎头兰　(引自《图鉴》)

产湖南西南部、广西西部、四川、贵州西南部、云南及西藏东南部,生于海拔1100-2700米林中树上或溪边岩石上。尼泊尔、不丹、锡金及印度东北部有分布。

9. 碧玉兰　　　　　　　　　　　图 894　彩片 400

Cymbidium lowianum (Rchb. f.) Rchb. f. in Gard. Chron. n. s. 11: 332. 404. 1879.

Cymbidium giganteum Wall. ex Lindl. var. *lowianum* Rchb. f. in Gard. Chron. n. s. 7: 685. 1877.

附生植物。假鳞茎窄椭圆形,略扁。叶5-7,带形,长65-80厘米,宽2-3.6厘米,先端短渐尖,花葶长60-80厘米,花序具10-20朵或多花。苞片卵状三角形,长约3毫米;花梗和子房长3-4厘米;花径7-9厘米,无香气;萼片和花瓣绿或黄绿色,有红褐色纵脉,唇瓣淡黄色,中裂片有深红色锚形或V形斑密生细毛,萼片窄倒卵状长圆形,长4-5厘米;花瓣窄倒卵状长圆形,与萼片近等

长,宽0.8-1厘米,唇瓣近宽卵形,长3.5-4厘米,3裂,基部与蕊柱合生达3-4毫米,侧裂片被毛,前部密生短毛,中裂片锚形斑密生短毛,边缘

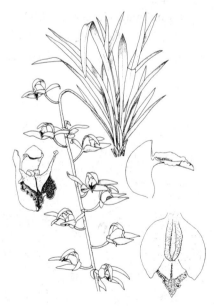

图 894　碧玉兰　(引自《Oper . Bot.》)

啮蚀状并稍波状,唇盘2褶片厚,上面有细毛;蕊柱长2.7-3厘米,两侧具翅,腹面基部有乳突或短毛;花粉

团2个。花期4-5月。

产云南,生于海拔1300-1900米林中树上或溪边岩壁。缅甸及泰国有分布。

10. 独占春　　　　　　　　　　　图 895 彩片 401

Cymbidium eburneum Lindl. in Bot. Reg. 33: t. 67. 1847.

附生植物。假鳞茎近梭形或卵形。叶6-11(-17),长57-65厘米,宽1.4-2.1厘米,带形,先端不等微2裂,基部2列套叠并有褐色膜质边缘。花葶生于假鳞茎下部叶腋,近直立,长25-40厘米,花序具1-2(3)花。苞片卵状三角形;萼片与花瓣白色,有时略有粉红色晕,唇瓣白色,中裂片有黄色斑块,偶见紫粉红色斑点,蕊柱白色或稍带淡粉红色;萼片窄长圆状倒卵形,长5.5-7厘米;花瓣窄倒卵

形,与萼片等长,宽1.3-1.8厘米,唇瓣近宽椭圆形,略短于萼片,3裂,基部与蕊柱合生达3-5毫米,侧裂片有小乳突或短毛,中裂片稍外弯,中部至基部有密毛,余有细毛,边缘波状,唇盘褶片有小乳突和细毛;蕊柱长3.5-

图 895 独占春 （引自《中国兰花全书》）

4.5厘米;花粉团2个,四方形。蒴果近椭圆形,长5-7厘米。花期2-5月。

产海南、广西南部及云南西北部,生于溪边岩石上。尼泊尔、印度及缅甸有分布。

11. 莎草兰　　　　　　　　　　　图 896 彩片 402

Cymbidium elegans Lindl. Gen. Sp. Orch. Pl. 163. 1833.

附生草本。假鳞茎近卵形。叶6-13,带形,长45-80厘米,宽1-1.7厘米,先端略2裂。花葶长40-50厘米,下弯,花序下垂,具20花。苞片长2-3毫米;花梗和子房长1.2-2.1厘米;花下垂,近钟形,稍有香气,奶油黄或淡黄绿色,有时略有淡粉红色晕,唇瓣偶疏生红斑点,褶片亮橙黄色;萼片窄倒卵状披针形,长3.4-4.3厘米;花瓣宽线状倒披针形,长3-4厘米,唇瓣倒披针状三角形,长3-4厘米,3裂,基部与蕊柱合生约2-3毫米,侧裂片常具细乳突,中裂片长0.8-1厘

米,有密生短毛的斑块,边缘稍波状,唇盘2褶片具短毛,基部槽状;蕊柱长2.8-3.2厘米,腹面下部疏生微毛;花粉团2个。蒴果椭圆形,长2-2.5厘米。花期10-12月。

产四川、云南及西藏东南部,生于海拔1700-2800米林中树上或岩壁。

图 896 莎草兰 （引自《中国兰花全书》）

尼泊尔、不丹、锡金、印度及缅甸有分布。

12. 建兰

图 897 彩片 403

Cymbidium ensifolium (Linn.) Sw. in Nov. Acta Soc. Sci. Upsal. 6: 77. 1799.

Epidendrum ensifolium Linn. Sp. Pl. 954. 1753.

地生植物。假鳞茎卵球形。叶2-6，带形，长30-60厘米，宽1-1.5 (-2.5)厘米。关节距基部2-4厘米。花葶直立，长20-35厘米；花序具 3-13花。苞片长5-8毫米，花梗和子房长2-2.5厘米；花有香气，常淡黄绿色，具紫斑；萼片窄长圆形，长2.3-2.8厘米，侧萼片向下斜展；花瓣窄椭圆形或窄卵状椭圆形，长1.5-2.4厘米，唇瓣近卵形，长1.5-2.3厘米，略3裂，侧裂片直立，有小乳突，中裂片卵形，外弯，边缘波状，具小乳突，唇盘2褶片上部内倾靠合成短管；蕊柱长1-1.4厘米；花粉团4个，成2对。蒴果窄椭圆形，长5-6厘米。花期6-10月。

产安徽东南部、浙江、福建、台湾、江西、湖南、广东、香港、海南、

图 897 建兰 （引自《图鉴》）

广西、贵州、四川、云南及西藏东南部，生于海拔600-1800米疏林下、灌丛中、山谷或草丛中。东南亚、南亚和日本有分布。

13. 墨兰

图 898 彩片 404

Cymbidium sinense (Jackson ex Andr.) Willd. Sp. Pl. ed. 4, 111. 1805.

Epidendrum sinense Jackson ex Andr. Bot. Rep. 3: t. 216. 1802.

地生植物。假鳞茎卵球形，长2.5-6厘米。叶3-5，带形，近薄革质，长45-80厘米，宽2-3厘米，有光泽，关节距基部3.5-7厘米。花葶直立，长50-90厘米，花序具10-20朵或多花。苞片最下1枚长于1厘米，余长4-8毫米；花梗和子房长2-2.5厘米；花常暗紫或紫褐色，唇瓣淡色，也有黄绿、桃红或白色的，有香气；萼片窄长圆形，长2.2-3厘米；花瓣窄卵形，长2-2.7厘米，唇瓣卵状长圆形，长1.7-2.5厘米，微3裂，侧裂片直立，有乳突状柔毛，中裂片外弯，有乳突状柔毛，边缘略波状，唇盘2褶片上部内倾靠合成短管；蕊柱长1.2-1.5厘米，稍前弯；花粉团4个，成2对。蒴果窄椭圆形，长6-7厘米。花期10月至翌年3月。

产安徽东南部、浙江西北部、江西南部、福建、台湾、湖南、广东、海

图 898 墨兰 （引自《图鉴》）

南、广西、贵州西南部、云南南部及四川，生于海拔300-2000米林下、灌木林中或溪边。印度、缅甸、越南、泰国及日本琉球群岛有分布。

14. 珍珠矮 图 899

Cymbidium nanulum Y. S. Wu et S. C. Chen in Acta Phytotax. Sin. 26(6)：551. 1991.

地生小草本。常单株生长，无假鳞茎，根状茎扁圆柱形，径1厘米以

上，有数节。叶2-3，带形，直立，长25-30厘米，宽1-1.2厘米，先端近尖，具细齿；叶鞘常带紫色。花葶直立，长10-13厘米，花序疏生3-4花。苞片线形或线状披针形，长4-9毫米；花梗和子房长1.6-2厘米；花径2.5-3.2厘米，有香气，黄绿或淡紫色，萼片与花瓣有5条深色脉纹；萼片长圆形，长1.3-1.6厘米，先端具细尖，中萼

片前倾，侧萼片多少包蕊柱；花瓣长圆形，长1.1-1.4厘米，唇瓣长圆状卵形，长0.8-1厘米，微3裂，侧裂片有紫色斜脉纹，中裂片外弯，有紫斑，唇盘有2褶片，上部内倾靠合；蕊柱长6-7毫米。花期6月。

产海南、贵州东南部、四川南部及云南，生于林中多石地。

图 899 珍珠矮 （引自《中国兰花全书》）

15. 寒兰 图 900 彩片 405

Cymbidium kanran Makino in Bot. Mag. Tokyo 16: 10. 1902.

地生草本。假鳞茎窄卵球形，长2-4厘米。叶3-7，带形，薄革质，长

40-70厘米，宽0.9-1.7厘米，前部常有细齿。花葶长25-60厘米，直立；总状花序疏生5-12花。苞片窄披针形，宽1.5-2毫米，中部与上部的长1.5-2.6厘米；花梗和子房长2-2.5厘米；花常淡黄绿色，唇瓣淡黄色，有浓香；萼片近线形或线状窄披针形，长3-5厘米，宽3-5毫米；花瓣常窄卵形或卵状披针形，长2-3厘米，宽0.5-1厘米，唇

瓣近卵形，微3裂，长2-3厘米，侧裂片直立，有乳突状柔毛，中裂片外弯，上面有乳突状柔毛，边缘稍有缺刻，唇盘2褶片，上部内倾靠合成短管；蕊柱长1-1.7厘米；花粉团4个，成2对。蒴果窄椭圆形，长约4.5厘米。花期8-12月。

图 900 寒兰 （引自《图鉴》）

产安徽、浙江、福建、台湾、江西、湖北西南部、湖南、广东、海南、广西、贵州、四川、云南及西藏东南部，生于海拔400-2400米林下、溪边。日本南部和朝鲜半岛南端有分布。

16. 莎叶兰 图 901 彩片 406

Cymbidium cyperifolium Wall. ex Lindl. Gen. Sp. Orch. Pl. 163. 1833.

地生或半附生草本。假鳞茎长1-2厘米。叶4-12，带形，稍呈扇形，长

0.3-1.2米, 宽0.6-1.3厘米, 基部2列套叠的鞘有宽2-3毫米的膜质边缘。花葶直立, 长20-40厘米, 花序具3-7花。苞片近披针形; 花有柠檬香气; 萼片与花瓣黄绿或绿色, 稀淡黄或草黄色, 唇瓣色淡或有时带白色或淡黄色, 侧裂片有紫纹, 中裂片有紫色斑; 萼片线形或宽线形, 长1.8-3.5厘米, 宽4-7毫米; 花瓣窄卵形, 长1.6-2.6厘米, 唇瓣卵形, 长1.4-2.2厘米, 稍3裂, 侧裂片有小乳突或细柔毛, 中裂片外弯, 前部疏生小乳突, 近全缘, 唇盘2褶片上部略内倾; 蕊柱长1.1-1.5厘米; 花粉团4个, 成2对。蒴果窄椭圆形, 长5-6厘米。花期10月至翌年2月。

产广东、海南、广西、贵州南部、四川南部及云南, 生于海拔900-1600米林下、多石之地或岩缝中。尼泊尔、不丹、印度、缅甸、泰国、越南、柬埔寨及菲律宾有分布。

图 901 莎叶兰 (刘 平绘)

17. 蕙兰 图 902 彩片 407

Cymbidium faberi Rolfe in Kew Bull. 198. 1896.

地生草本。假鳞茎不明显。叶5-8, 带形, 近直立, 长25-80厘米, 宽0.4-1.2厘米, 基部常对折呈V形, 叶脉常透明, 常有粗齿。花葶稍外弯, 长35-50厘米, 花序具5-11朵或多花。苞片线状披针形, 最下1枚长于子房, 中上部的长1-2厘米; 花梗和子房长2-2.6厘米; 花常淡黄绿色, 唇瓣有紫红色斑, 有香气; 萼片近披针状长圆形或窄倒卵形, 长2.5-3.5厘米, 宽6-8毫米; 花瓣与萼片相似, 常略宽短, 唇瓣长圆状卵形, 长2-2.5厘米, 3裂, 侧裂片直立, 具小乳突或细毛, 中裂片较长, 外弯, 有乳突, 边缘常皱波状, 唇盘2褶片上端内倾, 多少形成短管; 蕊柱长1.2-1.6厘米; 花粉团4个, 成2对。蒴果窄椭圆形, 长5-5.5厘米。花期3-5月。

产陕西南部、甘肃南部、安徽、浙江、江西、福建、台湾、河南、湖

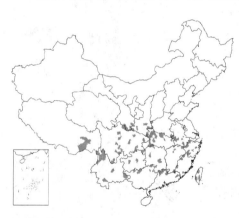

图 902 蕙兰 (引自《图鉴》)

北、湖南、广东、广西北部、贵州、四川、云南及西藏东部, 生于海拔700-3000米湿润排水良好的透光处。尼泊尔、印度北部有分布。

18. 春兰 图 903 彩片 408

Cymbidium goeringii (Rchb. f.) Rchb. f. in Walp. Ann. 3: 547. 1852.

Maxillaria goeringii Rchb. f. in Bot. Zeit. 3: 334. 1845.

地生草本。假鳞茎卵球形。叶4-7, 带形, 长20-40厘米, 宽5-9毫米,

下部常多少对折呈V形。花葶直立, 长3-15厘米, 花序具单花, 稀2朵。苞片长4-5厘米; 花梗和子房长2-4厘

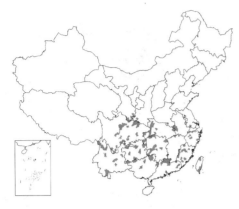

米；花常绿色或淡褐黄色，有紫褐色脉纹，有香气；萼片近长圆形或长圆状倒卵形，长2.5-4厘米；花瓣倒卵状椭圆形或长圆状卵形，长1.7-3厘米；唇瓣近卵形，长1.4-2.8厘米，微3裂，侧裂片直立，具小乳突，内侧近褶片有肥厚皱褶状物，中裂片有乳突，边缘略波状，唇盘2褶片上部内倾靠合，多少形成短管状；蕊柱长1.2-1.8厘米；蒴果窄椭圆形，长6-8厘米。花期1-3月。

产陕西西南部、甘肃东南部、江苏、安徽、浙江、福建、台湾、江西、河南南部、湖北、湖南、广东、广西、贵州、四川及云南，生于海拔300-2200米多石山坡、林缘、林中透光处，在台湾可上达3000米。日本及朝鲜半岛南端有分布。

[附] 春剑Cymbidium goeringii var. longibracteatum（Y. S. Wu et S. C. Chen）Y. S. Wu et S. C. Chen 本变种与模式变种的区别：叶坚挺，直

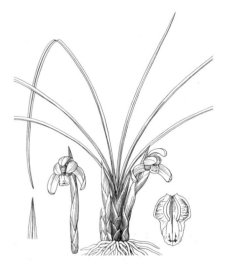

图 903 春兰 （引自《图鉴》）

立性强；花序具3-5花；苞片甚大，常包围花梗与子房。产四川、贵州及云南，生于海拔1000-2500米山坡杂木林中。现广为栽培。易于区别。

19. 兔耳兰　　　　　　　　图 904 彩片 409

Cymbidium lancifolium Hook. Exot. Bot. 1: t. 51. 1823.

半附生草本。假鳞茎近扁圆柱形或窄梭形。顶端聚生2-4叶。叶倒披针状长圆形或窄椭圆形，长6-17厘米；叶柄长3-18厘米。花葶生于假鳞茎下部侧面节上，长8-20厘米，花序具2-6花。苞片披针形，长1-1.5厘米；花梗和子房长2-2.5厘米；花常白或淡绿色，花瓣中脉紫栗色，唇瓣有紫栗色斑；萼片倒披针状长圆形，长2.2-2.7厘米；花瓣近长圆形，长1.5-2.3厘米，唇瓣近卵状长圆形，长1.5-2厘米，稍3裂，侧裂片直立，中裂片外弯，唇盘2褶片上端内倾靠合形

成短管；蕊柱长约1.5厘米。蒴果窄椭圆形，长约5厘米。花期5-8月。

产浙江、福建南部、台湾、湖北西部、湖南南部、广东、海南、广西、贵州、四川、云南及西藏东南部，生于海拔300-2200米疏林下、竹林下、林

图 904 兔耳兰 （引自《图鉴》）

缘、阔叶林下或溪谷旁岩石、树干或地上。喜马拉雅地区至东南亚、日本南部及新几内亚岛有分布。

20. 大根兰　　　　　　　　图 905 彩片 410

Cymbidium macrorhizon Lindl. Gen. Sp. Orch. Pl. 162. 1833.

附生草本，无绿叶。无假鳞茎；根状茎肉质，白色，斜生或近直立。花葶紫红色，长达18厘米或更长，中部以下具数枚圆筒状的鞘，鞘长1-2.5厘

米，花序具2-5花。苞片线状披针形，长0.6-1.1厘米；花梗和子房长2-2.5厘米；花白色带黄色至淡黄色，萼片

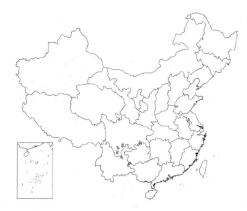

与花瓣常有紫红色带，唇瓣有紫红色斑；萼片窄倒卵状长圆形，长2-2.2厘米，花瓣窄椭圆形，长1.5-1.8厘米，唇瓣近卵形，长1.3-1.6厘米，略3裂；侧裂片具小乳突；中裂片稍下弯，唇盘2褶片从基部延至中裂片基部，上端内倾靠合成短管；蕊柱长约1厘米。花期6-8月。

产四川、贵州西南部及云南，生于海拔700-1500米河边林下、马尾松林缘或开旷山坡。尼泊尔、锡金、巴基斯坦、印度北部、缅甸、越南、老挝、泰国及日本有分布。

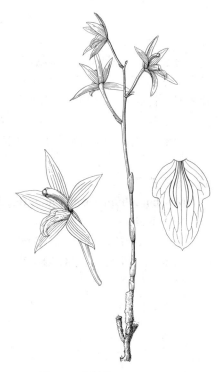

图 905 大根兰 （引自《图鉴》）

83. 合萼兰属 Acriopsis Bl.

（吉占和）

附生草本。假鳞茎聚生，具2-3节，顶生2-3叶。叶窄长，禾叶状。总状或圆锥花序侧生于假鳞茎基部，疏生多花；两枚侧萼片连成合萼片，位于唇瓣后方，中萼片与合萼片相似；唇瓣伸展而下弯，上面具褶片，具爪，爪与蕊柱下部合生成窄管；蕊柱近直立，上部有2个臂状附属物；药帽大；花粉团蜡质，2个，粘盘小，具窄柄。

约12种，分布于热带亚洲至大洋洲。我国1种。

合萼兰　　　　　　　　　　　　图 906

Acriopsis indica Wight, Icon. t. 1748. 1851.

根肉质，灰白色，径约1.5毫米。假鳞茎长圆状卵形，长2-2.5厘米，径1-1.3厘米，被宿存的纤维质鞘。花后出叶，窄长圆形，长7-7.5厘米，宽3-4毫米，先端渐尖。圆锥花序长达25厘米，疏生数十朵花。花黄绿色稍带紫色斑点，中萼片长圆形，呈舟状，长4-5毫米，宽约1毫米，先端渐尖；合萼片与中萼片相似而稍大；花瓣倒卵状匙形，长3-4毫米，宽1.3毫米，先端钝，边缘皱波状；唇瓣白色，近长

图 906 合萼兰 （李爱莉绘）

产云南南部，生于海拔1300米疏林内树干上。中南半岛至印度尼西亚有分布。

圆形，长4-5毫米，宽1.4毫米，先端钝或近圆，上面中央具2枚半圆形褶片。花期5月。

84. 球柄兰属 **Mischobulbum** Schltr.
（吉占和）

地生草本。假鳞茎生于根状茎,顶生1叶。叶无柄,具弧形脉。花葶侧生于假鳞茎基部,被筒状鞘;总状花序疏生少花。花大,开展;萼片近相似,先端渐尖,侧萼片基部较宽,贴生蕊柱足,与唇瓣基部形成萼囊;花瓣与萼片相似而较宽;唇瓣稍3裂,基部具活动关节与蕊柱足末端连接,唇盘具褶片;蕊柱稍前弯,具翅,蕊柱足长而弯曲。蕊喙不裂;药帽顶端两侧各具1个突起物;花粉团蜡质,8个,每4个为一群,具大而厚的粘盘。

约8种,分布于东南亚至新几内亚岛和太平洋岛屿。我国1种。

心叶球柄兰 图 907

Mischobulbum cordifolium (Hook. f.) Schltr. in Fedde, Repert. Sp. Nov. Beih. 1: 98. 1911.

Tainia cordifolium Hook. f. in Hook. Icon. Pl. 19: t. 1861. 1889.

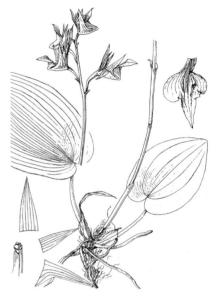

图 907 心叶球柄兰 （冯晋庸绘）

假鳞茎叶柄状,长约8厘米,径3-4毫米,从基部向上渐细,常被2枚筒状鞘。叶肉质,卵状心形,长7-15厘米,先端尖,基部心形,上面灰绿色带深绿色斑块,下面具灰白色条纹,无柄。花葶长达25厘米,花序具3-5花。萼片和花瓣褐色带深褐色脉纹;萼片披针形,长约2.2厘米,宽4-5毫米,萼囊宽钝。花瓣披针形,长约2厘米,宽约6毫米,基部约1/2贴生蕊柱足;唇瓣近卵形,长2.5-3厘米,侧裂片白色带紫红色斑点,近半卵形,中裂片黄色,近三角形、反折,先端尖,唇盘具3条黄色褶片,侧生褶片弧形。花期5-7月。

产福建、台湾、广东、香港、广西及云南东南部,生于海拔500-1000米沟谷林下阴湿处。越南有分布。

85. 云叶兰属 **Nephelaphyllum** Bl.
（吉占和）

地生草本。具根状茎,假鳞茎肉质,叶柄状,具1个节间,顶生1叶。叶稍肉质。花葶侧生于假鳞茎基部,总状花序具少花。花开展,不倒置;萼片窄,相似,离生;花瓣与萼片等长,常较宽;唇瓣位于花的上方,基部具囊状短距;蕊柱粗短,具窄翅,具蕊柱足,蕊喙肉质,不裂,先端平截;药帽顶端两侧各具1个附属物;花粉团8个,蜡质,每4个为一群,其中2个较小,同附着于粘质物。

约18种,分布于热带喜马拉雅至东南亚。我国1种。

云叶兰 图 908

Nephelaphyllum tenuiflorum Bl. Bijdr. 373. 1825.

植株匍匐状。假鳞茎圆柱形,长1-2厘米,径1.5-2毫米。叶卵状心形。花葶长9-20厘米,花序疏生1-3花。花绿色带紫色条纹;萼片倒卵状窄披针形,长约1厘米,宽2.5毫米,先端短渐尖;花瓣匙形,与萼片等长而稍宽,先端近尖;唇瓣近椭圆形,稍凹入,长约1厘米,宽6-7毫米,不明显3裂,中裂片近半圆形,先端稍凹缺,边缘皱波状,基部具囊状距,唇

盘密被长毛，近先端处簇生流苏状附属物。花期6月。

产海南及香港，生于海拔900米山坡林下。

86. 带唇兰属 Tainia Bl.

（吉占和）

地生草本。根状茎具密被灰白色长绒毛的肉质根。假鳞茎肉质，具单节，稀多节，顶生1叶。叶大，纸质，折扇状，具长柄。花葶侧生于假鳞茎基部，总状花序。苞片膜质，披针形，较花梗和子房短；花中等大，开展，萼片和花瓣相似，侧萼片贴生蕊柱基部或蕊柱足；唇瓣直立；蕊柱两侧具翅，基部具足；蕊喙不裂；药帽半球形；花粉团8个，蜡质，每4个为一群，无明显的柄和粘盘。

约15种，分布于热带喜马拉雅至日本南部，南至东南亚。我国11种。

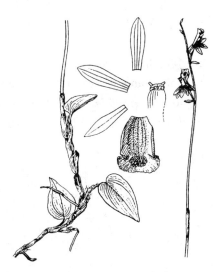

图 908 云叶兰 （冯晋庸绘）

1. 假鳞茎球形或卵球形。
　2. 唇瓣倒卵形，不裂，唇盘具3条褶片 ┈┈┈┈┈┈┈┈ 1. 香港带唇兰 T. hongkongensis
　2. 唇瓣3裂。
　　3. 唇瓣长圆形或长圆状披针形，侧裂片三角形，先端齿尖，唇盘具5条波状褶片 ┈┈┈┈
　　┈┈┈┈┈┈┈┈┈┈┈┈┈┈┈┈┈┈┈┈ 2. 狭叶带唇兰 T. angustifolia
　　3. 唇瓣倒卵形，侧裂片卵状长圆形，先端钝。
　　　4. 唇瓣中裂片近心形或宽卵状三角形，先端尖，唇瓣具3条褶片 ┈┈┈ 3. 绿花带唇兰 T. hookeriana
　　　4. 唇瓣中裂片倒卵形或近圆形，先端稍短尖，唇瓣常具3-5条褶片。
　　　　5. 花暗红黄色，唇瓣中裂片具爪，唇盘具5条褶片，褶片在中裂片上隆起，中间的褶片较长 ┈┈┈
　　　　┈┈┈┈┈┈┈┈┈┈┈┈┈┈┈┈┈ 3(附). 南方带唇兰 T. ruybarrettoi
　　　　5. 花褐绿或紫褐色，唇瓣中裂片基部无明显的爪，唇盘在两侧裂片之间常具3条（稀5条）褶片，中裂片具
　　　　　5条波状或鸡冠状褶片 ┈┈┈┈┈┈┈┈┈┈┈ 4. 高褶带唇兰 T. viridifusca
1. 假鳞茎圆柱形。
　6. 叶披针形或窄长圆形，具折扇状脉；唇瓣3裂，中裂片横长圆形或扁圆形，先端近平截或稍凹缺 ┈┈┈
　┈┈┈┈┈┈┈┈┈┈┈┈┈┈┈┈┈┈┈┈┈┈ 5. 带叶兰 T. dunnii
　6. 叶宽椭圆形，具弧形脉；唇瓣前部3裂；侧裂片三角形，先端稍钝，中裂片卵状三角形，先端尖 ┈┈┈
　┈┈┈┈┈┈┈┈┈┈┈┈┈┈┈┈┈┈┈┈ 6. 大花带唇兰 T. macrantha

1. 香港带唇兰 香港安兰　　　　图 909 彩片 411

Tainia hongkongensis Rolfe in Kew Bull. 1896: 195. 1896.

Ania hongkongensis（Rolfe）T. Tang et F. T. Wang；中国高等植物图鉴 5: 728. 1976.

假鳞茎卵球形，径1-2厘米。叶长圆形，长约26厘米，先端渐尖，具折扇状脉；叶柄纤细，长13-16厘米。花葶直立，长达50厘米，花序长达15厘米，疏生数花。花黄绿色带紫褐色斑点和条纹；萼片长圆状披针形，长约2厘米，宽2.2-3.5毫米，先端渐尖；花瓣倒卵状披针形，与萼片近等大，先端渐尖，基部收窄，唇瓣白色带黄绿色条纹，倒卵形，不裂，长1.1厘米，宽约6毫米，先端短尖，基部具长约3毫米距，唇盘具3条窄褶片。花期4-5月。

产福建东南部、广东及香港，生于海拔150-500米山坡林下或山间路

边。越南有分布。

2. 狭叶带唇兰

图 910：1-5

Tainia angustifolia (Lindl.) Benth. et Hook. f. Gen. Pl. 3: 515. 1883.

Ania angustifolia Lindl. Gen. Sp. Orch. Pl. 129. 1831.

假鳞茎卵球形，在根状茎稍有距离，多少偏向一侧歪斜，径达2厘米。

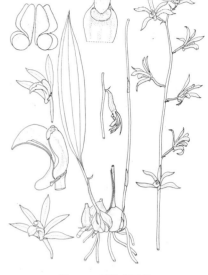

图 909 香港带唇兰
（引自《Gen. Orch. Hongkong.》)

叶长圆形，长约30厘米，先端短渐尖；叶柄细，长20-30厘米，近叶柄中部具关节。花葶长达45厘米，花序长7-15厘米，疏生少花。花黄绿色，向下倾斜，不甚张开；萼片相似，长圆形，长1.5-1.7厘米，宽4.5-5毫米，先端锐尖；花瓣椭圆形，长1.3-1.5厘米，宽3.5-4.5毫米，先端锐尖，唇瓣白色带茄紫色，长圆状披针形，与萼片近等长，前部3裂，侧裂片紧包蕊柱，短而窄小，先端尖齿状，中裂片茄紫色，近扁圆形，宽约4毫米，先端圆，前端边缘白色，唇盘从基部至中裂片近先端具5条平行褶片，褶片茄紫色，波状或具细齿，在中裂片上隆起；

距稍扁，长约4毫米。花期9-10月。

产云南西南部，生于海拔1050-1200米林下。缅甸、泰国及越南有分布。

3. 绿花带唇兰 绿花安兰

图 910：6

Tainia hookeriana King et Pantl. in Journ. Asiat. Soc. Beng. 64: 336. 1896.

Ania hookeriana (King et Pantl.) T. Tang et F. T. Wang ex Summerh；中国高等植物图鉴 5: 726. 1976.

假鳞茎卵球形，紫红或暗褐绿色。叶椭圆形，长约35厘米，先端渐尖；

叶柄细，长27-32厘米。花葶长达60厘米，花序长15-20厘米，疏生少数至10余花。花黄绿带橘红色条纹和斑点；萼片近相似，长圆状披针形，长1.8-2.1厘米，宽3-5毫米；花瓣长圆形，较萼片稍短，宽3-4毫米，先端尖；唇瓣白色带淡红色斑点和黄色先端，倒卵形，长约1.5厘米，上面稍被细乳突状毛，前端3裂，侧裂片卵状长圆形，先端内弯，中裂片卵状三角形，唇盘具3条褶片，褶片在中裂片隆起，有时呈鸡冠状，距从两侧萼片基部之间伸出，长3-5毫米。花期2-3月。

产台湾及海南，生于海拔700-1000米林下。锡金、印度东北部、泰国

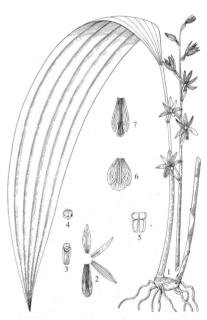

图 910: 1-5. 狭叶带唇兰 6. 绿花带唇兰
7. 高褶带唇兰 （王金凤绘）

及越南有分布。

[附] **南方带唇兰** 彩片412 **Tainia ruybarrettoi** (S. Y. Hu et Barretto)

Z. H. Tsi, Reipubl. Popul. Sin. 18: 243. 1999. —— *Ania ruybarrettoi* S. Y. Hu et Barretto in Chung Chi Journ. 3(2): 25. f. 12. 1976. 本种与绿花带唇兰的区别：花暗红黄色，萼片和花瓣具3-5条紫色条纹，边缘黄色，唇

瓣具爪，唇盘具5条平直褶片，褶片在中裂片上隆起，中间1条较长。产广西东部及香港，常生于竹林下。

4. 高褶带唇兰　　　　　　　　　　图 910：7
Tainia viridifusca (Hook.) Benth. et Hook. f. Gen. Pl. 3: 515. 1883.
Calanthe viridifusca Hook. in Curtis's Bot. Mag. 78: t. 4669. 1852.

假鳞茎暗绿带紫色，宽卵球形，紧靠，径达4厘米。叶长圆形，长达50厘米，先端长渐尖，具长柄和折扇状脉。花葶长达73厘米，花序疏生9-10花。花开展，褐绿或紫褐色；萼片长圆形，长2-2.2厘米，先端芒状，侧萼片背面先端以下具芒，基部大部分贴生蕊柱足；花瓣与萼片相似而较小，先端芒状；唇瓣白色，倒卵形，长约1.1厘米，3裂，侧裂片卵状长圆形，中裂片近圆形，先端短尖，基部无明显爪，唇盘在两侧裂片之间具3-5条褶片，中裂片具5条波状或鸡冠状等长的褶片；距倒圆锥形，从两侧裂片基部之间伸出，长4毫米。花期4-5月。

产云南，常生于海拔1500-2000米山地林下。印度东北部、缅甸、泰国及越南有分布。

5. 带唇兰　　　　　　　　　　图 911 彩片 413
Tainia dunnii Rolfe in Journ. Linn. Soc. Bot. 38: 368. 1908.

假鳞茎暗紫色，圆柱形，稀卵状圆锥形，长1-7厘米。叶窄长圆形，长12-35厘米，先端渐尖，叶柄长2-6厘米。花葶长30-60厘米，花序长达20厘米，疏生多花。花黄褐或棕紫色；中萼片窄长圆状披针形，长1.1-1.2厘米，宽2.5-3毫米，侧萼片窄长圆状镰形，与中萼片等长，基部贴生蕊柱足形成萼囊；花瓣与萼片等长而较宽，先端锐尖，唇瓣长约1厘米，前部3裂，侧裂片淡黄带紫黑色斑点，三角形，先端内弯，中裂片黄色，横长圆形，先端平截或稍凹缺，唇盘无毛或具短毛，具3条褶片，侧生褶片弧形较高，中间的呈龙骨状。花期3-4月。

产浙江、福建、台湾、江西、湖南、广东、香港、广西、贵州及四川，

图 911 带唇兰 （张泰利绘）

生于海拔580-1900米常绿阔叶林下或山涧溪边。

6. 大花带唇兰　大花球柄兰　　　　图 912
Tainia macrantha Hook. f. in Hook. Icon. Pl. 19: t. 1860. 1889.
Mischobulbum macrantha (Hook. f.) Rolfe；中国高等植物图鉴 5: 681. 1976.

假鳞茎圆柱形，在根状茎上有距离，稍伏卧，上部弧曲上举。叶椭圆形，纸质，长14-20厘米，先端渐尖

或短渐尖，基部楔形或近圆；叶柄长4-5厘米。花葶直立，花序具3-6花。花大，上部朱红色，下部绿白带朱红色斑点；中萼片窄披针形，长3.5厘米，宽5-6毫米，侧萼片与中萼片相似较长，宽7-8毫米，先端长渐尖，基部贴生蕊柱足，萼囊宽倒圆锥形；花瓣披针形，长约3.5

厘米，基部约1/2贴生蕊柱足；唇瓣近戟形，长3.5厘米，基部楔形，上部稍3裂，侧裂片三角形，中裂片卵状三角形，上面具3条褶片，两侧褶片较宽、弧形。花期7-8月。

产广东及广西，生于海拔700-1200米山地林下或沟谷岩石边。越南有分布。

图 912 大花带唇兰 （冯晋庸绘）

87. 毛梗兰属 Eriodes Rolfe
（吉占和）

附生草本。假鳞茎近球形，聚生，顶生2-3叶。叶折扇状，窄长圆形，长达37厘米，宽3厘米，先端长渐尖；叶柄长7厘米。花葶侧生假鳞茎基部，直立，长55-65厘米，上部常分枝，密被短柔毛；总状或圆锥花序长16-18厘米，疏生少花或多花。花梗和子房较花长，密生柔毛，萼片淡黄带紫红色脉纹，背面密被长柔毛，中萼片长圆形，长1.4-1.8厘米，前倾，稍凹入，侧萼片镰状长圆形，基部贴生蕊柱足形成萼囊；花瓣紫红色，窄长圆形，长1.4-1.8厘米，唇瓣淡黄带紫红色条纹，卵状披针形，长1.5厘米，近先端两侧具小裂片，基部具关节与蕊柱足末端连接，不裂；蕊柱粗短，上端具翅，蕊柱足近直角弯曲，蕊喙短；花粉团8个，蜡质，近球形，等大，每4个为一群，无明显粘盘和粘盘柄。

单种属。

毛梗兰　　　　　　　　图 913: 1
Eriodes barbata (Lindl.) Rolfe in Orch. Rev. 23: 326. 1915.

Tainia barbata Lindl. in Gard. Chron. 68. 1857.

形态特征同属。花期10-11月。

产云南西部及西南部，生于海拔1400-1700米山地林缘或疏林中树干上。印度东北部、缅甸、泰国及越南有分布。

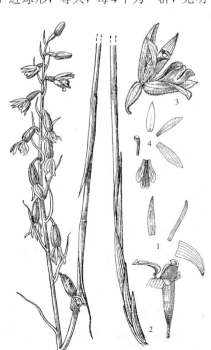

图 913: 1. 毛梗兰 2-4. 粉口兰
（王金凤绘）

88. 滇兰属 Hancockia Rolfe

（吉占和）

地生草本，高达10厘米。具匍匐根状茎和假鳞茎。假鳞茎肉质，稍似叶柄，疏生于根状茎，圆柱形，弧曲上举，具1节，顶生1叶。叶卵状披针形或卵形，长5-7.5厘米，宽2-3.3厘米，先端尖，基部近圆，具多数弧形脉；叶柄长约5毫米，具关节。花葶顶生单花。萼片和花瓣相似，离生，花瓣稍宽；唇瓣椭圆状长圆形，3裂，侧裂片卵状三角形，中裂片近肾形，与蕊柱翅合生成距，距圆筒形，稍弧曲，长2.2厘米，唇盘具龙骨脊；蕊柱纤细，具翅，无蕊柱足，蕊喙半圆形，不裂；花粉团8个，蜡质，每4个为一群，附着于1个粘质物上。

单种属。

滇兰　　　　　　　　　　　图 914

Hancockia uniflora Rolfe in Journ. Linn. Soc. Bot. 36: 20. 1903.

形态特征同属。花期7月。

产云南东南部，生于海拔1300-1560米山坡或沟谷林下阴湿处。越南及日本琉球群岛有分布。

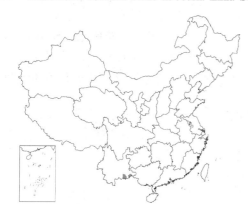

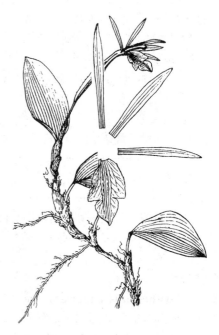

图 914 滇兰 （冯晋庸绘）

89. 粉口兰属 Pachystoma Bl.

（吉占和）

地生草本，稀腐生植物。具肉质根状茎，无假鳞茎和明显的茎。叶1-2枚，窄长。花后出叶。花葶细长，直立，总状花序疏生花。花不甚张开，常下垂；萼片相似，侧萼片基部稍歪斜，与蕊柱足合生成萼囊，花瓣与萼片等长较窄；唇瓣无爪，基部稍凹，贴生蕊柱基部和蕊柱足末端，前部3裂；蕊柱细长，蕊柱足短或无，蕊喙先端钝；花粉团8个，蜡质，倒卵形，等大，每4个为一群，无明显粘盘和粘盘柄。

约5种，分布于热带亚洲至新几内亚岛和太平洋岛屿。我国1种。

粉口兰　　　　　　　　　　图 913：2-4

Pachystoma pubescens Bl. Bijdr. 376. t. 29. 1825.

根状茎横生，牛轭状，径4-8毫米。叶禾叶状，常较花葶长。花序具数朵至10余花，花序轴疏生毛。花梗和子房被毛；花黄绿带粉红色；中萼片椭圆形，长约1厘米，宽3.5-5毫米，先端近锐尖，背面密被毛，侧萼片长圆状披针形，与中萼片等长稍窄，背面密被毛，萼囊短钝；花瓣窄匙形，长约1厘米，宽1.5-2.2毫米，先端近锐尖；唇瓣贴生蕊柱足，长约1厘米，上部3裂，侧裂片近长圆形，宽约3毫米，中裂片倒卵形，具短尖；唇盘具3-5条生疣状突起的龙骨脊；蕊柱长1厘米，被长硬毛，蕊柱足短。花期3-9月。

产台湾、广东、香港、海南、广西南部、贵州西南部及云南，生于海

拔约800米山坡草丛中。广布于热带喜马拉雅至东南亚和太平洋一些岛屿。

90. 苞舌兰属 Spathoglottis Bl.
（吉占和）

地生草本，无根状茎，具假鳞茎。叶顶生于假鳞茎，窄长，具折扇状脉；叶柄无关节。花葶侧生假鳞茎基部。总状花序疏生少花。花中等大，萼片相似，背面被毛；花瓣与萼片相似，常较宽；唇瓣无距，3裂，侧裂片近直立，两侧裂片之间常凹入，内面常被毛，中裂片具爪；蕊柱细长，上端棒状，两侧具翅，无蕊柱足，蕊喙不裂；花粉团8个，蜡质，窄倒卵形，近等大，每4个为一群，附着于三角形粘盘。

约46种，分布于热带亚洲至澳大利亚和太平洋岛屿。我国3种。

1. 花黄色。
　　2. 唇瓣侧裂片镰状长圆形，长约为宽2倍，先端近平截，中裂片在基部两侧边缘无齿或齿不明显 ……………
　　……………………………………………………………………………………… 苞舌兰 **S. pubescens**
　　2. 唇瓣侧裂片卵状三角形，长略大于宽，先端圆钝，中裂片在基部两侧边缘具窄长的尖齿 ……………
　　……………………………………………………………………………… （附）. 少花苞舌兰 **S. ixioides**
1. 花紫色或粉红色；唇瓣侧裂片镰状长圆形，长为宽的2倍，先端近平截，中裂片具窄长的爪，在基部两侧边缘
　　无齿突 ……………………………………………………………………… （附）. 紫花苞舌兰 **S. plicata**

苞舌兰　　　　　　　　　　　　　图 915：1-2 彩片 414

Spathoglottis pubescens Lindl. Gen. Sp. Orch. Pl. 120. 1831.

假鳞茎扁球形，径1-2.5厘米，顶生1-3叶。叶带状或窄披针形，长达43厘米，宽1-1.7（-4.5）厘米，基部收窄成细柄。花葶长达50厘米，密生柔毛，花序疏生2-8花。花黄色，萼片椭圆形，长1.2-1.7厘米，先端锐尖，背面被毛；花瓣宽长圆形，与萼片等长，宽0.9-1厘米，两面无毛，唇瓣与花瓣近等长，3裂，侧裂片镰状长圆形，长约为宽的2倍，先端近平截，中裂片倒卵状楔形，长约1.3厘米，先端近平截，凹入，基部具宽短爪，其上具1对半圆形肥厚附属物，爪基部两侧有时各具1钝齿；唇盘具3条脊突，中间1条成肉质隆起褶片。花期7-10月。

产浙江南部、福建、江西、湖南、广东、香港、广西、贵州、四川及云南，生于海拔380-1700米山坡草丛中或疏林内。印度东北部至中南半岛有分布。

　[附] **少花苞舌兰** 图 915：3-4 **Spathoglottis ixioides** (D. Don) Lindl. Gen. Sp. Orch. Pl. 120. 1831. —— *Cymbidium ixioides* D. Don. Prodr. Fl. Nepal. 36. 1825. 本种与苞舌兰的区别：花单朵，唇瓣侧裂片卵状三角形，长大于宽，先端圆钝，中裂片中部两侧无附属物，基部两侧边

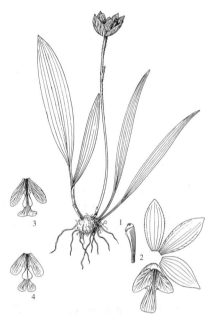

图 915: 1-2. 苞舌兰 3-4. 少花苞舌兰
（王金凤绘）

缘具窄长尖齿，产西藏南部，生于海拔2300-2800米山坡覆土岩石上。尼泊尔、锡金、不丹有分布。

　[附] **紫花苞舌兰** 彩片 415 **Spathoglottis plicata** Bl. Bijdr. 401. f. 76. 1825. 本种与苞舌兰的区别：花紫色或粉红色，唇瓣中裂片基部具1对黄色

肉突，基部连生向背面（下面）伸出2个三角形齿突。产台湾（兰屿和绿岛），常生于山坡草丛中。日本琉球群岛、菲律宾、印度尼西亚、新几内亚岛、澳大利亚和太平洋一些岛屿有分布。

91. 黄兰属 Cephalantheropsis Guill.
（吉占和）

地生草本，根多数，细长，被绒毛。茎丛生，直立，圆柱形，具多节。叶多数，互生，基部鞘状抱茎，具关节和折扇状脉，干后靛青色。花序侧生，具多花。苞片早落；花中等大，萼片和花瓣相似；唇瓣贴生蕊柱基部，与蕊柱分离，基部浅囊状或凹入，无距，上部3裂，侧裂片稍包蕊柱，中裂片具短爪，先端宽大，边缘皱波状，上面具多数泡状颗粒；蕊柱粗短，具翅，顶端平截，蕊喙短小；柱头顶生，近圆形；药床窄小；花粉团8个，蜡质，等大，每4个为一群，同附着于1个盾状粘盘。

约6种，分布于日本至东南亚。我国2种。

1. 花青绿或黄绿色,伸展而张开;唇瓣侧裂片先端尖齿状,两侧裂片先端之间与中裂片等宽 ·························· 黄兰 C. gracilis
1. 花白色,俯垂,钟形,不甚张开;唇瓣侧裂片先端斜平截,具不整齐细齿,两侧裂片先端之间较中裂片宽 ······ ·························· （附）. 铃花黄兰 C. calanthoides

黄兰 　　　　　　　　　　　　　　　　　图 916

Cephalantheropsis gracilis (Lindl.) S. Y. Hu in Quart. Journ. Taiwan Mus. 25(3,4): 213. 1972.

Calanthe gracilis Lindl. Gen. Sp. Orch. Pl. 251. 1833.

植株高达1米。茎长达60厘米。叶5-8，互生茎上部，长圆形或长圆状披针形，长达35厘米，宽4-8厘米。花葶长达60厘米，稀基部具1-2分枝；花序梗疏生3-4枚长3-5厘米的鞘，密生细毛，花序疏生多花。花开展，青绿或黄绿色；萼片和花瓣反折，中萼片和侧萼片椭圆状披针形或卵状披针形，长0.9-1.1厘米，先端芒尖，背面密生短毛；花瓣卵状椭圆形，长0.8-1厘米，先端稍钝具短尖，背面被毛；唇瓣近长圆形，较萼片短，近平伸，下部凹入，侧裂片近三角形，先端尖齿状，前缘具不整齐缺刻，中裂片近肾形，两侧裂片先端之间与中裂片等宽，先端凹缺具细尖头，边缘皱波状，上面具2条黄色褶片，褶片间具多数橘红色泡状颗粒。花期9-12月。

产台湾、福建南部、广东、香港及海南，生于海拔约450米密林下。锡金、印度东北部经中南半岛至马来西亚、菲律宾及日本琉球群岛有分布。

[附] **铃花黄兰**彩片 416 **Cephalantheropsis calanthoides** (Ames) T. S. Lui et H. J. Su in Fl. Taiwan 5: 918. 1978. —— *Phaius calanthoides* Ames,

图 916 黄兰 （引自《图鉴》）

Orch. 2: 153. 1908. 本种与黄兰的区别：花白色，俯垂，钟形，不甚张开；唇瓣侧裂片先端斜平截，具不整齐细齿，两侧裂片先端之间较中裂片宽。产台湾、广西西南部、云南东南及南部、西藏东南部，生于海拔1250米以下密林内。菲律宾有分布。

92. 鹤顶兰属 Phaius Lour.
（吉占和）

地生草本。根粗壮、长而弯曲，密被淡灰色绒毛；假鳞茎丛生。叶大，数枚，互生，基部叶鞘包卷成假茎，具折扇状脉，干后靛蓝色。花葶侧生，总状花序。苞片大；花大，美丽；萼片和花瓣近等大；唇瓣贴生蕊柱基部或与蕊柱翅合生；蕊柱长而粗壮，上端扩大，两侧具翅，柱头侧生；花粉团蜡质，8个，每4个为一群，附于1个粘质物。

约40种，分布于非洲热带、亚洲热带和亚热带地区至大洋洲。我国8种。

1. 假鳞茎长圆柱形。
　2. 假鳞茎粗壮，径3-5厘米；花葶长不及25厘米；花乳白色，不甚张开 …… 1. 仙笔鹤顶兰 P. columnaris
　2. 假鳞茎细长，径不及3厘米；花葶长35厘米以上；唇瓣中裂片上面具密被白色长毛的龙骨脊 …………………………………………………………………… 2. 紫花鹤顶兰 P. mishmensis
1. 假鳞茎短圆锥形或卵球形。
　3. 花葶高出叶层之外。
　　4. 萼片和花瓣背面象牙白色，内面暗赭色或棕色；唇瓣背面（下面）白色，唇盘有茄紫带白色条纹，前端边缘茄紫色 …………………………………… 3. 鹤顶兰 P. tankervilleae
　　4. 萼片背面淡黄绿色，内面淡棕红色；花瓣背面（下面）黄绿带棕红色斑点，内面淡棕红色；唇瓣白色，唇盘有玫瑰红带黄色脉纹 …………………… 3(附). 大花鹤顶兰 P. magniflora
　3. 花葶不高出叶层之外，花黄色 ………………………………………… 4. 黄花鹤顶兰 P. flavus

1.　仙笔鹤顶兰　　　　　　　　　图 917
Phaius columnaris C. Z. Tang et S. J. Cheng in Bull. Bot. Res. (Harbin) 5(2): 141. (f.) 1985.

植株高约1米。假鳞茎深绿色，圆柱形，长15-40厘米，径3-5厘米，具数个至10余节。叶椭圆形，长30-70厘米或更长，宽9-13厘米或更宽，先端渐尖。花葶生于假鳞茎基部第1个节上，粗壮，长约20厘米；花序长3.5-11.5厘米，具多花。苞片早落，花不甚张开；中萼片乳白色，先端带绿色，近长圆形，长4.2-4.5厘米，侧萼片镰状长圆形，长3.5-3.8厘米，先端锐尖；花瓣白色，镰状长圆形，长3.3-4厘米，唇瓣贴生蕊柱基部，近圆形，长2-3厘米，前部稍3裂，侧裂片背面乳白色，内面乳白带橙红色晕，包蕊柱，中裂片橙红色，很小，前端边缘皱波状，上面具2-3条黄色龙骨脊，距角状，长4-7毫米。花期6月。

图 917 仙笔鹤顶兰　（引自《植物研究》）

产广东北部、贵州西南部及云南南部，生于海拔230-1700米石灰山地林下岩石间空地。

2.　紫花鹤顶兰　　　　　图 918 彩片 417
Phaius mishmensis (Lindl. et Paxt.) Rchb. f. in Bonpl. 5: 43. 1857.
Limatodes mishmensis Lindl. et Paxt. Fl. Gard. 3: 36. 1852.

植株高达80厘米。假鳞茎圆柱形，长30-80厘米。叶椭圆形或倒卵

状披针形，长15-30厘米，边缘稍波状。花序侧生茎中部或上部节上，长约30厘米，花序轴长约9厘米，疏生少花。苞片早落；花淡紫红色，不甚开展；萼片椭圆形，长3-3.5厘米，无毛；花瓣倒披针形，长3-3.5厘米，无毛，唇瓣密被红褐色斑点，贴生蕊柱基部，近倒卵状三角形，3裂，侧裂片包蕊柱，先端圆钝，中裂片近宽倒卵形，先端微凹具短尖头，边缘波状，唇盘具3-4条密被白色长毛的脊突；距细圆筒形，长1-1.6厘米；蕊柱两侧密被毛。花期10月至翌年1月。

产台湾、广东西北部、广西、云南东南及南部、西藏东南部，生于海拔1400米以下常绿阔叶林下阴湿处。锡金、不丹、印度东北部、中南半岛、菲律宾及日本琉球群岛有分布。

图 918 紫花鹤顶兰 （引自《中国植物志》）

3. 鹤顶兰　　　　　　　　图 919 彩片 418

Phaius tankervilleae (Banks ex L'Herit.) Bl. Mus. Bot. Ludg. Bat. 2: 177. 1852.

Limodorum tankervilleae Banks ex L'Herit. Sert. Angl. 28. Jan. 1789.

植株高大。假鳞茎圆锥形，长约6厘米，基部径6厘米。叶长圆状披针形，长达70厘米，两面无毛，叶柄长达20厘米。花葶生于假鳞茎基部，长达1米，径约1厘米，无毛，花序具多花。苞片常早落；花大，背面白色，内面暗赭色或棕色；萼片相似，长圆状披针形，长4-6厘米，宽约1厘米，无毛；花瓣长圆形，与萼片等长稍窄，无毛；唇瓣贴生蕊柱基部，背面（下面）白色，先端带茄紫色，上面

茄紫色带白色条纹，较萼片短，宽3-5厘米，上部稍3裂，侧裂片短而圆，包蕊柱，唇瓣喇叭状，中裂片近圆形或横长圆形，先端圆具短尖或平截微凹，边缘波状，唇盘密被短毛，常具2条褶片；距细圆柱形，长约1厘米，呈钩状弯曲。花期3-6月。

产台湾、福建、湖南、广东、香港、海南、广西、云南及西藏东南部，生于海拔700-1800米林缘、沟谷或溪边阴湿处。广布亚洲热带和亚热带地区及大洋洲。

图 919 鹤顶兰 （冀朝祯绘）

[附] **大花鹤顶兰** 彩片 419 **Phaius magniflora** Z. H. Tsi et S. C. Chen in Acta Phytotax. Sin. 32(6)：560. f. 13-17. 1994. 本种与鹤顶兰的区别：植株较大；萼片和花瓣背面黄绿色，内面淡棕红色，唇盘有玫瑰红带黄色脉纹。花期5-6月。产云南南部及西藏东南部，生于海拔750-1000米林下或沟谷阴湿处。

4.　黄花鹤顶兰　斑叶鹤顶兰　　　　　　　　图 920 彩片 420

Phaius flavus（Bl.）Lindl. Gen. Sp. Orch. Pl. 128. 1831.

Limodorum flavus Bl. Bijdr. 375. 1825.

Phaius woodfordii（Hook.）Merr.; 中国高等植物图鉴 5：726. 1976.

图 920　黄花鹤顶兰　（冀朝祯绘）

假鳞茎卵状圆锥形，长5-6厘米，径2.5-4厘米，具2-3节。叶长椭圆形或椭圆状披针形，长25厘米以上，宽5-10厘米，基部收窄成柄，两面无毛，常具黄色斑块。花葶侧生假鳞茎基部或基部以上，粗壮，不高出叶层，长达75厘米，稀基部具短分枝，无毛，具数朵至20余花。苞片宿存；花柠檬黄色，上举，不甚开展；中萼片长圆状倒卵形，长3-4厘米，无毛，侧萼片斜长圆形，与中萼片等长，稍窄，无毛；花瓣长圆状倒披针形，与萼片近等长，无毛；唇瓣贴生蕊柱基部，与蕊柱分离，倒卵形，长2.5厘米，前端3裂，无毛，侧裂片包蕊柱，先端圆，中裂片近圆形，稍反卷，先端稍凹，前端边缘褐色，皱波状，上面具3-4条稍隆起褐色脊突，距白色，长7-8毫米。花期4-10月。

产浙江南部、福建、台湾、湖北西南部、湖南西北部、广东、香港、海南、广西、贵州北部、四川、云南及西藏东南部，生于海拔300-2500米山坡林下阴湿处。喜马拉雅、印度东北部、日本、中南半岛、东南亚至新几内亚岛有分布。

93. 虾脊兰属 Calanthe R. Br.

（吉占和）

地生草本。细根密生长绒毛；具根状茎或不明显；假鳞茎常圆锥形或圆柱形，稀不明显。叶少数，常较宽大，稀窄长，幼时席卷，叶鞘和叶柄常包卷成假茎。花葶直立，总状花序。具苞片；萼片离生，相似；花瓣较萼片小，唇瓣基部与蕊柱翅合生成管，稀贴生蕊柱足末端与蕊柱分离；蕊柱常粗短，蕊柱无足，稀具短足；柱头侧生；花粉团蜡质，8个，每4个为1群，近等大或不等大；花粉团同附着于粘质物；药帽卵状心形。

约100种，分布于亚洲热带、亚热带地区、大洋洲、非洲和中美洲。我国49种、5变种。

1. 旱季不落叶；花葶无毛或被短毛，蕊柱无足。
　2. 叶柄基部具关节；苞片早落；蕊喙不裂或退化。
　　3. 花白色 ·· 1. **狭叶虾脊兰 C. angustifolia**
　　3. 花黄色。
　　　4. 唇瓣侧裂片钝齿状或半圆形，中裂片宽肾形或近横长圆形，距棒状 ······1(附). **南方虾脊兰 C. lyroglossa**
　　　4. 唇瓣侧裂片大，非钝齿状或半圆形。
　　　　5. 距圆筒形；花序球形，具多数放射排列的花；唇瓣与蕊柱翅基部合生，蕊柱长1.2厘米 ·············
　　　　·· 2. **密花虾脊兰 C. densiflora**
　　　　5. 距棒状；花序圆柱形；唇瓣与蕊柱翅合生，蕊柱长不及1厘米。
　　　　　6. 唇瓣基部褶片三角形，唇瓣中裂片近圆形，无爪 ·············· 3. **棒距虾脊兰 C. clavata**
　　　　　6. 唇瓣2侧裂片之间具半月形褶片或不明显，唇瓣中裂片常扇形或近圆形，具爪 ·············
　　　　　·· 3(附) **二列叶虾脊兰 C. formosana**

2. 叶柄基部无关节；苞片宿存；蕊喙2-3裂。

  7. 唇瓣无距，3裂。

    8. 萼片长不及8毫米 ·· 4. **无距虾脊兰 C. tsoongiana**

    8. 萼片长1厘米以上。

      9. 唇瓣3裂，深裂至基部，侧裂片和中裂片基部均贴生蕊柱翅 ·········· 5(附). **天全虾脊兰 C. ecarinata**

      9. 唇瓣基部以上3裂，贴生蕊柱中部以下蕊柱翅。

        10. 萼片和花瓣淡黄色，唇瓣红褐色，侧裂片耳状或半圆形，中裂片近肾形，上面具3-5条鸡冠状褶片，边缘皱波状 ·········· 5. **三棱虾脊兰 C. tricarinata**

        10. 萼片和花瓣粉红色，唇瓣粉红色，侧裂片镰状长圆形，中裂片菱状椭圆形或倒卵状楔形，无褶片，常具不整齐细齿。

          11. 花后萼片和花瓣反折 ··· 6. **反瓣虾脊兰 C. reflexa**

          11. 花后萼片和花瓣不反折 ·· 6(附). **镰萼虾脊兰 C. puberula**

  7. 唇瓣具距。

    12. 唇瓣不裂。

      13. 唇瓣边缘具流苏 ·· 7. **流苏虾脊兰 C. alpina**

      13. 唇瓣边缘无流苏。

        14. 苞片反折，花后萼片和花瓣反折，干后黑色；叶剑形或窄长圆状倒披针形，宽2.5-4.5厘米 ·················· 7(附). **四川虾脊兰 C. whiteana**

        14. 苞片不反折，萼片和花瓣不反折，干后不黑。

          15. 花被质厚，稍肉质，唇瓣肾形；距长不及1.5厘米；叶长圆形，宽4-7厘米 ·················· 7(附). **匙瓣虾脊兰 C. simplex**

          15. 花被质薄。

            16. 唇瓣扁圆形，具3-5条褶片，距圆筒状，长2.8厘米；叶倒披针形，宽5.5-8厘米 ·················· 8. **圆唇虾脊兰 C. petelotiana**

            16. 唇瓣近菱形。

              17. 唇瓣与蕊柱翅合生，先端尖，边缘波状具啮齿 ·········· 9. **天府虾脊兰 C. fargesii**

              17. 唇瓣与蕊柱翅基部合生，先端近平截，稍凹缺，具细尖，前端边缘齿蚀状 ·················· 10. **少花虾脊兰 C. delavayi**

    12. 唇瓣2-3裂。

      18. 唇瓣2深裂，裂片近斧头形，距倒圆锥形，长约2毫米 ·········· 10(附). **二裂虾脊兰 C. biloba**

      18. 唇瓣3裂。

        19. 距长1-4毫米。

          20. 萼片长不及1厘米 ··· 11. **细花虾脊兰 C. mannii**

          20. 萼片长1厘米以上。

            21. 叶宽1.5-3.5厘米；花瓣线形，宽2-3毫米，唇瓣中裂片椭圆状菱形，先端芒尖，边缘波状，具不整齐齿，上面具3-5条脊突，距长约5毫米 ·················· 12. **弧距虾脊兰 C. arcuata**

            21. 叶宽5厘米以上；花瓣非线形，宽4-6毫米。

              22. 唇盘具1条近三角形褶片 ························ 13(附). **通麦虾脊兰 C. griffithii**

              22. 唇盘具3条褶片。

                23. 唇瓣与蕊柱翅合生，侧裂片镰状长圆形，先端斜截，中裂片窄倒卵状长圆形，先端具短尖，上面具3条波状褶片 ·················· 13. **叉唇虾脊兰 C. hancockii**

                23. 唇瓣与蕊柱蕊柱翅中部以下合生，侧裂片镰状长圆形，先端斜截，中裂片肾形或近圆形，先端稍凹，上面常具3条全缘的褶片 ·················· 14. **肾唇虾脊兰 C. brevicornu**

19. 距长4毫米以上。
　　24. 唇瓣基部或两侧裂片之间具多数肉瘤状附属物或鸡冠状褶片,中裂片先端2裂。
　　　　25. 叶剑形或带状,宽1.5-3(-4.5)厘米;苞片窄披针形,反折;萼片长6-9毫米 ……………
　　　　　　 …………………………………………………………………… 15. 剑叶虾脊兰 C. davidii
　　　　25. 叶椭圆形、椭圆状披针形、窄披针形或倒卵状披针形(香花虾脊兰C. odora例外),宽5.5厘米以上;苞
　　　　　　 片不反折;萼片长1厘米以上。
　　　　　　 26. 花紫红或玫瑰色,唇瓣中裂先端2浅裂,唇瓣侧裂片镰状披针形,距圆筒形;叶下面疏被毛 …………
　　　　　　 …………………………………………………………………… 16. 长距虾脊兰 C. sylvatica
　　　　　　 26. 花白、黄绿或淡黄色,唇瓣中裂片2深裂。
　　　　　　　　 27. 植株高大;花葶从叶丛中抽出。
　　　　　　　　　　 28. 唇瓣侧裂片线形或窄长圆形,宽2毫米,中裂片2深裂;叶基部骤窄成细长柄 …………
　　　　　　　　　　　　 ……………………………………………………… 17. 泽泻虾脊兰 C. alismaefolia
　　　　　　　　　　 28. 唇瓣侧裂片长圆状椭圆形、卵状椭圆形或倒卵状楔形,与中裂片的小裂片近等大;叶基部渐窄成柄。
　　　　　　　　　　　　 29. 花瓣先端钝,无爪 …………………………… 18. 西南虾脊兰 C. herbacea
　　　　　　　　　　　　 29. 花瓣先端平截或圆钝,具细尖或短尖,具爪。
　　　　　　　　　　　　　　 30. 叶上面具数条银灰色条带;唇瓣白色,基部具金黄色瘤状物,其余花部均为黄绿色 …………
　　　　　　　　　　　　　　　　 19. 银带虾脊兰 C. argenteo-striata
　　　　　　　　　　　　　　 30. 叶上面无银灰色条带,唇瓣基部具金黄色瘤状物,其余花部均白色,稀淡紫红色 …………
　　　　　　　　　　　　　　　　 …………………………………………… 20. 三褶虾脊兰 C. triplicata
　　　　　　　　 27. 植株矮小;花葶从无叶假鳞茎抽出,花期叶未放 ………… 20(附). 香花虾脊兰 C. odora
24. 唇瓣两侧裂片之间或中裂片具膜状褶片、脊突,或无附属物,中裂片先端不裂或稍凹。
　　31. 叶宽1.5-2厘米;花瓣线形,宽约2毫米,唇瓣中裂片近长圆形,先端骤尖,上面具3条褶片 …………
　　　　 ……………………………………………………………………… 21(附). 戟形虾脊兰 C. nipponica
　　31. 叶宽4-11.5厘米;花瓣宽2毫米以上(C. metoensis的花瓣宽约2毫米)。
　　　　 32. 唇瓣具短爪,侧裂片基部外侧不与蕊柱翅合生,前端边缘疏生齿,中裂片倒卵状楔形,边缘具流苏 …
　　　　　　 ……………………………………………………………………… 21. 墨脱虾脊兰 C. metoensis
　　　　 32. 唇瓣无爪,侧裂片外侧边缘与蕊柱翅或多或少合生。
　　　　　　 33. 蕊柱翅不下延至唇瓣基部 ………………………………… 22. 峨边虾脊兰 C. yuana
　　　　　　 33. 蕊柱翅下延至唇瓣基部。
　　　　　　　　 34. 萼片和花瓣紫褐色,唇瓣白色,中裂片先端深凹缺,唇盘具3条膜状褶片 …………
　　　　　　　　　　 23. 虾脊兰 C. discolor
　　　　　　　　 34. 萼片和花瓣白色、白色带淡紫晕、淡黄、黄绿或柠檬黄色,唇瓣白或黄色,唇盘具2-7条脊突,
　　　　　　　　　　 稀1条褶片状。
　　　　　　　　　　 35. 花大,质厚,中萼片长2.5厘米以上,唇瓣基部具红色斑块,余为柠檬黄色,唇盘具5条波状
　　　　　　　　　　　　 脊突 …………………………………………………… 24. 大黄虾脊兰 C. sieboldii
　　　　　　　　　　 35. 花质不厚,中萼片长不及2厘米,花非柠檬黄色。
　　　　　　　　　　　　 36. 唇瓣3裂,中裂片近圆形或扁圆形,边缘波状或深波状,萼片和花瓣白色或白色带淡紫晕。
　　　　　　　　　　　　　　 37. 唇盘具3-7条肉质脊突 ………………… 25. 翘距虾脊兰 C. aristulifera
　　　　　　　　　　　　　　 37. 唇盘2-3条不明显脊突 ………………… 25(附). 台湾虾脊兰 C. arisanensis
　　　　　　　　　　　　 36. 唇瓣3裂,中裂片长圆形、倒卵形、近方形或半圆形,唇盘具3条脊突。
　　　　　　　　　　　　　　 38. 唇盘具4个褐色斑点和3条肉质脊突,唇盘末端三角形隆起 …………
　　　　　　　　　　　　　　　　 …………………………………………… 26. 钩距虾脊兰 C. graciliflora
　　　　　　　　　　　　　　 38. 唇盘具3条脊突,无斑点。

39. 叶长约20厘米，叶两面无毛；唇瓣距纤细，长2-2.2厘米 ·················· 27. 车前虾脊兰 C. plantaginea

39. 叶柄短，叶下面被毛；唇瓣距纤细，长1.1-1.5厘米 ·················· 28. 疏花虾脊兰 C. henryi

1. 旱季落叶；花葶被长柔毛；唇瓣贴生蕊柱足末端，与蕊柱翅分离 ·················· 29. 葫芦茎虾脊兰 C. labrosa

1. 狭叶虾脊兰

Calanthe angustifolia (Bl.) Lindl. Gen. Sp. Orch. Pl. 251. 1833.

Amblyglottis angustifolia Bl. Bijdr. 369. 1825.

根状茎粗壮，匍匐；假鳞茎疏生根状茎，圆柱形，无明显假茎。叶近基生，4-10枚，窄披针形或窄椭圆形，长30厘米以上，先端渐尖；叶柄细，长4-16厘米，基部具关节。花葶长达35厘米，花序长3-7厘米，疏生10余花。苞片早落，窄披针形，长达4厘米，无毛；花白色，萼片椭圆形，长1-1.3厘米；花瓣卵状椭圆形，长0.8-1.1厘米，先端具细尖；唇瓣与蕊柱翅合生，3深裂，基部具2枚三角形胼胝体，侧裂片近卵形，中裂片倒心形，长5毫米，宽6毫米，先端近平截深凹，具短尖；距棒状，长6-9毫米；蕊柱长约5毫米，蕊喙三角形。花期9月。

产台湾、广东中北部及海南，生于海拔1000-2000米林下。印度尼西亚及马来西亚有分布。

[附] 南方虾脊兰 图 921 **Calanthe lyroglossa** Rchb. f. Otia Bot. Hamb. 1: 53. 1878. 本种与狭叶虾脊兰的区别：花黄色，唇瓣侧裂片钝齿

图 921 南方虾脊兰 （引自《中国植物志》）

状或半圆形，中裂片宽肾形或近横长圆形。产台湾及海南，生于海拔1500米以下林下。日本（琉球群岛）、印度东北部、东南亚有分布。

2. 密花虾脊兰

图 922

Calanthe densiflora Lindl. Gen. Sp. Orch. Pl. 250. 1833.

根状茎粗壮。茎短，被叶鞘包裹，疏生根状茎上，假茎细，长10-16厘米，具3枚鞘和3枚折扇状叶。叶披针形或窄椭圆形，长达40厘米，宽2.3-6.5厘米，先端尖；叶柄细，长5-10厘米，基部具关节。花葶侧生假茎基部，不高出叶外，花序球状，多花放射状排列。苞片早落，窄披针形，长1.5-3厘米；花淡黄色，不甚开展；萼片长圆形，长约1.4厘米，先端芒尖；花瓣近匙形，与萼片等长而较窄，先端锐尖，唇瓣与蕊柱基部以上的蕊柱翅合生，中部以上3裂，侧裂片卵状三角形，中裂片近方形，长约5毫米，先端稍凹，唇

图 922 密花虾脊兰 （冀朝祯绘）

盘具2个三角形膜质褶片；距圆筒形，长1.6厘米，蕊柱长1.6厘米，稍弧曲，蕊喙卵状三角形；药帽前端喙状。花期8-9月。

产台湾、福建南部、广东西南部、海南、广西、四川、云南及西藏东

南部，生于海拔1000-2600米山地林下和沟谷溪边。不丹、锡金、印度东北部及越南有分布。

3. 棒距虾脊兰 图 923：1-2

Calanthe clavata Lindl. Gen. Sp. Orch. Pl. 251. 1833.

植株无毛。根状茎粗壮；假鳞茎短，被叶鞘所包；假茎长约13厘米，具3枚鞘和2-3枚折扇状叶。叶窄椭圆形，长达65厘米，宽4-10厘米；叶柄基部具关节。花葶侧生茎基部，不超出叶外；花序圆柱形，多花。苞片早落，长披针形；花黄色；中萼片椭圆形，长1.2厘米，侧萼片稍窄，与中萼片相似；花瓣倒卵状椭圆形或椭圆形，长约1厘米；唇瓣与蕊柱翅合生，3裂，侧裂片短耳状，中裂片近圆形，长4毫米，宽约5毫米，先端近平截稍凹缺，具

细尖，基部具2枚三角形褶片；距棒状；蕊柱长约7毫米，蕊喙三角形；药帽前端稍窄，先端平截。花期11-12月。

产福建南部、江西西南部、广东、海南、广西、云南东南及南部、西藏东南部，生于海拔870-1300米密林下或山谷阴湿处。锡金、印度东北部至中南半岛有分布。

[附] **二列叶虾脊兰** 图 923：3 **Calanthe formosana** Rolfe in Ann.

图 923：1-2. 棒距虾脊兰
3. 二列叶虾脊兰 （引自《图鉴》）

Bot. 9: 157. 1895. 本种与棒距虾脊兰的区别：唇瓣两侧裂片之间具2枚半月形褶片或褶片不明显，中裂片先端扇形或近圆，具爪。花期7-10月。产台湾、海南及香港。日本有分布。

4. 无距虾脊兰 图 924

Calanthe tsoongiana T. Tang et F. T. Wang in Acta Phytotax. Sin. 1(1)：45. 1951.

假鳞茎近圆锥形，被3-4枚鞘和2-3枚叶；假茎长约9厘米。花期叶未完全展开，叶倒卵状披针形或长圆形，长27-37厘米，宽(2-)6厘米，先端渐尖，下面被毛；具柄或无柄。花葶长达55厘米，密生毛；花序长14-16厘米，疏生多花。苞片宿存，长约4毫米；花淡紫色，萼片长圆形，长约7毫米，背面中下部疏生毛；花瓣近匙形，长约6毫米，宽1.7毫米，无毛；唇瓣与蕊柱

翅合生，长约3毫米，3裂，裂片长圆形，近等长，侧裂片较中裂片稍宽，宽约1.3毫米，先端圆，中裂片先端平截凹缺，具细尖；唇盘无褶脊和附属

图 924 无距虾脊兰

物，无距；蕊柱长约3毫米，腹面被毛，蕊喙很小，2裂，药帽先端圆。

产浙江西部、江西西北部、福建及贵州，生于海拔450-1450米山坡林

下或岩石阴湿处。

5. 三棱虾脊兰　　　　　　图 925: 1-2　彩片 421

Calanthe tricarinata Lindl. Gen. Sp. Orch. Pl. 252. 1833.

　　根状茎不明显；假鳞茎近球形，具3-4枚叶和3枚鞘；假茎长4-15厘米。叶纸质，花期尚未展开，椭圆形或倒卵状披针形，长20-30厘米，下面密被短毛，边缘波状；基部具鞘柄。花葶从叶间抽出，长达60厘米，被短毛；花序疏生少数至多花。苞片宿存，卵状披针形，无毛；花梗和子房被短毛；花开展，质薄，萼片和花瓣淡黄色；中萼片长圆状披针形，长1.6-1.8厘米，背面基部疏生毛，侧萼片与中萼片等大，稍歪斜；花瓣倒卵状椭圆形，长1.1-1.5厘米，无毛，唇瓣红褐色，基部与蕊柱中部以下的翅合生，在基部上方3裂，侧裂片耳状或近半圆形，长约4毫米，中裂片肾形，宽1-1.8厘米，先端稍凹，具短尖，边缘深波状，唇盘具3-5条鸡冠状褶片，无距；蕊柱腹面疏生毛，蕊喙2裂，裂片尖三角形，药帽前端喙状。花期5-6月。

　　产陕西南部、甘肃南部、四川、湖北西部、贵州东部、云南、西藏东部及台湾，生于海拔1600-3500米山坡草地和林下。日本、印度东北部、不丹、锡金、尼泊尔至克什米尔地区有分布。

　　[附] **天全虾脊兰** 图 925: 3-4 **Calanthe ecarinata** Rolfe in Journ.

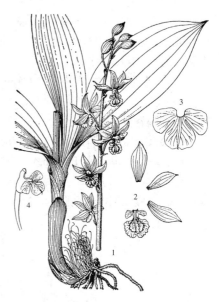

图 925: 1-2. 三棱虾脊兰
3-4. 天全虾脊兰　（引自《图鉴》）

Linn. Soc. Bot. 29: 318. 1892. 本种与三棱虾脊兰的区别：叶两面无毛，唇瓣基部3深裂，边缘稍波状，唇盘无褶片和附属物。花期6月。产四川中西部，生于海拔2450米山坡林下。

6. 反瓣虾脊兰　　　　　　图 926

Calanthe reflexa (Kuntze) Maxim. in Bull. Acad. Sci. St. Pétersb. 18: 68. 1873.

Alismorchis reflexa Kuntze, Rev. Gen. Pl. 2: 650. 1819.

　　根状茎不明显；假鳞茎卵状圆锥形，径约1厘米，或不明显；假茎长2-3厘米，具4-5枚叶和1-2枚鞘。叶椭圆形，长15-20厘米，两面无毛；叶柄长2-4厘米，花期全部展开。花葶高出叶外，被短毛，花序疏生多花。苞片宿存，窄披针形，长1.8-2.4厘米，无毛；花梗纤细，连同子房均无毛；花粉红色，萼片和花瓣反折与子房平行，中萼片卵状披针形，长1.5-2厘米，先端尾尖，被毛，侧萼片与中萼片等大，歪斜，

图 926 反瓣虾脊兰　（引自《图鉴》）

先端尾尖,被毛;花瓣线形,无毛,唇瓣基部与蕊柱中部以下的蕊柱翅合生,3裂,侧裂片镰状,中裂片近椭圆形或倒卵状楔形,有齿,无距,蕊柱长约6毫米,无毛,上部两侧具齿突,蕊喙3裂,中裂片较短,侧裂片窄镰状。花期5-6月。

产安徽南部、浙江南部、台湾、江西、湖北西南部、湖南、广东北部、广西北部、贵州、云南东北部及四川,生于海拔600-2500米常绿阔叶林下、山谷溪边。日本及朝鲜半岛南部有分布。

[附] **镰萼虾脊兰** 彩片 422 **Calanthe puberula** Lindl. Gen. Sp. Orch.

7. 流苏虾脊兰
图 927:1-2 彩片 423

Calanthe alpina Hook. f. ex Lindl. Fol. Orch. Calanthe 4: 1854.

Calanthe fimbriata Franch.;中国高等植物图鉴 5: 724. 1976.

假鳞茎窄圆锥形,聚生,径约7毫米;假茎具3枚叶和3枚鞘。花期叶全放,椭圆形或倒卵状椭圆形,长11-26厘米,先端短尖,两面无毛;具鞘状短柄。花葶从叶丛中抽出,高出叶外,疏被短毛,花序花疏生。苞片宿存,窄披针形,较花梗和子房短,无毛;花无毛,萼片和花瓣白色,先端带绿色或淡紫堇色,先端芒尖;中萼片近椭圆形,长1.5-2厘米,侧萼片卵状披针形;花瓣似萼片,较窄,唇瓣白色,后部黄色,前部具紫红色条纹,与蕊柱

中部以下的蕊柱翅合生,半圆状扇形,宽1.5厘米,前缘具流苏,先端稍凹具细尖;距圆筒形,粗壮,劲直,淡黄或淡紫堇色,长达3.5厘米;蕊柱白色,长约8毫米,蕊喙2裂;药帽前端窄。花期6-9月。

产甘肃南部、陕西南部、四川、湖北西部、湖南北部、云南、西藏南部及东南部、台湾,生于海拔1500-3500米山地林下及草坡。锡金及日本有分布。

[附] **四川虾脊兰 Calanthe whiteana** King et Pantl. in Journ. Asiat. Soc. Bengal. 15: 121. 1896. 本种与流苏虾脊兰的区别:叶剑形或长圆状倒披针形;苞片反折;花肉质,唇瓣全缘,蕊柱被毛。产四川中部,生于

8. 圆唇虾脊兰
图 927:3

Calanthe petelotiana Gagnep. in Bull. Soc. Bot. France 79: 163. 1932.

假鳞茎聚生,短小,被鞘所包;假茎长达17厘米,径约1厘米,具2-3枚叶和3-4枚鞘。叶花期全放,倒披针形,长达30厘米,宽5.5-8厘米,先端短尖,下面被短毛;叶柄细长。花葶长20-22厘米,被短毛,花序具约10花。苞片宿存,长约5毫米,背面被毛,花白色带淡紫;中萼片卵状披针形,长1.6厘米,宽约7毫米,背面被毛;花瓣长圆形,较萼片稍短,宽4-5毫米,唇瓣扁圆形,与蕊柱翅合生,长约8毫米,宽1.4厘米,前端边

Pl. 252. 1833. 本种与反瓣虾脊兰的区别:叶柄长达13厘米;花开时,萼片和花瓣不反折,唇瓣中裂片具爪。花期7-8月。产云南南及西北部、西藏东南部,生于海拔1250-2450米林下。日本、越南及印度东北部有分布。

图 927: 1-2. 流苏虾脊兰 3. 圆唇虾脊兰
(引自《图鉴》)

海拔1000-1800米林下。锡金及缅甸有分布。

[附] **匙瓣虾脊兰 Calanthe simplex** Seidenf. in Dansk Bot. Ark. 29(2): 42. 1975. 本种与流苏虾脊兰的区别:苞片背面密被毛;花肉质,萼片、花瓣和唇瓣背面均被毛,唇瓣全缘波状,蕊柱被长毛。产云南西南部,生于海拔约2500米林下。泰国有分布。

缘波状,先端稍凹具短尖,唇盘具3-5条肉质褶片;距圆筒状,长2.8厘米,向末端渐细,在外面和距口被毛,蕊柱长约5毫米,蕊柱翅延伸至唇盘与褶片相连,蕊喙2裂;药帽前端喙状,药床底部密被毛。花期3月。

产贵州北部及云南东南部,生于海拔1700米山地林下阴湿处。越南有分布。

9. 天府虾脊兰 图 928

Calanthe fargesii Finet. in Bull. Soc. Bot. France 46: 434. t. 9. f. 1-8. 1899.

假鳞茎短小,聚生,具2枚鞘和4-5枚叶;假茎长约4厘米。叶褶扇状窄长圆形,长30-40厘米,宽1.5-2.6厘米;叶柄长达1.5厘米。花葶远高于叶外,密被短毛,近中部具长达1.5厘米的鞘,花序长约为花葶1/3,疏生多花。苞片宿存,窄披针形,长1.5-2厘米,无毛;花黄绿带褐色;中萼片卵状披针形,长1.6-2.5厘米,基部背面疏生短毛,侧萼片与中萼片等长较窄,稍歪斜,基部背面疏生短毛;花瓣线形,长1.2-2.4厘米,中部宽2-2.4毫米,先端尖,无毛,唇瓣基部与蕊

图 928 天府虾脊兰
(引自《Bull. Soc. Bot. France.》)

柱翅合生,基部前方两侧缢缩分前后唇,前唇紫红色,菱形,长和宽均0.6-1.1厘米,边缘波状具啮齿;后唇近半圆形,宽6-8毫米,唇盘无毛或疏被毛;距圆筒形,稍弯曲,长约6毫米,径约1毫米,外面被短毛;蕊柱长5毫米,疏被毛;药帽前端喙状。花期7-8月。

产甘肃南部、四川及贵州西北部,生于海拔1300-1650米山地密林下阴湿处。

10. 少花虾脊兰 图 929:1-2 彩片 424

Calanthe delavayi Finet. in Bull. Soc. Bot. France 46: 434. t. 9. 1899.

根状茎不明显;假鳞茎近球形,具3-4枚叶和2-3枚鞘;假茎长3-8厘米。花期叶全放,椭圆形或倒卵状披针形,长12-22厘米,无毛;叶柄长2-6厘米。花葶高出叶外,花序俯垂,疏生2-7花,无毛。苞片宿存,披针形,与花梗和子房近等长;花紫红或淡黄色,萼片和花瓣边缘带紫色斑点,无毛;萼片长圆状披针形,长约2厘米;花瓣长圆形或倒卵状披针形,长1.8厘米;唇瓣与蕊柱翅基部合生,近菱

图 929: 1-2. 少花虾脊兰 3. 二裂虾脊兰
(冀朝祯绘)

形,长宽均约2厘米,两侧包蕊柱,先端近平截稍凹缺,具细突,前端边缘啮蚀状,唇盘具3条被短毛的小脊突;距圆筒形,长0.6-1厘米,蕊柱长7-8毫米,腹面被短毛;蕊喙近方形;药帽先端平截。花期6-9月。

产甘肃南部、四川、云南西北部及西藏东南部,生于海拔2700-3450米山谷溪边和林下。

[附] **二裂虾脊兰** 图 929：3 **Calanthe biloba** Lindl. Fol. Orchid. Calanthe 3. 1854. 本种与少花虾脊兰的区别：假鳞茎圆柱形；花葶密被毛，花序不俯垂；萼片长约1.5厘米，唇瓣近肾形，具长爪，与蕊柱翅中部以下合生，2深裂，裂口具长芒，唇盘无毛、无褶片；距窄角状，长约2毫米。花期10月。产云南西南部。尼泊尔、锡金、印度东北部及泰国有分布。

11. 细花虾脊兰

图 930：1-2 彩片 425

Calanthe mannii Hook. f. Fl. Brit. Ind. 5: 850. 1890.

假鳞茎圆锥形；假茎长5-7厘米。花期叶未展，常倒披针形，长18-35厘米，宽3-4.5厘米，下面被毛。花葶长达51厘米，密被毛，花序生10余花。苞片宿存，披针形，无毛；萼片和花瓣暗褐色，中萼片卵状披针形或和长圆形，背面被毛，侧萼片稍斜卵状披针形，背面被毛；花瓣倒卵形，较萼片小，无毛，唇瓣金黄色，与蕊柱翅合生，3裂，侧裂片斜卵形，长1.5-2毫米，中裂片横长圆形，先端稍凹具短尖，边缘稍波状，无毛，唇盘具3条从基部延至中裂片三角形褶片；距长1-3毫米，被毛；蕊柱长约3毫米，腹面被毛，蕊喙小，2裂；药帽先端近平截。花期5月。

产江西西北部、广东东北部、广西东北部、四川、湖北西部、贵州、云南东北部及西北部、西藏南部及东部，生于海拔2000-2400米山坡林下。尼泊尔、锡金、不丹、印度西北部及东北部有分布。

图 930：1-2. 细花虾脊兰
3-4. 弧距虾脊兰 （冀朝祯绘）

12. 弧距虾脊兰

图 930：3-4 彩片 426

Calanthe arcuata Rolfe in Kew Bull. 1896: 196. 1896.

假鳞茎近聚生，圆锥形。假茎长2-3厘米。叶窄椭圆状披针形，长达28厘米，宽0.7-3厘米，边缘常波状，两面无毛；叶柄短。花葶长30-50厘米，密被毛，花序疏生约10花。苞片宿存，窄披针形，无毛；萼片和花瓣背面黄绿色，内面红褐色，无毛；中萼片窄披针形，长1.7-2.2厘米，侧萼片斜披针形，与中萼片等大；花瓣线形，与萼片等长较窄，唇瓣白，先端带紫色，与蕊柱翅合生，长1.1-1.8厘米，3裂，侧裂片近斜卵状三角形，前端边缘有时具齿，中裂片椭圆状菱形，长0.8-1厘米，先端芒尖，基部楔形或具爪，边缘波状具不整齐齿，唇盘具3-5条脊突；距圆筒状，长约5毫米；蕊柱长4-5毫米，蕊喙2裂，裂片钻状；药帽前端窄上翘。花期5-9月。

产陕西南部、甘肃南部、四川、湖北西部、湖南西北部及西南部、云南西北部、西藏东南部、台湾，生于海拔1400-2500米山地林下或山谷岩边。

13. 叉唇虾脊兰　　　　　　　　图 931 彩片 427

Calanthe hancockii Rolfe in Kew Bull. 1896: 197. 1896.

假鳞茎聚生，圆锥形，径约1.5厘米，具3-4枚鞘和3枚叶；假茎长达25厘米。花期叶未展开，近椭圆形，长20-40厘米，下面被毛，边缘波状；

叶柄长20厘米以上。花葶高达80厘米，密被毛，花序疏生少数至20余花。苞片宿存，窄披针形，长约1厘米，无毛；花稍垂头，常具难闻气味；萼片和花瓣黄褐色；中萼片长圆状披针形，长2.5-3.5厘米，背面被毛，侧萼片似中萼片，等长，较窄，背面被毛；花瓣近椭圆形，长约2.3厘米，无毛，唇瓣柠檬黄色，具短爪，与蕊柱翅合

图 931 叉唇虾脊兰 （冀朝祯绘）

生，3裂，侧裂片镰状长圆形，长约8毫米，先端斜截，中裂片窄倒卵状长圆形，与侧裂片等宽，先端具短尖，唇盘具3条波状褶片，褶片在前端隆起；距淡黄色，纤细，长2-3毫米，外面和口部被白色绒毛；蕊柱长约5毫米，疏被毛，蕊喙2裂；药帽前端喙状。花期4-5月。

产广西东北部及西北部、云南及四川，生于海拔1000-2600米山地林下。

[附] **通麦虾脊兰** 彩片 428 **Calanthe griffithii** Lindl. in Paxt. Fl. Gard. 3: 37. t. 31. 1852-3. 本种与叉唇虾脊兰的区别: 叶两面无毛; 苞片长约5毫米;

萼片和花瓣淡绿色，唇瓣无爪，中裂片褐色，近心形或扇状椭圆形，唇盘具近三角形褶片；距长约6毫米。花期5月。产西藏东南部，生于海拔约2000米常绿阔叶林下。不丹及缅甸有分布。

14. 肾唇虾脊兰　　　　　　　　图 932 彩片 429

Calanthe brevicornu Lindl. in Gen. Sp. Orch. Pl. 251. 1833.

Calanthe lamellosa Rolfe; 中国高等植物图鉴 5: 721. 1976.

假鳞茎近聚生，圆锥形，具3-4枚鞘和3-4枚叶。假茎长5-8厘米。花期叶未展开，椭圆形或倒卵状披针形，长约30厘米；叶柄长约10厘米。花

葶高出叶外，被短毛，花序长达30厘米，疏生多花。苞片宿存，披针形，长0.5-1.3厘米；萼片和花瓣黄绿色；中萼片长圆形，长1.2-2.3厘米，被毛，侧萼片斜长圆形或近披针形，与中萼片近等大，被毛；花瓣长圆状披针形，较萼片短，宽4-5毫米，具爪，无毛，唇瓣具短爪，与蕊柱翅中部以下合生，3裂，

图 932 肾唇虾脊兰 （冀朝祯绘）

侧萼片镰状长圆形，先端斜截，中裂片近肾形或圆形，具短爪，先端具短尖，唇盘粉红色，具3条黄色褶片；距长约2毫米，蕊柱长约4毫米，腹面被毛，蕊喙2裂；药帽前端喙状。花期5-6月。

产湖北西部、四川、西藏东南部、云南及广西东北部，生于海拔1600-2700米山地密林下。印度西北部、不丹、锡金及尼泊尔有分布。

15. 剑叶虾脊兰

图 933 彩片 430

Calanthe davidii Franch. in Nouv. Arch. Mus. Hist. Nat. Paris ser. 2, 10: 85. 1888.

植株聚生。假鳞茎短小，被鞘和叶基所包；假茎长4-10厘米。花期叶全放，剑形或带状，长达65厘米，宽1.5-3(-4.5)厘米，两面无毛。花葶远高出叶外，密被短毛；花序密生多花。苞片宿存，反折，窄披针形，背面被毛；花黄绿、白或有时带紫色，萼片和花瓣反折；萼片近椭圆形，长6-9毫米；花瓣窄长圆状倒披针形，与萼片等长，宽1.8-2.2毫米，具爪，无毛，唇瓣宽三角形，与蕊柱翅合生，3裂，侧裂片长圆形、镰状长圆形或卵状三角形，先端斜截或钝，中裂片2裂，裂口具短尖，裂片近长圆形向外叉开，先端斜平截，唇盘具3条鸡冠状褶片；距圆筒形，镰状弯曲，被毛；蕊柱长约3毫米，蕊喙2裂，裂片近方形；药帽先端圆。花期6-7月。

图 933 剑叶虾脊兰 (冀朝祯绘)

产甘肃南部、陕西南部、河南西南部、安徽南部、湖北、湖南、贵州、四川、广西北部、云南、西藏东南部及台湾，生于海拔500-3300米溪边和林下。

16. 长距虾脊兰

图 934 彩片 431

Calanthe sylvatica (Thou.) Lindl. in Gen. Sp. Orch. Pl. 250. 1833.

Centrosis sylvatica Thou. Orch. Iles Afr. t. 35, 36. 1822.

Calanthe masuca (D. Don) Lindl.; 中国高等植物图鉴 5: 720. 1976.

假鳞茎近聚生，圆锥形，具3-6叶；假茎不明显。花期叶全放，椭圆形或倒卵形，长20-40厘米，下面疏被毛；叶柄长11-23厘米。花葶长45-75厘米，花序疏生数花。苞片宿存，披针形，被毛；花淡紫色，中萼片椭圆形，长1.8-2.3厘米，疏被毛，侧萼片长圆形，长2-2.8厘米，先端短尾状，疏被毛；花瓣倒卵形或宽长圆形，长1.5-2厘米，唇瓣与蕊柱翅合生，3裂，侧裂片镰状披针形，长约5毫米，中裂片扇形或肾形，宽1-1.5厘米，先端凹具短尖，具爪，唇盘具3列鸡冠状黄色小瘤；距圆筒形，长2.5-5厘米；蕊柱无毛，蕊喙2裂，裂片斜三角形；药帽先端平截。花期4-9月。

图 934 长距虾脊兰 (冀朝祯绘)

产台湾、江西、湖南东南部、广东、香港、广西、云南南部及西藏东南部，生于海拔800-2000米山坡林下和山谷阴湿处。日本、东南亚、喜马拉雅、马达加斯加至南非有分布。

17. 泽泻虾脊兰　　　　　　　图 935：1-2　彩片 432

Calanthe alismaefolia Lindl. Fol. Orch. Calanthe 8. 1854.

假鳞茎聚生，细圆柱形；假鳞茎不明显。花期叶全放，椭圆形或卵状椭圆形，长10-14厘米，两面无毛或疏被毛；叶柄纤细。花葶纤细，约与叶等长，被短毛，花序长3-4厘米。苞片宿存，宽卵状披针形，边缘波状；花白色，或带淡紫色；萼片近倒卵形，长约1厘米，背面被黑褐色糙伏毛；花瓣近菱形，长8毫米，无毛；唇瓣与蕊柱翅合生，前伸，3裂，侧裂片线形或窄长圆形，长约8毫米，宽2毫米，先端圆钝，两侧裂片之间具数个瘤状突起，密被灰色长毛，中裂片扇形，

较侧裂片大，先端近平截，2深裂，裂口深约为中裂片长2/5；距圆筒形，纤细，长约1厘米；蕊喙2裂，裂片近长圆形；药帽前端窄，先端平截。花期6-7月。

产湖北西部、湖南西北部及东部、广西、四川、云南、西藏东南部、

图 935：1-2. 泽泻虾脊兰　3. 西南虾脊兰
（冀朝祯绘）

台湾，生于海拔800-1700米山地林下。锡金、印度东北部、越南及日本有分布。

18. 西南虾脊兰　　　　　　　图 935：3

Calanthe herbacea Lindl. Fol. Orch. Calanthe 10. 1854.

假鳞茎聚生，近长卵形或圆柱形。花期叶全放，椭圆形或椭圆状披针形，长15-30厘米，宽达9厘米，边缘波状，下面被短毛；叶柄细，长10-20厘米。花序疏生约10花。苞片披针形，长约1厘米，被毛；花开展，萼片和花瓣黄绿色，反折；中萼片倒卵状披针形，长1.5厘米，先端具短尖，被毛，侧萼片斜椭圆形，与中萼片等长而较窄，先端锐尖，具爪，被毛；花瓣白色，近匙形，长1.2厘米，宽2-2.5毫米，无

爪，无毛，唇瓣白色，蕊柱翅合生，3深裂，基部具多数黄色瘤状物，侧裂片长圆状椭圆形，长约6毫米，先端近斜截；中裂片2深裂，小裂片与侧裂片等大，叉开，裂口具短尖；距黄绿色，纤细，长2-3毫米，稍前弯；蕊柱白色，长约7毫米，无毛，蕊喙2裂，裂片近长圆形；药帽白色，前端窄，先端平截。花期6-8月。

产台湾、云南及西藏东南部，生于海拔1500-2100米林下。越南及锡金有分布。

19. 银带虾脊兰　　　　　　　图 936　彩片 433

Calanthe argenteo-striata C. Z. Tang et S. J. Cheng in Orch. Rev. 89: 144. f. 121. 1981.

假鳞茎近聚生，近圆锥形。叶椭圆形或卵状披针形，长18-27厘米，上面具5-6条银灰色条带；叶柄长3-4厘米。花葶高出叶外，被短毛，花序具10余花。苞片宽卵形，长约1.5厘米，被毛；花开展，萼片和花瓣稍反折，

黄绿色，中萼片椭圆形，长9毫米，被毛，侧萼片宽卵状椭圆形，长1厘米，具短尖，被毛；花瓣近匙形或倒卵形，较萼片稍小，先端近平截，具短尖，无毛；唇瓣白色，与蕊柱翅合生，3裂，

基部具3列金黄色瘤状物,侧裂片近斧头状,长和宽均7毫米,先端近圆,中裂片2深裂,裂片与侧裂片等大;距黄绿色,细圆筒形,长1.5-1.9厘米;蕊柱白色,长5毫米,蕊喙2裂,扼形;药帽白色,先端喙状。花期4-5月。

产广东中部、广西西南部、贵州西南部及云南东南部,生于海拔500-1200米山坡林下岩石空隙地或石灰岩石覆土上。

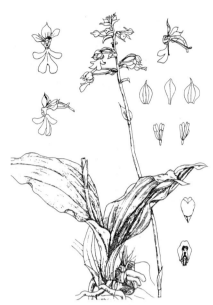

图 936 银带虾脊兰 (引自《Orch. Rev.》)

20. 三褶虾脊兰   图 937 彩片 434

Calanthe triplicata (Willem.) Ames in Philipp. Journ. Sci. Bot. 2: 326. 1907.

Orchis triplicata Willem. in Usteri Ann. Bot. 6: 52. 1796.

假鳞茎聚生,卵状圆柱形,长1-3厘米,具2-3枚鞘和3-4枚花期全放的叶;假茎不明显。叶椭圆形或椭圆状披针形,长约30厘米,宽达10厘米,边缘常波状,两面无毛或下面疏被短毛;叶柄长达14厘米。花葶出自叶丛,远高出叶外,密被毛,花序长5-10厘米,密生多花。苞片宿存,卵状披针形,边缘稍波状;花白或带淡紫红色,后桔黄色,萼片和花瓣常反折;中萼片近椭圆形,长0.9-1.2厘米,被短毛,侧萼片稍斜倒卵状披针形,被短毛;花瓣倒卵状披针形,近先端稍缢

图 937 三褶虾脊兰 (冀朝祯绘)

缩,先端具细尖,具爪,常被毛,唇瓣与蕊柱翅合生,基部具3-4列金黄色瘤状附属物,4裂,平伸,裂片卵状椭圆形或倒卵状椭圆形;距白色,圆筒形,长1.2-1.5厘米;蕊柱白色,长约5毫米,被毛,蕊喙2裂,裂片近长圆形,药帽前端稍窄。花期4-5月。

产福建南部、台湾、广东北部、香港、海南、广西及云南,生于海拔1000-1200米山地常绿阔叶林下。广布于东南亚、大洋洲、非洲马达加斯加。

[附] **香花虾脊兰 Calanthe odora** Griff. Natul. 3: 365. 1851. 本种与

三褶虾脊兰的区别:植株矮小;花期叶未放;花葶生于无叶假鳞茎。花期5-7月。产广西西部及西北部、贵州东部、南部及西南部、云南东南及西南部,生于海拔750-1300米林下。喜马拉雅至越南及泰国有分布。

21. 墨脱虾脊兰   图 938 : 1-2

Calanthe metoensis Z. H. Tsi et K. Y. Lang in Acta Phytotax. Sin. 16(4): 129. f. 4. 1978.

假鳞茎聚生,圆锥形,被1-2枚鞘和3枚叶所包;假茎长达11厘米。花

期叶全放,长椭圆形,长达30厘米,边缘稍波状,两面无毛;叶柄鞘状。花葶高出叶外,密被毛,花序疏生2-10

花。苞片宿存，披针形，长达2厘米；花粉红色；中萼片椭圆形，长1.5厘米，先端具细尖，侧萼片斜卵形，先端具细尖，疏被毛；花瓣线形，长1.4厘米，宽约2毫米，无毛；唇瓣具短爪，与蕊柱翅合生，3裂，侧裂片卵状三角形，前端疏生齿，中裂片倒卵状楔形，长和宽均6毫米，先端具短尖，边缘具流苏，唇盘具3条纵脊；距圆筒形，长约1.5厘米；蕊柱长约5毫米，上端蕊柱翅前伸呈三角形，包柱头，蕊喙2裂，裂片窄镰状三角形，先端钻状。花期4-8月。

图938：1-2. 墨脱虾脊兰 3. 峨边虾脊兰（冯晋庸绘）

产云南西北部及西藏东南部，生于海拔2200-2250米山坡林下。

[附] **戟形虾脊兰 Calanthe nipponica** Makino in Bot. Mag. Tokyo 13: 128. 1899. 本种与墨脱虾脊兰的区别：叶宽1.5-2厘米；花淡黄色，唇瓣稍3裂，裂片边缘无流苏和齿，距长4-5毫米。产西藏东南部，生于海拔2600米山坡林下。日本有分布。

22. 峨边虾脊兰　　　　图 938：3

Calanthe yuana T. Tang et F. T. Wang in Bull. Fan. Mem. Inst. Biol. Bot. 7: 7. 1936.

假鳞茎聚生，圆锥形，径约1厘米，具3鞘和4叶；假茎长约10厘米。花期叶未放，椭圆形，长18-21厘米，先端渐尖，下面被毛。花葶高出叶外，密被毛，花序长29厘米，疏生14花。苞片宿存，披针形，长4-6.5毫米，无毛；花黄白色；中萼片椭圆形，长1.5厘米，无毛，侧萼片椭圆形，长1.7厘米，先端具短尖，无毛；花瓣斜舌形，长1.5厘米，先端具短尖，具短爪，唇瓣圆状菱形，与蕊柱翅合生，3裂，侧裂片镰状长圆形，长约6毫米，基部贴生蕊柱翅外缘，中裂片倒卵形，长8.5毫米，先端圆钝，稍凹，基部楔形，唇盘无褶片和脊突；距圆筒形，长8毫米；蕊柱长6毫米，无毛，蕊喙2裂，裂片披针形；药帽先端近平截。花期5月。

产湖北西部及四川，生于海拔1800米常绿阔叶林下。

23. 虾脊兰　　　　图 939：1-2 彩片 435

Calanthe discolor Lindl. Sert. Orch. t. 9. 1838.

假鳞茎聚生，近圆锥形，具3-4鞘和3叶。花期叶未放，倒卵状长圆形或椭圆形，长达25厘米，宽4-9厘米，下面被毛；叶柄长4-9厘米。花葶高出叶外，密被毛，花序疏生约10余花。苞片宿存，卵状披针形，长4-7毫米；花开展，萼片和花瓣褐紫色；中萼片稍斜椭圆形，长1.1-1.3厘米，背面中部以下被毛，侧萼片与中萼片等大；花瓣近长圆形或倒披针形，宽约4毫米，无毛；唇瓣白色，扇形，与蕊柱翅合生，与萼片近等长，3裂，侧

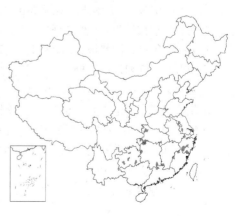

裂片镰状倒卵形，先端稍向中裂片内弯，基部约1/2贴生蕊柱翅外缘，中裂片倒卵状楔形，先端深凹，前端边缘有时具齿，唇盘具3条膜片状褶片，褶片平直全缘，延伸至中裂片中部，前端三角形隆起；距圆筒形，长0.5-1厘米；蕊柱翅下延至唇瓣基部，蕊喙2裂，裂片尖齿状；药帽前端窄，先端近平截。花期4-5月。

产江苏西南部、浙江、福建、广东北部、湖南、湖北及贵州，生于海拔780-1500米山地林下。日本及朝鲜半岛南部有分布。

图 939: 1-2. 虾脊兰 3-4. 葫芦茎虾脊兰
（冀朝祯绘）

24. 大黄虾脊兰 图 940

Calanthe sieboldii Decne. in Rev. Hort. ser. 4, 4: 381. 1855.

假鳞茎紧靠，常较小，具2-3鞘和5-7叶。花期叶全放，宽椭圆形，长45-60厘米，宽9-15厘米，先端短尖，具柄。花葶高出叶外，无毛，花序疏生约10花。苞片披针形，长约1厘米；花大，鲜黄或柠檬黄色，稍肉质；中萼片椭圆形，长2.7-3厘米，宽1.2-1.5厘米，先端锐尖，侧萼片斜卵形，较中萼片小，先端锐尖；花瓣窄椭圆形，长2.4厘米，宽9.5毫米，先端锐尖，唇瓣与蕊柱翅合生，平伸，3深裂，近基部具红色斑块和2排白色短毛，侧裂片斜倒卵形，长1.5厘米，宽8毫米，先端圆钝；中裂片近椭圆形，长1.3厘米，宽9毫米，先端具短尖，唇盘具5条波状脊突；距长8毫米，内面被毛。花期2-3月。

产台湾及湖南西南部，生于海拔1200-1500米山地林下。日本琉球群岛有分布。

图 940 大黄虾脊兰 （引自《台湾兰科植物》）

25. 翘距虾脊兰 图 941

Calanthe aristulifera Rchb. f. in Bot. Zeitg. 36: 74. 1878.

假鳞茎聚生，近球形，径约1厘米，具3鞘和2-3叶；假茎长13-20厘米。花期叶未放，纸质，椭圆形或倒卵状椭圆形，长15-30厘米，宽4-8厘米，下面密被毛；叶柄长。花葶高出叶外，密被毛，花序疏生约10花。苞片宿存，窄披针形，长约5毫米；花白或淡粉红色，有时白带淡紫色，半开展；中萼片长圆状披针形，长1.2-1.7厘米，被毛，侧萼片斜长圆形，被毛；花瓣窄倒卵形或近椭圆形，较萼片短，宽2.5-4.5毫米；唇瓣扇形，与蕊柱翅合生，长0.8-1.6厘米，中部以上3裂，侧裂片近半圆形，基部约1/2贴生蕊柱翅外缘，中裂片扁圆形，先端稍凹具细尖，边缘稍波状，唇盘具3-5（-7）条肉质脊突，中裂片近先端隆起呈三角形；距圆筒形，长1.4-2厘米，内外均被毛；蕊柱长6毫米，腹面被毛，蕊柱翅下延至唇盘与脊突相连。花期2-5月。

产福建西北部、台湾及广西东北部，生于海拔2500米以下沟谷林下。日

本有分布。

[附] **台湾虾脊兰 Calanthe arisanensis** Hayata in Journ. Coll. Sci. Univ. Tokyo 30(1)：327. 1911. 本种与翅距虾脊兰的区别：唇瓣宽卵形或近圆形,唇盘具2-3条不明显脊突,距长1-1.3厘米。产台湾,生于海拔1500米以下山地林中。

26. 钩距虾脊兰　　　　　　　　　　　图 942：1-3

Calanthe graciliflora Hayata in Journ. Coll. Sci. Univ. Tokyo 30: 329. 1911.

Calanthe hamata Hand.-Mazz.; 中国高等植物图鉴 5：722. 1976.

假鳞茎靠近,近卵球形,具3-4鞘和3-4叶;假茎长5-18厘米,径约1.5厘米。花期叶未全放,椭圆形或椭圆状披针形,长达33厘米,两面无毛;

图 941　翅距虾脊兰 （引自《Fl. Taiwan.》）

叶柄长达10厘米。花葶远高出叶外,被毛,花序疏生多花。花开展,萼片和花瓣背面褐色,内面淡黄色;中萼片近椭圆形,长1-1.5厘米,侧萼片近似中萼片较窄;花瓣倒卵状披针形,长0.9-1.3厘米,宽3-4毫米,具短爪,无毛,唇瓣白色,3裂,侧裂片斜卵状楔形,与中裂片近等大,基部约1/3贴生蕊柱翅外缘,先端圆钝或斜截,中裂片近方形或倒卵形,长约4毫米,先端近平截,稍凹,具短尖;唇盘具4个褐色斑点和3条肉质脊突,延伸至中裂片中部,末端三角形隆起;距圆筒形,长约1厘米,常钩曲,内外均被毛;蕊柱翅下延至唇瓣基部与唇盘两侧脊突相连;蕊喙2裂,裂片三角形。花期3-5月。

产安徽南部、浙江、台湾、福建西部、江西、湖北、湖南、广东北部、香港、广西东北部、贵州、四川及云南东南部,生于海拔600-1500米山谷溪边、林下阴湿处。

图 942：1-3. 钩距虾脊兰　4. 车前虾脊兰
5. 疏花虾脊兰 （冀朝祯绘）

27. 车前虾脊兰　　　　　　　　　　　图 942：4

Calanthe plantaginea Lindl. Gen. Sp. Orch. Pl. 252. 1833.

假鳞茎紧靠,圆锥形;假茎常约16厘米。花期叶未全放,椭圆形,长25厘米以上,无毛;叶柄长约20厘米。花葶高出叶外,被毛,花序具多花。苞片宿存,披针形,长8毫米;花淡紫或白色,下垂,有香气;中萼片卵状披针形,长1.5-1.7厘米,宽6-7毫米,背面疏被毛,侧萼片卵状披针形;花瓣长圆形,宽约5毫米,先端锐尖,无毛,唇瓣近扇形,与蕊柱翅合生,长约1厘米,3裂,侧裂片斜倒卵状楔形,先端钝,向中裂片弯曲,基部约1/3贴生蕊柱翅外缘,中裂片近长圆形,长约5毫米,先端圆或扁圆,微凹具短尖,唇盘具3条脊突,中央1条褶片状,或具3条不明显脊突;距纤细,长2-2.2厘米;蕊柱翅下延至唇瓣基部,与唇盘脊突相连。

产云南西部及西藏南部,生于海拔1800-2200米常绿阔叶林下。克什米尔地区、印度、尼泊尔、锡金及不丹有分布。

28. 疏花虾脊兰 图 942:5

Calanthe henryi Rolfe in Kew Bull. 1896: 197. 1896.

假鳞茎近聚生,圆锥形,具2-3鞘和2-3叶;假茎长约6厘米。花期叶未全放,椭圆形或倒卵状披针形,长18-24厘米,边缘稍波状,下面被毛;叶柄短。花葶远高出叶外,密被毛;花序长达19厘米,疏生少花。苞片宿存,披针形,长4-7毫米,无毛;花淡黄绿色;中萼片长圆形,长1.5-1.7厘米,宽约5毫米,先端尖,被毛;侧萼片稍斜长圆形,与中萼片等长较窄,先端尖,被毛;花瓣近椭圆形,长约1.4厘米,宽4毫米,先端尖,背面基部常被毛;唇瓣3裂,侧裂片长圆形,伸展,长6毫米,先端斜截,基部贴生蕊柱翅外缘;中裂片近长圆形,等长于侧裂片,先端平截,稍凹,具短尖,唇盘具3条脊突,中央1条较粗延伸至唇先端;距圆筒形,纤细,长1.1-1.5厘米;蕊柱翅下延至唇瓣基部与唇盘脊突相连;蕊喙2裂,裂片近长圆形。花期5月。

产湖北西南部、四川东南部及南部,生于海拔1600-2100米常绿阔叶林下。

29. 葫芦茎虾脊兰 图 939:3-4

Calanthe lobrosa (Rchb. f.) Rchb. f. in Gard. Chron. 19: 44. 1883.

Limatodes labrosa Rchb. f. in Gard. Chron. n. s. 11: 202. 1879.

假鳞茎聚生,卵球形或卵状圆锥形,中部常缢缩呈葫芦状,长3-8厘米,径达4厘米,具4-6棱,花时具2-3鞘和2-3枚全放的叶;假茎长约2厘米。叶椭圆形,长约30厘米,宽达9厘米,先端渐尖,基部具关节,旱季落叶。花葶密被白色长毛,花序疏生3-10花。苞片宿存,卵形,被长毛;花张开;萼片白色,基部淡粉红色,稍反卷,被长毛,中萼片卵形,长1.2厘米,侧萼片斜卵形,长宽均约1.4厘米;花瓣白色,稍反卷,卵状长圆形,长1.5厘米,先端锐尖;唇瓣贴生蕊柱足末端,宽卵形,稍3裂,无毛,侧裂片白色带紫红色斑点和淡粉红色条纹,包蕊柱,边缘稍皱波状,中裂片半圆形,边缘皱波状,唇盘白色,具3条脊突,中央1条延伸至唇瓣近先端;蕊柱紫红色,蕊柱足白色;距淡黄色,纤细,长约2.5厘米,密被长毛。花期11-12月。

产云南南部,生于海拔800-1200米林下。泰国及缅甸有分布。

94. 坛花兰属 Acanthephippium Bl.

(吉占和)

地生草本。假鳞茎卵形或卵状圆柱形,具少数节,顶生1-4叶。叶大,基部收窄为短柄并具1个关节,具折扇状脉。花葶侧生于近假鳞茎顶端,常粗短,肉质,远比叶短,被数枚覆瓦状排列的大型膜质鞘;总状花序具少花。苞片大;花梗和子房粗厚,近直立;花大,不甚张开;萼片除上部外连合成偏胀的坛状筒;侧萼片基部较宽,与蕊柱足末端连接,3裂;侧裂片直立;中裂片短,反折,唇盘具褶片或脊突;蕊柱长,上部扩大,具翅,具长而弯曲的蕊柱足;蕊喙不裂;花粉团8个,蜡质,共同附着于1个粘质物上。

约10种，分布于热带亚洲至新几内亚和太平洋岛屿。我国3种。

1. 叶1-2；唇盘不增厚，中央具1条脊突；萼囊向末端变窄成窄圆锥形 ·············· 1. **锥囊坛花兰 A. striatum**
1. 叶2-4；唇盘肉质，具3-4条在上缘具齿的褶片状脊；萼囊宽而短钝 ·············· 2. **坛花兰 A. sylhetense**

1. 锥囊坛花兰

图 943: 4-6 彩片 436

Acanthephippium striatum Lindl. Bot. Reg. 24: 41. Misc. 1838.

植株丛生。假鳞茎长6-10厘米，径1-3厘米，具3-4个节，被膜质鞘，顶生1-2叶。叶椭圆形，长20-30厘米，先端尖，柄长约3厘米。花葶长10余厘米；花序稍弯垂，具4-6花。苞片比花梗和子房长；花白色带红色脉纹；中萼片椭圆形，长约2厘米；侧萼片较大，比中萼片长，萼囊距状窄圆锥形；花瓣近长圆形，约与中萼片等长，较窄；唇瓣具长约1厘米的爪，前端骤扩大，3裂；侧裂片近直立，镰状三角形，上端宽钝并稍后弯；中裂片卵状三角形，下弯，先端尖，基部

两侧具红色斑块，边缘稍波状；唇盘中央具1条黄色、宽厚的脊；蕊柱长约1厘米，蕊柱足长1厘米；蕊喙三角形，不裂。花期4-6月。

产福建南部、台湾、广西西南部、云南南部，生于海拔400-1350米沟谷、溪边或密林下阴湿处。尼泊尔、锡金、不丹、印度东北部、越南、

图 943: 1-3. 坛花兰 4-6. 锥囊坛花兰
（张泰利绘）

泰国、马来西亚及印度尼西亚有分布。

2. 坛花兰

图 943: 1-3 彩片 437

Acanthephippium sylhetense Lindl. Gen. Sp. Orch. Pl. 177. 1833.

假鳞茎长达15厘米，具2-4个节，被数枚套叠的鳞片状鞘，叶2-4，互生于假鳞茎上端。叶长椭圆形，长达35厘米，先端渐尖，柄长2厘米。花葶长15-20厘米，总状花序具3-4花。苞片深茄紫色，长2-2.5厘米，先端尖；花梗和子房浅茄紫色，长3-4厘米；花白色或稻草黄色，内面中部以上具紫褐色斑点；中萼片近椭圆形，长2-2.5厘米，宽1厘米，上部外折，先端钝；侧萼片斜三角形或镰状长圆形，比

中萼片长，上部外折，先端钝；萼囊短而宽钝；花瓣近卵状椭圆形，长2-

2.5厘米，宽1.1厘米，先端钝，具爪，唇瓣3裂，具黄色带黄褐色斑纹的爪；侧裂片白色，近直立，镰状，围抱蕊柱；中裂片柠檬黄色，肉质，舌形，向外下弯，比侧裂片长，先端钝、全缘；唇盘白色带紫褐色斑点，具3-4条上缘带齿的褶片状脊；蕊柱白色，长约1.5厘米；蕊柱足白色带紫晕，长约2厘米，与蕊柱成直角弯曲。花期4-7月。

产台湾及云南南部，生于海拔540-800米密林下或沟谷林下阴湿处。锡金、印度东北部、缅甸、老挝、泰国及马来西亚有分布。

95. 筒瓣兰属 **Anthogonium** Lindl.

（吉占和）

地生草本。高达55厘米。假鳞茎扁球形，顶生2-5叶。叶折扇状，窄椭圆形或窄披针形，长7-45厘米，宽1-2（-3.5）厘米，先端渐尖，叶柄和鞘包卷形成纤细的假茎，无关节。花葶侧生于假鳞茎顶端，常高出叶层之外，无毛；花序散生数花。苞片卵状披针形；花不倒置，外倾或下垂；花梗和子房长1.5-2厘米；花紫红色；萼片下部合生成窄筒状，垂直于子房，上部分离，稍反卷；花瓣中部以下藏于萼筒内，窄长圆状匙形；唇瓣白色带紫红色，长1.6厘米，具爪，前端3裂；侧裂片卵状三角形，中裂片近卵形，蕊柱细，长约1.6厘米，顶端扩大并骤前弯，具翅，无蕊柱足；花粉团4个，蜡质，无花粉团柄和粘盘。

单种属。

筒瓣兰

图 944　彩片 438

Anthogonium gracile
Lindl. Gen. Sp. Orch. Pl.
426. 1840.

形态特征同属。

产广西西北部、贵州西南部、云南及西藏东南部，生于海拔1180-2300米山坡草丛中或灌丛下。热带喜马拉雅、缅甸、泰国、老挝及越南有分布。

图 944　筒瓣兰　（引自《图鉴》）

96. 吻兰属 **Collabium** Bl.

（吉占和）

地生草本，具匍匐根状茎和假鳞茎。假鳞茎细圆柱形或似叶柄，具1节，顶生1叶。叶纸质，先端锐尖，具长或短的柄，具关节。花葶从根状茎末端近假鳞茎基部发出，直立；总状花序疏生数花；花序梗纤细；花中等大；萼片相似，窄；侧萼片基部连接，并与蕊柱足合生而成窄长的萼囊或距；花瓣常较窄，唇瓣具爪，3裂；侧裂片直立；中裂片近圆形，较大；唇盘具褶片；蕊柱细长，蕊柱足长，两侧具翅；翅常在蕊柱上部扩大成耳状或角状，向蕊柱基部的萼囊内延伸；蕊喙短，先端平截；花粉团2个，蜡质，附着于较松散的粘质物上。

约10种，分布于热带亚洲和新几内亚岛。我国3种。

1. 唇瓣侧裂片先端锐尖，上侧边缘具不整齐的齿 ⋯⋯⋯⋯⋯⋯⋯⋯⋯⋯⋯⋯ 1. **台湾吻兰 C. formosanum**
1. 唇瓣侧裂片先端钝或圆，全缘。
　　2. 蕊柱中部具1对倒生的尖齿状附属物 ⋯⋯⋯⋯⋯⋯⋯⋯⋯⋯⋯⋯ 2. **锚钩吻兰 C. assamicum**
　　2. 蕊柱上端具1对几平伸而先端钝的三角形附属物 ⋯⋯⋯⋯⋯⋯⋯⋯ 3. **吻兰 C. chinense**

1. 台湾吻兰

图 945

Collabium formosanum Hayata in Journ. Coll. Sci. Univ. Tokyo 30: 319. 1911.

Chrysoglossum chapaense (Gegnep.) T. Tang et F. T. Wang；中国高等植物图鉴 5: 684. 1976.

假鳞茎疏生，长1.5-3.5厘米。叶卵状披针形或长圆状披针形，长7-22厘米，宽3-8厘米，先端渐尖，基部近圆或楔形，柄长1-2厘米，边缘波状。花葶长达38厘米；总状花序疏生4-9花。苞片窄披针形，约等长于花梗和子房，长1-1.5厘米，先端渐尖；萼片和花瓣绿色，先端内面具红色斑点；中萼片窄长圆状披针形，长1.5-1.7厘米，宽2.2-2.5毫米，先端渐尖；

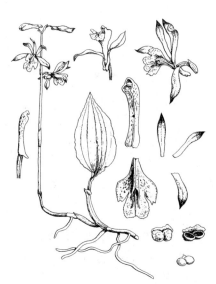

侧萼片镰状倒披针形,稍宽短,先端渐尖,贴生于蕊柱足;花瓣相似于侧萼片,近先端处宽2毫米,先端渐尖,唇瓣白色带红色斑点和条纹,近圆形,长1-1.4厘米,爪长约5毫米,3裂;侧裂片斜卵形,先端尖,具不整齐齿;中裂片倒卵形,宽约5毫米,先端近圆并稍凹入,具不整齐齿;唇盘具2条褶片,褶片下延至唇瓣的爪上;距圆筒状,长约4毫米,末端钝;蕊柱长约1厘米,基部扩大;蕊柱翅在蕊柱上端扩大而呈圆耳状。花期5-9月。

产台湾、福建西部、江西西南部、湖北西部、湖南南部、广东、广西北部、贵州、云南东南及西北部、四川南部,生于海拔450-1600米山坡密林下或沟谷林下岩石边。越南有分布。

图 945 台湾吻兰 (引自《Fl. Taiwan》)

2. 锚钩吻兰

图 946:1-3

Collabium assamicum (Hook. f.) Seidenf. in Opera Bot. 72: 24, f. 9. 1983.

Chrysoglossum assamicum Hook. f., Fl. Brit. Ind. 5: 784. 1890.

假鳞茎相距1-2厘米,顶生1叶。叶椭圆形,长20-36厘米,柄长9-10厘米。花葶长达1米余;总状花序具多数疏离的花。苞片窄披针形;花梗和子房长2-2.5厘米;花白色;中萼片窄长圆形,长1.4-1.8厘米;侧萼片镰状长圆形,等长于中萼片而稍宽,基部贴生蕊柱足;萼囊距状,长约4毫米;花瓣较窄,唇瓣倒卵状楔形,长约1厘米,3裂;侧裂片近卵形,先端钝,全缘;中裂片倒卵形,凹陷,先端近平截,宽5-7毫米;唇盘具3条褶片,中央1条较短;蕊柱长1厘米;蕊柱翅在蕊柱中部两侧各具1枚倒齿状的臂。花期4月。

图 946: 1-3. 锚钩吻兰 4-6. 密花兰
(张泰利绘)

产广西东部及西藏东南部,生于海拔达1600米岩缝中或林下。印度东北部及越南有分布。

3. 吻兰

图 947 彩片 439

Collabium chinense (Rolfe) T. Tang et F. T. Wang, Fl. Hainan. 4: 217. f. 1101. 1977.

Nephelaphyllum chinense Rolfe in Kew Bull. 1896: 194. 1896.

假鳞茎似叶柄,长约4厘米,基部稍贴伏于根状茎。叶长7-15(-21)厘米,宽(2-)4-7(-9)厘米,先端尖,基部近圆,柄长1-2厘米。花葶

长14-18厘米;总状花序疏生4-7花。苞片卵状披针形;萼片和花瓣绿色;中萼片长圆状披针形,长约1厘米;侧萼片多少镰状长圆形,等长于中萼片而较宽,先端渐尖,基部贴生蕊柱

足；花瓣长圆形，稍窄，先端渐尖；唇瓣白色，倒卵形，长约9毫米，具爪，3裂；侧裂片卵形，全缘；中裂片近扁圆形，宽9毫米，前端边缘稍具细齿；唇盘具2条新月形的褶片；距圆筒形，长6毫米；蕊柱黄色，长约1厘米；蕊柱翅在蕊柱上端两侧扩大为向前伸的三角形齿。花期7-11月。

产台湾、福建南部、广东、海南、广西南部、云南东南部及西藏东南部，生于海拔600-1000米山谷密林下阴湿处或沟谷阴湿岩石上。越南及泰国有分布。

图 947 吻兰 （冯晋庸绘）

97. 金唇兰属 Chrysoglossum Bl.

（吉占和）

地生草本。具匍匐根状茎和圆柱状假鳞茎。叶1枚，折扇状，具长柄。花葶生于根状茎；总状花序疏生多花；萼片相似；侧萼片基部不连接，贴生于蕊柱足形成短的萼囊；花瓣较窄，唇瓣有关节连接蕊柱足末端，基部两侧具耳，中部3裂；侧裂片直立；中裂片凹陷；唇盘具褶片；蕊柱细长，蕊柱足粗短，内侧具1个肥厚而深裂的胼胝体垂直于蕊柱基部，两侧具翅；翅在蕊柱中部或上部具2个前伸展的臂；蕊喙宽短，不裂；花药药帽前端具短尖；花粉团2个，蜡质，附着于松散的粘质物上。

约5种，分布于热带亚洲和太平洋岛屿。我国1种。

金唇兰 台湾黄唇兰 图 948

Chrysoglossum ornatum Bl. Bijdr. 338. 1825.

假鳞茎相距1-2厘米。叶长椭圆形，长20-34厘米，先端短渐尖，基部下延，柄长达10厘米。花葶长达50厘米，总状花序疏生约10花。苞片披针形，比花梗和子房短，长1-1.3厘米；花绿色带红棕色斑点；中萼片长圆形，长1.2-1.4厘米，宽3毫米，先端稍钝，侧萼片镰状长圆形，长1.1-1.3厘米；萼囊圆锥形，长约2毫米；花瓣较宽；唇瓣白色带紫色斑点，长0.8-1厘米，基部两侧具小耳并伸入萼囊内，3裂；侧裂片直立，卵状三角形，先端圆；中裂片近圆形，凹陷；唇盘具3条褶片，中央1条较短；蕊柱白色，长6-8毫米，基部扩大；蕊柱翅在蕊柱中部两侧各具1枚倒齿状的臂。花期4-6月。

图 948 金唇兰 （引自《Fl. Taiwan》）

产台湾及云南，生于海拔700-1700米林下。尼泊尔、锡金、不丹、东南亚及太平洋一些岛屿有分布。

98. 密花兰属 Diglyphosa Bl.

（吉占和）

地生草本。具匍匐根状茎和假鳞茎，假鳞茎窄长，顶生1叶。叶折扇状，具长柄。花葶生于假鳞茎基部；总状花序长，密生多花。苞片窄长，反折；花不甚张开；中萼片比侧萼片长；侧萼片下弯，基部贴生于蕊柱足而形成萼囊；花瓣较宽；唇瓣具活动关节与蕊柱足末端连接，具2条褶片或龙骨状突起；蕊柱纤细，两侧具翅，基部具弯曲的蕊柱足；蕊喙宽短；药帽顶端凸起，前缘先端2尖裂；花粉团2个，蜡质，无附属物。

2种，分布于热带喜马拉雅至东南亚和新几内亚岛。我国1种。

密花兰　　　　　　　　图 946：4-6

Diglyphosa latifolia Bl. Bijdr. 337. t. 4. f. 60. 1825.

假鳞茎长13厘米，顶生1叶。叶宽椭圆形，长达37厘米，先端渐尖，柄长约16厘米，具折扇状的脉。花葶深紫色，总状花序长约20厘米，密生多花；苞片深紫色，窄披针形，反折，长约1厘米；花梗和子房纤细，长1.3厘米；花桔红色带紫色斑点，有异味；中萼片窄长圆形，长1.1-1.3厘米，宽3-3.5毫米，先端渐尖；侧萼片镰状长圆形，长7-9毫米，宽3毫米，先端渐尖，基部贴生于蕊柱足；萼囊不明显；花瓣较大，基部大部贴生蕊柱足；唇瓣不裂，长约5毫米，近中部稍缢缩而分为前后唇，后唇厚，较小，中央凹陷；前唇近卵形，反折，先端锐尖；褶片2条，到达前唇基部汇合为1条龙骨状脊。花期6月。

产云南东南部，生于海拔1200米林下。锡金、东南亚及新几内亚岛有分布。

99. 竹叶兰属 Arundina Bl.

（吉占和）

地生草本。根状茎粗壮。茎直立，常数个簇生，不分枝，较坚挺，具多枚互生叶。叶2列，禾叶状，基部具关节和抱茎的鞘。花序顶生，不分枝或稍分枝，具少花；苞片小，宿存；花大；萼片相似，侧萼片常靠合；花瓣宽于萼片，唇瓣贴生蕊柱基部，3裂，无距，侧裂片包蕊柱，中裂片伸展，唇盘有褶片；蕊柱上端有窄翅，蕊柱足不明显；花药俯倾；花粉团8个，4个成簇，蜡质，具短柄，多少附着于粘性物质上。

1-2种，分布于热带亚洲，自东南亚至南亚和喜马拉雅地区，北达我国南部和日本琉球群岛，东南达塔希堤岛。

竹叶兰　　　　　　　　图 949 彩片 440

Arundina graminifolia (D. Don) Hochr. in Bull. New York Bot. Gard. 6: 270. 1910.

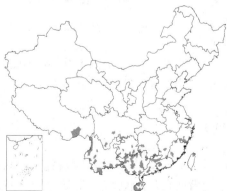

Bletia graminifolia D. Don, Prodr. Pl. Nepal. 29. 1825.

Arundina chinensis Bl.；中国高等植物图鉴 5: 695. 1976.

植株高达80厘米。根状茎在茎基部呈卵球形，似假鳞茎，径1-2厘米。茎常数个丛生或成片生长，圆柱形，细竹秆状，常为叶鞘所包，具多枚叶。叶线状披针形，薄革质或坚纸质，长8-20厘米，宽0.3-1.5厘米，基部鞘状抱茎。花序长2-8厘米，具2-10花，每次开1花。苞片基部包花序轴，长3-5毫米；花梗和子房长1.5-3厘米；花粉红或略带紫或白色；萼片窄椭圆形或窄椭圆状披针形，长2.5-4厘米；花瓣椭圆形或卵状椭圆形，与萼片近等长，宽1.3-1.5厘米，唇瓣长圆状卵形，长2.5-4厘米，3裂，侧裂片内弯，中裂片近方形，长1-1.4厘米，先端2浅裂或微凹，唇盘有3(-5)褶片；蕊柱长2-2.5厘米。蒴果近长圆形，长约3厘米。花果期9-11月。

产浙江南部、福建、台湾、江西南部、湖南、广东、香港、海南、广西、贵州、四川、云南及西藏东南部，生于海拔400-2800米草坡、溪边、灌丛中或林下。尼泊尔、锡金、不丹、印度、东南亚、琉球群岛和塔希提岛有分布。

图 949 竹叶兰 （冯晋庸绘）

100. 笋兰属 Thunia Rchb. f.

（陈心启 罗毅波）

地生或附生草本。根状茎粗短。茎常数个簇生，2年生，圆柱形，有节，近直立，具多数叶。叶薄纸质或近草质，花后凋落，基部具关节和抱茎鞘。总状花序顶生，常多少外弯或下垂，具数花。苞片较大，宿存，舟状；花大，艳丽，质薄，常多少俯垂；萼片与花瓣离生，相似，花瓣略窄小，唇瓣较大，贴生蕊柱基部，两侧上卷包蕊柱，具囊状短距，唇盘有5-7褶片；蕊柱细长，顶端两侧具窄翅，无蕊柱足；花药俯倾，花粉团8或4个，前者每4个为一群，其中2个较大，后者每2个为群，等大，蜡质，柄不明显，向下方渐窄，共同附着于粘性物质上；蕊喙近3裂；柱头凹下。

约4种，分布于印度、尼泊尔、锡金、东南亚和我国西南部。我国1种。

笋兰   图 950 彩片 441

Thunia alba (Lindl.) Rchb. f. in Bot. Zeit. 10: 764. 1852.

Phaius albus Lindl. in Wall. Pl. Asiat. Rar. 2: t. 198. 1831.

地生或附生草本，高达55厘米。叶薄纸质，窄椭圆形或窄椭圆状披针形，长10-20厘米；筒状鞘长2-4厘米。花序具2-7花。苞片舟状，薄革质，宿存；花梗和子房长2.5-3厘米；花白色，唇瓣黄色，有橙色或栗色斑纹，边缘白色；萼片窄长圆形，长4-5厘米，花瓣与萼片近等长，唇瓣宽卵状长圆形，长4-5厘米，有不规则流苏或啮蚀状，唇盘上部有5-6褶片，褶片裂成短流苏，距圆筒状，长约1厘

米；蕊柱长约2厘米。蒴果椭圆形，长约4厘米。花期6月。

产四川、云南及西藏东南部，生于海拔1200-2300米林下岩石、树杈凹

图 950 笋兰 （冯晋庸绘）

处及多石地。尼泊尔、锡金、印度、东南亚有分布。

101. 贝母兰属 Coelogyne Lindl.

（陈心启 罗毅波）

附生草本。根状茎长，节较密；假鳞茎基部常被箨状鞘，顶生(1)2叶。叶具柄。花葶顶生于假鳞茎，总状花序具数朵花。苞片对折，脱落；花常白或绿黄色，唇瓣多有斑纹；萼片有时背面有龙骨状突起；花瓣常线形，稀与

萼片近等宽，唇瓣基部窄，着生蕊柱基部，3裂，稀不裂，唇盘有2-5褶片或脊；蕊柱较长，上端两侧常具翅，翅包蕊柱顶端；花粉团4个，成2对，蜡质，附着于粘质物上。

约200种，分布于亚洲热带和亚热带南缘至大洋洲。我国26种。

1. 花序的花不同时开放，常只开1朵，稀2朵，花序轴顶端为白色苞片近覆盖。
　　2. 根状茎节间长1-2.4厘米，鞘长1-2.5厘米；假鳞茎相距8-13厘米 ·················· 1. **长鳞贝母兰 C. ovalis**
　　2. 根状茎节间长3-7毫米，鞘长5-9毫米；假鳞茎相距2-4.5（-8）厘米 ·················· 2. **流苏贝母兰 C. fimbriata**
1. 花序有数朵或更多的花同时开放。
　　3. 总状花序基部下方无2列套叠的革质颖片。
　　　　4. 唇瓣褶片撕裂成流苏状毛 ·· 4. **贝母兰 C. cristata**
　　　　4. 唇瓣褶片或脊无流苏状毛。
　　　　　　5. 唇瓣无眼状彩色斑块 ·· 3. **栗鳞贝母兰 C. flaccida**
　　　　　　5. 唇瓣具眼状彩色斑块。
　　　　　　　　6. 花葶生于根状茎，开花时花葶基部及假鳞茎均包于鞘内。
　　　　　　　　　　7. 假鳞茎相距2-5厘米，长圆状倒卵形 ···················· 5. **卵叶贝母兰 C. occultata**
　　　　　　　　　　7. 假鳞茎相距不及1厘米，长圆状窄卵形 ···················· 6. **眼斑贝母兰 C. corymbosa**
　　　　　　　　6. 花葶生于假鳞茎顶端 ·· 7. **狭瓣贝母兰 C. punctulata**
　　3. 总状花序基部下方具多枚2列套叠、宿存革质颖片。
　　　　8. 花序轴顶端具多枚2列套叠、宿存革质颖片，新花序生于颖片腋部，同一花序多年开花，在同一花序下部、中部到顶端具有多数2列套叠革质颖片。
　　　　　　9. 假鳞茎圆柱形 ·· 10. **长柄贝母兰 C. longipes**
　　　　　　9. 假鳞茎卵球形或窄卵形 ·· 11. **黄绿贝母兰 C. prolifera**
　　　　8. 花序轴顶端无2列套叠革质颖片。
　　　　　　10. 唇瓣中裂片具流苏，唇盘褶片多少有流苏状毛 ················ 8. **髯毛贝母兰 C. barbata**
　　　　　　10. 唇瓣中裂片有不规则齿裂或皱波状，唇盘褶片或脊具皱波状圆齿 ········ 9. **白花贝母兰 C. leucantha**

1. 长鳞贝母兰　　　　　　　　　　　　　　图 951

Coelogyne ovalis Lindl. in Bot. Reg. 24: 91. 1838.

　　根状茎匍匐，径约3毫米，节间长1-2.4厘米。鞘长1-2.5厘米；假鳞茎相距8-13厘米，近圆柱形，顶生2叶。叶披针形或卵状披针形，纸质，长6-12厘米，宽2-3.7厘米；叶柄长0.5-1厘米。花葶长5-8厘米，基部有数枚圆筒形鞘；花序具1-2花，花序轴顶端为数枚白色苞片所覆盖。花绿黄色，唇瓣有紫红色斑纹；萼片长圆状披针形，长约2厘米；花瓣丝状或窄线形，宽约1毫米，唇瓣近长圆状卵形，3裂，长约2厘米，侧裂片半卵形，顶端

常稍有流苏，中裂片椭圆形，长约1厘米，具流苏；唇盘有2褶片，延至中裂片近顶端，紫色，中裂片外侧有2短褶片；蕊柱长约1.3厘米。蒴果近倒

图 951 长鳞贝母兰　（蔡淑琴绘）

卵形,长约2.5厘米。花期8-11月,果期翌年9月。

产云南西北部及西藏东南部,生于海拔1200-3200米河谷林下树干或

岩石。尼泊尔、锡金、印度及缅甸有分布。

2. 流苏贝母兰 图952:1-2 彩片442

Coelogyne fimbriata Lindl. in Bot. Reg. 11: t. 868. 1825.

根状茎粗1.5-2.5毫米,节间长3-7毫米,鞘长5-9毫米;假鳞茎相距2-4.5厘米,窄卵形或近圆柱形,顶生2叶。叶长圆形或长圆状披针形,纸质,长4-10厘米;叶柄长1-1.5厘米。花葶生于假鳞茎顶端,长5-10厘米,基部有数枚圆筒形鞘,花序具1-2花,花序轴顶端为白色苞片所覆盖。花淡黄或近白色,唇瓣有红色斑纹;萼片长圆状披针形,长1.6-2厘米;花瓣丝状或窄线形,唇瓣卵形,3裂,长1.3-1.8厘米,侧裂片顶端多少具流苏,中裂片近椭圆形,长5-7毫米,具流苏,唇盘具2褶片,延至中裂片近顶端,有时中裂片外侧有2短褶片,唇盘基部有短褶片,褶片有波状圆齿;蕊柱长1-1.3厘米。蒴果倒卵形,长1.8-2厘米。花期8-10月,果期翌年4-8月。

产福建、江西西南部、湖南南部、广东、香港、海南、广西、四川东南部、云南及西藏东南部,生于海拔500-1200米溪边岩石或林中、林缘树干。越南、老挝、柬埔寨、泰国、马来西亚及印度东北部有分布。

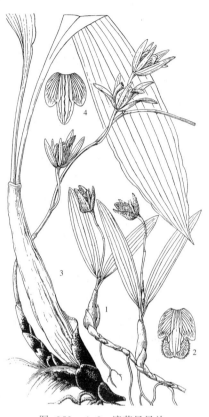

图 952: 1-2. 流苏贝母兰
3-4. 栗鳞贝母兰 (蔡淑琴绘)

3. 栗鳞贝母兰 图952:3-4 彩片443

Coelogyne flaccida Lindl. Gen. Sp. Orch. pl. 39. 1830.

根状茎径7-8毫米,密被紫褐色革质鞘;假鳞茎相距2-3厘米,长圆形或近圆柱形,长6-12.5厘米,顶生2叶,基部鞘干后如竹箨,背面具紫褐色斑块。叶革质,长圆状披针形或椭圆状披针形,长13-19厘米,宽3-4.5厘米;叶柄长4.5-8厘米。花葶生于根状茎,长16-32厘米,花序疏生8-10花。花淡黄至白色,唇瓣有黄和淡褐色斑;中萼片长圆形或长圆状披针形,长2.1-2.4厘米,侧萼片稍窄;花瓣线状披针形,略短于萼片,宽2-3毫米,唇瓣近卵形,长1.6-2厘米,3裂,侧裂片半卵形;中裂片近长圆形,长6-7毫米,边缘多少皱波状,唇盘有3褶片,从唇瓣基部延至中裂片下部,褶片具皱波状缺刻;蕊柱长约1.3厘米。花期3月。

产广西北部、贵州南部、云南西部及南部,生于海拔约1600米林中树上。印度、尼泊尔、锡金、缅甸及老挝有分布。

4. 贝母兰

图 953

Coelogyne cristata Lindl. Coll. Bot. sub. t. 33. 1821.

根状茎多分枝，径4-6毫米，密被革质鞘；假鳞茎相距1.5-3厘米，长圆形或卵形，长2.5-6厘米，径1-1.7厘米，顶生2叶。叶线状披针形，坚纸质，长10-17厘米，宽0.7-1.9厘米，具不明显短柄。花葶生于根状茎，长8-12厘米；花序长5-7厘米，具2-4花。苞片长2.5-3.5厘米，花期不落；花白色，萼片披针形或长圆状披针形，长3-4厘米，背面多少具龙骨状突起；花瓣与萼片相似，宽0.9-1.1厘米，唇瓣卵形，与花瓣近等长，凹入，3裂，侧裂片半卵形，近全缘，直立，中裂片宽倒卵圆形或扁圆形，长1.2-1.5厘米，近全缘，上面有2宽短褶片，唇盘有5褶片撕裂成流苏状毛；蕊柱长2-3厘米。花期5月。

图 953 贝母兰 （引自《图鉴》）

产西藏南部，生于海拔1700-1800米林缘岩石上。尼泊尔、锡金及印度有分布。

5. 卵叶贝母兰

图 954 彩片 444

Coelogyne occultata Hook. f. in Hook. Icon. Pl. 22: t. 2104. 1894.

根状茎粗约4-5毫米；假鳞茎相距2-5厘米，长圆状倒卵形，长1.5-5厘米，顶生2叶。叶卵形或卵状椭圆形，革质，长3-6厘米；叶柄粗，长4-9毫米。花葶生于根状茎，长3-6厘米，花期大部包于鞘内，花与花梗外露，花序具2-3花。苞片早落；花白色，唇瓣具紫色脉纹和棕黄色眼斑；萼片披针形或长圆状披针形，长3-3.3厘米，侧萼片较中萼片略短而窄；花瓣线状倒披针形，长3-3.3厘米，宽3.5-4毫米，唇瓣卵形，长2-2.5厘米，3裂，侧裂片近半圆形；直立，中裂片卵形，长约1厘米，唇盘有2（3）脊，延至中裂片下部，脊有不规则细圆齿；蕊柱长1.5-1.8厘米。蒴果近长圆形，长约2厘米，多少具3棱。花期6-7月，果期11月。

图 954 卵叶贝母兰 （蔡淑琴绘）

产广西西北部、云南西北部、西藏东南部及南部，生于海拔1900-2400米林中。锡金、不丹、缅甸有分布。

6. 眼斑贝母兰 斑唇贝母兰

图 955 彩片 445

Coelogyne corymbosa Lindl. Fol. Orch. Coelogyne 7. 1854.

Coelogyne punctulata auct. non Lindl.: 中国高等植物图鉴 5: 687. 1976.

根状茎径3-4毫米；假鳞茎相距不及1厘米，长圆状卵形，顶生2叶。

叶长圆状倒披针形，近革质，长4.5-15厘米，宽1-3厘米；叶柄长1-2厘米。花葶生于根状茎，长7-15厘米；花序具2-4花。苞片早落；花白或

稍黄绿色,唇瓣有4个黄色、围以橙红色的眼斑;中萼片长圆状披针形,长1.8-3.5厘米,宽7-8毫米;花瓣与萼片等长,宽2.5-4毫米,唇瓣近卵形,长1.6-2.8厘米,3裂,侧裂片半卵形,中裂片卵形,长6-9毫米,唇盘有2-3脊,延至中裂片下部;蕊柱长1-2厘米。蒴果近倒卵形,略带3棱,长2.2-5厘米。花期5-7月,果期翌年7-11月。

产云南、西藏南部及东南部,生于海拔1300-3100米林缘树干或湿润岩壁上。尼泊尔、不丹、锡金、印度及缅甸有分布。

图 955 眼斑贝母兰 (引自《图鉴》)

7. 狭瓣贝母兰 图 956

Coelogyne punctulata Lindl. Coll. Bot. sub t. 33. 1821.

根状茎粗壮,径5-7毫米;假鳞茎相距不及1厘米,窄卵状长圆形,长2.5-4厘米,径0.7-1.3厘米,干后亮黄色,顶生2叶。叶披针形或窄长圆状披针形,长8-14厘米,宽1.3-2.5厘米;叶柄长2-4厘米。花葶生于假鳞茎顶端,长8-15厘米,稍外弯,花序具2-4花。苞片花期脱落;花白色,唇瓣有深色眼斑;萼片披针形或长圆状披针形,长1.8-2厘米,宽4-5毫米,花瓣线形,与萼片近等长,宽约1.5毫米,唇瓣卵形,长1.6-1.8厘米,3裂,侧裂片近半圆形,中裂片卵状披针形,长约7毫米,唇盘有2褶片从基部延至中裂片基部上方,中央有1条短而厚的褶片;蕊柱长约1.2厘米。蒴果倒卵状长圆形,长约2.2厘米。花期11月,果期翌年4月。

产云南西部及西北部、西藏东南部,生于海拔1600-2000米林中。缅甸、印度东北部及尼泊尔有分布。

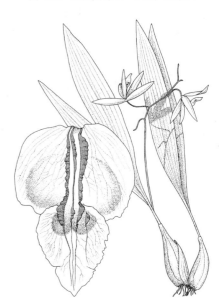

图 956 狭瓣贝母兰
(引自《Dansk. Bot. Ark.》)

8. 髯毛贝母兰 图 957

Coelogyne barbata Griff. Itin. Not. 72. 1848.

根状茎径1-1.3厘米;假鳞茎疏离,窄卵状长圆形,长7-11.5厘米,顶生2叶。叶倒披针状长圆形,长22-28厘米,宽4-6厘米;叶柄长6-14厘米。花葶生于假鳞茎顶端两叶中央,长20-26厘米,花序基部下方有多枚2列套叠革质颖片,筒长4-5厘米,径7-8毫米,花序具9-12花,花序轴稍左右曲折。苞片花后脱落;花白色,唇瓣有棕色斑点;萼片窄卵状长圆形或近长圆形,长3.3-3.6厘米;花瓣线状披针形,宽约2.5毫米,唇瓣近卵

圆形,长2.5-3厘米,3裂,侧裂片近半圆形,中裂片卵形或近长圆形,长约1厘米,具长流苏,唇盘有3条具流苏状毛的褶片,流苏状毛长达2毫米;蕊柱长1.9-2.2厘米。蒴果倒卵形,略具3棱,长约4厘米。花期9-10月。

产四川西南部、云南西部及西北部、西藏东南部,生于海拔1200-2800米林中树上或岩壁。尼泊尔、不丹及印度东北部有分布。

9. 白花贝母兰 图 958 彩片 446

Coelogyne leucantha W. W. Smith in Notes Bot. Gard. Edinb. 13: 198. 1921.

根状茎径5-7毫米;假鳞茎相距1-2厘米,卵状长圆形,长1.5-3厘米,顶生2叶。叶长圆状披针形,长10-15厘米,宽1.1-3厘米;叶柄长4-9.5厘米。

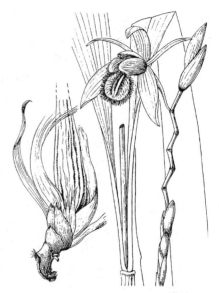

图 957 髯毛贝母兰 (蔡淑琴绘)

花葶生于假鳞茎顶端两叶中央,长15-20厘米,花序基部下方具数枚至10余枚2列套叠革质颖片,筒长1.5-3厘米,花序具3-11花,花序轴下部常稍粗。苞片早落;花白色,唇瓣略有黄斑;萼片近长圆形,长1.3-1.8厘米;花瓣丝状,宽约0.7毫米,唇瓣近卵状长圆形,长1.3-1.7厘米,3裂,侧裂片直立,

中裂片近椭圆形,长0.6-1厘米,有不规则齿裂,唇盘有3褶片从基部延至中裂片,具皱波状圆齿;蕊柱长1-1.4厘米。蒴果倒卵状长圆形,具3棱,长1.6-1.8厘米。花期5-7月,果期9-12月。

产四川西南部及云南,生于海拔1500-2600米林中树干。缅甸北部有分布。

图 958 白花贝母兰 (蔡淑琴绘)

10. 长柄贝母兰 图 959:1-2

Coelogyne longipes Lindl. Fol. Orch. Coelogyne 10. 1854.

根状茎径5-7毫米;假鳞茎相距3-4厘米,近圆柱形,顶生2叶。叶长圆状倒披针形,长15-23厘米;叶柄长2.5-6厘米。花葶生于假鳞茎顶端两叶中央,常长于叶,花序基部下方、花序轴顶端,有时中部均具2列套叠革质颖片,花序具5-7花。花白或淡黄色;萼片卵状长圆形,长约1厘米;花瓣窄

缘皱波状,中部有2窄褶片;蕊柱长5-6毫米。蒴果窄倒卵状长圆形,长约2厘米。花期6月,果期翌年3月。

产云南西南部及西部、西藏东南部,生于海拔1600-2000米林中树上。尼泊尔、不丹、锡金、印度、缅甸、老挝及泰国有分布。

线形或丝状,长约1厘米,宽约0.3毫米,唇瓣近宽卵形,长约1厘米,3裂,侧裂片近卵形,中裂片近椭圆形,长约6毫米,先端平截或微凹,边

11. 黄绿贝母兰   图 959：3-4

Coelogyne prolifera Lindl. Gen. Sp. Orch. Pl. 40. 1830.

根状茎径5-6毫米；假鳞茎相距2.5-4厘米，窄卵状长圆形，顶生2叶。叶长圆状披针形，长8-13厘米；叶柄长2-2.5厘米。花葶生于假鳞茎顶端两叶中央，与叶近等长，在花序基部下方、花序轴顶端、有时中部均具多枚2列套叠革质颖片；花序具4-6花。花绿或黄绿色，径约1厘米；中萼片长圆形，长6-7毫米，侧萼片卵状长圆形；花瓣线形，长5-6毫米，唇瓣近卵形，长6-7毫米，3裂，基部浅囊状，侧裂片卵形；中裂片近椭圆形，长约4毫米，先端微凹，边缘皱波状，有时有2不明显纵脊，唇盘无褶片或脊；蕊柱长约5毫米，近棒状，两侧边缘近无翅，顶端有窄翅及缺刻。蒴果长圆形，长1.2-1.4厘米。花期6月。

产云南西部及南部，生于海拔1200-2000米林中树上或岩石。尼泊尔、锡金、印度东北部、缅甸、老挝及泰国有分布。

图 959：1-2. 长柄贝母兰
3-4. 黄绿贝母兰　（蔡淑琴绘）

102. 独蒜兰属 Pleione D. Don

（陈心启 朱光华）

附生、半附生或地生小草本。假鳞茎一年生，较密集，卵形或陀螺形，叶落后顶端常有皿状或浅杯状环。叶1-2，生于假鳞茎顶端，常纸质，多少具折扇状脉，有短柄，冬季凋落。花葶生于鳞茎基部，直立，花序具1-2花。苞片常有色泽，宿存；花较艳丽；萼片离生，相似；花瓣与萼片近等长，常略窄，唇瓣上部边缘啮蚀状或撕裂状，上面具2至数条褶片或沿脉具流苏状毛；蕊柱细长，两侧具窄翅；花粉团4个，蜡质，每2个成一对，每对常有一个花粉团较大。蒴果纺锤状，具3条纵棱，熟时沿纵棱开裂。

约19种，主产我国秦岭以南，西至喜马拉雅地区，南至缅甸、老挝、泰国亚热带地区和热带山区。我国16种。

1. 秋季开花；假鳞茎陀螺状，顶端常骤缩成短喙，常具2叶 ·················· 1. 疣鞘独蒜兰 P. praecox
1. 春季开花；假鳞茎非陀螺状，顶端渐缩成颈，常具1叶（二叶独蒜兰 P. scopulorum 具2叶）。
  2. 假鳞茎具2叶；花叶同期 ····················· 2. 二叶独蒜兰 P. scopulorum
  2. 假鳞茎具1叶；花叶同期或花期有幼叶或无叶。
    3. 唇瓣有7行长毛或流苏状毛 ················· 3. 毛唇独蒜兰 P. hookeriana
    3. 唇瓣有3-7褶片，褶片啮蚀状、具乳突状齿或多少撕裂，无长毛或流苏。
      4. 花黄、淡黄或黄白色，唇瓣有红或褐色斑点 ··········· 4. 黄花独蒜兰 P. forrestii
      4. 花白、红或紫色，非黄色。
        5. 苞片短于花梗和子房；唇瓣褶片近全缘 ········· 5. 云南独蒜兰 P. yunnanensis
        5. 苞片长于或等长于花梗和子房；唇瓣褶片啮蚀状或多少分裂。
          6. 唇瓣长3.2-4.5厘米，宽3-4厘米，与萼片及花瓣同色，褶片不间断，稍撕裂状 ·················· 6. 独蒜兰 P. bulbocodioides
          6. 唇瓣长5-5.5厘米，宽4-4.5厘米，色泽（边缘）较萼片及花瓣淡，褶片（近顶端处）间断，具齿或啮蚀状 ·················· 7. 台湾独蒜兰 P. formosana

1. 疣鞘独蒜兰

图 960 彩片 447

Pleione praecox (J. E. Smith) D. Don, Prodr. Fl. Nepal. 37. 1825.

Epidendrum praecox J. E. Smith, Exot. Bot. 2: 73. t. 97. 1806.

附生草本。假鳞茎陀螺状，顶端骤缩成短喙，绿色与紫褐色相间成斑，外面的鞘具疣状突起，具(1) 2叶。秋季开花时叶近枯萎，椭圆状倒披针形或椭圆形，纸质，长9-20厘米；叶柄长2-6.5厘米。花葶生于假鳞茎基部，长5-10厘米，基部有3枚具疣状突起的膜质筒状鞘，顶端具1(2)花。苞片长于花梗和子房；花淡紫红，稀白色，唇瓣褶片黄色；中萼片近长圆状披针形，长5.5-6厘米，侧萼片稍斜歪；花瓣线状披针形，多少镰状，长5-7厘米，唇瓣倒卵状椭圆形或椭圆形，长4-5厘米，略3裂，侧裂片不明显，中裂片先端微缺，具啮蚀状齿，唇盘至中裂片基部具3-5褶片，褶片成流苏状或乳突状齿；蕊柱长3.5-4.5厘米，顶端有齿缺。花期9-10月。

图 960 疣鞘独蒜兰 （王金凤绘）

产云南西南部及东南部、西藏东南部，生于海拔1200-2500(-3400)米林中树上或苔藓覆盖的岩石或岩壁。尼泊尔、不丹、印度、缅甸及泰国有分布。

2. 二叶独蒜兰

图 961：1-2 彩片 448

Pleione scopulorum W. W. Smith in Notes Roy. Bot. Gard. Edinb. 13: 218.1921.

附生或地生草本。假鳞茎常卵形，上端有长颈，绿色，顶端具2叶。花叶同期，叶披针形或窄椭圆形，纸质，长4-13厘米，叶柄包于数枚筒状鞘内。花葶生于假鳞茎基部两叶之间，长12-18厘米，顶端1(2-3)花。苞片短于或近等长于花梗和子房；花玫瑰红色，稀白带淡紫蓝色，唇瓣常有黄和深紫色斑；中萼片椭圆状披针形，长2.5-3.2厘米，侧萼片斜椭圆形，长2.1-3厘米；花瓣倒披针形或窄卵状长圆形，长2.5-3.2厘米，唇瓣横椭圆形或近扁圆形，宽2.5-3厘米，前部具齿，上面有5-9褶片，褶片高1-1.5毫米，具鸡冠状缺刻，从唇瓣基部延至上部；蕊柱长1.5-2厘米，多少弧曲。蒴果纺锤状长圆形，长2-3厘米。花期5-7月，果期10月。

产四川南部、云南及西藏东南部，生于海拔2800-4200米针叶林下多

图 961：1-2. 二叶独蒜兰 3-4. 毛唇独蒜兰 （李爱莉绘）

砾石草地、苔藓覆盖的岩石、溪旁岩壁或亚高山灌丛草地。印度及缅甸有分布。

3. 毛唇独蒜兰

图 961：3-4 彩片 449

Pleione hookeriana (Lindl.) B. S. Williams, Orch. Grow. Man. ed. 6,

548. 1885.

Coelogyne hookeriana Lindl. Fl.

Orch. Coelog. 14. 1854.

附生草本。假鳞茎卵形或圆锥形,上端有颈,绿或紫色,顶端具1叶。花叶同期或已有幼叶,叶椭圆状披针形或近长圆形,纸质,长6-10厘米;叶柄长2-3厘米。花葶生于无叶假鳞茎基部,长6-10厘米,顶端1花。苞片与花梗和子房近等长;萼片与花瓣淡紫红或近白色,唇瓣白色,有黄色唇盘和褶片及紫色或黄褐色斑点;中萼片近长圆形或倒披针形,长2-3.5(-4.5)厘米,侧萼片镰状披针形;花瓣倒披针形,展开,长2-3.5厘米,唇瓣扁圆形或近心形,宽2.7-4.5厘米,不明显3裂,上部具细齿或近全缘,常具7行沿脉而生的髯毛或流苏状毛,毛长达2毫米;蕊柱长1.5-2.6(-3)厘米。蒴果近长圆形,长1-2.5厘米。花期4-6月,果期9月。

产广东北部、广西、贵州东南部、云南南部、西藏南部及东南部,生于海拔1600-3100米树干上、灌木林缘苔藓覆盖的岩石或岩壁。尼泊尔、不丹、印度、缅甸、老挝及泰国有分布。

4. 黄花独蒜兰　　　　图 962 彩片 450

Pleione forrestii Schltr. in Notes Roy. Bot. Gard. Edinb. 5: 106. 1912.

附生草本。假鳞茎圆锥形或卵状圆锥形,上端有颈,长1.5-3厘米,径0.6-1.8厘米,绿色,顶端具1叶。先叶开花,叶近椭圆形,纸质,长10-15厘米;叶柄长2-3厘米。花葶生于无叶假鳞茎基部,长4-7厘米,顶具1花,花以下几全包在3-4枚干膜质鞘内。苞片长于花梗和子房;花黄、淡黄或黄白色,稀象牙白或白色,唇瓣具红或褐色斑点;中萼片倒披针形,长3-4厘米,侧萼片长圆状倒披针形,长3-4厘米,多少偏斜;花瓣镰状倒披针形,长3.6-4.2厘米,唇瓣宽倒卵状椭圆形或近宽菱形,长3.2-4厘米,有短爪,中裂片上部撕裂状或多少流苏状,唇盘具5-7褶片,褶片全缘,略波状,高1-1.5毫米,蕊柱长2.5-3厘米。花期4-5月。

产云南,生于海拔2200-3100米疏林下、林缘腐殖质丰富的岩石上或树干上。

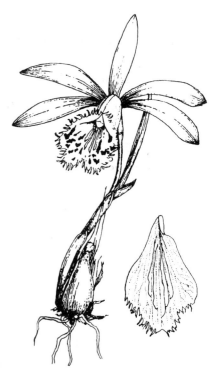

图 962 黄花独蒜兰 (李爱莉绘)

5. 云南独蒜兰　　　　图 963 彩片 451

Pleione yunnanensis (Rolfe) Rolfe in Orchid Rev. 11: 292. 1903 (Oct.)

Coelogyne yunnanensis Rolfe in Journ. Linn. Soc. Bot. 36: 23. 1903.

附生或地生草本。假鳞茎窄卵形,上端有长颈,长1.5-3厘米,绿色,顶端具1叶。花期叶幼嫩或未长出。叶披针形或窄椭圆形,纸质,长6.5-25厘米;叶柄长1-6厘米。花葶生于无叶假鳞茎基部,长10-20厘米,顶端具1花,稀2花。苞片短于花梗和子房;花淡紫、粉红或近白色,唇瓣具紫或深红色斑;中萼片长圆状倒披针形,长3.5-4厘米,侧萼片长圆状倒披针

形,稍斜歪;花瓣倒披针形,展开,长3.5-4厘米,唇瓣近宽倒卵形,长3-4厘米,3微裂,中裂片先端微缺,具缺刻或多少撕裂状,唇瓣具3-5褶片,褶片近全缘或略波状,有细微缺刻;蕊柱长1.8-2.3厘米。蒴果纺锤状圆柱形,长2.5-3厘米。花期4-5月,果期9-10月。

产四川西南部、贵州、云南及西藏东南部,生于海拔1100-3500米林下和林缘多石地或苔藓覆盖的岩石,也见于草坡稍荫蔽的砾石地。缅甸北部有分布。

图 963 云南独蒜兰 （李爱莉绘）

6. 独蒜兰
图 964 彩片 452

Pleione bulbocodioides (Franch.) Rolfe in Orch. Rev. 11: 291. 1903.

Coelogyne bulbocodioides Franch. in Nouv. Arch. Mus. Paris sér. 2, 10: 84. 1888.

半附生草本。假鳞茎卵形或卵状圆锥形,上端有颈,顶端1叶。花期叶幼嫩。叶窄椭圆状披针形或近倒披针形,纸质,长10-25厘米;叶柄长2-6.5厘米。花葶生于无叶假鳞茎基部,长7-20厘米,下部包在圆筒状鞘内,顶端具1（2）花。苞片长于花梗和子房;花粉红至淡紫色,唇瓣有深色斑;中萼片近倒披针形,长3.5-5厘米,侧萼片与中萼片等长;花瓣倒披针形,稍斜歪,长3.5-5厘米,唇瓣倒卵形,长3.5-4.5厘米,3微裂,上部边缘撕裂状,基

部楔形稍贴生蕊柱,常具4-5褶片,褶片啮蚀状;蕊柱长2.7-4厘米。蒴果近长圆形,长2.7-3.5厘米。花期4-6月。

产陕西南部、甘肃南部、安徽南部、浙江西部、江西西部、河南、湖北、湖南、广西、贵州、四川、云南及西藏东南部,生于海拔900-3600米常绿阔叶林下、灌木林缘或苔藓覆盖的岩石。

图 964 独蒜兰 （引自《图鉴》）

7. 台湾独蒜兰
图 965 彩片 453

Pleione formosana Hayata in Journ. Coll. Sci. Univ. Tokyo 30: 326. 1911.

半附生或附生草本。假鳞茎扁卵形或卵球形,上端有颈,顶端1叶。花期叶幼嫩。叶椭圆形或倒披针形,纸质,长10-30厘米;叶柄长3-4厘米。花葶生于无叶假鳞茎基部,长7-16厘米,顶具1（2）花。苞片长于花梗和子房;花白至粉红色,

唇瓣色泽常略浅于花瓣,上面有黄、红或褐色斑;中萼片窄椭圆状倒披针

形, 长4.2-5.7厘米, 侧萼片窄椭圆状倒披针形, 长4-5.5厘米, 花瓣线状倒披针形, 长4.2-6厘米, 唇瓣宽卵状椭圆形或近圆形, 长4-5.5厘米, 不明显3裂, 先端微缺, 上部撕裂状, 上面具2-5褶片, 中央1条褶片短或无, 褶片有间断, 全缘或啮蚀状; 蕊柱长2.8-4.2厘米, 顶部具齿。蒴果纺锤状, 长4厘米, 黑褐色。花期3-4月。

产浙江、江西、福建及台湾, 生于海拔600-1500米(大陆)或1500-2500米(台湾)林下或林缘腐殖质丰富的土壤和岩石上。

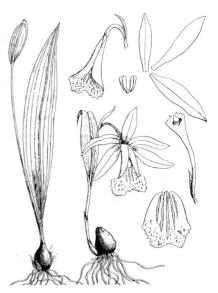

图 965 台湾独蒜兰 (引自《Fl. Taiwan》)

103. 曲唇兰属 Panisea (Lindl.) Steud.

(陈心启 罗毅波)

附生草本。假鳞茎常较密集着生于匍匐而分枝的根状茎上, 稀假鳞茎着生于短的根状茎上。叶1-2(3)枚生于假鳞茎顶端, 常窄椭圆形, 具短柄。花葶生于假鳞茎基部的根状茎, 或生于假鳞茎顶端, 或生于根状茎, 总状花序具1-2(-5)花。苞片小, 基部多少包花序轴, 宿存; 萼片离生, 相似, 侧萼片常斜歪或稍窄长; 花瓣与萼片相似, 常略短而窄, 唇瓣有爪, 呈S形弯曲; 蕊柱两侧常具翅; 花粉团4个, 成2对, 蜡质, 基部粘合。

8种, 分布于喜马拉雅地区至泰国。我国4种。

1. 唇瓣有褶片或胼胝体。
　　2. 假鳞茎多个丛生, 近直立 ·· 1. 曲唇兰 P. tricallosa
　　2. 假鳞茎相连成串, 每个假鳞茎下部平卧, 上部上弯 ·············· 2. 平卧曲唇兰 P. cavalerei
1. 唇瓣无附属物 ··· 2(附). 云南曲唇兰 P. yunnanensis

1. 曲唇兰

图 966

Panisea tricallosa Rolfe in Kew Bull. 1901: 148. 1901.

根状茎径2-3毫米, 分枝; 假鳞茎较密集, 常多个丛生, 近直立, 窄卵形或近椭圆形, 顶端1-2叶。叶窄椭圆形或近长圆形, 长3-6厘米; 叶柄长0.4-1.3厘米。花葶长2-3厘米。苞片卵形, 长3-5毫米; 花梗和子房长约1厘米; 花单朵, 稀2朵, 白色。萼片窄卵形或近宽披针形, 长1.2-1.9厘米, 宽约5毫米, 侧萼片稍斜歪; 花瓣卵状长圆形或近宽披针形, 较萼片短, 唇瓣倒卵状长圆形, 长1-2厘米, 上部宽约6毫米, 有爪, 边缘不明显波状, 前部有2褶片; 蕊柱长5-7毫米, 两侧翅上部每侧宽1-1.5毫米, 顶端包蕊柱, 有裂缺, 蕊柱足不明显。蒴果近倒卵状椭圆形, 长约2厘米, 6条纵棱具宽约1.5毫米的翅。花期12

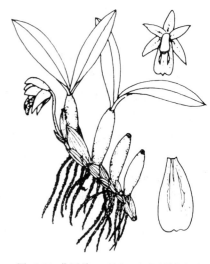

图 966 曲唇兰 (引自《中国兰花全书》)

月, 果期翌年5-6月。

产海南及云南, 生于海拔2100米以下林中树干上。锡金、不丹、印度、老挝、越南及泰国有分布。

2. 平卧曲唇兰   图 967 彩片 454

Panisea cavalerei Schltr. in Fedde Repert. Sp. Nov. 20: 383. 1924.

根状茎短；假鳞茎相连成串，窄长圆形或卵状长圆形，中部以下平卧，上部上弯，与根状茎连接处具数条长纤维根，顶生1叶。叶窄椭圆形或椭圆形，坚纸质，长2.6-5厘米；叶柄长0.6-1.2厘米。花葶长1.5-2.5厘米。苞片干膜质，卵形；花梗和子房长1.2-1.8厘米；花单朵，淡黄白色；萼片近卵状披针形，长1.3-2厘米，侧萼片斜歪；花瓣较萼片短而窄，唇瓣倒卵状长圆形，长1.6-2.2厘米，先端近平截，具细尖头，上部常有细齿或多少皱波状，基部凹陷多少呈浅杯状，前部有2短

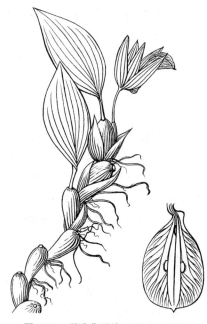

图 967　平卧曲唇兰　（引自《图鉴》）

褶片，褶片长约1.5毫米，高约1毫米；蕊柱长5-7毫米，翅上部一侧宽1.5-2毫米，顶端包蕊柱略3裂，具细齿。花期12月至翌年4月。

产广西西部、贵州西南部及云南，生于海拔2000米以下林中或水边。

[附] **云南曲唇兰 Panisea yunnanensis** S. C. Chen et Z. H. Tsi in Acta Bot. Yunnan. 2(3): 301. 1980. 本种与平卧曲唇兰的区别：假鳞茎窄卵形或卵形，顶生2叶；叶长2.5-4.5厘米，叶柄长2-4毫米；花白色，中萼片窄卵形，长1.1-1.4厘米，唇瓣长圆状匙形，长1.1-1.4厘米，有爪，无褶片。花期11-12月。产云南东南部，生于海拔1200-1800米林中树上或岩石上。

104. 足柱兰属 Dendrochilum Bl.
（陈心启　罗毅波）

附生草本。假鳞茎顶生1叶。叶近革质，常具柄。花葶生于假鳞基部根状茎或幼嫩假鳞茎顶端，总状花序具多朵2列的花。花小，近全放；萼片离生，相似；侧萼片着生蕊柱基部；花瓣略小于萼片，唇瓣无爪，近长圆形，上面常有2-3短脊；蕊柱短，常多少弓曲，蕊柱足短或不明显，两侧边缘具翅，翅包蕊柱顶端，两侧各伸出臂状物；花药俯倾，2室；花粉团4个，成2对，蜡质，每对各具细长的花粉团柄，粘盘很小，柱头凹下，蕊喙舌状。

约100种，分布于东南亚至新几内亚岛，主产菲律宾和印度尼西亚。我国1种。

足柱兰   图 968 彩片 455

Dendrochilum uncatum Rchb. f. Bonplandia 3: 222. 1855.

假鳞茎近丛生，窄椭圆形或窄卵形，长3-4厘米，常有光泽。叶单生，窄椭圆形或线状长圆形，长8-15厘米；叶柄长1-4厘米。花葶纤细，外弯或俯垂，长达25厘米，花序具20-30花，花序轴常略左右曲折。苞片卵形，长1毫米；花梗和子房长约3毫米；花黄色；萼片窄椭圆形，

图 968　足柱兰　（引自《Fl. Taiwan》）

长6-7毫米；花瓣椭圆形，长5-6毫米，唇瓣提琴形，长约5毫米，3裂，侧裂片近新月形，中裂片倒卵形，长约3.3毫米，唇盘具2红色短脊；蕊柱长约2毫米，中部两侧具臂状物。蒴果球形，径小于1厘米。花期10-11月。

产台湾东南部，生于海拔500-1000米阔叶林中或灌丛中树上。菲律宾有分布。

105. 石仙桃属 Pholidota Lindl. ex Hook.
（陈心启 罗毅波）

附生草本。假鳞茎顶生1-2叶。花葶生于假鳞茎顶端，总状花序常多少弯曲，具数朵或多花，花序轴常稍曲折。苞片大，2列，多少凹入；花小，常不完全张开；萼片相似，常多少凹入，侧萼片背面常有龙骨状突起；花瓣常小于萼片，唇瓣凹入或基部凹入成浅囊状，不裂，稀3裂，唇盘有时有粗脉或褶片；蕊柱短，上端有翅，翅常包花药，无蕊柱足；花粉团4个，蜡质，近等大，成2对，共同附着于粘质物。

约30种，分布于亚洲热带和亚热带南缘地区，南至澳大利亚和太平洋岛屿。我国14种。

1. 假鳞茎近圆柱状，首尾相接，似长茎状 ·· 1. 节茎石仙桃 P. articulata
1. 假鳞茎生于匍匐根状茎，或具短的根状茎相连。
　2. 假鳞茎顶生2叶。
　　5. 苞片宿存，花谢时可见。
　　　6. 假鳞茎直伸，相距0.5-1.5厘米或更密集；花葶生于假鳞茎顶端，初期连同幼叶均包于鞘内，似生于假鳞茎基部，长6-32厘米 ·· 7. 石仙桃 P. chinensis
　　　6. 假鳞茎弧曲或弯曲，相距2-4厘米；花葶生于近假鳞茎基部的根状茎，长1.5-3厘米 ·· 8. 尾尖石仙桃 P. protracta
　　5. 苞片早落，花谢时已脱落。
　　　7. 植株较高大；叶宽3-3.5厘米，叶柄长3-4.5厘米 ·················· 6. 文山石仙桃 P. wenshanica
　　　7. 植株较小；叶宽0.5-1.5（-2.5）厘米，叶柄长不及1.5厘米。
　　　　8. 唇瓣基部凹入或略凹入。
　　　　　9. 唇瓣先端无凹缺。
　　　　　　10. 叶具折扇状脉；花红或紫色 ·················· 2. 云南石仙桃 P. yunnanensis
　　　　　　10. 叶具3主脉；花白或略有红晕 ·········· 3. 尖叶石仙桃 P. missionariorum
　　　　　9. 唇瓣先端凹缺 ·· 4. 岩生石仙桃 P. rupestris
　　　　8. 唇瓣凹入成舟状 ·· 5. 细叶石仙桃 P. cantonensis
　2. 假鳞茎顶生1叶。
　　3. 叶无折扇状脉，具5-7主脉，干后淡褐或淡黑色；花密生，相距2-3毫米。
　　　4. 叶薄革质；苞片具密生细脉；2侧萼片基部离生 ·················· 9. 宿苞石仙桃 P. imbricata
　　　4. 叶纸质；苞片具较疏而略粗的脉；2侧萼片近基部合生 ·········· 10. 粗脉石仙桃 P. bracteata
　　3. 叶具折扇状脉，干后非淡褐或淡黑色；花疏生，相距5-8毫米 ·········· 11. 单叶石仙桃 P. leveilleana

1. 节茎石仙桃　　　　　　　图 969 彩片 456

Pholidota articulata Lindl. Gen. Sp. Orch. Pl. 38. 1830.

假鳞茎近圆柱形，首尾相连，似长茎状，假鳞茎顶生2叶。叶倒卵状椭圆形或长圆形，长7-17.5厘米；叶柄长1-1.5厘米。花葶生于假鳞茎顶端两叶之间，花序具10余花。花梗和子房长6-7毫米；花常淡绿白或白色略淡红，2列，中萼片长圆形或椭圆形，舟状，长0.9-1厘米，侧萼片卵形，斜歪；花瓣长圆状披针形，长约7毫米，唇瓣宽长圆形，缢缩成前后唇，后唇舟状，基部有5褶片，前唇横椭圆形，宽3-4毫米，边缘皱波状；蕊柱粗，长2.5-3毫米。蒴果椭圆形或倒卵状椭圆形，长1.8-2厘米，略具3棱。花

期6-8月，果期10-12月。

产四川西南部、云南及西藏东南部，生于海拔800-2500米林中树上或稍荫蔽的岩石上。尼泊尔、不丹、锡金、印度、东南亚有分布。

2. 云南石仙桃

图 970：1-4

Pholidota yunnanensis Rolfe in Journ. Linn. Soc. Bot. 36: 24. 1903.

根状茎匍匐、分枝，径4-6毫米，密被箨状鞘，假鳞茎相距1-3厘米，近圆柱状，长2-5厘米，径6-8毫米，顶生2叶。叶披针形，坚纸质，长6-15厘米，宽0.7-2.5厘米，具折扇状脉；具短柄。花葶顶生于幼嫩假鳞茎，连幼叶生于近老假鳞茎基部的根状茎上，长7-9厘米，花序具15-20花。苞片长6-8毫米，花期渐落；花白或淡肉色，径3-4毫米；中萼片卵状长圆形，长3.2-3.8毫米，稍凹入，侧萼片宽卵状披针形，舟状；花瓣与中萼片相似，不凹入，唇瓣长圆状倒卵形，略长于萼片，宽约3毫米，先端常微凹缺，近基部稍缢缩凹入成杯状或半球形囊；蕊柱长2-2.5毫米，顶端有翅包药床，翅的两端有微齿。蒴果倒卵状椭圆形，长约1厘米，有3棱。花期5月，果期9-10月。

产湖北西部、湖南、广西、贵州、四川及云南，生于海拔1200-1700米林中、山谷树上或岩石上。越南有分布。

3. 尖叶石仙桃

图 970：5

Pholidota missionariorum Gagnep. in Bull. Mus. Hist. Nat. Pars ser. 2, 3: 145. 1931.

根状茎匍匐，常分枝，径2-3毫米，密被鳞片状鞘，节上疏生根，假鳞茎相距0.5-1厘米，卵形，长1-2厘米，径0.6-1厘米，干后亮淡黄色，顶生2叶。叶披针形，厚革质，长4-8厘米，宽0.6-1厘米，具3主脉，上面中脉凹下，2侧脉凸出；叶柄长3-7毫米。花葶长4-8厘米，花序具8-9花。苞片长6-7毫米，花期渐落；花梗和子房长4-5毫米；花白色或略有红晕，径5-6毫米；中萼片卵形或宽卵形，长4-5毫米，侧萼片略斜歪；花瓣椭圆形，长约3毫

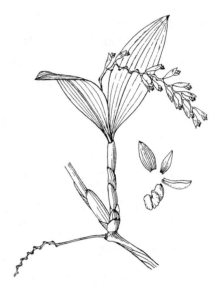

图 969 节茎石仙桃 （张泰利绘）

图 970: 1-4. 云南石仙桃 5. 尖叶石仙桃 （冯晋庸绘）

米，唇瓣近宽长圆形，长约4毫米，边缘皱波状，基部略凹入，唇盘常具5脉；蕊柱粗，长约1.5毫米，顶端有翅包药床，翅略有不规则齿裂。花期10-11月。

产贵州中南部及云南东南部，生于海拔1100-1700米林中树上或稍荫蔽岩石上。

4. 岩生石仙桃 图 971

Pholidota rupestris Hand.-Mazz. Symb. Sin. 7: 1343, 1359. 1936.

　　根状茎匍匐，常分枝，密被鳞片状鞘；假鳞茎相距0.5-1厘米，卵形或近圆柱形，长1-3厘米，径0.5-1.2厘米，基部常为箨状鞘所包，顶生2

叶，极稀3叶。叶线状倒披针形或近宽线形，革质，长2-6.5厘米，宽6-7毫米，边缘稍外卷，中脉与1对侧脉较明显；叶柄长0.4-1厘米。花葶长3-6.5厘米，花序具3-7花。苞片早落；花梗和子房长2-4毫米；花白色，径6-7毫米；中萼片宽卵形，长约3毫米，侧萼片舟状，较中萼片略窄，稍斜歪；花瓣倒卵状圆形，长约2.5毫米，

图 971 岩生石仙桃 （张泰利绘）

具3脉，唇瓣宽倒卵形，长约4毫米，先端凹缺，基部略凹入，唇盘具5脉；蕊柱粗，长约1.2毫米，顶端具窄翅。蒴果倒卵状椭圆形，长约1厘米，略有3棱。花期6月，果期11月。

　　产云南西北部及西藏东南部，生于海拔1700-2600米林中树上或岩石上。缅甸有分布。

5. 细叶石仙桃 图 972 彩片 457

Pholidota cantonensis Rolfe in Kew Bull. 1896: 196. 1896.

　　根状茎匍匐，分枝，径2.5-3.5毫米，密被鳞片状鞘，节上疏生根；假鳞茎相距1-3厘米，窄卵形或卵状长圆形，长1-2厘米，顶生2叶。叶线形

或线状披针形，纸质，长2-8厘米，宽5-7毫米，边缘常多少外卷；叶柄长2-7毫米。花葶长3-5厘米，花序具10余花。苞片卵状长圆形，早落；花梗和子房长2-3毫米；花白或淡黄色，径约4毫米；中萼片卵状长圆形，长3-4毫米，多少呈舟状，背面略具龙骨状突起，侧萼片卵形，斜歪，略宽于中萼片；花瓣宽卵状菱形或宽卵形，

图 972 细叶石仙桃 （冯晋庸绘）

长、宽均2.8-3.2毫米，唇瓣宽椭圆形，长约3毫米，凹入成舟状，先端近平截或钝，唇盘无附属物；蕊柱粗，长约2毫米。蒴果倒卵形，长6-8毫米。花期4月，果期8-9月。

　　产浙江、福建、台湾、江西、湖南、广东及广西，生于海拔200-850米林中或荫蔽处岩石上。

6. 文山石仙桃 图 973

Pholidota wenshanica S. C. Chen et Z. H. Tsi in Bull. Bot. Res. (Harbin) 8(1): 7. f. 1. 1988.

　　根状茎匍匐，粗壮，径0.8-1厘米，被鳞片状鞘，假鳞茎相距约2厘

米，近圆筒状，长7-8厘米，径6-8毫米，顶生2叶。叶长圆状披针形，坚纸质，长25-30厘米，宽3-3.5厘米；叶柄长3-4.5厘米。花葶长17-19厘米，鞘长1.5-3厘米，花序长13.5-15.5厘米，疏生30-35花。苞片膜质，多少对折，长约5毫米，具多脉，花期渐落；花梗和子房长3-4毫米；花径约5毫米，白、淡黄红或淡黄褐色，唇瓣有黄斑；中萼片椭圆形，长约5毫米，侧萼片卵形，稍斜歪；花瓣卵形，长约4毫米，唇瓣近倒卵形，长5-5.5毫米，下部囊状，内具4条粗脉，上部近横椭圆形，宽4-5毫米，边缘稍皱波状，先端微缺；蕊柱稍宽，长约2.2毫米。花期12月。

产广西西北部及云南东南部，生于海拔1400米疏林中岩石上。

图 973 文山石仙桃 （冀朝祯绘）

7. 石仙桃

图 974 彩片 458

Pholidota chinensis Lindl. in Journ. Hort. Soc. London 2: 308. 1847.

根状茎匍匐，茎径3-8毫米或更粗；假鳞茎相距0.5-1.5厘米，窄卵状长圆形。假鳞茎顶生2叶；倒卵状椭圆形或近长圆形，长5-22厘米，宽2-6厘米，具3脉，干后多少带黑色；叶柄长1-5厘米。花葶长12-38厘米，花序常多少外弯，具数朵至20余花。苞片花凋时不脱落；花白或带淡黄色；中萼片卵状椭圆形，长0.7-1厘米，舟状，侧萼片卵状披针形，略窄于中萼片；花瓣披针形，长0.9-1厘米，唇瓣近宽卵形，略3裂，下部成半球形囊，囊两侧有半圆形侧裂片，中裂片卵圆形，长、宽均4-5毫米，囊内无附属物；蕊柱长4-5毫米。蒴果倒卵状椭圆形，长1.5-3厘米，有6棱，3棱有窄翅。花期4-5月，果期9月至翌年1月。

产浙江南部、福建、广东、香港、海南、广西、贵州、云南及西藏东南部，生于海拔1500(-2500)米以下林中或林缘树上、岩壁或岩石上。越南及缅甸有分布。

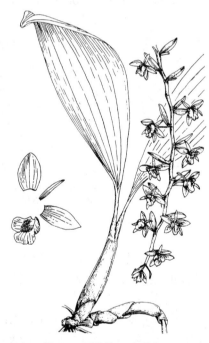

图 974 石仙桃 （李爱莉绘）

8. 尾尖石仙桃

图 975

Pholidota protracta Hook. f. in Hook. Icon. Pl. 19: t. 1877. 1889.

根状茎近圆柱状，径2.5-3.5毫米，节间较长，末端生出假鳞茎，基部生出根状茎，假鳞茎近圆柱状，弯曲，长1.7-4.5厘米，径2.5-5毫米，相距2-4厘米，顶生2叶。叶窄椭圆状披针形，长7.3-12.5厘米，纸质；叶柄长0.3-1.2厘米。花葶长1.5-3厘米，花序具3-7花。苞片花谢后未落；花梗和子房长5-7毫米；花淡黄色；萼片卵状长圆形，长约4毫米，侧萼片稍

斜歪；花瓣窄倒卵形，长约3毫米，唇瓣近卵状长圆形，长约4毫米，略3裂，先端凹缺，基部成浅杯状；蕊柱长约3.5毫米。蒴果倒卵状椭圆形，长约1厘米，有3棱。花期10月。

产云南西北部及西藏东南部，生于海拔1800-2500米沟谷阔叶林中树上或石壁上。尼泊尔、不丹、锡金、印度东北部及缅甸有分布。

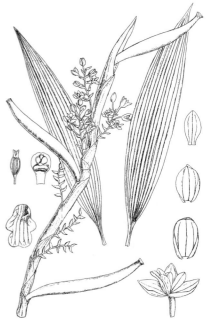

图 975 尾尖石仙桃 （引自《Hook. Ic. Pl.》）

9. 宿苞石仙桃

图 976 彩片 459

Pholidota imbricata Hook. Exot. Fl. 2: t. 138. 1825.

根状茎匍匐，具多节；假鳞茎密接，近长圆形，略4钝棱，顶生1叶。叶长圆状倒披针形或长圆形，长7-25厘米，薄革质；叶柄长1.5-5厘米。花葶长25-50厘米，花序下垂，长达30厘米，密生数十朵花。苞片具密生细脉，宿存；花梗和子房长4-5毫米；花白或略红色；中萼片近圆形或宽椭圆形，长3-4.5毫米，舟状；侧萼片离生，卵形，长4-6毫米，舟状；花瓣近线状披针形，长3-4.5毫米，宽1-1.5毫米，唇瓣长4-6毫米，囊状，略3裂，侧裂片近宽长圆形，中裂片近长圆形，

宽3-4毫米，先端凹缺，边缘略波状，凹入部分近基部有2-3褶片或粗脉；蕊柱粗，长3-4毫米。蒴果倒卵状椭圆形，长1-1.3厘米。花期7-9月，果期10月至翌年1月。

产四川西南部、云南及西藏东南部，生于海拔1000-2700米林中树上或岩石上。尼泊尔、不丹、锡金、印度、东南亚有分布。

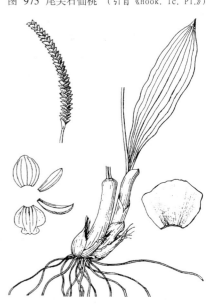

图 976 宿苞石仙桃 （张泰利绘）

10. 粗脉石仙桃

图 977：1-4

Pholidota bracteata (D. Don) Seidenf. in Opera Bot. 89: 100. 1986.

Ptilocnema bracteatum D. Don, Prodr. Fl. Nepal. 33. 1825.

根状茎较短，径5-6毫米，密被鳞片状鞘；假鳞茎密接，近窄长圆形，略4钝棱，长1.8-6厘米，顶生1叶。叶椭圆状倒披针形，纸质，长10-23厘米，宽2.3-5.5厘米；叶柄长1-4厘米。花葶长10-25厘米，花序下垂，密生数十朵花。苞片长3-5毫米，具多数较疏而略粗的脉；花梗和子房长3-4毫米；花白略淡红色；中萼片宽椭圆形，长4-5毫米，凹入，背面中脉略凸起，侧萼片宽卵状长圆形，斜歪，2侧萼片近基部合生；花瓣卵状椭圆形，

长约4毫米，唇瓣长4-6毫米，成浅囊状，3裂，侧裂片卵形，中裂片横长圆形，宽约4毫米，先端凹缺，浅囊近基部有2-3粗脉；蕊柱长约3毫米。蒴果近倒卵形，长约1厘米。花期6-7月，果期10月。

产云南，生于海拔1300-2700米林中树干上。尼泊尔、锡金、不丹、印度东北部、缅甸、越南、老挝、泰国有分布。

11. 单叶石仙桃　　　　　　图 977：5 彩片 460

Pholidota leveilleana Schltr. in Fedde, Repert. Sp. Nov. 12: 107. 1913.

根状茎较粗短；假鳞茎密集，窄卵形或长圆形，长2.5-4.5厘米，顶生1叶。叶窄椭圆形或窄椭圆状披针形，长15-25厘米，宽2-3.5厘米；叶柄长3.5-8厘米。花葶长18-25厘米或更长，常多少下垂，花序疏生12-18花。苞片果期已落；花白略带粉红色，唇瓣带淡褐白色，柱头红色；萼片宽卵状椭圆形，长5-7毫米，侧萼片背面有龙骨状突起；花瓣卵状椭圆形，长4-5毫米，唇瓣宽长圆形，长5-6毫米，上部3/5处缢缩成前后唇，后唇浅杯状，边缘平展，宽约1毫米，内有3条

图 977：1-4. 粗脉石仙桃 5. 单叶石仙桃
（李爱莉绘）

粗脉，前唇横长圆形，先端凹缺，边缘略波状；蕊柱长约3毫米。蒴果窄倒卵形，长约2厘米。花期5月。

产广西及贵州南部，生于海拔500-900米疏林下或稍荫蔽岩石上。

106. 耳唇兰属 Otochilus Lindl.
（陈心启　罗毅波）

附生草本。假鳞茎圆柱形，近末端处相连形成长茎状，常悬垂，连接处常生根。假鳞茎顶生2叶，叶有短柄。花葶生于假鳞茎顶端两叶之间，连同幼嫩假鳞茎和叶生于老假鳞茎近顶端，总状花序常下垂，具数朵或多花。苞片草质；花小，近2列；萼片离生；花瓣较萼片窄小，唇瓣近基部3裂，基部凹入成球形囊，侧裂片耳状，包蕊柱，中裂片较大，具爪，囊内常有脊或褶片；蕊柱较长，几无蕊柱足，花粉团4个，成2对，蜡质，花粉团末端粘合。

5种，产喜马拉雅地区至中南半岛。我国4种。

1. 叶线状披针形或近线形，宽0.7-1.1厘米，中脉稍偏一侧；唇瓣基部耳状侧裂片基部上侧合生成囊的一部分隔开中裂片与囊之间的通道，囊内无附属物 ·················· 1. **狭叶耳唇兰 O. fuscus**
1. 叶窄椭圆形或椭圆状披针形，宽2厘米以上，中脉居中；唇瓣基部耳状侧裂片基部上侧不合生，囊内有脊、褶片或其他附属物。
　2. 唇瓣基部耳状侧裂片长3-4毫米，宽约2毫米，顶端达蕊柱1/2-1/3，中裂片卵状椭圆形，蕊喙窄披针形，长1.5-2毫米 ·················· 2. **耳唇兰 O. porrectus**
　2. 唇瓣基部耳状侧裂片长1.5-2毫米，宽约0.5毫米，顶端达蕊柱1/4，中裂片长圆状披针形，蕊喙舌状，长约1毫米 ·················· 3. **宽叶耳唇兰 O. lancilabius**

1. 狭叶耳唇兰　　　　　　图 978 彩片 461

Otochilus fuscus Lindl. Gen. Sp. Orch. Pl. 35. 1830.

假鳞茎近圆筒形，假鳞茎连接处生根。叶2枚近等大，线状披针形或

近线形，长10-20厘米，宽0.7-1.1厘米，中脉稍偏一侧；叶柄长1.5-3厘米。花葶长12-17厘米，多少下弯，花序具10余花。苞片花期不全落；花白或带淡黄色；中萼片近窄卵状长圆形，长7-8毫米，侧萼片略窄，多少斜歪；花瓣较萼片短，宽约1.5毫米，唇瓣3裂，基部耳状侧裂片先端啮蚀状，基部上侧合生成囊的一部分并隔开中裂片与囊之间的通道，中裂片窄椭圆形，略有爪，囊近球形，径约1毫米，内无附属物；蕊柱纤细，上部稍前倾，长约5毫米，基部略伸出，蕊柱足不明显，上部在柱头两侧有翅。蒴果倒卵状椭圆形，长0.7-1厘米。花期3月，果期10月。

产云南，生于海拔1200-2100米林中树上。尼泊尔、不丹、锡金、印度东北部、缅甸、越南、柬埔寨及泰国有分布。

图 978 狭叶耳唇兰 （冯晋庸绘）

2. 耳唇兰 宽叶耳唇兰 图 979：1-2

Otochilus porrectus Lindl. Gen. Sp. Orch. Pl. 36. 1830.

Otochilus forrestii W. W. Smith；中国高等植物图鉴 5：692. 1976.

植株甚长。假鳞茎圆筒形，在连接处生根。叶窄椭圆形或窄椭圆状披针形，长7-20厘米，宽2.1-4.1厘米，中脉居中；叶柄长1-2.5厘米。花葶连同幼嫩假鳞茎和叶从老假鳞茎近顶端处发出，长15-20厘米，多少下弯；总状花序疏生数花。苞片早落；花白色，有时萼片背面和唇瓣略带黄色；中萼片近长圆状倒披针形，长1.1-1.3厘米，宽约2.5毫米；侧萼片近长圆形；花瓣近线形，宽约0.8毫米；唇瓣3裂，基部耳状侧裂片长圆形，长3-4毫米，宽约2毫米，直立，围抱蕊柱，顶端达蕊柱中部1/2-1/3，中裂片卵状椭圆形，爪长约1毫米，唇瓣基部囊内有3条厚脊，从囊基部延至近中裂片基部，上端有2条较短的脊，蕊柱长约1厘米，上部有翅；花药有喙，长达2毫米，蕊喙长1.5-2毫米。蒴果倒卵状椭圆形，长达2厘米。花果期10-12月。

图 979：1-2. 耳唇兰 3. 宽叶耳唇兰 （冯晋庸绘）

产四川中南部及东南部、云南西北及东南部，生于海拔1000-2100米林中树上。印度、缅甸、泰国及越南有分布。

3. 宽叶耳唇兰 图 979：3 彩片 462

Otochilus lancilabius Seidenf. in Opera Bot. 89：94. 1986.

植株长。假鳞茎圆筒形。叶2枚近等大，椭圆状披针形或窄椭圆形，长12-19厘米，宽2.5-4.2厘米，中脉居中；叶柄长1.5-2.5厘米。花葶常略短

于叶，花序疏生数花。苞片早落；花梗和子房长1-1.2厘米；花白色；中萼片窄长圆形，舟状，长1.3-1.5厘米，侧萼片略斜歪；花瓣线形，宽约0.7毫米；唇瓣3裂，耳状侧裂片位于基部，长1.5-2毫米，宽约0.5毫米，直立，包蕊柱，顶端达蕊柱1/4，中裂片长圆状披针形，长1-1.2厘米，有短爪，

唇瓣基部囊内有3-4略厚脊状附属物；蕊柱近棒状，长1.3-1.4厘米，上部自柱头两侧具翅；花药无喙，椭圆形，长约1毫米。蕊喙舌状，长约1毫米。蒴果近倒卵状椭圆形，长1.5-2厘米。花期10-11月。

产云南及西藏东南部，生于海拔1500-1800米林中树上。尼泊尔、不丹、锡金、印度东北部及老挝有分布。

107. 新型兰属 Neogyna Rchb. f.
（陈心启 罗毅波）

附生草本。根状茎径约8毫米，具多数纤维根；假鳞茎窄卵形或近圆柱形，长9-15厘米，径1-2厘米，相距1-2厘米，顶生2叶。叶纸质或坚纸质，窄椭圆状倒披针形，长30-44厘米，宽4-8厘米；叶柄长4-5厘米。花葶连同幼嫩假鳞茎和叶生于近老鳞茎基部的根状茎上，长10-20厘米，总状花序具数朵至10余花。苞片宽卵状椭圆形或近圆形，长1.5-2.8厘米，细脉多数；花下垂，花被片几不张开；花白色；萼片离生，近长圆形，长4-4.5厘米，背面龙骨状突起，基部囊深约4毫米，侧萼片囊较深，位于中萼片囊的下侧；花瓣线形，质较薄，宽3-4毫米，唇瓣倒卵形，长4-4.5厘米，3裂，侧裂片圆钝，中裂片近肾形，唇盘有2褶片，基部囊深4-5毫米；蕊柱长约3.5毫米，两侧具翅，无足，花药内倾，花粉团4个，成2对，腊质，窄倒卵形，有裂隙，花粉团柄略扁，附着粘物质。蒴果倒卵状椭圆形，长约3.5厘米，具6翅状棱，翅宽约3毫米。

单种属。

新型兰　图980　彩片463

Neogyna gardenriana (Lindl.) Rchb. f. in Bot. Zeit. 10: 931. 1852.

Coelogyne gardenriana Lindl. in Wall. Pl. Asiat. Rar. 1:33 t.. 38. 1830

形态特征同属。花期11月至翌年1月。

产云南，生于海拔600-2200米林中树上或荫蔽山谷岩石上。老挝、泰国、缅甸、印度、不丹及尼泊尔有分布。

图 980 新型兰 （冯晋庸绘）

108. 蜂腰兰属 Bulleyia Schltr.
（陈心启 罗毅波）

附生草本。根状茎粗短；假鳞茎密集，窄卵状椭圆形，长3.5-7厘米，径1-2厘米，干后金黄色，顶生2叶。叶线状披针形或近披针形，坚纸质，长16-43厘米，宽1.5-3厘米，脉多数；叶柄长5-12厘米。花葶长30-66厘米，生于两叶之间，连同幼嫩假鳞茎和幼叶生于近老假鳞茎基部的根状茎上，俯垂，总状花序长达16厘米，具多花，花序轴左右曲折。苞片2列套叠，淡红绿色，宽卵形，长1.5-2厘米，纵脉多数，花后渐落；花梗和子房长6-7毫米；花白色，唇瓣淡褐色，药帽红褐色；中萼片卵状长圆形，长1.2-1.4厘米，侧萼片窄卵状披针形，长1.5-1.8厘米，靠合成囊状；花瓣线形，宽2-3毫米，唇瓣长圆形，长1.2-1.4厘米，中部缢缩，稍提琴形，距前弯，长4-6毫米，包于2侧萼片基部之内；蕊柱长0.8-1厘米，无足，上部有翅，翅宽2-3毫米，花药近直立，花粉团4个，蜡质，基部粘合，柱头凹下，蕊喙舌状。蒴果倒卵状椭圆形，长1.5-2厘米；蕊柱宿存。

我国特有单种属。

蜂腰兰

图 981　彩片 464

Bulleyia yunnanensis Schltr. in Notes Roy. Bot. Gard. Edinb. 5: 108. t. 82. 1912.

形态特征同属。花期7-8月，果期10月。

产云南，生于海拔1300-2500米林中树干上或山谷岩石上。

图 981　蜂腰兰　（蔡淑琴绘）

109. 瘦房兰属 Ischnogyne Schltr.

（陈心启 罗毅波）

附生草本。根状茎短，节生多数纤维根；假鳞茎下部平卧，上部直立，近圆柱形，长1.5-3厘米，径2.5-3.5毫米，弯曲，顶生1叶。叶近直立，窄椭圆形，薄革质，长4-7厘米；叶柄长1-2厘米。花葶生于假鳞茎顶端，长5-7厘米，顶生1花。苞片膜质，卵形，长5-7毫米；花梗和子房长1-2厘米；花白色；萼片离生，线状披针形，长2.8-3.2厘米，宽3-3.5毫米，侧萼片基部有囊，长约3毫米；花瓣与萼片相似，稍短，宽约2.5毫米，唇瓣窄倒卵形，长约3厘米，3裂，侧裂片小，中裂片近方形，基部有2紫色斑块，距长约3毫米，部分包于2侧萼片基部之内；蕊柱长约2.5厘米，无足，下部翅宽不及0.5毫米，上部翅一侧宽达2.5毫米；花药前倾，花丝不明显，花粉团4个，蜡质，无附属物，基部粘合，柱头凹下，蕊喙宽舌状。蒴果椭圆形，长1.6-2厘米。

我国特有单种属。

瘦房兰

图 982　彩片 465

Ischnogyne mandarinorum (Kraenzl.) Schltr. in Fedde, Repert. Sp. Nov. 12: 107. 1913.

Coelogyne mandarinorum Kraenzl. in Bot. Jahrb. 29: 269. 1901.

形态特征同属。花期5-6月，果期7-8月。

产甘肃南部、陕西南部、湖北西部、四川及贵州，生于海拔700-1500米林下或沟谷岩石上。

图 982　瘦房兰　（冯晋庸绘）

110. 多穗兰属 Polystachya Hook.
（陈心启 罗毅波）

附生草本。茎短或有时基部具假鳞茎，有1至数叶。叶2列，基部具鞘，有关节。花序顶生，具多花。花不扭转；中萼片离生，侧萼片基部与蕊柱足合生成萼囊；花瓣与中萼片相似或较窄，唇瓣位于上方，基部着生蕊柱足末端，具关节，无距，唇盘常有粉质毛；蕊柱短，具足，花粉团4个，每不等大的2个成对，或2个，每个具深裂隙，蜡质，粘盘柄短，粘盘小。

约150种，主要分布于非洲热带地区与南部地区，少数产美洲热带与亚热带地区。亚洲热带地区及我国1种。

多穗兰   图 983

Polystachya concreta（Jacq.）Garay et Sweet in Orquideologia 9（3）：206. 1974.

Epidendrum concretum Jacq. Enum. Syst. Pl. 30. 1760.

Polystachya flavescens（Bl.）J. J. Smith；中国高等植物图鉴 5：716. 1976.

植株高达29厘米。假鳞茎卵形或圆锥形，略扁，长1-2厘米。叶3-5，窄长圆形或窄倒卵状披针形，长7-18厘米，叶鞘长1-3厘米，一侧开裂。花序长

图 983 多穗兰（冀朝祯绘）

3-10厘米，有1-4分枝，稀不分枝，花序轴多少有窄翅，分枝长1-2厘米，具3-8花。苞片窄披针形或近钻形，长2-5毫米；花梗和子房长0.8-1.2厘米；花小，较密集，淡黄色；中萼片近卵形，长3.5-4毫米，侧萼片宽卵状三角形，基部宽达4毫米，生于蕊柱足上，成萼囊；花瓣线状倒披针形，长2.5-3毫米，宽约0.5毫米，唇瓣长3.5-4毫米，有短爪，3裂，侧裂片内弯，中裂片近圆形，边缘波状，有不规则缺刻，先端微缺，中央增厚；蕊柱长约1毫米。蒴

果椭圆形，长1.2-1.4厘米。花果期8-9月。

产云南南部，生于海拔1000-1500米密林中或灌丛中树上。印度、东南亚、美洲及非洲热带及亚热带地区有分布。

111. 毛兰属 Eria Lindl.
（陈心启 罗毅波）

附生植物。具根状茎及假鳞茎。稀无假鳞茎。叶常生于假鳞茎顶端或近顶端节上，稀生于茎上。花序总状，稀单花。萼片离生，侧萼片多少与蕊柱足合成萼囊；唇瓣生于蕊柱足末端，无距，常3裂，上面常有脊或胼胝体；蕊柱具足；花药不完全4室，花粉团8个，每4个成一群，蜡质，有柄，附着于粘盘。蒴果圆柱形。

约370余种，分布于亚洲热带至大洋洲。我国43种。

1. 叶在芽中席卷；假鳞茎圆锥形，具2叶；花序具多花 ·················· 3. 香花毛兰 **E. javanica**
1. 叶在芽中对折。
  2. 植株被毛或仅抱茎叶鞘被毛；唇瓣不裂。
    3. 植株高达1米，全株被红褐色绒毛；叶非肉质，长6厘米以上，宽1厘米以上 ····· 1. 高茎毛兰 **E. pulvinata**
    3. 植株高4-6厘米，全株被长硬毛；叶肉质，长2厘米以下 ··············· 2. 小叶毛兰 **E. microphylla**
  2. 植株无毛或仅叶鞘无毛；唇瓣常3裂，稀不裂。

4. 茎或假鳞茎具1个节间。

  5. 假鳞茎紧靠，长不及1厘米；花序具1至多花。

    6. 假鳞茎不包于白色、具网脉的膜质鞘内，根状茎每隔3-5厘米着生1对假鳞茎；唇瓣披针形，具不明显锯
      齿 ·· **4. 对茎毛兰 E. pusilla**

    6. 假鳞茎包于白色、具网脉的膜质鞘内，紧集着生；唇瓣倒卵形或倒卵状披针形，具锯齿 ··············
      ·· **5. 小毛兰 E. sinica**

  5. 假鳞茎长于1厘米。

    7. 花序轴和萼片外被红棕或黄棕色绒毛 ················· **25. 厚叶毛兰 E. crassifolia**

    7. 花序轴和萼片均无毛或近无毛。

      8. 假鳞茎具1叶；苞片长2-4厘米，长于花梗和子房 ········· **6. 玫瑰毛兰 E. rosea**

      8. 假鳞茎具2叶；苞片长不及1.5厘米。

        9. 植株干后黑色；假鳞茎细长，径不及1厘米。

          10. 苞片披针形或线形，长5毫米 ················· **9. 足茎毛兰 E. coronaria**

          10. 苞片卵状披针形，长0.6-1.1厘米 ··········· **10. 香港毛兰 E. gagnepainii**

        9. 植株干后非黑色；假鳞茎卵形或长圆形，径1厘米以上。

          11. 假鳞茎密生，幼时卵形，熟时圆柱形；叶长15-45厘米；唇瓣具3褶片 ··· **8. 半柱毛兰 E. corneri**

          11. 假鳞茎疏生；叶长20厘米以下。

            12. 花序短于叶，具3-6花；唇瓣具4-6褶片；叶长5-15厘米 ············· **7. 匍茎毛兰 E. clausa**

            12. 花序稍长于叶，具单花；唇瓣具2褶片；叶长2-5厘米 ··········· **11. 菱唇毛兰 E. rhomboidalis**

4. 茎或假鳞茎具2个以上节间。

  13. 叶指状圆柱形；花序、苞片及萼片背面均密被白色绒毛 ········· **12. 指叶毛兰 E. pannea**

  13. 叶扁平。

    14. 假鳞茎疏生匍匐根状茎上；花序生于假鳞茎基部 ··········· **13. 黄绒毛兰 E. tomentosa**

    14. 茎或假鳞茎密生；花序生于茎或假鳞茎上部。

      15. 花长不及1厘米，在花序上密集 ················· **14. 鹅白毛兰 E. stricta**

      15. 花较大，若花小，则较疏生于花序轴。

        16. 花序具2花，稀具1花；花梗基部具较大苞片，唇盘具增厚附属物 ······ **15. 棒茎毛兰 E. marginata**

        16. 花序花较多；唇盘无上述附属物。

          17. 唇瓣不裂，具2薄片状附属物，无龙骨状突起 ················· **27. 大足毛兰 E. ovata**

          17. 唇瓣具侧裂片，唇盘具龙骨状突起或褶片。

            18. 茎圆柱形，高20-50厘米；叶多枚，2列着生于茎上部 ··········· **16. 竹叶毛兰 E. bambusifolia**

            18. 茎多膨大成假鳞茎；叶较少，多聚生茎顶。

              19. 花较大，疏生于花序轴；唇瓣与蕊柱足有关节相连，成锐角或连接部分膝状弯曲。

                20. 叶肉质；唇瓣5裂，基部2裂片稍耳状 ················· **25. 厚叶毛兰 E. crassifolia**

                20. 叶纸质或革质；唇瓣不裂或3裂。

                  21. 花序具1-3（4）花；假鳞茎长1-2（-2.5）厘米，径不及1厘米，紧密排成1列；叶2（3）枚。

                    22. 唇瓣具短爪，爪连接蕊柱足，侧裂片三角形 ················· **21. 高山毛兰 E. reptans**

                    22. 唇瓣无爪，具短囊，侧裂片近半圆形 ················· **22. 马齿毛兰 E. szetschuanica**

                  21. 花序具多花；假鳞茎长3厘米以上（若短于3厘米则径1厘米以上），基部密接。

                    23. 假鳞茎常分枝，分枝长10-15厘米，圆柱状；花序常悬垂；叶4-6丛生枝顶 ··········
                    ·· **24. 台湾毛兰 E. formosana**

                    23. 假鳞茎不分枝；花序直立或下弯。

                      24. 花序多少具锈色毛。

25. 花黄色带紫褐色脉纹, 唇瓣近先端3裂, 侧裂片内侧无胼胝体 ···················· 17. 粗茎毛兰 E. amica
25. 花白色, 唇瓣中部或近基部分裂, 侧裂片内侧具胼胝体。
　26. 唇瓣近中部分裂, 侧裂片长圆形, 与中裂片近直角, 中裂片近扁圆形; 叶宽0.5-1(3)厘米 ··········
　　·· 19. 禾叶毛兰 E. graminifolia
　26. 唇瓣近基部分裂, 侧裂片小, 卵状三角形, 中裂片近肾形; 叶宽2-3.4厘米 ·················
　　·· 18. 反苞毛兰 E. excavata
24. 花序、花梗和子房均无毛或近无毛。
　27. 苞片长0.5-1厘米 ···································· 23. 钝叶毛兰 E. acervata
　27. 苞片长1-2厘米 ···································· 20. 长苞毛兰 E. obvia
19. 花小, 密集, 花序棒状或球状; 唇瓣具短爪, 与蕊柱足相连, 非膝状弯曲, 无明显关节, 蕊柱足上部中空, 向上反曲 ························· 26. 密花毛兰 E. spicata

1.　高茎毛兰　　　　　　　图 984
Eria pulvinata Lindl. in Journ. Linn. Soc. Bot. 3: 56. 1859.

全株被红褐色绒毛。无假鳞茎; 具根状茎。茎高达1米, 径约6毫米, 具多节。叶披针形或长圆状披针形, 长6-10厘米, 宽1-1.8厘米, 偏斜, 基部鞘长1.5-2厘米。花序着生茎中上部, 与叶对生, 长约2厘米, 具1-2花, 基部具鞘。苞片卵状披针形, 与花梗及子房均长6毫米; 花白色; 中萼片长圆形, 长约1厘米, 侧萼片卵状三角形, 偏斜, 长约1厘米, 与蕊柱足合成萼囊; 花瓣披针形, 稍短于中萼片, 宽约2毫米, 唇瓣近匙形, 长约1.3厘米, 下部1/3密被刚毛, 具3褶片, 上部1/3外曲, 具2-3弯曲小褶片; 蕊柱长约4毫米, 蕊柱足长约5毫米。蒴果椭圆状, 长近1厘米, 疏被长硬毛; 果柄极短, 被较密的长硬毛。花期7月, 果期翌年3月。

产广西南部及云南南部, 生于海拔1200-2000米林下岩石上。锡金、印度及东南亚有分布。

图 984 高茎毛兰 (引自《图鉴》)

2.　小叶毛兰　毛叶毛兰　　　图 985
Eria microphylla (Bl.) Bl. Mus. Bot. Lugd. Bat. 2: 184. 1856.
Trichotosia microphylla Bl. Bijdr. 7: 343. 1825.
Eria dalatensis auct. non Gagnep.: 中国高等植物图鉴 5: 986. 1976.

植株高4-6厘米, 全株被灰白色长硬毛。茎近顶端被深褐色硬毛, 具根状茎; 茎近簇生或相距1-1.5厘米, 圆柱形, 具叶鞘。叶5-10, 互生, 肉质, 窄椭圆形或倒披针形, 长0.8-1.7厘米, 宽3-5毫米。花序生于茎上部叶鞘中, 与叶相对, 顶生1花。苞片披针形, 长约6毫米; 花梗和子房长约3毫米; 花黄色; 中萼片卵形, 长约3毫米, 侧萼片长圆形, 长约5毫米,

基部与蕊柱足合成长约4毫米的萼囊；花瓣长圆形，无毛，唇瓣近倒卵状长圆形，长约5毫米，近中部稍缢缩，基部弯曲，具5褶片，中部具椭圆形紫色胼胝体，上部中间有"V"型无毛区；蕊柱粗，长约1.5毫米，蕊柱足长约4毫米。蒴果椭圆状圆柱形，长约6毫米。花期4-6月，果期11月。

产海南及云南西南部，生于海拔1000-1500米林中树干。越南、泰国至印度尼西亚有分布。

图 985 小叶毛兰 （引自《Opera. Bot.》）

3. 香花毛兰　　　　　　　　　图 986 彩片 466

Eria javanica (Sw.) Bl. Rumphia 2: 23. 1836.

Dendrobium javanicum Sw. in Kgl. Sv. Vet. Akad. Nya Handl. 21: 247. 1800.

假鳞茎圆锥状，长6-7厘米，径1.2-1.5厘米，近顶端生2叶。叶椭圆状披针形，长达36厘米，宽5-6厘米，无柄。花序近顶生，长达50厘米，具多花，花序轴、花梗及子房均具锈色毛。苞片早落；花梗和子房长1.2-1.5厘米；花白色，芳香；萼片背面被锈色柔毛；中萼片披针形，长1.5-2厘米，侧萼片镰状披针形，稍短于中萼片，基部与蕊柱足合成长约5毫米萼囊；花瓣披针形，长1.5-2厘米，唇瓣卵状披针形，长约1.4厘米，3裂，侧裂片长圆形，中裂片长圆状披针形，长7-8毫米，唇盘具3褶片；蕊柱粗，长约5毫米，蕊柱足长5-6毫米。花期8-10月。

产台湾及云南西南部，生于海拔300-1000米林中。印度东北部、缅甸至东南亚有分布。

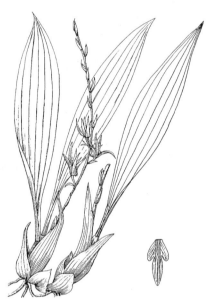

图 986 香花毛兰 （蔡淑琴绘）

4. 对茎毛兰　　　　　　　　　图 987 彩片 467

Eria pusilla (Griff.) Lindl. in Journ. Linn. Soc. Bot. 3: 48. 1859.

Conchidium pusillum Griff, Icon. Pl. Asiat. 3: t. 310. 1851.

植株高达3厘米。根状茎细长，被灰白色膜质鞘，每隔2-5厘米着生1对半球形假鳞茎。叶2-3，生于对生假鳞茎之间，倒卵状披针形、倒卵形或近椭圆形，长0.7-1厘米，宽2-4毫米，先端具长1-1.5毫米的芒；叶柄长约2毫米。花序生于叶内侧，纤细，长1-1.5厘米，具

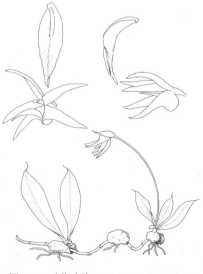

图 987 对茎毛兰 （引自《Opera. Bot.》）

1-2花。苞片较花梗和子房长，卵形，具短尖头或刚毛状；花白色；中萼片披针形，长约6毫米，侧萼片三角状披针形，基部与蕊柱足合成内弯萼囊；花瓣与中萼片近似，较窄，唇瓣披针形，基部窄，具细缘毛，唇盘具2条线纹，延伸近中部；蕊柱足与唇瓣近等长，稍弯曲。花期10-11月。

产福建南部、香港、广西西南部、云南东南部及西藏东南部，生于海拔600-1500米密林中阴湿岩石上。印度东北部、缅甸、越南及泰国有分布。

5. 小毛兰　　　　　　　　　　　图 988

Eria sinica (Lindl.) Lindl. in Journ. Linn. Soc. Bot. 3: 48. 1859.

Conchidium sinicum Lindl. in Journ. Bot. Kew Misc. 7: 34. 1855.

植株高1-2厘米。假鳞茎密集，近球形或扁球形，径3-6毫米，包于白色、具网脉的膜质鞘内，顶端2-3叶。叶倒披针形、倒卵形或近圆形，长0.5-1.4厘米，具细尖头；叶柄长2-3毫米。花序生于假鳞茎顶端叶的内侧，长约5毫米，具1-2花。苞片卵形，长约2毫米；花白或淡黄色；中萼片卵状披针形，长约4毫米，侧萼片卵状三角形，稍偏斜，长约4.5毫米，基部与蕊柱足合成萼囊；花瓣披针形，长约4毫米，唇瓣近椭圆形，长约3.5毫米，中、上部具不整齐细齿，上面基部具3条不等长线纹；蕊柱长1毫米，蕊柱足长2毫米。花期10-11月。

图 988 小毛兰 （蔡淑琴绘）

产广东南部、香港及海南，生于林中，常与苔藓混生石上或树干上。

6. 玫瑰毛兰　　　　　　　　　　图 989

Eria rosea Lindl. in Bot. Reg. 12: t. 978. 1826.

根状茎径达1厘米；假鳞茎密集或相距1-2厘米，老时卵形，长2-5厘米，顶生1叶。叶厚革质，披针形或长圆状披针形，长16-40厘米，宽2-5厘米；叶柄长3-6厘米。花序生于假鳞茎顶端，与叶近等长，疏生2-5花。苞片长2-5厘米；花梗和子房长1-3厘米；花白或淡红色；中萼片卵状长圆形，长约1.2厘米，侧萼片三角状披针形，长约1.4厘米，背面有高达近2毫米的翅，萼囊长约4毫米；花瓣近菱形，长约1.1厘米，唇瓣倒卵状椭圆形或近卵形，长1.3-1.4厘米，3裂，侧裂片半卵形，先端内弯，中裂片近匙形或近方形，长4-6毫米，宽4-5毫米，先端近圆，中央微凹；唇盘有2-3肥厚褶片及7条细褶片；蕊柱长达6毫米，蕊柱足长4-6毫米。蒴果圆柱形，长3-

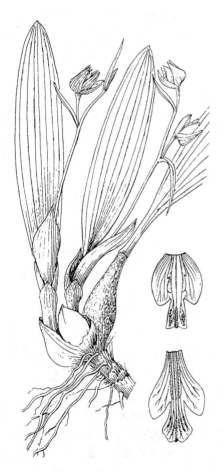

图 989 玫瑰毛兰 （蔡淑琴绘）

4厘米。花期1-2月，果期3-4月。

产广东西南部、香港及海南，生于海拔约1300米密林中，附生树干或岩石上。

7. 匍茎毛兰

图 990 彩片 468

Eria clausa King et Pantl. in Journ. Al. Soc. 65: 121. pl. 2. 1896.

根状茎纤细；假鳞茎相距1-6厘米，卵球状或卵状长圆形，长1.5-3厘米，径0.6-1厘米，顶生1-3叶。叶椭圆状，长5-15厘米，宽1.5-3厘米；叶柄长1-3厘米。花序1，稀2个，生于叶内侧，长8-10厘米，疏生2-6花。苞片长1-4毫米；花梗和子房长5-7毫米；花淡黄绿或淡绿色；中萼片长圆形，长0.8-1厘米，侧萼片镰状披针形，基部与蕊柱足合成长约4毫米的萼囊；花瓣镰状长圆形，长0.6-1厘米，唇瓣倒卵形，长约7毫米，3裂，侧裂片近斜长圆形，中裂片宽卵形，长约3毫米，具3条高褶片，褶片上部波状弯曲，两侧褶片各分出一条波状弧形褶片；蕊柱长约4毫米，蕊柱足长约3毫米。蒴果椭圆状，长1-1.5厘米。

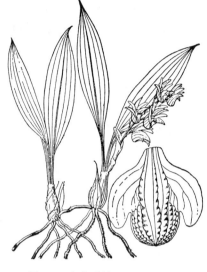

图 990 匍茎毛兰 （引自《图鉴》）

花期3月，果期4-5月。

产广西西北部、云南东南及西南部、西藏东南部，生于海拔1000-1700米阔叶林中树干和岩石上。锡金及印度东北部有分布。

8. 半柱毛兰

图 991

Eria corneri Rchb. f. in Gard. Chron. n. s. 2: 106. 1878.

植株无毛；假鳞茎密生，卵状长圆形或椭圆形，长2-5厘米，径1-2.5厘米，顶生2-3叶。叶椭圆状披针形或倒卵状披针形，干时两面有灰白色

小疣点，长15-45厘米，宽1.5-6厘米；叶柄长2-3厘米。花序1个，生于假鳞茎近顶端叶外侧，具10余朵或多花。苞片三角形，长约1毫米；花白或略黄色；萼片和花瓣均具白色线状突起物；中萼片卵状三角形，长约1厘米，侧萼片镰状三角形，长约1厘米，基部与蕊柱足形成萼囊；花瓣线状披针形，略镰状，宽约1.2毫米，唇瓣卵形，

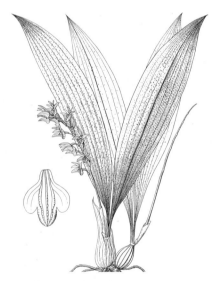

图 991 半柱毛兰 （引自《图鉴》）

3裂，长约1厘米，侧裂片半圆形，中裂片卵状三角形，长3-3.5毫米，唇盘具3条波状褶片，中裂片上面具密集鸡冠状或流苏状褶片；蕊柱长约3毫米，蕊柱足长约5毫米。蒴果倒卵状圆柱形，长约1.5厘米。花期8-9月，果期10-12月，翌年3-4月蒴果开裂。

产福建南部、台湾、广东、香港、海南、广西、湖南西南部、贵州西南部、四川及云南，生于海拔500-1500米林中树上或林下岩石上。日本（琉球群岛）及越南有分布。

9. 足茎毛兰　　　　　　　　　　图 992：1-2 彩片 469

Eria coronaria (Lindl.) Rchb. f. in Walp. Ann. Bot. Syst. 6: 272. 1861.

Coelogyne coronaria Lindl. in Bot. Reg. 27: 83. 1841.

植株无毛。具根状茎；假鳞茎密集或相距1-2厘米，圆柱形，长5-15厘米，径3-6毫米。假鳞茎顶生2叶，长椭圆形或倒卵状椭圆形，长6-16厘米，无柄。花序1个，生于两叶之间，长10-30厘米，具2-6花，上部常弯曲。苞片披针形或线形，长5毫米；花白色，唇瓣有紫色斑纹；中萼片椭圆状披针形，长约1.7厘米，宽约5毫米；侧萼片镰状披针形，长约1.5厘米，基部与蕊柱足合成萼囊；花瓣长圆状披针形，与中萼片近等长，唇瓣长圆形，长1.4-1.5厘米，侧裂片半圆形；中裂片三角形或近四方形，长约5毫米，唇盘具3褶片，中裂片具2-4条圆齿状或波状褶片；蕊柱及蕊柱足均长约5毫米。蒴果倒卵状圆柱形，长约2厘米。花期5-6月。

产广东西南部、海南、广西、云南及西藏东南部，生于海拔1300-2000米林中树上或岩石上。尼泊尔、不丹、锡金、印度及泰国有分布。

10. 香港毛兰　　　　　　　　　　图 992：3-4

Eria gagnepainii Hawkes et Heller in Lloydia 20: 130. 1957.

植株无毛。根状茎径约5毫米；假鳞茎相距2-3厘米，细圆筒形，长10-20厘米，径约3厘米，直立，顶生2叶。叶长圆状披针形，长15-25厘米，宽3-6厘米，无柄。花序1（2）个，顶生于假鳞茎两叶之间，长20-40厘米，具10余朵或多花。苞片卵状披针形，长0.6-1.1厘米；花黄色；中萼片长圆状椭圆形，长约1.6厘米，侧萼片镰状披针形，约等长于中萼片，宽约5毫米，基部与蕊柱足合成萼囊；花瓣长圆状披针形，稍弯曲，长约1.2厘米，

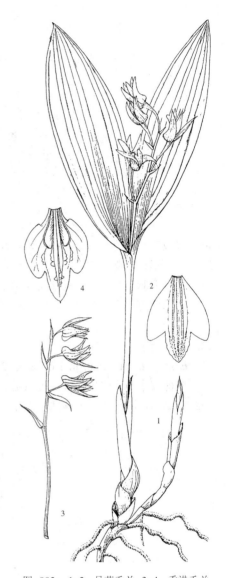

图 992: 1-2. 足茎毛兰 3-4. 香港毛兰
（蔡淑琴绘）

唇瓣近圆形或卵圆形，长约9毫米，侧裂片半圆形，中裂片近三角形或卵状三角形，长2-3毫米，唇盘基部具2条弧形全缘褶片，1/3处具5条波状褶片；蕊柱及蕊柱足均长约5毫米。花期2-4月。

产广东西南部、海南、香港、云南南部及西藏东南部，生于林下岩石上。越南有分布。

11. 菱唇毛兰　　　　　　　　　　图 993

Eria rhomboidalis T. Tang et F. T. Wang in Acta Phytotax. Sin. 1 (1): 86. 1951.

根状茎径达1-2毫米；假鳞茎相距2-4厘米，卵形，长1-1.5厘米，径

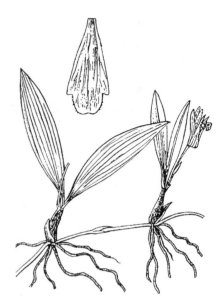

4-6毫米，顶生2叶。叶椭圆形或卵状椭圆形，长2-5厘米；具短柄。花序生于假鳞茎顶端叶外侧，长约2.5厘米，具单花。苞片卵形，长约1毫米；花梗和子房长约1厘米；花红色；中萼片椭圆形，长约1.2厘米，侧萼片卵状披针形或三角形，偏斜，长约1厘米，基部与蕊柱足合成长约6毫米萼囊；花瓣长圆状披针形，稍弯，长约1厘米，唇瓣近菱形，长1-1.3厘米，具爪，侧裂片长圆形，中裂片梯形，长约4毫米，两侧具不规则齿，唇盘具2褶片，中裂片上面脉疏生柔毛；蕊柱长约4毫米，蕊柱足长约8毫米。花期4-5月。

产海南、广西西部及云南东南部，生于海拔700-1300米林下岩石上。

图 993 菱唇毛兰 （蔡淑琴绘）

12. 指叶毛兰　　　　　　　　　　　　　　　图 994

Eria pannea Lindl. in Bot. Reg. 28: 64. 1842.

植株较小，幼被易脱落白色绒毛。假鳞茎相距2-5厘米，圆柱形，长1-2厘米，顶生3-4叶。叶肉质，圆柱形，稍两侧扁，长4-20厘米，宽约3毫米，近轴面槽缘常疏生白色绒毛。花序单生假鳞茎顶部，被白色绒毛，具1-4花。苞片长约6毫米，被白色绒毛；花黄色，萼片密被白色绒毛，中萼片椭圆形，长约6毫米，侧萼片斜卵状三角形，长约6毫米，基部与蕊柱足合成萼囊；花瓣长圆形，长约5毫米，两面疏被白色绒毛，唇瓣近倒卵状椭圆形，长约7毫米，不裂，上面被白色绒毛，背面基部被稍长白色绒毛，余被稍短的毛，基部具线形胼胝体，近端具长椭圆形胼胝体；蕊柱长约1.5毫米，背面疏被白色绒毛，蕊柱足长约4毫米。花期4-5月。

产海南、广西东北部、贵州西南部、四川西南部、云南及西藏东南部，

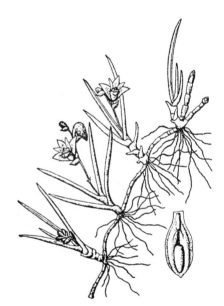

图 994 指叶毛兰 （引自《图鉴》）

生于海拔800-2200米林中树上或林下岩石上。锡金、不丹、印度东北部及东南亚有分布。

13. 黄绒毛兰　海南毛兰　　　　　　　　　图 995

Eria tomentosa (K. D. Koen.) Hook. f. Fl. Brit. Ind. 5: 803. 1890.

Epidendrum tomentosum K. D. Koen. Retzius Observ. 6: 53. 1791.

Eria hainanensis Rolfe; 中国高等植物图鉴 5: 711. 1976.

根状茎径约5毫米；假鳞茎疏生，椭圆形，略扁，长2-7厘米，具2-3节，顶生3-4叶。叶椭圆形或长圆状披针形，长10-24厘米，宽1-5厘米；叶柄长1-1.5厘米。花序粗壮，生于假鳞茎近基部，长10-30厘米，密被黄棕色绒毛，具10余朵或多花。苞片背面被较密黄棕色绒毛；中萼片长圆状披针形，长1-1.5厘米，侧萼片斜卵状披针形，与中萼片近等长，宽4-5毫米，基部与蕊柱足合成萼囊；花瓣线状披针形，宽约2毫米，唇瓣近长

圆形，3裂，长1-1.3厘米，外弯，侧裂片小，中裂片近倒卵状长圆形，长6-7毫米，唇盘具宽厚带状物，长约7毫米，带状物附近常具细乳突；蕊柱长约4毫米，蕊柱足长3-4毫米。蒴果圆柱形，长3-3.5厘米，稍被毛。花期4-5月，果期8-9月。

产广东西南部、海南、云南南部及西部，生于海拔800-1500米树上或岩石上。印度东北部、缅甸、泰国、老挝及越南有分布。

图 995 黄绒毛兰 （引自《图鉴》）

14. 鹅白毛兰 图 996 彩片 470

Eria stricta Lindl. Collect. Bot. t. 41 B. 1825.

根状茎不明显；假鳞茎密集，圆柱形，长2-10厘米，径1-4毫米，顶生2叶。叶披针形或长圆状披针形，长8-10厘米，宽0.6-2厘米；叶柄长约6毫米。花序1-3，生于假鳞茎顶端叶内侧，长8-10厘米，密生多花。花序轴、花梗和子房密被白色绵毛。苞片长约1毫米，无毛；萼片背面密被白色绵毛，中萼片卵形，长约2毫米，侧萼片卵状三角形，长、宽均约2毫米，基部与蕊柱足合成长约1毫米萼囊；花瓣卵形，长约2毫米，唇瓣近圆形，长、宽均约2毫米，3浅裂，侧裂片

近三角形；中裂片近扁圆形，长约0.5毫米，宽1-1.5毫米；唇盘有加厚带，带上面有3褶片，中裂片近先端有球形胼胝体；蕊柱长约1.5毫米，两侧具倒三角形翅，蕊柱足长约2毫米。蒴果纺锤状，长约5毫米，密被白色绵毛。花期11月至翌年2月，果期翌年4-5月。

产云南及西藏东南部，生于海拔800-1300米山坡岩石或山谷树干上。尼泊尔、锡金、印度东北部及缅甸有分布。

15. 棒茎毛兰 图 997

Eria marginata Rolfe in Gard. Chron. ser. 3, 1: 2000. 1889.

根状茎不明显；假鳞茎密集，棒锤状，长5-10厘米，径2-6毫米，顶生2-3（4）叶。叶长圆状披针形或卵状披针形，长5-11厘米，宽1-2厘米，无柄。花序1-2，着生于假鳞茎上部叶的下方，具2花，聚伞状着生于长约5毫米的花序柄上。苞片2枚对生，长1-1.2厘米；花梗和子房密被白色绵毛；花白色，有香气；中萼片卵状披针形，长约1.5厘米，背面被白色绵毛，

图 996 鹅白毛兰 （张春方绘）

侧萼片镰状披针形，背面被毛，基部与蕊柱足合成萼囊；花瓣长圆状披针形，长约1.2厘米，唇瓣倒卵形，长约

1厘米，3裂，中央有加厚带，加厚带有脊状突起，侧裂片近卵形，中裂片近菱状扇形，长宽均约5毫米，先端凹缺，除边缘部分外均加厚并具乳头状突起，基部有半圆形突起物；蕊柱长约3毫米，蕊柱足长约4毫米。蒴果倒卵状圆柱形，长约3厘米。花期2-3月，果期5月。

产云南西南部及西部，生于海拔1000-2000米林缘树干上。泰国及缅甸有分布。

16. 竹叶毛兰   图 998：1-4

Eria bambusifolia Lindl. in Journ. Linn. Soc. Bot. 3: 61. 1859.

茎圆柱形，密集，高20-70厘米，径3-7（-25）毫米。叶生于茎上部，2列，长披针形，长10-22厘米，宽1-3厘米，纸质，基部具长鞘抱茎。花序2-7，生于近茎顶，与叶对生，长10-20厘米，花序轴呈"之"字形，花序轴、花梗、子房和萼片均密被灰棕色绒毛。苞片反折，长约5毫米，背面密被灰棕色毛，腹面具疏毛；花梗和子房长1-4厘米；花白色，脉棕红色；中萼片长圆状披针形，长约1.2厘米，侧萼片斜长圆状披针形，长约1厘米，基部与蕊柱足合成萼囊；花瓣长圆状披针形，长约1.1厘米，唇瓣卵状三角形，长约1厘米，基部和顶部均稍厚，具上弯的爪，唇盘棕红色，具3条密生白色乳突的褶片，蕊柱长约8毫

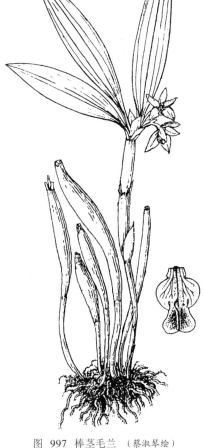

图 997 棒茎毛兰 （蔡淑琴绘）

米，两侧具翅。花期12月。

产广西西部、云南南部及西部，生于海拔950-1200米林中树干上。锡金、印度东北部、缅甸、越南及泰国有分布。

17. 粗茎毛兰   图 998：5-6 彩片 471

Eria amica Rchb. f. Xenia Orch. 2: 162. 1870.

假鳞茎纺锤形或圆柱形，长3.5-14厘米，顶生1-3叶。叶长椭圆形或卵状椭圆形，长10-15厘米，具柄。花序1-2（-4），生于假鳞茎中上部或近基部，近直立，疏生6-10花，花序轴密生锈色卷曲柔毛。苞片长0.8-1.2厘米；花梗和子房长1.5-2厘米，密被锈色曲柔毛，中萼片长圆状披针形，长约1厘米，侧萼片斜卵状三角形，基部与蕊柱足合成长约3毫米萼囊；花瓣倒卵状披针形，长8-9毫米，唇瓣近倒卵状椭圆形，长约8毫米，3裂，侧裂片卵状椭圆形，中裂片肾形，长3-4毫米，宽约4.5毫米，先端凹缺，肉质，唇盘具3褶片；蕊柱长约4毫米，蕊柱足长约3毫米。蒴果倒卵状圆柱形，长3厘米。具锈色疏柔毛。花期3-4月，果期6月。

产台湾及云南西南部，生于海拔900-2200米林中树上，台湾海拔900米以下阴湿林中也有。尼泊尔、锡金、不丹、印度、缅甸、老挝、越南、柬埔寨及泰国有分布。

18. 反苞毛兰　　　　　　　　　　　　图999

Eria excavata Lindl. Gen. Sp. Orch. Pl.: 67. 1830.

根状茎粗壮；假鳞茎相距约1厘米，圆柱形，具2-3节，顶生4-5叶。叶椭圆状倒披针形，长达18厘米，宽2-3.4厘米。花序生于叶腋，直立，长15-18厘米，被褐色柔毛，疏生少花。苞片被褐色柔毛；花梗和子房长7-8毫米，被褐色柔毛；花白色；萼片被褐色柔毛，中萼片近椭圆形，长约9毫米，侧萼片镰状披针形，基部与蕊柱足合成萼囊；花瓣椭圆形，长约6毫米，唇瓣近圆形，长约5毫米，近基部3裂，基部凹入，侧裂片小，内侧具直立胼胝体；中裂片近肾形，长约4毫米，宽约5毫米，先端微凹，基部具5条扇状脉，中脉达先端伸出成小尖头，脉上均具褶片或增粗；蕊柱长约1毫米，蕊柱足内弯。蒴果圆柱形，长1-1.5厘米。花期6月。

产西藏东南部及南部，生于海拔1750-2100米河谷、路边阔叶林中。尼泊尔及锡金有分布。

19. 禾叶毛兰　　　　　　　　　　　图1000：1-2

Eria graminifolia Lindl. in Journ. Linn. Soc. Bot. 3: 54. 1859.

假鳞茎圆柱形，在根状茎上紧密排成一列，长8-17厘米，顶生2-6叶。叶椭圆形或长圆状披针形，长5-16厘米，宽0.8-3厘米，无柄。花序1-3，生于近茎顶，短于叶，具10余朵或多花，花序轴和子房密被黄褐色柔毛。花白色，唇瓣带黄色斑点；中萼片长圆形，长6-8毫米，侧萼片近镰形，长约8毫米，宽约3毫米；花瓣窄长圆形，长5-6毫米，唇瓣倒卵形，长约5毫米，近中部3裂，侧裂片长圆形，内侧近边缘具三角形胼胝体，中裂片近扁圆形，具

图998：1-4. 竹叶毛兰　5-6. 粗茎毛兰
（蔡淑琴绘）

图999 反苞毛兰　（冯晋庸绘）

高褶片；蕊柱近圆柱形，与蕊柱足均长约2毫米。蒴果圆柱形，长约1厘米。花期6-7月，果期8月。

产贵州北部、云南、西藏东南部及南部，生于海拔1600-2500米林中树干或岩石上。尼泊尔、锡金、不丹及印度东北部有分布。

20. 长苞毛兰

图 1000：3-4 彩片 472

Eria obvia W. W. Smith in Notes Roy. Bot. Gard. Edinb. 8: 335. 1915.

假鳞茎密集，纺锤形，长4-6.5厘米，径1-1.4厘米。叶3-4，生于假鳞茎顶端，椭圆形或倒卵状披针形，长5-20厘米，宽1.5-3厘米。花序1-3，生于近假鳞茎顶端叶外侧，具多花，花序梗长3-4厘米，花序轴具黄褐色毛或近无毛。苞片长1-2厘米；花白色；中萼片披针形，长0.8-1厘米，宽2-3毫米；侧萼片较中萼片稍短，宽3-5毫米，基部与蕊柱足合成萼囊；花瓣较中萼片短，宽1-2毫米，唇瓣近长圆形，长5-7毫米，3裂，侧裂片近卵形，长1-2毫米，中裂片长圆形，长2-3毫米，唇盘具3条褶片，两侧褶片较短而高；蕊柱及蕊柱足均长2-4毫米。蒴果倒卵状圆柱形，长1.5-2厘米。花期4-5月，果期9-10月。

产海南东北部、广西西部及云南南部，生于海拔700-2000米林中，常附生树干上。

图 1000：1-2. 禾叶毛兰 3-4. 长苞毛兰
（仿《图鉴》）

21. 高山毛兰

图 1001

Eria reptans (Franch. et Sav.) Makino in Bot. Mag. Tokyo. 15: 128. 1905.

Dendrobium reptans Franch. et Sav. Enum. Pl. Jap. 2: 510. 1879.

假鳞茎密集，长卵形，长1-1.5厘米，径3-4毫米，顶生2叶。叶长椭圆形或线形，长4-10厘米，宽0.5-1.6厘米。花序1，着生叶内侧，长5厘米，纤细，有毛，具1-4花。苞片长约3毫米；子房和花梗长约8毫米，被毛；花白色；中萼片窄椭圆形，长约8毫米，侧萼片卵形，偏斜，长约6毫米，基部与蕊柱足合成萼囊；花瓣椭圆状披针形，近等长于中萼片，宽约2毫米，唇瓣近倒卵形，具短爪，3裂，侧裂片三角形，中裂片近四方形，肉质，长宽约3毫米，先端近平截，稍凹缺，唇盘具3条褶片；蕊柱长约3毫米，蕊柱足长约5毫米。花期6月。

产安徽南部、浙江西北部、福建及台湾，生于海拔700-900米岩壁，在台湾海拔1400-2500米，生于林中树干上。日本有分布。

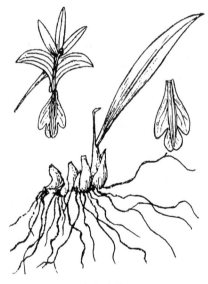

图 1001 高山毛兰 （蔡淑琴绘）

22. 马齿毛兰

图 1002

Eria szetschuanica Schltr. in Fedde, Repert. Sp. Nov. Beih. 12: 348. 1922.

假鳞茎密集根状茎上，长圆形，稍弯曲，长1-3厘米，径0.5-1厘米，

顶生2-4叶。叶长圆状披针形，长4-10厘米，宽0.6-1.1厘米。花序1-2，生于假鳞茎顶端叶内侧，较叶短，具1-3花，花序轴常被淡褐色长柔毛。苞片长约6毫米；花梗和子房长于苞片，被褐色长柔毛；花白色，唇瓣黄色；中萼片椭圆形，长约8毫米，侧萼片斜长圆形，长约8毫米，基部与蕊柱足合成萼囊；花瓣倒卵状长圆形，长约8毫米，唇瓣倒卵形，长约6毫米，3裂，侧裂片近半圆形，中裂片卵形，较侧裂片长或等长，宽约2毫米，上面具疣状突起，唇盘有3条线纹；蕊柱及蕊柱足均长约3毫米。蒴果圆柱形，长约1.5厘米，被褐色长柔毛。花期5-6月。

产湖北西部、湖南、广东北部、广西东北部、四川北部及云南西北部，生于海拔约2300米山谷岩石上。

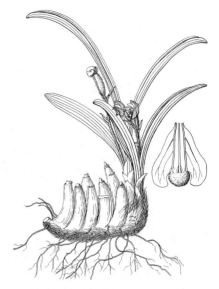

图 1002 马齿毛兰 （引自《图鉴》）

23. 钝叶毛兰
图 1003　彩片 473

Eria acervata Lindl. in Journ. Hort. Soc. 6: 57. 1851.

假鳞茎纺锤状或酒瓶状，长2-4厘米，常2-3（8）个密集。叶2-4生于假鳞茎顶端，长圆状披针形，长4-10厘米，宽0.8-2厘米，无柄。花序1-3，生于假鳞茎顶端或近顶端叶腋，具4-7花。苞片长0.5-1厘米，边缘疏生细齿；萼片和花瓣白色；中萼片窄卵形，长约6毫米，侧萼片镰状披针形，基部与蕊柱足合成长萼囊；花瓣披针形，长6毫米，唇瓣黄色，近宽菱形，长7毫米，基部具膝状关节，3裂，

侧裂片镰状长圆形；中裂片近圆形，径约3毫米，唇盘具3条龙骨状褶片；蕊柱长约3毫米，蕊柱足长约4毫米。蒴果长圆柱形，长2.7厘米。花期8月，果期9月。

产云南南部及西藏东南部，生于海拔600-1500米疏林中树干上。锡金、

图 1003 钝叶毛兰 （蔡淑琴绘）

印度东北部、缅甸、泰国、老挝、柬埔寨及越南有分布。

24. 台湾毛兰
图 1004

Eria formosana Rolfe in Kew Bull. 1896: 194. 1896.

根状茎粗，攀援状；假鳞茎圆柱状，常具蝎尾状分枝，分枝长10-15厘米，包于3-4枚鞘内，顶生4-6叶。叶披针形，长12-15厘米，宽1.2-1.5厘米。花序1-2，生于假鳞茎近顶端叶外侧，常悬垂，长7-13厘米，具数花至多花，花序轴红褐色，密被卷曲长毛。苞片长约8.5毫米，反卷；花梗和

子房长8-9毫米，红褐色，具卷曲长毛；花黄绿色，稍带红褐色；萼片被卷曲长毛，中萼片长椭圆形，长约9毫米，侧萼片歪卵形，长约8.5毫米，

基部与蕊柱足合成短萼囊；花瓣卵状椭圆形，长7.5毫米，唇瓣卵形，长3毫米，先端具短尖，自中部向外反卷，基部两侧具块斑，上面具2条弯曲短褶片；蕊柱及蕊柱足均长2毫米。花期3-4月。

产台湾，生于海拔约200米林内阴湿树干上。菲律宾有分布。

图 1004 台湾毛兰 （引自《Fl. Taiwan》）

25. 厚叶毛兰　　　　　　　图 1005

Eria crassifolia Z. H. Tsi et S. C. Chen in Acta Phytotax. Sin. 32 (6)：560. f. 3(7-12). 1994.

根状茎粗壮，密被膜质杯状鞘；假鳞茎长圆形，长8-17厘米，径约1厘米，具1节，坚挺，为鞘所包，幼嫩假鳞茎生于老假鳞茎近中部，顶生2-4叶。叶肉质，长圆形，长13-23厘米，宽2厘米。花序单生于新的假鳞茎顶端，长约24厘米，被黄棕色绒毛，具多花。苞片长1.5-3厘米，两面具黄棕色绒毛；花淡黄褐色，稍肉质；萼片密被黄棕色绒毛，中萼片长圆形，长1.2-1.5厘米，侧萼片近三角形，长1-1.2厘米，有萼囊；花瓣长圆形，长1.2-1.3厘米，唇瓣5裂，基部2裂

片稍耳形，前部3裂，两个侧裂片对折或半圆筒形，中裂片长圆形，下倾斜内弯，先端平截，唇盘凸起，具疣点，近基部有3条横槽；蕊柱粗，长近4毫米，蕊柱足长约5毫米。花期4-6月。

产广西西南部及云南南部，生于海拔约650米林中树干或岩石上。

图 1005 厚叶毛兰 （引自《植物分类学报》）

26. 密花毛兰　　　　　　　图 1006 彩片 474

Eria spicata (D. Don) Hand.-Mazz. Symb. Sin. 7: 1353. 1936.

Octomeria spicata D. Don, Prod. Fl. Nepal. 31. 1825.

假鳞茎紧靠，圆柱形或纺锤形，长3-16厘米，径0.5-1.5厘米，具单节间，顶生2-4叶。叶椭圆形或倒卵状披针形，长5-22厘米，宽1-4厘米。花序1-3，生于假鳞茎顶端叶外侧，长4-5厘米，密生多花，花序轴、花梗和子房密生锈色柔毛。苞片长约8毫米；花白色，唇瓣先端黄色；中萼片椭圆形，长约6毫米，侧萼片卵状三角形，偏斜，长约6毫米，基部与蕊柱足合成萼囊；花瓣椭圆形，长约5毫米，唇瓣近菱形，长宽均约5毫米，具短爪，3裂，侧裂片卵状三角形，中裂片三角形，长约1毫米，基部宽约1.5

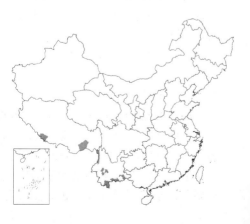

毫米;蕊柱长约2毫米;蕊柱足长约3毫米,上部中空,向上反曲,蒴果圆柱形,长约1.5厘米。花期7-10月。

产云南南部、西藏南部及东南部,生于海拔800-2800米山坡林中树上或河谷林下岩石上。尼泊尔、锡金、印度东北部、缅甸及泰国有分布。

27. 大足毛兰　大脚筒　　　　　图 1007

Eria ovata Lindl. in Bot. Reg. 30: sub. t. 29. 1844.

图 1006 密花毛兰 (蔡淑琴绘)

假鳞茎密集,圆柱形,长10-25厘米,径1-2厘米,顶生4-5叶。叶长椭圆形,长12-16厘米,宽3.5-4.5厘米。花序生于假鳞茎近顶端,长达15厘米,无毛,密生多花。苞片黄色,长椭圆形,长约8毫米;子房和花梗长约4.5毫米;花黄白色;中萼片长椭圆形,长约9.5毫米,侧萼片斜长卵形,宽约3毫米,基部与蕊柱足合成短萼囊;花瓣椭圆形,长约8毫米,唇瓣三角状卵形或菱状卵形,长3.5毫米,不裂,基部骤窄,与蕊柱足有关节相连,上面具2薄片状附属物;蕊柱长约1.8毫米,径1.5毫米,蕊柱足甚短。花期7月。

产台湾,生于海拔800米以下林内树干上。菲律宾、印度尼西亚、新几内亚岛及日本(琉球群岛)有分布。

112. 美柱兰属　Callostylis　Bl.
(陈心启 罗毅波)

附生草本。根状茎长,节较长;假鳞茎相距数厘米。叶2-5,生于假鳞茎顶端或近顶端。总状花序顶生或茎上部侧生,常2-4个,具数朵至10余花。萼片与花瓣离生,两面多少被毛,侧萼片基部不着生于蕊柱足,无萼囊;花瓣略小于萼片,唇瓣基部有关节与蕊柱足相连,不裂,唇盘有垫状突起;蕊柱长,前弯成钩状或近直角,蕊柱足有肉质胼胝体;花粉团8个,每4个成群,蜡质。

2种,分布于东南亚至喜马拉雅地区。我国1种。

图 1007 大足毛兰 (引自《Fl. Taiwan》)

美柱兰　　　　　图 1008

Callostylis rigida Bl. Bijdr. t. 4. f. 74 et 341. 1825.

根状茎横走,径4-8毫米,节间长1-2厘米;假鳞茎近梭状或长梭状,长6-16厘米,径2-3厘米,有光泽,近顶端具4-5叶。叶近长圆形或窄椭圆形,长12-17厘米,宽2.4-4.3厘米,先端不等2圆裂,有短柄。花序2-4,长1.5-4.5厘米,具10余花,花序轴被毛。苞片长3-4毫米,反折,两面被绒毛;花绿黄色,径1.2-1.5厘米,唇瓣褐色,萼片背面被灰褐色毛,内面与花瓣两面均疏生白色柔毛;中萼片椭圆形,长0.8-1厘米,侧萼

片椭圆形,稍短而宽;花瓣窄椭圆状倒卵形,长7-8毫米,唇瓣近宽心形或宽卵形,长约3毫米,先端短尖;蕊柱直角弯曲,蕊柱足有暗紫色胼胝体。蒴果窄长圆形,长3-4厘米,有6纵肋,多少被毛。花果期5-6月。

产云南西南部,生于海拔1100-1700米林中树上。印度、东南亚有分布。

113. 盾柄兰属 **Porpax** Lindl.

(陈心启 罗毅波)

附生小草本。假鳞茎密集,扁球形,外被白色膜质鞘。叶2枚,生于假鳞茎顶端,花后出叶或花叶同放,花葶短,生于假鳞茎顶端或基部穿鞘而出,具单花,稀2-3花。花近圆筒状,常带红色;3枚萼片合成萼筒,2侧萼片合生至上部或全合生,基部与蕊柱足合生成短囊状,中萼片与侧萼片在下部合生;花瓣常略小而短,唇瓣藏于萼筒之内,基部着生于蕊柱足末端,上部常外弯;蕊柱有足;花粉团8个,蜡质,每4个着生于粘盘;蕊喙较大,常盖柱头。

约11种,分布亚洲热带地区。我国1种。

盾柄兰   图 1009

Porpax ustulata (Par. et Rchb. f.) Rolfe in Orch. Rev. 16: 8. 1908.

Eria ustulata Par. et Rchb. f. in Trans. Linn. Soc. 30: 147. 1874.

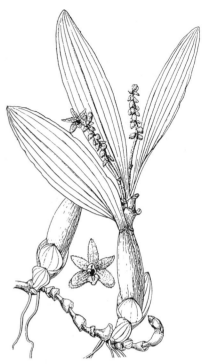

图 1008 美柱兰 (蔡淑琴绘)

假鳞茎扁球形,外被薄膜质具网状脉的鞘。叶2枚,与花同放,倒卵形或近长圆形,长1.5-2.5厘米,边缘具细缘毛;叶柄长2-4毫米。花葶生于假鳞茎顶端两叶之间,具1-2花。苞片小;花梗和子房长2-3毫米,具柔毛;花红色,近圆筒状,近直立,长6-7毫米;中萼片与侧萼片下部合生,2侧萼片合生部分1/2-2/3,基部囊状凸出,中萼片卵形,宽3-4毫米,背面被柔毛,侧萼片背面被毛;花瓣

图 1009 盾柄兰 (蔡淑琴绘)

匙形,长5-6毫米,边缘啮蚀状,上面略有银白色小点,唇瓣近长圆状倒披针形,外折,长约2毫米,先端近尾状,基部窄,上部有短流苏。蒴果宽倒卵形,长约3毫米。花果期6月。

产云南西南部,生于海拔约1450米沟谷林中树上。缅甸及泰国有分布。

114. 牛角兰属 **Ceratostylis** Bl.

(陈心启 罗毅波)

附生草本。具根状茎,无假鳞茎。茎丛生,较纤细,基部常被多枚鳞片状鞘,鞘常干膜质,红棕色。叶1枚,顶生,常革质或肉质,较小,基部有关节。花序顶生,常数花簇生,稀单花。花较小;萼片相似,离生,侧萼片贴生蕊柱足成萼囊,包唇瓣下部;花瓣常较萼片小,唇瓣生于蕊柱足末端,基部窄,多少弯曲,稍肥厚或部分肥厚,无距;蕊柱短,顶端有2个直立臂状物,蕊柱足较长;花药顶生,前倾,花粉团8个,每4个一群,蜡质,花粉团柄短或不明显,同附着于小粘盘上。

约80种，产东南亚，西北至喜马拉雅地区，东南达新几内亚岛和太平洋岛屿。我国3种。

1. 茎长2-7厘米，全为鳞片状鞘覆盖；叶线形或窄长圆形 ·························· 1. 叉枝牛角兰 **C. himalaica**
1. 茎长6-18厘米，基部为鳞片状鞘覆盖；叶近圆柱形，近直立，与茎连成直线 ········ 2. 管叶牛角兰 **C. subulata**

1. 叉枝牛角兰

图 1010

Ceratostylis himalaica Hook. f. Fl. Brit. Ind. 5：826. 1890.

附生草本。根状茎具多数纤维根。茎丛生，长2-7厘米，2叉状分枝，全为鳞片状鞘所覆盖，鞘红棕或淡红棕色，膜质，长0.5-1厘米或更长。叶1枚，生于分枝顶端，线形或窄长圆形，长3.5-6.5厘米，宽3-7毫米，先端略不等2浅裂或不明显；叶柄长4-6毫米。花序生于分枝顶端，具(1)2-3花，花序梗和花梗长约4毫米，多少被柔毛。花小，白色，有紫红色斑，蕊柱黄色；中萼片长圆状卵形，长5-6毫米，背面被柔毛，侧萼片宽卵形，长3.5-4.5毫米，基部部分着生于蕊

图 1010 叉枝牛角兰 （引自《图鉴》）

柱足，一侧成萼囊包唇瓣基部，背面被柔毛；花瓣线形，长3.5-4.5毫米，宽约1毫米，唇瓣着生蕊柱足，近长圆形，长2-3毫米，肥厚，舟状，基部深囊状，顶端靠背面有垫状胼胝体，唇盘疏生毛；蕊柱顶端臂状物似牛角，有蕊柱足。蒴果椭圆形，长6-7毫米。花果期4-6月。

产云南及西藏东南部，生于海拔900-1700米林中树上或岩石上。尼泊尔、锡金、不丹、印度、缅甸、老挝及越南有分布。

2. 管叶牛角兰

图 1011

Ceratostylis subulata Bl. Bijdr. 306. 1825.

附生草本。根状茎粗短，纤维根多数。茎丛生，圆柱形，近直立，长6-18厘米，基部被5-6枚鳞片状鞘，顶端具1节，节上生1叶和1个短花序，鞘长0.5-2厘米，红棕色。叶直立，近圆柱形，与茎连成直线，长2.3-5.2厘米，径约2毫米，常花后脱落。花序生于茎顶端节上，近头状，具数花。苞片长4-6毫米；花梗和子房很短，被疏毛；花绿黄或黄色；萼片长圆形，长约2.5毫米，被毛，侧萼片略宽于中萼片，基部贴生蕊柱足，成近棒状萼囊，萼

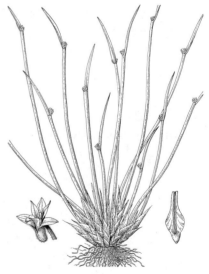

图 1011 管叶牛角兰 （冀朝祯绘）

囊长约0.5毫米，末端略2裂，被毛；花瓣披针状菱形，长约3毫米，唇瓣着生蕊柱足末端，略匙形，长2-3毫米，具爪，上端肉质，爪有2褶片。蒴果倒卵状椭圆形或椭圆形，长5.5-6.5毫米。花果期6-11月。

产海南，生于海拔750-1100米林中树上或岩石上。锡金、印度及东南亚有分布。

115. 宿苞兰属 Cryptochilus Wall.

（陈心启 罗毅波）

附生草本。假鳞茎聚生，近圆柱形，初为数枚鞘所包，后脱落。叶2-3，生于假鳞茎顶端或近顶端，具短柄及关节。花葶生于假鳞茎顶端，无毛，总状花序密生多花。苞片钻形，成2列，宿存；中萼片与侧萼片合生成筒状或坛状，顶端分离，2侧萼片基部一侧略有浅萼囊；花瓣小，离生，包于萼筒内，唇瓣贴生蕊柱足末端，基部略弯曲，包于萼筒之内；蕊柱短，顶端稍扩大，蕊柱足短；花粉团8个，每4个成群，无花粉团柄，同附着于粘盘上。

3种，分布于尼泊尔、锡金、不丹、印度、越南至我国。我国2种。

1. 花黄绿或黄色；萼筒无毛 ··· 1. 宿苞兰 C. luteus
1. 花鲜红色；萼筒具白色长柔毛 ····························· 2. 红花宿苞兰 C. sanguineus

1. 宿苞兰

图 1012：1-4　彩片 475

Cryptochilus luteus Lindl. in Journ. Linn. Soc. Bot. 3: 21. 1859.

假鳞茎聚生短的根状茎上，长1.5-3.5厘米，径0.5-1厘米，顶生2叶。

叶近倒披针状长圆形，长5-16.5厘米，宽1-2.5厘米；叶柄长1-3厘米。花葶生于幼嫩假鳞茎顶端2叶之间，长6-16厘米，稀分枝，花序常略外弯，长4-10厘米，密生20-40花。苞片宿存，窄披针形，长0.6-1.4厘米，有凹槽，花梗和子房长3-4毫米，密生柔毛；花黄绿或黄色；萼筒近坛状，长3-5毫米，无

图 1012: 1-4. 宿苞兰 5. 红花宿苞兰
（引自《图鉴》）

毛，顶端裂片卵状三角形，长约1毫米，侧萼片基部短囊状；花瓣藏于萼筒内，倒卵状披针形，长3.5-4毫米，宽约0.8毫米，唇瓣生于蕊柱足末端，近菱状楔形，长3.5-4毫米，宽约0.8厘米，基部略弯曲。蒴果近长圆形，长6-7毫米。花期6-7月，果期9-10月。

产云南，生于海拔1500-2300米林中或树上。锡金、不丹及印度东北部有分布。

2. 红花宿苞兰

图 1012：5

Cryptochilus sanguineus Wall. Tent. Fl. Nepal.: 36. t. 26. 1824.

根状茎粗短，假鳞茎密集，长1.5-3厘米，径5-8毫米，顶生2叶。叶

倒披针状长圆形，长6-15厘米，宽1.5-3厘米；叶柄长0.7-1.5厘米。花葶生于幼嫩假鳞茎顶端2叶之间，长10-26厘米，近直立，花序长4-8厘米，具10-30花。苞片宿存，窄披针形，长0.5-2.1厘米，有凹槽；花梗和子房长0.4-1厘米，密被白色长柔毛；花鲜红色，长0.6-1.1厘米；萼

筒长6-9毫米，密被白色长柔毛；顶端裂片卵状三角形，长3-4毫米，近无毛，侧萼片基部囊状；花瓣藏于萼筒之内，倒披针形，长5-6毫米，宽约1毫米，唇瓣生于蕊柱足末端，近长圆形，长约7毫米，宽约2毫米，藏于萼筒之内。花期6-8月。

产云南西北部及西藏东南部，生于海拔1800-2100米林中。锡金、尼泊尔及印度东北部有分布。

116. 禾叶兰属 Agrostophyllum Bl.

（陈心启 罗毅波）

附生草本。无假鳞茎。茎常丛生，细长，多少扁圆柱形，具多枚叶。叶2列，窄长圆形或线状披针形，质较薄，基部具叶鞘。花序顶生，近头状，密生多花，稀少花或单花。萼片与花瓣离生；花瓣较窄小，唇瓣中部缢缩，有横脊，后唇基部成囊状，内常有胼胝体；蕊柱短，蕊柱足不明显；花药俯倾；花粉团8个，蜡质，花粉团柄短，同附着于粘盘；柱头穴近圆形；蕊喙近三角形。

约85种，分布于热带亚洲及大洋洲，1种产非洲东南部塞舌尔群岛。我国2种。

1. 叶宽4-8毫米；花带紫红色晕，花瓣菱状宽椭圆形 ················· 1. 禾叶兰 A. callosum
1. 叶宽1.5-2.5厘米；花白色后黄色，花瓣线形 ················· 2. 台湾禾叶兰 A. inocephalum

1. 禾叶兰

图 1013

Agrostophyllum callosum Rchb. f. in Seem. Fl. Vit. 296. 1868.

根状茎匍匐，径3-4毫米，具鞘，每隔1-2厘米生有细长的茎。叶多枚2列，叶禾状，纸质，长8-13厘米，宽4-8毫米，先端不等2圆裂，基部具圆筒状鞘，长2-3.5厘米，一侧开裂，具黑色膜质边缘。花序径1-2厘米，密生数朵至10余花。苞片锥状，最外1枚长1-2厘米；花梗极短；花淡红或白色，带紫红色晕，很小；中萼片近圆形，长约4毫米，侧萼片宽卵状圆形，长约4毫米，宽约5毫米，基部包唇瓣；花瓣近菱状宽椭圆形，长约2.5

毫米，宽约3毫米，基部窄，唇瓣近宽长圆形，长约3.5毫米，中部略缢缩，基部成浅囊状，内有两侧呈2叉状分枝的胼胝体，蕊柱长约2毫米，蕊柱足不明显。蒴果椭圆形，长约5毫米。花果期7-8月。

产海南及云南，生于海拔900-2400米密林中树上。尼泊尔、锡金、不丹、印度、缅甸、泰国及越南有分布。

2. 台湾禾叶兰

图 1014

Agrostophyllum inoce-phalum (Schauer) Ames, Orch. 2: 148. 1908.

Diploconchium inoce-phalum Schauer in Nov. Acta Acad. Caes. Leop.-Carol. 19: Suppl. 1: 428. 1843.

植株高达40厘米。茎丛生，为重叠叶鞘所包，多节，

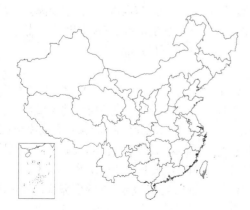

图 1013 禾叶兰 （冀朝祯绘）

图 1014 台湾禾叶兰 （引自《Fl. Taiwan》）

节间长约4厘米。叶多枚,线形,长15-25厘米,宽1.5-2.5厘米,先端常有不等2浅裂,基部具鞘,较坚挺,一侧开裂,长4-5厘米。花序径1.5-2.5厘米,具多花。苞片多枚;花梗和子房长约7毫米;花小,白色,后黄色;中萼片卵状长圆形,长4-5毫米,宽2-2.5毫米,先端圆,侧萼片与中萼片等长,略宽;花瓣线形,长约3.5毫米,宽约1毫米,唇瓣长约4毫米,中部略缢缩,基部成囊状,前部略凹下;蕊柱长3-4毫米。花期2-3月。

产台湾东南部,生于林中树上。菲律宾有分布。

117. 牛齿兰属 Appendicula Bl.
(陈心启 罗毅波)

附生或地生草本。茎纤细,丛生,多节,常稍扁,有时分枝,为叶鞘所包。叶多枚,扁平,2列互生,较紧密,基部具筒状鞘抱茎,有关节。总状花序常较短,有时为头状花序。苞片宿存;花很小;中萼片离生,侧萼片基部宽,着生蕊柱足,与唇瓣基部形成萼囊;花瓣常略小于中萼片,唇瓣着生蕊柱足末端,上面近基部有附属物;蕊柱短,蕊柱足长而宽;花粉团6个,蜡质,近棒状,每3个一群,花粉团柄连成1或2条,同附着于小粘盘上。

约150种,分布于亚洲热带地区至大洋洲,主产印度尼西亚与新几内亚岛。我国4种。

1. 唇瓣上部有肥厚、褶片状附属物,近基部有膜片状附属物 ················· 1. 牛齿兰 A. cornuta
1. 唇瓣上部无附属物,中部至基部有附属物 ················· 2. 台湾牛齿兰 A. formosana

1. 牛齿兰
图 1015

Appendicula cornuta Bl. Bijdr. 302. f. 12. 1825.

附生草本。茎丛生,近圆柱形,长20-50厘米,径2-3毫米,全包于筒状叶鞘之中。叶窄卵状椭圆形或近长圆形,长2.5-3.5厘米,宽0.6-1.2厘米,先端有不等2圆裂或凹缺;基部鞘宿存抱茎。花序具2-6花。苞片常反折;花梗和子房长3-5毫米;花白色,径约5毫米;中萼片椭圆形,长约3.5毫米,凹入;侧萼片斜三角形,长4-5毫米,基部萼囊长约1毫米;花瓣卵状长圆形,长2.5-3毫米,唇瓣近长圆形,长3.5-4毫米,近中部略缢缩,边缘皱波状,上部具肥厚褶片状附属物,

近基部具半圆形或宽舌状、后展的、两侧边缘内弯的膜片状附属物;蕊柱长约2毫米,蕊柱足长2-2.5毫米。蒴果椭圆形,长5-6毫米。花期7-8月,果期9-10月。

2. 台湾牛齿兰
图 1016

Appendicula formosana Hayata in Journ. Coll. Sci. Univ. Tokyo 30 (1): 340. 1911.

附生草本。茎丛生,长40-50厘米,全包于筒状叶鞘之中,节间长约1厘米。叶长圆形或窄卵状椭圆形,长2-4厘米,宽0.7-1.5厘米,略2裂,凹缺具小芒尖,基部具圆筒状鞘。总状花序长约1厘米,具5-15花。苞片长

图 1015 牛齿兰 (冀朝祯绘)

产广东西南部、香港及海南,生于海拔800米以下林中岩石上。锡金、东南亚有分布。

1.5-2毫米;花梗和子房长约2毫米;花淡绿或绿白色,肉质;中萼片长圆卵形,长约2.5毫米,侧萼片三角状卵形,长3-3.5毫米,着生蕊柱足,萼囊长约1.5毫米;花瓣倒卵状椭圆形,

长1.8-2.5毫米,唇瓣近圆形,着生蕊柱足末端,长2.3-3毫米,基部凹入,近基部具微凹圆形附属物;蕊柱长约0.8毫米,蕊柱足明显。全年开花。

产台湾东南部,生于海拔100-1200米溪边或林中树干上。

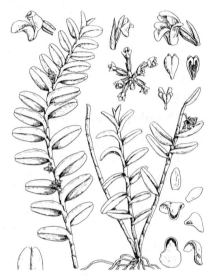

图 1016 台湾牛齿兰 (引自《Fl. Taiwan》)

118. 柄唇兰属 Podochilus Bl.

(陈心启 罗毅波)

附生小草本。茎纤细,丛生,多节,全为圆筒状叶鞘所包。叶多枚,2列互生,扁平或两侧内弯,基部常扭转,具关节。总状花序常较短。苞片宿存;花小,常不甚张开;萼片离生或多少合生,侧萼片基部宽,着生于蕊柱足形成萼囊;花瓣略小于中萼片,唇瓣着生蕊柱足末端,近基部多有附属物;蕊柱及蕊柱足较长,花药直立,药帽长渐尖;花粉团4个,蜡质,常窄倒卵形,分离,花粉团柄1-2个,同附着于粘盘上。

约60种,分布于热带亚洲至太平洋岛屿,主产印度尼西亚、菲律宾和新几内亚岛,北达印度、尼泊尔和我国南部。我国1种。

柄唇兰

图 1017

Podochilus khasianus Hook. f. Fl. Brit. Ind. 6: 81. 1890.

茎丛生,近圆柱形,长4-12厘米。叶近肉质,窄长圆形或窄长圆状披针形,长6-7毫米,宽1.5-2.5毫米,稍镰状弯曲,两侧边缘内弯。花序长3-5毫米,具2-4花。苞片长1.5-2毫米;花梗和子房长0.5-1毫米,花白或带绿色;中萼片卵状披针形,长2-2.2毫米,侧萼片卵状三角形,长2.2-2.5毫米,基部着生于蕊柱足成萼囊;花瓣近长圆形,长约1.6毫米,唇瓣长圆形,中部略缩缩,基部两侧扩大成裂片状

图 1017 柄唇兰 (冀朝祯绘)

且稍增厚而内弯,爪细长着生于蕊柱足;蕊柱两侧有臂,蕊喙长达1毫米。蒴果椭圆形,长2.5-3毫米。花果期7-9月。

产海南、广西及云南南部,生于海拔450-1900米林中或树上。锡金及印度有分布。

119. 矮柱兰属 Thelasis Bl.

(陈心启 罗毅波)

附生小草本,具假鳞茎或短茎,后者常包于套叠叶鞘中。叶1-2,生于假鳞茎顶端或多枚2列着生于短茎,有时有关节。花葶侧生于假鳞茎或短茎基部,常较细长;总状或穗状花序具多花。花很小,几不张开;萼片相似,靠合,先端分离,侧萼片背面常有龙骨状突起;花瓣略小于萼片,唇瓣多少凹入,着生蕊柱基部,蕊柱短,无蕊柱足;

花药直立，药帽先端钻状；花粉团8个，每4个一群，蜡质，同连于细长上部稍宽的花粉团柄，粘盘近窄椭圆形；蕊喙顶生，直立，渐尖，2裂（粘盘脱出后）；柱头较大。蒴果较小。

约20种，产亚洲热带地区，主产东南亚，北至尼泊尔和我国南部，南达新几内亚岛。我国2种。

矮柱兰 图 1018

Thelasis pygmaea (Griff.) Bl. Fl. Jav. Orch.: 23. 1858.

Euproboscis pygmaea Griff. in Calc. Journ. Nat. Hist. 5: 731. t. 26. 1845.

Thelasis triptera Rchb. f.; 中国高等植物图鉴 5: 750. 1976.

假鳞茎聚生，扁球形，径0.7-1.8厘米，顶端具1大叶和1（2）小叶。

大叶窄长圆状倒披针形或近窄长圆形，长4-8厘米，宽0.6-1.3厘米；小叶近长圆形，长0.7-1.5厘米，稀无。花葶生于假鳞茎基部，高10-20厘米，纤细，花序长5-10厘米，多少外弯或下弯，密集多花，花序轴常较粗肥。苞片宿存，稍紫色；花梗和子房长约3毫米；花黄绿色，平展，不甚张开；中萼片卵状披针形或长圆状披针形，长2-2.5毫米，侧萼片与中萼片相似，背面具龙骨状突起或窄翅状；花瓣近长圆形，长约2毫米，唇瓣卵状三角形，长约1.8毫米，边缘内卷。花期4-10月。

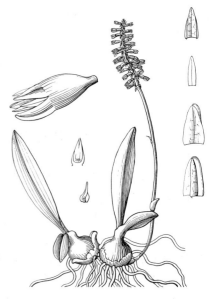

图 1018 矮柱兰 （引自《图鉴》）

产台湾、海南、云南南部及东南部，生于海拔1100米以下溪谷树干上、山崖树枝上或林中石上。尼泊尔、锡金、印度及东南亚有分布。

120. 馥兰属 Phreatia Lindl.
（陈心启 罗毅波）

附生草本。具茎或无茎，具假鳞茎。叶1-3生于假鳞茎顶端，或多枚近2列生于茎上。茎生叶基部常有抱茎鞘及关节。花葶或花序侧生，总状花序具多花。花小，萼片相似，离生，有时靠合，侧萼片常多少着生蕊柱足，形成萼囊；花瓣常小于萼片，唇瓣常具爪，着生蕊柱足，基部囊状；蕊柱短，蕊柱足明显；花粉团8个，每4个一群，蜡质，同连接于窄的花粉团柄上，粘盘较小。

约150种，主要分布于东南亚至大洋洲，主产新几内亚岛，北达印度东北部和我国南部。我国4种。

1. 茎很短，包于叶鞘之中，无假鳞茎；叶4-6 ⋯⋯⋯⋯⋯⋯⋯⋯⋯⋯⋯⋯⋯⋯⋯ 1. 馥兰 **P. formosana**
1. 茎卵球形或假鳞茎近球形，多少裸露；叶2 ⋯⋯⋯⋯⋯⋯⋯⋯⋯⋯⋯⋯⋯⋯⋯ 2. 大馥兰 **P. morii**

1. 馥兰 图 1019

Phreatia formosana Rolfe in Ann. Bot. 9: 156. 1893.

Phreatia evrardii Gagnep.; 中国高等植物图鉴 5: 750. 1975.

无假鳞茎。茎很短，包于套叠叶鞘内。叶4-6，近基生，2列互生于短茎，成簇，线形，长2.5-9厘米，宽2.5-6.5毫米，先端常略不等2裂。花葶生于叶腋，直立，纤细，长6-7厘米，花序长2-5厘米，具多花。苞片长1-1.5毫米；花梗和子房长2-3毫米；花白或绿白色，径约2毫米；中萼片椭圆状卵形，长约1.5毫米，侧萼片斜卵状三角形，长约1.5毫米，着生蕊柱足，形成萼囊；花瓣近椭圆形，长约1毫米，唇瓣近扁圆形，长约1毫米，宽约1.3毫米，有短爪略呈囊状，着生蕊柱足末端。蒴果椭圆形，长约

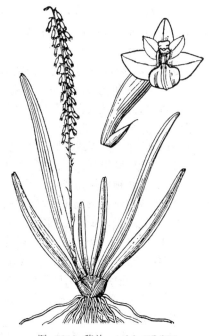

图 1019 馥兰 （引自《图鉴》）

3毫米。花期8月，果期9-10月。

产台湾南部及云南西南部，生于海拔800-1800米林中透光处的树上。越南、泰国有分布。

2. 大馥兰 　　　　　　　　图 1020

Phreatia morii Hayata, Ic. Pl. Formos. 4: 58. f. 25. 1914.

假鳞茎密集，球形，径约1.5厘米，被膜质鞘，顶生2叶。叶窄长圆形，长8-18厘米，宽1.5-2.5厘米。花葶生于假鳞茎基部，高30-40厘米，纤细，外弯，有4-6鞘，花序长约10厘米，具多花。苞片窄椭圆形，长约4.5毫米；花梗和子房长约3.5毫米；花白色，不甚张开；中萼片卵状椭圆形，凹入，长约2.8毫米，侧萼片斜卵形，长约3毫米，着生蕊柱足，形成萼囊；花瓣卵状长圆形，

图 1020 大馥兰 （引自《Fl. Taiwan》）

长2.2-2.5毫米，唇瓣基部囊状，着生蕊柱足，前部卵形，凹入，上面有细毛。花期6月。

产台湾，生于海拔1000米以下极潮湿地带、溪边树干或巨石上。

121. 石斛属 **Dendrobium** Sw.
（吉占和）

附生草本，茎不分枝，稀分枝。叶互生，扁平、圆柱形或两侧扁，基部具关节和鞘，稀无鞘。总状花序侧生，稀单花。萼片近相等，离生，侧萼片基部歪斜着生蕊柱足，与唇瓣基部形成萼囊；花瓣较萼片窄或宽，唇瓣不裂或3裂，蕊柱粗短，顶端具3枚蕊柱齿，背侧1枚与药帽基部背侧相连，具蕊柱足，蕊喙很小；花粉团蜡质，4个，每2个为1对，几无附属物。

约1000-1400种，分布于亚洲热带和亚热带地区至大洋洲。我国74种、2变种。

国产具细茎的类群为我国中药"石斛"的主要药材来源；茎粗壮而花大的种类为重要观赏花卉。

1. 叶基部不下延为抱茎鞘；花黄色或白色带黄色。
  2. 单叶顶生；茎四棱形，具2-5节。
    3. 花序较茎甚长，具数花 …………………………………………………… 2. 聚石斛 D. lindleyi
    3. 花序较茎短或近等长，具1-3花 …………………………………… 2(附). 小黄花石斛 D. jenkinsii
  2. 叶数枚互生于茎上部。

    4. 茎扁棒状 ………………………………………………………………… 3. 具槽石斛 **D. sulcatum**

    4. 茎纺锤形、圆棒形或圆柱形。

      5. 茎纺锤状；花序疏生多花 …………………………………………… 4. 鼓槌石斛 **D. chrysotoxum**

      5. 茎圆棒状或圆柱形，稀纺锤形；花序密生多花。

        6. 萼片和花瓣淡黄色，唇瓣金黄色 ………………………………… 5. 密花石斛 **D. densiflorum**

        6. 萼片和花瓣白色，唇瓣金黄色 ……………………………… 5(附). 球花石斛 **D. thyrsiflorum**

1. 叶基部下延为抱茎鞘。

  7. 叶和叶鞘被黑褐或淡黑色毛，至少幼时如此。

    8. 萼囊倒圆锥形或近球形，长不及1.2厘米。

      9. 茎纺锤状或短棒状，长2-5厘米，节间长0.5-1厘米；子房圆柱形 ……… 35. 矮石斛 **D. bellatulum**

      9. 茎粗纺锤状或棒状，长5-11厘米，节间长约2厘米；子房三棱形 ……… 36. 翅梗石斛 **D. trigonopus**

    8. 萼囊窄长，漏斗状，长1.5-3厘米。

      10. 子房三棱形，花瓣较萼片宽 …………………………………… 38. 翅萼石斛 **D. cariniferum**

      10. 子房圆柱形或稍圆棒状。

        11. 花瓣与萼片近等宽，萼片背面中肋呈翅状 ……… 38(附). 黑毛石斛 **D. williamsonii**

        11. 花瓣较萼片窄，萼片背面中肋龙骨状 ……… 37. 长距石斛 **D. longicornu**

  7. 叶和叶鞘无毛。

    12. 茎圆柱形，基部节间膨大呈纺锤形；叶线状扁圆柱形 ……… 42. 景洪石斛 **D. exile**

    12. 茎上下等粗，扁圆细柱形，节间不膨大。

      13. 叶厚肉质，圆柱形、半圆柱形或两侧扁呈短剑状。

        14. 叶钻状圆柱形或半圆柱形，宽不及3毫米。

          15. 花白色，萼片长约3.3毫米，萼囊长约1厘米 ……… 45. 海南石斛 **D. hainanense**

          15. 花淡黄色，萼片长1.2厘米，萼囊长约2厘米 ……… 45(附). 少花石斛 **D. parciflorum**

        14. 叶两侧扁呈短剑状，宽5-6毫米。

          16. 茎下部具叶，向上叶渐成鞘状 ……… 43. 剑叶石斛 **D. acinaciforme**

          16. 整个茎上生叶；茎丛生，长10-23厘米，无匍匐茎；叶疏散套迭 …… 44. 刀叶石斛 **D. terminale**

      13. 叶扁平，具上下面。

        17. 茎为上下等粗细圆柱形，质硬，有光泽；花序具1-2(-4)花，花序梗和花序轴短。

          18. 唇瓣不裂或不明显3裂，窄披针形 ……… 1. 竹枝石斛 **D. salaccense**

          18. 唇瓣3裂或不明显3裂。

            19. 花白色，萼片和花瓣窄椭圆形，先端锐尖 ……… 1(附). 菱唇石斛 **D. leptocladum**

            19. 花黄或黄绿色，萼片和花瓣窄披针形，先端长渐尖。

              20. 花不甚张开；唇瓣菱形，边缘具流苏，唇盘被短毛 ………………………………………

                  ……………… 1(附). 双花石斛 **D. furcatopedicellatum**

              20. 花张开；唇瓣卵形，边缘波状，唇盘无毛 ……… 1(附). 小双花石斛 **D. somai**

        17. 茎上下不等粗圆柱形，有时上部粗，肉质，被偏鼓的叶鞘所包。

          21. 植株矮小，禾草状；花序生于茎上端，多花；萼片宽不及2毫米。

            22. 唇瓣近菱形或椭圆形，不裂 ……… 39. 单葶草石斛 **D. porphyrochilum**

            22. 唇瓣3裂。

              23. 花序与叶约等长；唇瓣近圆形 ……… 41(附). 草石斛 **D. compactum**

              23. 花序高于叶；唇瓣侧裂片具梳状齿。

                24. 萼片基部和花瓣脉纹均紫或紫红色，唇瓣紫堇色 ……… 40. 梳唇石斛 **D. strongylanthum**

                24. 萼片和花瓣白色，唇瓣具紫红色脉纹 ……… 41. 藏南石斛 **D. monticola**

          21. 植株高大；总状花序具少数至多数大花，萼片宽3毫米以上。

            25. 唇瓣在两侧裂片之间凹下呈舟状或半球形。

26. 叶窄披针形，宽4-8（-14）毫米，先端不等2裂；蕊柱足长约2毫米 ……… 33. 重唇石斛 **D. hercoglossum**

26. 叶长圆形或窄椭圆形，宽1-3.5厘米，先端尖；蕊柱足长约1厘米 ………… 34. 钩状石斛 **D. aduncum**

25. 唇瓣非上述情况。

  27. 萼片和花瓣淡黄、奶黄或金黄色，除唇瓣外不带紫色或其他颜色。

    28. 茎质硬，木质化，上部常分枝；叶窄长圆形，宽3-6毫米，先端稍不等2圆裂 …………………

                                                      6. 细叶石斛 **C. hancockii**

    28. 茎质稍硬，木质化不明显，上部不分枝；叶宽1厘米以上，先端尖。

      29. 花单生叶腋，干后蜡质 ……………………………………………… 7. 罗河石斛 **C. lohohense**

      29. 花序具2朵至多花，干后非蜡质。

        30. 伞形花序几无花序梗，每2-6花成束；唇盘具2栗色斑块 ……… 16. 束花石斛 **D. chrysanthum**

        30. 总状花序。

          31. 茎为上下等粗圆柱形，节和节间不肿胀。

            32. 花序生于落叶的茎上。

              33. 唇瓣近圆形，凹入成兜状或杓状，基部两侧具淡紫褐色斑块 … 8. 杓唇石斛 **D. moschatum**

              33. 唇瓣近圆形，不凹入。

                34. 花序梗长3-10厘米，基部被套迭的筒状鞘；苞片长1.8-3厘米 …………………

                                9. 叠鞘石斛 **D. aurantiacum** var. **denneanum**

                34. 花序梗基部被套迭小鞘；苞片长约5毫米。

                  35. 唇瓣近圆形，具横半月形深紫色斑块，边缘具复式短流苏 …………

                              11. 流苏石斛 **D. fimbriatum**

                35. 唇瓣近圆形，具2个栗色或深紫色圆形斑块，边缘具短流苏 ………

                            11(附). 曲轴石斛 **D. gibsonii**

            32. 花序生于有叶茎中部或中部以上。

              36. 唇瓣近肾状圆形，具2个紫色斑块 ……… 12. 金耳石斛 **D. hookerianum**

              36. 唇瓣近圆形，无斑块 ……………………… 14. 疏花石斛 **D. henryi**

          31. 茎常在中部或中部以上的节间渐粗，有时呈纺锤状或稍棒状。

            37. 花银白、奶黄或淡黄色，唇瓣卵状披针形，不明显3裂 ……… 15. 尖刀唇石斛 **D. heterocarpum**

            37. 花金黄色。

              38. 唇瓣近肾形，基部两侧具红色条纹，边缘无流苏 ……… 13. 短棒石斛 **D. capillipes**

              38. 唇瓣边缘具流苏。

                39. 花瓣全缘，唇瓣卵状三角形，中部以上边缘具长流苏 ……… 10. 长苏石斛 **D. brymerianum**

                39. 花瓣边缘密生长流苏，唇瓣近圆形，边缘具复式短流苏 ………

                            10(附). 苏瓣石斛 **D. harveyanum**

  27. 萼片和花瓣紫红、天蓝、白或淡黄绿色，有时淡黄或乳黄色，先端常带紫红色。

    40. 茎节或间肿胀，至少分枝上如此。

      41. 茎细长，多分枝；叶生于分枝上部，宽3-7毫米 ……………… 17. 串珠石斛 **D. falconeri**

      41. 茎常粗壮，不分枝；叶宽1.3-2.7厘米。

        42. 花序梗基部具长2-3厘米大鞘；唇瓣具2暗紫色斑块 ……… 18. 大苞鞘石斛 **D. wardianum**

        42. 花序梗基部具长3-6毫米的鞘。

          43. 苞片卵形，长5-6毫米；茎的节间肿胀呈倒圆锥形，花序生于有叶茎上 ………

                            20. 棒节石斛 **D. findlayanum**

          43. 苞片宽卵形，长0.7-1厘米；花序生于已落叶茎上。

            44. 茎节算盘珠状；唇瓣中部以下金黄色，基部无紫红色条纹 ……… 19. 肿节石斛 **D. pendulum**

            44. 茎节稍肿胀，非算盘珠状；唇瓣具横生不连续淡黄色、半月形斑块，基部两侧具数条紫红色条

        纹 ………………………………………………… 18(附). 杯鞘石斛 **D. gratiosissimum**

40. 茎节和节间不肿胀。

  45. 茎从基部向上渐粗呈扁圆柱形；叶先端不等2圆裂。

    46. 唇瓣宽倒卵形，较花瓣宽 ·· 26. 石斛 **D. nobile**

    46. 唇瓣宽长圆形，与花瓣约等大或较小 ···················· 26(附). 矩唇石斛 **D. linawianum**

  45. 茎为上下等粗圆柱形（霍山石斛D. huoshanense 常下部较粗，向上渐细）。

    47. 节间鞘具绿白相间条纹；花淡紫红色，唇瓣近圆形，中部以上淡紫红色，中部以下金黄色 ·················

    ·· 25. 玫瑰石斛 **D. crepidatum**

    47. 节间鞘无绿白相间条纹。

      48. 萼片和花瓣紫或紫红色 ···························· 24. 喇叭唇石斛 **D. lituiflorum**

      48. 萼片和花瓣白色、黄绿或淡黄色，有时仅先端带紫红色。

        49. 花每束1-2朵侧生有叶老茎上端；萼片和花瓣白色或白带淡紫红色，花瓣全缘，唇瓣金黄色，周边淡

          紫红色 ···························· 21. 美花石斛 **D. loddigesii**

        49. 花序具1-3 (-6)花，生于落叶茎上。

          50. 花瓣具短流苏，萼片和花瓣白色，上部带紫红色晕，唇瓣近圆形，白色，前部紫红色，唇盘两侧具

            黄色斑块 ·························· 22. 齿瓣石斛 **D. devonianum**

          50. 花瓣全缘。

            51. 萼片长2.5-4.5厘米。

              52. 萼片和花瓣白色，唇瓣白色，具黄绿色斑块，卵状披针形 ···· 27. 广东石斛 **D. wilsonii**

              52. 萼片和花瓣白色，先端带淡紫红色，唇瓣近圆形，先端淡紫红色，基部两侧具紫红色条纹，唇

                盘黄色。

                  53. 茎细，长达90厘米；花序梗长2-5毫米，从茎上长出，花瓣椭圆形 ·················

                      23. 兜唇石斛 **D. aphyllum**

                  53. 茎较粗，长达35厘米；花序梗长2毫米，生于茎节舟状凹槽中；花瓣较萼片宽 ·················

                      23(附). 报春石斛 **D. primulinum**

            51. 萼片长不及2.5厘米。

              54. 苞片基部或近中部具横生赤褐色斑块；花白或黄绿色。

                55. 茎为上下等粗的圆柱形，长10-20厘米；唇瓣中裂片卵状披针形 ·················

                      28. 细茎石斛 **D. moniliforme**

                55. 茎下部较粗，长3-9厘米；唇瓣中裂片半圆状三角形 ····· 30. 霍山石斛 **D. huoshanense**

              54. 苞片无赤褐色斑块。

                56. 花序轴多少回折状弯曲，唇瓣中部或中部以下具横向紫色或紫褐色斑块。

                  57. 萼片和花瓣黄绿色，唇瓣白色，卵状披针形，不明显3裂，中部以下两侧具紫红色条纹，

                    唇盘密被细乳突状毛，具红色斑块 ···························· 29. 铁皮石斛 **D. officinale**

                  57. 萼片和花瓣黄绿色，后乳黄色，唇瓣椭圆状菱形，不裂，上面疏被短毛，具褐色斑块 ···

                      29(附). 黄石斛 **D. tosaense**

                56. 花序轴或花序梗不回折状弯曲；唇瓣上面前端具深紫色斑块。

                  58. 茎长6-11厘米，回折状弯曲；苞片卵状三角形；萼片背面黄绿色，唇瓣基部两侧边缘和

                  先端紫色 ···························· 31. 曲茎石斛 **D. flexicaule**

                  58. 茎长15-24 (-60)厘米，劲直；苞片卵形；萼片淡黄白或白色，唇瓣基部两侧边缘和先

                  端乳白色 ···························· 32. 滇桂石斛 **D. guangxiense**

1. 竹枝石斛   图 1021：1   *Grastidium salaccense* Bl. Bijdr.

Dendrobium salaccense (Bl.) Lindl. Gen. Sp. Orch. Pl. 86. 1830.   333. 1825.

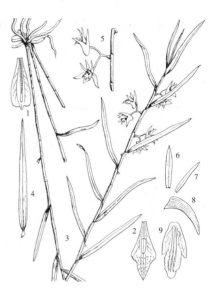

茎直立,圆柱形,长达1米余,节间具叶鞘。叶2列,窄披针形,长10-15厘米,基部具抱茎鞘。花序与叶对生,具1-4花,花序梗基部被2-3枚长约3毫米苞片。花梗和子房纤细;花黄褐色,开展,中萼片近椭圆形,长8-9毫米,侧萼片斜卵状披针形,与中萼片近等大,萼囊长约6毫米;花瓣近长圆形,与中萼片等长稍窄,唇瓣紫色,不裂或不明显3裂,近倒卵状椭圆形,长1.2厘米,上面具黄色脊突,脊突前端成胼胝体;蕊柱黄色,长约4毫米。花期2-4月。

产海南、云南南部及西藏东南部,生于海拔650-1000米林中树干或疏林下岩石上。东南亚有分布。

[附] **菱唇石斛** 图 1021: 2 **Dendrobium leptocladum** Hayata, Ic. Pl. Formos. 4: 43. 1914. 本种与竹枝石斛的区别:茎常分枝;花白色,半张开,唇瓣菱形,不明显3裂。产台湾,生于海拔600-1600米山谷岩石上。

[附] **双花石斛** **Dendrobium furcatopedicellatum** Hayata, Ic. Pl. Formos. 4: 39. t. 14. 1914. 与竹枝石斛的区别:花稍张开,淡黄色,萼片中部两侧具紫色斑点,唇瓣3裂,中裂片具流苏状齿,上面被柔毛。产台湾中部及南部,生于山地林中。

[附] **小双花石斛** 图 1021: 3-9 **Dendrobium somai** Hayata, Ic. Pl.

图 1021: 1. 竹枝石斛 2. 菱唇石斛 3-9. 小双花石斛 (引自《Fl. Taiwan》)

Formos. 6: 71. 1916. 与竹枝石斛的区别:萼片和花瓣黄绿色,窄披针形或线状披针形,先端长渐尖;唇瓣黄色,卵形,3裂,唇瓣上面无毛,具3条平行脉纹,中央为带流苏脊突。产台湾,生于海拔500-1500米山地林中树干上。

2. 聚石斛   图 1022 彩片 476

Dendrobium lindleyi Stendel, Nomencl. ed. 2, 1: 490. 1840.

Dendrobium jenkinsii auct. non Lindl.: 中国高等植物图鉴 5: 704. 1976.

茎假鳞茎状,稍两侧扁纺锤形,长1-5厘米,顶生1叶,常有4棱,节间被白色膜质鞘。叶革质,长圆形,长3-8厘米,先端稍凹缺,基部不下延为鞘,边缘常波状。花序生于茎上端,疏生数朵至10余花。花桔黄色,纸质;中萼片卵状披针形,长约2厘米,侧萼片与中萼片近等大,基部歪斜,萼囊近球形,长约5毫米;花瓣椭圆形,长2厘米,唇瓣横长圆形或近肾形,宽2厘米,中部以下两侧包蕊柱,先端常凹缺,上面中部以下密被柔毛。花期4-5月。

图 1022 聚石斛 (冀朝祯绘)

中树干上。锡金、不丹、印度、缅甸、泰国、老挝及越南有分布。

[附] **小黄花石斛 Dendrobium jenkinsii** Lindl. in Bot. Reg. n. s. 2:

产广东、香港、海南、广西及贵州西南部,生于海拔1000米以下疏林

t. 37. 1839. 与聚石斛的区别：植株较小，花序较茎短或近等长，具1-3花，唇瓣上面密被柔毛。产云南南部及西南部，生于海拔700-1300米疏林

中树干上。锡金、不丹、印度东北部、缅甸、泰国及老挝有分布。

3. 具槽石斛　　　　　　　　　图 1023 彩片 477

Dendrobium sulcatum Lindl. in Bot. Reg. 24: t. 65. 1838.

茎扁棒状，长达38厘米，上部径达1.5厘米，下部径3-4毫米，被纸质鞘。叶纸质，数枚互生于近茎端，常斜举，长圆形，长18-21厘米，宽约4.5厘米，先端尖或2尖裂，基部不下延为抱茎鞘。花序生于茎上端，长8-15厘米，下垂，密生少数至多花，花序梗基部具3-4枚覆瓦状短鞘。花梗和子房长约2.5厘米；花质薄，白天张开，晚闭合，奶黄色；中萼片长圆形，长约2.5厘米，侧萼片与中萼片近等大基部歪斜，萼囊近倒圆锥形，长约5毫米；

花瓣近倒卵形，长2.4厘米，宽1.1厘米，先端锐尖，具短爪，唇瓣桔黄色，近基部两侧具褐色斑块，近圆形，宽约2厘米，两侧包蕊柱，唇瓣兜状，先端微凹，具短爪，唇盘前部密被柔毛。花期6月。

产云南南部，生于海拔700-800米密林中树干上。锡金、印度东北部、缅甸及泰国有分布。

图 1023 具槽石斛 （孙英宝仿绘）

4. 鼓槌石斛　　　　　　　　　图 1024 彩片 478

Dendrobium chrysotoxum Lindl. in Bot. Reg. sub 10: t. 19. 36. 1847.

茎纺锤形，长达30厘米，中部径1.5-5厘米，具多数圆钝条棱，近顶端具2-5叶。叶革质，长圆形，长达19厘米，宽2-3.5厘米，先端尖，钩转，基部不下延为抱茎鞘。花序近茎端发出，斜出或稍下垂，长达20厘米，疏生多花，花序梗基部具4-5鞘。花质厚，金黄色，稍有香气；中萼片长圆形，长1.2-2厘米，侧萼片与中萼片近等大，萼囊近球形，径约4毫米；花瓣倒卵形，与中萼片等长而甚宽，先端近圆，唇瓣色较深，近肾状圆形，较

花瓣大，先端2浅裂，基部两侧具少数红色条纹，边缘波状，上面密生绒毛，有时具"U"形栗色斑块。花期3-5月。

产云南，生于海拔520-1620米常绿阔叶疏林中树干或林下岩石上。印

图 1024 鼓槌石斛 （引自《图鉴》）

度东北部、缅甸、泰国、老挝及越南有分布。

5. 密花石斛

图 1025 彩片 479

Dendrobium densiflorum Lindl. in Wall. Pl. Asiat. Rar. 1: 34. t. 40. 1830.

茎粗壮,常棒状,稀纺锤形,长25-40厘米,下部细圆柱形,常有4纵棱。叶3-4近茎端互生,长圆状披针形,长8-17厘米,宽2.6-6厘米,基部不下延为抱茎鞘。花序生于有叶老茎上端,下垂,密生多花,花序梗基部具2-4鞘。苞片纸质,近倒卵形,长达1.5厘米,干后常席卷或扭曲;萼片和花瓣淡黄色;中萼片卵形,长1.7-2.1厘米,侧萼片卵状披针形,与中萼片近等大,基部歪斜,萼囊近球形,径约5毫米;花瓣近圆形,较中萼片稍宽短,具

短爪,中部以上具啮齿,唇瓣金黄色,圆状菱形,较花瓣大,具短爪,两面中部以上密生绒毛。花期4-5月。

产广东北部、海南、广西及西藏东南部,生于海拔420-1000米常绿阔叶林中树干或林下岩石上。尼泊尔、锡金、不丹、印度东北部、缅甸及泰国有分布。

[附] **球花石斛** 彩片 480 Dendrobium thyrsiflorum Rchb. f. Ill. Hort.

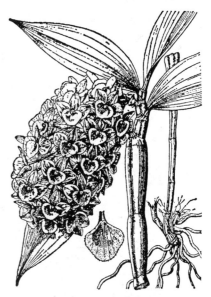

图 1025 密花石斛 （引自《图鉴》）

22: 88. t. 207. 1875. 与密花石斛的区别:茎无明显4棱,萼片和花瓣白色。产云南东南部、南部及西部,生于海拔1100-1800米山地林中树干上。印度东北部至中南半岛有分布。

6. 细叶石斛

图 1026 彩片 481

Dendrobium hancockii Rolfe in Journ. Linn. Soc. Bot. 36: 11. 1903.

茎直立,质硬,圆柱形,长达80厘米,具纵棱。叶常3-6,窄长圆形,长3-10厘米,先端稍不等2圆裂,基部下延为抱茎纸质鞘。花序长1-2.5厘米,具1-2花,花序梗长不及1厘米。花质厚,稍有香气,金黄色,唇瓣裂片内侧具少数红色条纹,径约3.5厘米;中萼片卵状椭圆形,先端尖,侧萼片卵状披针形,较中萼片稍窄,萼囊圆锥形,长约5毫米;花瓣近椭圆形或斜倒卵形,较中萼片宽,唇瓣较花瓣稍短,较宽,基部具胼胝体,中部以上3裂,侧裂片近半圆形,包蕊柱,中

裂片扁圆形或肾状圆形,上面密被淡绿色乳突状短毛。花期5-6月。

产甘肃南部、陕西南部、河南西部、湖北西部、湖南东南部、广西西部、贵州、四川及云南,生于海拔700-1500米山地林中树干或山谷崖壁上。

图 1026 细叶石斛 （引自《图鉴》）

7. 罗河石斛　　　　　　　　　　　　　图 1027

Dendrobium lohohense T. Tang et F. T. Wang in Acta Phytotax. Sin. 1: 41. 82. 1951.

茎直立，圆柱形，质稍硬，长达80厘米，径3-5毫米，具多节，上部节易生根并长出新枝，干后金黄色，具数纵棱。叶薄革质，长圆形，长3-4.5厘米，宽0.5-1.6厘米，先端尖，基部具抱茎鞘。花序侧生于有叶茎端或叶腋，具单花，花序梗几无。花梗和子房长达1.5厘米；花蜡黄色，稍肉质，开展；中萼片椭圆形，长约1.5厘米，侧萼片斜椭圆形，较中萼片稍长而窄，萼囊近球形，长约5毫米；花瓣椭圆形，长1.7厘米，唇瓣倒卵形，较花瓣大，基部楔形两侧包蕊柱，前端具不整齐细齿。花期6月。

产湖北西部、湖南、广东北部、广西、贵州、四川及云南东南部，生

图 1027 罗河石斛 （冀朝祯绘）

于海拔980-1500米山地林缘或山谷岩石上。

8. 杓唇石斛　　　　　　　　　图 1028 彩片 482

Dendrobium moschatum (Buch.-Ham.) Sw. in Schrader Neues Journ. Bot. 1: 94. 1805.

Epidendrum moschatum Buch.-Ham. in Symes, Emb. Kingd. Ava. 478. 1800.

茎粗壮，坚实，圆柱形，直立，长达1米。叶革质，多数，长圆形或卵状披针形，长10-15厘米，宽1.5-3厘米，先端渐尖或稍不等2裂，基部下延为抱茎鞘。花序生于近茎端，下垂，疏生数朵至10余花，花序梗长约5厘米，基部具4枚套迭短鞘。花深黄或金黄色，白天开放，晚闭合，质较薄；中萼片长圆形，长2.4-3.5厘米，侧萼片较中萼片稍窄，先端稍尖，萼囊倒圆锥形，长约6毫米；花瓣宽卵形，较中萼片大，先端钝，唇瓣近圆形，边缘内卷成兜状或杓状，长约2.4厘米，上面密被柔毛，

图 1028 杓唇石斛 （李爱莉绘）

下面无毛，唇盘基部两侧具淡紫褐色斑块。花期4-6月。

产云南西部及西南部，生于海拔1300米以下疏林中树干上。喜马拉雅至中南半岛有分布。

9. 叠鞘石斛　迭鞘石斛　　　图 1029 彩片 483

Dendrobium aurantiacum Rchb. f. var. **denneanum** (Kerr) Z. H. Tsi, Fl. Reipubl. Popul. Sin. 19: 89. 1999.

Dendrobium denneanum Kerr in Siam. Soc. Nat. Hist. Suppl. 9: 229. 1933.; 中国高等植物图鉴 5: 700. 1976.

茎直立坚挺，圆柱形，长30-80厘米。叶革质，长圆形或卵状披针形，长8-14厘米，宽1.8-4.5厘米，先端微凹或近尖，基部具抱茎鞘。花序侧

生于落叶老茎上端,疏生3-7花;花序梗基部套迭4-9枚长达2.5厘米的筒状鞘。苞片长1.8-3厘米;花桔黄色,中萼片长圆状椭圆形,长2.3-2.5厘米,侧萼片长圆形,与中萼片等长较窄,萼囊倒圆锥形,长约6毫米;花瓣椭圆形或椭圆状倒卵形,长2.4-2.6厘米,唇瓣近圆形,宽

图 1029 叠鞘石斛 (引自《图鉴》)

约2.2厘米,具长约3毫米的爪,内侧有时具数条红色条纹,具不整齐细齿,唇盘密被绒毛,具紫色斑块。花期4-6月。

产广西西部、贵州南部及西南部、四川及云南,生于海拔600-2500米山地疏林中树干上。喜马拉雅至中南半岛有分布。

10. 长苏石斛
图 1030 彩片 484

Dendrobium brymerianum Rchb. f. in Gard. Chron. n. s. 4: 323. 1875.

茎长达30厘米,中部常有2个节间膨大呈纺锤形,径达1.1厘米。叶薄革质,常3-5互生于茎上部,长圆形,长7-13.5厘米,宽1.2-2.2厘米,先端渐尖,基部具抱茎鞘。花序生于落叶老茎上端,近直立,具1-2花,花序梗长1-4厘米,基部具短筒状套迭膜质鞘。花开展,质稍厚,金黄色;中萼片长圆状披针形,长2.5厘米,宽8毫米,侧萼片近披针形,与中萼片等大,萼囊长约3毫米;花瓣长圆形,与萼片等长稍窄,唇瓣卵状三角形,具短爪,上面

图 1030 长苏石斛 (孙英宝仿绘)

稍凹入,密被绒毛,中部以下边缘具短流苏,中部以上边缘具分枝长流苏,先端流苏较唇瓣片长。花期6-7月。

产云南,生于海拔1100-1900米山地林缘树干上。中南半岛有分布。

[附] **苏瓣石斛 Dendrobium harveyanum** Rchb. f. in Gard. Chron. n. s. 19: 624. 1883. 与长苏石斛的区别:花瓣边缘密生长流苏,唇瓣近圆形,边缘具复式短流苏。花期3-4月。产云南南部,生于海拔1100-1700米山地疏林中树干上。中南半岛有分布。

11. 流苏石斛
图 1031 彩片 485

Dendrobium fimbriatum Hook. Exot. Fl. 1: t. 71. 1823.

茎坚挺,圆柱形,长0.5-1米。叶革质,长圆形或长圆状披针形,长8-15.5厘米,先端有时微2裂,基部具抱茎鞘。花序疏生6-12花,花序梗长2-4厘米,基部套迭数枚长0.3-1厘米筒状鞘。花金黄色,质薄,开展,稍

有香气;中萼片长圆形,长1.3-1.8厘米,侧萼片卵状披针形,与中萼片等长稍窄,萼囊近球形,长约3毫米;

花瓣椭圆形,长1.2-1.9厘米,边缘具微啮蚀状,唇瓣色较深,近圆形,长1.5-2厘米,基部两侧具紫红色条纹,爪长约3毫米,边缘具复式短流苏,唇盘具横半月形深紫色斑块,上面密被绒毛。花期4-6月。

产广西、贵州南部及西南部、云南,生于海拔600-1700米密林中树干或山谷阴湿岩石上。喜马拉雅至中南半岛有分布。

[附] **曲轴石斛 Dendrobium gibsonii** Lindl. in Paxt. Mag. Bot. 5: 169. 1838. 与流苏石斛的区别:花序轴呈之字形折曲;花瓣全缘,唇瓣上面具2个栗色或深紫色圆形斑块,边缘具短流苏。花期6-7月。产广西西南部、云南东南及南部,生于海拔800-1000米山地疏林中树干上。喜马拉雅至中南半岛有分布。

图 1031 流苏石斛 (冀朝祯绘)

12. 金耳石斛 图 1032 彩片 486

Dendrobium hookerianum Lindl. in Journ. Linn. Soc. Bot. 3: 8. 1859.

茎下垂,质硬,圆柱形,长达80厘米。叶薄革质,互生于茎上,叶长圆形或卵状披针形,长7-17厘米,上部两侧不对称,先端长尖,基部具抱茎鞘。花序1至数个,长4-10厘米,疏生2-7花,花序梗与茎成约90度角外伸,基部被3-4枚套迭短鞘。花梗和子房长3-4厘米;花质薄,金黄色,开展;中萼片椭圆形,长2.4-3.5厘米,先端尖,侧萼片长圆形,与中萼片等大,先端近钝,萼囊倒圆锥形,长约8毫米;花瓣长圆形,与萼片等长,稍宽,唇

图 1032 金耳石斛 (孙英宝仿绘)

产云南西部及西北部、西藏东南部,生于海拔1000-2300米山谷岩石或山地林中树干上。锡金及印度东北部有分布。

瓣近肾状圆形,宽2-3厘米,具短爪,具复式流苏,上面密被绒毛。两侧具紫色斑块,爪具胼胝体。花期7-9月。

13. 短棒石斛 图 1033 彩片 487

Dendrobium capillipes Rchb. f. in Gard. Chron. 997. 1867.

茎直立,近扁纺锤形,长8-15厘米,中部径约1.5厘米,具少数节间和多数钝棱。叶2-4近茎端着生,革质,长圆形,长10-12厘米,宽1-1.5厘米,先端不等2裂,基部具抱茎鞘。花序生于落叶老茎中部,近直立,长12-15厘米,疏生2至数花。花梗和子房长约2厘米;花金黄色,开展;中萼片卵状披针形,长1.2厘米,侧萼片与中萼片相似,萼囊近长圆形,长约4毫米,末端圆钝;花瓣卵状椭圆形,长1.5厘米,宽9毫米,先端稍钝,唇

瓣色较深,近肾形,长2厘米,宽2.5厘米,先端稍凹缺,基部两侧具紫红色条纹,边缘波状,两面密被柔毛。花期3-5月。

产云南南部,生于海拔900-1450米常绿阔叶林中树干上。印度东北部至中南半岛有分布。

14. 疏花石斛 图 1034

Dendrobium henryi Schltr. in Fedde, Repert. Sp. Nov. 17: 67. 1921.

茎斜立或下垂,圆柱形,长达80厘米。叶纸质,多数,互生于茎上,长圆形或长圆状披针形,长8.5-11厘米,宽1.7-3厘米,上部两侧不对称,基部具抱茎鞘。花序生于有叶老茎中部,具1-2花,花序梗长1.5-2.5厘米,与茎约成直角伸展。花梗和子房纤细;花质薄,金黄色,有香气;中萼片卵状长圆形,长2.3-3厘米,先端钝,侧萼片前伸,卵状披针形,与中萼片等大,萼囊宽倒圆锥形,长约5毫米;花瓣稍斜卵形,较萼片稍短宽,先端尖,具短爪,唇瓣近圆形,长2-3厘米,爪长约3毫米,中下部两侧包蕊柱,舟状,具细齿,唇盘密被细乳突。花期6-9月。

产湖南南部、广东西南部、广西、贵州西南部及云南南部,生于海拔600-1700米山地林中树干或山谷阴湿岩石上。泰国及越南有分布。

15. 尖刀唇石斛 图 1035 彩片 488

Dendrobium heterocarpum Lindl. Gen. Sp. Orch. Pl. 78. 1830.

茎肉质,基部向上渐粗,稍棒状,长达27厘米。叶革质,长圆状披针形,长7-10厘米,宽1.2-2厘米,基部具抱茎膜质鞘。花序生于落叶老茎上端,具1-4花,花序梗长2-3毫米。苞片白色,膜质,长不及1厘米;花有香气,萼片和花瓣银白或奶黄色,中萼片长圆形,长2.7-3厘米,侧萼片卵状披针形,与中萼片等大,基部稍歪斜,萼囊倒圆锥形,长约7毫米;花瓣卵状长圆形,长2.5-2.8厘米,先端尖,唇瓣卵状披针形,不明显3裂,与萼片近等长,基部两侧直立,内面黄色带红色条纹,中部外卷,中裂片银白或奶黄色,全缘,上面密被红褐色短毛;蕊柱白色,长约3毫米,前面两侧紫红色,内侧黄色,黄色蕊柱足短,药帽

图 1033 短棒石斛 (孙英宝仿绘)

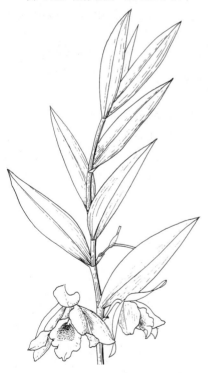

图 1034 疏花石斛 (李爱莉绘)

前缘具细齿。花期3-4月。

产云南南部及西部,生于海拔1500-1750米山地疏林中树干上。斯里兰卡、印度、尼泊尔、锡金、不丹、缅甸、老挝、越南、泰国及印度尼西亚有分布。

16. 束花石斛 图 1036 彩片 489

Dendrobium chrysanthum Lindl. in Bot. Reg. 15: t. 1299. 1829.

茎肉质,圆柱形,下垂,长0.5-2米,径0.5-1.5厘米,具多节。叶2列,互生,纸质,长圆状披针形,长13-19厘米,宽1.5-4.5厘米,基部具抱茎纸质鞘。伞形花序几无花序梗,每2-6花成束侧生有叶茎上部。苞片长约3毫米;花梗和子房稍扁,长达6厘米;花黄色,质厚;中萼片多少凹入,长圆形或椭圆形,长1.5-2厘米,侧萼片稍凹入,卵状三角形,基部稍歪斜较宽,与中萼片近等长稍宽;花瓣稍凹入,倒卵形,较萼片大,全缘或具细啮蚀状齿,唇瓣凹入,肾形或横

长圆形,不裂,长1.8厘米,宽约2.2厘米,先端近圆,短爪具胼胝体,上面密生短毛,下面中部以上密生短毛,唇盘两侧各具1栗色斑块,药帽前端近全缘。花期9-10月。

产广西、贵州西南部、云南及西藏东南部,生于海拔700-2500米山地密林中树干或山谷阴湿岩石上。

图 1035 尖刀唇石斛 (孙英宝仿绘)

17. 串珠石斛 图 1037 彩片 490

Dendrobium falconeri Hook. in Bot. Mag. 82: t. 4944. 1856.

茎悬垂,细圆柱形,长达40厘米或更长,分枝节上常肿大成念珠状,常暗黑色或铁色。叶常2-3枚互生分枝上部,窄披针形,长5-7厘米,宽3-7毫米,先端钩转,基部具水红色纸质筒状鞘。花序常具单花,花序梗纤细,长0.5-1.5厘米。花质地薄,美丽;萼片淡紫或水红色,先端带深紫色,卵状披针形,中萼片长3-3.6厘米,宽7-8毫米,侧萼片与中萼片等大,基部歪斜,萼囊近球形,长约6毫米;花瓣白色,先端带紫色,卵状菱形,较萼片稍短较宽,先端锐尖;唇瓣白色,先端

带紫色,卵状菱形,与花瓣等长而甚宽,具细锯齿,基部两侧黄色,唇盘具深紫色斑块,上面密被短毛;药帽乳白色,顶端密被棘刺状毛,前端边

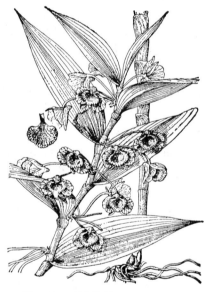

图 1036 束花石斛 (引自《图鉴》)

缘撕裂状。花期5-6月。

产台湾、湖南东南部、广西、四川南部及云南,生于海拔800-1900米山谷岩石和密林中树干上。不丹、印度东北部、缅甸及泰国有分布。

18. 大苞鞘石斛 图 1038 彩片 491

Dendrobium wardianum Warner, Select. Orch. 1: t. 19. 1862.

茎斜立或下垂,圆柱形,长达46厘米,节间多少肿胀呈棒状。叶薄革

质，2列，窄长圆形，长5.5-15厘米，基部具抱茎鞘。花序生于已落叶老茎上部，具1-3花，花序梗粗，长2-5毫米，基部具大鞘。苞片宽卵形，长2-3厘米，先端近圆；花大，白色，先端带紫色；中萼片长圆形，长4.5厘米，侧萼片与中萼片近等长，基部较宽而歪斜，萼囊近球形，长5毫米；花瓣宽长圆形，与萼片近等长较宽，具短爪，唇瓣宽卵形，长约3.5厘米，中部以下两侧包蕊柱，先端圆，基部金黄色，具短爪，两面密被毛，唇盘两侧具暗紫色斑块；药帽前端具齿。花期3-5月。

产云南，生于海拔1350-1900米山地疏林中树干上。不丹、印度东北部、缅甸、泰国及越南有分布。

[附] **杯鞘石斛** 彩片 492 Dendrobium gratiosissimum Rchb. f. in Bot. Zeit. 23: 99. 1865. 与大苞鞘石斛的区别：苞片长不及1厘米；萼片或花瓣长约2.5厘米，唇瓣基部两侧各具数条紫红色条纹，唇盘具淡黄色横生半月形斑块。花期4-5月。产云南南部，生于海拔800-1700米山地疏林中树干上。印度东北部、缅甸、泰国、老挝及越南有分布。

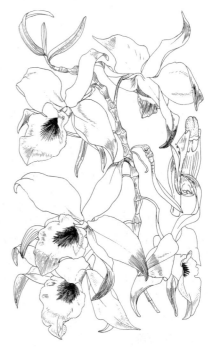

图 1037 串珠石斛 （孙英宝仿绘）

19. 肿节石斛 图 1039 彩片 493

Dendrobium pendulum Roxb. Fl. Ind. ed. 2, 3: 484. 1832.

茎斜立或下垂，肉质，圆柱形，长22-40厘米，径1-1.6厘米，节肿大呈算盘珠子状。叶纸质，长圆形，长9-12厘米，宽1.7-2.7厘米，先端尖，基部具抱茎薄革质鞘。花序生于已落叶老茎上部，具1-3花，花序梗粗，长2-5毫米。苞片宽卵形，长约8毫米；花白色，上部紫红色，有香气；中萼片长圆形，长约3厘米，先端尖，侧萼片与中萼片等大，基部稍歪斜，萼囊紫红色，近倒圆锥形，长5毫米；花瓣

图 1038 大苞鞘石斛 （引自《Opera. Bot.》）

产云南南部，生于海拔1050-1600米山地疏林中树干上。印度东北部、缅甸、泰国、越南及老挝有分布。花大，艳丽，供观赏。

宽长圆形，长3厘米，具细齿，唇瓣白色，中部以下金黄色，上部紫红色，近圆形，长约2.5厘米，两面密被绒毛，药帽前缘具啮蚀状齿。花期3-4月。

20. 棒节石斛 图 1040 彩片 494

Dendrobium findlayanum Par. et Rchb. f. in Trans. Linn. Soc. 30: 149. 1874.

茎直立或斜立，长约20厘米，径0.7-1厘米，具数节，节间扁棒状或倒

瓶状。叶革质，互生于茎上部，披针形，长5.5-8厘米，宽1.3-2厘米，先端不等2裂，基部具抱茎短鞘。花序具2花，花序梗长0.6-1.6厘米。苞片卵形，长5-6毫米；花白色，先端带玫瑰色；中萼片长圆状披针形，长3.5-3.7厘米，宽9毫米，先端钝，侧萼片卵状披针形，与中萼片等大，先端近尖，萼囊近圆筒形，长5毫米；花瓣宽长圆形，与萼片等长较宽，先端尖，具短爪，唇瓣近圆形，凹入，宽约2.4厘米，先端尖，基部两侧具紫红色条纹，唇盘中央金黄色，密被柔毛。花期3月。

产云南南部，生于海拔800-900米山地疏林中树干上。老挝、缅甸及泰国有分布。节间呈倒瓶状，形态奇特，具有较大的观赏价值。

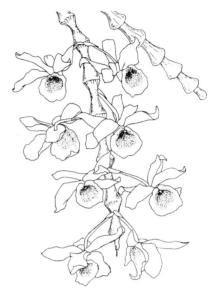

图 1039 肿节石斛 （孙英宝仿绘）

21. 美花石斛 图 1041 彩片 495

Dendrobium loddigesii Rolfe in Gard. Chron. ser. 3, 2: 155. 786. 1887.

茎柔弱，斜立或下垂，细圆柱形，长达45厘米，径约3毫米，有时分枝，具多节。叶纸质，2列互生于茎上，舌形或长圆状披针形，长2-4厘米，宽1-1.3厘米，先端稍钩转，基部具鞘。花白或淡紫红色，每束1-2花，侧生有叶老茎上端，花序梗长2-3毫米。苞片卵形，长约2毫米；中萼片卵状长圆形，长1.7-2厘米，先端锐尖，侧萼片与中萼片相似，基部歪斜，萼囊近球形，长5毫米；花瓣椭圆形，与萼片等长稍宽；唇瓣近圆形，径1.7-2厘米，上面中央金黄色，周边淡紫红色，两面密被柔毛；药帽前端边缘具不整齐齿。花期4-5月。

产广东、海南、广西、贵州西南部及云南南部，生于海拔400-1500米山地林中树干或山谷岩石上。越南及老挝有分布。

图 1040 棒节石斛 （孙英宝仿绘）

22. 齿瓣石斛 图 1042 彩片 496

Dendrobium devonianum Paxt. in Bot. Mag. 7: 167. 1840.

茎下垂，细长圆柱形，长达1米。叶纸质，2列互生于茎上，窄卵状披针形，长8-13厘米，宽1.2-2.5厘米，基部具抱茎纸质鞘，鞘常具紫红色斑点。花序常数个，生于已落叶老茎上，每花序具1-2花，花序梗长约4毫米。苞片卵形；花质薄，有香气，萼片和花瓣白色，上部带紫红色晕；中

图 1041 美花石斛 （冀朝祯绘）

萼片与侧萼片卵状披针形，长约2.5厘米，萼囊近球形，长4毫米；花瓣卵形，与萼片等长稍宽，具短爪，边缘具流苏，唇瓣近圆形，长3厘米，白色，前部紫红色，具短爪，边缘具复流苏，上面密被毛，唇盘两侧具黄色斑块；药帽前端边缘具齿。花期4-5月。

产广西西部、贵州西南部、云南及西藏东南部，生于海拔1850米以下山地林中树干上。不丹、印度东北部、缅甸、泰国及越南有分布。

23. 兜唇石斛　　　　图 1043　彩片 497

Dendrobium aphyllum (Roxb.) C. E. Fischer in Gamble, Fl. Madras 8: 1416. 1928.

Limodarum aphyllum Roxb. Corom. Pl. 1, 2: 34. t. 41. 1793.

茎下垂，细圆柱形，长达90厘米。叶纸质，披针形或卵状披针形，长6-8厘米，基部具抱茎纸质鞘。花序几无花序轴，每1-3花成一束，生于已落叶或有叶老茎上，花序梗长2-5毫米。苞片卵形；花下垂，萼片和花瓣白色，上部带淡紫红或淡红色；中萼片近披针形，长2.3厘米，侧萼片与中萼片等大，基部歪斜，萼囊窄倒圆锥形，长约5毫米；花瓣椭圆形，与萼片等长稍宽，全缘，唇瓣宽倒卵形或近圆形，长、宽约2.5厘米，两侧包蕊柱成喇叭状，基部两侧具紫红色条纹，上部淡黄色，下部淡粉红色，边缘具细齿，两面密被毛；药帽前端凹缺。花期3-4月。

产广西西北部、贵州西南部、四川西南部及云南，生于海拔400-1500米山地疏林中树干或山谷岩石上。印度、尼泊尔、不丹、锡金、缅甸、老挝、越南及马来西亚有分布。

　　[附] **报春石斛** 彩片 498 **Dendrobium primulinum** Lindl. in Gard. Chron. 400. 1858. 与兜唇石斛的区别：茎较粗厚，常较短；花序生于茎节舟状凹槽中，花瓣窄长圆形。产云南南部及西南部，生于海拔700-1800

24. 喇叭唇石斛　　　　　　图 1044

Dendrobium lituiflorum Lindl. in Gard. Chron. 372. 1856.

茎下垂，圆柱形，长达40厘米。叶纸质，窄长圆形，长7.5-18厘米，先端一侧稍钩转，基部具抱茎鞘。花序多个，生于已落叶老茎上，每花序

图 1042　齿瓣石斛　（孙英宝仿绘）

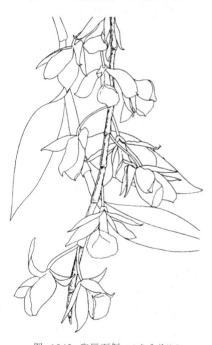

图 1043　兜唇石斛　（李爱莉绘）

米山地疏林中树干上。印度、喜马拉雅至中南半岛有分布。

具1-2花，花序梗与茎成近直角，长0.5-1厘米，基部被3枚纸质长鞘。苞片卵形；花紫或紫红色；中萼片长圆

状披针形,长3.5厘米,宽7毫米,侧萼片与中萼片等大,基部稍歪斜,萼囊近球形,长4毫米;花瓣近椭圆形,长约4厘米,先端锐尖,唇瓣周边紫色,内侧被1条白色环带围绕的深紫色斑块,近倒卵形,较花瓣短,中部以下两侧包蕊柱成喇叭形,边缘具细齿,上面密被毛。花期3月。

产广西西部及云南西部,生于海拔800-1600米山地阔叶林中树干上。印度东北部及中南半岛有分布。

25. 玫瑰石斛

图 1045 彩片 499

Dendrobium crepidatum Lindl. ex Paxt. Fl. Gard. 1: 63. f. 45. 1850-51.

茎斜下或下垂,青绿色,圆柱形,长达40厘米,节间鞘具绿或白色相间的条纹。叶窄披针形,长5-10厘米,宽1-1.25厘米。花序短,生于已落

叶的老茎上部,具1-4花,花序梗长3毫米。萼片和花瓣白色,上部带淡紫色,干后蜡质状;中萼片近椭圆形,长2.1厘米,侧萼片卵状长圆形,与中萼片近等大,基部歪斜,背面中部稍龙骨状隆起,萼囊近球形,长5毫米;花瓣宽倒卵形,与萼片等长稍宽,唇瓣上部淡紫色,下部金黄色,近圆形或宽倒卵

形,长宽均2厘米,中部以下两侧包蕊柱,上面密被柔毛;药帽前端边缘具细齿。花期3-4月。

产贵州西南部及云南西南部,生于海拔1000-1800米山地疏林中树干或沟谷岩石上。印度、喜马拉雅至中南半岛有分布。

26. 石斛

图 1046 彩片 500

Dendrobium nobile Lindl. Gen. Sp. Orch. Pl. 79. 1830.

茎直立,稍扁圆柱形,长达60厘米,上部常多少回折状弯曲,下部细圆柱形,具多节。叶革质,长圆形,长6-11厘米,宽1-3厘米,先端不等2裂,基部具抱茎鞘。花序生于具叶或已落叶的老茎中部以上茎节,长2-4厘米,具1-4花,花序梗长0.5-1.5厘米。苞片卵状披针形;白色,上部带淡紫红色,有时淡紫红色;中萼片长圆形,长2.5-3.5厘米,侧萼片与中萼片相似,基部歪斜,萼囊倒圆锥形,长6毫米;花瓣稍斜宽卵形,长2.5-

图 1044 喇叭唇石斛 (孙英宝仿绘)

图 1045 玫瑰石斛 (孙英宝仿绘)

3.5厘米,宽1.8-2.5厘米,具短爪,全缘,唇瓣宽倒卵形,长2.5-3.5厘米,宽2.2-3.2厘米,基部两侧有紫红色条纹,具短爪,两面密被绒毛,唇盘具紫红色大斑块;药帽前端边缘具尖齿。花期4-5月。

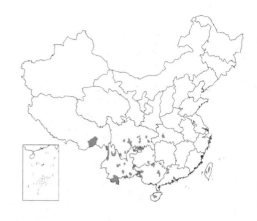

产台湾、湖北西部、广东西北部、香港、海南、广西、贵州、云南、四川及西藏东南部，生于海拔480-1700米山地疏林中树干和沟谷岩石上。印度、喜马拉雅、中南半岛有分布。

[附] **矩唇石斛 Dendrobium linawianum** Rchb. f. in Walp. Ann. Bot. Syst. 6: 284. 1861. 本种与石斛的区别：唇瓣宽长圆形，与花瓣约等大或较小，中部以下具细齿。产台湾及广西，生于海拔400-1500米山地疏林中树干上。

图 1046 石斛 （引自《图鉴》）

27. 广东石斛

图 1047

Dendrobium wilsonii Rolfe in Gard. Chron. ser. 3, 39: 185. 1906.

茎直立，细圆柱形，长达30厘米。叶革质，2列互生茎上部，窄长圆形，长3-5（-7）厘米，宽0.6-1.5厘米，先端稍不等2裂，基部具抱茎鞘。花序1-4个，生于已落叶的老茎上部，具1-2花，花序梗长3-5毫米。苞片干膜质，白色，中部或先端栗色，长4-7毫米，先端渐尖。花白色，有时带淡红色；中萼片长圆状披针形，长2.3-4厘米，宽0.7-1厘米，侧萼片与中萼片等大，基部较宽，歪斜，萼囊半球状，长1-1.5毫米；花瓣近椭圆形，与萼片等长而甚宽，先端锐尖；唇瓣白色，具黄绿色斑块，卵状披针形，较萼片稍短而甚宽，不明显3裂，基部楔形，具胼胝体，侧裂片直立，半圆形；中裂片卵形，先端尖，上面具黄绿色斑块，密被短毛。花期5月。

图 1047 广东石斛 （李爱莉绘）

产福建中南部、广东、广西、湖南、湖北西南部、贵州、云南南部及四川，生于海拔1000-1300米阔叶林中树干或林下岩石上。

28. 细茎石斛

图 1048 彩片 501

Dendrobium moniliforme（Linn.）Sw. in Nov. Acta Soc. Sci. Upsal. 6: 85. 1799.

Epidendrum moniliforme Linn. Sp. Pl. 954. 1753.

茎直立，细圆柱形，上下等粗，长达20厘米或更长。叶革质，常互生茎中部以上，披针形或长圆形，长3-4.5厘米，宽0.5-1厘米，先端稍不等2裂，基部具抱茎鞘。花序2至数个，生于茎中部以上有叶或已落叶的老茎

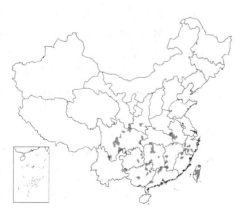

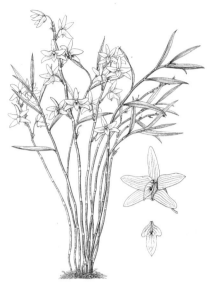

上，具1-3花，花序梗长3-5毫米。苞片干膜质，白色带褐色斑块，卵形，长不及5毫米；花黄绿、白或白色带淡紫红色，有时有香气；萼片和花瓣相似，卵状长圆形或卵状披针形，长1-2.3厘米，宽1.5-8毫米，侧萼片基部较宽而歪斜，萼囊倒圆锥形，长约5毫米；花瓣较萼片稍宽，唇瓣白色、淡黄绿或绿白色，具带淡褐、紫红或淡黄色斑块，卵状披针形，较萼片短，基部楔形，3裂，侧裂片半卵形，直立，边缘常多少具细齿，中裂片卵状披针形，常具带色斑块，唇盘在两侧裂片之间密被柔毛，基部具椭圆形胼胝体。花期3-5月。

产甘肃南部、陕西南部、河南西南部及东南部、安徽西部、浙江、福建西北部、台湾、江西西部、湖北、湖南、广东、广西、贵州、四川、云南，生于海拔590-3000米阔叶林中树干或山谷岩石上。朝鲜半岛南部及日本有分布。茎为中药石斛的重要原植物之一。

29. 铁皮石斛 黑节草　　　　　图 1049 彩片 502

Dendrobium officinale Kimura et Migo in Journ. Shanghai Sci. Inst. 3(3)：122. t. 62. f. 7. 9. 1936.

Dendrobium candidum auct. non Lindl.：中国高等植物图鉴 5：696. 1976.

茎直立，圆柱形，长达35厘米。叶长圆状披针形，长3-7厘米，宽0.9-1.5厘米，先端多少一侧钩转，基部具抱茎鞘，边缘和背面中肋常带紫色；叶鞘常具紫色斑点。花序生于已落叶的老茎上部，具2-3花，花序梗长0.5-1厘米，花序轴多少弯曲，长2-3（4）厘米。苞片白色，长5-7毫米；花开展；萼片和花瓣黄绿色，长圆状披针形，长约1.8厘米，宽4-5毫米，侧萼片基部宽而歪斜，萼囊倒圆锥形，长约5毫米；唇瓣白色，基部具

胼胝体，卵状披针形，较萼片短，中部外折，不明显3裂，中部以下两侧具紫红色条纹，边缘稍波状，唇盘密布细乳突状毛，具紫红色斑块，蕊柱顶端两侧具紫点，药帽白色，近塔状，顶端2裂尖。花期3-6月。

产河南南部及东南部、安徽西南部、浙江东部、福建西部、广西西北部及西部、云南东南部，生于海拔1600米以下疏林中树干或沟谷半阴湿岩石上。茎为制作珍贵中药"风斗"的原植物。

〔附〕**黄石斛 Dendrobium tosaense** Makino, Ill. Fl. Jap. 1: t.

30. 霍山石斛　　　　　图 1050

Dendrobium huoshanense C. Z. Tang et S. J. Cheng in Bull. Bot. Res. (Harbin) 4(3)：141. 145. f. 1. 1984.

茎直立，长达9厘米，基部以上较粗，上部渐细。叶常2-3枚互生茎上

图 1049 铁皮石斛 （引自《图鉴》）

46. 1891. 与铁皮石斛的区别：花序轴长3-4厘米；唇瓣椭圆状菱形，唇盘具褐色斑块，药帽近卵状圆锥形，顶端2尖裂。产台湾、江西，生于海拔300-1200米山地林中树干或山谷崖壁上。

图 1048 细茎石斛 （引自《图鉴》）

部，舌状长圆形，长9-21厘米，宽5-7毫米，先端稍凹缺，基部具带淡紫红色斑点的鞘。花序生于已落叶老茎

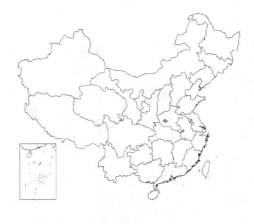

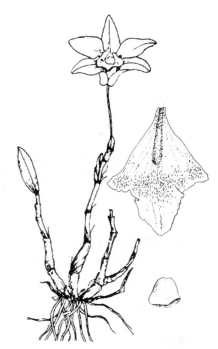

上部，具1-2花，花序梗长2-3毫米。苞片白色带栗色，卵形，长3-4毫米；花淡黄绿色；中萼片卵状披针形，长1.2-1.4厘米，宽4-5毫米，侧萼片镰状披针形，与中萼片等长，先端钝，基部歪斜而较宽；萼囊近矩形，长5-7毫米；花瓣卵状长圆形，与萼片近等长而甚宽，唇瓣近菱形，长宽均1-1.5厘米，基部楔形，具胼胝体，上部稍3裂，两侧裂片之间密生短毛，中裂片半圆状三角形，基部密生长白毛，上面具黄色横生椭圆形斑块；药帽近半球形，顶端稍凹缺。花期5月。

产河南西南部及安徽，生于山地沟谷岩石上。安徽称米斛，茎为中药石斛上品。

图 1050 霍山石斛 （李爱莉绘）

31. 曲茎石斛

图 1051 彩片 503

Dendrobium flexicaule Z. H. Tsi, S. C. Sun et L. G. Xu in Bull. Bot. Res. (Harbin) 6(2)：113. f. 1986.

茎圆柱形，长达11厘米，回折状向上弯曲。叶2-4，2列互生于茎上部，长圆状披针形，长约3厘米，先端一侧稍钩转，基部具抱茎鞘。花序生于已落叶的老茎上部，具1-3花，花序梗长1-2厘米。苞片白色，卵状三角形，长约3毫米；花开展；中萼片背面黄绿色，上部稍淡紫色，长圆形，长2.8厘米，宽约8毫米，侧萼片背面黄绿色，上部边缘稍淡紫色，近长圆形，与中萼片近等长，基部歪斜而较宽，萼囊黄绿色，倒圆锥形，长约8毫米；花瓣下部黄绿色，上部近淡紫色，椭

圆形，长2.5厘米，唇瓣淡黄色，先端边缘淡紫色，中部以下边缘紫色，宽卵形，不明显3裂，长1.7厘米，基部楔形，上面密被绒毛，唇盘中部以上具扇形紫色斑块，下部有黄色马鞍形胼胝体；药帽近菱形，基部前缘具不整齐细齿，顶端2深裂，裂片尖齿状。花期5月。

32. 滇桂石斛

图 1052

Dendrobium guangxiense S. J. Cheng et C. Z. Tang in Orch. Dig. f. 95. 1986.

茎圆柱形，长达24（-60）厘米，径约4毫米，具多节。叶数枚，2列

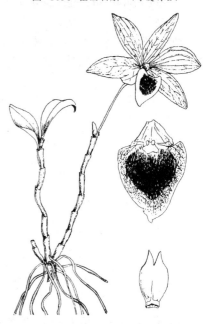

图 1051 曲茎石斛 （李爱莉绘）

产河南西部、湖北西部、湖南东部及四川西南部，生于海拔1200-2000米山谷岩石上。

互生，近革质，长圆状披针形，长3-4（-6）厘米，先端稍凹缺，基部具抱茎鞘。花序具1-2花，花序梗长3-5

毫米。苞片干膜质,白色,卵形,长4毫米;花开展,萼片和花瓣淡黄白或白色,近基部稍带黄绿色;中萼片卵状长圆形,长1.3-1.6厘米,侧萼片与中萼片相似,基部较宽,歪斜,萼囊白色稍带黄绿色,倒圆锥形,长约7毫米;花瓣近卵状长圆形,长1.2-1.6厘米,唇瓣白色或淡黄色,宽卵形,长1.1-1.4厘

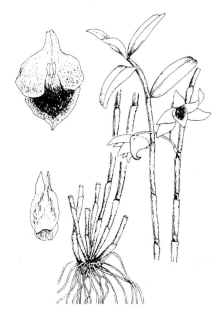

图 1052 滇桂石斛 (李爱莉绘)

米,不明显3裂,基部楔形,唇盘中部以上具紫红色斑块,密被绒毛,下部具黄色马鞍形胼胝体;药帽椭圆形,顶端2深裂,裂片尖齿状。花期4-5月。

产广西西北部、贵州西南部及云南东南部,生于海拔约1200米林中树干或石灰山地岩石上。

33. 重唇石斛

图 1053 彩片 504

Dendrobium hercoglossum Rchb. f. in Gard. Chron. n. s. 25: 487. 1886.

茎常下垂,圆柱形,有时棒状,长达40厘米。叶窄披针形,长4-10厘米,先端不等2裂,基部具抱茎鞘。花序生于已落叶的老茎上,常具2-3花,花序轴细,长1.5-2厘米,有时回折状弯曲,花序梗长0.6-1厘米。苞片卵状披针形;花开展,萼片和花瓣淡粉红色;中萼片卵状长圆形,长1.3-1.8厘米,侧萼片与中萼片相似,先端渐尖,基部较宽而歪斜,萼囊短小;花瓣倒卵状长圆形,长1.2-1.5厘米,唇瓣白色,直立,长约1厘米,前唇淡粉红色,三角形,无毛,后唇

图 1053 重唇石斛 (冀朝祯绘)

近半球形,前端密生流苏,内侧密生毛;蕊柱足长约2毫米;药帽前端啮蚀状。花期5-6月。

产安徽西部、江西南部、湖南南部、广东、海南、广西、贵州西南部及云南东南部,生于海拔590-1260米山地林中树干或山谷阴湿岩石上。中南半岛至马来西亚有分布。

34. 钩状石斛

图 1054 彩片 505

Dendrobium aduncum Lindl. in Bot. Res. 28: 58. 1842.

茎圆柱形,长0.5-1厘米。叶长圆形或窄椭圆形,长7-10.5厘米,先端稍钩转,基部具抱茎鞘。花序疏生1-6花,花序轴纤细,长1.5-4厘米,稍折曲状,花序梗长0.5-1厘米。苞片卵状披针形;花开展,萼片和花瓣淡粉红色,中萼片长圆状披针形,长1.6-2厘米,宽7毫米,侧萼片与中萼片相

似,基部歪斜,萼囊坛状,长约1厘米;花瓣长圆形,长1.4-1.8厘米,唇瓣白色,舟状,长1.5-1.7厘米,先端短尾状,具长爪,上面中央密被白色

毛,近基部具绿色方形胼胝体;蕊柱足长约1厘米,与唇瓣基部具关节;药帽半球形,顶端稍凹缺,前端具齿。花期5-6月。

产湖南北部、广东、香港、海南、广西、贵州及云南东南部,生于海拔700-1000米山地林中树干上。喜马拉雅至中南半岛有分布。

图 1054 钩状石斛
(仿《Curtis's. Bot. Mag.》)

35. 矮石斛　　图 1055 彩片 506

Dendrobium bellatulum Rolfe in Journ. Linn. Soc. Bot. 36: 10. 1903.

茎直立或斜立,纺锤形或短棒状,长达5厘米,具多数波状纵棱,节间长0.5-1厘米。叶2-4,近顶生,革质,舌形、卵状披针形或长圆形,长1.5-4厘米,先端不等2裂,基部具抱茎鞘,两面和叶鞘均密生黑色毛。花序近顶生,具1-3花,花序轴长5-7毫米,花序梗长2-3毫米。苞片膜质,长0.7-1厘米;花开展,除唇瓣中裂片金黄色和侧裂片内侧桔红色外,余白色;中萼片卵状披针形,长2.5厘米,宽约1厘米,侧萼片与中萼片相似,基部歪斜,萼囊倒圆锥形,长约1厘米;

花瓣倒卵形,与萼片等长,较宽,先端近圆,唇瓣近提琴形,长3厘米,3裂,侧裂片半卵形,中裂片近肾形,下弯,先端深凹缺,唇盘具5条脊突。花期4-6月。

产云南,生于海拔1250-2100米疏林中树干上。印度东北部至中南半岛有分布。

图 1055 矮石斛 (引自《图鉴》)

36. 翅梗石斛　　图 1056 彩片 507

Dendrobium trigonopus Rchb. f. in Gard. Chron. ser. 3, 2: 682. 1887.

茎粗纺锤形或棒状,长达11厘米,径1.2-1.5厘米,具3-5节,节间长约2厘米。叶厚革质,3-4近顶生,长圆形,长8-9.5厘米,宽1.5-2.5厘米,基部具抱茎短鞘,下面脉上疏被黑毛。花序常具2花,花序梗长1-4厘米。苞片肉质,长约5毫米;花下垂,不甚开展,质厚,除唇盘稍带淡绿色外,余为蜡黄色;萼片近相似,窄披针形,长约3厘米,宽1厘米,背面中肋隆起呈翅状,侧萼片基部部分着生蕊柱足,萼囊近球形,长4毫米;花瓣卵状长圆形,长2.5厘米,唇瓣直立,与蕊柱近平行,长约2.5厘米,具短爪,3裂,侧裂片近倒卵形,上部边缘具细齿,中裂片近圆形,唇盘密被细乳突。

花期3-4月。

产海南,生于海拔1150-1600米山地林中树干上。缅甸、泰国及老挝有分布。

37. 长距石斛

图 1057 彩片 508

Dendrobium longicornu Lindl. Gen. Sp. Orch. Pl. 80. 1830.

茎直立,圆柱形,长达35厘米。叶窄披针形,长3-7厘米,宽0.5-1.4厘米,先端不等2裂,基部下延为抱茎鞘,两面和叶鞘均密被黑褐色粗毛。

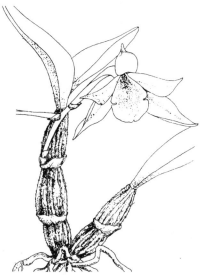

图 1056 翅梗石斛 (李爱莉绘)

花序生于有叶茎上端,具1-3花,花序梗长约3毫米。苞片卵状披针形,背面被黑褐色毛;花开展,除唇盘中央桔黄色外,余白色;中萼片卵形,长1.5-2厘米,背面中肋稍隆起呈龙骨状,侧萼片卵状三角形,近蕊柱一侧与中萼片等长,宽约9毫米,基部较宽而歪斜,背面中肋呈龙骨状,萼囊窄长成漏斗状距,与花梗和子房近等长;

花瓣长圆形,长1.5-2厘米,具不整齐齿,唇瓣近倒卵形或菱形,先端近3裂,侧裂片半卵形,中裂片先端2浅裂,边缘波状皱褶,具不整齐齿或短流苏,唇盘具3-4条龙骨状隆起,沿脉纹密生粗短流苏;药帽前端边缘密生髯毛。花期9-11月。

产广西西南部、云南及西藏东南部,生于海拔12000-1250米阔叶林中树干或山崖石壁上。喜马拉雅、印度东北部及越南有分布。

图 1057 长距石斛 (冀朝祯绘)

38. 翅萼石斛

图 1058 彩片 509

Dendrobium cariniferum Rchb. f. in Gard. Chron. 611. 1869.

茎直立或斜立,圆柱形或纺锤形,长达28厘米。叶数枚,长圆形或舌状长圆形,长达11厘米,先端稍不等2裂,基部具抱茎鞘,下面和叶鞘密被黑色粗毛。花序近顶生,常具1-2花,花序梗长0.5-1厘米。苞片卵形;花开展,有桔子香气;中萼片淡黄白色,卵状披针形,长约2.5厘米,背面中肋翅状,侧萼片淡黄白色,与中萼片等长,基部较宽,歪斜,萼囊淡黄带桔红色,漏斗状,长约2厘米,近末端稍弯曲;花瓣白色,长圆状披针形,长约2厘米,唇瓣喇叭状,3裂,侧裂片桔红色,半卵形,前端具细齿,中裂片黄色,近

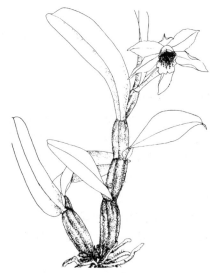

图 1058 翅萼石斛 (李爱莉绘)

横长圆形，先端凹，前端具缺刻，唇盘桔红色，沿脉密生粗短流苏；药帽半球形，前端边缘密生乳突状毛。花期3-4月。

产云南南部及西南部，生于海拔1100-1700米阔叶林中。印度东北部及中南半岛有分布。

[附] **黑毛石斛** 彩片 510 **Dendrobium williamsonii** Day et Rchb. f. in Gard. Chron. 78. 1869. 与翅萼石斛的区别：花瓣与萼片近等宽，萼片背面中肋不明显隆起，子房非三棱形。产海南、广西及云南，生于海拔约1000米林中树干上。印度东北部、缅甸及越南有分布。

39. 单葶草石斛 图 1059

Dendrobium porphyrochilum Lindl. in Journ. Linn. Soc. Bot. 3: 18. 1859.

茎肉质，直立，圆柱形或窄纺锤形，长达4厘米，径2-4毫米，基部收窄，从中部向上渐窄，具数个节，当年生茎被叶鞘所包。叶3-4，窄长圆形，长达4.5厘米，宽0.6-1厘米，先端不等2裂，基部具偏鼓草质叶鞘。花序单生茎端，高出叶外，长达8厘米，弯垂，具数朵至10花。苞片窄披针形，约等长于花梗连子房；花开展，质薄，有香气，金黄色，或萼片和花瓣淡绿带红色脉纹；中萼片窄卵状披针形，长约9毫米，侧萼片与中萼片相似而等长，基部较宽，歪斜，萼囊小，近球形；花瓣窄椭圆形，长约7毫米，宽约2毫米，唇瓣暗紫褐色，边缘淡绿色，近菱形或椭圆形，凹的，不裂，长5毫米，上面具3条纵纹。花期6月。

图 1059 单葶草石斛 （李爱莉绘）

产广东西北部及云南西部，生于海拔2700米以下阔叶林中树干或沟谷岩石上。喜马拉雅经印度东北部至缅甸、泰国有分布。

40. 梳唇石斛 图 1060 彩片 511

Dendrobium strongylanthum Rchb. f. in Gard. Chron. n. s. 9: 462. 1878.

茎肉质，直立，圆柱形或长纺锤形，长达27厘米，连同叶鞘径0.4-1厘米，具多个节。叶质薄，互生，长圆形，长4-10厘米，宽达1.7厘米，先端不等2裂，基部具偏鼓的鞘。花序顶生，常1-4个，近直立，高出叶外，花序轴纤细，密生数朵至20余花。苞片卵状披针形，较花梗和子房短；花黄绿色，萼片基部紫红色，中萼片窄卵状披针形，长1.1厘米，宽2毫米，侧萼片镰状披针形，较中萼片长，基部较宽而歪斜，中部以上骤窄为尾状，萼囊倒圆锥形，长约4毫米；花瓣淡黄绿带紫红色脉纹，卵状披针形，较中萼片小，

图 1060 梳唇石斛 （冀朝祯绘）

唇瓣紫堇色，长8毫米，宽4毫米，上部3裂，侧裂片卵状三角形，先端尖齿状，边缘具梳状齿，中裂片三角形，边缘皱褶呈鸡冠状，唇盘具2-3条褶片连成的粗厚脊突至中裂片基部，末端宽大；药帽前端撕裂状。花期9-10月。

41. 藏南石斛

图 1061 彩片 512

Dendrobium monticola P. F. Hunt et Summerh. in Taxon 10: 110. 1961.

图 1061 藏南石斛 （冯晋庸绘）

茎肉质，长达10厘米。叶薄革质，窄长圆形，长2.5-4.5厘米，宽约5毫米，先端稍不等2裂，基部为偏鼓状抱茎鞘。花序近顶生于有叶茎上，长2.5-5厘米，具数朵花。苞片较花梗和子房短；花开展，白色；中萼片窄长圆形，长7-8毫米，宽约1.7毫米，先端渐尖，侧萼片与中萼片等长，中部以上骤尖，基部歪斜而较宽，萼囊短倒圆锥形；花瓣窄长圆形，长6-8毫米，宽约1.8毫米，先端渐尖，唇瓣近椭圆形，长约6毫米，中部稍缢缩，中部以上3裂，具爪，裂片尖齿状，边缘梳状，具紫红色脉纹，中裂片卵状三角形，反折，边缘皱褶状，唇盘紫红色，具2-3条褶片连成粗厚脊突，先端稍宽大；药帽半球形，前端具细齿。花期7-8月。

产广西西南部及西藏西南部，生于海拔1750-2200米山谷岩石上。喜马拉雅及泰国有分布。

〔附〕**草石斛 Dendrobium compactum** Rolfe ex W. Hackett in Gard. Chron. ser. 3, 36: 400. 1904. 本种与藏南石斛的区别：茎长1.5-3厘米；叶长圆形，长1-2.5厘米；花序长1-2厘米，具3-6花；中萼片卵状长圆形，长约4毫米，侧萼片斜三角状披针形，萼囊圆锥形，花瓣及唇瓣近圆形。花期9-10月。产云南南部及西南部，生于海拔1650-1850米林中树干上。缅甸及泰国有分布。

42. 景洪石斛

图 1062

Dendrobium exile Schltr. in Fedde, Repert. Sp. Nov. 2: 85. 1906.

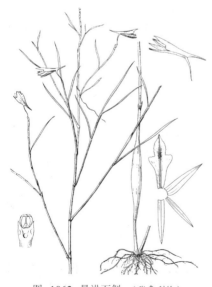

图 1062 景洪石斛 （张泰利绘）

茎直立，细圆柱形，稍木质化，长达50厘米，径约3毫米，上部常分枝，基部以上2-3个节间肉质膨大呈纺锤状；具4个棱，幼时被白色膜质鞘，老时赤褐色，有光泽。叶互生于茎分枝上部，直立，扁圆柱形，长2.5-6厘米，宽1.5-2.5毫米，先端锐尖，基部具革质鞘。花单朵生于茎分枝顶端，白色，开展。萼片和花瓣近披针形；中萼片长1-7厘米，宽约2.5毫米；侧萼片与中萼片等长，基部较宽而歪斜，与蕊柱足连成

产海南及云南，生于海拔1000-2100米山地林中树干上。缅甸及泰国有分布。

漏斗状萼囊，朝上，长约1厘米，花瓣与萼片等长而较窄，唇瓣基部楔形，中部以上3裂，侧裂片半卵形，前缘波状，中裂片窄长圆形，边缘波状，唇盘黄色，疏生长毛。花期10-11月。

产云南南部，生于海拔600-800米疏林中树干上。越南及泰国有分布。

43. 剑叶石斛　　　　　　　　　　图 1063 彩片 513

Dendrobium acinaciforme Roxb. Fl. Ind. 3: 487. 1832.

茎直立，近木质化，扁三棱形，长达60厘米，径约4毫米，基部以上收窄，向上渐细，具多节。叶2列，斜立，疏离套迭，厚革质，两侧扁呈短

剑状，长2.5-4厘米，宽4-6毫米，基部具紧抱于茎的鞘，向上叶渐退化成鞘状。花小，白色，侧生于无叶茎上部，每节具1-2花。萼片近卵形，长3-5毫米，先端钝，侧萼片先端尖，基部较宽而歪斜，萼囊窄，长约6毫米；花瓣长圆形，与中萼片等长而较窄，先端圆钝，唇瓣白色带微红色，着生蕊柱足末端，近匙形，长约9毫米，宽约5毫

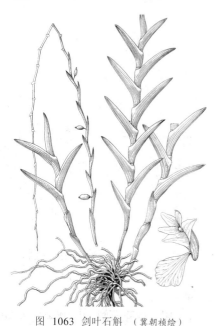

图 1063 剑叶石斛 （冀朝祯绘）

米，先端圆，前端边缘具圆齿，上面具3-5条纵纹。花期3（-9）月。

产福建南部、香港、海南、广西及云南南部，生于海拔260-1150米山

地林中树干或沟谷崖壁上。印度东北部及中南半岛有分布。

44. 刀叶石斛　　　　　　　　　　图 1064：1-2

Dendrobium terminale Par. et Rchb. f. in Trans. Linn. Soc. 30: 149. 1874.

茎直立，近木质化，有时上部分枝，扁三棱形，长达23厘米，连同叶鞘径约5毫米。叶2列，疏散套迭，厚革质或肉质，斜立，

两侧扁呈匕首状，长3-4厘米，宽0.6-1厘米。花序顶生或侧生，具1-3花；花序梗短，基部具数枚膜质鞘。花梗和子房纤细，长约7毫米，较苞片长；花小，淡黄白色；中萼片卵状长圆形，长约4毫米，先端近锐尖，侧萼片卵状三角形，与中萼片近等长，

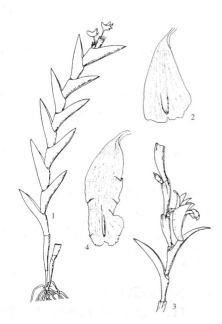

图 1064：1-2. 刀叶石斛　3-4. 少花石斛
（李爱莉绘）

基部较宽而歪斜，萼囊窄，长7毫米；花瓣长圆形，长3-4毫米，宽约1毫米，唇瓣近匙形，长1厘米，先端2裂，前端边缘波状皱褶，近先端具胼胝体或小鸡冠状突起。花期9-11月。

产云南南部及西部，生于海拔850-1080米山地林中树干或山谷岩石上。

锡金、印度东北部、缅甸、越南、泰国及马来西亚有分布。

45. 海南石斛

图 1065

Dendrobium hainanensis Rolfe in Kew Bull. 1896: 193. 1896.

茎扁圆锥形,长达30(-45)厘米。叶2列,厚肉质,半圆柱形,长2-3.5厘米,宽1-3毫米,基部具抱茎鞘,中部以上外弯。花小,白色,单生于已落叶的茎上部。苞片膜质,卵形,长约1毫米,花梗和子房长6毫米;中萼片卵形,长3.3-4毫米,侧萼片卵状三角形,与中萼片等长而较宽,基部歪斜,萼囊长约1厘米;花瓣长圆形,与萼片等长而甚窄,先端尖,唇瓣倒卵状三角形,长约1.5厘米,上部宽

7毫米,先端凹缺,前端边缘波状,具爪。花期9-10月。

产香港及海南,生于海拔1000-1700米阔叶林中树干上。越南及泰国有分布。

[附] **少花石斛** 图 1062: 3-4 **Dendrobium parciflorum** Rchb. f. ex Lindl. in Journ. Linn. Soc. Bot. 3: 4. 1859. 与海南石斛的区别:花淡黄色,萼片长1.2厘米,萼囊长约2厘米;唇瓣匙形,长2.5厘米,近先端密

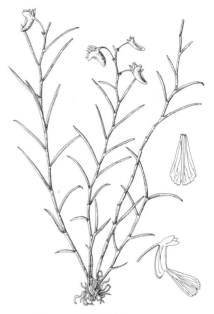

图 1065 海南石斛 (孙英宝绘)

被毛。花期7-8月。产云南南部,生于海拔约1500米山地林中树干上。印度东北部、泰国、老挝及越南有分布。

122. 金石斛属 Flickingeria Hawkes

(吉占和)

附生草本。茎质硬,上端的1(2-3)个节间膨大成假鳞茎,假鳞茎具1-3个节间,较茎粗,顶生1叶,基部或有时其下的1个节间基部发出新枝。叶革质,基部无鞘。花小,单生或2-3朵簇生。花期短;花质薄,萼片相似,侧萼片基部较宽而歪斜,与蕊柱足连成萼囊,花瓣与萼片相似而较窄,唇瓣常3裂,后唇为侧裂片,直立,前唇为中裂片,较大,先端边缘皱波状或流苏状,唇盘具2-3条褶片或脊突;蕊柱具蕊柱足;花粉团蜡质,近球形,4个成2对,无柄。

约70种,产东南亚,新几内亚岛和大洋洲一些岛屿。我国9种、1变种。

1. 叶宽0.8-1.2厘米;唇瓣中裂片(前唇)先端2深裂,全缘而平直 ················ 1. **狭叶金石斛 F. angustifolia**
1. 叶宽1.4-5厘米。
    2. 萼囊与子房成锐角,萼片和花瓣奶黄色带紫红色斑点 ················ 2. **流苏金石斛 F. fimbriata**
    2. 萼囊与子房成直角或钝角,萼片白色,唇瓣白色密被紫红色斑点 ················ 3. **滇金石斛 F. albopurpurea**

1. 狭叶金石斛

图 1066

Flickingeria angustifolia (Bl.) Hawkes in Orch. Weekly 2(46): 452. 1961.

Desmotrichum angustifolium Bl. Bijdr. 330. 1825.

根状茎径3-4毫米,多分枝,每4-5个节生1茎。茎纤细,多分枝。假鳞茎稍扁纺锤形,长3-3.5厘米,径4-7毫米,具1个节。叶革质,窄披针形,长7-10厘米,宽0.8-1.2厘米,先端稍凹缺。花序常单花,生于叶基部

背侧。萼片和花瓣淡黄色带紫红色条纹;中萼片卵状椭圆形,长5.5毫米,侧萼片较中萼片宽大,斜卵状三角形,先端锐尖,萼囊大,与子房成锐角;花瓣卵状披针形,长5毫米,宽2毫米,唇瓣长1厘米,具爪,后唇除

边缘白色外余紫色,先端近圆,前唇橘黄色,近倒卵形,边缘平直,全缘,先端2深裂,裂片直立,唇盘具2条褶片。花期6-7月。

产海南及广西西部,生于海拔约1000米山地林中树干上。东南亚有分布。

图 1066 狭叶金石斛
（引自《Dansk. Bot. Ark.》）

2. 流苏金石斛　　　　　　　　　　　　图 1067

Flickingeria fimbriata（Bl.）Hawkes in Orch. Weekly 2（46）：454. 1961.

Desmotrichum fimbriatum Bl. Bijdr. 329. 1825.

Ephemerantha fimbriata（Bl.）P. F. Hunt et Summerh.; 中国高等植物图鉴 5：707. 1976.

根状茎径5-7毫米,每6-7个节间生1茎。茎多分枝。假鳞茎扁纺锤形,长3.5-6.5厘米,径1-2.3厘米。叶长圆状披针形或窄椭圆形,长10-20厘米,宽3-5厘米,先端稍凹缺。花序生于叶腋,具1-3花。萼片和花瓣奶黄色带淡紫红色斑点;中萼片卵状披针形,长约9毫米,宽约2.5毫米,侧萼片斜卵状披针形,与中萼片近等长,萼囊与子房成锐角;花瓣披针形,长9毫米,

唇瓣长1.5厘米;后唇白色,内侧密被紫红色斑点,半倒卵状,前唇扇形,先端近平截,两侧边缘褶皱状,唇盘具2-3条黄白色褶脊,褶脊在后唇平直,在前唇呈鸡冠状。花期4-6月。

产海南、广西西南部及云南东南部,生于海拔760-1700米林中树干或林下岩石上。东南亚和印度一些群岛有分布。

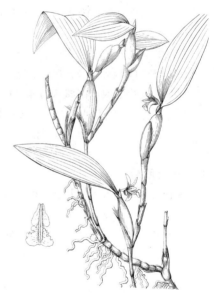

图 1067 流苏金石斛 （蔡淑琴绘）

3. 滇金石斛　　　　　　　　　　　　图 1068

Flickingeria albopurpurea Scidenf. in Dansk Bot. Ark. 34（1）：48. f. 18. 1980.

根状茎径4-8毫米,每3-6个节间生1个茎。茎多分枝;第一级分枝茎长2-12厘米,具2-4个节间。假鳞茎纺锤形,长3-8厘米,径0.7-2厘米,具1节间。叶近长圆形,长9-19.5厘米,宽2-3.6厘米,先端稍凹缺。花序生于叶腋或叶基背侧,具1-2花。萼片和花瓣白色;中萼片长圆形,长1厘米,先端尖,侧萼片卵状披针形,长1厘米,宽3.5毫米,萼囊与子房成直角,淡黄色;花瓣窄长圆形,长9毫米,宽2.2毫米,先端尖,唇瓣白色,

长1.2厘米,后唇内面密被紫红斑点,近卵形,先端圆,前唇上部扇形,先端凹缺,后侧边缘折皱状,唇盘具2条密被紫红色斑点褶脊,褶脊在后唇平直,在前唇深紫色,宽皱波状。花期6-7月。

产云南南部,生于海拔800-1200米山地疏林中树干上。泰国、越南及老挝有分布。

图 1068 滇金石斛
(引自《Dansk. Bot. Ark.》)

123. 厚唇兰属 Epigeneium Gagnep.

(吉占和)

附生草本。根状茎匍匐,被栗色或淡褐色鞘。假鳞茎生于根状茎上,单节间,基部被栗色鞘,顶生1-2叶。叶革质。花单生于假鳞茎顶端或总状花序。苞片栗色,远较花梗和子房短;萼片相似,离生,侧萼片基部歪斜贴生蕊柱足,与唇瓣形成萼囊;花瓣与萼片等长而稍窄;唇瓣贴生蕊柱足末端,中部缢缩成前后唇,唇盘常有褶片;蕊柱短,具蕊柱足,两侧具翅,蕊喙半圆形,花粉团蜡质,4个成2对,无柄。

约35种,分布于亚洲热带地区。我国7种。

1. 假鳞茎顶生1叶;前唇近肾形,与后唇等宽 ┄┄┄┄┄┄┄┄┄┄┄┄┄┄┄┄┄┄┄┄┄┄┄┄ 1. 单叶厚唇兰 E. fargesii
1. 假鳞茎顶生2叶。
    2. 花瓣窄披针形或窄长圆形,宽不及4毫米,唇瓣无爪,前唇先端具钩曲芒 ┄┄┄ 2. 景东厚唇兰 E. fuscescens
    2. 花瓣披针形或长圆状披针形,宽5毫米以上,唇瓣无爪。
        3. 萼片长约4.5厘米,前唇近菱形 ┄┄┄┄┄┄┄┄┄┄┄┄┄┄┄┄ 3. 宽叶厚唇兰 E. amplum
        3. 萼片长2.2-2.5厘米,前唇近肾形或圆形 ┄┄┄┄┄┄┄┄┄┄┄┄ 4. 双叶厚唇兰 E. rotudatum

1. 单叶厚唇兰　　　　　　　　　　　　　　图 1069

Epigeneium fargesii (Finet) Gagnep. in Bull. Mus. Hist. Nat. Paris ser. 2, 4: 595. 1932.

Dendrobium fargesii Finet in Bull. Soc. Bot. France 50: 374. t. 12. f. 11-18. 1903.

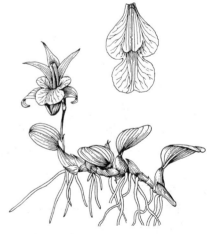

图 1069 单叶厚唇兰 (冀朝祯绘)

假鳞茎近卵形,顶生1叶。叶厚革质,干后栗色,卵形或卵状椭圆形,长1-2.3厘米,先端圆而凹缺。花单生于假鳞茎顶端,不甚张开。萼片和花瓣淡粉红色;中萼片卵形,长约1厘米,侧萼片斜卵状披针形,长约1.5厘米,宽6毫米,先端尖,萼囊长约5毫米;花瓣卵状披针形,较侧萼片小,先端尖,唇瓣近白色,小提琴状,长约2厘米,前后唇等宽,宽约1.1厘米,前唇近肾形,伸展,先端深凹,唇盘具2条龙骨脊,末端达前唇基部如乳头状。花期4-5月。

产安徽南部、浙江东南部、福建、台湾、江西、湖北西部及西南部、湖南、广东、广西、四川,生于海拔400-2400米山地林中树干或山谷岩石上。不丹、印度东北部及泰国有分布。

2. **景东厚唇兰**　　　　　图 1070：1

Epigeneium fuscescens（Griff.）Summerh. in Kew Bull. 13（2）：262. 1975.

Dendrobium fuscescens Griff. Notul. 3：308. 1851.

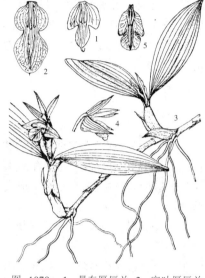

图 1070：1. 景东厚唇兰 2. 宽叶厚唇兰 3-5. 双叶厚唇兰 （冀朝祯绘）

根状茎常分枝。假鳞茎相距4-6厘米，窄卵形，稍弧曲上举，长约2.5厘米，径5毫米，顶生2叶，稀3枚。叶革质，长圆形，长3-6.5厘米，先端稍凹缺。花单生于假鳞茎顶端，淡褐色；中萼片卵状披针形，长2.5-3厘米，宽5毫米，侧萼片镰状披针形，与中萼片等长，基部宽约8毫米，先端尾状；花瓣窄长圆形，与中萼片等长，宽2.5-3毫米，先端尾状；唇瓣无爪，长1.5厘米，后唇侧裂片近长圆形，摊平后两侧生裂片先端之间宽约1.5厘米；前唇椭圆形，长1.2厘米，先端具钩曲芒，唇盘在后唇侧裂片之间具3条褶片，中央1条较短。花期10月。

产广西西部、云南及西藏东南部，生于海拔1800-2100米山谷阴湿岩石上。锡金及印度东北部有分布。

3. **宽叶厚唇兰**　　　　　图 1070：2 彩片 514

Epigeneium amplum（Lindl.）Summerh. in Kew Bull. 13（2）：260. 1957.

Dendrobium amplum Lindl. Gen. Sp. Orch. Pl. 74. 1830.

根状茎径4-6毫米，常分枝，被长约2厘米栗色、纸质鞘。假鳞茎卵形或椭圆形，顶生2叶。叶革质，椭圆形或长椭圆形，长6-22.5厘米，先端稍凹缺，叶柄长达3厘米。花单生于假鳞茎顶端。花大，黄绿带褐紫色斑点；中萼片披针形，长约4.5厘米，宽8毫米，侧萼片镰状披针形，与中萼片等长，基部宽1.1-1.5厘米；花瓣披针形，与萼片等长，宽约5毫米；唇瓣无爪，长2.6厘米，后唇的侧裂片短小，先端近圆，中裂片（前唇）近菱形，长约6毫米，与后唇的两侧裂片先端之间的宽相等，唇盘具3条褶片，中央1条较长。花期11月。

产广西西南部、云南及西藏东南部，生于海拔1000-1900米林下、溪边岩石或树干上。从东喜马拉雅至中南半岛有分布。

4. **双叶厚唇兰**　　　　　图 1070：3-5

Epigeneium rotundatum（Lindl.）Summerh. in Kew Bull. 13（2）：262. 1957.

Sarcopodium rotundatum Lindl. Fol. Orch. Sarcopodium：2. 1853.

根状茎多分枝。假鳞茎窄卵形，顶生2叶。叶椭圆形，长6-9厘米，宽1.5-2.5厘米，先端稍凹缺。花单生于假鳞茎顶端，淡黄褐色；中萼片卵状披针形，长2.2-2.5厘米，宽约7毫米，侧萼片披针形，与中萼片等长，基

部宽约1厘米；花瓣长圆状披针形，与萼片近等长，宽5毫米，唇瓣无爪，长2厘米，后唇侧裂片半卵形，摊平后较前唇宽，前唇近肾形或圆形，宽1.1厘米，先端锐尖，后唇具3条褶片，中央1条较短，前唇具1条三角形宽厚的脊突。花期3-5月。

产广西西部、云南及西藏东南部，生于海拔1300-2500米林缘岩石或疏林中树干上。喜马拉雅至缅甸有分布。

124. 石豆兰属 Bulbophyllum Thou.
（吉占和）

附生草本。根状茎具或不具假鳞茎；假鳞茎具1个节间。叶革质，常1（2-3）枚，顶生于假鳞茎，或从根状茎发出。花葶从假鳞茎侧生或从根状茎节上发出，具单花、总状或伞形花序。花瓣较萼片小；唇瓣肉质，较花瓣小，外弯，基部与蕊柱足末端结合形成关节；蕊柱短，具翅及蕊柱足，蕊柱翅上延为蕊柱齿；花粉团蜡质，4个成2对，无附属物。

约1000种，广布于亚洲、美洲、非洲热带和亚热带地区，大洋洲也有。我国98种、3变种。

1. 假鳞茎（除双叶卷瓣兰 B. wallichii 和白花卷瓣兰B. khaoyaiense外）顶生1叶，或假鳞茎不明显，叶从根状茎节上发出。
  2. 假鳞茎明显。
    3. 假鳞茎在根状茎上斜立，根状茎节上发出的根常缠绕根状茎；唇瓣窄长外弯呈半环状 ······························· 5. 环唇石豆兰 B. corallinum
    3. 非上述情况。
      4. 花序轴不伸长。
        5. 花单生，稀2-3花组成总状花序；萼片离生。
          6. 花大或中等大，萼片长1厘米以上。
            7. 假鳞茎疏生于根状茎。
              8. 根状茎径2-3毫米；侧萼片斜卵状三角形，中部以上扭曲 ········ 2. 芳香石豆兰 B. ambrosia
              8. 根状茎径4-5毫米；侧萼片中部以上不扭曲。
                9. 侧萼片镰状披针形，长1.7-2厘米，先端尖 ············ 1. 赤唇石豆兰 B. affine
                9. 侧萼片斜卵状三角形，长约7毫米，先端钝 ········· 3(附). 曲萼石豆兰 B. pteroglossum
            7. 假鳞茎在根状茎上紧聚或靠近。
              10. 唇瓣强度外弯，基部具2枚胼胝体 ············ 3. 长足石豆兰 B. pectinatum
              10. 唇瓣稍外弯，无胼胝体。
                11. 花瓣疏生齿，近倒卵形；蕊柱齿三角形，先端尖 ······ 3(附). 德钦石豆兰 B. otoglossum
                11. 花瓣全缘。
                  12. 唇瓣舌形，先端钝，上面密被疣状突起 ············ 4. 滇南石豆兰 B. psittacoglossum
                  12. 唇瓣长圆状舌形，先端近锐尖，上面无疣状突起 ····· 4(附). 短齿石豆兰 B. griffithii
          6. 花小，萼片长不及1厘米，唇瓣菱形，3裂 ············ 6. 戟唇石豆兰 B. hastatum
        5. 伞形花序或总状花序具少数至多花；萼片离生或侧萼片或多或少粘合。
          13. 侧萼片与中萼片近等长或长不及中萼片1倍，边缘内卷，离生。
            14. 假鳞茎聚生或在根状茎距离不及1厘米。
              15. 花葶长3厘米以上，远高出叶外 ············ 8. 齿瓣石豆兰 B. levinei
              15. 花葶长约1厘米，等于或稍高出假鳞茎。
                16. 侧萼片较中萼片长，花淡黄色 ············ 7. 聚株石豆兰 B. sutepense
                16. 侧萼片与中萼片近等长；花瓣椭圆形 ············ 7(附). 红心石豆兰 B. rubrolabellum
            14. 假鳞茎在根状茎上疏生，相距1厘米以上。

17. 花葶与假鳞茎约等高，长不及3厘米。

    18. 根状茎径3-4毫米，花葶径约1毫米 ·· 9(附). 茎花石豆兰 **B. cauliflorum**

    18. 根状茎纤细，径1-2毫米；花葶径约0.5毫米，生于假鳞茎基部，唇瓣舌状或卵状披针形，长约2毫米 ·····

        ··· 10. 短足石豆兰 **B. stenobulbon**

17. 花葶常高出假鳞茎，长3厘米以上。

    19. 花葶径 1-3 毫米 ··· 9. 密花石豆兰 **B. odoratissimum**

    19. 花葶径约0.5毫米。

        20. 萼片长0.8-1厘米，花瓣窄卵状披针形，长4-5毫米，先端长渐尖 ··· 11. 广东石豆兰 **B. kwangtungense**

        20. 萼片长 7.5-8 毫米，花瓣卵状披针形，长 3-3.5 毫米，先端短尖 ········· 12. 伞花石豆兰 **B. shweliense**

13. 侧萼片较中萼片长(等萼卷瓣兰B. violaceolabellum除外)，常超过1倍，上下侧边缘有不同程度的粘合或靠合，
    稀离生。

    21. 假鳞茎顶生2叶；总状花序的花序轴伸长，长4-6厘米。

        22. 萼片和花瓣淡黄褐色，唇瓣上面暗紫黑色，下面淡桔红色 ············· 42. 双叶卷瓣兰 **B. wallichii**

        22. 萼片和花瓣白色，唇瓣紫红色 ······························· 42(附). 白花卷瓣兰 **B. khaoyaiense**

    21. 假鳞茎顶生1叶；伞形花序或短总状花序。

        23. 中萼片和花瓣全缘。

            24. 中萼片与侧萼片近等长，长不及1厘米 ················· 18. 等萼卷瓣兰 **B. violaceolabellum**

            24. 中萼片较侧萼片甚短。

                25. 侧萼片长2.5厘米以上。

                    26. 中萼片和花瓣先端平截，具长芒，蕊柱齿臂状，中部缢缩，先端凹缺为2尖齿 ············

                    ··· 19. 直唇卷瓣兰 **B. delitenscens**

                    26. 中萼片和花瓣先端无芒，蕊柱齿棒状，稍扭转，先端近圆，不裂 ················

                    ··· 20. 乌来卷瓣兰 **B. macraei**

                25. 侧萼片长不及2.5厘米。

                    27. 花葶与假鳞茎约等高或有时高出假鳞茎，长1-4厘米。

                        28. 根状茎直立或斜立；两侧萼片上下侧缘粘合成窄倒圆锥形或角状，先端近锐尖 ·········

                              ··· 21. 直立卷瓣兰 **B. unciniferum**

                        28. 根状茎匍匐；两侧萼片上下侧缘粘合成拖鞋状，先端圆钝 ··· 22. 匙萼卷瓣兰 **B. spathulatum**

                    27. 花葶(除瘤唇卷瓣兰B. japonicum外)远高出假鳞茎之上，长(5-)8厘米以上。

                        29. 唇瓣中部以上收窄为细圆柱形，先端拳卷 ··············· 23. 瘤唇卷瓣兰 **B. japonicum**

                        29. 唇瓣中部以上非圆柱形，先端钝。

                            30. 两侧萼片除基部下侧边缘粘合外，余离生。

                                31. 花瓣先端圆钝，无短尖 ··············· 24. 伞花卷瓣兰 **B. umbellatum**

                              31. 花瓣先端钝，具短尖；假鳞茎在根状茎上相距约1厘米 ·············

                              ···················· 24(附). 钻齿卷瓣兰 **B. guttulatum**

                          30. 两侧萼片在基部以上的上下侧边缘粘合或靠合，花瓣近方形，黄色带紫色脉纹 ·············

                          ·· 25. 藓叶卷瓣兰 **B. retusiusculum**

        23. 中萼片和花瓣的边缘具齿、流苏、睫毛或疣肿等附属物，或二者之一的边缘全缘。

            32. 中萼片或花瓣的边缘全缘。

                33. 假鳞茎在根状茎上有1-10厘米的距离；叶柄长2-7厘米。

                    34. 叶宽椭圆形；中萼片近圆形，先端具弯曲长刚毛，刚毛先端棒状 ·············

                    ······································· 26. 大叶卷瓣兰 **B. amplifolium**

                    34. 叶窄长圆形；中萼片卵圆形，先端无刚毛 ··············· 34(附). 夹角卷瓣兰 **B. forrestii**

33. 假鳞茎聚生或近聚生；叶无柄或柄长不及1.5厘米，先端锐尖 ·········· **31. 瓶壶卷瓣兰 B. insulsum**
32. 中萼片和花瓣的边缘均具齿、流苏、睫毛或疣肿等附属物。
    35. 花大，侧萼片长15-19厘米，先端长尾状 ·········· **27. 美花卷瓣兰 B. rotschildianum**
    35. 花小至中等大，侧萼片长不及6厘米。
      36. 中萼片和花瓣边缘具片状毛或疣肿。
        37. 侧萼片长7-8毫米，先端尖 ·········· **28. 城口卷瓣兰 B. chrondriophorum**
        37. 侧萼片长1.9-2.5厘米，先端尾状 ·········· **29. 浙杭卷瓣兰 B. quadrangulum**
      36. 中萼片和花瓣边缘具睫状缘毛、齿或流苏。
        38. 花葶与假鳞茎约等长，长2-4厘米 ·········· **30. 匍茎卷瓣兰 B. emarginatum**
        38. 花葶远高出假鳞茎。
          39. 侧萼片长3.5-5厘米，先端长尾状 ·········· **33. 斑唇卷瓣兰 B. pectenveneris**
          39. 侧萼片先端非尾状。
            40. 蕊柱齿窄披针形，长5毫米，先端长渐尖，基部扭转水平状伸展 ··········
            ·········· **26(附). 长臂卷瓣兰 B. longibrachiatum**
            40. 蕊柱齿齿状、丝状或钻状突起，长不及1.5毫米。
              41. 侧萼片两侧边缘内卷呈窄筒状，或两侧萼片上下边缘粘合或靠合。
                42. 花葶远较叶长，中萼片边缘具流苏 ·········· **32. 紫纹卷瓣兰 B. melanoglossum**
                42. 花葶较叶短或与叶约等长，中萼片具细齿 ·········· **34. 角萼卷瓣兰 B. helenae**
              41. 侧萼片两侧边缘不内卷，离生或上下侧缘或多或少粘合成靠合。
                43. 两侧萼片离生，药帽前缘具流苏 ·········· **35. 毛药卷瓣兰 B. omerandrum**
                43. 两侧萼片上下侧边缘或多或少粘合或靠合。
                  44. 两侧萼片粘合或靠合成椭圆状扁平"合萼"，花瓣长圆形或稍镰状长圆形 ··········
                ·········· **36. 梳帽卷瓣兰 B. andersonii**
                  44. 两侧萼片粘合成的"合萼"非椭圆形，花瓣斜卵状三角形 ··········
                ·········· **37. 莲花卷瓣兰 B. hirundinis**
4. 花序轴伸长。
  45. 唇瓣基部两侧各具1枚小裂片。
    46. 花序上的花偏向一侧 ·········· **14. 钩梗石豆兰 B. nigrescens**
    46. 花序上的花不偏向一侧。
      47. 唇瓣基部小裂片窄镰状，先端稍尖，具2-3个不整齐齿，蕊柱齿钻状 ··········
      ·········· **13. 麦穗石豆兰 B. orientale**
      47. 唇瓣基部两侧小裂片近方形，先端平截，稍具小齿，蕊柱齿三角形，先端锐尖 ··········
      ·········· **13(附). 短耳石豆兰 B. crassipes**
  45. 唇瓣基部外侧无裂片。
    48. 花叶同放。
      49. 叶椭圆形，宽2.7-4厘米，叶柄细长 ·········· **15. 细柄石豆兰 B. striatum**
      49. 叶长圆形，常宽不及1（-2.5）厘米，具短柄。
        50. 花瓣全缘，近倒卵形或卵状椭圆形 ·········· **16. 伏生石豆兰 B. reptans**
        50. 花瓣边缘具缘毛或锯齿，花瓣线形，具齿 ·········· **17(附). 线瓣石豆兰 B. gymnopus**
    48. 花时叶已凋落，叶先端近锐尖 ·········· **17. 锥茎石豆兰 B. polyrhizum**
2. 假鳞茎退化或在根状茎上完全消失。
  51. 总状花序或伞形花序疏生少至多花。
    52. 根状茎径约5毫米；叶长8-15厘米，叶柄长4-5厘米；总状花序密生多花 ··········
    ·········· **39. 柄叶石豆兰 B. spathaceum**

52. 根状茎径不及4毫米；叶长0.8-3.5厘米，近无柄；总状花序具多花。

  53. 根状茎很短；叶 3-4，近基生 ················· 40. **白花石豆兰 B. riyanum**

  53. 根状茎匍匐伸长；叶单生于根状茎。

    54. 花单生；萼片和花瓣淡黄色 ·············· 41. **圆叶石豆兰 B. drymoglossum**

    54. 总状花序具2-3花；萼片和花瓣白或黄白色，唇瓣卵状三角形 ······· 41(附). **小叶石豆兰 B. tokioi**

51. 总状花序密生多花。

  55. 花序基部具1枚佛焰状大苞片；花瓣先端锐尖或稍钝 ·············· 38. **大苞石豆兰 B. cylindraceum**

  55. 花序基部具数枚鳞片状苞片；花瓣先端长渐尖 ·············· 38(附). **卷苞石豆兰 B. khasyanum**

1. 假鳞茎顶生2叶，萼片近等长。

  56. 先叶开花。

    57. 假鳞茎卵状圆锥形。

      58. 花序轴被短毛；花瓣倒卵形 ·············· 43. **落叶石豆兰 B. hirtum**

      58. 花序轴无毛；花瓣卵状披针形 ·············· 44. **直葶石豆兰 B. suavissimum**

    57. 假鳞茎稍扁球形；花葶无毛 ·············· 46. **球茎石豆兰 B. triste**

  56. 花叶同放。

    59. 叶倒卵状披针形，先端圆钝；花葶远高出叶外，花常偏向一侧 ·············· 45. **二叶石豆兰 B. shanicum**

    59. 叶长圆形，先端尖；花葶不高出叶外，花不偏向一侧 ·············· 45(附). **尖叶石豆兰 B. cariniflorum**

1. 赤唇石豆兰   图 1071 彩片 515

Bulbophyllum affine Lindl. Gen. Sp. Orch. Pl. 48. 1830.

根状茎径4-5毫米，被覆瓦状鳞片鞘，从节和节间生出多数根；假鳞茎近圆柱形，相距4-8厘米，顶生1叶。叶直立，长圆形，长6-26厘米，先端稍凹缺；叶柄长1-2厘米。花序从假鳞茎基部和根状茎上长出，稍扁，较叶片短，顶生1花。花淡黄色带紫色脉纹；中萼片披针形，长1.7-2厘米，宽4-5毫米，侧萼片镰状披针形，长1.7-2厘米，基部稍宽斜贴生蕊柱足，萼囊宽钝；花瓣披针形，长1-1.4厘米，全缘，唇瓣披针形，稍下弯，基部具凹槽与蕊柱足合成活动关节，上面无毛；蕊柱长约5毫米，蕊柱长约5毫米，药帽圆锥形，具细乳突。花期5-7月。

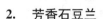

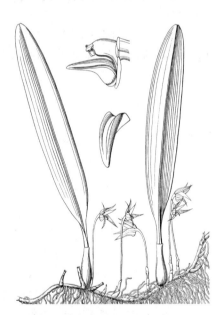

图 1071 赤唇石豆兰 （引自《图鉴》）

产台湾、广东、海南、广西西南部、云南西南部及四川中南部，生于海拔100-1550米林中树干或山谷岩石上。喜马拉雅西北部、尼泊尔、锡金、不丹、印度东北部、日本(琉球群岛)、泰国、越南及老挝有分布。

2. 芳香石豆兰   图 1072 彩片 515

Bulbophyllum ambrosia (Hance) Schltr. in Fedde, Repert. Sp. Nov. Beih. 4: 247. 1919.

Eria ambrosia Hance in Journ. Bot. 21: 232. 1883.

根状茎径2-3毫米；假鳞茎圆柱形，疏生，长2-6厘米，直立或稍弧曲上举，顶生1叶。叶长圆形，长3.5-13厘米，先端稍凹缺；叶柄长不及1厘米。花葶侧生于假鳞茎基部，圆柱形，长4-7厘米，顶生1花。花稍点

垂,淡黄色,萼片具紫色脉;
中萼片近长圆形,长约1厘
米,全缘,侧萼片斜卵状三
角形,与中萼片近等长,宽
约6毫米,中部以上偏侧扭
曲呈喙状,基部贴生蕊柱足
形成宽钝萼囊;花瓣卵状三
角形,长约6毫米,全缘,唇
瓣近卵形,中部以下两侧对
折,基部与蕊柱足末端结合

形成活动关节,中部两侧向外扩展,边缘稍波状,先端稍厚,唇盘具1-2条
肉质褶片;蕊柱粗短,蕊柱足长1厘米,离生部分长约5毫米,蕊柱齿不
明显。花期2-5月。

产福建、广东、香港、海南、广西、云南东南部及南部,生于海拔1300
米以下山地林中树干上。越南有分布。

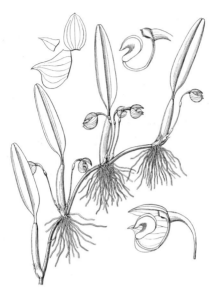

图 1072 芳香石豆兰 (引自《图鉴》)

3. 长足石豆兰　　　　图 1073 彩片 517

Bulbophyllum pectinatum Finet in Bull. Soc. Bot. France 44: 268. t.
7. 1897.

根状茎径2-3毫米,假鳞茎斜立,相距约5毫米,近圆柱形,长1-2.5
厘米,顶生1叶。叶长圆形,长3-5厘米,先端稍凹缺。花葶从假鳞茎基部

长出,外弯,长3-5厘米,顶
生1花。苞片近杯状;花黄
绿色,密被紫褐色斑点,花
梗和子房扁,长2.5-4.5厘
米;中萼片直立,卵形,长
约2厘米,宽9毫米,全缘,
侧萼片斜卵状三角形,长2.2
厘米,贴生蕊柱足形成宽钝
萼囊;花瓣长圆状披针形,
唇瓣与蕊柱足结合形成不动
关节,基部两侧膜质,边缘

撕裂状,中部以上肉质外弯,稍具钝齿,唇盘基部具2枚圆锥形胼胝体,上
面具疣突及2条鸡冠状褶片;蕊柱粗短,蕊柱足长2.5厘米,离生部分长达
1.7厘米,蕊柱齿近平截。花期4-5月。

产云南,生于海拔1000-2500米山地林中树干或沟谷岩石上。印度东北
部、缅甸、泰国及越南有分布。

　　[附] 德钦石豆兰 **Bulbophyllum otoglossum** Tuyama in H. Hara, Fl.
East. Himal. 2: 177. t. 16. 1971. 本种与长足石豆兰的区别:花较小,萼片
长约1.3厘米,花瓣近倒卵形,疏生细齿,唇瓣基部无胼胝体,中部以上两
侧各具一条有疣状突起的褶片;蕊柱足长约1厘米,蕊柱齿三角形,先端
尖。产云南德钦,生于海拔2600米林下岩石上。花期10月。尼泊尔及不丹
有分布。

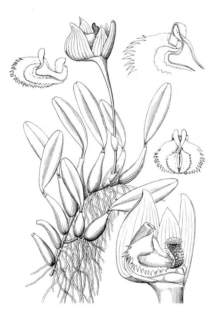

图 1073 长足石豆兰 (引自《图鉴》)

　　[附] 曲萼石豆兰 **Bulbophyllum
monanthum** (Kuntze) J. J. Smith in
Bull. Buitenz. ser. 2, 8: 21. 1912.
—— *Phyllorchis monantha* Kuntze,
Rev. Gen. 2: 676. 1891. ——
Bulbophyllum pteroglossum Schltr;
中国植物志19: 181. 1999. 本种与豹
斑石豆兰的区别:假鳞茎疏生,圆柱
形;花较小,中萼片斜卵状三角形,
长1.2-1.5厘米;唇盘无褶片和脊;蕊
柱足向上弯曲,长约1厘米,离生部

分长约2毫米。花期11月。产云南南部,生于海拔约1400米林中树干上。不丹、印度东北部及缅甸有分布。

4. 滇南石豆兰
图 1074

Bulbophyllum psittacoglossum Rchb. f. in Bot. Zeit. 21: 236. 1863.

假鳞茎卧伏在根状茎上紧靠,卵形,长1.5-3厘米,径1-1.5厘米,顶生1叶。叶椭圆形或长圆形,长3-15厘米,宽1.7-3.7厘米,先端钝,稍凹缺;叶柄短。花葶生于假鳞茎基部,具1-2花,花序梗长0.7-2.5厘米。花黄带紫色斑点;中萼片椭圆形,长1.2厘米,侧萼片卵状三角形,长1.7厘米;花瓣倒卵状椭圆形,长9毫米,全缘;唇瓣舌形,肉质,稍外弯,先端钝,基部边缘稍有齿,上面密被疣状突起

图 1074 滇南石豆兰 (仿《Bot. Mag.》)

具2条波状褶片;蕊柱长3毫米,蕊柱足长7毫米,离生部分长3毫米,蕊柱翅在蕊柱基部向前扩展,蕊柱齿牙齿状。花期6月。

产云南,生于海拔1500米以下山地疏林中树干或山坡岩石上。越南、缅甸及泰国有分布。

[附] **短齿石豆兰 Bulbophyllum griffithii** (Lindl.) Rchb. f. in Walp. Ann. Bot. Syst. 6: 247. 1861. —— *Sarcopodium griffithii* Lindl. Fol.

Orch.: 6. 1853. 本种与滇南石豆兰的区别:花瓣近长圆形;唇瓣长圆状舌形,先端近锐尖,上面无疣状突起。产云南东南部,生于海拔1000-1600米阔叶林中树干上。印度东北部有分布。

5. 环唇石豆兰
图 1075

Bulbophyllum corallinum Tix et Guill. in Bull. Mus. Paris 2. s. 35, 2: 204. 1963.

根状茎节上发出的根缠绕本身顺沿而下。假鳞茎卵形或近圆柱形,在根状茎上几靠近,斜立或稍弧曲上举,顶生1叶。叶窄长圆形或舌形,长2.5-4.3厘米,宽4-7毫米,先端锐尖,近无柄。花序生于假鳞茎基部或根状茎,花序梗长不及5毫米,密生多花。花赭红色;花梗和子房长约4毫米;萼片质厚,离生;中萼片卵状披针形,长2.2-6毫米,宽约1毫米,侧萼片镰状或斜卵状三角形,中部以上两侧

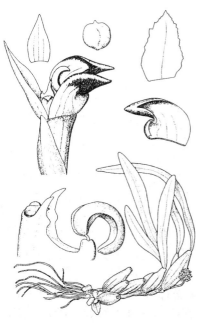

边缘内弯;花瓣膜质,长圆形,长1.2-1.8毫米,具不整齐细齿,唇瓣外弯成半环状,长约1.3毫米,边缘密生长柔毛,唇盘具2条脊突;蕊柱齿镰状。

图 1075 环唇石豆兰 (引自《Opera. Bot.》)

花期3-9月。

产云南南部,生于海拔1150-1530米疏林中树干上。越南及泰国有分布。

6. 戟唇石豆兰 图 1076

Bulbophyllum hastatum T. Tang et F. T. Wang in Acta Phytotax. Sin. 12(1): 44. 1974.

根状茎纤细而分枝;假鳞茎疏生,扁鼓状卵球形,长4-8毫米,径2.5-4毫米,顶生1叶。叶质薄,卵形或卵状披针形,长0.6-1.5(-2.3)厘米,先端具细尖,几无柄。花葶生于假鳞茎基部和根状茎上,纤细如发,长6毫米,顶生1花。花很小,直立,除基部和先端淡绿色外,余紫色;中萼片披针形,长3毫米,侧萼片镰状披针形,宽0.7毫米;花瓣椭圆形,长约2毫米,唇瓣3裂,菱形,基部具1枚胼

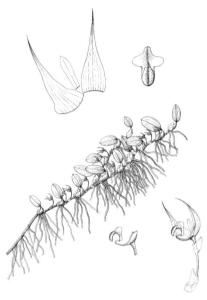

图 1076 戟唇石豆兰 (引自《图鉴》)

胝体,侧裂片膜质,半圆形,中裂片舌形,肉质,长0.7毫米,蕊柱长1毫米,蕊柱足长约1.5毫米,无离生部分。花期6-11月。

产广东西部、海南及云南东南部,生于海拔400-600米山地密林中树干或山谷岩石上。

7. 聚株石豆兰 图 1077

Bulbophyllum sutepense (Rolfe ex Downie) Seidenf. et Smitin. Orch. Thailand Prelimin. List 3: 366. 1961.

Cirrhopetalum sutepense Rolfe ex Downid in Kew Bull. 1925: 376. 1925.

假鳞茎卵圆形或近梨形,在根状茎上聚生,长0.6-1.2厘米,径0.5-1厘米,顶生1叶。叶长圆形,长1.5-4.5厘米,宽6-9毫米,近无柄。花葶生于假鳞茎基部,稍高于假鳞茎,总状花序呈伞状,具4-5花,花序梗长不及5毫米。花淡黄色;萼片密生,中萼片卵状披针形,长2.2-3毫米,宽1.5-1.8毫米,全缘,近先端两侧稍内卷,侧萼片斜披针形,长5-6毫米,宽1.5-1.8毫米,中部以上两侧稍内卷,侧萼片

图 1077 聚株石豆兰 (冀朝祯绘)

向上弯曲,离生部分长0.8毫米。花期5月。

产云南南部,生于海拔1200-1600米林中树干上。泰国及老挝有分布。

斜披针形,长5-6毫米,宽1.5-1.8毫米,中部以上两侧内卷呈筒状;花瓣长圆形,长1.5毫米,全缘,唇瓣较花瓣短,外弯,3裂,侧裂片直立,三角形,中裂片窄长圆形,先端近尖,上面密被细乳突,蕊柱足长1.4毫米,

8. 齿瓣石豆兰 图 1078

Bulbophyllum levinei Schltr. in Fedde, Repert. Sp. Nov. 19: 389. 1924.

Bulbophyllum psychoon auct. non Rchb. f.: 中国高等植物图鉴 5: 733. 1976.

根状茎纤细；假鳞茎近圆柱形或瓶状，聚生，长0.5-1厘米，径3-5毫米，顶生1叶。叶长圆形或倒卵状披针形，长3-4（-9）厘米，宽5-7（-14）毫米；叶柄短。花葶生于假鳞茎基部，纤细，高出叶外，花序梗径约0.5毫米，总状花序伞状，具2-6花。花质薄，白色带紫色；中萼片卵状披针形，长4-5毫米，宽1.5-2毫米，中部以上骤窄增厚，具细齿，侧萼片斜卵状披针形，先端尾状；花瓣卵状披针形，长3-3.5毫米，宽1.5毫米，具细齿；唇瓣外弯，披针形，长2-2.5毫米，基部近平截，具凹槽，全缘；蕊柱足弯曲，长约1.5毫米，离生部分长0.5毫米，蕊柱齿丝状，长约0.5毫米。花期5-8月。

产浙江南部、福建、江西、湖南南部、广东、香港及广西，生于海拔约800米林中树干和岩石上。

图 1078 齿瓣石豆兰 （引自《图鉴》）

[附] **红心石豆兰 Bulbophyllum rubrolabellum** T. P. Lin in Taiwania 20（2）：163. t. 2. 1975. 本种与齿瓣石豆兰的区别：花苞片较花梗和子房短，侧萼片先端非红色，花瓣椭圆形。花期9-10月。产台湾，生于海拔700-1000米林中树干上。

9. 密花石豆兰 图 1079 彩片 518

Bulbophyllum odoratissimum Lindl.（J. E. Smith）Lindl. Gen. Sp. Orch. Pl. 55. 1830.

Stelis odoratissimum J. E. Smith in Ress Cyclop. 34: 12. 1814.

根状茎分枝；假鳞茎疏生，近圆柱形，直立，顶生1叶。叶长圆形，长4-13.5厘米，先端凹缺，几无柄。花葶生于假鳞茎基部，总状花序呈伞形，常点垂，密生10余花。花白色；萼片离生，质较厚，披针形，两侧内卷成筒状，中萼片长6-8毫米，全缘，侧萼片长0.4-1.4厘米，宽1.5-2毫米；花瓣近卵形，长1-2毫米，唇瓣桔红色，肉质，舌形，上面2条密生细乳突；蕊柱长1毫米，蕊柱足长约1毫米，离生部分长0.5毫米，蕊柱齿三角形。花期4-8月。

产福建、广东、香港、广西、湖南、云南、四川及西藏东南部，生于

图 1079 密花石豆兰 （引自《图鉴》）

海拔200-2300米林中树干或山谷岩石上。热带喜马拉雅经印度东北部至中南半岛有分布。

[附] **茎花石豆兰 Bulbophyllum cauliflorum** Hook. f. Fl. Brit. Ind. 5:

758. 1890. 本种与密花石豆兰的区别：根状茎径3-4毫米，花葶较短，与假鳞茎约等长，蕊柱齿镰状。产西藏东南部，生于海拔800-1750米阔叶林中树干或林下岩石上。锡金及印度东北部有分布。

10. 短足石豆兰　　　图 1080
Bulbophyllum stenobulbon Par. et Rchb. f. in Trans. Linn. Soc. 30: 153. 1874.

根状茎分枝，径1-1.5毫米，假鳞茎疏生，直立，近圆柱形或卵状圆柱形，长1-1.5厘米，径3-6毫米，顶生1叶。叶长圆形，长1.5-3.3厘米，先端稍凹缺；叶柄长2-3毫米。花葶生于假鳞茎基部，径约0.5毫米，稍高出假鳞茎之上；总状花序呈伞状，具2-4花。萼片和花瓣淡黄色，中部以上桔黄色；萼片离生，质稍厚，中萼片披针形，长约5毫米，宽约1.4毫米，中部以上两侧稍内卷，侧萼片与中萼片相似而稍长；花瓣质薄，卵形，长2-2.4毫米，全缘，唇瓣桔黄色，肉质，舌形或卵状披针形，长约2毫米，宽约0.7毫米，上面具3条脊突；蕊柱长约1毫米，蕊柱足长1-1.3毫米，离生部分长0.3毫米，蕊柱齿钻状，长约0.5毫米。花期5-6月。

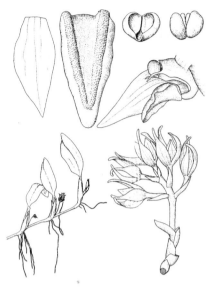

图 1080 短足石豆兰
（引自《Dansk. Bot. Ark.》）

产广东西部、香港及云南东南部，生于海拔2100米以下山地林中树干或林下岩石上。喜马拉雅和中南半岛地区有分布。

11. 广东石豆兰　　　图 1081 彩片 519
Bulbophyllum kwangtungense Schltr. in Fedde, Repert. Sp. Nov. 19: 381. 1924.

根状茎径约2毫米；假鳞茎疏生，直立，圆柱形，顶生1叶。叶长圆形，长约2.5厘米，先端稍凹缺；几无柄。花葶生于假鳞茎基部和根状茎节上，高出叶外，花序梗径约0.5毫米；总状花序伞状，具2-4(-7)花。花白或淡黄色；萼片离生，披针形，长0.8-1厘米，中部以上两侧内卷，侧萼片比中萼片稍长，萼囊不明显；花瓣窄卵状披针形，长4-5毫米，宽约0.4毫米，全缘，唇瓣肉质，披针形，长约1.5毫米，宽0.4毫米，上面具2-3条小脊突，在中部以上合成1条较粗的脊；蕊柱足长约0.5毫米，离生部分长约0.1毫米，蕊柱齿牙齿状，长约0.2毫米。花期5-8月。

产浙江、福建、江西、湖北、湖南、广东、香港、广西、贵州东南部

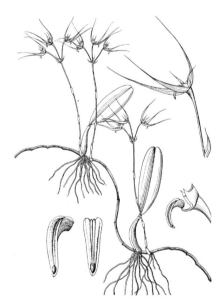

图 1081 广东石豆兰 （引自《图鉴》）

及云南东南部，生于海拔约800米山坡林下岩石上。

12. 伞花石豆兰

图 1082

Bulbophyllum shweliense W. W. Smith in Notes Roy. Bot. Gard. Edinb. 13: 19. 1921.

假鳞茎疏生于径约1毫米的分枝根状茎,近圆柱形,长1-1.5厘米,径4-5毫米,顶生1叶。叶长圆形,长2-3厘米,宽0.5-1厘米,先端圆钝稍凹缺;叶柄长1-2毫米。花葶生于假鳞茎基部,直立,纤细,长3-4.5厘米,花序梗径约0.5毫米;总状花序伞状,具4-10花。花橙黄色,有微香;萼片离生,等长,披针形,长7.5-8毫米,宽约2毫米,中萼片近先端两侧内卷,侧萼片在中部以上两侧内卷呈筒状,萼囊半球状;花瓣卵状披针形,长约3.5毫米,全缘,唇瓣卵状披针形,长约2毫米,基部凹槽状,先端尖,稍外弯;蕊柱长约1毫米,蕊柱足长2毫米向上弯曲,离生部分长约1毫米,蕊柱齿钻状,长约0.5毫米。

图 1082 伞花石豆兰 (引自《图鉴》)

花期6月。

产广东北部、云南南部及西北部,生于海拔1760-2100米林中树干上。泰国有分布。

13. 麦穗石豆兰

图 1083

Bulbophyllum orientale Seidenf. in Dansk Bot. Ark. 33(3): 138. f. 92. 1979.

Bulbophyllum careyanum auct. non (Hook.) Spreng: 中国高等植物图鉴 5: 730. 1976.

假鳞茎在径4-5毫米的根状茎上相距5-12厘米,常卵状圆锥形,长2-3厘米,顶生1叶。叶长圆形,长8-30厘米,宽1.5-3.4厘米,先端凹缺;叶柄短。花葶粗壮,生于假鳞茎基部,外弯,长5-13厘米,总状花序长3-6厘米,密生多数覆瓦状排列的花。萼片和花瓣淡黄带褐红色脉纹;中萼片卵形,长6毫米,全缘;侧萼片斜卵状披针形,长7.5毫米,两侧边缘稍内卷,下侧边缘靠合成兜状,背面稍具疣状突起;花瓣稍斜三角形,长2.5毫米,基部稍向蕊柱足下延,边缘稍不整齐,唇瓣淡黄绿带黑色斑点,长约6毫米,外弯,中部以下具凹槽,基部两侧各具1枚前伸小裂片,裂片窄镰状,长1-3毫米,宽0.4毫米,先端具不整齐小尖齿;蕊柱黄色,蕊柱足弯曲,长约3毫米,离生部分长1.5毫米,蕊柱齿钻状,前伸,长约1毫米。花期6-9月。

图 1083 麦穗石豆兰 (引自《图鉴》)

产云南西南部,生于海拔约1200米常绿阔叶林中树干上。泰国有分布。

[附] **短耳石豆兰 Bulbophyllum crassipes** Hook. f. Fl. Brit. Ind. 5: 760. 1890. 本种与麦穗石豆兰的区别:

唇瓣基部小裂片近方形,先端平截,具小齿;蕊柱齿三角形,先端锐尖。产云南南部,生于海拔约1150米山地常绿阔叶林中树干上。锡金、印度东北部、缅甸及泰国有分布。

14. 钩梗石豆兰

图 1084

Bulbophyllum nigrescens Rolfe in Kew Bull. 1910: 158. 1910.

假鳞茎聚生,卵状圆锥形,顶生1叶。叶长圆形或长圆状披针形,长10-15厘米,宽1-1.5厘米;叶柄长1-2厘米。花葶生于假鳞茎基部,远高

出叶外,花序梗无毛,总状花序长约为花葶1/2,具多数偏向一侧的花。花下倾,花梗基部下弯;萼片和花瓣淡黄色,基部带紫黑色,或紫黑色;中萼片卵状披针形,长5-7毫米,宽2.5-3毫米,密生长硬毛,侧萼片离生,与中萼片相似,较大,密生长硬毛,萼囊窄小;花瓣匙形,长约2毫米,宽达1.2毫米,先端圆,上部密生长硬毛,唇瓣紫黑色,下面具蓝绿色条纹或淡紫黑色,上面具紫红色纵带,厚肉质,舌状,被长毛,长约4毫米,两侧向下内弯,展开后匙形,基生小裂片尖齿状;蕊柱长约1毫米,蕊柱足长约2毫米,与唇瓣基部形成活动关节,蕊柱齿三角形,长约0.3毫米。花期4-5月。

产云南南部,生于海拔800-1500米常绿阔叶林中树干上。泰国及越南有分布。

图 1084 钩梗石豆兰 (蔡淑琴绘)

15. 细柄石豆兰

图 1085 彩片 520

Bulbophyllum striatum (Griff.) Rchb. f. in Walp. Ann. Bot. Syst. 6: 257. 1861.

Dendrobium striatum Griff. Netul. 3: 318. 1851.

假鳞茎疏生根状茎上,近梨形,长1-1.5厘米,径约1厘米,顶生1叶。叶椭圆形,长3-10厘米,宽2.7-4厘米,先端钝,稍凹缺,上面绿色,下面紫红色;叶柄长1.5-4厘米。花葶柔弱,斜立,长6-9厘米,具1-3花。花小,萼片和花瓣淡黄色,具紫红色脉,萼片离生;中萼片长圆形,长1厘米,宽4毫米,先端稍钝,全缘,

图 1085 细柄石豆兰 (蔡淑琴绘)

侧萼片卵状三角形,长9毫米,宽5毫米,先端锐尖;花瓣卵形,长6.5毫米,全缘,唇瓣紫红色,近椭圆形,长7毫米,宽3.5毫米,基部稍具齿,先端钝,上面具数条分枝脉;蕊柱长约4毫米,蕊柱足长3.5毫米,离生部分

长0.5毫米，蕊柱齿不明显。花期12月。

产云南东南部，生于海拔1600米石灰山地灌丛中岩石上。锡金及印度东北部有分布。

16. 伏生石豆兰

图 1086

Bulbophyllum reptans (Lindl.) Lindl. Gen. Sp. Orch. Pl. 51. 1830.

Tribrachia reptans Lindl. Coll. Bot. t. 41a. 1824.

假鳞茎疏生在分枝根状茎上，卵形或卵状圆锥形，顶生1叶；根状茎被数枚覆瓦状鞘。叶直立，长圆形，长7-8(-15)厘米，先端稍凹缺；具短柄。花葶生于假鳞茎基部，直立，纤细，总状花序长约为花葶1/2，具3-6花。花淡黄带紫红色条纹；萼片披针形，长0.7-1厘米，宽约2毫米，侧萼片较中萼片稍长，在下部的下侧边缘粘合，基部贴生蕊柱足；花瓣质较薄，近倒卵形

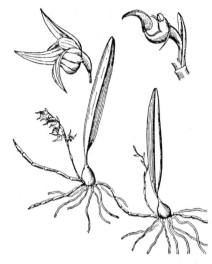

图 1086 伏生石豆兰 （引自《图鉴》）

或卵状椭圆形，长3-4毫米，全缘，唇瓣近肉质，较花瓣稍长，外弯，下部两侧对折，全缘；蕊柱长约1毫米，蕊柱足长约2毫米，离生部分长1毫米，蕊柱齿钻状。花期1-10月。

产海南、广西、四川、云南及西藏东南部，生于海拔1000-2800米常绿阔叶林中树干或林下岩石上。喜马拉雅、印度东北部、缅甸及越南有分布。

17. 锥茎石豆兰

图 1087：1-2

Bulbophyllum polyrhizum Lindl. Gen. Sp. Orch. Pl. 53. 1830.

假鳞茎在径约1.5毫米的根状茎上相距0.5-1厘米，卵形，上端瓶颈状，顶生1叶。叶窄长圆形，较花葶短。后叶开花，花葶生于叶已凋落的假鳞茎基部，长8-12厘米，总状花序长3-6厘米，疏生多花。花梗稍钩曲，花黄绿色；中萼片近卵形，长4毫米，侧萼片卵状披针形，长4.5毫米；花瓣卵状三角形，长2.3-2.5毫米，全缘，唇瓣近长圆形，向外下弯，长3毫米，上面密生细乳突，基部具凹槽；蕊柱长1.2毫米，蕊柱足长约1毫米，蕊柱齿偏鼓钻状。花期3月。

产云南西南部，生于海拔900-1400米常绿阔叶林中

树干上。泰国、缅甸、印度东北部至喜马拉雅有分布。

[附] **线瓣石豆兰** 图 1087：3-4 **Bulbophyllum gymnopus** Hook. f. Fl. Brit. Ind. 5: 764. 1890. 本种与锥茎石豆兰的区别：花时具叶；花瓣线形，具锯齿。产云南景洪，生于海拔约1000米山地林中树干上。锡金、不丹、印度东北风部及泰国有分布。

图 1087：1-2. 锥茎石豆兰
3-4. 线瓣石豆兰 （蔡淑琴绘）

18. 等萼卷瓣兰 图 1088

Bulbophyllum violaceolabellum Seidenf. in Nord. Journ. Bot. 1: 210. f. 14. 1981.

假鳞茎疏生于径4-6毫米的根状茎上,卵形,长1.5-3.4厘米,顶生1叶。叶长圆形或倒卵状长圆形,长10-20厘米,宽2.2-4.3厘米,先端钝;

叶柄长1.5-2厘米。花葶长19-26厘米,花序梗径2-3毫米,总状花序伞形,具3-5花。花开展,萼片和花瓣黄色,具紫色斑点;中萼片宽卵形,长6-8毫米,先端钝,全缘稍波状,侧萼片离生,卵状三角形,长8-9毫米,基部贴生蕊柱足;花瓣卵状披针形,长4-5毫米,宽3毫米,先端具短芒,全缘,唇瓣紫丁香色,肉质,舌形,下

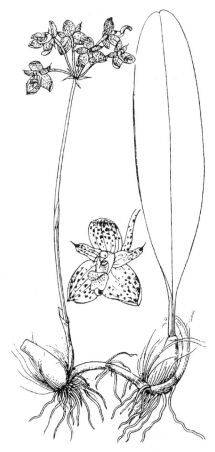

弯,长约5毫米,宽3毫米,先端平截,基部与蕊柱足形成活动关节;蕊柱黄色,长约2毫米,紫色蕊柱足长5.5毫米,离生部分长2.5毫米,蕊柱齿长钻状,长2.5毫米。花期4月。

产云南南部,生于海拔约700米石灰山地疏林中树干上。老挝有分布。

图 1088 等萼卷瓣兰 (蔡淑琴绘)

19. 直唇卷瓣兰 图 1089 彩片 521

Bulbophyllum delitenscens Hance in Journ. Bot. 14: 44. 1876.

Cirrhopetalum delitenscens (Hance) Rolfe; 中国高等植物图鉴 5: 736. 1976.

假鳞茎疏生于径约4毫米的根状茎上,卵形或近圆柱形,顶生1叶。叶

椭圆形或倒卵状长圆形,长16-25厘米;叶柄长2-3厘米。花葶生于根状茎基部,长10-22厘米,伞形花序具2-4花。花茄紫色;中萼片卵形,舟状,长约1厘米,宽3毫米,先端平截,有凹缺,凹口具芒,全缘,侧萼片窄披针形,长达6厘米,基部上方扭转,两侧萼片边缘粘合;花瓣镰状披针形,长5-7毫米,先端凹缺,具芒,全

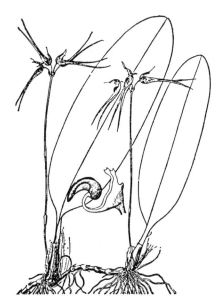

缘,唇瓣舌状,外弯,长约5毫米,无毛;蕊柱长3毫米,蕊柱足长5毫米,离生部分长3毫米,蕊柱齿臂状,长3毫米,中部缢缩,先端2裂。花期4-11月。

产福建东南部、广东东部、香港、海南、云南东南部及南部、西藏东

图 1089 直唇卷瓣兰 (引自《图鉴》)

南部,生于海拔约1000米山谷溪边岩石和林中树干上。印度东北部及越南有分布。

20. 乌来卷瓣兰 图 1090

Bulbophyllum macraei (Lindl.) Rchb. f. in Walp. Ann. Bot. Syst. 6: 263. 1861.

Cirrhopetalum macraei Lindl. Gen. Sp. Orch. Pl. 59. 1830.

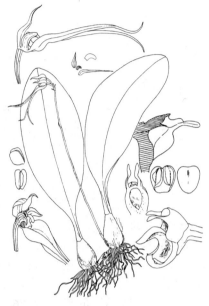

图 1090 乌来卷瓣兰 （引自《台湾兰科植物》）

假鳞茎在根状茎上靠近或相距1-2厘米，卵形，顶生1叶。叶近椭圆形，长8-18厘米，柄长约1-1.5厘米。花葶长10-20厘米，伞形花序具3-5花，花序梗具2-3鞘状苞片。苞片披针形；花梗和子房黄绿或紫红色，长约9毫米；萼片黄白或紫红色；中萼片卵状披针形，长1.5-1.8厘米；侧萼片窄披针形，长2.5-3.7厘米，基部上方扭转而两侧萼片的下侧边缘多少靠合；花瓣黄白色稍带浅紫红色，镰状，长5-6.5毫米，宽2-2.7毫米，先端具细尖；唇瓣舌状，外弯，长4-6.5毫米，基部与蕊柱足连接而形成关节；蕊柱长2-3毫米，蕊柱足长约4毫米，蕊柱齿多少扭转而呈细棒状，长约2毫米；药帽半球形，前端边缘具梳状短齿。花期7-10月。

产台湾，生于海拔500-1000米林中树干上。日本（琉球群岛）、斯里兰卡及印度有分布。

21. 直立卷瓣兰 图 1091

Bulbophyllum unciniferum Seidenf. Bot. Tidsskr. 68: 58. 1973.

假鳞茎在径约3毫米的根状茎上相距2-4厘米，圆柱形或长卵形，长2-3.5厘米，径6-9毫米，顶生1叶。叶长圆形，长7-8厘米，宽1-1.9厘米，先端钝。花葶生于假鳞茎基部，与假鳞茎等高，花序伞状，具2-4花；中萼片淡黄带紫色斑点，近椭圆形，长1厘米，宽6毫米，先端钝或稍凹缺，侧萼片朱红色，长1.6-2厘米，上下侧边缘粘合成窄圆锥状或角状，外面密被乳突；花瓣宽卵形，长4毫米，近先端增厚密生乳突状毛，先端向背面弯曲呈喙状，

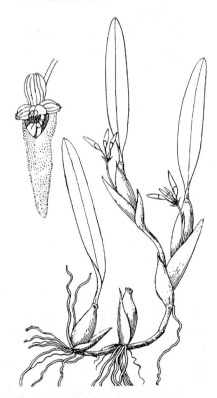

唇瓣紫红色，拱形，与蕊柱足结合成活动关节，下部边缘具睫毛，先端稍凹缺；蕊柱粗短，蕊柱足肥厚弯曲，离生部分长约1毫米，蕊柱齿三角形，先端丝状，稍钩曲。花期3月。

产云南南部，生于海拔1150-1500米林缘树干上。泰国有分布。

图 1091 直立卷瓣兰 （蔡淑琴绘）

22. 匙萼卷瓣兰 图 1092

Bulbophyllum spathulatum (Rolfe) Seidenf. in Bot. Tidssker. 65: 347. 1970.

Cirrhopetalum spathulatum

Rolfe ex Cooper. in Orch. Rev. 37: 106. 1929.

假鳞茎在径约4厘米的葡萄根状茎上相距10-11厘米，窄卵形，顶生1叶。叶长圆形，长10-18厘米，宽2-2.4厘米；叶柄长约1厘米。花葶生于根状茎末端假鳞茎基部，基部具4-5大鞘，顶生伞形花序具20余花。花紫红色；中萼片近倒卵形，长8毫米，先端平截，具短尖，全缘，侧萼片长1.8厘米，基部上方扭转上下侧边缘靠合形成拖鞋状"合萼"；花瓣长圆状披针形，长5毫米，宽约1.3毫米，先端钝，全缘，唇瓣披针形，无毛，外弯，基部两侧对摺，先端钝；蕊柱长2毫米，蕊柱足长3毫米，离生部分长1毫米，蕊柱齿三角形，长约1毫米。

产云南西南部，生于海拔约860米林中树干上。锡金、缅甸、泰国、老挝及越南有分布。

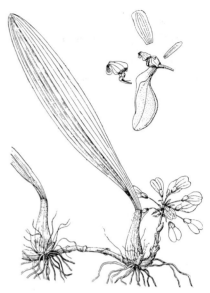

图 1092 匙萼卷瓣兰 （冀朝祯绘）

23. 瘤唇卷瓣兰　　　　　　图 1093 彩片 522

Bulbophyllum japonicum（Makino）Makino in Bot. Mag. Tokyo 24: 31. 1910.

Cirrhopetalum japonicum Makino, Illust. Fl. Jap. 1: t. 42. 1891.

假鳞茎在纤细根状茎上相距0.7-1.8厘米，卵球形，长0.5-1厘米，径3-5毫米，顶生1叶。叶长圆形或斜长圆形，长3-4.5厘米。花葶生于假鳞茎基部，长2-3厘米，伞形花序具2-4花。花紫红色；中萼片卵状椭圆形，长约3毫米，全缘，侧萼片披针形，长5-6毫米，上部两侧边缘内卷，基部上方扭转而上下侧边缘靠合；花瓣近匙形，长2毫米，全缘，唇瓣舌形，外弯，长约2毫米，下部两侧对折，上

部细圆柱状，先端拳卷状；蕊柱长约1.5毫米，蕊柱足长约1毫米，离生部分长0.5毫米，蕊柱齿钻状，长约0.7毫米。花期6月。

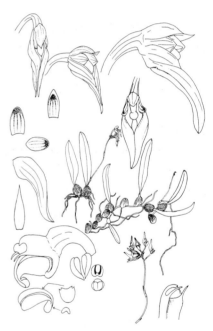

图 1093 瘤唇卷瓣兰 （引自《台湾兰科植物》）

产台湾、福建西北部、湖南西南部、广东中部及广西东北部，生于海拔600-1500米阔叶林中树上和沟谷阴湿岩石上。日本有分布。

24. 伞花卷瓣兰　　　　　　图 1094 彩片 523

Bulbophyllum umbellatum Lindl. Gen. Sp. Orch. Pl. 56. 1830.

假鳞茎在径3-4毫米的根状茎上相距1-2厘米，卵形或卵状圆锥形，长1.3-3.5厘米，顶生1叶。叶长圆形，长8-19厘米，宽1.3-2.8厘米，先端稍凹缺；叶柄长1-2厘米。花葶生于假鳞茎基部，长8-12厘米，伞形花序具

2-4花。花暗黄绿或暗褐带淡紫色先端；中萼片卵形，长约9毫米，全缘，侧萼片镰状披针形，长1.5厘米，基部上方扭转在基部上侧边缘粘合，余

离生；花瓣卵形，长7毫米，先端圆钝，全缘，唇瓣白色，舌状，长约5毫米，外弯，基部心形；蕊柱长2毫米，蕊柱足长约5毫米，离生部分长1.5毫米，蕊柱齿三角形，长1毫米。花期4-6月。

产台湾、四川西南部、云南及西藏东南部，生于海拔1000-2200米林中树干上。喜马拉雅、印度东北部、缅甸、越南及泰国有分布。

[附] **钻齿卷瓣兰 Bulbophyllum guttulatum**（Hook. f.）Balakrishnan in J. Bomb. Nat. Hist. Soc. 67(1)：66. 1970. —— *Cirrhopetalum guttulatum* Hook. f. Fl. Brit. Ind. 5: 776. 1890. 与伞花卷瓣兰的区别：假鳞茎在根状茎上相距约1厘米；花瓣宽卵状三角形，先端钝，具短尖；唇瓣拱形，先端稍凹，上面具3条稍粗条纹，蕊柱齿丝状。产西藏东南部，生于海拔800-1800米林中树干上。喜马拉雅、印度东北部及越南有分布。

25. 藓叶卷瓣兰　　　　　图 1095 彩片 524

Bulbophyllum retusiusculum Rchb. f. in Gard. Chron. 1182. 1869.

Cirrhopetalum wallichii Lindl.；中国高等植物图鉴 5: 737. 1976.

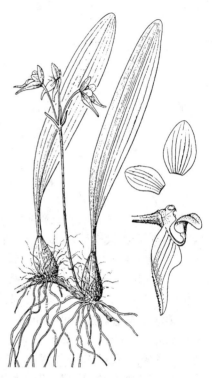

图 1094 伞花卷瓣兰（冀朝祯绘）

假鳞茎在径约2毫米的根状茎上相距1-3厘米，或近紧靠，卵状圆锥形或窄卵形，顶生1叶。叶长圆形或卵状披针形，长1.6-8厘米，先端稍凹缺。花葶从假鳞茎基部抽出，长达14厘米，伞形花序具多花。中萼片黄色带紫色脉纹，长圆状卵形或近长方形，长3-3.5毫米，先端近平截，有凹缺，全缘，背面稍有乳突，侧萼片金黄色，窄披针形或丝形，长1.1-2.1厘米，背面疏生细疣突，基部扭转，两侧萼片上下侧边缘粘合形成宽椭圆形或长角状"合萼"；花瓣黄带紫色脉纹，近方形，长2.5-3毫米，全缘，唇瓣舌形，外弯，长3毫米；蕊柱长约2毫米，蕊柱足长约2.5毫米，离生部分长1毫米，蕊柱齿三角形。花期9-12月。

产甘肃南部、台湾、海南、湖北西部、湖南南部、四川、云南及西藏，

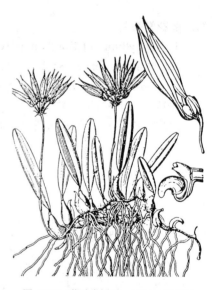

图 1095 藓叶卷瓣兰（引自《图鉴》）

生于海拔500-2800米林中树干或林下岩石上。喜马拉雅、印度东北部及中南半岛有分布。

26. 大叶卷瓣兰　　　　　图 1096

Bulbophyllum amplifolium（Rolfe）Balak. et Chowdhury in Bull. Bot. Surv. Ind. 9: 89. f. 14. 1967.

Cirrhopetalum amplifolium Rolfe in Notes Roy. Bot. Gard. Edinb. 36: 21. t. 10. 1913.

假鳞茎在径0.6-1厘米的根状茎上相距约10厘米，卵状圆柱形，顶生

1叶。叶椭圆形，长（8-）10-21厘米；叶柄长4-7厘米。花葶生于假鳞茎基部，长15-30厘米，伞形花序具4-8花。花淡黄褐色；中萼片近圆形，宽约1厘米，近先端稍具细齿，顶端具弯曲长约8毫米的刚毛，先端棒状，被细乳突，侧萼片披针形，长4.5-5.5厘米，基部上方扭转而上下侧边缘除先端外粘合；花瓣卵状三角形，长4毫米，边缘篦齿状，先端具刚毛，唇瓣卵状长圆形，长约6毫米，外弯，基部近心形；蕊柱长约3毫米，蕊柱足长约4毫米，离生部分长3毫米，蕊柱齿镰状。花期10-11月。

产贵州南部、云南西北部及西藏东南部，生于海拔1700-2000米常绿阔叶林林缘树干上。不丹、印度东北部及缅甸有分布。

[附] **长臂卷瓣兰 Bulbophyllum longibrachiatum** Z. H. Tsi in Bull. Bot. Res. (Harbin) 1(1-2): 115. f. 2(3). 1982. 本种与大叶卷瓣兰的区别：花淡绿色带紫；中萼片卵形，先端渐尖，上部边缘具流苏；花瓣镰状披针形，长1厘米，宽4毫米，先端具芒，边缘密生流苏，蕊柱齿窄披针形。

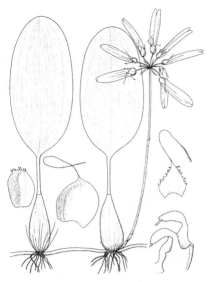

图 1096 大叶卷瓣兰
（引自《Dansk. Bot. Ark.》）

产广西西南部及云南东南部，生于海拔1300-1600米山地林中树干上。

27. 美花卷瓣兰

图 1097

Bulbophyllum rotschildianum (O'Brien) J. J. Smith in Bull. Jard. Bot. Buitenz. ser. 2, 8: 27. 1912.

Cirrhopetalum rotschildianum O'Brien, in Gard. Chron. ser. 3, 608. 1895; 中国高等植物图鉴 5: 737. 1976.

假鳞茎疏生于径约5-7毫米的根状茎，近卵球形，顶生1叶。叶近椭圆形，长9-10厘米，先端稍凹缺；叶柄长约1厘米。花葶生于假鳞茎基部，长20-24厘米，伞形花序具4-6花。花淡紫红色；中萼片卵形，舟状，长约1.5厘米，先端细尾状，边缘具长约6毫米的片状毛，侧萼片披针形，长15-19厘米，宽约1厘米，先端长尾状，下面中部以下密生疣突，基部上方扭转两侧萼片上侧边缘粘合为"合萼"；花瓣卵状三角形，长约1厘米，上部尾状，边缘与中萼片同，唇瓣舌状椭圆形，长1厘米，下部两侧对摺，边缘和上面密生片状毛；蕊柱长约5毫米，蕊柱足长7毫米，离生部分长3毫米，蕊柱齿近方形，长约2毫米，

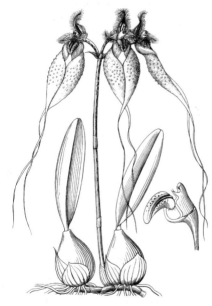

图 1097 美花卷瓣兰 （引自《图鉴》）

先端镰状。

产云南西南部，生于海拔约1550米密林中树干上。印度东北部有分布。

28. 城口卷瓣兰 图 1098

Bulbophyllum chrondriophorum (Gagnep.) Seidenf. in Dansk Bot. Ark. 29(1): 53. 1973.

Cirrhopetalum chrondriophorum Gagnep. in Bull. Soc. Bot. France 78: 4. 1931.

假鳞茎生于径约1.2毫米的根状茎上相距约1厘米,卵形,顶生1叶。

叶长圆形或倒卵状长圆形,长1.5-3.5厘米,宽5-7毫米,先端稍凹缺。花葶生于假鳞茎基部,长2.5-3厘米,花序伞状,具2-3花。花黄色;中萼片卵状长圆形,长4-5毫米,边缘除基部外密生疣粒,侧萼片斜卵形,长7-8毫米,下侧边缘粘合;花瓣卵状长圆形,长3-4毫米,宽1.2毫米,边缘密生疣粒,唇瓣舌状,外弯,长约2.5毫米,下部两侧边缘下弯;蕊柱长约1.5毫米,蕊柱足长2毫米,离生部分长1毫米,

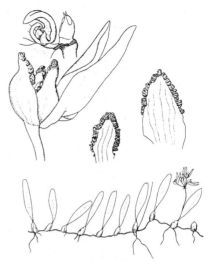

图 1098 城口卷瓣兰
(引自《Dansk. Bot. Ark.》)

蕊柱齿三角形,长约1毫米,先端窄齿状。花期6月。

产陕西西南部及四川东北部,生于海拔约1200米山坡疏林中树干上。

29. 浙杭卷瓣兰 图 1099

Bulbophyllum quadrangulum Z. H. Tsi in Bull. Bot. Res. (Harbin) 1(1-2): 114. f. 2(4). 1982.

假鳞茎在径约1毫米的根状茎上相距1-1.5厘米,卵球形,长5-8毫米,具4棱角,顶生1叶。叶长圆形,长2-3厘米,宽6-8毫米,先端凹缺;几

无柄。花葶生于根状茎末端的假鳞茎基部,长约2厘米,花序伞状,具3-4花。花金黄色;中萼片卵形,凹入,长5.5毫米,先端短尖,基部以上密生棒状腺毛,侧萼片窄披针形,长1.9-2.5厘米,宽2.2毫米,先端尾状,基部上方扭转,上下侧边缘上部各自内卷呈筒状而分离,下侧边缘靠合;花瓣卵形,长3.2

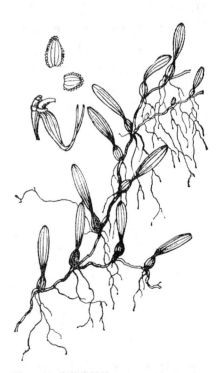

毫米,边缘密生棒状腺毛,唇瓣舌状,长3毫米,稍外弯,无毛;蕊柱长约1.8毫米,蕊柱足长约3毫米,离生部分长1毫米,蕊柱齿不明显三角形,长约0.3毫米,先端近平截,稍微凹。花期4月。

产浙江南部及西北部、福建西北部,生于海拔约700米山谷悬岩上。

图 1099 浙杭卷瓣兰 (引自《浙江植物志》)

30. 匍茎卷瓣兰 图 1100

Bulbophyllum emarginatum (Finet) J. J. Smith in Bull. Jard. Bot. Buitenz. ser. 2. 8: 24. 1912.

Cirrhopetalum emarginatum

Finet in Bull. Soc. Bot. France 44: 369. t. 8. 1897；中国高等植物图鉴 5: 735. 1976.

假鳞茎生于径约3毫米的根状茎上相距9-18厘米，窄卵形或近圆柱形，顶生1叶。叶长圆形或舌形，长4-10厘米，先端稍凹缺；叶柄长约5毫米。花葶生于假鳞茎基部，与假鳞茎等长；花序伞状，具2-4花。花紫红色；中萼片卵状长圆形，长约1厘米，先端平截，稍凹缺，边缘具缘毛，侧萼片镰状披针形，长2-4.2厘米，先端尾状，基部扭转上下侧边缘粘合；花瓣近圆形，长约9毫米，边缘具睫毛，唇瓣卵形，长8毫米，上面具细密网纹和2条褶片；蕊柱长3毫米，蕊柱足长5毫米，离生部分长2毫米，蕊柱齿细尖，长约0.2毫米。花期10月。

产云南及西藏东南部，生于海拔800-2100米山地林中树干上。热带喜马拉雅至印度东北部、缅甸及越南有分布。

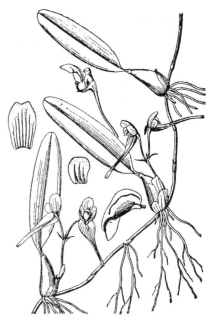

图 1100 匍茎卷瓣兰 （引自《图鉴》）

31. 瓶壶卷瓣兰　　　　　　　图 1101

Bulbophyllum insulsum (Gagnep.) Seidenf. in Dansk Bot. Ark. 29 (1)：141. f. 68. 1973.

Cirrhopetalum insulsum Gagnep. in Bull. Mus. Hist. Nat. Paris ser. 2, 22: 403. 1950.

假鳞茎聚生，瓶状或长卵形，紫红色，顶生1叶。叶长圆形，长4-9.5厘米，宽5-9毫米，先端锐尖；叶柄长0.4-1.3厘米。花葶纤细，生于假鳞茎基部，紫红色，长4-11厘米，花序伞状，具3-6花。花黄绿带棕红色条纹；中萼片卵形，长5-8毫米，先端尖，全缘；花瓣卵形，长3-5毫米，疏生不整齐尖齿或缺刻，侧萼片披针形，长0.8-1.2厘米，宽2-4毫米，先端尾状，基部稍扭转两侧边缘内卷，上下侧边缘靠合；唇瓣舌状，深紫色，外弯，先端稍喙状，上面具黄色条带，两侧各具1条龙骨状突起；蕊柱长1毫米，蕊柱齿短钻状，长0.3毫米。花

图 1101 瓶壶卷瓣兰 （冀朝祯绘）

期5-6月。

产广西及云南东南部，生于海拔800-1460米林下岩石或树上。越南有分布。

32. 紫纹卷瓣兰　　　　　　　图 1102

Bulbophyllum melanoglossum Hayata, Icon. Pl. Formos. 4: 49. t. 10. 1919.

假鳞茎在根状茎上相距约1厘米，顶生1叶。叶倒卵状披针形或长

圆形，长4-5.5厘米，宽0.8-1厘米，先端具细尖，花葶黄绿带紫红色斑点，生于假鳞茎基部，高出叶外，伞形花序具数花。花淡黄密被紫红色条纹；中萼片卵形，长约5毫米，先端尖，边缘具流苏，侧萼片窄披针形，长1.2-2厘米，基部上方扭转上下侧边缘粘合；花瓣卵状三角形，

长约3.5毫米，宽约1.6毫米，先端近锐尖，具黑色斑块，具缘毛，唇瓣上面稍红色，下面黄色，舌状，长约2.5毫米，外弯；蕊柱黄色，长约1.5毫米，蕊柱长约1.5毫米，蕊柱齿钻状，长1毫米。花期5-7月。

产台湾、福建及海南，生于海拔700-1800米山地林中树干或沟谷岩石上。

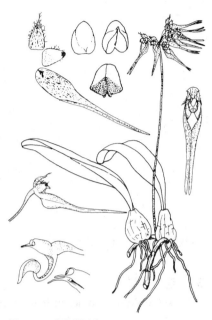

图 1102 紫纹卷瓣兰 （引自《台湾兰科植物》）

33. 斑唇卷瓣兰　　　　图 1103：1-3 彩片 525
Bulbophyllum pectenveneris (Gagnep.) Seidenf. in Dansk Bot. Ark. 29(1)：37. 1973.
Cirrhopetalum pectenveneris Gagnep. in Bull. Soc. Bot. France 78：6. 1931.
Cirrhopetalum miniatum Rolfe；中国高等植物图鉴5：735. 1976.
假鳞茎生于径1-2毫米的根状茎上相距0.5-1厘米，卵球形，顶生1叶。

叶椭圆形或卵形，长1-6厘米，先端稍钝或具凹缺。花葶生于假鳞茎基部，长约10厘米，伞形花序具3-9花。花黄绿或黄色稍带褐色；中萼片卵形，长约5毫米，先端尾状，具流苏状缘毛，侧萼片窄披针形，长3.5-5厘米，宽约2.5毫米，先端长尾状，边缘内卷，基部上方扭转上下侧边缘除先端外粘合；花瓣斜卵形，长2.5-3厘米，具

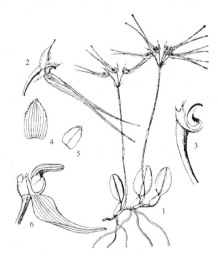

图 1103：1-3. 斑唇卷瓣兰
4-6. 角萼卷瓣兰 （引自《图鉴》）

流苏状缘毛，唇瓣舌形，外弯，长2.5毫米，先端近尖，无毛；蕊柱长2毫米，蕊柱足长1.5毫米，蕊柱齿钻状，长约1毫米。花期4-9月。

34. 角萼卷瓣兰　　　　图 1103：4-6
Bulbophyllum helenae (Kuntze) J. J. Smith in Bull. Buitenz. ser. 2, 8：24. 1912.
Phyllorchis helenae Kuntze, Rev. Gen. Pl. 2：676. 1891.
假鳞茎生于径6-7毫米的根状茎上相距3-6厘米，长卵形，长3-6厘

产浙江、安徽南部、福建、台湾、广东北部、香港、海南、广西、湖南及湖北，生于海拔1000米以下山地林中树干或岩石上。越南及老挝有分布。

米，顶生1叶。叶长圆形，长27-30厘米，宽2.8-4厘米；叶柄长5-6厘米。花葶生于假鳞茎基部，长14-18厘米，伞形花序具6-10花。花黄绿带红色斑

点；中萼片卵形，长约6毫米，具细齿，侧萼片披针形，长3.2厘米，宽3毫米，基部上方扭转，上下侧边缘粘合形成角状，背面基部具细乳突；花瓣卵状三角形，长3毫米，先端芒状，边缘具流苏，唇瓣近卵状披针形，长8毫米，宽约0.7毫米；蕊柱长约2毫米，蕊柱足长3毫米，离生部分长2毫米，蕊柱齿钻状，长0.5毫米。花期8月。

产云南，生于海拔620-1800米林中树干上。喜马拉雅至印度东北部、缅甸有分布。

[附] **尖角卷瓣兰** 彩片 526
Bulbophyllum forrestii Seidenf. in Dansk Bot. Ark. 29(1)：120. 1973. 本种与角萼卷瓣兰的区别：假鳞茎在根状茎上相距1-2厘米；叶长圆形；花杏黄色，中萼片全缘，花瓣具不整齐细齿。花期5-6月。产云南南部及西北部，生于海拔1800-2000米山地林中树干上。缅甸及泰国有分布。

35. 毛药卷瓣兰　　　　　　图 1104

Bulbophyllum omerandrum Hayata, Icon. Pl. Formos. 4: 50. 1914.

假鳞茎生于径约2毫米的根状茎上，相距1.5-4厘米，卵状球形，顶生1叶。叶长圆形，长1.5-8.5厘米，先端稍凹缺。花葶生于假鳞茎基部，长5-6厘米，伞形花序具1-3花。花黄色；中萼片卵形，长1-1.4厘米，先端具2-3条髯毛，全缘，侧萼片披针形，长约3厘米，宽5毫米，先端稍钝，基部上方扭转，两侧萼片呈八字形叉开；花瓣卵状三角形，长约5毫米，先端紫褐色、具细尖，上部边缘具流苏，唇瓣舌形，长约7毫米，外弯，下部两侧对折，先端

钝，边缘多少具睫毛，近先端两侧面疏生细乳突；蕊柱长约4毫米，蕊柱足弯，长约5毫米，离生部分长2毫米，蕊柱齿三角形，长约1毫米，先端尖齿状；药帽前缘具流苏。花期3-4月。

产台湾、福建西北部、浙江中部、湖北西部、湖南、广东北部及广西东北部，生于海拔1000-1500米林中树干或山谷岩石上。

图 1104 毛药卷瓣兰 （引自《台湾兰科植物》）

36. 梳帽卷瓣兰　　　　　图 1105 彩片 527

Bulbophyllum andersonii (Hook. f.) J. J. Smith in Bull. Buitenz. ser. 2, 8: 22. 1912.

Cirrhopetalum andersonii Hook. f. Fl. Brit. Ind. 5: 777. 1890; 中国高等植物图鉴 5: 736. 1976.

假鳞茎生于径3-5毫米的根状茎上相距3-11厘米，顶生1叶。叶长圆形，长7-21厘米，先端凹缺；叶柄长1-2.5厘米。花葶黄绿带紫红色条斑，生于假鳞茎基部，长约17厘米，伞形花序具数花。花白色密被紫红色斑点；中萼片卵状长圆形，长约5毫米，具5条带紫红色小斑点脉纹，边缘紫红色，

上部具齿,先端具长约3毫米的芒,芒密被细乳突,侧萼片长圆形,较中萼片长3-4倍,上下侧边缘除基部和先端外粘合;花瓣长圆形或稍镰状长圆形,长约3毫米,先端具长约1毫米的芒,具3条带紫红色斑点脉纹,边缘紫红色、篦齿状或具不整齐齿,唇瓣茄紫色,卵状三角形,外弯,上面具白色条带;蕊柱黄绿色,具长约3毫米白色带紫红色斑点的蕊柱足,离生部分长1.5毫米,蕊柱齿三角形,长约1毫米;药帽前缘篦齿状。花期2月或10月。

产广西、贵州、四川及云南,生于海拔400-2000米山地林中树干或林下岩石上。印度、缅甸及越南有分布。

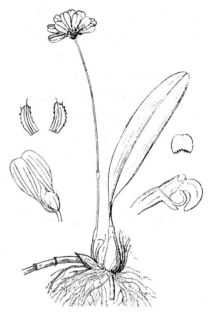

37. 莲花卷瓣兰　　　　　　　图 1106 彩片 528

Bulbophyllum hirundinis (Gagnep.) Seidenf. in Dansk Bot. Ark. 29 (1): 76. f. 31. 1973.

Cirrhopetalum hirundinis Gagnep. in Bull. Soc. Bot. France 78: 5. 1931.

图 1105　梳帽卷瓣兰　（引自《图鉴》）

假鳞茎在径约1-2毫米的分枝根状茎上紧聚或相距0.5-2厘米,卵球形,顶生1叶。叶长椭圆形或卵状舌形,长1.3-5厘米,先端有时稍凹缺。花葶生于有假鳞茎的根状茎节上,伞形花序具3-5花。花黄带紫红色;中萼片卵形,长约5毫米,先端短尖,具流苏状缘毛,侧萼片线形,长2-3厘米,宽约2毫米,基部上方扭转,上下侧边缘粘合,近先端分离,花瓣斜卵状三角形,长3毫米,具流苏状缘毛,两面有时密被细乳突,唇瓣舌状,长2.5毫米,稍外弯;蕊柱长1.5毫米,蕊柱足长约1.5毫米,离生部分长0.5毫米,蕊柱齿钻状,长约0.8毫米;药帽前端平截,凹缺,具多数齿状突起。

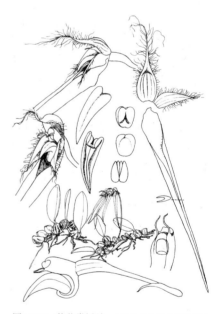

产安徽南部、台湾、广西西南部及云南西南部,生于海拔500-3000米山地林中树干上。越南有分布。

图 1106　莲花卷瓣兰　（引自《台湾兰科植物》）

38. 大苞石豆兰　　　　　　　图 1107:1-2

Bulbophyllum cylindraceum Lindl. Gen. Sp. Orch. Pl. 53. 1830.

假鳞茎小,在径5-6毫米的根状茎上聚生,顶生1叶。叶直立,椭圆状长圆形或倒卵状披针形,长15-25厘米,宽2-4厘米,先端具细尖;叶柄长4-7厘米。花葶生于假鳞茎基部,直立,等于或稍长于叶,总状花序俯垂,圆筒状,长达6.5厘米,密生多数覆瓦状排列的花,基部具佛焰苞。花淡紫色,不甚开展;中萼片卵状三角形,长5毫米,背面稍被鳞片状毛,侧萼片斜卵形,与中萼片等长,宽3毫米,下侧边缘除先端外粘合,背面被鳞片状毛;花瓣长圆状披针形,长2-4.4毫米,全缘;唇瓣舌形,外弯,长3.5毫

米，上面具3条粗条纹，密被乳突；蕊柱长约0.6毫米，蕊柱足很短，几无离生部分，蕊柱齿窄镰状，长约1毫米。花期11月。

产云南，生于海拔1400-1600米山地林中树干或林下岩石上。尼泊尔、不丹及印度东北部有分布。

[附] 卷苞石豆兰 **Bulbophyllum khasyanum** Griff. Notul. 3: 284. 1851. 本种与大苞石豆兰的区别：花序基部具数枚鳞片状苞片，苞片先端长渐尖；花瓣先端长渐尖。产云南中部，生于海拔约2000米。印度、不丹、越南、泰国及马来西亚有分布。

39. 柄叶石豆兰　　　　　　　　图 1107：3
Bulbophyllum spathaceum Rolfe in Kew Bull. 1893: 170. 1893.

图 1107：1-2. 大苞石豆兰 3. 柄叶石豆兰
（引自《图鉴》）

根状茎径约5毫米，稍被短鞘，节上束生近直立、不分枝的根；无假鳞茎。叶生于根状茎节上，相距7-11厘米，长圆形，长8-15厘米，宽约3厘米，先端钝，稍凹缺；叶柄长4-5厘米。花葶生于叶柄基部，长达22厘米，斜立；总状花序长约花葶2/5，密生多花。花淡黄色，质厚；中萼片长圆形，长5毫米，先端渐尖，全缘，侧萼片镰状披针形，长6毫米，宽2毫米；花瓣椭圆形，长3毫米，宽1.1毫米，先端稍钝，全缘，唇瓣披针形，外弯，长4毫米，宽2毫米，先端钝，下部两侧对折；蕊柱长1.5毫米，蕊柱足长2毫米，基部具胼胝体；蕊柱齿直立，近三角形，先端钝。花期8-9月。

产云南东南部，生于海拔约1000米山地阔叶林中树干上。锡金、缅甸及越南有分布。

40. 白花石豆兰　　　　　　　　图 1108
Bulbophyllum riyanum Fukuyama in Bot. Mag. Tokyo 49: 668. 1935.

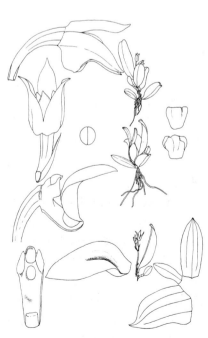

植株丛生。根状茎短，直立，被数枚膜质鳞片状鞘；根束生，细而弯曲；无假鳞茎。叶莲座状或偏向一侧，生于根状茎上，常3-5枚，椭圆形，长2-3.5厘米，先端稍凹缺；叶柄长1-3毫米。花葶直立，圆柱形，长1.5-2.5厘米，总状花序具2花，花序梗基部被2鞘。花淡黄白色，直立，半张开；中萼片长圆形，长4-5.5毫米，宽1.5-2毫米，侧萼片斜三角形，与中萼片约等长，宽3毫米，先端锐尖；花瓣椭圆状匙形，长2-3毫米，全缘，唇瓣黄色，直立，外弯，长椭圆形，长约2.5毫米，先端锐尖，全缘，上面具3条脉纹，无毛；蕊柱很短，蕊柱

图 1108 白花石豆兰 （引自《台湾兰科植物》）

足长约2.6毫米，蕊柱齿三角状锐尖。蒴果纺锤形，果柄细，长约2毫米。花期5-10月。

产台湾及海南，生于海拔300-1400米密林中树干上。

41. 圆叶石豆兰　　　　　　　图 1109 彩片 529

Bulbophyllum drymoglossum Maxim. ex Okubo in Bot. Mag. Tokyo 1: 14. 1884.

根状茎伸长，径0.5-1毫米，节间长1-1.3厘米，每节生1叶；无假鳞茎。叶肉质，近椭圆形或圆形，长0.5-1.5厘米。先端圆钝；无柄或柄长1-2毫米。花葶生于叶柄基部，直立，纤细，长0.7-4厘米，径约0.3毫米，顶生1花。花开展，萼片和花瓣淡黄色带紫褐色脉纹，萼片离生；中萼片卵状披针形，长0.4-1厘米或更长，宽2-4毫米，先端长渐尖，侧萼片与中萼片相似稍大；花瓣长圆形或近椭圆形，长2-4毫米，全缘，唇瓣紫褐色带淡黄色先端，卵状椭圆形，长3-5毫米，宽1.7-3毫米，外弯，先端钝，下部两侧边缘稍波状，基部近圆；蕊柱长1.5-2毫米，紫褐色蕊柱足长2-4毫米，分离部分长0.8-1.8毫米，蕊柱齿三角形，不明显。花期5月。

产台湾、广东北部、广西及云南南部。日本及朝鲜半岛南部有分布。

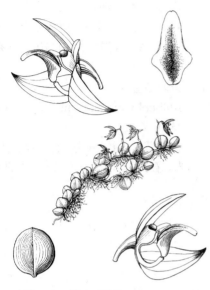

图 1109　圆叶石豆兰 （引自《图鉴》）

[附] **小叶石豆兰 Bulbophyllum tokioi** Fukuyama in Bot. Mag. Tokyo 49: 439. 1935. 本种与圆叶石豆兰的区别：总状花序具2-3花，萼片和花瓣白或黄白色，唇瓣卵状三角形。花期4月。产台湾北部及西北部，生于海拔600-800米林中树干上。

42. 双叶卷瓣兰　　　　　　　图 1110：1-4 彩片 530

Bulbophyllum wallichii Rchb. f. in Wall. Ann. Bot. Syst. 6: 259. 1861.

Cirrhopetalum refractum Zoll.；中国高等植物图鉴 5: 738. 1976.

假鳞茎聚生，卵球形，径约1厘米，顶生2叶。叶长圆形；近无柄。先叶开花；花葶生于无叶假鳞茎基部，长10-15厘米，总状花序长约4厘米，弯垂，具少至多花。萼片和花瓣淡黄褐色，密被紫色斑点，后桔红色；中萼片披针形，长5毫米，宽1.7毫米，先端钩曲，具不整齐流苏，侧萼片长圆形，长3.7-4厘米，先端稍卷曲，疏生睫毛，基部上方扭转，上下侧边缘粘合；花瓣斜卵状三角形，长3毫米，先端稍钩曲，边缘具流苏，唇瓣近舌形，长3.5毫米，外弯、上面暗紫黑色稍凹槽状，下面

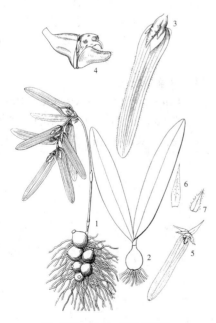

图 1110: 1-4. 双叶卷瓣兰
5-7. 白花卷瓣兰 （引自《图鉴》）

淡桔红色隆起,边缘和下面被毛;蕊柱白色,长约1.5毫米,蕊柱足长1.5毫米,几无离生部分,蕊柱齿细圆柱形,稍下弯,长1.5毫米。花期3-4月。

产云南南部及西南部,生于海拔1400-1500米山地林中树干上。热带喜马拉雅、缅甸、泰国及越南有分布。

[附] **白花卷瓣兰** 图 1110: 5-7 **Bulbophyllum khaoyaiense** Seidenf. in Bot. Tidsskr. 65: 342. 1970. 本种与双叶卷瓣兰的区别: 萼片和花瓣白色,唇瓣紫红色。产云南南部,生于海拔1400米山坡林中树干上。泰国有分布。

43. 落叶石豆兰 图 1111

Bulbophyllum hirtum (J. E. Smith) Lindl. Gen. Sp. Orch. Pl.: 51. 1830.

假鳞茎生于径3-4毫米的根状茎上相距0.5-1厘米,卵状圆锥形,长1.5-3厘米,径约1厘米,顶生2叶。叶薄革质,椭圆形或长圆形,长约12厘米,宽2.5-3厘米,先端钝;叶柄长约5毫米。先叶开花;花葶生于假鳞茎基部,长达15厘米,总状花序长约5厘米,下垂,被柔毛,密生多花。花绿白色,萼片离生;中萼片披针形,长约4.5毫米,先端稍钩状,背面密被毛;侧萼片卵状披针形,较中萼片稍大,背面密被短毛;花瓣膜质,倒卵形,长约2毫米,边缘具流苏,唇瓣对折,外弯呈半环状,展平后窄长圆形,边缘具睫毛,先端稍凹缺;蕊柱长约1.5毫米,蕊柱足长2.7毫米,离生部分长0.7毫米,蕊柱齿钻状,与药帽约等高,长约0.5毫米。花期7月。

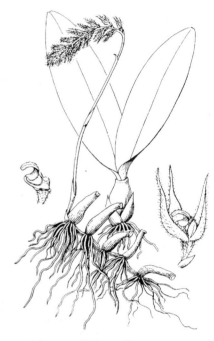

图 1111 落叶石豆兰 (蔡淑琴绘)

产云南西南部,生于海拔1800米常绿阔叶林中树干上。尼泊尔、锡金、印度东北部、缅甸、泰国及越南有分布。

44. 直葶石豆兰 图 1112

Bulbophyllum suavissimum Rolfe in Gard. Chron. 1: 297. 1889.

假鳞茎生于径约1.5毫米的根状茎上,相距约1厘米,卵球形,长8毫米,径5毫米,顶生2叶。花葶生于已落叶的假鳞茎基部,直立,纤细,长约8厘米,总状花序疏生数朵稍偏向一侧的花,花序轴无毛。花质薄,先叶开花;花梗稍弯曲;萼片和花瓣黄色;中萼片卵形,长4毫米,宽2.2毫米,先端尖,全缘,侧萼片卵状披针形,长6毫米,宽2毫米,先端钝,上部边缘稍具细齿,唇瓣长圆形,长3.5毫米,宽0.7毫米,

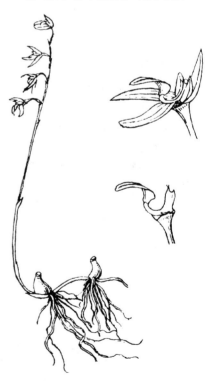

图 1112 直葶石豆兰 (蔡淑琴绘)

先端钝,外弯,上面密生细乳突;蕊柱长1.5毫米,蕊柱足长约1.5毫米,离生部分长约0.5毫米,蕊柱齿钻状,不高出药帽。花期3月。

产云南西南部,生于海拔900米山地林中树干上。泰国及缅甸有分布。

45. 二叶石豆兰   图 1113

Bulbophyllum shanicum King et Pantl. in Journ. Asiat. Soc. Bengal. 66: 587. 1897.

假鳞茎生于径约3毫米的根状茎上,相距1-2厘米,卵球形,顶生2叶。叶薄革质,倒卵状披针形,长3-7厘米,先端凹缺;几无柄。花叶同放,花葶生于假鳞茎基部,长11-17厘米,总状花序长约花葶3/5,密生多数稍偏向一侧的花。花淡黄色;萼片离生,卵状披针形,中萼片长4.5毫米,宽1.6毫米,侧萼片长5.5毫米,宽3毫米;花瓣卵状披针形,长约4毫米,宽1.3毫米,全缘,唇瓣对折,外弯,长约3毫米,边缘具睫毛,上面具龙骨脊;蕊柱长约1.8毫米,蕊柱足长1.5毫米,离生部分长约0.3毫米,蕊柱齿三角形,长0.8毫米,先端钻状。花期10月。

产云南西南部,生于海拔1800米林下岩石上。缅甸有分布。

[附] **尖叶石豆兰 Bulbophyllum cariniflorum** Rchb. f. in Walp. Ann. Bot. Syst. 6: 253. 1861. 本种与二叶石豆兰的区别;假鳞茎聚生;叶先端尖;花葶不高出叶外,总状花序较短,点垂,花不偏向一侧,黄色,

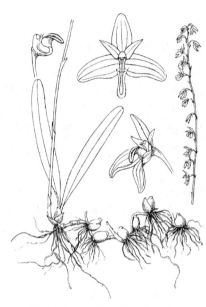

图 1113 二叶石豆兰 (蔡淑琴绘)

不甚开展;侧萼片下侧边缘除先端外粘合,其先端兜状。花期7月。产西藏南部,生于海拔2100-2200米林下岩石上。尼泊尔、不丹、印度东北部及泰国有分布。

46. 球茎石豆兰   图 1114

Bulbophyllum triste Rchb. f. in Walp. Ann. Bot. Syst. 6: 253. 1861.

假鳞茎生于径2-3毫米的根状茎上,相距约5毫米,稍扁球形,径1.3-2厘米,顶生2叶。叶淡绿色,稍倒披针形,长约10厘米,宽2-2.5毫米,先端锐尖,花时已凋落。花葶生于假鳞茎基部,长2-4厘米,总状花序长1-1.5厘米,密生多花,有时在基部弯垂。花淡紫红带紫色斑点;中萼片卵形,长4毫米,先端锐尖,全缘,无毛,侧萼片卵形,长5毫米,宽约2毫米,先端近锐尖,下侧边缘粘合;花瓣三角形,长2.2毫米,宽1.2毫米,先端尖,基部约1/2,贴生蕊柱足,全缘,唇瓣舌形,长3.2毫米,先端稍收窄,基部具凹槽,边缘下弯;蕊柱长2毫米,蕊柱足长1.5毫米,离生部分长1毫米,

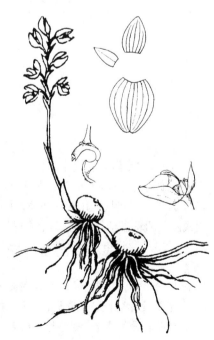

图 1114 球茎石豆兰 (蔡淑琴绘)

蕊柱齿窄披针形，长约0.6毫米。花期1-2月。

产云南南部，生于海拔800-1800米林中树干上。喜马拉雅、缅甸及泰

国有分布。

125. 短瓣兰属 Monomeria Lindl.
（吉占和）

附生草本。外形似石豆兰属（Bulbophyllum）。根状茎粗壮。假鳞茎疏生于根状茎上，顶生1叶。叶大，扁平，质厚，具长柄。花葶侧生于假鳞茎基部，总状花序疏生多花。花中等大，萼片不相似，侧萼片较大，中萼片贴生于蕊柱足中部，基部和先端内侧边缘粘合；花瓣较萼片小，短而宽，基部下延至蕊柱足，唇瓣3裂，较萼片小，与蕊柱足末端连合具活动关节，基部具2枚叉开角状裂片，唇盘具2条褶片；蕊柱宽短，两侧具翅，蕊柱足长而弯曲；花粉团蜡质，4个，近球形，不等大，每2个组成1对，同具1个粘盘和粘盘柄。

约3种，分布于锡金、尼泊尔、印度东北部、缅甸、泰国、越南。我国1种。

短瓣兰　　　　　　　　　　　　　　　　图 1115

Monomeria barbata Lindl. Gen. Sp. Orch. Pl. 61. 1830.

根状茎径约5毫米；根密被灰色绒毛；假鳞茎相距约6厘米，卵形。叶长圆形，连叶柄长31-32厘米，宽约4厘米，先端稍凹缺；叶柄长9-10厘

米。花葶短于或约等长于叶，花序长5-10厘米。花黄色带淡红；中萼片直立，与蕊柱近平行，卵形，长1.5厘米，宽5毫米，侧萼片披针形，长约2厘米，基部贴生蕊柱足，上面密被硬毛；花瓣斜三角形，长约3毫米，基部下延至蕊柱足，边缘具流苏，唇瓣外弯，较萼片小，3裂，侧裂片近半圆形，基部

图 1115 短瓣兰 （冀朝祯绘）

外侧具窄镰状小裂片，中裂片较大，唇盘具2褶片；蕊柱长6毫米，蕊柱足长8毫米，蕊柱齿三角形。花期1月。

产云南东南部及西北部、西藏东南部，生于海拔1000-2000米林中树干

或林下岩石上。锡金、尼泊尔、印度东北部、泰国及缅甸有分布。

126. 大苞兰属 Sunipia Lindl.
（吉占和）

附生草本。假鳞茎顶生1叶。花葶侧生于假鳞茎基部，总状花序。萼片相似，两侧萼片近唇瓣一侧边缘稍粘合，位于唇瓣之下前伸，稀分离；花瓣较萼片小，唇瓣常舌形，较花瓣长；蕊柱短，蕊柱足很短或无，蕊喙2裂，反折；花药2室，分隔明显；花粉团蜡质，4个，近球形，等大，每2个成1对，每对具1个粘盘和粘盘柄，附着于蕊喙两侧或两对的粘盘柄靠近，粘盘靠合贴附蕊喙。

约20种，分布于印度北部、尼泊尔、锡金、不丹、缅甸、泰国、越南、老挝。我国9种。

1. 蕊喙长，马蹄形叉开；两对花粉团各自具粘盘柄和粘盘，着生于蕊喙前缘两端。

　　2. 花葶较叶短，与假鳞茎约等长，侧萼片分离 ·························· 1. **黄花大苞兰 S. andersonii**

　　2. 花葶较假鳞茎长，侧萼片与唇瓣一侧边缘粘合。

　　　　3. 唇瓣具齿或撕裂状。

4. 唇瓣小提琴状，花瓣卵形或卵状长圆形，先端圆 ················· 2. **二色大苞兰 S. bicolor**

4. 唇瓣菱形或披针形。

　5. 唇瓣披针形，花瓣卵形，先端尖或锐尖 ················· 4. **白花大苞兰 S. candida**

　5. 唇瓣菱形，花瓣近圆形 ················· 4(附). **圆瓣大苞兰 S. rimannii**

3. 唇瓣全缘，花瓣卵状三角形，先端渐尖 ················· 6. **苏瓣大苞兰 S. soidaoensis**

1. 蕊喙短，近方形，前缘凹缺；两对花粉团具单一粘盘和Y字形粘盘柄。

　6. 花葶长 2-3 厘米，花序具 2-3 花；苞片螺旋状排列 ················· 3. **少花大苞兰 S. intermedia**

　6. 花葶长 12 厘米以上，花序具花 10 朵以上。

　　7. 苞片 2 列，较花梗和子房长，花藏于苞片内 ················· 5. **大苞兰 S. scariosa**

　　7. 苞片螺旋状排列，与花梗和子房近等长，花伸出苞片之外 ················· 5(附). **光花大苞兰 S. thailandica**

1. 黄花大苞兰 黄花堇兰　　　　　　　　　　　　图 1116

Sunipia andersonii (King et Pantl.) P. F. Hunt in Kew Bull. 26(1): 183. 1971.

Ione andersonii King et Pantl. in Ann. Bot. Gard. Calcutta 8: 159. Pl. 218. 1898.

Ione andersonii var. *flavescens* (Rolfe) T. Tang et F. T. Tang; 中国高等植物图鉴 5: 739. 1976.

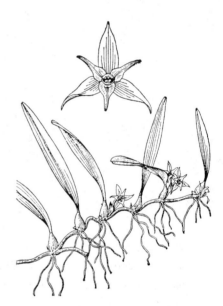

图 1116 黄花大苞兰　（引自《图鉴》）

假鳞茎在根状茎上疏生，长卵形，长1厘米，径3-4毫米。叶长圆形，长5厘米，宽7毫米，先端稍凹缺。花葶长约3厘米，花序具少花。苞片卵形，长1厘米，先端渐尖；花淡黄或黄绿色；萼片分离，相似，卵状披针形，长约8毫米，宽约3毫米，先端尖下弯，上部两侧边缘稍内卷，全缘；花瓣窄卵状披针形，长约5毫米，上部细柱形，先端钝，下部边缘具流苏，唇瓣深黄色，卵形，与花瓣等长，宽约2.5毫米，基部具柄生胼胝体，下部边缘不整齐；蕊柱长约1毫米，蕊柱足不明显，蕊喙马鞍形，两对花粉团各有粘盘柄着生蕊喙前端两侧。花期9-10月。

产台湾、云南南部及西北部，生于海拔700-1700米林中树干上。不丹、印度东北部、缅甸、泰国及越南有分布。

2. 二色大苞兰　　　　　　　　　　　　图 1117：1-3

Sunipia bicolor Lindl. Gen. Sp. Orch. Pl. 179. 1833.

假鳞茎相距2-3厘米，近梨形，长1-2厘米。叶长圆形，长3-9厘米，先端稍凹缺；叶柄长3-5毫米。花葶1-3，常直立，与叶近等长，有时稍短，花序长约花葶3/5，具3-10花。花质薄；萼片和花瓣苍白带紫红色条纹，中萼片卵状披针形，长0.8-1厘米，宽2.5毫米，侧萼片与中萼片相似等大，与唇瓣一侧边缘粘合，先端分离；花瓣卵形或卵状长圆形，长约3毫米，先端圆，边缘稍具细齿，唇瓣紫红色，小提琴形，长6毫米，宽达3.5毫米，基部两侧具耳，先端圆，边缘撕裂状，唇盘从唇瓣基部至先端具厚脊；蕊柱长约1毫米，蕊柱足长约0.5毫米。花期（3）7-11月。

产云南,生于海拔1900-2700米林中树干或山谷岩石上。喜马拉雅经印度东北部至缅甸、泰国有分布。

3. 少花大苞兰 图 1117:4-5

Sunipia intermedia (King et Pantl.) P. F. Hunt in Kew Bull. 26(1): 184. 1971.

Ione intermedia King et Pantl. in Journ. Asiat. Soc. Bengal. 65(2): 120. 1897.

假鳞茎相距约3厘米,卵状圆锥形,顶生1叶。叶窄长圆形,长3-4厘米,先端稍凹缺。花葶常1-2个,长2-3厘米,花序具2-3花。苞片螺旋状紧密排列;花淡绿色;中萼片披针形,长4.5-5毫米,侧萼片与中萼片等长,近唇瓣一侧边缘粘合成卵状椭圆形的"合萼";花瓣肉质,线状披针形,长3.5-4毫米,宽约0.5毫米,基部两侧边缘具睫毛,两面密被小疣凸,唇瓣与花瓣相似,长3.5毫米,下

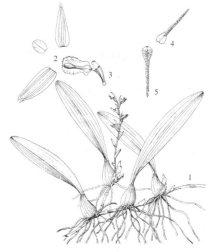

图 1117: 1-3. 二色大苞兰
4-5. 少花大苞兰 (冀朝祯绘)

部宽约0.9毫米,先端锐尖,基部两侧边缘疏生细齿,边缘从中部向先端内卷呈筒状,两面被小疣凸;蕊柱长1.5毫米,蕊柱足长0.4毫米。花期8月。

产西藏东南部,生于海拔2000米阔叶林中树干上。锡金有分布。

4. 白花大苞兰 白花堇兰 图 1118

Sunipia candida (Lindl.) P. F. Hunt in Kew Bull. 26(1): 183. 1971.

Ione candida Lindl. Fol. Orch. Ione: 3. 1853;中国高等植物图鉴 5: 738. 1976.

假鳞茎相距1.5-2厘米,卵形,顶生1叶。叶窄长圆形,长3-6厘米,先端稍凹缺。花葶1-2,花序长3-4厘米,具7-8花。苞片较花梗和子房长;花质薄,萼片和花瓣绿白色;中萼片卵状披针形,长约6毫米,宽1.5毫米,全缘,侧萼片与中萼片等长,近唇瓣一侧边缘粘合,先端稍分离,全缘;花瓣膜质,卵形,长约3毫米,边缘啮蚀状,唇瓣上部黄色,下部白色,披针形或匕首状,长约6毫米,基部宽1.6-2毫米,从中部向先端收窄为圆柱形,唇瓣具

图 1118 白花大苞兰 (引自《图鉴》)

龙骨脊;蕊柱长约1毫米,蕊柱足长约1毫米;两对花粉团的粘盘柄各自附着蕊喙前端两侧。花期7-8月。

产云南、西藏东南及南部,生于海拔1900-2500米山地林中树干上。印度东北部有分布。

[附] **圆瓣大苞兰 Sunipia rimannii** (Rchb. f.) Seidenf. in Nat. Hist. Bull. Siam. Soc. 28: 5. 1980.

—— *Acrochaene rimannii* Rchb. f. in Gard. Chron. n. s. 17: 796. 1882.

本种与白花大苞兰的区别:唇瓣菱

形，花瓣近圆形。产云南东南部，生于海拔约1600米山地林中树干上。泰国及缅甸有分布。

5. 大苞兰   图 1119：1-4

Sunipia scariosa Lindl. Gen. Sp. Orch. Pl. 179. 1833.

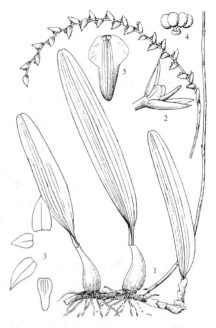

假鳞茎在径约4毫米的根状茎上相距约4厘米，卵形或斜卵形，长2-3厘米，径约1.5厘米，顶生1叶。叶长圆形，长12-16.5厘米，宽约2厘米，先端稍凹缺；叶柄长约1.5厘米。花葶较叶长，花序弯垂，具多花，花序梗长8-33厘米。苞片2列；花淡黄色，包在苞片内；中萼片卵形，长约4.5毫米，侧萼片斜卵形，呈"V"字形对褶，长6.5毫米，靠唇瓣一侧边缘粘合；花瓣斜卵形，长3毫米，具细齿，唇瓣肉质，舌形，长4.5毫米，基部具凹槽，内具龙骨脊；蕊柱长2毫米，蕊柱足不明显；两对花粉团的粘盘柄同具1个粘盘。花期3-4月。

图 1119: 1-4. 大苞兰 5. 光花大苞兰
（冀朝祯绘）

产云南南部及西北部，生于海拔870-2500米林中树干上。尼泊尔、锡金、印度东北部、缅甸、泰国及越南有分布。

[附] 光花大苞兰 图 1119：5 **Sunipia thailandica** (Seidenf. et Smitin.) P. F. Hunt in Kew Bull. 26(1)：184. 1971. —— *Ione thailandica* Seidenf. et Smitin. Orch. Thailand Prelimin. List 4(2)：813. f. 610. 1965.

本种与大苞兰的区别：假鳞茎近聚生；苞片螺旋状排列，花紫红色，伸出苞片之外，花瓣近方形，全缘。产云南西南部，生于海拔1650米林中树干上。泰国有分布。

6. 苏瓣大苞兰   图 1120

Sunipia soidaoensis (Seidenf.) P. F. Hunt in Kew Bull. 26：184. 1971.
Ione soidaoensis Seidenf. in Bot. Tidsskr. 64：221. f. 8. 1969.

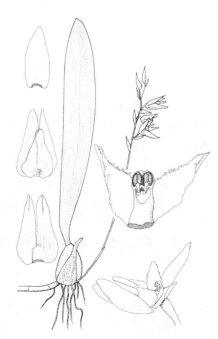

假鳞茎相距约1厘米，卵形，长1.3-1.5厘米，径0.7-1厘米，顶生1叶。叶长圆形，长5.5-7.5厘米，宽0.9-1.2厘米，先端稍凹缺。花葶远高出叶外，长11-22厘米，花序稍弯垂，具3-4花，花序梗长10-17厘米。花质稍厚；中萼片卵状披针形，长约7毫米，侧萼片披针形，长1.1厘米，近唇瓣一侧边缘粘合，上部分离；花瓣卵状三角形，长4毫米，先端渐尖，具流苏；唇瓣卵状三角形，长6毫米，基部上方宽4.5毫米，上部厚，先端钝；蕊柱长2.5毫米，蕊柱足长约1毫米；两对花粉团

图 1120 苏瓣大苞兰 （引自《Opera. Bot.》）

的粘盘柄各自附着于蕊喙前端两侧。花期9-10月。

产云南，生于海拔1950米山地林中树干上。泰国有分布。

127. 带叶兰属 Taeniophyllum Bl.

（吉占和）

附生草本。茎近无，无绿叶，基部被数枚淡褐色鳞片，具多数放射状气根。气根雨季绿色，旱季白色或淡灰色。总状花序直立，具少花，花期短。苞片和花瓣离生或中部以下合生成筒；唇瓣具距，先端有时具倒向针刺状附属物；蕊柱粗短，无蕊柱足；药帽前端窄长；花粉团蜡质，4个，分离；粘盘较粘盘柄宽。

约120种，主产热带亚洲和大洋洲，北达我国南部、日本、西非有分布。我国2-3种。

1. 萼片和花瓣黄绿色，中部以下合生成筒状，唇瓣黄色，近卵状披针形 ·························· 带叶兰 **T. glandulosum**
1. 萼片和花瓣黄色，离生，唇瓣白色，兜状 ······························· （附）. 兜唇带叶兰 **T. obtusum**

带叶兰　　　　　　　　　　　　　　　　　　　图 1121

Taeniophyllum glandulosum Bl. Bijdr. 356. 1825.

Taeniophyllum aphyllum（Makino）Makino；中国高等植物图鉴 5: 758. 1976.

无绿叶植物，气根发达。气根簇生，稍扁平而弯曲，长达10厘米或更长，呈蜘蛛状附生树干。花序1-4个，直立，具1-4小花，花序梗和花序轴纤细，长0.5-1（2）厘米，径0.2-0.3毫米。苞片2列，质厚，卵状披针形，长0.7-1毫米，花梗和子房长1.5-2毫米，径约0.3毫米；花黄绿色，萼片和花瓣下部合生成筒状，上部离生；中萼片卵状披针形，长1.8-2.5毫米或更长，宽约1.2毫米，上部稍外折，侧萼片与中萼片相似；花瓣卵形，长1.7-2.4毫米，

唇瓣黄色，卵状披针形，长1.7-2.5毫米，先端具倒钩刺状附属物，基部具囊状短距，末端圆钝，距口前缘具肉质横隔；蕊柱长约0.5毫米，蕊柱齿斜举，长约0.5毫米；药帽半球形，前端边缘具凹缺。蒴果椭圆状圆柱形，长4毫米，径约2毫米。花期4-7月，果期5-8月。

产福建、台湾、广东北部、海南、湖南东部、四川东北部、云南西南部及东南部，生于海拔480-800米山地林中树干上。锡金、朝鲜半岛南部、日本、泰国、马来西亚、印度尼西亚、新几内亚及澳大利亚有分布。

[附] 兜唇带叶兰 **Taeniophyllum obtusum** Bl. Bijdr. 357. 1825. 本种

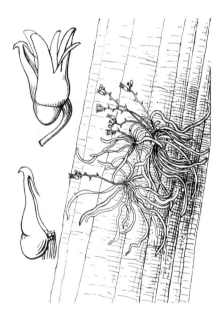

图 1121 带叶兰 （引自《图鉴》）

与带叶兰的区别：萼片和花瓣黄色，离生，唇瓣白色，兜状，宽卵状三角形。花期3月。产云南南部，生于海拔700-1150米山地林缘树干上。越南、泰国、马来西亚及印度尼西亚有分布。

128. 肉兰属 Sarcophyton Garay

（吉占和）

附生草本。茎直立，粗壮。叶多数2列互生，叶厚革质或肉质，扁平，窄长，先端不等2裂，基部具关节和鞘。总状或圆锥花序侧生于茎，疏生多花。花开展；萼片相似，离生，中萼片近直立，侧萼片和花瓣稍反折，花瓣较小，

唇瓣贴生蕊柱基部，3裂，侧裂片直立，中裂片下弯，上面具皱纹；距圆筒形，下垂，无隔膜，在距口处具2枚胼胝体；蕊柱很小，无足；药床窄小，柱头圆；蕊喙短，2裂；花粉团蜡质，4个，近球形，几等大，离生；粘盘柄线形，粘盘小。

3种，分布于我国、缅甸及菲律宾。我国1种。

肉兰　　　　　　　　　　　　　　　图 1122

Sarcophyton taiwanianum（Hayata）Garay in Bot. Mus. Leafl. Harvard Univ. 23（4）：202. 1972.

Sarcanthus taiwanianus Hayata in Journ. Coll. Sci. Univ. Tokyo 30: 337. 1911.

茎长达1米。叶皮带状，革质，上部稍外弯，长20-35厘米，宽3-4.5厘米，先端不等2圆裂，基部具关节，关节之下具鞘。总状花序生于叶腋，常数个，较叶短，花序轴稍肉质，具多花；花序梗与花序轴约等长。苞片近三角形，长4-5毫米；花梗和子房长1-1.5厘米；花稍肉质，向上，不甚开展，稍有香气，黄绿色，内面具紫褐色横纹或斑点，中萼片近倒卵形，长约1厘米，侧萼片与中萼片相似而等大，基部稍歪斜；花瓣稀镰状椭圆形，与萼片等

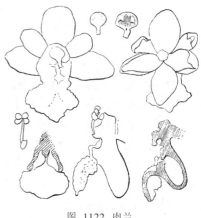

图 1122 肉兰
（引自《Icon. Pl. Formos.》）

长较窄，唇瓣具短距，稍3裂；侧裂片短耳状，直立，中裂片近半圆形，反卷；距长约3毫米。花期4月。

产台湾东南部，生于海拔200-800米山地林中树干或河谷崖壁上。

129. 五唇兰属 Doritis Lindl.

（吉占和）

半附生或地生草本。根粗厚弯曲。茎短，直立。叶数枚，近基生，扁平，2列，质厚，基部具关节和鞘。总状花序疏生多花，侧生茎基部。花开展；侧萼片基部宽，贴生蕊柱足，与唇瓣基部连成圆锥形萼囊；唇瓣5裂，具爪，爪两侧具直立小裂片，裂片间有附属物，中裂片基部的侧裂片较大，直立；顶裂片伸展，较窄而厚，具褶片；蕊柱短，具窄翅，蕊柱足长；柱头位于蕊柱近中部，蕊喙窄长；药帽半球形，前端收窄，先端尖；花粉团蜡质，4个，离生；粘盘柄较窄扁，粘盘卵形，较粘盘柄宽。

2种，分布于亚洲热带地区。我国1种。

五唇兰　　　　　　　　　　　图 1123 彩片 531

Doritis pulcherrima Lindl. Gen. Sp. Orch. Pl. 178. 1833.

叶3-6近基生；长圆形，长5-7.5厘米，下面淡绿或淡紫色，基部具套叠的鞘。花序直立，圆柱形，长达38厘米；花序梗径2.5-3毫米，疏生3-4枚长3-5毫米的鞘。苞片卵形，长约3毫米；花有香气，萼片和花瓣淡紫色；中萼片长圆形，长约8毫米，侧萼片斜卵状三角形；花瓣近倒卵形，较中萼片稍小；唇瓣具长4毫米向上弯曲的爪；爪两侧具2枚直立、长约4毫米的棕红色长方形小裂片，两小侧裂片之间具方形胼胝体，中裂片大，位于爪末端，基生裂片直立，棕红色，近半圆形，长宽约6毫米，顶裂片淡紫色，较厚，舌状，稍向前外弯，长5毫米，上面具3-4条肉质褶片；蕊柱

长7毫米,蕊柱足长约6毫米,蕊喙长4毫米,2裂。花期7-8月。

产海南,生于密林或灌丛中覆有土层的岩石上。印度东北部、中南半岛至印度尼西亚有分布。

130. 象鼻兰属 Nothodoritis Z. H. Tsi

(吉占和)

附生落叶小草本,斜立或悬垂。茎长约3毫米,被叶鞘所包。气根多数,长1.2-1.5毫米。叶1-3枚,2列,近丛生,扁平,两面绿色,下面或叶缘具细密暗紫色斑点,叶脉细密平行,基部与叶鞘有关节相连。花葶长8-13厘米,总状花序具9-19小花,侧生于茎基部。苞片小,2列;花质薄,开放;萼片和花瓣白色,内面具紫色横纹;中萼片卵状椭圆形,凹入,前倾包蕊柱;侧萼片斜宽倒卵形,具爪;花瓣倒卵形,长5毫米,具爪;唇瓣无爪,3裂,先端紫色,余白色,侧裂片窄长,上部分离,余合生下延呈凹槽状,中裂片舟状,前伸,与侧裂片成直角,基部具囊,囊口具直立附属物;蕊柱短,近圆柱形,前面近基部具钻状附属物;蕊柱长5毫米,基部具黄绿色附属物,蕊柱足短,柱头位于蕊柱基部,蕊喙窄长,似象鼻;花粉团蜡质,4个近球形,离生,近等大;粘盘柄窄长;粘盘小,近圆形。

我国特有单种属。

图 1123 五唇兰 (冀朝祯绘)

象鼻兰

图 1124 彩片 532

Nothodoritis zhejiang-ensis Z. H. Tsi in Acta Phytotax. Sin 27(1): 59. f. 1. 1989.

形态特征同属。花期6月。

产浙江西北部及东北部,生于海拔350-900米山地林中或林缘乔木枝干上。

图 1124 象鼻兰 (冀朝祯绘)

131. 拟万代兰属 Vandopsis Pfitz.

(吉占和)

附生或半附生草本。茎粗壮,具数叶。叶2列,窄长,先端具缺刻,基部具关节和宿存叶鞘。花序侧生于茎,具多花;花大,萼片和花瓣相似;唇瓣较花瓣小,生于蕊柱基部,基部凹下,3裂,侧裂片较小,中裂片较大,窄长,两侧扁,上面具脊突;蕊柱粗短,无蕊柱足,蕊喙不明显,先端近平截稍凹;花粉团蜡质,近球形,2个,每个裂为不等大2片,或4个,每不等大的2个组成1对;粘盘柄舌形或披针形,上部窄;粘盘马鞍形或近肾形,较花粉团的直径宽。

5种,分布于我国至东南亚和新几内亚岛。我国2种。

1. 茎不分枝,径达5厘米;叶带状,长40-50厘米,叶鞘光滑;花金黄色带红褐色斑点 ·· 1. **拟万代兰 V. gigantea**

1. 茎分枝,径6-8毫米;叶舌状长圆形,长9-12厘米,叶鞘被疣状突起;花白色,唇瓣白色带淡粉红色 ················

1. 拟万代兰 假万代兰 图 1125

Vandopsis gigantea (Lindl.) Pfitz. in Nat. Pflanzenfam. ed. 2, 6: 210. 1889.

Vanda gigantea Lindl. Gen. Sp. Orch. Pl. 215. 1833.

植株粗壮。茎长约30厘米或更长，径达5厘米。叶带状，外弯，长40-50厘米，宽5.5-7.5厘米，先端不等2圆裂，基部具套叠的鞘。花序长达33厘米，下垂，花序梗和花序轴粗厚。苞片稍肉质，宽卵形；花梗和子房长1.5-2厘米；花金黄色带红褐色斑点，肉质，开展；中萼片近倒卵状长圆形，长2.5-3厘米，侧萼片近椭圆形，与中萼片等大；花瓣倒卵形，较中萼片小，唇瓣小，3裂；侧裂片斜立，近倒卵形，长约5毫米；中裂片窄长，前伸，两侧稍扁，长1.3厘米，上面具下部呈三角形隆起、上部新月状的脊突；蕊柱长宽约4毫米。花期3-4月。

图 1125 拟万代兰 （冀朝祯绘）

产广西西南部及云南南部，生于海拔800-1700米山地林缘或疏林中树干上。老挝、越南、泰国、缅甸及马来西亚有分布。

2. 白花拟万代兰 图 1126 彩片 534

Vandopsis undulata (Lindl.) J. J. Smith in Nat. Tijdschr. Ned. Ind. 72: 77. 1912.

Vanda undulata Lindl. in Journ. Linn. Soc. Bot. 3: 42. 1859.

Stauropsis undulata (Lindl.) Benth. ex Hook. f.; 中国高等植物图鉴 5: 755. 1976.

茎长达1米，径6-8毫米，具分枝，多节，节间长2.5-4厘米。叶舌状长圆形，长9-12厘米，先端稍不等2裂，叶鞘被疣状突起。花序长达50厘米，少分枝，总状或圆锥花序疏生少花至多花。苞片宽卵形，长6-8毫米，花梗和子房长约2.7厘米；花芳香，白色；中萼片近倒卵形，长2.5-4厘米，边缘波状，侧萼片卵状披针形，长2.4-4厘米，宽1.2-1.4厘米，边缘波状；花瓣与萼片相似较小，边缘波状，唇瓣较短，3裂，侧裂片稍包蕊柱，半卵状三角形，中裂片窄，稍翘起，中部以上曲膝状、稍两侧扁，上面具龙骨脊，基部凹下；蕊柱长4毫米。花期

图 1126 白花拟万代兰 （冀朝祯绘）

5-6月。

产云南及西藏东南部，生于海拔1860-2200米山地林中树干或山坡灌丛中岩石上。尼泊尔、锡金、不丹及印度东北部有分布。

132. 蛇舌兰属 Diploprora Hook. f.
（吉占和）

附生草本。茎具多节，叶2列。叶扁平，先端具2-3尖裂，基部具关节和抱茎鞘。总状花序侧生于茎，下垂，具少花。花稍肉质，开展；萼片相似，伸展；花瓣较萼片窄；唇瓣位于花上方，肉质，约与花瓣等长，基部贴生蕊柱基部，舟形，上部收窄，先端常叉状2裂，上面具龙骨脊，基部无距；蕊柱短，无蕊柱足，蕊喙卵形；花粉团蜡质，4个，近球形，每不等大的2个为1对；粘盘柄与花粉团直径约等长，从基部向顶端渐窄，有时在顶端背侧扩大；粘盘卵状三角形。

2种，分布于南亚热带地区。我国1种。

蛇舌兰　　　　　　　　　　　　　图 1127

Diploprora championii (Lindl.) Hook. f. Fl. Brit. Ind. 6: 26. 1890.

Cottonia championii Lindl. in Journ. Bot. Kew Misc. 7: 35. 1855.

茎质硬，常下垂，长达15厘米或更长，径约4毫米。叶纸质，镰状披针形或斜长圆形，长5-12厘米，先端具不等大2-3尖齿，边缘波状，基部具宿存鞘。花序与叶对生，下垂，具2-5花；花序轴稍回折状，扁圆柱形。苞片卵状三角形，长3-4毫米；花有香气，开展；萼片和花瓣淡黄色；萼片长圆形，长9毫米，背面中肋龙骨状；花瓣较萼片小，唇瓣白色带玫瑰色，下部舟状，无距，长约1厘米，宽

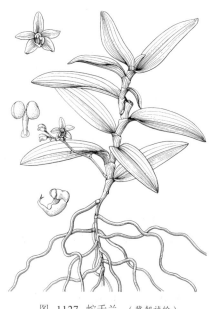

图 1127 蛇舌兰　（冀朝祯绘）

约4毫米，稍3裂，侧裂片直立，近方形，中裂片较长，先端叉状2裂，裂片尾状，上面具肥厚脊突；蕊柱长约3毫米，无蕊柱足。花期2-8月。

产台湾、福建南部、香港、海南、广西及云南南部，生于海拔250-1450米山地林中树干或沟谷岩石上。斯里兰卡、印度、锡金、缅甸、泰国及越南有分布。

133. 羽唇兰属 Ornithochilus （Lindl.） Wall ex Benth.
（吉占和）

附生草本。茎短，被宿存叶鞘，基部节上生多数扁而弯曲的气根。叶质厚，数枚，2列，扁平，常两侧不对称，先端钩转，基部具关节和叶鞘。花序侧生，下垂，细长，疏生多花。苞片小；花小，稍肉质，萼片近等大，侧萼片稍歪斜，花瓣较窄；唇瓣具爪，3裂，侧裂片小，中裂片大，内折，边缘撕裂或波状，上面具脊突；距近圆筒状，距口具被毛的盖；蕊柱粗短，蕊柱足短，蕊喙长，2裂；花粉团蜡质，2个，近球形，每个裂为不等大2片；粘盘柄窄楔形，粘盘大。

2种，分布于热带喜马拉雅经我国西南至东南亚。我国均产。

羽唇兰　　　　　　　　　　　图 1128 彩片 535

Ornithochilus difformis （Lindl.） Schltr. in Fedde, Repert. Sp. Nov. Beih. 4: 277. 1919.

Aerides difformis Lindl. Gen. Sp. Orch. Pl. 242. 1833.

Ornithochilus fuscus Wall. ex Lindl.；中国高等植物图鉴 5: 768. 1976.

茎长2-4厘米，连叶鞘径约1厘米。叶倒卵形或长圆形，长7-19厘米，先端钩转，基部楔形。花序常2-3个，远较叶长，疏生多花；花序梗具2-4

枚长约3毫米鳞片状鞘。苞片长约2毫米,花梗和子房长约1厘米;花开展,黄色带紫褐色条纹,萼片和花瓣稍反折;中萼片长圆形,长5毫米,侧萼片斜卵状长圆形,与中萼片等长较宽;花瓣窄长圆形,长4毫米,全缘或边缘稍不整齐,唇瓣褐色,较大,3裂,具爪,侧裂片直立,半卵形,中裂片锚状,具爪,边缘撕裂状,两侧具外弯裂片,顶端裂片近三角形,下面稍喙状,上面具三角形肉突。距长4毫米,前弯;距口前具带毛的盖,其后有胼胝体;蕊柱长2毫米,蕊喙2裂,钳状,先端内弯。花期5-7月。

图 1128 羽唇兰 (冀朝祯绘)

产广东、香港、广西、云南南部及西部、四川西南部,生于海拔580-1800米林缘或山地疏林中树干上。热带喜马拉雅经缅甸至东南亚有分布。

134. 脆兰属 Acampe Lindl.

(吉占和)

附生草本。茎具多节。叶质厚,2列,窄长,基部具关节和抱茎鞘。花序侧生于茎,常较叶其短,具多花。花质厚,不扭转(唇瓣位于花的上方),近直立;花瓣较萼片小,唇瓣贴生蕊柱足末端,基部具囊状短距,距口处具横隔,内侧背壁上方具脊突,内壁和口缘常生短毛;蕊柱粗短,蕊柱足短;花粉团蜡质,近球形,2个,每个裂为不等大2片,或4个而每个不等大的2个组成一对;粘盘长圆形或椭圆形;粘盘柄倒卵状披针形,长约为花粉团径2倍,基部较粘盘窄。

约5种,产中国、印度、尼泊尔、缅甸、越南、泰国、马来西亚及热带非洲。我国3种。

1. 叶长17-40厘米,宽3.5-5厘米;花序常不分枝,花序梗和花序轴径5-8毫米;距短倒圆锥形 ····················
   ··· 1. **多花脆兰 A. rigida**
1. 叶长13-20厘米,宽1.4-3.4厘米;花序具短分枝;花序梗和花序轴径约3毫米;距圆筒形。
   2. 花序似伞形,长1-4厘米;唇瓣卵形,长3.5毫米 ····················· 2. **短序脆兰 A. papillosa**
   2. 圆锥花序,长10-14厘米;唇瓣三角形,长约2毫米 ·············· 2(附). **窄果脆兰 A. ochracea**

1. 多花脆兰

图 1129 彩片 536

Acampe rigida (Buch.-Ham. ex J. E. Smith) P. F. Hunt in Kew Bull. 24: 98. 1970.

Aerides rigida Buch.-Ham. ex J. E. Smith in Rees, Cyclopedia 39. 1819.

Acampe multiflora (Lindl.) Lindl; 中国高等植物图鉴 5: 760. 1976.

茎粗壮,近直立,长达1米。叶带状,长17-40厘米,宽3.5-5厘米,先端不等2圆裂。花序长7-30厘米,稀具短分枝,花序梗长5-11厘米。苞片肉质,宽三角形,长3-5毫米;花梗和子房长约1厘米;花黄色带紫褐色横纹,不甚开展,有香气;萼片长圆形,长1-1.2厘米;花瓣窄倒卵形,长

8-9毫米，唇瓣白色，肉质，3裂；侧裂片近方形，中裂片卵状舌形，长5-6毫米，边缘稍波状具不规则缺刻；距倒圆锥形，长约3毫米，内壁密被毛；蕊柱长约2.5毫米，径约2毫米。蒴果近直立，圆柱形，长约6厘米。花期8-9月，果期10-11月。

产台湾、广东、香港、海南、广西西南部、贵州南部及云南，生于海拔560-1600米山地林中树干或沟谷岩石上。广布于热带喜马拉雅、印度、中南半岛地区至南亚和热带非洲。

2. 短序脆兰　　　　　　　　　图 1130 彩片 537

Acampe papillosa (Lindl.) Lindl. Fol. Orch. Acampe: 2. 1853.

Saccolabium papillosum Lindl. in Bot. Reg. 18: t. 1552. 1833.

茎弧曲上举，长达20厘米或更长，径7-9毫米。叶斜立或近水平伸展，长圆形，长7-14.5厘米，宽1.4-2.3厘米，先端不等2圆裂。花序似伞形，常

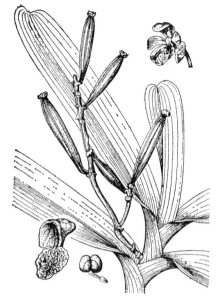

图 1129 多花脆兰 （引自《图鉴》）

数个，长1-4厘米，具短分枝，花密生，花序梗长0.3-1厘米，径约3毫米。苞片长1-2毫米，花梗和子房长约5毫米；花开展，稍有香气；萼片和花瓣黄色带红褐色斑纹；中萼片长圆形，长5毫米，侧萼片镰状长圆形，长5毫米；花瓣长圆形，与中萼片等长较窄；唇瓣白色稍带紫红色斑点，卵形，长3.5毫米，上面中央具多数肉瘤，

边缘皱褶，基部具距，距黄色，圆筒形，长约3毫米，径约2毫米，内壁密被白毛，距口前方具横隔；蕊柱长1.5毫米，稍被短毛。花期11月。

产海南及云南西部，生于海拔约500米山地林中树干上。喜马拉雅经印度东北部至中南半岛有分布。

[附] **窄果脆兰 Acampe ochracea** (Lindl.) Hochr. in Bull. New York Bot. Gard. 6: 270. 1910. —— *Saccolabium ochraceum* Lindl. in Bot. Reg. 28(Misc.): 2. 1842. 与短序脆兰的区别 圆锥花序长10-14厘米；唇瓣三角形，长约2毫米。花期12月。产云南南部，生于海拔700-1100米山地林缘树干上。斯里兰卡、印度、锡金、不丹及中南半岛有分布。

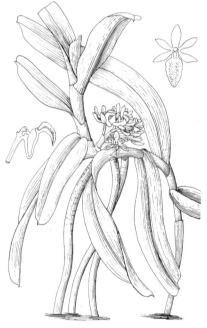

图 1130 短序脆兰 （引自《Bot. Reg.》）

135. 盖喉兰属 Smitinandia Holttum
（吉占和）

附生草本。茎具多节，节生气根。叶2列，稍肉质，基部具关节和鞘。花序侧生于茎，下垂，具多花。花稍肉质，开展；萼片较花瓣大；唇瓣贴生蕊柱基部，具宽距，距口前方具隆起横隔；蕊柱短，基部稍扩大，无蕊柱足，蕊喙伸长；花粉团蜡质，4个，或2个而每个臂裂为不等大2片；粘盘柄短，下部较窄，上部宽约为花粉团径的2倍；粘盘近卵形，较粘盘柄的基部宽。

3种，分布于东南亚，经中南半岛至喜马拉雅。我国1种。

盖喉兰 图 1131

Smitinandia micrantha （Lindl.）Holttum in Gard. Bull. Singap. 25: 106. 1969.

Saccolabium micranthum Lindl. Gen. Sp. Orch. Pl. 220. 1833.

茎近直立，扁圆柱形。叶窄长圆形，长9.5-11厘米，宽1.4-2厘米，先端不等2裂，基部具抱茎鞘。总状花序1-2个，与叶对生，向外下弯，花序梗长4厘米，径3毫米，花序轴肥厚，长9-11厘米，具多数肋棱，密生多花。苞片卵状三角形，长约1毫米；花梗和子房长4毫米；花开展，萼片和花瓣白色，先端带紫红色；中萼片近倒卵形，长3.5毫米，侧萼片斜卵状三角形，长2.5毫米，花瓣窄长圆形，长2毫米，边缘稍不整齐，唇瓣3裂，侧裂片近方形，先端平截，中裂片倒卵状匙形，较侧裂片大，上面具2脊突向上合成1条达先端；距近侧扁倒圆锥形，长2毫米，距口具肥厚横隔附属物；蕊柱长约1毫米，蕊喙短，厚肉质；药

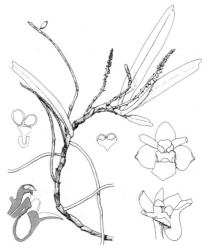

图 1131 盖喉兰（引自《Opera Bot.》）

帽前端喙状。花期4月。

产云南西部，生于海拔约600米山地林中树干上。热带喜马拉雅经印度东北部、中南半岛至马来西亚有分布。

136. 火焰兰属 Renanthera Lour.

（吉占和）

附生或半附生草本。茎攀援，叶2列，厚革质，先端不等2圆裂，基部具关节和鞘。总状或圆锥花序侧生，疏生多花。花火红或橘红色带红色斑点，开展；中萼片和花瓣较窄，侧萼片较大，紧靠而伸展，边缘波状；唇瓣贴生蕊柱基部，远较花瓣和萼片小，3裂，侧裂片内面基部两侧各具1附属物，中裂片反卷，较小；距倒圆锥形；蕊柱粗短，无蕊柱足，蕊喙近半圆形，先端凹；药帽前端伸长；花粉团蜡质，4个，近等大，每2个为一对，基部具弹丝；粘盘柄稍长而宽，粘盘近圆形，宽约为2个花粉团的直径。

约15种，分布于东南亚至热带喜马拉雅。我国2种。

火焰兰 图 1132 彩片 538

Renanthera coccinea Lour. Fl. Cochinchin. 2: 521. 1790.

茎质硬，圆柱形，长1米以上，径1.5厘米，节间长3-4厘米。叶舌形或长圆形，长7-8厘米。花序长达1米。苞片宽卵状三角形，长约3毫米；花梗和子房长2.5-3厘米；花火红色；中萼片窄匙

图 1132 火焰兰 （冀朝祯绘）

形，长2-3厘米，边缘稍波状，内面具橘黄色斑点，侧萼片长圆形，长2.5-3.5厘米，具短爪，边缘波状；花瓣与中萼片相似而较小，内侧近边缘具橘黄色斑点，唇瓣3裂，侧裂片直立，不高出蕊柱，近半圆形，基部两侧具半圆形胼胝体，中裂片卵形，向外下弯；距倒圆锥形，长4毫米，蕊柱长5毫米。花期4-6月。

产海南及广西西南部，生于海拔1400米以下山地林中攀援于乔木或山谷岩石上。

137. 匙唇兰属 Schoenorchis Reinw.
（吉占和）

附生草本。茎细圆柱形。叶肉质，基部具关节和鞘。总状或圆锥花序具多花。花肉质，不甚开展，萼片近相似；花瓣较萼片小，唇瓣厚肉质，着生蕊柱基部，较花瓣长，基部具距，3裂，侧裂片直立，上缘平截，中裂片较大，常呈匙形；距大，常与子房平行；蕊柱粗短，具翅，无蕊柱足，柱头位于基部，蕊喙2裂，药帽前端翘起；花粉团蜡质，近球形，4个，每不等大的2个成一对；粘盘柄窄长，着生于粘盘中部，粘盘较粘盘柄宽而大。

约24种，分布于热带亚洲至澳大利亚和太平洋岛屿。我国3种。

1. 茎长5-20厘米；叶扁平对折呈镰状或半圆柱形，长4-13厘米，疏生；圆锥花序，药帽先端三角形 ……………………………………………………………………………………… 匙唇兰 S. gemmata
1. 茎不明显，高达3厘米；叶扁平，椭圆形，长1-2厘米，基部叶鞘套叠；总状花序；药帽先端近平截，具3个尖齿 ……………………………………………………… （附）. 圆叶匙唇兰 S. tixieri

匙唇兰　圆叶匙唇兰　海南匙唇兰　　　　　图 1133　彩片 539

Schoenorchis gemmata (Lindl.) J. J. Smith in Nat. Tijdschr. Ned. Ind. 72: 100. 1912.

Saccolabium gemmatum Lindl. in Bot. Reg. 24: 50. 1838.

Schoenorchis hainanensis (Rolfe) Schltr.; 中国高等植物图鉴 5: 766. 1976.

茎常弧曲下弯，稍扁圆柱形，长达20厘米。叶扁平，对折呈镰状或半圆柱状外弯，长4-13厘米，先端具2-3小裂片。圆锥花序密生多花。花梗和子房长3毫米；中萼片紫红色，卵形，长1.5-2.2毫米，侧萼片紫红色，近唇瓣一侧边缘白色，稍斜卵形，长2-2.5毫米，背面中肋龙骨状；花瓣紫红色，倒卵状楔形，长1.1-1.5毫米，先端平截，凹缺，唇瓣与中萼片等长，3裂，侧裂片紫红色，半卵形，中裂片白色，厚肉质，匙形，前伸，具短爪；距紫红色，倒圆锥形，距口前方具舌状附属物；蕊柱长约0.8毫米，蕊喙2裂；药帽前端三角形。花期3-6月。

产福建南部、香港、海南、广西、云南及西藏东南部，生于海拔250-2000米山地林中树干上。尼泊尔、锡金、印度东北部至中南半岛有分布。

[附] **圆叶匙唇兰 Schoenorchis tixieri** (Guillaum.) Seidenf. Contr. Rev. Orch. Camb. Laos and Vietnam 102. 1975. —— *Saccolabium tixieri*

图 1133　匙唇兰　（冀朝祯绘）

Guillaum. in Bull. Mus. Hist. Nat. Paris ser. 2, 30(5): 462. 1958. 本种与匙唇兰的区别：植株长达3厘米，茎不明显；叶扁平，椭圆形，长1-2厘米，基部叶鞘套叠；总状花序；药帽先端近平截，具3个尖齿。产云南南部，生于海拔980米山地林缘树干上。越南有分布。

138. 毛舌兰属 Trichoglottis Bl.

（吉占和）

附生草本。叶2列，稍肉质，基部具关节和鞘。花序侧生，常在茎多个节上长出，远较叶短。花开展；萼片相似；花瓣较萼片小，唇瓣肉质，贴生蕊柱基部，3裂，侧裂片直立，中裂片上面密被毛或乳突，基部囊状或具距；距内背壁上方具被毛舌状物；蕊柱顶端两侧常有被硬毛蕊柱齿，无蕊柱足，蕊喙短，几前伸；药帽前端收窄，药床浅；花粉团蜡质，4个，每不等大的2个成一对，或2个中每个具裂隙；粘盘柄带状，或上端宽，较花粉团的直径稍长；粘盘较粘盘柄的基部宽。

约60种，分布于东南亚、新几内亚岛、澳大利亚和太平洋岛屿。我国1种、1变种。

毛舌兰

图 1134

Trichoglottis triflora (Guillaum.) Garay et Seidenf. in Bot. Mus. Leafl. Harvard Univ. 23 (4): 209. 1972.

Saccolabium triflorum Guillaum. in Bull. Mus. Hist. Nat. Paris ser. 2, 28 (2): 239. 1956.

根簇生，肉质，稍扁，长而弯曲。茎长0.5-1.5厘米，径约3毫米，节间长约1毫米。叶数枚，窄长圆形，常V字形对折，外弯，长2-3.5厘米，先端不等2裂。花序长0.5-1厘米，具1-3花，花序梗粗约1毫米。花梗和子房长2.5-3毫米；花黄绿色，不甚开展；中萼片长圆状椭圆形，长3毫米，侧萼片稍斜长圆形，与中萼片等大；花瓣窄镰状长圆形，长2.8毫米，先端钝；唇瓣白色

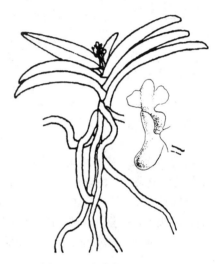

图 1134 毛舌兰 （李爱莉绘）

带紫红色斑点，长约2.5毫米，3裂，侧裂片半圆形，中裂片前伸，长1.5毫米，具3个裂片，侧生裂片近卵状三角形，中裂片与侧裂片相似，上面密生细乳突；距圆筒状，长2毫米，末端钝，从距口至距内壁下部密被长柔毛；蕊柱长8毫米，蕊喙稍2裂。花期8月。

产云南西南部，生于海拔1180米山地林中树干上。越南及泰国有分布。

139. 掌唇兰属 Staurochilus Ridl. ex Pfitz.

（吉占和）

附生草本。茎具多节和多数2列叶。叶窄长，先端不等2裂，基部具关节和抱茎鞘。花序侧生，疏生数朵至多花。花开展，萼片和花瓣相似而伸展，花瓣较小；唇瓣肉质，贴生蕊柱基部，3-5裂，侧裂片直立，中裂片上面或两侧裂之间密生毛，基部具囊状距；距内背壁上方具被毛附属物；蕊柱短，常被毛，无蕊柱足，蕊喙前伸；药帽前端收窄；花粉团蜡质，4个，近球形，每不等大的2个成一对，或2个而每个裂为不等大的2片；粘盘柄较花粉团的直径长；粘盘较粘盘柄的基部宽，有时一端具凹缺。

约7种，分布于亚热带地区。我国3种。

1. 花序长达45厘米，常分枝，花序梗径3-4毫米 ················· **掌唇兰 S. dawsonianus**
1. 花序长5-8厘米，不分枝，花序梗径1-1.5毫米 ················· （附）. **小掌唇兰 S. loratus**

掌唇兰 图 1135 彩片 540

Staurochilus dawsonianus (Rchb. f.) Schltr. Orch.: 577. 1915.

Cleisostoma dawsonianum Rchb. f. in Gard. Chron. 815. 1868.

根长而分枝,生于茎节。茎上举,长达50余厘米,径约7厘米,有时分枝,节间长1.5-2.5厘米。叶较厚,斜立,窄长圆形,长11-15厘米,宽

1.5-2厘米,先端不等2裂。花序与叶对生,长达45厘米,多分枝,疏生多花;花序梗径3-4毫米,花序轴具翅。花梗和子房长1.5-2厘米;花开展,萼片和花瓣淡黄色,内面具栗色横纹;中萼片近匙形,长1.5厘米,先端背面具喙,侧萼片稍斜长圆形,长1.5厘米,先端喙较长;花瓣匙形,长1.4厘米,先端具喙,唇瓣橘黄色,长约7厘米,5

裂,侧生4个裂片窄长而斜立前伸,顶生裂片厚肉质,窄倒卵形,上面密被长硬毛,中央具红色条带。距倒圆锥形,长约1毫米;蕊柱长3毫米,顶端两侧各具1条生毛的蕊柱齿,蕊喙先端深凹,药床浅,背侧密生细乳突状毛;柱头大,在蕊柱基部。花期5-7月。

产云南南部,生于海拔560-780米林缘树干上。老挝、泰国及缅甸有分布。

[附] **小掌唇兰 Staurochilus loratus** (Rolfe ex Downie) Seidenf. in

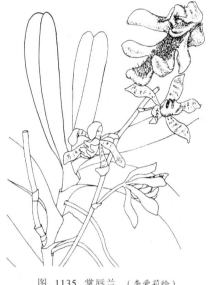

图 1135 掌唇兰 (李爱莉绘)

Opera Bot. 95: 95, f. 54. 1988. —— *Ascochilus loratus* Rolfe ex Downie in Kew Bull. 1925: 407. 1925. 与掌唇兰的区别:花序长5-8厘米,不分枝,花序梗径1-1.5毫米;侧萼片长约5毫米,唇瓣3裂。产云南南部,生于海拔700-1420米山地林中树干上。泰国有分布。

140. 鹿角兰属 Pomatocalpa Breda
(吉占和)

附生草本。叶2列,扁平,窄长,先端具不等2圆裂或不整齐齿,基部具关节和鞘。花序侧生,密生多花。花不扭转,开展;萼片和花瓣相似;唇瓣位于花的上方,3裂,侧裂片小,直立;中裂片肉质,距囊状,内面前壁肉质状增厚,后壁中部或底部具直立先端2裂伸出距口的舌状物;蕊柱短,药帽喙状;蕊喙锤子形,前伸,2裂;花粉团蜡质,4个,每不等大的2个为一对;粘盘柄生于粘盘一端,较花粉团的直径长,但其窄,粘盘小,质厚,先端常稍2裂。

约25种,分布于热带亚洲和太平洋岛屿。我国2种。

鹿角兰 白花鹿角兰 图 1136

Pomatocalpa spicatum Breda, Gen. Sp. Orch. Asclep. 3: t. 15. 1827.

Pomatocalpa wendlandorum (Rchb. f.) J. J. Smith; 中国高等植物图鉴 5: 764. 1976.

茎直立,长达3厘米,叶数枚,近基生。叶宽带状或镰状长圆形,长20-31厘米,宽2.5-3.5厘米,边缘稍波状,基部套叠。花序下垂,长3.5厘米以上,花序轴肉质。苞片小,反折;花梗和子房长约2.5毫米;花质厚;萼片蜡黄色,具2条褐色带,中萼片倒卵形,长5毫米,侧萼片斜倒卵形,长4.5毫米;唇瓣蜡黄色,3裂,侧裂片耳状,上部前缘稍内弯,中裂片厚

肉质，前伸，肾状三角形，长宽均1.5毫米；距近球形，径2毫米，内壁背侧具舌状附属物，前壁具一对位于距口横生胼胝体；蕊柱长2毫米，蕊喙上举，长0.4毫米，钻状；药帽先端上翘。花期4月。

产海南，生于低海拔山地林中树干上。锡金、印度东北部经中南半岛、东南亚有分布。

图 1136 鹿角兰 （冀朝祯绘）

141. 钻柱兰属 Pelatantheria Ridl.

（吉占和）

附生草本。茎稍扁三棱形，具多节，质硬，被宿存叶鞘。叶多数，2列，叶先端不等2裂，基部具关节和鞘。总状花序叶腋生，具少花。花小，肉质，开展；萼片相似，花瓣较小，唇瓣3裂，侧裂片小，直立；中裂片大，前展，上面中央垫状；距倒圆锥形，内面具纵隔膜或脊，在背壁上方具骨质附属物；蕊柱粗短，顶端具2长而弯曲蕊柱齿，蕊喙短小；花粉团蜡质，2个，近球形，每个裂为不等大2片；粘盘柄宽短，具5个上举弯曲的角；粘盘新月状，较花粉团直径宽。

约5种，分布于热带喜马拉雅经印度东北部、缅甸至东南亚。我国3种。

1. 唇瓣中裂片粉红色，先端钝 ·················· 钻柱兰 P. rivesii
1. 唇瓣中裂片蜡黄色，先端尾状，2-3浅裂 ·········· （附）. 尾丝钻柱兰 P. bicuspidata

钻柱兰　　　　　　　　　　　图 1137

Pelatantheria rivesii (Guillaum.) T. Tang et F. T. Wang in Acta Phytotax. Sin. 1(1): 54. 101. 1951.

Sarcanthus rivesii Guillaum. in Bull. Soc. Bot. France 77: 330. 1930.

Pelatantheria insectifera auct. non (Rchb. f.) Ridl.: 中国高等植物图鉴 5: 759. 1976.

茎匍匐状，长达1米余，常分枝。叶舌形，伸展或基部稍对折呈V字形，长3-4厘米，宽1-1.5厘米。花序长0.5-1厘米，具2-7花，花序梗长5毫米，被2-3枚短鞘。花质稍厚，萼片和花瓣淡黄色，带2-3条褐色条纹，稍反折；中萼片近椭圆形，长4毫米，侧萼片卵状长圆形，与中萼片等长较宽；花瓣长圆形，长约4毫米，唇瓣粉红色，较大，3裂；侧裂片小，直立，中裂片宽卵状三角形，长6毫米，基部宽6毫米，基部两侧各具1个胼胝体；距长3毫米，径2.5毫米；蕊柱长约2毫米，前面两侧密生白色长腺毛；药帽先端平截。花期10月。

产广西西部及云南，生于海拔700-1100米林中树干或岩石上。老挝及越南有分布。

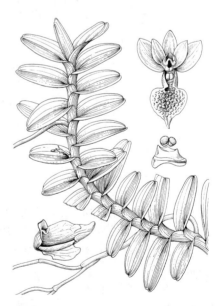

图 1137 钻柱兰 （冀朝祯绘）

[附] **尾丝钻柱兰 Pelatantheria bicuspidata** (Rolfe ex Downie) T. Tang et F. T. Wang in Acta Phytotax. Sin. 1(1): 53. 101. 1951. —— *Sarcanthus bicuspidatus* Rolfe ex Downie in Kew Bull. 1925: 391.

1925. 与钻柱兰的区别：唇瓣中裂片蜡黄色，先端短尾状，2-3浅裂。产贵   有分布。

州西南部、云南南部，生于海拔800-1400米林中树干或山沟岩石上。泰国

142. 大喙兰属 Sarcoglyphis Garay
（吉占和）

附生草本。茎短。叶多数，2列，先端不等2裂，基部具关节和鞘。花序生于茎下部叶腋，花序轴纤细，疏生多花。花开展，萼片和花瓣相似；唇瓣3裂，贴生蕊柱基部，侧裂片直立，中裂片与距成直角；距倒圆锥形，内面具隔膜，背壁上方具胼胝体；蕊柱粗短，无蕊柱足，蕊喙大，高于短窄的药床之前上方，先端2浅裂，药帽前端喙状；花粉团蜡质，扁球形，4个，分离，具弹丝状短柄，附着粘盘柄；粘盘柄细长，沿蕊喙前端边缘弯曲；粘盘近圆形，与粘盘柄约等宽。

约10种，分布于中南半岛和东南亚。我国2种。

大喙兰   图 1138

Sarcoglyphis smithianus (Kerr) Seidenf. in Opera Bot. 114: 383 . f. 257. 1992.

Sarcanthus smithianus Kerr in Journ. Siam Soc. Nat. Hist. Suppl. 9: 239. 1937.

茎直立，长2-5厘米，被宿存叶鞘。叶窄长圆形或稍镰状长圆形，长11-19厘米。总状或圆锥花序具多花，下垂。苞片卵形，长约1毫米；花白色带紫；中萼片长圆形，舟状，长4.5毫米，侧萼片斜卵形，与中萼片等大；花瓣长圆形，长4毫米，唇瓣紫色，3裂，侧裂片近三角形，中裂片稍肉质，中部横长圆形，先端喙状；距近倒圆锥形，长约3毫米，末端前弯，内面背壁上方具两侧扁荷包状胼胝体，其上

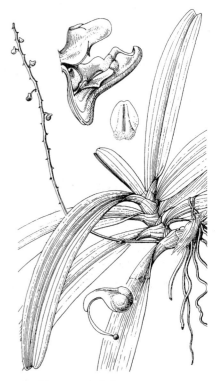

端两侧各具短小角状物；蕊柱长约1.5毫米，药帽长3毫米，前端长喙状；蕊喙近长圆形，长1.5毫米，先端细尖钩曲。花期4月。

图 1138 大喙兰 （冀朝祯绘）

产云南南部，生于海拔540-650米常绿阔叶林中树干上。老挝及泰国有分布。

143. 隔距兰属 Cleisostoma Bl.
（吉占和）

附生草本。茎质硬，具多节。叶质厚，扁平，先端不等2裂，基部具关节和抱茎鞘。总状或圆锥花序，具多花。苞片小，远较花梗和子房短；唇瓣贴生蕊柱基部和蕊柱足，基部具囊状距，3裂；距内具隔膜，在内面背壁上方具胼胝体，蕊柱粗短，常呈金字塔状，蕊柱足短或无，蕊喙小；花粉团蜡质，4个，每不等大的2个为一对，具粘盘柄和粘盘。

约100种，分布于热带亚洲至大洋洲。我国17种、1变种。

1. 植株匍匐；叶半圆柱形，长5-8毫米，径约1.5毫米 ························· 1. **蜈蚣兰 C. scolopendrifolium**
1. 植株上举或下垂。
  2. 叶扁平，长数厘米以上，宽大于4毫米。
    3. 粘盘柄线形或稍棒状，基部不折叠；粘盘小，近圆形。
      4. 叶先端钝，不等2裂。
        5. 茎连叶鞘径2-2.5厘米；叶宽3-4厘米；唇瓣侧裂片先端钻状，有时稍内弯；药帽前端喙状 ··········· ····································· 2. **大叶隔距兰 C. racemiferum**
        5. 茎连叶鞘径不及1.5厘米，叶宽不及2厘米。
          6. 粘盘柄楔形；唇瓣侧裂片三角形，先端尖；药帽前端稍长，先端平截，不等2圆裂，中裂片箭头状 ··············· 3. **隔距兰 C. sagittiforme**
          6. 粘盘柄线形；唇瓣侧裂片近圆形，上端边缘具宽浅凹缺，中裂片三角形 ··········· ····································· 4. **短茎隔距兰 C. parishii**
      4. 叶先端骤尖，不裂；茎长20-45厘米；药帽前端长喙状 ········· 5. **尖喙隔距兰 C. rostratum**
    3. 粘盘柄非线形，基部常常膝状折叠，粘盘大，新月形、马鞍形或马蹄形。
      7. 唇瓣中裂片先端渐尖或尖，具2刚毛或细尾。
        8. 中萼片长约6毫米；唇瓣侧裂片镰状三角形；粘盘柄倒披针形 ········· 6. **短序隔距兰 C. striatum**
        8. 中萼片长约1.2厘米；唇瓣侧裂片镰状披针形；粘盘柄三角形 ··· 6(附). **美花隔距兰 C. birmanicum**
      7. 唇瓣中裂片先端钝，上翘呈倒喙状；药帽先端平截，具3个小缺刻 ····· 7. **大序隔距兰 C. paniculatum**
  2. 叶圆柱形或半圆柱形，长6-33厘米，径2-3毫米。
    9. 粘盘柄近钟形，粘盘新月形或马鞍形；蕊柱上端两侧具齿状附属物 ······· 8. **红花隔距兰 C. williamsonii**
    9. 粘盘柄大，蕊柱上端无齿状附属物。
      10. 唇瓣侧裂片近蕊柱一侧边缘内折部分近长方形；距内背壁的胼胝体3裂；药帽前端近方形，先端平截 ····································· 9. **长叶隔距兰 C. fuerstenbergianum**
      10. 唇瓣侧裂片近蕊柱一侧边缘内折部分近方形；距内背壁上方胼胝体近五角星形；药帽前端三角形，先端稍钝 ··········· 10. **金塔隔距兰 C. filiforme**

1. 蜈蚣兰
                图 1139 彩片 541

Cleisostoma scolopendrifolium (Makino) Garay in Bot. Mus. Leafl. Harvard Univ. 23(4)：174. 1972.

Sarcanthus scolopendrifolius Makino, Ill. Fl. Japan 1：t. 40. 1891.

植株匍匐，茎细长，分枝，多节。叶2列，疏离，稍两侧对折呈半圆柱形，长5-8毫米，径约1.5毫米，先端钝，基部具长约5毫米抱茎鞘。总状花序具1-2花，侧生，较叶短。花梗和子房长3毫米；花质薄，萼片和花瓣淡肉色；中萼片卵状长圆形，长3毫米，侧萼片斜卵状长圆形，与中萼片等长较宽；花瓣近长圆形，较小，唇瓣白带黄色斑点，3裂，侧裂片近三角形，上端钝，稍前弯，中裂片稍肉质，舌状三角形，长3毫米，基部具褶脊达距内；距近球形，内面背壁上方的胼胝体3裂，侧

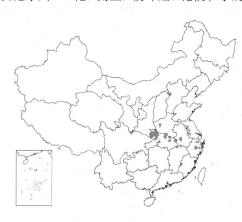

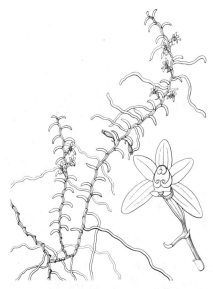

图 1139 蜈蚣兰 （引自《图鉴》）

裂片角状，下弯，中裂片基部2裂呈马蹄状，距内隔膜不发达；蕊柱足短，蕊喙2裂，裂片近方形，宽厚，粘盘马鞍形。花期4月。

产河北西部、山东东部（崂山）、江苏、安徽、浙江、福建西部、江西

北部、湖北、四川北部及河南西部，生于海拔1000米以下崖石或山地林中树干上。日本及朝鲜半岛南部有分布。

2. 大叶隔距兰　　　　　　　图 1140：1-4

Cleisostoma racemiferum (Lindl.) Garay in Bot. Mus. Leafl. Harvard Univ. 23(4)：173. 1972.

Saccolabium racemiferum Lindl. Gen. Sp. Orch. Pl. 224. 1833.

茎直立，长达20厘米，连叶鞘径2-2.5厘米。根粗长，分枝。叶扁平，带状，长达29厘米，宽3-4厘米，先端不等2圆裂。圆锥花序疏生多花。花开展；萼片和花瓣黄带褐红色斑点；中萼片近长圆形，长3.5毫米，侧萼片稍斜长圆形，基部贴生蕊柱足；花瓣长圆形，长3毫米，唇瓣白色，3裂，侧裂片直立，三角形，中部骤窄呈钻状，中裂片三角形，基部具脊突，与距内隔膜相连，距长约3毫米，内

图 1140：1-4. 大叶隔距兰 5-7. 隔距兰
（引自《图鉴》）

面背壁上方胼胝体近卵状三角形，基部稍2裂；蕊柱长约2.5毫米，具翅，蕊喙三角形；药帽前端喙状；粘盘柄带状，粘盘圆盘状。花期6月。

产云南南部及西部，生于海拔1350-1800米山坡林中树干上。锡金、不丹及中南半岛有分布。

3. 隔距兰　　　　　　　　图 1140：5-7

Cleisostoma sagittiforme Garay in Bot. Mus. Leafl. Harvard Univ. 23(4)：174. 1972.

茎直立，长达4厘米。叶扁平，窄长圆形，长5-18厘米，宽1-2厘米，先端平截，不等2圆裂，上面中肋凹下。圆锥和总状花序疏生多花，下垂，较叶长。花淡紫红色；中萼片长圆形，舟状，长3毫米，侧萼片稍斜卵圆形，长3毫米；花瓣稍镰状长圆形，长2.5毫米，唇瓣3裂；侧裂片直立，三角形，先端尖，较中裂片短，中裂片箭头状，

先端钝，基部中间具脊突，两侧边缘具向后伸延的突片；距角状，几劲直，长5毫米，内面隔膜发达，背壁上方具3裂长大于宽的胼胝体；上端两侧各具短小紧贴中裂片的耳；蕊柱长2毫米，蕊喙2裂，裂片近镰状三角形；药帽前端稍长，先端平截，不等2圆裂；粘盘柄楔形，粘盘近圆形。花期5-9月。

产云南南部，生于海拔980-1530米山地常绿阔叶林中树干上。印度东北部及泰国有分布。

4. 短茎隔距兰　　　　　图 1141 彩片 542

Cleisostoma parishii (Hook. f.) Garay in Bot. Mus. Leafl. Harvard Univ. 23(4)：173. 1972.

Sarcanthus parishii Hook. f. in Bot. Mag. 86：t. 5217. 1860.

茎直立，长达6厘米。叶扁平，2列，紧靠，带状，长6-20厘米，宽0.6-2.4厘米，先端不等2圆裂，总状或圆锥花序疏生多花。花开展，萼片和花瓣白色带紫晕；中萼片近长圆形，长约4毫米，侧萼片稍斜卵圆形，与中萼片等长，基部贴生蕊柱足；花瓣与中萼片相似较小，唇瓣3裂，侧裂片直立，近圆形，较中裂片短，上端边缘具宽浅凹缺，中裂片紫丁香色，先端白色，三角形，上翘，与距成直角，基部两侧边缘具后伸近线形裂片；距角状，长约3毫米，向末端收窄；距内具隔膜，背壁上方具T字形3裂胼胝体，上端两侧裂片短，中裂片向基部渐窄；蕊柱长约2毫米，蕊柱足长约1毫米；药帽前端圆；粘盘柄线形；粘盘近圆形。花期4-5月。

产广东北部、海南及广西西南部，生于海拔1000米以下常绿阔叶林中树干上。缅甸有分布。

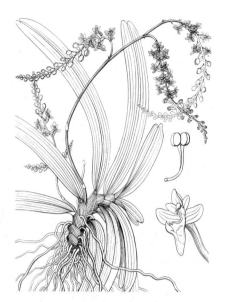

图 1141 短茎隔距兰 （引自《图鉴》）

5. 尖喙隔距兰   图 1142 彩片 543

Cleisostoma rostratum (Lodd.) Seidenf. ex Averyanov, Vasc. Pl. Syn. Vietnam. Fl. 1: 53. 1990.

Vanda rostrata Lodd. Bot. Cab. t. 1008. 1825.

Cleisostoma rostratum (Lindl.) Garay；中国高等植物图鉴 5: 763. 1976.

茎长达45厘米，径约5毫米。叶扁平，窄披针形，长9-15厘米，宽0.7-1.3厘米，先端骤尖。花序生于茎上部，与叶对生，较叶短，花序轴纤细，疏生多花。花开展，萼片和花瓣黄绿带紫红色条纹；中萼片近椭圆形，舟状，长5-5.5毫米，侧萼片稍斜倒卵形，与中萼片等长较宽；花瓣近长圆形，长约4毫米，唇瓣紫红色，3裂；侧裂片直立，近三角形，先端钻状，中裂片窄卵状披针形，先端渐尖，翘起；距近

图 1142 尖喙隔距兰 （引自《图鉴》）

漏斗状，劲直，与萼片等长，向末端渐窄，隔膜不发达，内面背壁上方胼胝体长圆形，其上端两侧具短的角状物；蕊柱长2毫米，具短的蕊柱足；蕊

喙窄三角形，先端锐尖；药帽前端长喙状；粘盘柄纤细，粘盘近圆形。花期7-8月。

产香港、海南、广西西南部、贵州南部及云南南部，生于海拔350-500米常绿阔叶林中树干上或林下阴湿岩石上。泰国、老挝、越南有分布。

6. 短序隔距兰   图 1143：1-2

Cleisostoma striatum (Rchb. f.) Garay in Bot. Mus. Leafl. Harvard

Univ. 23(4): 175. 1972.

Echioglossum striatum Rchb. f.

in Gard. Chron. n. s. 12: 390. 1879.

Cleisostoma breripes Hook. f.; 中国高等植物图鉴 5: 764. 1976.

茎圆柱形，长达30厘米。叶厚肉质，窄长圆状披针形，长7-11厘米，宽约1.5厘米。花序长2-6厘米，下垂，密生多花。花肉质；萼片和花瓣橘黄带紫色条纹；中萼片近长圆形，舟状，长6毫米，侧萼片稍斜卵形；花瓣近长圆形，较萼片小，唇瓣除中裂片紫色外，余黄色，3裂，侧裂片镰状三角形，中裂片厚肉质，箭头状三角形，先端2裂片尾状，基部两侧具三角形裂片，上面具脊突；距短钝，隔膜发达，在背壁上方的胼胝体长大于宽，不裂，两侧扁；蕊柱长3毫米，蕊柱足短，蕊喙肉质，舌状；药帽先端平截，具宽凹缺，粘盘柄倒披针形，粘盘半月形。花期6月。

产海南、广西西部、云南东南部及西部，生于海拔500-1600米常绿阔叶林中树干上。锡金、印度东北部、越南及马来西亚有分布。

[附] **美花隔距兰** 图 1143：3-5 彩片 544 **Cleisostoma birmanicum** (Schltr.) Garay in Bot. Mus. Leafl. Harvard Univ. 23(4)：170. 1972. —— *Echioglossum birmanicum* Schltr. in Notizbl. Bot. Gart. Berlin 8: 125. 1922. 本种与短序隔距兰的区别：叶先端钝，不等2裂；花序较叶长，具分枝；

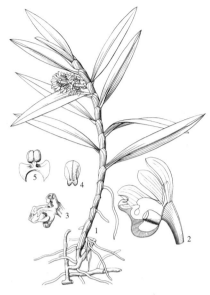

图 1143：1-2. 短序隔距兰
3-5. 美花隔距兰 （引自《图鉴》）

中萼片长1.2厘米，唇瓣侧裂片镰状披针形，药帽先端平截，具宽凹缺。花期4-5月。产海南五指山。越南及缅甸有分布。

7. 大序隔距兰 图 1144 彩片 545

Cleisostoma paniculatum (Ker-Gawl.) Garay in Bot. Mus. Leafl. Havard Univ. 23(4)：173. 1972.

Aerides paniculata Ker-Gawl. in Bot. Reg. 3: t. 220. 1817.

茎直立，扁圆柱形，长达20余厘米。叶扁平，窄长圆形或带状，长10-25厘米，宽0.8-2厘米，先端不等2裂，基部稍V字形对折。圆锥花序远较叶长，具多花。花开展，萼片和花瓣背面黄绿色，内面紫褐色，边缘和中肋黄色；中萼片近长圆形，凹入，长4.5毫米，侧萼片斜长圆形，基部贴生蕊柱足；唇瓣黄色，3裂，侧裂片三角形，前缘内侧呈胼胝体状；中裂片与距成钝角，先端上翘呈倒喙

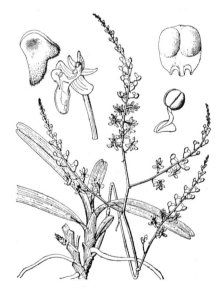

图 1144 大序隔距兰 （引自《图鉴》）

状，基部两侧具钻状裂片；上面具脊突，前端隆起；距圆筒状，长4.5毫米，内面背壁上方具长方形胼胝体；蕊柱粗短，药帽先端平截，具3个小缺刻；粘盘柄宽短，粘盘新月形或马鞍形。花期5-9月。

产浙江南部、福建、台湾、江西东部及西南部、湖南南部、广东、香港、海南、广西、贵州、四川及云南，生于海拔240-1240米林中树干或沟谷林下岩石上。泰国、越南及印度东北部有分布。

8. 红花隔距兰 图 1145

Cleisostoma williamsonii (Rchb. f.) Garay in Bot. Mus. Leafl.
Harvard Univ. 23(4): 176. 1972.

Sarcanthus williamsonii Rchb. f. in Gard. Chron. 674. 1865.

Cleisostoma hongkongense (Rolfe) Garay; 中国高等植物图鉴 5:
761. 1976.

植株常悬垂。茎细圆柱形，长达70厘米。径3-4毫米。叶厚肉质，圆柱形，长6-10厘米，径2-3毫米。花序常分枝，密生多花。花粉红色；中萼片卵状椭圆形，舟状，长2.2毫米，侧萼片斜卵状椭圆形，长2.5毫米，基部贴生蕊柱足；花瓣长圆形，长2.2毫米，唇瓣深紫红色，3裂，侧裂片舌状长圆形，两侧边缘稍内折，中裂片窄卵状三角形，上面具脊突，脊突位于距口前缘隆起呈三角形；距球形，两侧

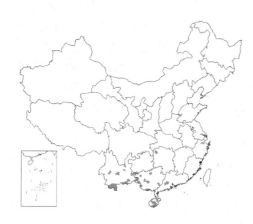

扁，径约2毫米，隔膜不明显，内面背壁上方具T字形胼胝体，上端侧裂片角状下弯，中裂片基部2裂；蕊柱上端两侧各具齿状附属物，基部蕊柱足长2毫米；药帽先端平截，具宽凹缺；粘盘柄近钟形，粘盘近新月形。花

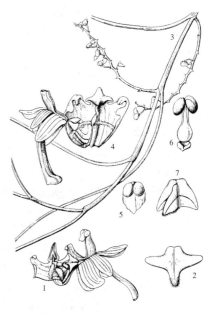

图 1145 红花隔距兰 （引自《图鉴》）

期4-6月。

产广东、海南、广西、湖南西北部、贵州西南部及云南，生于海拔300-2000米山地林中树干或山谷林下岩石上。不丹、印度东北部至东南亚有分布。

9. 长叶隔距兰 图 1146：1-2 彩片 546

Cleisostoma fuerstenbergianum Kraenzl. in Fedde, Repert. Sp. Nov.
7: 39. 1908.

Cleisostoma flagelliforme (Rolfe et Downie) Garay; 中国高等植物图鉴 5: 761. 1976.

茎直立或弧状弯曲，细圆柱形，长达50余厘米。叶肉质，细圆柱形，长达25厘米，径2-3毫米。花序斜立，较叶短，花序轴长达20厘米，疏生多花。花梗和子房长约1厘米；萼片和花瓣反折，黄色带紫褐色条纹；中萼片卵状椭圆形，舟状，长4.5-5毫米，侧萼片近长圆形，与中萼片等长较宽，先端斜平截，基部贴生蕊柱足；花瓣窄长圆形，较萼片短，宽1.5毫米，唇瓣白色，

3裂；侧裂片三角形，上部镰状，先端内折，近蕊柱一侧边缘内折部分近长方形，中裂片箭头状三角形，上面具脊突；距近球形，径2-3毫米，具隔膜，内面背壁的胼胝体3裂，侧裂片向先端骤窄下弯，中裂片等长于侧裂

图 1146：1-2. 长叶隔距兰
3-7. 金塔隔距兰 （冀朝祯绘）

片；蕊柱足长约2毫米；蕊喙小，2裂，裂片半圆形；药帽前端近方形，先端

平截；粘盘柄楔形，粘盘近圆形，较粘盘柄宽，先端稍凹缺。花期5-6月。

产贵州西南部、云南南部及西部，生于海拔690-2000米山地常绿阔叶

林中树干上。老挝、越南、柬埔寨及泰国有分布。

10. 金塔隔距兰　　　　图 1146：3-7

Cleisostoma filiforme (Lindl.) Garay in Bot. Mus. Leafl. Harvard Univ. 23(4)：171. 1972.

Sarcanthus filiforme Lindl. in Edw. Bot. Reg. 28 (Misc.)：61. 1842.

植株悬垂。茎细圆柱形，长达60厘米，径3-4毫米，叶疏生，偏向一侧。叶肉质，细圆柱形，长达33厘米，径2-2.5毫米。总状或圆锥花序密生多花。萼片和花瓣反折，黄绿色带紫褐色条纹；中萼片卵状椭圆形，舟状，长约4毫米，侧萼片近长圆形，先端斜平截，基部贴生蕊柱足；花瓣近长圆形，唇瓣3裂，侧裂片白色，直立，三角形，先端内弯，近蕊柱一侧边缘内折部分近方形，中裂片紫红色，箭头状三角形，与侧裂片等长，基部两侧裂片窄，上面具三角形脊突；距短筒状，背腹扁，长约3毫米，隔膜不明显，内面背壁上方具近五角星形胼胝体，上面中央隆起呈三角形；蕊柱足短；药帽先端三角形；粘盘柄楔形，粘盘近圆形。花期9-10月。

产海南、广西西南部及云南西南部，生于海拔390-1000米常绿阔叶林中树干上。尼泊尔、锡金、印度东北部、缅甸、泰国及越南有分布。

144. 花蜘蛛兰属 Esmeralda Rchb. f.

（吉占和）

附生草本。茎粗壮，具多节，叶2列。叶质厚，先端不等2裂，基部具关节和抱茎鞘。总状花序叶腋生或与叶对生，花疏生，花序梗和花序轴粗壮，常较叶长。花大，质厚，开展，萼片和花瓣具红棕色横纹斑，花瓣稍小；唇瓣近提琴形，3裂，着生蕊柱基部，具活动关节，基部具胼胝体，上面具突脊；距囊状；蕊柱粗，无蕊柱足；花粉团蜡质，4个，每2个为一对；粘盘柄近三角形，宽大于长；粘盘马鞍形。

约3种，分布于热带喜马拉雅经印度东北部至我国。我国2种。

花蜘蛛兰　　　　图 1147

Esmeralda clarkei Rchb. f. in Gard. Chron. n. s. 25：552. 1886.

Arachnis clarkei (Rchb. f.) J. J. Smith；中国高等植物图鉴 5：758. 1976.

茎坚硬，长约70厘米或更长，径0.7-1厘米，具分枝。叶长圆形，长13-25厘米，宽2-3厘米。花序长达32厘米，具2-3枚鞘；具少花。花梗和子房长约3厘米；花伸展呈蜘蛛状；萼片和花瓣淡黄色带红棕色横纹；中萼片倒卵状椭圆形，长3.3厘米，侧萼片倒卵状椭圆形，与中萼片近等大；花瓣近匙形，长2.8-3.1厘米，唇瓣长约2.5厘米，爪长约2

图 1147 花蜘蛛兰 （引自《图鉴》）

毫米，基部具活动关节，3裂，侧裂片近半卵形，中裂片卵状菱形，长1.4-1.5厘米，先端稍尖，其背面具1个乳突，上面具龙骨脊；距倒圆锥形，肥厚，长5毫米，径3毫米，末端稍后弯，距口两侧各具1枚胼胝体；蕊柱长1.2-1.4厘米。蒴果圆柱形，长3.5-5.5厘米，径1.2-2厘米。花期10月，果期11-12月。

产海南，生于海拔500-1000米山谷崖石或疏林中树干上。尼泊尔、锡金、不丹、印度东北部、缅甸及泰国有分布。

145. 湿唇兰属 Hygrochilus Pfitz.

（吉占和）

附生草本。茎长10-20厘米，径0.8-1.5厘米，被宿存叶鞘。叶长圆形或倒卵状长圆形，长17-29厘米，宽3.5-5.5厘米，先端不等2圆裂，基部具关节和抱茎鞘。总状花序长达35厘米，花序梗径4-6毫米。花梗和子房长3-4厘米；花大，开展；萼片与花瓣黄色带暗紫色斑点，萼片近宽倒卵形，长2-2.6厘米，花瓣宽卵形，长1.5-2.2厘米，唇瓣肉质，贴生蕊柱基部，具活动关节，3裂，侧裂片直立，白色，近圆形，中裂片楔状扇形；长约1.2厘米，与侧裂片呈锐角，上面具脊突；距囊状，长约3毫米，距口具直立附属物；蕊柱长约1厘米，无蕊柱足，蕊喙2裂，裂片舌状，药帽前端收窄呈喙状；花粉团蜡质，2个，球形，具裂隙；粘盘柄长而宽扁，向基部渐窄；粘盘近圆形，较粘盘柄宽。

单种属。

湿唇兰

图 1148 彩片 547

Hygrochilus parishii （Rchb. f.）Pritz. in Engl. u. Prantl, Nat. Pflanzerfam. 2-4. 1: 112. 1897.

Vanda parishii Rchb. f. Xenia Orch. 2: 138. 1868. 形态特征同属。花期6-7月。

产云南南部，生于海拔800-1100米常绿阔叶林中树干上。中南半岛及印度东北部有分布。

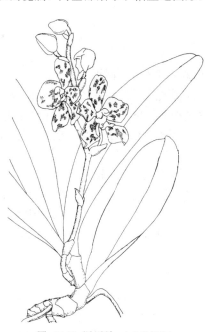

图 1148 湿唇兰 （李爱莉绘）

146. 蜘蛛兰属 Arachnis Bl.

（吉占和）

附生草本。茎坚实粗壮，叶多数，2列。叶质稍厚，先端2浅裂，基部具关节和抱茎鞘。总状或圆锥花序，常较叶长，花序梗和花序轴细长。花开展，质较厚；萼片和花瓣相似；唇瓣着生蕊柱足末端，具活动关节，3裂，侧裂片小，中裂片较大，肥厚，上面具龙骨脊；距倒圆锥形，短钝，末端常后曲；蕊柱粗短，蕊柱足短；花粉团蜡质，4个，近等大，每2个成一对；粘盘柄近梨形，粘盘等于或稍宽于粘盘柄。

约13种，分布于东南亚至新几内亚岛和太平洋一些岛屿。我国1种。

窄唇蜘蛛兰

图 1149

Arachnis labrosa （Lindl. ex Paxt.）Rchb. f. in Bot. Centralbl. 28: 343. 1886.

Arrhynchium labrosum Lindl. ex Paxt. Flow. Gard. 1: 142. 1850.

茎长达50厘米。叶带状，长达20厘米，先端不等2圆裂，基部具套叠鞘。圆锥花序斜出，长达1米，疏生

多花。花梗和子房红棕色，长约2厘米；花淡黄带红棕色斑点，萼片和花瓣倒披针形，萼片长1.8厘米；唇瓣长约1厘米，3裂，侧裂片直立，三角形，基部宽2毫米，中裂肉质，舌形，先端背面具倒圆锥形肉突，基部凹下，两侧各具1个乳突；距位于唇瓣中裂片中部，倒圆锥形，长约5毫米，后曲；蕊柱长6毫米，蕊柱不甚明显，蕊喙三角形。花期8-9月。

产台湾、海南、广西西南部及云南南部，生于海拔800-1200米常绿阔叶林中树干或山谷悬崖上。锡金、不丹、印度东北部至中南半岛有分布。

图 1149 窄唇蜘蛛兰 （冀朝祯绘）

147. 白点兰属 Thrixspermum Lour.

（吉占和）

附生草本。叶近2列，叶扁平。总状花序侧生。苞片宿存；花期短；萼片和花瓣稍相似，唇瓣贴生蕊柱足，3裂，基部囊状或距状，囊内前壁上常具1胼胝体；蕊柱粗短，蕊柱足宽；花粉团蜡质，4个，近球形，每不等大的2个相连；粘盘柄短宽，粘盘常新月状。蒴果圆柱形。

约120种，分布于热带亚洲至大洋洲。我国12种。

1. 苞片螺旋状排列。
  2. 花序轴长1.8-4厘米；苞片疏离 ·· 1. 长轴白点兰 T. saruwatarii
  2. 花序轴长0.3-1.5厘米；苞片紧靠或呈覆瓦状。
    3. 唇瓣展平后菱状三角形，中裂片先端稍2裂 ·························· 2. 海台白点兰 T. annamense
    3. 唇瓣展平后非菱状三角形，中裂片先端圆钝 ····················· 3. 同色白点兰 T. trichoglottis
1. 苞片2列。
  4. 苞片疏离；花序轴纤细，长3-5毫米；叶长圆形或倒卵状披针形，长2-4厘米，宽5-7毫米，先端微2裂 ···
  ·· 4. 小叶白点兰 T. japonicum
  4. 苞片紧密；花序轴粗，长5厘米以上；叶长圆形，长7-23.5厘米，先端明显2裂 ········ 5. 白点兰 T. centipeda

1. 长轴白点兰

图 1150

Thrixspermum saruwatarii (Hayata) Schltr. in Fedde, Repert. Sp. Nov. Beih. 4: 275. 1919.

Sarcochilus saruwatarii Hayata, Ic. Pl. Formos. 6: 84. f. 18. 1916.

茎长不及2厘米。叶斜立，长圆状镰形，长4-12厘米，宽0.6-1.5厘米，不等2裂。花序常下垂，长达8厘米，花序轴稍折曲，向上渐粗，长1.8-4厘米，疏生1-2或数花。苞片疏离，螺旋状排列；花白或黄绿色，后乳黄色；中萼片椭圆形，长7-8毫米，宽3.5-5毫米，侧萼片稍斜卵形，与中萼片约等大，先端锐尖；花瓣窄椭圆形，较萼片小，先端钝，唇瓣小，3裂，基部浅囊状，侧裂片直立，长椭圆形，先端圆钝，内面具多数橘红色条纹，

中裂片红棕色,齿状三角形;唇瓣基部密被红紫或金黄色毛;蕊柱长3毫米,蕊柱足长约4毫米。花期3-4月。

产台湾、福建西北部及湖南西南部,生于海拔2800米以下林中树干上。

2. 海台白点兰 图 1151

Thrixspermum annamense (Guillaum.) Garay in Bot. Mus. Leafl. Harvard Univ. 23(4): 206. 1972.

Ascochilus annamensis Guillaum. in Bull. Mus. Hist. Nat. Paris. ser. 2, 33(3): 333. 1961.

茎长2厘米,具数枚密集的叶。叶斜立,长圆状椭圆形,长3-4厘米,宽6-9毫米,先端锐尖,微2裂。花序长约6.5厘米,花序轴纤细,长0.7-1.5厘米,向上渐粗,具数花。苞片螺旋状排列;花小,白色;萼片相似,宽椭圆形或卵状椭圆形,长5-6毫米,宽3-3.3毫米,先端钝;花瓣椭圆形,较萼片稍小,先端圆;唇瓣凹入呈浅囊状,展平后呈菱状三角形,长5毫米,宽6.5毫米,3裂,侧裂片三角形,

先端圆,中裂片肉质,近横长圆形,弯曲上举,先端稍2裂,上面密被毛,中央具被毛脊突,下面呈龙骨状。花期4-5月。

产台湾及海南,生于山地林中树干上。泰国及越南有分布。

3. 同色白点兰 图 1152:1-2

Thrixspermum trichoglottis (Hook. f.) Kuntze in Rev. Gen. Pl. 2: 682. 1891.

Sarcochilus trichoglottis Hook. f. Fl. Brit. Ind. 6: 39. 1890.

茎长达7厘米,具数枚2列的叶。叶斜立,长3-5.5厘米,宽0.5-1厘米,先端钝,不等2裂。花序近直立,长3-4厘米,花序梗径约1毫米,花序轴稍粗,长3-5毫米,密生数花。苞片密集,螺旋状排列;花梗和子房纤细,长5毫米;花黄白色,不甚张开;中萼片椭圆形,长4毫米,侧萼片斜卵形,与中萼

片等大;花瓣椭圆形,长3.5毫米,唇瓣3裂,基部凹入呈浅囊状,上面密生细乳突,侧裂片半圆形,前端边缘具长毛;中裂片质厚,近兜状,长约

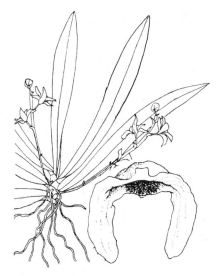

图 1150 长轴白点兰 (李爱莉绘)

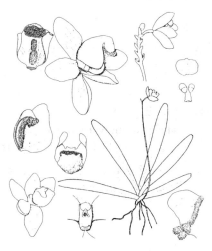

图 1151 海台白点兰
(引自《Opera Bot.》)

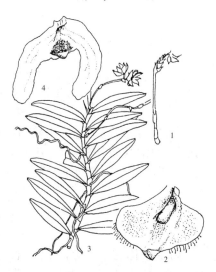

图 1152: 1-2. 同色白点兰
3-4. 小叶白点兰 (李爱莉绘)

1毫米，先端圆钝，上面具棒状肉突；蕊柱长2毫米，蕊柱足长约1毫米；药帽半球形，前端圆。花期3月。

产云南南部，生于海拔约700米疏林中树干上。印度东北部经中南半岛至马来西亚、新加坡及印度尼西亚有分布。

4. 小叶白点兰 图 1152：3-4

Thrixspermum japonicum (Miq.) Rchb. f. in Bot. Zeit. 36: 75. 1878.

Sarcochilus japonicus Miq. Prol. Fl. Jap. 2: 138. 1866.

茎纤细，长达13厘米，具多叶。叶薄革质，长圆形或倒卵状披针形，长2-4厘米，宽5-7毫米，先端钝，微2裂。花序与叶对生，与叶近等长；花序梗纤细，花序轴长3-5毫米，疏生少花。苞片2列，疏离；花淡黄色；中萼片长圆形，长5-7毫米，侧萼片卵状披针形；花瓣窄长圆形，长5-6毫米，唇瓣具长1毫米的爪，3裂，侧裂片窄卵状长圆形，长约2.5毫米，上端圆，中裂片半圆形，肉质，宽约0.5毫米，上面稍凹，密被毛，下面稍隆起呈倒圆锥形。花期9-10月。

产台湾、广东北部、湖北西南部、湖南北部、贵州东北部及四川，生于海拔900-1000米山谷、河边林中树枝上。日本有分布。

5. 白点兰 图 1153

Thrixspermum centipeda Lour. Fl. Cochinch. 520. 1790.

茎粗壮，稍扁圆柱形，长达20厘米，常弧曲。叶长圆形，长6-24厘米，宽1-2.5厘米，不等2裂。花序与叶对生，花序梗扁，两侧边缘具透明翅，花序轴粗，长5厘米以上，具少花。苞片紧密排成2列，肉质，两侧对折呈牙齿状；花白色或奶黄色，后黄色；中萼片窄镰状披针形，长3-4.5厘米，宽2.5-5.5毫米，先端长渐尖，侧萼片与中萼片相似，基部稍宽；花瓣窄镰状披针形，较萼片小，唇瓣基部凹入呈浅囊状，3裂，侧裂片半卵状，上

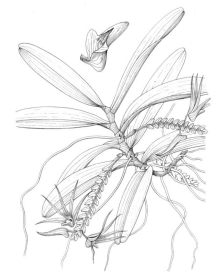

图 1153 白点兰 （冀朝祯绘）

部三角形，中裂片前伸，厚肉质，两侧对折呈窄圆锥形，长约5毫米，先端稍钝，上面中央具脐胝体。花期6-7月。

产香港、海南、广西西南部、云南南部及西部，生于海拔700-1150米山地林中树干上。锡金、不丹、印度东北部经中南半岛至马来西亚及印度尼西亚有分布。

148. 异型兰属 Chiloschista Lindl.
（吉占和）

附生草本，茎不明显，具多数长而扁的根。无叶或花期无叶，稀花期具叶。花序细长，常下垂，具多花。花小，开展，萼片和花瓣相似，侧萼片和花瓣均贴生蕊柱足；唇瓣基部着生蕊柱足末端，具活动关节，3裂，侧裂片直立，较大，蕊柱短，蕊柱足较蕊柱长约2倍，蕊喙很小；药帽两侧常各具1丝状或齿状附属物；药床很浅；花粉团蜡质，

2个，近球形，每个裂为不等大2片；粘盘柄窄长而扁，上下等宽；粘盘近圆形，较粘盘柄宽。

约15种，分布于热带亚洲和大洋洲。我国3种。

异型兰 异唇兰 　　　　　　　　　　图 1154 彩片 548

Chiloschista yunnanensis Schltr. in Fedde, Repert. Sp. Nov. Beih. 4: 74. 275. 1919.

Chiloschista usneoides（D. Don）auct. non Lindl.: 中国高等植物图鉴 5: 755. 1976.

茎不明显，常无叶，至少花期无叶。花序下垂，长达26厘米，密生毛；疏生多花。苞片卵状披针形，长 3-4 毫米，背面被毛；花梗和子房密生短毛；花质稍厚，萼片和花瓣茶色，背面密生毛；中萼片前倾，卵状椭圆形，长 5-6 毫米，侧萼片卵圆形；花瓣近长圆形，与萼片等长稍窄，先端近平截，唇瓣黄色，3裂，侧裂片窄长圆形，较大，中部扭曲，边缘具淡褐色斑点，内面具红色条纹，中裂片很短，先端凹入，基部凹入呈浅囊状，被海绵状褐色、V字形附属物；蕊柱很短，蕊柱足长约4毫米，蕊喙很短；药帽前端三角形，两侧各具1丝状物。花期3-

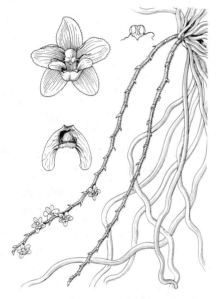

图 1154 异型兰 （冀朝祯绘）

5月。

产广西西部、四川中部及云南，生于海拔 700-2000 米山地林缘或疏林中树干上。

149. 尖囊兰属 Kingidium P. F. Hunt
（吉占和）

附生草本。根扁平，丛生。茎很短，叶少数。叶近簇生，2 列，基部具关节和抱茎鞘，常在旱季或花后凋落。总状或圆锥花序，花疏生。花开展；侧萼片较中萼片大，贴生蕊柱足；花瓣较萼片小，基部常收窄；唇瓣无爪，3裂，侧裂片直立，内面具脊突或凸缘，基部下延与中萼片基部形成短距，中裂片较大，前伸，基部具叉状附属物；蕊柱细长，具足；蕊喙窄长，2裂；花粉团蜡质，2个，近球形，每个裂为大小不等2片；粘盘柄细长，向上扩大，下部收窄，粘盘片状。

约3-4种，分布热带亚洲。我国3种。

1. 叶8-14.5厘米，边缘稍波状；花白色带淡紫色斑纹，唇瓣中裂片倒卵状楔形，先端深凹 ·············· ·· 1. **大尖囊兰 K. deliciosum**
1. 叶长不及4厘米，全缘；花淡紫红色或褐红带绿色。
　2. 萼片和花瓣淡紫红色，唇瓣紫红色，侧裂片近镰状，中裂片匙形 ············ 2. **小尖囊兰 K. taeniale**
　2. 萼片和花瓣内面淡褐红色，背面淡绿色，唇瓣深紫红色，侧裂片近长圆形，中裂片椭圆形 ·················· ·· 2(附). **尖囊兰 K. braceanum**

1. 大尖囊兰 　　　　　　　　　　图 1155 彩片 549

Kingidium deliciosum（Rchb. f.）Sweet in Amer. Orch. Soc. Bull. 39: 1095. 1970.

Phalaenopsis deliciosa Rchb. f. Bonpl. 2: 93. 1854.

茎长达1.5厘米,叶3-4。叶纸质,倒卵状披针形或椭圆形,长8-14.5厘米,先端稍钩转,边缘稍波状。圆锥花序,花序梗长8.5-12.5厘米,密生数花。花时具叶;萼片和花瓣白色带淡紫色斑纹;中萼片近椭圆形,长6-7毫米,侧萼片斜卵形,长5.5-6毫米,基部贴生蕊柱足;花瓣近倒卵形,长5-5.5厘米,唇瓣3裂,基部无爪,侧萼片直立,倒卵形,长4毫米,先端圆,内面具脊突,中裂片倒卵状楔形,长6毫米,宽5毫米,先端深凹,基部具叉状附属物,上面稍隆起呈脊突;蕊柱长3毫米,蕊柱足长2毫米,蕊喙窄长,2裂。花期7月。

产海南及云南南部,生于海拔450-1100米常绿阔叶林中树干上。广布于印度、热带喜马拉雅至中南半岛及东南亚。

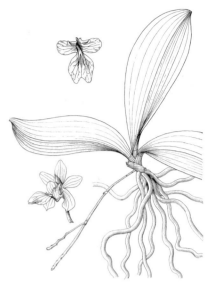

图 1155 大尖囊兰 (冀朝祯绘)

2. 小尖囊兰 图 1156:1-3

Kingidium taeniale (Lindl.) P. F. Hunt in Kew Bull. 24: 89. 1970.

Aerides taeniale Lindl. Gen. Sp. Orch. Pl. 239. 1833.

根稍具疣状突起。叶在花期或旱季仅存1枚,叶长1-3.5厘米,宽0.3-1.3厘米,全缘。花序不分枝,花序梗长1.5-9厘米,具1-2花。花开展,萼片和花瓣淡紫红色;中萼片长圆形,长1厘米,侧萼片近椭圆形,长9.5毫米,基部贴生蕊柱足;花瓣倒卵状匙形,长9毫米,唇瓣3裂,基部无爪,侧裂片紫红色,直立,近镰状,长5毫米,宽1.5毫米,先端近平截,内面的凸缘窄长、紧靠上侧边缘,中裂片紫红色,匙形,长7毫米,宽3毫米,先端圆,基部具2叉状附属物;距尖

角状,长3毫米,距口前方具2叉状肉突;蕊柱足长3毫米。花期6月。

产云南及西藏西南部,生于海拔2000米以下林中树干上。喜马拉雅经印度东北部至缅甸有分布。

[附] **尖囊兰** 图 1156:4-7 彩片 550 **Kingidium braceanum** (Hook. f.) Seidenf. in Opera Bot. 95: 187. f. 115. 1988. —— *Doritis braceana* Hook. f. Fl. Brit. Ind. 6: 196. 1890. 本种与小尖囊兰的区别:萼片和花瓣

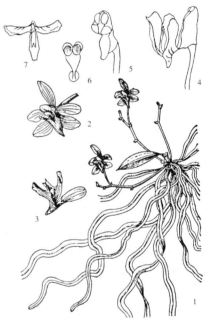

图 1156: 1-3. 小尖囊兰 4-7. 尖囊兰
(引自《图鉴》)

内面淡褐红色,背面淡绿色,唇瓣深紫红色,侧裂片近长圆形,中裂片椭圆形。花期5月。产云南西南及南部,生于海拔1150-1700米山地疏林中树干上。不丹有分布。

150. 万代兰属 Vanda W. Jones ex R. Br.

（吉占和）

附生草本。茎质硬，节间短，叶多数，2列，紧密。叶先端具不整齐缺刻或啮蚀状，下部常对折呈V字形，基部具关节和抱茎鞘。总状花序。花常质厚；萼片和花瓣基部常收窄扭曲，边缘波状，常具方格斑纹；唇瓣3裂；侧裂片小，直立，基部下延与中裂片基部形成短距或囊距，中裂片大，前伸；蕊柱粗短，蕊柱足不明显，蕊喙短钝，2裂；药帽半球形；花粉团蜡质，近球形，2个，每个半裂；粘盘柄短宽，上部较窄；粘盘宽大，较粘盘柄或花粉团宽。

约40种，分布于热带亚洲。我国9种。

1. 花序具多花。
　2. 萼片和花瓣不带蓝色或紫色。
　　3. 唇瓣侧裂片圆耳状或半圆形,唇瓣基部距口具一对胼胝体 ·················· 1. **白柱万代兰** **V. brunnea**
　　3. 唇瓣侧裂片卵状三角形或窄三角形。
　　　4. 唇瓣侧裂片镰状三角形或披针形,中裂片提琴形 ·················· 3. **琴唇万代兰** **V. concolor**
　　　4. 唇瓣侧裂片卵状三角形,中裂片卵形 ·················· 3(附). **纯色万代兰** **V. subconcolor**
　2. 萼片和花瓣天蓝、淡紫或白色带淡紫色晕;唇瓣深蓝或深紫色。
　　5. 花径7-10厘米;萼片长3.3-5厘米,宽2.5-3.5厘米 ·················· 2. **大花万代兰** **V. coerulea**
　　5. 花径约2.5厘米;萼片长1.5-1.7厘米,宽约5毫米 ·················· 4. **小蓝花万代兰** **V. coerulecens**
1. 花序具1-3花。
　6. 唇瓣中裂片舌形,先端钝,凹缺 ·················· 5. **矮万代兰** **V. pumila**
　6. 唇瓣中裂片近琴形,先端叉状2深裂 ·················· 6. **叉唇万代兰** **V. cristata**

1. 白柱万代兰 白花万代兰　　　　　　图 1157: 1-3 彩片 551

Vanda brunnea Rchb. f. in Xen. Orch. 2: 138. 1868.

Vanda denisoniana auct. non Benson et Rchb. f.: 中国高等植物图鉴 5: 770. 1976.

茎长约15厘米,径1-1.8厘米。叶带状,长22-25厘米,宽约2.5厘米,先端具2-3不整齐齿状缺刻。花序长13-25厘米,疏生3-5花,花序梗长7-18厘米。花梗和子房长7-9厘米,白色,稍扭转;花开展,萼片和花瓣稍反折,背面白色,内面黄绿或黄褐色带褐色网格纹,边缘波状;萼片近等大,倒卵形,长约2.3厘米,先端近圆,具爪;花瓣与萼片相似而稍小,唇瓣3裂,侧裂片白色,圆耳状或半圆形,

图 1157: 1-3. 白柱万代兰
4-5. 大花万代兰 （引自《图鉴》）

长、宽9毫米,中裂片除基部白色和两侧具2条褐红色条纹外,余黄绿或淡褐色,提琴形,长1.8厘米,基部与先端近等宽,先端2圆裂;距白色,倒

圆锥形,长约7毫米,距口具一对白色圆形胼胝体;蕊柱白色稍带淡紫色晕,长约6毫米。花期3月。

产云南南部,生于海拔800-1800米疏林中树干上。缅甸及泰国有分布。

2. 大花万代兰 图 1157：4-5 彩片 552

Vanda coerulea Griff. ex Lindl. in Bot. Reg. 33: sub t. 30. 1847.

茎长达23厘米或更长，径1.2-1.5厘米。叶带状，长17-18厘米，宽1.7-2厘米，下部常V字形对折，先端近斜截，具2-3齿状缺刻。花序近直立，长达37厘米，不分枝，花序轴长10-13厘米，疏生数花，花序梗径3-6毫米。花梗和子房长5厘米；花径7-10厘米，质薄，天蓝色；萼片与花瓣相似，宽倒卵形，长3.5-5厘米，先端圆，基部收窄；花瓣长3-4厘米，先端圆，具爪；唇瓣3裂，侧裂片白色，内面具黄色斑点，窄镰状，长4毫米，中裂片深蓝色，舌形，前伸，长2-2.5厘米，宽7-8毫米，先端近平截，凹缺，基部具一对胼胝体，上面具3条脊突；距圆筒状，长约6毫米。花期10-11月。

产云南西南部，生于海拔1000-1600米疏林中树干上。印度东北部、缅甸及泰国有分布。

3. 琴唇万代兰 图 1158：1 彩片 553

Vanda concolor Bl. Rumphia 4: 49. 1849.

茎长达13厘米，径约1厘米。叶带状，长20-30厘米，先端具2-3齿状缺刻。花序长13-17厘米，疏生花4朵以上，花序梗长6-9厘米。花有香气；萼片和花瓣背面白色，内面黄褐色带黄色花纹，无网格；萼片长圆状倒卵形，长约1.6厘米，边缘稍波状；花瓣近匙形，长1.5厘米，具爪，边缘稍波状，唇瓣3裂，侧裂片白色，内面具多数紫点，镰状三角形或披针形，长5毫米，宽2毫米，中裂片下部黄色，上部黄褐色，提琴形，长约1.2厘米，宽7毫米，近先端缢缩，稍2圆裂，基部常被短毛，上面具5-6条有小疣状突起的黄色脊突；距白色，圆筒状，长约8毫米，径1.3毫米，末端近锐尖；蕊柱白色，长7毫米。花期4-5月。

产广东北部、广西、贵州西南部及云南，生于海拔800-1200米疏林中树干或崖壁上。

[附] **纯色万代兰** 图 1158：2-5 彩片 554 **Vanda subconcolor** T. Tang et F. T. Wang in Acta Phytotax. Sin. 12(1)：48. 1974. 与琴唇万代

图 1158：1. 琴唇万代兰 2-5. 纯色万代兰（冀朝祯绘）

兰的区别：萼片和花瓣内面具网格状脉纹，唇瓣侧裂片卵状三角形，中裂片卵形。花期2-3月。产海南及云南西部，生于海拔600-1000米疏林中树干上。

4. 小蓝花万代兰 图 1159 彩片 555

Vanda coerulescens Griff. Notul. 3: 352. 1851.

茎长达8厘米或更长，径1-1.5厘米。叶斜立，带状，长7-12厘米，宽约1厘米，先端斜平截，具缺刻。花序近直立，长达36厘米，花序轴长10-25厘米，疏生多花；花序梗径2-4毫米。花伸展，萼片和花瓣淡蓝或白色带淡蓝色晕；萼片近相似，倒卵形或匙形，长1.5-1.7厘米；花瓣倒卵形，长1.5-1.7厘米，唇瓣深蓝色，3裂，侧裂片近长圆形，长4毫米，先端斜平截，中裂片楔状倒卵形，长7-7.5毫米，先端圆，稍凹缺，基部具一对胼

胼体,上面具4-5条脊突,其中2条较粗,其先端圆,色较深;距长约5毫米。花期3-4月。

产云南南部及西南部,生于海拔700-1600米山地常绿阔叶林中树干上。印度东北部、缅甸及泰国有分布。

图 1159 小蓝花万代兰 (冀朝祯绘)

5. 矮万代兰

图 1160 彩片 556

Vanda pumila Hook. f. Fl. Brit. Ind. 6: 53. 1890.

茎常弧曲上举,长5-23厘米,径1厘米。叶带状,外弯,长8-18厘米,宽1-1.9厘米,先端斜截,具不规则2-3尖齿。花序长2-7厘米,花序轴稍折曲状,疏生1-3花,花序梗径3-4毫米。花有香气;萼片和花瓣奶黄色,网格纹不明显;中萼片前倾,近长圆形,长1.6-2.2厘米,侧萼片包唇瓣中裂片,花瓣长圆形,长1.4厘米,唇瓣肉质,3裂,侧裂片背面奶黄色,内面紫红色,卵形,长3-4毫米,中裂片舌形,凹入,上面奶黄色带8-9条紫红色纵纹,长约1厘米,先端凹缺,下面具龙骨脊;距倒圆锥形,长5毫米;蕊柱奶黄色,长5毫米。花期3-5月。

产海南、广西西北部及云南南部,生于海拔900-1800米常绿阔叶林中树干上。喜马拉雅、印度东北部及中南半岛有分布。

图 1160 矮万代兰 (冀朝祯绘)

6. 叉唇万代兰

图 1161 彩片 557

Vanda cristata Lindl. Gen. Sp. Orch. Pl. 216. 1833.

茎直立,长达6厘米,径约8毫米,叶数枚,紧靠。叶斜立外弯,带状,下部稍V字形对折,长达12厘米,宽约1.3厘米,先端斜截具3个尖齿。花序直立,长约3厘米,具1-2花。花柱和子房长3厘米,子房具棱;花无香气,开展;萼片和花瓣黄绿色,前伸;中萼片长圆状匙形,长2.5-3厘米,侧萼片披针形,与中萼片等大,先端钝,稍包唇瓣中裂片两侧而并列前伸;花瓣镰状长圆形,长2.4-2.8厘米,唇瓣较萼片长,3裂,侧裂片卵状三角形,背面黄绿色,内面具暗紫色斑纹,中裂片近琴形,长约2厘米,上面白色带暗紫色条纹,下面两侧暗紫色,余黄绿色,先端叉状2深裂,裂片先端稍2裂;距宽倒圆锥形,长5毫米。花期5月。

产云南西部及西藏东南部,生于海拔700-1650米常绿阔叶林中树干上。喜马拉雅有分布。

151. 钻喙兰属 Rhynchostylis Bl.

（吉占和）

附生草本。茎粗壮，根肥厚。叶2列，数枚，质肥厚，常带状，外弯，先端不等2圆裂或具齿状缺刻，下部常V字形对折，基部具关节和鞘。总状花序密生多花，花序梗和花序轴粗壮。花开展；萼片和花瓣相似，侧萼片稍歪斜较宽；唇瓣具距，距两侧扁，末端向后；蕊柱短，蕊柱足短；药帽前端收窄；蕊喙小；花粉团蜡质，2个，球形，每个具半裂裂隙；粘盘柄窄长，顶端扩大，较花粉团的直径甚窄；粘盘或粘盘柄宽。

6种，分布于热带亚洲。我国2种。

1. 萼片长0.7-1.1厘米，唇瓣不明显3裂，距囊状，两侧扁，长6-8毫米，
蕊柱长约2毫米 ·· 钻喙兰 **R. retusa**
1. 萼片长1.2-1.4厘米，唇瓣3裂，距窄圆锥形，长4-5毫米，蕊柱足不明
显 ······························· （附）. 海南钻喙兰 **R. gigantea**

钻喙兰　　　　　　　　　　　　图 1162 彩片 558

Rhynchostylis retusa (Linn.) Bl. Bijdr. 285. f. 49. 1825.

Epidendrum retusum Linn. Sp. Pl. 953. 1753.

根径0.6-1.6厘米。茎长3-10厘米，径1-2厘米。叶紧靠，宽带状，长20-40厘米，宽2-4厘米。花序长于或约等长于叶，常下垂，花序梗长5-11厘米，径6-8毫米，花序轴长达28厘米。花梗和子房长0.7-1厘米；花白色密被紫色斑点，纸质；中萼片椭圆形，长0.7-1.1厘米，侧萼片斜长圆形，与中萼片等长而稍宽；花瓣窄长圆形，长7-7.5毫米，唇瓣下部为两侧扁长6-8毫米的囊状距，上部与蕊柱平行，为两侧对折的倒卵状楔形，长0.8-1厘米，宽约5毫米，前端不明显3裂，

先端钝；蕊柱长4毫米，蕊柱足长约2毫米。花期5-6月。

产贵州西南部及云南，生于海拔310-1400米林缘或疏林中树干上，有时林下岩石上。广布于热带亚洲地区。

［附］**海南钻喙兰** 无耳兰 彩片 559 **Rhynchostylis gigantea** (Lindl.) Ridl. in Journ. Linn. Soc. Bot. 32: 356. 1896. —— *Saccolabium giganteum* Lindl. Gen. Sp. Orch. Pl. 221. 1833. —— *Anota hainanensis* (Rolfe) Schltr.; 中国高等植物图鉴 5: 771. 1976. 本种与钻喙兰的区别：萼片长

图 1161 叉唇万代兰
（仿《Curtis's Bot. Mag.》）

图 1162 钻喙兰　（引自《图鉴》）

1.2-1.4厘米，唇瓣下部为窄圆锥形距，长4-5毫米，上部3裂，蕊柱足不明显。产海南，生于海拔约1000米山地疏林中树干上。中南半岛、马来西亚至新加坡及印度尼西亚有分布。

152. 叉喙兰属 Uncifera Lindl.

（吉占和）

附生草本。茎常下垂，叶多数，2列。叶先端不等2裂或2-3尖裂，基部具关节和抱茎鞘。总状花序下垂。花

不其张开；萼片相似，侧萼稍歪斜；花瓣与萼片相似而稍小；唇瓣上部3裂，距长而弯曲，向末端渐窄；蕊柱粗短，无蕊柱足，蕊喙粗厚，上举，先端2裂；药帽圆锥形，前端长而收窄；花粉团蜡质，4个，每不等大的2个成一对；粘盘舟状，粘盘柄细长，上部肩状扩大，远较花粉团宽，下部线形。

6种，分布于喜马拉雅至中南半岛。我国1种。

叉喙兰　　　　　　　　　　　　　　　　　　　　　　　图 1163

Uncifera acuminata Lindl. in Journ. Linn. Soc. Bot. 3: 40. 1858.

茎细圆柱形，长达27厘米，径3-4毫米，常弧曲。叶斜长圆形或披针形，长4-10.5厘米，先端2-3尖裂。花序密生多花。花稍张开，黄绿色，稍肉质；中萼片宽卵形，长6毫米，侧萼片卵形，长7毫米；花瓣卵形，长6毫米，唇瓣上部3裂，侧裂片大，近半圆形，中裂片肉质，卵状三角形，上面具浅沟；距近漏斗状，长约1.5厘米，前弯成半环状；蕊柱长约3毫米，蕊喙肉质，下倾至蕊柱基部，先端上举2裂；药帽前端三角形，先端上翘。花期4-7月。

图 1163 叉喙兰 （冀朝祯绘）

产贵州南部及云南，生于海拔1600-1900米林中树干上。锡金及印度东北部有分布。

153. 寄树兰属 Robiquetia Gaud.

（吉占和）

附生草本。茎质硬，常下垂，叶疏生，多数，2列。叶基部具关节和抱茎鞘。花序密生多花。花半张开，萼片相似，花瓣较萼片小；唇瓣肉质，3裂，侧裂片小，直立，中裂片伸展而上面凸状；距内背壁和腹壁上分别具胼胝体和附属物；蕊柱粗短，具蕊柱足，蕊喙肥厚，2裂；花粉团蜡质，2个，近球形，每个半裂；粘盘柄细长，上部弯曲，粘盘近圆形。

约40种，分布于东南亚至澳大利亚和太平洋岛屿。我国2种。

1. 叶宽1.5-2厘米，先端平截，具缺刻；花序分枝 ·················· **寄树兰 R. succisa**
1. 叶宽2.5-5.5厘米，先端钝，不等2裂；花序不分枝 ·············· （附）. **大叶寄树兰 R. spathulata**

寄树兰　　　　　　　　　　　　　　　　　　　　　　　图 1164

Robiquetia succisa (Lindl.) Seidenf. et Garay in Bot. Tisskr. 67: 119. 1972.

Sarcanthus succisus Lindl. in Bot. Reg. 12: t. 1014. 1826.

茎坚硬，圆柱形，长达1米，径5毫米；下部节上生出长而分枝的根。叶长圆形，长6-12厘米，先端平截，具缺刻。花序与叶对生，较叶长，常分枝。花梗和子房长约1厘米；花不开展，萼片和花瓣淡黄或黄绿色；中萼片宽卵形，长约5毫米，侧萼片斜卵形；花瓣较萼片小，宽倒卵形，唇瓣白色，侧裂片耳状，长约4毫米，中裂片窄长圆形，两侧扁，长约4毫米；距长4毫米，中部缢缩，下部呈拳卷状；蕊柱长3毫米，蕊喙2裂呈马鞍形；药帽前端尾状。花期6-9月。

产福建、广东西北部、香港、海南、广西东部及云南，生于海拔570-

1150米疏林中树干或崖壁上。锡金、不丹、印度东北部至中南半岛有分布。

[附] **大叶寄树兰 Robiquetia spatulata** (Bl.) J. J. Smith in Nat. Tijdschr. Nederl. Ind. 72: 115. 1912. —— *Cleisostoma spatulatum* Bl. Bijdr.: 364. 1825. 与寄树兰的区别：茎粗壮,扁圆柱形；叶较大,宽2.5(-5.5)厘米,先端不等2圆裂；花序不分枝。产海南,生于海拔1700米以下山地林中树干上。广布于印度东北部至中南半岛及印度尼西亚。

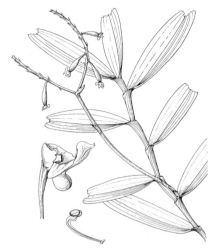

图 1164 寄树兰 （冀朝祯绘）

154. 凤蝶兰属 Papilionanthe Schltr.

（吉占和）

附生草本。茎下垂或攀援,叶疏生。叶肉质,基部具关节和革质鞘,近轴面具纵槽。总状花序侧生,疏生少花。花大,开展,萼片和花瓣宽,先端圆钝；唇瓣3裂,侧裂片直立,中裂片常2-3裂,距漏斗状倒圆锥形或长角状；蕊柱粗短,具蕊柱足,蕊喙细长；花粉团蜡质,2个,具沟,粘盘较粉盘柄宽。

约11种,分布于东南亚。我国2种。

1. 叶先端钝,近先端处不缢缩；花紫红色 ·· 凤蝶兰 **P. teres**
1. 叶先端尖,近先端缢缩而渐窄；花乳白色,有时带淡粉红色晕 ·················· （附）. 白花凤蝶兰 **P. biswasiana**

凤蝶兰

图 1165 彩片 560

Papilionanthe teres (Roxb.) Schltr. in Orch. 9: 78. 1915.

Dendrobium teres Roxb. Fl. Ind. ed. 2, 3: 485. 1832.

茎坚硬,圆柱形,攀援,长达1米以上,具分枝,节上常生有1-2条长根。叶斜立,深绿色,圆柱形,长8-18厘米。花序较叶长,疏生2-5花。花质薄；中萼片淡紫红色,椭圆形,长约2.5厘米,侧萼片白色稍带淡紫红色,斜卵状长圆形,长3厘米；花瓣近圆形,长3厘米,唇瓣侧裂片背面深紫红色,内面黄褐色,近倒卵形,中裂片前伸,倒卵状三角形,先端深紫红色,2裂,上面黄褐色,被短毛；距漏斗状倒圆锥形,长约2厘米；蕊柱长5毫米,蕊柱足长约5毫米。花期5-6月。

产云南南部,生于海拔约600米林缘或疏林中树干上。印度、喜马拉雅至中南半岛有分布。

[附] **白花凤蝶兰** 彩片 561 **Papilionanthe biswasiana** (Ghose et

图 1165 凤蝶兰 （冀朝祯绘）

Mukerjee) Garay in Bot. Mus. Leafl. Harvard. Univ. 23(10): 369. 1974. —— *Aerides biswasiana* Ghose et Mukerjee in Orch. Rev. 58: 124. 1945. 与凤蝶兰的区别：叶先端

尖，近先端处缢缩而渐窄；花乳白色，有时带淡粉红晕。花期4月。产云南南部，生于海拔1700-1900米山地林中树干上。缅甸及泰国有分布。

155. 蝴蝶兰属 Phalaenopsis Bl.
（吉占和）

附生草本。根肉质，长而扁。茎短，叶少数，近基生。叶质厚，扁平，基部具关节和抱茎鞘。花序侧生。苞片小，较花梗和子房短；花美丽，花期长，开展；萼片离生，近似而等大，花瓣常较宽，具爪；唇瓣具爪，3裂，侧裂片直立，与蕊柱平行，基部不下延，中裂片较厚，伸展，唇盘在两侧裂片之间或中裂片基部常有肉突或附属物；蕊柱较长，具翅，具蕊柱足；蕊喙窄长，2裂；药床浅，药帽半球形；花粉团蜡质，2个，近球形，每个裂为不等大2片；粘盘柄近匙形，基部窄；粘盘片状，较粘盘柄的基部宽。

约40种，分布于热带亚洲至澳大利亚。我国6种。

1. 萼片和花瓣长2.5厘米以上，唇瓣中裂片先端具2条卷须 ························ 1. 蝴蝶兰 **P. aphrodite**
1. 萼片和花瓣长不及2.5厘米，唇瓣中裂片先端无卷须。
  2. 萼片和花瓣橘红色带紫褐色横纹斑块；唇瓣中裂片锚状，具细齿，上面被长毛和乳突 ············
  ·· 2. 版纳蝴蝶兰 **P. mannii**
  2. 萼片和花瓣无横纹斑块；唇瓣中裂片非锚状，全缘，无毛。
    3. 叶长约4厘米，宽约1厘米；花序长达55厘米，具8-10花；花瓣匙形，长1.2厘米，唇瓣中裂片近提琴形
    ·· 3. 海南蝴蝶兰 **P. hainanensis**
    3. 叶长6.5-8厘米，宽2.6-3厘米；花序长4-8.5厘米，具2-5花；花瓣椭圆状倒卵形，长约1.5厘米，唇瓣中裂片宽倒卵形或倒卵状椭圆形 ············ 4. 华西蝴蝶兰 **P. wilsonii**

1. 蝴蝶兰　　　　　　　　图 1166　彩片 562

Phalaenopsis aphrodite Rchb. f. in Hamburg. Garteng. 18: 35. 1862.

叶3-4枚或更多，椭圆形或镰状长圆形，长10-20厘米，宽3-6厘米。花葶长达50厘米，花序梗径4-5毫米，花序轴稍回折状。花白色，美丽；中萼片近椭圆形，长约3厘米，基部稍窄，侧萼片斜卵形，长2.6-3.5厘米，基部贴生蕊柱足；花瓣菱状圆形，长2.7-3.4厘米，先端圆，具短爪，唇瓣具长7-9毫米的爪，侧裂片倒卵形，长2厘米，基部窄，具红色斑点或细纹，中裂片菱形，长1.5-2.8厘米，宽1.4-1.7厘米，先端渐尖，具2条卷须，基部具黄色肉突；蕊柱长约1厘米，蕊柱足宽；每个花粉团裂为不等大2片。花期4-6月。

产台湾东南部及兰屿，生于低海拔丛林树干上。菲律宾有分布。本种

图 1166　蝴蝶兰　（引自《台湾兰科植物》）

是现代蝴蝶兰花卉产业的重要亲本源，野生种已濒临绝灭。

2. 版纳蝴蝶兰　　　　　　图 1167　彩片 563

Phalaenopsis mannii Rchb. f. in Gard. Chron. 1871: 902. 1871.

叶长圆状倒披针形或近长圆形，长达23厘米，花期具叶。花序侧生，

长5.5-30厘米，花疏生。花开展，质厚，萼片和花瓣橘红色带紫褐色横纹斑块；中萼片倒卵状披针形，长1.5-1.8厘米，侧萼片斜卵状椭圆形，长1.5-1.8厘米，先端稍镰状弯曲，基部贴生蕊柱足；花瓣近长圆形，长1.3-1.5厘米，唇瓣白色，长约1厘米，具爪，3裂，侧裂片近长方形，中部缢缩，内面中央隆起，先端平截，基部具肉质穴状物，与中裂片基部在背面隆起半球形，中裂片肉质，锚状，先端圆钝，基部具直立两侧扁的窄长附属物，具细齿，上面近先端垫状，中央被疏长毛和乳突；蕊柱长约8毫米，基部两侧各具1枚近三角形臂状物；花粉团每个半裂。花期3-4月。

产云南南部，生于海拔1350米林中树干上。喜马拉雅、印度东北部、缅甸及越南有分布。

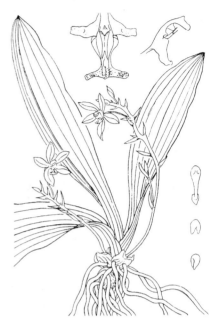

图 1167 版纳蝴蝶兰 （蔡淑琴绘）

3. 海南蝴蝶兰 图 1168

Phalaenopsis hainanensis T. Tang et F. T. Wang in Acta Phytotax. Sin. 12(1): 47. 1974.

茎长达1.5厘米，具3-4叶。花期叶常凋落或仅存1枚，叶长圆形，长约4厘米，宽约1厘米。花序侧生，斜立，长达55厘米，花序轴长27-30厘米，疏生8-10花。花梗和子房纤细，长2-2.5厘米；花开展；中萼片长圆形，长1.3厘米，侧萼片斜椭圆状长圆形，长1.3厘米，基部贴生蕊柱足；花瓣匙形，长1.2厘米，具爪，唇瓣具爪，3裂；侧裂片镰状长圆形，先端斜平截，内面具先端有缺刻的脊突，两侧裂片基部之间具对开肉突，肉突穴状凹下，下面不隆起，中裂片近提琴形，较肥厚，长7毫米，先端钝稍宽，基部具叉状附属物，边缘稍下弯，上面具纵脊；蕊柱长7毫米；每个花粉团劈裂为不等大2爿。花期7月。

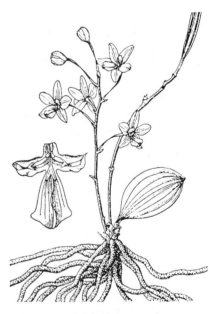

图 1168 海南蝴蝶兰 （引自《图鉴》）

产海南，生于林中树干或林下岩石上。

4. 华西蝴蝶兰 图 1169 彩片 564

Phalaenopsis wilsonii Rolfe in Kew Bull. 1909: 65. 1909.

茎基部簇生多数弯曲扁平气根。叶常4-5枚，长圆形或近椭圆形，长6.5-8厘米，先端稍钩转，旱季落叶，花期无叶或仅具1-2小叶。花序侧生，斜立，长4-8.5厘米，疏生2-5花。花开展，萼片和花瓣白色，中肋带淡粉红色或淡粉红色；中萼片椭圆形，长1.5-2厘米，侧萼片与中萼片相似，基部贴生蕊柱足；花瓣椭圆状倒卵形，长约1.5厘米，唇瓣具爪，3裂，侧裂

片上部紫色，下部黄色，中部缢缩，上部宽，先端斜截，基部具穴状肉脊，背面隆起呈乳头状，内面具黄色脊突，脊突先端平截具2至数个小缺刻，中裂片肉质，深紫色，宽倒卵形或倒卵状椭圆形，长0.8-1.3厘米，上部宽6-9毫米，先端稍凹缺，基部具紫色2叉状附属物，边缘白色、下弯成倒舟状，上面具达先端隆起的脊；每个花粉团劈裂为不等大2片。花期4-7月。

产湖南西北部、广西西北部、贵州西南部、四川、云南及西藏东部，生于海拔800-2150米山地林中树干或林下岩石上。

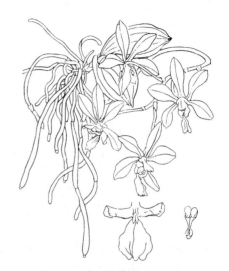

图 1169 华西蝴蝶兰 （肖 溶绘）

156. 低药兰属 Chamaeanthus Schltr.

（吉占和）

附生小草本。茎短，叶少数。叶窄，近对折，基部具关节和鞘。总状花序短，侧生，常成对，具多花。花稍张开，萼片和花瓣窄小，先端窄长，侧萼片贴生蕊柱足；花瓣较萼片短，唇瓣生于蕊柱足末端，具活动关节，3裂，侧裂片直立，质薄，中裂片肉质，无距，有时基部囊状；蕊柱短，蕊柱足前弯；花粉团蜡质，2个，球形，每个具半裂裂隙；粘盘柄短窄，粘盘不明显。

约6种，分布于喜马拉雅至东南亚和太平洋岛屿。我国1种。

低药兰

Chamaeanthus wenzelii Ames, Orch. 5：200. 1915.

茎长达2.5厘米，叶8-10枚，2列，互生。叶革质，镰状，线形，长2-10厘米，宽2-3毫米，先端具不整齐2裂。总状花序长2-3厘米。花黄色，直立；萼片线状披针形，长5-5.5毫米，宽约1毫米，膜质，尾尖，背面中肋龙骨状，中萼片凹入；花瓣披针形，长4-4.5厘米，宽约1毫米，唇瓣长2-2.5毫米，无距，3裂，侧裂片圆形，膜质，边缘稍具齿，中裂片三角形，近肉质，长约1毫米，先端尖。花期2月。

产台湾兰屿，生于低海拔热带雨林中树干上。菲律宾有分布。

157. 风兰属 Neofinetia H. H. Hu

（吉占和）

附生草本，根稍扁，长而弯曲。茎短，直立，叶多数密集，2列互生。叶斜立，外弯镰状，稍V字形对折，先端尖，基部具关节和宿存叶鞘。总状花序疏生少花。花开展，萼片和花瓣相似；侧萼片前伸，稍扭转；唇瓣3裂，侧裂片直立，中裂片前伸稍下弯，基部具附属物；距纤细；蕊柱粗短，具翅，无蕊柱足，蕊喙2叉裂；药帽前端三角形，花粉团蜡质，2个，球形，具裂隙；粘盘柄窄卵状楔形，膝曲状，粘盘宽卵形，较粘盘柄宽。

2种，分布于东亚。我国均产。

风兰

Neofinetia falcata (Thunb. ex A. Murray) H. H. Hu in Rhodora 27：

图 1170 彩片 565 107. 1925.

Orchis falcata Thunb. ex A.

Murray in Linn. Syst. Veg. 14: 811. 1784.

植株高达10厘米。茎长达4厘米,稍扁。叶厚革质,窄长圆状镰形,长5-12厘米,宽0.7-1厘米。花序长约1厘米,具2-3(-5)花。花梗和子房长2.8-5厘米,具5肋;花白色,芳香;中萼片近倒卵形,长0.8-1厘米,侧萼片与中萼片相似,上部外弯,背面中肋近先端处龙骨状隆起;花瓣近匙形,长0.8-1厘米,唇瓣肉质,侧裂片长圆形,长约4毫米,中裂片舌形,长7-8毫米,先端凹缺,基部具胼胝体;距弧形弯曲,长3.5-5厘米,径1.5-2毫米。花期4月。

产浙江、福建西北部、江西、湖北西南部、四川及甘肃南部,生于海拔1520米以下山地林中树干上。日本及朝鲜半岛南部有分布。

图 1170 风兰 (引自《浙江植物志》)

158. 萼脊兰属 Sedirea Garay et Sweet
（吉占和）

附生草本。茎短,叶少数,2列。叶扁平,窄长,先端不等2裂,基部具关节和抱茎鞘。总状花序侧生,疏生数花。花中等大,开展,萼片和花瓣近相似,侧萼片贴生蕊柱足;唇瓣基部有活动关节与蕊柱基部或蕊柱足末端相连,3裂,侧裂片直立,中裂片下弯,具距;距长,前弯;蕊柱较长,前弯,蕊柱足短或无,柱头大,位于蕊柱近中部,蕊喙大,下弯,2裂;花粉团蜡质,2个,近球形,每个具裂隙;粘盘柄带状,粘盘较大。

2种,分布于东亚。我国均产。

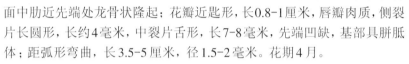

1. 花黄绿色带淡褐色斑点,唇瓣侧裂片半圆形,中裂片窄长圆形,全缘 ··············· 1. **短茎萼脊兰 S. subparishii**
1. 萼片和花瓣白绿色,唇瓣侧裂片近三角形,中裂片匙形,前端具圆齿 ···················· 2. **萼脊兰 S. japonica**

1. 短茎萼脊兰　　　　　　图 1171 彩片 566

Sedirea subparishii (Z. H. Tsi) Christenson in Taxon 34(3): 518. f. 1. 1985.

Hygrochilus subparishii Z. H. Tsi in Acta Bot. Yunnan. 4(3): 267. f. 1-6. 1982.

茎长达2厘米。叶近基生,长圆形或倒卵状披针形,长5.5-19厘米,宽1.5-3.4厘米。花序长达10厘米。花有香气,稍肉质,开展,黄绿色带淡褐色斑点;中萼片近长圆形,长1.6-2厘米,先端细尖而下弯,背面中肋翅状,侧萼片与中萼片相似较窄,背面中肋翅状;花瓣近

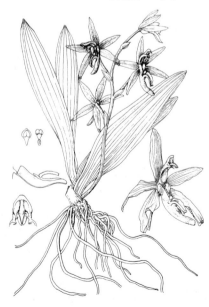

图 1171 短茎萼脊兰 (引自《浙江植物志》)

椭圆形,长1.5-1.8厘米,先端尖,唇瓣3裂,与蕊柱足形成活动关节,侧裂片半圆形,稍有齿;中裂片肉质,窄长圆形,长6毫米,宽约1.2毫米,背面近先端具喙状突起,上面具褶片,全缘;距角状,长约1厘米,距口前方具圆锥形胼胝体;蕊柱长约1厘米,蕊柱足很短。花期5月。

产浙江、福建西北部、湖北西南部、湖南、广东北部、贵州东北部、四川东北部及南部,生于海拔300-1100米山坡林中树干上。

2. 萼脊兰 图 1172

Sedirea japonica (Linden et Rchb. f.) Garay et Sweet, Orch. South. Ryukyu Isl.: 149. 1974.

Aerides japonica Linden et Rchb. f. in Hamb. Gartenz. 19: 210. 1863.

茎具4-6叶。叶长圆形或倒卵状披针形,长6-13厘米。花序长18厘米,下垂,疏生约6花。花有香气,萼片和花瓣白绿色;萼片长圆形,长1.7厘米,侧萼片比中萼片稍窄,内面具1-3个暗褐色横向斑点;花瓣长圆状舌形,长1.5厘米,唇瓣3裂,侧裂片三角形,边缘紫色,中裂片匙形,长1.5厘米,前端具圆齿,上面凹下,下面隆起,具紫红色斑点;距长1.3厘米,向前弯曲,末端指向唇瓣背面(下面),距口具肉质附属物;蕊柱长1厘米,具蕊柱足。花期6月。

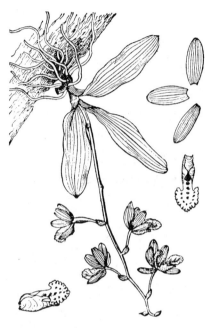

图 1172 萼脊兰 (引自《浙江植物志》)

产浙江南部及云南西部,生于海拔600-1350米山地林中树干或山谷崖壁上。日本琉球群岛及朝鲜半岛南部有分布。

159. 指甲兰属 Aerides Lour.

(吉占和)

附生草本,根粗壮。茎常较粗壮,具多节和宿存鞘。叶数枚,2列,扁平,窄长,先端2-3裂,基部具关节和鞘。总状或圆锥花序侧生。花中等大,萼片和花瓣稍相似;花瓣稍小;唇瓣具距,3裂,侧裂片直立,中裂片前伸;距前弯;蕊柱粗短,具蕊柱足;蕊喙窄长,向下伸展;花粉团蜡质,2个,近球形,每个具半裂裂隙;粘盘柄窄长,粘盘较宽。

约20种,分布于东南亚。我国4种。

1. 总状花序密生多花,较长;药帽前端喙状,唇瓣中裂片近菱形,距口具先端钩曲线状附属物 ··················
··· 1. 多花指甲兰 A. rosea
1. 总状花序疏生数花,较短;唇瓣中裂片近扇形,药帽前端平截 ··················· 2. 扇唇指甲兰 A. flabellata

1. 多花指甲兰 图 1173 彩片 567

Aerides rosea Lodd. ex Lindl. et Paxt. in Paxt. Fl. Gard. 2: 109. t. 60. 1852.

Aerides multiflora auct. non Roxb.: 中国高等植物图鉴 5: 756. 1976.

茎长达20余厘米。叶质厚,窄长圆形,长达30厘米,宽2-3.5厘米,先端不等2裂。花序长25厘米以上,密生多花。花梗和子房长1.2-1.4厘米;

花白色带紫色斑点;中萼片近倒卵形,长1.2厘米,侧萼片稍斜卵形,长8毫米;花瓣与中萼片相似而等大,唇瓣3裂,侧裂片耳状,中裂片近菱形,长1.6-1.8厘米,上面密生紫红色斑

点,稍具细齿;距口具先端钩曲线状附属物,距白色,窄倒圆锥形,长5毫米;蕊柱长5毫米,蕊柱足长1毫米;药帽前端喙状。花期7月。

产广西西部、贵州西南部及云南南部,生于海拔320-1530米山地林缘或疏生常绿阔叶林中树干上。不丹、印度东北部至中南半岛有分布。

图 1173 多花指甲兰 (冀朝祯绘)

2. 扇唇指甲兰
图 1174

Aerides flabellata Rolfe ex Downie in Kew Bull. 1925: 387. 1925.

茎长达30厘米。叶窄长圆形或带状,长约16厘米,宽1.5-2厘米,先端不等2裂,裂片先端斜截,具1-2尖齿,基部对折呈V字形。总状花序长5-25厘米,疏生少花;花序梗长3-10厘米,径3-4毫米。花梗和子房长约2厘米,子房具棱;花质厚,黄褐色带红褐色斑点;中萼片宽卵形,长1厘米,侧萼片斜宽卵形,长1厘米,宽1.2厘米,基部贴生蕊柱足;花瓣斜卵形,较中萼片稍小,唇瓣白色带淡紫色斑点,3裂,侧裂片卵状三角形,中裂片白色带紫色斑点,上部为长约1厘米,宽7毫米的扇形,先端凹缺,边缘具缺刻,爪长约1.5厘米;距黄色,末端暗黑色,圆筒形,长约1厘米,径2-3毫米;药帽前端平截。花期5月。

产云南南部,生于海拔600-1700米林缘和山地林中树干上。中南半岛有分布。

图 1174 扇唇指甲兰 (冀朝祯绘)

160. 长足兰属 Pteroceras Hassk.
(吉占和)

附生草本。叶数枚,2列,扁平,带状,先端尖或稍2尖裂,基部具关节和抱茎鞘。总状花序侧生,较叶短。花小,开展,萼片和花瓣伸展;侧萼片常歪斜,基部稍贴生蕊柱足;花瓣较萼片窄,唇瓣3裂,基部与蕊柱足末端连接直伸,侧裂片直立,较大,中裂片肉质,短小,具囊状距,距壁厚;蕊柱短,蕊柱足长,蕊柱足与距的末端直伸,蕊喙2裂;花粉团蜡质,2个,近球形,每个具半裂的裂隙;粘盘柄带状;粘盘较粘盘柄宽。

约20种,分布于喜马拉雅至东南亚和新几内亚岛。我国2种。

长足兰
图 1175

Pteroceras leopardinum(Par. et Rchb. f.) Seidenf. et Smitin. Orch.

Thailand 4(1): 535. f. 395. 1963.

Thrixspermum leopardinum Par.

et Rchb. f. in Trans. Linn. Soc. 30: 145. 1878.

茎长达10厘米，径4-5毫米。叶薄革质，近长圆形，长9.5-14厘米，先端稍不等2裂。花序具数朵至10余花；花序长1-2厘米，向上渐粗，无毛。花梗和子房长5-6毫米，子房具3棱；花开展，萼片和花瓣黄色带紫褐色斑

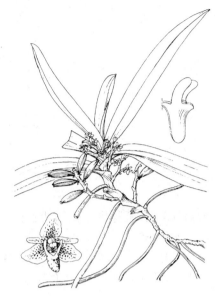

点；中萼片近卵状披针形，长4毫米，侧萼片宽卵状三角形，长宽均4毫米，基部约1/2贴生蕊柱足；花瓣长圆形，长4毫米，唇瓣乳白色，与蕊柱足连接，具活动关节，3裂，侧裂片长圆形，长3毫米，中裂片肉质，卵状三角形，长1.5毫米，基部两侧各具胼胝体；距乳白色，内壁密被毛；蕊柱长约2毫米，蕊柱足长3毫米。花期5月。

图 1175 长足兰 （冀朝祯绘）

产云南南部，生于海拔950-1300米林缘和疏林中树干上。中南半岛及菲律宾有分布。

161. 钗子股属 Luisia Gaud.

（吉占和）

附生草本。茎簇生，圆柱形，木质化，具多节，疏生多数叶。叶肉质，细圆柱形，基部具关节和革质鞘。总状花序侧生，远较叶短，花序轴粗短。花稍肉质，花瓣较萼片窄长；侧萼片与唇瓣前唇并列前伸，背面中肋常增粗或先端成翅状；唇瓣肉质，前唇常前伸，后唇常凹下，基部常具耳状侧裂片，包蕊柱；蕊柱粗短，无蕊柱足，蕊喙宽短，平截；花粉团蜡质，2个，球形，具1个孔隙；粘盘柄宽短，粘盘与粘盘柄等宽或较宽。

约50种，分布于热带亚洲至大洋洲。我国10种。

1. 侧萼片背面中肋伸达先端成细尖牙齿或钻状。
　2. 唇瓣中裂片先端凹缺，凹缺之下具乳头状突起，前唇稍具圆缺刻 ·················· 1. 钗子股 L. morsei
　2. 唇瓣中裂片先端钝，全缘 ··· 6. 宽瓣钗子股 L. ramosii
1. 侧萼片背面中肋伸达先端成宽翅。
　3. 唇瓣前后唇明显，边缘下弯，上面具疣状突起 ·························· 2. 大花钗子股 L. magniflora
　3. 唇瓣前后唇不明显。
　　4. 唇瓣中裂片先端2裂。
　　　5. 花中萼片长约6毫米，宽3毫米；前唇上面具3-4条具疣状突起的纵脊
　　　 ··· 3. 纤叶钗子股 L. hancockii
　　　5. 花中萼片长约1厘米，宽5-8毫米；前唇上面具肉脊 ·············· 4. 叉唇钗子股 L. teres
　　4. 唇瓣中裂片先端钝。
　　　6. 花瓣窄披针形或窄长圆形，宽1.6-1.8毫米，唇瓣后唇较前唇窄 ··· 4(附). 小花钗子股 L. brachystachys
　　　6. 花瓣宽卵状长圆形或卵状椭圆形，宽3-3.3毫米，唇瓣后唇较前唇宽 ····· 5. 长叶钗子股 L. zollingeri

1. 钗子股

图 1176 彩片 568

Luisia morsei Rolfe in Journ. Linn. Soc. Bot. 36: 33. 1903.

茎长达30厘米，径4-5毫米。叶长9-13厘米，径约3毫米。花序具4-

6花，花序梗长0.5-1厘米，径2-3毫米。花梗和子房长1厘米；花开展，萼

片和花瓣黄绿色,萼片背面具紫褐色晕,中萼片椭圆形,长5.5毫米,侧萼片斜卵形,稍对折包唇瓣前唇两侧边缘前伸,长7毫米,背面中肋向先端成宽翅,具尖齿伸出先端;花瓣近卵形,长5毫米,唇瓣长8-9毫米,前后唇明显,后唇比前唇宽,稍凹入,前唇紫褐或黄绿色带紫褐色斑点,近肾状三角形,背面先端凹缺具圆锥形乳突,边缘稍具圆缺刻。花期4-5月。

产海南、广西、贵州西南部及云南南部,生于海拔330-700米山地林中树干上。老挝、越南及泰国有分布。

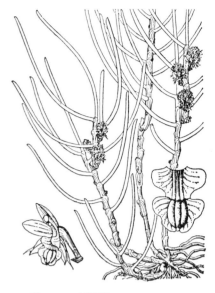

图 1176 钗子股 (引自《图鉴》)

2. 大花钗子股 图 1177

Luisia magniflora Z. H. Tsi et S. C. Chen in Acta Phytotax. Sin. 32 (6): 558. f. 2(6-10): 557. 1994.

茎长达30厘米,径5-8毫米,节间长2-2.5厘米。叶长9-18厘米,径2-3毫米。花序长约1厘米,花序轴粗,具2-3花。花梗和子房长9毫米;

花质较厚;萼片和花瓣黄绿色,背面具紫红色斑点;中萼片卵形,长0.9-1.2厘米,侧萼片对折包唇瓣前唇下部边缘前伸,与中萼片等长,背面中肋向先端延伸为宽翅,翅先端钝;花瓣近椭圆形,长1-1.1厘米,唇瓣暗紫色,长1-1.3厘米,前后唇明显,后唇比前唇稍凹,基部具耳,包蕊柱,前唇心形,宽

1厘米,先端稍凹,两侧下弯,上面具疣状凸起。花期4-7月。

产云南南部,生于海拔680-1900米疏林中树干上。泰国有分布。

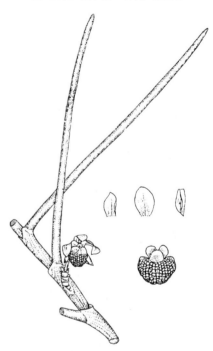

图 1177 大花钗子股 (郑远方绘)

3. 纤叶钗子股 图 1178:1-3 彩片 569

Luisia hancockii Rolfe in Kew Bull. 1896: 199. 1896.

茎长达20厘米,径3-4毫米。节间长1.5-2厘米。叶疏生,长5-9厘米,径2-2.5毫米。花序长1-1.5厘米,花序梗粗,具2-3花。花梗和子房长1-2厘米;花质厚,开展,萼片和花瓣黄绿色,先端钝;中萼片倒卵状长圆形,长6毫米,侧萼片长圆形,对折,长7毫米,背面龙骨状中肋近先端处成翅状;花瓣稍斜长圆形,长6毫米,唇瓣近卵状长圆形,长7毫米,前后唇不明显;后唇稍凹,基部两侧具圆耳,前唇紫色,先端凹缺,边缘波状或具圆齿,上面具4条带疣状凸起的纵脊。花期5-6月。

产浙江、福建及湖北，生于海拔200米或更高山谷崖壁或山地疏林中树干上。

4. 叉唇钗子股　　　　　　　　　图 1178：4 彩片 570

Luisia teres（Thunb. ex A. Murray）Bl. Rumphia 4: 50. 1848.

Epidendrum teres Thunb. ex A. Murray in Linn. Syst. Veg. ed. 14: 811. 1786.

茎长达55厘米，节间长2.5-2.8厘米。叶长7-13厘米，径2-2.5毫米。花序长约1厘米，具1-7花。花梗和子房长约8毫米；花开展，萼片和花瓣淡黄或白色，背面和先端带紫晕；中萼片前倾，卵状长圆形，长0.8-1.1厘米，侧萼片与唇瓣前唇平行前伸，稍两侧对折包前唇两侧边缘，较中萼片长，背面中肋成翅状，花瓣稍镰状椭圆形，与中萼片近等长，甚窄，唇瓣肉质，白色，上面密被暗紫色斑块，长1-1.6厘米，前后唇不明显，后唇稍凹，基部具耳，前唇近卵形，上面近先端具肉质脊突，先端叉状2裂，裂片近三角形，全缘，被细乳突状毛。花期3-5月。

产台湾、湖南西北部、广西西北部、贵州西南部、四川及云南东南部，生于海拔1200-1600米山地林中树干上。日本及朝鲜半岛南部有分布。

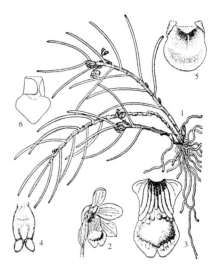

图 1178: 1-3. 纤叶钗子股 4. 叉唇钗子股 5. 长叶钗子股 6. 宽瓣钗子股 （引自《图鉴》）

[附] **小花钗子股 Luisia brachystachys**（Lindl.）Bl. Rumphia 4: 50. 1848. —— *Mesoclastes brachystachys* Lindl. Gen. Sp. Orch. Pl. 45. 1830. 本种与叉唇钗子股的区别：中萼片卵形，长约4毫米；唇瓣黄色，先端钝。产云南南部，生于海拔700-1180米山谷林中树干上。喜马拉雅至中南半岛有分布。

5. 长叶钗子股　　　　　　　　　图 1178：5

Luisia zollingeri Rchb. f. in Walp. Ann. Bot. Syst. 6: 622. 1863.

茎直立或弧曲上举，长达30厘米，径5-7毫米，节间长1.5-2厘米。叶长12-17厘米，径3-4毫米。花序直立或斜立；花序轴粗，长7毫米，具3-6花，花序梗长4毫米。花梗和子房长6毫米，子房三棱形，扭曲状；花开展；中萼片淡粉红色，卵形，长4毫米，侧萼片内面与中萼片同色，背面下部黄绿色，长6毫米，稍对折包唇瓣两侧边缘前伸，

背面中肋呈龙骨状向先端渐成高翅，翅先端不延伸为细齿状；花瓣淡粉红色，与中萼片近同一平面排列，倒卵状椭圆形，长5毫米，唇瓣上面紫红色，背面（下面）黄绿色，长5毫米，前后唇不明显；后唇较前唇宽，凹入呈沟槽状，基部两侧各具小圆耳，与蕊柱连接处具1对胼胝体，前唇半圆形，无毛。花期5月。

产云南南部，生于海拔500-720米林中树干上。东南亚有分布。

6. 宽瓣钗子股　　　　　　　　　图 1178：6

Luisia ramosii Ames in Philipp. Journ. Soc. Bot. 6: 55. 1911.

茎常弧曲上举，长达28厘米，径4-5毫米，节间长1.5厘米。叶长8-11厘米，径3.5-4毫米。花序近直立，长1厘米，具3-6花。花梗和子房长

8毫米；花质较薄，紫红色；中萼片椭圆形，长5毫米，侧萼片稍斜长圆形，与唇瓣平行，长6毫米，背面中

肋隆起向先端渐呈翅状，翅先端骤窄为钻状或芒状。花瓣与中萼片近同一水平面，卵形，长约6.2毫米，唇瓣长6-6.5毫米，中部缢缩，前后唇明显，后唇较前唇宽，稍凹，宽5.5-7毫米；前唇近肾状三角形，宽5-6.2毫米，先端圆钝。花期4-6月。

产海南及广西，生于海拔150-500米山谷林中树干上。菲律宾有分布。

162. 香兰属 **Haraella** Kudo

（吉占和）

附生草本。茎长约1厘米，叶数枚，2列。叶扁平，常镰状倒披针形，长2.5-4厘米，宽0.5-1厘米，先端钝，稍钩转，基部稍扭转，具关节和抱茎鞘。总状花序侧生，下垂，长2-4厘米，具1-4花。苞片卵形，较花梗和子房短；花梗和子房纤细，长约1厘米；花黄白色，质厚，萼片相似，稍倒卵形，长7.5毫米；花瓣斜椭圆形，与萼片等长，较窄，基部收窄，唇瓣长1.2-1.4厘米，基部无距、无囊，中部缢缩，后部两侧边缘稍抬起，前部近圆形，边缘具撕裂状流苏，上面中央深紫色，密被毛；蕊柱长约2.5毫米，无蕊柱足，蕊喙2尖裂；药帽卵形，前端长，先端平截，具齿；花粉团蜡质，2个，球形，每个具孔隙；粘盘柄线形，粘盘近马鞍形。

我国特产单种属。

香兰

图 1179 彩片 571

Haraella retrocalla

（Hayata） Kudo in Journ. Trop. Agr. 2: 26. 1930.

Saccolabium retrocallum Hayata, Ic. Pl. Formos. 4: 92. f. 47. 1914.

形态特征同属。花期7-11月。

产台湾东南部，生于海拔500-1500米阔叶林中树干上。

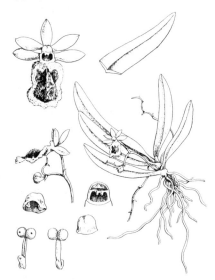

图 1179 香兰 （引自《Fl. Taiwan.》）

163. 盆距兰属 **Gastrochilus** D. Don

（吉占和）

附生草本。叶多数，扁平，基部具关节和抱茎鞘。总状或伞形花序侧生，较叶短，稀分枝。花稍肉质，萼片和花瓣近相似，常伸展而排成扇状；唇瓣前唇与后唇垂直前伸，后唇为囊距，贴生蕊柱两侧，与蕊柱近平行，蕊柱粗短，无蕊柱足，蕊喙短，2裂；药帽半球形，前端收窄；花粉团蜡质，2个，近球形，具孔隙；粘盘厚，一端2叉裂，粘盘柄扁而窄长。

约47种，分布于亚洲热带和亚热带地区。我国28种。

1. 植株直立，斜立或下垂；茎较粗。
　2. 茎径4毫米以上，叶长5厘米以上，宽1厘米以上。

3. 唇盘中央垫状物基部具穴或凹槽。

　4. 萼片长 1.2-1.7 厘米，宽 6-7 毫米 ⋯⋯⋯⋯⋯⋯⋯⋯⋯⋯⋯⋯⋯ 1. **大花盆距兰** G. bellinus

　4. 萼片长 7-8 毫米，宽约 4 毫米 ⋯⋯⋯⋯⋯⋯⋯⋯⋯⋯⋯⋯⋯⋯ 2. **盆距兰** G. calceolaris

3. 唇盘中央垫状物基部无穴无凹槽。

　5. 前唇上面无毛。

　　6. 茎长 2-10 厘米；前唇边缘不整齐或近全缘 ⋯⋯⋯⋯⋯⋯⋯⋯ 3. **黄松盆距兰** G. japonicus

　　6. 茎长 1-1.5 厘米；前唇边缘具撕裂状流苏 ⋯⋯⋯⋯⋯⋯ 3(附). **无茎盆距兰** G. obliquus

　5. 前唇上面被少数短的或多数长的乳突状毛，宽三角形，边缘具撕裂状流苏 ⋯⋯⋯⋯

　　⋯⋯⋯⋯⋯⋯⋯⋯⋯⋯⋯⋯⋯⋯⋯⋯⋯⋯⋯⋯⋯⋯⋯⋯ 3(附). **云南盆距兰** G. yunnanensis

2. 植株矮小，茎径约 2 毫米；叶长 2-2.5 厘米，宽 5-8 厘米 ⋯⋯⋯⋯ 4. **宣恩盆距兰** G. xuanenensis

1. 植株匍匐或悬垂；茎细长，径约 2 毫米；叶长 1-2.5 厘米，宽不及 1 厘米。

7. 前唇上面无毛。

　8. 后唇较前唇窄，前唇近半圆形，基部具 2 个圆锥形胼胝体 ⋯⋯⋯⋯ 5. **列叶盆距兰** G. distichus

　8. 后唇较前唇宽 ⋯⋯⋯⋯⋯⋯⋯⋯⋯⋯⋯⋯⋯⋯⋯ 5(附). **小唇盆距兰** G. pseudodistichus

7. 前唇上面密被白毛。

　9. 后唇倒圆锥形，稍前弯，前唇肾形 ⋯⋯⋯⋯⋯⋯⋯⋯⋯⋯⋯⋯ 6. **中华盆距兰** G. sinensis

　9. 后唇近杯状，前唇宽三角形或近半圆形 ⋯⋯⋯⋯⋯⋯⋯⋯⋯ 7. **台湾盆距兰** G. formosanus

1. 大花盆距兰　　　　　　　　图 1180：1 彩片 572

Gastrochilus bellinus (Rchb. f.) Kuntze, Rev. Gen. Pl. 2: 661. 1891.

Saccolabium bellinum Rchb. f. in Gard. Chron. n. s. 21: 174. 1884.

茎长达 5 厘米。叶窄长圆形，长 11.5-23.5 厘米，先端不等 2 裂。伞形花序侧生，具 4-6 花，花序梗粗，长约 2 厘米。花萼片淡黄带棕紫色斑点，椭圆形，长 1.2-1.7 厘米；花瓣与萼片同色，稍小，前唇白色带紫色斑点，近肾状三角形，长 0.7-1 厘米，边缘啮蚀状或流苏状，上面除中央黄色垫状物外，余密被白色乳突状毛，垫状物基部具穴，两侧毛密，后唇白色带少数紫色斑点，半球形，长宽均 9 毫米，上

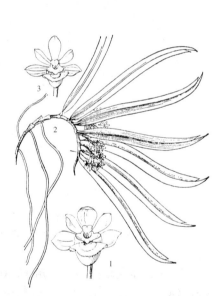

图 1180：1. 大花盆距兰　2-3. 盆距兰
（引自《图鉴》）

端口缘平截、紫色，前端缺口两侧边缘斜立。花期 4 月。

产云南南部，生于海拔 1600-1900 米山地密林中树干上。泰国及缅甸有分布。本种为美丽花卉植物，野生资源已枯竭，为濒危种。

2. 盆距兰　　　　　　　　图 1180：2-3 彩片 573

Gastrochilus calceolaris (Buch.-Ham. ex J. E. Smith) D. Don, Prodr. Fl. Nepal: 32. 1825.

Aerides calceolaris Buch.-Ham. ex J. E. Smith in Rees Cyclop. 39: 11. 1819.

茎长达 30 厘米，径 5-8 毫米，常弧曲。叶常镰状窄长圆形，长达 23 厘米，先端具不等 2 圆裂。伞形花序具多花。花梗和子房长 1.3-2 厘米；花开展，萼片和花瓣黄色带紫褐色斑点；中萼片和侧萼片相似、等大，倒卵状长圆形，长 7-8 毫米；花瓣与萼

片相似，先端圆钝，前唇半圆状三角形或新月状三角形，长2-3毫米，宽5-7毫米，边缘具流苏或啮蚀状，上面垫状物黄色带紫色斑点、无毛，余密生或疏生乳突状白色长毛，垫状物基部具穴，后唇盔状，黄色带紫红色的上部边缘，长宽均约5毫米，上端口缘平截，较前唇高，前端具凹口，两侧边缘直立。花期3-4月。

产海南、云南、西藏南部及东南部，生于海拔1000-2100米林中树干上。喜马拉雅至中南半岛及马来西亚有分布。

3. 黄松盆距兰 图 1181

Gastrochilus japonicus (Makino) Schltr. in Fedde, Repert. Sp. Nov. 12: 315. 1913.

Saccolabium japonicum Makino, Ill. Fl. Jap. 1(7)：3, t. 13. 1891.

茎长达10厘米，径3-5毫米。叶长圆形、镰状长圆形或倒卵状披针形，长5-14厘米，宽0.5-1.7厘米，先端稍钩曲。花序伞形，具4-7(-10)花，花序梗长1.5-2厘米。花开展；萼片和花瓣淡黄绿色带紫红色斑点；中萼片和侧萼片倒卵状椭圆形或近椭圆形，长5-6毫米；前唇白色带黄色先端，近三角形，长2-4毫米，宽5-8毫米，边缘不整齐或近全缘，上面除黄色带紫色斑点的垫状物被细乳突外，余无毛，后唇白色，近倒圆锥形，两侧扁，长约

7毫米，上端口缘稍向前斜截。

产台湾及香港，生于海拔1000-2000米林中树干上。日本琉球群岛有分布。

[附] **无茎盆距兰** 彩片 574 **Gastrochilus obliquus** (Lindl.) Kuntge, Rev. Gen. Pl. 2: 661. 1891. —— *Saccolabium obliquus* Lindl. Gen. Sp. Orch. Pl. 223. 1833. 本种与黄松盆距兰的区别：茎长1-1.5厘米；叶宽长圆形或长圆状披针形，先端钝，不等2裂；前唇边缘具撕裂状流苏。产四川西南部及云南南部，生于海拔800-1400米林缘树干上。喜马拉雅至中南半岛有分布。

4. 宣恩盆距兰 图 1182：1-6

Gastrochilus xuanenensis Z. H. Tsi in Acta Bot. Yunnan. 4(3): 269. f. 1(7-13). 1982.

植株矮小。茎长约5毫米，径约2毫米，具4-6叶。叶直伸，长圆形或镰状长圆形，长2-2.5厘米，宽5-8毫米，先端2-3小裂，裂片芒状。伞形花序具少花；花序梗长5-9毫米。花梗和子房长约6毫米，中萼片倒卵状

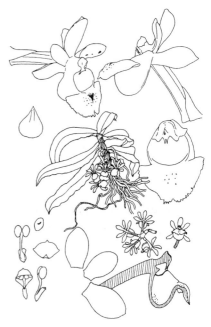

图 1181 黄松盆距兰 （引自《台湾兰科植物》）

[附] **云南盆距兰 Gastrochilus yunnanensis** Schltr. in Fedde, Repert. Sp. Nov. Beih. 4: 76. 1919. 与黄松盆距兰的区别：茎长达20厘米；叶舌形或长圆形，宽1.5-2.5厘米，前唇宽三角形，边缘撕裂状，后唇近兜状或半球形。花期10月。产云南南部，生于海拔约1500米密林中树干上。孟加拉国、泰国及越南有分布。

椭圆形，长4毫米，宽约1.5毫米，先端尖，侧萼片稍斜长圆形，长约3毫米，宽1.5毫米，先端尖；花瓣与侧萼片相似，近等大，前唇肾状三角形，长2毫米，宽3.5毫米，全缘，上面无毛，

中央垫状物延伸至后唇前面内壁上，后唇盔状，上端的口缘较前唇高，两侧抬起呈耳状，前端具宽的凹口。花期5月。

产湖北西南部及贵州东北部，生于海拔500-650米山地林中树干上。

图 1182：1-6. 宣恩盆距兰
7-9. 列叶盆距兰 （引自《图鉴》）

5. 列叶盆距兰

图 1182：7-9

Gastrochilus distichus (Lindl.) Kuntze, Rev. Gen. Pl. 2: 661. 1891.

Saccolabium distichus Lindl. in Journ. Linn. Soc. Bot. 3: 36. 1859.

茎悬垂，纤细，长达20厘米，径约2毫米，常分枝。叶近互生，披针形或斜披针形，长1.5-3厘米，宽4-6毫米，先端2-3裂，裂片刚毛状。伞形花序具2-4花，花序梗纤细，长1-3厘米，上端渐粗。萼片和花瓣淡绿色带红褐色斑点；萼片椭圆形，长4.5-5毫米，花瓣近倒卵形，前唇近半圆形，长3毫米，宽约5毫米，全缘，上面无毛，基部具2枚圆锥形胼胝体，后唇近杯状，长4毫米，宽2-3毫米，上端口缘抬起，向前唇基部歪斜，前端无凹口。花期1-5月。

产云南及西藏东南部，生于海拔1100-2700米林中树干上。喜马拉雅至印度东北部有分布。

[附] 小唇盆距兰 **Gastrochilus pseudodistichus** (King et Pantl.) Schltr. in Fedde, Repert. Sp. Nov. 12: 315. 1913. —— *Saccolabium pseudodistichum* King et Pantl. in Journ. Asiat. Soc. Bengal. 64(3): 341. 1895. 与列叶盆距兰的区别：前唇宽2毫米，后唇长3毫米，宽4毫米，上端的口缘平截面与前唇在同一水平面上。花期6月。产云南东南及西部，生于海拔1300-1500米林中树干或匍匐于灌丛树枝上。锡金、印度东北部、缅甸及泰国有分布。

6. 中华盆距兰

图 1183

Gastrochilus sinensis Z. H. Tsi in Bull. Bot. Res. (Harbin) 9(2): 23. f. 2(3-6). 1989.

茎匍匐，长达20厘米或更长，径约2毫米。叶互生，与茎成直角伸展，长圆形，长1-2厘米，宽5-7毫米，先端稍3小裂。伞形总状花序具2-3花，花序梗纤细，上端渐粗，长约1厘米。花梗和子房长约7毫米；花黄绿带紫红色斑点；中萼片近椭圆形，长4-5毫米，侧萼片斜

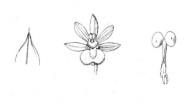

图 1183 中华盆距兰 （引自《植物研究》）

长圆形，与中萼片等大，花瓣近倒卵形，较萼片小，先端近圆，前唇肾形，长2.5毫米，宽4-5毫米，先端宽凹缺，边缘和上面密生短毛，后唇倒圆锥形，稍两侧扁，长约4毫米，宽约3毫米，末端圆钝，稍前弯，上端口缘较前唇高，口缘前端具宽凹口，内面密被毛。花期10月。

产江苏西南部、浙江西部、贵州东北部及云南西北部，生于海拔800-3200米林中树干或林下岩石上。

7. 台湾盆距兰　　　　　　　　　　图 1184 彩片 575

Gastrochilus formosanus (Hayata) Hayata, Gen. Indl. Fl. Formos. 78. 1917.

Saccolabium formosanus Hayata in Journ. Coll. Sci. Univ. Tokyo 30: 336. 1911.

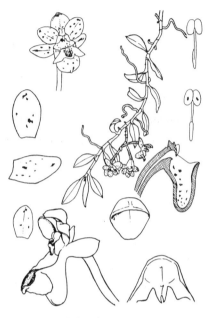

图 1184　台湾盆距兰　（引自《台湾兰科植物》）

茎常匍匐，长达37厘米，径2毫米。叶长圆形或椭圆形，长2-2.5厘米，宽3-7毫米，先端尖。伞形总状花序，具2-3花，花序梗长1-1.5厘米。花淡黄带紫红色斑点；中萼片椭圆形，长4.8-5.5(-7)毫米，侧萼片斜长圆形，与中萼片等大；花瓣倒卵形，长4-5毫米，前唇白色，宽三角形或近半圆形，长2.2-3.2毫米，宽7-9毫米，先端近平截或圆钝，全缘或稍波状，上面

垫状物黄色，密被乳突状毛，后唇近杯状，长5毫米，上端口缘与前唇近同一水平面。花期不定。

产台湾、福建西北部、湖北、湖南东部及南部、云南西北部、四川及陕西南部，生于海拔500-2500米林中树干上。

164. 槽舌兰属　Holcoglossum Schltr.
（吉占和）

附生草本。茎短；气根粗长。叶先端锐尖，基部具关节和鞘。总状花序侧生。花萼片背面中肋粗或龙骨状突起；侧萼片较大，常歪斜；唇瓣3裂，侧裂片直立，中裂片基部常有附属物；距角状，长而弯曲；蕊柱粗短，具翅，蕊喙短，2裂；花粉团蜡质，2个，球形，具裂隙；粘盘柄窄，基部收窄，粘盘较粘盘柄宽。

9种，分布于印度东北部至中南半岛和我国。我国均产。

1. 叶扁平或扁带状稍对折 ·· 1. **大根槽舌兰　H. amesianum**
1. 叶圆柱形或半圆柱形。
　　2. 唇瓣中裂片紫色 ·· 2. **管叶槽舌兰　H. kimballianum**
　　2. 唇瓣中裂片白色，基部黄色。
　　　　3. 唇瓣中裂片凹入成浅杓状 ·············· 3. **白唇槽舌兰　H. subulifolium**
　　　　3. 唇瓣中裂片伸展，不凹入。
　　　　　　4. 距长1厘米以上，花瓣和萼片稍扭曲或具波状边缘。
　　　　　　　　5. 唇瓣中裂片长圆状舌形，先端钝，2浅裂，基部具2条较高的褶片，褶片之间有2-3条脊突或小褶片 ···
　　　　　　　　·· 4. **舌唇槽舌兰　H. lingulatum**
　　　　　　　　5. 唇瓣中裂片倒卵状菱形，先端平截，稍凹缺，基部具2列鸡冠状褶片，每列褶片又深裂为近等大的3-4个三角形裂片 ·················· 4(附). **槽舌兰　H. quasipinifolium**

4. 距长不及1厘米；叶半圆柱形，或带状，稍V字形对折，长4-8.5厘米；唇瓣中裂片基部具1枚中间凹下的胼胝体 ································· 5. **短距槽舌兰 H. flavescens**

1. **大根槽舌兰**　　　　　　　　　　图 1185：1 彩片 576

Holcoglossum amesianum（Rchb. f.）Christenson in Notes Roy. Bot. Gard. Edinb. 44（2）：255. 1987.

Vanda amesiana Rchb. f. in Gard. Chron. ser. 3, 1: 764. 1887.

图 1185: 1. 大根槽舌兰 2-4. 管叶槽舌兰
5. 白唇槽舌兰 （冀朝祯绘）

茎长达5厘米，连叶鞘径约2厘米，基部具多数弯曲粗根。叶4-7，窄长，两侧常对折，长9-30厘米，宽0.5-1厘米。花序长23-25厘米，花序梗长达15厘米，具数花。花质薄，淡粉红色；中萼片椭圆形，长1.5厘米，侧萼片斜卵状椭圆形，与中萼片等大；花瓣倒卵形，稍小，唇瓣淡紫红色，3裂，侧裂片斜立，卵状三角形，中裂片近肾状圆形，较大，先端稍凹缺，基部具直立附属物，边缘具细齿，上面有3条深紫红色脊突；距倒窄圆锥形，长约6毫米。花期3月。

产云南，生于海拔1250-2000米常绿阔叶林中树干上。中南半岛有分布。

2. **管叶槽舌兰**　　　　　　　　　　图 1185：2-4 彩片 577

Holcoglossum kimballianum（Rchb. f.）Garay in Bot. Mus. Leafl. Harvard Univ. 23（4）：182. 1992.

Vanda kimballiana Rchb. f. in Gard. Chron. 3 ser. 5: 232. 1889.

植株下垂。茎具4-5叶。叶肉质，圆柱形，长30-60厘米，径3-4毫米，基部具鞘。花序弯垂，长10-28厘米，疏生多花。花美丽，质薄，萼片和花瓣白色带淡紫晕；中萼片椭圆形，长2.8厘米，侧萼片斜卵状镰形，较大，先端钝；花瓣与中萼片相似，近等大，唇瓣3裂，侧裂片背面白色，内面黄色带棕红色斑点，先端渐窄而弯曲，中裂片紫色，近圆形，长1.6厘米，先端凹，基部具2-3条褶片，边缘具细齿；距白色，角状，长1.5厘米，稍弧曲。花期11月。

产广西西部及云南，生于海拔1000-1630米林中树干上。缅甸及泰国有分布。

3. **白唇槽舌兰**　　　　　　　　　　图 1185：5 彩片 578

Holcoglossum subulifolium（Rchb. f.）Christenson in Notes Roy. Bot. Gard. Edinb. 44（2）：255. 1987.

Vanda subulifolia Rchb. f. Flora 69: 552. 1886.

茎长约2厘米。叶常3-4枚，肉质，近半圆柱形，长9-14厘米，径约3毫米，先端锐尖，基部具鞘，近轴

面具凹槽。花序长约14厘米，花序梗径2-3毫米，具数花。花质薄，萼片和花瓣白色，上部背面具淡紫色晕；中萼片近长圆形，长约1.7厘米，宽6毫米，先端锐尖，侧萼片镰状长圆形，较中萼片大；花瓣窄披针形，较中萼片小，唇瓣白色，3裂，侧裂片白色带黄色，具紫斑，尖牙齿状，中裂片宽三角形，长约1.2厘米，宽1厘米，凹入呈浅杓状，基部具3条黄色带褐色脊突，边缘波状，具齿；距短钝，倒圆锥形。花期3-4月。

产海南，生于海拔1300-1600米林中树干上。缅甸、越南及泰国有分布。

4. 舌唇槽舌兰　　　　图 1186：1-3

Holcoglossum lingulatum (Averyanov) Averyanov, Vasc. Pl. Syn. Vietnam. Fl. 1: 110. 1990.

Holcoglossum kimballianum var. *lingulatum* Averyanov in Bot. Journ. (Liningr.) 73(3): 426. f. 4. 1988.

茎长达20厘米，径约7毫米。叶肉质，细圆柱形，长10-19厘米，径2-3毫米，基部常扭转偏向一侧，近轴面具纵槽。花序短于或与叶近等长，疏生1-6花。花白色稍带红褐色斑点，萼片和花瓣稍扭曲；中萼片倒卵状长圆形，长1.3厘米，侧萼片斜卵状长圆形，长1.3厘米；花瓣长圆形，长1.2厘米，唇瓣白色，3裂，侧裂片上缘凹缺，后裂片半圆形，较短，前裂片较长，近卵状三角形，中裂片长圆状

舌形，长1.5厘米，先端2浅裂，基部具2条较高的褶片，褶片之间有2-3条脊突或小褶片；距窄角状，长约2厘米。花期9-10月。

产广西西部、四川及云南东南部，生于海拔1000-2800米疏林中树干上。越南有分布。

［附］**槽舌兰** 图 1186：4-5 彩片 579 **Holcoglossum quasipinifolium** (Hayata) Schltr. in Fedde, Repert. Sp. Nov. Beih. 4: 285. 1919. ——

5. 短距槽舌兰　　　　图 1186：6

Holcoglossum flavescens (Schltr.) Z. H. Tsi in Acta Phytotax. Sin. 20 (4): 441. 1982.

Aerides flavescens Schltr. in Fedde, Repert. Sp. Nov. 19: 382. 1924.

茎长达2厘米。叶半圆柱形或带状，稍V字形对折，斜立而外弯，长4-8.5厘米，径2.5-4毫米，近轴面具宽浅凹槽。花序短于叶，近直立，花序梗长1-1.5厘米，具1-3花。花开展，萼片和花瓣白色；中萼片椭圆形，

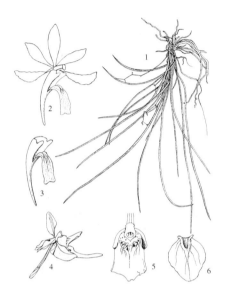

图 1186：1-3. 舌唇槽舌兰 4-5. 槽舌兰 6. 短距槽舌兰 (仿《Opera Bot.》)

Saccolabium quasipinifolium Hayata, Ic. Pl. Formos. 2: 144. 1912. 本种与舌唇槽舌兰的区别：中裂片倒卵状菱形，长1.3-1.6厘米，宽7-7.5毫米，先端平截，凹缺，基部具2列鸡冠状褶片，每列褶片深裂为等大的3个三角形裂片。花期2-4月。产台湾，生于海拔2200米以上山地林中树干上。

长0.9-1.2厘米，侧萼片斜长圆形，与中萼片等大；花瓣椭圆形，长0.9-1.2厘米，唇瓣白色，3裂，侧裂片卵状三角形，内面具红色条纹，中裂片宽卵状菱形，长6-8毫米，先端圆钝或有时稍凹缺，边缘波状，基部具1枚宽卵状三角形的黄色胼胝体，中央凹下，两侧呈脊突状隆起；距角状，前弯，长约7毫米。花期5-6月。

产浙江西南部及南部、福建北部、湖北西南部、四川西南部及云南北部，生于海拔1200-2000米林中树干上。

165. 鸟舌兰属 Ascocentrum Schltr.
（吉占和）

附生草本。叶数枚，2列，基部具关节和抱茎鞘。总状花序密生多花。萼片和花瓣相似；唇瓣3裂，侧裂片小，近直立，中裂片较大，伸展而下弯，基部常具胼胝体；距细长；蕊柱粗短，无蕊柱足，蕊喙短，2裂；花粉团蜡质，球形，2个，每个顶端有裂隙；粘盘柄窄带状，粘盘较厚，宽约为花粉团1/2。

约10种，分布于东南亚至热带喜马拉雅。我国3种。

1. 叶扁平，下部常V字形对折，长5-20厘米 ·········· 1. 鸟舌兰 A. ampullaceum
1. 叶半圆柱形，近轴面具纵槽，长达50厘米 ·········· 2. 圆柱叶鸟舌兰 A. himalaicum

1. 鸟舌兰　　图 1187 彩片 580
Ascocentrum ampullaceum (Roxb.) Schltr. in Fedde, Repert. Sp. Nov. Beih. 1: 975. 1913.

Aerides ampullacea Roxb. Fl. Ind. ed. 2, 3: 476. 1832.

茎直立，长达4厘米。叶扁平，下部V字形对折，上部稍外弯，窄长圆形，长5-20厘米，宽1-1.5厘米，先端平截，具3-4短齿。花序直立，较叶短。花朱红色，萼片和花瓣近似，宽卵形，长7-9毫米，全缘；唇瓣3裂，侧裂片黄色，很小，近三角形，先端稍钝，中裂片与距成直角而伸展，窄长圆形，长约6毫米，宽1.2毫米，先端尖，稍上翘，基部两侧各具1枚黄色胼胝体；距棒状圆柱形，长约8毫米，径约2.5毫米，下部稍向后弯曲，末端圆。花期4-5月。

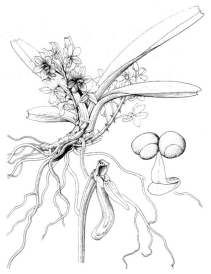
图 1187 鸟舌兰 （冀朝祯绘）

产云南南部及西南部，生于海拔1100-1500米林中树干上。喜马拉雅至中南半岛有分布。

2. 圆柱叶鸟舌兰　　图 1188 彩片 581
Ascocentrum himalaicum (Deb. Sengupta et Malick) Christenson in Notes Roy. Bot. Gard. Edinb. 44(2): 256. 1987.

Saccolabium himalaicum Deb. Sengupta et Malick in Bull. Bot. Soc. Bengal. 22(2): 213. 1968.

植株悬垂。茎长达24厘米。叶肉质，半圆柱形，长达50厘米，径3-5毫米，先端尖，近轴面具纵沟。花序侧生茎基部，长4-9厘米，具数朵至11花。花不甚张开，萼片和花瓣淡红色；中萼片椭圆形，长4-5毫米，侧

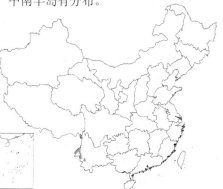

萼片椭圆形，与中萼片等长稍窄；花瓣与中萼片相似而等大，唇瓣白色，3裂，侧裂片近方形，长约2毫米，中裂片前伸，近倒卵状楔形，长3-4毫米，先端近平截，基部两侧各具1胼胝体，上面具3脉纹；距细圆筒形，长1.3-1.5毫米，上弯呈镰状。花期11月。

产云南西北部及西部，生于海拔1900米以下林中树干上。不丹、印度东北部及缅甸有分布。

166. 拟蜘蛛兰属 Microtatorchis Schltr.

（吉占和）

附生，地生草本。根簇生，放射状如蜘蛛。茎无毛。叶小，少数。总状花序直立，具数花，花序梗纤细，具多数2列苞片状鞘，花序轴具翼。花很小，不甚开展；萼片和花瓣近等大；唇瓣基部具囊状距；蕊柱短，无蕊柱足；花粉团蜡质，2个，全缘，粘盘柄倒披针形，粘盘较大。

约50种，分布于新几内亚岛、印度尼西亚、菲律宾、大洋洲。我国1种。

图 1188 圆柱叶鸟舌兰 （冀朝祯绘）

拟蜘蛛兰　　　　　　　　　　　　　　图 1189

Microtatorchis compacta (Ames) Schltr. in Fedde, Repert. Sp. Nov. 10: 209. 1911.

Taeniophyllum compactum Ames, Orch. 2: 247. 1908.

附生小草本。根放射状。茎几无，具2-4叶。叶窄长圆形或倒卵形，长0.5-1.5厘米，宽达3.5毫米，先端锐尖。花期具叶，花序具少花；花序梗和花序轴长达2.5厘米，具翼。花绿色，半张开，萼片和花瓣连合成长1.4-2毫米的筒，上部分离，具三角状披针形裂片，长1-1.5毫米；唇瓣宽卵形，长达3毫米，基部两侧内卷，先端具倒向钩刺状附属物。花期1-2月。

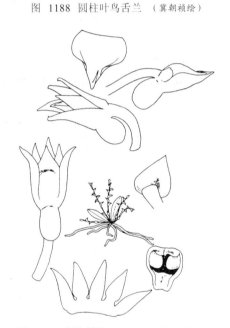

图 1189 拟蜘蛛兰 （引自《台湾兰科植物》）

产台湾，生于海拔1000-1600米台湾杉和柳杉枝干上。菲律宾有分布。

167. 火炬兰属 Grosourdya Rchb. f.

（吉占和）

附生草本。茎很短，叶2枚，2列。叶先端不等2尖裂，基部具关节和短鞘。总状花序侧生，花序梗纤细，密被皮刺状毛，花序轴渐粗，具少花。花小，开展，萼片相似，离生；花瓣较萼片窄；唇瓣具活动关节与蕊柱足连接，3裂，侧裂片直立，中裂片基部两侧有时具2个直立裂片；距常前伸；蕊柱长，前弯，具蕊柱足，蕊喙长喙状，2裂；花粉团蜡质，2个，近球形，不裂；粘盘柄楔形，粘盘近三角形，较花粉团直径小。

约10种，分布东南亚、越南和我国。我国1种。

火炬兰　　　　　　　　　　　　　　　　图 1190

Grosourdya appendiculatum (Bl.) Rchb. f. in Xen. Orch. 2: 123. 1867.

Dendrocolla appendiculata Bl. Bijdr. 289. 1825.

图 1190 火炬兰 (冀朝祯绘)

茎不明显。叶镰状长圆形，长7-10厘米，宽1.4-1.9厘米，先端不等2裂。花序疏生2-3花，花序梗和花序轴细圆柱形，长3-4厘米，密被黑色硬毛。花黄色带褐色斑点；中萼片卵状长圆形，长3毫米，先端尖，侧萼片与中萼片相似，基部大部贴生蕊柱足；花瓣长圆形，长3毫米，唇瓣具囊状距，侧裂片窄长，先端圆，后曲，中裂片3裂，基生裂片直立与唇瓣侧裂片平行，顶生裂片较小前伸；蕊柱长约2毫米，蕊柱足长约0.5毫米。花期8月。

产海南，生于常绿阔叶林中树干上。菲律宾经中南半岛至印度尼西亚有分布。

168. 管唇兰属 Tuberolabium Yamamoto

（吉占和）

附生草本，茎粗短，叶多数。叶扁平，先端稍2裂，基部具关节和宿存鞘。总状花序侧生，长而下垂，花序梗和花序轴稍肉质，具翅状肋痕，密生多花。花同时开放，萼片离生；侧萼片较中萼片大，基部贴生蕊柱足；花瓣较萼片小；唇瓣着生蕊柱足末端，无关节，3裂，侧裂片直立；中裂片较大，前伸，上面基部凹入，前端厚；距倒圆锥形，两侧扁，中部前鼓，几与子房成直角，距壁厚，内面无附属物；蕊柱短，具蕊柱足，蕊喙短小，2裂；花粉团蜡质，2个，近球形，全缘；粘盘柄窄长，上下等宽，粘盘常较粘盘柄宽。

约10种，分布于东南亚至澳大利亚和太平洋岛屿，北达我国台湾和印度东北部。我国1种。

管唇兰　　　　　　　　　　　　　　　　图 1191 彩片 582

Tuberolabium kotoense Yamamoto in Bot. Mag. Tokyo 38: 209. 1923.

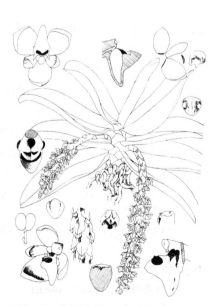

图 1191 管唇兰 (引自《台湾兰科植物》)

茎粗壮，长约2厘米。叶长圆形或长圆状椭圆形，长6.5-16厘米，先端稍2裂。花序密生多花，花序梗和花序轴粗厚，长5-15厘米，具多数翅状肋痕。花白色，有香气，不甚开展；中萼片椭圆形，长5毫米，侧萼片斜卵形，长5毫米，基部贴生蕊柱足和唇瓣基部两侧；花瓣长圆状匙形，长5毫米，宽1.8毫米，唇瓣长3毫米，3裂，侧裂片紫色，近方形，中裂片较大，前伸，前端肉质，先端近尖，上面紫色，凹入；距下垂，长2毫米，中部前鼓，向末端骤窄，稍下弯；蕊柱长约1毫米，蕊柱足长约1.5毫米。花期12月至翌年2月。

产台湾兰屿,生于低海拔林中树干上。

169. 虾尾兰属 **Parapteroceras** Averyanov

（吉占和）

附生草本。叶稍肉质,2列,窄长,先端不等2尖裂,基部具关节和宿存鞘。总状花序侧生,花序梗和花序轴稍肉质,具翅状纵纹,具多花。花小,中萼片卵状椭圆形;侧萼片倒卵形,较大,贴生蕊柱基部;花瓣较小,倒卵状椭圆形,唇瓣具可动关节与蕊柱足末端连接,3裂,侧裂片近长圆形;中裂片很小,稍前伸;距稍两侧扁,中部前鼓,向末端渐窄,先端钝与蕊柱足在同一水平上,前壁向末端增厚;蕊柱粗短,蕊柱足细长,蕊喙短,2裂;花粉团蜡质,2个,近球形,全缘;粘盘柄近倒卵形,宽扁,粘盘近三角形。

约5种,分布于东南亚、泰国、越南和我国。我国1种。

虾尾兰   图 1192

Parapteroceras elobe (Seidenf.) Averyanov in Bot. Journ. (Leningr.)
75(5): 723. 1990.

Pteroceras elobe Seidenf. in Bot. Tidsskr. 65: 149. f. 32. 1969.

茎长达12厘米,径4-5毫米。叶长圆形或镰状长圆形,长6-17厘米,宽1.5-2.5厘米,先端不等2裂。花序长4-11厘米,花序梗和花序轴长达23厘米。萼片和花瓣白色;中萼片卵状椭圆形,长4.5毫米,侧萼片倒卵形,长5毫米;花瓣倒卵状椭圆形,长4毫米,唇瓣3裂,侧裂片上举,背面白色,内面淡紫色,近长圆形,长2毫米,中裂片长约0.4毫米,基部两侧各具1胼

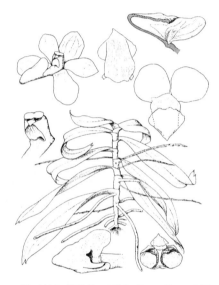

图 1192 虾尾兰 （引自《Bot. Tidsski.》）

胝体;距白色带紫红色末端,倒圆锥形,长2.5毫米;蕊柱长约1毫米,蕊柱足长2.5毫米。花期7月。

产海南及云南南部,生于海拔1000-1500米林缘树干上。越南及泰国有分布。

170. 巾唇兰属 **Pennilabium** J. J. Smith.

（吉占和）

附生小草本。茎短。叶少数,密生,扁平稍肉质,先端不等2裂,基部稍扭转,具关节和鞘。总状花序侧生,伸长,花序轴短而扁,具少花。花期短;萼片离生,等大;花瓣与萼片相似而稍小,边缘常有齿,唇瓣贴生蕊柱基部,无关节,3裂,侧裂片前端具齿或流苏,中裂片肉质;距细长,常向末端膨大,内侧无附属物和隔膜,距壁较薄;蕊柱短,稍背腹扁,无蕊柱足,蕊喙窄长,2裂;花粉团蜡质,2个,近球形,全缘;粘盘柄长匙形;粘盘近圆形,较粘盘柄基部稍宽。

约10种,分布于印度东北部、我国、泰国、印度尼西亚和菲律宾。我国1种。

巾唇兰   图 1193: 1-2

Pennilabium proboscideum A. S. Rao et Joseph in Bull. Bot. Surv.
India 10(2): 232. 1968.

茎长约1厘米,具3-4叶。叶长圆形,长4-6厘米,宽1.3-1.5厘米,

先端不等2尖裂，基部稍扭转。花序近下垂，具2-3花，花序轴长约5毫米，花序梗长3.5厘米。花白色，质薄；中萼片窄长圆形，长1.7厘米，先端渐尖，侧萼片镰状长圆形，与中萼片等大；花瓣似中萼片而稍小，全缘，具暗紫色斑点，唇瓣3裂，侧裂片近匙形，先端圆，前端具齿，中裂片近舌形，先端锐尖，全缘；距圆筒形，长约6毫米，径1.5毫米，末端圆，距口上缘抬起；蕊柱长约2毫米；柱头大，几占蕊柱前面；药帽前端收窄；粘盘柄长0.8毫米，粘盘较厚，长0.4毫米。花期9月。

产云南南部，生于海拔1300米茶树枝干上。泰国及印度东北部有分布。

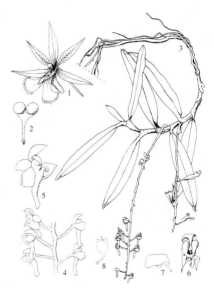

图 1193: 1-2. 中唇兰 3-8. 槌柱兰
（冀朝祯绘）

171. 槌柱兰属 Malleola J. J. Smith et Schltr.

（吉占和）

附生草本。茎稍扁圆柱形。叶扁平，质厚，窄长，先端2裂或2-3尖裂，基部具关节和抱茎鞘。总状花序侧生，下垂，具多花。花开展，中萼片常舟状，侧萼片和花瓣伸展；唇瓣着生于蕊柱基部，3裂，侧裂片小，直立，中裂片较窄，下部常增厚或具脊突；距囊状；蕊柱锤形，无蕊柱足；药帽大，前端喙状；花粉团蜡质，球形，2个，全缘，有时劈裂或具孔隙；粘盘柄大，向上呈宽匙形或肩状；粘盘小，较粘盘柄基部宽。

约30种，分布于越南、泰国、印度尼西亚、新几内亚岛和太平洋一些岛屿。我国1种。

槌柱兰   图 1193：3-8

Malleola dentifera J. J. Smith in Bull. Jard. Bot. Buitenzorg 3. 9: 191. 1927.

茎下垂，长达10厘米，径3-4毫米。叶革质，窄长圆形，长4-7.5厘米，宽0.5-1厘米。花序较叶短。花梗和子房长约8毫米；中萼片卵形，长3毫米，侧萼片斜卵形，与中萼片等长，先端锐尖；花瓣长圆形，长3毫米，先端锐尖；唇瓣3裂，侧裂片宽卵状三角形，长和宽均1毫米，上端具2个三角形裂片，前缘增厚而内卷，中裂片窄披针形，下部肉质，向先端渐窄，上部外卷，基部至中部具纵沟；距与蕊柱成直角而外伸，长5毫米，径2毫米。花期7月。

产海南及云南南部，生于海拔约650米山地林中树干上。越南、泰国至印度尼西亚有分布。

本卷审校、图编、绘图、摄影及工作人员

审 校	傅立国	洪 涛			
图 编	傅立国（形态图）	郎楷永（彩片）	林 祁	张明理（分布图）	
绘 图	（按绘图量排列）	张泰利	蔡淑琴	冀朝祯	王金凤	冯晋庸
	吴彰桦	孙英宝	李爱莉	于振洲	张荣生	余汉平	邓盈丰
	史渭清	曾孝濂	黄少容	李锡畴	冯金环	马 平	肖 溶
	谭丽霞	陈荣道	赵毓棠	刘 泗	李光辉	张春方	郭木森
	李志民	孙良科	吴锡麟	吴兴亮	徐江晋	屠玉麟	吕发强
	马炜梁	邓晶发	何顺清	刘文林	余 峰	谢 华	李 健
	李 伟	马建生	何启超	陈 笈	匡柏生	刘 平	郑远方
摄 影	（按彩片数量排列）	郎楷永	吉占和	陈心启	武全安	李泽贤
	刘玉绣	吕胜由	赵毓棠	吴光弟	邬家林	李延辉	林余霖
	刘 演	肖丽萍	罗毅波	梁松筠	刘尚武	费 勇	杨 野
	方震东	吴德邻	陈虎彪	熊济华	李光照	张启泰	胡志浩
	傅立国	张宪春	程树志	金效华	孙 航	李渤生	卢学峰
	卢炯林	朱格麟	韦毅刚	刘伦辉	高宝莼	刘正宇	杨增宏
	陈金明	盛国英					
工作人员	陈惠颖	赵 然	李 燕	孙英宝	童怀燕	

Contributors

(Names are listed in alphabetical order)

Revisers Fu Likuo and Hong Tao

Graphic Editors Fu Likuo, Lang Kaiyung, Lin Qi and Zhang Mingli

Illustrations Cai Shuqin, Chen Jian, Chen Rongdao, Deng Jingfa, Deng Yingfeng, Feng Jinhuan, Feng Jinrong, Gu Musen, He Qichao, He Shunqing, Huang Shaorong, Ji Chaozhen, Kuang Baisheng, Li Aili, Li Guanghui, Li Jian, Li Wei, Li Xichou, Li Zhiming, Liu Si, Liu Ping, Liu Wenlin, Lu Faqiang, Ma Jiansheng, Ma Ping, Ma Weiliang, Shi Weiqing, Sun Liangke, Sun Yingbao, Tan Lixia, Tu Yulin, Wang Jinfeng, Wu Xilin, Wu Xingliang, Wu Zhanghua, Xiao Rong, Xie Hua, Xu Jiangjin, Yu Feng, Yu Hanping, Yu Zhenzhou, Zeng Xiaolian, Zhang Chunfang, Zhang Rongsheng, Zhang Taili, Zhao Yutang and Zheng Yunfang

Photographs Chen Hubiao, Chen Jinming, Chen Singchi, Cheng Shuzhi, Chu Geling, Fang Zhendong, Fei Rong, Fu Likuo, Hu Zhihao, Ji Zhanhe, Jin Xiaohua, Kao Baochun, Lang Kaiyung, Li Bosheng, Li Guangzhao, Li Yanhui, Li Zexian, Liang Songjun, Lin Yulin, Liu Lunhui, Liu Yan, Liu Yuxiu, Liu Shangwu, Liu Zhengyu, Lou Yipo, Lu Jionglin, Lu Shengyou, Lu Xuefeng, Sheng Guoyig, Sun Hang, Wei Yigang, Wu Guangdi, Wu Jialin, Wu Quanan, Wu Telin, Xiao Liping, Xiong Jihua, Yang Zenghong, Yang Ye, Zhang Qitai, Zhao Yutang and Zhang Xianchun

Clerical Assistance Chen Huiying, Li Yan, Sun Yingbao, Tong Huaiyan and Zhao Ran

彩片 1　黑三棱 *Sparganium stoloniferum*（刘玉琇）　　彩片 2　曲轴黑三棱 *Sparganium fallax*（吕胜由）

片 3　宽叶香蒲 *Typha latifolia*（朱格麟）　　彩片 4　普香蒲 *Typha przewalskii*（刘玉琇）

彩片 5　无苞香蒲 *Typha laxmannii*　　彩片 6　水烛 *Typha augustifolia*（刘玉琇）　　彩片 7　长苞香蒲 *Typha angustata*
（郎楷永）　　　　　　　　　　　　　　　　　　　　　　　　　　　　　　　　　　（刘玉琇）

彩片 8　达香蒲 *Typha davidiana*　　彩片 9　小香蒲 *Typha minima*（林余霖）
（刘玉琇）

彩片 10　凤梨 *Ananas comosus*　　彩片 11　水塔花 *Billbergia pyramidalis*（刘玉琇）
（武全安）

彩片 12 垂花水塔花 *Billbergia nutans*（吴光第）

彩片 13 鹤望兰 *Strelitzia reginae*（郎楷永）

片 14 香蕉 *Musa nana*（郎楷永）

彩片 15 大蕉 *Musa sapientum*（李泽贤）

彩片 16 芭蕉 *Musa basjoo*（郎楷永）

彩片 17 红蕉 *Musa coccinea*（郎楷永）

彩片 18 地涌金莲 *Musella lasiocarpa*（武全安）

彩片 19 舞花姜 *Globba racemosa*（李泽贤）

彩片 20　双翅舞花姜 *Globba schomburgkii*　彩片 21　姜黄 *Curcuma longa*（吴光第）
　　　　（吴德邻）

彩片 22　莪术 *Curcuma zedoaria*（武全安）　　　　彩片 23　郁金 *Curcuma aromatica*（李泽贤）

彩片 24　广西莪术 *Curcuma kwangsiensis*　彩片 25　早花象牙参 *Roscoea cautleoides*　彩片 26　高山象牙参 *Roscoea alpina*
　　　　（郎楷永）　　　　　　　　　　　　（费勇）　　　　　　　　　　　（费勇）

彩片 27　山柰 *Kaempferia galanga*（刘玉瑛）

彩片 28　姜花 *Hedychium coronarium*（武全安）

彩片 29　毛姜花 *Hedychium villosum*（李泽贤）

彩片 30　圆瓣姜花 *Hedychium forrestii*（武全安）

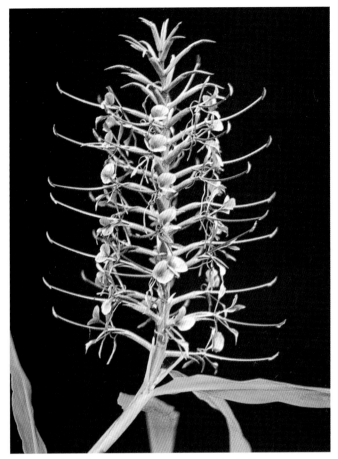

彩片 31　红姜花 *Hedychium coccineum*（李延辉）

彩片 32　红球姜 *Zingiber zerumbet*（李泽贤）

彩片 33　偏穗姜 *Plagiostachys austrosinensis*（李泽贤）

彩片 34　节鞭山姜 *Allpinia conchigera*（李延辉）

彩片 35　艳山姜 *Alpinia zerumbet*（郎楷永）

彩片 36　长柄山姜 *Alpinia kwangsiensis*（吴德邻）

彩片 37　草豆蔻 *Alpinia hainanensis*（李光照）

彩片 38　益智 *Alpinia oxyphylla*（李泽贤）

彩片 39 高良姜 *Alpinia officinarum*（李泽贤）

彩片 40 山姜 *Alpinia japonica*（邬家林）

彩片 41 箭秆风 *Alpinia jianganfeng*（邬家林）

彩片 42 红豆蔻 *Alpinia galanga*（李泽贤）

彩片 43 假益智 *Alpinia maclurei* 　彩片 44 喙花姜 *Rhynchanthus beesianus*（武全安）
（李泽贤）

彩片 45 草果 *Amomum tsao-ko* 　彩片 46 砂仁 *Amomum villosum*（武全安）
（武全安）

彩片 47 九翅豆蔻 *Amomum maximum*（李延辉）　彩片 48 单叶拟豆蔻 *Elettariopsis monophylla*（李泽贤）

彩片49　红茴香砂仁 *Etlingera littoralis*　　彩片50　茴香砂仁 *Etlingera yunnanense*（吴德邻）
　　　　（吴德邻）

彩片51　闭鞘姜 *Costus speciosus*（吕胜由）

彩片52　莴笋花 *Costus lacerus*（武全安）

彩片53　大花美人蕉 *Canna generalis*（李泽贤）

彩片54　柊叶 *Phrynium capitatum*（李延辉）

彩片55　尖苞柊叶 *Phrynium placentarium*（李延辉）

彩片56　田葱 *Philydrum lanuginosum*（李泽贤）　彩片57　雨久花 *Monochoria korsakowii*（刘玉琦）

彩片58　箭叶雨久花 *Monochoria hastata*（李延辉）　　彩片59　鸭舌草 *Monochoria vaginalis*（吕胜由）

彩片60　凤眼蓝 *Eichhornia crassipes*　彩片61　叉柱岩菖蒲 *Tofieldia*　彩片62　胡麻花 *Heloniopsis umbellata*（吕胜由）
　　　　　（吴光第）　　　　　　　　　*divergens*（李延辉）

彩片 63　毛叶藜芦 *Veratrum grandiflorum*
　　　　　（郎楷永）

彩片 64　黄花油点草 *Tricyrtis latifolia*（林余霖）

彩片 65　山菅 *Dianella ensifolia*（李泽贤）

彩片 66　独尾草 *Eremurus chinensis*（郎楷永）

彩片 67　西南吊兰 *Chlorophytum nepalense*（郎楷永）

彩片 68　鹭鸶草 *Diuranthera major*
（武全安）

彩片 69　玉簪 *Hosta plantaginea*
（郎楷永）

彩片 70　黄花菜 *Hemerocallis citrina*
（刘玉珣）

彩片 71　北黄花菜 *Hemerocallis lilio-asphodelus*
（刘玉珣）

彩片 72　萱草 *Hemerocallis fulva*（郎楷永）

彩片 73　西南萱草 *Hemerocallis forrestii*（方震东）

彩片 74　折叶萱草 *Hemerocallis plicata*（武全安）

彩片 75　芦荟 *Aloe chinensis*（刘玉琇）

彩片 76　嘉兰 *Gloriosa superba*（郎楷永）

彩片 77　紫斑洼瓣花 *Lloydia ixiolirioides*（郎楷永）

彩片 78　郁金香 *Tulipa gesneriana*（郎楷永）

彩片 79　梭砂贝母 *Fritillaria delavayi*
（方震东）

彩片 80　伊贝母 *Fritillaria pallidiflora*（刘玉琦）

彩片 81　浙贝母 *Fritillaria thunbergii*（刘玉琦）

彩片 82　平贝母 *Fritillaria ussuriensis*（杨　野）　　　　彩片 83　川贝母 *Fritillaria cirrhosa*（郎楷永）

彩片 84　华西贝母 *Fritillaria sichuanica*（郎楷永）　　　　彩片 85　太白贝母 *Fritillaria taipaiensis*（吴光第）

彩片 86　甘肃贝母 *Fritillaria przewalskii*（卢学峰）

彩片 87　暗紫贝母 *Fritillaria unibracteata*（郎楷永）

彩片 88　野百合 *Lilium brownii*（梁松筠）

彩片 89　百合 *Lilium brownii* var. *viridulum*（梁松筠）

彩片 90　岷江百合 *Lilium regale*　　彩片 91　尖被百合 *Lilium lophophorum*（武全安）
　　　　　（梁松筠）

彩片 92　小百合 *Lilium nanum*（郎楷永）　　彩片 93　渥丹 *Lilium concolor*（张宪春）

彩片 94　有斑百合 *Lilium*　　彩片 95　毛百合 *Lilium dauricum*（杨　野）　　彩片 96　墨江百合 *Lilium*
concolor var.*pulchellum*（刘玉琇）　　　　　　　　　　　　　　　　　　　　*henricii*（郎楷永）

彩片 97　紫花百合 *Lilium souliei*（张启泰）

彩片 98　滇百合　*Lilium bakerianum*
（梁松筠）

彩片 99　金黄花滇百合 *Lilium bakerianum* var.*aureum*（方震东）

彩片 100　大理百合 *Lilium taliense*（方震东）

彩片 101　药百合 *Lilium speciosum* var.*gloriosoides*（吕胜由）

彩片 102　湖北百合 *Lilium henryi*（林余霖）

彩片 103　宝兴百合 *Lilium duchartrei*（郎楷永）

彩片 104　山丹 *Lilium pumilum*（刘尚武）

彩片 105　川百合 *Lilium davidii*（郎楷永）

彩片 106　垂花百合 *Lilium cernuum*（杨　野）

彩片 107　卷丹 *Lilium tigrinum*（郎楷永）　　　彩片 108　青岛百合 *Lilium tsingtauense*（梁松筠）

彩片 109　东北百合 *Lilium distichum*（杨　野）　　　彩片 110　荞麦叶大百合 *Cardiocrinum cathayanum*（梁松筠）

彩片 111　大百合 *Cardiocrinum giganteum* var.*yunnanense*（郎楷永）　　彩片 112　滇蜀豹子花 *Nomocharis forrestii*
（武全安）

彩片 113　豹子花 *Nomocharis pardantina*（武全安）　　彩片 114　多斑豹子花 *Nomocharis meleagrina*（郎楷永）

彩片 115　假百合 *Notholirion bulbuliferum*（熊济华）　　彩片 116　钟花假百合 *Notholirion*　　彩片 117　绵枣儿 *Scilla scilloides*
campanulatum（郎楷永）　　　　　　（吕胜由）

彩片 118　多星韭 *Allium wallichii*（武全安）　　　　彩片 119　杯花韭 *Alloum cyathophorum*（刘尚武）

彩片 120　山韭 *Allium senescens*
（刘玉瑂）

彩片 121　薤白 *Allium macrostemon*（刘玉瑂）

彩片 122　凤尾丝兰 *Yucca gloriosa*
（郎楷永）

彩片 123　朱蕉 *Cordyline fruticosa*（刘玉瑂）

彩片 124　柬埔寨龙血树 *Dracaena cambodiana*（李泽贤）

彩片 125　虎尾兰 *Sansevieria trifasciata*
（刘玉琇）

彩片 126　白穗花 *Speirantha gardenii*（盛国英）

彩片 127　铃兰 *Convallaria majalis*（刘玉琇）

彩片 128　吉祥草 *Reineckia carnea*（刘玉琇）

彩片 129　橙花开口箭 *Tupistra aurantiaca*（武全安）

彩片 130　开口箭 *Tupistra chinensis*（吕胜由）

彩片 131　齿瓣开口箭 *Tupistra fimbriata*（武全安）

彩片 132　碟花开口箭 *Tupistra tui*（邬家林）

彩片 133　万年青 *Rohdea japonica*　　彩片 134　广西蜘蛛抱蛋 *Aspidistra retusa*（郎楷永）
（邬家林）

彩片 135　大花蜘蛛抱蛋 *Aspidistra tonkinensis*（郎楷永）　　彩片 136　罗甸蜘蛛抱蛋 *Aspidistra luodianensis*（郎楷永）

彩片 137　巨型蜘蛛抱蛋 *Aspidistra longiloba*（郎楷永）　　彩片 138　七筋菇 *Clintonia udensis*（邬家林）

彩片139　紫花鹿药 *Smilacina purpurea*（郎楷永）　　彩片140　窄瓣鹿药 *Smilacina paniculata*（邹家林）

彩片141　长柱鹿药 *Smilacina oleracea*（郎楷永）　　彩片142　舞鹤草 *Maianthemum bifolium*（林余霖）

彩片143　长蕊万寿竹 *Disporum bodinieri*（吴光第）　　彩片144　大花万寿竹 *Disporum megalanthum*（吴光第）

彩片 145　万寿竹 *Disporum cantoniense*（武全安）

彩片 146　距花万寿竹 *Disporum calcaratum*（刘玉琇）

彩片 147　少花万寿竹 *Disporum uniflorum*（郎楷永）

彩片 148　丝梗扭柄花 *Streptopus koreanus*（杨　野）

彩片 149 腋花扭柄花 *Streptopus simplex*（郎楷永）

彩片 150 小花扭柄花 *Streptopus parviflorus*（邹家林）

彩片 151 玉竹 *Polygonatum odoratum*（刘玉琇）

彩片 152 多花黄精 *Polygonatum cyrtonema*（刘玉琇）

彩片 153 滇黄精 *Polygonatum kingianum*（武全安）

彩片 154 独花黄精 *Polygonatum hookeri*（郎楷永）

彩片 155 康定玉竹 *Polygonatum prattii*（邹家林）

彩片 156 黄精 *Polygonatum sibiricum*（刘玉琇）

彩片 157 卷叶黄精 *Polygonatum cirrhifolium*（林余霖）

彩片 158 深裂竹根七 *Disporopsis pernyi*

（武全安）

彩片 159　竹根七 *Disporopsis fuscopicta*（吴光第）

彩片 160　七叶一枝花 *Paris polyphylla*（郎楷永）

彩片 161　狭叶重楼 *Paris polyphylla* var.
stenophylla（郎楷永）

彩片 162　长药隔重楼 *Paris polyphylla* var.*pseudothibetica*（吴光第）

彩片 163　禄劝花叶重楼 *Paris luquanensis*（武全安）

彩片 164　北重楼 *Paris verticillata*（邬家林）

彩片 165　延龄草 *Trillium tschonoskii*（武全安）

彩片 166　文竹 *Asparagus setaceus*（刘玉琦）

片 167　短梗天门冬 *Asparagus lycopodineus*（林余霖）

彩片 168　天门冬 *Asparagus cochinchinensis*（林余霖）

彩片 169 曲枝天门冬 *Asparagus trichophyllus*（刘玉琦）

彩片 170 石刁柏 *Asparagus officinalis*（陈虎彪）

彩片 171 山麦冬 *Liriope spicata*（刘玉琦）

彩片 172 阔叶山麦冬 *Liriope platyphylla*（刘玉琦）

彩片 173 连药沿阶草 *Ophiopogon bockianus*（吴光第）

彩片 174 四川沿阶草 *Ophiopogon szechuanensis*（吴光第）

彩片 175　间型沿阶草 *Ophiopogon intermedius*（李延辉）

彩片 176　沿阶草 *Ophiopogon bodinieri*（吴光第）

彩片 177　葱莲 *Zephyranthes candida*（陈虎彪）

彩片 178　韭莲 *Zephyranthes grandiflora*（吴光第）

彩片 179 文殊兰 *Crinum asiaticum* var.*sinicum* (李泽贤)

彩片 180 石蒜 *Lycoris radiata* (邬家林)

彩片 181 忽地笑 *Lycoris aurea* (陈虎彪)

彩片 182 换棉花 *Lycoris sprengeri* (刘玉琦)

彩片 183 水仙 *Narcissus tazetta* var. *chinensis* (郎楷永)

彩片 184 网球花 *Haemanthus multiflorus* (熊济华)

彩片 185 君子兰 *Clivia miniata* (郎楷永)

彩片 186　垂笑君子兰 *Clivia nobilis*（李光照）　　彩片 187　水鬼蕉 *Hymenocallis littoralis*（陈虎彪）

彩片 188　花朱顶红 *Hyppeastrum vittatum*（吴光第）　　彩片 189　芒苞草 *Acanthochlamys bracteata*（高宝莼）

彩片 190　番红花 *crocus sativus*（邬家林）　　彩片 191　唐菖蒲 *Gladiolus gandavensis*（刘玉琇）

彩片 192　雄黄兰 *Crocosmia crocosmiflora*
（吴光第）

彩片 193　香雪兰 *Freesia refracta*（郎楷永）

彩片 194　射干 *Belamcanda chinensis*
（武全安）

彩片 195　云南鸢尾 *Iris forrestii*（赵毓棠）

彩片 196　北陵鸢尾 *Iris typhifolia*（赵毓棠）

彩片 197　玉蝉花 *Iris ensata*（赵毓棠）

彩片 198　溪荪 *Iris sanguinea*（赵毓棠）

彩片 199　西伯利亚鸢尾 *Iris sibirica*（赵毓棠）

彩片 200　西藏鸢尾 *Iris clarkei*（郎楷永）

彩片 201　变色鸢尾 *Iris versicolor*（赵毓棠）

彩片 202　燕子花 *Iris laevigata*（赵毓棠）

彩片 203　黄菖蒲 *Iris pseudacorus*（赵毓棠）

彩片 204　小黄花鸢尾 *Iris minutoaurea*（赵毓棠）

彩片 205　长尾鸢尾 *Iris rossii*（赵毓棠）

彩片 206　山鸢尾 *Iris setosa*（赵毓棠）

彩片 207　马蔺 *Iris lactea*（郎楷永）

彩片 208　细叶鸢尾 *Iris tenuifolia*（赵毓棠）

彩片 209　天山鸢尾 *Iris loczyi*（郎楷永）

彩片 210　囊花鸢尾 *Iris ventricosa*　　彩片 211　单花鸢尾 *Iris uniflora*（赵毓棠）

（赵毓棠）

彩片 212　单苞鸢尾 *Iris anguifuga*（赵毓棠）　　　　　　彩片 213　高原鸢尾 *Iris collettii*（赵毓棠）

彩片 214　尼泊尔鸢尾 *Iris decora*　　彩片 215　小花鸢尾 *Iris speculatrix*（郎楷永）

（赵毓棠）

彩片 216　台湾鸢尾 *Iris formosana*（吕胜由）　　彩片 217　蝴蝶花 *Iris japonica*（赵毓棠）

彩片 218　扁竹兰 *Iris confusa*（郎楷永）　　彩片 219　鸢尾 *Iris tectorum*（郎楷永）

彩片 220　德国鸢尾 *Iris germanica*（赵毓棠）　　彩片 221　香根鸢尾 *Iris pallida*（赵毓棠）

彩片 222 长白鸢尾 *Iris mandshurica*（赵毓棠）

彩片 223 黄金鸢尾 *Iris flavissima*（赵毓棠）

彩片 224 卷鞘鸢尾 *Iris potaninii*（郎楷永）

彩片 225 蓝花卷鞘鸢尾 *Iris potaninii* var. *ionantha*（郎楷永）

彩片 226 粗根鸢尾 *Iris tigridia*（赵毓棠）

彩片 227 锐果鸢尾 *Iris goniocarpa*（郎楷永）

彩片 228　庭菖蒲 *Sisyrinchiun rosulatum*（李泽贤）

彩片 229　龙舌兰 *Agave americana*（武全安）

彩片 230　晚香玉 *Polianthes tuberosa*
（邹家林）

彩片 231　大叶仙茅 *Curculigo capitulata*（武全安）

彩片 232　疏花仙茅 *Curculigo gracilis*（郎楷永）

彩片 233　绒叶仙茅 *Curculigo crassifolia*（武全安）

彩片 234　仙茅 *Curculigo orchioides*
（李延辉）

彩片 235　蒟蒻薯 *Tacca chantrieri*
（林余霖）

彩片 236　百部 *Stemona japonica*（刘玉琇）

彩片 237　直立百部 *Stemona sessilifolia*
（刘玉琇）

彩片 238　大百部 *Stemona tuberosa*（武全安）

彩片 239　华东菝葜 *Smilax sieboldii*（邬家林）

彩片 240　菝葜 *Smilax china*（李泽贤）

彩片 241　长托菝葜 *Smilax ferox*（邹家林）

彩片 242　防己叶菝葜 *Smilax menispermoidea*（郎楷永）

彩片 243　粉背菝葜 *Smilax hypoglauca*（李泽贤）

彩片 244　土茯苓 *Smisax glabra*（李泽贤）

彩片 245　抱茎菝葜 *Smilax ocreata*（李延辉）

彩片 246　肖菝葜 *Heterosmilax japonica*（李泽贤）

彩片 247　穿龙薯蓣 Dioscorea nipponica（林余霖）

彩片 248　蜀葵叶薯蓣 Dioscorea althaeoides
（吴光第）

彩片 249　盾叶薯蓣 Dioscorea
zingiberensis（林余霖）

彩片 250　三角叶薯蓣 Dioscorea deltoidea（林余霖）

彩片 251　叉蕊薯蓣 Dioscorea
collettii（吴光第）

彩片 252　黄独 Dioscorea bulbifera（刘玉琇）

彩片 253　大青薯 *Dioscorea benthamii*（李泽贤）

彩片 254　薯蓣 *Dioscorea opposita*（刘玉琇）

彩片 255　水玉簪 *Burmannia disticha*（武全安）

彩片 256　纤草 *Burmannia itoana*
（吕胜由）

彩片 257　黄花杓兰 *Cypripedium flavum*
（郎楷永）

彩片 258　杓兰 *Cypripedium calceolus*（郎楷永）

彩片 259　绿花杓兰 *Cypripedium henryi*（吴光第）

彩片 260　山西杓兰 *Cypripedium shanxiense*（陈心启）

彩片 261　大叶杓兰 *Cypripedium fasciolatum*（郎楷永）

彩片 262　华西杓兰 *Cypripedium farreri*（陈心启）

彩片 263　大花杓兰 *Cypripedium macranthum*（吕胜由）

彩片 264　云南杓兰 *Cypripedium yunnanense*（陈心启）

彩片 265　西藏杓兰 *Cypripedium tibeticum*（郎楷永）

彩片 266　毛杓兰 *Cypripedium franchetii*（郎楷永）

彩片 267　离萼杓兰 *Cypripedium plectrochilum*（费　勇）

彩片 268　扇脉杓兰 *Cypripedium japonicum*（郎楷永）

彩片 269　紫点杓兰 *Cypripedium guttatum*（刘伦辉）

彩片 270　对叶杓兰 *Cypripedium debile*
（邬家林）

彩片 271　无苞杓兰 *Cypripedium*
bardolphianum（陈心启）

彩片 272　斑叶杓兰 *Cypripedium margaritaceum*（胡志浩）

彩片 273　丽江杓兰 *Cypripedium lichiangense*（邱楷永）

彩片 274　毛瓣杓兰 *Cypripedium*
fargesii（陈心启）

彩片 275　麻栗坡兜兰 *Paphiopedilum malipoense*　　彩片 276　杏黄兜兰 *Paphiopedilum armeniacum*（郎楷永）
（陈心启）

彩片 277　硬叶兜兰 *Paphiopedilum*　　彩片 278　白花兜兰 *Paphiopedilum emersonii*（吉占和）
micranthum（郎楷永）

彩片 279　同色兜兰 *Paphiopedilum concolor*（郎楷永）　　彩片 280　巨瓣兜兰 *Paphiopedilum bellatulum*（郎楷永）

彩片 281　长瓣兜兰 *Paphiopedilum dianthum*（郎楷永）

彩片 282　带叶兜兰 *Paphiopedilum hirsutissimum*（郎楷永）

彩片 283　小叶兜兰 *Paphiopedilum barbigerum*（陈心启）

彩片 284　亨利兜兰 *Paphiopedilum henryanum*（郎楷永）

彩片 285　卷萼兜兰 *Paphiopedilum appletonianum*
　　　　　　（李泽贤）

彩片 286　紫纹兜兰 *Paphiopedilum purpuratum*（郎楷永）

彩片 287　秀丽兜兰 *Paphiopedilum venustum*（孙　航）

彩片 288　金佛山兰 *Tangtsinia nanchuanica*（刘正宇）

彩片 289　头蕊兰 *Cephalanthera longifolia*（郎楷永）

彩片 290　银兰 *Cephalanthera erecta*（邹家林）

彩片 291 金兰 *Cephalanthera falcata*（熊济华）

彩片 292 大叶火烧兰 *Epipactis mairei*（郎楷永）

彩片 293 北方鸟巢兰 *Neottia camtschatea*（郎楷永）

彩片 294 西藏对页兰 *Listera pinetorum*（郎楷永）

彩片 295 管花兰 *Corymborkis veratrifolia*（吉占和）

彩片 296 小斑叶兰 *Goodyera repens*
（吴光第）

彩片 297 斑叶兰 *Goodyera schlechtendaliana*（郎楷永）

彩片 298 高斑叶兰 *Goodyera procera*（李泽贤）

彩片 299　血叶兰 *Ludisia discolor*（郎楷永）　　　彩片 300　云南叉柱兰 *Cheirostylis yunnanensis*（刘　演）

彩片 301　齿爪叠鞘兰 *Chamaegastrodia poilanei*（刘　演）　　　彩片 302　线柱兰 *Zeuxine strateumatica*（肖丽萍）

彩片 303　二尾兰 *Vrydagzynea nuda*（吕胜由）　　彩片 304　艳丽齿唇兰 *Anoectochilus moulmeinensis*（邬家林）　　彩片 305　齿唇兰 *Anoetochilus lanceolatus*（张启泰）

彩片 306　台湾银线兰 *Anoectochilus fornosanus*（吕胜由）　　彩片 307　金线兰 *Anoectochilus roxburghii*（郎楷永）

彩片 308　绶草 *Spiranthes sinensis*（郎楷永）　　彩片 309　短距红门兰 *Orchis brevicalcarata*（郎楷永）　　彩片 310　广布红门兰 *Orchis chusua*（武全安）

彩片 311　宽叶红门兰 *Orchis latifolia*（郎楷永）　　彩片 312　舌喙兰 *Hemipilia cruciata*（罗毅波）

彩片 313　扇唇舌喙兰 *Hemipilia flabellata*
（罗毅波）

彩片 314　裂唇舌喙兰 *Hemipilia henryi*（罗毅波）

彩片 315　矩距舌喙兰 *Hemipila limprichtii*（罗毅波）

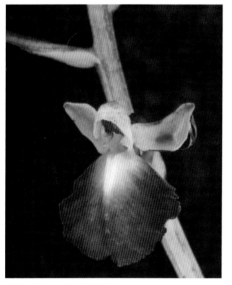

彩片 316　广西舌喙兰 *Hemipila calophylla*
（罗毅波）

彩片 317　细距舌唇兰 *Platanthera metabifolia*（郎楷永）

彩片 318　舌唇兰 *Platanthera japonica*
（郎楷永）

彩片 319　筒距舌唇兰 *Platanthera tipuloides*（肖丽萍）

彩片 320　凹舌兰 *Coelogossum viride*（郎楷永）

彩片 321　小花蜻蜓兰 *Tulotis ussuriensis*　　彩片 322　叉唇角盘兰 *Herminiu lanceum*　彩片 323　角盘兰 *Herminium monorchis*
（郎楷永）　　　　　　　　　　　　　　　（罗毅波）　　　　　　　　　　　　　　　　（郎楷永）

彩片 324　长瓣角盘兰 *Herminium ophioglossoides*（陈心启）　　　彩片 325　裂瓣角盘兰 *Herminium alaschanicum*（郎楷永）

彩片 326　无柱兰 *Amitostigma graile*
（郎楷永）

彩片 327　峨眉无柱兰 *Amitostigma faberi*（吴光第）

彩片 328　棒距无柱兰 *Amitostigma bifoliatum*（郎楷永）

彩片 329　一花无柱兰 *Amitostigma monanthum*（陈心启）

彩片 330　二叶兜被兰 *Neottianthe cucullata*（郎楷永）

彩片 331　一叶兜被兰 *Neottianthe monophylla*（陈心启）

彩片 332　大花兜被兰 *Neottianthe* *camptoceras*（郎楷永）

彩片 333　手参 *Gymnadenia conopsea*（郎楷永）

彩片 334　西南手参 *Gymnadenia orchidis*（郎楷永）

彩片 335　龙头兰 *Pecteilis susannae*（肖丽萍）

彩片 336　触须阔蕊兰 *Pecteilis tentaculatus*（李泽贤）

彩片 337　阔蕊兰 *Peristylus goodyeroides*（陈心启）

彩片 338　凸孔阔蕊兰 *Peristylus coeloceras*（郎楷永）

彩片 339　厚瓣玉凤花 *Habenaria delavayi*（林余霖）

彩片 340　落地金钱 *Habenaria aitchisonii*（郎楷永）

彩片 341　粉叶玉凤花 *Habenaria glaucifolia*（郎楷永）

彩片 342　西藏玉凤花 *Habenaria tibetica*（郎楷永）

彩片 343　长距玉凤花 *Habenaria davidii*（郎楷永）

彩片 344 棒距玉凤花 *Habenaria mairei*（陈心启）

彩片 345 宽药隔玉凤花 *Habenaria limprichtii*（郎楷永）

彩片 346 毛葶玉凤花 *Habenaria ciliolaris*（刘 演）

彩片 347 坡参 *Habenaria linguella*（费 勇）

彩片 348　橙黄玉凤花 *Habenaria rhodocheila*（李泽贤）

彩片 349　鹅毛玉凤花 *Habenaria dentata*（陈心启）

彩片 350　细花玉凤花 *Habenaria lucida*（陈金明）

彩片 351　丛叶玉凤花 *Habenaria tonkinensis*（肖丽萍）

彩片 352　合柱兰 *Diplomeris pulchella*（刘　演）

彩片 353　兜蕊兰 *Androcorys ophioglossoides*（刘尚武）

彩片 354　剑唇兜蕊兰 *Androcorys pugionifornis*（刘尚武）

彩片 355　鸟足兰 *Satyrium nepalense*（李渤生）

彩片 356　缘毛鸟足兰 *Satyrium ciliatum*（郎楷永）

彩片 357　云南鸟足兰 *Satyrium yunnanense*（陈心启）

彩片 358　台湾香荚兰 *Vanilla somai*（吕胜由

彩片 359　毛萼山珊瑚 *Galeola lindleyana*　　彩片 360　山珊瑚 *Galeola faberi*（武全安）
（刘　演）

彩片 361　直立山珊瑚 *Galeola matsudai*（吕胜由）　　彩片 362　倒吊兰 *Erythrorchis altissima*（吕胜由）

彩片 363　盂兰 *Lecanorchis japonica*　　彩片 364　毛叶芋兰 *Nervilia plicata*（吉占和）　　彩片 365　天麻 *Gastrodia elata*（林余霖）
（郎楷永）

彩片 366　虎舌兰 *Epipogium roseum*　　　彩片 367　裂唇虎舌兰 *Epipogium aphyllum*（郎楷永）
（李延辉）

彩片 368　小白及 *Bletilla formosana*　　彩片 369　白及 *Bletilla striata*（郎楷永）　　彩片 370　黄花白及 *Bletilla ochracea*（郎楷永）
（郎楷永）

彩片 371 心叶羊耳蒜 *Liparis cordifolia*（吕胜由）

彩片 372 羊耳蒜 *Liparis japonica*（刘尚武）

彩片 373 长唇羊耳蒜 *Liparis pauliana*
（陈心启）

彩片 374 见血青 *Liparis nervosa*
（郎楷永）

彩片 375 紫花羊耳蒜 *Liparis nigra*（李泽贤）

彩片 376 丛生羊耳蒜 *Liparis caespitosa*（郎楷永）

彩片 377 长茎羊耳蒜 *Liparis viridiflora*（郎楷永）

彩片 378　大花羊耳蒜 *Liparis distans*（刘　演）　　　　彩片 379　沼兰 *Malaxis monophyllos*
（邹家林）

彩片 380　阔叶沼兰 *Malaxis latifolia*（李延辉）　彩片 381　裂唇鸢尾兰 *Oberonia pyrulifera*　彩片 382　紫茎兰 *Risleya atropurpurea*
（陈心启）　　　　　　　　　　　（郎楷永）

彩片 383　山兰 *Oreorchis patens*　　彩片 384　长叶山兰 *Oreorchis fargesii*（郎楷永）　彩片 385　短梗山兰 *Oreorchis*
（邹家林）　　　　　　　　　　　　　　　　　　　　　　　　*erythrochrysea*（陈心启）

彩片 386　杜鹃兰 *Crenastra appendiculata*（邬家林）　　　　彩片 387　布袋兰 *Calypso bulbosa*（郎楷永）

彩片 388　独花兰 *Changnienia amoena*（郎楷永）　　　　彩片 389　珊瑚兰 *Corallorhiza trifida*
（郎楷永）

彩片 390　黄花美冠兰 *Eulophia flava*　　彩片 391　大花地宝兰 *Geodorum attenuatum*（吉占和）
（李泽贤）

彩片 392　纹瓣兰 *Cymbidium aloifolium*（吉占和）

彩片 393　硬叶兰 *Cymbidium bicolor* subsp.*obtusum*（韦毅刚）

彩片 394　冬凤兰 *Cymbidium dayanum*（郎楷永）

彩片 395　多花兰 *Cymbidium floribundum*（武全安）

彩片 396　西藏虎头兰 *Cymbidium tracyanum*（郎楷永）

彩片 397　黄蝉兰 *Cymbidium iridilides*（郎楷永）

彩片 398　长叶兰 *Cymbidium erythraeum*（吉占和）

彩片 399 虎头兰 Cymbidium hookerianum（郎楷永）

彩片 400 碧玉兰 Cymbidium lowianum（郎楷永）

彩片 401 独占春 Cymbidium eburneum
（吉占和）

彩片 402 莎草兰 Cymbidium elegans（吉占和）

彩片 403 建兰 Cymbidium
ensifolium（郎楷永）

彩片 404 墨兰 Cymbidium
sinense（郎楷永）

彩片 405 寒兰 Cymbidium kanran（郎楷永）

彩片 406　莎叶兰 *Cymbidium cyperifolium*（郎楷永）

彩片 407　蕙兰 *Cymbidium faberi*（陈心启）

彩片 408　春兰 *Cymbidium goeringii*（陈心启）

彩片 409　兔耳兰 *Cymbidium lancifloium*（陈心启）

彩片 410 大根兰 *Cymbidium macrorhizon*（吴光第）

彩片 411 香港带唇兰 *Tainia hongkongensis*
（李泽贤）

彩片 412 南方带唇兰 *Tainia ruybarrettoi*
（吉占和）

彩片 413 带唇兰 *Tainia dunnii*
（郎楷永）

彩片 414 苞舌兰 *Spathoglottis pubescens*
（郎楷永）

彩片 415 紫花苞舌兰 *Spathoglottis plicata*（吕胜由）

彩片 416 铃花黄兰 *Cephalatheropsis calanthoides*（吉占和）

彩片 417　紫花鹤顶兰 *Phaius mishmensis*（吕胜由）

彩片 418　鹤顶兰 *Phaius tankervilleae*（郎楷永）

彩片 419　大花鹤顶兰 *Phaius magniflorus*
（吉占和）

彩片 420　黄花鹤顶兰 *Phaius flavus*
（郎楷永）

彩片 421　三棱虾脊兰 *Calanthe tricarinata*
（郎楷永）

彩片 422　镰萼虾脊兰 *Calanthe puberual*（刘　演）

彩片 423　流苏虾脊兰 *Calanthe alpina*（胡志浩）

彩片 424　少花虾脊兰 *Calanthe delavayi*（郎楷永）

彩片 425　细花虾脊兰 *Calanthe mannii*（郎楷永）　　　彩片 426　弧距虾脊兰 *Calanthe arcuata*（陈心启）

彩片 427　叉唇虾脊兰 *Calanthe hancockii*（吴光第）　　彩片 428　通麦虾脊兰 *Calanthe griffithill*（郎楷永）　　彩片 429　肾唇虾脊兰 *Calanthe brevicornu*（陈心启）

彩片 430　剑叶虾脊兰 *Calanthe davidii*（郎楷永）　　彩片 431　长距虾脊兰 *Calanthe sylvatica*（刘　演）

彩片 432　泽泻虾脊兰 *Calanthe alismaefolia*（陈心启）

彩片 433　银带虾脊兰 *Calanthe argenteo-striata*（郎楷永）

彩片 434　三褶虾脊兰 *Calanthe triplicata*（吉占和）

彩片 435　虾脊兰 *Calanthe discolor*（陈心启）

彩片 436　锥囊坛花兰 *Acanthephippium striatum*（武全安）　　彩片 437　坛花兰 *Acanthephippium sylhetense*（吉占和）

彩片 438　筒瓣兰 *Anthogonium gracile*（吉占和）　　彩片 439　吻兰 *Collabium chinense*（刘　演）

彩片 440　竹叶兰 *Arundina graminifolia*（李延辉）　　彩片 441　笋兰 *Thunia alba*（武全安）

彩片 442　流苏贝母兰 *Coelogyne fimbriata*　　彩片 443　栗鳞贝母兰 *Coelogyne flaccida*（郎楷永）
　　　　　　　　　　　（李泽贤）

彩片 444 卵叶贝母兰 *Coelogyne occultata*（陈心启）　　彩片 445 眼斑贝母兰 *Coelogyne corymbosa*（郎楷永）

彩片 446 白花贝母兰 *Coelogyne leucantha*　　彩片 447 疣鞘独蒜兰 *Pleione praecox*（吉占和）
（武全安）

彩片 448 二叶独蒜兰 *Pleione scopulorum*（郎楷永）　　彩片 449 毛唇独蒜兰 *Pleione hookeriana*（郎楷永）

彩片 450　黄花独蒜兰 *Pleione forrestii*（郎楷永）

彩片 451　云南独蒜兰 *Pleione yunnanensis*（郎楷永）

彩片 452　独蒜兰 *Pleione bulbocodioides*（陈心启）

彩片 453　台湾独蒜兰 *Pleione formosana*（吕胜由）

彩片 454　平卧曲唇兰 *Panisea cavalerei*（郎楷永）

彩片 455　足柱兰 *Dendrochilum uncatum*（吕胜由）

彩片 456　节茎石仙桃 *Pholidota articulata*（刘　演）

彩片 457　细叶石仙桃 *Pholidota cantonensis*（吕胜由）

彩片 458　石仙桃 *Pholidota chinensis*
（刘　演）

彩片 459　宿苞石仙桃 *Pholidota imbricata*（吴光第）

彩片 460　单叶石仙桃 *Pholidota leveilleana*（刘　演）

彩片 461　狭叶耳唇兰 *Otochilus fuscus*（郎楷永）

彩片 462　宽叶耳唇兰 *Otochilus lancilabius*（郎楷永）

彩片 463　新型兰 *Neogyna gardenriana*（武全安）　　　　彩片 464　蜂腰兰 *Bulleyia yunnanensis*

（陈心启）

彩片 465　瘦房兰 *Ischnogyne mandarinorum*　彩片 466　香花毛兰 *Eria javanica*　彩片 467　对茎毛兰 *Eria pusilla*（肖丽萍）

（吉占和）　　　　　　　　　　　（费　勇）

彩片 468　匍茎毛兰 *Eria clausa*（郎楷永）　　　　彩片 469　足茎毛兰 *Eria coronaria*（郎楷永）

彩片 470　鹅白毛兰 *Eria stricta*（吉占和）

彩片 471　粗茎毛兰 *Eria amica*（吉占和）

彩片 472　长苞毛兰 *Eria obvia*（陈心启）

彩片 473　钝叶毛兰 *Eria acervata*（陈心启）

彩片 474　密花毛兰 *Eria spicata*（陈心启）

彩片 475　宿苞兰 *Cryptochilus luteus*（吉占和）

彩片 476　聚石斛 *Dendrobium lindleyi*（肖丽萍）

彩片 477　具槽石斛 *Dendrobium sulcatum*（吉占和）

彩片 478　鼓槌石斛 *Dendrobium chrysotoxum*（吉占和）

彩片 479　密花石斛 *Dendrobium densiflorum*（肖丽萍）

彩片 480　球花石斛 *Dendrobium thyrsiflorum*（吉占和）

彩片 481　细叶石斛 *Dendrobium hancockii*（郎楷永）

彩片482　杓唇石斛 *Dendrobium moschatum*（陈心启）

彩片483　叠鞘石斛 *Dendrobium aurantiacum* var. *denneanum*
（吉占和）

彩片484　长苏石斛 *Dendrobium brymerianum*（吉占和）

彩片485　流苏石斛 *Dendrobium fimbriatum*（郎楷永）

彩片486　金耳石斛 *Dendrobium hookerianum*（郎楷永）

彩片487　短棒石斛 *Dendrobium capillipes*（吉占和）

彩片 488　尖刀唇石斛 *Dendrobium heterocarpum*（郎楷永）

彩片 489　束花石斛 *Dendrobium chrysanthum*
（吉占和）

彩片 490　串珠石斛 *Dendrobium falconeri*（吉占和）

彩片 491　大苞鞘石斛 *Dendrobium wardianum*（吉占和）

彩片 492　杯鞘石斛 *Dendrobium gratiosissimum*（吉占和）

彩片 493　肿节石斛 *Dendrobium pendulum*（吉占和）

彩片 494　棒节石斛 *Dendrobium findlayanum*（吉占和）

彩片 495　美花石斛 *Dendrobium loddigesii*（吉占和）

彩片 496　齿瓣石斛 *Dendrobium devonianum*（吉占和）

彩片 497　兜唇石斛 *Dendrobium aphyllum*（吉占和）

彩片 498　报春石斛 *Dendrobium primulinum*（吉占和）

彩片 499　玫瑰石斛 *Dendrobium crepidatum*（吉占和）

彩片 500　石斛 *Dendrobium nobile*（邱楷永）

彩片 501　细茎石斛 *Dendrobium moniliforme*（吉占和）

彩片 502　铁皮石斛 *Dendrobium officinale*（武全安）

彩片 503　曲茎石斛 *Dendrobium flexicaule*（卢炯林）

彩片 504　重唇石斛 *Dendrobium hercoglissum*（郎楷永）

彩片 505　钩状石斛 *Dendrobium aduncum*（吉占和）

彩片 506　矮石斛 *Dendrobium bellatulum*（吉占和）

彩片 507　翅梗石斛 *Dendrobium trigonopus*（吉占和）

彩片 508　长距石斛 *Dendrobium longicornu*（吉占和）

彩片 509　翅萼石斛 *Dendrobium cariniferum*（郎楷永）

彩片 510　黑毛石斛 *Dendrobium williamsonii*（吉占和）

彩片 511　梳唇石斛 *Dendrobium strogylanthum*（吉占和）

彩片 512　藏南石斛 *Dendrobium monticola*（李渤生）

彩片 513　剑叶石斛 *Dendrobium acinaciforme*
（李泽贤）

彩片 514　宽叶厚唇兰 *Epigeneium amplum*（郎楷永）

彩片 515　赤唇石豆兰 *Bulbophyllum affine*（吉占和）

彩片 516　芳香石豆兰 *Bulbophyllum ambrosia*（李泽贤）

彩片 517　长足石豆兰 *Bulbophyllum pectinatum*（陈心启）

彩片 518　密花石豆兰 *Bulbophyllum odoratissimum*（吉占和）

彩片 519　广东石豆兰 *Bulbophyllum kwangtungense*（刘　演）

彩片 520　细柄石豆兰 *Bulbophyllum striatum*（郎楷永）

彩片 521　直唇卷瓣兰 *Bulbophyllum delitenscens*（吉占和）

彩片 522　瘤唇卷瓣兰 *Bulbophyllum japonicum*（吕胜由）　　　彩片 523　伞花卷瓣兰 *Bulbophyllum umbellatum*（吉占和）

彩片 524　藓叶卷瓣兰 *Bulbophyllum retusiusculum*（吕胜由）　　彩片 525　斑唇卷瓣兰 *Bulbophyllum pectenveneris*（吉占和）

彩片 526　尖角卷瓣兰 *Bulbophyllum forrestii*（陈心启）　　　彩片 527　梳帽卷瓣兰 *Bulbophyllum andersonii*（吉占和）

彩片 528　莲花卷瓣兰 *Bulbophyllum hirundinis*（吕胜由）　　　　彩片 529　圆叶石豆兰 *Bulbophyllum drymoglossum*（吉占和）

彩片 530　双叶卷瓣兰 *Bulbophyllum wallichii*（吉占和）　　　　彩片 531　五唇兰 *Doritis pulcherrima*
（李泽贤）

彩片 532　象鼻兰 *Nothodoritis zhejiangensis*（陈心启）　　彩片 533　拟万代兰 *Vandopsis gigantea*（吉占和）　　彩片 534　白花拟万代兰 *Vandopsis undulata*（武全安）

彩片 535 羽唇兰 *Ornithochilus difformis*（郎楷永）

彩片 536 多花脆兰 *Acampe rigida*（吉占和）

彩片 537 短序脆兰 *Acampe papillosa*（吉占和）

彩片 538 火焰兰 *Renanthera coccinea*
（李泽贤）

彩片 539 匙唇兰 *Schoenorchis gemmata*（金效华）

彩片 540 掌唇兰 *Staurochilrs dawsonianus*（吉占和）

彩片 541　蜈蚣兰 *Cleisostoma scolopendrifolium*（傅立国）

彩片 542　短茎隔距兰 *Cleisostoma parishii*（吉占和）

彩片 543　尖喙隔距兰 *Cleisostoma rostratum*（刘　演）

彩片 544　美花隔距兰 *Cleisostoma birmanicum*（陈心启）

彩片 545　大序隔距兰 *Cleisostoma paniculatum*（郎楷永）

彩片 546　长叶隔距兰 *Cleisostoma fuerstenbergianum*（杨增宏）

彩片 547　湿唇兰 *Hyrochilus parishii*（吉占和）

彩片 548　异型兰 *Chiloschista yunnanensis*
（吉占和）

彩片 549　大尖囊兰 *Kingidium deliciosum*（郎楷永）

彩片 550　尖囊兰 *Kingidium braceanum*（吉占和）

彩片 551　白柱万代兰 *Vanda brunnea*（吉占和）

彩片 552　大花万代兰 *Vanda coerulea*（吉占和）

彩片 553　琴唇万代兰 *Vanda concolor*（郎楷永）

彩片 554　纯色万代兰 *Vanda subcocolor*（吉占和）

彩片 555　小蓝花万代兰 *Vanda coerulescens*（武全安）

彩片 556　矮万代兰 *Vanda pumila*（吉占和）

彩片 557　叉唇万代兰 *Vanda cristata*（肖丽萍）

彩片 558　钻喙兰 *Phynchostylis retusa*（程树志）

彩片 559　海南钻喙兰 *Phynchostylis gigantea*（陈心启）

彩片 560　凤蝶兰 *Papilionanthe teres*（吉占和）

彩片 561　白花凤蝶兰 *Papilionanthe biswasiana*（吉占和）

彩片 562　蝴蝶兰 *Phalaenopsis aphrodite*（吕胜由）

彩片 563　版纳蝴蝶兰 *Phalaenopsis mannii*（吉占和）

彩片 564　华西蝴蝶兰 *Phalaenopsis wilsonii*（郎楷永）

彩片 565　风兰 *Neofinetia falcata*（陈心启）　　彩片 566　短茎萼脊兰 *Sedirea subparishii*（陈心启）

彩片 567　多花指甲兰 *Aerides rosea*（陈心启）　　彩片 568　钗子股 *Luisia morsei*（吉占和）

彩片 569　纤叶钗子股 *Luisia hancockii*　　　彩片 570　叉唇钗子股 *Luisia teres*（刘　演）
（陈心启）

彩片 571　香兰 *Haraella retrocalla*（吕胜由）　　　　　　　　彩片 572　大花盆距兰 *Gastrochilus bellinus*
　　　　　　　　　　　　　　　　　　　　　　　　　　　　　　　　　　　　　　　（吉占和）

彩片 573　盆距兰 *Gastuochilus calceolaris*（武全安）　　　彩片 574　无茎盆距兰 *Gastrochilus*
　　　　　　　　　　　　　　　　　　　　　　　　　　　　　　　　　　　obliquus（吉占和）

彩片 575　台湾盆距兰 *Gastrochilus formosanus*（吕胜由）　　彩片 576　大根槽舌兰 *Holcoglossum amesianum*（吉占和）

彩片 577　管叶槽舌兰 *Holcoglossum kimballianum*（武全安）

彩片 578　白唇槽舌兰 *Holcoglossum subulifolium*（陈心启）

彩片 579　槽舌兰 *Holcoglossum quasipinifolium*（吕胜由）

彩片 580　鸟舌兰 *Ascocentrum ampullaceum*（吉占和）

彩片 581　圆柱叶鸟舌兰 *Ascocentrum himalaicum*（郎楷永）

彩片 582　管唇兰 *Tuberolabium kotoense*（吕胜由）